DIGITAL+

INHALT DIGITAL+

- **Bilder-Paket:** Abbildungen des Buches sind entsprechend der Kapitel gegliedert und können heruntergeladen werden.
- **Verwendung der Abbildungen:** zu Unterrichtszwecken und zur Erstellung eigener Arbeitsmaterialien
- **Prüfungsfragen** mit einblendbaren Antworten
- **Videos:** 18 fachspezifische Erklärvideos zur Veranschaulichung

EUROPA THEK

Die ergänzenden digitalen Materialien finden Sie in unserem virtuellen Medienregal EUROPATHEK kostenlos unter

www.europathek.de

Öffnen Sie www.europathek.de auf Ihrem Gerät (PC/MAC, Smartphone oder Tablet). Melden Sie sich mit Ihrem Nutzerkonto (bestehend aus E-Mail-Adresse und Passwort) an. Sofern Sie noch nicht über ein eigenes Nutzerkonto verfügen, können Sie sich kostenlos registrieren.

Durch die Eingabe des folgenden Codes schalten Sie das Medien-Paket in Ihrer EUROPATHEK frei.

VEL-NQ46-6MK4-M3WX

EUROPA-FACHBUCHREIHE
für metalltechnische Berufe

Roller
Buck Berndt Dahlmann Leineweber Ludwig Dr. Appelt Pröm Rödter
Schlotterbeck Wintgens

Fachkunde Gießereitechnik

Technologie des Formens und Gießens

9., überarbeitete und erweiterte Auflage

Verlag Europa-Lehrmittel · Nourney, Vollmer GmbH & Co. KG
Düsselberger Straße 23 · 42781 Haan-Gruiten

Europa-Nr.: 1793X

Autoren:

Roller, Rolf	Dipl.-Ing.(FH), Oberstudienrat	Heidenheim
Berndt, Kerstin	Techniker, Produktmanager Nicht-Eisen-Schmelzebehandlung Vesuvius GmbH	Borken
Buck, Volkmar	Dipl.-Ing.(FH), Oberstudienrat	Heidenheim
Dahlmann, Martin	Dipl.-Ing., Produktmanager Maskenformverfahren und Spezialsande Hüttenes-Albertus Chemische Werke GmbH	
Leineweber, Laura	M.Sc.,Technische Leitung MAGMAacademy, MAGMA Gießereitechnologie GmbH	Aachen
Ludwig, Johann	Dipl.-Ing., Oberstudienrat	Stuttgart
Appelt, Christian	Dr., ASK Chemicals GmbH, Produktmanagement Anorganische Bindemittel	Hilden
Pröm, Manfred	Dipl.-Ing., Studiendirektor	Stuttgart
Rödter, Hans	Dipl.-Ing., Gießereiberatungsingenieur	Heidenheim
Schlotterbeck, Martin	Leiter Schulung Oskar Frech GmbH + Co. KG	Schorndorf
Wintgens, Rudolf	Dipl.-Ing., Gießereikunde	Schopfheim

Lektorat und Leitung des Arbeitskreises:
Rolf Roller

Bildentwürfe: Autoren

Fotos: siehe Bild- und Textquellenverzeichnis Kapitel 9.2

Illustrationen: Grafische Produktionen Neumann, 97222 Rimpar

Betreuung der Bildbearbeitung:
Zeichenbüro des Verlages Europa-Lehrmittel, 73760 Ostfildern

9. Auflage 2021

Druck 5 4 3 2 1

Alle Drucke derselben Auflage sind parallel einsetzbar, da sie bis auf die Korrektur von Druckfehlern identisch sind.

ISBN 978-3-7585-1179-0

www.europa-lehrmittel.de

Satz: Satz+Layout Werkstatt Kluth GmbH, 50374 Erftstadt

Umschlag: Grafische Produktionen Jürgen Neumann, 97222 Rimpar

Umschlagfotos: Laempe Mössner Sinto GmbH, Schopfheim, und SHW Casting Technologies GmbH & Co. KG, Aalen

Druck: mediaprint solutions GmbH, 33100 Paderborn

Vorwort zur 9. Auflage der Fachkunde für gießereitechnische Berufe

Das vorliegende Standardwerk für die Gießerei ist seit 36 Jahren in Ausbildung und Praxis eingeführt.

Wie bereits bei vorangegangenen Auflagen dient das Fachbuch nicht nur für die Ausbildung der Gießereimechaniker und Former, sondern wird auch in Meister- und Technikerschulen, zum Einstieg in spezielle Studiengänge sowie in der Praxis benutzt.

Für die Neubearbeitung waren wiederum der Stoffplan der Berufsschulen und der Ausbildungsplan der Betriebe maßgebend. Auch durch die weitgehende Verwendung des Buches in Industrie und Studium musste die sich rasch verändernde Technik berücksichtigt werden.

So wurde die 9. Auflage komplett überarbeitet und u.a. die Themen Gießprozesssimulation, Druckgießverfahren, Anorganische Formstoffbindemittel und Schmelzebehandlung neu verfasst. Neu sind auch die QR-Codes in den Kapiteln Druckguss, Gießereiprozesssimulation und Additive Fertigungsverfahren und ein kleines Kapitel mit dem Thema Industrie 4.0 hält Einzug in die Gießerei.

Erfreulicherweise waren hierzu wieder maßgebende Unternehmen bereit, an der Überarbeitung mitzuwirken. Ihnen gilt der besondere Dank des Verlages Europa-Lehrmittel. Zahlreiche Beiträge, Fotos und die Durchsicht von Kapiteln ermöglichten es, das Buch auf den neuesten Stand zu bringen. Die daran beteiligten Unternehmen sind im Kapitel 9.2 aufgeführt.

Die Technische Kommunikation ist in die entsprechenden Kapitel der Technologie aus methodischen Gründen fächerverbindend integriert.

Die Regeln für die gießereitechnischen Zeichnungen entsprechen dem VDG-Merkblatt M 150.

Der Inhalt des Buches, der über die Stoffpläne der Schulen hinausgeht, hat aus finanziellen Gründen seine Begrenzung. Trotzdem sind wir für Anregungen bezüglich der nächsten Auflage dankbar.

Die Neuausgabe in dieser Ausstattung ist für einen Beruf mit relativ geringen Ausbildungszahlen ein wirtschaftliches Problem. Durch die Unterstützung einiger maßgebender Unternehmen konnte jedoch erreicht werden, dass auch weiterhin ein Fachbuch für diese Branche zur Verfügung steht. Diese Sponsoren stellen im Kapitel 9.1 ihre Unternehmen und Produkte vor.

Herbst 2021 Rolf Roller

Formtechnik mit Technischer Kommunikation	8...146	1
Gießverfahren	147...196	2
Einguss- und Speisertechnik	197...217	3
Schmelztechnik und Schmelzöfen	218...237	4
Putztechnik	238...243	5
Formstofftechnik	244...268	6
Werkstoffkunde	269...325	7
Ergänzende Grundlagen und Techniken	326...412	8
Sponsoren	413...441	9

Geleitwort

Die Anforderungen an die technischen Mitarbeiter in der Gießereibranche wachsen und verändern sich stetig. Hinzu kommt, dass eine hohe Flexibilität und ein kontinuierliches Erlernen neuer Fähigkeiten immer mehr erforderlich sind. Die praktische Ausbildung in den Betrieben und der fachnahe Unterricht an einer Berufsschule schaffen eine sehr gute Basis für den Start ins Berufsleben. Diese Ausbildung ist ein weltweit anerkanntes Erfolgsmodell! Auch das Angebot für eine kontinuierliche Weiterbildung ist umfangreich und wird durch eine zunehmende Mechanisierung und Automatisierung sowie die Anwendung computergestützter Technologien getrieben.

Gießereibetriebe haben sich dem Strukturwandel in der Vergangenheit immer erfolgreich gestellt. Insbesondere der solide fachliche Grundstock der Mitarbeiter und ihr ständiges eigenes Dazulernen schaffen wichtige Voraussetzungen für das Bewältigen neuer Aufgaben. Die Zukunftsperspektiven der deutschen Gießerei-Industrie – die weltweit die produktivste ist – bieten eine Arbeitsumgebung, in der man Erfüllung und persönliche Bestätigung finden kann.

In der vorliegenden 9. Auflage wurde die Entwicklung der Gießereitechnik konsequent berücksichtigt und eine komplette Überarbeitung vorgenommen. Auch Experten aus der Zuliefererindustrie haben bezüglich heute verfügbarer Anlagentechnik, Hilfs- und Betriebsstoffe und auch der Computersimulation die Aktualisierung der neuen Ausgabe unterstützt. Das vorliegende klar strukturierte Lehrbuch ist über die Ausbildung hinaus ein nützlicher Begleiter der Gießereifachfrau und des Gießereifachmannes. Dem Lektor und den Autoren ist es gelungen, mit dem Lehrbuch „Fachkunde Gießereitechnik" umfassende Fachkenntnisse praxisnah und graphisch anschaulich aufbereitet darzustellen.

Wir danken dem Lektor, den Autoren und dem Verlag für dieses gelungene Ausbildungs- und Nachschlagewerk und wünschen allen Auszubildenden Erfolg und Freude in unserem schönen Gießereiberuf.

Düsseldorf, im Herbst 2021

Verein Deutscher Gießereifachleute e.V.
Dr.-Ing. Erwin Flender
Hauptgeschäftsführer

1 Formtechnik mit Technischer Kommunikation

1.1 Geschichtliche Entwicklung des Formens und Gießens ... 8

1.2 Grundlagen der Formtechnik ... 11
1.2.1 Werdegang eines Gussteils ... 11
1.2.2 Formherstellung ... 13
1.2.3 Gießereimodelle – Arten ... 14
1.2.4 Farbkennzeichnung der Modelle ... 15
1.2.5 Modellzugaben ... 16
1.2.6 Form- und Modellteilung ... 20
1.2.7 Grundlagen der Gießereitechnischen Kommunikation ... 22

1.3 Formtechnik für verlorene Formen ... 30
1.3.1 Formtechnik für verlorene Formen mit Dauermodell ... 31
1.3.1.1 Handformen ... 31
1.3.1.2 Modelle für das Handformen ... 35
1.3.2 Herstellung von verlorenen Formen mit verlorenem Modell ... 42
1.3.2.1 Formverfahren mit Schaumstoffmodellen ... 42
1.3.2.2 Feingießverfahren ... 51
1.3.3 Sonderverfahren ... 56
1.3.3.1 Vakuumformverfahren unter Verwendung einer Folie ... 56
1.3.3.2 Direkte Herstellung von Formen und Kernen ... 59
1.3.3.3 Verfahren mit aushärtenden Formstoffen ... 60
1.3.4 Maschinenformen ... 63
1.3.4.1 Grundlagen ... 63
1.3.4.2 Formanlagen ... 71
1.3.4.3 Modellplatten ... 77

1.4 Formen mit Kernen (Technologie und Technische Kommunikation) ... 86
1.4.1 Kernarten ... 86
1.4.2 Kernlagerung ... 94
1.4.3 Kernmarkenarten ... 97
1.4.4 Kernsicherungen ... 101
1.4.5 Kernherstellung ... 109
1.4.6 Kernformwerkzeuge (Kernkästen) ... 123

1.5 Europäische Normen und VDG-Merkblätter im Modellbau ... 137
1.5.1 Übersicht über die neuen Europäischen Normen ... 137
1.5.2 Systematik der Werkstoff-Güteklassen ... 137
1.5.3 VDG-Merkblätter ... 138
1.5.4 Übersicht über die DIN EN 12890 ... 138
1.5.5 Neue Inhalte der DIN EN 12890 gegenüber der DIN 1511 – allgemein ... 139
1.5.6 Neue Inhalte der DIN EN 12890 gegenüber der DIN 1511 – güteklassenabhängig ... 140
1.5.7 Güteklassen von Kernkästen ... 140
1.5.8 Gütemerkmale nach DIN EN 12890 ... 141
1.5.9 DIN EN 12892 Formwerkzeuge für verlorene Modelle für das Vollformverfahren ... 145
1.5.10 DIN EN 12883 Wachsspritzformen für verlorene Modelle für das Feingießen ... 146

2 Gießverfahren

2.1 Übersicht ... 147
2.1.1 Gießarten ... 147
2.1.2 Gießen in Dauerformen ... 149
2.1.3 Gießeigenschaften der Metallschmelzen ... 150

2.2 Kokillengießen ... 152
2.2.1 Verfahren ... 152
2.2.2 Kokillengießmaschinen und Kokillengießanlagen ... 153
2.2.3 Niederdruckkokillengießen ... 155
2.2.4 Aufbau der Gießwerkzeuge ... 157
2.2.5 Anschnittgestaltung ... 159
2.2.6 Wärmefluss ... 160
2.2.7 Kokillenschlichten ... 162

2.3 Druckgießen ... 164
2.3.1 Verfahren ... 164
2.3.2 Aufbau von Druckgießmaschinen ... 169
2.3.3 Weg der Schmelze in die Form ... 172
2.3.4 Übersicht der Gießphasen ... 173
2.3.5 Der Gießzyklus einer Druckgießmaschine ... 175
2.3.6 Die Druckgießform (Dauerform) ... 176
2.3.7 Berechnungen, Formeln und Begriffserklärung ... 181
2.3.8 Die Temperierung ... 183
2.3.9 Trenn- und Schmierstoffe beim Druckgießen ... 188
2.3.10 Die häufigsten Gießfehler ... 190
2.3.11 Die automatisierte Gießzelle nach CE ... 191
2.3.12 Sonderdruckgießverfahren ... 192

2.4 Schleudergießen ... 196

2.5 Stranggießen ... 196

3 Einguss- und Speisertechnik

3.1 Eingusssystem (Schwerkraftguss) ... 197
3.1.1 Allgemeines ... 197
3.1.2 Naturgesetze, die Strömungs- und Füllvorgänge der Form beeinflussen ... 198
3.1.3 Berechnung des Eingusssystems ... 200
3.1.3.1 Zurückhalten von Schlacken ... 202
3.1.4 Gestaltung des Eingusssystems ... 204
3.1.5 Weitere Eingusssysteme ... 205

3.2 Speisersysteme ... 207
3.2.1 Aufgaben des Speisersystems ... 207
3.2.2 Speiserarten ... 207
3.2.3 Speiserform ... 208

3.2.4 Wirkungsweise des Speisers 209
3.2.5 Fehleranalyse 209
3.2.6 Speisertechnik Hauptbereiche 209
3.2.7 Berechnung der Speiser 210
3.2.8 Erstarrungsverlängerung durch exotherme und isolierende Einsätze 214
3.2.9 Vermeidung von Lunkern und Porositäten durch Sondermaßnahmen 215
3.2.10 Speisungslänge 216
3.2.11 Innenkühlung 216
3.2.12 Einfluss der Formstoffe 216
3.2.13 Lunkerarten 217

4 Schmelztechnik und Schmelzöfen

4.1 Allgemeines über Schmelzöfen 218
4.2 Auswahl der Schmelzöfen 218
4.3 Allgemeines zum Schmelzen 219
4.4 Schmelzöfen 220
4.4.1 Kupolofen 220
4.4.2 Induktionsöfen 222
4.4.3 Lichtbogenofen 227
4.4.4 Drehtrommelofen 227
4.4.5 Duplexverfahren 227
4.4.6 Schmelzöfen in NE-Gießereien 228
4.5 Zustellung der Öfen mit Feuerfestmasse 230
4.6 Gattieren und Einsetzen 231
4.7 Aufgabe der Schlacke und Schlackenführung im Schmelzprozess 232
4.8 Schmelzebehandlung von Gusseisen 233
4.8.1 Desoxidation 233
4.8.2 Impfen von Gusseisen 233
4.9 Temperaturmessung 234
4.10 Gießpfannen 234
4.11 Arbeitssicherheit und Unfallverhütungsvorschriften 236

5 Putztechnik

5.1 Aufgabe 238
5.2 Gussputzerei Bereiche 238
5.3 Auspacken 239
5.4 Strahlen 240
5.5 Trennen und Schleifen 242

6 Formstofftechnik

6.1 Formstoffe 244
6.1.1 Grundsätzlicher Aufbau der Formstoffe 244
6.1.2 Anforderungen an Formstoffe 244
6.1.3 Formgrundstoffe 245
6.1.4 Formstoffbindersysteme 246
6.1.4.1 Tongebundene Formstoffe 246
6.1.4.2 Bindersysteme mit organischen Bindern 248
6.1.4.3 Anwendungen von Kaltharzverfahren 250
6.1.4.4 Anorganische Formstoffbindemittel 251
6.1.5 Formstoffzusatzstoffe 255
6.1.6 Form- und Kernüberzugsstoffe 256
6.2 Formstoffaufbereitung und Formstoffregenerierung 258
6.2.1 Definition und Aufgabe 258
6.2.2 Systeme 258
6.2.3 Prozessstufen beim Formstoff-Umlaufsystem 259
6.2.4 Regenerieren von Altformstoffen mit aushärtendem Formstoffbinder 260
6.2.5 Mischen der Formstoffe 263
6.2.6 Formstoffsteuerung 264
6.3 Formstoffprüfung 265
6.3.1 Aufgaben der Formstoffprüfung 265
6.3.2 Prüfung des Formgrundstoffes 266
6.3.3 Prüfungen mit Probekörpern 267
6.3.4 Formfestigkeitsprüfung 268
6.3.5 Prüfung der Formstoffbestandteile 268
6.3.6 Prüfung der harzgebundenen Formstoffe 268

7 Werkstoffkunde

7.1 Einführung 269
7.1.1 Einteilung der Werkstoffe 269
7.1.2 Eigenschaften 270
7.1.3 Verantwortlicher Umgang mit Werkstoffen und Rohstoffen 271
7.2 Holz 273
7.2.1 Anwendung für Gießereimodelle 273
7.2.2 Plattenförmige Holzwerkstoffe 273
7.3 Kunststoffe 274
7.3.1 Eigenschaften 274
7.3.2 Anwendungen in der Formerei 274
7.3.3 Anwendungen im Modellbau 274
7.3.4 Chemie der Kunststoffe 278
7.3.5 Kunststoffherstellung 279
7.3.6 Physikalisches Verhalten 280
7.4 Metalle 281
7.4.1 Grundlagen Metalle 281
7.4.2 Eisenwerkstoffe 283

7.4.2.1 Roheisenerzeugung ... 283
7.4.2.2 System Eisen-Zementit ... 285
7.4.2.3 Stahl ... 286
7.4.2.4 System Eisen-Grafit ... 290
7.4.2.5 Gusseisen ... 291
7.4.2.6 Temperguss GJMW und GJMB ... 298
7.4.2.7 Schneidstoffe ... 299
7.4.2.8 Wärmebehandlung von Eisen-Kohlenstoff-Werkstoffen ... 301
7.4.3 Nichteisenmetalle und ihre Legierungen 304
7.4.3.1 Leichtmetalle und ihre Legierungen ... 304
7.4.3.2 Schwermetalle und ihre Legierungen ... 311
7.5 Gussfehler ... 314
7.6 Korrosion ... 318
7.7 Qualitätstechnik ... 319
7.7.1 Qualitätsmanagement ... 319
7.7.2 Werkstoffprüfung ... 321
7.8 Wiederholungsfragen zu Kapitel 7 ... 325

8 Ergänzende Grundlagen und Techniken

8.1 Grundlagen Fertigungstechnik ... 326
8.1.1 Einführung ... 326
8.1.2 Umformen ... 327
8.1.3 Spanende Bearbeitung ... 328
8.1.3.1 Keil als Werkzeugschneide ... 328
8.1.3.2 Winkel an der Werkzeugschneide ... 328
8.1.3.3 Meißel ... 329
8.1.3.4 Sägen ... 329
8.1.3.5 Feilen ... 330
8.1.3.6 Spiralbohrer ... 331
8.1.3.7 Senker ... 332
8.1.3.8 Reibahlen ... 332
8.1.3.9 Gewindeschneidwerkzeuge ... 333
8.1.3.10 Drehen ... 334
8.1.3.11 Fräsen ... 335
8.1.3.12 Bohrmaschine ... 336
8.1.4 Schweißen von Gussteilen ... 337
8.1.5 Mess- und Anreißtechnik ... 342
8.1.5.1 Prüfen ... 342
8.1.5.2 Messmethoden ... 342
8.1.5.3 Prüfmittel ... 343
8.2 Chemie ... 347
8.2.1 Allgemeines ... 347
8.2.2 Elemente ... 347
8.2.3 Chemische Verbindungen ... 347
8.2.4 Chemische Umsetzungen ... 348
8.2.5 Säuren – Basen – Salze ... 351
8.3 Elektrotechnik ... 352
8.3.1 Allgemeines ... 352
8.3.2 Stromkreis ... 353
8.3.3 Stromarten ... 355
8.3.4 Spannungserzeugung ... 355
8.3.5 Elektrische Unfälle ... 356
8.4 Steuerungstechnik ... 358
8.4.1 Steuern und Regeln ... 358
8.4.2 Pneumatik ... 359
8.4.3 Elektropneumatik ... 364
8.4.4 Hydraulik ... 368
8.5 Speicherprogrammierbare Steuerungen (SPS) ... 370
8.5.1 Einführung ... 370
8.5.2 Analoge und digitale Signale ... 371
8.5.3 Aufbau einer SPS ... 372
8.5.4 Arbeitsweise einer SPS ... 373
8.5.5 Programmierung einer SPS ... 374
8.5.6 Ablaufsteuerungen ... 378
8.5.7 STEP 7 ... 380
8.5.8 Aufbau eines SPS-Programms mit Programmbausteinen ... 381
8.6 Rechnerunterstützte Verfahren ... 384
8.6.1 Allgemeines zur Computertechnik ... 384
8.6.2 Flächenhafte 3D-Messtechnik ... 387
8.7 Automatisierung in der Gießerei ... 389
8.7.1 Allgemeines ... 389
8.7.2 Allgemeines zum Roboter ... 390
8.7.3 Aufbau des Roboters ... 390
8.7.4 Roboter im Gießereibetrieb ... 391
8.8 Gießprozess-Simulation ... 394
8.8.1 Grundlagen ... 394
8.8.2 Gussteilauslegung ... 397
8.8.3 Gießprozessoptimierung ... 400
8.8.4 Simulation der gesamten Prozesskette . 402
8.8.5 Implementierung der Gießprozess-Simulation im Unternehmen ... 404
8.9 Additive Fertigungsverfahren ... 405
8.9.1 Begriff ... 405
8.9.2 Geschichtliche Entwicklung ... 405
8.9.3 Vorteile des Verfahrens ... 405
8.9.4 3D-Druckverfahren in der Gießerei ... 406
8.9.5 Additives Verfahren für Feinguss ... 408
8.9.6 Laser-Sinter-Verfahren ... 409
8.10 Industrie 4.0 hält Einzug in die Gießerei 410

9 Sponsoren

9.1 Werbeseiten ... 413
9.2 Bild- und Textquellenverzeichnis ... 449
9.3 Sachwortverzeichnis ... 451

1 Formtechnik mit Technischer Kommunikation

1.1 Geschichtliche Entwicklung des Formens und Gießens

■ Gießen damals und heute

Fundstücke aus dem vorderen Orient zeigen, dass es den Menschen bereits vor rund 5000 Jahren gelang, Gegenstände aus Metall herzustellen. Beginnend mit einfachen Werkzeugen aus schwer verarbeitbarem Kupfer wurde durch die Technik des Legierens mit Zinn Bronzeguss möglich. Heute wird eine breite Palette von Gusswerkstoffen zu endabmessungsnahen Bauteilen vergossen. Die Gießereiindustrie ist als Primärindustrie heute wichtiger Zulieferer vieler Branchen.

■ Erste Gießformen

Um Metallschmelze in definierte Formen zu gießen, wurden Gießformen notwendig. Wurden erste einfache Formen noch direkt als Negativformen aus bearbeitbaren Steinen herausgearbeitet, erforderten komplexere Geometrien die Weiterentwicklung des Formenbaues. Die gewünschte Kontur, bei der nun auch Hinterschnitte möglich waren, wurde dann als leicht formbares Wachsmodell erstellt, das in Ton eingeformt und dann ausgeschmolzen wurden. Der verbliebene Hohlraum konnte mit Schmelze ausgegossen werden. Aus diesem Verfahren hat sich das hochmoderne Feingießen entwickelt (siehe hierzu Kapitel 1.3.2.2).

■ Schmelz- und Legierungstechnik

Beginnend mit den im Altertum verwendeten Tiegelöfen mit Holzkohle als wichtigstem Energieträger hat sich die Ofentechnik bis heute weiterentwickelt. Je nach Werkstoff werden heute meist elektrische Energie, neben gießereitechnischen Gas oder Koks als Energieträger eingesetzt. Moderne Steuerungs- und Regeltechnik erlaubt genaueste Temperaturführung.

■ Gießereiberufe

Die früher sehr handwerklich geprägten Berufsbilder **Former** und **Gießer** haben sich aufgrund des technischen Fortschritts der Gießereitechnik und der Anlagentechnik zu komplexen Berufen entwickelt. Zu den immer noch wichtigen handwerklichen Fähigkeiten sind die Bedienung komplexer Anlagen und die Verarbeitung von prozessrelevanten Daten hinzugekommen. Typische moderne Gießereiberufe sind Gießereimechaniker(in), Gießereiingenieur(in) und Laborberufe für die Metallurgie und die Formstoffe.

Bild 1: Schmelzen und Gießen in Ägypten 1450 v. Chr.
Bild oben: Arbeiten am Tiegelfeuer und Betätigen der Blasebälge
Bildmitte: Abnehmen des Schmelztiegels
Bild unten: Gießen einer Tempeltür und Transportarbeiten

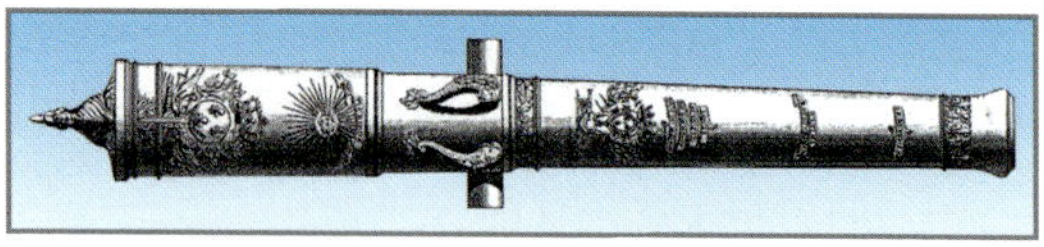

Bild 2: Geschützrohr – typisches Gussteil des Mittelalters

Bild 3: Gießen heute: automatisiert und programmiert

Entwicklungen zur Industrie 4.0

Unter „industriellen Revolutionen" sind verschiedene Epochen gemeint, in denen wichtige Erfindungen und Entwicklungen in Technik, Produktivität und Wissenschaften gemacht wurden. Tiefgreifende Veränderungen sollten dadurch erreicht werden, bedingt durch Bevölkerungszuwachs und Veränderungen von Arbeitsbedingungen. Aus diesem Grund werden diese Epochen auch als „Revolution" bezeichnet.

1. Industrielle Revolution

Die 1. Industrielle Revolution begann Ende des 18. Jahrhunderts mit der Mechanisierung der Produktion. Erfindungen wie die Dampfmaschine und ihrer Anwendung im Lokomotivbau werden häufig als Symbol der 1. Industriellen Revolution angesehen. Kennzeichnend ist auch die aufstrebende Textilindustrie mit ihren Webereien. Werkstätten mit mechanisch angetriebenen Werkzeugmaschinen waren ebenso neu. Für alle diese Neuerungen wurden Gussteile benötigt, so dass in Folge die ersten industriellen Gießereien, mit einfachen Maschinen (Seite 68, Bild 2) zur Verdichtung von Formstoffen entstanden.

2. Industrielle Revolution

Kennzeichnend für die 2. Industrielle Revolution Ende des 19. Jahrhunderts ist die Serien- und Massenfertigung. Die Fließbandfertigung des Ford Modell T, genannt Tin Lizzy, ist das bekannteste Beispiel. Auch in den Gießereien begann die Serienfertigung mit einfachen Formanlagen.

3. Industrielle Revolution

Automatische Steuerungen der Maschinen kennzeichnen in den 70iger Jahren die 3. Industrielle Revolution. Computer Steuerungen übernehmen den Fertigungsablauf von den Handsteuerungen. In der Gießerei beginnt der Siegeszug von automatischen Gießanlagen. Die Gießereiprodukte erreichen konstant höchste Qualität.

4. Industrielle Revolution

Als Ausbau der Digitalisierung bis hin zur totalen Vernetzung könnte man die 4. Industrielle Revolution bezeichnen, die im Moment in vollem Gange ist (Kap. 8.10). Die Erfassung von Produktionsdaten und der Datenaustausch aller vernetzten Komponenten ermöglichen Sichtbarkeit und Transparenz der Parameter, um daraus Prognosen und entsprechende Handlungen abzuleiten. Für die Gießerei Industrie bietet dies ein wertvolles Potential zur Verbesserung der Produktionsprozesse und Steigerung der Energie- und Ressourceneffizienz und zur automatischen Regelung von Prozessparametern.

Bild 1: Eines der frühesten Beispiele für die Gießereimechanisierung ist vor 1890 die Gießerei der Westinghouse Corp. Bei Pittsburg/USA

Bild 2: Moderne Kernfertigung

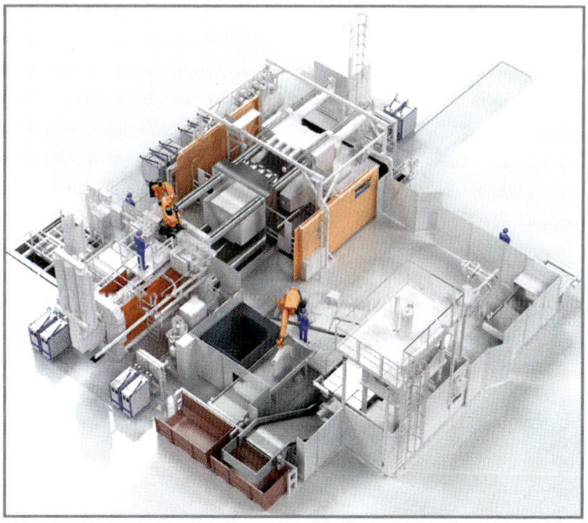

Bild 3: Moderne Druckgussfertigung

Zeittafeln Geschichte

Der Fachausschuss Geschichte im VDG (Verein Deutscher Gießereifachleute) hat für die Geschichte des Formens, der Schmelztechnik und der Gusswerkstoffe Zeittafeln erarbeitet. Diese schließen in gekürzter Form das Kapitel „Geschichtliche Entwicklung des Formens und Gießens" ab.

Formen (Beispiele)	
5000 v. Chr.	Steinformen in Vorderasien
3000 v. Chr.	Wachsausschmelzverfahren in Vorderasien und Indien
1500 v. Chr.	Blasebälge statt Blasrohre in Ägypten
1500 v. Chr.	Erste Rennfeuer zur Eisenverhüttung in Vorderasien
1800 v. Chr.	Älteste Sandsteingießform in Mitteleuropa (Olmütz)
1250 v. Chr.	Metallische Dauerform aus Bronze für Beile in Uelzen
300 v. Chr.	Metallische Kokillen für Eisenguss in China
1100 n. Chr.	Erste schablonierte Formen für Bronzegrapen
1400	Drehspindel-Schablonenformen von Geschützrohren
1827	Erfindung der Modellplatte in der „Rote Hütte", Harz
1872	Erste Formmaschine mit mech. Verdichtung (Seboldt)
1944	Croning-Grundlagenpatent f. d. Maskenformverfahren
1950	Kernschießmaschine von Hansberg

Öfen und Schmelztechnik (Beispiele)	
5000 v. Chr.	Gold wird in Vorderasien geschmiedet und gegossen
3000 v. Chr.	Tiegelöfen zum Schmelzen von Bronze in China
500 v. Chr.	Keltische Schmelzfeuer der La-Tène-Zeit
1500 n. Chr.	Herd-Flammöfen in Glocken- und Kanonengießereien
1700	Ersatz von Holzkohle durch Koks in englischen Hochöfen
1700	Wilkinson-Schachtofen – Vorläufer des Kupolofens
1864	Siemens-Martin-Ofen (Gebr. Siemens, Pierre Martin)
1865	Erster Kupolofen mit integriertem Eisensammelraum
1879	Erster Lichtbogen-Schmelzofen (Werner v. Siemens)
1908	Erster Netzfrequenz-Induktionsrinnensofen
1912	Erster ölbeheizter Ofen zum Eisenschmelzen
1935	Erster Netzfrequenz-Induktionstiegelofen

Gusswerkstoffe (Beispiele)	
5000 v. Chr.	Gegossenes und geschmiedetes Gold in Vorderasien
3000 v. Chr.	Bronzegüsse (Cu-As-Pb) in Indien und Mesopotamien
2700 v. Chr.	Beginn der Kupferzeit in Europa
1100 v. Chr.	Beginn der europäischen Eisenzeit
500 v. Chr.	Beginn des Eisengusses in China
1400 n. Chr.	Beginn des Eisengusses in Europa
	Gusseiserne Geschützrohre und Kugeln
1630	Erstes englisches Patent zum Tempern von Gusseisen
1800	Entdeckung der Leichtmetalle (Ti 1791, Mg 1808, Al 1825)
1845	Erster Formguss aus Tiegelstahl (J. Mayer, J.C. Fischer)
1909	Erste Magnesium-Gusslegierung
1921	Verwendung von Aluminium als Gusswerkstoff
1942	Arbeiten zur Herstellung von Temperguss

Bild 1: Mesopotamischer Kupferguss 2000 v. Chr.

Bild 2: Skytischer Goldkamm 400 v. Chr.

Bild 3: Hildesheimer Dom, Bronzeguss 1225 n. Chr.

1.2 Grundlagen der Formtechnik

1.2.1 Werdegang eines Gussteils

Konstruktion

In der Konstruktionsabteilung wird entschieden, ob ein Produkt durch Gießen, Schmieden, Schweißen oder durch Zerspanen hergestellt wird.

Auch der Konstrukteur muss die Grundlagen der Formtechnik kennen, damit er das Gussteil so konstruiert, dass es sich mit dem geringsten Aufwand formen lässt.

Modellbau

Im Modellbau nimmt das Gussteil erstmals dreidimensionale Gestalt an. Heute werden vielfach CNC-Maschinen zur Modellfertigung eingesetzt. Der Modellbauer fertigt nach der vorliegenden Zeichnung oder CAD-Vorgaben eine Modell-Einrichtung, die meist aus Modell und zugehörigen Kernkästen besteht. Die Zeichnung, nach welcher der Modellbauer arbeitet, unterscheidet sich von der Konstruktionszeichnung durch form- und gießereitechnische Ergänzungen wie Formschräge, Teilung und Kerne sowie die Bearbeitungszugabe.

Entsprechend dem verwendeten Modellwerkstoff werden die Modelle als Holz-, Kunststoff-, Schaumstoff- oder Metallmodelle bezeichnet.

Formerei

Mithilfe des Modells werden in der Formerei die Formen hergestellt. Formen sind Negative, sie enthalten den auszugießenden Hohlraum, der das zukünftige Gussteil ergibt. Die mit Modellen hergestellten Formen bestehen aus Formstoffen wie z.B. tongebundenem Quarzsand. Er erhält seine Festigkeit durch Verdichten. Dies geschieht in der Handformerei durch Aufstampfen und in der Maschinenformerei mit Formmaschinen durch Pressen, Schießen, Rütteln oder durch Impuls. Bei kunstharzgebundenen Formstoffen erfolgt die Verfestigung durch Aushärten.

Kernmacherei

Die Hohlräume eines Gussstückes können durch Kerne gebildet werden. Kerne sind Verkörperungen der Hohlräume und bestehen aus Formstoff. Zur Herstellung der Kerne benötigt man sogenannte Kernkästen, die in der Serienfertigung auch als Kernformwerkzeuge bezeichnet werden. Damit die Kerne in die Form eingelegt werden können, müssen Form und Kern eine Kernlagerung aufweisen.

Die Abteilung in der Formerei, welche die Kerne herstellt, wird als Kernmacherei bezeichnet.

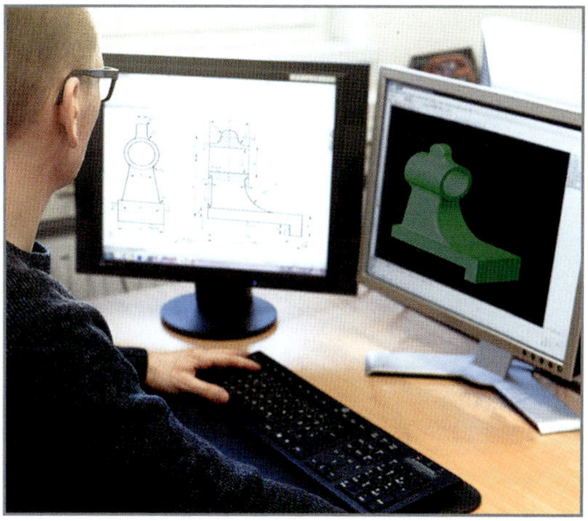

Bild 1: Konstruktion

Bild 2: Modelle und Kernkästen aus Holz und Kunststoff

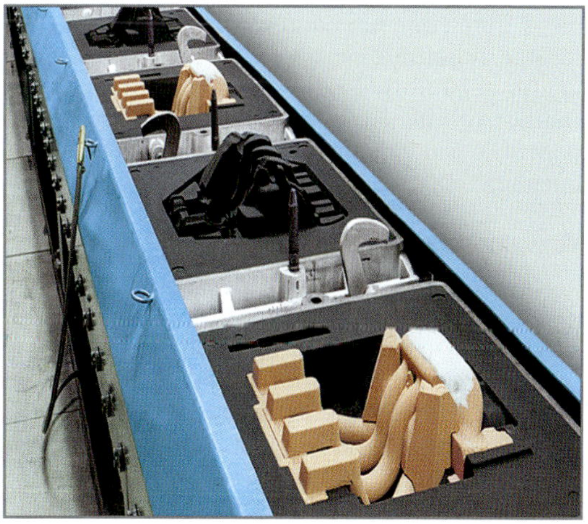

Bild 1: Formhälften mit eingelegten Kernen in einer automatischen Formanlage

1

Schmelzen

Das zum Abgießen der Gussteile erforderliche flüssige Metall wird in der Schmelzerei aus Masseln, Rücklaufmaterial und teilweise Schrott erschmolzen. Das Zusammensetzen dieser Rohstoffe wird als Gattieren bezeichnet (Bild 1). Für Eisengießereien ist der älteste und am meisten verbreitete Schmelzofen der Kupolofen, zunehmend wird jedoch auch hier der Induktionstiegelofen verwendet. Für Stahlguss kommt überwiegend der Lichtbogenofen und für die Nichteisenmetalle der öl-, gas-, oder widerstandsbeheizte Tiegelschmelzofen zur Anwendung. Seltener wird mit dem Drehtrommelofen erschmolzen.

Bild 1: Gattieren der für das Schmelzen notwendigen Rohstoffe

Gießen

Das Gießen ist der eigentliche Höhepunkt bei der Herstellung eines Gussteils. Allerdings beansprucht der Vorgang als solcher nur kurze Zeit, je nach Gussgewicht liegt die benötigte Zeit für das Füllen einer Form zwischen dem Bruchteil einer Minute und einigen Minuten. Um das flüssige Metall von den Schmelzöfen zu der gießfertigen Form und über das Eingusssystem in das Innere der Form zu bringen, werden Kranpfannen, Stopfenpfannen, Handpfannen oder andere Gießgefäße benützt. Vor dem Gießen erfolgt oft noch eine Schmelze-Behandlung wie beispielsweise das Impfen.

Bild 2: Gießen

Auspacken

Nach ausreichender Zeit für das Erstarren und Abkühlen der Gussteile erfolgt das Auspacken. Unter Auspacken versteht man das Freilegen des Gussteils von Formkasten und Formstoff. Während dieser Vorgang früher mithilfe des Pressluftmeißels erfolgte, geschieht dies heute vorwiegend auf dem Rüttelrost. Der Formstoff fällt dabei durch den Rost und kann der Wiederaufbereitung zugeführt werden, während das Gussteil weiter gekühlt und der Putzerei zugeführt wird. Häufig wird die Form auch aus dem Kasten ausgedrückt und vollends in einer Schwingtrommel ausgepackt.

Gussputzerei

In der Gussputzerei wird das Gussteil von Einguss- und Speisersystem, Gussgrat und Formsandresten befreit. Beim Strahlputzen werden körnige, metallische Strahlmittel mit hoher Geschwindigkeit auf die zu reinigende Oberfläche geschleudert, während beim Nassputzen der Vorgang mit einem Hochdruckwasserstrahl durchgeführt wird. Grate und Unebenheiten werden durch Schleifen beseitigt, hier werden auch bereits Manipulatoren eingesetzt.

Bild 3: Gussputzen

1.2.2 Formherstellung

Die Voraussetzung, um ein Gussteil herstellen zu können, ist das Vorhandensein einer Form. Die Form enthält das zukünftige Gussteil als Hohlraum, sie ist deshalb das Negativ des Gussteils.

Möglichkeiten der Formherstellung

Um den Hohlraum einer Form herzustellen, können zwei grundlegende Möglichkeiten angewandt werden:

- Bei **Dauerformen,** wie sie bei Kokillen und Druckguss notwendig sind, wird der Hohlraum meist aus einem Stahlblock zerspanend herausgearbeitet. In eine solche Dauerform werden immer wieder Gussteile gegossen und anschließend entformt (siehe Kap. 2.2 und 2.3).
- Bei **verlorenen Formen** wird mithilfe eines **Modells** der Hohlraum in den **Formstoff** geformt. Das Modell ist wie das Gussteil ein Positiv. Naturmodelle sind hierbei um das Schwindmaß größer, Kernmodelle besitzen außerdem noch Kernmarken.

Um den Hohlraum in den Formstoff zu formen, wurden ursprünglich einfache, flache Modelle in den Sand gedrückt und anschließend gezogen. Heute wird der Formstoff auf das Modell geschüttet und entweder durch Verdichten oder durch Aushärten verfestigt. Durch Ziehen des Modells aus der Form oder Abheben der Form vom Modell entsteht dann beim Formen der Hohlraum.

Entformbarkeit der Modelle

Das Entformen der Modelle ist nur möglich, wenn die Form nach oben offen ist. Das kann man auch erreichen, wenn man Form und Modell teilt. Die Teilfläche wird dadurch zur offenen Seite, an der das Modell herausgezogen wird. Formschräge, Lackierung und Trennmittel dienen ebenfalls zur leichteren Entformung der Modelle aus der Form.

Formung der Hohlräume durch Kerne

Hohlräume in Gussteilen können durch Kerne gebildet werden. Das sind Körper mit der Form des Hohlraumes bestehend aus Formstoff. Die Kerne werden in Kernkästen hergestellt, indem der Formstoff in diese gefüllt und verfestigt wird. An Stelle von Stampfen wird hierzu heute oft Schießen in Verbindung mit chemischer Aushärtung angewandt. Damit der Kern maßgerecht in die Form eingelegt und während des Gießvorganges nicht mehr verrückt werden kann, erhält er eine Kernlagerung. Diese Verlängerung des eigentlichen Hohlraumes wird an Modell und Kernkasten als Kernmarke bezeichnet.

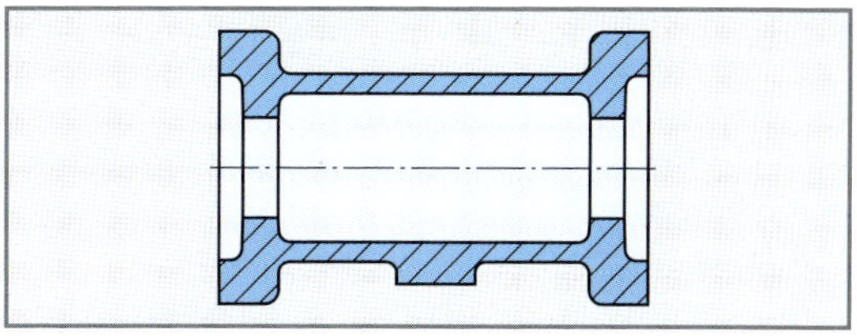

Bild 1: Gussteil

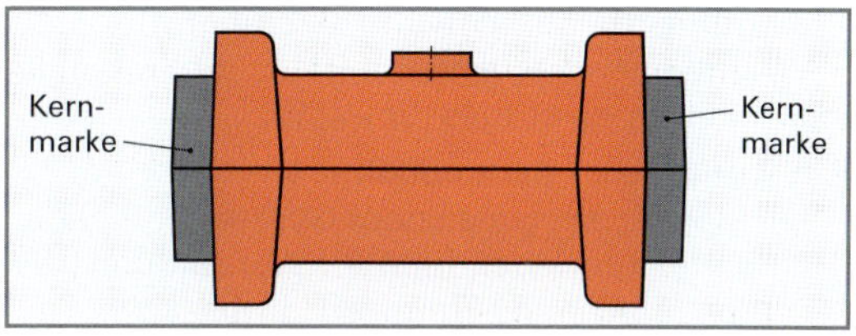

Bild 2: Modell zweiteilig

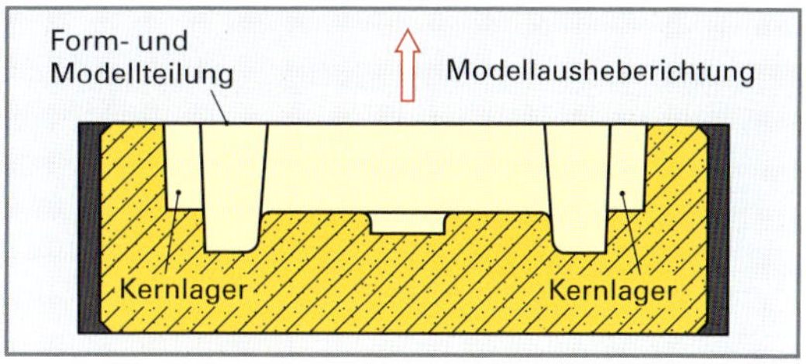

Bild 3: Formhälfte

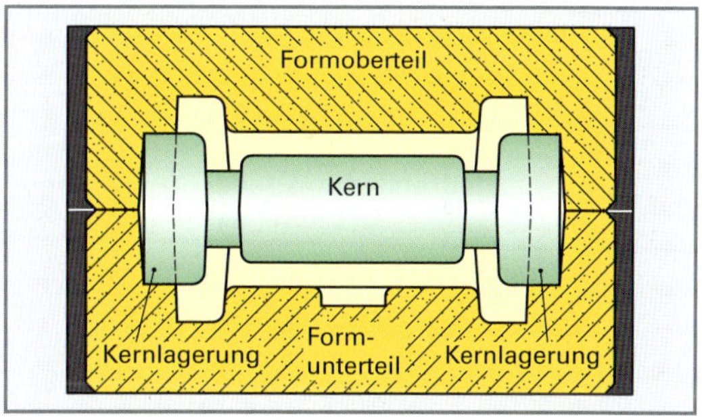

Bild 4: Formkasten zweiteilig mit eingelegtem Kern

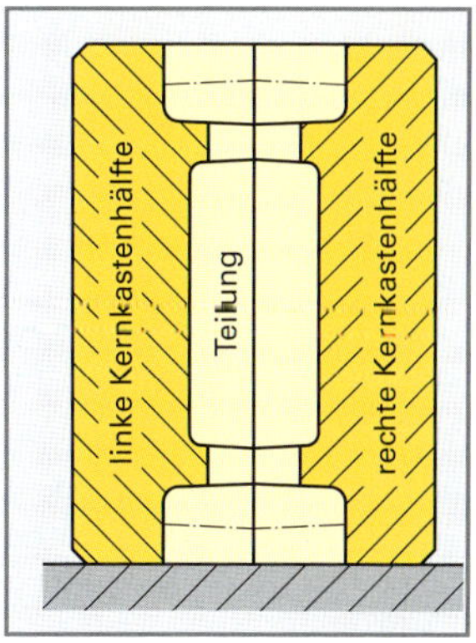

Bild 5: Kernkasten zweiteilig

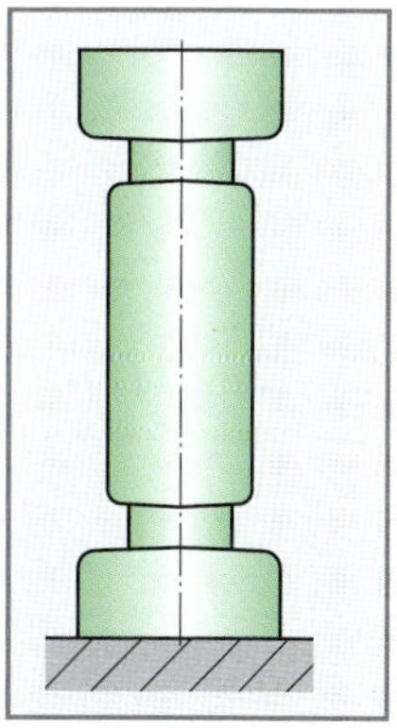

Bild 6: Kern entformt

1

1.2.3 Gießereimodelle – Arten

Zur Herstellung der Verlorenen Formen werden vom Modellbau Gießereimodelle gefertigt. Unterscheidung siehe Bild 1.

- **Dauermodelle – Verlorene Modelle**
  Modelle, die mehr als einmal eingeformt und wieder ausgeformt werden, sind **Dauermodelle.** Dagegen werden **Verlorene Modelle** nur einmal eingeformt, bei Polystyrolschaummodellen vergast oder herausgeschnitten und beim Feingießverfahren ausgeschmolzen.
- **Naturmodell – Kernmodell**
  Ein Modell, das genau dem Gussteil entspricht, ist ein Naturmodell (Bild 2). Werden dagegen Außen- und Innenkonturen durch Kerne gebildet, so handelt es sich um ein **Kernmodell.** Dieses ist an den schwarz gestrichenen Kernmarken (Bild 3) zu erkennen.
- **Modellarten nach Werkstoff**
  Holzmodelle sind bei Güteklasse H3 und H2 aus Weichhölzern und bei den Güteklassen H1 aus Harthölzern und Hartholzfurnierplatten hergestellt. Holzmodelle kommen neben allgemeinem Einsatz besonders für große Abmessungen, als Hohlmodelle zur Anwendung.

  Kunstharzmodelle werden aus Epoxydharz und Polyurethanharz mithilfe von Negativen abgegossen. Sie werden für höchste Stückzahlen bis zu einigen zehntausend Abformungen eingesetzt.

  Metallmodelle kommen bei Verfahren mit Heißaushärtung wie z. B. Croning zur Anwendung.

  Polystyrolschaumstoffmodelle werden beim Vollformverfahren und beim Lost-Foam-Verfahren (Seite 49 und 50) in der Form gelassen und durch die Schmelze vergast. Aber auch lackiert, als Dauermodell, kommt dieses Modell für Stückzahlen bis meist 10 zur Anwendung.

  Hohlbauweise – Massivbauweise
  Kleine oder mittlere Modelle werden ohne Hohlraum, d. h. als Modell in **Massivbauweise,** und Großmodelle mit Hohlraum, d. h. als Modell in **Hohlbauweise,** ausgeführt. Durch Hohlbauweise verringern sich Gewicht und Kosten. Diese Modelle werden in Rahmenbauweise mit Beplankung oder ähnlich aufgebaut.

  Handmodelle – Maschinenmodelle
  Handmodelle sind für das Handformen und **Maschinenmodelle** für das Formen an Formmaschinen und automatischen Formanlagen bestimmt.
- **Modelle durch Additive Verfahren/3D-Druck**
  Modelle können auch durch Additive Verfahren erzeugt werden. Bei den Additiven Verfahren wird das Modell schichtweise entsprechend der Daten aufgebaut (siehe Kap. 8.9).

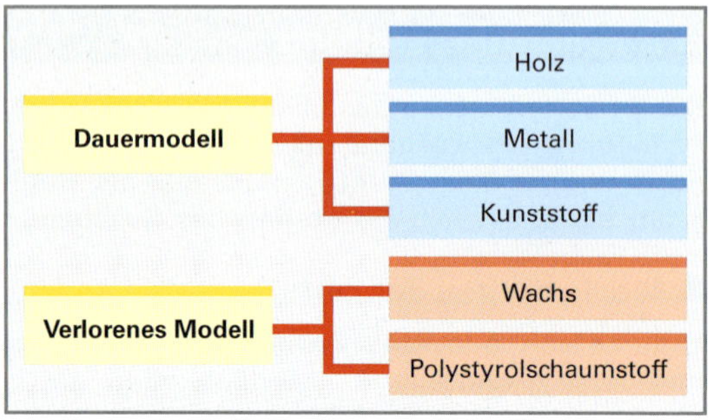

Bild 1: Modelle und ihre Werkstoffe

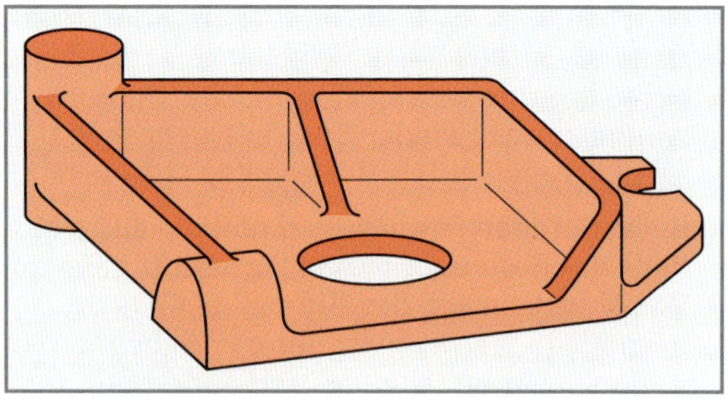

Bild 2: Naturmodell

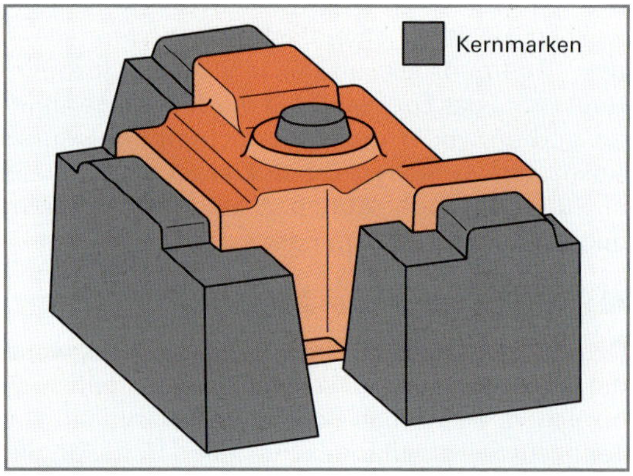

Bild 3: Kernmodell

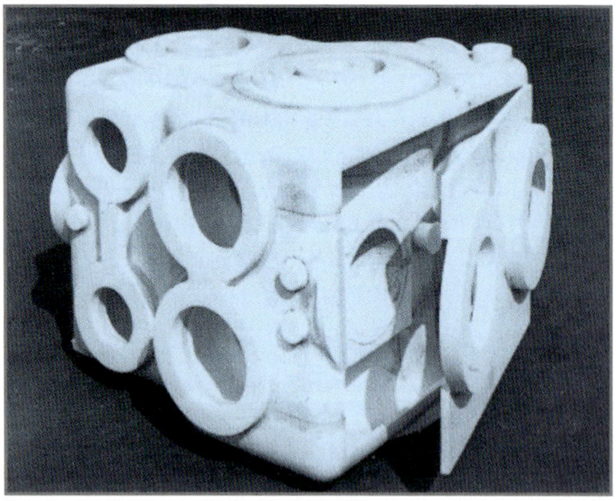

Bild 4: Schaumstoffmodell

1

1.2.4 Farbkennzeichnung der Modelle

Die Modelllackierung hat drei Hauptaufgaben:

- Erleichterung des Aushebens aus der Form
- Schutz vor Formstoff und Witterung
- Kennzeichnung

Die Kennzeichnung eines Modells erfolgt einerseits durch eine Modellnummer, die den Zusammenhang zwischen Modell und Begleitpapieren herstellt. Andererseits kann durch eine Farbkennzeichnung nach EN 12890 besonders dem Handformer eine einfache Arbeitsanweisung gegeben werden.

Zunächst erkennt der Former am Farbton der **Grundfarbe,** welche Gruppe von Gießmetall verwendet wird (Tabelle 1), an den meist gelben oder auch roten Strichen, wo das Gussteil bearbeitet wird, und an den schwarzen Flächen, wo der Kern eingelegt wird. Darüber hinaus sind die folgenden Kennzeichnungen für den Handformer besonders wichtig:

Stellen für Abschreckkörper

Eine Materialanhäufung kann im Gussstück zu Lunkern führen. Abhilfe sind Speiser, Kühlkörper für innere Kühlung und Abschreckkörper für äußere Kühlung.

Die Abschreckkörper werden zuerst als Modell angefertigt. Sie müssen dabei an das Modell angepasst werden. Nach dem Abgießen werden sie vom Former mit dem Modell eingeformt. Damit er die richtige Stelle kennt, wird sie am Modell farblich gekennzeichnet (Bild 1).

Hohlkehlen

Bei Großmodellen mit sehr wenigen Abgüssen wird gelegentlich die Ausführung der Hohlkehlen dem Former überlassen. Am Modell wird dies durch eine gestrichelte Linie und die Angabe des Radius gekennzeichnet.

Dämmteile

Dünne Holzmodelle müssen oft durch eine Leiste gegen Verziehen gesichert werden. Diese Leiste wird zwar abgeformt, darf aber nicht abgegossen werden. Der entsprechende Formhohlraum muss deshalb mit Formsand zugedämmt werden. Solche Teile werden als Dämmteile bezeichnet und mit schwarzen Schrägstrichen gekennzeichnet.

Kennzeichnung

Außer der üblichen Modellnummer können weitere Angaben wie Zeichnungsnummer, Kennung des Bestellers, Werkstoff-Spezifikation und Datum als Kennzeichnung herangezogen werden. Statt Lackschrift ist heute das Aufkleben von Kunststoffbuchstaben üblich.

	Grundfarben für Modelle, Kernkästen, Ziehkanten	**am Gussteil zu bearbeitende Flächen**	**Stellen für Abschreck körper**
Gusseisen mit Lamellengrafit	rot	gelb	blau
Gusseisen mit Kugelgrafit	violett	gelb	rot
Stahlguss	blau	gelb	rot
Temperguss	grau	gelb	rot
Schwermetall	gelb	rot	blau
Leichtmetall	grün	gelb	blau
Leichtmetall	grün	gelb	blau

Tabelle 1: Unterscheidende Farbkennzeichnung der verschiedenen Gusswerkstoffe

Kernmarken und Lage des Kernes auf Teilflächen	schwarze Fläche
Sitzstellen loser Modellteile und zu entfernende Schrauben	schwarz umrandet
Speiser	gelbe Streifen
zu bearbeitende kleine und mittlere Flächen	Flächen ganzflächig, sonst Striche Farbe siehe Tab. 1
Aushebeeinrichtung mit Gewinde	Angabe der Gewindegröße z. B. M 10 auf Modellfläche

Tabelle 2: Gemeinsame Kennzeichnung

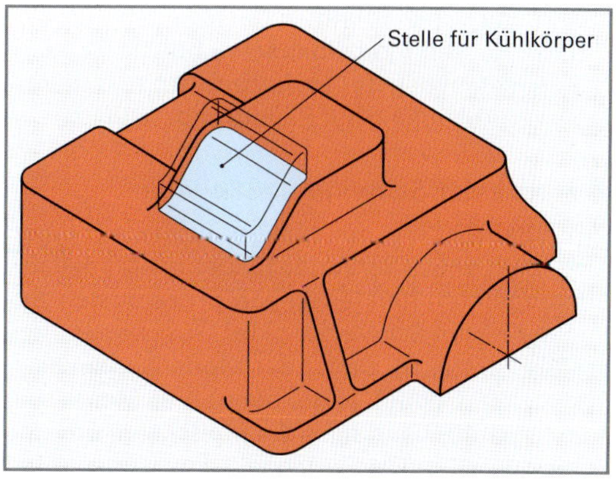

Bild 1: Kühlkörper-Kennzeichnung am Modell

1.2.5 Modellzugaben

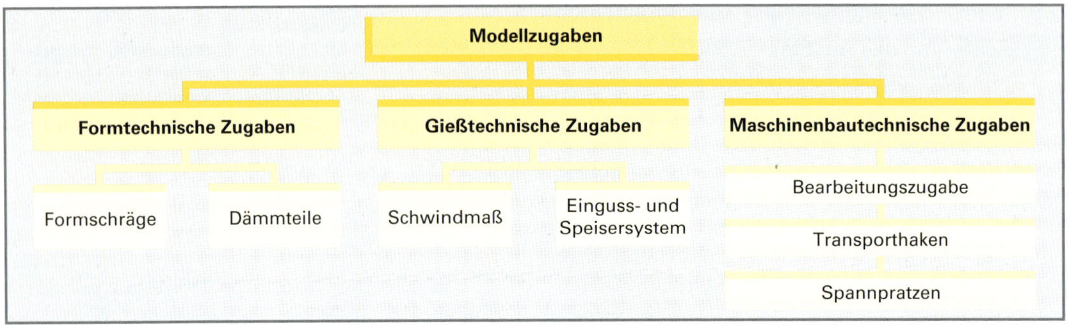

Schwindmaße

Alle geschmolzenen Metalle und Legierungen ziehen sich bei der Abkühlung zusammen. Es handelt sich dabei um eine temperaturabhängige Volumenverminderung. Hierbei wird zwischen drei Phasen unterschieden (Bild 1):

- flüssige Schrumpfung
- Erstarrungs-Schrumpfung
- feste Schwindung

Schwindungsbereiche

- **Die flüssige Schrumpfung**
  Diese zuerst einsetzende Schrumpfung ist trotz ihrer Größe ohne Belang, weil sie praktisch innerhalb des Eingusssystems nach der Wirkung der kommunizierenden Röhren ausgeglichen wird.
- **Die Erstarrungs-Schrumpfung**
  Diese Phase muss besonders vom Gießer beherrscht werden, hier können sonst bei ungenügender Speisung an Wanddickenanhäufungen Lunker (Schwindungshohlräume) entstehen. Durch gießtechnische Maßnahmen muss der Gießer dafür sorgen, dass die Lunker außerhalb des Gussteiles liegen (Bild 2).
- **Die feste Schwindung**
  Diese für den Modellbauer wichtigste Schwindung setzt nach der Erstarrung ein und dauert bis zur Abkühlung auf Raumtemperatur.

Zweck der Schwindmaßzugabe

Um in der Gießerei maßhaltige Gussteile fertigen zu können, muss der Modellbauer die Modelleinrichtungen um den jeweiligen prozentualen Betrag der festen Schwindung des Gusswerkstoffes **größer** herstellen. Damit der Modellbauer rasch und sicher arbeiten kann, benutzt er Mess- und Anreißgeräte, bei denen die Maßskalen um das Schwindmaß größer hergestellt sind, sogenannte Schwindmaßstäbe.

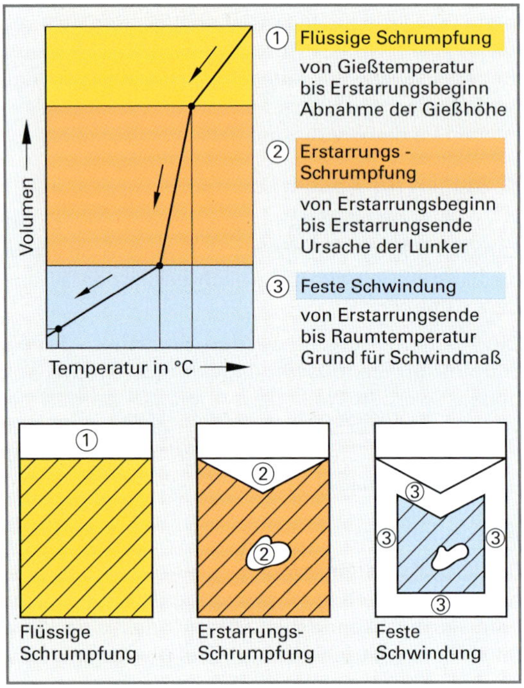

Bild 1: Bereiche der Schwindung beim Abkühlen von Metallen

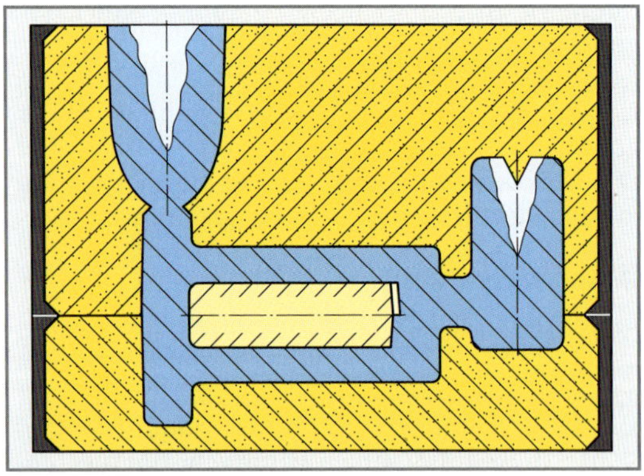

Bild 2: Schwindungshohlraum im Speiser

Größe des Schwindmaßes

Die Größe des Schwindmaßes ist ganz besonders vom Gusswerkstoff abhängig, deshalb muss sich der Modellbauer vor dem Bau des Modells über den vorgesehenen Gusswerkstoff informieren, um dann mit dem erforderlichen Schwindmaßstab zu arbeiten.

Anhaltspunkte, nach denen sich der Modellbauer bei der Festlegung der Größe des Schwindmaßes richtet, enthält die EN 12890.

In Tabelle 1 werden die durchschnittlichen Erfahrungswerte der festen Schwindung von allen üblichen Gusswerkstoffen in Prozenten angegeben, erweitert um mögliche Abweichungen.

Gusswerkstoff	Richtwert in %	Mögliche Abweichung in %
Gusseisen		
mit Lamellengrafit	1,0	0,5 ... 1,3
mit Kugelgrafit, ungeglüht	1,2	0,8 ... 2,0
mit Kugelgrafit, geglüht	0,5	0,0 ... 0,8
Stahlguss	2,0	1,5 ... 2,5
Manganhartstahl	2,3	2,3 ... 2,8
Temperguss weiß (GJMW)	1,6	1,0 ... 2,0
schwarz (GJMB)	0,5	0,0 ... 1,5
Aluminium-Gusslegierungen	1,2	0,8 ... 1,5
Magnesium-Gusslegierungen	1,2	1,0 ... 1,5
Kupferguss (Elektrolyt)	1,9	1,5 ... 2,1
Kupfer-Zinn-Leg. (**Bronze**)	1,5	0,8 ... 2,0
Kupfer-Zinn-Zink-Leg. (**Rotguss**)	1,3	0,8 ... 1,6
Kupfer-Zink-Leg. (**Messing**)	1,2	0,8 ... 1,8
Sondermessing-Guss (Cu-Zn-Mn(Fe-Al))	2,0	1,8 ... 2,3
Mehrstoff-Aluminiumbronzen	2,1	1,9 ... 2,3
Zinkguss-Legierungen	1,3	1,1 ... 1,5
Weißmetall (Blei-Zinn)	0,5	0,4 ... 0,6

Tabelle 1: Schwindmaßrichtwerte und mögliche Abweichungen

Behinderte Schwindung

Der Prozentsatz der Schwindung ist jedoch nicht nur vom Gusswerkstoff abhängig, sondern auch von der konstruktiven Gestalt (Bild 1), den Wanddicken der Gussstücke sowie von den Festigkeitswerten der Gießform.

In der Praxis kommen deshalb auch von der Norm abweichende Schwindmaße zur Anwendung. Wegen unterschiedlicher Wanddicken und wegen Materialanhäufungen an bestimmten Stellen der Gussstücke ist ein gleichzeitiger Ablauf der Erstarrung nicht gewährleistet. Daraus ergeben sich Spannungen, Formveränderungen und manchmal auch Risse am Gussstück.

Eine gießgerechte Konstruktion, welche eine gleichgerichtete Erstarrung durch möglichst gleichmäßige Wanddicken anstrebt, kann solche Auswirkungen vermeiden helfen.

Eine Behinderung der Schwindung wird durch sehr fest verdichtete Formen, getrocknete Formen und durch sehr feste, harte Kerne verursacht. Auch die oft bei großen Kernen notwendigen Kernarmierungen (Kerneisen) können die Schwindung behindern und vermindern.

In kritischen Fällen sollte man vorher mit den zuständigen Gießereifachleuten sprechen und sich dann an die angegebenen Erfahrungswerte halten. Nicht selten kann hierbei das Schwindmaß für die Länge anders angegeben sein als für die Breite und Höhe des Modells.

Bild 1: Schwindung und Gussstückform

Schwindmaße für Kokillen- und Druckguss

Absolut unnachgiebige metallische Dauerformen, wie sie für das Kokillen und Druckgießen erforderlich sind, wirken sich sehr hemmend auf den Schwindungsvorgang aus. Deshalb werden beim Bau von solchen Gießwerkzeugen geringere Schwindmaße als beim Sandguss berücksichtigt (Tabelle 2).

Gießwerkstoff	Schwindmaße in % für Kokillenguss	Druckguss
Reinaluminium	0,7 ... 1,2	
Aluminium-Legierungen:		
G-Al Si 12, G-Al Si 10 Mg	0,6 ... 0,8	0,5 ... 0,7
G-Al Si 5 Mg, G-Al Si 6 Cu 4, G-Al Si 7 Mg, G-Al Si 7 Cu 3	0,5 ... 0,9	0,5 ... 0,7
G-Al Mg 3, G-Al Mg 5, G-Al Mg 10	0,5 ... 0,9	0,6 ... 1,0
G-Al Cu 3 Ti, G-Al Cu 4 Ti Mg	0,5 ... 0,9	
Magnesium-Legierungen	0,8 ... 1,2	0,8 ... 1,2
Kupfer-Legierungen:		
Guss-Zinnbronze, Rotguss	1,0 ... 1,4	
Guss-Messing	0,8 ... 1,2	0,7 ... 1,2
Guss-Sondermessing (Al-, Mn-legiert)	1,4 ... 2,0	0,8 ... 1,6
Guss-Aluminiumbronze	1,4 ... 2,0	
Blei-Legierungen	0,3 ... 0,6	0,3 ... 0,6
Zinn-Legierungen	0,3 ... 0,6	0,2 ... 0,5
Zink-Legierungen	0,6 ... 1,0	0,4 ... 0,6

Tabelle 2: Schwindmaße für Kokillen- und Druckguss

Formschräge

Durch Neigung der in Ausheberichtung senkrechten Flächen erhalten Modelle und Formen eine **Formschräge.** Dadurch entfällt beim Ausheben ein wesentlicher Teil der Reibung, die Gefahr der Formbeschädigung wird geringer. Die Formschräge, auch Formkonus genannt, wird nach Bild 1 in drei Möglichkeiten ausgeführt. Dabei ergeben sich unterschiedliche Abweichungen vom Zeichnungsmaß *N*. Meist wird die Formschräge als Materialzugabe ausgeführt. An Kernmarken, Aufstampfböden und Dämmteilen ist die Formschräge größer als an Gusskonturen der Modelle, an Dauerformen geringer.

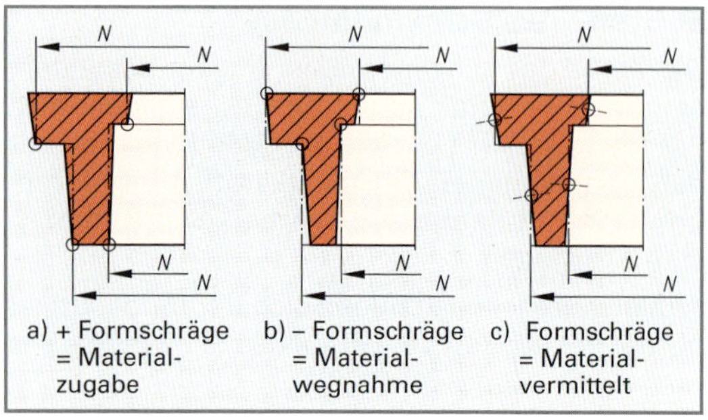

Bild 1: Die drei Ausführungsmöglichkeiten der Formschräge

Höhe in mm	Formschräge in mm
bis 30	1 bis 1,5*
über 30 bis 80	2 bis 2,5*
über 80 bis 180	2,5 bis 3*
über 180 bis 250	3 bis 4*
über 250 bis 1000	+ 1,0 je 250 Höhe
über 1000 bis 4000	+ 2,0 je 1000 Höhe

* abhängig vom Formverfahren, Genaueres siehe EN 12890

Tabelle 1: Formschräge an Modellen nach EN 12890

Höhe in mm	Schräge in Grad	
bis 70	5°	An den Oberteil-Kernmarken wird in der Regel eine größere Schräge angebracht, z. B. 8°, 10° oder 15°.
über 70	3°	

Tabelle 2: Formschräge für Unterteil-Kernmarken

Bearbeitungszugaben (Bild 1, S. 19)

Gussteile müssen zur spanenden Bearbeitung durch Drehen, Fräsen, Schleifen usw. eine Zugabe von einigen Millimetern erhalten. Die Flächen, die eine solche Bearbeitungszugabe erhalten sollen, sind in der Zeichnung nach DIN ISO mit Symbolen wie in Bild 2 versehen. Bei zu geringer Zugabe kann durch Verzug, Schwindung u. a. Einflüsse das Werkzeug oft nicht mehr im Material arbeiten. Bei zu großer Zugabe werden die Bearbeitungskosten zu groß.

Eine optimale Zugabe richtet sich daher nach folgenden Abhängigkeiten:

- Werkstückgröße
  Je größer die Werkstückabmessung, umso größer ist die Bearbeitungszugabe.
- Gusswerkstoff
  Bei Stahlguss ist die Zugabe größer als bei Gusseisen, bei Leichtmetall geringer.
- Lage der Bearbeitungsflächen
  Die spezifisch leichteren Verunreinigungen der Schmelze wie Schlacke, Oxide und Schaum können sich im Oberteil ablagern, deshalb ist die Bearbeitungszugabe bei Großmodellen im Oberteil oft größer.
- Formverfahren
  Handformverfahren, Vollformen weisen mehr Zugabe als Maschinenformverfahren auf.

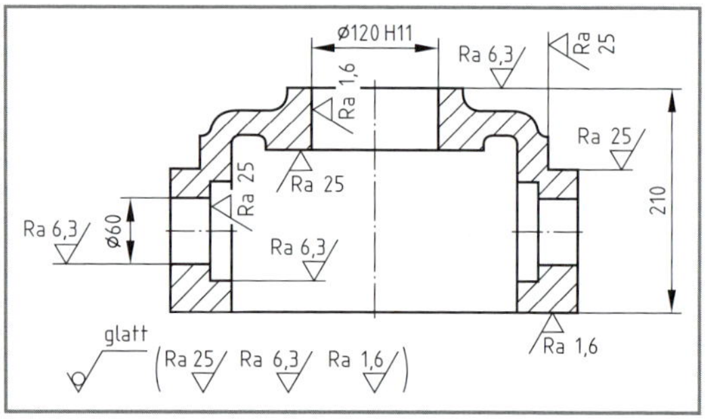

Bild 2: Symbole zur Angabe der Oberflächenbeschaffenheit nach DIN ISO 1302 (neu)

Maschinenbautechnische Zugaben

Zum Bearbeiten müssen die Gussteile auf dem Maschinentisch festgespannt werden. Hierzu sind oft zusätzliche Auflagen und Spannelemente, wie in Bild 3 links, erforderlich. Zum Transport mit dem Kran sind für große Gussteile häufig Haken und Schwenkzapfen notwendig (Bild 3 rechts).

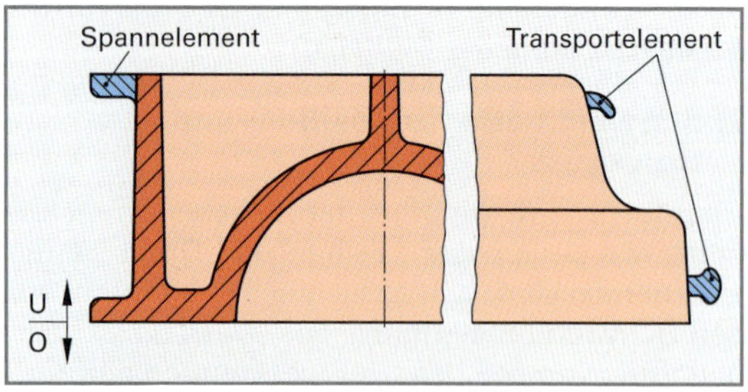

Bild 3: Maschinenbautechnische Zugaben (als Schaumstoff-Modellteile)

Gießtechnische Zugaben

Das Einguss- und Speisersystem kann z. B. bei Stahlguss bis 50 % des Gussgewichtes betragen.

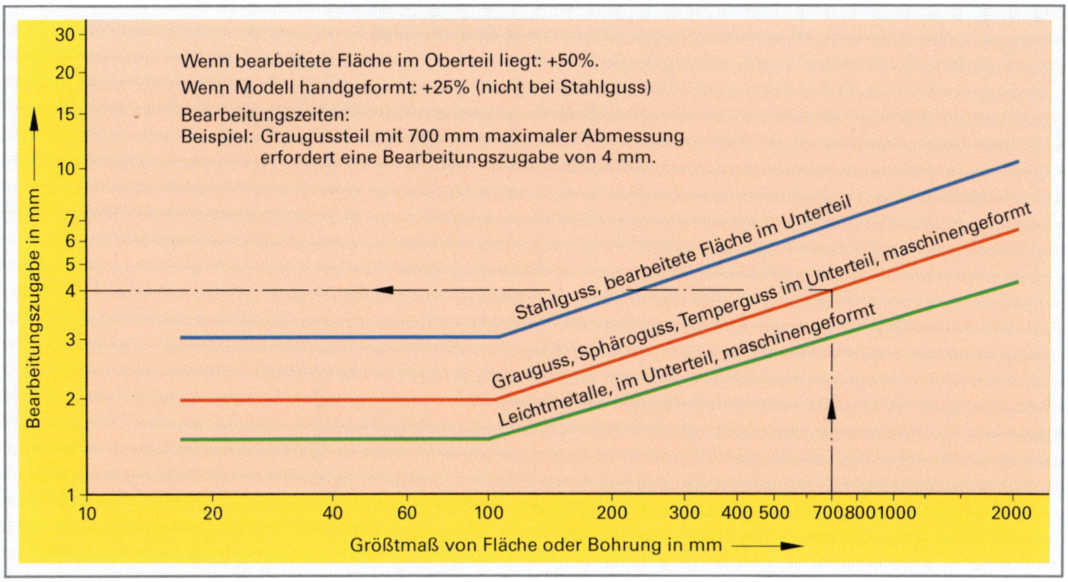

Bild 1: **Bearbeitungszugaben**

Bearbeitungsflächen – Abgrenzung

Wird eine Bearbeitungsfläche durch einen Kern begrenzt, dann ist darauf zu achten, dass das Nennmaß auch bei einer etwas unterschiedlichen Bearbeitung unverändert bleibt (Bild 3).

Kantenabrundungen

Das Modell soll, außer an den Teilflächen, abgerundete Kanten haben. Dadurch wird das Ausheben des Modells aus dem Formsand erleichtert, ebenso läuft das Gießmaterial an Rundungen sicherer aus als in scharfen Ecken. Auch die Gefahr der Rissbildung am Gussteil ist bei abgerundeten Kanten geringer. Um den **Sandkanteneffekt** zu vermeiden, werden Kanten ebenfalls abgerundet:

Beim Sandkanteneffekt führt der Wärmestau zu einer Überhitzung an der scharfen Kante. Hier können sich im Formstoff Gase entwickeln, die in den Gießwerkstoff eindringen und damit möglicherweise zu blasigen Stellen bzw. Blaslunkern führen.

Die **Kanten der Bearbeitungszugaben** müssen aus den gleichen Gründen abgerundet werden, eventuell entstehende Ecken werden mit einer Ausrundung (Hohlkehle) versehen. Empfehlenswert ist eine Abrundung mit R = 1/2 bis 1/3 der Bearbeitungszugabe (Bild 4a).

Wenn größer abgerundet wird, dann besteht besonders bei geringen Bearbeitungszugaben die Gefahr, dass bei Beschädigung dieser Modellflächen auch die Fertigteilflächen davon erfasst und unsauber werden (Bild 4b). Selbstverständlich soll auch eine genügend große Formschräge bei den Bearbeitungszugaben angebracht werden.

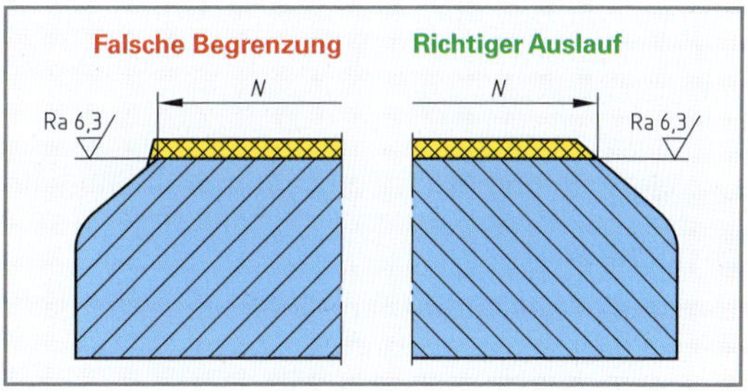

Bild 2: **Bearbeitete Flächen mit anschließenden Schrägen**

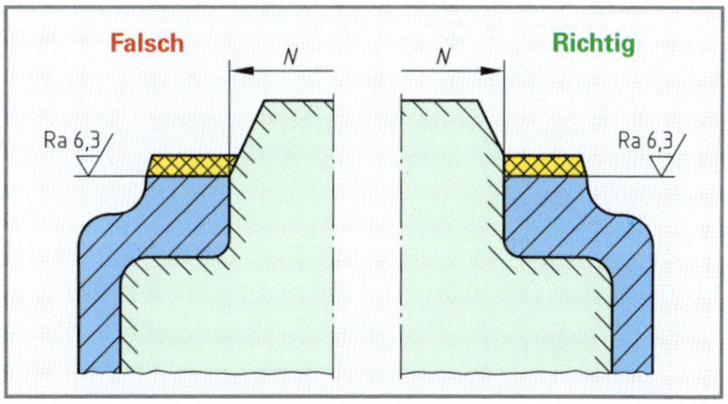

Bild 3: **Beginn der Kernmarken an den Bearbeitungsflächen**

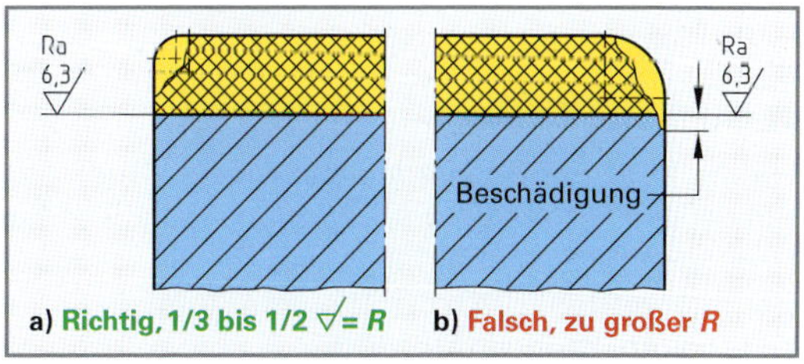

Bild 4: **Kantenabrundung an Bearbeitungszugaben**

1.2.6 Form- und Modellteilung

Zweck der Form- und Modellteilung

Modelle und Formen benötigen eine ebene Fläche zum Aufstampfen und zum Entformen. Diese ebene Fläche muss gleichzeitig die größte Querschnittsfläche sein, die sich von hier aus durch Konus oder Konturänderung verjüngt.

Liegt die ebene Fläche mit größtem Querschnitt nicht an einer Modellaußenseite wie in Bild 1 oder 2, so muss eine solche Aufstampf- und Entformungsebene geschaffen werden.

Konturen, die sich nicht verjüngen, werden als **Hinterschneidungen** bezeichnet und sind so nicht entformbar (Bild 5).

Möglichkeiten der Form- und Modellteilung

Das Formen von Herdplatten in offenen Herdformen ist ein geschichtliches Beispiel für Formen mit einteiligem Modell in einteiliger Form. Heute ist der Normalfall die Verwendung einer zweiteiligen Form mit zweiteiligem Modell oder auch mit einteiligem Modell.

Anstatt einer waagerechten Teilung arbeiten insbesondere manche Formanlagen mit vertikaler Form- und Modellteilung (Bild 4).

Drei- und mehrteilige Formen, wie in Bild 3 dargestellt, sind Sonderfälle der Handformerei. Durch Formen mit Außenkernen oder durch Vollformen wird diese komplizierte Formerarbeit heute meist vermieden.

Die Bilder 2 und 3 zeigen, dass die Anzahl und die Lage von Teilungen an Form und Modell nicht immer übereinstimmen.

Losteile

Die bereits beschriebenen Hinterschneidungen werden oft durch Augen und ähnliche Konturen verursacht. Kann die Teilung nicht durch diesen Querschnitt gelegt werden, so wird die Kontur als Losteil ausgeführt.

Ein gutes Losteil besitzt eine Schwalbenschwanzführung, das Anstecken der Losteile mit Stiften ist eine schlechte Lösung.

Beim Ausheben des Modells bleibt das Losteil zunächst in der Form. Nach diesem Arbeitsgang wird dann das Losteil, wie in Bild 5b gezeigt, zuerst waagerecht nach innen und dann nach oben ausgeformt.

Bedingt durch die im Folgenden angeführten **Nachteile** werden Losteile meist durch Außenkerne vermieden:

- sie können beim Formen verrutschen
- sie erfordern zusätzliche Formerarbeit
- beim Ausheben kann die Form beschädigt werden
- die Losteilführung kann klemmen
- sie verschleißen vor dem Modell
- sie können verloren gehen

Unebene Teilungen

Häufig liegt bei Gussteilen der größte Querschnitt nicht in einer Ebene. Die Formteilung muss dann wie in Bild 1 der folgenden Seite durch eine Strichpunktlinie dargestellt, als **unebene Teilung** ausgeführt werden. Um trotzdem eine Aufstampf- und Ausformebene zu erhalten, kann ein **Unterbau** das Modell entsprechend ergänzen (siehe folgende Seite).

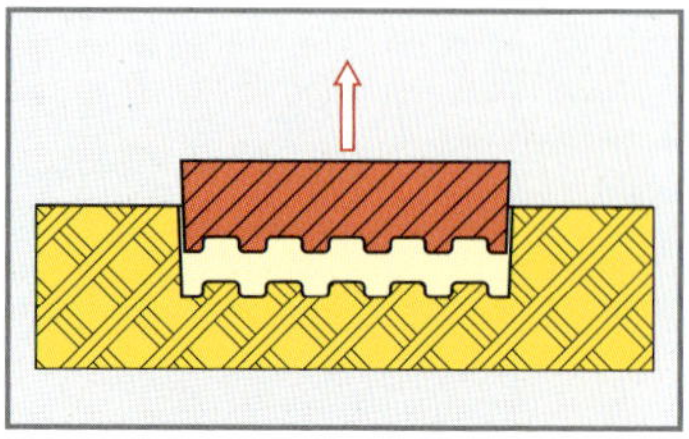

Bild 1: Offene Herdform Modell einteilig, beim Entformen dargestellt

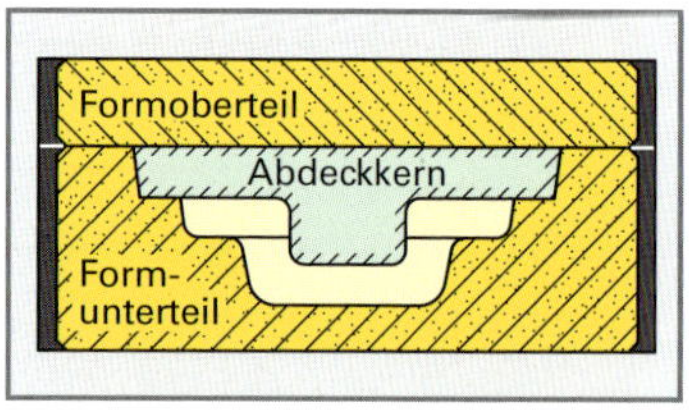

Bild 2: Zweiteilige Kastenform Modell einteilig, bereits entformt, Abdeckkern eingelegt

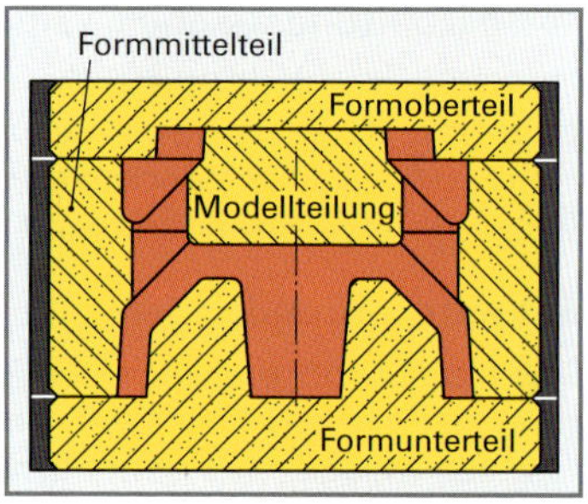

Bild 3: Dreiteilige Kastenform mit zweiteiligem Modell, noch nicht entformt

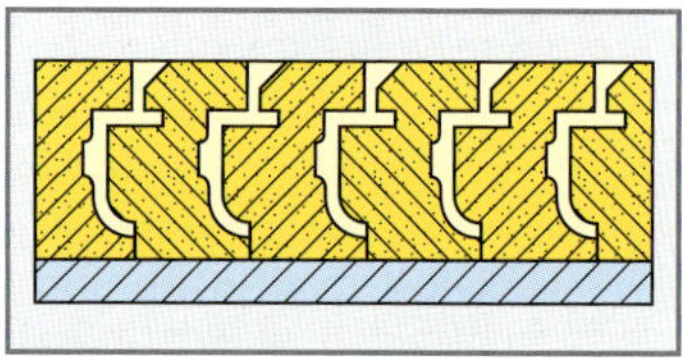

Bild 4: Form mit vertikaler Teilung als Formenstrang

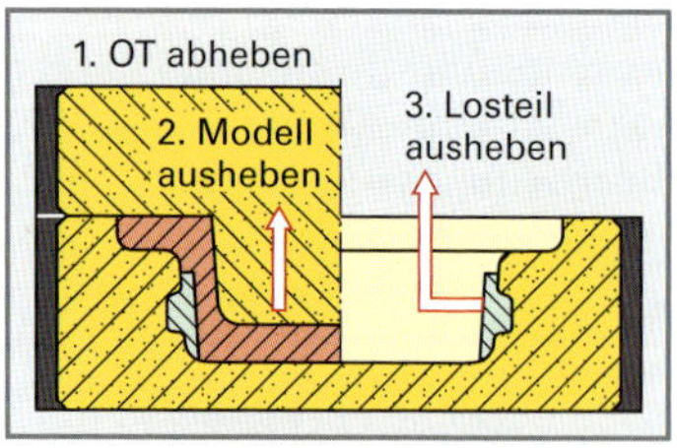

Bild 5: Formen mit Losteil
a) Modell eingeformt
b) Modell ausgeformt

Aufstampfboden (Bild 1)

Für geringe Gussstückzahlen werden in der Handformerei Modelle mit Aufstampfböden und -klötzen eingesetzt. Ein **Aufstampfboden** ist ein Unterbau aus Holz, der größer ist als die Gesamtkontur des Modells. Der Arbeitsablauf ist vereinfacht wie folgt:

- Modell mit Aufstampfboden im Unterteil aufstampfen
- Unterkasten wenden
- Aufstampfboden entformen, Kastenoberteil aufsetzen
- Oberteil aufstampfen
- Formoberteil abnehmen
- Modell aus Formunterteil entformen
- Form zulegen und beschweren

Den gießfertigen Formkasten stellt Bild 2 dar.

Aufstampfklotz (Bild 3)

Ein Aufstampfklotz ist ein Unterbau, der nur eine Teilkontur des Modells unterbaut. Die Arbeitsgänge beim Formen entsprechen denen beim Formen mit einem Aufstampfboden. Der Aufstampfklotz ist ebenfalls aus Holz.

Falsches Teil

Nur ausnahmsweise, bei einem Einzelabguss und bei Fehlen von Aufstampfboden oder -klotz, stellt der Former im ersten Arbeitsgang aus **Formsand** einen Modellunterbau her. In der Form ist der als **falsches Teil** bezeichnete Unterbau ähnlich dem Aufstampfklotz oder Aufstampfboden (Bild 1 und 3). Die Arbeitsgänge sind deshalb wieder gleich, ebenso die fertige Form (Bild 4).

Formen mit Außenkern (Bild 5)

Auch der Außenkern stellt einen Unterbau dar und ergibt eine Aufstampf- und Ausformebene. Diese Lösung kommt bei mittleren Gussstückzahlen zur Anwendung.

Modellplatten mit Abballung (Bild 6)

Bei großen Stückzahlen kommen **Modellplatten** zur Anwendung. Sie besitzen bereits die unebene Teilung in Form einer **Abballung**. Somit entfallen sowohl Kernkästen als auch Aufstampfböden und -klötze.

Wiederholungsfragen zu 1.2

1. Welche Bedeutung hat die Modellfarbe „Rot" zur Kennzeichnung der Modelle?
2. Wie werden bei einem Modell für ein Aluminiumgussteil die zu bearbeitenden Flächen gekennzeichnet?
3. Wie groß ist die Schwindmaßzugabe bei einem Modell für ein Aluminiumgussteil?
4. Wovon ist die Größe der Bearbeitungszugabe abhängig?
5. Warum werden Modelle, die früher dreiteilig geformt wurden, heute mit Außenkern geformt?
6. Welche Nachteile haben Losteile?
7. Welcher Unterschied besteht zwischen einem Aufstampfboden und einem falschen Teil?

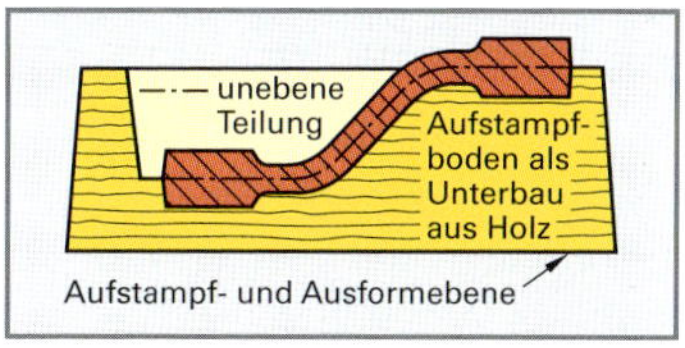

Bild 1: Hebel als Naturmodell mit Aufstampfboden ausgeführt

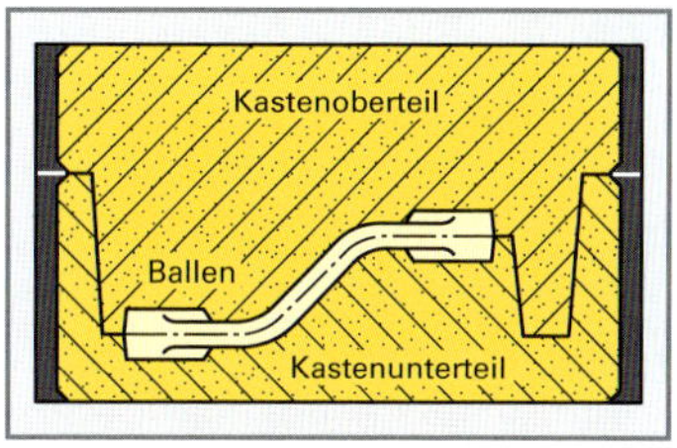

Bild 2: Form mit Modelleinrichtung entsprechend Bild 1 hergestellt

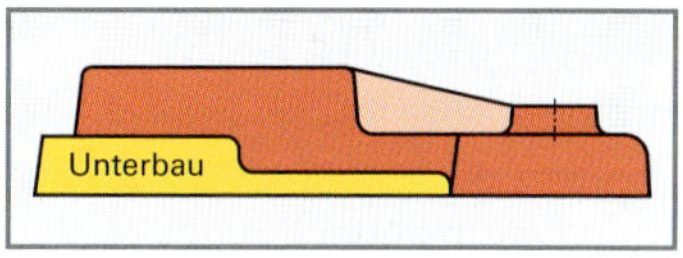

Bild 3: Modell für Konsole, Unterbau: Kern oder Aufstampfklotz oder falsches Teil

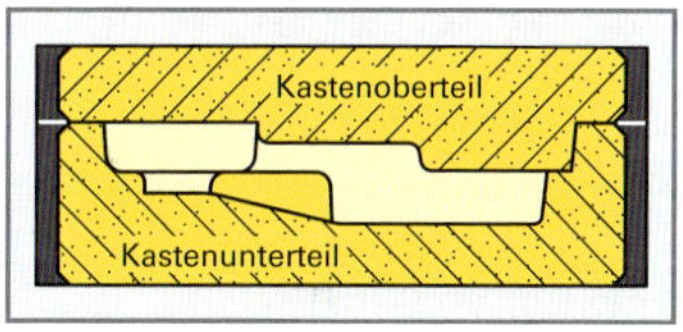

Bild 4: Konsole mit Aufstampfklotz oder falschem Teil geformt

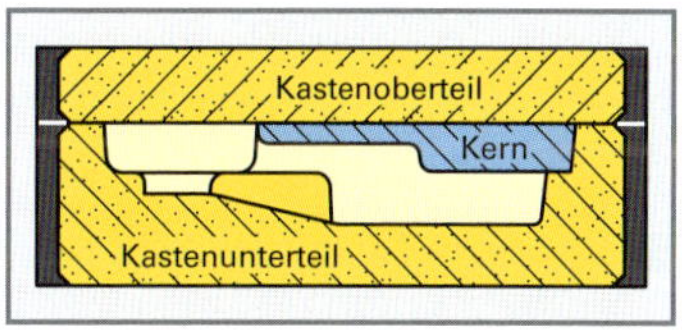

Bild 5: Konsole mit Kern geformt

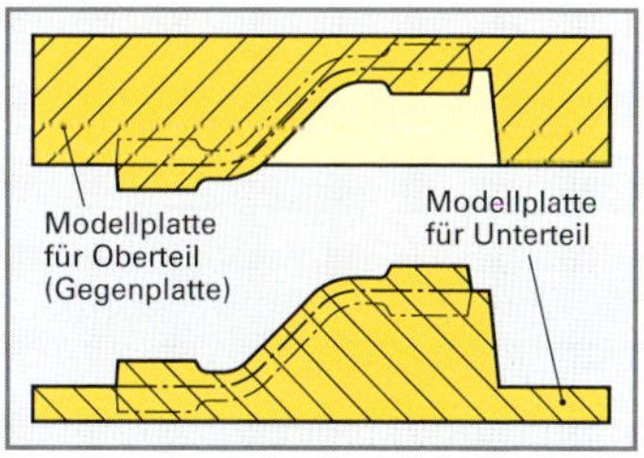

Bild 6: Modellplatten für Hebel zu Bild 1 und 2

1.2.7 Grundlagen der Gießereitechnischen Kommunikation

Für diese Art von Zeichnungen gibt es die Möglichkeit, die DIN-Normen für das Technische Zeichnen und bewährte Regeln aus der Praxis sinnvoll miteinander zu verbinden. Im Unterricht müssen dabei anders als in der Praxis Normen über Ansichten und Schnitte, **DIN 6** und über Linienarten, **DIN 15,** besonders beachtet werden. Unter diesen Voraussetzungen sind hier die folgenden Regeln für gießereitechnische Kommunikation zu Grunde gelegt. Angaben zu Formzeichnungen.

Im **VDG-Merkblatt M150** sind die folgenden Richtlinien festgelegt.

■ Modellplanungszeichnung (Modellfertigungszeichnung)

Die Modellplanungszeichnung, auch Modellfertigungszeichnung genannt, ist die wichtigste Zeichnung der Arbeitsvorbereitung. Sie wird entweder in die Fertigungszeichnung oder auf ein besonderes Blatt gezeichnet.

Vom **Modellriss** unterscheidet sich die Modellplanungszeichnung durch:

- Aufzeichnen auf Papier
- Aufzeichnen ohne Schwindmaß
- Verwendung auch anderer Maßstäbe als 1 : 1

Wie beim Modellriss soll jedoch auch aus der Modellplanungszeichnung die gesamte Form- und Gießtechnik zu ersehen sein.

■ Definition

Damit sich die folgenden Regeln begründen lassen und die DIN-Normen für die Technische Kommunikation angewendet werden können, wird die Modellplanungszeichnung als **Darstellung eines Gussteils mit Sandkernen** definiert.

■ Darstellung der Bearbeitungszugabe

Durch das Ineinanderzeichnen des Gussteiles im Rohzustand und im bearbeiteten Zustand wird die Bearbeitungszugabe sichtbar. Dargestellt werden die Körperkanten eines rohen und eines bearbeiteten Gussteiles. Alle diese **Körperkanten sind breite Volllinien!**

Wird die Bearbeitungszugabe im Schnitt dargestellt, erhält sie eine Kreuzschraffur, diese wird mit schmalen Linien gezeichnet. Die Dicke der Bearbeitungszugabe, nicht die Fläche, wird zur besseren Kennzeichnung häufig in Schnitt und Ansicht rot oder gelb angelegt.

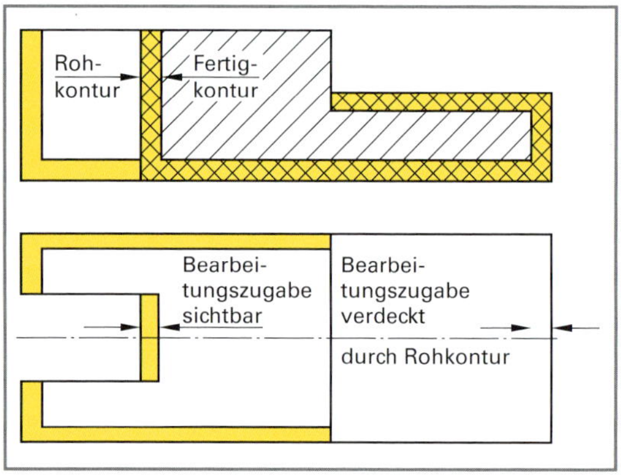

Bild 1: Darstellung der Bearbeitung

■ Darstellung von Teilungen

Durch breite Strichpunktlinien werden Teilungen (O, U), wenn erforderlich, eingezeichnet: Formteilungen, Modellteilungen, Losteile und Kernkastenteilungen (KKT). Durch entsprechende Abkürzungen werden die verschiedenen Teilungen gekennzeichnet. Die breite **Strichpunktlinie** geht nur von Körperkante bis Körperkante.

■ Text zur Modellplanung

Alle gießereitechnischen Angaben wie Schwindmaß, Gussstückzahl, Güteklasse, Anzahl der Kernkästen und Modellart sind in die Modellplanung einzuschreiben.

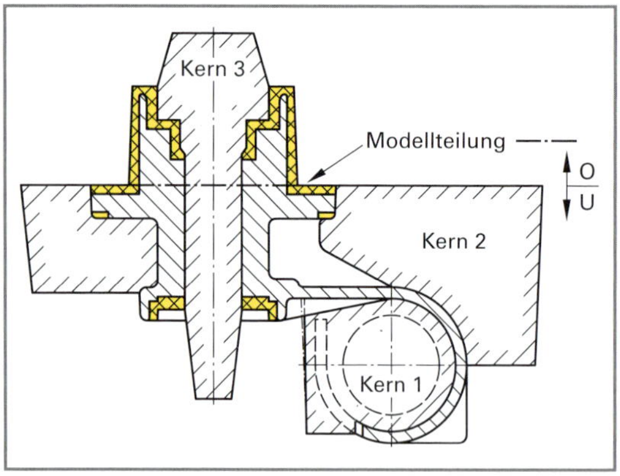

Bild 2: Modellplanung

Darstellung der Formschräge

Bei der Darstellung der Modell-Formschräge in A3-Zeichnungen hat es sich bewährt, eine einheitliche Formschräge von einem Millimeter und bei Kernmarken von fünf Grad zu zeichnen. In den Ansichten, die dem Formschnitt entsprechen, ist die Formschräge stets einzuzeichnen. In der Draufsicht ergeben sich durch die Projektion für jede Formschräge zwei Linien. Aus Gründen der Übersichtlichkeit wird bei Modellen nur die Linie der Modellteilung gezeichnet und die zweite vernachlässigt. Diese Vereinfachung gilt nicht, wenn sehr große Formschrägen, wie z. B. an Kernmarken, Aufstampfböden und Dämmteilen, gezeichnet werden.

Darstellung von Kernen

Im Schnitt wird der **Sandkörper** unter 45° schraffiert. Zur besonderen Kennzeichnung als Kern wird diese Schraffur jedoch als **Randschraffur** von 5 bis 10 mm ausgeführt. Die Randschraffur ist eine **schmale Volllinie** in den Farben Grün oder Schwarz und weiteren Farben für unterschiedliche Kerne.

Werden Modellplanungen als **Ansicht** dargestellt, so ist der Bereich der Kernmarke oder ein Durchbruch im Werkstück als Kern in Ansicht darzustellen. Auch im Schnitt kann der tieferliegende Teil eines Kernes als Ansicht erscheinen. Solche Kernansichten können leicht grau angelegt werden, damit sie nicht mit der Schnittdarstellung verwechselt werden. Durch diese Regeln für die Kerndarstellung werden DIN 6 und DIN 15 eingehalten. So können z. B. **umlaufende Kanten** nur in der Ansicht, nicht in der Schnittdarstellung des Kernes vorhanden sein.

Sandleisten, Druckleisten, Dichtrillen und zusätzliche Formschrägen

In der Modellplanung wird der Kern als Körper abgebildet. Abweichungen der Kernmarken vom Kern müssen deshalb zusätzlich eingezeichnet werden. Am häufigsten unterscheidet sich die Kernmarke vom Kern durch Sandleiste und Druckleiste, Dichtrillen sind seltener. Diese können durch breite Volllinien gekennzeichnet werden. Auch wenn die Kernmarke eine Formschräge besitzt, die nicht am Kern vorhanden ist, wird diese zusätzlich eingezeichnet.

Aufstampfböden und -klötze

Aufstampfböden und -klötze werden als Holzteile eingezeichnet und dargestellt.

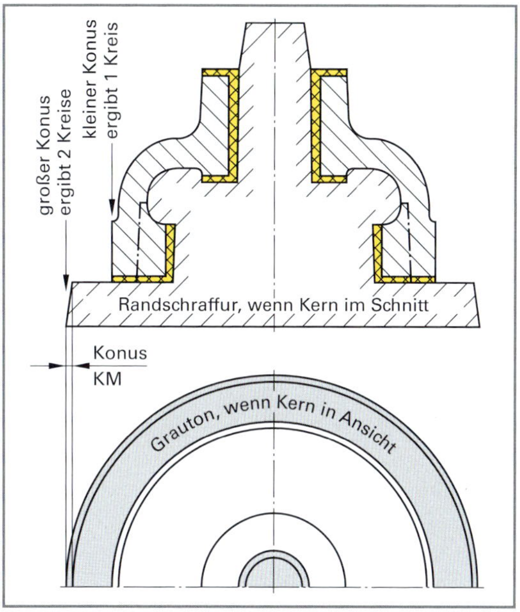

Bild 1: Darstellung von Kernen

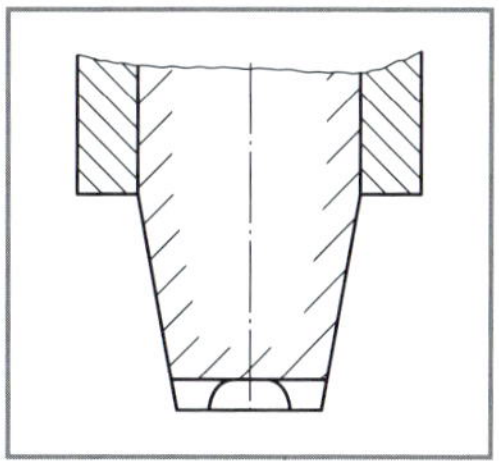

Bild 2: Sandleiste

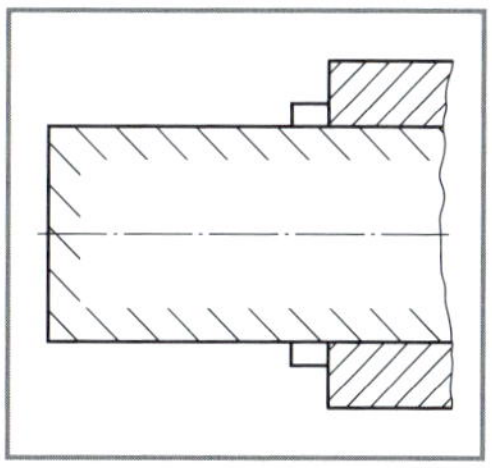

Bild 3: Druckleiste

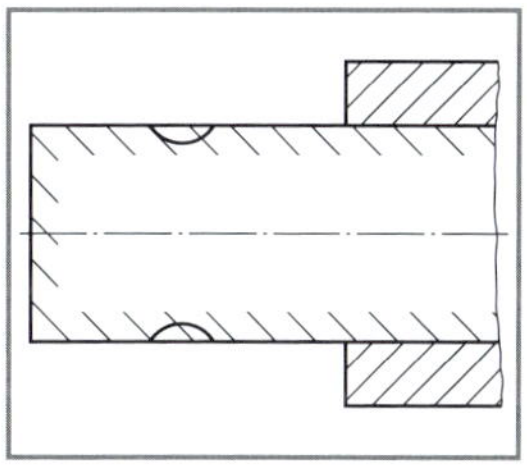

Bild 4: Dichtrille

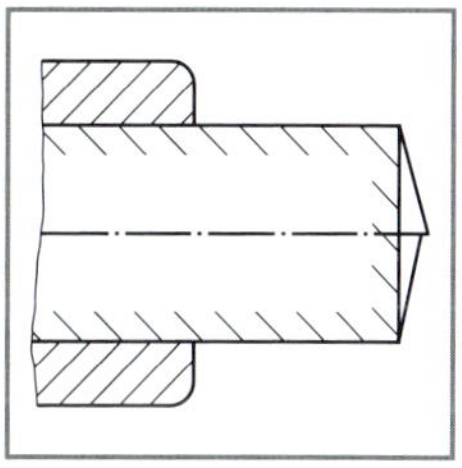

Bild 5: Zusätzliche KM-Schräge

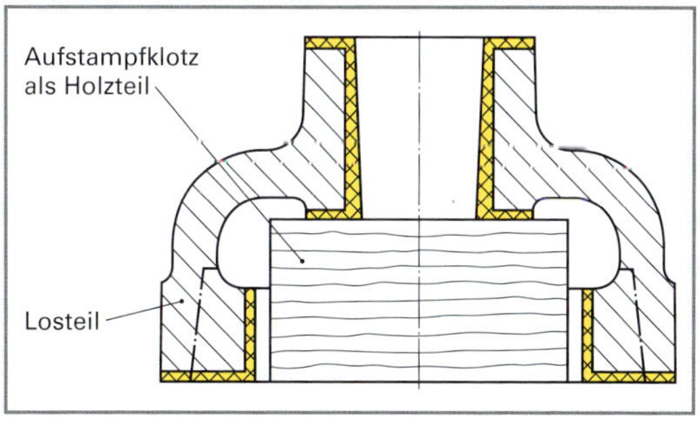

Bild 6: Aufstampfklotz

■ Beispiel für Modellplanungszeichnung

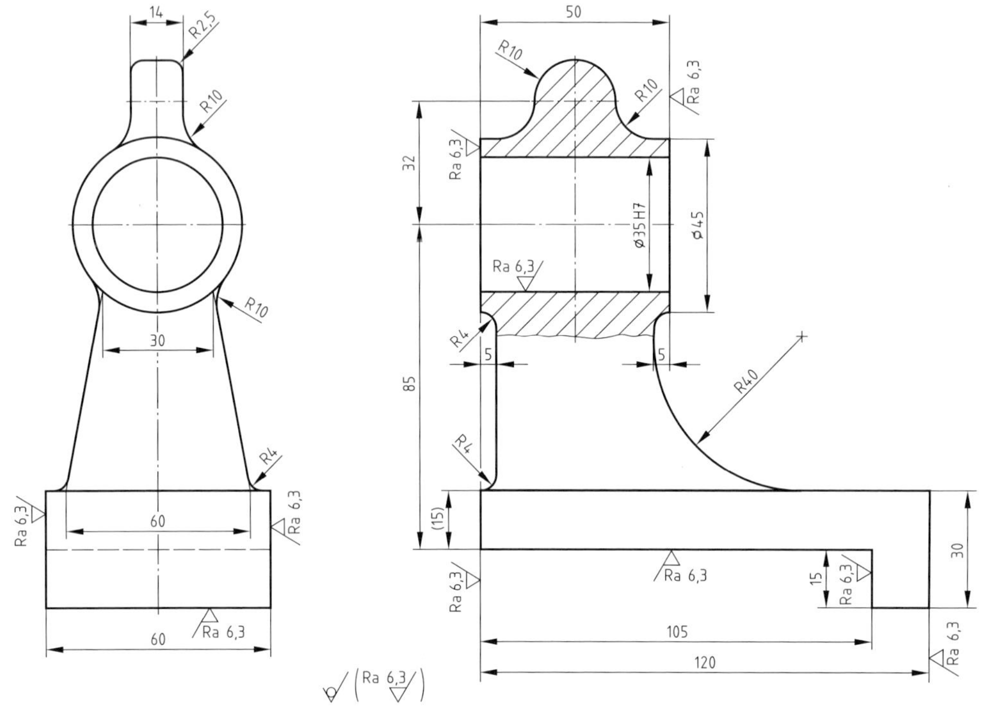

Fertigungszeichnung Support

Diese Fertigungszeichnung dient jeweils als Vorlage zum Einführungsbeispiel der grundlegenden gießereitechnischen Zeichnungen: Für die **Modellplanungszeichnung** ist das Beispiel auf der folgenden Seite und für die **Formzeichnung** auf Seite 40 zu finden.

Gießereitechnische Angaben:

- Bezeichnung des Gussstückes: Support
- Werkstoff des Gussstückes: AC-AlSi12S
- Gussstückzahl: 10
- Formverfahren: Handformverfahren
- Modellart: Modell zweiteilig

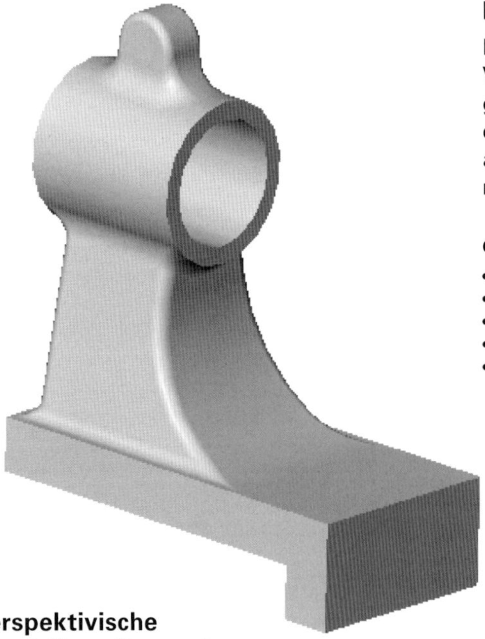

Perspektivische Darstellung Support

Bild 1: Fertigungszeichnung und perspektivische Darstellung Support

Erläuterung zur Modellplanung Support

- **Vorderansicht:**

Diese Ansicht ist, abweichend von der üblichen Darstellung der Fertigungszeichnung, im Schnitt dargestellt. Deshalb kommen dort alle drei Schraffurarten als Kennzeichnung zur Anwendung:

- durchgehende Schraffur für Fertigteil
- Randschraffur für Kern (wird er als Normteil betrachtet, kann er auch in Ansicht dargestellt werden)
- Kreuzschraffur für Bearbeitungszugabe

- **Seitenansicht und Draufsicht:**

In dieser Ansicht sind Schraffuren von Kernen und von Bearbeitung falsch. Kerne können jedoch zur besseren Darstellung in der Ansicht mit einem Raster bzw. bei Schülerzeichnungen mit einem 4H-Bleistift angelegt werden. Der Fertigdurchmesser der Bohrung wird in der Draufsicht nicht dargestellt, da dieser Kreis durch die Bearbeitungsfläche verdeckt wird.

Breite Strichpunktlinien

Die Modellteilung wird durch eine breite Strichpunktlinie dargestellt. Da die Modellplanung als ein Gussteil mit Kernen definiert ist, würde eine breite Volllinie ein zweiteiliges Gussteil bedeuten und wäre deshalb falsch.

Breite Volllinien

Die Modellplanung enthält die Körperkanten von Rohteil und Fertigteil. Aus diesem Grunde sind die Linien auf beiden Seiten der Bearbeitung breite Volllinien.

Schmale Volllinien

Schmale Volllinien sind Schraffuren und Lichtkanten.

Schmale Strichpunktlinien

Schmale Strichpunktlinien sind Mittellinien.

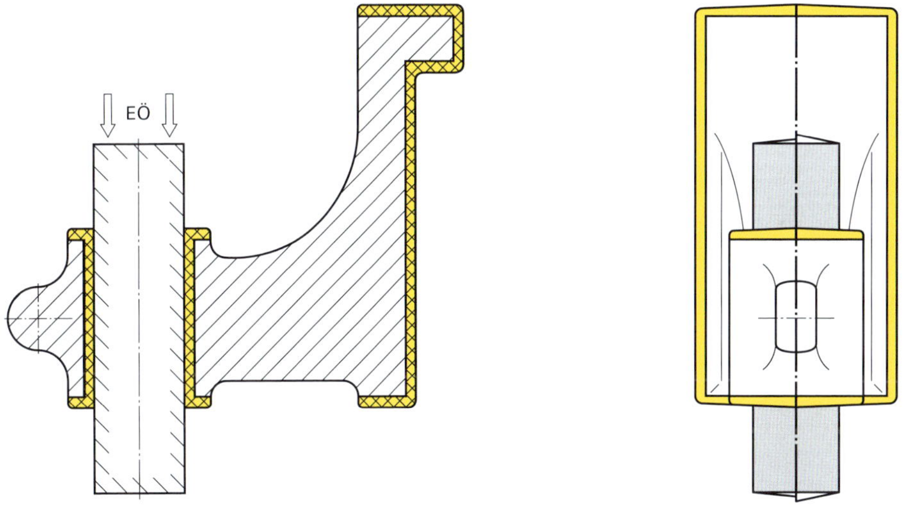

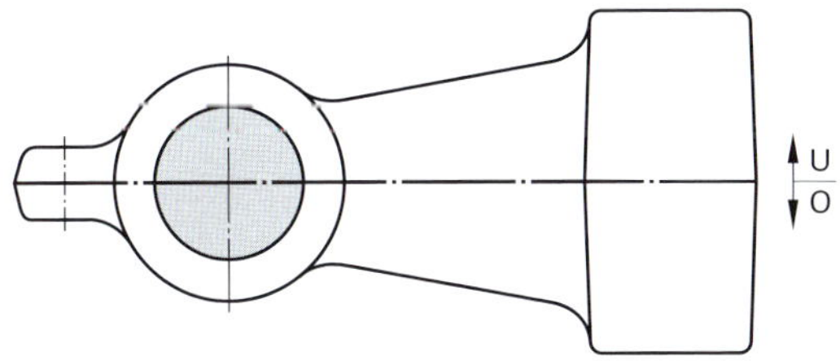

Gießereitechnische Angaben:

- Bezeichnung des Gussstückes: Support
- Werkstoff des Gussstückes: AC-AlSi12S
- Gussstückzahl: 10
- Modellart: zweiteiliges Kernmodell
- Kernart: Standardkern 30mm Durchmesser
- Formschräge: minus Material
- Bearbeitungszugabe: 3mm
- Kernkastenteilung (KKT) wie Modell- und Formteilung (O, U)
- EÖ = Einschussöffnung

Bild 1: Modellplanung Support

Beispiel zur Modellplanung

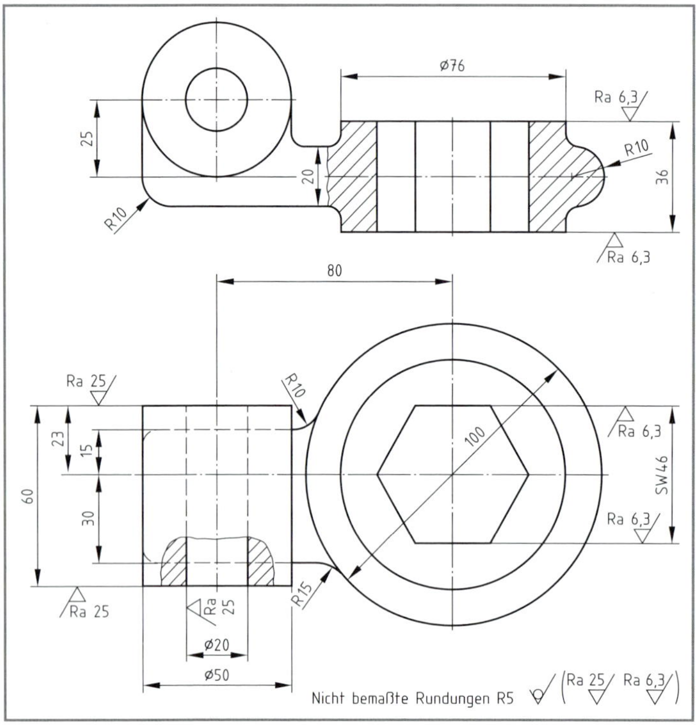

Bild 1: Fertigungszeichnung Sechskanthalter

Sechskanthalter

Dieses Beispiel zeigt stellvertretend für viele Aufgaben dieses Buches, welche Möglichkeiten der Aufgabenstellung für Lehrer und Schüler gegeben sind:

- zusätzliche Ansichten
- Ansicht anstatt Schnitt oder umgekehrt

Die Kernmarken zeigen die Formschrägen, wie sie unterschiedlich bei liegenden und stehenden Kernen üblich sind. Der zylindrische Kern erhält die Formschräge abnehmend am Durchmesser (stehender Kern), während der Sechskantkern diese an der Stirnseite (liegender Kern) erhält. Hier zeigt sich auch, dass die gewählte Teilung beim Sechskant optimal ist, der Sechskant wird nicht durch Konus unregelmäßig. Am Sechskantkern wird auch die Kernherstellung deutlich. Die waagerechte Linie oben und unten bedeutet, dass der Kernkasten oben und unten parallele Flächen besitzt. Der Konus an der Kernmarke ist zusätzlich.

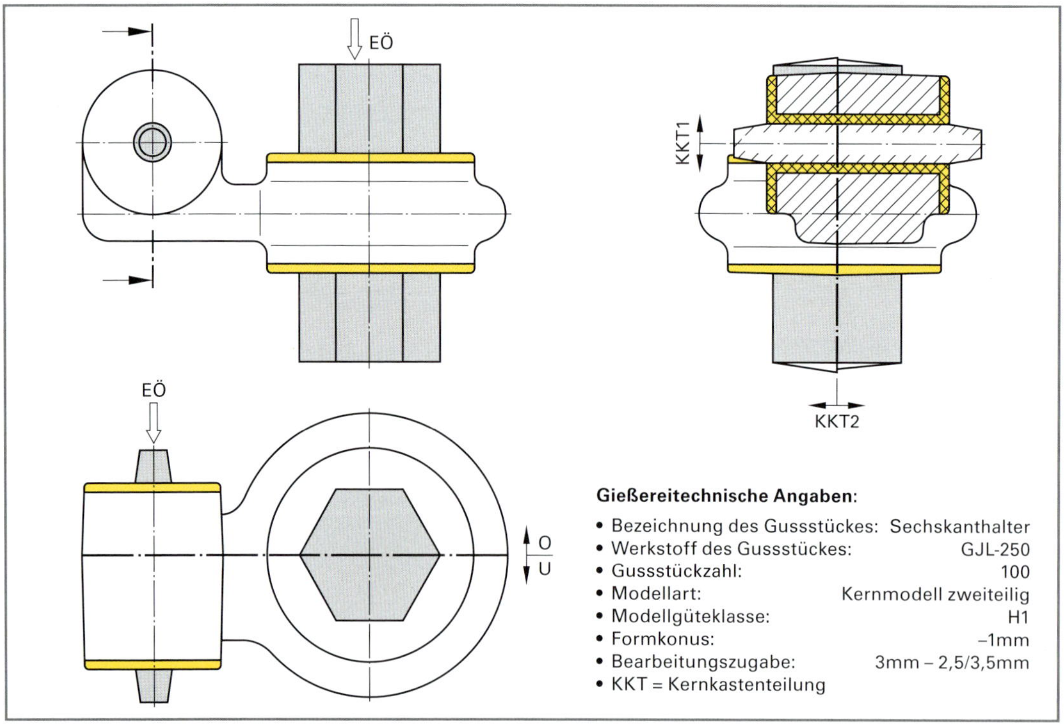

Gießereitechnische Angaben:

- Bezeichnung des Gussstückes: Sechskanthalter
- Werkstoff des Gussstückes: GJL-250
- Gussstückzahl: 100
- Modellart: Kernmodell zweiteilig
- Modellgüteklasse: H1
- Formkonus: –1mm
- Bearbeitungszugabe: 3mm – 2,5/3,5mm
- KKT = Kernkastenteilung

Bild 2: Modellplanung Sechskanthalter

Aufgaben für die Modellplanung

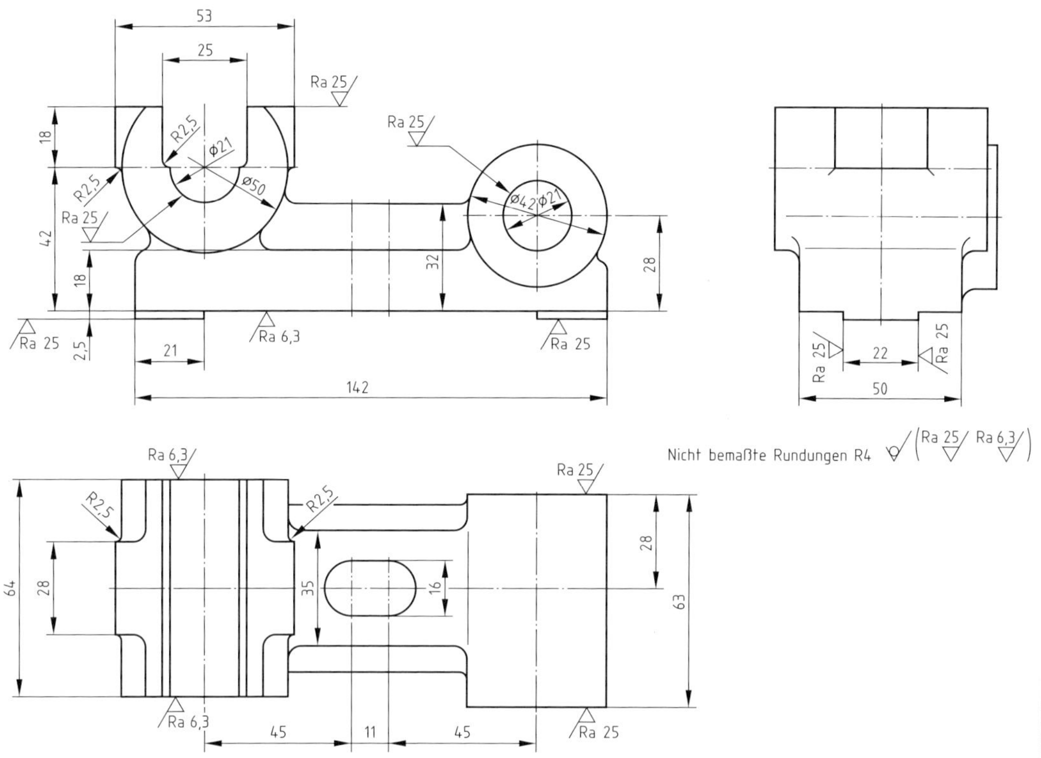

Gießereitechnische Angaben:

- Bezeichnung des Gussstückes: Doppellager
- Werkstoff des Gussstückes: CuSn12-C
- Gussstückzahl 9
- Modellart: Holzmodell, zweiteilig
- Modellgüteklasse: H2
- verlangte Ansichten: Vorderansicht, Seitenansicht, Draufsicht

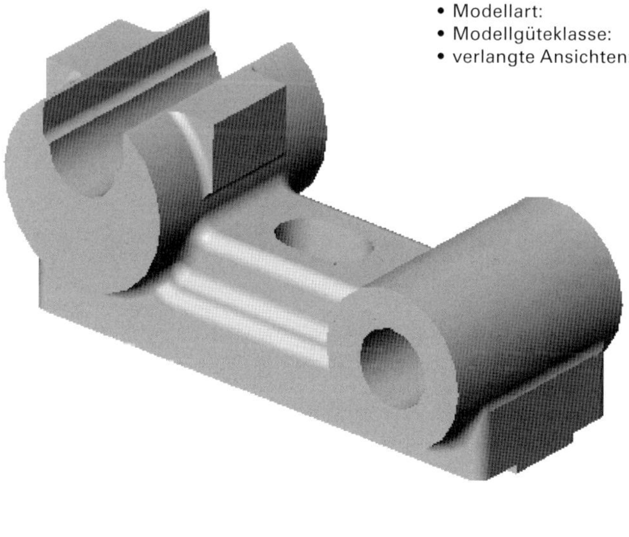

Bild 1: Fertigungszeichnung und perspektivische Darstellung Doppellager

Modellaufriss (Bild 2)

Der Modellaufriss ist der Modellplanungszeichnung ähnlich, er ist jedoch keine Zeichnung, sondern ein Aufriss von Ansichten, Schnitten und Details auf Platten aus Holz oder Aluminium.

Der Modellaufriss unterscheidet sich von der Modellplanungszeichnung durch seine **Kontrollfunktion**.

Er besitzt folgende Unterscheidungsmerkmale:

- Schwindmaß
- Maßstab 1 : 1
- scharfe Risse, keine Strichdicken

Teilweise beschränkt sich der Modellbauer bei einfachen Modellen auf die Modellplanungszeichnung. Komplizierte Modelle erfordern jedoch zusätzlich einen Modellaufriss, da nur er die Kontrollfunktion besitzt. Die Konturen des Gussteiles, mit Kernen und allen gießereitechnischen Einzelheiten, werden auf Tafeln mit Reißnadeln und Ähnlichem von Hand, an der Anreißplatte und an der Anreißmaschine hergestellt. Kleinere Aufrisse werden auf Hartholzplatten, größere auf Sperrholzplatten erstellt. Der Modellbauer der Fachrichtung Metall benutzt für seinen Modellaufriss vorwiegend eine mit Anreißfarbe behandelte Metallplatte.

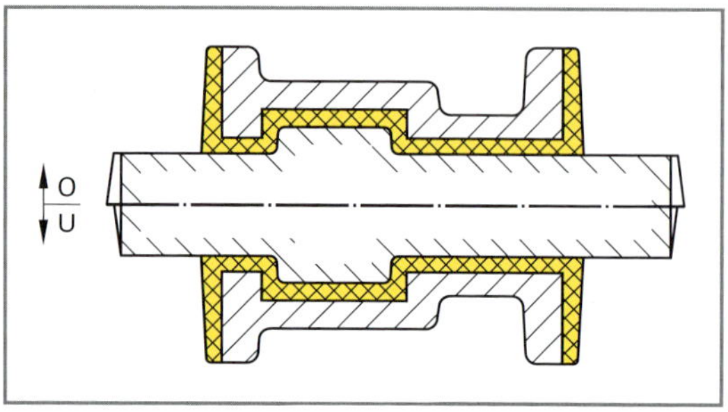

Bild 1: Modellplanungszeichnung, schmale und breite Linien, Normalmaß ggf. Maßstab

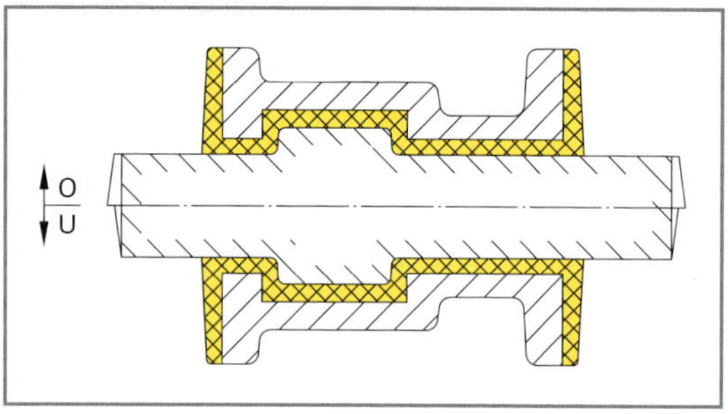

Bild 2: Modellaufriss, nur scharfe Risse, Schwindmaß, Maßstab 1 : 1

Rohteilzeichnung (Bild 3)

In vielen Betrieben wird mit einer Rohteilzeichnung gearbeitet. Diese Zeichnung stellt das Gussteil mit Bearbeitungszugaben, Formschrägen und teilweise auch dem Einguss- und Speisersystem dar. In den Modellplanungszeichnungen ist die Rohteilkontur mit enthalten.

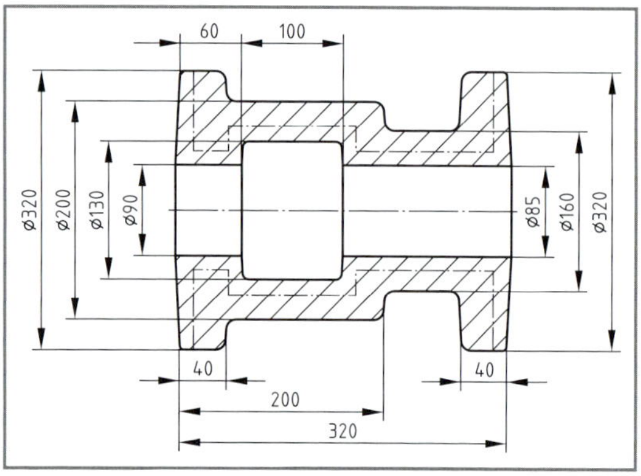

Bild 3: Rohteilzeichnung

Schwindmaßzeichnung (Bild 4)

Insbesondere bei Dauerformen wird berücksichtigt, dass das Gussteil in verschiedenen Richtungen unterschiedlich schwindet. Als Vorlage für die Formzeichnung wird daher die Schwindmaßzeichnung mit den auf Normalmaß umgerechneten Maßen hergestellt (Beispiel 323,2 mm anstatt 320 mm + 1%).

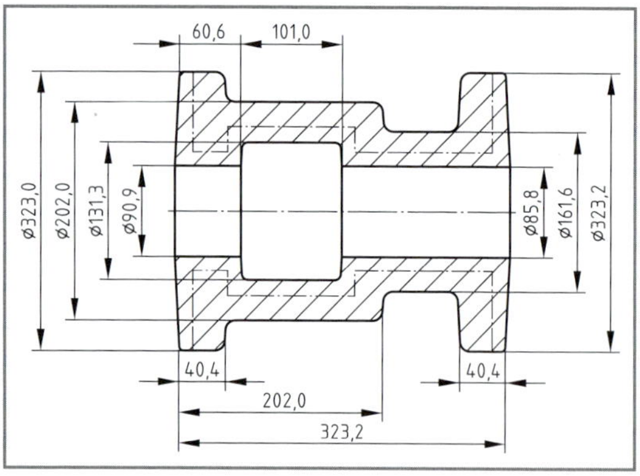

Bild 4: Schwindmaßzeichnung

Sechskantlager mit CAD erzeugen

CAD (computer-aided design) dient dem Erzeugen von digitalen Modellen der verschiedenen Anwendungsgruppen im Modellbau. Diese digitalen Modelle tragen die Informationen, aus denen die gewünschte Modelleinrichtung hergestellt werden kann. Die Modelle werden aus Polyeder z. B. Würfel, Quader, Zylinder bzw. Rotationskörpern dargestellt. Es ist darauf zu achten, dass möglichst einfache Grundkörper verwendet werden, um Änderungen leichter durchführen zu können. Die digitalen Modelleinrichtungen unterstützen insbesondere die CAD-CAM-Prozesskette in der virtuellen Produktentwicklung.

CAD-CAM-Software dient zur Planung, Entwicklung und Fertigung von Prototypen, fertigen Bauteilen und Produktionsabläufen.

Grundsätzlich kann bei der Modellierung von Gießereimodellen und deren Planung folgendermaßen vorgegangen werden:

Zunächst wird das Fertigteil (Bild 1) im CAD-System modelliert. Vom 3D-Fertigteil wird das digitale Gussteil (Bild 2) erzeugt und aus dem Gussteil das digitale Modell (Bild 3) – Modelleinrichtung – abgeleitet. Es wird häufig die Baugruppenmodellierung verwendet. Bei der werden getrennt gespeicherte CAD-Modelle „3D-Gussteil" durch Referenzieren zu einem ganzheitlichen Modell, zu einer „Baugruppe", zusammengefügt. Der Vorteil der Baugruppenmodellierung ist insbesondere die Gesamtdarstellung der Modelleinrichtung mit Außen- und Innenkernen und sonstigen Hilfseinrichtungen.

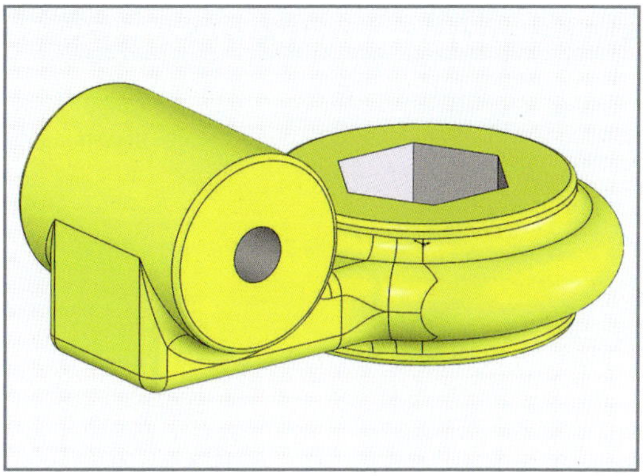

Bild 1: 3D-Fertigteil

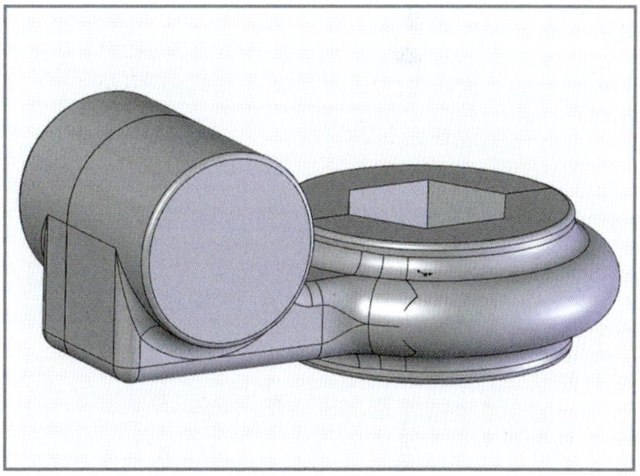

Bild 2: 3D-Gussteil

Vorgehensweise bei digitalen Gießereimodellen

3D-Fertigteil

- Mit einfachen Grundköpern z. B. Würfel, Zylinder, 3D-Fertigteile aufbauen.
- Abrundungen am Ende der Grundkörpermodellierung.

3D-Gussteil

- Bearbeitungszugaben am Gussteil anbringen.
- Modellteilung mit Ebenen darstellen.
- Formschräge von Ebenen oder Flächen modellieren.

3D-Modell (Modelleinrichtung)

- Schwindmaße (Skalieren) in das 3D-Modell einsetzen.
- Kerne vom 3D-Modell ableiten.
- Kernmarken anbauen.
- Kernmarken am 3D-Modell mit dem Kernmarkenspiel und Sandleisten versehen.

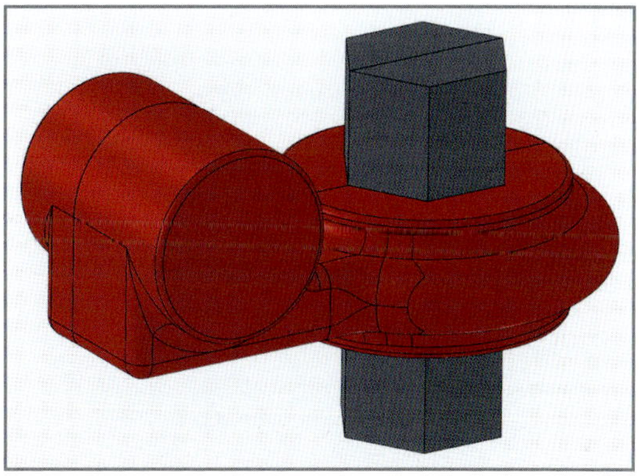

Bild 3: 3D-Modell (Modelleinrichtung)

1.3 Formtechnik für verlorene Formen

Einteilung der Formverfahren

nach Formherstellung

1.3.1.1 Handformen
- Kastenformen
- Herdformen
- Handstampfen
- Pressluftstampfen
- mit zu verdichtendem Formstoff
- mit aushärtendem Formstoff

1.3.4 Maschinenformen → **1.3.4.2 Formen mit Formanlagen**

1.3.4 Maschinenformen:
- Pressen
- Schießen
- Saugen
- Impulsverdichten
- Luftstrom
- Schleudern
- Vibrieren

1.3.4.2 Formen mit Formanlagen:
- mechanisiert
- teilautomatisiert
- vollautomatisiert
- mit Kasten
- kastenlos
- vertikal geteilt
- horizontal geteilt

1.4 Kernformen
- mit Hand
- mit Maschine

nach Formstoffsystem

Verfahren mit zu verdichtenden Formstoffen

tongebundene Sande
- Nassguss
- Trockenguss
- Ölsand, nichthärtend

Verfahren mit keramischer Bindung
- Feinguss

Verfahren mit physikalischer Bindung
- Unterdruckverfahren

Verfahren mit aushärtenden Formstoffen
- Heißharzverfahren
- Kaltharzverfahren
- Verfahren mit Begasung

nach Modellverwendung

1.3.1 Formen mit Dauermodell

für Handformen
- Holzmodelle
- Polystyrolschaumstoffmodelle

für Maschinenformen
- Modellplatten aus Metall, Kunstharz und Holz

1.3.2 Formen mit verlorenem Modell
- Vollformgießen mit Polystyrolschaumstoffmodellen
- Lost-Foam-Verfahren

Hohlformgießen mit
- Polystyrolschaumstoffmodell
- Wachsmodell (Feinguss)

Formen mit Vollmodell

Formen mit Teilmodell
- Schablone

1.3.1 Formtechnik für verlorene Formen mit Dauermodell

1.3.1.1 Handformen

Das Handformen beschränkt sich auf

- Einzelabgüsse
- sehr große Formen sowie auf die
- Ausbildung

Formen mit Kästen

Für den Einsatz von Handmodellen kleiner und mittlerer Größe werden zwei- und mehrteilige Formkästen verwendet. Die einzelnen Kästen werden als Kastenunterteil, Kastenoberteil und bei der dreiteiligen Form als Kastenmittelteil bezeichnet.

Formen im Herd

Bei einer Herdform entfällt der Formkasten für das Formunterteil. An seine Stelle tritt der Boden der Formerei, der durchgehend aus Formsand besteht. Aus diesem Grunde ist auch die Bezeichnung **Bodenformerei** üblich. In Herdformen werden vorwiegend große Gussteile mit Schablonen, Hohlmodellen oder Schaumstoffmodellen geformt. In den meisten Fällen wird das Oberteil mit einem Kasten abgedeckt. Man bezeichnet die Form dann als **verdeckte Herdform,** ohne Oberteil als **offene Herdform**.

Formgruben

Die Tiefe eines Formbodens ist beschränkt. Für sehr tiefe Gussformen, wie sie z. B. für Zylinder benötigt werden, sind deshalb betonierte Formgruben im Einsatz. In diesen wird dann durch Aufstampfen, Schablonieren oder Schütten die eigentliche Form hergestellt. Der tragende Teil der Form wird dabei oft durch Hochmauern erstellt.

Formverfahren nach Art des Formstoffes

Die Arbeitsweise beim Formen ist weitgehend davon abhängig, ob der Formstoff aushärtet, verdichtet wird, fließfähig oder bildsam ist.

Formen mit bildsamen Formstoffen
Die klassische Handformerei beruht auf der Bildsamkeit und dem Verdichten der Formstoffe, Formtechniken, wie Stampfen und Polieren, sind speziell für bildsame Formstoffe wie die ton- und ölgebundenen Formstoffe erforderlich.

Formen mit aushärtenden Formstoffen
Aushärtende Sande werden nur leicht verdichtet. Sie erhalten ihre Festigkeit durch Aushärten. Damit der Formstoff trotzdem an alle Modellkonturen gelangt, muss er fließfähig sein. Das Einformen von Schaumstoffmodellen ist nur mit fließfähigem Formstoff möglich.

Bild 1: Aufstampfen einer Kastenform in der Ausbildung mit bildsamem Formstoff

Bild 2: Ausheben einer gegossenen Kernarmierung, hergestellt in offener Herdform

Bild 3: Herstellen einer Zylinderform durch Schablonieren in der Formgrube

Formtechniken für bildsame Formstoffe

Stampfen

Formstoffe, die ihre Standfestigkeit durch Verdichten erhalten, sind meist tongebundene Sande, seltener ölgebundene. Die Verdichtung durch Stampfen muss gleichmäßig und optimal sein:

- Die Form muss dem Gießdruck standhalten, sie darf sich in ihren Abmessungen nicht verändern (Treiben, Bild 2).
- Die Form muss noch gasdurchlässig sein, damit die Gießgase entweichen können. Notfalls ist Luftstechen erforderlich.

Zur Erreichung der optimalen Verdichtung stehen dem Former verschiedene **Stampfwerkzeuge** wie Spitzstampfer, Plattstampfer und Pressluftstampfer zur Verfügung.

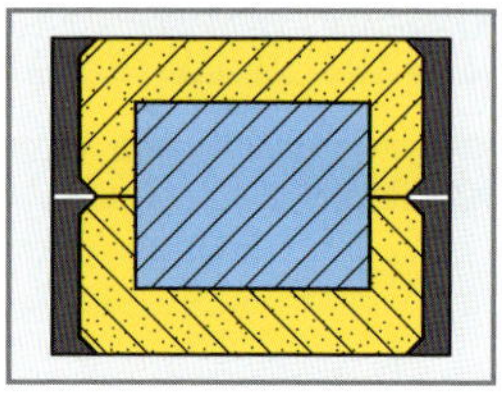

Bild 1: **Sandverdichtung richtig: Gussstück maßgenau**

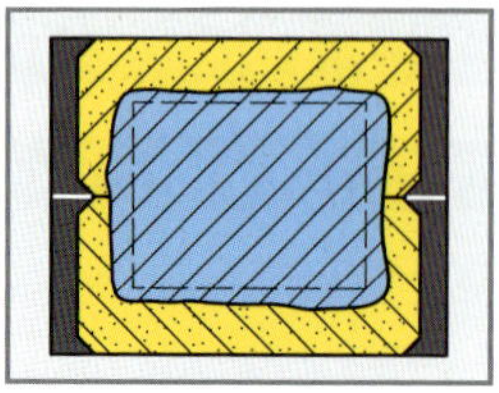

Bild 2: **Sandverdichtung zu gering und nicht gleichmäßig: Gussstück „getrieben"**

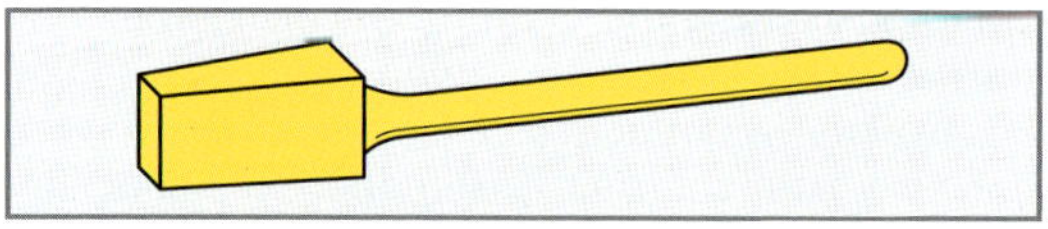

Bild 3: **Spitzstampfer aus Holz**

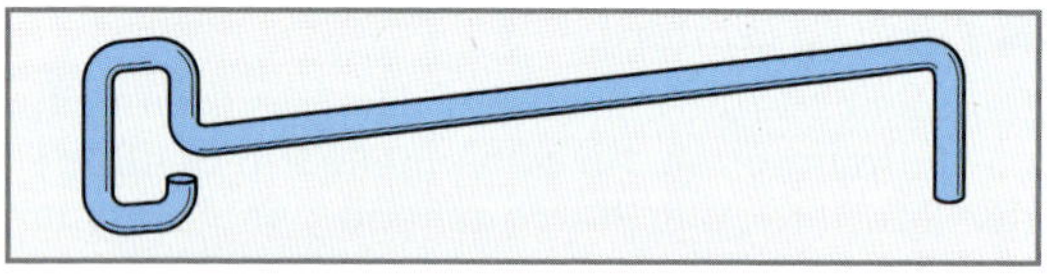

Bild 4: **Spitzstampfer aus Rundstahl**

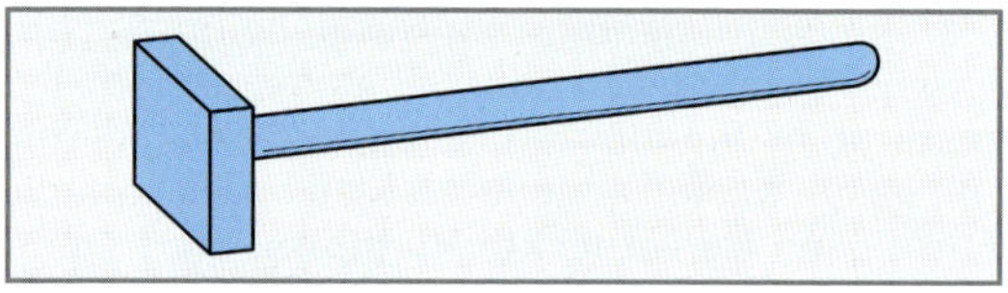

Bild 5: **Plattstampfer**

Polieren

Polieren als Technik des Formens lässt sich nur bei bildsamen Formstoffen durchführen. Die abgebildeten Polierwerkzeuge finden deshalb nur bei bildsamen Formstoffen ihre Anwendung.

Eine typische Poliertechnik ist das **Einpolieren** um das Modell. Hierbei handelt es sich um ein Polieren der Teilfläche, wobei der Sand am Modell um ca. 1 mm niedergedrückt wird. Das Modell lässt sich dadurch entformen, ohne dass die Sandkante abreißt. Am Gussteil entsteht hierdurch ein Gussgrat an der Teilfläche. Auch das Ausbessern von beschädigten Kanten geschieht bei bildsamen Formstoffen durch **Anpolieren** von Sand. Bei tongebundenen Sanden kann hierbei die Klebewirkung des Tons durch leichtes Anfeuchten noch erhöht werden.

Die wichtigsten Polierwerkzeuge sind die folgenden:

Die **Lanzette** besitzt eine spitze Blattseite und eine Löffelseite. Sie wird zum Polieren kleinerer Flächen und zur Herstellung von Anschnitten verwendet.

Die **Polierschaufel** wird zum Polieren großer Flächen und zum Schneiden von Kanälen und Eingusstrichtern benutzt. Das Eindrücken von Formstiften ist ebenfalls möglich.

Polierlöffel bestehen aus Bronze oder Grauguss. Sie dienen zum Polieren und Ausbessern von Flächen.

Polierknöpfe können zum Ausbessern und Anbringen von Radien, Hohlkehlen oder Kanten eingesetzt werden. Wenn Radien am Modell bei H3 durch schwarz gestrichelte Linien angegeben sind, werden solche Werkzeuge notwendig.

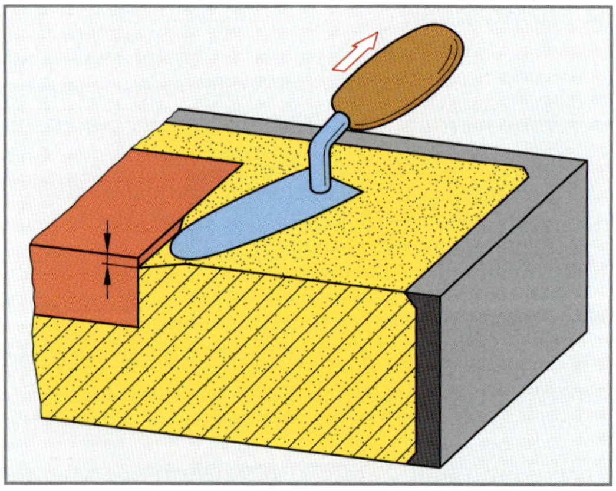

Bild 6: **Einpolieren mit Polierschaufel**

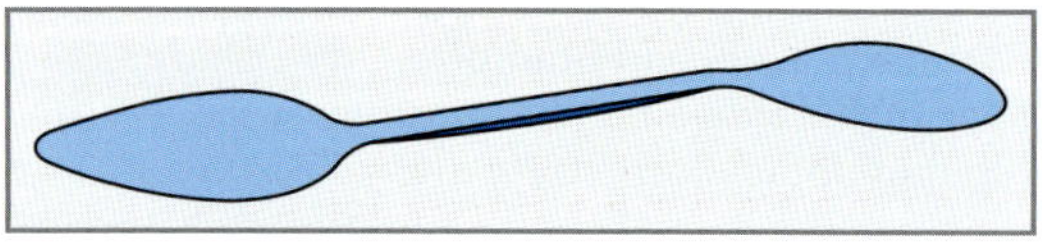

Bild 7: **Lanzette**

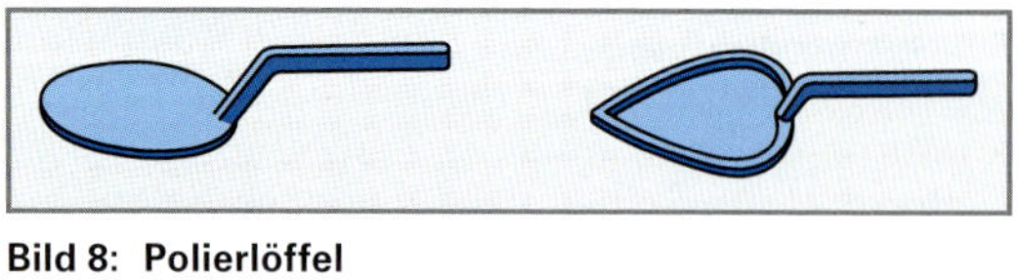

Bild 8: **Polierlöffel**

Beispiel für das Herstellen einer Kastenform mit zu verdichtendem, bildsamem Formstoff

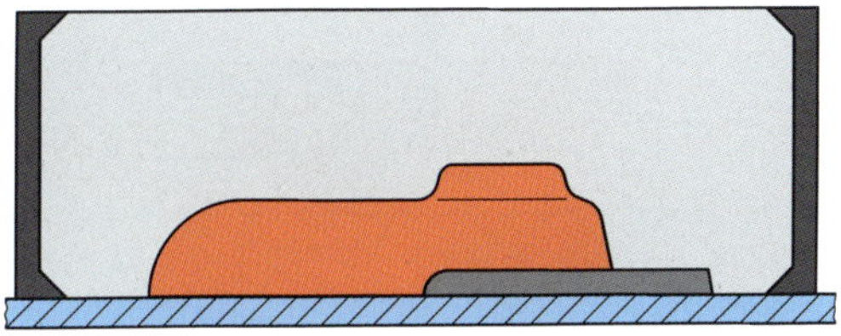

Arbeitsfolge

1. Auflegen des Unterkastens auf das Stampfbrett (Aufstampfboden). Einlegen des Modellunterteils (mit Hülsen!).
2. Flüssige Trennmittel (Wachsbasis oder Petroleum) oder staubförmige Trennmittel (Grafit, Holzkohlenstaub u. a.) aufblasen bzw. aufstauben.

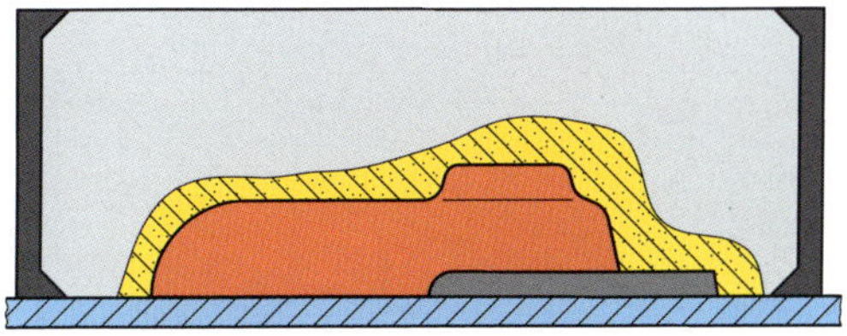

3. Aufsieben von feinem Modellsand etwa 2 cm dick und Andrücken mit der Hand. Ergebnis: feinere Gussoberfläche.
4. Nachfüllen von Füllsand und schichtweises Aufstampfen des Unterkastens.
5. Plattstampfen, Abstreichen, notfalls Luftstechen.

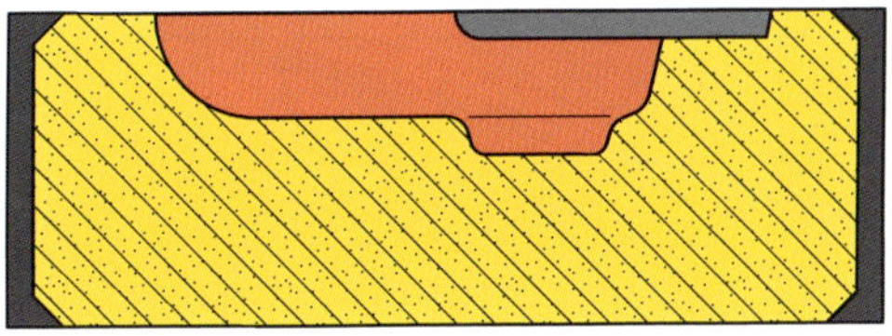

6. Wenden des Unterteilkastens.
7. Polieren der Teilungsebene mit Trennmittel.
8. Unterteil sauberblasen, Oberkasten aufsetzen.

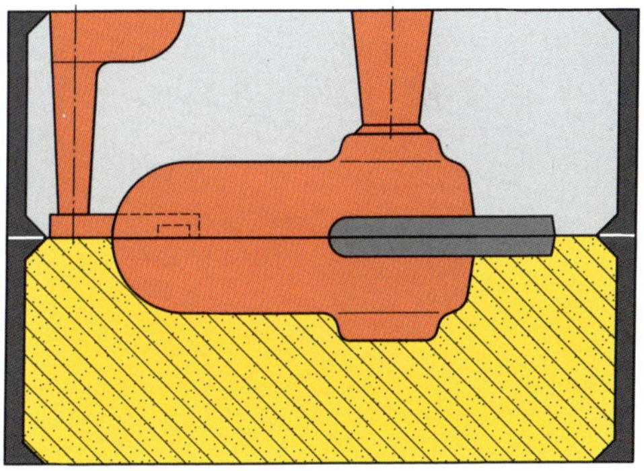

9. Modelloberteil aufsetzen; Einguss- und Speisersystem anordnen.

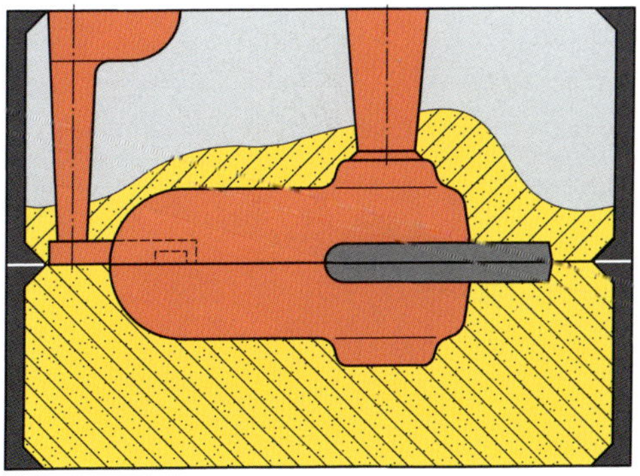

10. Aufsieben von Modellsand, Andrücken an das Modell.
11. Nachfüllen von Füllsand und schichtweises Aufstampfen des Kastens.

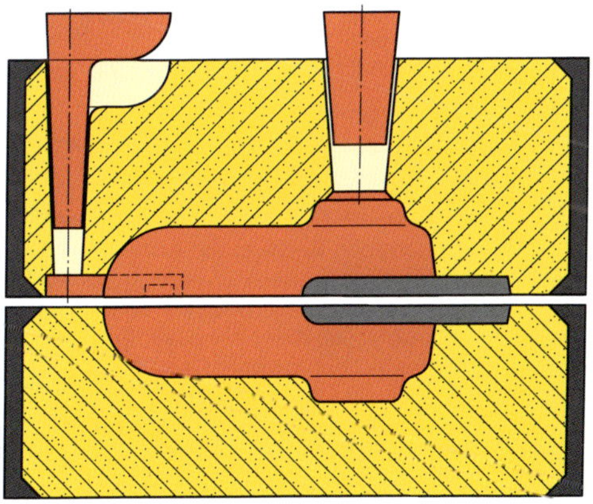

12. Plattstampfen, Abstreichen der Oberfläche, notfalls Luftstechen.
13. Einguss- und Trichterspeisermodelle nach außen herausziehen. Oberkasten abheben und wenden.

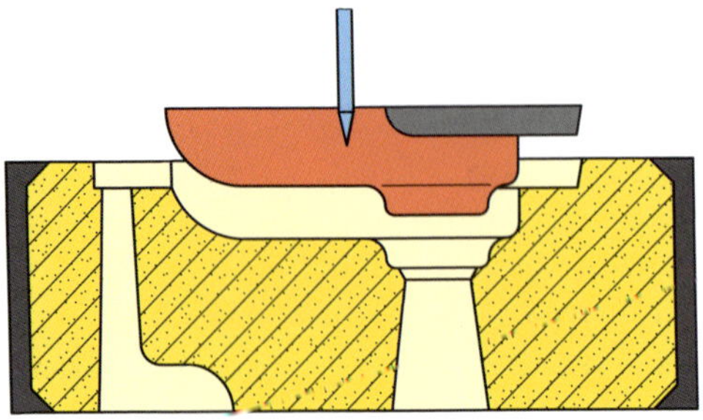

14. Anfeuchten des Sandes am Oberteilmodellrand, Losklopfen und Ausheben mit der Modellspitze.
15. Trichter und Speiser anfasen.
16. Anschnitte im Unterkasten ausschneiden (wenn nicht im Oberteil).

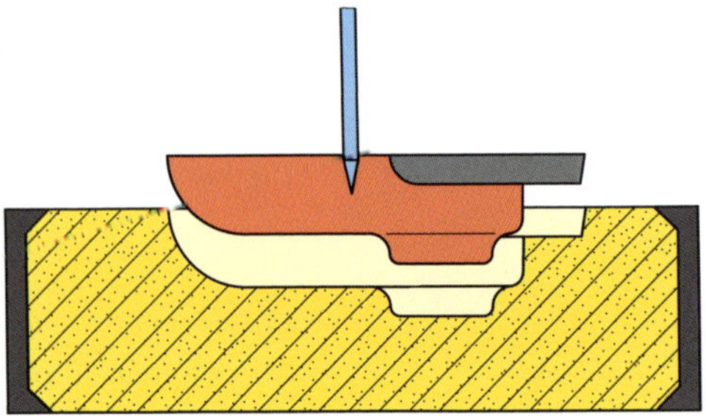

17. Modellunterteil: Anfeuchten des Sandes am Modellrand, mit Modellspitze losklopfen und ausheben.
18. Ausbessern der Form, wenn notwendig, Kanten verstiften.

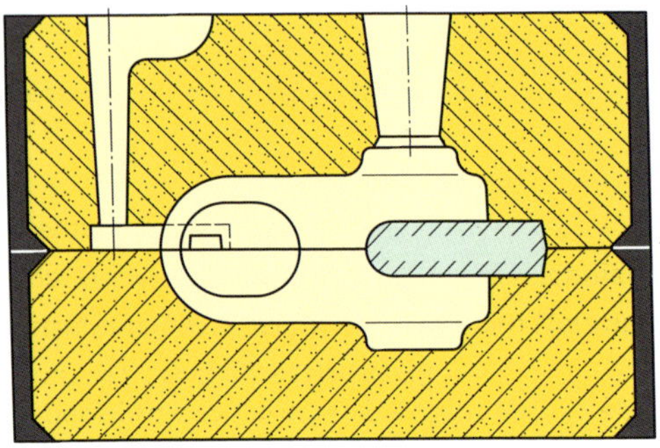

19. Einstauben der Form mit Grafitstaub. Größere Formen werden geschlichtet (Wasser- oder Alkoholschlichte).
20. Einlegen des Kernes in den Unterkasten. Luftkanal vom Kernlagerende bis zum Formkastenrand stechen.

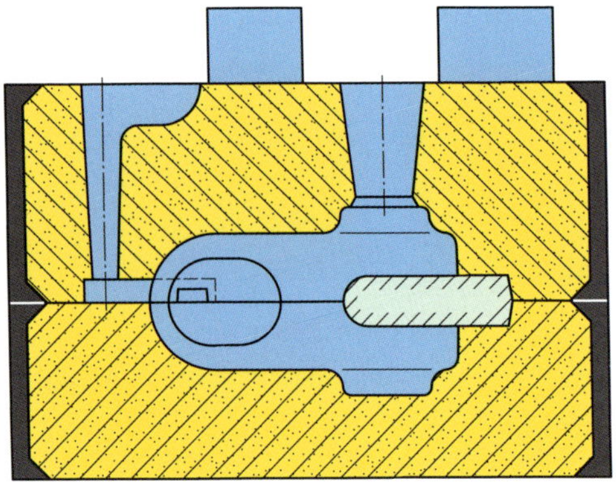

21. Zulegen der Form.
22. Beschweren oder Verklammern der Form.
23. Abgießen.
24. Kühlen.
25. Entleeren.
26. Putzen und Bearbeiten des Gussteils.

Beispiel für das Herstellen einer Form mit aushärtendem Formstoff

Bei Verwendung von aushärtendem Formstoff entfallen für das vorangegangene Beispiel die Arbeitsgänge des Verdichtens und Polierens. Bei Verwendung eines **Vollformmodells** aus Schaumstoff (Bild rechts) würden sich die Arbeitsgänge sogar noch weiter wie folgt reduzieren (Näheres siehe Kapitel Vollformen, Seite 44):

- Herdform ausheben.
- Modellunterbau durch Formstoff anschütten, Modell daraufstellen.
- Formstoff lagenweise anschütten und wo notwendig etwas andrücken.
- Einguss- und Speisersystem aufsetzen und weiter lagenweise anschütten.
- Abwarten, bis Formstoff (z. B. furanharz- oder phenolharzgebunden) ausgehärtet ist.
- Abgießen.

1.3.1.2 Modelle für das Handformen

Merkmale von Handmodellen

Handmodelle haben folgende Merkmale:

- Möglichkeiten zum Ausheben von Hand
- Die Aufstampfebene wird teilweise durch einen Unterbau wie Aufstampfboden, Aufstampfklotz oder falsches Teil erreicht (Bild 1).
- einfacherer Modellaufbau
- einfachere Formtechnik
- Dünnwandige Handmodelle können zur Stabilität Dämmleisten aufweisen, da sie keine Modellplatte stabilisiert (Bild 2).

Auch Großmodelle mit geringerer Gussstückzahl sind typische Modelle der Handformerei.

Modellspitze und Modellschraube

Die einfachste Möglichkeit um das Modell loszuklopfen und herauszuheben (Bild 3) ist mit Modellspitze oder Modellschraube. Bei dieser Art des Aushebens werden aber die Modelle beschädigt, da die Aushebewerkzeuge direkt in das Holz eingeschlagen bzw. -geschraubt werden.

Aushebevorrichtungen

Zur Vermeidung von Modellbeschädigung und zum sicheren Ausheben erhalten die Handmodelle Aushebevorrichtungen. Die einfachste Möglichkeit ist eine **Gewindebüchse. Aushebe- und Losschlagplatten** sind Stahlplatten, die zum Ausheben ein Gewinde und eine zusätzliche Bohrung für das Losschlagen des Modells besitzen. Die Aushebevorrichtung muss über dem Modellschwerpunkt liegen, damit das Modell beim Ausheben nicht verkantet. **Ziehbänder** sind Stahlbänder mit kleineren Bohrungen zum Anschrauben an das Modell und einer großen Bohrung, die als Tragöse für den Kranhaken dient.

Ausheben von Modell-Losteilen

Losteile, die nach dem Ausheben der Modelle in den Sandformen zurückbleiben, können entsprechend Bild 4 entfernt werden.

Trennmittel

Die beim Ausheben der Modelle auftretende Haft- und Gleitreibung kann durch Anwenden eines Trennmittels bedeutend verringert werden.

Insbesondere zur Lösung der Aushebeprobleme bei harzgebundenen, ausgehärteten Formsanden, wie dem Aufschrumpfen der Form auf das Modell, werden z. B. Wachslösungen eingesetzt.

Mineralöle wie Petroleum werden vielfach zum Trennen eingesetzt, auch pulverförmige Trennmittel wie Talkum, Grafit sind üblich.

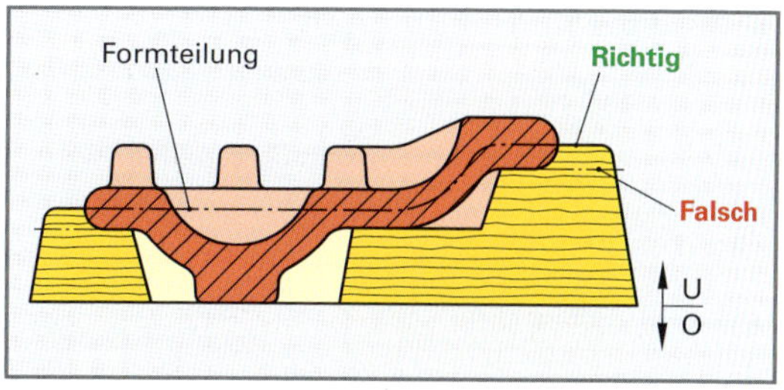

Bild 1: Ungeteiltes Naturmodell mit Aufstampfboden

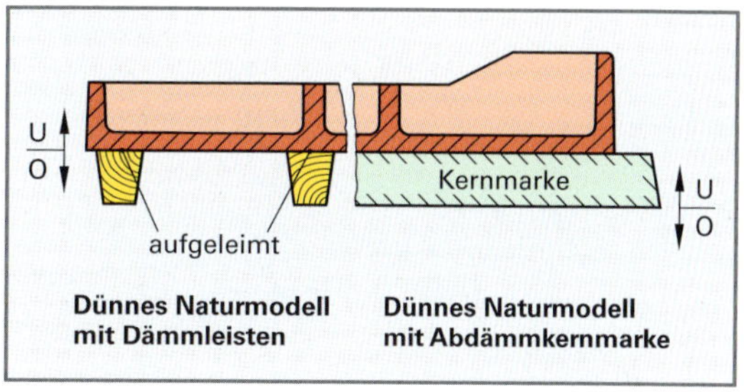

Bild 2: Stabilisierung dünner Naturmodelle

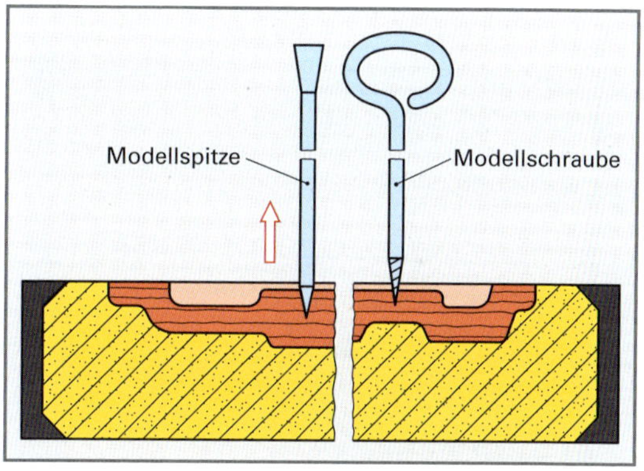

Bild 3: Ausheben eines „Handmodells"

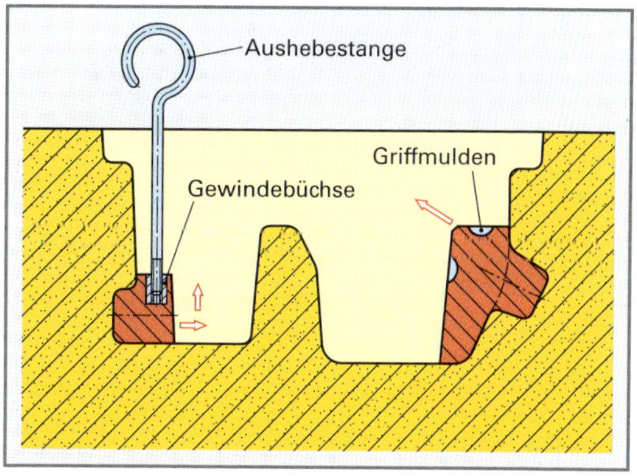

Bild 4: Ausheben von Losteilen

Aufgabe für Handmodell

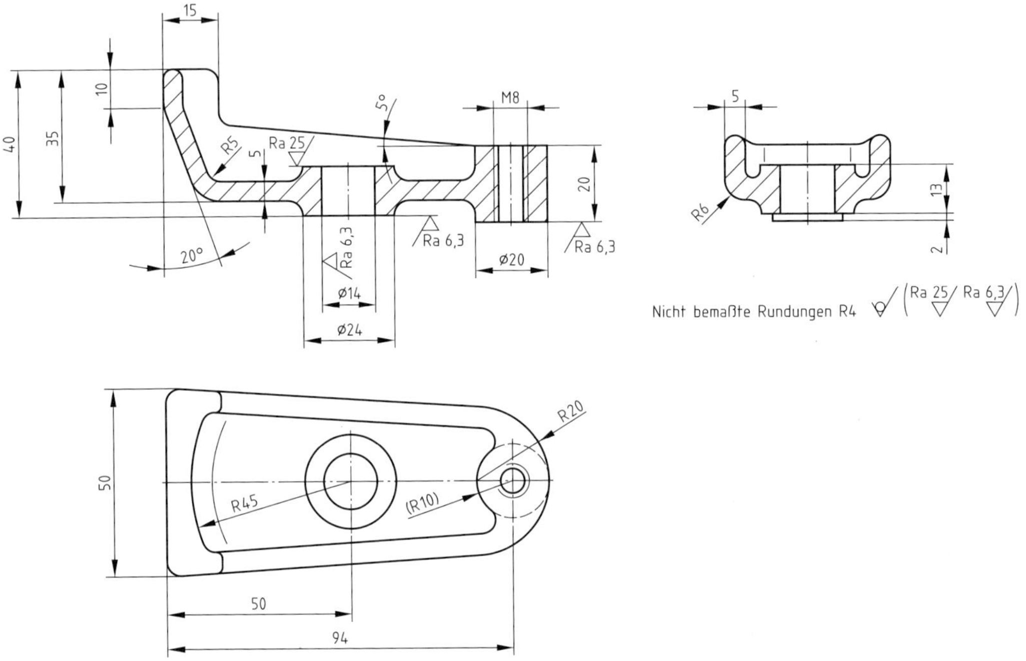

Gießereitechnische Angaben:

- Bezeichnung des Gussstückes: Spannpratze
- Werkstoff des Gussstückes: GJMW-400-5
- Gussstückzahl: 5
- Modellart: Naturmodell einteilig mit Aufstampfboden
- Modellgüteklasse: H2
- Modellplanungszeichnung: Ansichten wie vorgegeben
- Formschnitt: entsprechend Vorderansicht

Bild 1: Fertigungszeichnung und perspektivische Darstellung Spannpratze

Aufgaben für Handmodelle

a) Modellplanung in drei Ansichten: Vorderansicht im Schnitt, Seitenansicht und Draufsicht. Für diese Modellplanung sind drei Varianten als Unterbau möglich, Aufstampfklotz, Aufstampfboden oder Außenkern.

b) Ebenfalls als mögliche Variante kann der Schlitz 25 H7 mit 20/19 naturgeformt oder mit Kern geplant werden.

c) Formzeichnung entweder nur als Schnitt der Vorderansicht oder zusätzlich mit Blick auf die Unterkastenteilfläche.

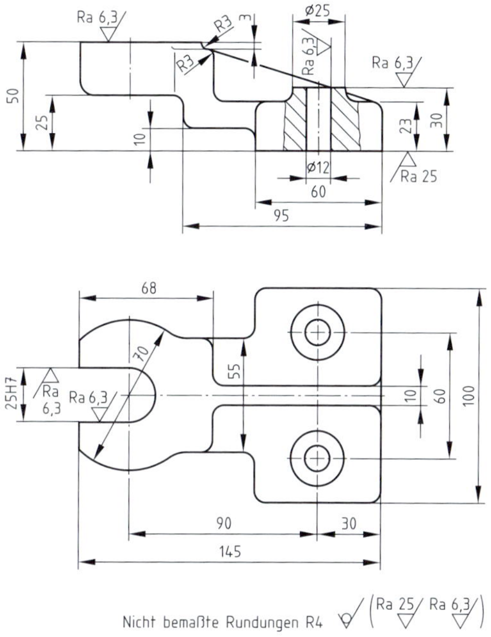

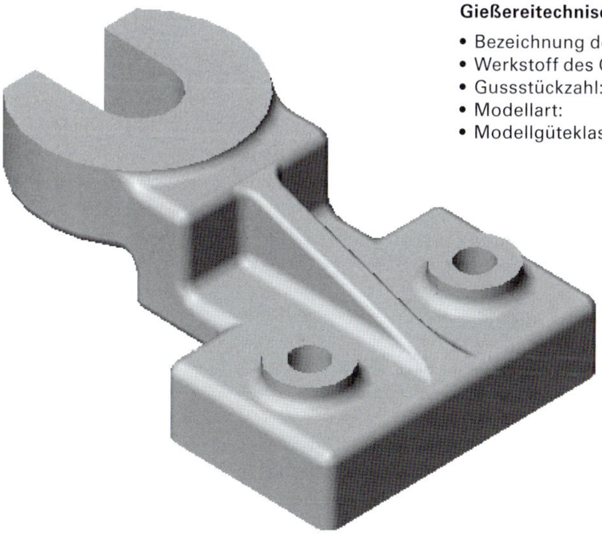

Gießereitechnische Angaben:

- Bezeichnung des Gussstückes: Lager
- Werkstoff des Gussstückes: GJL-300
- Gussstückzahl: 6
- Modellart: Naturmodell einteilig
- Modellgüteklasse: H2

Bild 1: Fertigungszeichnung und perspektivische Darstellung Lager

1

Modelle mit Losteilen

Ein Losteil kann sowohl in einer Modellplanungs- als auch in einer Aufbauzeichnung dargestellt werden.

- Darstellung in der Modellplanung (Bild 1)
  Wie alle Modellteilungen sind in dieser Zeichnungsart die Losteil-Teilungen als breite Strichpunktlinien zu zeichnen.
- Darstellung in der Aufbauzeichnung (Bild 2)
  Teilungen stellen bei dieser Zeichnungsart Körperkanten dar und sind deshalb als breite Volllinien zu zeichnen.

Damit die Möglichkeit des Aushebens zeichnerisch untersucht werden kann, wird das Losteil häufig wie in Bild 2 als Detail in vergrößertem Maßstab und ohne Holzfaserverlauf dargestellt.

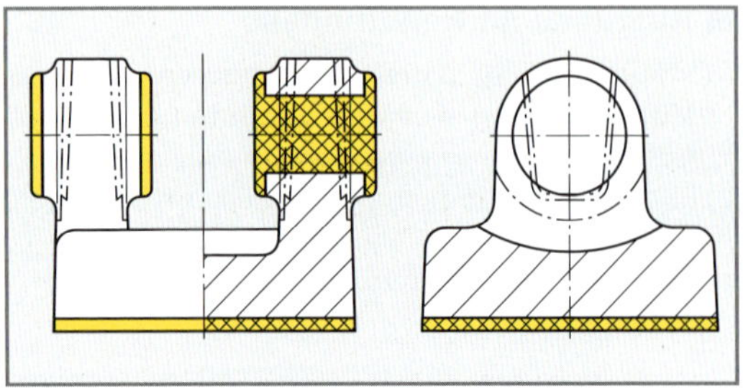

Bild 1: Darstellung der Losteile in einer Modellplanungszeichnung

Kriterien für die Aushebemöglichkeit

Bild 2 zeigt Folgendes:

- Zuerst wird das Modell vertikal (1) herausgezogen, wobei die Losteile in der Form bleiben.
- Anschließend wird eines der beiden Losteile horizontal nach innen (mehr als Maß *a*) und dann vollends vertikal nach oben (2) ausgehoben.
- Für das zweite Losteil erfolgt der Vorgang wie zuvor beschrieben (3).

Damit der Vorgang ohne Beschädigung der Form erfolgen kann, sollten folgende Bedingungen erfüllt sein:

- Maß *a* muss kleiner als Maß *b* sein.
- Maß *c* muss größer als Maß *a*, möglichst mehr als das 1,5-fache, sein.

Losteile der Güteklasse 1 müssen zur Führung einen Schwalbenschwanz aufweisen. Losteile der Güteklasse 3 können auch angesteckt werden.

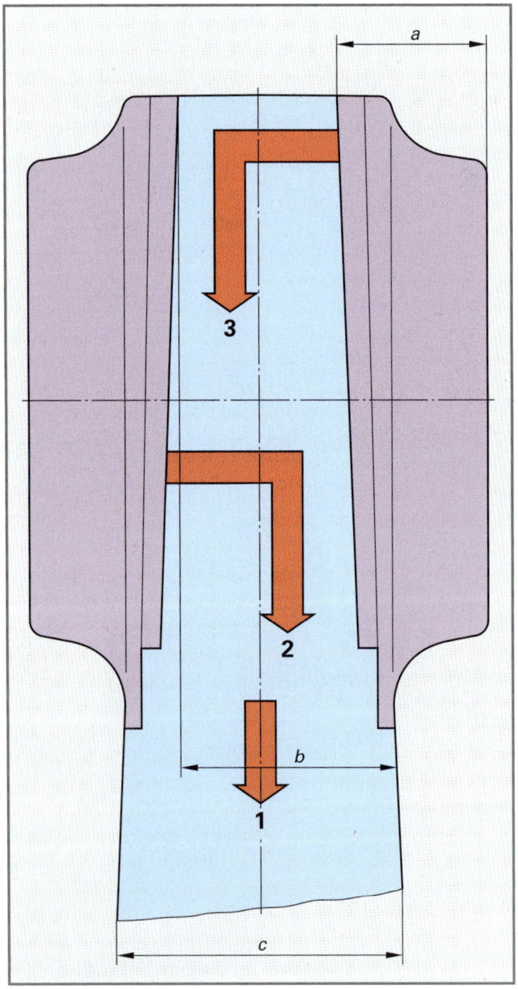

Bild 2: Detail aus Bild 1 zur Prüfung der Raumverhältnisse beim Ausheben vergrößert dargestellt. (Bildlage entsprechend der Fertigungszeichnung)

Vorteile von Losteilen

Beim Handformen können durch Losteile Kerne vermieden werden. Besonders bei Großmodellen werden dadurch Kosten gespart. Die Anwendung von Losteilen beschränkt sich deshalb vorwiegend auf Großmodelle.

Nachteile von Losteilen

Losteile verschleißen vor dem Modell, können verloren gehen oder klemmen, wodurch wiederum die Form beschädigt werden kann. Bei schlechter Führung kann das Losteil in der Form verrutschen.

Formzeichnung

Die Formzeichnung zeigt üblicherweise eine Form im Zustand vor dem Gießen (Bilder 1 bis 3).

Zur besonderen Anschaulichkeit kann eine Explosionsdarstellung wie in Bild 4 dienen. Auch die Darstellung einzelner Arbeitsgänge, wie am Anfang dieses Kapitels „Handformen" gezeigt, ist möglich.

Für Sand wird zur Darstellung ein unregelmäßiges Punktraster oder im Unterricht zweckmäßigerweise etwa 1 mm lange Striche verwendet. Damit der Formschnitt sich von der Formansicht unterscheidet, erhält er zusätzlich eine 45°-Schraffur.

Bei Herdformen wird der Formereiboden durch die genormte Kennzeichnung für Erdreich (siehe Bild 4) gekennzeichnet.

Tiefer liegende Flächen von Hohlräumen erhalten keine Sandkennzeichnung.

Kerndarstellung

Für die Darstellung des Kernes wird die Regelung der Modellplanung übernommen. Im Formschnitt wird daher der Kern mit Randschraffur (Bilder 1 bis 3) und in der Ansicht mit Grauton dargestellt. Kerne werden im Allgemeinen in der Formhälfte gezeichnet, in der sie eingelegt werden.

Formschnitt

Um möglichst viele Einzelheiten aus dem Formhohlraum, dem Einguss- oder dem Speisersystem erkennen zu können, werden Schnitte häufig in mehreren Ebenen durchgeführt. Die Formteilung ist eine breite Volllinie. Sie wird ebenso wie umlaufende Kanten durch eingelegte Kerne (Bild 1 und 3) oder andere Körper verdeckt.

Formansicht

Durch die Formansicht können besonders die eingelegten Kerne oder das Einguss- und Speisersystem gut gezeigt werden.

Besonderheiten

Sandhaken und Kernstützen werden schwarz angelegt oder erhalten im Querschnitt Metallschraffur, wenn es ihre Größe zulässt. Dasselbe gilt für Kühlkörper und Abschreckplatten im Formschnitt. In Ansicht werden sie auch gitterförmig schraffiert.

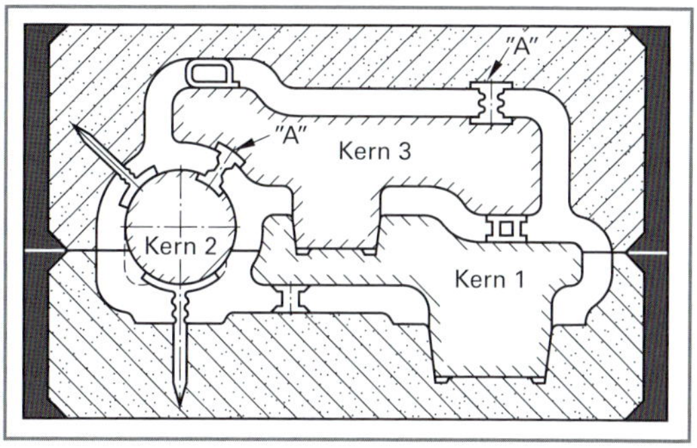

Bild 1: Formschnitt mit schwerpunktmäßiger Darstellung von Kernmontage

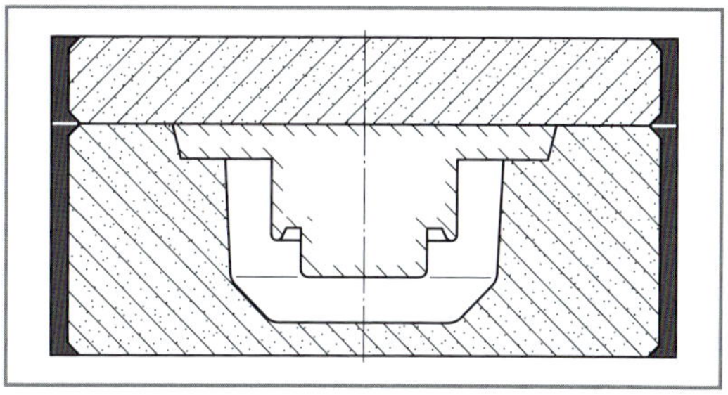

Bild 2: Zweiteilige Kastenform, gießfertig Einguss- und Speisersystem vernachlässigt

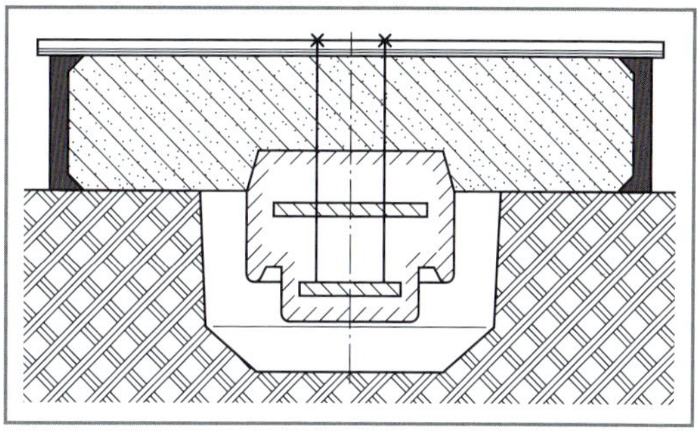

Bild 3: Formschnitt einer abgedeckten Herdform

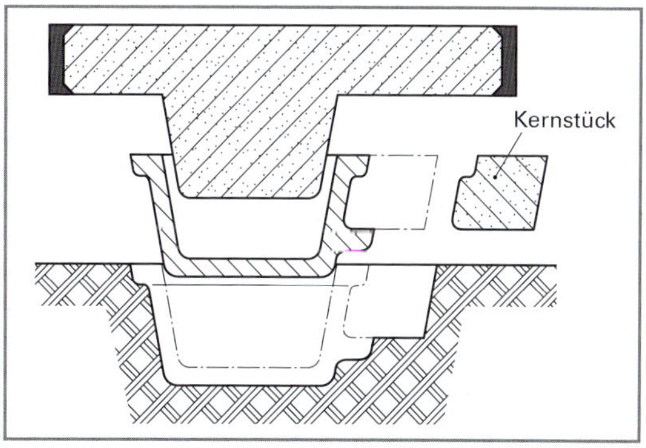

Bild 4: Explosionsdarstellung einer abgedeckten Herdform mit Modell und Kernstück

1

1

Formzeichnung einer zweiteiligen Kastenform mit offenem Speiser

Als Beispiel für die Formzeichnung wurde wiederum der bereits von den Einführungsseiten bekannte Support gewählt. Auch für den Gießereimechaniker oder Former ist es vorteilhaft, der Formzeichnung zunächst eine Modellplanungszeichnung voranzustellen. Eine weitere Überlegung betrifft das Einguss- und Speisersystem. Bei Handformerei oder aus Gründen der Ausbildung kann ein getrenntes System, wie auf dieser Seite dargestellt, zur Anwendung kommen. Andere Ausführungen z.B. mit „heißem Speiser“ sind ebenso möglich. Näheres ist im Kapitel Einguss- und Speisersystem zu finden.

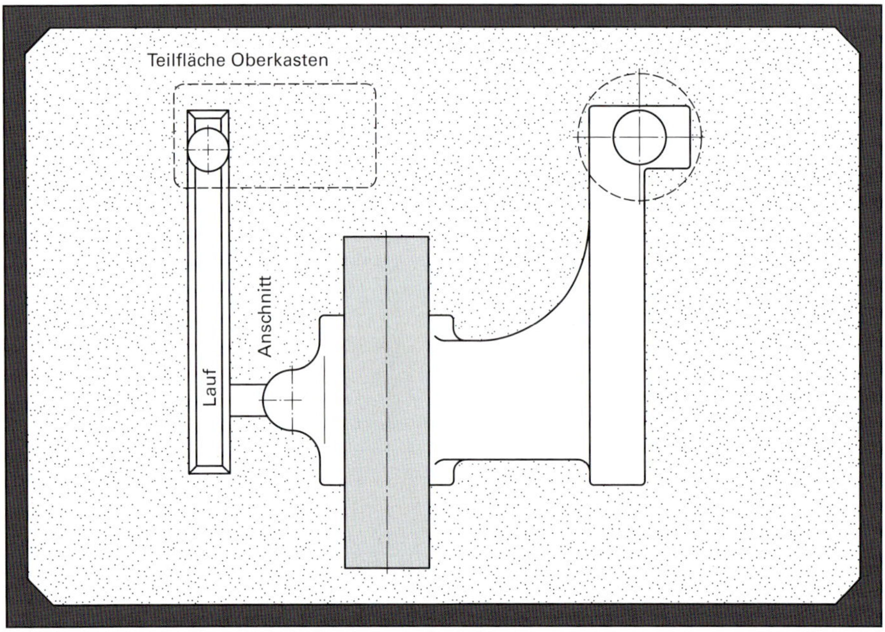

Bild 1: Ansicht der Teilfläche des Oberkastens. Durch eine Untersicht werden Lauf und Speiserhals sichtbar. Kern in Ansicht dargestellt.

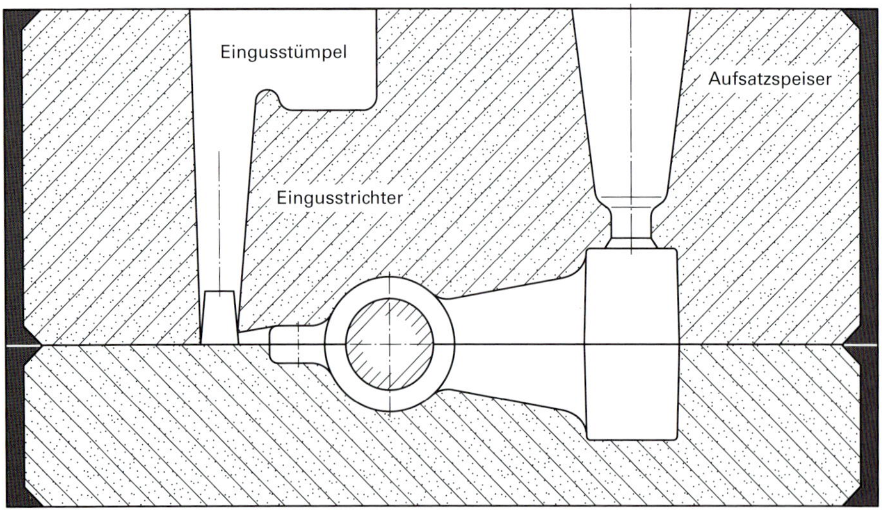

Bild 2: Schnitt durch Formkasten-Oberteil und -Unterteil als Vorderansicht. Einguss- und Speisersystem in Schnittebene gezeichnet.

Aufgaben zu Formzeichnungen

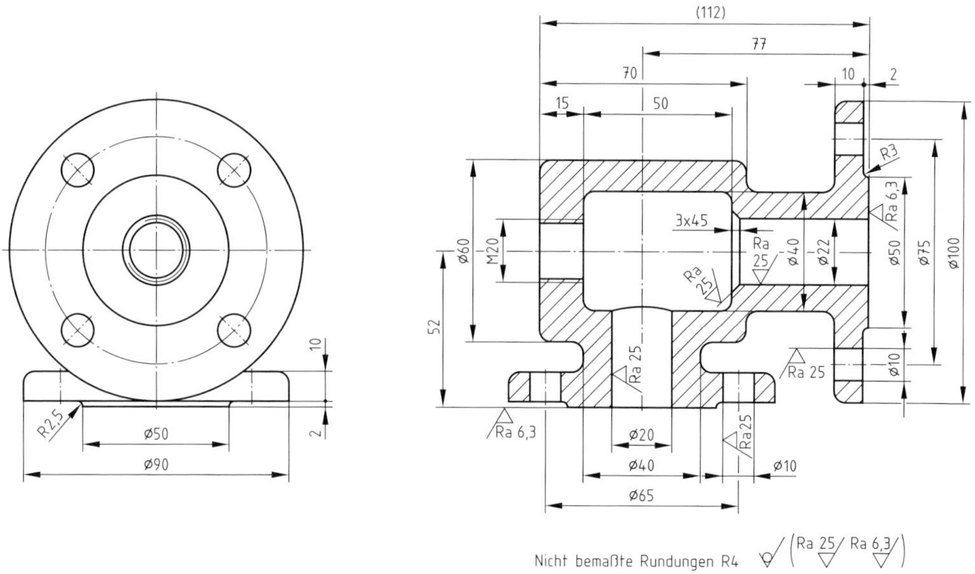

Gießereitechnische Angaben:

- Bezeichnung des Gussstückes: Ventilgehäuse
- Werkstoff des Gussstückes: CuSn12-C-GS
- Gussstückzahl: 8
- Formverfahren: Handformen (Bentonit)
- Modellart: zweiteiliges Kernmodell

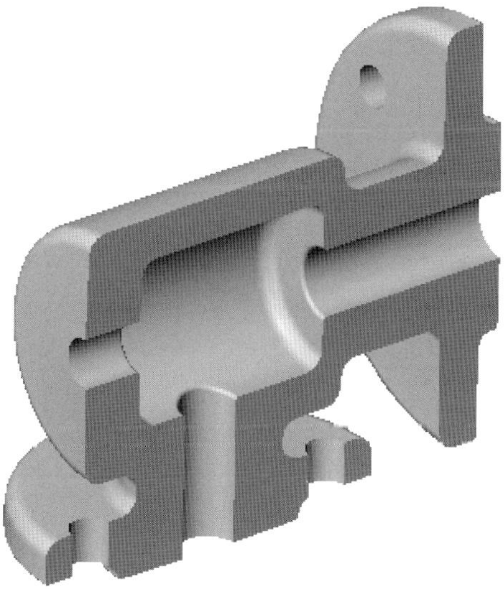

Bild 1: Fertigungszeichnung und perspektivische Darstellung Ventilgehäuse

1.3.2 Herstellung von verlorenen Formen mit verlorenem Modell

1.3.2.1 Formverfahren mit Schaumstoffmodellen

Dauermodelle

Anwendung

Dauermodelle aus Polystyrol-Schaumstoff kommen zur Anwendung, wenn

- das Modell wieder entformt werden soll,
- die Kontur ein Entformen nicht erschwert,
- die Gussstückzahl zwischen 2 und 10 liegt,
- bei Großmodellen das Gewicht geringer sein soll,
- die Modellkosten gesenkt werden sollen.

Bis auf Sonderfälle ist das Schablonieren durch Schaumstoffmodelle verdrängt worden.

Formverfahren

- Die Modelle sind **ein- und zweiteilig** und werden wieder entformt. Es handelt sich deshalb um ein **Hohlformverfahren.**
- Wie bei anderen **Dauermodellen** werden **meist Kernmodelle** wegen der leichteren Formherstellung ausgeführt. Die notwendigen Kerne werden häufig als **Schaumstoffkernkästen** hergestellt.
- Schaumstoff-Dauermodelle werden beim **Handformen in Kasten- und Bodenformen** eingesetzt.
- Um Modellbeschädigungen zu vermeiden, darf nur ganz leicht verdichtet werden. Es muss **kalt aushärtender Sand** verwendet werden.

Normung

In der EN 12890 werden Schaumstoff-Dauermodelle nicht mehr erwähnt. Jedoch ist die Güteklasse S1 eingeführt und in VDG-Merkblättern eingeordnet. Dort sind Merkmale für Verwendung, Werkstoff, Ausführung und zulässige Maßabweichung festgelegt.

Werkstoff

Um den Beanspruchungen durch mehrmaliges Entformen zu genügen, muss die Dichte des Schaumstoffes für S1-Modelle mehr als 20 kg/m^3 betragen, soll jedoch 40 kg/m^3 nicht überschreiten. Im VDG-Merkblatt M4 ist die Dichte auf 35 bis 40 kg/m^3 eingegrenzt und darüber hinaus eine Härte von 80 Skalenteilen auf dem umgebauten Shore-Härteprüfgerät vorgeschrieben. Die Durchführung der Härteprüfung ist dort ebenfalls beschrieben.

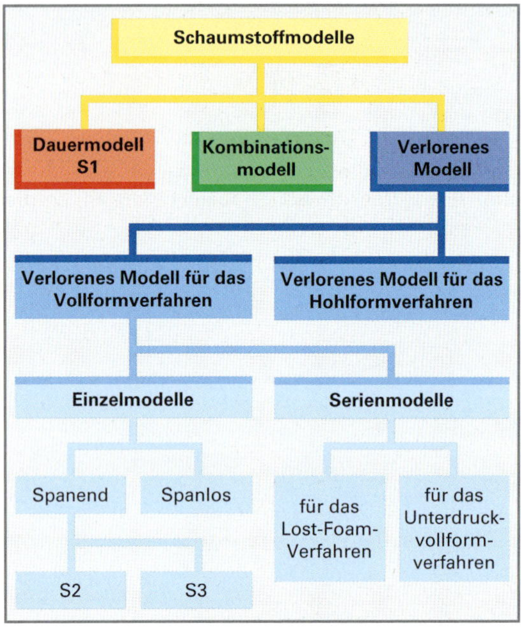

Bild 1: Modellarten aus Polystyrolschaumstoff

Bild 2: Kernmodell aus Polystyrolschaumstoff

Beschichtung der Dauermodelle

Zur Glättung und Festigung der Oberfläche werden geeignete Beschichtungen aufgetragen. Die verwendeten Materialien dürfen jedoch keine Lösemittel enthalten, die Polystyrol anquellen oder lösen. Bewährt haben sich Beschichtungen aus Kunstharzdispersionen, z. B. auf PVAc-Basis, Acrylfarben, lösemittelfreie Zweikomponentenharze oder auch direkt Schlichte. Beschichtungen wirken auch als „Sperrschicht" zum Untergrund. Nach Auftrag dieser Grundierung kann mit üblichen Modelllacken weiterlackiert werden, da die Lösemittel dieser Lacke den Polystyrolschaum nicht mehr erreichen und zerstören können.

Bild 1: Zweiteiliges Modell aus PS-Schaum und Holz für Ständer einer Papiermaschine

Formschräge

Die Formschräge entspricht der von anderen Dauermodellen.

Bild 2: Mehrteiliges Modell aus PS-Schaum und Holz für Turbinengehäuse (Gussgewicht 34 t)

Ausführung der Dauermodelle

Aushebeeinrichtungen

Beim Ausheben der S1-Modelle muss die gleiche Haftreibung wie bei jedem anderen Dauermodell überwunden werden. Das geringere Modellgewicht lässt dies leicht übersehen. Besonders bei Großmodellen muss deshalb in Ausheberichtung möglichst tief im Modell ein Haltegerüst zur Befestigung der Ziehbänder eingebaut werden. Im Bild 3 wird der Aufbau einer solchen Aushebeeinrichtung an einem zweiteiligen Zylindermodell gezeigt.

Weniger geeignet ist die Lösung nach Bild 4. Hier sind Aushebeplatten in das Sperrholz eingelassen. Die in die Teilfläche eingelassenen Sperrholzplatten dienen nur zur Aufnahme der Modelldübel. Lediglich bei kleinen und flachen Modellen können sie zum Ausheben benutzt werden.

Neuerdings wird auch mit Pressluft ausgehoben.

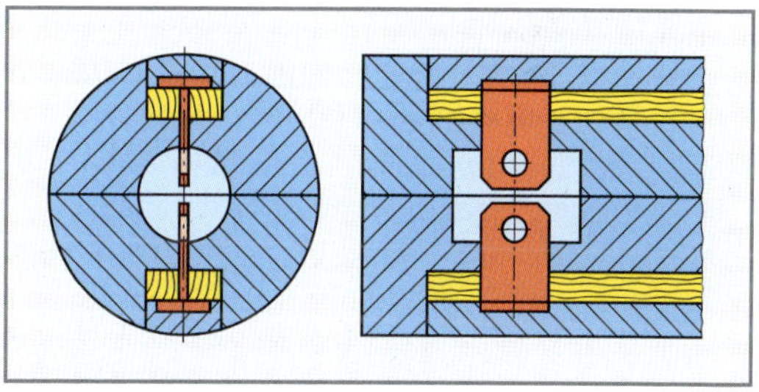
Bild 3: Gute Aushebeeinrichtung

Modelloberfläche

Die Struktur des Schaumstoffes erfordert besondere Aufmerksamkeit. Herausgebrochene Teilchen, Hohlräume oder Einschlüsse behindern das Ausheben. Eine einwandfreie Oberfläche erfordert

- einen geeigneten Schaumstoff,
- ein geeignetes Bearbeitungsverfahren: Schleifen und Fräsen mit hohen Drehzahlen.

Darüber hinaus erhalten S1-Modelle eine Beschichtung.

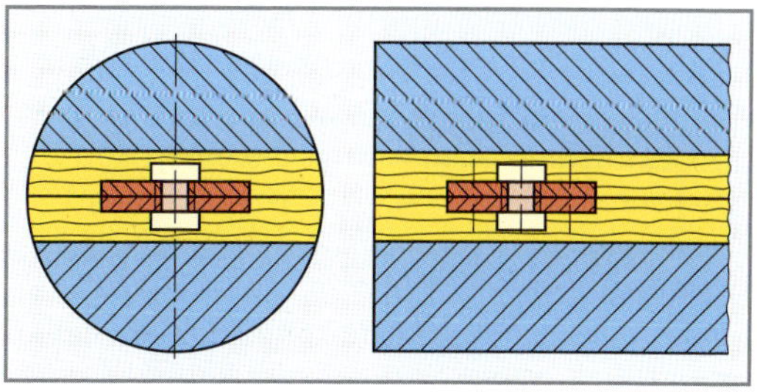
Bild 4: Schlechte Aushebeeinrichtung

1

Verlorene Modelle für das Vollformverfahren

Formverfahren

Die Verwendung eines verlorenen Modells bedeutet, dass für jeden Abguss ein Modell benötigt wird. Beim Vollformverfahren bleibt es in der Form und wird durch das einfließende flüssige Metall vergast.

Kennzeichen eines Vollformmodells

Aus dem Formverfahren ergeben sich für ein Vollformmodell kennzeichnende Unterschiede zu einem Dauermodell. Es entfallen alle Besonderheiten zum Zweck des Aushebens wie

- Formschräge,
- Modellteilungen (sofern nicht als Auflage notwendig),
- Aushebeeinrichtungen,
- Formgebung durch Kerne (Ausnahmen siehe folgende Seite).

Das Vollformmodell unterscheidet sich deshalb im Allgemeinen in seinen Konturen vom Gussstück nur durch das Schwindmaß (Ausnahmen siehe nächste Seite).

Bild 1: Typisches verlorenes Modell für das Vollformverfahren
Revolvertisch für Automobiltaktstraße, 4 m Durchmesser

Werkstoff

Damit die Vergasung des Modellwerkstoffes schnell und ohne Rückstände abläuft, müssen folgende Voraussetzungen gegeben sein:

- Die Temperatur, bei der Polystyrol-Schaumstoff in gasförmige Bestandteile zerfällt, muss unter der Gießtemperatur liegen. Die Vergasung beginnt bei 600 bis 800 °C.
- Die zu vergasende Menge muss gering sein, die Dichte muss deshalb unter 20 kg/m^3 liegen.
- Durch ausreichend lange Lagerung beim Hersteller müssen sich Treibgas- und Wasserrückstände im Schaum verflüchtigt haben.
- Die Blaufärbung von Schaumstoffen bewirkt einen schnelleren Übergang der Wärme vom Gießmetall in den Schaumstoff. Dieses Absorbieren („Schlucken") von Wärmestrahlung verbessert die Vergasung am Übergang zwischen Schmelze und zurückweichendem Schaum.
- Klebestellen vergasen schlechter. 1 mm^3 Klebstoff entspricht im Gasvolumen 50 mm^3 Schaumstoff.

Ein für die Vergasung geeigneter Polystyrol-Schaumstoff ist in Bild 2 in der Vergrößerung 1000 : 1 gezeigt. In Wirklichkeit haben die Zellen einen Durchmesser von $\frac{1}{100}$ mm und die Wanddicke beträgt $\frac{1}{1000}$ mm.

Bild 2: Zellaufbau von Polystyrol-Schaumstoff
Mikroskop-Aufnahme 1000-fach vergrößert

Innenkonturen beim Vollformverfahren

Das Vollformverfahren wird meist ohne die Verwendung von Kernen durchgeführt. Auch dies macht dieses Verfahren wirtschaftlich. Das Modell wird hierbei wie ein Kernkasten benutzt, d.h. mit Formsand gefüllt. Das ist besonders dann kein Problem, wenn das Vakuumverfahren angewandt und mit binderlosem Formsand gearbeitet wird, da dieser sehr gut fließfähig ist. Wird dagegen das Kaltharzverfahren angewandt, so ist der harzumhüllte Formstoff nicht ganz so gut fließfähig. Bei Problemfällen mit schlecht füllbaren Innenräumen werden dann die folgenden Tricks zu Hilfe genommen.

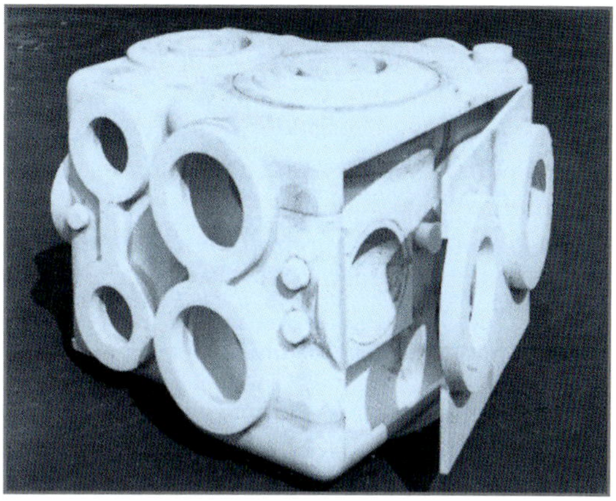

Bild 1: Modell mit separater Wand zum Füllen der Hohlräume

Füllen schlecht zugänglicher Hohlräume

Zusätzliche Teilungen

Durch zusätzliche Teilungen können schlecht zugängliche Hohlräume besser gefüllt werden. Eine häufig ausgeführte Möglichkeit stellen Modelle mit einer separaten, abnehmbaren Wand dar (Bild 1), diese wird nach dem Füllen durch den Former eingeklebt. Nach dem Füllen wird das Modell fertig eingeformt.

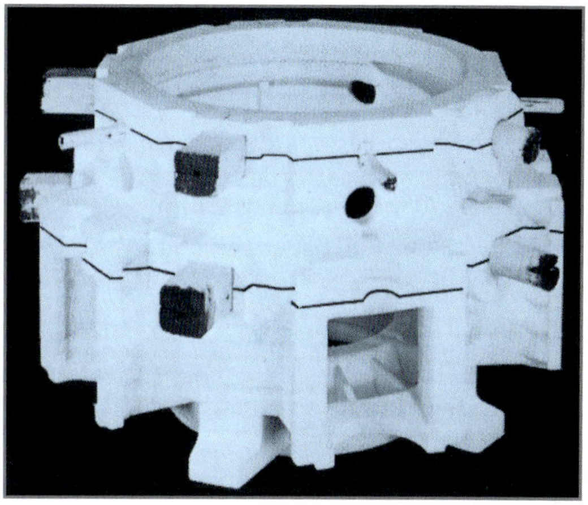

Bild 2: Modell geteilt zum Einlegen der Kerne bei langen Hohlräumen mit kleinem Querschnitt

Verwendung von Kernen bei langen Hohlräumen mit dünnem Querschnitt

Lange Hohlräume mit dünnem Querschnitt wie z.B. Kanäle können schlecht oder nicht mit Sand gefüllt werden. Auch Einfüllen in einer Teilung ist nicht möglich, wenn dort keine glatten Abschlussflächen vorhanden sind. Eine Lösung ist jedoch die Verwendung von Kernen, die nach entsprechender Teilung in das Modell eingelegt werden (Bild 2).

Statt der Kerne können auch Stahlrohre eingegossen werden. Bei beiden Verfahren müssen die Enden zur Lagerung wie Kernmarken aus dem Modell herausragen.

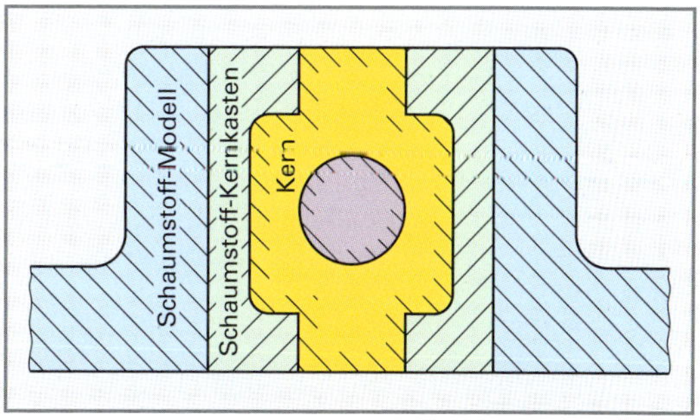

Bild 3: Kernkasten als Bestandteil des Modells

Einbau des Kernes mitsamt dem Kernkasten

Bei kleineren Kernen ist es auch möglich, den Kern zusammen mit einem Kernkasten aus Polystyrolschaumstoff in das Modell einzubauen. Diese Lösung wird gewählt, wenn die Aussparung für den Kernkasten einfacher als die Teilung zum Kerneinlegen zu fertigen ist.

1

Stabilisierung dünnwandiger Modelle

Große dünnwandige Modelle können sich beim Einformen unter dem Gewicht des Sandes verformen. Um dies zu verhindern, kann das Modell

- mit einem Aufstampfklotz oder -boden aufgestampft werden (Bild 1),
- über einen Innenkern gezogen und mit diesem aufgestampft werden (Bild 2),
- entsprechend durch Rippen verstärkt werden, die während des Einformens entfernt werden.

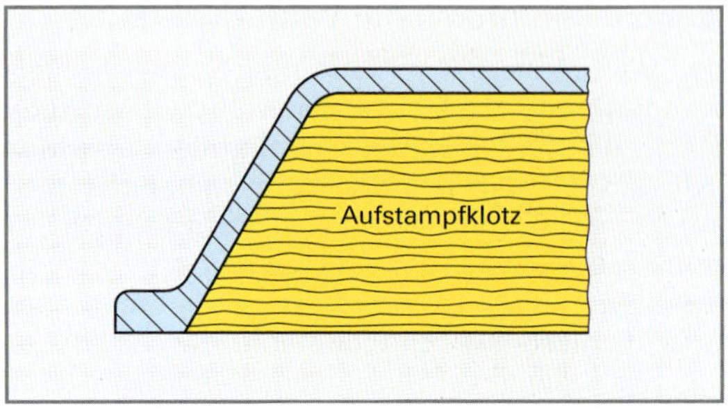

Bild 1: Stabilisierung eines dünnwandigen Schaumstoffmodells durch einen Aufstampfklotz

Schlichte

Beim Vollformgießen wird das Modell geschlichtet. Bei Grauguss wird z.B. eine Wasser-Zirkon-Schlichte verwendet. Die Trocknung kann in Trockenöfen erfolgen.

Modellarten für das Vollformverfahren

Für das Vollformverfahren werden Einzelmodelle oder Serienmodelle zerspanend oder spanlos hergestellt.

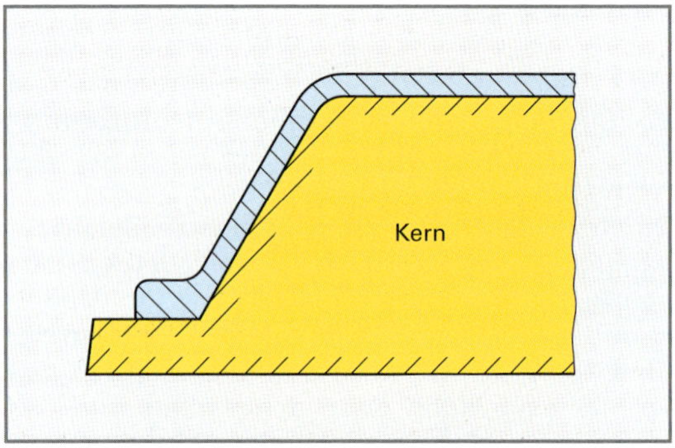

Bild 2: Stabilisierung eines dünnwandigen Schaumstoffmodells durch einen Kern

Einzelmodelle zerspanend hergestellt

Durch Zerspanung hergestellte Einzelmodelle für das Vollformverfahren sind in die Güteklassen S2 und S3 eingeteilt und haben folgende Merkmale:

- **Modellaufbau**
  Wegen der schlechten Vergasung des Klebers sollen S2-Modelle möglichst aus dem Vollen gearbeitet sein. Beispiele für Ausnahmen zeigt Bild 3. Hohlkehlen müssen angearbeitet sein. Bei S3-Modellen darf geklebt werden.
- **Modelloberfläche**
  Bei S2-Modellen ist die Oberfläche glatter als bei S3-Modellen. Die bessere Oberfläche wird durch Schleifen oder Verfahren mit gleichem Ergebnis erreicht. Die Oberfläche des Gussstückes kann nur so gut sein wie die Oberfläche des Modells!
- **Anwendung**
  Das übliche Vollformmodell entspricht der Güteklasse S2. Güteklasse S3 wird bei besonders eiligen Gussstücken, Reparaturguss und Ähnlichem gewählt. Bei mittleren und großen Modellen ist die Anfertigung von zwei oder drei gleichen Vollformmodellen immer noch vorteilhafter als die Anfertigung eines Dauermodells aus Holz.

Bild 3: Das Modell einer Planscheibe ist in dieser Größe typisch für einen Aufbau durch Kleben.

→ Wiederholungsfragen zu Kapitel 1.3.2.1 siehe Medienpaket

Vollformmodelle für Werkzeuge zur Karosserieherstellung

Zur Herstellung von Karosserieteilen sind Arbeitsgänge wie Pressen, Tiefziehen, Beschneiden und Abkanten notwendig. Die Werkzeuge hierzu werden als Stahlgussteile durch Vollformgießen hergestellt. Bild 1 zeigt ein Presswerkzeug, bestehend aus Matrize, Stempel und Unterteil. Alle drei Teile sind solche Vollformmodelle.

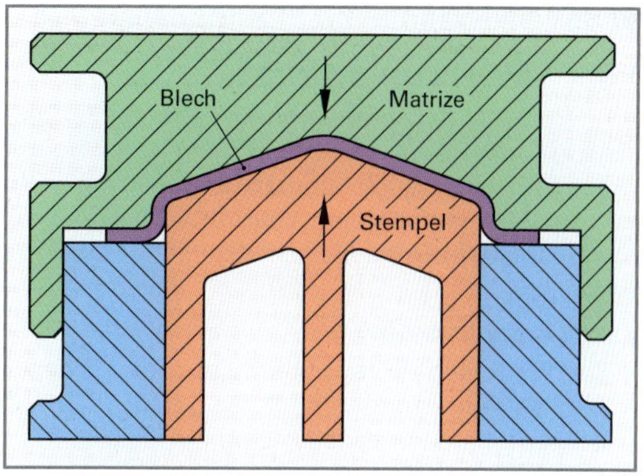

Bild 1: Prinzip eines Presswerkzeuges

Herstellung der Einzelmodelle

Die Herstellung der Vollformmodelle für Werkzeuge erfolgt heute durchweg durch Fräsen und auch überwiegend nach Daten auf CNC-Fräsmaschinen. Bilder 3 und 4 zeigen solche Modelle, die durch CNC-Fräsen in Polystyrolschaumblöcke hergestellt worden sind.

Der Vollständigkeit halber wird auch die folgende Methode der spanlosen Herstellung vorgestellt.

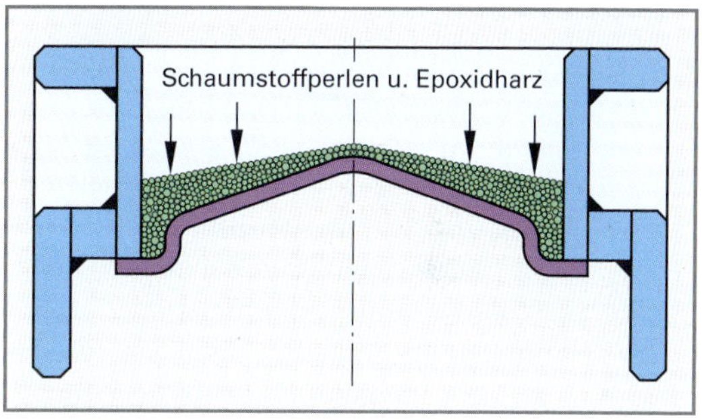

Bild 2: Spanlose Herstellung des Vollformmodells für die Matrize aus Bild 1

Spanlose Herstellung eines Einzelmodells (Bild 2)

Durch ein Gemisch aus Schaumstoffkugeln und Epoxidharz können Modelle spanlos hergestellt werden. Das Epoxidharz umhüllt dabei die bereits voll ausgeschäumten Schaumstoffkugeln und verbindet sie nach dem Aushärten fest miteinander.

Wesentlich ist, dass die Gesamtdichte von Schaum und Harz wiederum unter 20 kg/m^3 liegt. Dadurch ist auch diese Modellart im Vollformverfahren vergasbar.

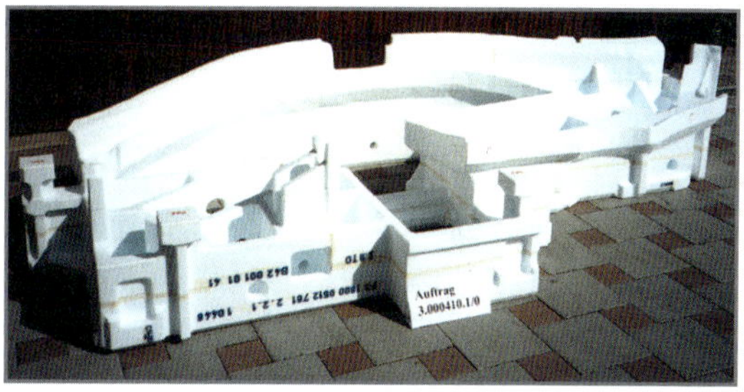

Bild 3: Gesamtverbundwerkzeug für Pkw-Seitenwand

Anwendung

Die formgebende Seite der Matrize wird als Negativ vom Urmodell, z. B. einem Autodach, abgenommen.

Hierzu wird zunächst der äußere Teil der Matrize aus Platten aufgebaut. Dies sind die blauen Teile in Bild 2. Der Rahmen wird auf dem Urmodell aufgebaut und mit der Mischung aus 40 bis 50 l Schaumstoffperlen, 1 kg Epoxidharz und 0,2 kg Härter gefüllt.

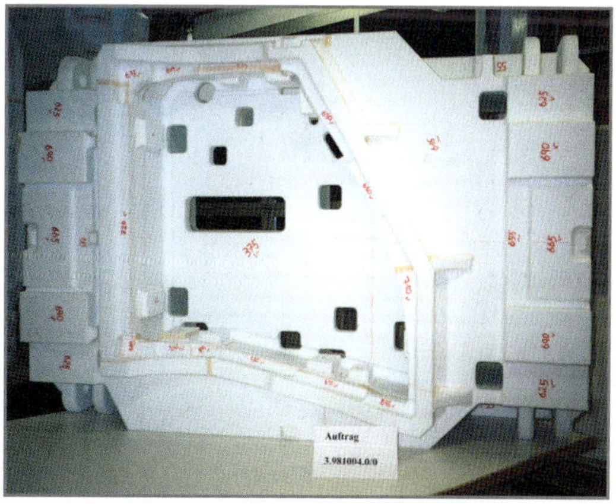

Bild 4: Schnittwerkzeug für Pkw-Türinnenteil

Bearbeitungszugabe

Auf die formgebende Seite des Schaumstoffmodells wird eine Schaumstoffbahn entsprechender Dicke aufgeklebt.

Schwindmaß

Zur Abnahme der Kontur stehen häufig Blechteile, z. B. aus Karosserien, ohne Schwindmaß zur Verfügung. Dieses fehlende Schwindmaß kann durch eine größere Bearbeitungszugabe berücksichtigt werden.

1

Serienverfahren mit EPS-Modellen

Merkmale von Serienverfahren

Im Gegensatz zu den zuvor beschriebenen Verfahren werden bei Serienverfahren die Modelle nicht mehr durch Bearbeitung, sondern in Metallformen durch Schäumen hergestellt. Für die Massenfertigung von Gussteilen nach dem Vollformverfahren müssen so viele gleiche Schaumstoffmodelle wie abzugießende Gussstücke hergestellt werden.

- **Werkzeugherstellung**

  Das Werkzeug zur Herstellung von Serien-Schaumstoffmodellen für das Vollformgießen ist die geteilte Schäumform. Wie beim Schießen eines Kerns ist eine Einfüllöffnung für das Einblasen des Werkstoffes notwendig. Vergleichbar mit den Entlüftungsdüsen eines Kernkastens sind Schlitzdüsen für die Einleitung des Dampfes vorhanden.

- **Herstellung der Serienmodelle**

  Polystyrol-Schaumstoff kann in drei Formen vorliegen (Bild 1):

  - **ungeschäumt mit Treibgas** als Kugeln von 0,8 bis 1,2 mm Durchmesser
  - **vorgeschäumt mit Resttreibgas** als Kugeln mit ca. 5 mm Durchmesser: Expandierbares Polystyrol = EPS
  - **Fertiggeschäumt** in Schäumformen

  Zum Herstellen der Serienmodelle werden die vorgeschäumten Kugeln (EPS) in die Aluminium-Schäumform eingeblasen und dort durch Einleiten von Dampf mit 110 bis 120 °C ausgeschäumt. Hierbei dehnen sich die vorgeschäumten Kugeln weiter aus und verschweißen miteinander. Sie legen sich dabei so exakt an die Wand der Metallform an, dass selbst Schleifriefen abgebildet werden. Sämtliche Vorgänge, wie Einblasen, Ausschäumen, Abkühlen und Auswerfen, werden in der Praxis durch vollautomatische Maschinen ausgeführt. Aufgrund der Entformbarkeit müssen komplizierte Modelle geteilt werden (Bild 2). Diese Teilsegmente werden durch Kleben in Klebevorrichtungen gefügt.

  Als Werkstoffe für Schaumstoff-Serienmodelle kommen neben Polystyrol (EPS) verschiedene Copolymere zur Anwendung.

- **Formen mit kalt aushärtendem Sand** (Bild 3)

  Wie die Modelle der Güteklasse S2 und S3 können auch Serienmodelle in kalt aushärtendem Formstoff geformt werden. Bild 2 zeigt Modelle für Ölabscheider, die auf diese Weise geformt wurden. Inzwischen haben sich Formverfahren mit binderlosem Formstoff durchgesetzt.

- **Unterdruck-Vollformverfahren** (Bild 4)

  Bei diesem Verfahren wird kein Binder benötigt. Durch Einblasen von Druckluft verhält sich der Sand wie eine Flüssigkeit. Das Modell kann eingeschwommen werden. Vor dem Eingießen wird die Anlage auf Unterdruck (200 bis 600 mm, meist 400 mm Wassersäule) umgeschaltet.

Stand der Technik

Bei der Serienfertigung mit Schaumstoffmodellen ist das **Lost-Foam-Verfahren** von Bedeutung. Das Verfahren ist auf den folgenden Seiten beschrieben. Das **Castyral-Gießverfahren** wird nicht mehr angeboten.

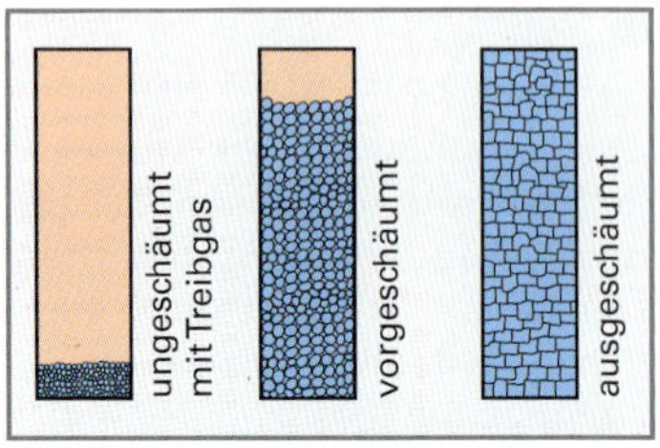

Bild 1: 3 x gleiche Gewichtsmenge Polystyrol-Schaumstoff

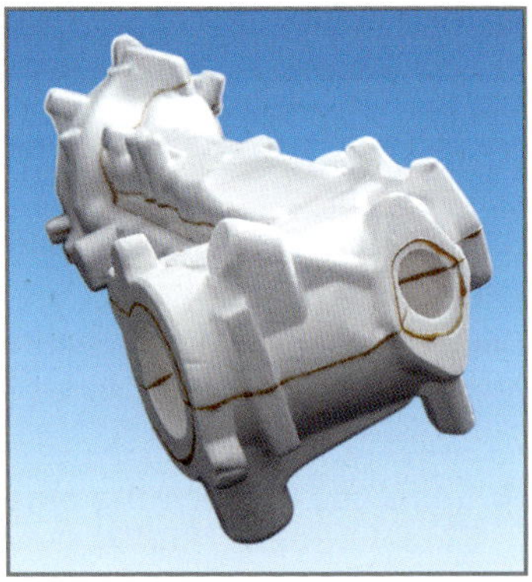

Bild 2: EPS-Modell aus 3 Segmenten geklebt (Klebefuge braun)

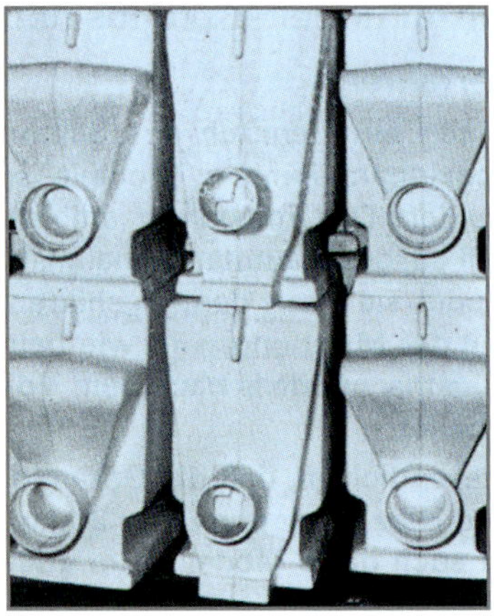

Bild 3: EPS-Serien-Modelle für Kaltharz-Formverfahren

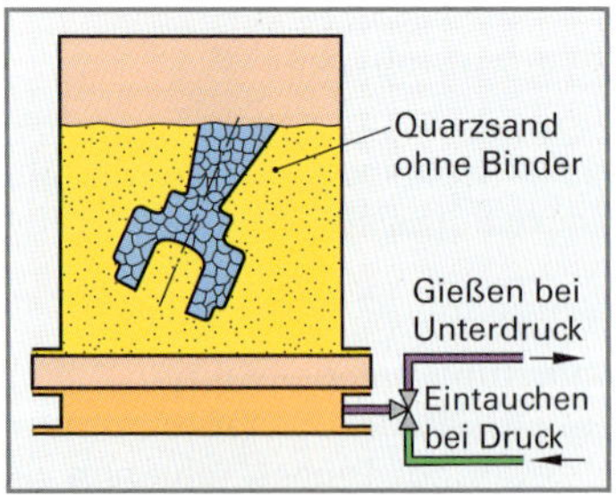

Bild 4: Unterdruck-Vollformverfahren

Lost-Foam-Formverfahren

Anwendung

Das Verfahren, das sich für die Serienfertigung von Gussteilen nach dem Vollform-Gießverfahren durchgesetzt hat, ist bekannt unter dem Namen Lost-Foam-Verfahren (von lost foam = verlorener Schaum). Obwohl das Verfahren seit Jahrzehnten bekannt ist, hat es in Deutschland erst seit den 90er-Jahren an Bedeutung gewonnen. Für die Automobilindustrie finden Aluminiumgussteile wie Zylinderköpfe, Kurbelgehäuse und vor allem Teile mit komplexen Geometrien Anwendung. Aber auch für Eisen- und Stahlguss kommt das Lost-Foam-Verfahren zum Einsatz. So wird zum Beispiel eine Nockenwelle aus Stahlguss hohl gegossen.

Arbeitsgänge des Lost-Foam-Verfahrens

Produktentwicklung

Das Lost-Foam-Verfahren ermöglicht es gegenüber herkömmlichen Formverfahren Gussteile oft mit weniger Gewicht und Bearbeitung und damit kostengünstiger zu fertigen. Dies wird im Rahmen der Produktentwicklung bereits bei der Konstruktion berücksichtigt. Hierbei wird auch die Aufteilung des Gesamtmodells in Teilsegmente geplant. Das Problem von Hinterschneidungen und Hohlräumen kann damit gelöst werden.

Modellherstellung

Wie auf der vorangegangenen Seite bereits beschrieben, werden die Modelle in Aluminiumformen ausgeschäumt. Wurde das Modell in Teilsegmente aufgeteilt, so werden diese nun in einer Klebelehre zusammengefügt. Verwendet werden Heiß- oder Kaltkleber. Bewährt hat sich der Auftrag von Heißkleber mit Stempel. Danach härtet der Heißkleber durch Wärmeabgabe rein physikalisch aus. Unsachgemäße Kleberverwendung kann hierbei zu Gussfehlern führen.

Montage zur Modelltraube

Ähnlich wie beim Feingießen bereits bekannt, wird auch beim Lost-Foam-Verfahren eine Anzahl von Modellen an das Gießsystem (aus EPS) zu einer Modelltraube (Bild 2) montiert.

Schlichten (Bild 3)

Die fertigen Modelltrauben werden in den Behälter mit einer Wasserschlichte getaucht und in einem Umluftofen getrocknet. Die feuerfeste Schlichte erfüllt verschiedene Aufgaben während des Gießvorganges wie z.B. eine Stützwirkung der Form und verhindert das Vererzen des Gussteils. Sie muss auch, je nach Gießwerkstoff eine bestimmte Durchlässigkeit aufweisen. Die geschlichteten Gießtrauben müssen getrocknet werden. Dies geschieht in einem mit ca. 60 °C Warmluft beheizten Umluftofen während 2 bis 3 Stunden.

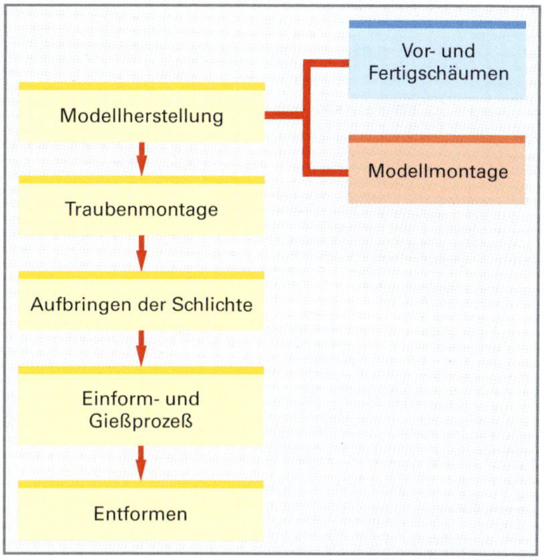

Bild 1: Arbeitsgänge des Lost-Foam-Verfahrens

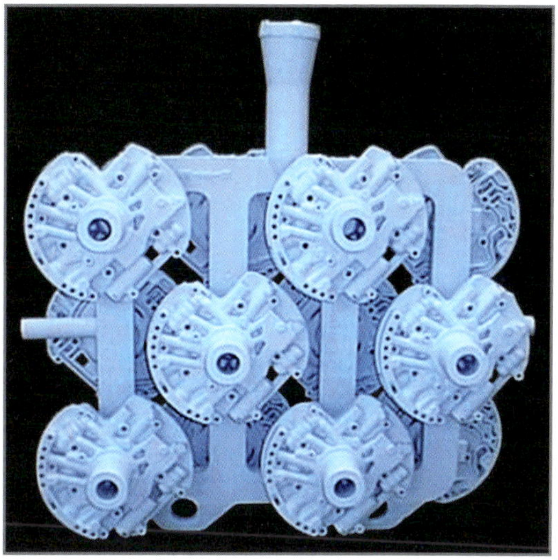

Bild 2: Modelltraube bestehend aus 12 Modellen mit Gießlauf und Gießrahmen

Bild 3: Schlichten mit Roboter im Tauchbad

1

Einformen (Bild 1)

Die geschlichteten und getrockneten Modelltrauben werden in den Gießbehälter eingesetzt. Der auf einem Vibrationstisch fixierte Gießbehälter wird mit rieselfähigem und ungebundenem Quarzsand schichtweise bei gleichzeitiger Vibration gefüllt. Durch diese Art Verdichtung lassen sich auch Hohlräume und Hinterschneidungen mit Sand füllen.

Gießen (Bild 2)

Beim Lost-Foam-Gießen wird das flüssige Schmelzgut (bei Aluminiumguss 750–800 °C) unter atmosphärischem Umgebungsdruck über einen, in der Regel zentralen Einguss, in die Form geleitet. Das EPS-Modell zersetzt sich durch Abstrahlungs- und Konvektionsenergie. Der entstandene Hohlraum wird durch das flüssige Metall substituiert. Während der Formfüllung gewährleistet der feuerfeste Schlichteüberzug die Trennung zwischen der Schmelze und dem Formstoff. Das Bild 3 zeigt, dass die vorrückende Metallfront nicht in direktem Kontakt zum EPS-Werkstoff steht, sondern auf einem Gasspalt getragen wird.

Entformen

Nach Durchlaufen der Kühlstrecke werden die Gießbehälter entleert. Da der Formstoff nicht chemisch gebunden ist (rieselfähig), kann er leicht aus den Gussteilen entfernt werden und für die nachfolgenden Gussteile bereitgestellt werden. Die Bauteile lassen sich mechanisch durch Sägen oder Abschlagen vom Gießsystem trennen und mittels Strahlen von den noch anhaftenden Schlichtepartikeln reinigen.

Vorteile des Lost-Foam-Verfahrens

- größere Gestaltungs- und Designfreiheit bei der Konstruktion von Gussteilen
- Komplizierte Gussteile können durch Aufteilung des Modells in Segmente, die zusammengeklebt werden, hergestellt werden
- geringere Gussnachbearbeitung
- Minimierung des Späneaufkommens durch geringere Bearbeitungszugabe
- Automatisierungsmöglichkeit der einzelnen Arbeitsschritte
- Montage- und Bearbeitungskosten werden durch den Wegfall von Bearbeitungsvorgängen, Einbauteilen, Verschraubungen etc. reduziert
- Der Arbeitsgang Entkernen entfällt.
- hohe EPS-Formstandzeiten dadurch geringe anteilige Werkzeugkosten
- umweltfreundlich, da binderloser Quarzsand im Kreislauf verwendet wird

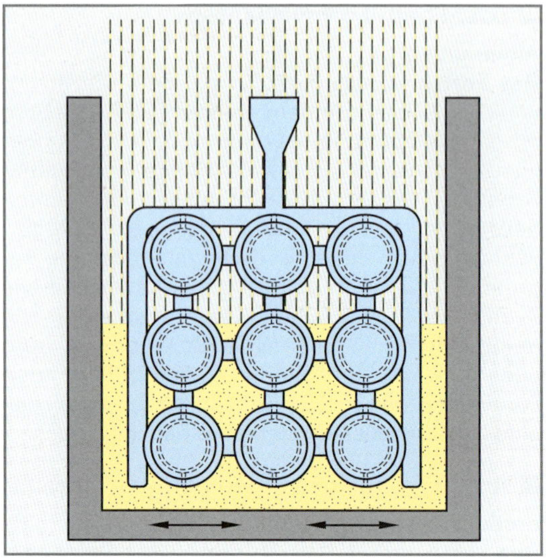

Bild 1: Einformen

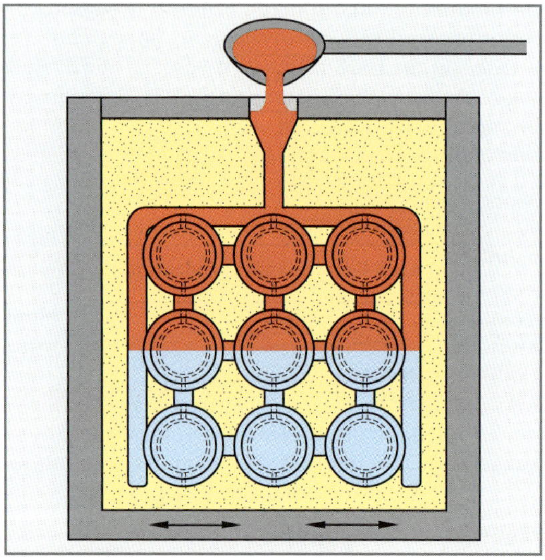

Bild 2: Gießen

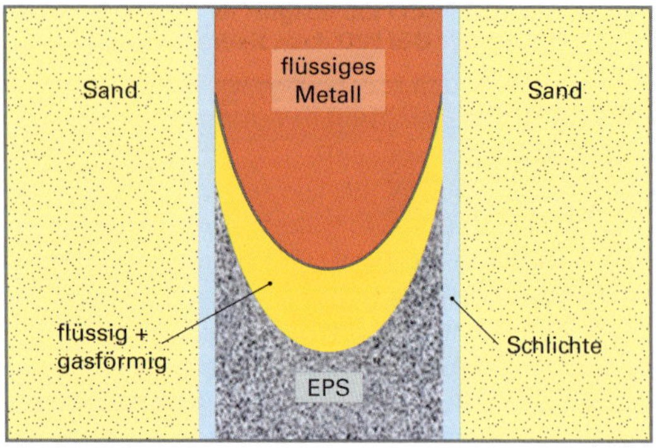

Bild 3: Zersetzung des EPS-Modells

1.3.2.2 Feingießverfahren

Der Name „Feingießen" wird im gesamten deutschsprachigen Raum für das industriell angewendete Gießen mit einem verlorenen Modell, für das sogenannte Wachsausschmelzverfahren, verwendet. Bei diesem Verfahren werden verlorene Formen mit verlorenen Modellen hergestellt.

Entstehung, Geschichte

Der Vorläufer des Feingießverfahrens ist das künstlerische Wachsausschmelzverfahren. Dies ist wahrscheinlich das älteste Verfahren zur Anfertigung von Gussstücken mittels eines Modells. Den Kulturvölkern des Mittelmeerraumes und Asiens war dieses Verfahren bereits 2000 bis 3000 Jahre vor Christi Geburt bekannt. Für die zu gießenden Teile wurde ein Modell aus Wachs modelliert und in Lehm eingeformt.

Durch Ausschmelzen des Wachses erhielt man eine Hohlform. Die geschmolzenen Metalle wurden dann in die vorher gebrannte Lehmform gegossen. Diese Gießmethode wurde von Künstlern aller Epochen zur Herstellung von Skulpturen angewandt. Zahlreiche Denkmäler in aller Welt geben davon Kenntnis, z.B. die goldene Paradiestür im Baptisterium von Florenz, das Reiterstandbild des Großen Kurfürsten in Berlin usw.

Eine industrielle Bedeutung erlangte dieses Verfahren jedoch erst im Laufe des zweiten Weltkrieges (um 1940), als Amerika die Entwicklung geeigneter Modellwachse, Bindemittel und Formstoffe reproduzierbare Abgüsse in maßlich engen Toleranzen ermöglichte.

Um das Jahr 1950 wurden in der Bundesrepublik Deutschland und in Österreich die ersten Abgüsse dieser Art in Lizenz hergestellt.

Anwendungsbereiche

Feingussteile finden in allen Bereichen der Technik ihre Anwendung. In Verbindung mit dem **Rapid-Prototyping-Verfahren** haben sich Feingussteile ein neues Feld erschlossen. So wurden hiermit Teile mit über 1,5 m Länge gegossen.

Gussstückgewichte

Stückgewichte von 0,5 g bis 30 kg sind üblich. Allerdings fertigen einige Feingießer auch Teile bis zu 100 kg Stückgewicht. Die größte Anzahl der Feingussteile mit Stückgewichten bis 100 g geht in die feinmechanische Industrie. Es können dabei sowohl Abgüsse von Naturmodellen wie auch von Kernmodellen zur Anwendung kommen.

Bild 1: Wachsausschmelzverfahren, ältester figürlicher Guss aus Mittel- und Nordeuropa, Kult- und Sonnenwagen

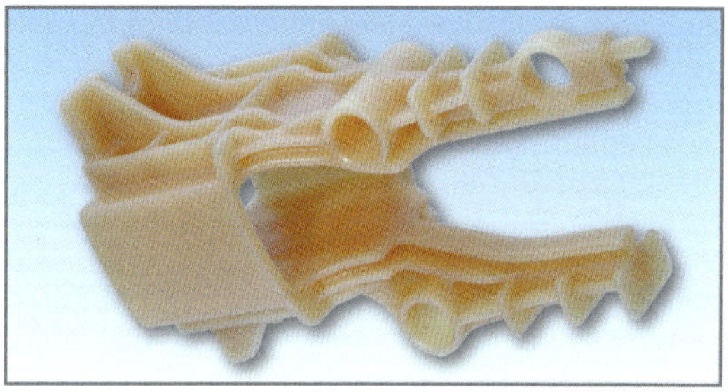

Bild 2: Wachsmodell für Feingießteil Bild 3

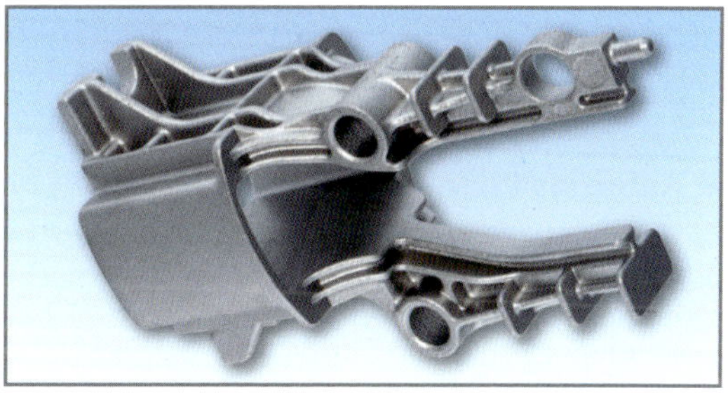

Bild 3: Feingießteil aus GS-42CrMo4

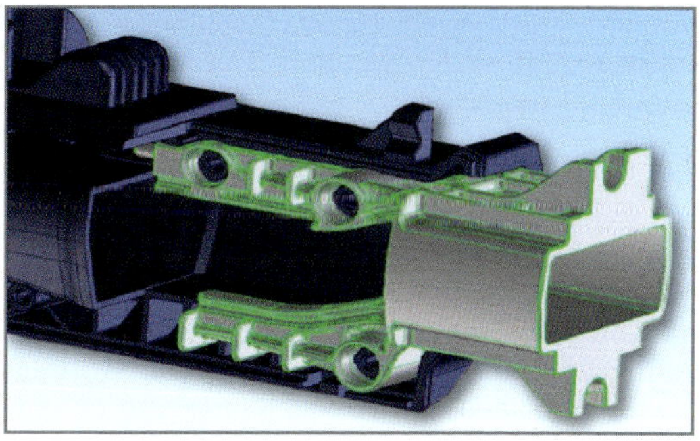

Bild 4: Feingießteil aus Bild 3 eingebaut in den Teleskopgriff eines Langhalsschleifers

1

Verfahrensweise

Das Feingießverfahren ist ein Verfahren mit ausschmelz- oder ausbrennbaren Modellen. Als Modellwerkstoff wird vorwiegend ein synthetisches Wachs verwendet, aber es wird auch mit Kunststoffen und Harnstoff gearbeitet. Kunststoffe kommen insbesondere in Verbindung mit der Additiven Fertigung zum Einsatz.

Da diese Modelle nach Fertigstellung der Form ausgeschmolzen oder ausgebrannt werden, muss für jedes zu fertigende Gussteil zunächst ein Modell hergestellt werden.

Man stellt Modelle mithilfe von Spritzwerkzeugen auf halb- oder vollautomatischen, pneumatisch oder hydraulisch arbeitenden Wachsspritzmaschinen oder Extruderspritzmaschinen bei einem Pressdruck von ca. 60 bar her.

Herstellung der Matrize

Die Spritzwerkzeuge, auch Kokillen oder Matrizen genannt, werden in der Regel mechanisch aus Stahl und Aluminium oder aus einer Zinn-Wismut-Legierung (Zinn-Bismut-Legierung) durch Gießen auf Urmodelle aus Stahl oder Messing hergestellt. Bei komplizierten Kleinteilen hat die Gussausführung den Vorteil, dass durch die Wahl schwieriger Teilungsebenen oft viele Teilungen vermieden werden, die durch die Abnutzung zu Gratbildung an Wachsmodellen bzw. Gussteilen führen können. Weitere Vorteile sind noch im leichteren Änderungs- und Reparaturverhalten sowie in einer maßgenauen Reproduzierbarkeit von Werkzeugen mithilfe der Urmodelle zu finden.

Anfertigen der Wachstraube

Die in den Matrizen hergestellten Modelle werden dann mit aus Wachs hergestellten Eingusstrichtern und Gießläufen zu den sogenannten „Trauben" oder „Bäumen" montiert.

Die Montage erfolgt meist mithilfe von Klebevorrichtungen und erhitzten Spachteln oder Messern durch Aufschmelzen des Wachses am Gießlauf und am Anguss des Modells und anschließendem Anpressen.

Feingießmodelle durch Additive Fertigung

Neben der Fertigung von Feingießmodellen mithilfe von Matrizen ist die Fertigung von verlorenen Modellen durch Additive Fertigung inzwischen eine entscheidende Alternative geworden. Der 3D-Druck hat das Feingießverfahren revolutioniert.

Näheres siehe hierzu im Kapitel 8.9.5

Bild 1: Wachstraube, bestehend aus 240 Einzelwachsmodellen für Spindeln mit Eingusssystem. Gusswerkstoff: X60CrMnMoVNbN 21 10

Bild 2: Keramikform für 12 Metallkörper, durch Tauchen in 7 Schichten hergestellt. Brenntemperatur: 1100 °C. Gießtemperatur: 1580 °C, Gießgewicht: 17,80 kg

Formherstellung

Durch Tauchen in einen keramischen Schlicker wird ein feinkörniger, hochtemperaturbeständiger Keramiküberzug aufgetragen und anschließend mit einem hochwertigen feinen Sand berieselt. Von dieser ersten Schicht, der sogenannten Primärschicht, hängt die hervorragende Oberflächengüte und Konturenschärfe ab.

Das Trocknen der Primärschicht an Luft dauert, je nach Bindemittel des Schlickers, 2 bis 24 Stunden. Die endgültige Schalendicke der Feingussform wird durch meist sieben- bis zwölfmaliges Tauchen in keramischen Schlicker und anschließendes Besanden gebildet. Für diese Arbeitsgänge wird gröberer Sand verwendet, um eine bessere Gasdurchlässigkeit der Form zu erreichen. Eine Schale mit einer Dicke von ca. 6 bis 12 mm gibt der Form die erforderliche Festigkeit.

Die mit einem hohen Maß an Geschicklichkeit und Sorgfalt verbundene Handarbeit ist heute weitgehend durch automatisches Tauchen und Besanden abgelöst worden. Dieser Vorgang wird mit Industriemanipulatoren, wie in Bild 2 dargestellt, ausgeführt.

Das Verfahren mit der Kompaktform kommt kaum noch zur Anwendung.

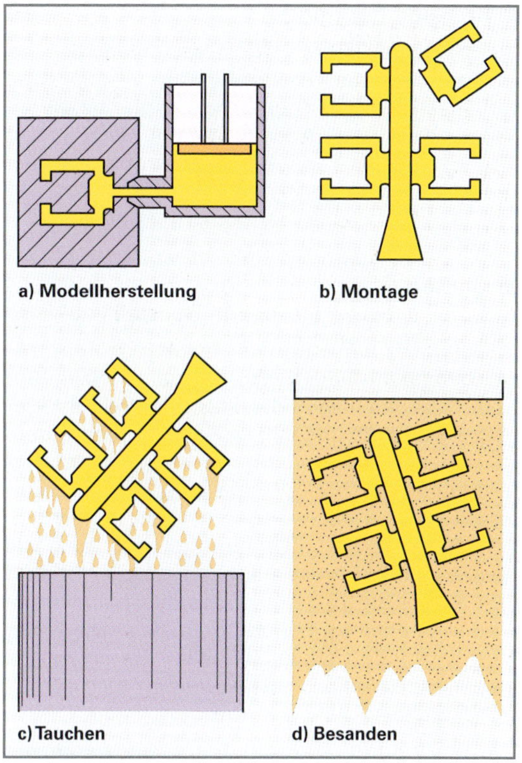

Bild 1: Formherstellung

Formstoff

Der Formstoff, der die keramische Schale bildet, setzt sich aus feuerfesten Mineralien und Bindemitteln zusammen, die in der Primärschicht und den nachfolgenden Schichten unterschiedlich zusammengesetzt sind. Das wichtigste feuerfeste Mineral für die erste Schicht ist Zirkonpulver. Für die folgenden können z.B. auch Quarzsand und Aluminiumoxid zur Anwendung kommen. Als Bindemittel spielt Kieselerde (SiO_2 in kolloidaler Form) eine wichtige Rolle. Diese schwebt in verschiedenen Ethylsilicaten, Alkoholen und Wasser.

Durch Zugabe von Salzsäure oder anderen Chemikalien wird ein Gelieren des flüssigen Formstoffes erreicht.

Ausschmelzen

Nach ausreichender Trocknung wird der Modellwerkstoff ausgeschmolzen. Dies geschieht bei Wachs mithilfe von heißem Dampf und einem Druck von 8 bar oder mit Mikrowellen; Polystyrolmodelle werden gleichzeitig mit dem Brennen der Form bei ca. 1000 °C verbrannt. Harnstoffmodelle werden in Wasser ausgelöst.

Bild 2: Automatische Tauchanlage zur Herstellung der Feingießform

Brennen der Form

Die vom Modellwerkstoff befreite, ungeteilte Form wird nun bei einer Temperatur von ca. 1000 °C ca. ein bis zwei Stunden gebrannt und gießbereit gehalten. Nach dem Brennen hat die Schalenform die notwendige Festigkeit, um dem statischen Druck des Gießmaterials standzuhalten.

Gießen

Legierungen auf der Basis von Stahl, Kobalt, Nickel und Titan werden in Induktionsöfen, teilweise Vakuum-Induktionsöfen, erschmolzen. Auf Stahl bezogen, liegen die Ofengrößen in der Regel zwischen 20 und 600 kg Fassungsvermögen. Diese geringe Größe ist notwendig, um den Anforderungen kleiner Aufträge und der Vielzahl unterschiedlicher Legierungen gerecht zu werden. Zum Schmelzen von Legierungen auf der Basis von Kupfer und Aluminium dienen gas-, öl- und elektrobeheizte Tiegelöfen. Das flüssige Material wird in die heißen Formen gegossen. Die heiße Form verhindert ein zu schnelles Erstarren und begünstigt somit das gute Auslaufen auch dünnster Wanddicken (bis zu 1 mm).

Um bei Wanddicken von 1 mm ein optimales Ausfließen zu gewährleisten, werden bei komplizierten Gussstücken die Formen während des Gießens gedreht (ca. 120 1/min) und dabei ein Schleudergusseffekt erzielt. Es wird auch unter Vakuum vergossen.

Keramik entfernen

Nach dem Erkalten der Abgüsse wird die keramische Form durch Schlagen, Rütteln oder Wasserstrahl behandelt. Somit wird die metallische Traube von der meist anhaftenden Keramik befreit.

Gussteile abtrennen und verschleifen

Es wird die komplette Gusstraube mit Korund oder Stahlkies gestrahlt, anschließend werden die Feingussteile auf Trennschneidmaschinen mit möglichst kurzem Angussrest abgetrennt. Bevor die Feingussteile jetzt zum Verschleifen in die Putzerei kommen, werden sie durch Ätzen in alkalischen Bädern und nochmaligem Sandstrahlen von den restlichen keramischen Verunreinigungen befreit.

Handelt es sich um gegossene Feingussteile aus Stahl oder Aluminium, werden diese einer dem Werkstoff entsprechenden Wärmebehandlung unterzogen.

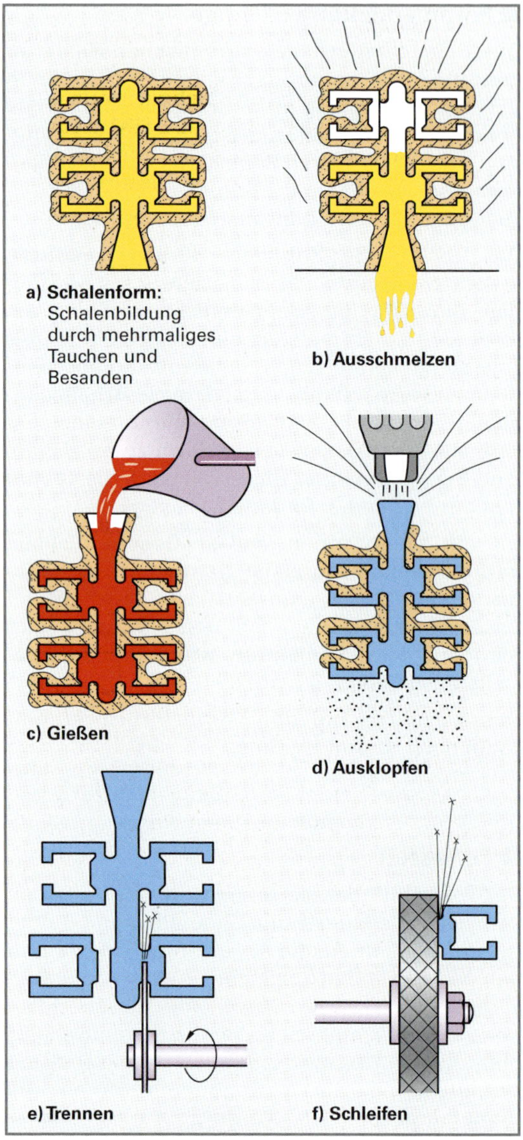

Bild 1: Gussteilherstellung

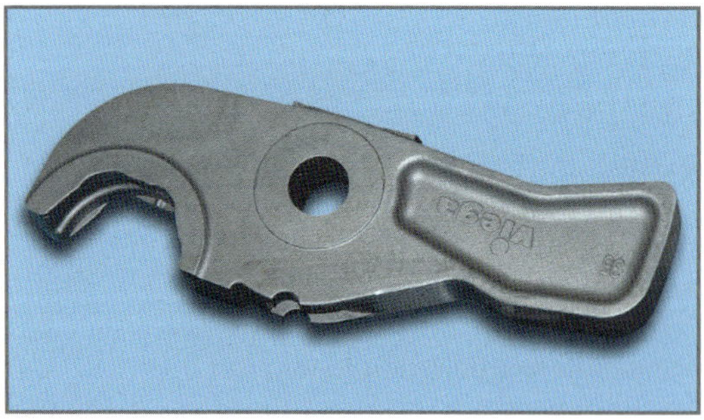

Bild 2: Pressbacke Gusswerkstoff: X19NiCrMo4

Werkstoffe für das Feingießverfahren

Die Anwendung des Feingießverfahrens erlaubt, Stahl wesentlich problemloser zu gießen als beim Sandguss. Deshalb ist der größte Anteil an den Feingusswerkstoffen Stahlguss, wobei alle Sorten vom einfachen Einsatzstahl bis zum hochlegierten Stahl verwendet werden. Grundsätzlich kann jedoch jeder Werkstoff beim Feingießverfahren zur Anwendung kommen.

Weitere Werkstoffe, die im Feingießverfahren gegossen werden, sind:

- Aluminium- und Titanlegierungen
- Kupferlegierungen
- Grauguss und Sphäroguss
- Kobalt- und Nickellegierungen
- Edelmetalle

Bild 1: Auch kleine Stückgewichte sind durch Modelltrauben wirtschaftlich. Alle Metalllegierungen können gegossen werden.

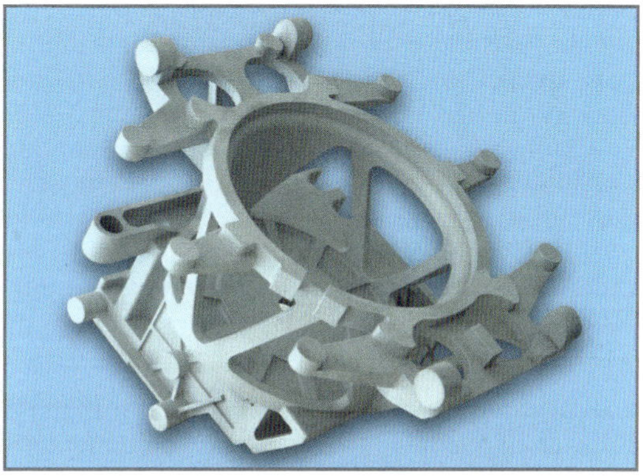

Bild 2: Durch Verwendung eines Spritzwerkzeuges mit Schiebern oder durch Verwendung auflösbarer Kerne lassen sich Modelle mit schwierigstem konstruktiven Aufbau und mit Hinterschneidungen herstellen.

Vorteile des Feingießverfahrens

- große Gestaltungsfreiheit
  Durch Verwendung eines Spritzwerkzeuges mit Schiebern oder durch Verwendung auflösbarer oder keramischer Kerne lassen sich Modelle mit schwierigstem konstruktiven Aufbau und mit Hinterschneidungen herstellen.
- Maßgenauigkeit
  Entsprechend dem Nennmaßbereich lassen sich Maßtoleranzen bis 0,1 mm erzielen. Genaueres kann vom VDG-Merkblatt P690 entnommen werden.
- hohe Oberflächenqualität
  Die Oberflächenrauigkeit entspricht mit ca. 10 bis 30 µ der einer geschlichteten Fläche. Durch Wegfall von Nachbearbeitung werden Kosten verringert. Bohrungen und Schlitze können gegossen werden.
- Einsparung von Material
  Durch Eingießen in die noch glühende Form läuft das Gießmaterial auch noch in Wanddicken von 1 mm aus.
- Wegfall von Gussfehlern
  Die gebrannte Keramikform entwickelt keine Gase. Der glühende Zustand beim Gießen sorgt für gleichmäßige Abkühlung.
- freie Werkstoffauswahl
  Es lassen sich alle gießbaren Werkstoffe im Feingießverfahren verarbeiten.
- wirtschaftliche Herstellung
  Die oben angeführten Punkte ergeben Einsparungen bei Material, Bearbeitung und Montage.

Wiederholungsfragen

1. Wodurch unterscheidet sich das künstlerische Wachsausschmelzverfahren von dem industriellen Feingießverfahren?
2. Nennen Sie die Arbeitsgänge, die erforderlich sind, um ein Gussteil mit dem Feingießverfahren herzustellen.
3. Welche Aufgabe hat das Spritzwerkzeug beim Feingießverfahren?
4. Welcher Modellwerkstoff kommt beim Feingießverfahren zur Anwendung?
5. Wie entsteht eine Schalenform beim Feingießverfahren?
6. Wie unterscheidet sich die erste Schicht einer Feingießform von den folgenden bezüglich Oberfläche und Gasdurchlässigkeit?
7. Wie werden Modelle beim Feingießen entformt?
8. Welche Gießmetalle sind Feingießwerkstoffe?
9. Welche Vorteile besitzt das Feingießen?

1

1.3.3 Sonderverfahren

Formverfahren mit physikalischer Bindung

Bei diesen Formverfahren wird ein Formgrundstoff ohne Binder verwendet. Die Verfestigung erfolgt physikalisch, entweder durch Magnetfeld oder durch Unterdruck. Beim Vakuumformverfahren werden trockene, binderfreie Quarz-, Zirkon- oder Olivinsande als Formstoffe verwendet. Die Anwendung des Magnetformverfahrens beschränkt sich dagegen auf Formgrundstoffe wie Eisengranulat, die sich mit einer Gleichstrom-Magnetisierungseinrichtung magnetisieren lassen.

Unter Verwendung von Serienmodellen aus Schaumstoff sind beide Verfahren beim Vollformverfahren bereits Stand der Technik. Sie sind im Kapitel 1.3.2.1 Formverfahren mit Schaumstoffmodellen im Abschnitt Serienmodelle beschrieben.

1.3.3.1 Vakuumformverfahren unter Verwendung einer Folie

Bedeutung

Dieses Verfahren wurde 1972 in Japan patentiert. Inzwischen ist es in Japan in allen Großgießereien, in den USA vorwiegend in einer Reihe von Stahlgießereien und auch in Deutschland in einigen Betrieben in Anwendung. Im Bestreben zur Humanisierung des Arbeitsplatzes hat diese „sanfte Technologie" ihren Platz, obwohl nicht mehr viele Betriebe dieses Verfahren verwenden.

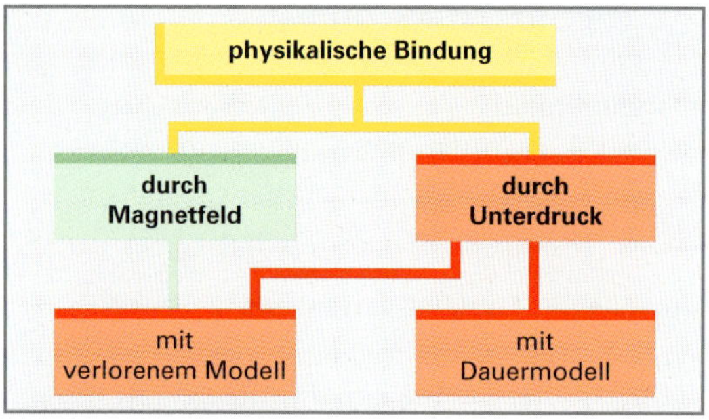

Bild 1: Gliederung

Anwendung

Die Anwendung dieses Verfahrens, kurz als V-Process bezeichnet, erstreckt sich von einfachen, von Hand zu bedienenden Formmaschinen bis zur automatischen Formanlage.
Mit solchen Anlagen wurden Stückgewichte bis zu 12 t gegossen, die Gussstückgröße ist lediglich durch die maximale Fertigungsgröße der Plastikfolie begrenzt. Der V-Process ist für sämtliche gießbare Metalle geeignet.

Bild 2: Vakuumformanlage. Die Folie wird auf das Modell gesenkt. Im Vordergrund die Unterdruckschläuche.

Vorteile

- geringe Formkosten durch Wegfall des Binders und der damit verbundenen ebenfalls entfallenden Sandaufbereitung
- geringe Geruchsbelästigung durch fehlende Binder und Aufrechterhaltung des Unterdruckes während des Gießens
- geringe Lärmbelästigung durch Wegfall von Rüttelgeräuschen
- geringe Putzkosten durch Herstellung von gratfreien Gussteilen mit feinstrukturierter Oberfläche
- besseres Fließen des flüssigen Metalls im Vakuum
- hohe Maßgenauigkeit und somit geringe erforderliche Bearbeitungszugabe
- es kann teilweise ohne Formschräge geformt werden
- geringer Ausschuss durch Wegfall formstoffbedingter Gussfehler

1

Arbeitsablauf des Vakuumverfahrens mit Folie

Modellplatte

Die Modellplattenhälfte wird mit dem Vakuumkasten verschraubt. Zum Ansaugen der Folie werden in den Ecken des Modells Düsen gesetzt, die durch Bohrungen mit dem Hohlraum des Vakuumkastens verbunden sind. Die Modelle werden vorwiegend aus Hartholz und Hartholzfurnierplatten, aber auch aus Kunststoff gefertigt.

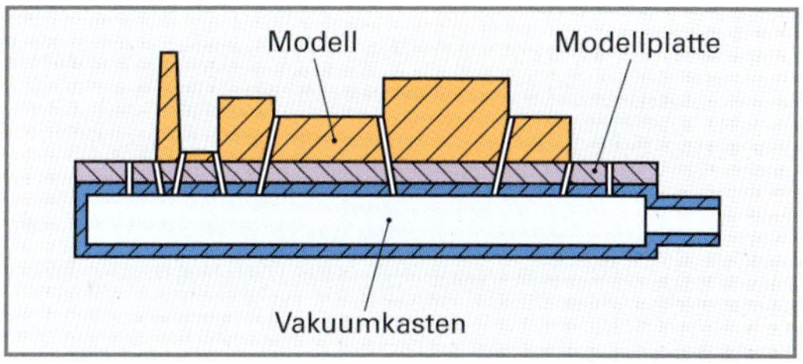

Folienerwärmung

Die Kunststofffolie muss so beschaffen sein, dass sie sich dicht und konturengenau, ohne zu reißen und Falten zu bilden, an das Modell anlegt. Um dies zu erreichen wird die thermoplastische Folie mit einer Flächenheizung erwärmt. Die Folien bestehen aus Polyethylen mit Ethyl-Vinyl-Acetat (EVA) und erzeugen keine schädlichen Verbrennungsrückstände. Die Dicke der Folien liegt zwischen 0,05 und 0,1 mm.

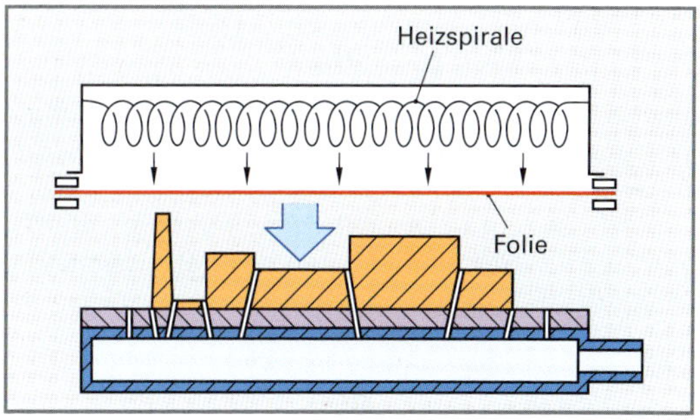

Ansaugen der Folie

Die vorgewärmte Folie wird auf die Modellplatte abgesenkt. Durch einen Unterdruck von 0,3 bis 0,5 bar wird die Folie auch in den Ecken zum Anliegen gebracht. Deshalb müssen die Bohrungen vom Vakuumkasten an diesen Stellen angebracht werden. Damit die Wärme der Folie nicht abgeleitet wird, ist die Verwendung von Holz als Modellwerkstoff vorteilhaft. Die Tiefziehfähigkeit der Folie kann durch Formpulver auf dem Modell verbessert werden.

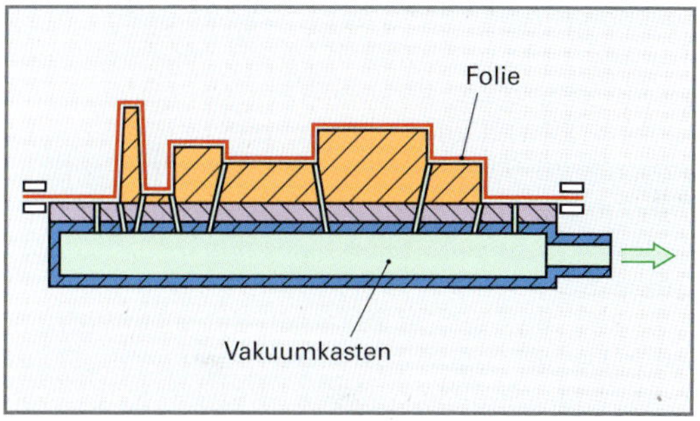

Aufsetzen des Formkastens

Ein Formkasten wird auf die folienüberzogene Modellplatte gelegt. Der Formkasten ist als Hohlrahmen ausgeführt und mit Saugfenstern an den Innenwänden und Saugrohren, die in hohle Formkastenwände münden, versehen. Über den seitlichen Anschlussstutzen wird der Formkasteninnenraum mittels einer Schlauchleitung mit der Vakuumpumpe verbunden. Über diesen Weg kann im Formkasten Unterdruck erzeugt und damit die Formstoffverfestigung bewirkt werden.

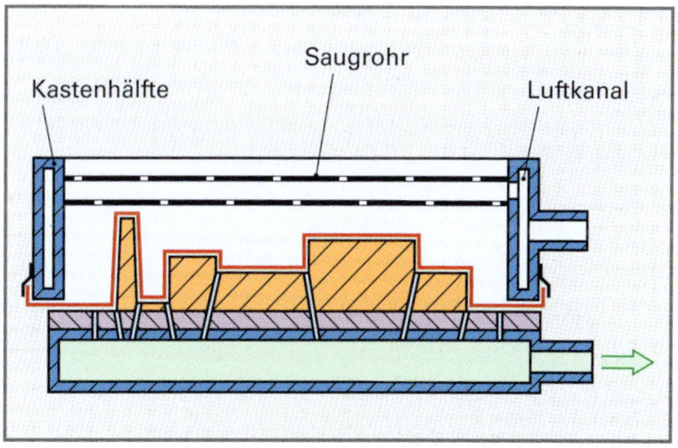

Füllen und Vibrieren

Der Formkasten wird mit feinkörnigem, binderfreiem Sand (Quarzsand, Zirkonsand oder Olivinsand) gefüllt. Durch intensives Vibrieren wird der Sand vorverdichtet. Hierzu ist ein Sand mit abgerundetem Korn besonders geeignet, da er gute Fließfähigkeit und hohe Packungsdichte gewährleistet.

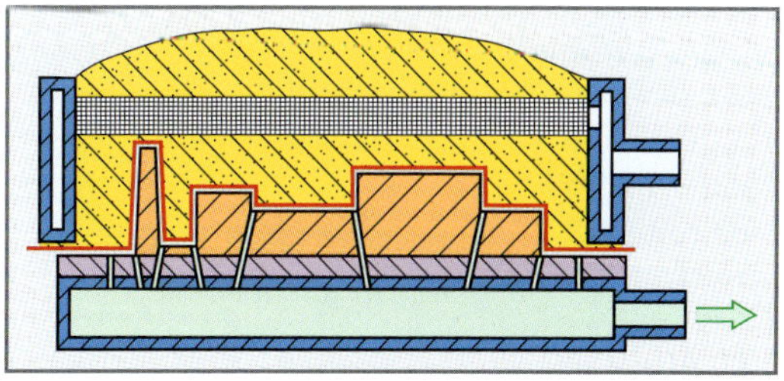

1

Einguss- und Speisersystem

Nach Ausformen des Eingusstümpels und Abstreichen der Form wird die Formteiloberseite mit einer Kunststofffolie abgedeckt. Bei hohen Formkästen bildet man das Einguss- und Speisersystem als Losteile aus, überzieht diese gesondert mit Folie und befestigt sie mittels Klebefilm vor der Sandaufschüttung auf das mit Folie überzogene Modell.

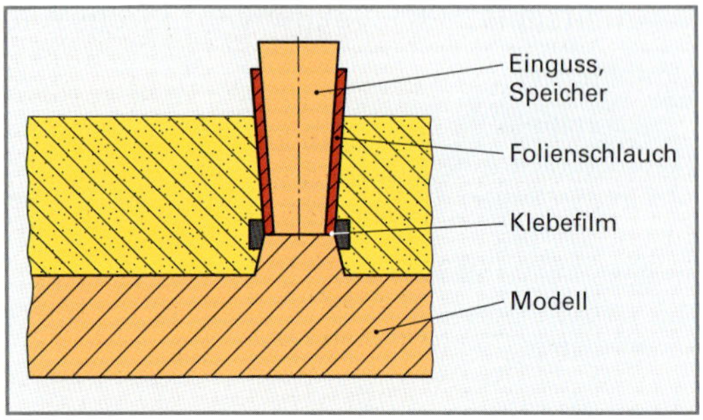

Verdichten durch Unterdruck

Nachdem die Formteiloberseite mit der Kunststoff-Folie abgedeckt ist, wird die Form mit einem Unterdruck von 0,5 bar endverdichtet. Bei diesem Unterdruck liegen Druckfestigkeit und Formhärte der Formen bereits über den normalerweise üblichen Werten beim Grünsand-Hochdruckformen.

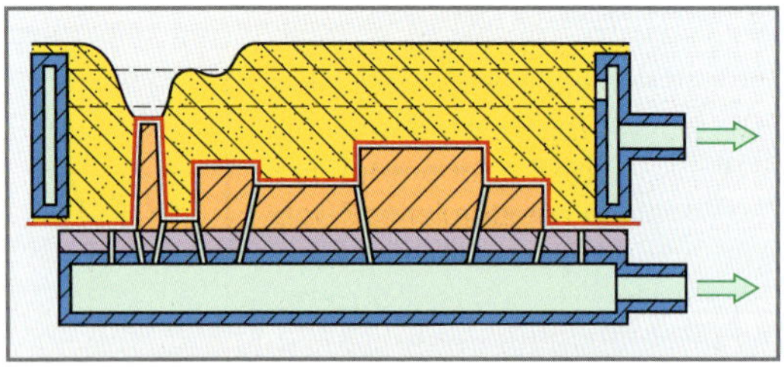

Trennung von Modell und Formkasten

Nach dem Abschalten des modellseitigen Unterdruckes kann das Modell ohne Losklopfen oder Vibrieren und sogar ohne Formschräge gezogen werden. Dieses ungewöhnliche Verhalten kommt dadurch zu Stande, dass sich die Form geringfügig erweitert, sobald das Vakuum an der Modellseite abgeschaltet und durch Druckluft zur Unterstützung des Trennvorganges ersetzt wird, während die Form selbst noch unter Unterdruck steht. Der so entstandene Spielraum genügt zum Ziehen des Modells.

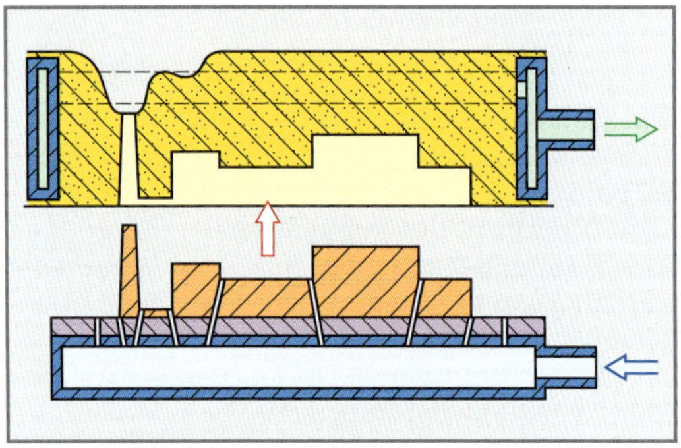

Abgießen

Nachdem beide Formkastenhälften auf die beschriebene Art und Weise gefertigt worden sind, können in herkömmlicher Weise hergestellte Kerne eingelegt und beide Formhälften zusammengelegt werden. Während des Gießvorganges, der Erstarrung und des Abkühlens bleibt der Unterdruck bestehen. Beim Gießvorgang ersetzt die sich bildende Gusshaut die schmelzende Folie und hält so das Vakuum.

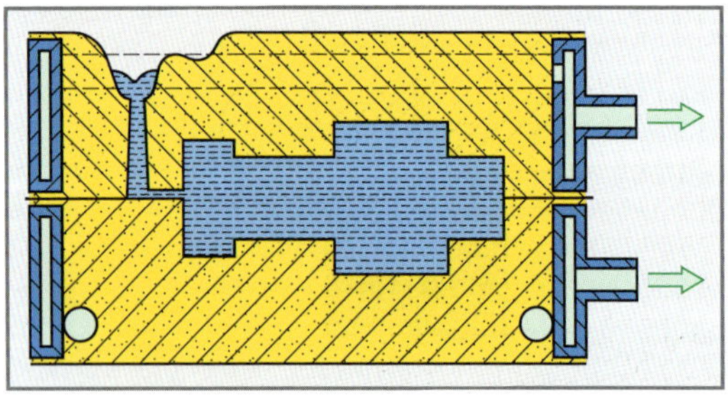

Entformen

Nach ausreichender Abkühlung wird die Form innerhalb einer Ausleerkabine von der Vakuumpumpe getrennt, das Gussstück fällt auf einen Rost, der Sand fließt aus, wird gesiebt, gekühlt, entstaubt und dem Bunker zur Wiederverwendung zugeführt.

→ Wiederholungsfragen zu Kapitel 1.3
siehe Medienpaket

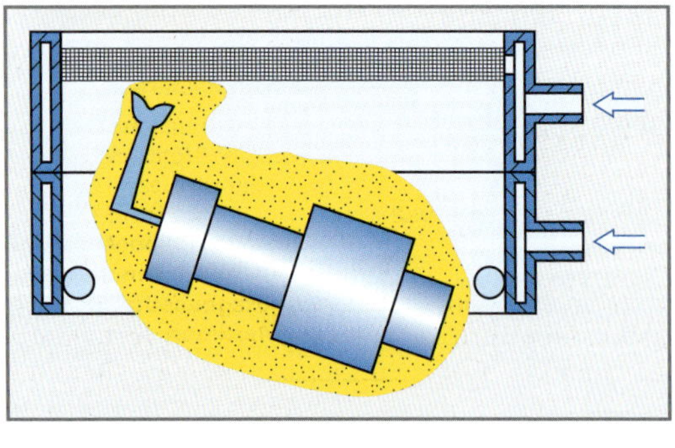

1.3.3.2 Direkte Herstellung von Formen und Kernen

Bei Großserien ist die Verwendung eines Modells und eines Kernformwerkzeuges (Kernkasten) meist die kostengünstigere Lösung.

Für Prototypen und Kleinserien ist eine Möglichkeit, innerhalb der Prozesskette, direkt von den CAD-Daten zur Form oder dem Kern zu kommen, die Additive Fertigung oder das Direktfräsen. In diesem Fall ist dies die kostengünstigere und schnellere Lösung.

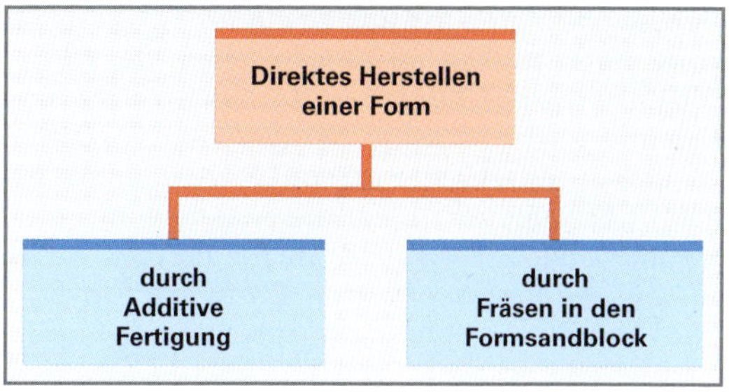

Bild 1: Übersicht

Additive Fertigung (siehe auch Kap. 8.9)

Bei den Additiven Verfahren werden geometrische Ausgangsdaten der Form erzeugt und schichtweise aufgebaut.

Bei der Form- und Kernherstellung unterscheiden sich die verschiedenen Verfahren durch die Mechanismen der Materialauftragung und der Aushärtung des Bindemittels, das den feuerfesten, pulverförmigen Formgrundstoff (Quarzsand, Zirkonsand, Olivin oder Cerabeads) umhüllt.

So wird z. B. bei einem organischen Formverfahren als Formstoffbindemittel ein warm aushärtendes Phenolharz mit dem Druckkopf aufgetragen, d. h. der Formgrundstoff bedruckt und mit einer Infrarot-Lampe ausgehärtet.

Bei einem umweltfreundlicheren Verfahren wird z. B. Wasserglas als anorganischem Binder eingesetzt.

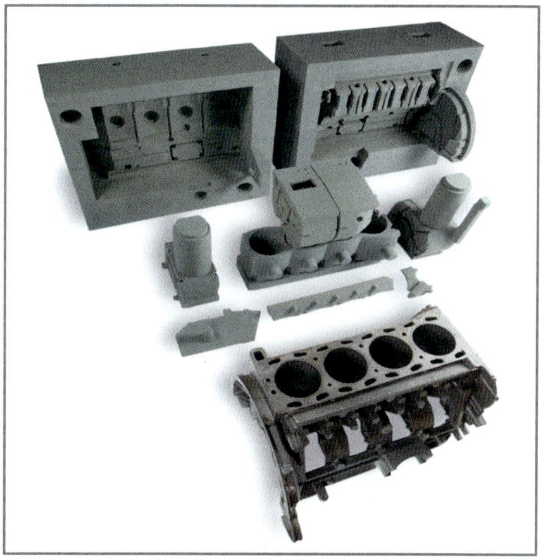

Bild 2: Für das Gussteil eines 4-Zylinder-Motors Gießform mit Kernen jeweils additiv gefertigt.

Formtechnische Vorteile

Ein wesentlicher Vorteil besteht deshalb in der problemlosen Lösung von Hinterschneidungen an der Gusskontur. Diese Konturen, die nicht in der Richtung der Entformung liegen, erfordern deshalb keine aufwändigen Formeinrichtungen, wie z. B. besondere Teilungen oder Schieber. Die Gussteile können genauer hergestellt werden, da Formabweichungen durch den Entformungsvorgang, wie Formschräge und Vibrieren oder Losklopfen entfallen.

Anwendung

Die Anlagen zur Additiven Fertigung von Formen und Kernen haben bereits Abmessungen von ca. 20 x 7 x 4 m, sodass darauf Kerne und Formen bis zu 4 x 2 x 1 m gefertigt werden können.

Direktfräsen

Bei diesem Verfahren erfolgt mithilfe der 3-D-Datensätze die Programmerstellung der CNC-Daten. Diese werden in die Steuerung der Fräsmaschine eingelesen, welche die Formkontur direkt in harzgebundene Formstoffblöcke fräst. Die vorteilhafte Anwendung dieses Verfahrens liegt vor allem bei Einzelabgüssen mit großen Abmessungen (Bild 3).

Bild 3: Mithilfe der CNC-Großfräse entstehen Sandgussformen für Großteile aus Aluminium, Gusseisen und Stahlguss.

1.3.3.3 Verfahren mit aushärtenden Formstoffen

Bei den Verfahren mit aushärtenden Formstoffen wird die Festigkeit im Wesentlichen durch das Aushärten eines Kunstharzbinders erreicht. Das Schema in Bild 1 zeigt, bei welchen Verfahren zusätzlich zum Härter noch mit Hitze oder Katalysator gearbeitet wird. Für das Maschinenformen kommen das Croning- und das Kaltharzverfahren, für das Kernformverfahren Croning-, Hot-Box- und Cold-Box-Verfahren zur Anwendung.

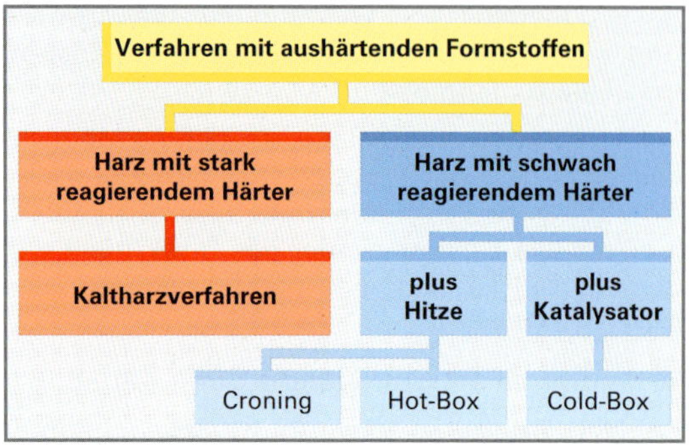

Bild 1: Übersicht

■ Verfahren mit kalt aushärtenden Formstoffen (siehe auch Kap. 6.1.4.3)

Die Binder für diese Formstoffe sind vorwiegend Furan- oder Phenolharze, die mit stark reagierenden Härtern wie Phosphor- oder Paratoluolsulfonsäure aushärten. Da zur Reaktion keine weitere Wärme zugeführt werden muss, heißen die Verfahren auch kurz **Kaltharzverfahren** oder No-Bake-Verfahren.

Das wesentliche Merkmal bei Kaltharzverfahren ist das Aushärten, d. h., dass nur noch unwesentlich verdichtet werden muss. Die Formen werden meist direkt mit einem Durchlauf-Wirbelmischer gefüllt. Der Sand gelangt vom Bunker zur hinteren Mischschnecke und über eine Kugeldrehverbindung in das Mischergehäuse, in dem Werkzeuge mit hoher Drehzahl umlaufen. Harz und Härter werden mit Verdrängerpumpen in den Sand eingespritzt.

In Bild 2 ist für Unter- und Oberkastenstrecke jeweils ein eigener Mischer mit Formlinie installiert. Nach dem Füllen durchlaufen links der Unterkasten und rechts der Oberkasten eine Voraushärtestrecke. Diese parallele Anordnung verdoppelt die Kapazität und ermöglicht dadurch bis zu 16 Kästen pro Stunde zu formen. Der nach dem Rhönradprinzip arbeitende Aussenkwender trennt Modellplatte und Formkasten. Außerdem bringt er die Formkästen in die nach oben offene Lage, die Schlichten (Wasserschlichte) und Kerneinlegen erlaubt. Nach Durchlaufen einer Nachaushärtestrecke und dem Einlegen der Kerne wird das Oberteil mit einem Zulegemanipulator auf das Unterteil aufgesetzt und an die Gießstrecke weitergegeben.

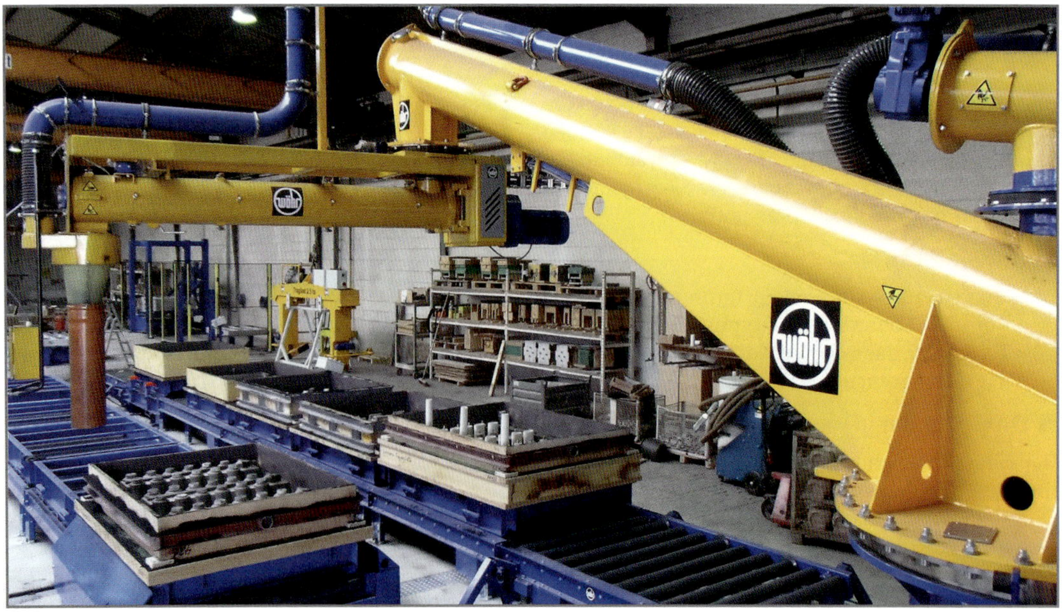

Bild 2: Kaltharzanlage für kastenlose Form

Durchlaufwirbelmischer

Der Durchlaufwirbelmischer ist in der Lage, Formsand kontinuierlich mit der entsprechenden Menge Bindemittel zu vermischen und diesen über einen Auslauf abzugeben.

Bauteile des Durchlaufwirbelmischers

Der **Mischerbunker** dient als Sandpuffer und befindet sich über dem Einlauf der hinteren Sandzuführungsschnecke bzw. dem hinteren Sandzuführungsband. Er ist mit Maximal- und Minimal-Füllstandsanzeigen ausgerüstet. Der **Dosierschieber** regelt die Sanddurchsatzmenge (t/Stunde) wobei das Verhältnis Altsand zu Neusand eingestellt werden kann. Das **Sandzuführungssystem** kann als Bandförderer oder Schneckenförderer ausgeführt sein. Die Drehzahl des Schneckenförderers beträgt 100 U/min. Der Trog des Schneckenförderers ist als Rohr ausgeführt. Der **Wirbelkopf** (Wirbler) ist das Herzstück des Mischers. In ihm wird der Formsand durch hohe Drehzahl mit dem Bindemittel verwirbelt. Der Wirbelkopf besteht im Wesentlichen aus dem senkrecht geteilten Trog, der Mischwelle mit den Mischpaddeln, den Harz- und Säuredosierventilen und dem Absaugstutzen am Auslauf.

Prozesssicherheit

Moderne Systeme im Gießereiprozess werden softwaretechnisch überwacht. Mit Sonden und Sensoren wird gemessen und der Ablauf elektrisch gesteuert. Beim Durchlaufwirbelmischer werden so z.B. Füllstände, Durchflussmengen, Dosierungen und Verschleiß gemessen und geregelt. Bild 3 zeigt einen Regelkreislauf.

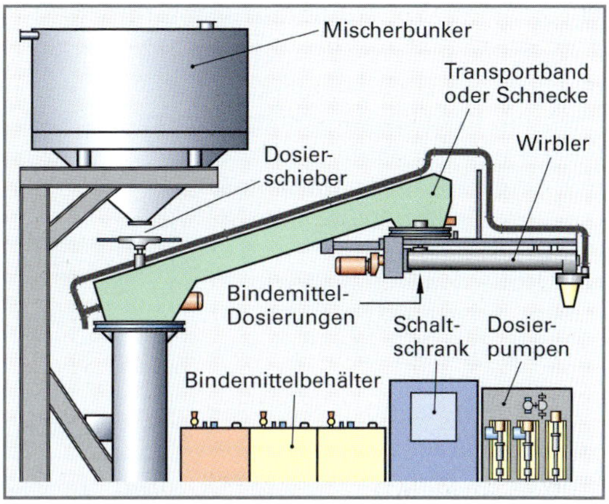

Bild 1: Bauteile des Durchlaufwirbelmischers

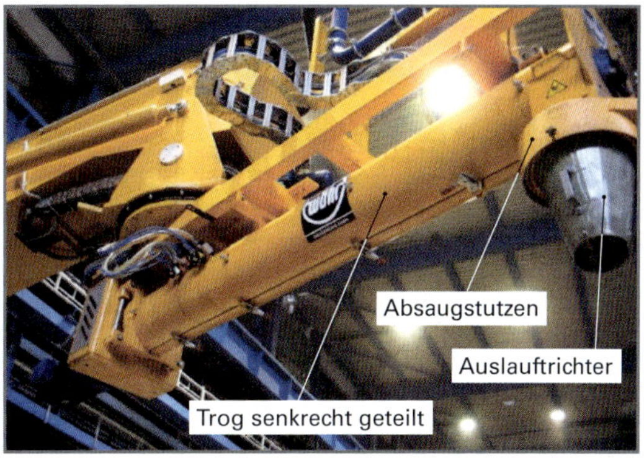

Bild 2: Wirbelkopf und Troggehäuse

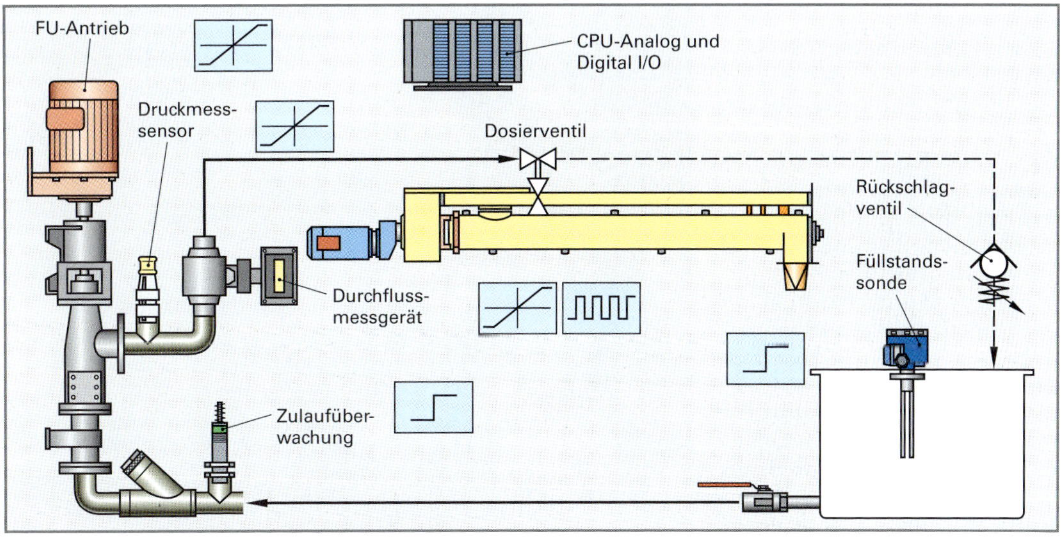

Bild 3: Dosiersystem des Durchlaufwirbelmischers

Bauarten von Durchlaufwirbelmischern

Entsprechend den Anforderungen des Formereibetriebes kommen unterschiedliche Konstruktionen wie hängend, stehend, mit Eingelenk oder Doppelgelenk zum Einsatz (Bilder 1 bis 3).

Die Größe des Durchlaufwirbelmischers ist abhängig von der verlangten Durchlaufmenge, die zwischen 1 t/Stunde bis zu 100 t/Stunde betragen kann. Des Weiteren ist die Größe des Mischers von dem Arbeitsbereich des Formplatzes abhängig. Für kleinere Arbeitsbereiche genügt die Eingelenk-Konstruktion. Hier gelangt der Formstoff direkt vom Mischerbunker, über den Dosierschieber, in den Wirbler. Mit der Doppelgelenk-Konstruktion kann ein weitaus größerer Arbeitsbereich mit Formstoff beschickt werden. Wird z.B. dem 3 m langen Wirbler ein 8 m langes Transportband oder ein entsprechender Schneckenförderer vorgeschaltet, wird ein Arbeitsbereich von 11 m erreicht. Das Gelenk, das die beiden Teile verbindet, ermöglicht verschiedene Anstellwinkel und Längen. Durch die fahrbaren Ausführungen, Portalbauweise und schienengebunden, wird der Arbeitsbereich nochmals erweitert.

Eine weitere Konstruktionsvariante ist unter der Bauart „Känguru“ (Bild 4) im Einsatz. Der Mischerbunker besitzt zwei oder mehr Kammern, z.B. für Quarz-Chromitsand oder Regenerat. Über das Sandzuführungssystem, bei Chromitsand vorwiegend ein Bandförderer, kommt der Formsand in einen der beiden, parallel zueinanderliegenden Wirbler. So kann z.B. bei Stahlgussformen (Bild 4) von dem einen Wirbler Formstoff mit Chromitsand als hitzebeständiger Anlegesand und vom anderen Quarzsand als preiswerterem Füllsand eingebracht werden.

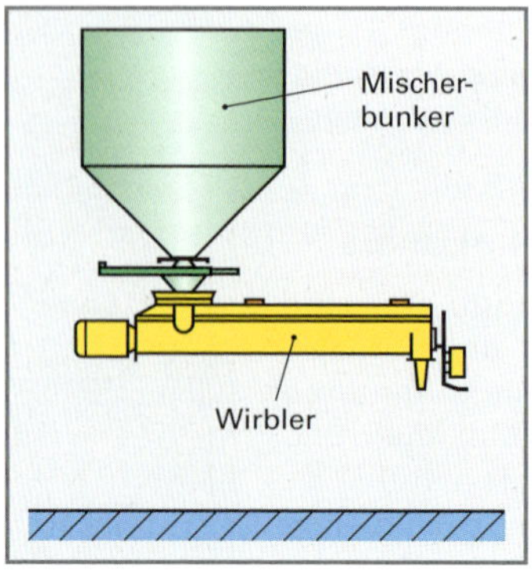

Bild 1: Eingelenk hängend

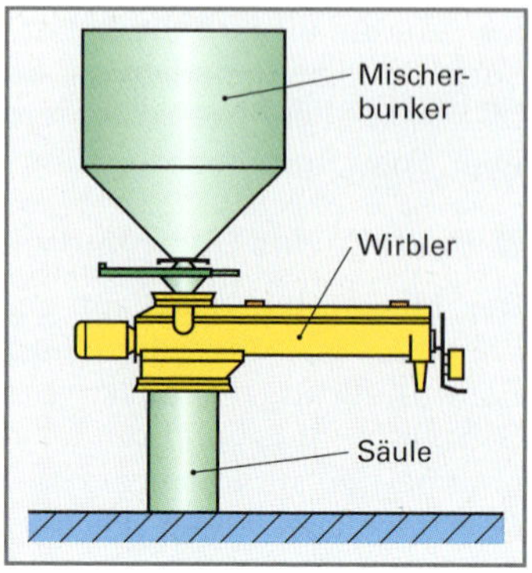

Bild 2: Eingelenk stehend

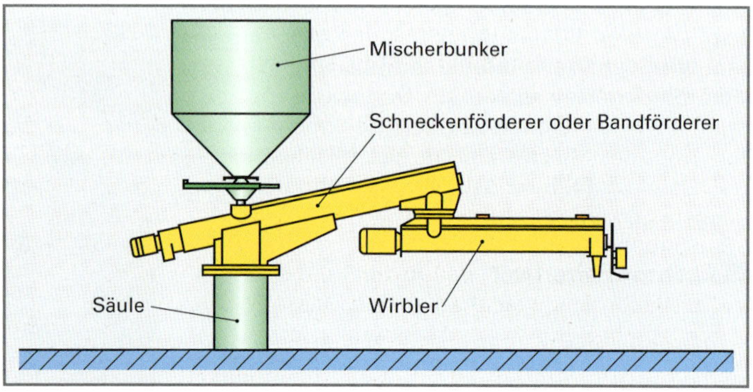

Bild 3: Doppelgelenk stehend

Bild 4: Durchlaufwirbelmischer mit zwei getrennten Mischsystemen

1.3.4 Maschinenformen

1.3.4.1 Grundlagen

Vorteile

Maschinenformverfahren werden in den Gießereien vorwiegend für kleine und mittelgroße Gussstücke eingesetzt. Nur mit Formmaschinen bzw. Formanlagen ist es möglich, Gussteile in großen Stückzahlen mit gleich bleibend guter Qualität herzustellen.

Einige Vorteile gegenüber dem Handformen sollen hier aufgezeigt werden:

- Verringerung der Stückzeit je Gussstück durch Wegfall Zeit raubender Handarbeit. Verbilligung des Stückpreises.
- Übernahme schwerer Körperarbeit (Stampfen, Heben, Wenden usw.) durch die Maschine.
- Höhere und gleichmäßigere Sandverdichtung bringt ein Optimum an Festigkeit bei noch guter Gasdurchlässigkeit.
- Größere Maßgenauigkeit durch Wegfall des Losklopfens von Hand.
- Bessere Oberfläche durch Wegfall von Flickarbeit. Letzteres ist meist eine Folge des Modellaushebens von Hand.
- Durch größere Maßgenauigkeit und bessere Oberfläche Austauschbarkeit von Massenteilen und Bearbeitung durch Automaten und Transferstraßen. Durch gleichmäßige Spann- und Auflageflächen wird Ausschuss vermieden.
- Durch geringere Bearbeitungszugaben verringerte Bearbeitungskosten.

Voraussetzungen

Damit alle vorher erwähnten Vorteile ausgenützt werden können, müssen gewisse Voraussetzungen erbracht werden. Die wichtigste ist, dass die Modelle mit den dazugehörigen Anschnitten, Läufen und teilweise mit Eingusstrichter und Speiser auf einer Modellplatte befestigt werden. Die Modelle und das Eingusssystem können auch aus Metall (Gusseisen, Stahl, Bronze usw.) oder in Kunststoffen gefertigt sein. Solche Modelleinrichtungen sind erheblich teurer als Holzmodelle für die Handformerei, auch sind die Kosten der Maschinenanlagen sehr hoch. Von einer bestimmten Stückzahl an ist jedoch die Herstellung von Gussstücken an solchen Formmaschinen trotzdem billiger als die von Hand, da die Stückzeiten an der Maschine kürzer sind.

Von der **Arbeitsweise der Formmaschine** hängen ab:

- die Ausführung der Modelleinrichtungen und
- zum Teil die Wahl der Werkstoffe

Bild 1: Formanlage für kastenlose, vertikal geteilte Formen

Bild 2: Formanlage für das Luftstrom-Pressverfahren mit horizontal geteilten Formen

Bild 3: Gießstrecke der Formanlage

1

Verdichten bei tongebundenen Formstoffen

Ein wesentlicher Teil der Formen sind tongebundene Formen, sogenannte Grünsandformen, die ihre Festigkeit durch Verdichten erhalten.

Verdichten durch Pressen

Die älteste Art des maschinellen Verdichtens ist das Pressen. Es kommt vorwiegend in Kombination mit einem weiteren Verfahren zur Anwendung. Bei ausschließlicher Verdichtung durch Pressen ist die Anwendung auf vorwiegend flache Formen beschränkt. Vorteilhaft ist jedoch bei den Pressformmaschinen allgemein, dass diese geräuscharm und modellschonend sind.

Folgende Bauarten sind im Einsatz:

Pressen mit Presshaupt
Bei der herkömmlichen Pressformmaschine, die nach Bild 1 arbeitet, wird durch ein Presshaupt der Formstoff von oben her verdichtet.

Von Nachteil ist dabei, dass die Verdichtung vom Presshaupt zum Modell hin abnimmt. Bei der Kombination von Rütteln und Pressen wird nach Bild 1 beim Vorrütteln ein Füllrahmen verwendet und anschließend die Höhe des Füllrahmens durch Rütteln und Pressen verdichtet. An Stelle des Rüttelns sind heute modernere Verdichtungsarten mit dem Pressen kombiniert.

Pressen des Modells in den Formstoff
Die Form weist nur dann die höchste Verdichtung entlang der Modellkontur auf, wenn das Modell in den Formstoff gedrückt wird. Wenn das Modell auf einem Träger befestigt ist, der wie in Bild 2 das Modell in den Formraum einpresst, dann ist die höchste Verdichtung an der Modellseite. Auch hierbei hat es die gleiche Wirkung, ob sich, wie in Bild 2, der Rahmen über den Modellträger schiebt oder der Modellträger in den Rahmen. Dieses System wird z. B. an automatischen Formanlagen mit dem Vakuumschießen kombiniert.

Pressen mit Vielstempelpresse
Bei der Vielstempelpresse ist das Presshaupt in viele kleine Stempel unterteilt. Jeder dieser einzelnen Stempel presst die unter ihm liegende Sandsäule auf die annähernd gleiche Dichte zusammen. Dies ist möglich, weil die Stempel einen unterschiedlich langen Hub ausführen, der endet, wenn die optimale Sandverdichtung erreicht ist.

Der einstellbare Formen-Pressdruck beträgt bei den inneren Stempeln 8 bis 16 bar und bei den außen liegenden Stempeln 12 bis 24 bar.

Dieses System ermöglicht bei großen Formen mit unterschiedlichen Querschnitten eine gleichmäßige Verdichtung.

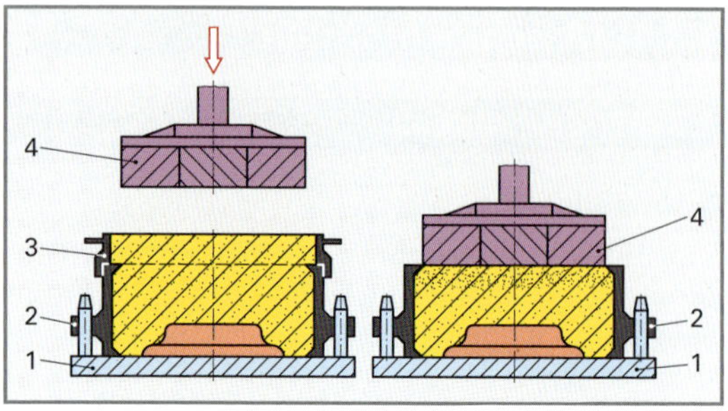

Bild 1: Sandverdichten durch Pressen von oben
1 Modellplatte 3 Füllrahmen
2 Formkasten 4 Presshaupt

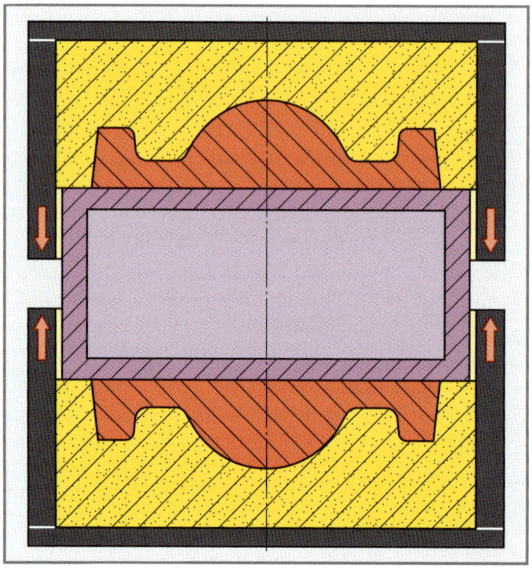

Bild 2: Sandverdichtung durch Pressen des Modells in den Formsand

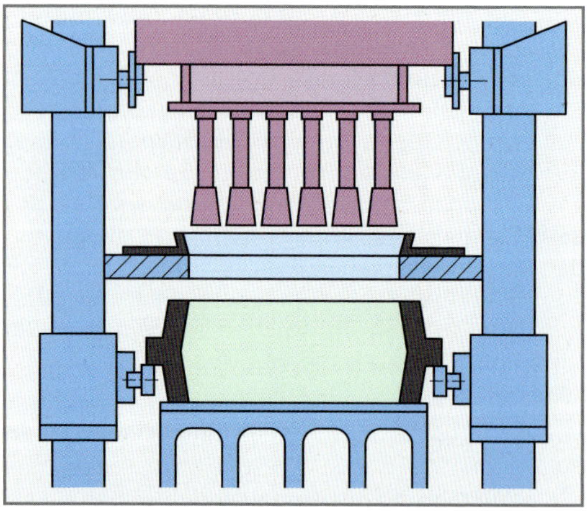

Bild 3: Hochdruckpressen mit Vielstempelpresse

Verdichten durch Luft, Gas und Vakuum

Um das geräuschvolle Rütteln durch geräuschärmere Verfahren zu ersetzen, wurden solche entwickelt, die mit Druckluft, Unterdruck oder Verbrennungsdruck den Formsand verdichten. Die folgenden gemeinsamen Vorteile sind bei den einzelnen Verfahren mehr oder weniger stark ausgeprägt.

Gemeinsame Vorteile:

- die höchste Verdichtung entsteht an der Modellkontur
- gute Gasdurchlässigkeit durch die von der Modellkontur nach außen hin abnehmende Verdichtung
- hohe Maßgenauigkeit
- kurze Verdichtungszeiten
- geräuscharme Formherstellung

Verdichten durch Schießen

Dieses Verfahren wurde von der Kernherstellung übernommen. Beim Schießen wird durch Öffnen eines Ventils der Formsand schlagartig mit Druckluft beaufschlagt und als kompakte Sandsäule vom Sandzylinder in die Formkammer geschossen.

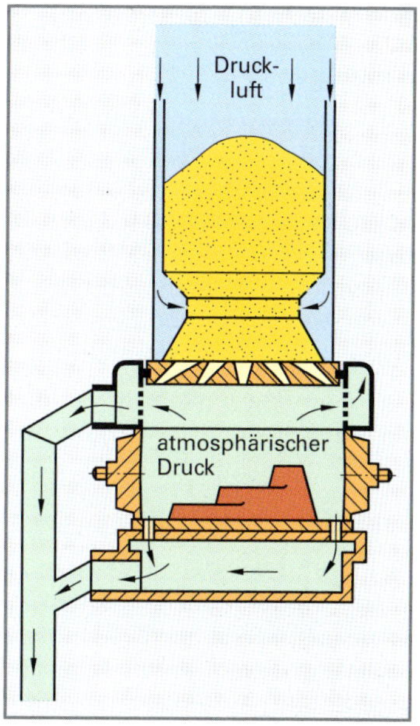

Bild 1: Verdichten durch Schießen

Verdichten durch Vakuum

Auch beim Verdichten durch Vakuum wird der Formstoff als kompakte Sandsäule vom Sandzylinder in die Formkammer geschossen. Beim Schießen befindet sich in der Formkammer atmosphärischer Druck und an der Oberseite der Sandsäule ein Überdruck bis 8 bar. Beim Verdichten durch Vakuum befindet sich dagegen in der Formkammer ein Unterdruck von mehreren Zehntel bar und an der Oberseite der Sandsäule der atmosphärische Druck. Durch den vielfachen Druck an der Oberseite der Sandsäule ist bei beiden Verfahren die Wirkungsweise ähnlich.

Gemeinsame Merkmale des Verdichtens durch Schießen und Vakuum

- Einbringen und Verdichten erfolgt in einem Arbeitsgang.
- Die erforderliche Formverdichtung erfordert zusätzliches Verdichten. Beide Verfahren werden deshalb mit einer zweiten Verdichtungsart, dem Pressen, kombiniert, um die erforderliche Formverdichtung zu erhalten.
- Die Luft der Formkammer muss durch Schlitzdüsen abgeführt werden.

Vorteile des Verdichtens mit Vakuum

Beim Schießen ist es möglich, dass an bestimmten Modellkonturen die Luft vom Formsand eingeschlossen wird und nicht schnell genug entweichen kann. Dadurch wird der Sand daran gehindert, sich homogen an das Modell anzulegen und nach dem Verdichten die modellgetreuen Konturen beizubehalten („Spring-back-Effekt"). Durch Vakuum wird das vermieden. Bei der Kombination von Vakuum mit Pressen wird durch die Aufrechterhaltung des Vakuums während des Pressvorganges die Fließfähigkeit des Formsandes erhöht und damit größere Verdichtung und Konturenschärfe erreicht.

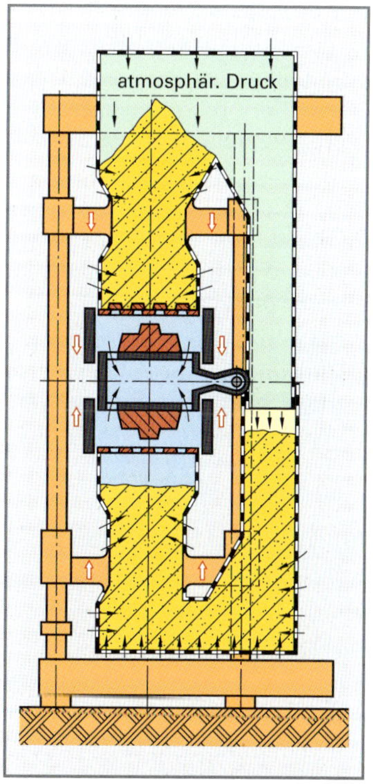

Bild 2: Verdichten durch Vakuum, kombiniert mit modellseitiger Pressung. Anwendung bei mittelgroßen, kastenlosen Formen an automatischen Formanlagen

Verdichten durch Impuls

Wirkungsweise

Eine neuere Verdichtungsart ist das Verdichten durch Impuls. Der Impuls wird bewirkt durch eine schlagartige Druckwelle, die zunächst die oberste Schicht des aufgeschütteten Sandes beschleunigt. Wie bei einem Stoß pflanzt sich der Impuls nun von einer Sandschicht zur nächsten fort, bis er am Modell jäh abgebremst wird und der Sand dort seine höchste Verdichtung erhält.

Das ComPac-Verfahren ist das Verfahren, das sich, auf diesem Prinzip beruhend, durchgesetzt hat.

Bauarten

Auffallend an den Impulsanlagen ist ein Luftkessel (Bilder 1 bis 3). Mit der in ihm befindlichen Druckluftmenge kann der Impuls innerhalb von Millisekunden über ein Tellerventil auf die Formsandfüllung aufgebracht werden. Die modernen Maschinen sind so gebaut, dass der Grad der Verdichtung über die Änderung des Verdichtungsdruckes von maximal 6 bar gesteuert werden kann.

Das ComPac-Verfahren ist für alle Anwendungen durch die folgenden Varianten einsetzbar:

- **Einfacher Druckimpuls** (Dynamische Verdichtung) für breite Anwendung, insbesondere mit großem Volumen (Bild 3).
- **Druckimpuls in zwei Phasen** kommt für Modelle mit tiefen Taschen und geringen Modellabständen zum Einsatz. Die erste, zusätzliche Phase wird hierbei als dynamische Vorverdichtung bezeichnet (Bild 2).
- **Mechanische Verdichtung zusätzlich zum Druckimpuls** kommt bei kritischen Formpartien zum Einsatz. Das Pressen mit einem flexiblen, inkompressiblen Kissen aus Kunststoff stellt eine preiswerte Alternative zum Vielstempelpressen dar (Bild 4).

Arbeitsverlauf beim Luftimpulsverfahren

Die Formkammer wird mit losem Formsand gefüllt.

Die Formkammer mit der Modellplatte wird an das Luftimpulsaggregat angehoben. Das Ventil ist geschlossen.

Die Ventilzuhaltung wird geöffnet und die expandierende Luft erzeugt eine Druckwelle, die praktisch überall senkrecht auf den Formrücken auftrifft. Die Druckwelle beschleunigt den Formsand. Durch Aufschlagverzögerung des Sandes wird die Bewegungsenergie in Verdichtungsarbeit umgesetzt. Die Form ist fertig verdichtet.

Bild 1: Formanlage mit Drehkreuz-Formmaschine

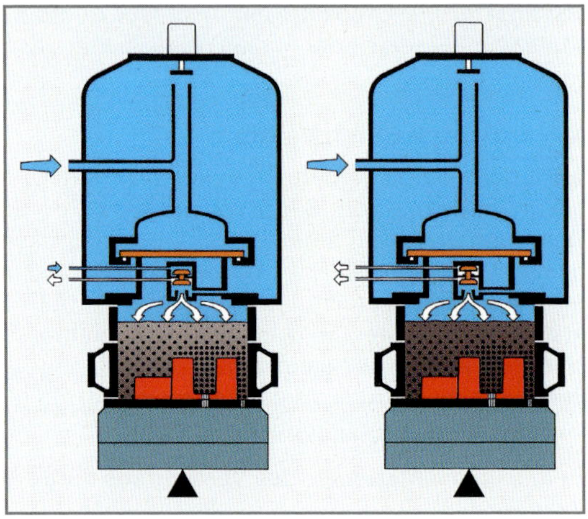

Bild 2: Dynamische Vorverdichtung

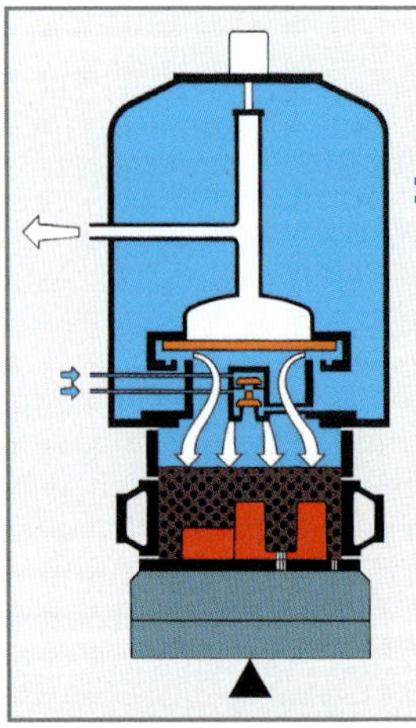

Bild 3: Dynamische Verdichtung

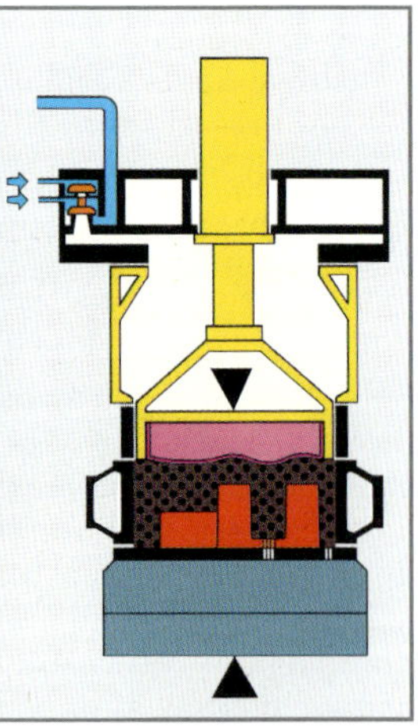

Bild 4: Mechanische Verdichtung

Luftstrom-Press-Formverfahren

Merkmale des Verfahrens

- Der Formstoff wird wie beim Impulsverdichten vor dem Verdichten in den Formkasten geschüttet.
- Beim ersten Verdichtungsteil, dem Verdichten mit Luftstrom, durchströmt Druckluft den Formsand und verdichtet dabei zunehmend zur Modellkontur. Die Luft wird durch Schlitzdüsen abgeführt.
- Ihre endgültige Festigkeit erhält die Form durch Nachpressen mit ebener Pressplatte oder Vielstempelpresse.

Vorteile des Verfahrens

- Es können Ballen bis zu einem Verhältnis von Ballenhöhe : Ballendurchmesser = 2 : 1 ausgeformt werden. Das bedeutet, dass Kerne und damit Kosten eingespart werden können.
- Die Formschräge kann auf 0,5° und weniger verringert werden.
- Auch an senkrechten Flächen wird eine hohe und gleichmäßige Verdichtung erreicht, sodass auch sehr enge Stege mit einer guten Festigkeit ausgeformt werden können.

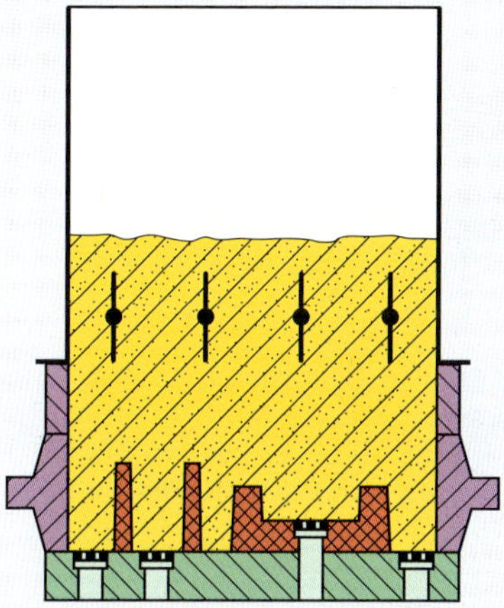

Bild 1: Sand einfüllen

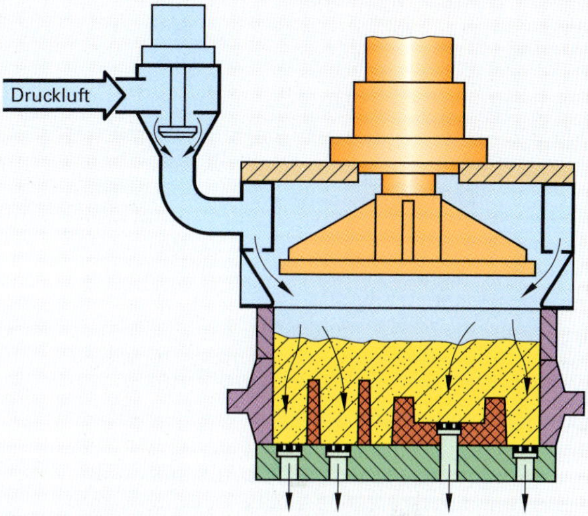

Bild 2: Verdichten durch Luftstrom

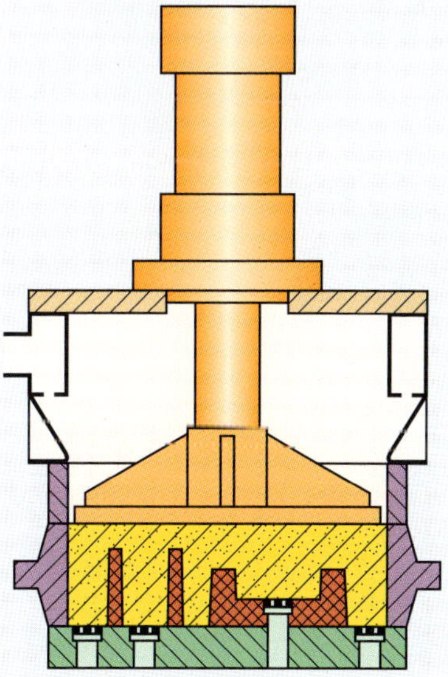

Bild 3: Verdichten durch Pressen

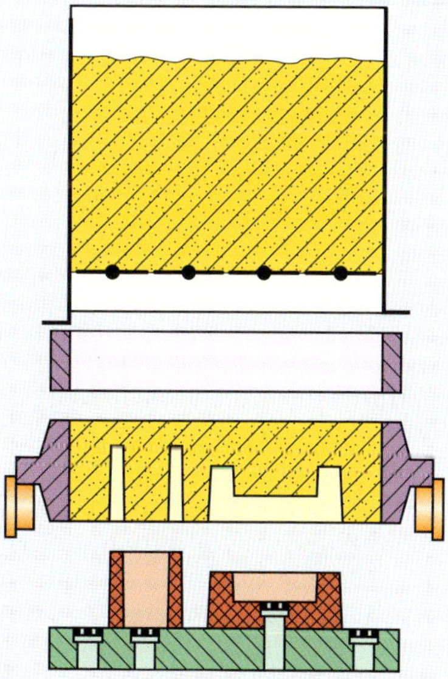

Bild 4: Trennen

Verdichten durch Rütteln

Auch Rüttelmaschinen besitzen den Vorteil, dass sie modellseitig die Form am stärksten verdichten. Wegen des starken Lärmes und der Beanspruchung von Maschine und Modell entsprechen diese Maschinen jedoch nicht mehr den heutigen Anforderungen und es wurden die auf den vorangegangenen Seiten beschriebenen Maschinen entwickelt. Da die Rüttelmaschinen bereits seit 1907, über Jahrzehnte hinweg, gebaut wurden, gehören sie noch einige Zeit zum Inventar der Gießereien. Der Verdichtungsmechanismus arbeitet vereinfacht wie folgt:

- Durch Einleiten der Druckluft wird der Rütteltisch (3) mitsamt Modellplatte (1) und Formkasten (2) nach oben gedrückt, während der Amboss (4) gegen den Federdruck in das Gehäuse (5) gedrückt wird (Bild 1 rechts).
- Nach Entweichen der Druckluft fällt der Rütteltisch mit Modellplatte und Formkasten durch ihr Eigengewicht nach unten, während der Federdruck den Amboss nach oben schleudert. Der Zusammenprall von Rütteltisch und Amboss ergibt den zur Verdichtung notwendigen Stoß (Bild 1 links). Pro Minute führt ein Rüttler ca. 400 bis 450 Schläge aus.

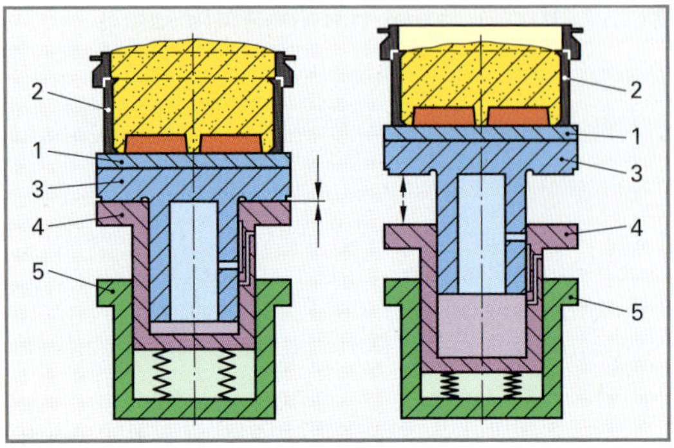

Bild 1: Verdichten durch Rütteln
1 Modellplatte, 2 Formkasten, 3 Rütteltisch, 4 Amboss, 5 Gehäuse

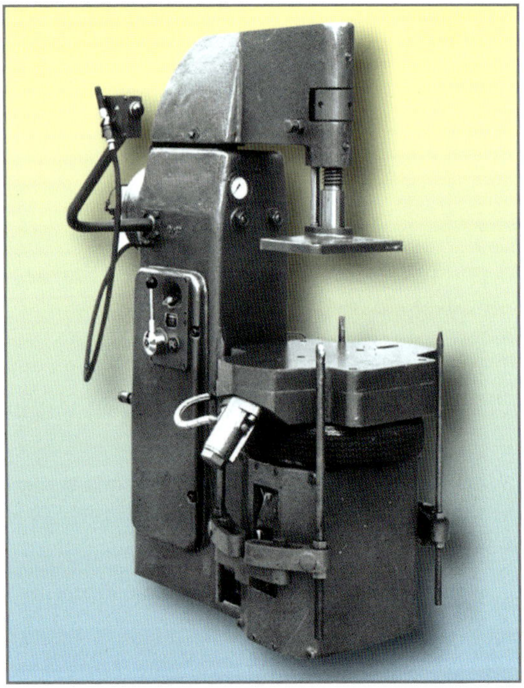

Bild 2: Rüttel-Press-Abhebe-Formmaschine alter Bauart

Verdichten durch Rütteln und Pressen

In den Formereien sind noch Formmaschinen im Einsatz, die verdichten, indem das Rütteln mit Pressen kombiniert wird. Durch die maximale Verdichtung an der Modellseite beim Rütteln und am Presshaupt beim Pressen ergibt die Kombination eine sehr gute Gesamtverdichtung. Nachteilig bleiben Lärm und Beanspruchung. Bild 2 zeigt eine solche Rüttelpressformmaschine.

Verdichten durch Schleudern (Slingern)

Bei diesem Verfahren wird durch ein mit ca. 1500 U/min umlaufendes Flügelrad Sand vom zulaufenden Förderband erfasst und in die Form geschleudert. Die auftreffenden Sandbällchen verdichten durch den Aufschlag und ergeben besonders am Modell, aber auch über die Gesamtform eine gute Verdichtung. Lediglich unter Schoren und vorstehenden Modellkonturen muss nachgestampft werden.

Das Flügelrad sitzt am Ende eines Schwenkarmes und wird von einem mitfahrenden Steuermann oder von Hand gelenkt. Nachteilig ist die notwendige hohe Schleuderzeit, da der Formkasten schichtweise geschleudert werden muss. Vorteilhaft ist die Möglichkeit, auch Formkästen mit sehr großer Abmessung zu verdichten.

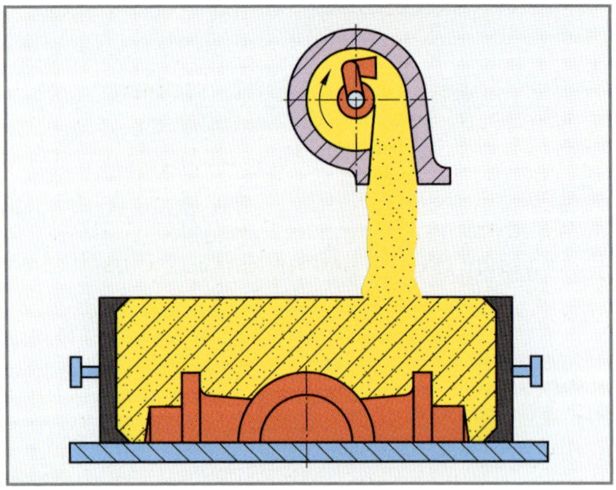

Bild 3: Sandverdichten durch Schleudern

Trennen von Form und Modellplatte (allgemein)

Entsprechend den Vorgängen Losschlagen und Ausheben beim Handformen, besteht auch beim Maschinenformen der Trennvorgang bei herkömmlichen Maschinen aus den Vorgängen Lösen und Abheben.

Das **Lösen** erfolgt bei solchen Maschinen durch einen Vibrator.

Trennverfahren

Das eigentliche Trennen erfolgt je nach Bauart der Formmaschine. Im VDG-Merkblatt G 101 sind die Bezeichnungen festgelegt:

Die Vorsilbe **„Ab“** wird verwendet bei Bewegungen des Formteils oder des Kernkastenteils und die Vorsilbe **„Aus“** bei Bewegungen des Modells oder des Kerns.

Abheben (Bild 1)
Beim Abheben wird die Formkastenhälfte von der feststehenden Modellplatte nach oben abgehoben. Dieses System kommt z.B. bei der Stiftenabhebemaschine zur Anwendung.

Absenken (Bild 2)
Beim Absenken wird die Formkastenhälfte nach unten von der feststehenden Modellplatte abgesenkt. Es kommt nach dem Wendevorgang und bei automatischen Formanlagen zur Anwendung.

Abziehen
Beim Abziehen wird das Formseitenteil bei vertikaler Formteilung von der Modellplatte abgezogen.

Ausheben
Beim Ausheben wird das Modell nach oben aus der Form ausgehoben. Dieser Vorgang kommt vor allem bei der Handformerei zur Anwendung.

Aussenken (Bild 3)
Beim Aussenken wird die Modellplatte nach unten aus der Formhälfte ausgesenkt.

Ausziehen (Bild 4)
Beim Ausziehen werden die Modellplattenteile seitlich von dem Formteil ausgezogen und es kommt beim kastenlosen Formen mit vertikaler Teilung zur Anwendung.

Direktes Trennen aus der Herstellungslage
Ein bekanntes Trennverfahren, bei dem direkt nach dem Verdichten getrennt wird, ist das Abheben an der Stiftenabhebemaschine.

Wirkungsweise der Stiftenabhebemaschine

Das Trennen von Formkasten und Modellplatte wird durch Abheben des Formkastens mit vier Abhebestiften der Abhebevorrichtung bewirkt (Seite 70, Bild 1). Die Stifte können z.B. durch Aussparungen an den vier Ecken der Modellplatte direkt unter den Formkasten greifen und heben diesen nach oben ab.

Vor- und Nachteile der Stiftenabhebemaschine
Nach dem Abheben befindet sich das Formoberteil in der richtigen Lage, während das Formunterteil zuerst gewendet werden muss. Für ein Formoberteil kann der Trennvorgang mit der Stiftenabhebemaschine sehr Zeit sparend sein. Bei großen Formen und insbesondere bei Formen mit Ballen ist dieses System nicht geeignet. Ballen können bei diesem Vorgang leicht abreißen.

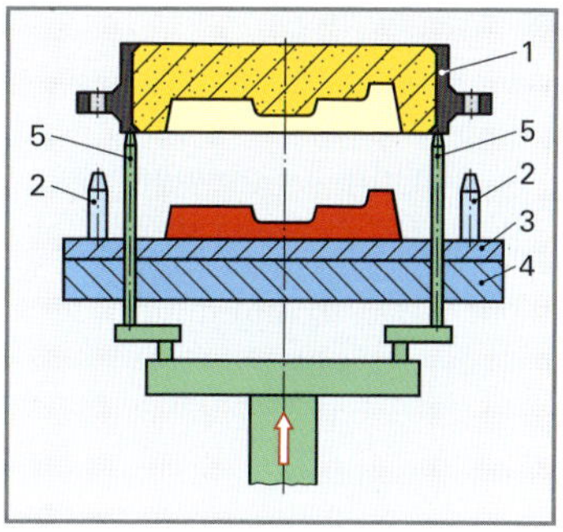

Bild 1: Abhebeformmaschine
1 Formkasten, 2 Modellplattenstifte, 3 Modellplatte, 4 Formmaschinentisch, 5 Abhebestifte

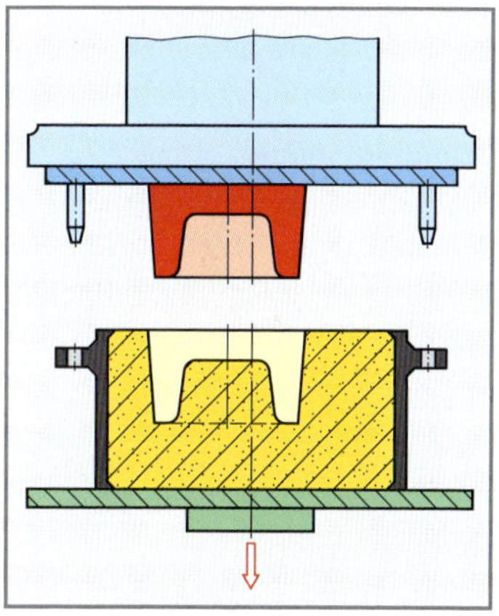

Bild 2: Absenken des Formkastens vom Modell nach unten bei Wendemaschinen

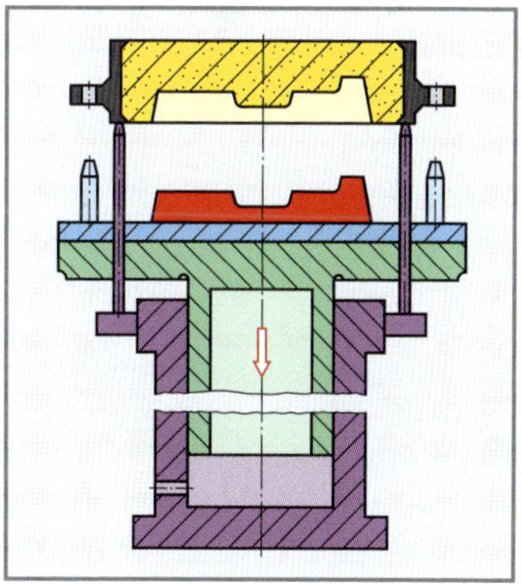

Bild 3: Aussenken des Modells aus dem Formkasten

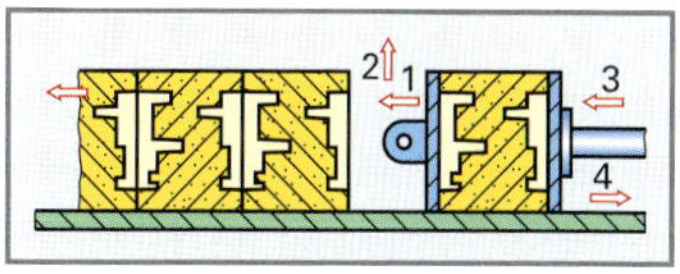

Bild 4: Ausziehen der Modellplatte bei vertikaler Formteilung

Wendevorgang

Wird die Form vor dem Trennen gewendet und anschließend entweder die Form abgesenkt oder die Modellplatte ausgehoben, so wirken Form- und Ballengewicht nach unten und nur die Reibungskraft nach oben. Auf diese Weise reißen Ballen weniger leicht ab und die Kräfte zum Abheben können geringer gehalten werden. Das Formunterteil liegt nach dem Wenden in der richtigen Lage.

Gestellwender

Beim Gestellwender wird Presshaupt, Säule und Tisch um den Wendebock gedreht.

Plattenwender

Bei den Plattenwendern ist der Maschinentisch bzw. die Modellplatte um die Längsachse drehbar, es braucht also nicht die gesamte Maschine, sondern nur die Platte um 180° gedreht werden.

Trommelwender

Insbesondere für sehr große Kastenabmessungen hat sich die Rhönradbauweise, der sogenannte Trommelwender, bewährt (Bilder 2 und 3).

Umrollwender

Hierbei wird der Kasten gewendet, indem er mit einem Hebelmechanismus um den außerhalb des Kastens liegenden Drehpunkt gerollt wird.

Trennmittel

Die beim Ausheben der Modelle auftretende Haft- und Gleitreibung kann durch Anwenden eines Trennmittels bedeutend vermindert werden.

Das Trennmittel wird vor dem Einformen auf die Dauermodelle aufgebracht, damit sie leichter ausgehoben werden können.

Insbesondere zur Lösung der Aushebeprobleme bei harzgebundenen, ausgehärteten Formsanden, wie dem Aufschrumpfen der Form auf das Modell, werden z. B. Wachslösungen eingesetzt.

Nach dem Auftragen verdunstet hierbei das Lösemittel, sodass das Trennmittel als dünne, feste Schicht auf der Modelloberfläche haften bleibt. Die Trennmittelschicht hält mehrere Abformungen aus und wird bei Bedarf erneut aufgebracht.

Auch Mineralöle wie Petroleum werden vielfach zum Trennen eingesetzt. Da diese in der flüssigen Phase trennen, müssen sie nach jedem Abformen erneuert werden. Solche ölhaltigen Trennmittel können in die Poren von Holzmodellen eindringen und bei Änderung oder Reparatur Schwierigkeiten beim Leimen und Nachlackieren bereiten.

In früherer Zeit war, insbesondere beim Handformen, das Einstäuben mit pulverförmigen Trennmitteln wie Talkum, Grafit und dgl. üblich.

Bild 1: Stiftenabhebemaschine an einer Kaltharzformanlage

Bild 2: Aussenkwender an einer Kaltharzformanlage

Bild 3: Karussellwender an einer Kaltharzformanlage

1.3.4.2 Formanlagen

Funktionen

Das Kernstück einer Formanlage ist die Formmaschine, die nach einem der bisher beschriebenen Verdichtungsverfahren arbeitet. Folgende Funktionen kann eine Formanlage umfassen:

- Verdichten, Trennen
- Formkastenwenden
- Kerneinlegen
  Dies kann von Hand oder automatisch erfolgen.
- Aufsetzen des Formkastens auf das Unterteil und Verklammern miteinander oder Beschweren der Form
- Gießen
  Das Gießen erfolgt normalerweise innerhalb der Anlage. Im einfachsten Fall erfolgt dies mit der Gießpfanne von Hand, bei entsprechender Automatisierung durch Gießeinrichtungen wie im Beispiel Bild 1 durch ein Gießkarussell.
- Kühlen
- Ausstoßen

Bei modernen Formanlagen sind die beschriebenen Funktionen durch ein Programm aufeinander abgestimmt. Die elektronische Steuerung gibt nach diesem Programm die Befehle für den Ablauf der Arbeitsgänge.

Bei vollautomatischen Formanlagen hat der Mensch nur noch eine überwachende Funktion.

Kastenloses Formen mit horizontaler (waagerechter) Formteilung

Bei dem Verfahren werden in Formkammern durch hohe Verdichtung Sandblöcke hergestellt und im Formautomaten zu einer kompletten Form fertig gestellt. Der kastenlose Formautomat führt somit alle Arbeitsgänge, wie Füllen von Ober- und Unterteil, Wenden und Zulegen durch.

Einsatzbeispiel

Bild 1 zeigt den Einsatz eines Formautomaten in Zusammenarbeit mit einem Gießkarussell. Im Formautomat wird zunächst die komplette Form hergestellt. Über die Fördereinrichtung gelangen die Formen zum Gießkarussell. Dort werden zur Aufnahme des seitlichen Gießdruckes konische Metallrahmen, sogenannte „Jackets“, übergezogen. Auch die Beschwereisen werden innerhalb des Gießkarussells aufgesetzt. Eine Absenkvorrichtung bringt die abgegossenen Formen zur Kühlstrecke, an deren Ende durch Abkippen auf einen Ausleerrost der Sand vom Gussteil getrennt wird. Die im Bild gezeigte Formanlage ist je nach Ausführungsgröße für Formabmessungen von ca. 500 x 350 x 250 mm bis ca. 750 x 600 x 600 mm im Einsatz. Es werden zwischen 70 und 160 Formen pro Stunde hergestellt.

Als Modellplatteneinrichtung kommt eine doppelseitige Modellplatte zum Einsatz.

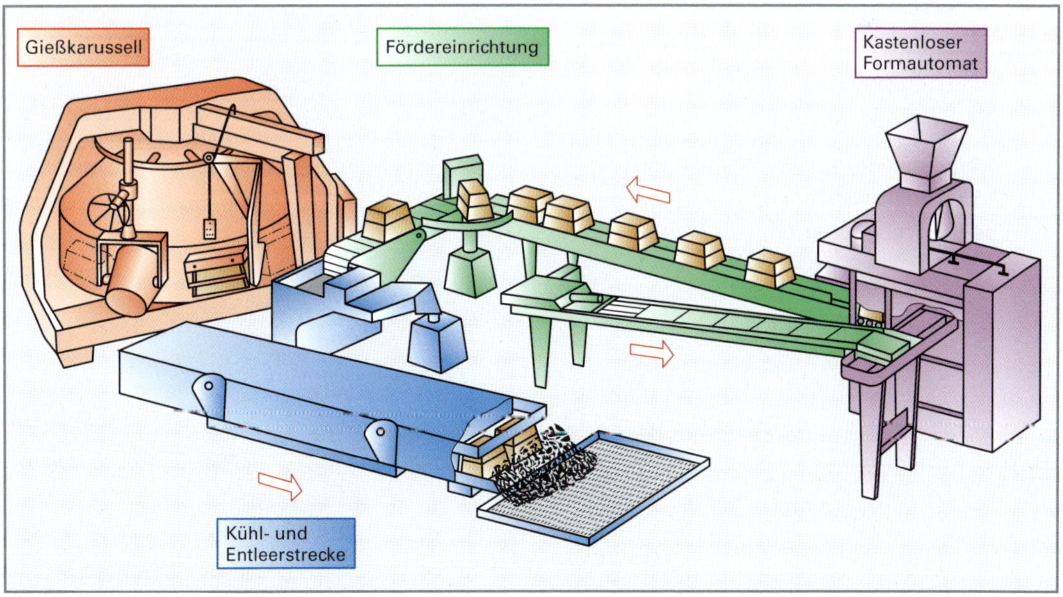

Bild 1: Einfache Formanlage, bestehend aus Formautomat, Förderanlage, Gießkarussell sowie Kühl- und Entleerstrecke

1

Kastenloses Formen mit vertikaler (senkrechter) Formteilung

Prinzip

Wird statt der üblichen Formteilung in Ober- und Unterteil eine vertikale Teilung durchgeführt, so lässt sich durch Aneinanderreihen von kastenlosen Formen ein Formenstrang bilden.

Zu diesem Zweck muss die Sandform zwei Modellabdrücke enthalten. Erst durch Zusammenfügen der beidseitig profilierten Ballen entsteht die Gießform. Mit diesem Prinzip wird hohe Produktivität erreicht.

Arbeitsablauf

Der wichtigste Teil eines Formautomaten zur Herstellung solcher Formen ist die **Formkammer**. In ihr befinden sich die vordere und die hintere Modellplatte. Nach dem Einblasen des Formsandes in die Formkammer wird die hintere Modellplatte über eine Pressplatte hydraulisch in Richtung vordere Modellplatte gepresst (Bild 1). Die vordere Modellplatte kann nun unter Vibrieren ausgezogen und anschließend nach oben weggeschwenkt werden. Damit ist der Weg frei zum Aneinanderreihen der Sandformen. Die Pressplatte mit der hinteren Modellplatte kann die Form hierzu aus der Formkammer ausschieben (Bild 2). Auch hier erfolgt das Lösen wieder durch Vibrieren.

Außerhalb des Formautomaten werden die einzelnen Formen mit zwei Modellabdrücken zu einem Formenstrang zusammengeschoben. Der Formenstrang wird nun in der Formanlage taktweise vorgeschoben. In der Zeit des Stillstandes erfolgt das Abgießen je einer Form.

→ Wiederholungsfragen zu Kapitel 1.3.4 siehe Medienpaket

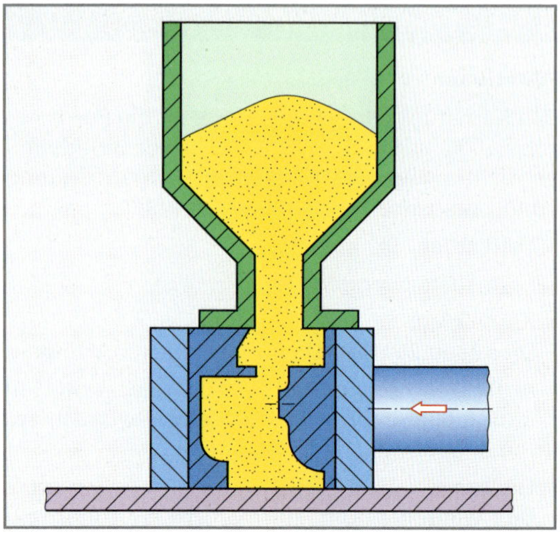

Bild 1: Der Formsand wird gepresst. Die in der Formkammer entstehende kastenlose Form besitzt zwei Modellabdrücke.

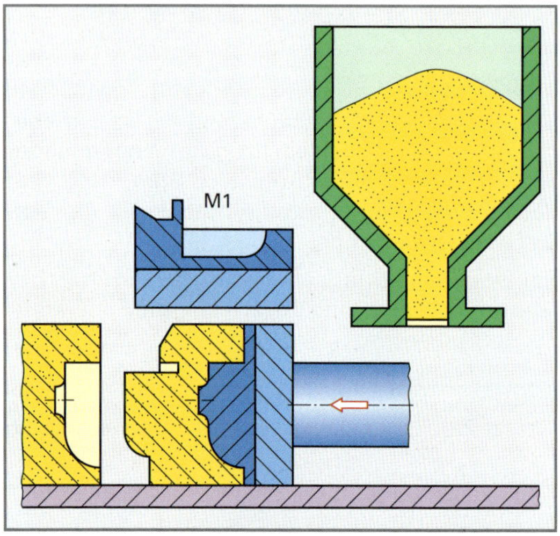

Bild 2: Die Sandformen stehen senkrecht. Nach Ausschwenken der Modellplatte M1 nach oben kann die Form ausgeschoben werden.

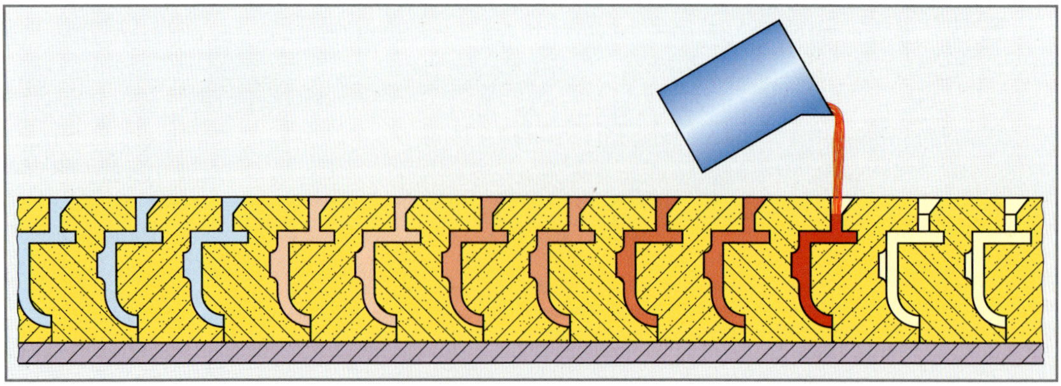

Bild 3: Nach Ergänzen zum Formenstrang kann gegossen werden.

Automatische Formanlage mit Formkästen

Das kastenlose Formen lässt sich für sehr große Abmessungen nicht mehr sinnvoll durchführen. Formanlagen für große Gussstückabmessungen arbeiten deshalb mit Formkästen. Damit automatische Formanlagen mit Formkästen wirtschaftlich auch für kleinere Gussstückabmessungen und kleinere Gussstückzahlen sind, arbeiten sie mit folgenden Einrichtungen:

- Bei Verwendung von Wechselrahmen-Modellplatten ist die Modellgröße ohne Bedeutung. Dieses System erlaubt die Aufteilung der Modellplatte in Teilplatten. Die Aufteilung geht heute schon bis zu 4 × 8 = 32 Teilplatten.
- Bei Modellplattenwechseleinrichtungen kann eine andere Modellplatte ohne Unterbrechung des Arbeitstaktes eingebaut werden. Teilweise geschieht auch dies vollautomatisch.

Vorteile gegenüber dem kastenlosen Formautomaten

Das Formen mit Kästen ermöglicht große Formabmessungen.

Gegenüber dem kastenlosen Formen mit **vertikaler Teilung** sind die Vorteile bezüglich Kerneinlegen, Kernlagerung, Einguss- und Speisersystem sowie der gleichmäßigeren Gefügeausbildung dieselben wie beim kastenlosen Formen mit **horizontaler Formteilung**.

Bild 1: Formanlage mit Formkästen. Verdichtung nach dem Impulsverfahren (ComPac)

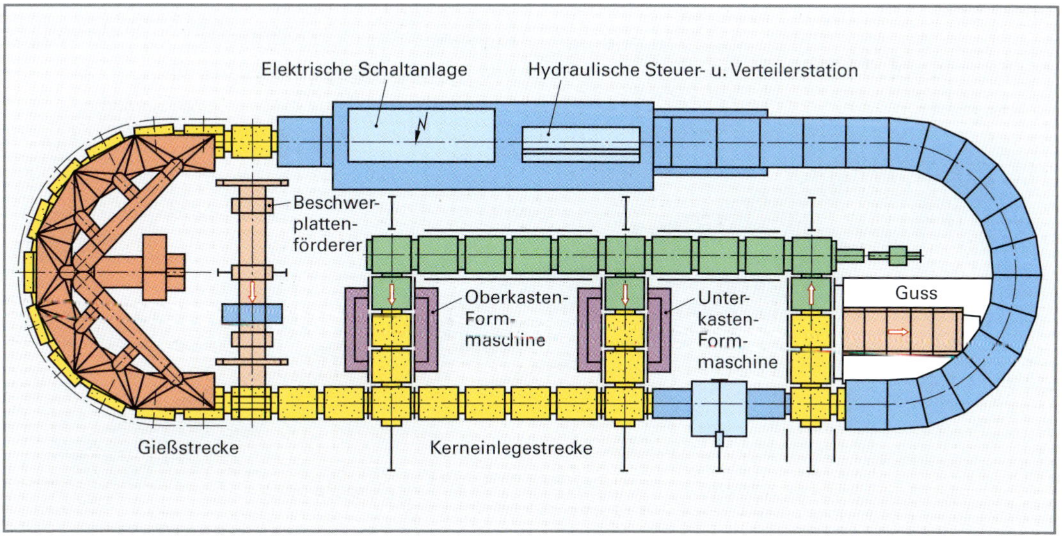

Bild 2: Prinzip einer Formanlage mit Formkästen

1

Beispiele neuerer Formanlagen

Bauteile der Formanlage

Das Herzstück bilden ein Zwillings-Formautomat mit Luftstromvorverdichtung (siehe auch Seite 67), eine Vielstempelpresse sowie ein Drehtisch, geeignet zur gleichzeitigen Herstellung von Unter- und Oberkastenformen. Je nach Formkastengröße kann mit einer solchen Maschine eine Leistung von bis zu 250 Formen/Stunde erzielt werden.

Die Hauptbereiche der Formanlage und ihren Hauptbaugruppen lassen sich aus Bild 4 entnehmen.

Funktionsbeschreibungen

Der **Zwillings-Formautomat (Bild 1) mit Vielstempelpresse und Drehtisch** ist geeignet zur gleichzeitigen Herstellung von Unter- und Oberkastenformen.

Mit getrennter **Kerneinlegelinie und Oberkastenlinie** wird eine Leistung bis 250 F/h erreicht.

Mit der **Trichterfräseinheit** werden die Eingussöffnungen und die Speiseröffnungen von unten in den Formrücken gefräst.

Mit der **Luftstecheinheit** werden die Entgasungsöffnungen von unten in den Formrücken gestochen oder gebohrt.

Die **Vergießeinheit** ist eine mitfahrende Gießmaschine (Bild 2).

Das **Ausstoßen oder Auspacken** von Guss und Sand aus dem Formkastenpaar kann auf verschiedene und je nach Anwendungsfall sinnvolle Art geschehen. So sollte man schwere Gussstücke, wie Motorblöcke, Achsteile usw. generell nach oben aus dem Kasten ausdrücken (Bild 3) und auf eine **Vibrationsrinne** abschieben. Damit schont man das Gussteil und auch die Rinnen. Bei einem kleinen Formkasten kann man den Ballen nach unten auf eine Rinne ausstoßen oder, um den Guss zu schonen, Abstrippen.

Bild 1: Zwillings-Formautomat

Bild 2: Vergießeinheit (mitfahrende Gießmaschine)

Bild 3: Ausstoßer mit Ballenabschub

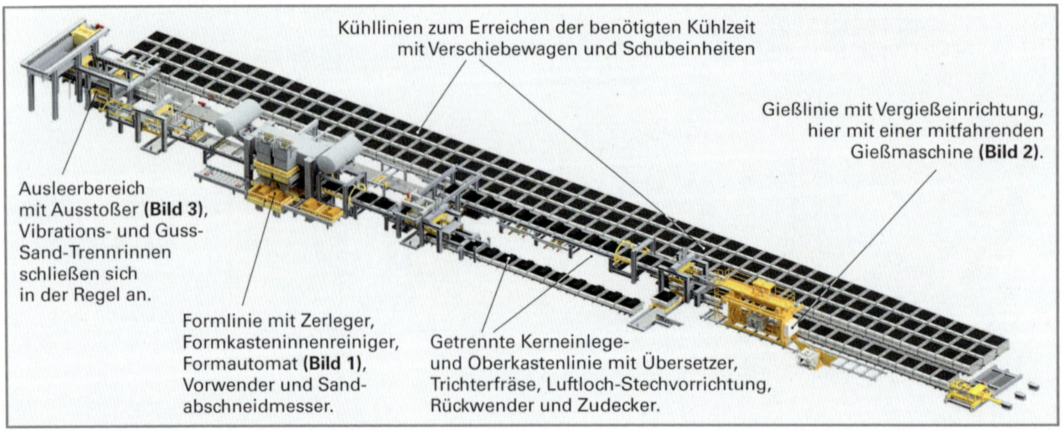

Bild 4: Gesamtansicht der Formanlage

Weiteres Beispiel

Kastengebundene Hochleistungs-Formanlage

Die zentrale Bedeutung einer Hochleistungs-Formanlage hat eine Doppel-Formmaschine (Bild 1). Gleichzeitig kann ein Ober- und ein Unterkasten produziert werden. Ein Formmaschinendrehtisch realisiert das Abformen verschiedenster Produkte (AB-Betrieb) und gewährleistet eine hohe Flexibilität der Produktion ohne Taktzeitverlust.

Diese Formanlagen mit ihren Hauptkomponenten (Bild 4) erreichen eine Leistung von 250 Formen pro Stunde oder mehr. Alle Komponenten sind funktional vernetzt und üblicherweise sind diese Formanlagen mit einer vollautomatischen Pfannengießvorrichtung (Bild 2) komplettiert.

Bei Hochleistungs- und kernintensivem Guss werden die Oberkästen und die Unterkästen nach dem Abformen in zwei separaten, parallel verlaufenden Strecken transportiert. Der Unterkasten wird auf einen Palettenwagen aufgesetzt. Dieser Palettenwagen unterstützt die Form beim Kerneinlegevorgang und während des Gießvorgangs. In der Oberkastenstrecke werden durch frei programmierbare Vorrichtungen auf der Formrückseite der Gießtrichter sowie die Entgasungsöffnungen gebohrt. Alternativ und abhängig vom Anwendungsbereich können die Entgasungsöffnungen von der Formseite (Konturseite) durch Stechen geöffnet werden.

Die Kühlstrecken verlaufen parallel und der Vorschub (Takt) erfolgt unabhängig voneinander. Entsprechend den Anforderungen an das Gussteil besteht die Möglichkeit, eine längere Kühlzeit in Einzelbahnen umzusetzen.

Das Auspacken (Bild 3) von Guss und Sand (Ballen) aus dem Formkasten kann auf verschiedene und je nach Anwendungsfall sinnvolle Art geschehen. Der Ballen kann direkt von oben nach unten auf eine Separationsrinne ausgestoßen werden oder von unten nach oben.

Bild 1: Doppel-Formmaschine

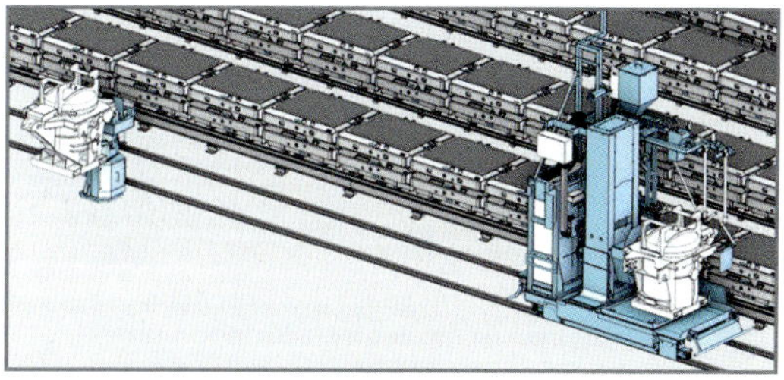

Bild 2: Pfannengießvorrichtung

Bild 3: Ausstoßvorrichtung

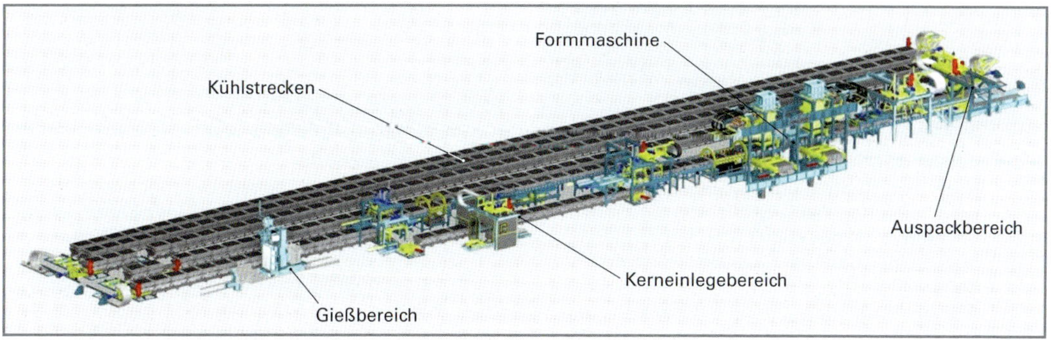

Bild 4: Gesamtansicht der Formanlage mit den Hauptkomponenten

1

Kaltharzformanlagen

Formanlagen in einer Kaltharzformerei verketten die einzelnen Arbeitsschritte zur Formherstellung. Vom Füllen und Verdichten über das Abgießen bis hin zum Entformen des Gussstückes. Im Gegensatz zum klassischen Bodenformen werden die Arbeitsabläufe in zeitlich geordnete, planbare Arbeitsschritte gelenkt. Die bei der Herstellung von Formen erforderlichen Transportaufgaben werden von der Anlage ausgeführt ohne dass Mitarbeiter eingreifen müssen.

Auf den Grundsatz der Verkettung muss bei der Planung der Anlage besonders geachtet werden, um die erforderliche Leistung erreichen zu können. Der Erfolg der Anlage beruht auf einer gleichmäßigen Leistungsfähigkeit jeder einzelnen Arbeitsstation. Diese werden im Folgenden dargestellt und beschrieben.

Bild 1: In der Gesamtanlage ist der Durchlaufwirbelmischer die zentrale Komponente (siehe Seite 61). Abhängig von der Größe der Formen wird die erforderliche Durchsatzleistung bestimmt.

Bild 2: Rollenbahn und Vibrationstisch

Rollenbahnen und Transportbänder dienen dem Transport, der Pufferung und der Speicherung von Transportpaletten und Formkästen. Zur maschinellen Verdichtung des Formsandes an der Befüllstation dient ein Vibrationstisch. Er verteilt die Füllung gleichmäßig in der Form und verdichtet sich.

Bild 3: Schlichtestation

Nach dem Trennen und Nachhärten der Form wird in der Regel eine Schlichte aufgetragen. Bei höheren Produktionsraten und zum Erreichen gleichmäßiger Schichtdicken wird die Form geflutet.

Schlichtestationen können mit alkohol- oder wasserbasierende Schlichten arbeiten (siehe Seite 256).

Bild 4: Aussenkwender

Aussenkwender bieten die Möglichkeit, Formen vollautomatisch vom Modell abzuziehen. Die ausgehärtete Form fährt in den Wender hinein. Die Funktion eines Aussenkwenders kann durch einen Rhönradwender realisiert werden.

1.3.4.3 Modellplatten

Geschichtliches

Oberfaktor Frankenfeld, Leiter der Roten Hütte im Harz, hat als erster Modellplatten benutzt. Sie erleichterten das Handformen bei Massenerzeugnissen und bildeten die Voraussetzung für die Einführung des Maschinenformens. Die ersten Modellplatten wurden 1827 für eine Ofentür gebaut. Modell und Einguss sind mit der hölzernen Modellplatte fest verbunden. In die Löcher am Rande greifen die Führungsstifte der einen Formkastenhälfte und sichern die gegenseitige Lage beim Aufstampfen. Die Führungslöcher tragende andere Kastenhälfte wurde auf der zweiten Modellplatte von einer dicken Leiste gehalten. Die Modellplatten mit Abguss sind im Deutschen Museum in München zu sehen.

Begriff

Die Bezeichnung Modellplatte oder auch Formplatte ist sowohl für die unbestückte Platte als Befestigungselement, wie auch für die bestückte Platte als Modelleinrichtung üblich.

Zusammengehörige Ober- und Unterteilmodellplatten, bestückt mit den Modellen sowie dem Einguss- und Speisersystem, werden auch als Modellplatteneinrichtungen bezeichnet.

Vorteile gegenüber Handmodellen

- Die Anordnung der Modelle und des Einguss- und Speisersystems vor jeder Abformung entfällt.
- Eine unebene Formteilung kann bereits auf der Modellplatte vorgesehen werden.
- Gussfehler, wie versetzter Guss, Maß- und Formabweichungen, können vermieden werden.
- Hohe Stückzahlen und das Formen mit der Maschine werden durch Modellplatten ermöglicht.
- Die Lebensdauer der Modelle ist höher, da das Losschlagen durch Vibrieren ersetzt wird.

Einteilung der Modellplatten

Die Bezeichnung der Modellplatten nach **Art der Befestigung** berücksichtigt entweder die Art, wie das Modell auf dem Modellplattenträger befestigt oder nach welchem System die Modellplatte in der Formanlage aufgenommen wird.

Die Bezeichnung nach **Art des Formsystems** geht von der Aufteilung und Lage der Formteile zueinander aus.

Die Bezeichnung **nach zusätzlicher Funktion** erfasst Teile wie Abstreifkamm oder Heizeinrichtung.

Ebenso wie jede andere Modelleinrichtung kann auch noch **nach Werkstoff** unterschieden werden. Kunstharzmodelle kommen vielfach bei montierten Modellplatten zum Einsatz. Bei Modellplatten mit großen Abmessungen ist Holzwerkstoff immer noch ein verwendeter Werkstoff. Insbesondere bei Croning und sehr hohen Abformzahlen kommt Metall zur Anwendung.

Einteilung der Modellplatten

- **nach Art der Befestigung**
  - montierte Modellplatte
  - Wechselrahmenmodellplatte
  - massive Modellplatte
  - Gegenplatte
- **nach Art des Formsystems**
  - einseitige Modellplatte
  - doppelseitige Modellplatte
  - Reliefmodellplatte
  - Reversiermodellplatte
- **mit zusätzlicher Funktion**
  - mit Abstreifkamm
  - mit Durchziehteil
  - mit Einzugsteil
  - mit Heizeinrichtung
- **nach Werkstoff**
  - Holz
  - Kunstharz
  - Metall

1

Unterteilung nach dem Formsystem

Einseitige Modellplatten

Funktion

Mit einer einseitigen Formplatte kann nur eine Formhälfte abgeformt werden. Bei Verwendung solcher Platten muss deshalb für Formoberteil und Formunterteil jeweils eine einseitige Modellplatte vorhanden sein.

Die Bilder 1a und 1b zeigen eine Modellplatteneinrichtung, die aus zwei einseitigen Modellplatten besteht. Hiervon ist die in 1a gezeichnete eine montierte und die in 1b eine massive Modellplatte.

Anwendung

Die meisten Modellplatten sind einseitig ausgeführt. Die Platten können in dieser Bauweise einfach und sicher auf dem glatten Maschinentisch der meisten Formmaschinen aufgespannt werden. Eine Möglichkeit der Rationalisierung besteht bei der Verwendung einseitiger Modellplatten durch den gleichzeitigen Einsatz zweier Formmaschinen.

Doppelseitige Modellplatten

Funktion

Im Gegensatz zu der einseitigen Modellplatte können mit einer doppelseitigen beide Formhälften hergestellt werden. Die Konturen für Modelloberteil und -unterteil sind auf einer Platte einander gegenüberliegend angeordnet. Ein Beispiel hierzu zeigt Bild 1c. Dort ist für die Haube, die nach Bild 1a und 1b mit zwei einseitigen Platten geformt wurde, jetzt eine doppelseitige Platte im Einsatz. Bedingt durch die Funktion der Maschine erfolgt die Fixierung von Oberteil zu Unterteil bei 1a durch Führungsstifte und bei 1c durch Abballung.

Modellplattenquerschnitt

Wichtig ist bei doppelseitigen Modellplatten die Zugabe der Modellplattendicke zur Wanddicke des Gussteils. Der Vergleich von Modellplatte (Bild 1c) und Formzeichnung (Bild 3) zeigt dies deutlich.

Anwendung

Durch den Einsatz doppelseitiger Modellplatten können auf Formautomaten wie in Bild 2 gleichzeitig Ober- und Unterteil hergestellt werden. Auch bestimmte Wendeplattenformmaschinen arbeiten mit solchen Modellplatten rationeller.

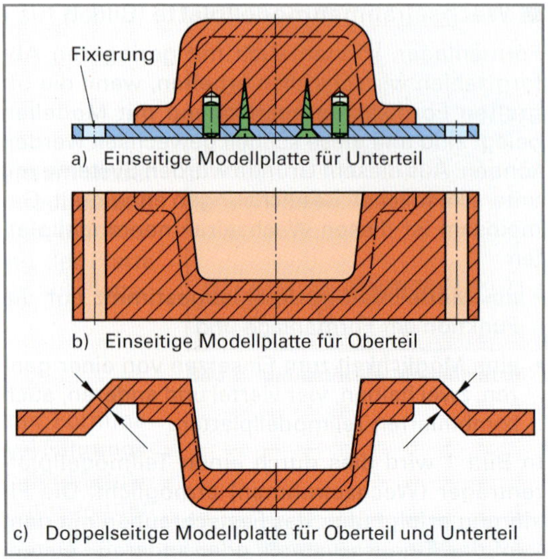

Bild 1: Ausführungen einseitiger und doppelseitiger Modellplatten

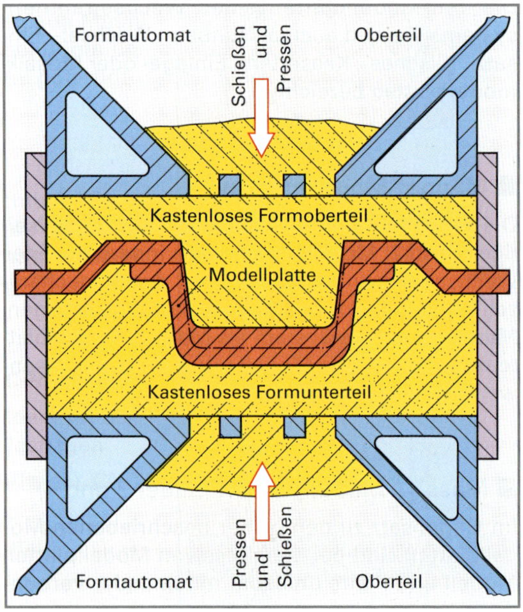

Bild 2: Einsatz der doppelseitigen Modellplatte

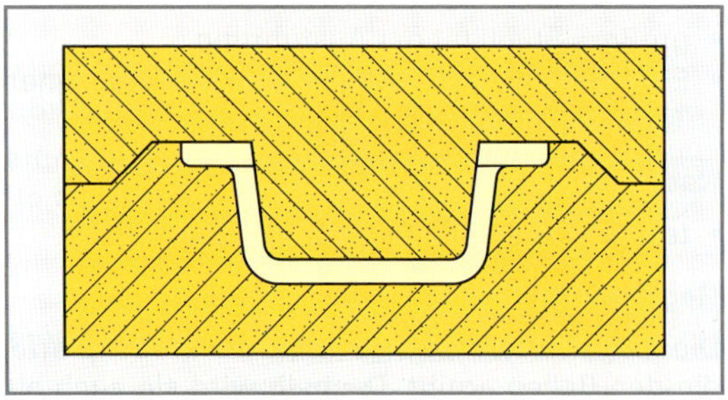

Bild 3: Formzeichnung zu 1c und 2

Reliefmodellplatte

Funktion

Eine Reliefmodellplatte ist eine doppelseitige Modellplatte mit unebener Teilung. Die Platte selbst bekommt dadurch einen reliefartigen Querschnitt.

Aufbau

Die zueinander gehörenden Modellhälften sind genau übereinander liegend beiderseits angebracht. Bedingt durch die unebene Teilung können hier die Modelle nicht aufgeschraubt werden, sondern müssen zusammen – Modell- und Modellplatte – ausgegossen werden. Dies kann sowohl mit Metall (Hartblei-Aluminium usw.) als auch vorzugsweise in Kunststoff erfolgen.

Anwendung

Reliefmodellplatten können, wie bereits bei doppelseitigen Modellplatten beschrieben, an Formautomaten und bestimmten Wendeplattenform-Maschinen eingesetzt werden.

Reversiermodellplatte

Funktion

Eine Reversiermodellplatte enthält, symmetrisch zur Reversiermitte, Modelloberteil und -unterteil (Bilder 2 und 4). Von dieser einen Modellplattenseite werden zwei Abformungen hergestellt. Diese beiden Hälften ergänzen sich durch „Reversieren“ (Umschlagen einer Hälfte um 180°) zu einer kompletten Form (Bild 5).

Vorteil

Durch die Verwendung von Reversiermodellplatten kann an einer Formmaschine mit nur einer Platte ohne Umrüsten die gesamte Form (beide Formhälften) hergestellt werden.

Nachteil

Bei den üblichen horizontalen Formteilungen kann es nachteilig sein, wenn die Lage einer Formhälfte vom Ober- ins Unterteil wechselt.

Anwendung

Um die Nachteile zu vermeiden, kommen Reversierplatten vorzugsweise dort zur Anwendung, wo stehender Guss möglich ist, z.B. bei Rippenzylindern. Die Anordnung des gemeinsamen Fingusses und der verlorenen Köpfe bedingt dabei dann stehenden Guss. Als Formverfahren für solche Modellplatten kommt das Croning-Formverfahren zur Anwendung.

Da die Anfertigung der beheizbaren Metallmodellplatten sehr teuer ist und oft nur eine Croningmaschine zur Verfügung steht, ist hier der Einsatz einer Reversierplatte vorteilhaft.

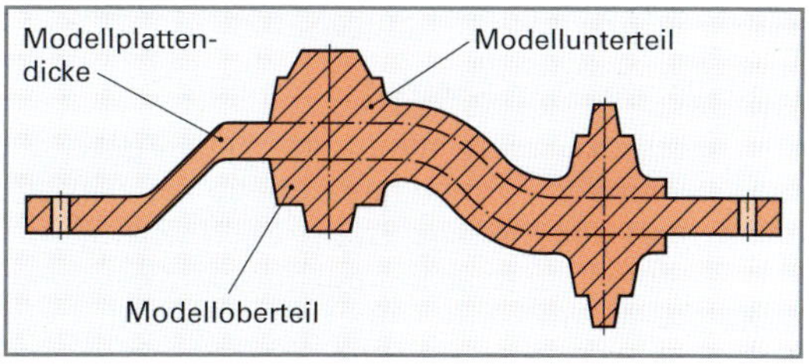

Bild 1: Reliefmodellplatte

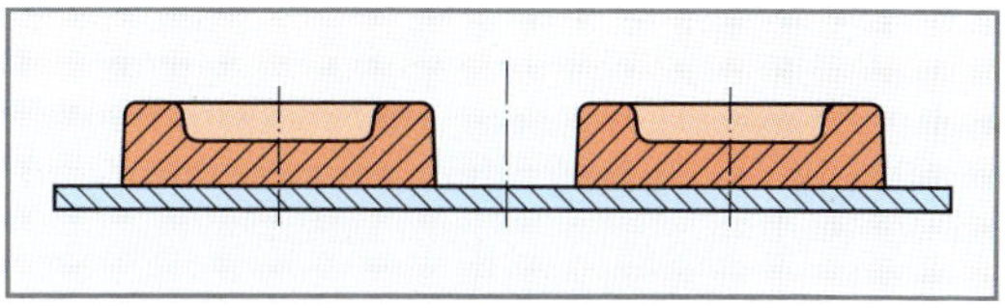

Bild 2: Einfache Reversiermodellplatte

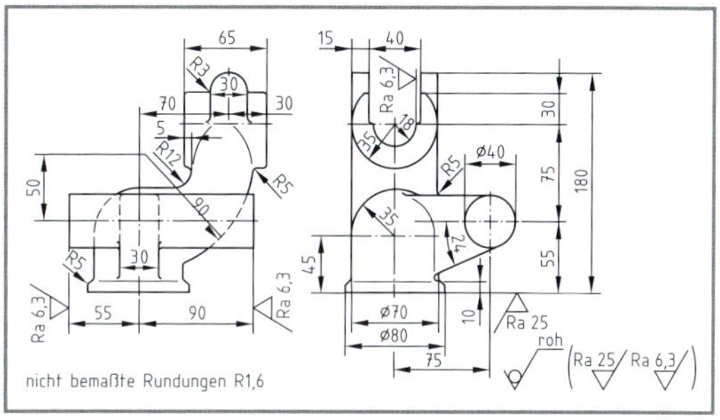

Bild 3: Fertigungszeichnung Schaberlager

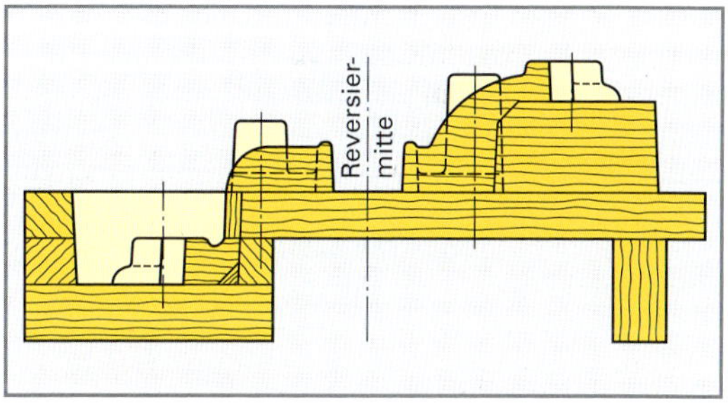

Bild 4: Reversiermodellplatte Schaberlager

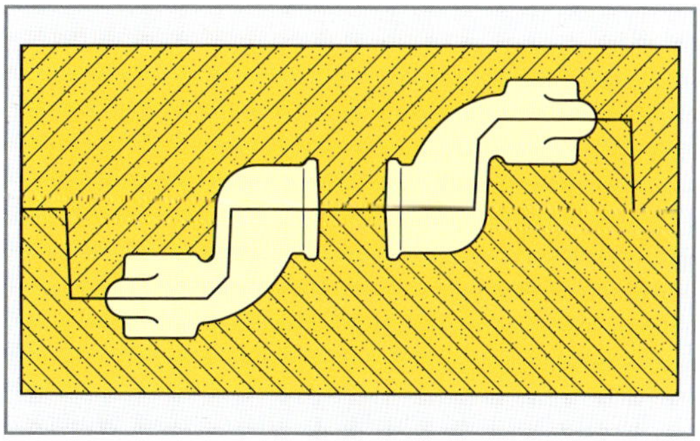

Bild 5: Form bestehend aus zwei gleichen Abformungen der Reversiermodellplatte

1

Modellplatten mit zusätzlicher Funktion

Modellplatten mit Abstreifkamm (Bild 1)

Der Abstreifkamm ist eine zusätzliche Platte, die bei schwierigen Formen das Abheben erleichtert. Die Kontur des Modells an der Teilfläche ist aus der Platte genau passend ausgespart. Beim Abheben wird durch die Abhebestifte der Abstreifkamm mit dem Formkasten hochgedrückt. Da die Sandfläche und der Abstreifkamm an der Teilung formgleich sind, kann keine Sandkante während des Abhebevorganges abreißen.

Bei der Anfertigung einer Modellplatte mit Abstreifkamm muss besonders auf zwei Punkte geachtet werden:

- Die Dicke des Abstreifkammes muss allen Maßen des Modells in Ausheberichtung zugeschlagen werden.
- Aussparungen für die Abhebestifte dürfen sich nur in der Modellplatte und nicht im Abstreifkamm befinden.

Bild 1 zeigt eine Metallmodellplatte mit Abstreifkamm für ein Sperr-Rad. Aus Kostengründen soll das Gussteil ohne Bearbeitung eingebaut werden. Ein Formkonus würde sich jedoch nachteilig auf die Funktion auswirken, deshalb wird hier ein Abstreifkamm verwendet.

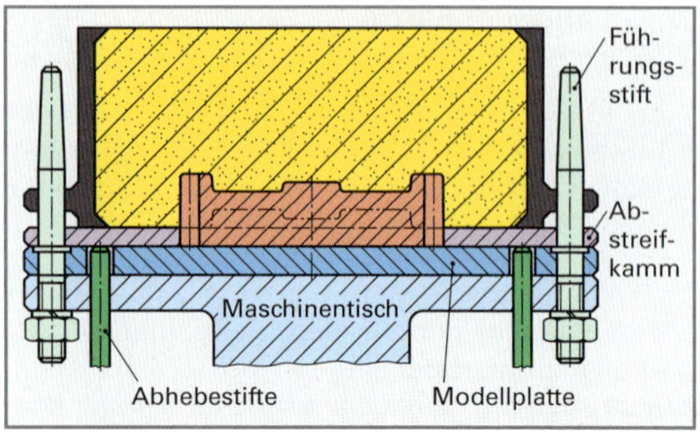

Bild 1: Funktion des Formens mit Abstreifkamm

Modellplatte mit Durchziehteil (Bild 2)

Durch einen entsprechenden Mechanismus werden Teile der Modelleinrichtung, wie hohe Rippen usw., durch das Modell gezogen. Zum Unterschied der Modelleinrichtung mit Abstreifkamm bleibt bei einer Modelleinrichtung mit Durchziehteil die Form liegen und das Modell oder nur ein Teil der Modelleinrichtung bewegt sich nach unten.

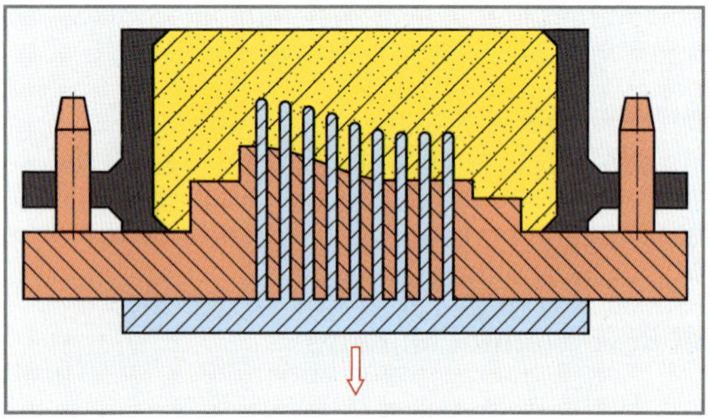

Bild 2: Funktion des Formens mit Durchziehteil

Modellplatte mit Einzugsteil (Bild 3)

Teile mit Hinterschneidungen werden horizontal oder unter einem Winkel in das Modell hineingezogen.

Diese Art der Modellplatten wird heute fast nicht mehr verwendet, da die auszuführende Arbeit zu Zeit raubend und zu teuer ist.

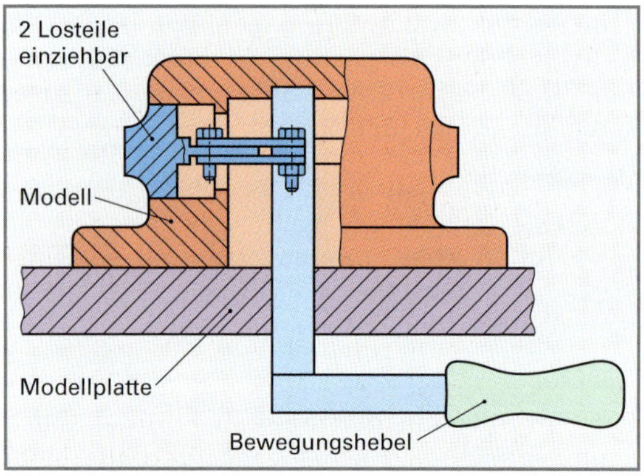

Bild 3: Funktion des Formens mit Einzugsteil

Modellplatte mit Heizeinrichtung (Bild 4)

Zum Erreichen einer optimalen Arbeitstemperatur bei Arbeitsbeginn und/oder während des Betriebes bei Metallmodellen mit Metallmodellplatten im Sandguss oder für das Maskenformverfahren sind Heizeinrichtungen notwendig.

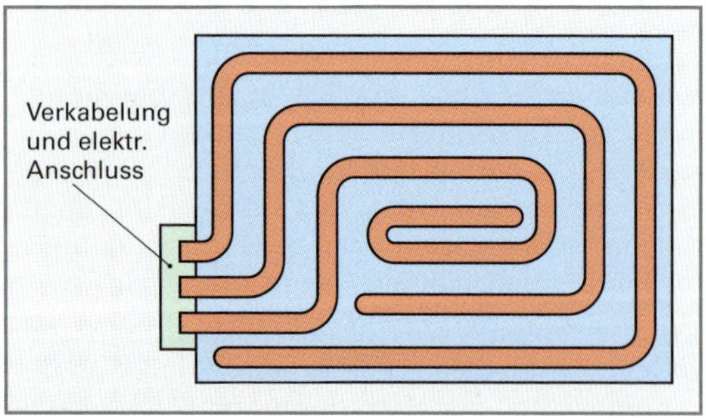

Bild 4: Heizeinrichtung mit gebogenen Heizstäben

Modellplanungen für die maschinelle Formherstellung

Bei der mechanisierten und automatisierten Gussteilherstellung sollen bei möglichst geringen Kosten Gussteile mit optimaler Qualität produziert werden. Als Voraussetzung muss eine hierfür geeignete Modelleinrichtung **formmaschinengerecht** geplant werden. Bereits bei der Modellplanung muss die Funktion der Formmaschine oder Formanlage bekannt sein. Außerdem muss besonderes Augenmerk auf **normgerechte** Ausführung gerichtet werden. Im Kapitel 1.5 **Euronormung** sind Beispiele wie ausreichende Kernsicherungen und Sandleisten gezeigt.

Auch die **wirtschaftliche Modellplanung** ist entscheidend. Durch Verringerung der Anzahl der Kerne können z. B. wesentliche Kosten eingespart werden.

Beispiel Haube

Die Fertigungszeichnung der Haube in Bild 1 soll als Vorlage für einen Vergleich der Ausführung bei geringer und hoher Stückzahl dienen.

Modellplanung für geringe Stückzahl

Bei einer vorgegebenen Stückzahl von fünf wird das Modell nach Bild 2 geplant. Das Naturmodell weist dabei folgende Merkmale auf, die eine Verwendung an der Formmaschine ausschließen:

- Losteil (ausgeführt als zweiteiliger Einlegering)
- Aufstampfboden (Erzielung einer Aufstampfebene)

Modellplanung für hohe Stückzahl

Für eine gewählte Stückzahl von 300 wird die Haube nach Bild 3 als einteiliges Kernmodell mit folgenden Merkmalen geplant:

- einfache Montage des Modells auf Modellplatte
- einfache Abformung
- Abdeckkern kann einfach in Form eingelegt werden
- Gussgenauigkeit durch günstige Kernlagerung und Sandleisten

Kernkastenplanung

Der dreiteilige Kernkasten nach Bild 4 ist geeignet für die Kernherstellung durch Schießen. Er kann mechanisch geöffnet und geschlossen werden, wobei der Kern zunächst auf dem Boden stehen bleibt und von diesem dann abgehoben wird. Die große Fläche der Abdeckmarke erleichtert das Abstellen und Lagern der Kerne.

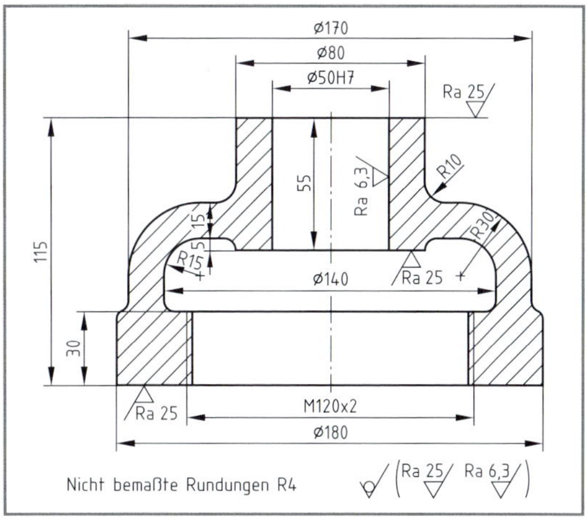

Bild 1: Fertigungszeichnung Haube

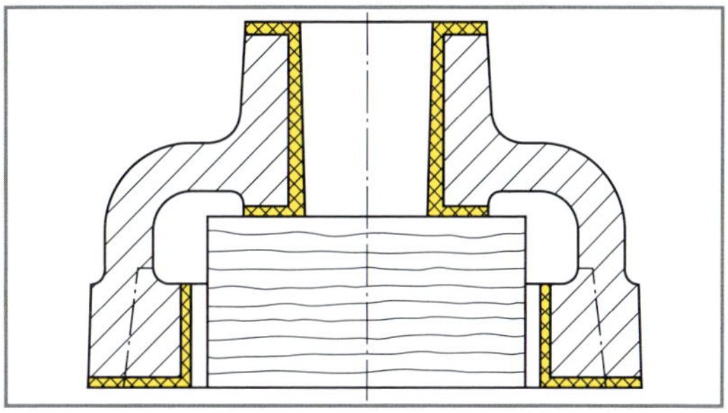

Bild 2: Naturmodell mit Aufstampfklotz für geringe Gussstückzahl, nicht maschinengerecht

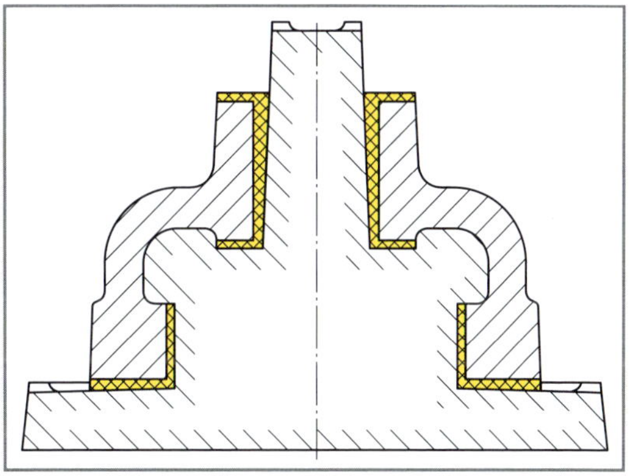

Bild 3: Kernmodell für höhere Gussstückzahl, maschinengerecht

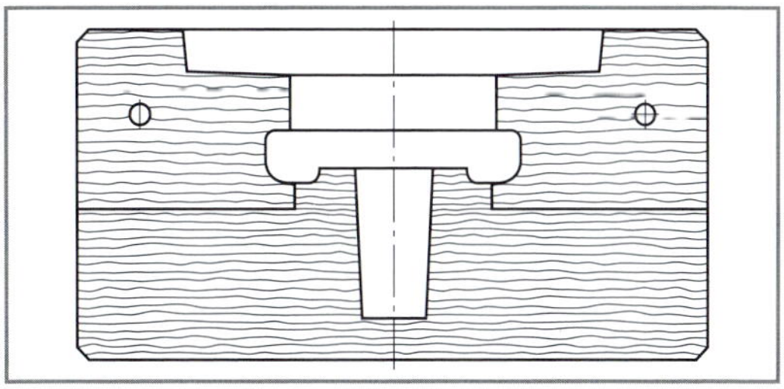

Bild 4: Maschinengerechter Kernkasten

1

Aufbauzeichnungen von Modellplatten

Insbesondere bei Modellplatteneinrichtungen spiegelt sich die ganze Vielfalt der Modellwerkstoffe wider.

Im Fach Technische Kommunikation werden die Aufbauzeichnungen üblicherweise ohne Farbe gezeichnet. Deshalb sind die Zeichnungen dieses Kapitels analog ohne Farbe. Im entsprechenden Technologiekapitel ist dagegen bei gleichen Zeichnungen zur Anschaulichkeit Farbe eingesetzt.

■ Holzmodellplatten (Bild 1)

Für die Darstellung von Holzmodellplatten gelten die Zeichenregeln die im Kapitel 1.2.7 „Grundlagen der Gießereitechnischen Kommunikation" für Aufbauzeichnungen behandelt wurden. Holzmaserung und Leimfugen sind schmale Volllinien. Körperkanten sind breite Volllinien. Anstatt der 45°-Schraffur wird die Holzmaserung eingezeichnet. Tiefer liegende Konturen erhalten keine Kennzeichnung durch Holzmaserung.

■ Kunstharzmodellplatten (Bilder 2 und 3)

Soll bei der Modellplatte mehr die Formtechnik wie in Bild 3 linke Hälfte dargestellt werden, so wird auf die Werkstoffkennzeichnung verzichtet.

Die Funktion ist bei dieser Art von Darstellung einfacher zu erkennen. Zusätzlich kann dann mit einer schmalen Strichpunktlinie die Kontur der zweiten Formhälfte eingezeichnet werden.

Soll der Aufbau gezeigt werden, so können sinnbildliche Darstellungen, wie in Bild 2 und Bild 3 rechte Hälfte, verwendet werden. Hier sind Blähtonkugeln, körnige Hinterfüllung, Oberflächen-, Verbindungs- und Abschlussschicht entsprechend gezeichnet.

■ Metallmodellplatten

Bei Metallmodellplatten erfolgt keine abweichende Kennzeichnung des Werkstoffes. Die Darstellung entspricht der von Metallkernkästen, Kokillen, Druckgussformen und Gesamtzeichnungen des Maschinenbaus.

■ Aufgaben für Modellplatten

Üblicherweise geht der Aufbauzeichnung einer Modellplatte die Modellplanungszeichnung voraus. Es kann deshalb grundsätzlich für jede Aufgabe dieses Buches neben der Modellplanung auch die Aufbauzeichnung angefertigt werden.

→ Wiederholungsfragen zu Kapitel 1.3.4.3 siehe Medienpaket

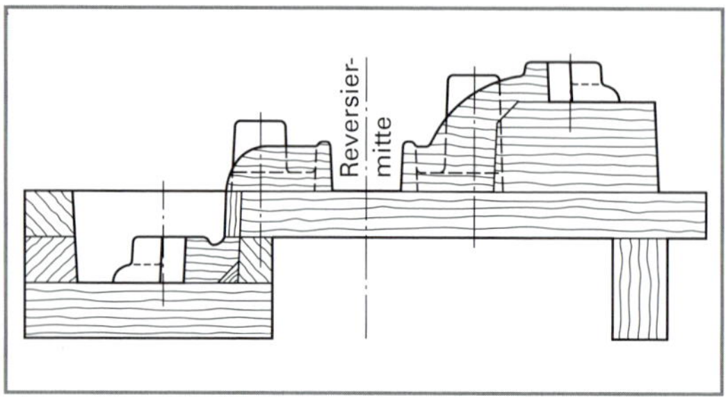

Bild 1: Holzaufbau

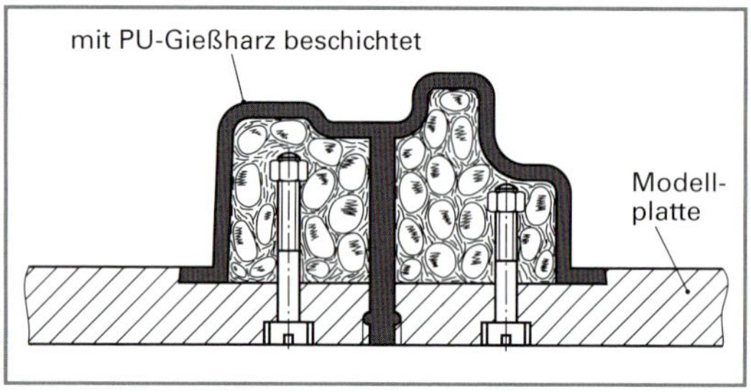

Bild 2: PU-Harz-Schaumstoff-Blähton-Aufbau

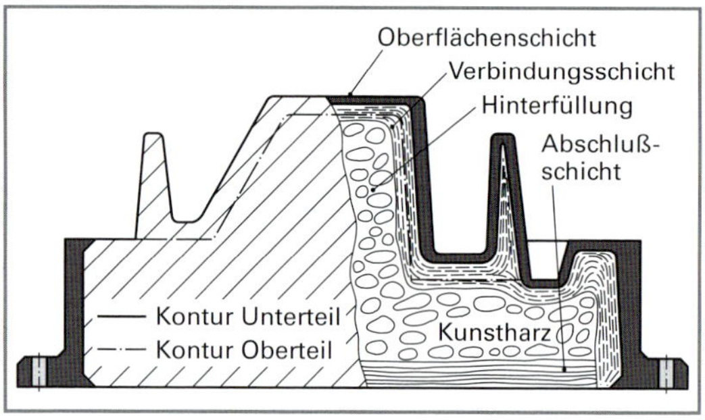

Bild 3: Linke Hälfte Funktionsdarstellung, rechte Hälfte Kunstharzaufbau

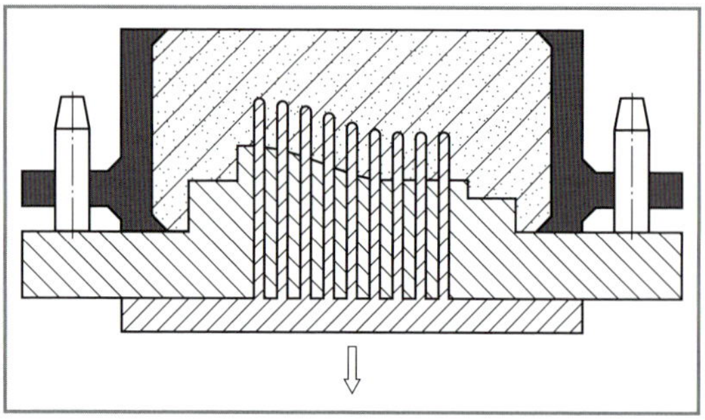

Bild 4: Darstellung von Funktion und Aufbau an einer Metallmodellplatte

Beispiel für Modellplatteneinrichtung

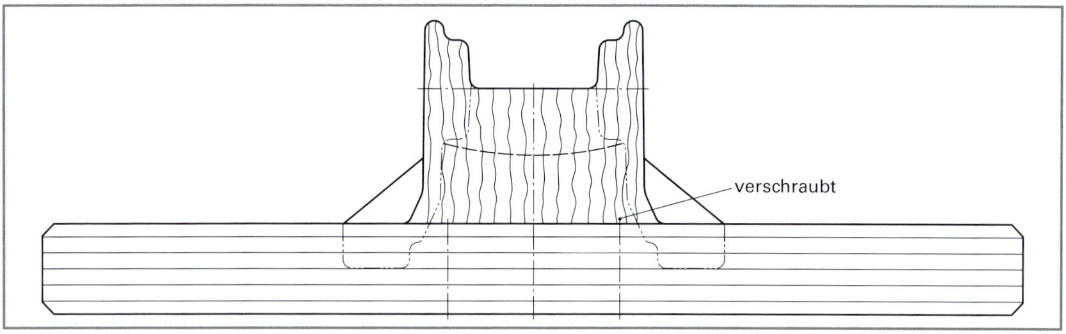

Bild 1: Unterteilmodellplatte für Lagerbock

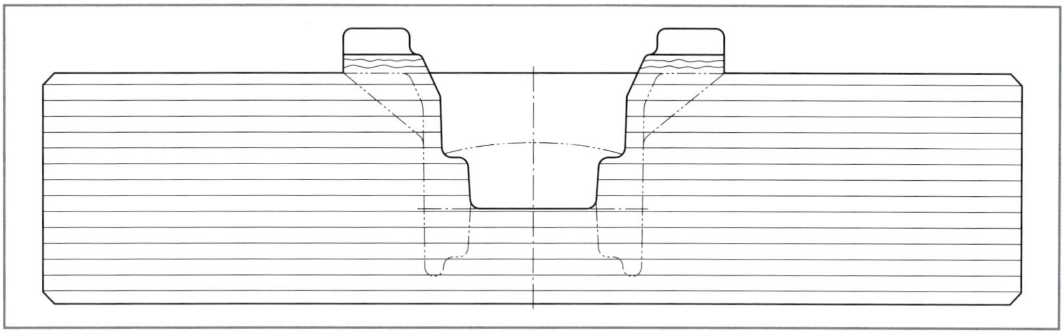

Bild 2: Oberteilmodellplatte (Gegenplatte) für Lagerbock

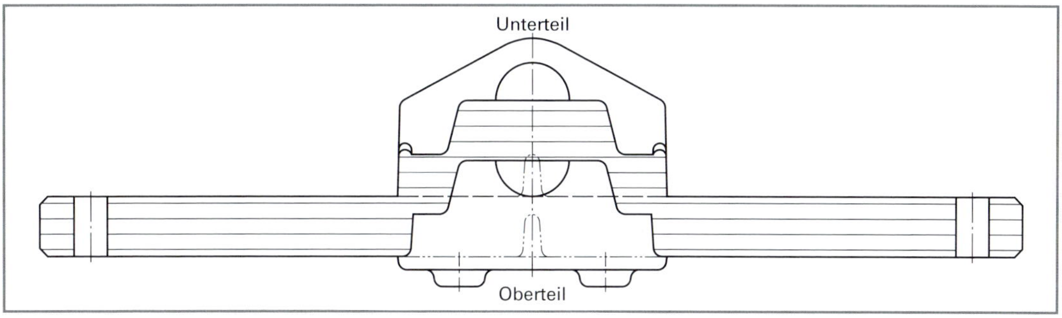

Bild 3: Doppelseitige Modellplatte für Lagerbock

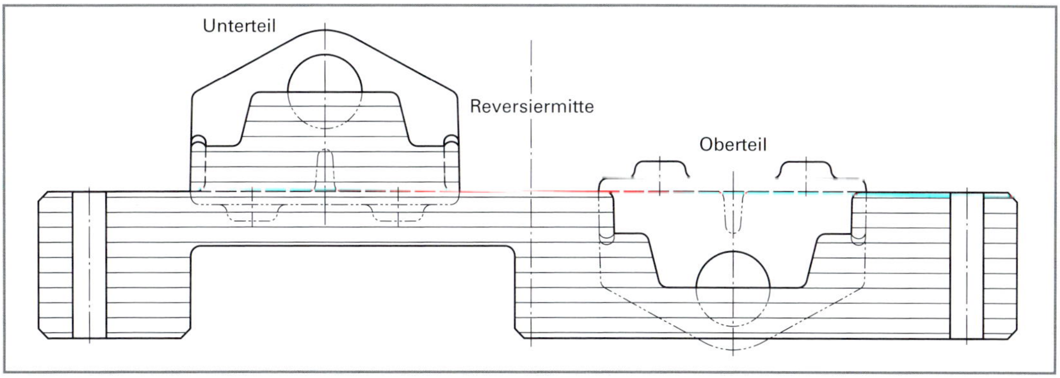

Bild 4: Reversiermodellplatte für Lagerbock

1

1.4 Formen mit Kernen (Technologie und Technische Kommunikation)

1.4.1 Kernarten

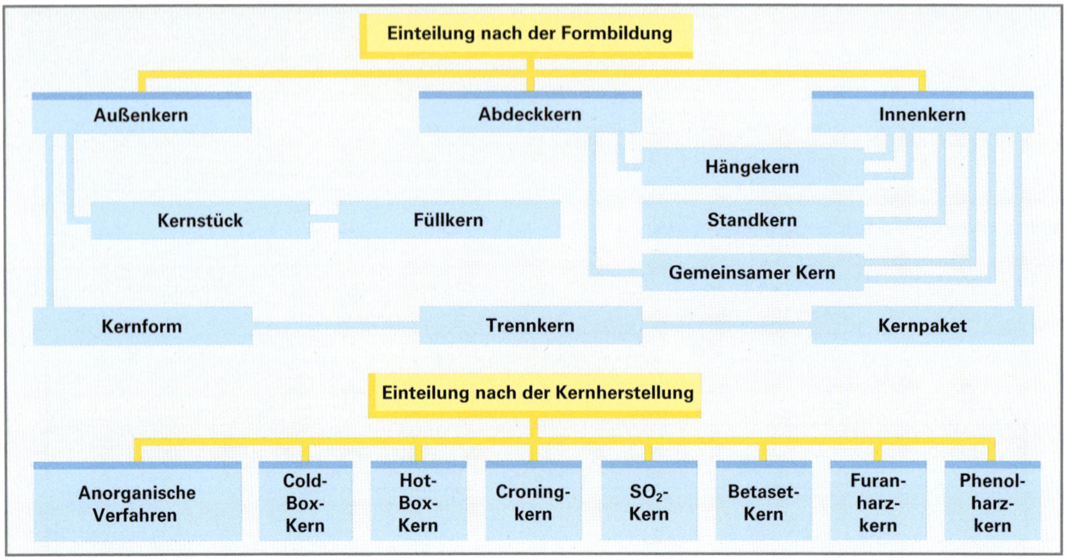

Bild 1: Übersicht über die wichtigsten Kernarten

Innenkerne

Aufgabe

Innenkerne bilden die Innenkontur, die Hohlräume des Gussstückes.

Alternative

Kann ein Modell ohne die Verwendung von Kernen abgeformt werden, so bezeichnet man es als Naturmodell (Bild 2). Bei komplizierten Konturen erschwert diese Alternative jedoch die Formarbeit.

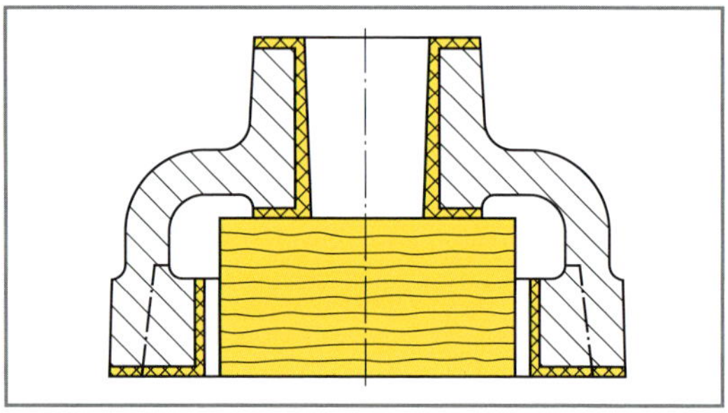

Bild 2: Naturmodell mit Aufstampfklotz für geringe Gussstückzahl

Anwendung

Aus folgenden Gründen wird die Verwendung eines **Kernmodells** anstelle eines **Naturmodells** sinnvoll.

- Besonders bei hohen Stückzahlen kann die Verwendung von Kernen teure Handformarbeit ersetzen.
- Bei schwierigen Innenkonturen können beim Naturmodell zusätzliche Formteilungen, Losteile und Aufstampfklötze notwendig werden (Bild 2).
- Formballen mit geringem Querschnitt und langem Aushebeweg können beim Ausheben abreißen. Durch Kerne kann das vermieden werden.

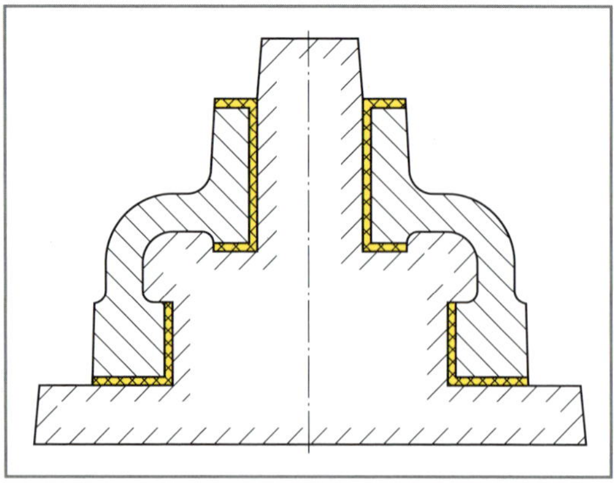

Bild 3: Kernmodell für höhere Gussstückzahl

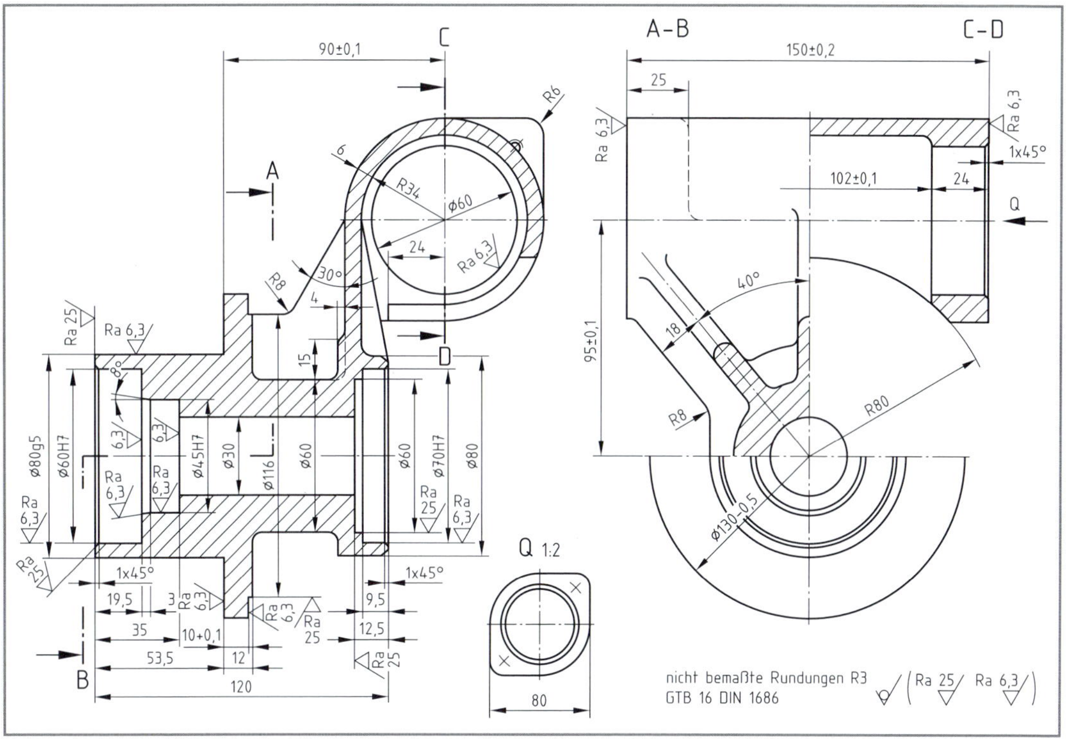

Bild 1: Fertigungszeichnung Lager

Außenkerne

Aufgabe

Außenkerne bilden die Außenkontur der Gussstücke.

Alternative

Sollen Außenkerne vermieden werden, so können Teile mit Hinterschneidungen als **Losteile** ausgeführt werden. Diese Möglichkeit erfordert jedoch teure Handformarbeit und wird auch bei geringer Gussstückzahl nur selten gewählt. Auch durch **Korbmodelle** werden Außenkerne vermieden. Bei diesen Großmodellen wird zuerst der Korb nach oben herausgezogen. Anschließend können die Anleger, ganzseitige Losteile, nach innen gezogen werden.

Anwendung

Bei komplizierten Außenkonturen kann die Verwendung von Außenkernen eine erhebliche Vereinfachung der Formarbeit bedeuten. Es können Losteile, Aufstampfböden, Aufstampfklötze und zusätzliche Formteilungen entfallen. Die Bilder 2 und 3 zeigen im Vergleich, wie die Verwendung eines Außenkernes die Formarbeit verändert.

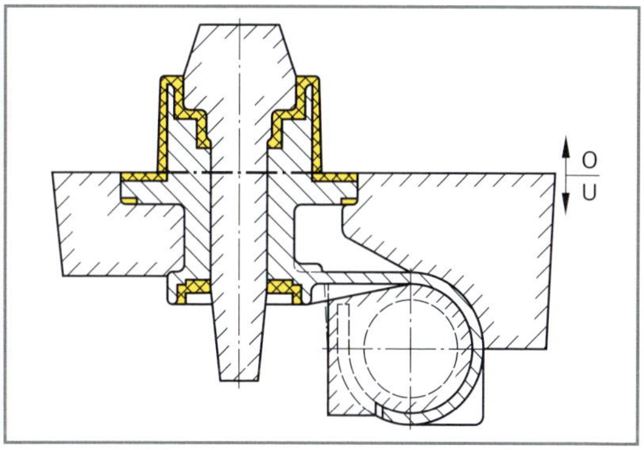

Bild 2: Modellplanung mit Außenkern

Bild 3: Formschnitt für Modell ohne Außenkern

Kernform

Begriff

Bei einer Kernform besteht die gesamte Form aus Kernen. Innen- und Außenkontur des Gussstückes werden durch Kerne gebildet.

Aufbau einer einfachen Kernform

Den einfachsten Aufbau einer Kernform zeigt das Beispiel der Rührschaufel. Mit zwei Kernkästen werden die zwei Außenkerne, die zusammen eine Form bilden, hergestellt. Mehrere solcher Formen werden dann zusammengespannt und gegossen (Bild 3).

Das Gussstück wird stehend durch einen verlorenen Kopf gegossen, der als Speiser und Einguss dient.

Aufbau einer schwierigen Kernform

Viele Kernformen der Praxis sind kompliziert und bestehen aus zahlreichen Innen- und Außenkernen. Die Kerne müssen deshalb in einer bestimmten Reihenfolge, entsprechend einer vorher festgelegten Nummerierung auf dem Kernkasten, eingebaut werden.

Einformen mit Modell

Sollen die Kerne der Kernform eine Kernlagerung erhalten, so wird mit einem Kernmodell gearbeitet, das eine einzige Kernmarke darstellt. Nach dem gleichen Prinzip kann mit Schablonen verfahren werden.

Einformen ohne Modell

Sind die Kerne gegenseitig in ihrer Lage fixiert, kann die Form auch hinterfüllt werden.

Kernstücke

Begriff

Kernstücke sind Außenkerne, die an Hinterschneidungen des Modells hergestellt werden.

Anwendung

Diese qualifizierte Formerarbeit wird vorwiegend in Kunstgießereien, teilweise aber auch beim Formen mit Großmodellen durchgeführt.

Arbeitsweise Herausschneiden des Kernstücknegatives (Bild 4)

Aus der Form wird im Bereich der Hinterschneidung des eingeformten Modells ein Hohlraum herausgeschnitten. In diesem Negativ wird das Kernstück aufgestampft und mit dem Modell zusammen ausgehoben. Von ihm muss es seitlich weggezogen und dann wieder in die Form eingelegt werden.

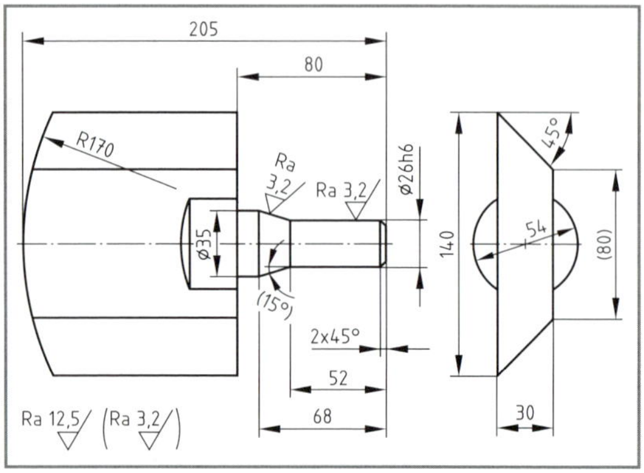

Bild 1: Fertigungszeichnung Rührschaufel

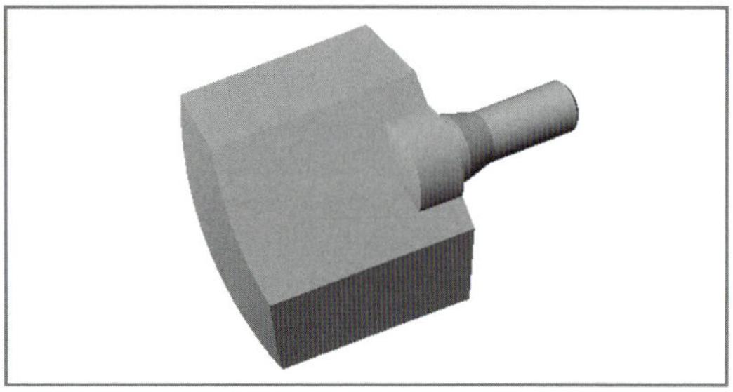

Bild 2: Perspektivische Darstellung Rührschaufel

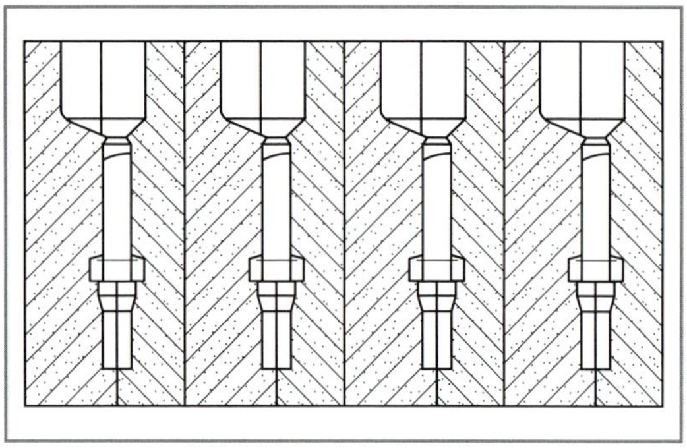

Bild 3: Formzeichnung der Kernform

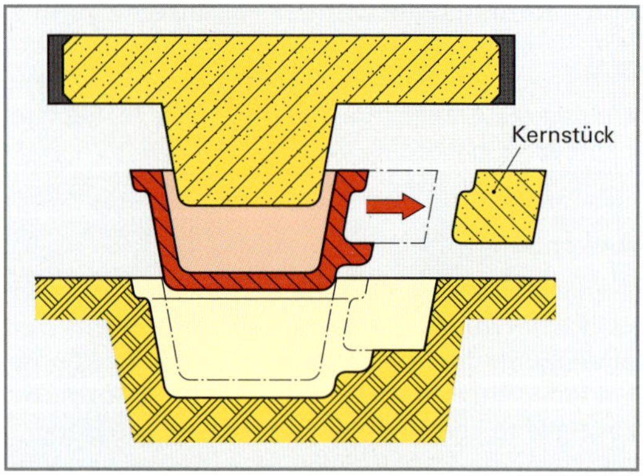

Bild 4: Entformen mit Kernstück

Abdeckkerne

Begriff

Als Abdeckkerne werden diejenigen Kerne bezeichnet, bei denen der Querschnitt der Lagerung größer als der eigentliche Kernquerschnitt ist. Diese Kerne überdecken deshalb den Formhohlraum. Ist diese Überdeckung bei einem Hängekern vorhanden, so ist auch er ein Abdeckkern.

Aufgaben

Abdeckkerne können das Formoberteil ersetzen. Sie verhindern Bewegungen in vertikaler Richtung, wenn ein Formoberteil verwendet wird. Das Abdeckteil des Kernes wird dann zwischen Ober- und Unterteil geklemmt. So kann verhindert werden, dass der Auftrieb beim Gießen den Kern anhebt.

Abdeckkerne können das Einguss- und Speisersystem aufnehmen.

Beispiel für Abdeckkern: Haube, Gusswerkstoff: AC-AlSi10MgS, Gussstückzahl: 300

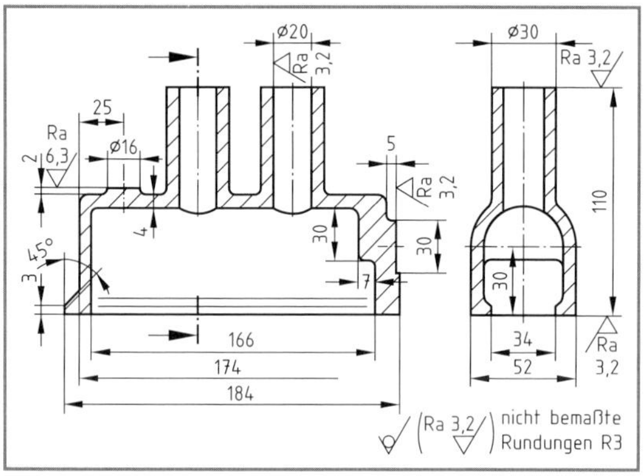

Bild 1: Fertigungszeichnung Haube

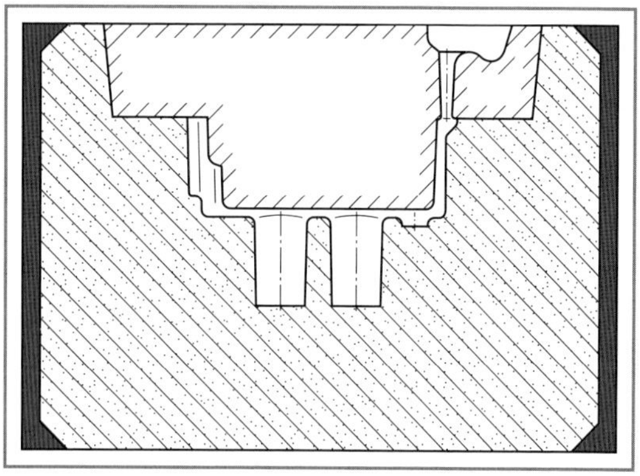

Bild 2: Formzeichnung Haube mit Abdeckkern

Aufgabe für Abdeckkern

Erstellen Sie Modellplanung und Formzeichnung mit Abdeckkern und Formschräge so, dass die Wanddicke erhalten bleibt.

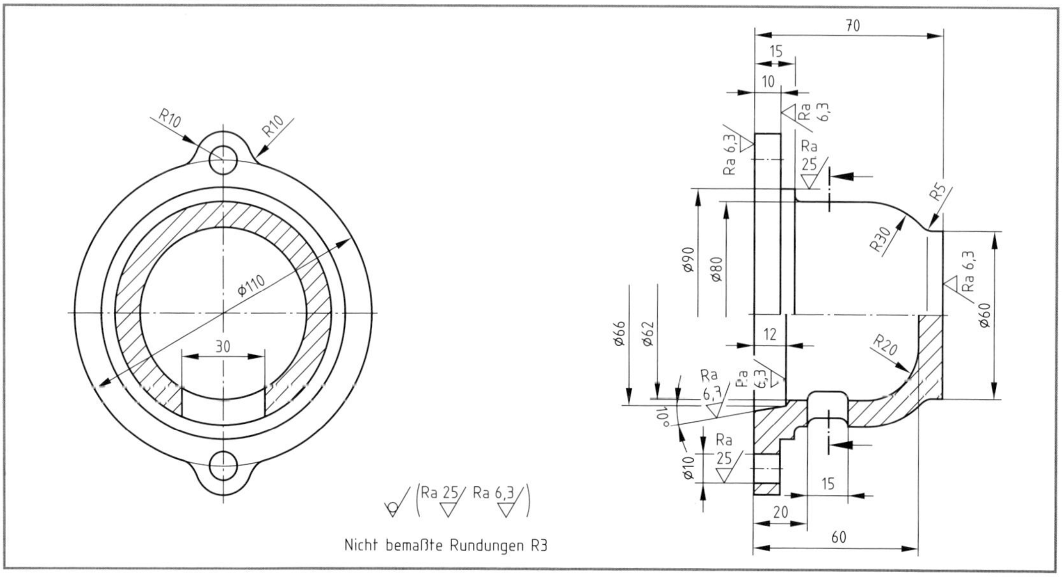

Bild 3: Fertigungszeichnung Haube

Hängekerne

Begriff

Als Hängekerne bezeichnet man Kerne, die an der Oberseite der Form gelagert sind und in den Formhohlraum hineinhängen.

Lagerung

Die Lagerung des Hängekernes befindet sich über dem Formhohlraum. Kann er nicht wie in Bild 1 als Abdeckkern zwischen Ober- und Unterteil geklemmt werden, so wird er je nach Größe durch Kleben, Festbinden (Bild 2) oder Festschrauben im Oberteil befestigt.

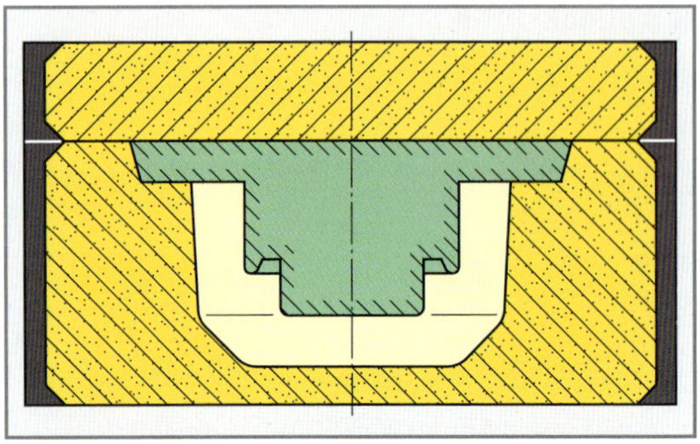

Bild 1: Hängekern, als Abdeckkern ausgeführt

Standkerne

Begriff

Als Standkerne bezeichnet man die Kerne, die an der Unterseite der Form gelagert sind und nach oben in den Formhohlraum hineinragen.

Anwendung

Vorwiegend bei großen Kernen ist das Einlegen eines Standkernes in die Form einfacher als das Einlegen eines Hängekernes. Ein Standkern ist häufig der Grundkern oder Lagerkern, auf dem die anderen Kerne aufgebaut werden (Bild 3).

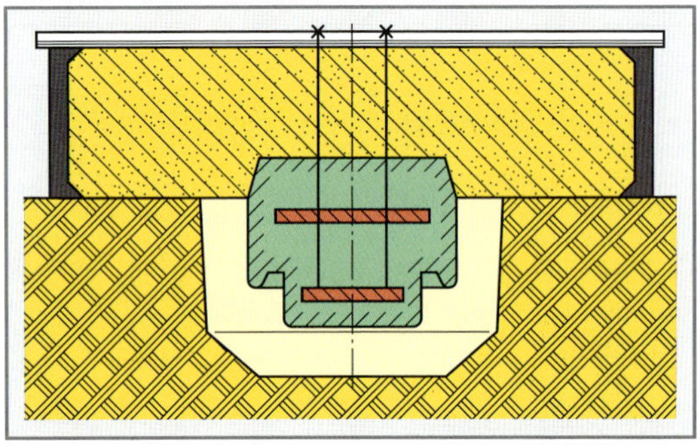

Bild 2: Hängekern, im Oberteil festgebunden

Kernpakete

Begriff

Unter einem Kernpaket versteht man in der Regel den Aufbau aller notwendigen Kerne außerhalb der Form zu einem Gesamtkern.

Anwendung

Zumeist kann formtechnisch ein einziger Gesamtkern nicht hergestellt werden. Durch Aufteilung des Gesamtkernes in Einzelkerne kann man Kerne und Kernkasten einfacher aufbauen. Die Teilkerne werden häufig auf einem Grund- oder Lagerkern zum Kernpaket zusammengebaut. Bild 3 zeigt ein solches Beispiel, die Zahlen erklären die Reihenfolge der Kernmontage. Um die Teilkerne mit möglichst geringer Toleranz einzubauen, werden Klebe- und Einlegevorrichtungen verwendet.

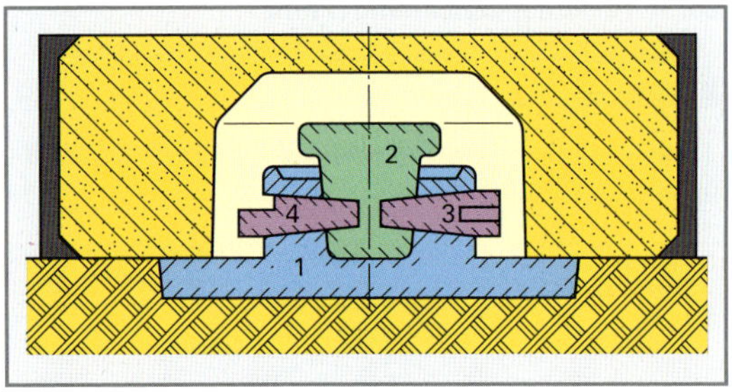

Bild 3: Standkern als Kernpaket

Kernseelen

Im Modellbau wird das Kernpaket zuerst in Form von Kernseelen aus Holz oder Kunststoff gefertigt, aufgebaut und kontrolliert. Mithilfe der einzelnen Kernseelen werden dann die jeweiligen Kunstharzkernkästen hergestellt.

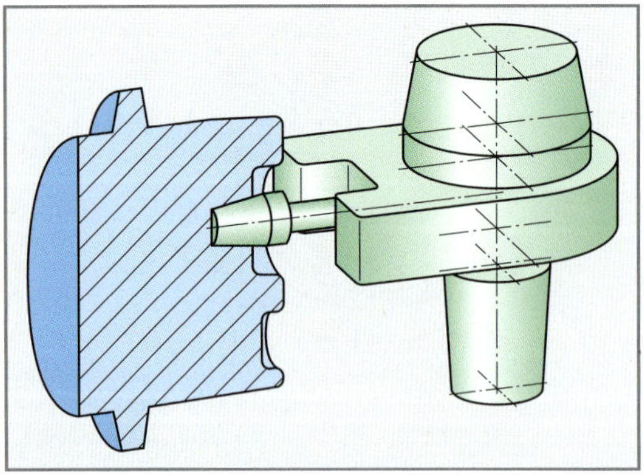

Bild 4: Kernpaket für Getriebegehäuse

Beispiel für Kernpaket

Damit der Kern sich entformen lässt, muss er in zwei Einzelkerne aufgeteilt werden. Zur Einhaltung der Maßtoleranz wird eine Klebelehre eingesetzt.

Das Beispiel ist auch als Aufgabe für zwei- und dreiteilige Kernkästen (Seite 126) geeignet.

Gießereitechnische Angaben zum Beispiel:

- Bezeichnung des Gussstückes: Saugkorb
- Werkstoff des Gussstückes: GJS-500
- Gussstückzahl: 500
- Formverfahren: Vakuumpressanlage
- Modellart: Kernmodell, zweiteilig, H1

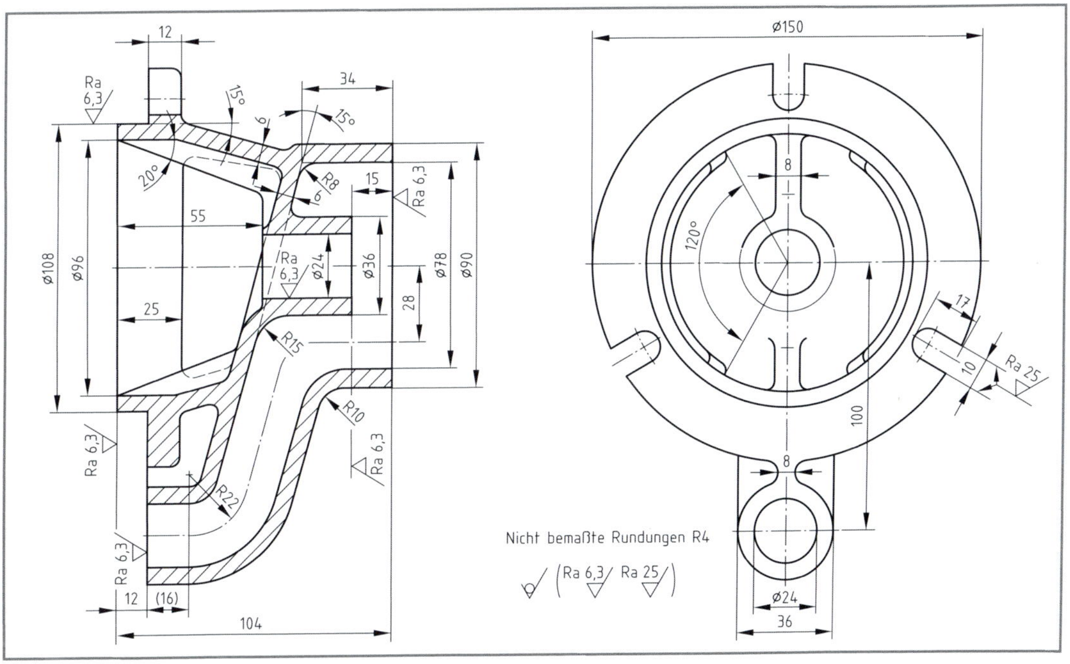

Bild 1: Fertigungszeichnung Saugkorb

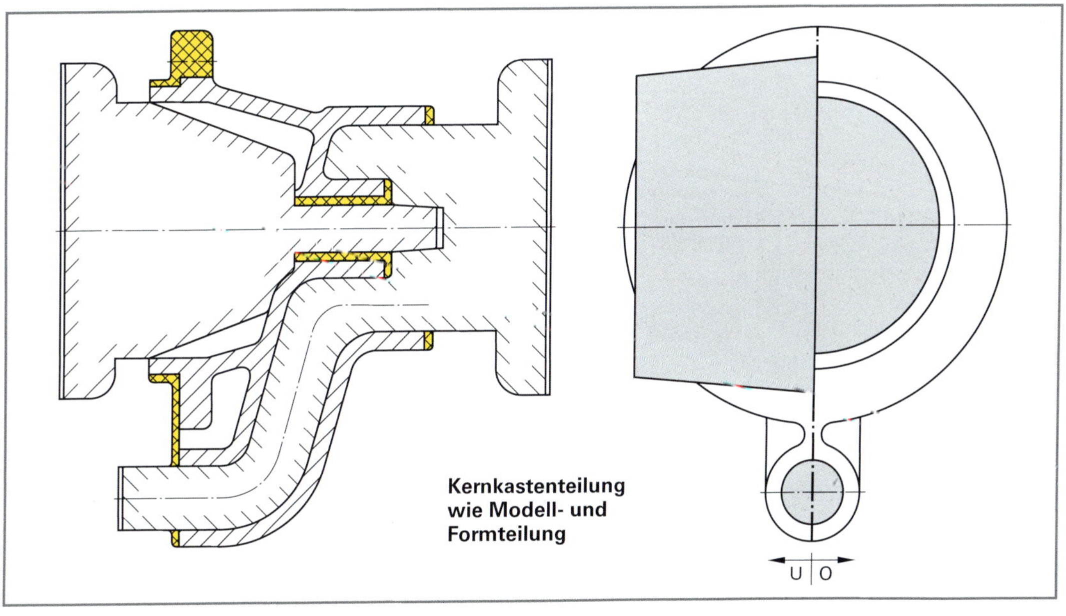

Bild 2: Modellplanungszeichnung Saugkorb

Aufgabe für Kernpaket

Für den Verteilerkopf muss der Kern als Kernpaket, bestehend aus zwei Kernen, geplant werden, damit er entformbar wird.

Fertigen Sie die Modellplanungszeichnung und nach Behandlung des Kapitels 1.4.6 die Aufbauzeichnungen für die beiden notwendigen Kernkästen an.

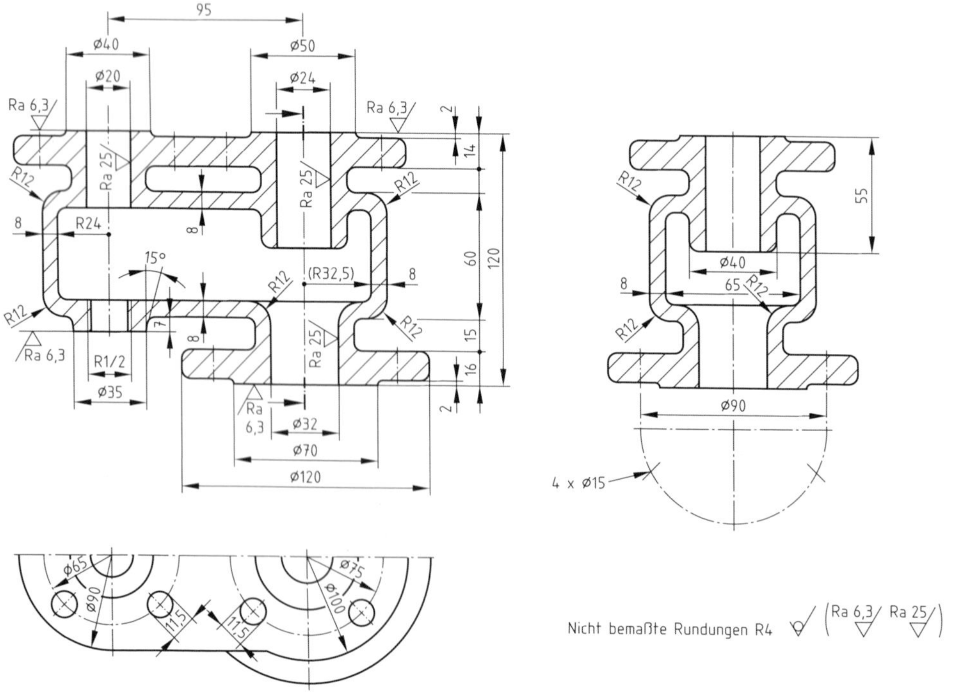

Gießereitechnische Angaben für 1:

- Bezeichnung des Gussstückes: Verteilerkopf
- Werkstoff des Gussstückes: GJL-300
- Gussstückzahl: 700
- Formverfahren: Vakuum-Pressen
- Modellart: Kernmodell, zweiteilig, H1

Bild 1: Fertigungszeichnung und perspektivische Darstellung Verteilerkopf

Ein Kern für mehrere Gussteile

Durch gemeinsame Kerne für mehrere gleiche Gussstücke können die Zeiten der Kernherstellung verkürzt und Formkästen besser ausgenutzt werden. Durch die gemeinsamen Kernlager verringert sich das Kernlagerspiel. Ein weiterer Vorteil wird in Bild 2 gezeigt: Bei einem einfachen Kern, der einseitig gelagert wäre, ergäbe sich ein nachteiliges Drehmoment. Beim gemeinsamen Kern heben sich diese Drehmomente durch Gewicht und Auftrieb beim Gießen gegenseitig auf.

Trennkerne

Ein Trennkern trennt zwei Gussstücke, die sich in der Form gegenüberliegen.

Bei einteiligen Modellen ist üblicherweise nur eine Formkastenhälfte ausgenutzt. Die zweite Formkastenhälfte hat nur abdeckende Funktion. Besser ausgenutzt wird der Formkasten, wenn das Modell einmal in jeder Formkastenhälfte abgeformt wird (Bild 3). Die einander gegenüberliegenden Formhohlräume müssen dann durch einen Trennkern getrennt werden. Er umfasst meist auch die sich anschließenden Innenkerne beider Gussteile. Das Formen mit Trennkernen wird auch vorteilhaft an **automatischen Formanlagen** unter Verwendung von **doppelseitigen Modellplatten** benutzt.

Dauerkerne

Bei stark konischen einfachen Hohlräumen wie in Bild 4 lässt sich ein Dauerkern herausschlagen und wieder verwenden. Die Dauerkerne sind meist aus Grauguss oder Stahl hergestellt und mit Schlichte überzogen. Wegen ihrer Abschreckwirkung können sie vorteilhaft an Stellen mit dickerem Querschnitt eingesetzt werden. Üblicherweise werden im Sandguss verlorene Kerne verwendet.

Wiederholungsfragen

1. Welche Arbeiten der Formerei können durch Kerne eingespart werden?
2. Mit welchem Verfahren kann ohne automatische Formanlage kastenlos geformt werden?
3. Wie werden Kernstücke entformt?
4. Nennen Sie die wichtigsten Vorteile, die sich aus der Verwendung von Abdeckkernen ergeben.
5. Welchen Nachteil bringt es, wenn ein Hängekern nicht als Abdeckkern ausgeführt wird?
6. Welche Vorteile ergeben sich durch die Verwendung von Kernpaketen?
7. Warum ist beim Abformen von zwei Modellen mit einseitig gelagertem Kern die Verwendung eines gemeinsamen Kernes von Vorteil?

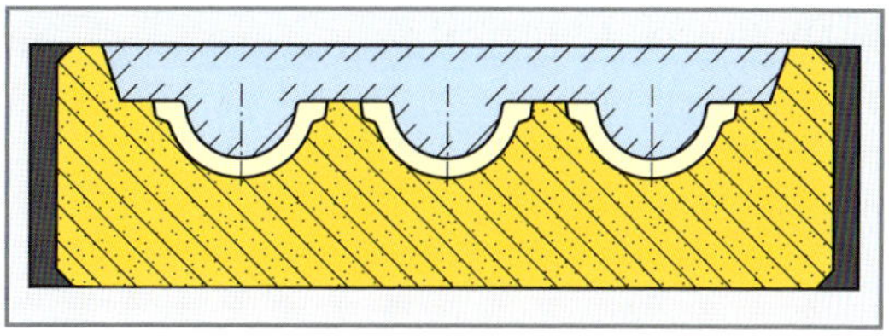

Bild 1: Gemeinsamer Kern als Abdeckkern

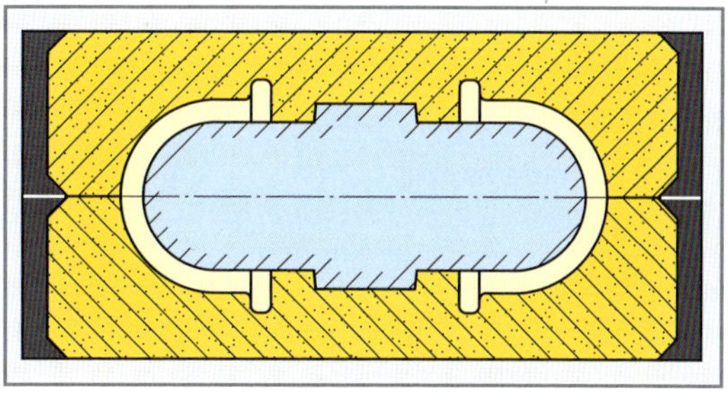

Bild 2: Gemeinsamer Kern mit Kernschloss und Gewichtsausgleich

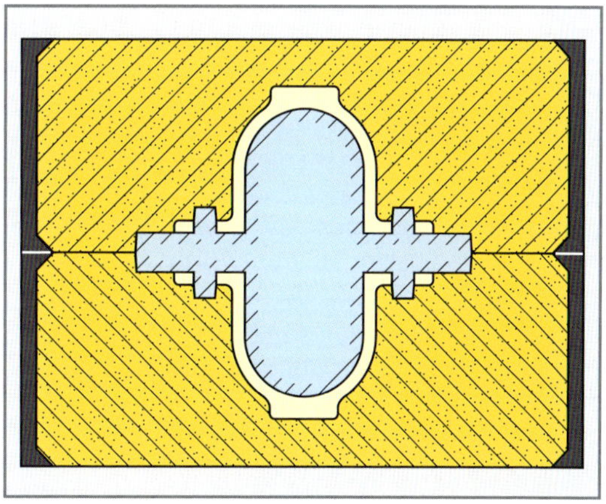

Bild 3: Trennkern zur besseren Formausnutzung

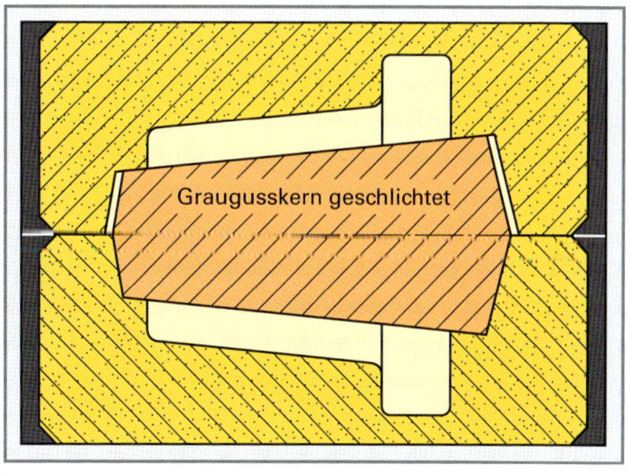

Bild 4: Dauerkern

1

1.4.2 Kernlagerung

Damit die Kerne maßgenau in der Form gelagert werden können, sind in der Form Kernlager notwendig.

Kernlager befinden sich am Kern und in der Form (Bild 1). Kernlager sind die Kernmarkenabformungen in der Form und der entsprechende Teil am Kern.

Kernmarken befinden sich am Modell und im Kernkasten.

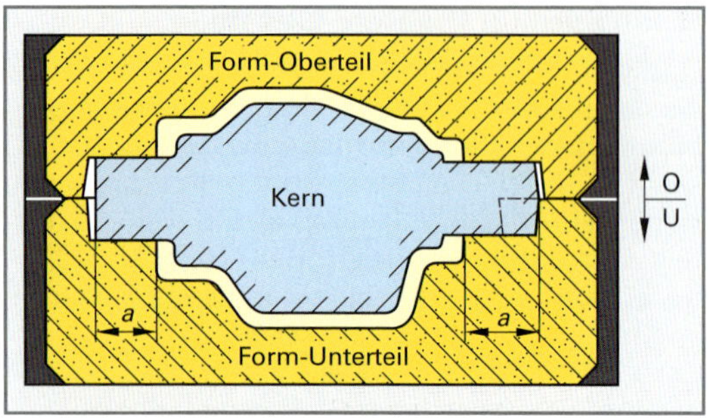

Bild 1: Kernlager (a) in der Form und am Kern

Kernmarkenspiel und Kernlagerspiel

Das **Kernmarkenspiel,** auch als Kernmarkenmaßdifferenz bezeichnet, ist der Maßunterschied zwischen dem Kernmarkenmaß am Modell und dem Kernmarkenmaß im Kernkasten. Das Kernmarkenmaß im Kernkasten ist in der Regel das Zeichnungsmaß.

Das **Kernlagerspiel,** auch vereinfacht als Kernspiel oder Kernluft bezeichnet, ist der Maßunterschied zwischen dem Kernlagermaß der Form und dem Kernlagermaß des Kerns. Das Kernlagerspiel ist notwendig, damit der Kern ohne Beschädigung in die Form eingelegt werden kann. Unnötig großes Kernlagerspiel führt zu ungenauen Wanddicken am Gussteil. Kernmarkenspiel und Kernlagerspiel können sich voneinander maßlich unterscheiden, z. B. durch Schwindungs- oder Ausdehnungsvorgänge des Formstoffes oder durch Maßveränderungen beim Losklopfen oder Vibrieren.

Bei der Festlegung des Kernmarkenspiels an der Modelleinrichtung sind deshalb entsprechend den betrieblichen Erfahrungen folgende Einflüsse zu berücksichtigen:

- Formstoff, Formverfahren
- Lage der Kerne in der Form
- Anzahl, Größe und Gestalt der Kerne
- Kernbearbeitung und Kernmontage
- Schlichten der Kerne

Die neue DIN EN 12890 sieht für das Kernspiel Begriffe und Maße wie in Bild 2 und 3 vor.

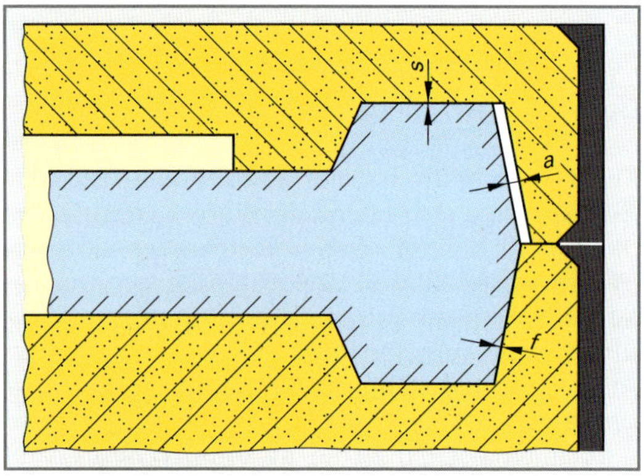

Bild 2: Lage unterschiedlichen Kernspiels nach DIN EN 12890

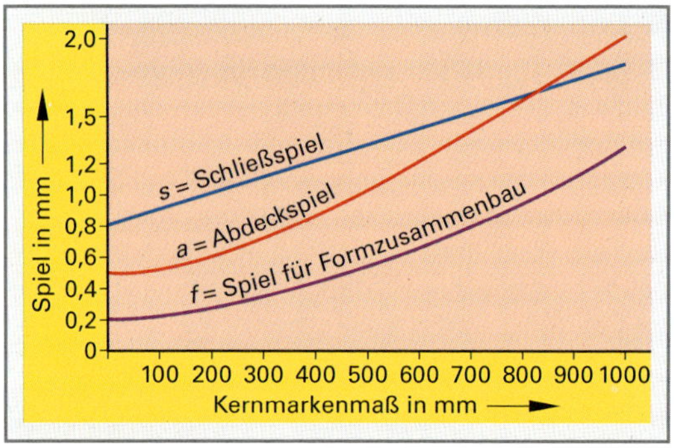

Bild 3: Größe des Kernspiels nach Bild 2 DIN EN 12890

Kernmarkenspielkontrolle

Bei komplizierten Modelleinrichtungen werden neben der Durchführung von Maßkontrollen an den Kernmarken von Modell und Kernkasten auch Kontrollformen (Musterformen) und Kontrollkerne (Musterkerne) aus Kunstharz nach der zu kontrollierenden Modelleinrichtung angefertigt.

An der Kontrollform mit eingelegten Kontrollkernen können dann Kernmarkenspiel, Wanddicken und Kerneinlegefolge zuverlässig überprüft werden.

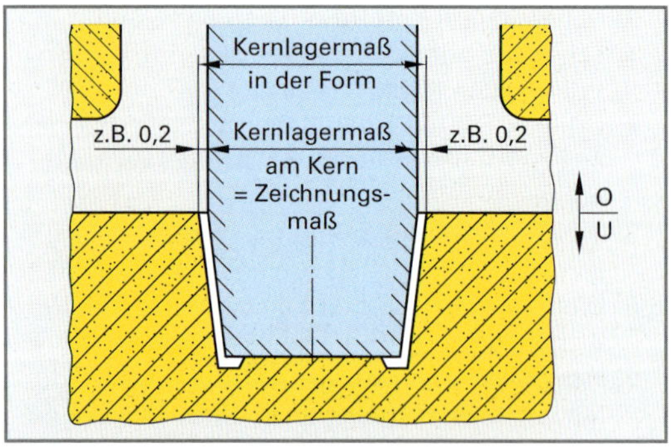

Bild 4: Kernspiel am stehenden Kern (Beispiel)

Ausführung der Kernmarken

Kernmarkenschräge

Damit die Kernmarken gut aus dem Formsand ausgehoben und die Kerne einwandfrei eingelegt werden können, müssen an den Kernmarken größere Aushebeschrägen angebracht werden.

Höhe der Kernmarke	bis 70 mm	über 70 mm
Schräge der Kernmarke	5°	3°

Tabelle 1: Richtwerte für die Kernmarkenschräge

Diese Richtwerte gelten für Unterteilkernmarken. Die Schrägen an den oberen Zulegemarken sollten 8° bis 15° betragen. Auch die Höhe der Oberteilkernmarken sollte niedriger als im Unterteil gehalten werden. Dadurch wird ein sicheres Zulegen des Oberteiles gewährleistet (Bild 1).

Sandleiste

Die Sandleisten haben den Zweck, den beim Einsetzen des Kernes abrieselnden Sand aufzunehmen, um eine einwandfreie Kernauflage zu sichern. Man findet teilweise auch Sandleisten an den Oberteilkernmarken. In der Regel werden sie nur an den Unterteilkernmarken vorgesehen.

Die Sandleisten sind nach DIN EN 12890 bei Metallmodellen, Kunststoffmodellen und bei Holzmodellen der Güteklasse H1 vorgeschrieben.

Kernmarkenbreite	Sandleiste einseitig		Sandleiste beidseitig	
Maß *a*	*b*	*c*	*b*	*c*
50 mm	8	4	6	3
100 mm	14	7	11	5
200 mm	22	10	18	7

Tabelle 2: Richtwerte für die Ausführung der Sandleisten

Druckleiste (Druckband)

Wenn Kerne in „grüne" Sandformen eingelegt werden, dann wird ein Druck vom Kern auf die Kernlager-Sandkante ausgeübt. Ist diese Kante scharf, dann wird sie abgedrückt, Sand fällt in die Form und Sandeinschlüsse am Gussstück sind die Folge. Dies wird vermieden durch Anbringen von Druckleisten am Übergang der Kernmarken zum Modell (Bild 4).

Kernmarkenbreite bzw. Kernmarkenlänge	Druckleiste Richtwerte	
Maß *a*	*b*	*c*
50 mm	5	1,5
100 mm	10	3
200 mm	20	4

Tabelle 3: Richtwerte für die Ausführung der Druckleisten

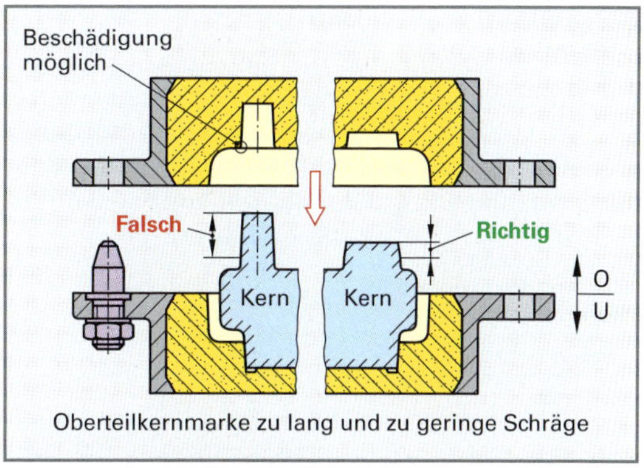

Bild 1: Kernmarkenhöhe

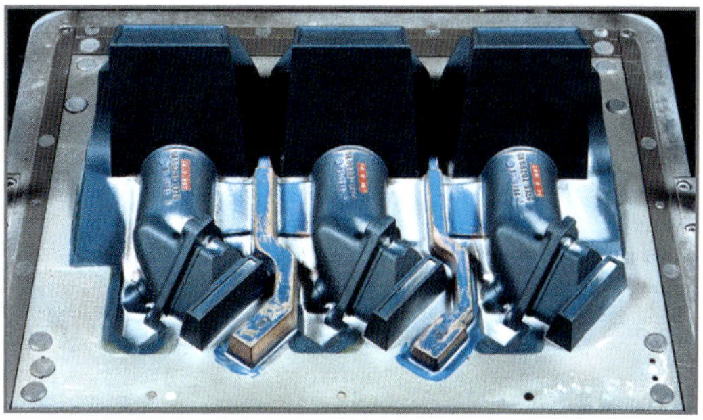

Bild 2: Modellplatte mit Sandleisten und Druckleisten

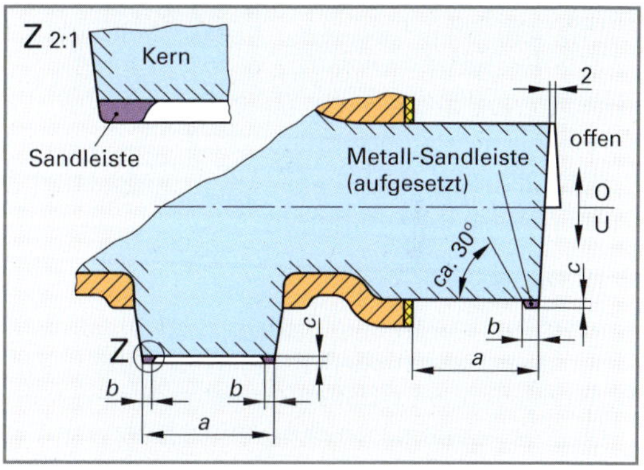

Bild 3: Sandleiste bei liegenden und stehenden Kernen

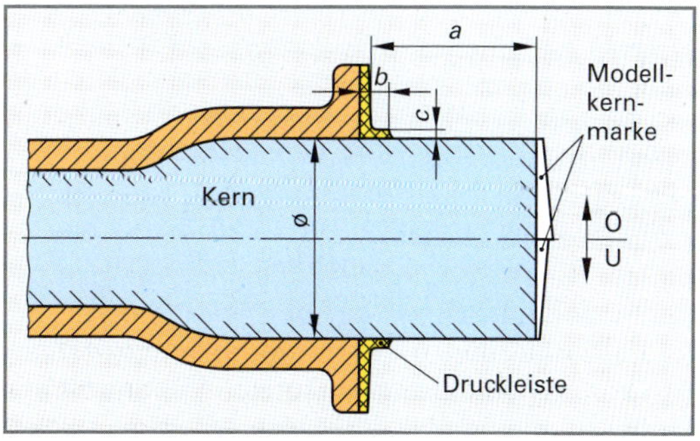

Bild 4: Druckleiste bei liegenden Kernen

■ Druckhohlkehle (Bild 1)

Die Druckhohlkehle hat die gleiche Aufgabe wie die Druckleiste, sie ist jedoch einfacher herzustellen. Sie wird meistens bei kleinen bis mittleren Modellgrößen angewendet. Beim Gussputzen ist diese Ausführung gefährlich! Der spitz auslaufende Grat kann zu Verletzungen führen.

Kernmarkenbreite bzw. Kernmarkenlänge	Richtwerte Druckhohlkehle	
Maß *a*	***R***	
50 mm	3 ...	4
100 mm	6 ...	8
200 mm	10 ...	6

Tabelle 1: Richtwerte für die Ausführung der Druckhohlkehlen

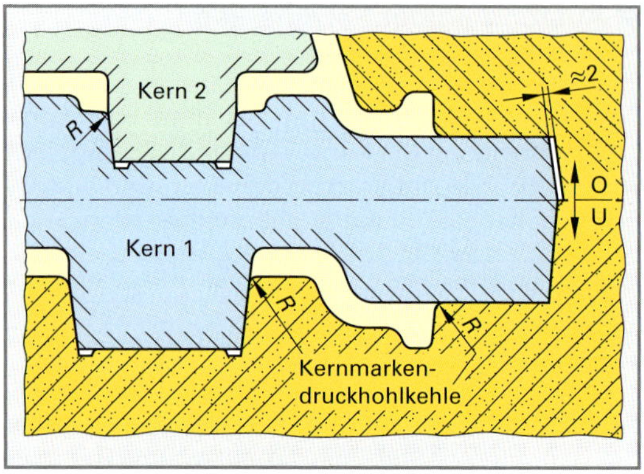

Bild 1: Kernmarke mit Druckhohlkehlen

■ Druckfase (Bild 2)

Seltener als die Druckleiste und die Druckhohlkehle wird die Druckfase benutzt, da diese für den Gussputzer besonders gefährlich ist.

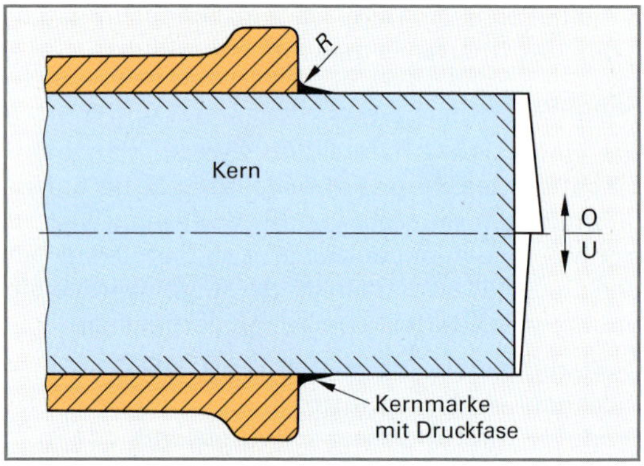

Bild 2: Kernmarke mit Druckfase

■ Dichtrille (Bild 3)

Wie schon der Name sagt, dienen diese Rillen zum Abdichten des kleinen Spielraumes (Kernspiel) zwischen Kern und Kernlager.

Diese Dichtrillen werden nur bei Modellen für das Nassgussverfahren (grüne Formen) angebracht.

Die Tiefe der Rille ist von der Größe der Kernmarke und der Größe der vorgesehenen Kernmarkenmaßdifferenz abhängig. Sie sollte die Größe des Kernspiels nicht überschreiten.

Im Regelfall gilt: Rillentiefe entspricht der Hälfte der Kernmarkenmaßdifferenz.

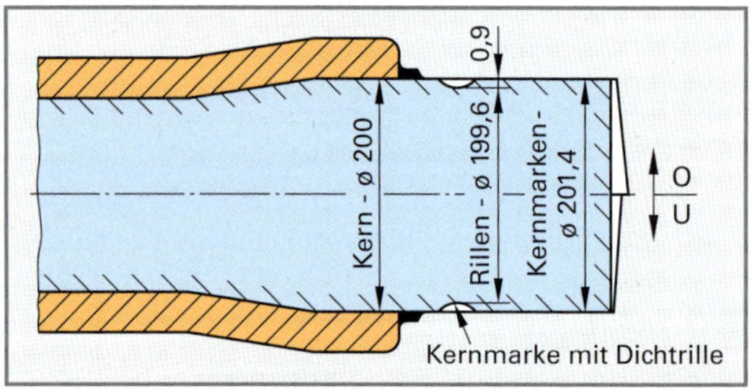

Bild 3: Kernmarke mit Dichtrille

■ Kernstützen (Bild 4)

Wenn Kerne durch die Kernlagerung allein nicht ausreichend gegen die Auftriebskräfte beim Gießen gesichert sind, dann werden meistens vom Former noch metallische Kernstützen verwendet.

Diese in verschiedenen Ausführungen angebotenen Kernstützen fangen die Last und den Auftrieb des Kernes ab. Sie sichern die genaue Lage des Kernes während des Gießvorganges und verhindern bei bestimmten Kernen ein Absacken, Durchbiegen und Zerbrechen.

Bei Gussteilen, die später hohem Gas- oder Wasserdruck ausgesetzt werden, dürfen wegen der verlangten Dichtheit und Sicherheit keine Kernstützen verwendet werden.

Bei der Herstellung von Modelleinrichtungen für dünnwandigen Guss, bei dem Kernstützen erforderlich werden, muss der Modellbauer oft die Größe und Dicke der Kernstützen-Tragbleche am Modell und in den Kernkästen berücksichtigen (Bild 4, Einzelheit „A“).

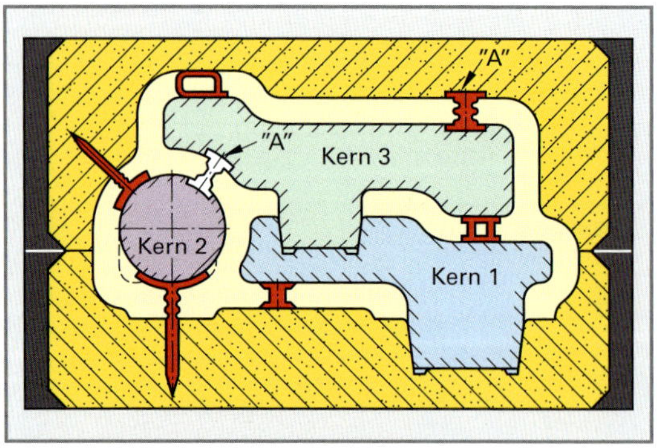

Bild 4: Verwendung von Kernstützen

1.4.3 Kernmarkenarten

Abdeckkernmarken (Bild 1)

Abdeckkernmarken sind Kernmarken mit einer Kernmarkendeckfläche, die größer als die abgedeckte Modellfläche ist. **Tellerkernmarken** sind runde Abdeckkernmarken.

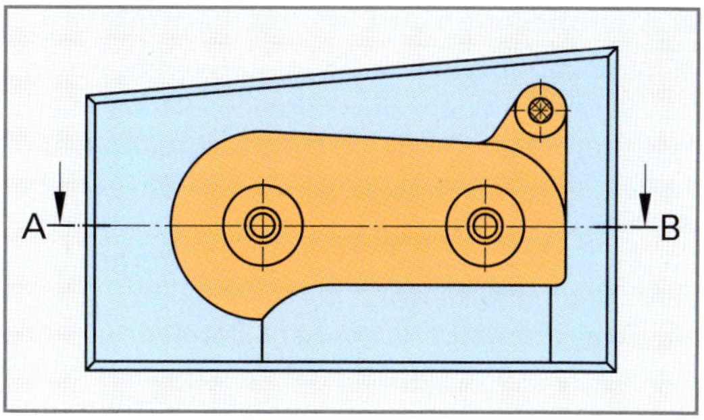

Bild 1: Abdeckkernmarke

Schleppkernmarken (Bild 2)

Schleppkernmarken werden von der Kontur des Grundkerns bis zur Modellteilung hochgezogen. Dadurch wird die Entformbarkeit solcher Kernmarken ermöglicht. Schleppkernmarken werden auch als Zug-, Schleif- oder Schweifkernmarken bezeichnet.

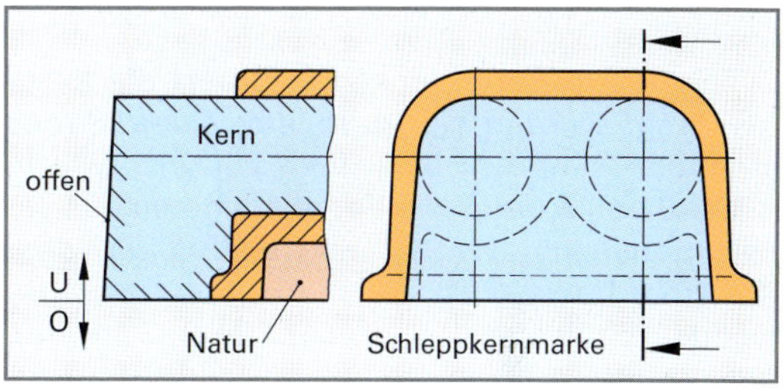

Bild 2: Schleppkernmarke

Verbundene Kernmarken (Bild 3)

Bei verbundenen Kernmarken, kurz Verbundkernmarken genannt, sind mehrere Kernmarken jeweils zu einer Kernmarke erweitert.

Werden Einzelkernmarken eines Modells zu einer Verbundkernmarke erweitert, so ist der Vorteil die Vergrößerung der Kernlagerfläche und die höhere Genauigkeit, z. B. bezüglich der Gusswanddicken.

Befinden sich mehrere, einfache Gussteile, z. B. Fittings, auf einer Modellplatte, werden auch aus Gründen der Rationalisierung die Kerne zu einem gemeinsamen Kern mit gemeinsamem Kernlager zusammengefasst.

Bei einseitig gelagerten Kernen kann die Verbindung von zwei Bundkernmarken zu einer Verbundkernmarke das Kippen des Kerns verhindern bzw. einen Gewichtsausgleich bedeuten. Die Vereinigung von zwei Kernen zu einem Kern mittels einer Verbundkernmarke verkürzt die Kernherstell- und die Kerneinlegezeiten.

Eine Verbundkernmarke wird auch dann notwendig, wenn der Zwischenraum zwischen zwei nebeneinander liegenden Kernmarken zu gering und damit schlecht formbar ist.

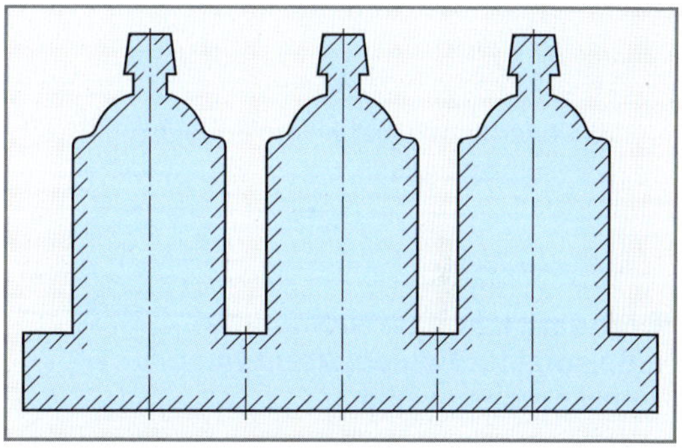
Bild 3: Verbundene Kernmarke

Kernspiegel (Bild 4)

Eigentlich handelt es sich hier nicht um Kernmarken, sondern um ebene Kernbegrenzungsflächen gegenüber der Gießform.

Wird an einem Modell oder in einem Kernkasten ein Durchbruch nur im Bereich der Gussstückwanddicke ausgearbeitet, dann spiegelt der Kern. Spiegelt ein Kern, dann fehlt an dieser Stelle die seitliche Kernlagerung.

Namen von Kernen sind nicht immer auf Kernmarken übertragbar. So gibt es z. B. einen Hängekern, aber keine Hängekernmarke.

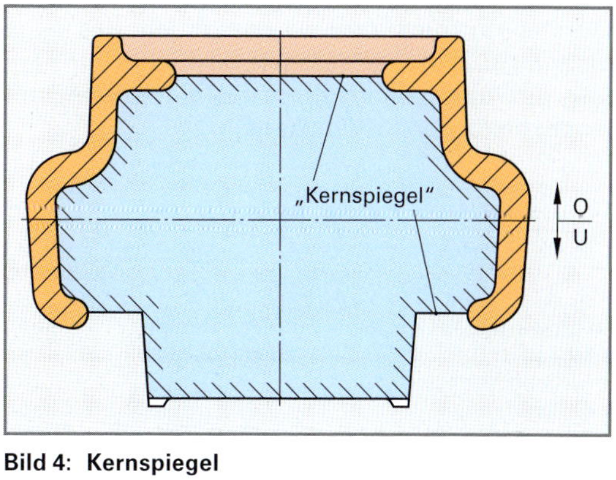

Bild 4: Kernspiegel

Ausführungen von Schleppkernmarken

Schleppkernmarken werden notwendig, wenn z. B. Bohrungen oder Durchbrüche, die eine Kernmarke erhalten sollen, nicht in der Teilungsebene des Modells liegen. Die Bilder 1 und 2 zeigen, wie der ovale Durchbruch im Bereich der Kernmarke bis zur Teilungsebene hinuntergezogen wird. Nach Bild 1 erfolgt dies einfach tangierend am Oval mit entsprechendem Formkonus. Wesentlich besser erfolgt die Lösung für denselben Durchbruch (Bild 2) mit einer Schulter. Hierdurch erhält man eine ausreichend große Kernlagerung.

Schleppkernmarken werden auch als Zug-, Schweif-, Schleif- oder Auszugkernmarken bezeichnet.

Besondere Aufmerksamkeit erfordert die Kernmontage; so kann die Aufteilung eines Kernes in einen Grundkern und einen Füllkern, wie in Bilder 3 und 5 durch die Verwendung eines Losteils, notwendig werden. Die früher verwendete Abdämmmarke wird meist nicht mehr angewendet. Ein weiteres Problem stellen „unechte Schleppkernmarken" dar. Diese sind nicht bis zur Teilungsfläche, sondern nur bis zu einer Modellfläche, z. B. einem Fuß, hinuntergezogen. Solche Kerne müssen in die Form geklebt werden und sollen deshalb bei der Modellplanung möglichst vermieden werden.

→ Wiederholungsfragen am Ende des Gesamtkapitels 1

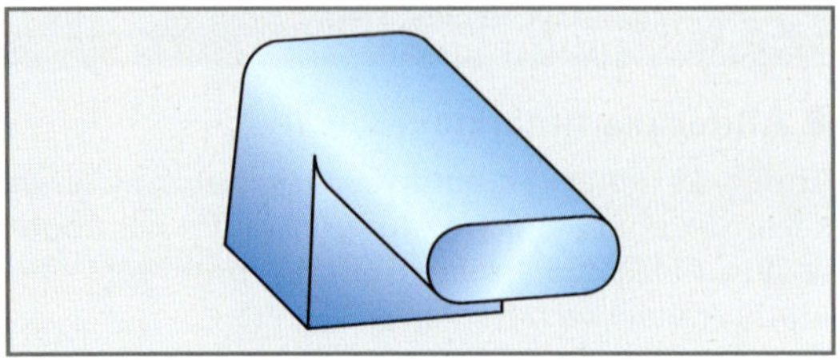

Bild 1: Schleppkernmarke ohne Schulter

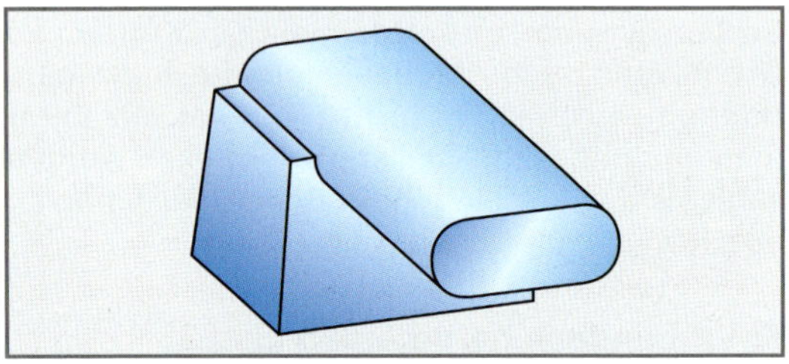

Bild 2: Schleppkernmarke mit Schulter

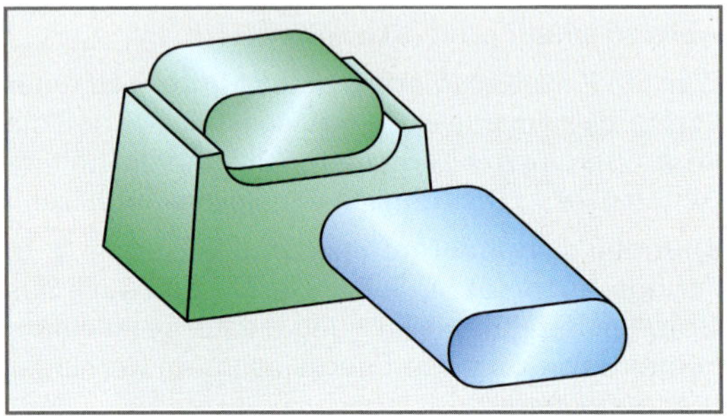

Bild 3: Schleppkern, aufgeteilt in Grundkern und Füllkern

Modellplanungszeichnungen Beispiel für Schleppkernmarke entsprechend Bild 3

Der Modellplanung für den Halter von Bilder 4 und 5 ist eine niedere Stückzahl und ein Handmodell mit Losteil zu Grunde gelegt.

Für eine Aufgabe mit höherer Stückzahl kann das Gussteil umkonstruiert werden, indem das Auge bis zum Fuß hinuntergezogen wird. Wird der Kern links am Auge gespiegelt, gibt es eine Lösung mit einem einfachen Schleppkern.

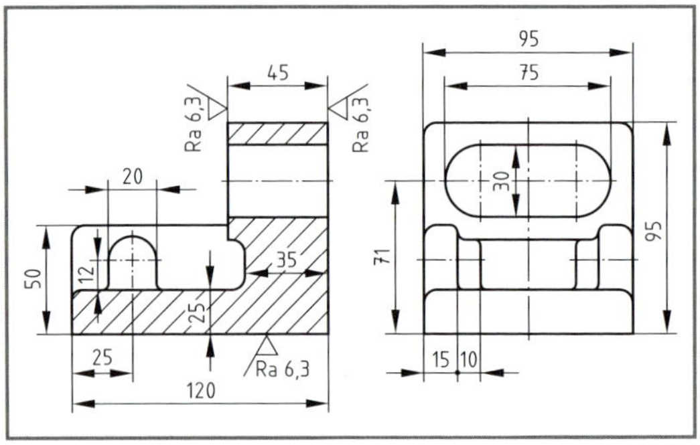

Bild 4: Fertigungszeichnung zum Halter

Gießereitechnische Angaben zu 4 und 5:

- Bezeichnung des Gussstückes: Halter
- Werkstoff des Gussstückes: GJL-300
- Gussstückzahl: 3
- Formverfahren: Handformverfahren
- Modellart: einteiliges Modell mit Losteil
- Modellgüteklasse: H2
- Kernverfahren: CO_2-Verfahren
- Kernkastenart: für Grundkern zweiteilig, oben und unten offen, für Füllkern Schüttkernkasten

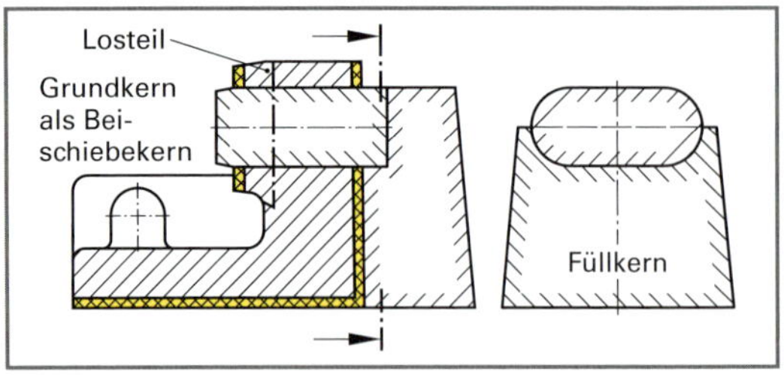

Bild 5: Modellplanungszeichnung zum Halter

Beispiel für Modellplanung mit Schleppkernmarke

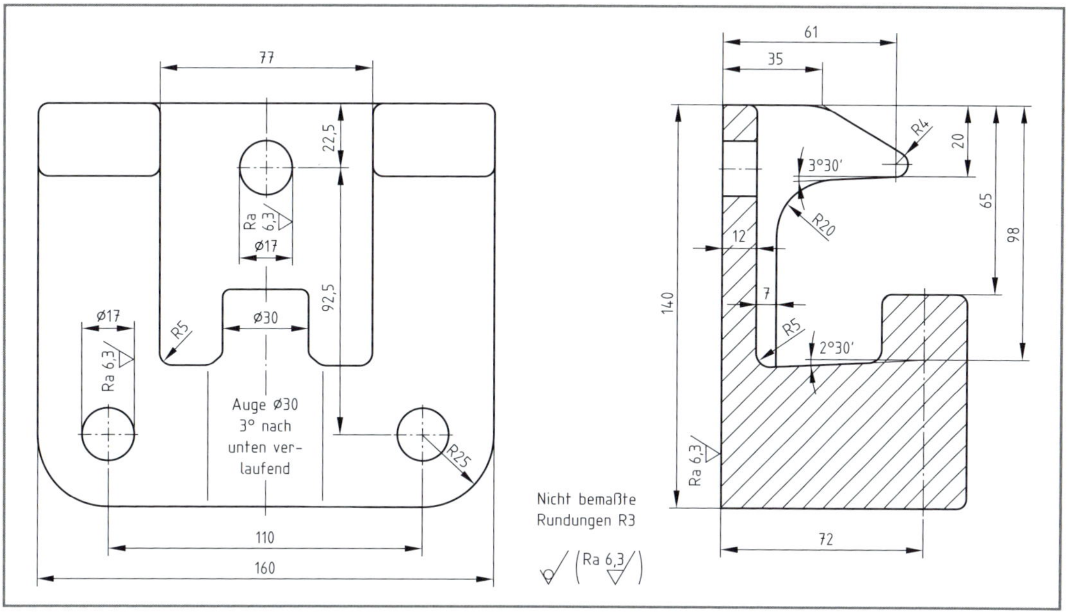

Bild 1: Fertigungszeichnung Halter

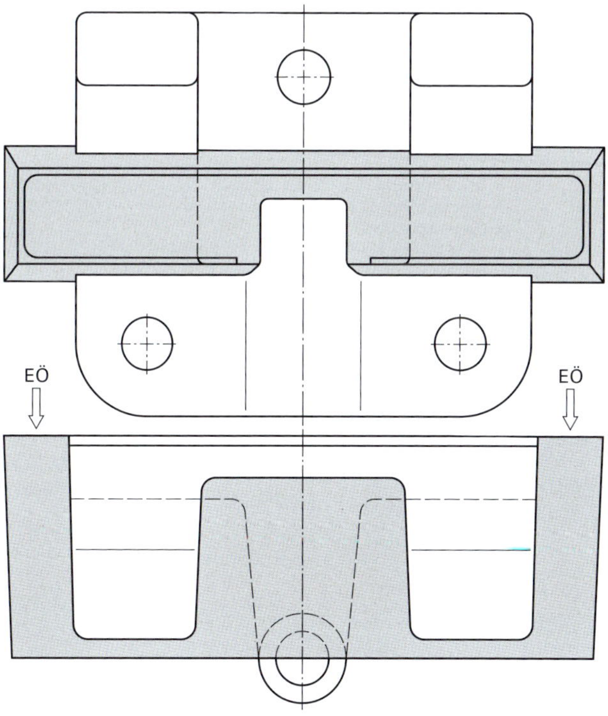

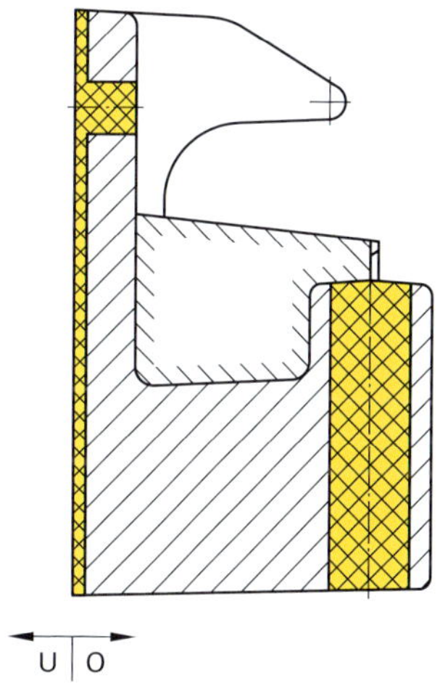

Gießereitechnische Angaben:

- Bezeichnung des Gussstückes: Halter
- Werkstoff des Gussstückes: GJL-300
- Gussstückzahl: 1200
- Formverfahren: Luftimpuls
- Modellart: einteilig mit Zugmarke bis Oberkasten
- Modellgüteklasse: H1
- Kernverfahren: Cold-Box

Bild 2: Modellplanung Halter

Aufgaben für Modellplanungen mit Schleppkernmarken

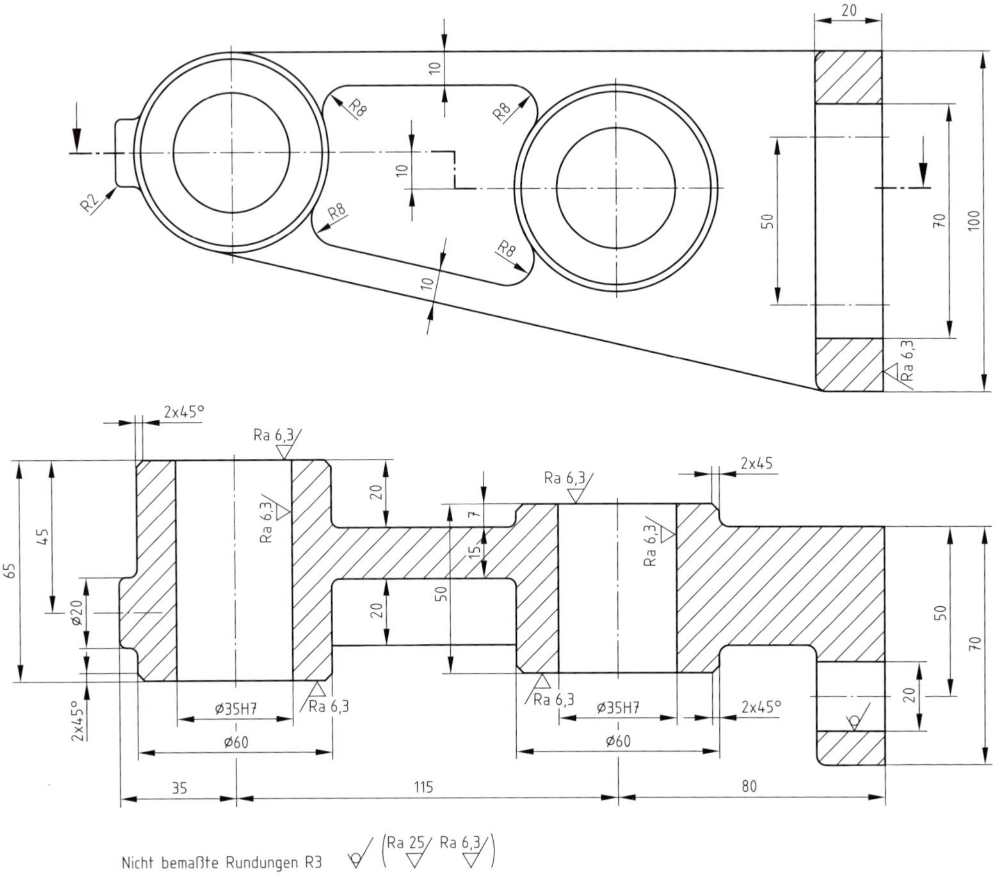

Gießereitechnische Angaben:

- Bezeichnung des Gussstückes: Konsole
- Werkstoff des Gussstückes: GJL-300
- Gussstückzahl: 1200
- Formverfahren: Impulsformverfahren
- Modellart: H1 zweiteilig

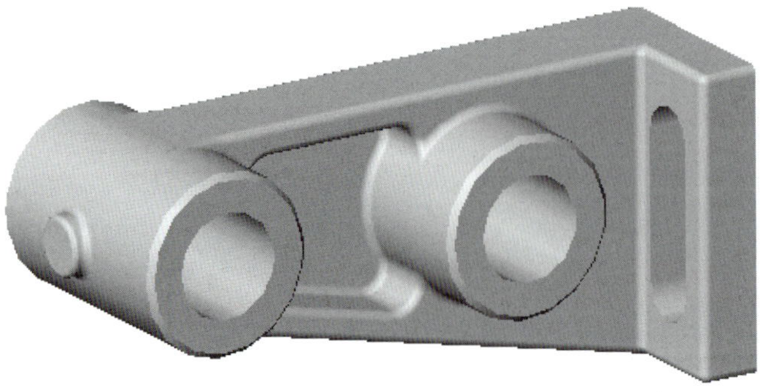

Bild 1: Fertigungszeichnung und perspektivische Darstellung Konsole

1.4.4 Kernsicherungen

Zweck

Die Kernlager haben die Aufgabe, den Kern sicher in der richtigen Lage zu halten, damit das Gussteil maß- und formgenau gegossen werden kann. Teilweise kann dies nur mit einer Kernsicherung geschehen. Mit dem Sammelbegriff Kernsicherung werden eine ganze Anzahl von Kernsicherungen zusammengefasst:

- Kernarretierungen sichern gegen Verdrehen,
- Kernschlösser sichern gegen Verschieben,
- Kernmarkierungen sichern gegen falsches Einlegen.

Eine Kernsicherung muss an gut sichtbarer Stelle angebracht und genügend groß ausgeführt werden.

Durch Kernsicherungen wird Ausschuss, wie z. B. durch falsches Einlegen des Kerns in die Form, durch ungenaue Wanddicken oder sonstige Abweichungen von Maßen und Formen, vermieden.

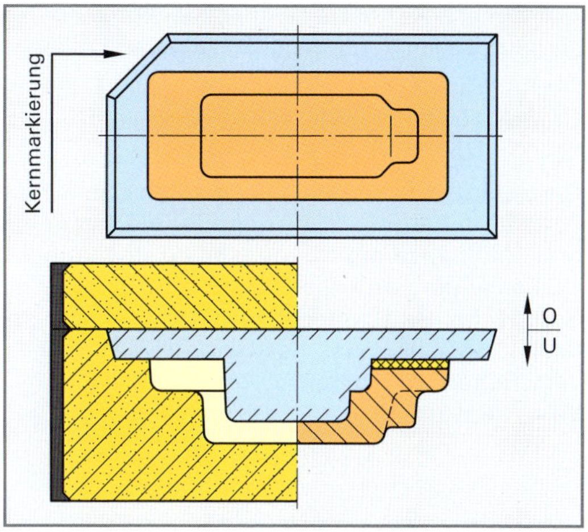

Bild 1: Modell mit einer Abdeckkernmarke. Sie sichert indirekt. Gegen falsches Einlegen ist jedoch zusätzlich noch eine Kernmarkierung erforderlich.

Kernmarkierungen (Bild 1)

Eine Kernmarkierung ist eine Sicherung gegen falsches Einlegen. Sie wird vorgesehen, wenn dem Former angezeigt werden soll, in welcher Lage der Kern einzulegen ist. Wenn in diesem Fall z. B. durch eine dreifache Kernlagerung oder durch eine Abdeckkernmarke bereits für ausreichende Genauigkeit gesorgt ist, genügen meist eine Abschrägung, Aussparung usw.

Kernarretierungen (Bild 2)

Kernarretierungen sind Kernsicherungen gegen Verdrehen, sowohl bei liegenden als auch bei stehenden Kernen. Kann der Kern in runden Lagern verdreht werden, so ist eine Kernarretierung notwendig.

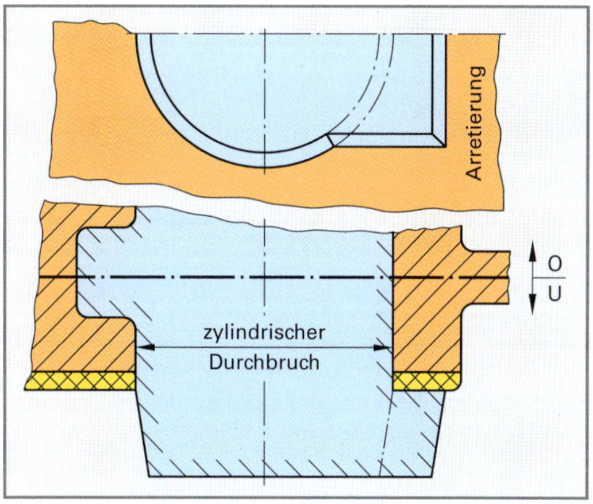

Bild 2: Eine Kernarretierung ist eine Kernsicherung gegen Verdrehen.

Kernschlösser (Bild 3)

Das Kernschloss ist eine Sicherung gegen Verschieben. Kernschlösser kommen vorwiegend bei liegenden Kernen zur Anwendung. Besonders bei einseitig gelagerten Kernen besteht die Gefahr des Verschiebens. Damit das Kippen des Kernes vermieden wird, muss sich außerdem der Schwerpunkt innerhalb des Lagers befinden.

Bundkernmarken (Bild 3)

Eine Bundkernmarke ist ein gedrehtes Kernschloss. Diese Kernsicherung gegen Verschieben ist deshalb einfach und genau herstellbar.

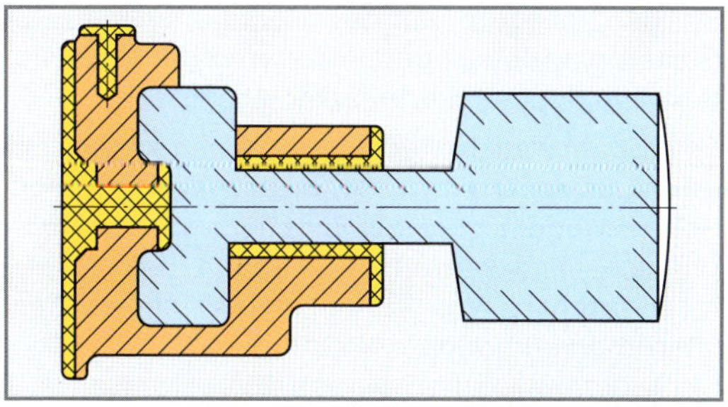

Bild 3: Eine Bundkernmarke ist ein gedrehtes Kernschloss (Kernsicherung gegen Verschieben).

1

Hammerkernmarken (Bild 1)

Die Hammerkernmarke ist eine universale Kernsicherung, sie sichert sowohl gegen Verschieben als auch gegen Verdrehen und falsches Einlegen.

Diese präzise Kernsicherung wird bei einem Großteil der Kernsicherungsprobleme bei liegenden Kernkonturen angewandt.

Die Hammerkernmarke kann in unterschiedlicher Perfektion hergestellt werden. In Bild 1 ist eine gute Hammerkernmarke gezeigt, da sie durch die Teilfläche der Form zusätzlich gelagert wird. Die Stirnfläche des Hammerkerns ist die Einschussfläche, deshalb muss der Hammer nach innen verschoben werden, um zwei exakte Flächen als Verschiebeanschlag aufweisen zu können.

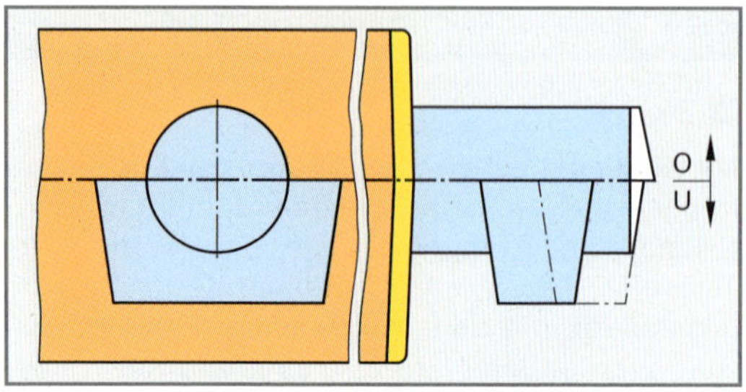

Bild 1: Hammermarke in optimaler Ausführung
(im Gegensatz zur Ausführung –·–·–)

Indirekte Kernsicherungen (Bilder 2 und 3)

Neben den speziellen direkten Kernsicherungen gibt es Kernmarkenarten, z. B. Abdeckkernmarken oder Kernkonstruktionen mit dreifacher Lagerung (Bild 2), die eine indirekte Kernsicherung darstellen. Sie benötigen deshalb keine weitere Kernsicherung. Unnötige Kernsicherungen verteuern die Modelleinrichtung und sind zu vermeiden. Kernsicherungen sind dann unnötig, wenn

- ein Kern drei- und mehrfach gelagert ist,
- ein Kernlager vier seitliche Lagerflächen besitzt,
- ein Kernlager winklig, z. B. als Segment, ausgeführt ist,
- ein Kernlager als Abdeckkern ausgeführt ist,
- bei den vorgenannten Fällen der Kern beim Einlegen nicht verwechselt werden kann.

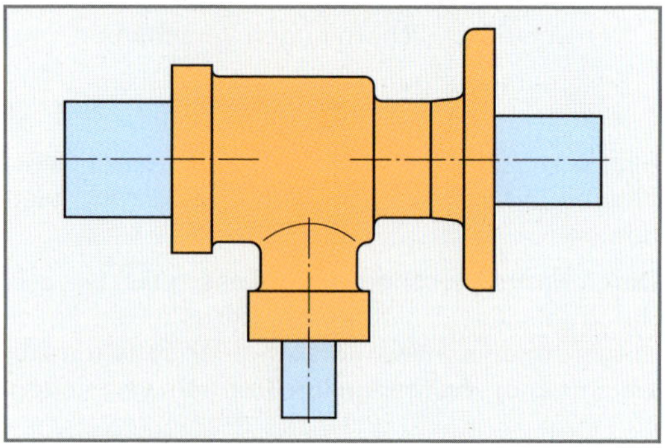

Bild 2: Indirekte Kernsicherung durch dreifache Lagerung

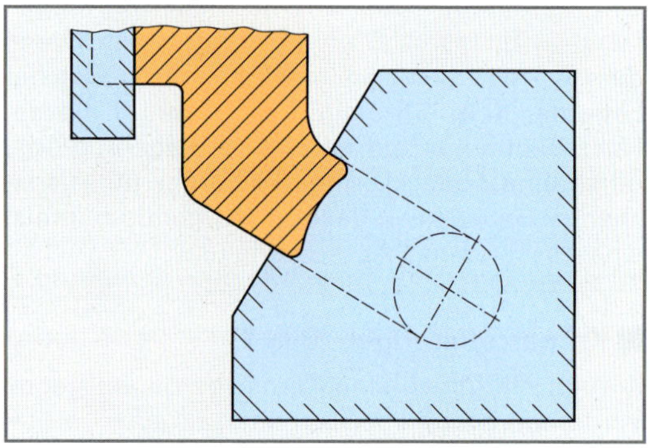

Bild 3: Indirekte Kernsicherung durch allseitige Lagerung und winklige Ausführung

Kernmarken für Kernform (Bild 4)

Bei dem größten Teil der Modelle sind nur an Stellen wie Bohrungen, Durchbrüchen und Hinterschneidungen, Kernmarken angebracht.

Es gibt aber auch Modelle, an denen keine Konturen des späteren Gussstückes ersichtlich sind. Solche Modelle bestehen praktisch nur aus Kernmarken. Dies kommt vorwiegend beim Kernformverfahren vor, wobei oft auf ein solches „Kernmarkenmodell" verzichtet wird. An dessen Stelle können gleich einige Dauerformen aus Metall gefertigt werden, in die dann die Kerne zu einer gießfertigen Form eingelegt werden.

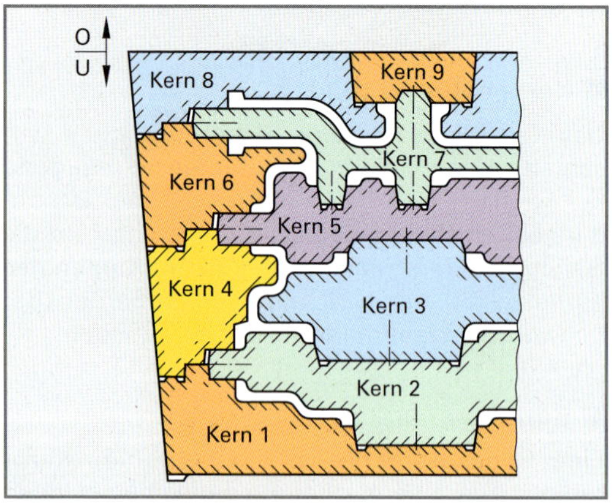

Bild 4: Kernmarke für Kernform

Aufgabe zu Kernmarkierung

Fertigen Sie eine Modellplanungszeichnung mit Kernsicherung. Die notwendige Kernmarkierung ist eine Sicherung gegen falsches Einlegen. Wie aus den Zeichnungen für das Flanschgehäuse zu ersehen ist, könnte der Kern um 180° verdreht (Durchmesser 40 mm ist einmal 28 mm und einmal 16 mm lang) eingelegt werden. Um dies zu vermeiden, erhält die Kernmarke eine Markierung z. B. in Form einer Abschrägung oder Aussparung.

Gießereitechnische Angaben:

- Bezeichnung Gussstück: Flanschgehäuse
- Werkstoff des Gussstückes: GJL-350
- Gussstückzahl: 135
- Formverfahren: Impuls-Formverfahren
- Modellart: Kernmodell zweiteilig
- Modellgüteklasse: H1
- Kernverfahren: Cold-Box-Verfahren
- Kernkastenart: zweiteilig

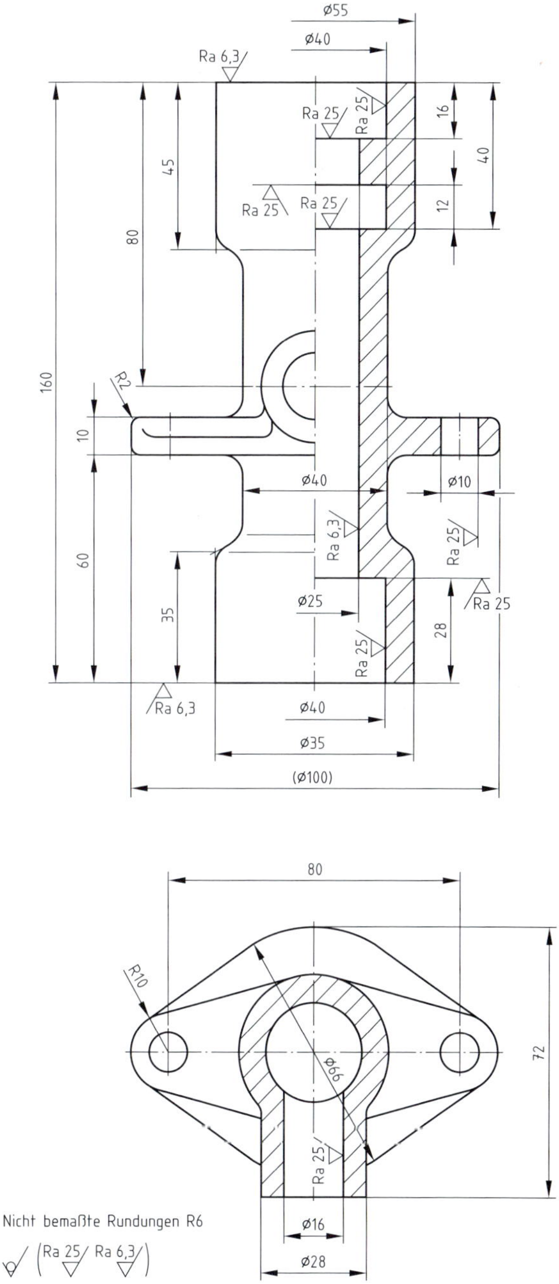

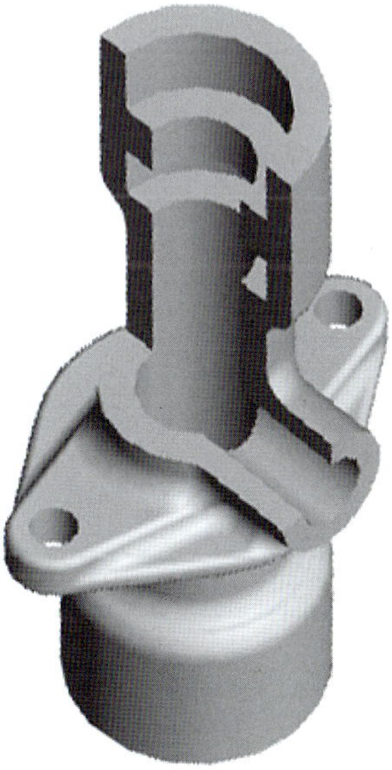

Bild 1: Fertigungszeichnung und perspektivische Darstellung Flanschgehäuse

Aufgabe zu Kernarretierung

Die Notwendigkeit einer solchen Sicherung zeigt das Beispiel „Spindelführung" auf dieser Seite. Fertigen Sie hierzu eine Modellplanungszeichnung mit Kernsicherung. Die **Kernarretierung** soll gegen Verdrehen sichern. Die vier Durchbrüche liegen um 45° gedreht zu den vier Rippen. Um das Modell einfach entformen zu können, werden die Durchbrüche ohne Kernmarken, d. h. spiegelnd, geformt und der Außenradius vernachlässigt.

Um diese 45°-Lage einzuhalten, soll als zuverlässige Kernsicherung eine Hammerkernmarke gewählt werden; sie sichert zusätzlich gegen Verschieben.

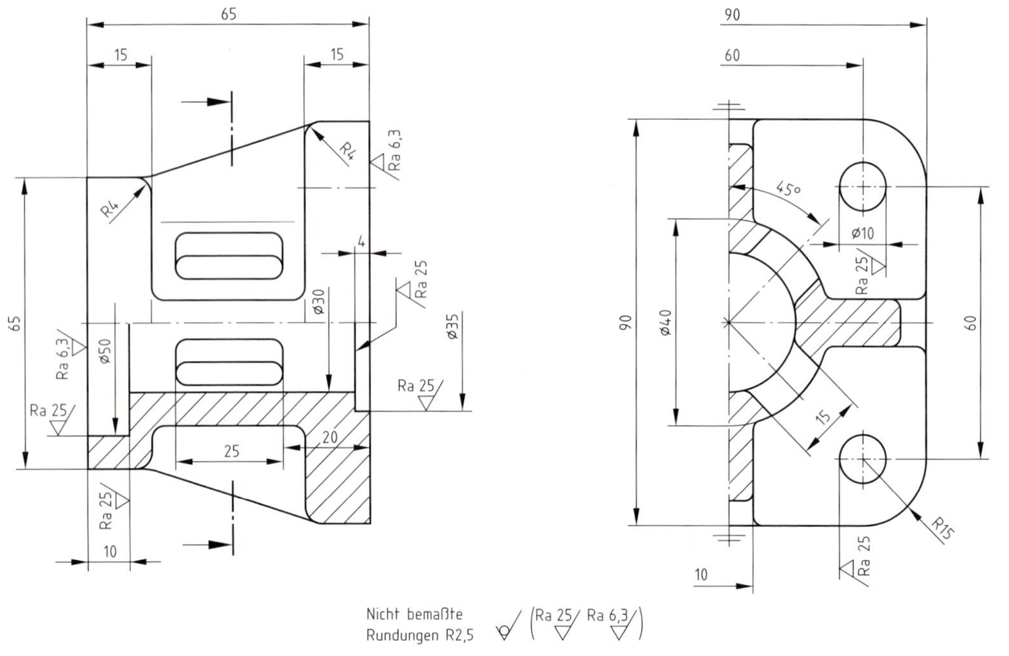

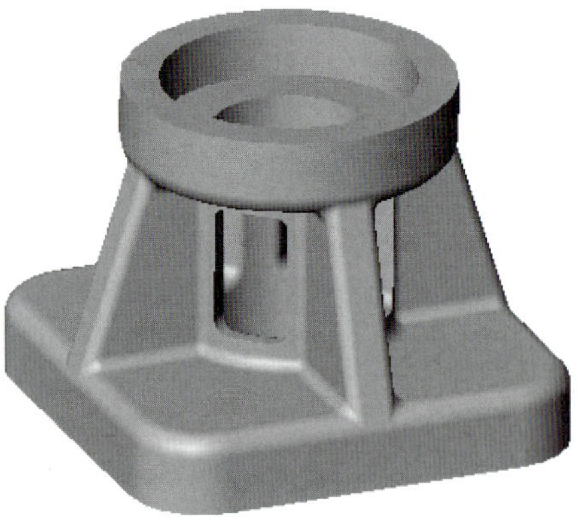

Gießereitechnische Angaben:

- Werkstoff des Gussstückes: GJL-300
- Gussstückzahl: 120
- Modellart: Kernmodell zweiteilig
- Modellgüteklasse: H2
- Kernverfahren: Cold-Box-Verfahren
- Kernkastenart: dreiteilig

Bild 1: Fertigungszeichnung und perspektivische Darstellung Spindelführung

Aufgaben mit Kernschloss

Ein Kernschloss ist eine Kernsicherung gegen Verschieben. Die Notwendigkeit einer solchen Sicherung soll mit den Modellplanungen der beiden Vorlagen dieser Seite gezeigt werden. Die gießereitechnischen Angaben legen Sie selbst fest.

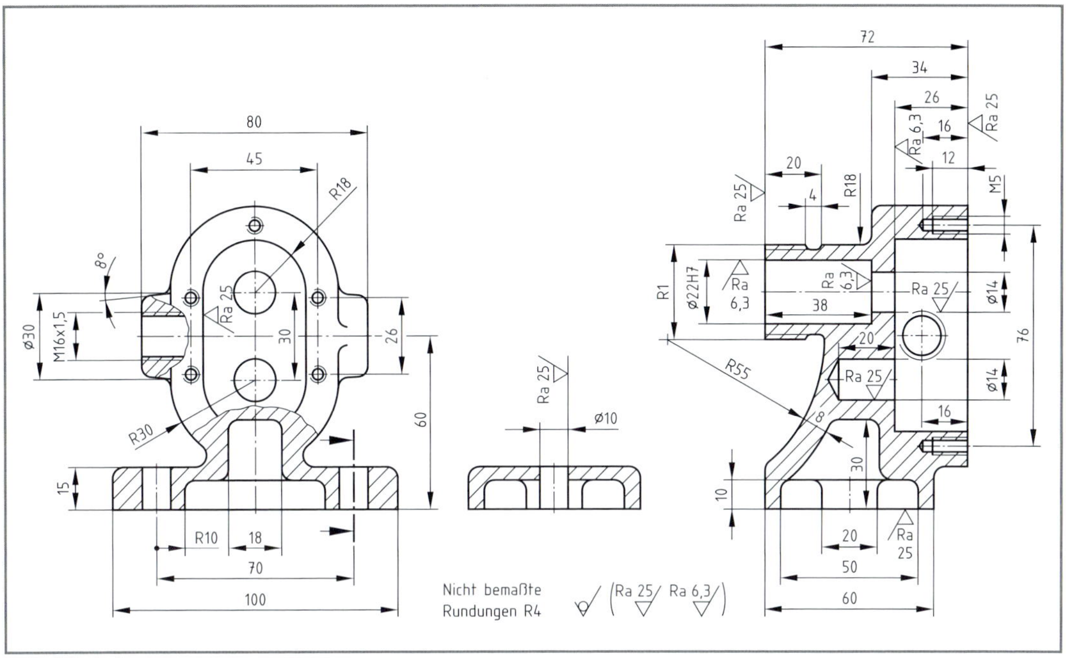

Bild 1: Fertigungszeichnung Gehäusedeckel

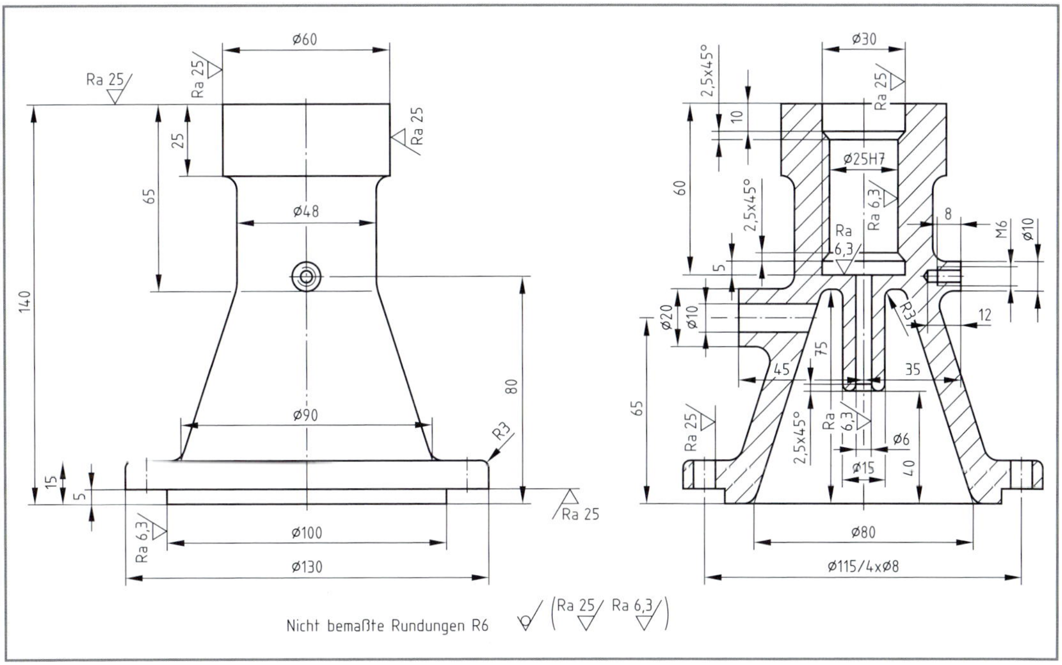

Bild 2: Fertigungszeichnung Abschlussglocke

1

Probleme des Planens bei Kernen durch Radien und Augen

Bei der Planung von Kernen sind häufig Radien und Augen zu berücksichtigen.

Bei der Modellgüteklasse H1 werden Radien normalerweise immer berücksichtigt, bei H2 oder H3 können sie an Schlitzen oder ähnlichen Konturen gelegentlich vernachlässigt werden.

Am Beispiel der unten abgebildeten Modellplanung eines Gabellagers soll dies erläutert werden:

- Bei Güteklasse H3 ist die Kerndicke das Zeichnungsmaß *a* = 50 mm. Die Kontur, die der gestrichelten Linie entspricht, bleibt scharfkantig.
- Bei Güteklasse H1 wird der Radius berücksichtigt. Zu diesem Zwecke wird in den Kernkasten eine mit dem Radius versehene Einlage mit der gestrichelten Kontur (grün) eingeleimt.

Die Kerndicke ist *a* + 2 × Einlagendicke. Die Einlage ist mindestens so dick wie der Radius und wird häufig gleich der halben Wanddicke gewählt.

Augen (ebenfalls grün) werden wie Einlagen für Radien in den Kernkasten hineingebaut. Der Konus ist so auszuführen, dass das Auge aus dem Kern herausgezogen werden kann.

Gießereitechnische Angaben:

- Bezeichnung des Gussstückes: Gabellager
- Werkstoff des Gussstückes: GJL-200
- Gussstückzahl: 200
- Formverfahren: Rüttel-Press-Formmaschine
- Modellart: Kernmodell zweiteilig
- Modellgüteklasse: H1
- Kernverfahren: Cold-Box-Verfahren
- Kernkastenart: zweiteilig
- Kernkastenteilung wie Modell- und Formteilung

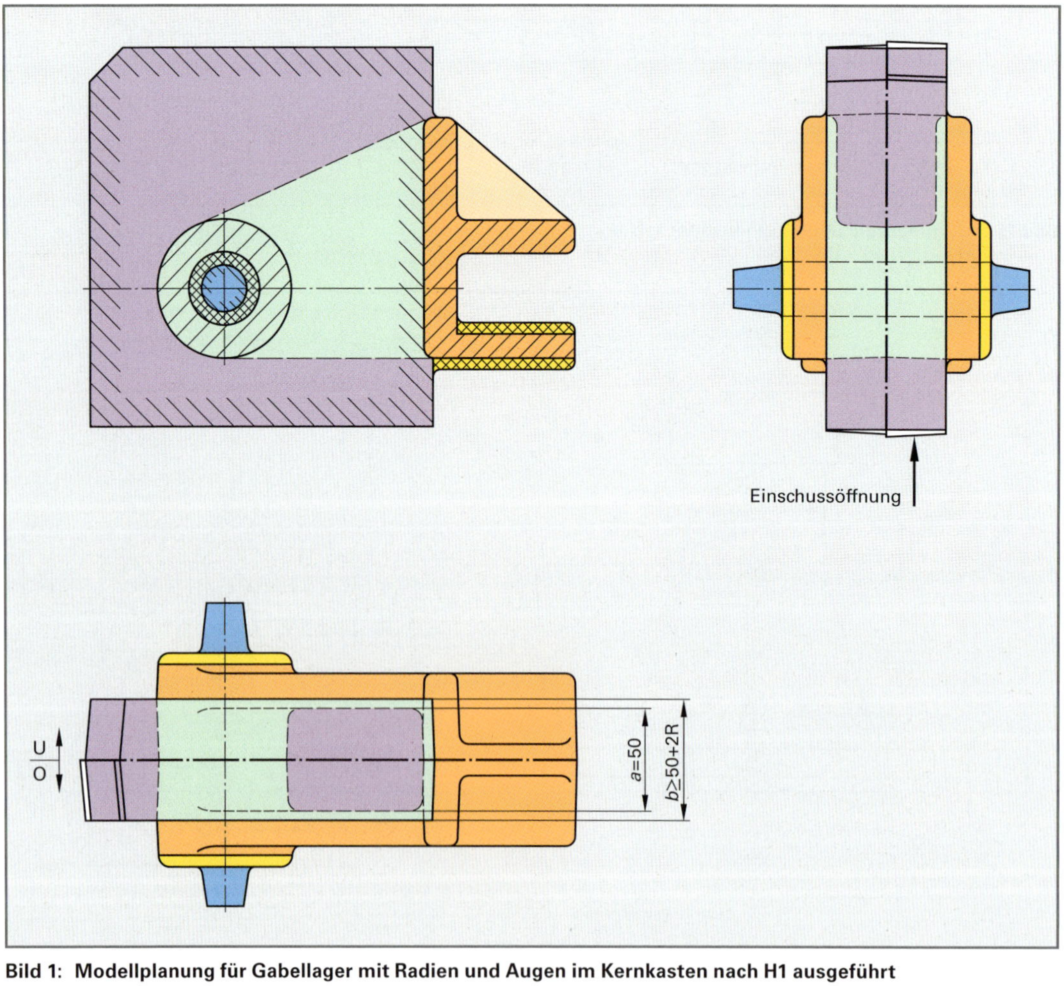

Bild 1: Modellplanung für Gabellager mit Radien und Augen im Kernkasten nach H1 ausgeführt

Beispiel für Modellplanungen mit Radien und Augen in Kernen

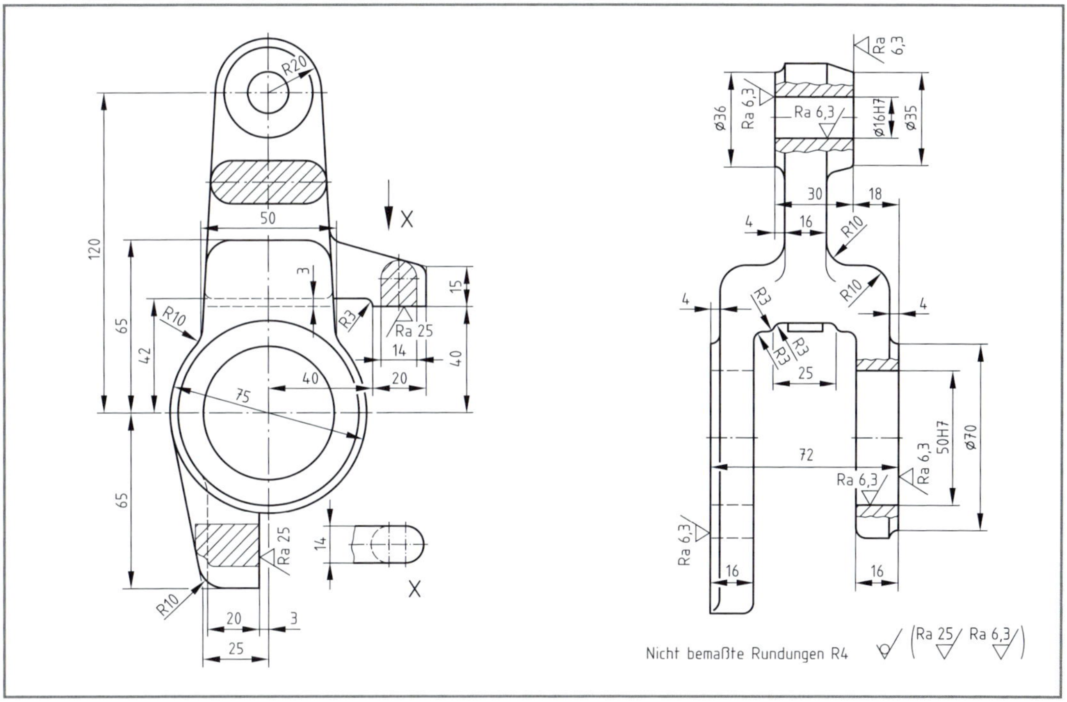

Bild 1: Fertigungszeichnung Gabellager

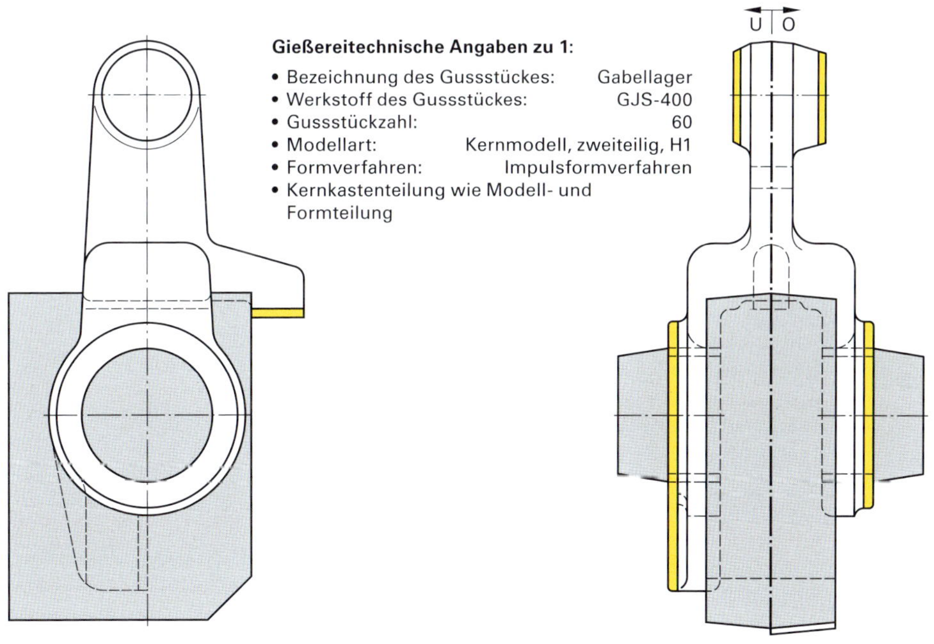

Gießereitechnische Angaben zu 1:

- Bezeichnung des Gussstückes: Gabellager
- Werkstoff des Gussstückes: GJS-400
- Gussstückzahl: 60
- Modellart: Kernmodell, zweiteilig, H1
- Formverfahren: Impulsformverfahren
- Kernkastenteilung wie Modell- und Formteilung

Bild 2: Modellplanung Gabellager

Aufgaben für Modellplanungen mit Radien und Augen in Kernen

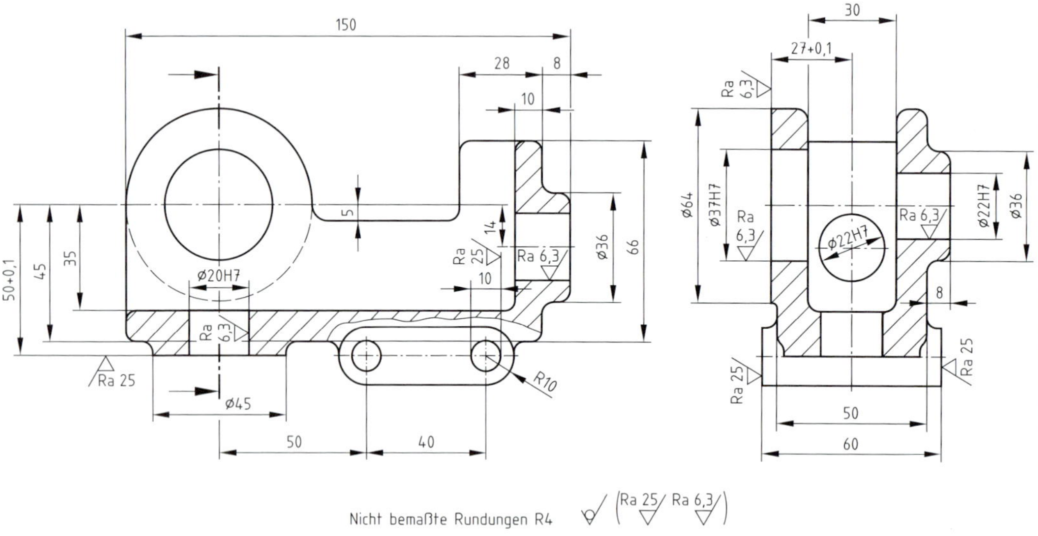

Gießereitechnische Angaben:

• Bezeichnung des Gussstückes:	Halter
• Werkstoff des Gussstückes:	GJL-300
• Gussstückzahl:	560
• Modellart:	Kernmodell, zweiteilig, H1
• Formverfahren:	Impulsformverfahren
• verlangte Ansichten:	wie vorgegeben

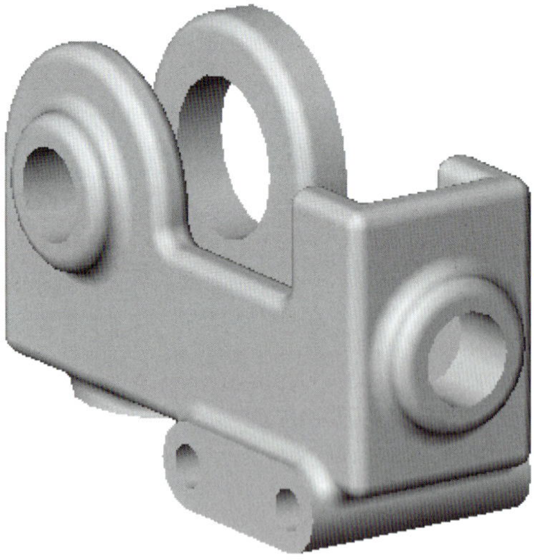

Bild 1: Fertigungszeichnung und perspektivische Darstellung Halter

1.4.5 Kernherstellung

Kerne bilden beim Gießen Hohlräume und Hinterschneidungen an Gussstücken ab. Sie werden aus einem Formstoffgemisch als verlorene Kerne eingesetzt. Kleine Stückzahlen einfacher Kerne können durch manuelles Füllen mit selbsthärtenden Formstoffmischungen in gussstückspezifischen Kernformwerkzeugen (Kernkästen) hergestellt werden. Für komplexe Geometrien und größere Stückzahlen werden Kerne mit Kernschießmaschinen gefertigt.

Kernschießen

Kernschießen ist das Füllen eines Kernkastens durch schlagartiges Entspannen eines großen Luftvolumens. Die Formstoffmischung (Kernsand) wird dabei durch Fluidisieren fließfähig. Es entsteht eine Zweiphasenströmung aus den einzelnen Sandkörnern und der sie tragenden und treibenden Luft. Durch die Strömung wird der Kernsand in den Kernkasten transportiert und bildet so die Kernkontur ab (Bild 1).

Dieser Füllvorgang läuft weitgehend unabhängig von der Größe des Kerns in nur 0,3 bis 0,8 Sekunden ab und wird wegen dieser kurzen Zeit als Schuss bezeichnet, der gesamte Prozess als *Kernschießen.*

Nach dem Füllen des Kernkastens erfolgt das Aushärten des Sandgemischs. Das Aushärten ist abhängig vom verwendeten Kernsandbindeverfahren und kann durch Begasung, Wärmezufuhr oder eine Kombination von beiden erfolgen. In Ausnahmefällen werden selbsthärtende Sandsysteme verwendet. In diesen Fällen füllt die Maschine nur den Kernkasten, der zur Härtung dann von der Maschine bewegt wird.

Nach dem Aushärten wird der Kernkasten geöffnet. Einfache Maschinen Schießen und Härten nur, das Trennen erfolgt manuell. Automaten trennen den Kernkasten und stoßen den Kern automatisch aus.

Kernschießautomaten (Bild 2) führen die notwendigen Einzelschritte selbstständig durch. Die Aufgaben des Bedieners liegen neben der Überwachung hauptsächlich in der Kernentnahme und in der Kernnachbearbeitung. Bei der Serienfertigung werden Kernentnahme und Nachbearbeitung oft durch automatische Systeme (z. B. Roboter) übernommen (Bild 3).

Zur Erstellung von kompletten Kernpaketen können auf mehreren nacheinander geschalteten Fertigungszellen unterschiedliche Kerne gefertigt werden, die fortlaufend zu Kernpakete zusammengefügt werden.

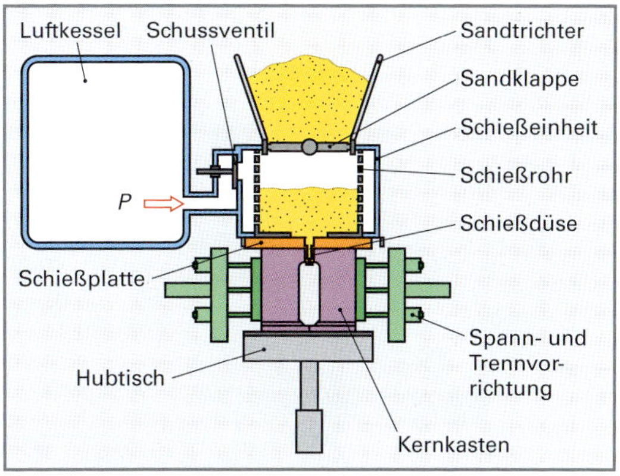

Bild 1: Grundaufbau einer Kernschießmaschine

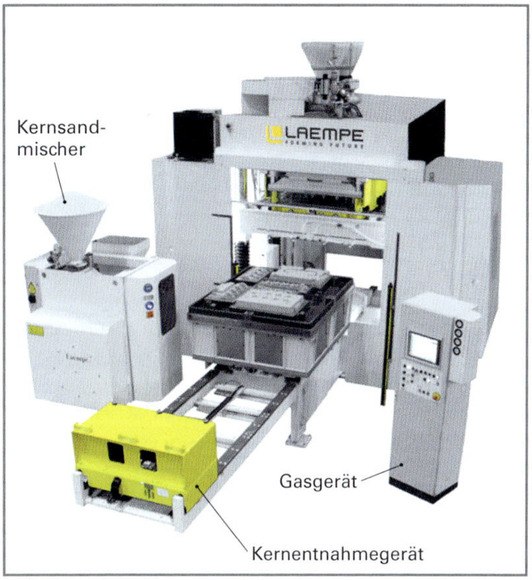

Bild 2: Kernschießmaschine mit Mischer und Gasgerät

Bild 3: Produktionslinie für Kernpakete mit Robotern für die automatische Kernentnahme und Kernpaketmontage

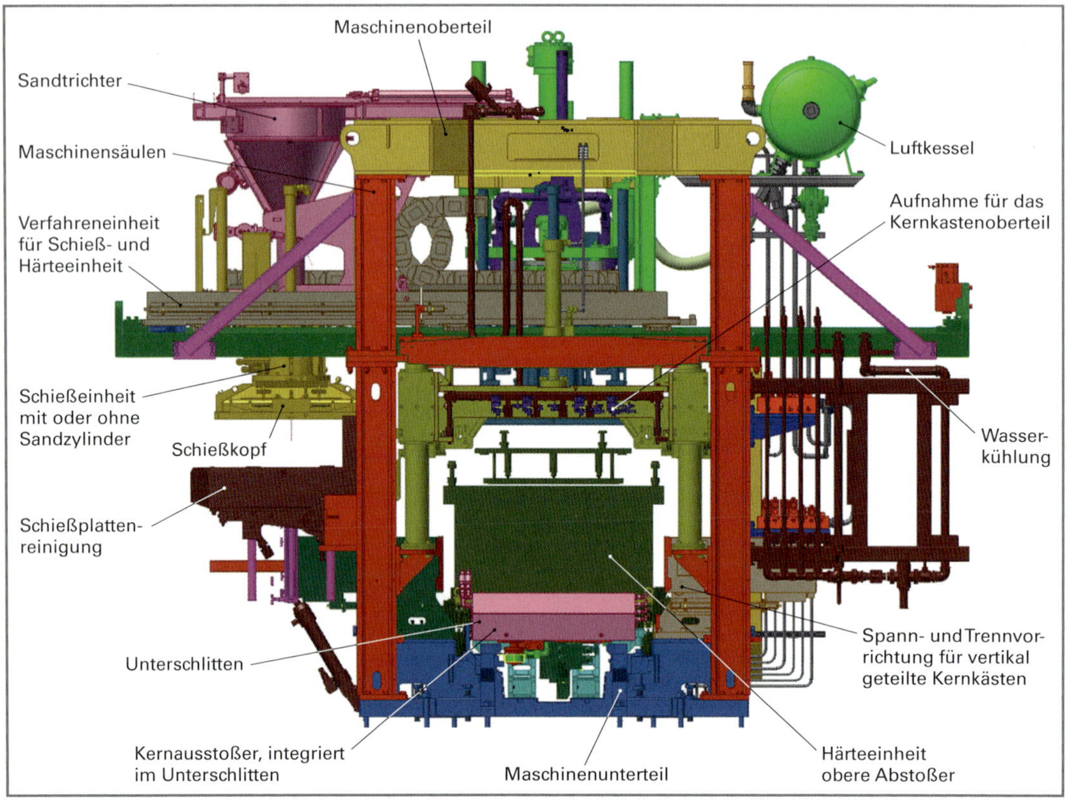

Bild 1: Schematischer Aufbau einer modernen Kernschießmaschine

Kernschießmaschinen werden nach Kernkastenteilung, -größe und -gewicht, Kernvolumen und dem zu verarbeitenden Kernsandbinderverfahren ausgelegt.

Die wirksame Fläche der Kernkästen bestimmt mit dem Schuss- und Begasungsdruck die notwendige Zuhaltekraft der Maschine. Die Kernkästen müssen beim Schuss und beim Begasen (bei gashärtenden Verfahren) dicht geschlossen bleiben, um die Gratbildung an den Teilungsebenen und Kernkastenverschleiß zu vermeiden. Das höchste Druckniveau wird während der Begasung und dem nachfolgenden Spülen mit heißer Luft in der Gashaube bzw. unter der Gasplatte mit ca. 3 bar effektiv erreicht.

Die Schließ- und Anpressfunktionen werden bei modernen Kernschießmaschinen meist hydraulisch angetrieben. Horizontale Bewegungen von Unterschlitten, Gaswagen oder oberer Verfahreinheit können hydraulisch, elektrisch oder pneumatisch angetrieben werden. Hohe Kernkastengewichte aus Vollmetallkernkästen, wie sie in der Großserienproduktion eingesetzt werden, erfordern hohe Beschleunigungs- und Bremskräfte, um kurze Taktzeiten erreichen zu können. Hohe Schließkräfte gewährleisten möglichst gratfreie Kerne. Automatische Ausblas- und Einsprühvorrichtungen reinigen die Kernkästen von Sandresten und können zyklisch den Kernkasten mit Trennmittel einsprühen. Das reduziert die Haftung der Kerne in der Kontur und vermeidet so Kernbruch beim Ausstoßen der Kerne aus den Konturen.

In der Kleinserienfertigung werden oft leichte, manuell bewegbare Kernkästen aus Holz oder Kunststoff eingesetzt. Das Trennen kann hier ebenfalls manuell erfolgen, in der Maschine erfolgt nur das Schießen und Härten.

Bei Kernschießmaschinen für heißhärtende Verfahren können die Kernkästen mit elektrischen Widerstandsheizungen, mit offenen Gasflammen, mit Thermotransferölen oder mit Dampf beheizt werden. Verfahrensabhängig müssen die Kernkästen auf bis zu 350 °C aufgeheizt werden.

Um ein Erwärmen der Maschine und des Formstoffgemischs im Sandvorrat und in die Schießeinheit – und damit ein vorzeitiges Aushärten – zu verhindern, können Sandtrichter, Schießeinheit, Schießkopf, und Schießplatte wassergekühlt werden.

Arbeitsschritte Kernherstellung

Herstellung der Formstoffmischung

Mithilfe von Mischanlagen werden die Bestandteile der Mischung (Sand, flüssige Binder, Pulveradditive) dosiert, anschließend gemischt und in den Sandtrichter der Kernschießmaschine gebracht.

Ein Sonderformverfahren stellt das heißhärtende Croning-Verfahren dar (engl. *Shell core*). Hierbei wird ein Fertigsand, der bereits mit einem Binder umhüllt ist, als Fertigformstoff direkt verwendet.

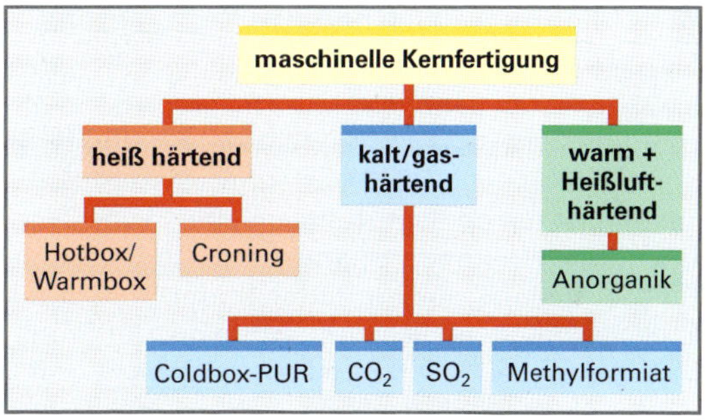

Bild 1: Übersicht Kernsandbinderverfahren

Einbringen des Kernformstoffes

Die Kernsandmischung wird wie auf der vorherigen Seite beschrieben eingeschossen. Dabei füllt sie die durch den Kernkasten vorgegebene Kontur vollständig aus und wird darin verdichtet. Die den Formstoff treibende Luft wird durch Entlüftungen aus dem Kernkasten herausgeleitet. Der Luftkessel der Kernschießmaschine hat ein Vielfaches des Volumens der Schießeinheit, damit der Schuss mit ausreichend hohem Impuls erfolgt. Üblicherweise liegt der Schussdruck zwischen 2,5 und 6 bar. Der Schussdruck wird im Wesentlichen bestimmt durch die Fließfähigkeit der Sandmischung, die Komplexität der Kernkontur und der Gestaltung der Einschussgeometrie sowie der Entlüftung im Kernkasten. Hohe Schussdrücke bringen hohe Sandgeschwindigkeiten und füllen so auch komplexe, weitläufige Konturen. Hohe Sandgeschwindigkeiten bedingen allerdings großen Verschleiß und starke Verschmutzung.

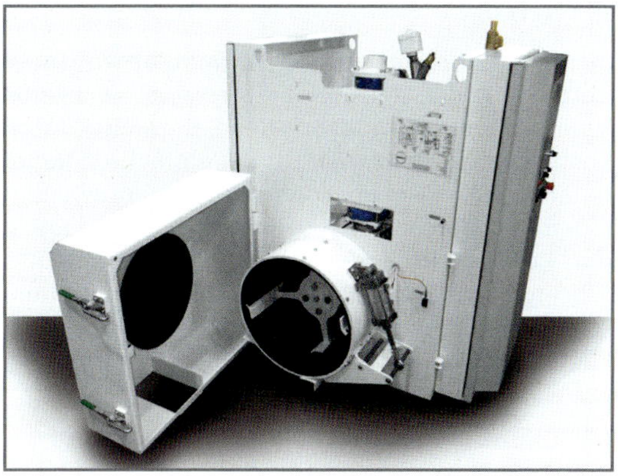

Bild 2: Kernsandmischer mit integrierter Dosiereinrichtung für Flüssigbinder

Kernhärtung durch Begasung

Das Aushärten des Formstoffes erfolgt je nach verwendetem Kernsandbindersystem entweder durch das Hindurchleiten eines Gasgemischs durch den Kern (kalt, gashärtend), durch Wärme (heißhärtend) oder durch eine Kombination von Wärme und Gas.

Bei Coldbox-PUR- und Betaset-Verfahren wird in einem Gasgenerator flüssig angelieferter Katalysator verdampft und mit heißer Druckluft durch den kalten Kern geleitet und anschließend ausgespült.

Bei den Verfahren mit CO_2 und SO_2 werden die reaktiven Gase aus Gasflaschen entnommen und druck- und temperaturkontrolliert zugeführt. Heißhärtende Systeme härten in beheizten Kernkästen.

Moderne anorganische Verfahren härten durch Wasserentzug in beheizten Kernkästen und mit Heißluftspülung.

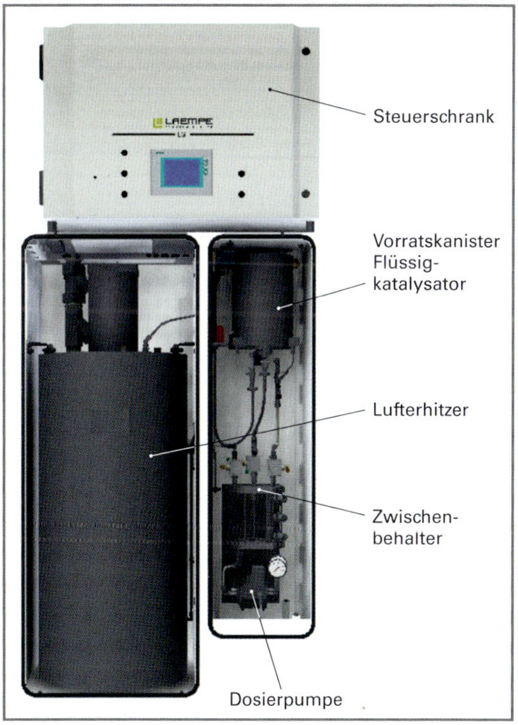

Bild 3: Gasgenerator für das Coldbox-Verfahren

Schließen und Öffnen des Kernkastens

Je nach Kernkontur und Anordnung der Kerne im Kernkasten kann die Hauptteilungsebene horizontal (Bild 1), vertikal (Bild 2) oder als Kombination aus beidem (Bild 3) verlaufen. Bei vertikaler Teilung ist neben dem Hubtisch eine in vertikaler Richtung arbeitende Spann- und Trennvorrichtung notwendig (siehe Bilder 2 und 3). Um ein Brechen der ausgehärteten Kerne bei der Trennbewegung zu vermeiden, ist eine präzise Führung der Kernkastenteile wichtig.

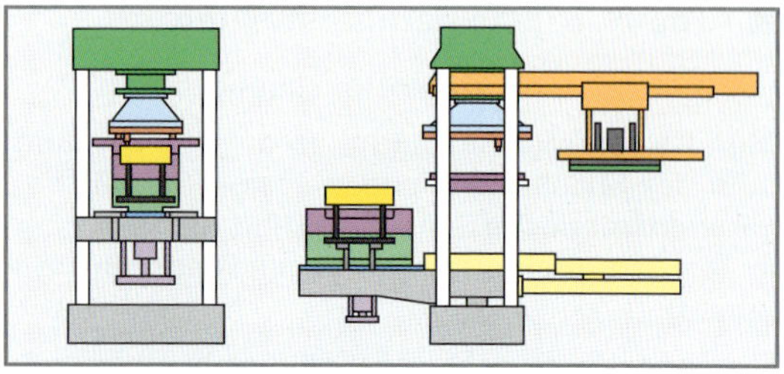

Bild 1: **horizontal geteilter Kernkasten**

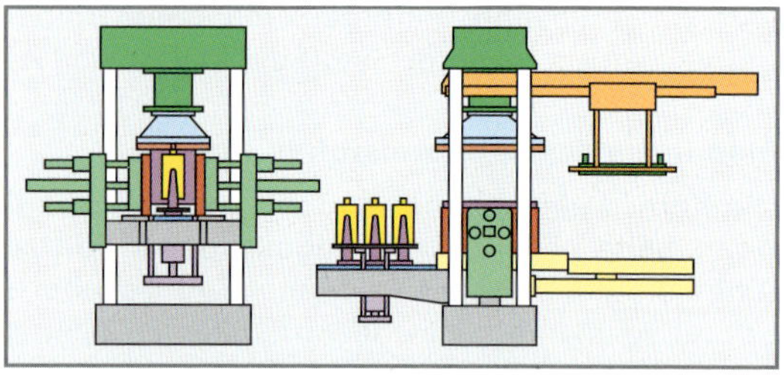

Bild 2: **vertikal geteilter Kernkasten**

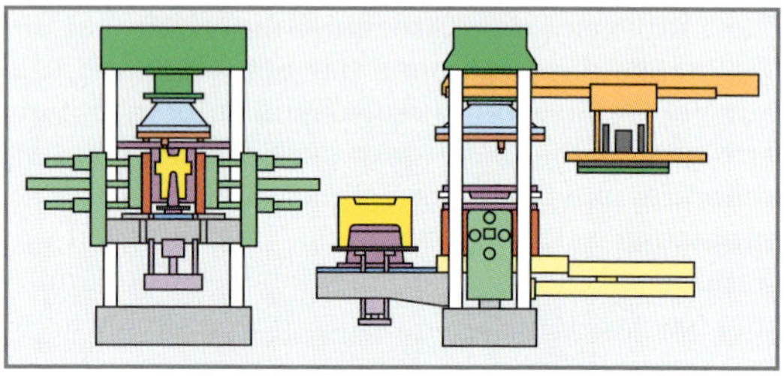

Bild 3: **horizontal – vertikal geteilter Kernkasten**

Losteile

Liegen Teilungsebenen in einem bestimmten Bereich nicht in der horizontalen oder vertikalen Hauptebene, so müssen diese Bereiche durch Losteile abgebildet werden. Bei einfachen, handbetätigten Kernkästen können dies manuelle Einlegeteile sein. Diese werden vor dem Schuss in den Kernkasten eingelegt und meist von Steckführungen oder Magneten in Position gehalten. Nach dem Öffnen des Kernkastens werden diese Losteile dann manuell vom Kern abgenommen.

Bei Serienwerkzeugen werden Losteile automatisch bewegt, entweder durch hydraulisch oder pneumatisch angetriebene Zylinder oder durch mechanische Schrägzüge.

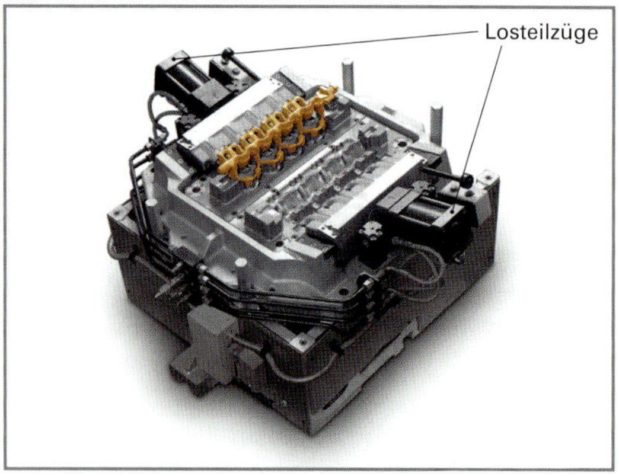

Bild 4: **Kernkasten mit Losteilen**

Entnehmen der Kerne

Um die Kerne nach dem Schießen und Härten leicht entnehmen zu können, können Kernkästen mit Auswerfern ausgestattet sein. Je nach Bauart werden untere, obere und/oder seitliche Auswerfer eingebaut. Die Auswerfer können entweder von der Kernschießmaschine betätigt werden oder sie sind im Kernkasten integriert und werden durch Federkraft oder Festanschläge zwangsweise beim Öffnen der Hauptteilungsebene betätigt (Bild 5).

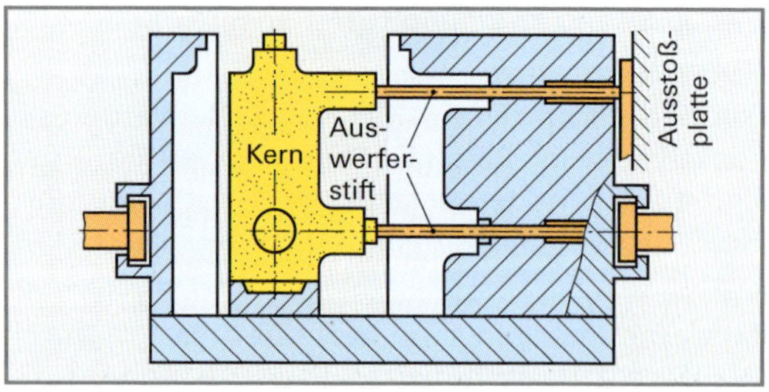

Bild 5: **Ausstoßvorrichtung**

Nachbearbeitung der Kerne

An den Kernkastenteilungen können durch Verschmutzung, Verschleiß, Versatz am Kernkasten oder durch zu geringe Schließkräfte der Maschine Grate entstehen. Diese müssen vor dem Gießen entfernt werden.

Je nach Gussstück werden Kerne zu Kernpaketen montiert und mit Klebstoff, Schrauben oder Nägel fixiert.

Zur Verbesserung der Oberflächengüte und zur Vermeidung von Penetrationen und Vererzungen können die Kerne durch Schlichten auf Wasser- oder Lösemittelbasis beschichtet werden.

Luftabführung beim Kernschießen

Nach Öffnen des Schussventils dringt die Schussluft durch die Öffnungen im Schießrohr oder durch das Schusssieb, durchfließt das Sandgemisch, fluidisiert es und bildet ein Gemisch aus Luft und Sand. Für die Strömung ist etwa das fünffache Luftvolumen im Vergleich zum Sandvolumen nötig. Diese Luft muss in der Schusszeit aus dem Kernkasten abgeführt werden. Eine unzureichende Luftabführung zeigt sich durch nicht vollständig ausgeschossene und nicht ausreichend verdichtete Bereiche (Bild 1).

Bei reaktivgas-härtenden Verfahren wie dem Coldbox-PUR-Verfahren ist neben der Luftabführung bei Schuss die Gasströmung beim Härten mit in Betracht zu ziehen. Das Gas muss in einer Stauwirkung alle Bereiche des Kernkastens erreichen, bevor es den Kernkasten wieder verlässt. Beim Schuss muss so viel Luft wie möglich schnellstens abgeführt werden, bei der Begasung soll ein Stau erzielt werden. Dieser scheinbare Widerspruch kann durch eine Entlüftung nach oben gelöst werden. Durch Distanzstücke an der Schießplatte wird der notwendige Freiraum zur Luftabführung beim Schuss geschaffen. Diese Schussentlüftung kann bei der nachfolgenden Begasung als Gaseintrittsöffnung verwendet werden (Bild 2).

Bei anorganischen Verfahren, die durch Wasserentzug aushärten, muss die Luftführung so ausgelegt werden, dass eine Durchströmung aller Kernbereiche gewährleistet ist, um das durch den heißen Kernkasten verdampfte Wasser mit der heißen Spülluft auszutragen.

Beim ersten Schießen von neuen Kernkästen treten oft schlecht verdichtete und nicht ausgehärtete Stellen auf. Durch Setzen von Entlüftungen in den fehlerhaften Bereichen müssen Kernkästen schrittweise optimiert werden. Durch Computer unterstützte Simulationsprogramme bieten die Möglichkeit, die Luftführung bereits in der Konstruktionsphase zu optimieren, und reduzieren so die Anzahl der praktischen Optimierungszyklen. Bild 3 zeigt die Position der Entlüftung und das Sand-Luft-Verhältnis während des Schusses.

Möglichkeiten der Luftabführung

Schlitzdüsen sind runde Messing- oder Stahlkörper mit parallelen Schlitzöffnungen von 0,2 bis 0,3 mm. Die Schlitze sind nach hinten zur Selbstreinigung konisch erweitert, damit eingetragene feine Sandkörner die Düse nicht verstopfen können. Die von den Düsen wegführenden Bohrungen müssen zur Vermeidung eines Luftrückstaus ausreichend groß sein (Bild 4).

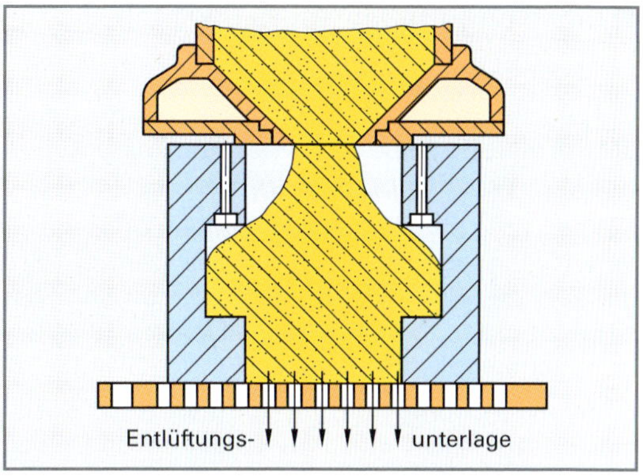

Bild 1: Kernkasten mit schlecht entlüfteten Bereichen

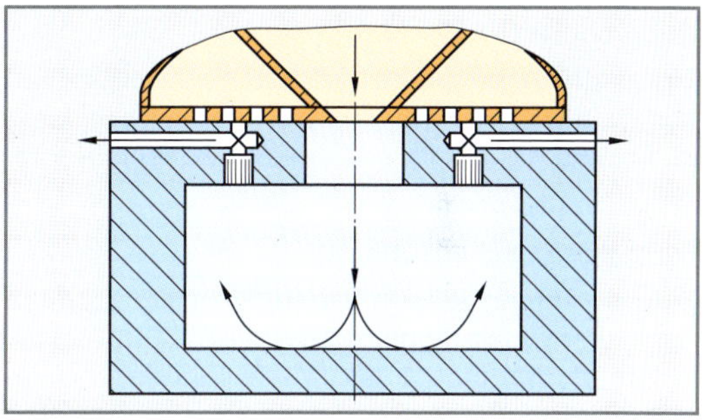

Bild 2: Kernkasten mit schlecht entlüfteten Bereichen

Bild 3: Kernschießsimulation Magmasoft

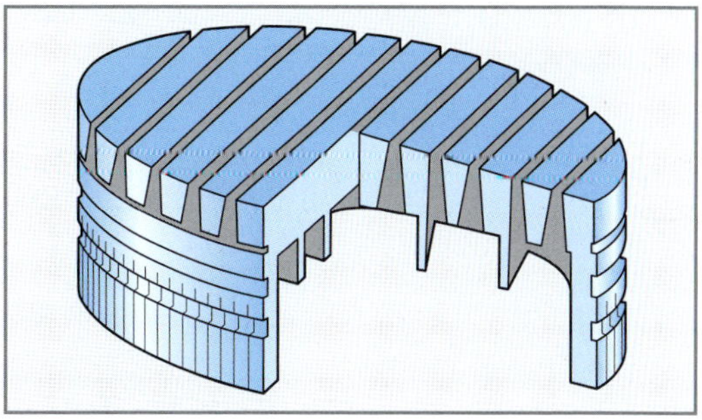

Bild 4: Schlitzdüse

1

Einschussöffnung am Kernkasten

Lage der Einschussöffnung

Die Einschussöffnung soll so gelegt werden, dass der Formstoff alle Bereiche des Kernkastens, entweder direkt oder indem er sich aufbaut, erreicht.

Sollen Kerne mit Unterschneidungen oder mit zu hinterfüllenden Stellen geschossen werden, wird der Kern zweckmäßig von der größeren Seite her eingeschossen. Damit liegt die kleinere zu unterschießende Seite unten (Bild 2).

Es ist nicht immer möglich, einen Kern durch eine vorhandene Kernkastenseite einwandfrei zu schießen. In solchen Fällen ist es notwendig, den Kernkasten anzubohren oder anzufräsen und diese Öffnung als Einschussöffnung zu benutzen.

Querschnitt der Einschussöffnung

Ein zu kleiner Einschussquerschnitt ergibt zu hohen Schießdruck und somit erhöhten Verschleiß im Kernkasten durch erhöhte Sandgeschwindigkeit.

Form der Einschussöffnung

Zum richtigen Füllen muss die Einschussöffnung nach unten sich konisch erweitern. Die hierbei entstehenden Einschusszapfen können vermieden werden, durch „vertieftes Einschießen“ mit Einschussdüsen wie in unten abgebildetem Kernformwerkzeug gezeigt.

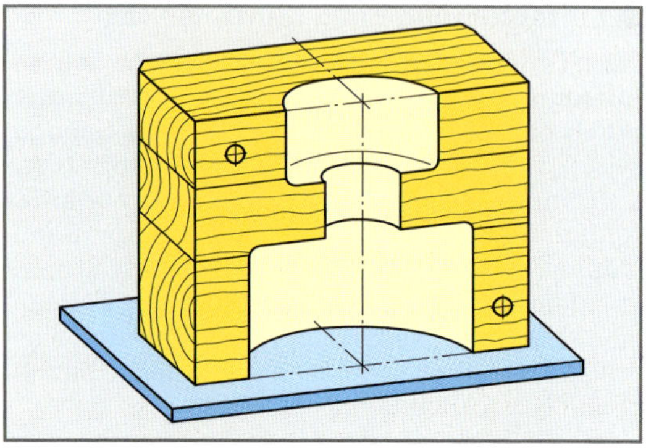

Bild 1: Ungünstige Lage der Einschussöffnung: Die größere unterschnittene Fläche liegt unten.

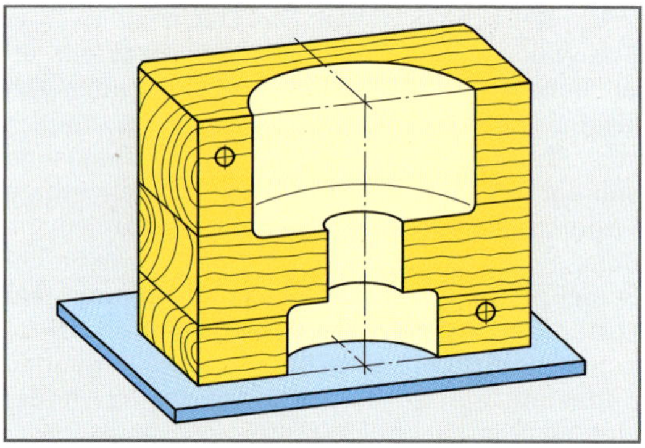

Bild 2: Günstige Lage der Einschussöffnung: Die kleinere unterschnittene Fläche liegt unten.

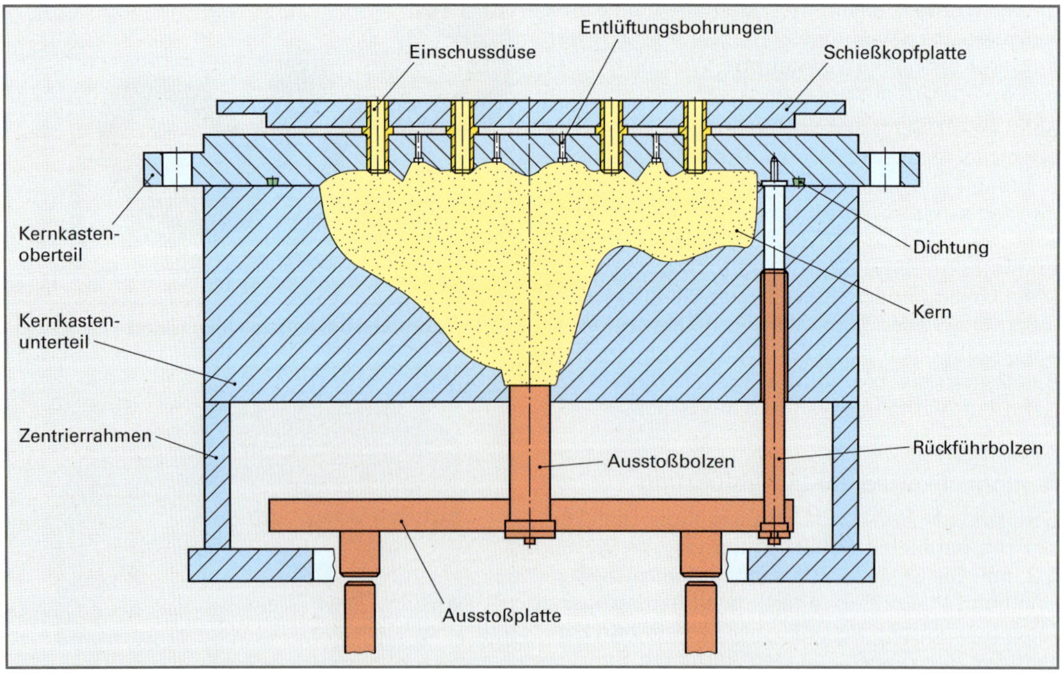

Bild 3: Kernformwerkzeug für Kernschieß- und Härtemaschine. Durch Einschussdüse („vertieftes Einschießen“) wird ein Einschusszapfen, der später abgetrennt werden muss, vermieden.

Entlüftung eines horizontal geteilten Kernformwerkzeuges (Kernkastens)

Mit zwei Beispielen (falsch und richtig) sollen die Probleme beim Entlüften und der Luftführung beim Begasen im Coldbox-PUR-Verfahren aufgezeigt werden.

Problem des Verstopfens von Keilschlitzdüsen

Im Bild 1 weisen die Einschussdüsen einen geringen Querschnitt auf, was einen hohen Schussdruck erfordert und hohe Sandgeschwindigkeiten zur Folge hat. Die Entlüftungsdüsen sind direkt gegenüber den Einschussöffnungen und im Oberkasten seitlich angebracht. Beim Aufprall treffen die binderumhüllten Sandkörner direkt auf die unteren Entlüftungsdüsen. Feine Sandkörner und Binderanteile verstopfen die Düse schnell. Das führt zu erhöhtem Reinigungsaufwand, erhöhtem Luftverbrauch und schlechter Kernqualität. Durch seitliche Entlüftungsdüsen entweicht beim Härten das Gas, bevor es den Kern durchdringen kann.

Im Bild 2 erfolgt die Entlüftung im Unterkasten über die Ausstoßer. Die Ausstoßbolzen haben einen um 0,2 mm geringeren Durchmesser als die sie führenden Bohrungen. Durch diesen Ringspalt wird entlüftet. Da die Führung sich nach unten hin erweitert werden eventuell eingetragene Staubkörner bei jeder Ausstoßbewegung automatisch aus dem Spalt entfernt. Die Luftabführung nach oben wird über Düsen oder Siebbleche gelöst. Diese dienen bei der nachfolgenden Begasung als zusätzliche Gaseintrittsöffnungen.

Problem der langen Begasungszeiten und hohen Schießdrücke

Bei der Ausführung nach Bild 2 füllen die Einschussdüsen mit großem Querschnitt und geringem Schussdruck. Die daraus resultierende geringere Sandgeschwindigkeit reduziert die Verschmutzung.

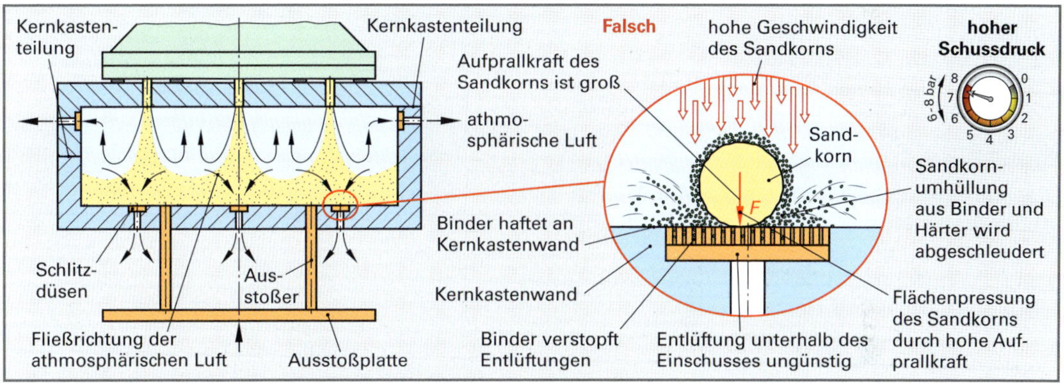

Bild 1: Ungünstige Bauweise eines horizontal geteilten Kernkastens
Hoher Schussdruck, Verstopfen von Schlitzdüsen, schlechte Kernverdichtung, lange Begasungszeiten, hoher Härtegasverbrauch

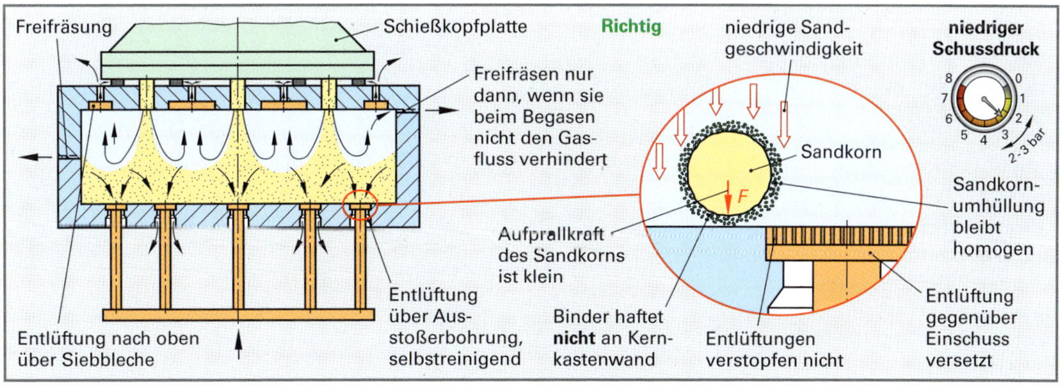

Bild 2: Vorteilhafte Bauweise eines horizontal geteilten Kernkastens
Selbstreinigende Entlüftungsöffnungen, optimale Kernverdichtung und Härtezeiten, geringer Reinigungsaufwand

Kernherstellungsverfahren

heißhärtende Verfahren

- Hotbox
- Warmbox
- Maskenform-Verfahren
- Thermoschock
- Ölsand
- Anorganik-Verfahren

kalthärtende Verfahren

- Furanharz-Säure
- Phenolharz-Säure
- PUR-Erstarrungsverfahren
- Resol-Ester
- Wasserglas-Ester

Gashärtungsverfahren

- Cold-Box Verfahren
- Resol-CO_2
- Wasserglas-CO_2
- CB-MF Verfahren
- SO_2-Verfahren

Bild 1: Übersicht

Kernherstellungsverfahren mit Gasaushärtung (kalthärtend)

Wasserglas-CO_2-Verfahren

Bei Form- und insbesondere bei Kernherstellungsverfahren durch Schießen und Blasen ist die Fließfähigkeit des Sandes entscheidender als die Bildsamkeit. Die Fließfähigkeit gewährleistet, dass der Formstoff auch in solche Hohlräume gelangt, die nicht in Schießrichtung liegen.

Phenol-Resol-CO_2-Verfahren

Dies ist ein jüngeres Kernherstellungsverfahren. Es kann einige Schwächen des Wasserglas-CO_2-Verfahrens beheben. Mit einem ähnlichen Harzbinder lässt sich das System durch Einleiten Begasen mit CO_2 aushärten, was zu geringen Emissionen führt. Die Härtung erfolgt durch eine Verschiebung des pH-Wertes. Das Festigkeitsniveau ist höher als beim Wasserglas-CO_2-Verfahren, dennoch sind die Anfangsfestigkeiten niedriger als beim Cold-Box. Das Resol-CO_2-Verfahren konnte seit seiner Einführung seine Stellung auf dem Markt zu Lasten des Wasserglas-CO_2-Verfahrens ständig verbessern. Durch Weiterentwicklungen ist es gelungen, die Anfangsfestigkeit, Lagerstabilität und die Fließfähigkeit der Mischungen zu verbessern. So können heute auch komplexer Kerne ohne Probleme mit diesem Verfahren hergestellt werden.

	Cold-Box Verfahren	**Wasserglas-CO_2-Verfahren**
Binder	Resol-/Phenolharz + Isocyanat	Wasserglas (Silikat)
Gas	Amin	CO_2 (Kohlenstoffdioxid)
Gasfunktion	Beschleunigung des Aushärtens (Katalysator)	pH-Verschiebung Bildung von Kieselsäure
Aushärtezeit	5 ... 120 sec	10 ... 180 sec
Kerngewichte	0,1 ... 700 kg	0,1 ... 100 kg
Kernfestigkeit	bis zu 600 N/cm^2	bis ca. 250 N/cm^2
Zerfall	sehr gut bei Eisen und Stahl, weniger gut bei AL-Guss	schlecht
Regenerierung	sehr gut mechanisch und thermisch regenerierbar	schlecht
Lagerung Kerne	bis zu mehrere Monate feuchtigkeitsunempfindlich	sehr begrenzt feuchteempfindlich
Feuerfestigkeit	geringer: Schlichte bei Eisenguss	hoch: meist keine Schlichte
Probleme durch Gas	Schleimhautreizung Abgasentsorgung	keine
Maßgenauigkeit	sehr hoch durch völlige Aushärtung im Kernkasten	
Kernkasten	günstige Werkzeugkosten, da nicht beheizt	
Vergleich mit Heißaushärtung	wirtschaftlicher durch Energieeinsparung	

Tabelle 1: Vergleich der beiden wichtigsten Verfahren durch Gasaushärtung: Cold-Box- und CO_2-Verfahren

Cold-Box-Verfahren

Seit seiner Einführung hat das Cold-Box-Verfahren ständig an Bedeutung gewonnen. Heute werden mehr als 80 % aller Kerne im Serienguss nach diesem Prinzip hergestellt. Bei diesem Verfahren handelt es sich um ein 2-Komponenten-System, dessen chemische Reaktion durch Einleiten eines Katalysators beschleunigt wird. Der Katalysator nimmt an der Reaktion nicht teil und muss abgeleitet/abgesaugt werden. Das Harz selbst besteht aus einer Phenolkomponente und diversen Lösungsmitteln. Der Härter ist ein Gemisch aus Isocyanaten und Lösungsmitteln. Die Härtungsreaktion beginnt bei Raumtemperatur sehr langsam. Erst beim Begasen mit dem Katalysator härten das Phenolharz und der Härter Polyisocyanat sehr schnell zu einem Polyurethanharz aus. Die Vorteile dieses Systems liegen in der schnellen und wirtschaftlichen Kernfertigung. Die sehr gute Fließfähigkeit der Sandmischung erlaubt die Fertigung filigraner und komplizierter Kerne und Formstücke. Die hohen Anfangsfestigkeiten verleihen den Kernen eine hohe Stabilität und erlauben somit die Verwendung von Manipulatoren und Robotern. Nach dem Aushärten sind die Kerne lange lagerfähig und feuchtigkeitsunempfindlich. Durch die Feuchtigkeitsunempfindlichkeit ist es möglich, die Kerne direkt nach der Aushärtung mit Wasserschlichte zu tauchen. Zur Aushärtung von Cold-Box-Mischungen stehen unterschiedliche tertiäre Amine zur Verfügung. Diese unterscheiden sich in deren Eigenschaften

Neue Entwicklungen des Cold-Box-Verfahrens

In den letzten Jahrzehnten erfuhr das Cold-Box-Verfahren eine enorme Weiterentwicklung. Der Austausch der bis dahin bevorzugt eingesetzten aromatischen Lösungsmittel durch ein umweltverträglicheres Lösungsmittel auf Basis Rapsmethylester (sogenannte Bio-Systeme) führte zu einer deutlichen Reduzierung der Emissionen bei der Kernherstellung und nach dem Abgießen. Darüber hinaus führte diese Maßnahme zu einer Steigerung der Leistungsfähigkeit dieses Verfahrens. Insbesondere kam es zu einer Verbesserung der Reaktivität und somit weniger Aminverbrauch und dadurch auch zu einer Reduktion der Geruchsbelastung. Ebenfalls verbessert wurde die Trennwirkung und der dadurch verringerten Trennmitteleinsatz. Eine weitere Verbesserung der technologischen und umweltrelevanten Eigenschaften erfuhr das Cold-Box-Verfahren durch den Einsatz von silikatischen Lösungsmitteln. Mit diesen sogenannten silikatischen Cold-Box-Systemen können vor allem die Schadstoff- und Geruchsemissionen reduziert werden.

Betaset-MF-Verfahren

Die Härtereaktion bei diesem Verfahren erfolgt durch Fällung: alkalisches Phenolharz + MF (Methylformiat). Die Vorteile liegen bei leichter Entformbarkeit, gutem Kernzerfall und geringer Gasentwicklung beim Abguss. Durch hohe Feuerfestigkeit ist Schlichte meist unnötig. Nachteilig sind geringe Kernfestigkeit, die Entsorgung des toxischen MF und der hohe MF-Verbrauch.

SO_2-Verfahren

Dieses weniger angewandte Gashärtungsverfahren arbeitet mit SO_2 (Schwefeldioxid). Binder sind bei diesem Verfahren Furanharze.

	Siedepunkt °C	**Geruchsschwelle** mg/m³**	**Geruchsschwelle*** GE/m³**	**AGW-Wert mg/m³**
Triethylamin (TEA)	87–89	0,008	k.A.	4,2
Dimethylisopropylamin (DMIPA)	65–68	1,4	16.000	3,6
Dimethylpropylamin (DMPA)	65–68	3,2	5.700	–*
Dimethylethylamin (DMEA)	36–38	0,004	57.000	6,1
* Wert noch nicht festgelegt	** Messung BASF	*** Messung IFG		

Tabelle 1: Eigenschaften der Amine

1

Abführung der Restdämpfe

Bei den gasaushärtenden Systemen fallen teilweise toxische Gase an. Amine, MF oder SO_2 müssen abgeführt und entsorgt werden. Hierzu sind zwei Systeme üblich:

- **1. Offenes System**

  Funktion: Beim offenen System treten die Restdämpfe aus dem Kernkasten durch die Entlüftungsbohrungen. Von dort werden sie nach der aus Bild 1 ersichtlichen Funktion abgesaugt.

  Anwendung: Dieses System wird in den meisten Fällen angewandt. Kernkästen können ohne zusätzlichen Aufwand benutzt werden.

- **2. Geschlossenes System**

  Funktion: Beim geschlossenen System werden die Restdämpfe des Cold-Box-Katalysators in einem weiteren Raum des Kernkastens gesammelt und über einen Anschluss (Bild 2) zur Absaugung geführt.

  Anwendung: Wegen des höheren Aufwandes für zusätzliche Teilungen und Dichtungen findet dieses System nur in der Serienfertigung Anwendung.

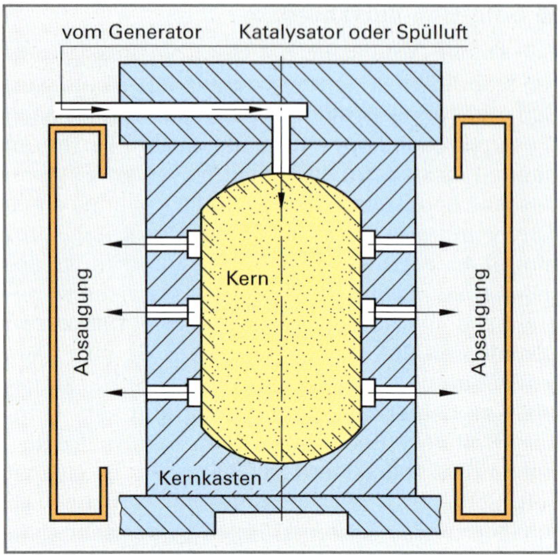

Bild 1: Offenes System

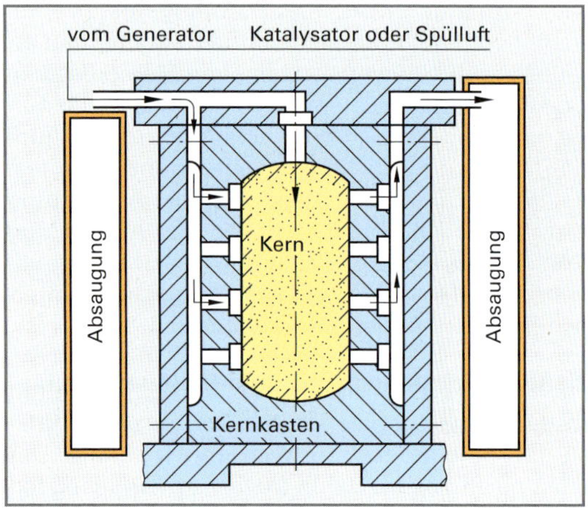

Bild 2: Geschlossenes System

Gestaltung des Begasungsraumes

Der Begasungsraum befindet sich in der Begasungsplatte. Diese wird beim Begasen zwischen Schießkopf und Kernkasten eingeschoben. Ihre Aufgabe ist die richtige Verteilung des eingeleiteten Gases. So können lange Härtezeiten und Ausspülungen am Kern vermieden werden, wenn sich das Gas vor dem Eintritt in den Kernkasten entspannen kann. Ein richtig bemessener Begasungsraum ergibt optimale Kernoberflächen.

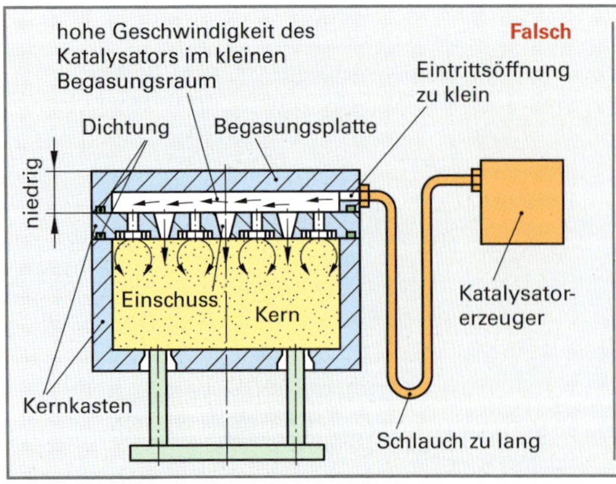

Bild 1: Falsche Gestaltung des Begasungsraumes

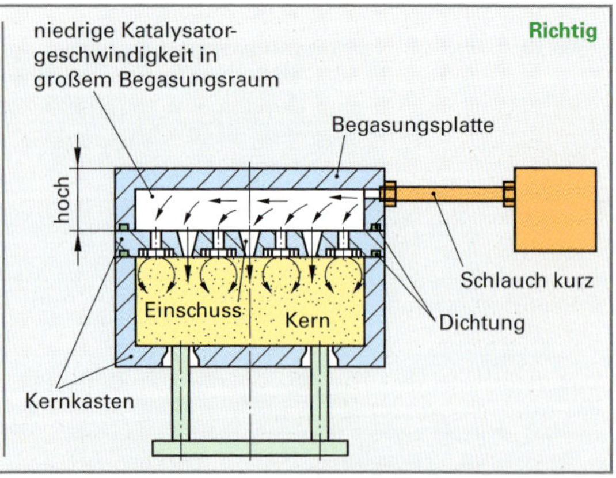

Bild 4: Richtige Gestaltung des Begasungsraumes

Aushärten durch Hitze

Bei diesen Verfahren werden als Binder Phenolharze und Furanharze verwendet. Auch bei den Verfahren der Heißhärtung befindet sich neben dem Harz bereits der Härter in der Formstoffmischung. Der Vorgang der Aushärtung wird durch den beheizten Kernkasten bewirkt.

Vorteil der Heißhärtung

Durch ein Zusammenschmelzen des Harzes an der Oberfläche wird eine besonders gute Oberfläche und Kantenschärfe erreicht. Bei feiner Sandkörnung können diese Verfahren benutzt werden, um bestimmte Innengewinde durch Kerne herzustellen.

Kernkastenbeheizung

1. Elektrische Heizung

Die metallischen Kernkastenteile werden direkt oder wie in Bild 2 links indirekt beheizt. Zu diesem Zweck werden in geeignete Bohrungen Heizpatronen eingebaut.

Vorteile der elektrischen Beheizung sind bessere Arbeitsplatzbedingungen bei der Kernherstellung und genauere Regelung der Temperatur.

2. Gasheizung

Die metallischen Kernkästen werden direkt, wie in Bild 2 rechts gezeigt, mit Stadtgas, Erdgas oder Flüssiggas beheizt. Bei Verwendung einer Gasheizung sind die Kernkästen einfacher in der Konstruktion. Die Heizleistung der Flamme ist größer, es kann schneller aufgeheizt werden. Die Energiekosten sind geringer.

Schießkopfausbildung

Damit das Sandgemisch nicht bereits im Schießkopf aushärtet, sind die Schießkopfplatte und in Sonderfällen auch zusätzlich der Schießkopf wassergekühlt (Bild 3).

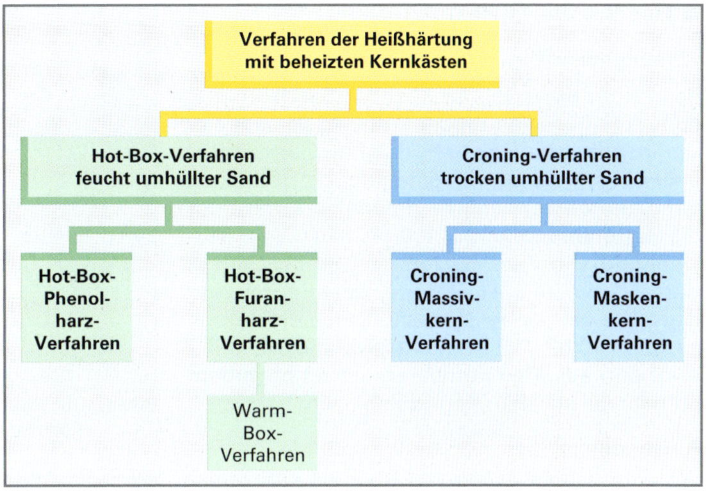

Bild 1: Übersicht

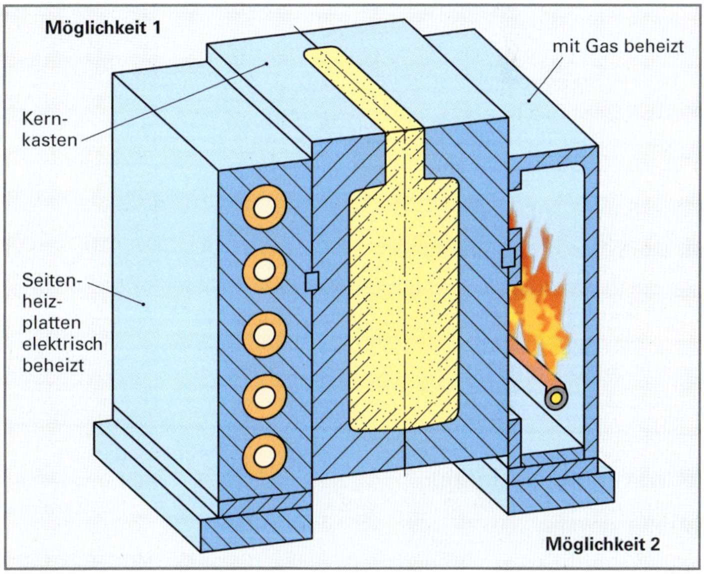

Bild 2: Möglichkeiten der Kernkastenbeheizung

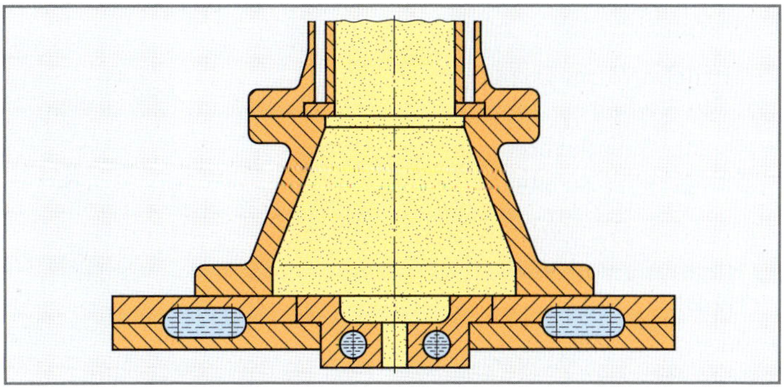

Bild 3: Schießkopfkühlung bei Kernkastenheizung

Hot-Box-Verfahren

Wirkungsweise

Beim Hot-Box-Verfahren wird das Sandkorn von dem dünnflüssigen Binder umhüllt. Da sich diese Binderbeschaffenheit bis zum Aushärten nicht ändert, spricht man von einem feucht umhüllten Sand. Bei Verwendung von Phenolharzen beträgt die Härtetemperatur ca. 180 bis 240 °C, bei Verwendung von Furanharzen ca. 150 bis 250 °C. Härter, Ammoniumchlorid u. Ä. oder Säuren sind dem Harz bereits beigemischt. Durch die Wärme härtet in 10 bis 180 s eine Kernwanddicke von 2 bis 5 mm aus. Das Kerninnere härtet nach dem Entnehmen aus dem Kernkasten nach.

Anwendung

Hauptanwendungsgebiet ist die Großserienfertigung für Aluminiumgusswerkstoffe, vorwiegend bei kleinen bis mittleren Teilen. Kerngewichte können 0,1 bis 30 kg betragen.

Vorteile

- leicht entformbar
- Maßgenauigkeit
- glatte Oberfläche und Kantenschärfe
- guter bis sehr guter Zerfall nach dem Gießen

Cold-Box-Plus-Verfahren

Bei diesem Verfahren wird der Formstoff in 40 bis 80 °C warme Formen geschossen und somit höhere Kernaußenfestigkeit erzielt. Der Name Cold-Box-Plus-Verfahren ist aus Cold-Box plus Wärme abgeleitet.

Warm-Box-Verfahren

Wirkungsweise

Das Warm-Box-Verfahren ist eine Variante des Hot-Box-Verfahrens. Als Härter für den Furanharzbinder dienen aromatische, modifizierte Sulfonsäuren. Es genügt bereits eine Kernkastentemperatur von 150 °C zur Kernaushärtung.

Zusätzliche Vorteile gegenüber Hot-Box-Verfahren

- weniger Energieverbrauch
- geringere Geruchsbelästigung

Nachteile von Verfahren mit Heißhärtung

- zusätzliche Energiekosten
- teure Werkzeuge
- erschwerte Handhabung der heißen Kerne

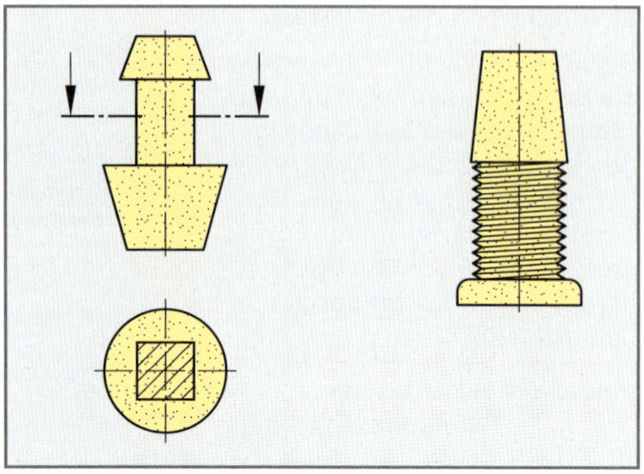

Bild 1: Hot-Box-Kerne mit erforderlicher Kantenschärfe

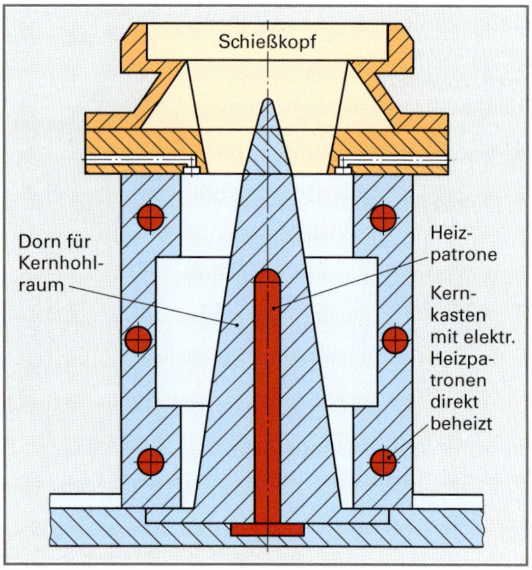

Bild 2: Hot-Box-Verfahren: elektrisch beheizter Kernkasten für Hohlkern

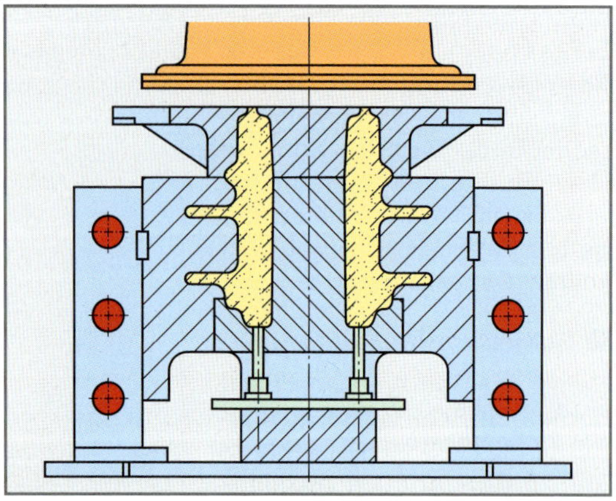

Bild 3: Hot-Box-Kernkasten für Kernschieß- und Härtemaschine

Croning-Kernverfahren

Wirkungsweise

Eine größere Bedeutung als Maskenformen haben Maskenkerne, da diese oft in Kombination mit Kokillen und Sandgussformen hervorragende Gussteile erzeugen helfen.

Kennzeichnend am Croning-Kernverfahren ist die Verwendung eines Sandes, der nach erfolgter **Harzumhüllung trocken** ist. Diese Umhüllung besteht aus dem Phenolharz mit dem wiederum beigemischten Härter (Hexamethylentetramin). Die Aushärtung erfolgt im heißen Kernkasten bei 220 bis 300 °C.

Neben den bereits bekannten Vorteilen der Heißhärtung ergeben sich zusätzliche Vorteile aus der trockenen Umhüllung: Durch die fehlende Klebewirkung der Sandkörner untereinander ist der Croningsand besonders fließ- oder rieselfähig. Das beigemischte Trennmittel verstärkt diese Eigenschaft noch.

Croningkerne werden ausgeführt als

- Maskenkerne (Bild 1 und folgende Seite)
- Vollkerne und
- Hohlkerne (Bild 2)

Croning-Vollkerne (Croning-Massivkerne)

Croning-Vollkerne werden anstelle von Hot-Box-Kernen dann eingesetzt, wenn dünne Querschnitte und schwierige Konturen zu schießen sind. Diese können vom fließfähigen Croningsand besser ausgefüllt werden.

Croning-Hohlkerne

Eine weitere Möglichkeit, Formstoff einzusparen, besteht entsprechend Bild 2. Der Kernhohlraum wird hierbei mit einer Kernkasteneinlage und durch Zusammenfügen der beiden halben Kerne erreicht.

Die Herstellung von Croning-Hohlkernen entspricht der von Croning-Vollkernen.

Vorteile	Nachteile
• hervorragend verschießbar • gute Oberfläche • gute Lagerfähigkeit • maßgenaue Kerne • feuchtigkeitsunempfindlich • Kernfestigkeiten hoch, bis 700 N/cm^2 • guter Zerfall	• Energiekosten (Gas/Elektrizität) • hohe Werkzeug- und Maschinenkosten • erschwerte Handhabung der heißen Kerne • hohe Formstoffkosten

Tabelle 1: Eigenschaften des Croning-Verfahrens

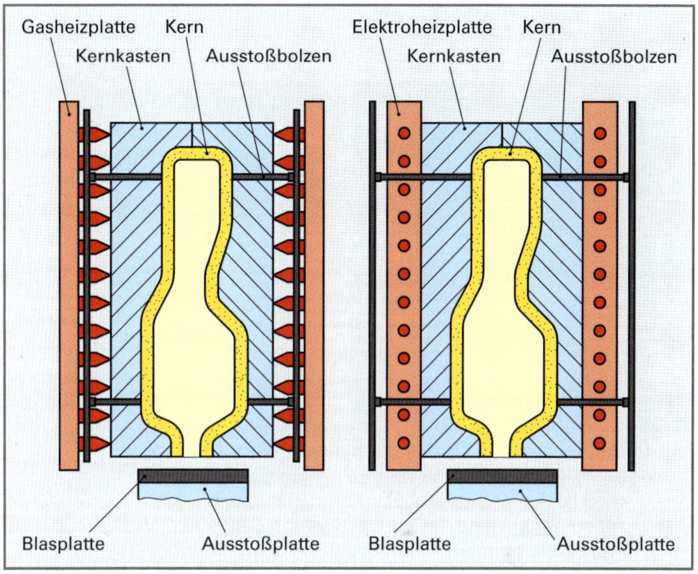

Bild 1: Croning-Maskenkern

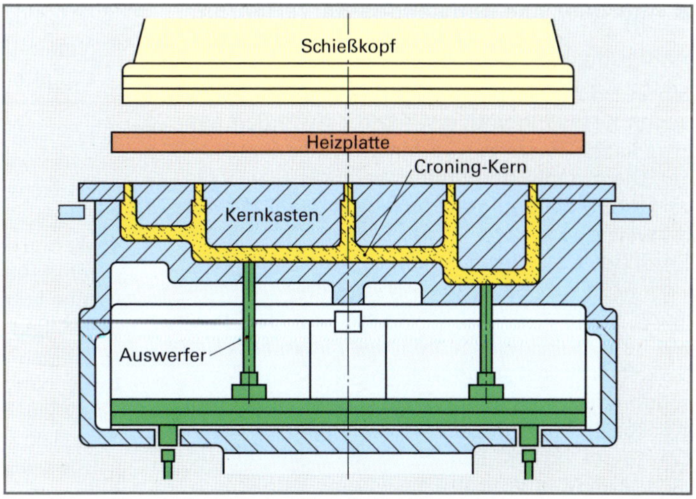

Bild 2: Kernformeinrichtung (Kernkasteneinrichtung) **für Hohlkernhälfte nach dem Croning-Verfahren**

1

Maskenkernherstellung

Die Herstellung von Maskenformen und Maskenkernen ist in der grundsätzlichen Wirkungsweise gleich.

Der trocken umhüllte Sand wird in den beheizten Kernkasten eingeschossen oder eingeblasen. An der Kernkastenwand wird der Binder zuerst ausgehärtet. Zur Innenwand der Maske hin geht der Binder vom trockenen Zustand zunächst in einen plastischen über und härtet dann nach. Der nicht von der Hitze beeinflusste Teil des Sandes fließt nach Zurückschwenken der Form um 180° wieder in den Formsandbehälter zurück. Durch moderne Verfahren ist die Maskenkernherstellung weitgehend verdrängt.

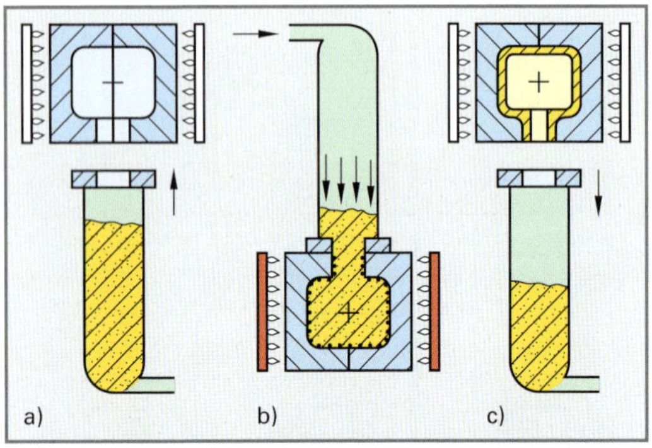

Bild 1: Maskenkernherstellung mit Schwerkraft und Druck (bevorzugtes Verfahren wegen besserer Oberfläche) a): Ausgangsstellung, b) System schwenkt um 180°, Formstoff wird mit Schwerkraft und pneumatischem Druck in die Metallform eingebracht und beheizt, c): Zurückschwenken, nicht ausgehärteter Formstoff fällt zurück, Maskenkern kann entformt werden.

Anorganische Kernsandbinderverfahren

Einführung

Die auf den vorhergehenden Seiten beschriebenen Kernsandbindersysteme verwenden alle organische Harze zur Verbindung der Sandkörner. Die organischen Binderbestandteile und die verfahrensabhängigen Härtegase belasten die Umwelt durch Schadstoffe und unangenehme Gerüche. Das einzige bisherige anorganische Verfahren war das „alte" Wasserglas-CO_2-härtende System, das aber wesentliche Nachteile wie geringe Festigkeiten und schlechte Entkernbarkeit aufweist. Moderne anorganische Kernsandbindersysteme auf Basis von modifiziertem Wasserglas härten ohne Reaktivgas nur durch Wasserentzug und können so die Nachteile des CO_2-härtenden Wasserglassystems kompensieren und dennoch seine Umweltfreundlichkeit erhalten. Allerdings müssen im Gegensatz zum CO_2-härtenden Wasserglassystem die Kernkästen beheizbar sein, was Kernkästen in der Ganzmetallbauweise erforderlich macht. Somit ist der Einsatz in der Kleinserie aufgrund der hohen Werkzeugkosten (derzeit) meist unwirtschaftlich.

Beschreibung der neu entwickelten anorganischen Bindersysteme siehe Seite 251–254.

Kernschießmaschinen

Kernschießmaschinen für die anorganische Kernfertigung sind eine Kombination aus Maschinen für heiße Verfahren mit heißen Kernkästen und gashärtenden Maschinen mit einer Begasungseinrichtung für die notwendige heiße Spülluft. Die Kernkästen werden meist elektrisch oder mit Thermotransferöl beheizt. Auch die Beheizung mit Dampf ist möglich.

Da die Bindersysteme durch Wasserentzug aushärten ist vor dem Schießen ein hoher Aufwand nötig, um das vorzeitige Aushärten der Sandmischung zu vermeiden. Der verwendete Sand muss gekühlt werden, der Kontakt der Sandmischung mit der Umgebungsluft muss verhindert werden, um Austrocknen durch Feuchtigkeitsverlust und die unerwünschte Reaktion mit dem CO_2 in der Umgebungsluft zu verhindern. Als sehr vorteilhaft zur Verbesserung der Prozesssicherheit haben sich Befeuchtungssysteme an den Kernschießmaschinen erwiesen. Die gezielte Zuführung sehr feuchter, aber tröpfchenfreier Luft kann das Austrocknen der Sandmischung verhindern.

Verfahrensbedingt sind ausgehärtete anorganische Kerne meist weniger feuchtestabil. Für die Kernlagerung müssen daher klimatisierte Lagerräume vorgehalten werden.

Wiederholungsfragen

1. Nennen Sie die Funktionen einer Kernschießmaschine in der Reihenfolge des Arbeitsablaufes.
2. Wodurch erhält ein Kern seine Festigkeit bei den verschiedenen Verfahren? In welchen Stufen wird die Härte erreicht?
3. Erklären Sie das Prinzip des Kernschießens.
4. Warum können in nicht entlüfteten Kernkästen Kerne mit Stellen mangelnder Verdichtung entstehen?
5. Wo sind die Kernkastenentlüftungen anzubringen?
6. Nennen Sie vier Verfahren der Gashärtung!
7. Vergleichen Sie das CO_2- und das Cold-Box-Verfahren bezüglich der Vor- und Nachteile miteinander.
8. Welche besondere Eigenschaft hat ein trocken umhüllter Sand?

1.4.6 Kernformwerkzeuge (Kernkästen)

Zur Herstellung eines Sandkerns wird ein Kernformwerkzeug benötigt. Diese zutreffende Bezeichnung hat sich vorwiegend bei den meist komplizierteren Metall-Kernformwerkzeugen durchgesetzt. Die Kernformwerkzeuge aus Holz werden dagegen noch immer als Kernkästen oder seltener als Kernbüchsen bezeichnet.

Einteilung nach der Teilbarkeit

Moderne Kernformmaschinen erfordern entsprechend ihrer Funktion horizontale oder/und vertikale Teilungen (siehe vorangehendes Kapitel). Daneben ist die Zahl der Teilungen ein Merkmal zur Unterscheidung. Bei dieser Einteilung wird die Teilbarkeit des Kernkastengrundkörpers berücksichtigt. Losteile werden nicht mitgezählt, sondern zusätzlich benannt.

Beispiele:

- einteiliger Kernkasten mit drei Losteilen, nicht vierteiliger Kernkasten
- dreiteiliger Kernkasten mit zwei Losteilen, nicht fünfteiliger Kernkasten

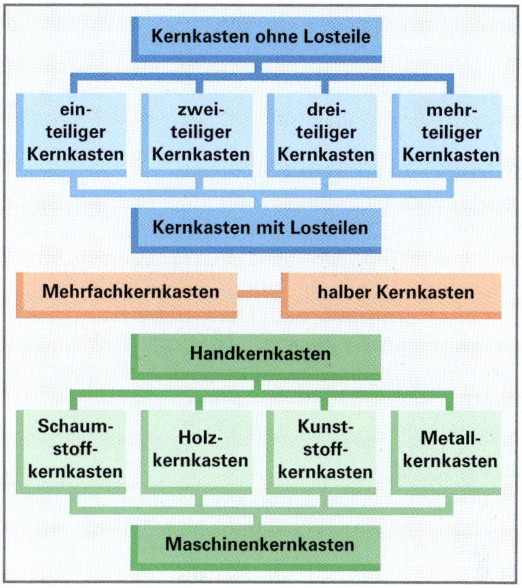

Bild 1: Übersicht zu den Kernkastenarten

Einteilige Kernkästen

Ausführung

Ein Kernkasten kann ohne Teilung ausgeführt werden, wenn sich der Kern aus ihm ausschütten lässt. Solche Kernkästen werden auch als Schüttkernkästen bezeichnet.

Vorteile

Einteilige Kernkästen liefern maßgenaue Kerne ohne Versatz durch Teilung. Sie sind stabiler und meist besser zu schießen und zu begasen.

Nachteil

Bei dem Vorgang des Ausschüttens muss der Kernkasten gewendet werden.

Anwendung

Durch das Wenden von Hand ist der Schüttkernkasten nicht für Kernautomaten geeignet. Das Wenden eignet sich ebenfalls nicht für große Kerne. Der Schüttkernkasten wird deshalb besonders für kleine und mittlere Kerne bei nicht allzu hohen Stückzahlen verwendet. Mit diesem Kernkasten wird für Holzkernkästen die optimale Maß- und Formgenauigkeit erreicht.

Arten

Bei den einteiligen Kernkästen oder Schüttkernkästen unterscheidet man den einfachen Schüttkernkasten und den Schüttkernkasten mit Einlagen.

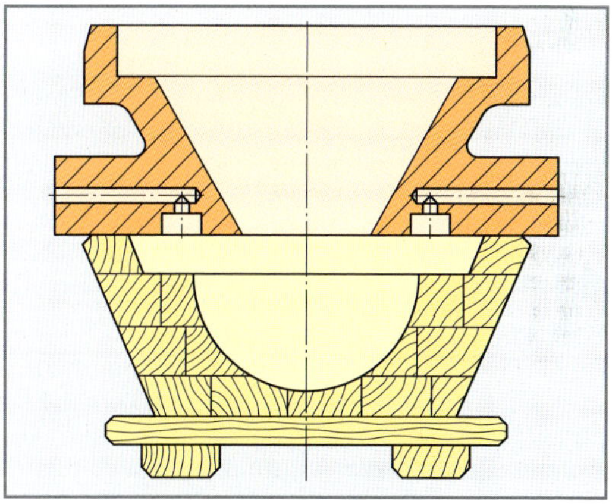

Bild 2: Füllen des Schüttkernkastens

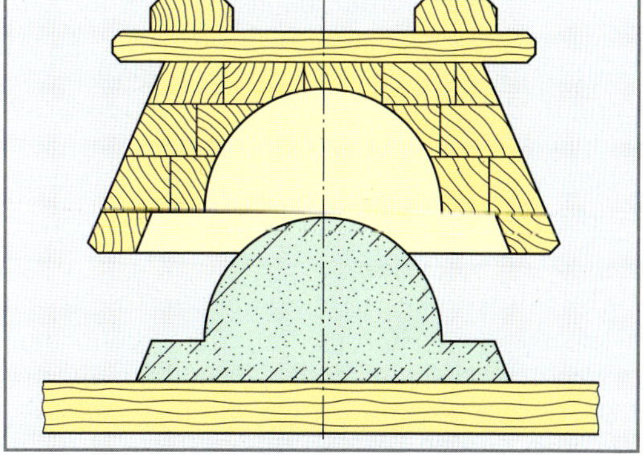

Bild 3: Entleeren des Schüttkernkastens

1

Einfache Schüttkernkästen

Formen der Kerne

Ohne weitere Änderung können folgende Körper als Kerne ausgeschüttet werden:

- Halbkugel
- Pyramide und Pyramidenstumpf
- Kegel und Kegelstumpf

Durch einen Konus werden ein Prisma in einen Pyramidenstumpf und ein Zylinder in einen Kegelstumpf umgewandelt. Ebenfalls entformbar wird der Halbzylinder durch Konus an den Stirnseiten. Kerne aus einfachen Schüttkernkästen lassen sich in solche Grundkörper zergliedern. Der Kern aus Bild 3 der vorigen Seite besteht zum Beispiel aus einem Pyramidenstumpf und einem Halbzylinder.

Kernkastenbauweise

In der Praxis werden den Kernformen bestimmte Bauweisen bevorzugt zugeordnet:

- für den Pyramidenstumpf Trichterzinkung
- für den Kegelstumpf Segmentverleimung
- für Halbkugel und Halbzylinder Massivverleimung

Aus Kostengründen werden allerdings die aufwändigen Holzverbindungen meist nicht mehr ausgeführt. Lösungen mit plattenförmigen Werkstoffen kommen daher immer häufiger zum Einsatz.

Schüttkernkästen mit Einlagen

Funktion der Einlagen

Das Prinzip des Ausschüttens kann man häufig auch bei komplizierteren Formen des Kernes beibehalten, wenn man Einlagen als Losteile verwendet. Der Kernkastengrundkörper bleibt dann ein einteiliger Kernkasten in der Form eines Pyramidenstumpfes mit einem Konus von 5° bis 8°. Aus ihm wird der Kern samt Einlagen herausgeschüttet. Diese werden dann seitlich vom Kern weggezogen. Ein Schüttkernkasten ist besonders vorteilhaft, wenn der Kern als Abdeckkern ausgeführt ist. Die große Fläche kann dann zunächst zum Einschießen und Begasen und nachher zum Abstellen beim Entformen der Losteile benutzt werden.

Kernkastenbauweise

Der Schüttkernkasten wurde früher meist mit Trichterzinkung gefertigt, heute kommt die schon erwähnte Lösung mit Plattenwerkstoffen und einfacherem Aufbau immer mehr zum Einsatz. Die Einlagen an den Seiten umfassen zweckmäßig die gesamte Seite.

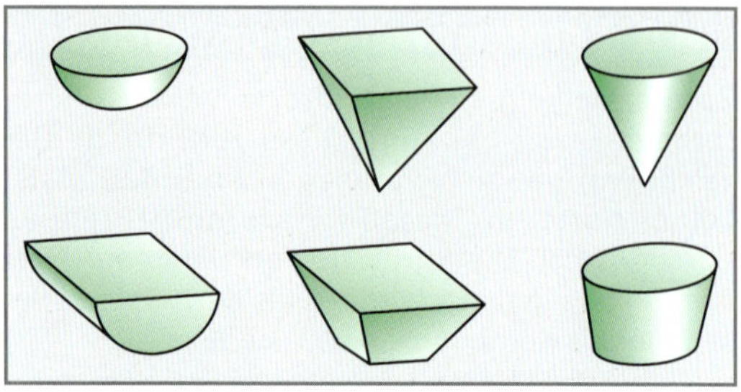

Bild 1: Grundformen für Körper, die aus dem einfachen Schüttkernkasten entformbar sind

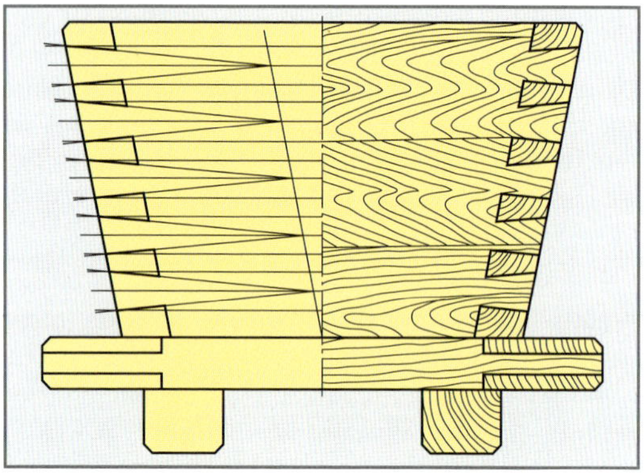

Bild 2: Trichterzinkung am Schüttkernkasten

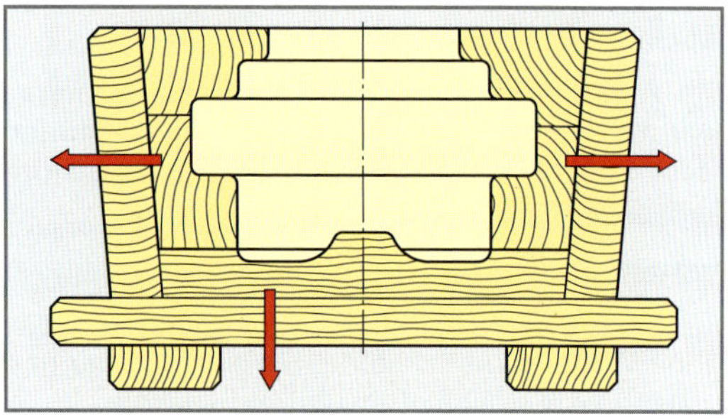

Bild 3: Schüttkernkasten mit Einlagen

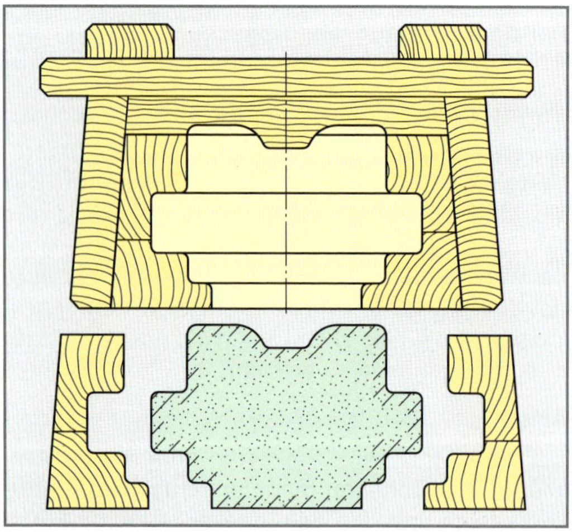

Bild 4: Schüttkern entformt

■ Aufgaben für Schüttkernkästen

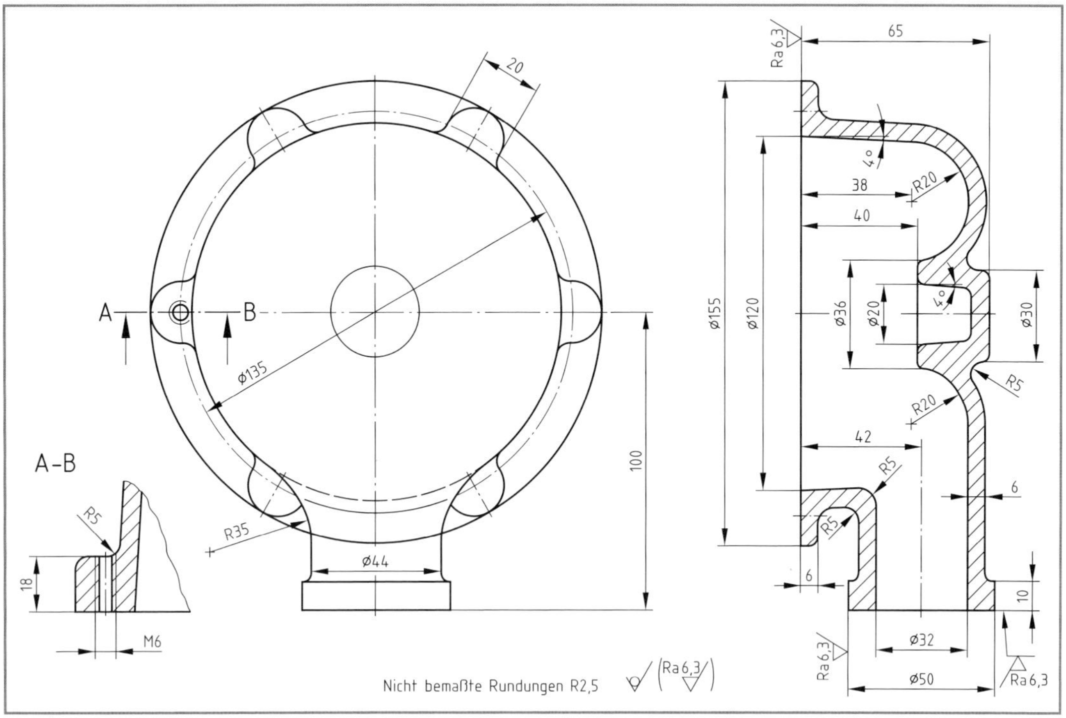

Bild 1: Fertigungszeichnung Deckel

Gießereitechnische Angaben:

- Bezeichnung des Gussstückes: Deckel
- Werkstoff des Gussstückes: AC-AlSi12S
- Gussstückzahl: 250
- Modellart: Kernmodell, einteilig, H1
- Formverfahren: Vakuumpressverfahren

Aufgabe 1:

Fertigen Sie die Modellplanung in drei Ansichten. Wählen Sie die Ansichten so, dass ersichtlich wird, wie der notwendige Außenkern und die Kernlagerung mit Durchmesser 32 mm ineinander gelagert sind. Planen Sie den Kern so, dass das Modell einteilig ist.

Aufgabe 2:

Entwerfen Sie anhand Ihrer Modellplanung und Bild 2 den Schüttkernkasten für den Innenkern. Wählen Sie die gleichen Ansichten, wie diese in Bild 3 verwendet wurden, die Draufsicht als Blick auf die Kernkastenöffnung und die Seitenansicht von links als Schnitt durch den Kernkasten. Mit einer Einlage ermöglichen Sie die Entformung des Kernteiles mit Durchmesser 32 mm.

Aufgabe 3:

Entwerfen Sie das Schrägbild des Außenkernes und konstruieren Sie den Schüttkernkasten von Bild 3 in einen dreiteiligen Kernkasten um.

Beispiele siehe Seite 126 ff.

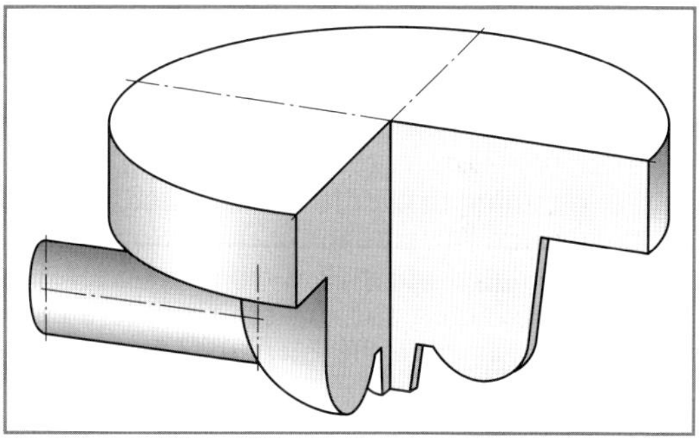

Bild 2: Schrägbild des Innenkernes

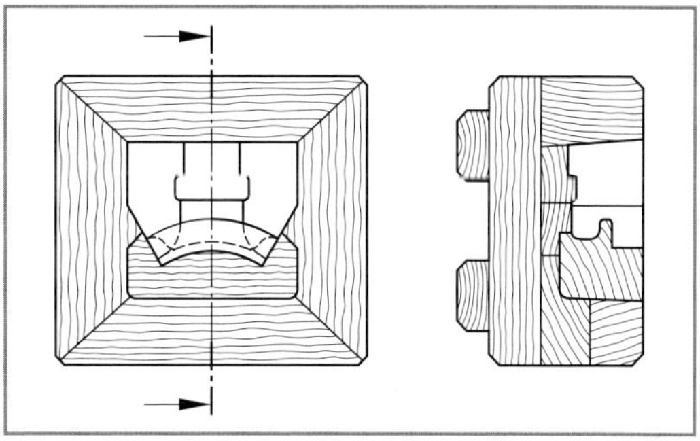

Bild 3: Schüttkernkasten des Außenkernes

Mehrteilige Kernkästen

Ausführungen

Die häufigste Ausführung des mehrteiligen Kernkastens ist der **Rahmenkernkasten.** Er wird auch als Zerfallkernkasten, Kernkasten mit losen Seiten und Boden oder als Nut- und Federkernkasten bezeichnet.

Anwendung

Der Rahmenkernkasten ist der typische Handkernkasten für große Kerne. Meist wird er direkt vom Sandmischer aus mit Kaltharzsand gefüllt und dieser leicht verdichtet. Nach dem Aushärten des Furanharz- oder Phenolharzsandes werden die losen Seiten des Kernkastens seitlich weggezogen.

Kernkastenaufbau

Die losen Seiten sind plattenförmige Bauteile. Sie werden durch Nut- und Federverbindung als Rahmen miteinander verbunden. Die aufgeleimten und aufgeschraubten Leisten sind in die Eckverbindung mit einbezogen. Sie dienen darüber hinaus noch zum Geradhalten, Verstärken, eventuellen Losschlagen und beim Boden zum Aufstellen. Schnittfugen mit einer Tiefe von 1/2 bis 2/3 der Brettdicke verhindern das Arbeiten des Holzes.

Normvorschriften

Bei Kernkästen nach Güteklasse H1 sind metallische Verschlüsse vorgeschrieben. Beispiele siehe Bilder 1 bis 4.

Eine typische H1-Ausführung ist der Schüttkernkasten und der Rahmenkernkasten, wenn dieser metallische Verschlüsse besitzt.

Verschleißstellen können mit Metall oder Kunststoff verstärkt ausgeführt sein.

Werkstoffe

Nach wie vor werden Platten aus Schnittholz verleimt. Daneben kommen immer mehr Furnierplatten zum Einsatz. Dem höheren Holzpreis stehen Einsparung von Löhnen für Zuschneiden, Verleimen und Bearbeiten entgegen. Eine noch preisgünstigere Lösung für Einzelkerne stellen Tischlerplatten, hartholzfurniert und mit Hartholzanleimern dar.

Vorteil des Rahmenkernkastens

Bei richtiger Kernkastenplanung liegt der Kern nach dem Ausschalen so, dass er ohne Wenden in die Form gesetzt werden kann. Der Kern ist mit wenig Formschräge herstellbar.

Nachteil des Rahmenkernkastens

Für den Einsatz von Serien ist die Handhabung zu umständlich.

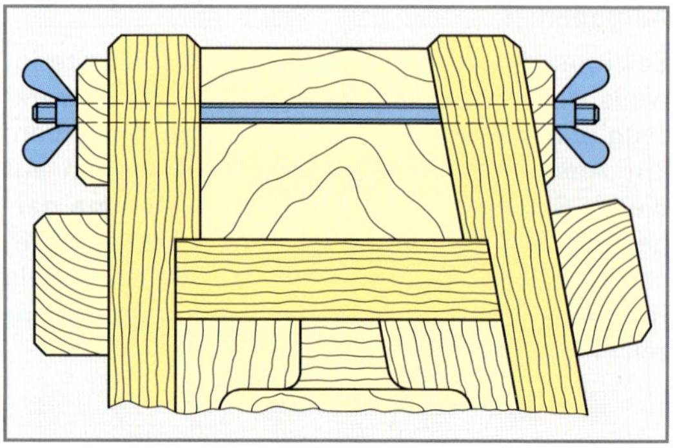

Bild 1: Gewindestangenverschluss

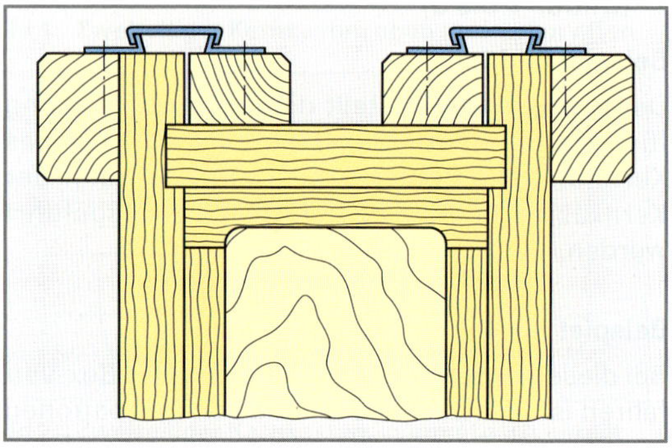

Bild 2: Schwalbenschwanzverschluss

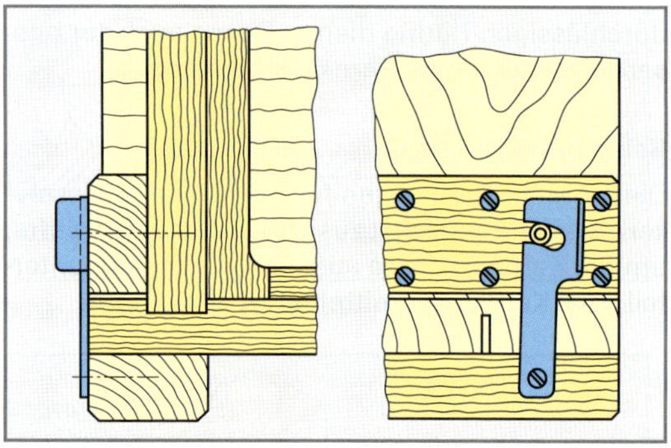

Bild 3: Überwurfverschluss

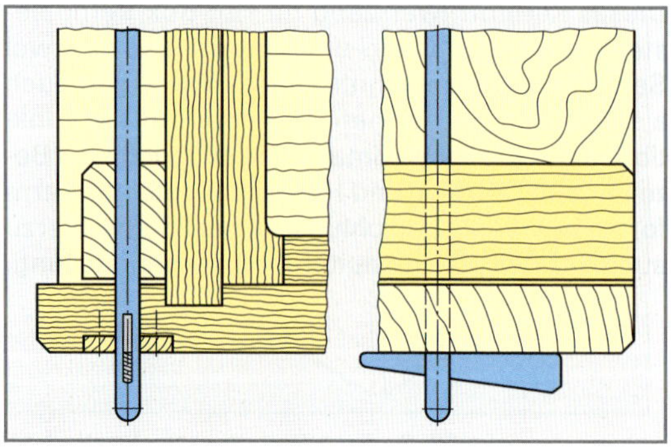

Bild 4: Keilbolzenverschluss

Beispiel Rahmenkernkasten

Gießereitechnische Angaben:

- Gussstückbezeichnung: Ständer
- Werkstoff: GJL-300
- Gussstückzahl: 5
- Modellart: Handmodell zweiteilig

Ausgehend von Fertigungszeichnung (Bild 1) und Modellplanung (Bild 2) wird der Rahmenkernkasten für einen einteiligen Kern geplant (Bild 3). Damit der Radius 30 allseitig am Kern angebracht werden kann und an der Einfüllöffnung kein spitz auslaufender Kernkastenteil entsteht, wird das Maß a mit einem Kratzer ausschabloniert.

Der Kern nach Bild 3 ist formgerecht geplant. Er kann also, ohne dass er gedreht werden muss, direkt in die Form eingesetzt werden. In große Kerne, wie sie in Rahmenkernkästen hergestellt werden, kommen zur Stabilität Kerneisen mit Anhängeösen, damit der Kranhaken zum Transport des Kernes eingehängt werden kann.

Aufgabe:

Für die einfachere Kernherstellung ist die folgende Planung eines Kernkastens vorgesehen:

- Der Kern wird in zwei „halbe Kerne" entsprechend der im Kernkasten eingezeichneten Mittellinie aufgeteilt.
- Beide Kerne werden in dieser Fläche geklebt und durch die Kernlager in der Form gehalten.
- Durch die große Einfüllfläche ist der Kernkasten leicht zu füllen und das Problem am Maß a ist vermieden.

Planen Sie den Kernkasten maschinengerecht, d.h. mit paralleler Einschussöffnung.

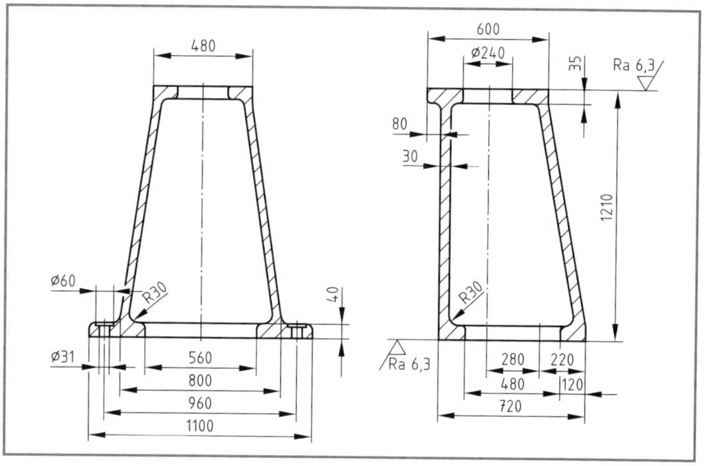

Bild 1: Fertigungszeichnung Ständer

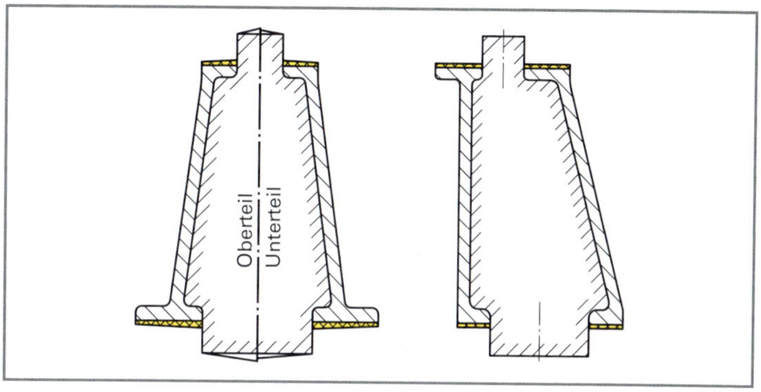

Bild 2: Planung Ständer

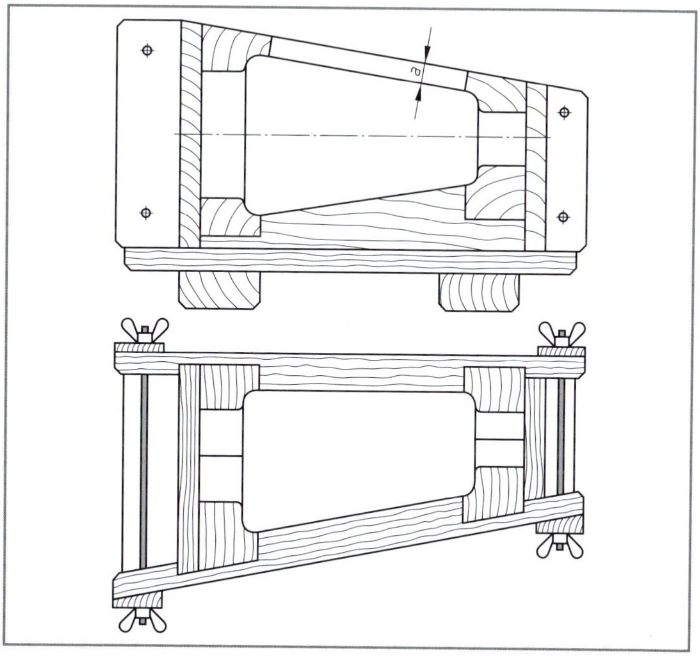

Bild 3: Lage des Kernes im Kernkasten entspricht der Formlage

Teilkernkasten für Kernteilungsmöglichkeiten

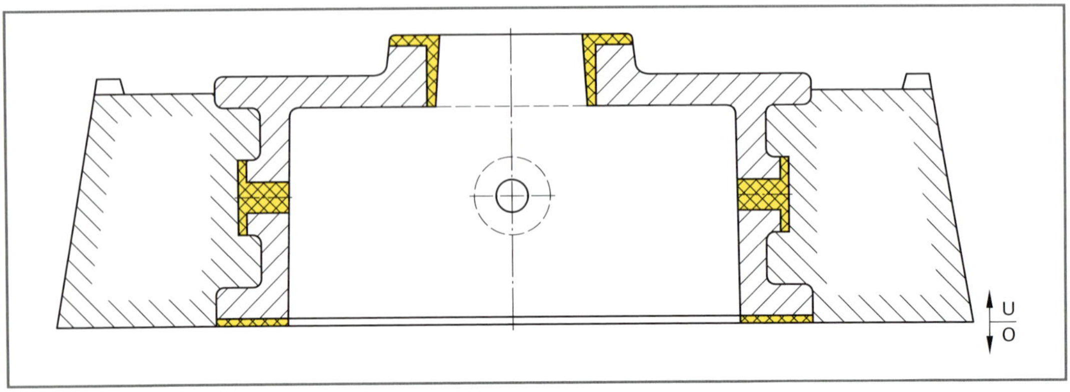

Bild 1: Modellplanungszeichnung

Insbesondere bei großen Abmessungen und kleiner Gussstückzahl werden symmetrische Kerne geteilt. Die hierfür benötigten Kernkästen werden als Teilkernkästen bezeichnet. Das Beispiel Zwischenlager dieser Seite zeigt die Modellplanung und hierzu die prinzipiellen Kernteilungsmöglichkeiten.

Das Zwischenlager hat eine symmetrische, quadratische Kernform, woraus sich die unterschiedlichen Teilungsmöglichkeiten nach Bild 2 bis 7 ergeben.

Jede Teilung hat ihre Vor- und Nachteile, wie die folgenden Beispiele zeigen.

Der **einteilige** Kernkasten ergibt keinen Kernversatz, dafür ist der Kernkasten aufwändiger, das Innenteil muss mit Losteilen ausgeführt werden. Die Aufteilung in **Viertelkerne** erfordert den geringsten Aufwand für die Kernkastenherstellung, dafür kann mehr Kernversatz auftreten und es müssen mehr Gussnähte geputzt werden.

Gießereitechnische Angaben:

- Bezeichnung des Gussstückes: Zwischenlager
- Werkstoff des Gussstückes: GJL-200
- Gussstückzahl: 6
- Formverfahren: Kaltharzverfahren
- Modellart: Hohlmodell
- Modellgüteklasse: H2
- Kernverfahren: Kaltharzverfahren
- Kernkastenart: Rahmenkernkasten

Aufgaben:

Entwerfen Sie von der Teilungsmöglichkeit, die Sie für sinnvoll halten, die Aufbauzeichnung für einen Teilkernkasten. Er soll als Rahmenkernkasten in zwei Ansichten gezeichnet werden (Vorderansicht: Blick auf den Kernkasten, Seitenansicht: Schnitt durch Mitte). Die Maße sollen entsprechend dem eigenen Entwurf von Fertigungszeichnung und Modellplanungszeichnung gewählt werden.

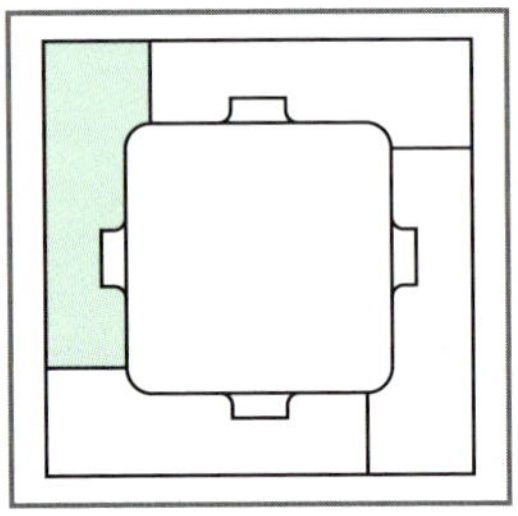

Bild 2: Kern 4/4 versetzt geteilt

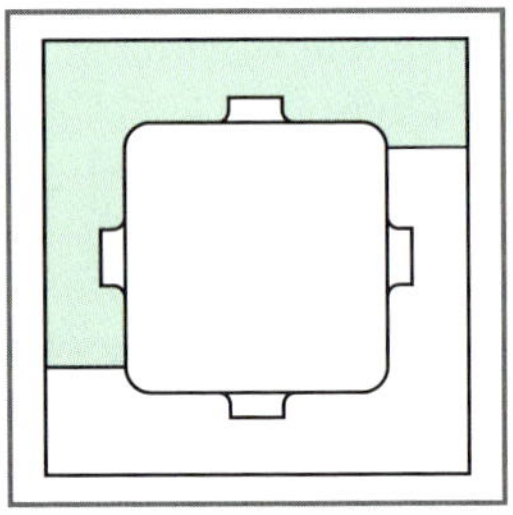

Bild 3: Kern 2/2 versetzt geteilt

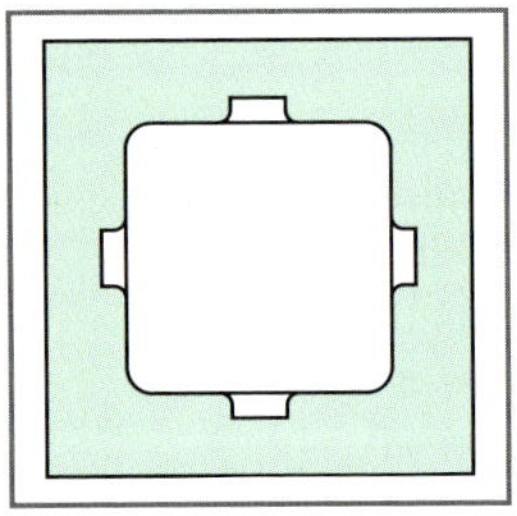

Bild 4: Kern ungeteilt

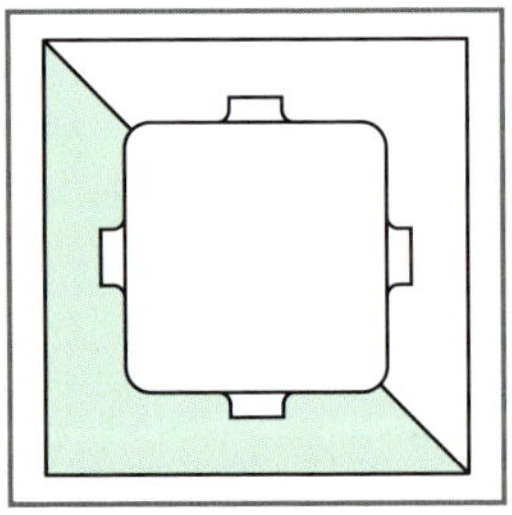

Bild 5: Kern 2/2 diagonal geteilt

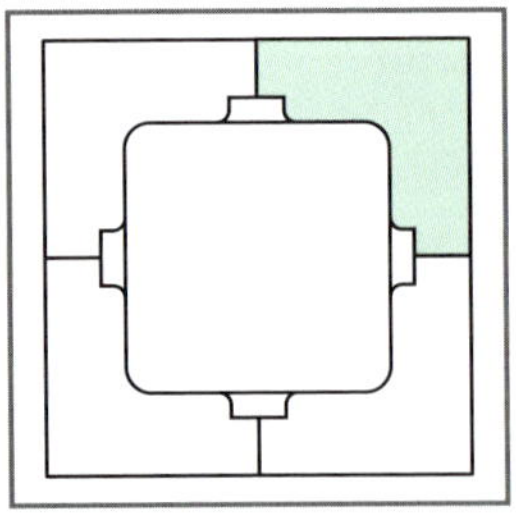

Bild 6: Kern 4/4 mittig geteilt

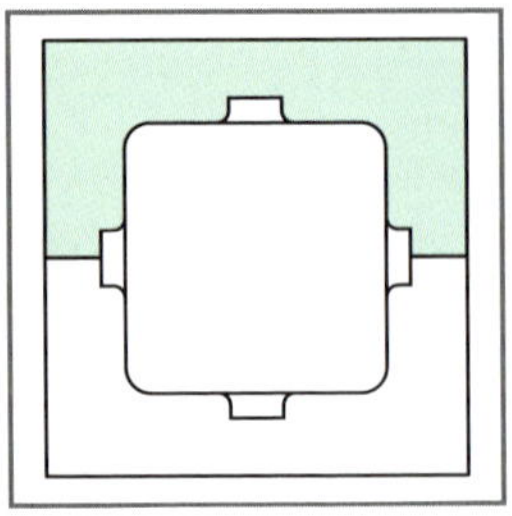

Bild 7: Kern 2/2 mittig geteilt

Losteile am Kernkasten

Vergleich mit Modell-Losteilen

Losteile am Kernkasten werden ähnlich den Losteilen am Modell nicht bei der Teilung mitgezählt:

- Ein Schüttkernkasten bleibt trotz Einlagen ein einteiliger Kernkasten.
- Ein vertikal geteilter Kernkasten mit losem Boden sowie einem vorderen und hinteren Losteil bleibt ein dreiteiliger Kernkasten.

Vor- und Nachteile entsprechen ebenfalls denen am Modell. Durch unterschiedlichen Sitz im Kernkasten bei den einzelnen Losteilarten sind sie jedoch unterschiedlich stark ausgeprägt.

Losteilarten

Stecker

Der Stecker ist ein Losteil, das durch den Kernkasten hindurch nach außen zu einem Handgriff verlängert wurde. Stecker werden von Hand gezogen. Bild 1 zeigt einen solchen Kernkasten mit Stecker.

Schieber

Der Schieber hat die gleiche Funktion wie der Stecker, die Bezeichnung wird jedoch bei Metallkernkästen angewendet. Diese Losteile werden durch besondere Vorrichtungen der Kernschießmaschine, wie z.B. Pneumatikzylinder, gezogen. Maximal können ein Schieber nach oben und je einer nach zwei einander gegenüber liegenden Seiten gezogen werden.

Einlegering

Umlaufende Hinterschneidungen können im Kernkasten durch einen Einlegering entformbar gemacht werden. In dem Beispiel der Bilder 2 und 3 wird der Kern durch Auseinanderfahren der beiden Kernkastenhälften entformt. Der **zweiteilige Einlegering** wird dann nach unten seitlich vom Kern weggezogen.

Brücke

Teile, wie Augen, Flansche und Kernmarken, die in der Einfüllöffnung des Kernkastens liegen, müssen gehalten werden. Damit nicht die gesamte Einfüllöffnung verdeckt wird, geschieht diese Befestigung durch eine Leiste, die als Brücke bezeichnet wird. Das Herausziehen der daran befestigten Teile wird dadurch erleichtert. Bei Kernkästen, die für das Schießen bestimmt sind, muss die Brücke entweder versenkt sein oder der Kern wird in zwei halbe Kerne geteilt. Der Kernkasten für den halben Kern ist dann ein Maschinenkernkasten, z.B. ein dreiteiliger.

Einlagen

Am Schüttkernkasten werden großflächige Losteile als **Einlagen** bezeichnet.

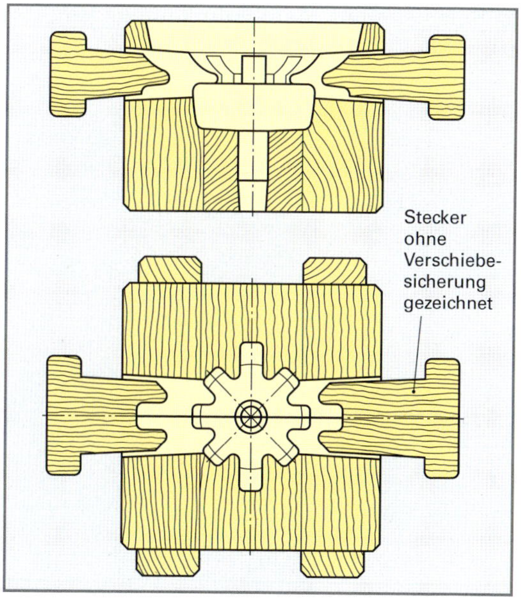

Bild 1: Kernkasten, zweiteilig mit zwei Steckern für Haube zum Absperrventil

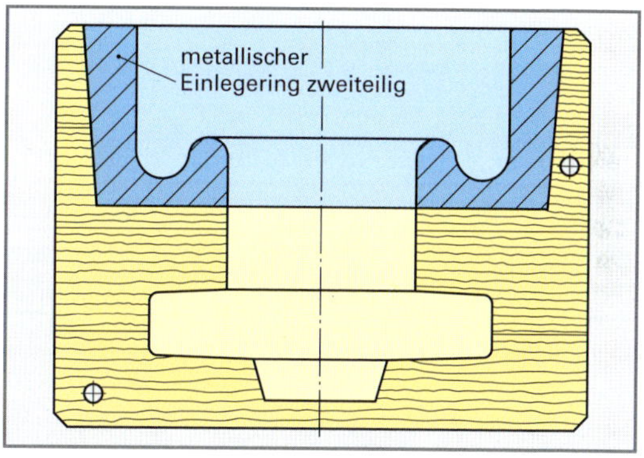

Bild 2: Kernkasten mit Einlegering

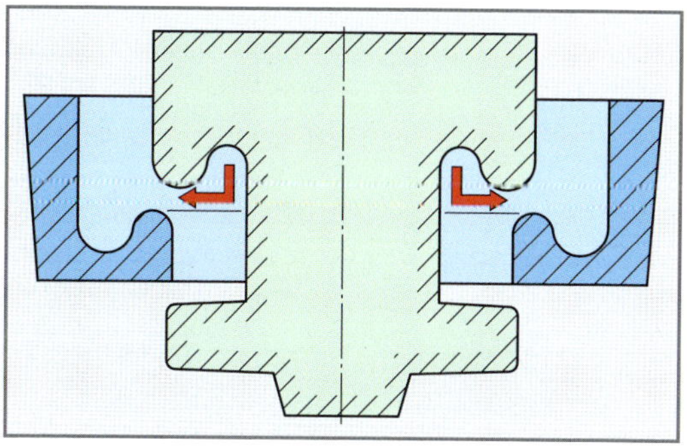

Bild 3: Entformen des Einlegeringes vom Kern

1

Beispiel eines Metallkernkastens für Gasbeheizung (Croning-Massivkern)

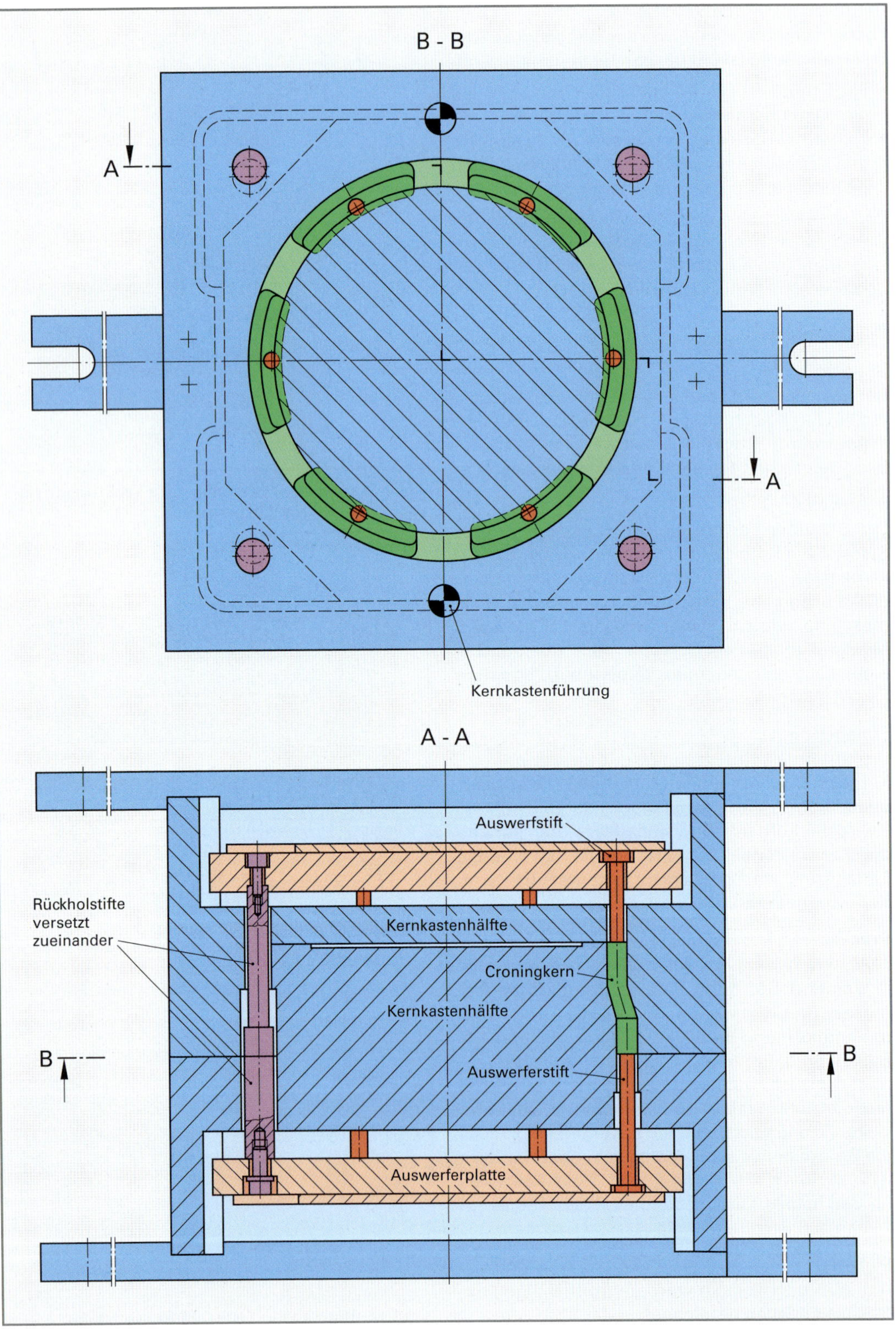

Entwicklung und Konstruktion eines pneumatisch gesteuerten Kernformwerkzeugs

Das Kernformwerkzeug dient zur Herstellung von gleichzeitig acht Cold-Box-Kernen für Pumpengehäuse. Zur automatischen Entformung der Kerne mit Hinterschneidung wurde vom Modell- und Formenbau ein pneumatisch gesteuertes Kernformwerkzeug entwickelt. Nach dem Kernschießen öffnet sich die Haltevorrichtung an der Hinterschneidung und gibt den Kern frei. Durch die automatische Entformung wird ein wesentlich effektiverer Produktionsablauf mit kürzeren Taktzeiten erreicht.

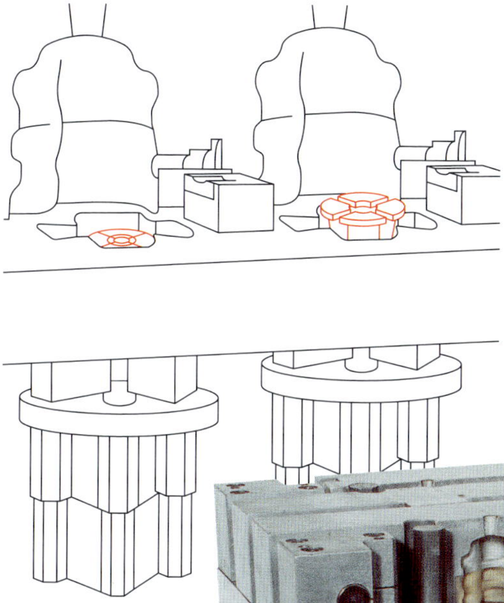

Bild 1: Kernformwerkzeug für acht Cold-Box-Kerne

Wiederholungsfragen zu Kernformwerkzeuge

1. In welchen Anwendungen ist es üblich ein Kernformwerkzeug als Kernkasten zu bezeichnen?
2. Beurteilen Sie den Schüttkernkasten nach seiner Verwendung a) an Maschinen, b) für Großkerne, c) für Außenkerne.
3. Warum ist der oben und unten offene zweiteilige Kernkasten an der Kernschießmaschine besonders geeignet?
4. Welche Aufgabe hat der Boden bei einem dreiteiligen Kernkasten?
5. Welche Vorschriften sind für einen Rahmenkernkasten der Güteklasse H1 anzuwenden?
6. Nennen Sie sechs Losteilarten am Kernkasten.
7. Welchen Zweck hat ein doppelter Kernkasten?
8. Wie kann ein halber Kernkasten zur Herstellung von Hohlkernen eingesetzt werden?
9. Beschreiben Sie die Herstellung eines Epoxidharz-Kernkastens mit Oberflächenguss und Metallunterbau.
10. Wodurch unterscheiden sich Hand- und Maschinenkernkasten?
11. Beschreiben Sie die Funktion des auf dieser Seite abgebildeten Kernformwerkzeugs!

1

Kernentlüftung

Notwendigkeit der Gasabfuhr

Der von der Schmelze umgebene Kern entwickelt Gase. Diese können bei genügender Gasdurchlässigkeit des Formstoffes vom Kern selbst über die Kernlagerung und die Form ins Freie gelangen. Häufig wird darüber hinaus keine zusätzliche Kernentlüftung benötigt.

Voraussetzungen für Kernentlüftung durch den Formstoff

- Optimale Korngröße des feuerfesten Bestandteiles. Vermeidung von staubfeinen Anteilen.
- Durch hohe Bindefähigkeit des Kunstharzbinders kann dessen prozentualer Anteil niedrig gehalten werden.
- Gleichmäßige Verdichtung durch Schießen.
- Kernlager müssen dicht sein, ein Metallspiegel verhindert Gasdurchgang.
- Die Kernlager, also die Übergangsstellen vom Kern zur Form, müssen genügend groß sein.
- Kernlänge und Kernvolumen dürfen im Verhältnis zur Kernlagerung nicht zu groß sein.

Zusätzliche Kernentlüftung

Wenn die oben angeführten Voraussetzungen nicht zutreffen, muss zusätzlich entlüftet werden. Dies kann mit den folgenden Möglichkeiten erfolgen:

- Luftstechen nach dem Schießen vor dem Härten. Die entstandenen Kanäle begünstigen auch das Härten durch Begasen. Diese Möglichkeit ist am einfachsten, deshalb am häufigsten.
- Einlegen von Luftspießen nach Bild 2 vor dem Schuss in dafür vorgesehene Bohrungen. Die Einschussöffnungen sind so zu legen, dass der Sand nicht unmittelbar auf die Spieße prallt. Durch Ziehen entstehen die Luftkanäle.
- Einlegen von Luftschläuchen aus Geweben (Bild 1). Sie sind nicht geeignet für das Schießen, da sie zusammengedrückt werden.
- Bei Großkernen werden Koksfüllungen benutzt (Bild 3).

Die angeführten Möglichkeiten für zusätzliche Kernentlüftung sind kostenintensiv. Sie werden deshalb bei kleinen und mittleren Kerngrößen durch oben aufgeführte Voraussetzungen wie optimale Formstoffe vermieden.

Bei Großkernen können zusätzliche Maßnahmen der Kernentlüftung jedoch notwendig werden.

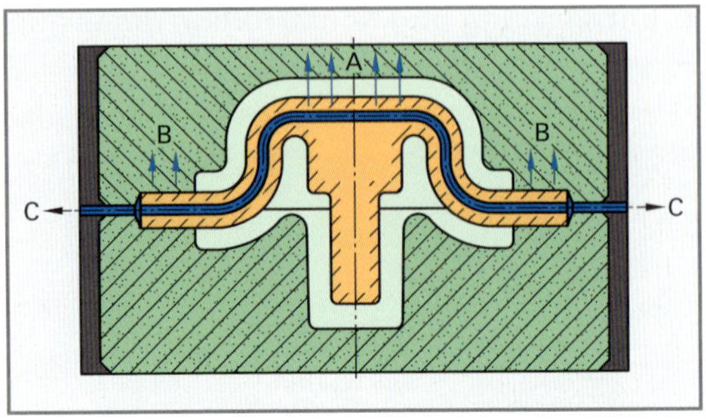

Bild 1: Schwierige Kernentlüftung: Gefahr der Gasblasenbildung bei A, Kernentlüftung über Kernlager B ungenügend, deshalb zusätzliche Entlüftung mit Gewebeschlauch nach C

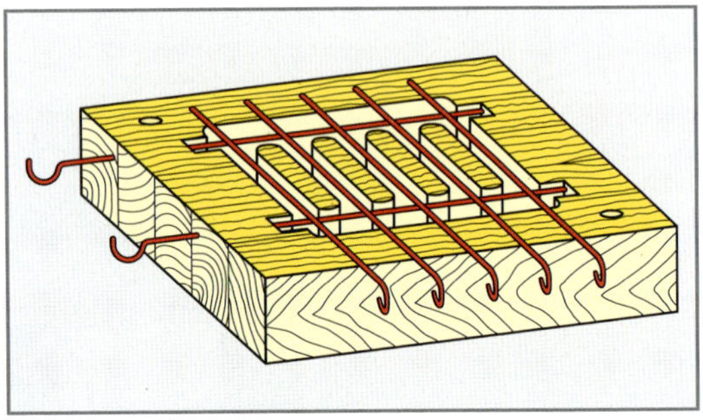

Bild 2: Luftabführung durch Kanäle, erzielt durch eingelegte Luftspieße, die gezogen werden

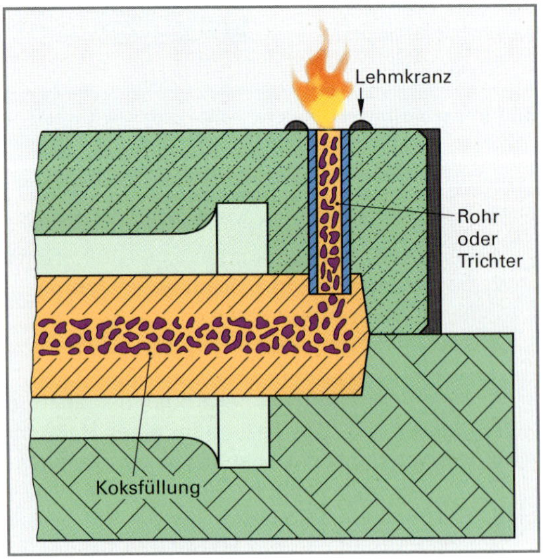

Bild 3: Bei großen Kernen erleichtern Koksfüllungen die Luftabfuhr. Die Luft wird durch ein Rohr im Oberteil geführt. Der Lehmkranz verhindert das Einlaufen von flüssigem Metall.

Kernarmierungen

Auf den Kern wirkt vor dem Gießen sein Eigengewicht und während des Gießens der wesentlich größere Auftrieb, vermindert um sein Gewicht. Diese Kräfte können bei größeren Kernen zu Durchbiegung und Bruch führen. Um dies zu vermeiden, müssen solche Kerne eine Armierung (Verstärkung) erhalten. Art und Größe der Armierung sind abhängig von Kerngröße und Kernlagerung.

Möglichkeiten

- Zur Verstärkung dünner Querschnitte an kleineren Kernen genügen Sandstifte.
- Bei größeren einfachen Kernen können nachträglich Rundstäbe eingeschoben werden.
- Für schwierigere Kernformen müssen Rundstäbe gebogen werden (Bild 1).
- Bei Großkernen werden sogenannte Kerneisen im offenen Herdguss hergestellt. In das Kerneisen können Metallstäbe zur weiteren Armierung und Tragösen zum Anhängen des Kernes an den Kran eingegossen werden (Bilder 3 und 4).

Einlegen in den Kernkasten

Bei Handkernkästen kann eine Kernarmierung nach Bild 1 während der Kernherstellung eingelegt werden. Bei Kernkästen für das Kernschießen müssen erforderliche Kernarmierungen entweder vorher eingelegt oder nachher eingeschoben werden. Bei Formen wie in Bild 2 kommt nur das vorherige Einlegen in Betracht. Die Hauptarmierung ist für den dünnen Verbindungsquerschnitt notwendig. Sie ist im Kernkasten in einer Halterung gelagert. Diese wird nach dem Schießen abgezogen. Die drei Teile der Armierung sind nicht miteinander verschweißt, um die Arbeit in der Gussputzerei nicht zu erschweren. Kerben und Klemmung ergeben die Lage der drei Einzelteile.

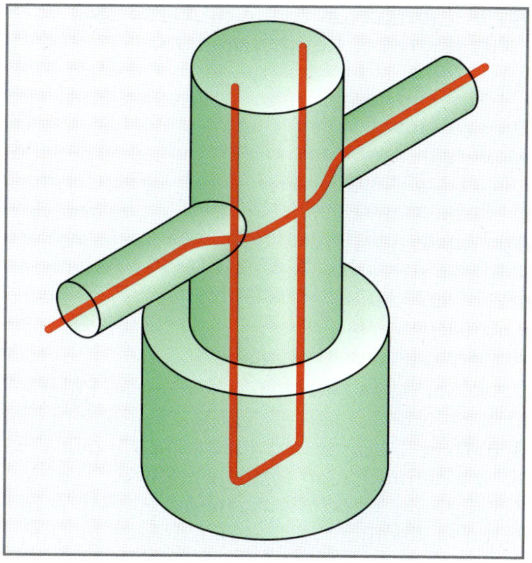

Bild 1: Kernarmierung aus gebogenem Draht

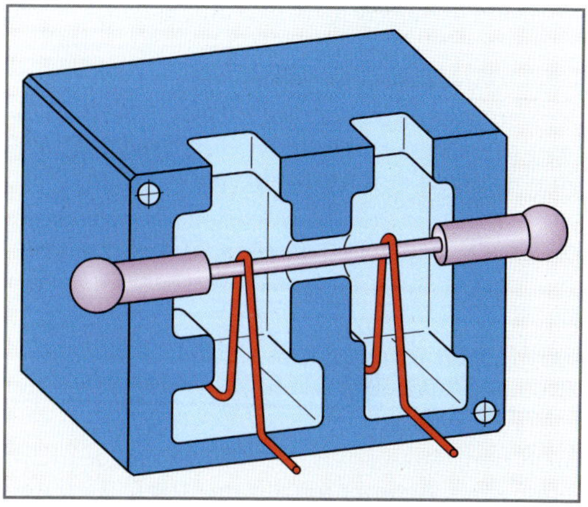

Bild 2: Kernarmierung mit Lagerung im Kernkasten

Bild 3: Gießen von Kernarmierungen im offenen Herdguss

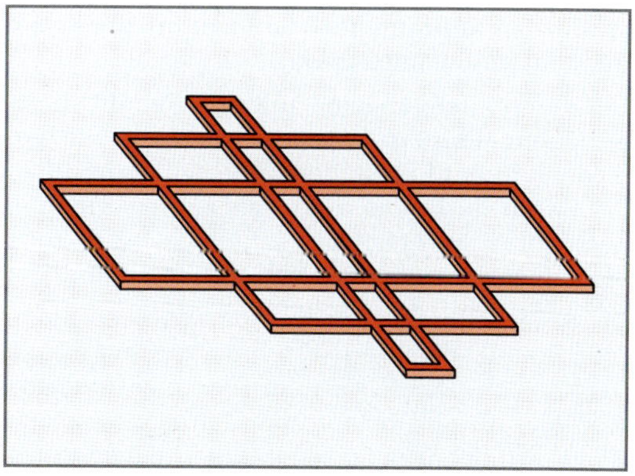

Bild 4: Kernarmierung durch im offenen Herdguss gegossene Kerneisen

1

Fertigungswerkzeuge für verkettete Systeme der Kernherstellung

Allgemeines

Aus wirtschaftlichen Gesichtspunkten ist die moderne Kernfertigung automatisiert und die einzelnen Arbeitsgänge sind meist durch Computer-Programme miteinander verbunden. Man bezeichnet dies als verkettetes System der Kernherstellung. Das **VDG-Merkblatt M10** enthält hierzu Grundlagen und Checklisten.

Kernfertigungswerkzeuge

Ein durch Daten verkettetes System der Kernherstellung umfasst alle Werkzeuge, Vorrichtungen, Schablonen, Lehren und Kontrollinstrumente, die für die Kernfertigung erforderlich sind. Dies sind Kernformwerkzeug (Kernkasten), Kernentgratvorrichtung, Kernbohrvorrichtung, Kernträger, Kernklebe-, Kernmontagevorrichtung, Kerngreifer, Kernschlichteeinrichtung, Kerntrockenschalen, Kernlagerung, Kernübernahmelehre, Kernkastenreinigung und Kernkastenerprobung.

Kernfertigungsprozess (Beispiele)

Der wichtigste Teil und Beginn eines verketteten Kernfertigungsprozesses ist die **Kernschießstation** mit dem **Kernformwerkzeug**.

Bild 1 zeigt ein solches Werkzeug komplett mit **Einschussplatte** und **Begasungsplatte.** Diese beiden Platten kommen jeweils wechselseitig zum Einsatz.

Das Kernformwerkzeug weist außerdem beidseitig ein **Auswerfersystem** zum Entformen der Kerne auf.

Nach dem Auswerfen des Kerns wird der Kern durch einen **Roboter mit aufgesetztem Kerngreifer** aufgenommen und zu den einzelnen Stationen wie Putz-, Entgrat-, Schlichte-, Aufbau- oder Einlegestation gebracht. Bild 2 zeigt z. B. eine **Putzstation**, in welcher der Teilungsgrat durch ein Bürstensystem entfernt wird.

Der Kerngreifer von Bild 3 mit zwei Paar PU-Greiferbacken nimmt gleichzeitig zwei Kerne auf, legt diese auf dem Putzstationsunterteil ab und hält die Kerne durch die aufgeschraubten Stangen nach unten. Im Anschluss schiebt sich das Putzstationsoberteil über das Kernformwerkzeug.

Der Kerngreifer von Bild 4 entnimmt einen Saugrohrkern aus dem Kernkasten und spannt diesen hydraulisch. Danach erfolgt eine elektronische Abfrage, ob der Kern vorhanden ist. Anschließend wird der Kern an einem federnd gelagerten Stahlstift durch den Roboter am umlaufenden Gratbereich entlanggeführt.

Bild 1: Serien-Kernkasten für Fahrwerksteil

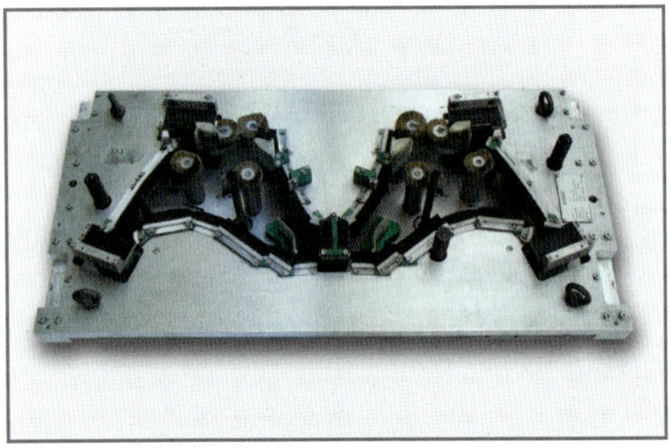

Bild 2: Putzstation für Kerne zum Fahrwerksteil

Bild 3: Kerngreifer für zwei Kerne

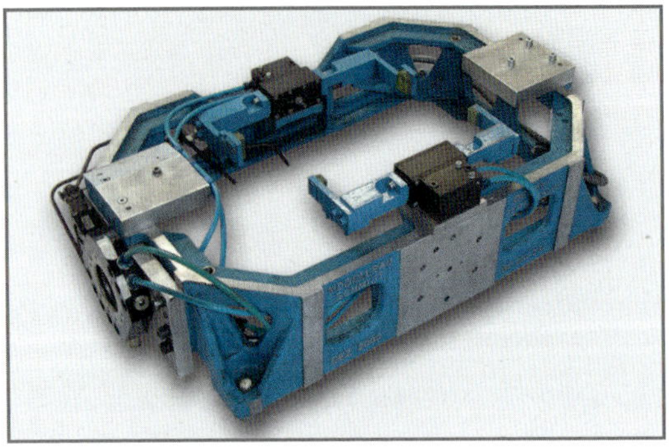

Bild 4: Kerngreifer für Saugrohrkern

1.5 Europäische Normen und VDG-Merkblätter im Modellbau

1.5.1 Übersicht über die neuen Europäischen Normen

Die **DIN EN 12890** ersetzt die **DIN 1511** und ist auf den folgenden Seiten beschrieben.

Zusätzlich zu dieser Norm über Modelleinrichtungen zur Herstellung von Sandformen sind zwei neue Gießereinormen entstanden:

- Die **DIN EN 12883** befasst sich mit Einrichtungen für das Herstellen von verlorenen Modellen für das Wachsausschmelzverfahren.
- Die **DIN EN 12892** befasst sich mit Einrichtungen für das Herstellen von verlorenen Modellen für das Feingießen.
- Die **DIN EN 12890** ist mit 29 Seiten wesentlich umfangreicher wie die ehemalige DIN 1511, obwohl die Güteklassen H1a, S1, S2 und S3 nicht mehr Bestandteil dieser Normung sind. Da neben der EN 12890 noch VDG-Merkblätter existieren, wird die Bezeichnung S1, S2 und S3 in der Praxis weiterbestehen.

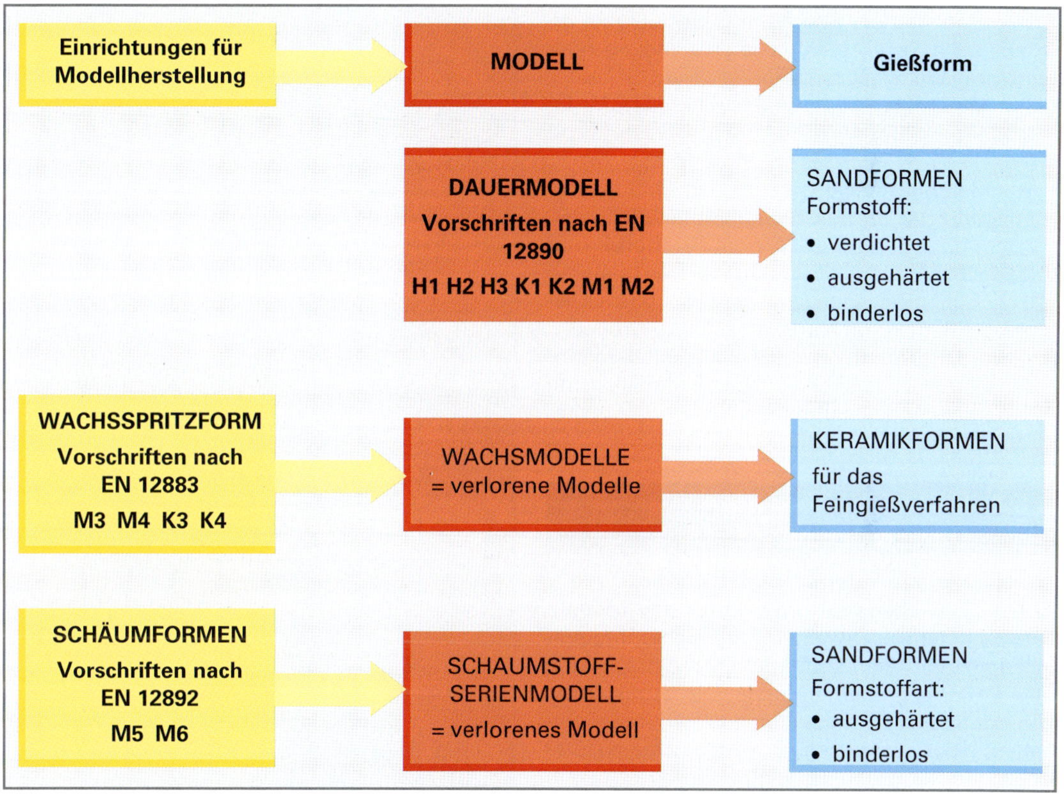

Bild 1: Übersicht über die Europäischen Normen für Gießerei-Produktionseinrichtungen

1.5.2 Systematik der Werkstoff-Güteklassen

Aus der Bezeichnung z.B. H1 lässt sich der Modellwerkstoff (beim Beispiel H – Holz) und die Güteklasse erkennen. In der Reihenfolge 3 → 2 → 1 weist der Zahlenteil auf steigende Güte in der Ausführung hin (siehe Bild 2).

Gütemerkmale für die bessere Güteklasse sind geringere Toleranzen, geeignetere Werkstoffe, stabilere Ausführung und formgerechtere Ausführung.

Bild 2: Bezeichnung einer Werkstoff-Güteklasse nach DIN EN 12890

1

1.5.3 VDG-Merkblätter

Mit einbezogen in das System der zuvor beschriebenen Werkstoff-Güteklassen sind die VDG-Merkblätter (VDG = Verein Deutscher Gießereifachleute). In diesen werden auch weiterhin die Güteklassen für Schaumstoffmodelle S1, S2 und S3 benutzt.

Unter den 18 VDG-Merkblättern, welche speziell für Modelle und metallische Dauerformen verfasst wurden, sind unter anderen erwähnenswert:

- Das **Merkblatt M7** *Einkauf von Modelleinrichtungen* soll bei der Festlegung der optimalen Güteklasse helfen. Wie die Bilder 1 und 2 zeigen, kann die Entscheidung aufgrund der zu erwartenden Abformungszahl, der Schwierigkeit der Modellkontur und den zu akzeptierenden Modellkosten getroffen werden. Eine hohe Gussstückzahl erlaubt auch die wirtschaftliche Verwendung einer teureren Modelleinrichtung.
- Das **Merkblatt M4** *Polystyrolschaumstoffe im Modellbau* informiert über den Werkstoff von Modellen der Güteklasse S1, S2 und S3.
- Das **Merkblatt M150** *Gießereitechnische Zeichnungen* zeigt die Regeln für Modellplanungszeichnungen und andere in Gießerei und Modellbau typische Zeichnungen. Den gießereitechnischen Zeichnungen dieses Fachbuches liegen die Regeln von Merkblatt M150 zu Grunde.
- Weitere Merkblätter befassen sich mit dem Modellanstrich, mit der Lagerung von Modellen, mit Kunstharzmodellbau mit CAD-CAM und weiteren Teilgebieten.

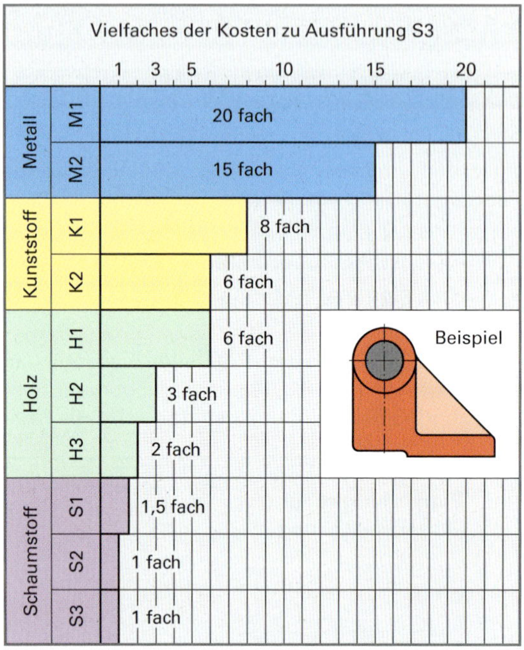

Bild 1: Übersicht über die Werkstoff-Güteklassen. Kostenvergleich zur billigsten Ausführung, dargestellt an einem speziellen Modell

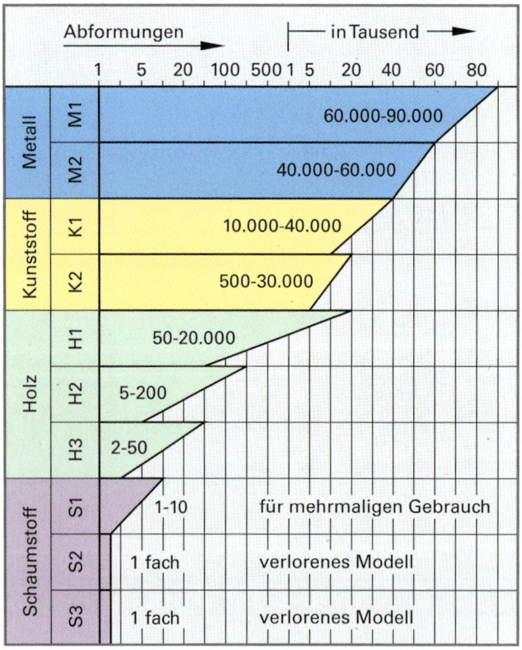

Bild 2: Übersicht über die Werkstoff-Güteklassen Mögliche Abformzahlen nach VDG-Merkblatt M7:
Hohe Stückzahl bei kleineren Modellen mit flacher Kontur (z. B. H1 20 000 Abformungen)
Geringe Stückzahl bei großen Modellen mit komplizierter Kontur (z. B. H1 50 Abformungen)

1.5.4 Übersicht über die DIN EN 12890

Als Nachfolgerin der DIN 1511 ist die DIN EN 12890 die wichtigste Normung für den Modellbauer. Sie ist wesentlich umfangreicher und enthält damit vor allem umfangreichere Vorschriften über verlangte Gütemerkmale. Die Güteklassen H1a, S1, S2 und S3 sind einerseits nicht mehr enthalten, jedoch anderseits um zugeordnete Güteklassen für Kernkästen erweitert worden.

Auch organisatorische Maßnahmen zur Qualitätssicherung sind umfangreich angegeben.

Wichtige Stichpunkte aus dem Inhalt:

- Güteklassen und deren Gütemerkmale
- Begriffe
- Bestellangaben und Lieferbedingungen
- Qualitätspüfung
- Schwindmaße
- Formschrägen
- Maßtoleranzen
- Erforderliche Bearbeitungszugaben
- Kernmarkenspiele

1.5.5 Neue Inhalte der DIN EN 12890 gegenüber der DIN 1511 – allgemein

Für den Besteller, der nicht immer der Gießereifachmann ist, sind die für eine Modellbestellung notwendigen **Begriffe** (Tab. 1) erläutert. Diese sind von besonderer Bedeutung, wenn die Guss- und Modellbestellung zwischen verschiedenen EU-Staaten abgewickelt wird.

Einen breiten Raum nimmt das Kapitel **Bestellangaben und Lieferbedingungen** ein. Die umfangreiche EN 12890 ermöglicht zwischen dem Besteller und dem Hersteller der Modelleinrichtung außer Gütemerkmalen noch zahlreiche weitere **Vereinbarungen** (Tab. 2) zu treffen.

Auch der **Qualitätsprüfung** ist ein Abschnitt gewidmet. Aus diesem ist zu entnehmen, dass der Modellbauer einen schriftlichen Nachweis über seine Maßnahmen zur Qualitätslenkung zu führen hat. Solche Maßnahmen sind Arbeitsvorbereitung, Vertragsüberprüfung, Maßprüfung und Vervollständigung der Maßprotokolle, Kennzeichnung, Überprüfung der Aufnahmevorrichtungen.

Es wird empfohlen nach einem Qualitätssicherungssystem entsprechend **EN ISO 9001, 9002 bzw. 9003** vorzugehen.

Eine Modelleinrichtung muss eine Werkstoff-Güteklasse erhalten.

H1a und die Schaumstoffgüteklassen sind weggefallen.

Neu ist eine **Zuordnung von Kernkastengüteklassen zu der Modellgüteklasse.** Diese Neuerung zeigt besonders die Mitwirkung weiterer EU-Staaten an der neuen Modellbaunorm. Die Zuordnung von Kernkastengüteklasse zu Modellgüteklasse kann aus der Tabelle der nächsten Seite entnommen werden.

Die **Gütemerkmale** sind umfangreicher geworden und werden im Kapitel *Gütemerkmale nach DIN EN 12890* behandelt.

Die **Bezeichnung der Güteklasse** der gesamten Modelleinrichtung muss in der Zeichnung und den sonstigen Dokumenten die Nummer der Europäischen Norm und die Güteklasse enthalten z. B.: DIN EN 12890 – H1.

Die **Kennzeichnung der Modelleinrichtung** muss daucrhaft und lesbar markiert sein. Die Kennzeichnung kann folgende Angaben enthalten:

Modellkennung, Zeichnungsnummer, Teilenummer, Kennung des Bestellers, Datum, Werkstoff usw.

Auch über Änderungen, Reparatur und Ausbesserung sowie Schutz und Verpackung für Transport und Verpackung wurden kleine Abschnitte aufgenommen.

Begriffe nach Normblatt DIN EN 12890 (Auszug)
• **Güteklasse** Klassifizierungssystem, das den an Herstellung und Verwendung Beteiligten Kenntnisse über deren Eigenschaften vermittelt.
• **Sandform** Ein oder mehrere zusammengebaute Teile aus hitzebeständigem Sand (z. B. Quarz- oder Zirkonsand), die in der Regel die Innenflächen eines Gussstückes bilden und nach dem Gießen nicht wiederverwendbar sind.
• **Sandkern** Gesamtheit der Bauteile, die erforderlich sind, um die einwandfreie Herstellung einer Form sicherzustellen.
• **Formschräge** Festgelegte Abschrägung oder festgelegter Winkel an bestimmten Flächen von Modellen oder Kernkästen zur leichteren Entnahme des Modells aus der Form oder des Kerns aus dem Kernkasten.
• **Spiel** Festgelegter Spielraum, der an bestimmten Flächen von Modellen oder Kernkästen vorgesehen ist, um den Zusammenbau der Form und/oder des Kerns zu erleichtern. Zusammenbau der Form und/oder der Kerne erleichtern Modelleinrichtung.

Tabelle 1: Begriffe nach DIN EN 12890 (Auszug)

1. Vereinbarungen bis zur Annahme der Bestellung und/oder
2. Verbindliche Angaben in Anfrage und Bestellung
(1. und 2. zum Teil unterschiedlich)
• Gusswerkstoff und deren Kennzeichnung • Form- und Kernherstellungsverfahren • Kennzeichnung der Modelleinrichtung • Modell-, Form- und Kernteilungslinien • Maße und Lagen von Anschnitten und Speisern • Gussstückzahl • Schwindmaß • Bearbeitungszugabe • Formschrägen • Maßtoleranzen, Spiele • Umfang und Art der Qualitätsprüfung • Geforderte Prüfung und Dokumente • Schutz und Verpackung für Transport und Lagerung • Modellgüteklasse und Werkstoffe • Lieferdatum

Tabelle 2: Vereinbarungen nach DIN EN 12890 (Auszug)

Für die einzelnen Güteklassen wurden die **Gütemerkmale** dem technischen Fortschritt entsprechend erweitert und verbessert. Beispiele hierfür sind die Ausführungen über Aushebeeinrichtungen und die Kernmarkenspiele.

Eine detaillierte Tabelle über **Formschräge** wurde ebenfalls aufgenommen.

1.5.6 Neue Inhalte der DIN EN 12890 gegenüber der DIN 1511 – güteklassenabhängig

Neben den schon aus der früheren DIN 1511 bekannten güteklassenabhängigen Gütemerkmalen sind in der neuen DIN EN 12890 zusätzliche Tabellen aufgenommen worden, die weitere Unterteilungen aufweisen.

Charakteristische Merkmale von Modellen und Modelleinrichtungen werden in einer Tabelle aufgelistet, die neben der Einteilung in Güteklassen noch die Formart, z. B. Hand- oder Maschinenformerei, und Gussstückzahlen berücksichtigt. Entsprechend wurden folgende Merkmale zusätzlich neu festgelegt:

- **Maximale Dauer der Lagerbeständigkeit,** ohne dass eine wesentliche Ausbesserung stattfindet, zwischen einem Jahr und zehn Jahren.
- **Oberflächenbearbeitung** wird vorgegeben. Bei Holzmodellen erfolgt dies durch die Festlegung einer Korngröße von 60 bis 100 des Schleifpapiers. Bei den Kunststoff- und Metallgüteklassen wird eine Rautiefe zwischen 12,5 und 3,2 µm, je nach Zuordnung, vorgeschrieben.
- **Werkstoffe für die unbestückte Modellplatte** umfassen die Palette von Sperrholz bis Stahl.

Neben den obigen Merkmalen gibt es eine Anzahl, die sich mit den bekannten, im nächsten Kapitel behandelten Merkmalen überschneidet und deshalb hier weggelassen wurde. Diese teilweise Doppelbehandlung zeigt die nicht immer ganz einfache Zusammenarbeit der verschiedenen EU-Mitgliedsländer im Normenausschuss. In der folgenden Tabelle der Güteklassen von Kernkästen kommt dies noch deutlicher zum Ausdruck.

1.5.7 Güteklassen von Kernkästen

Zuordnung zu den Modellgüteklassen sowie charakteristische Merkmale

Bezeichnung der Kernkasten-Güteklasse	Zuordnung zur Modellgüteklasse	Maximale Kernstückzahl von komplizierter bis einfacher Form	Art der Kernherstellung	Hauptwerkstoff des Kernkastens	Kernkastentyp
B	H1 und H2	10 bis 20	von Hand	Weichholz	keine Anforderung
D1	H1 und H2	150 bis 300	von Hand	Hartholz	keine Anforderung
D2			auf der Kernschießmaschine		
E1	H1 und K2	300 bis 750	von Hand	veredeltes Holz und/oder Harz	zweiteilig mit maschinell hergestellter Innenkontur
E2			auf der Kernschießmaschine		
F1	K2	1000 bis 3000	von Hand	Harz und/oder Leichtmetall	
F2			auf der Kernschießmaschine		
G	K1 und M2	2000 bis 10000	auf der Kernschießmaschine	Metall	nicht mechanisierter oder Maschinenkernkasten
H	M1	30000	Kernautomaten Transferstraßen	Stahl und/oder Sphäroguss	Maschinenkernkasten

1.5.8 Gütemerkmale nach DIN EN 12890

Werkstoffe nach EN 12890

In Tabelle 1 sind die genormten Werkstoffe aufgeführt. Die Auswahl erfolgt nach:

- Anzahl der Abformungen
- Formverfahren
- Modellabmessungen und Möglichkeiten der Modellfertigung

Die Anzahl der Abformungen (siehe hierzu VDG-Merkblätter) wird durch die Verschleißfestigkeit, (Abriebfestigkeit) des Modellwerkstoffes begrenzt. Je höher die Abformungszahl sein soll, umso verschleißfester muss der Modellwerkstoff sein. Formbeständigkeit, d.h. geringes Schwinden und Verziehen, sowie Trennwirkung gegenüber dem Formstoff sind ebenfalls entscheidende Eigenschaften. Das Formverfahren muss ebenfalls berücksichtigt werden, z.B. Metall als Werkstoff für das Croning-Verfahren.

Werkstoffe und ihre Vorschriften

Für **Metallmodelle** können die härteren Metalle sowohl bei M1 als auch bei M2 verwendet werden. Die niedrigschmelzenden Metalle sind M2 zugeordnet. Hohlkehlen müssen neuerdings in die Modelleinrichtung eingearbeitet sein und auswechselbare Einsätze an Verschleißstellen sollen aus verschleißbeständigem Material bestehen.

Für **Kunststoffmodelle** sind sowohl bei K1 als auch bei K2 Kunststoffe mit hoher Formbeständigkeit vorgesehen. Dies wird bei den Aufbauverfahren mit Epoxid- und Polyurethanharzen erfüllt. Für die Herstellung nach dem Oberflächengießverfahren unterscheiden sich jedoch die Güteklassen. Für K1 ist als Unterbau ein metallischer Körper und eine Oberflächenschichtdicke von mindestens 5 mm vorgeschrieben. Bei K2 kann der Unterbau aus einem Aufbau mit Rippen aus Furnierplatten oder Sandwichplatten bestehen.

Bei **Holzmodellen** sind keine Holzarten mehr festgelegt. Selbst bei der Güteklasse H1 kann jetzt Hart- und Weichholz, Schnittholz und Sperrholz verwendet werden. Bei Weichholz sollen allerdings Hartholzkanten an den Verschleißstellen verwendet werden. Holz sollte eine Holzfeuchtigkeit zwischen 8 und 12% aufweisen.

Die Druck- und Verschleißfestigkeit von Hohlkehlen muss bei H1 und H2 derjenigen des Modellwerkstoffes entsprechen.

Durch die neue Klassifizierung der Kernkästen kann sich bei einer Modelleinrichtung der Werkstoff von Modell und Kernkasten unterscheiden.

Güteklasse	Werkstoffe nach DIN EN 12890
M1	Kupfer-Zinn-Zink-Legierungen Kupfer-Zink-Legierungen Aluminiumlegierungen, Gusseisen, Stahl
M2	Wie Güteklasse M1, jedoch auch Hartblei und Modellmetall (83% Sn, 17% Pb)
K1 und K2	Kunststoffe mit hoher Formbeständigkeit und Abriebfestigkeit, z.B. Epoxidharze und Polyurethane mit metallischen oder mineralischen Füllstoffen, kompatibel mit Formstoffbindemittel und Formtrennmittel. Vollmaterial kann z.B. Polypropylen sein.
H1	Hartholz-Schnittholz, Hartholz-Furnierplatten; Weichholz-Schnittholz, -Sperrholzplatten und Verbundplatten mit Hartholzverschleißkanten
H2	Weich-Schnittholz oder Sperrholz
H3	Weich-Schnittholz oder Spanplatten

Tabelle 1: Genormte Werkstoffe

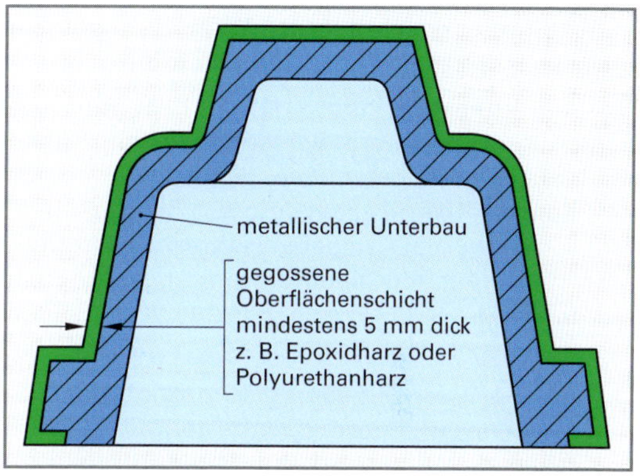

Bild 1: Möglichkeit bei mittleren und großen Abmessungen für ein Modell der Güteklasse K1 das Oberflächengießverfahren auszuführen.

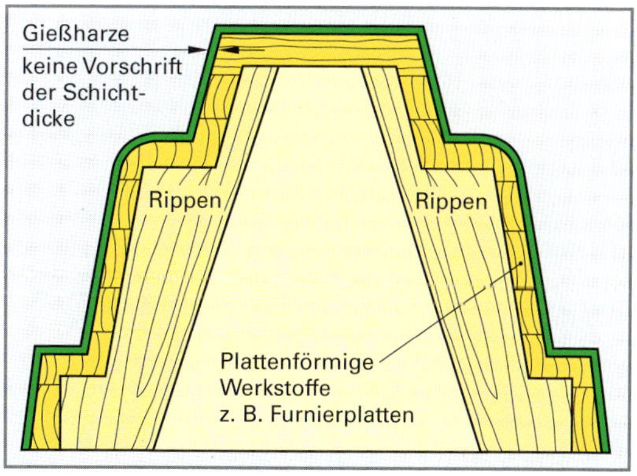

Bild 2: Möglichkeit bei mittleren und großen Abmessungen für ein Modell der Güteklasse K2 das Oberflächengießverfahren auszuführen.

Kernmarkenausführung

Die Kernmarken müssen bei allen Güteklassen so ausgeführt werden, dass die Kerne ausreichend große Kernlagerflächen sowie zuverlässige Kernsicherungen gegen Verdrehen, Verschieben und Verwechseln besitzen.

Die Formschräge der Kernmarke muss der Formschräge im Kernkasten entsprechen. Bei H2 und H3 kann sie unberücksichtigt bleiben (Bild 2).

Sandleisten sind nach DIN EN 12890 Tabelle 5 für alle Güteklassen im Unterteil vorgesehen. Lediglich bei Handmodellen der Güteklassen H2 und H3 ist dies nicht vorgesehen.

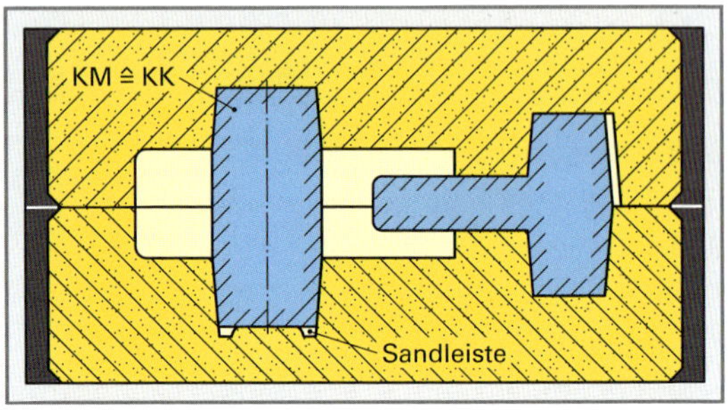

Bild 1: Kernmarkenausführung für M1, M2, K1, K2 und H1

Bild 2: Kernmarkenausführung für H2 und H3

Kernkastenausführung

Eine typische H1-Ausführung ist der Schüttkernkasten. Der Güteklasse H1 ist der Rahmenkernkasten zuzuordnen, wenn er metallische Verschlüsse wie Schwalbenschwanzverschlüsse, Keilbolzenverschlüsse und Gewindestangen mit Flügelmuttern besitzt. Sind Rahmenkernkästen gedübelt oder geschraubt, so können sie der Güteklasse H2 oder H3 zugeordnet werden.

Schießkernkästen nach H1 sind gegen den Schießdruck zu sichern. Verschleißstellen können mit Metall oder Kunststoff ausgeführt werden. Bei den Kunststoffkernkästen sind solche, die wie in Bild 4, im Oberflächengießverfahren (Frontguss), z. B. mit einem Aluminiumunterbau, hergestellt worden sind, für K1 typisch. Für Auswerfer sollen Metallbuchsen im Kunststoff fest verankert sein.

Die Tabelle 6 der DIN EN 12890 ordnet den Modellgüteklassen weitere Kernkastengüteklassen zu. Beispielsweise wird die Modellgüteklasse K2 unterteilt in die Kernkastengüteklasse F1 für manuelle Kernherstellung und F2 für Kernherstellung an der Kernschießmaschine. Für F2 sind unter anderen Merkmalen Zubehörteile für Entgasungssysteme, Filter, Kernschießplatten, Metallisieren der Teilungsebene usw. aufgeführt.

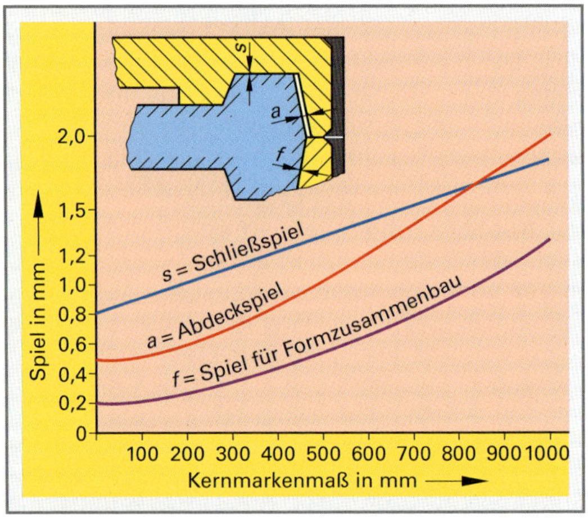

Bild 3: Kernmarkenspiel nach DIN EN 12890

Losteile

Losteile sind normalerweise nur bei Handmodellen und an Kernkästen vorzusehen. Der Schwalbenschwanz ist als Normalausführung einer Losteilführung vorzusehen, lediglich bei H3 kann ein Losteil mit Ansteckstiften oder Schrauben befestigt sein. In diesem Fall wird die Lage durch einen schwarzen Lackstrich gekennzeichnet. Der Werkstoff des Losteils und der Führung muss mindestens der Güte des Modells entsprechen. Bei H2 ist Hartholz vorgesehen. Der Werkstoff der Führung bei K1 ist Metall.

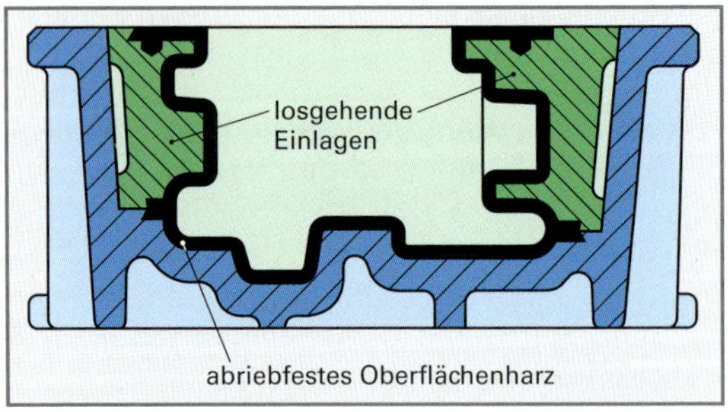

Bild 4: Typischer Kernkasten nach Güteklasse K1: Oberflächengießverfahren mit Metallunterbau, Losteil mit Metall-Schwalbenschwanzführung

Besonderheiten bei Holzmodellen

Holzfaserverlauf

Harzgebundene Formen schrumpfen beim Aushärten auf das Modell und erschweren das Entformen. Die unterschiedliche Schwindung von Lang- und Querholz und die unterschiedliche Härte von Früh- und Spätholz führen dabei, wie Bild 1 zeigt, zu Unebenheiten und erschweren das Ausheben zusätzlich.

Für die Güteklassen H1 und H2 soll deshalb der Holzfaserverlauf vorzugsweise in Aushebeichtung verlaufen. Der in Bild 1 gezeigte seitliche Wechsel zwischen Lang- und Querholz soll bei H1 und H2 vermieden werden.

Für H3 sind keine besonderen Vorschriften bezüglich des Holzfaserverlaufs vorgesehen.

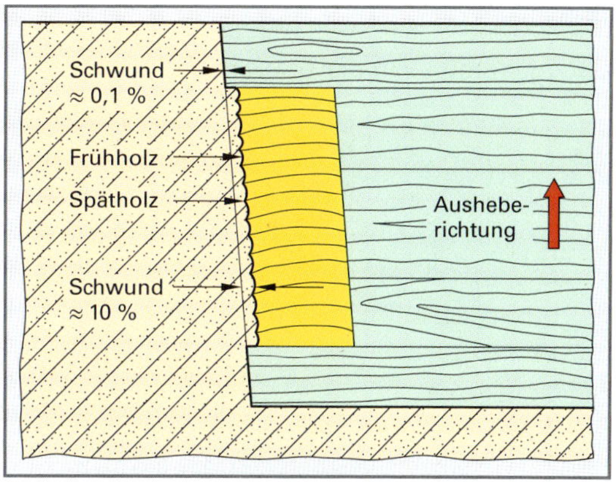

Bild 1: Folgen falschen Holzaufbaus: Stufe durch unterschiedliche Schwindung von Lang- und Querholz Waschbrettoberfläche durch Jahresringe

Bild 2: Holzfaserverlauf in Ausheberichtung bei Daubenverleimung entspricht H1

Hohlbauweise

Insbesondere bei Modellen in Hohlbauweise ist der Aufbau so zu wählen, dass keine Verformung beim Ein- und Entformen auftritt. Rahmenquerschnitte und -abstände sind aus diesem Gesichtspunkt nicht mehr vorgeschrieben.

Für die Verbindung von Rahmen bei Modellen in Hohlbauweise sind bei H1 Schlitzverbindungen und den weiteren Verbindungen Verschraubungen vorgesehen.

Bei H2 und H3 sind die Verbindungen weniger aufwändig und es wird auch das Nageln als Verbindungsart akzeptiert.

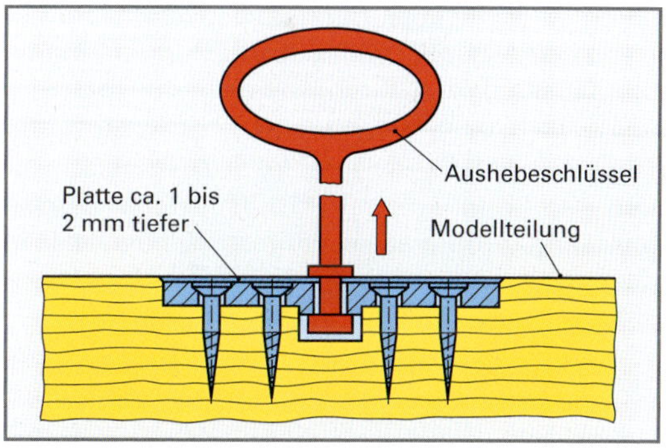

Bild 3: Aushebeplatte für kleine und mittlere H1- und H2-Handmodelle

Aushebeeinrichtungen

Um Modelle nicht durch das Einschlagen der Modellspitze oder das Eindrehen der Modellschraube zu beschädigen, sind in der EN 12890 Aushebeeinrichtungen vorgesehen.

Kleine und mittlere Modelle, Kernkästen und Losteile für die Handformerei sollten für H1 und H2 mit Aushebeplatten, z. B. nach Bild 3, oder Gewindebuchsen in der Teilfläche versehen werden.

Bei kleinen H3-Modelleinrichtungen können auch 5 mm Bohrungen für das Ansetzen der Modellschraube vorgesehen werden.

Für mittlere und große Modelle können die Möglichkeiten entsprechend Bild 4 vorgesehen werden. Für H1, H2 und H3 werden dabei Ziehbänder eingelassen oder am Rahmen fest verschraubt. Direkt mit dem Modellkörper verbundene Kernmarken sollten außen aufgesetzt und verschraubt sein.

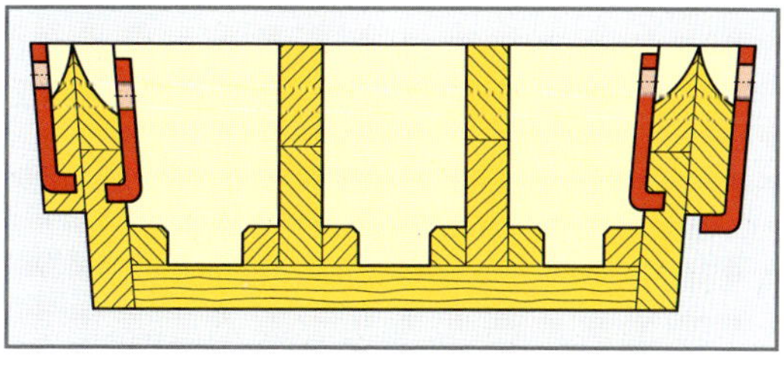

Bild 4: Möglichkeiten des Montierens von Ziehbändern bei Modellen in Hohlbauweise

Toleranzen

Gegenüberstellung der Toleranzen bei den verschiedenen Güteklassen

Nennmaßbereich		Metallgüteklassen		Kunststoffgüteklassen		Holzgüteklassen		Toleranzen für Wachsspritzformen M3 M4 K3 K4 nach Vereinbarung	Toleranzen für Schäumformen M5 M6 nach Vereinbarung – DIN EN 20286-1 und ISO 8062
über	bis	M1	M2	K1	K2	H1 H2	H3		
30	30	0,10	0,15	0,15	0,25	0,2	0,4		
50	50	0,15	0,20	0,20	0,30	0,3	0,5		
	80	0,15	0,25	0,25	0,35	0,3	0,6		
80	120	0,20	0,30	0,30	0,45	0,4	0,7		
120	180	0,20	0,30	0,30	0,50	0,5	0,8		
180	250	0,25	0,35	0,35	0,60	0,6	0,9		
250	315	0,25	0,40	0,40	0,65	0,6	1,0		
315	400	0,30	0,45	0,45	0,70	0,7	1,1		
400	500	0,30	0,50	0,50	0,80	0,8	1,2		
500	630	0,4	0,6	0,6	0,9	0,9	1,4		
630	800	0,4	0,6	0,6	1,0	1,0	1,6		
800	1000	0,5	0,7	0,7	1,1	1,1	1,8		
1000	1250	0,5	0,8	0,8	1,3	1,3	2,1		
1250	1600	0,6	1,0	1,0	1,5	1,5	2,5		
1600	2000	0,7	1,1	1,1	1,8	1,8	3,0		
2000	2500	0,8	1,4	1,4	2,2	2,2	3,5		
2500	3150	1,0	1,6	1,6	2,7	2,7	4,3		
3150	4000	1,3	2,0	2,0	3,2	3,2	5,0		

Tabelle 1: Zulässige Toleranzen (zulässige Maßabweichungen jeweils in +/–)

In der Tabelle sind die Toleranzen aller Güteklassen und Nennmaßbereiche einander gegenübergestellt.

Aus der Tabelle ist zu ersehen, dass die Größe der Toleranz abhängig von der Größe des Modells und der Güteklasse ist. Mit der Güteklasse besteht auch indirekt eine Abhängigkeit vom Formverfahren. Z.B. hat ein H3-Modell für das Handformen eine größere Toleranz als ein M1-Modell für eine Formanlage. Die relativ großen Toleranzen entsprechen den Maßabweichungen, die an den Gussstücken durch abweichende Schwindung nach dem Gießen und Veränderung der Form während des Aushärtens auftritt.

Von den Endabnehmern der Gussteile werden meist engere Toleranzen vorgeschrieben. Auch in der Ausbildung wird mit engeren Toleranzen gearbeitet. Bild 1 zeigt ein solches Beispiel.

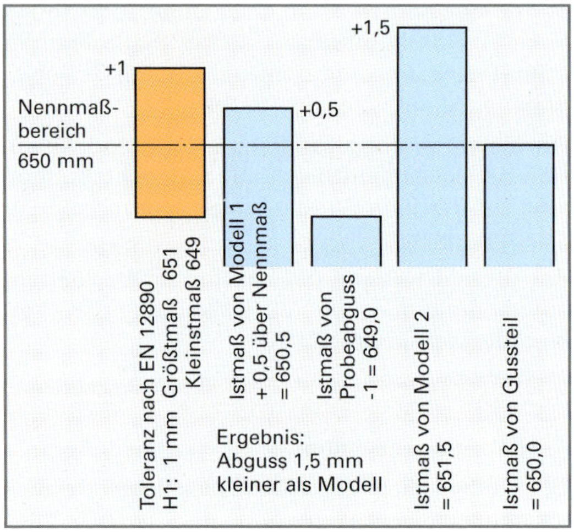

Bild 1: Beispiel für Einschränkung der Toleranz

Wiederholungsfragen

1. Welche Gießerei-Produktionseinrichtungen sind in Europäischen Normen genormt?
2. Welche DIN-EN-Normung hat die DIN 1511 ersetzt?
3. Erklären Sie anhand von 3 Beispielen, wie aus der Werkstoff-Güteklasse Rückschlüsse auf Werkstoff und Qualität abgeleitet werden können.
4. Welchen Inhalt hat die DIN EN 12890? Nennen Sie 3 für Sie besonders wichtige Inhalte.
5. Die DIN EN 12890 definiert auch Begriffe. Geben Sie dem Sinn nach die Definitionen für Güteklasse, Formschräge und Spiel wieder.
6. Nennen Sie einige Vereinbarungen, die wichtig sind, um eine Modellbestellung reibungslos ablaufen zu lassen.
7. Den Modellgüteklassen sind Kernkastengüteklassen zugeordnet. Wovon ist es abhängig, welche Kernkastengüteklasse der Modellgüteklasse zugeordnet wird?
8. Wodurch unterscheiden sich die verwendeten Kunstharze für ein K1-Modell gegenüber einem K2-Modell?
9. Welche Ausführungsmerkmale besitzen alle Kernmarken, die entsprechend der DIN EN 12890 gefertigt wurden?

1.5.9 DIN EN 12892 Formwerkzeuge für verlorene Modelle für das Vollformverfahren

Für das Vollformverfahren gibt es zwei grundsätzliche Möglichkeiten Modelle herzustellen:

1. Einzelmodelle durch Bearbeitung von Schaumstoffblöcken.
2. Serienmodelle durch Ausschäumen in **Formwerkzeugen**
   Die DIN EN 12892 beschreibt für diese Formwerkzeuge die technischen Vereinbarungen zwischen den Beteiligten.

■ Güteklassen in der DIN EN 12892

Die Güteklassen M5 und M6 unterscheiden sich nur unwesentlich in der Verwendung und Herstellung. Für beide Güteklassen sind Stahl, Aluminium- und andere Legierungen möglich. Ansonsten betrifft der Inhalt der 17-seitigen Euronorm beide Güteklassen und legt sehr genau fest, welche technischen Vorgaben und Anforderungen an die Herstellung des Formwerkzeuges zwischen den Beteiligten vereinbart werden müssen.

■ Begriffe und Angaben

Damit zwischen Besteller, Formwerkzeughersteller, Modellhersteller und Gießerei keine Missverständnisse auftreten, sind in einem Kapitel die notwendigen Begriffe und in einem weiteren Kapitel die umfangreichen, zu vereinbarenden und verbindlichen Angaben festgelegt. In der Bildspalte sind einige dieser Begriffe und Angaben dem Produktionsablauf zugeordnet.

■ Anforderungen an die Herstellung

Die Anforderungen sind teilweise bis ins Detail beschrieben. Im Folgenden werden deshalb nur einige typische Beispiele auszugsweise aufgeführt:

Die Werkstoffe der Form müssen den vereinbarten Bedingungen entsprechen; die Einsätze und beweglichen Losteile müssen zur Verringerung der Reibung vorzugsweise aus anderem Material gefertigt werden.

Formwerkzeugelemente sollen so konstruiert sein, dass nachträgliche Änderungen möglich sind.

An Gleitflächen müssen Abstreifrillen vorhanden sein, um die Selbstreinigung zu erleichtern.

Die Lage der Teilungslinien muss so sein, dass Grate vermieden werden, und die Lage der Klebefugen so, dass das Kleben vereinfacht wird.

Lösbare Schrauben an Losteilen und Einsätzen sind deutlich zu kennzeichnen, um ihr korrektes Wiedereinbringen zu erleichtern.

Scharfe Kanten, besonders an Losteilen sind zu vermeiden.

Aufnahmevorrichtungen sind so zu gestalten, dass das Formwerkzeug nur in der geplanten Reihenfolge und Lage zusammengebaut werden kann.

Falls notwendig, müssen große Kerne in zwei oder mehr Kerne unterteilt werden. Ihre Oberflächen müssen zur leichteren Entnahme gegebenenfalls mit einer Aushebeschräge versehen sein. Wo erforderlich, sind Vorrichtungen gegen Ansaugen vorzusehen.

Dübel müssen selbstsichernd sein. Wo erforderlich, werden profilierte Dübel eingesetzt.

1. Herstellung Formwerkzeug:

- Zeichnungen
- Schwindmaße
- Oberfläche
- Maßtoleranzen
- Formteilungen
- Einsätze
- bewegliche Losteile
- Muttermodell
- Güteklasse
- Werkstoff

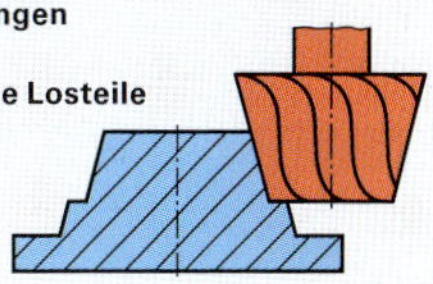

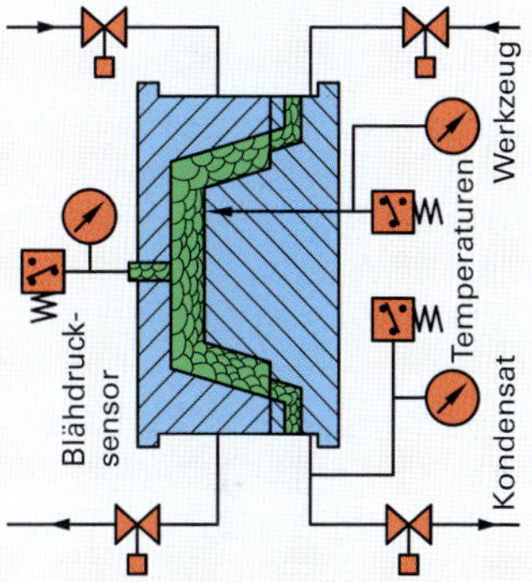

2. Herstellung Modell:

- Handhabung des Formwerkzeugs
- Lage und Größe von Einblasöffnungen für die Schaumstoffkugeln
- Einbausysteme für die Kühlung
- Entlüftung
- Entnahme des Modells

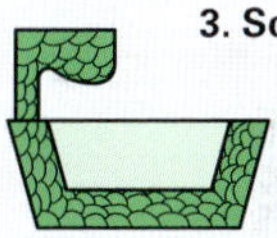

3. Schaumstoffmodell:

- Zahl der Modelle
- Klebefugen
- Spannvorrichtungen
- Maßabweichungen

4. Formen:

- wenn notwendig, Gießsystem
- Lage von Gießlauf und Speiser

5. Gussteile:

- Werkstoff
- Schwindmaß
- Bearbeitungszugabe
- Maßtoleranz

Gussherstellung mit verlorenen Schaumstoffmodellen: Auswahl von Angaben und technischen Festlegungen nach DIN EN 12892, zugeordnet zum Produktionsablauf

1.5.10 DIN EN 12883 Wachsspritzformen für verlorene Modelle für das Feingießen

Für das Feingießen (Wachsausschmelzverfahren) werden verlorene Modelle zum Beispiel Wachsmodelle mit Wachskernen und keramischen Kernen verwendet. Die DIN EN 12883 legt die Anforderungen für die hierzu notwendigen Einrichtungen fest.

Inhalte der DIN EN 12883

Güteklassen

Die Normung für Wachsspritzformen umfasst vier Güteklassen.

Für die Metallgüteklassen M3 und M4 sind Aluminiumlegierungen, Stähle und andere Legierungen vorgesehen. Für M4 kann auch Antimonblei und Modellmetall verwendet werden. Die Verwendung von niedrigschmelzenden Legierungen oder nichtmetallischen Füllstoffen muss vorher genehmigt werden.

Bei den Kunststoffgüteklassen K3 und K4 unterscheidet sich der zu verwendende Kunststoff dadurch, dass bei K3 hohe Stabilität und Verschleißfestigkeit verlangt wird.

Auch die Verwendung und Herstellung unterscheiden sich in den einzelnen Güteklassen der 19-seitigen Norm.

Begriffe und Lieferbedingungen

Die Normung für Wachsspritzformen ist ähnlich aufgebaut wie die auf der vorigen Seite beschriebene Normung für Schäumformen. Es sind ebenfalls die wichtigen Kapitel *Begriffe, Bestellangaben und Lieferbedingungen* als Grundlage für Vertragsabschlüsse enthalten. Einige der darin enthaltenen Begriffe und Angaben sind dem in der Bildspalte gezeigten Produktionsablauf zugeordnet.

Anforderungen an die Herstellung

Für Wachsspritzformen gelten häufig die gleichen Anforderungen an die Herstellung wie bei den Formwerkzeugen für Vollformmodelle. Deshalb können die auszugsweisen Beispiele der vorherigen Seite auch für dieses Kapitel benutzt werden. Weitere Anforderungen entsprechen jedoch speziell dem Modellwerkstoff Wachs, wie das folgende Beispiel zeigt:

Wenn die Verwendung eines Metallkerns nicht geeignet ist, da dieser nicht entfernt werden kann, muss eine vorgeformte Wachskokille in die Wachsspritzform eingebracht werden. Zum besseren Verständnis kann im Kapitel *Begriffe* entnommen werden, dass eine Wachskokille ein vorgeformtes festes **Wachsstück** ist, das in den Formhohlraum eingebracht wird, um während des Wachseinspritzens übermäßige Schwindung zu verhindern.

Qualitätsprüfung

Die Prüfbscheinigungen müssen zwischen den beteiligten Parteien vereinbart werden. Die Norm stellt hierzu im Anhang ein Beispiel für einen Bericht über die Maßprüfung von Wachsspritzform, Wachsmodell und Gussstück zur Verfügung. Ebenfalls im Anhang gibt es eine Checkliste für das Formwerkzeug. Auf dieser müssen Prüfvorgänge im Einzelnen bestätigt werden.

1. Herstellung der Wachsspritzform nach EN 12883:
- Zeichnungen – Maßtoleranzen – Meistermodell
- Werkstoffe – Wachseinspritzöffnungen – Gießläufe
- Oberflächen im Formhohlraum – geteilter Einsatz

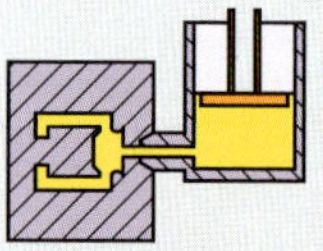

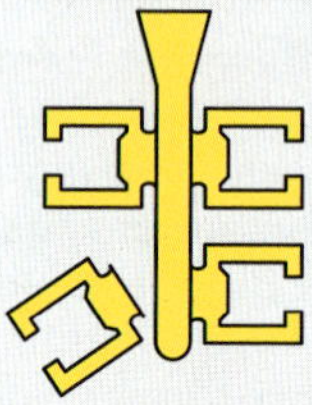

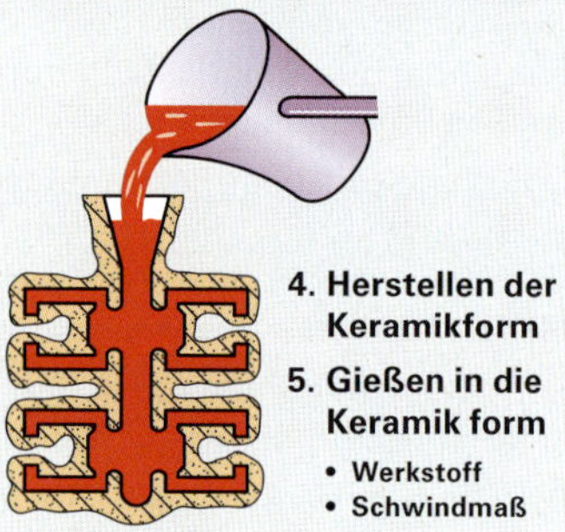

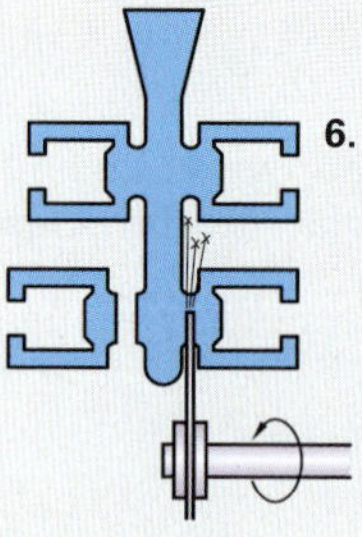

Gussherstellung nach dem Wachsausschmelzverfahren. Auswahl von Begriffen, Angaben und technischen Festlegungen nach DIN EN 12883, zugeordnet dem Produktionsablauf

2 Gießverfahren

2.1 Übersicht

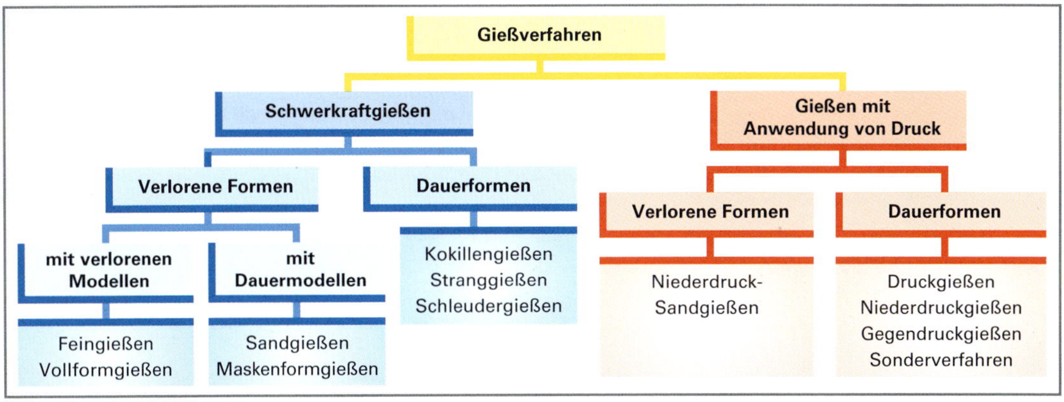

Beim **Schwerkraftgießen** nützt man die Schwerkraft des Metalls zum Füllen der Form aus. Die Einströmgeschwindigkeit des Gießwerkstoffes ist abhängig von der Gießhöhe und von der Ausführung des Eingusssystems (Gießweise und Umlenkungen); zusammen mit dem ausgeführten Anschnittquerschnitt ergibt sich der Volumenstrom und damit die Gießzeit für ein bestimmtes Gussstück.

Beim **Gießen unter** Anwendung von **Druck** werden je nach eingesetztem Verfahren durch die hohen Metallgeschwindigkeiten kurze Formfüllzeiten erreicht.

Teilweise wird bei bestimmten Verfahren eine Vakuumabsaugung vorgenommen, um die Entlüftung und Formfüllung zu verbessern.

Verlorene Formen sind Gießformen aus Sand oder Keramik (Feingießen), die zum Freilegen des Gussteiles zerstört werden müssen (Bild 1).

Dauerformen sind Gießformen, die für mittlere bis große Stückzahlen aus Metall (Gusseisen und warmfeste Stähle) hergestellt werden. Der eingesetzte Formwerkstoff hängt vom Gießwerkstoff (Gießtemperatur) ab. Die Verwendungsdauer bzw. die Ausbringung aus der Form (Standzeit) richtet sich nach dem verwendeten Formwerkstoff und dem zu vergießenden Werkstoff – je niedriger die Gießtemperatur ist, umso höher ist die Standzeit der Dauerform (Bilder 2 und 3).

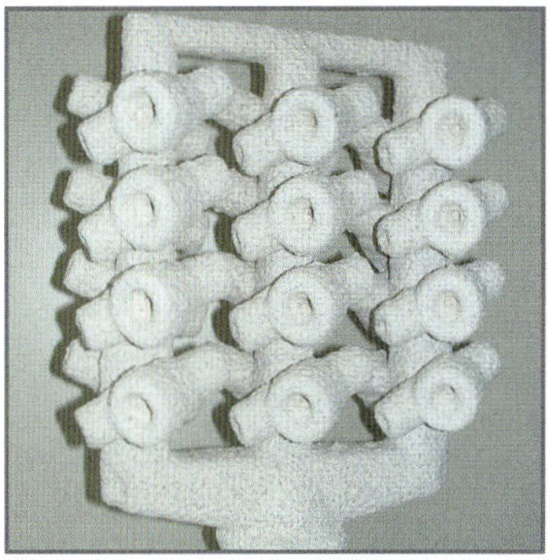

Bild 1: Verlorene Form (Keramik)

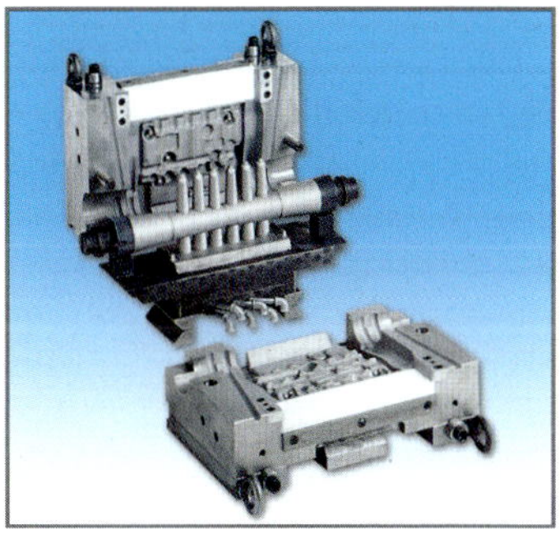

Bild 2: Dauerform (Kokille)

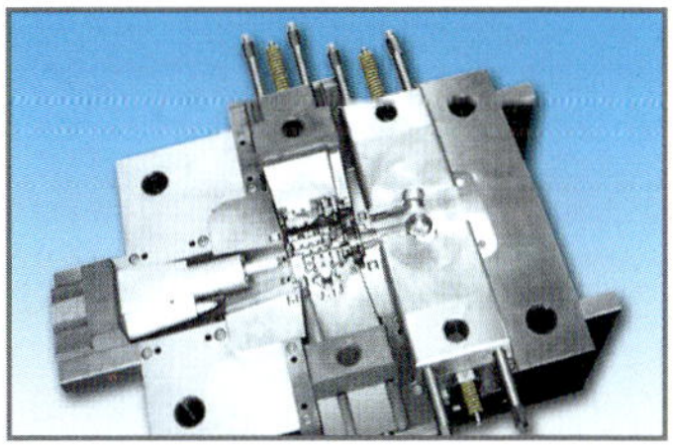

Bild 3: Dauerform (Druckgießwerkzeug)

2.1.1 Gießarten

Beim Füllen der Formen sollten bestimmte Gießbedingungen eingehalten werden, um Gussfehler zu vermeiden:

- Formfüllung in einer vorbestimmten Zeiteinheit
- möglichst geringe Verwirbelung des Gießwerkstoffes
- unbehindertes Entweichen von Luft und Gasen
- Gießablauf so, dass eine weitgehend gelenkte Erstarrung des Gussteiles erreicht wird (Vermeidung von Lunkern).

Nach Art der Formfüllung bzw. nach der Lage der Form beim Gießen unterscheidet man zwischen dem fallenden, steigenden, liegenden, schrägen und stehenden Guss.

Fallender Guss (Bild 1)

Hierbei ergießt sich der Gießwerkstoff von oben direkt in den Formhohlraum, wobei sich starke Verwirbelungen ergeben. Die Gefahr ist groß, dass Luft und Schlacke mitgerissen werden und unter Umständen die Form beschädigt wird. Angewendet wird diese Gießart bei relativ einfachen Gussteilen und bei Gießwerkstoffen, bei denen die Form rasch gefüllt werden muss, um vorzeitiges Erstarren des Metalls zu verhindern (z.B. bei Schwermetallen oder dünnwandigen Teilen). Durch das einfache Eingusssystem wird eine Einsparung an Kreislaufmaterial erreicht. Bei Metallen, deren Schmelzen zu rascher Oxidation neigen, z.B. Al und Mg, ist diese Gießart möglichst zu vermeiden. Beim Eingießen durch einen Speiser spricht man vom **Speisereingussverfahren.**

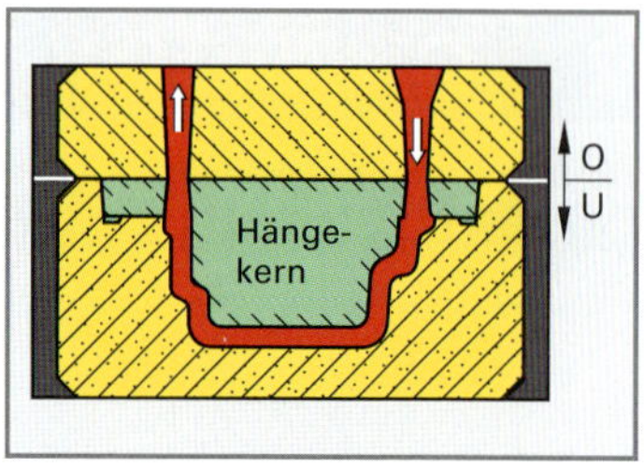

Bild 1: Fallender Guss

Steigender Guss (Bild 2)

Bei dieser Gießart wird der Formhohlraum von unten her aufgefüllt. Die Folge ist eine wesentlich ruhigere Formfüllung; Lufteinschlüsse sind damit weitgehend vermeidbar.

Angewendet werden kann dieses Verfahren zum Beispiel als stehend steigender Guss bei Walzen und Büchsen, bei denen ein dichtes Gefüge gefordert wird. Meist wird bei dieser Gießart ein verlorener Kopf am Gussteil notwendig, der eine gute Entlüftung der Form gewährleistet und zur Aufnahme von Verunreinigungen geeignet ist. Auch als Speiser kann der verlorene Kopf herangezogen werden. Formbeschädigungen sind durch die ruhige Formfüllung weitgehend ausgeschlossen.

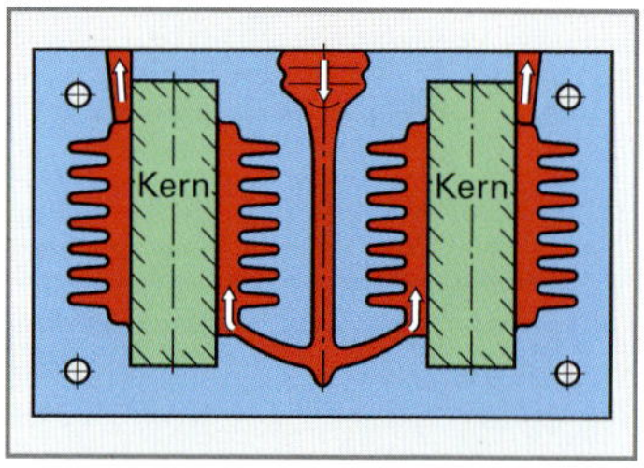

Bild 2: Stehend steigender Guss

Stapelguss (Bild 3)

Er wird bei der Herstellung von Kanaldeckeln und Kolbenringen verwendet. Durch das Aufeinanderstapeln von bis zu 20 Formteilen aus Sand oder Formmasken entsteht eine Vielfachform mit einem gemeinsamen Einguss. Das Stapel-Einzelelement bildet an der Oberseite ein Formunterteil, an der Unterseite ein Formoberteil.

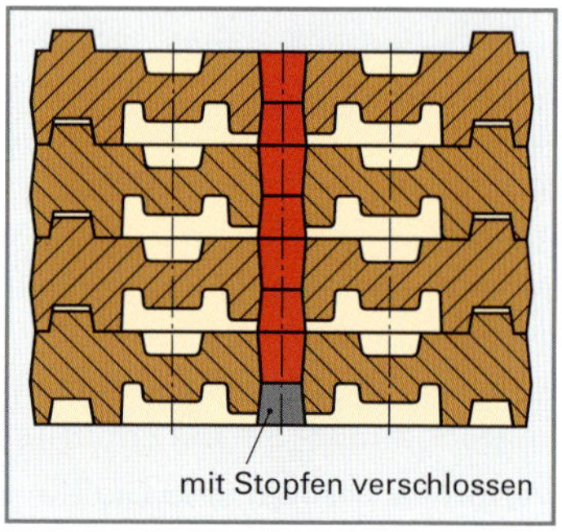

Bild 3: Stapelguss

Liegender, waagerechter Guss (Seitenguss, Bild 4)

Diese Gießart wird bei den meisten Gussteilen wie Rahmen, Scheiben, Gehäusen und Platten durchgeführt. Das Eingusssystem liegt in der Formteilungsebene. Der Unterkasten wird fallend, der Oberkasten steigend gefüllt. Man versucht damit die Vorteile der zuvor erwähnten Gießarten zu vereinigen. Diese Gießart kommt am häufigsten vor.

Eine Abwandlung stellt der Etagen- oder Stufeneinguss dar. Hierbei kann in verschiedenen Formhöhenstellungen Gießwerkstoff in den Formhohlraum einlaufen. Damit wird bei hohen, dickwandigen Teilen eine rasche Formfüllung erreicht.

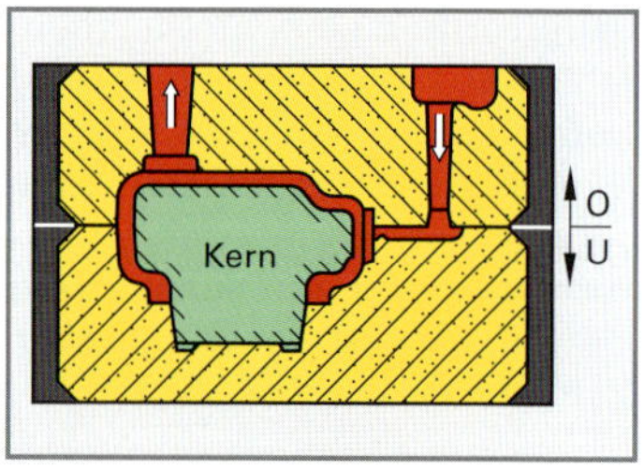

Bild 4: Waagerechter Guss

Liegender, schräg steigender Guss (Bild 5)

Bei dieser Gießart werden starke Verwirbelungen des Gießwerkstoffes bei der Formfüllung unterdrückt. Gleichzeitig erreicht man eine günstige Entlüftung. Angewendet werden kann dieses Verfahren bei Gussteilen mit großen, waagrecht verlaufenden Flächen und beim Schwermetall-Kokillengießen. Dort wird bei fortschreitender Formfüllung die zunächst schräg stehende Kokille in die Waagrechte gekippt.

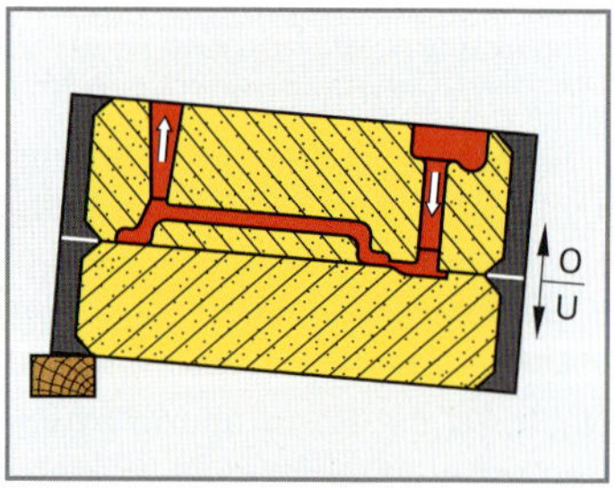

Bild 5: Schräg steigender Guss

2.1.2 Gießen in Dauerformen

Forderungen an die Gießverfahren

Die Forderung nach möglichst wirtschaftlicher Fertigung und hoher Energieeinsparung hat zur Leichtbauweise geführt.

Dieses Ziel kann erreicht werden durch:

- Vermindern der Wanddicken bei gleicher Bauteilsteifigkeit durch gezielte Verrippung,
- gleichbleibende Qualität bei hohen Stückzahlen
- einen hohen Materialausnutzungsgrad, d.h., der Kreislaufanteil im Vergleich zum eigentlichen Gussteil soll niedrig sein,
- Einsparen von spanender Bearbeitung, weil das Gießen Teile mit hoher Maßgenauigkeit und Oberflächengüte liefert,
- Werkstoffe mit niedrigen Schmelzpunkten, damit der Energieeinsatz vermindert wird.

Mit dem Gießen in verlorene Formen kann dies nur beschränkt verwirklicht werden. Deshalb wurden Gießverfahren entwickelt, die mit metallischen Dauerformen arbeiten. Dazu gehören das Kokillen-, Druck-, Schleuder- und Stranggießen.

Voraussetzungen und Einschränkungen

- Die Formherstellung erfordert großen technischen Aufwand und hohe Kosten, die über hohe Stückzahlen ausgeglichen werden müssen.
- Durch die Wärmebelastungen der Form können nicht alle im Sandguss eingesetzten Gießwerkstoffe auch in Dauerformen vergossen werden – niedrige Schmelzpunkte und niedrige Gießtemperaturen begünstigen die erreichbare Standzeit.
- Die geometrische Gestaltung der Gussteile wird eingeschränkt. So sind z.B. Hinterschneidungen nur mit Schwierigkeiten herzustellen, wenn keine Sandkerne eingesetzt werden können.
- Durch die Abschreckwirkung der Metallform ist ein rasches Gießen erforderlich.
- Die Anlagen und Maschinen für die mechanisierte Massenproduktion erfordern einen hohen Kapitaleinsatz.

Wirtschaftliche Bedeutung der Verfahren

Das Gießen in Dauerformen erfolgt bei den Leicht- und Schwermetallen (Al, Mg, Zn und Cu). Der Anteil des Druckgießens bei Aluminiumlegierungen liegt bei über 50% der Gussproduktion. Bei Steuerblöcken hat das Gießen von Gusseisen in Kokillen Bedeutung, weil bestimmte Eigenschaften wie Dichtheit und gleichmäßiges Gefüge besser erreicht werden. Bei der Metallumformung zu Halbzeugen spielt das Stranggießen als Zwischenstufe eine wichtige Rolle.

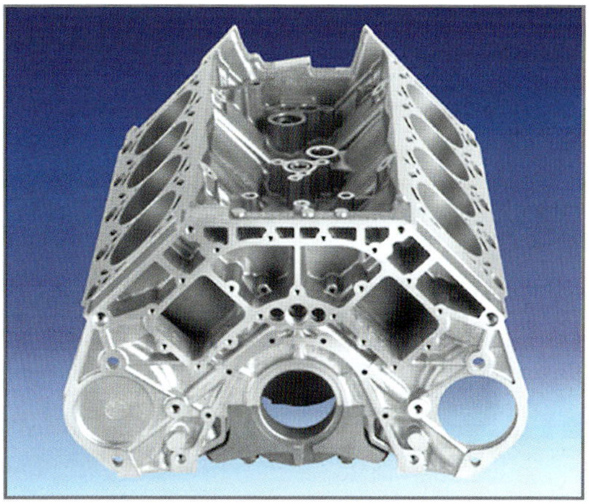

Bild 1: Kokillengussteil (Motorblock)

Bild 2: Niederdruckgussteil (Räder)

Bild 3: Druckgussteil

2

2.1.3 Gießeigenschaften der Metallschmelzen

Durch die Verwendung einer metallischen Dauerform ergeben sich gegenüber einer Sandform zwei wesentliche Unterschiede:

- die metallische Form ist gasundurchlässig,
- die **Abschreckwirkung** der Metallform ergibt eine rasche Abkühlung der Schmelze.

Damit steigt die Gefahr, dass die Form nicht voll ausläuft und vorzeitiges Erstarren eintritt (Kaltschweißen).

Aus diesem Grunde stellt man an Gießwerkstoffe für Gießverfahren mit Dauerformen besondere Anforderungen.

Eigenschaften des idealen Gießwerkstoffes

Hohes Fließvermögen

Unter dem Fließvermögen einer für das Gießen vorgesehen Legierung versteht man deren Fähigkeit, unter ganz bestimmten Bedingungen ein geometrisch bestimmtes waagrechtes Formsystem auszufüllen, wobei beim Auslaufen eine bestimmte Fließlänge erreicht wird. Die Fließlänge ist ein Maß für das Fließvermögen einer Legierung, wobei große Auslauflängen auf ein hohes Fließvermögen hindeuten. Das geometrisch bestimmte Formsystem besteht üblicherweise aus einer so genannten Gießspirale, die zur Beurteilung dieser Eigenschaft dient (Bild 1).

Einflüsse auf das Fließvermögen

Das Fließvermögen ist abhängig vom

- Formwerkstoff des Auslaufkanals. Je schneller der Wärmeentzug durch den Formwerkstoff erfolgt, desto rascher erstarrt das Metall und um so kürzer ist die Fließlänge (Bild 3).
- Durch Untersuchungen wurde belegt, dass die Legierungszusammensetzung mitentscheidend für die Höhe des Fließvermögens ist. Insbesondere spielt das Erstarrungsintervall der Legierung eine wichtige Rolle. Je kleiner das Erstarrungsintervall ausfällt und je niedriger der Erstarrungspunkt wird, desto günstiger wird das Fließvermögen. Dies bedeutet in der Praxis, dass reine Metalle und die eutektischen Legierungszusammensetzungen (bei denen das Erstarrungsintervall gleich Null ist) das optimale Fließvermögen besitzen. Allerdings weichen einige Legierungen des Typs Al-Si von dieser allgemeinen Regel ab. Bei diesen Aluminiumlegierungen liegt das Eutektikum bei etwa 12% Silizium, während das maximale Fließvermögen bei etwa 18% auftritt (Bilder 2 und 4). Auch die Kornfeinung übt einen Einfluss aus.

Hohes Formfüllungsvermögen

Darunter versteht man die Fähigkeit eines Gießwerkstoffes, einen Formhohlraum konturengetreu wiederzugeben. Damit ergibt sich ein Maß für die Abbildungsfähigkeit der Legierung. Vor allem beim Kokillengießen spielt diese Legierungseigenschaft eine wichtige Rolle. Die Ermittlung erfolgt ebenfalls in Gießspiralen, wobei die Vorlauflänge der Legierung festgestellt wird. Man misst die Auslauflänge und bestimmt den Punkt, von dem ab die Kontur des Auslaufkanals nicht mehr richtig wiedergegeben wird. Der Unterschied wird als Vorlauflänge bezeichnet. Eine große Vorlauflänge deutet auf ein schlechtes Formfüllungsvermögen hin (Bild 5).

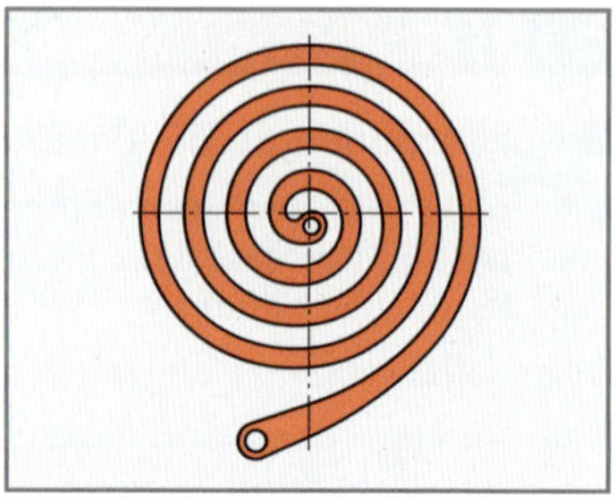
Bild 1: Gießspirale

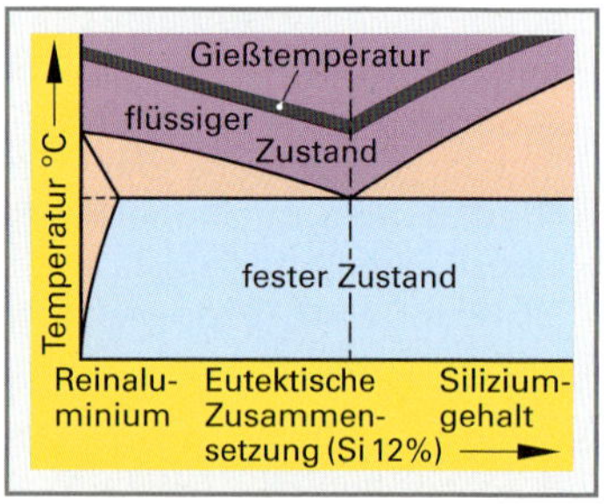

Bild 2: Zustandsschaubild (Al-Si)

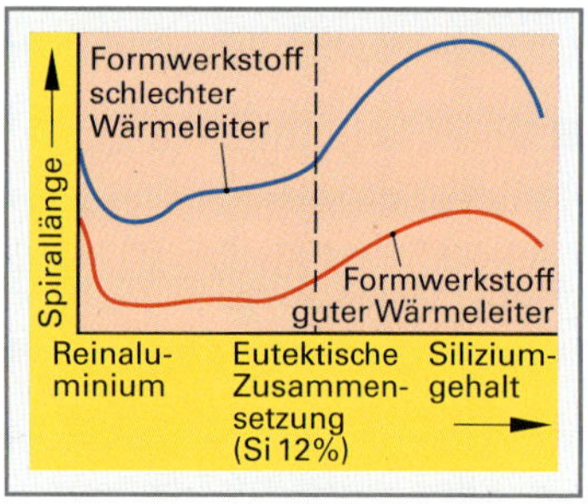

Bild 3: Fließvermögen von Al-Si-Legierungen (Einfluss des Formwerkstoffes)

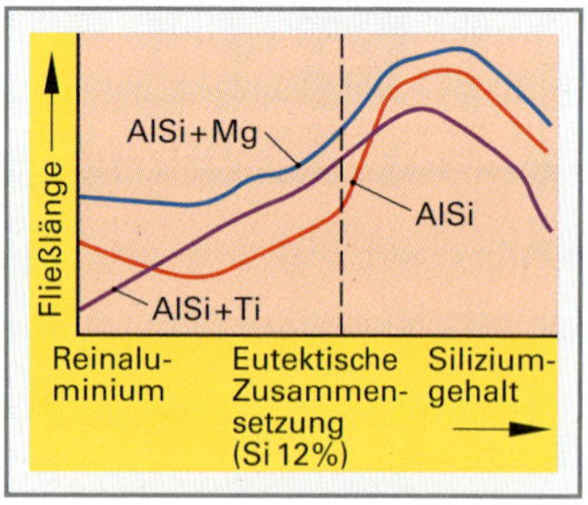

Bild 4: Fließvermögen von Al-Si-Legierungen (Einfluss von Legierungsbestandteilen

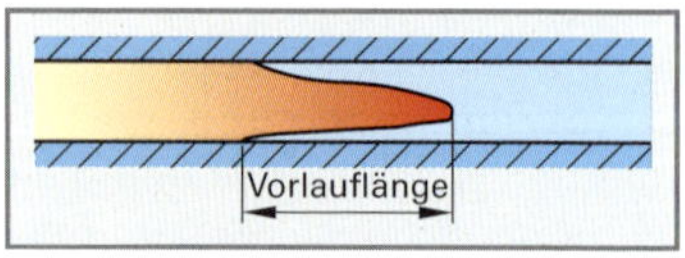

Bild 5: Formfüllungsvermögen (Vorlauflänge)

Einflüsse auf das Formfüllungsvermögen

Das Formfüllungsvermögen wird von verschiedenen Faktoren beeinflusst:

- Abkühlungsgeschwindigkeit und Legierungszusammensetzung. Bei den Aluminiumlegierungen des Typs AlSi zeigen die übereutektischen Zusammensetzungen (Si > 12 %) das beste Formfüllungsvermögen (Bild 1).
- Dicke und Festigkeit einer Oxidhaut wirken sich negativ auf das Formfüllungsvermögen aus. Durch Überhitzen und geeignete Verschlackungsmaßnahmen lassen sich die Einflüsse vermindern.
- Gestalt und Größe der Metallkristalle (siehe Erstarrungstypen, Bild 2).

Geringe Warmrissneigung

Hierunter versteht man die Bildung von Rissen im Bereich des Erstarrungsintervalls, hervorgerufen durch das Zusammenziehen (Schwindung) der bereits erkalteten Partien.

Günstiges Lunkerverhalten

Rascher Wärmeentzug, wie er beim Gießen in metallischen Dauerformen vorkommt, trägt zur Lunkervermeidung bei. (Im Sandguss werden an dickwandigen Partien Kühleisen angelegt, um die Lunkergefahr im betreffenden Bereich zu verringern.) Reine Metalle und die eutektischen Legierungen neigen zur Tiefen- und Makrolunkerung. Durch Lunkerproben kann festgestellt werden, zu welcher Lunkerung ein Gießwerkstoff neigt.

Günstiges Seigerverhalten

Seigerungen bedeuten Entmischungsvorgänge innerhalb des Gießwerkstoffes, die zu harten Stellen im Gussteil führen können.

Geringe Klebneigung

Der Gießwerkstoff sollte möglichst nicht an der Form ankleben und dort Beschädigungen hervorrufen. Beim Kokillengießen wird das Kleben durch die Verwendung von Schlichten weitgehend vermieden, während beim Druckgießen neben dem Einsatz von Trennstoffen vor allem bei Aluminiumlegierungen durch begrenztes Beimengen von Eisen oder Mangan die Klebneigung der Legierung vermindert wird. Allerdings wird dadurch die Bruchdehnung der Legierung ungünstig beeinflusst.

Günstiges Erstarrungsverhalten

Legierungen können endogen oder exogen erstarren (Bild 2).

Bei dünnwandigen Teilen und rascher Abkühlung ist meist eine exogene Erstarrung zu erwarten.

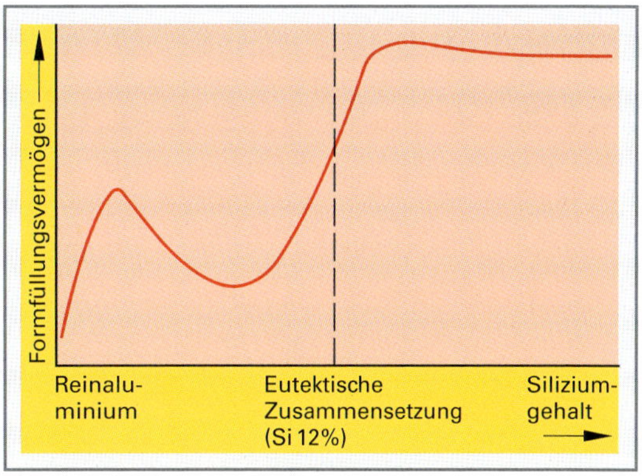

Bild 1: Formfüllungsvermögen bei Al-Si-Legierungen

Aluminiumlegierungen (DIN EN 1706)		
Kurzzeichen	Legierungsnummer der Schmelzwerke	Verwendungshinweise
EN-AC-AlSi12Cu1 (Fe) EN-AC-47100 G-AlSi12 } alte Norm GK-AlSi12 (Cu) GD-AlSi12 (Cu)	230 231	Für dünnwandige, verwickelte, druckdichte Gussstücke. Bei (Cu) Einschränkung bei der Korrosionsbeständigkeit.
EN-AC-AlSi10Mg (Cu) EN-AC-43200 G-AlSi10Mg wa } alte Norm GK-AlSi10Mg (Cu) GD-AlSi10Mg (Cu)	233	Höhere Festigkeit gegenüber AlSi12 (ausgehärtet).
EN-AC-AlSi9Cu3 (Fe) EN-AC-46000 G-AlSi9Cu3 } alte Norm GK-AlSi9Cu3 GD-AlSi9Cu3	226	Häufig eingesetzte Legierung, warmfest.
Kupferlegierungen (DIN EN 1982)		
GK-CuZn39 Pb GD-CuZn39 Pb CuZn39Pb1Al-C	Konstruktionswerkstoff. Druckgussteile für Maschinenbau usw.	
GK-CuZn16 Si4 GD-CuZn16 Si4 CuZn16Si4-C	Gut gießbare Legierung; für hochbeanspruchte, dünnwandige Konstruktionsteile.	
Zinklegierungen (DIN EN 1774)		
ZnAl4Cu1	ZL0410	Vorzugslegierung für Druckgussteile.

Tabelle 1: Gießwerkstoffe

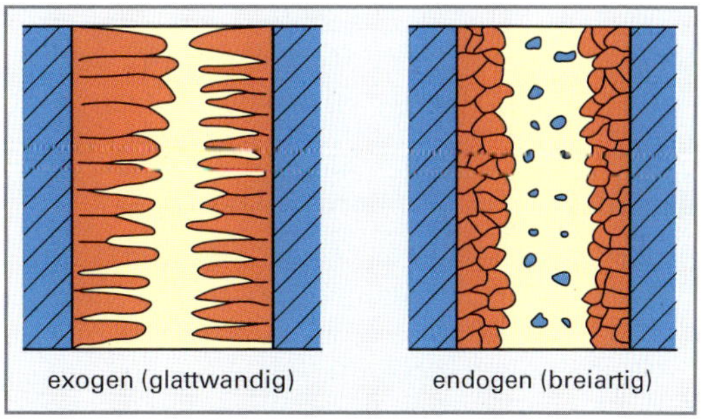

Bild 2: Erstarrungstypen

2.2 Kokillengießen

2.2.1 Verfahren

Beim Kokillengießen werden vor allem Leichtmetalle (Aluminium) in die metallischen Dauerformen, die meist aus Stahl bestehen, vergossen. Daneben können auch Schwermetalle (Kupferlegierungen) und Gusseisen eingesetzt werden. Das Füllen der Kokille kann bei einfachen Formen (Bild 2) von Hand vorgenommen werden. Bei größeren Serien werden jedoch Kokillengießmaschinen und -automaten eingesetzt; die einzelnen Arbeitsgänge (Kerne einlegen – Schließen der Form – Abgießen – Kühlen – Öffnen der Form – Entnahme des Abgusses – Säubern und Schlichten der Kokille) werden selbsttätig durchgeführt.

Formfüllung

Das Füllen der betriebsbereiten Kokille (geschlichtet, vorgewärmt, Kerne eingelegt und die Formhälften verklammert) erfolgt allein mithilfe der Schwerkraftwirkung auf den Gießwerkstoff. Durch die hohe Wärmeleitfähigkeit der metallischen Form ergibt sich eine kurze Erstarrungszeit, die sich günstig auf die Eigenschaften der Gussteile auswirkt.

Es ergeben sich feinere und dichtere Gefüge gegenüber dem Sandguss; damit verbunden sind bessere mechanische Eigenschaften (Festigkeit) und große Dichtheit der Teile.

Weitere Vorteile des Kokillengießens gegenüber dem Sandguss:

- höhere Maßgenauigkeit und damit geringere Bearbeitungszugaben,
- bessere Oberflächen durch die Metallform,
- Wegfall der teuren Sandaufbereitung,
- kürzere Herstellungszeit durch die rasche Erstarrung.

Wegen der schnellen Abkühlung steigt die Gefahr des Nichtauslaufens und – bedingt durch die Gasundurchlässigkeit der Metallform – treten Probleme mit der Entlüftung der Form auf.

Zur Vermeidung von Ausschuss wird deshalb ein schnelleres Gießen gegenüber dem Gießen in Sand angestrebt. Um Gaseinschlüsse zu vermeiden, wird hier häufig der so genannte Kippguss angewandt oder mit Ausgleichstrichtern gegossen.

Einflüsse auf die Formfüllzeit

- Einströmgeschwindigkeit des Gießwerkstoffs
- Ausgeführter Anschnittquerschnitt
- Geometrie (Wandstärken, Oberfläche, Masse) des Teiles und Gießwerkstoff
- Wärmeleitfähigkeit des Gieß- und Formwerkstoffes.

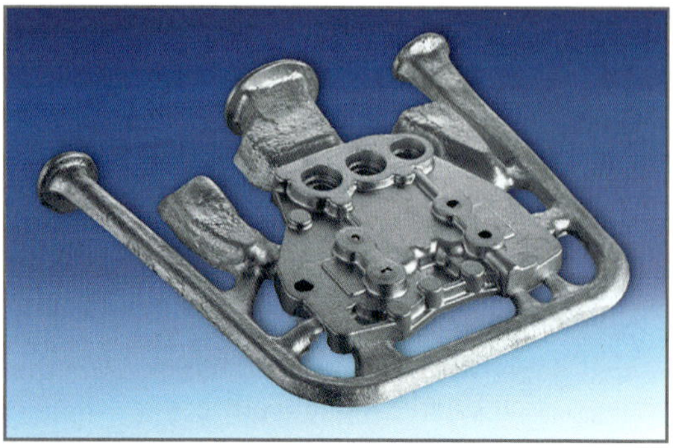

Bild 1: Kokillengussteil

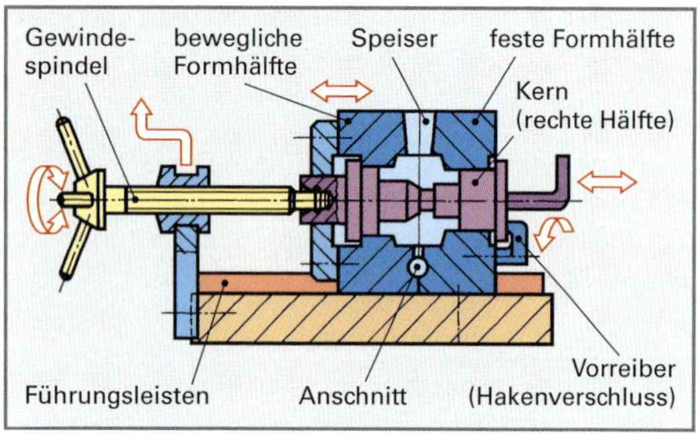

Bild 2: Kokille mit mechanischen Bewegungselementen

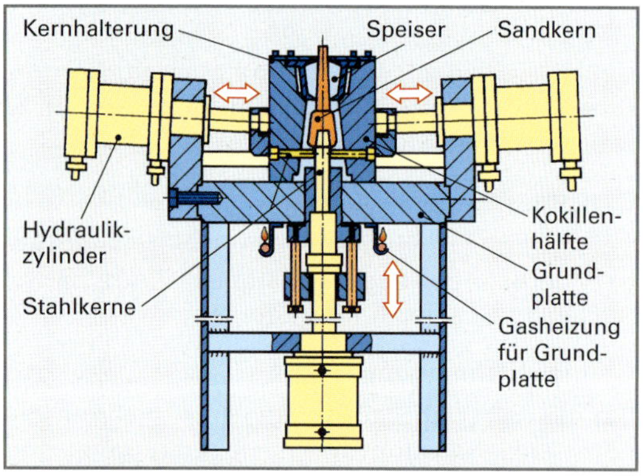

Bild 3: Kokille mit hydraulischen Bewegungselementen

Wiederholungsfragen

1. Welche Vorteile bietet der steigende Guss gegenüber der fallenden Gießweise?
2. Warum hat sich der Druckguss beim Gießen von Aluminiumlegierungen mengenmäßig durchgesetzt?
3. Welche Auswirkungen ergeben sich durch den Einsatz einer Metallform gegenüber einer Sandform für das Gießen?
4. Eine Gusslegierung besitzt gute Gießeigenschaften. Was versteht man darunter?

2.2.2 Kokillengießmaschinen und Kokillengießanlagen

Das Bestreben nach kostengünstiger Fertigung und Entlastung der Arbeitskräfte führte zum Einsatz von Kokillengießmaschinen und -automaten. Durch den weitgehend automatischen Ablauf der einzelnen Arbeitsgänge ergeben sich noch weitere Vorteile, wie z. B. Verringerung des Kreislaufmaterialanteils.

Aufbau einer Kokillengießmaschine (Bild 1)

Auf dem stabil ausgeführten Grundgestell befindet sich die montierte Schließeinheit, die aus den Maschinenplatten und dem Schließzylinder besteht. Die Maschinenplatten dienen zur Aufnahme der Formhälften. Sie können über Führungssäulen in ihrer Lage zueinander positioniert werden. Durch Aufbau eines Mittelteils mit Aufspannmöglichkeiten für zwei Formhälften lässt sich die Produktivität erhöhen. Ein Bedienpult dient zur Auslösung der meist elektrohydraulischen Steuerung für die einzelnen Funktionen. Hinzu kommen hydraulisch betätigte Kernzüge und Auswerfeinrichtungen.

Steuerschrank und das Hydraulikaggregat werden meist getrennt von der eigentlichen Maschine angeordnet.

Die hydraulisch ausgeführten Bewegungen (z. B. das Schließen) sind in der Regel lastabhängig regelbar, können aber auch von Hand durchgeführt werden. Dies ist vorteilhaft für den Kokillenwechsel und für das Erproben von neuen Kokillen.

Durch eine Schwenk- bzw. Kippeinrichtung lässt sich der Einsatzbereich der Maschine erweitern (Bild 2). Dadurch wird z. B. bei fallender Gießweise die starke Turbulenz bei der Formfüllung vermindert oder das Tauchen der Kokille in ein Schlichtebad zum Wiederherstellen des Schlichteüberzugs auf der Formkontur ermöglicht.

Die Gestaltung der Maschine sollte einen schnellen Formwechsel und eine gute Zugänglichkeit zur Form (z. B. zum Reinigen und Auftragen von Schlichten) zulassen.

Folgende Arbeitsabläufe können über Steuerventile ausgelöst werden:

- Schließen, Zuhalten und Öffnen der Kokille,
- Ein- und Ausfahren von Kernzugzylindern,
- Ausstoßen und Auswerfen der Gussteile.

Kokillengießanlagen

Anlagen zum Kokillengießen können als Gießzelle, Drehkreuz oder als Karussellanlagen ausgelegt werden. Bild 3 zeigt den Aufbau einer Niederdruckkokillengießanlage.

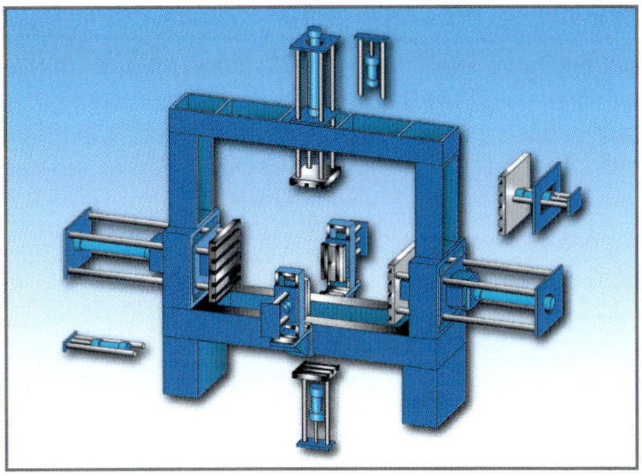

Bild 1: Kokillengießmaschine (Schema)

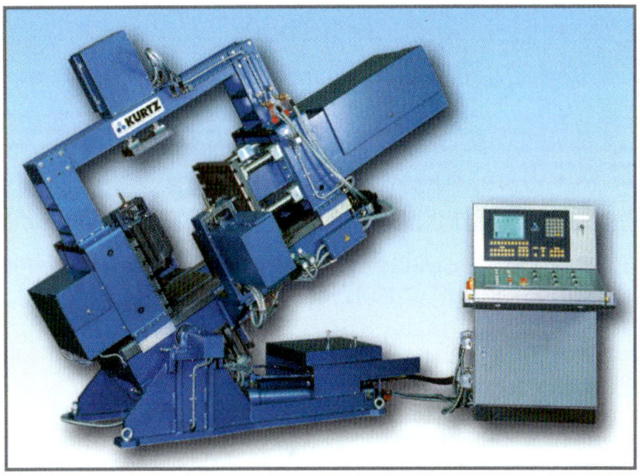

Bild 2: Kippkokillengießmaschine

Bild 3: Niederdruckkokillengießanlage

Beispiel einer Karussell-Kokillengießanlage (Bild 1)

Die Anlage besteht aus einem Karussell, auf dem zwölf Gießwerkzeuge (1...12) auf speziellen Gießmaschinen aufgebaut sind. Das ganze Karussell wird durch ein Getriebe über einen Zahnkranz angetrieben. Über einen Verteiler in der Mitte werden Öl, Luft, Gas und Wasser zugeführt. Das Karussell dreht sich fortlaufend mit einer bestimmten Umlaufgeschwindigkeit. Es gibt aber auch Anlagen mit sechs Gießwerkzeugen, die über einen vorgegebenen Zeittakt weitergeschaltet werden.

Gießablauf

Der automatische Gießablauf sieht folgendermaßen aus:

- automatisches Kernzuführen und -einlegen bei 13,
- Gießen durch elektrisch beheizte Gießöfen über eine Gießrinne bei 14,
- Abkühlstrecke,
- Entnahme und Übergabe des Gussteils auf Förderband bei 15,
- Reinigen und Schlichten durch entsprechende Geräte bei 16.

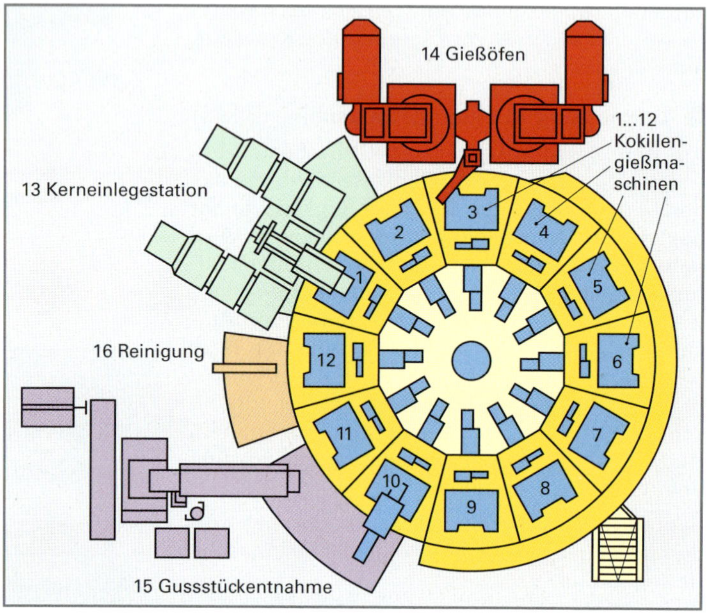

Bild 1: Gießkarussell (Schema)

Kokillen-Gießzelle

Der Trend geht heute in Richtung einzelner Maschinenaufstellung, wobei durch weitgehende Automatisierung des Gießablaufes eine sogenannte automatische Gießzelle vorliegt.

Der Vorteil liegt darin, dass bei einer Störung nicht wie bei einem Karussell alle Einzelmaschinen stillgelegt werden. Die Bilder 2 bis 5 geben einen Einblick in eine derartige Anlage.

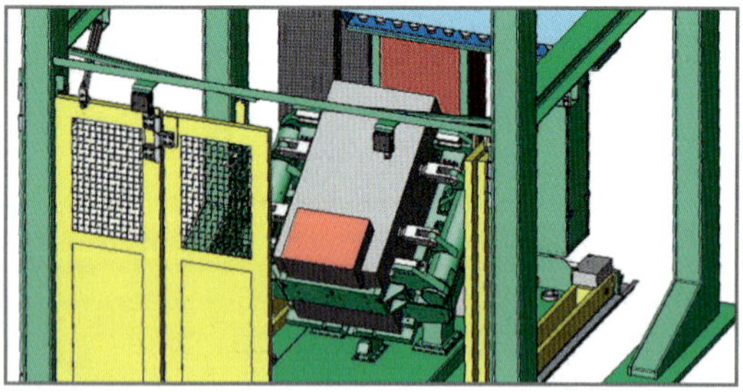

Bild 2: Gießzelle (Schema)

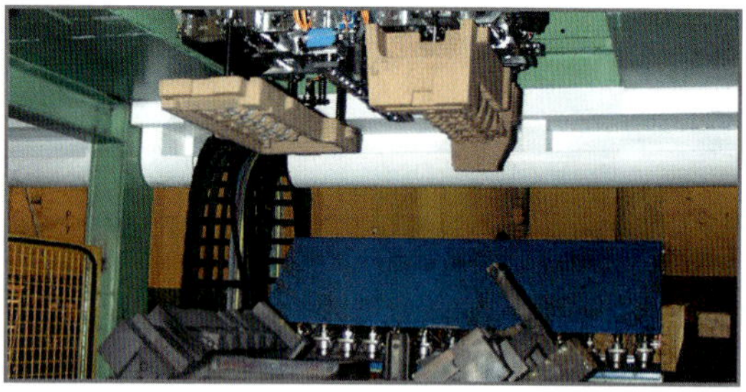

Bild 3: Kerneinlegen

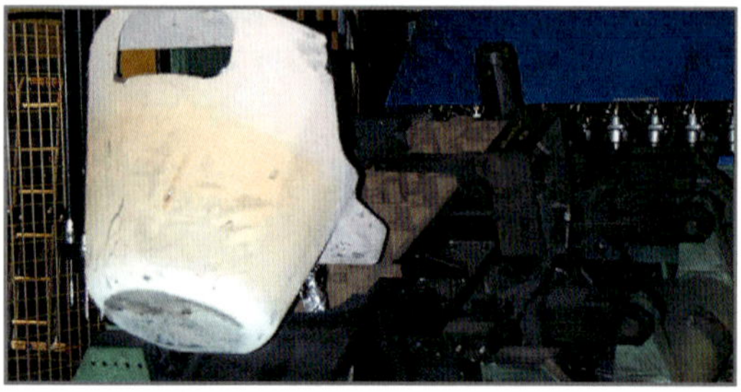

Bild 4: Abgießen

Bild 5: Gesamtansicht

2.2.3 Niederdruckkokillengießen

Verfahren

Auf der Oberseite eines dicht abgeschlossenen Warmhalteofens befindet sich die Metallkokille. Über ein Steigrohr ist der mit dem Gießwerkstoff gefüllte Tiegel mit der Kokille verbunden (Bild 1). Als Gießwerkstoffe werden überwiegend Aluminiumlegierungen vergossen; es gibt aber auch Anlagen für Schwermetalle.

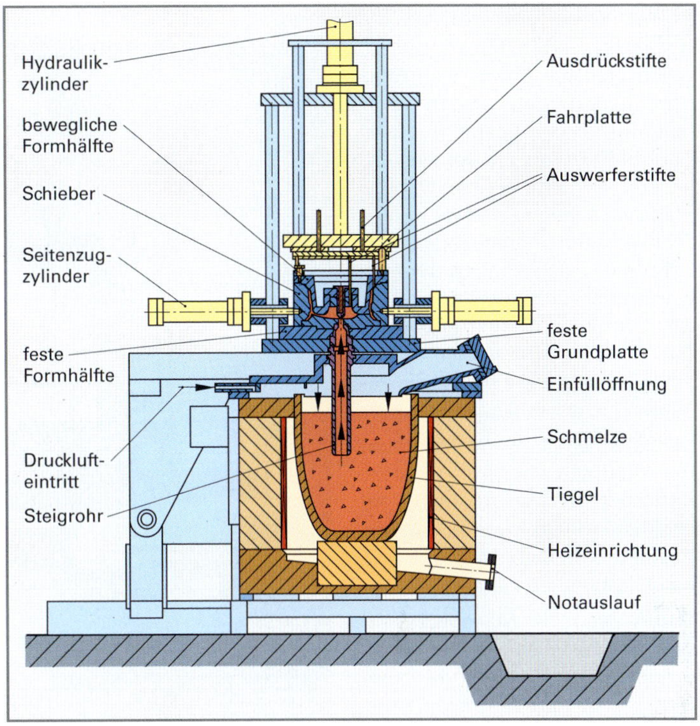

Bild 1: Niederdruckkokillengießmaschine (Aufbau)

Formfüllung

Durch Beaufschlagen des Ofeninnenraums mit Luft oder einem Schutzgas mit relativ niedrigem Überdruck (0,2 ...1,0 bar) steigt das flüssige Metall im Steigrohr hoch und füllt von unten her den Formhohlraum. Der Überdruck muss so lange aufrecht erhalten werden, bis das Gussteil erstarrt ist (Bild 2).

Wie lange das im Einzelfall dauert, muss durch Versuche (z. B. mit Hilfe von Temperaturfühlern in der Nähe der Stelle, an der das Gussstück zuletzt erstarren wird) ermittelt werden.

Durch Betätigung eines Ventils wird der Überdruck im Ofenraum abgebaut. Das beheizte Anschnittmundstück verhindert ein Erstarren der Schmelze an dieser Stelle. Das noch flüssige Metall läuft nach Abschalten des Druckes in den Tiegel zurück. Die Kokille wird nach Abwarten einer Abkühlungszeit, die nach Größe des Teiles mehrere Minuten dauern kann, geöffnet, und das Gussstück wird entnommen.

Die Kokille ist vor Gießbeginn zu reinigen und zu schlichten. Anschließend wird sie auf die Betriebstemperatur aufgeheizt. Das Warmhalten des Steigrohres erfolgt meist mit Gasbrennern. Für die Kühlung genügt häufig ein Aufblasen von Druckluft auf die Kokillenflächen (Bild 3).

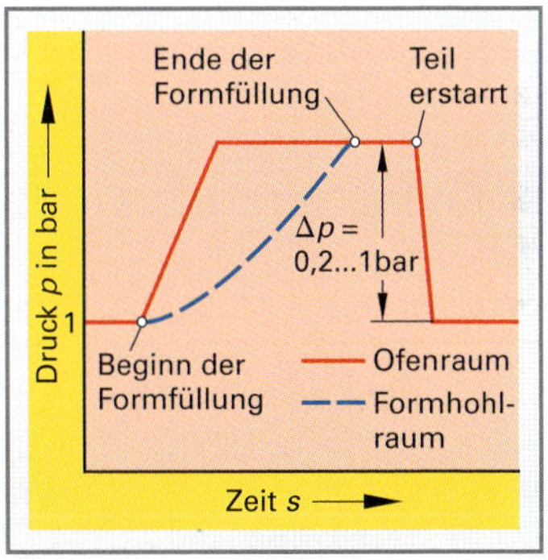

Bild 2: Druckverlauf beim Niederdruckkokillengießen

Vorteile

Die ruhige Formfüllung verhindert weitgehend Oxid- und Gaseinschlüsse, wenn die Entlüftung der Form richtig ausgelegt wird. Die Entlüftung erfolgt über die Spiele bei den Einsätzen, Auswerfern, Kernen, Schiebern und durch Einsetzen von Düsen. Werden bei der konstruktiven Gestaltung des Gussstückes die Gesetze der gelenkten Erstarrung beachtet, können Speiser entfallen. Das Niederdruckgießen ermöglicht einen hohen Materialausnutzungsgrad. In vielen Fällen erreicht er über 90%. Der Einsatz von Sandkernen ist wegen des niedrigen Überdrucks möglich. Der gesamte Gießablauf lässt sich durch den Einsatz von hydraulischen Steuerungen für die einzelnen Arbeitsgänge weitgehend automatisieren.

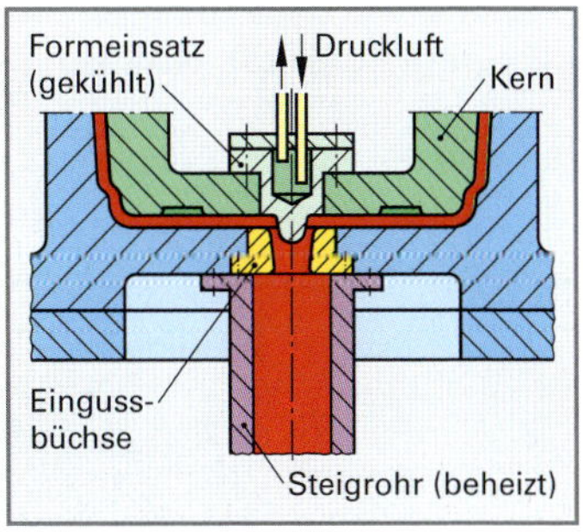

Bild 3: Niederdruckkokille (Ausschnitt)

ND-Kokillengießmaschinen (Bild 1)

Auf der festen Grundplatte, worin sich die obere Steigrohröffnung befindet, ist das Kokillenunterteil montiert. Die obere Formhälfte wird an der beweglichen Fahrplatte befestigt. Diese Platte wird durch einen Hydraulikzylinder nach oben gezogen, wobei das Gussstück durch die Auswerfeinrichtung von der oberen Kokillenhälfte abgestreift wird. Das Gussstück fällt hierbei auf einen zwischen die beiden Formhälften einschwenkbaren Tisch.

Die Badspiegelhöhe im Ofenraum muss laufend überprüft werden, da sich durch ein Absinken die Gießbedingungen verändern und deshalb Korrekturen der Gießdaten notwendig werden (Bild 2).

Der Aufbau der Maschine sollte ein rasches Auswechseln des Steigrohres zulassen, da beim Gießen von Aluminiumlegierungen der Lösungsangriff zu beachten ist (Bild 3).

Das Verwenden von Keramiksteigrohren, deren Einbau sorgfältig vorgenommen werden muss, behebt dieses Problem.

Bild 1: Niederdruckkokillengießmaschine

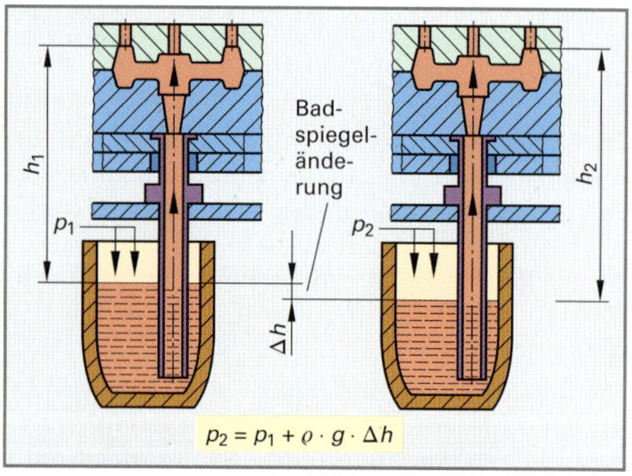

Bild 2: Einfluss der Badspiegelhöhe

Das Gegendruckgießen

Bei diesem Verfahren erreicht die absolute Druckhöhe 4 bis 5 bar. Dieser Druck herrscht anfangs sowohl über der Schmelze als auch im Formhohlraum. Die Schmelze steigt im Steigrohr hoch, wenn durch eine gesteuerte Gasdruckabsenkung um 0,5 ... 0,8 bar im Formhohlraum ein Unterdruck gegenüber dem Druck über der Schmelze erzeugt wird. Die Höhe des Unterdruckes ist regelbar und bestimmt die Formfüllzeit der Form. Das unter dem höheren Druck erstarrte Gussteil besitzt günstigere Festigkeitswerte und hat eine geringere Porosität. Nachteilig sind die höheren Anforderungen an die Qualität der Formen (höhere Genauigkeit).

Bild 3: Niederdruckkokillengießmaschine (gekippt)

Wiederholung ...

1. Beschreiben Sie den Aufbau einer Kokillengießmaschine.
2. Warum gibt es Kokillengießmaschinen mit Kippeinrichtung?
3. Warum ist das Niederdruckgießen für Sicherheitsbauteile geeignet?

2.2.4 Aufbau der Gießwerkzeuge

Zum Durchführen des Gießens in Dauerformen werden Gießwerkzeuge benötigt. Ihre Qualität und ihr störungsfreier Funktionsablauf sind neben der Leistungsfähigkeit der Maschine und der Reinheit der Schmelze mitentscheidend für das Herstellen einwandfreier Gussstücke. Deshalb ist das pflegliche Behandeln der oft sehr teuren Werkzeuge Voraussetzung für einen langen Betriebseinsatz.

Man unterscheidet:

- **Vollkokillen:** Alle Formelemente sind aus Metall.
- **Gemischtkokillen:** Einzelne Hohlräume werden durch Sandkerne gebildet.
- **Halbkokillen:** Das komplette Oberteil der Kokille wird aus Formsand gebildet.

Formteilung

Kokillen bestehen in der Regel aus zwei Formhälften, die über Führungselemente (z. B. Stifte und Büchsen oder Tischführungen mit Führungsleisten) fixiert werden.

Die Anordnung der Formteilung kann senkrecht oder waagerecht ausgebildet werden (Bilder 1 und 2), wobei die konstruktive Ausführung des Gussteiles und das gewünschte Formfüllverhalten von entscheidendem Einfluss sind.

Senkrecht geteilte Kokillen können als Scharnierkokillen ausgebildet werden, wobei die Gussteile große Formschrägen besitzen müssen, um sie aus der Kokille entnehmen zu können (Bild 3). Bei waagrecht geteilten Kokillen und fallender Gießweise wird zum Entnehmen u.U. ein Abreißtrichter notwendig, der durch rechtzeitiges Verdrehen über Kerben den Anguss vom Teil trennt (Bild 2).

Das **Einguss- oder Anschnittsystem** muss vor dem Herstellen der Kokille festgelegt werden. Einguss, Lauf, Anschnitte und Speiser müssen nach der Kontur des Gussteiles und nach Art des Gießwerkstoffes gewählt werden.

Die **Formentlüftung** erfolgt normalerweise über die Speiser und die Formteilung. Bei schwierigeren Teilen zieht man die Passflächen von Formeinsätzen mit hinzu.

Formeinsätze

Der Kokillenwerkstoff wird an der Forminnenseite hohen thermischen Belastungen ausgesetzt. Für einfache Kokillen kann Gusseisen eingesetzt werden; die höher beanspruchten Teile werden meist aus Warmarbeitsstählen hergestellt. Dies führt zur **Einsatzbauweise** (Bild 4).

Vorteile dieser Bauweise:

- sparsamer Einsatz von teurem Formwerkstoff,
- leichteres Auswechseln von Verschleißteilen,
- Einfluss auf den Wärmeentzug durch die Wahl entsprechender Werkstoffe (z. B. Kupfereinsätze),
- zusätzliche Entlüftungsmöglichkeit über die Passflächen
- leichtere Herstellung der Formkontur durch Zerlegen in einzelne Segmente und damit die Möglichkeit mit konventionellen Verfahren wie Drehen, Fräsen und Schleifen zu bearbeiten und nicht auf das energieaufwendige Erodieren zurückgreifen zu müssen.

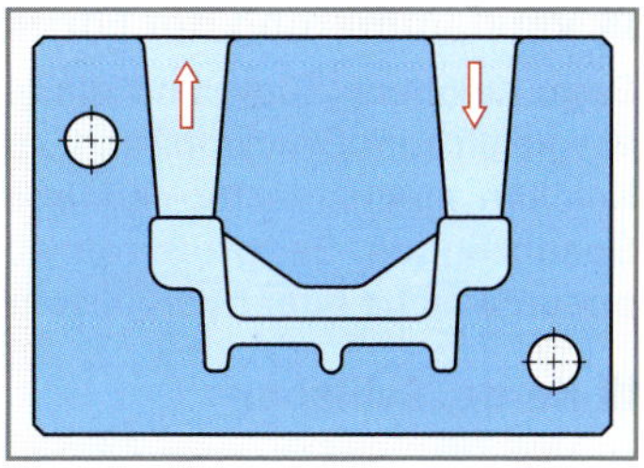

Bild 1: Senkrecht geteilte Kokille

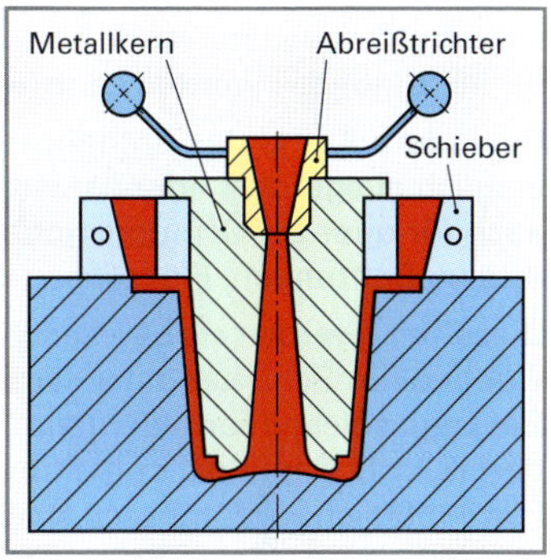

Bild 2: Waagerecht geteilte Kokille (mit Abreißtrichter)

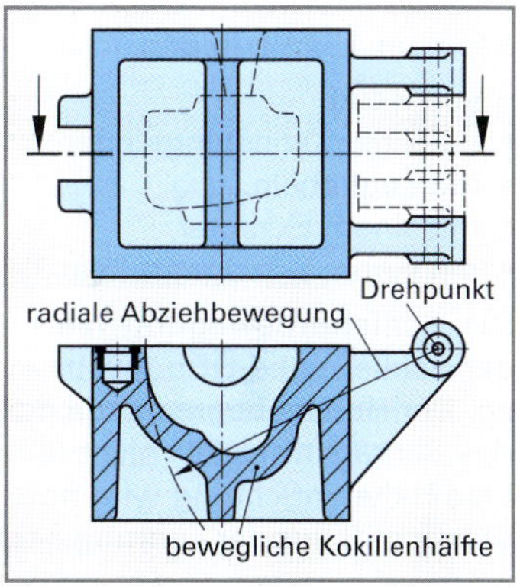

Bild 3: Scharnierkokille

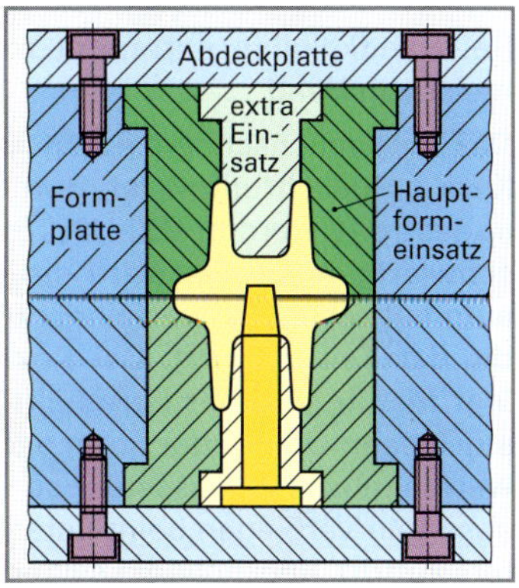

Bild 4: Formeinsätze

2

Wärmebilanz der Kokille

Beim Kokillengießen stellt sich im Betrieb im Idealfall ein Gleichgewichtszustand zwischen der Wärmeabgabe der Schmelze und der Wärmeaufnahme der Form ein. Falls dies nicht der Fall ist, muss entweder immer wieder aufgeheizt oder gekühlt werden, weil eine möglichst gleichbleibende Formtemperatur erwünscht ist.

Die so genannte **Wärmedurchgangszahl *K*** (Bild 1) beschreibt den Wärmefluss von der Oberfläche des Gussteiles durch die Kokillenwand hindurch an die Umgebung. Je höher diese Zahl wird, desto rascher erfolgt die Abkühlung. Eine niedrige Wärmedurchgangszahl bedeutet, dass die Kokille eine hohe Isolierwirkung besitzt und die Erstarrung länger dauert. Die von der Schmelze bis zur Entnahme des Gussteiles aus der Form abgegebene Wärmemenge Q_S kann nach Formel 1 (Bild 2) berechnet werden. Die spezifische Werkstoffkapazität c und die Schmelzwärme q hängen vom eingesetzten Gießwerkstoff ab (Tabelle 1).

Die durch die Kokillenwandung abgeführte Wärmemenge kann nach Formel 2 (Bild 3) bestimmt werden.

Diese Berechnungsformeln sind nur begrenzt anwendbar. Die Temperaturen von Schmelze und Kokille verändern sich laufend: Die Schmelze kühlt ab, während sich die Kokille aufheizt. Dazu kommt mit fortlaufender Erstarrung die Bildung des Luftspaltes zwischen Formkontur und Gussstückoberfläche, die den Wärmeübergang stark verschlechtert.

Damit sich im Betrieb gleichmäßige Bedingungen bezüglich der Formtemperatur ergeben, muss $\boldsymbol{Q_s = Q_K}$ sein.

Ist dies nicht der Fall, ergibt sich durch ein zu starkes Aufheizen bzw. Abkühlen der Kokille die Notwendigkeit, örtlich zu kühlen bzw. aufzuheizen.

Das Verhältnis der Wärmeleitzahlen von Gießwerkstoff λ_1 und Formwerkstoff λ_2 haben für den Gießablauf hohe Bedeutung:

Ist $\lambda_2 < \lambda_1$, besitzt die Form eine isolierende Wirkung, und damit sinkt die Gefahr des vorzeitigen Erstarrens.

Ist $\lambda_2 > \lambda_1$, wird die an der Forminnenwand übertragene Wärmemenge schnell weitergeleitet, womit sich eine starke Abschreckwirkung mit den damit verbundenen Nachteilen ergibt.

Die Auswirkungen dieser wärmephysikalischen Eigenschaften für das Gießen sind eindeutig: Gießwerkstoffe mit niedrigem Wärmeinhalt pro kg Masse und hohen Wärmeleitzahlen müssen mit sehr kurzen Formfüllzeiten gegossen werden.

α_1 Wärmeübergang Schmelze – Kokille
α_2 Wärmeübergang Kokille – Umgebungsluft
d Wandstärke
λ Wärmeleitzahl

$$\frac{1}{k} = \frac{1}{\alpha_1} + \frac{d}{\lambda} + \frac{1}{\alpha_2}$$

Bild 1: Wärmedurchgangszahl

$$Q_S = m \cdot c \cdot (T_G - T_A) + m \cdot q$$

m Masse
c spezifische Wärmekapazität
T_G Gießtemperatur
T_A Entnahmetemperatur
q Schmelzwärme

Bild 2: Vom Gussteil abgegebene Wärmemenge

Stoff	Stahl	Kupfer	Alum.	Magn.	Zink
$c \frac{J}{gK}$	0,78	0,385	0,932	1,05	0,38
$q \frac{J}{g}$	276	210	396	373	101

Tabelle 1: Wärmekapazität – Schmelzwärme

$$Q_K = k \cdot F \cdot (T_i - T_a) \cdot t$$

k Wärmedurchgangszahl
F Fläche (Oberfläche) der Kokille
T_i, T_a Kokillentemperaturen innen, außen
t Zeit (Ende der Formfüllung bis Entnahme des Gussstückes)

Bild 3: Durch Kokille abgeführte Wärmemenge

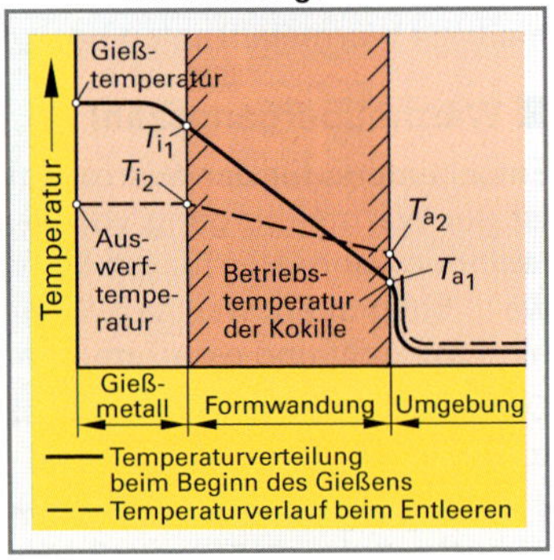

Bild 4: Temperaturverlauf (Kokillengießen)

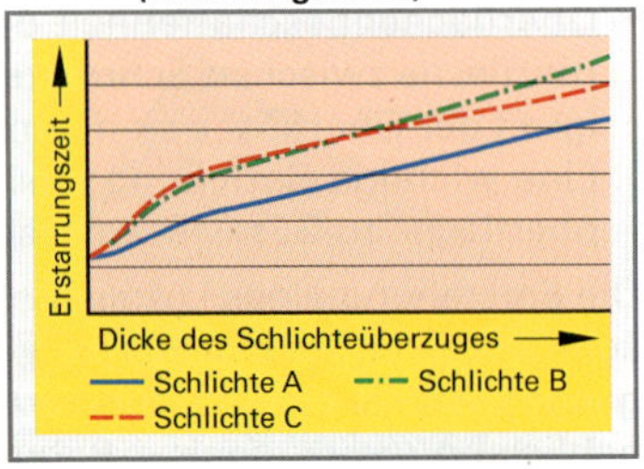

Bild 5: Zusammenhang Schlichteüberzug – Erstarrungszeit

2.2.7 Kokillenschlichten

Den Wärmefluss steuert man beim Kokillengießen durch den Einsatz von **Schlichten.**

Aufgaben der Schlichten

- Steuern des Wärmeüberganges durch wärmeisolierende bzw. gut wärmeleitende Wirkung der Schlichte (Bild 5)
- Vermindern der Klebneigung
- Herabsetzen des Lösungsverschleißes (Aluminium)
- Verbessern der Gussstückoberfläche
- Kühlen der Kokille beim Tauchen in das Schlichtebad

Arten von Schlichten

- **Spezielle Isolationsschlichten** verhindern beim Eingusssystem und bei den Speisern den raschen Wärmeentzug durch die Form. Da sie dickflüssig sind, werden sie mit Pinseln aufgetragen, wobei die Dicke des Überzugs mehrere Millimeter betragen kann. Diese Schlichten enthalten neben anderen Stoffen Kaolin, Zinkoxid und Wasserglas.
- **Wärmeisolierende Schlichte** („weiße" Schlichten) werden an Stellen eingesetzt, wo ein schneller Wärmeentzug durch die Form verhindert werden muss (z.B. bei dünnwandigen Gussteilpartien). Sie enthalten meist Calciumcarbonat, Talkum, Kieselsäure, Kaolin und Wasserglaszusätze (Bild 1).
- **Grafitschlichten** mit einem Grafitanteil von etwa 20% ermöglichen einen guten Wärmeübergang zwischen dem Gießwerkstoff und der Kokille (Bild 1). Sie werden an den Stellen eingesetzt, wo ein rascher Wärmeentzug erwünscht ist (Materialanhäufungen).

Anforderungen

- Gute Haftung auf der Formoberfläche; Strahlen der Form mit feinen Strahlmitteln verbessert dies. Dabei sollte keine unzulässig große Aufrauung erfolgen, da die Oberfläche des Gussteiles verschlechtert wird.
- Hohe Verschleißfestigkeit gegenüber mechanischer und thermischer Beanspruchung. Der Gießwerkstoff sollte den Schlichteüberzug nicht abwaschen; die hohen Temperaturen dürfen kein Abplatzen oder Zerfallen der Schlichte hervorrufen.
- Hohe Standzeit des Überzugs. Bei Aluminium hält die Schlichte unter günstigen Bedingungen tagelang, bei Schwermetallen muss nach jedem Abguss geschlichtet werden.
- Geringe Verbrennungsrückstände

Verarbeiten der Schlichten

Nach der erwünschten Wirkung verwendet man verschiedene Schlichten für eine Kokille. Zum Auftragen durch Sprühen verdünnt man die Schlichten mit Wasser. Das Mischungsverhältnis liegt zwischen 1:3 und 1:40 (Schlichte zu Wasser). Damit alle Formpartien erfasst werden und ein möglichst gleichmäßiger Überzug entsteht, wird die Schlichte mit Sprühpistolen (Bild 2 und 3) aufgetragen. Die gereinigte und fettfreie Kokille muss auf eine bestimmte Mindesttemperatur (150 °C bis 200 °C) aufgeheizt sein, damit das Verdünnungsmittel verdampft und ein festhaftender Film entsteht.

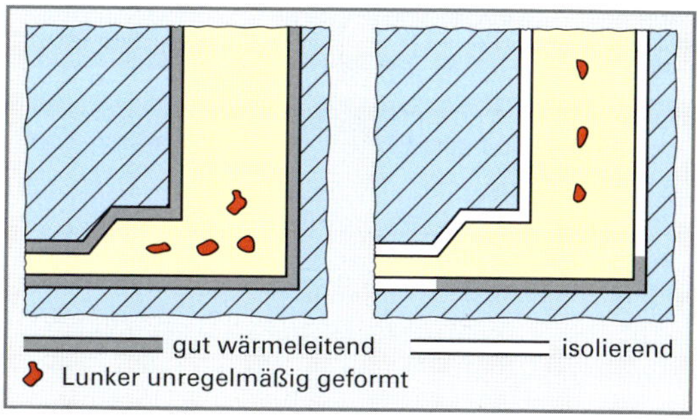

Bild 1: Einfluss der Schlichten beim Erstarren

Eigenschaften der Schlichte	Wirkung und Einsatz
raue Struktur	hochisolierend für dünnwandige Teile, gute Fließeigenschaften
feine Struktur	schlechter isolierend, für glatte Oberflächen
glasähnliche Struktur	feste Haftung
keramische Struktur (grafithaltig)	hohe Trenn- und Schmierwirkung, gut wärmeleitend, für Teile mit geringen Entformschrägen

Tabelle 1: Schlichteeigenschaften

Bild 2: Auftrag von Schlichte

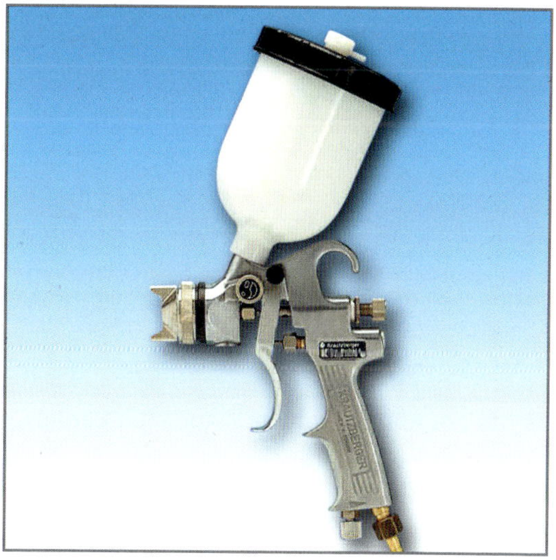

Bild 3: Sprühpistole

2.3 Druckgießen

2.3.1 Verfahren

Beim Druckgießen wird die in einem Ofen verflüssigte Schmelze (Legierung) unter sehr hohem Druck und extrem hoher Geschwindigkeit mithilfe von hydraulischen Kolben einer Druckgießmaschine in eine aus gehärtetem Stahl hergestellte Dauerform gefüllt (Bild 1 und 2). Für die Füllung steht nur eine äußerst kurze Zeit (Füllzeit) zur Verfügung, da die flüssige Schmelze auf dem Weg in die Form kontinuierlich abkühlt. Diese Füllzeit kann mit einem Augenzwinkern verglichen werden und dauert zwischen 10 und 100 ms (1 Millisekunde = 1/1000 s). In der Bezeichnung „Druckgießen" findet sich die physikalische Größe „Druck" wieder. Sie wird in der Einheit „bar"(pascal) angegeben. Durch den hohen Druck von 250 bis 1000 bar (zum Vergleich, ein Autoreifen hat einen Druck von 2,5 bar), lassen sich exzellente Bauteilqualitäten von höchster Präzision, exakter Abbildung und perfekter Oberflächengüte erreichen (Tabelle 1).

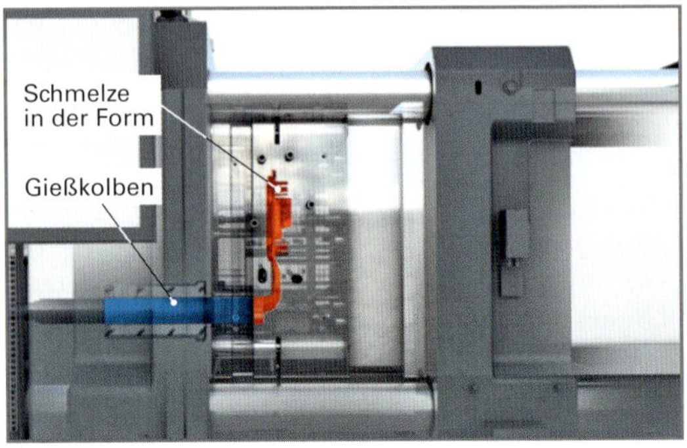

Bild 1: Kaltkammer-Druckgießverfahren

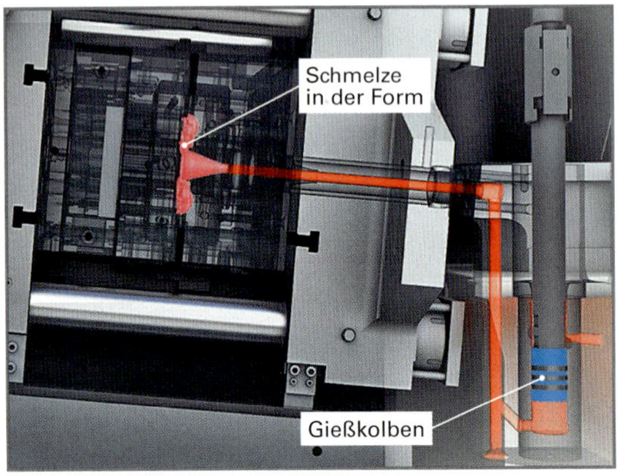

Bild 2: Warmkammer-Druckgießverfahren

Es gibt jedoch auch Nachteile des Verfahrens. Die für das Druckgießen benötigte Form ist äußerst aufwändig in der Herstellung und teuer. Die komplexen High-Tech-Druckgießanlagen sind große Investitionen. Deshalb lohnt sich das Druckgießverfahren erst ab einer relativ hohen Stückzahl an Bauteilen, was im Übrigen das prädestinierte Einsatzverfahren beim Druckgießen ist. „Hohe Stückzahlen"! Für einzelne Bauteile eignet sich dieses Verfahren nicht. Für sehr geringe Stückzahlen gibt es besser geeignete Gießverfahren, die in diesem Buch ausführlich beschrieben sind. Für spezielle Anwendungen wurden aus dem Druckgießverfahren heraus verschiedene Sonderverfahren abgleitet, die im Kapitel 2.3.12 beschrieben sind.

Vorteile des Druckgießverfahrens	Nachteile des Druckgießverfahrens
Der kürzeste Weg von flüssiger Schmelze zum fertigen Gussteil. Kurze Taktzeiten, ideal für höchste Stückzahlen.	Hohe Formkosten durch aufwändige, präzise Gestaltung und Auslegung.
Gute Oberflächengüte und hohe Maßhaltigkeit der Bauteile. Sehr gute mechanische Eigenschaften der Bauteile durch sehr schnelle Erstarrung.	Einschränkungen bei der Nachbehandlung von Gussteilen (z. B. Schweißen und Vergüten) durch Porositäten.
Sehr dünnwandige, komplexe Teilegeometrien und kleinste Bohrungen sind realisierbar.	Teile mit Hinterschneidungen schwierig herstellbar.
Weniger mechanische Bearbeitung durch nahezu einbaufertige Gussteile. Sehr gute Automatisierungsmöglichkeiten.	Sandkerne zur Gestaltung innerer Hohlräume sind aufgrund der hohen Gießdrücke nicht einsetzbar. Druckgegossene Salzkerne sind eine Alternative.

Tabelle 1: Vor- und Nachteile des Druckgießverfahrens

Die am häufigsten verwendeten Legierungen

Eine Druckgießlegierung ist immer ein Gemisch aus verschiedenen Elementen. Reine Legierungen, also praktisch ohne Legierungszusätze, werden sehr selten eingesetzt, da diese meist nicht gut gießbar sind und zum Festkleben in der Form neigen. Auf das Verhalten der eingesetzten Legierung haben diese Elemente einen entscheidenden Einfluss hinsichtlich Gießbarkeit, mechanischer Eigenschaften z. B. Härte, Warmfestigkeit, Dehnung, Korrosionsbeständigkeit etc.

Die Art und Anzahl der Elemente, der Masseanteil der Elemente – bezogen auf die Gesamtmasse – fördern positive, aber auch negative Eigenschaften (Tabelle 1). Diese Eigenschaften sind in den Datenblättern der genormten Legierungen sehr präzise dargestellt, damit sich die für das Bauteil gewünschten Eigenschaften erzielen lassen.

Legierung	Werkstoff-bezeichnung	Bruchdehnung	Härte Brinell	Zugfestigkeit	Gießtemperatur
Aluminium DIN EN 1706	GD-AlSi12(Cu) (231)	1 % bis 3 %	80 bis 100	240–300 N/mm²	640–770 °C
Magnesium DIN EN 1753	GD-MgAl9Zn1 (AZ91)	1 % bis 3 %	65 bis 85	190–250 N/mm²	630–660 °C
Zink DIN EN 1744	GD-ZnAl4Cu1 (410 oder ZI 5)	5 %	92	280–330 N/mm²	410–430 °C

Tabelle 1: Eigenschaften der gebräuchlichsten Legierungen

Gießen von Aluminiumlegierungen

Aluminium hat sehr gute „Allround"-Eigenschaften. Es ist korrosionsbeständig, leicht und hat eine gute Wärmeleitfähigkeit. Dies offeriert eine nahezu endlose Vielfalt von Bauteilen in allen Größen. Im flüssigen Zustand ist Aluminium jedoch sehr aggressiv gegenüber Stahl. Aluminium nimmt Eisen auf und greift im flüssigen Zustand alle Teile der Maschine an, die mit der flüssigen Legierung in Kontakt sind, und kann deshalb ausschließlich im Kaltkammerverfahren verarbeitet werden. Aluminiumlegierungen müssen vor dem Gießen durch einen externen Impellerprozess von Gasen befreit und gereinigt werden. Durch einen chemischen Prozess löst die flüssige Aluminiumschmelze jegliche Form von Eisen und sonstigen in der Stahllegierung verwendeten Legierungselemente aus der Gießgarnitur heraus. Je heißer die Aluminiumschmelze, desto aggressiver wird diese und umso schneller läuft dieser Lösungsprozess ab (Bild 2). Die gelösten Elemente legieren wiederum mit der Aluminiumschmelze und bilden dort unerwünschte Phasen aus. Ein kleiner Anteil von Eisen in der Schmelze ist jedoch wichtig für die Festigkeit und Gießbarkeit. Zu viel Eisen verschlechtert die mechanische Bearbeitung der Teile, daher sollte die Zusammensetzung der Schmelze stets geprüft und überwacht werden.

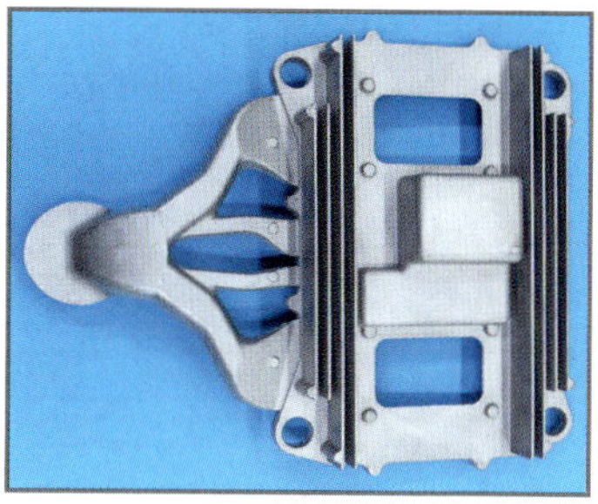

Bild 1: Gehäuse aus Aluminium

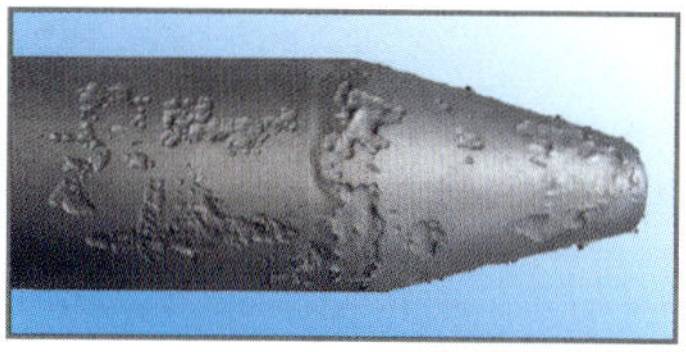

Bild 2: Von Aluminium attackierter Formkern

Gießen von Magnesiumlegierungen

Magnesium ist das leichteste Gießmetall mit guten mechanischen Eigenschaften und, je nach Legierung, hohen Dehnungswerten. Magnesiumbauteile benötigen einen Oberflächenschutz gegen Witterungseinflüsse. Magnesium wird je nach Größe der Bauteile im Warm- (Bild 3) und im Kaltkammerverfahren (Bild 4) verarbeitet.

Im gießflüssigen Zustand und bei Kontakt mit Luftsauerstoff entzündet sich Magnesium ohne fremde Zündquelle. Neben einer speziell für Magnesiumdruckguss ausgelegten Ofenanlage ist zusätzlich ein Schutzgas-Misch- und -Dosiersystem erforderlich. Dieses sorgt dafür, dass kontinuierlich bei niedrigem Druck ein Schutzgasgemisch aus einem Trägergas, meist Stickstoff, und einem Schutzgas in den geschlossenen Ofen injiziert wird, um damit das Eindringen von Sauerstoff in den Ofeninnenraum zu verhindern. Damit ist die Schmelze vor dieser Reaktion geschützt und kann problemlos verarbeitet werden. Es ist eine etwas aufwändigere Ausstattung der Magnesiummaschine in Bezug auf Schutz gegen Metallspritzer und Schutz gegen Magnesiumstaub erforderlich.

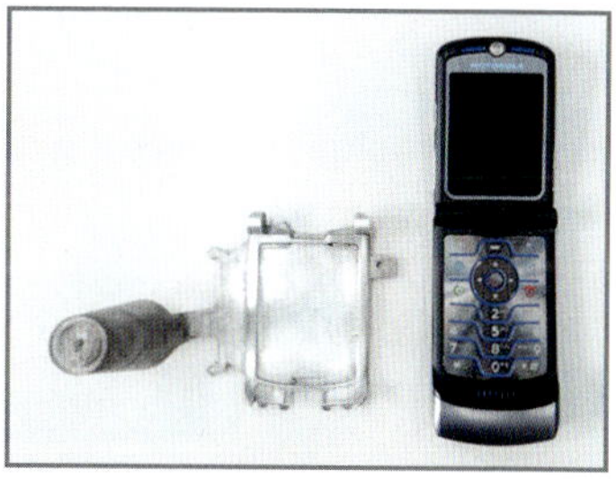

Bild 3: Kleine Handyteile aus Magnesium (Warmkammer)

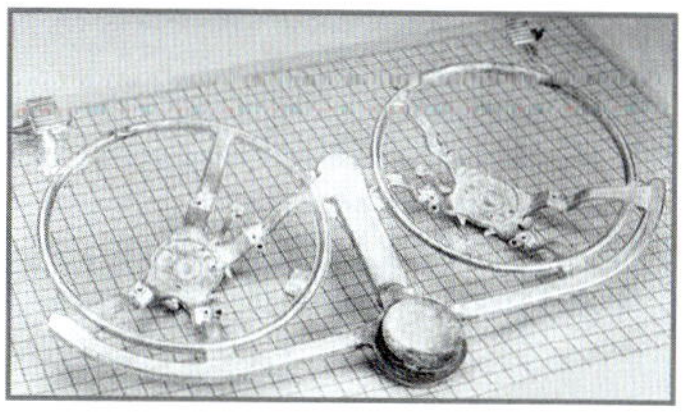

Bild 4: Große Lenkradteile aus Magnesium (Kaltkammer)

Gießen von Zinklegierungen

Zink ist ideal zum Gießen, hat einen niedrigen Schmelzpunkt, ist sehr dünnflüssig, nicht aggressiv gegenüber der Gießgarnitur, hat aber eine hohe Dichte. Zinklegierungen lassen sich durch diese positiven Eigenschaften im wirtschaftlicheren Warmkammerverfahren verarbeiten – und das bei einem deutlichen geringeren Formenverschleiß als bei der Verarbeitung anderer Legierungen. Es ist keine Schmelzevorbehandlung erforderlich. Nach einer Abstehzeit lassen sich die Oxide einfach von der Schmelzbadoberfläche entfernen. Für hochwertige, edel anmutende Bauteile ist die hohe Dichte kein Nachteil (Bild 1). Im Gegenteil, dies ist sogar erwünscht. Zinkbauteile können aber auch extrem dünnwandig ausgelegt werden, wodurch der Nachteil der Dichte dann keine Rolle mehr spielt. Für galvanische Veredelungen gibt es praktisch unbegrenzte Möglichkeiten.

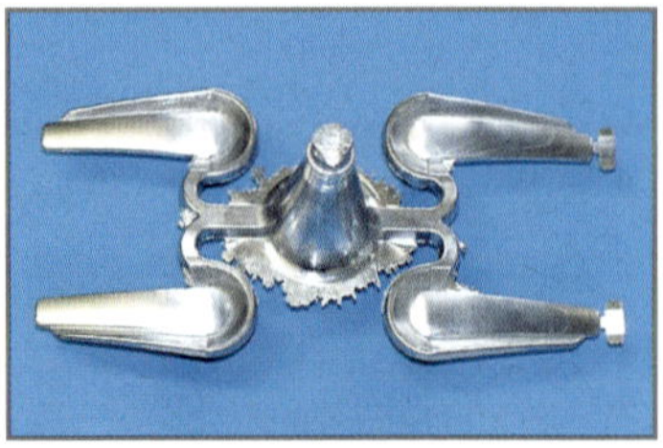

Bild 1: Griffe aus Zink

Gießen von Zinn- und Blei-Legierungen

Blei und Zinn waren die ersten Metalle, die im Druckgießverfahren verarbeitet wurden und sind aufgrund ihrer außergewöhnlichen Eigenschaften weniger verbreitet. Sie haben aber für spezielle Anwendungen durchaus ihre Berechtigung.

Blei ist schwer, hat eine geringe Festigkeit und Härte, ist aber extrem säurebeständig und wird deshalb für Batteriepole eingesetzt – früher auch für Gewichte. Bleibauteile können problemlos im Warmkammerverfahren hergestellt werden.

Zinn hat eine silberfarbene, edle Oberfläche und wird für Schmuckgegenstände wie Teller und Becher, aber auch für feinmechanische elektronische Bauteile eingesetzt. Zinn ist ein wertvolles, teures Material und lässt sich sehr gut im Warmkammerverfahren gießen.

Bild 2: Teller aus Zinn

Messinglegierungen

Messinglegierungen sind extrem korrosionsbeständig und haben sehr gute Festigkeitswerte. Durch diese Eigenschaften ist Messing für wasserführende Bauteile und für die Elektroindustrie ein interessanter Werkstoff. Er gehört jedoch zu den weniger verbreiteten Legierungen. Die hohen Schmelztemperaturen von ca. 1000 °C erfordern eine spezielle Ofentechnik. Zudem lassen sich Messinglegierungen ausschließlich im Kaltkammerverfahren verarbeiten.

vel.plus/
FGT01

Bild 3: Gehäuse aus Messing

Entdecken Sie Druckgießteile verschiedenster Legierungen und Anwendungen im Alltag.

Das Druckgießen wird grundsätzlich in zwei Verfahren unterteilt

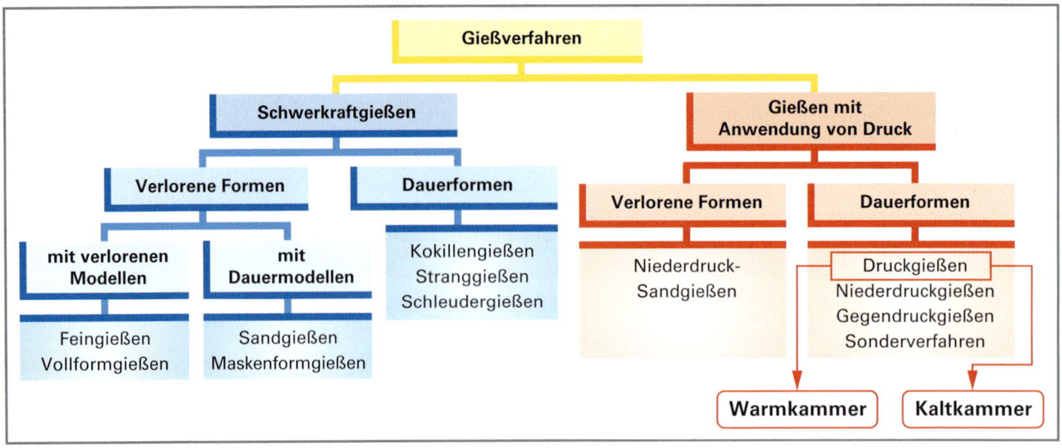

Bild 4: Unterteilung der Druckgießverfahren im Gesamtzusammenhang

Das Warmkammer-Druckgießverfahren

Buchstabe W oder K	Verfahren W oder K	W = Warmkammer
1. Zahl xxx	Zuhaltekraft in Tonnen. Maschinenbezeichnung und gleichzeitig Namensgebung	(hier 125 t = 1250 kN)
Zn	Chemisches Kürzel für die Legierung. Wird oft bei Warmkammermaschinen angegeben.	Beispiel Zn (Zink)

Tabelle 1: Bezeichnungen von Warmkammer-Druckgießmaschinen

Die flüssige Schmelze wird von einem in der Maschine integrierten Ofen über die beheizte (warme) Gießgarnitur (Gießbehälter und Düse) direkt in die Form geführt (Bild 1). Der Gießkolben fährt nach unten und füllt die Form. Nach dem Zurückziehen des Gießkolbens füllt sich über die Füllöffnungen die Gießkammer selbsttätig zu 100% („selbstladende" Maschine). Dadurch ist die Maschine sofort für den nächsten Gießvorgang bereit. Ein externes Dosieren wie im Kaltkammerverfahren ist nicht erforderlich. Der Weg der Schmelze ist kürzer als im Kaltkammerverfahren. Dieser Gießablauf ohne externes Dosieren ermöglicht eine hohe Taktzahl. Die „Kammer" (Gießkammer) befindet sich immer im warmen Metallbad und ist von flüssiger Schmelze umgeben. Daher der Name „Warmkammer".

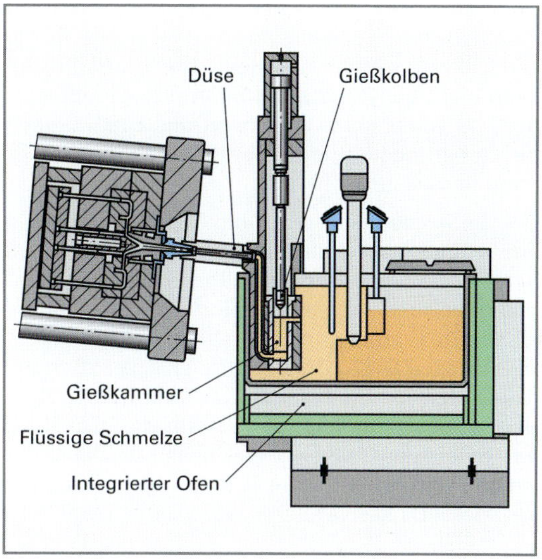

Bild 1: Warmkammer-Druckgießmaschine mit integriertem Ofen

Achtung! Der Begriff „warm" ist nur der Name. Die Gießgarnitur ist im Betrieb sehr heiß! Dieses Verfahren wird für die Verarbeitung von Zink-, Magnesium-, -Zinn- und Bleilegierungen eingesetzt. Diese Legierungen greifen die Gießgarnituren bei direktem Kontakt nicht an. Dadurch können die Gießgarnituren ständig in der flüssigen Schmelze bleiben. Aluminium lässt sich **nicht** im Warmkammerverfahren verarbeiten, da es die Gießgarnitur chemisch angreift. Warmkammer-Druckgießmaschinen sind durch die vertikale Anordnung des Gießaggregats und den integrierten Ofen sehr kompakt und mit wenig aufwändigen Zusatzeinrichtungen einsetzbar (Bild 2).

Bild 2: Warmkammer-Druckgießmaschine mit und ohne Schutzabdeckungen

Das Kaltkammer-Druckgießverfahren

Buchstabe W oder K	Verfahren W oder K	K = Kaltkammer
1. Zahl xxx	Zuhaltekraft in Tonnen. Maschinenbezeichnung und gleichzeitig Namensgebung	(hier 640 t = 6400 kN)
2. Zahl xxx	Gießkraft in Tonnen. Wird nur bei Kaltkammermaschinen angegeben, da es verschiedene Größen an Gießaggregaten gibt.	(hier 62 t = 620 kN)

Tabelle 1: Bezeichnungen von Kaltkammer-Druckgießmaschinen

Die flüssige Schmelze wird mittels Schöpfeinrichtung, eine Art Löffel, einem Dosierofen oder mit einem Vakuum-Dosiersystem von außen in die kalte Gießkammer befördert. Die Gießkammer kann nicht vollständig mit Schmelze gefüllt werden, da sonst beim Vorfahren des Gießkolbens die Gefahr besteht, dass Schmelze zur Einfüllöffnung herausspritzt (Bild 1).

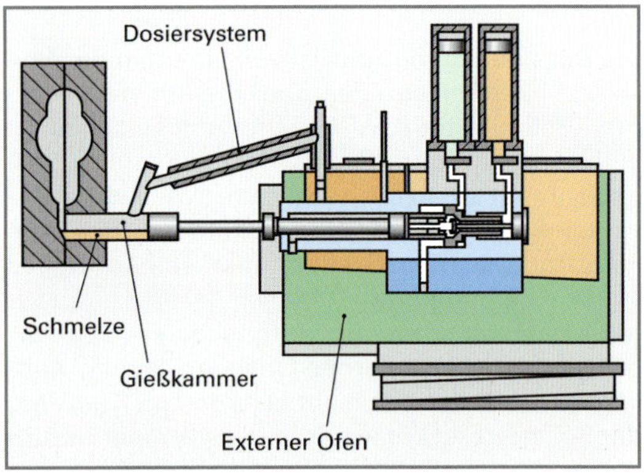

Bild 1: Kaltkammer-Druckgießverfahren mit Dosierofen

Der Gießkolben fährt durch die Gießkammer in die Form hinein und füllt den Formhohlraum. Nach dem Zurückziehen des Gießkolbens muss die Kammer über die externe Dosiereinrichtung vor jedem neuen Gießvorgang mit Schmelze befüllt werden. Alle Teile der Gießgarnitur befinden sich außerhalb des Ofens. Die Gießkammer ist nicht in ständiger Berührung mit der flüssigen Schmelze und deshalb am Anfang des Gießprozesses noch kalt. Daher der Name „Kaltkammer" (Bild 1). Achtung! Der Begriff „kalt" ist nur der Name. Die Gießgarnitur ist im Betrieb sehr heiß! Dieses Verfahren wird für die Verarbeitung von Aluminiumlegierungen eingesetzt.

Aluminium greift im flüssigen Zustand die Gießgarnitur an. Dieses Eisen findet sich später als Verunreinigung in der Legierung und ist verschleißfördernd. Um diese Reaktion zu minimieren, muss das flüssige Aluminium über einen externen Ofen zugeführt werden und kommt dadurch nur sehr kurz mit der Gießgarnitur in Kontakt. Sobald das Aluminium erstarrt ist, findet diese Reaktion nicht mehr statt.

Kaltkammer-Druckgießmaschinen benötigen durch die horizontale Anordnung des Gießaggregats und dezentrale Positionierung des Ofens mehr Platz. Mit entsprechenden Zusatzeinrichtungen sind Kaltkammer-Druckgießmaschinen in Gießzellen integriert (Bild 2 und Bild 3).

Bild 2: Kaltkammer-Druckgießmaschine

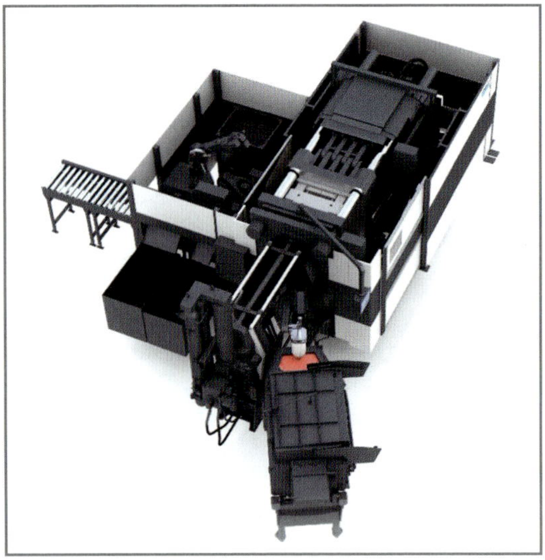

Bild 3: Kaltkammer-Gießzelle

2.3.2 Aufbau von Druckgießmaschinen

Aufbau der Druckgießmaschine

Es werden folgende Baugruppen bei Warm- und Kaltkammer-Druckgießmaschinen unterschieden (Bild 1a und b):

- Chassis oder Untergestell
- Antriebseinheit
- Formschließeinheit
- Auswerfereinheit
- Kernzugeinheit
- Gießeinheit Kaltkammer
- Gießeinheit Warmkammer
- Steuerung
- Ofenanlage

*Das **Chassis** oder **Untergestell** ist praktisch das statische „Fahrwerk" der Maschine, auf dem alle Baugruppen der Maschine aufgesetzt und montiert sind.*

Die Formschließeinheit wird auf Führungsschienen gesetzt, die auf dem Untergestell präzise platziert sind. Darunter befindet sich der Hydrauliktank mit der Kühl- und Filtereinheit zur Aufbereitung des Hydraulikmediums.

Bei Kaltkammermaschinen (Bild 1a) wird die Gießeinheit durch die horizontale Anordnung mithilfe eines weiteren Rahmens an das Chassis angedockt.

Bei Warmkammermaschinen (Bild 1b) wird auch die Gießeinheit auf das Chassis aufgesetzt.

***Antriebseinheit,** bestehend aus Motor und Hydraulikpumpe (Bild 2), zur Versorgung der Maschine mit hydraulischer Energie (Druck und Volumen).*

Durch einen im Tank befindlichen Ansaugfilter wird das Hydraulikmedium angesaugt und über die Pumpe unter Druck gesetzt. Übliche Hydraulikdrücke sind ca. 140 bis 200 bar. Das unter Druck gesetzte Medium steht an hydraulischen Verteilerblöcken zur Verfügung, um die Zylinder mit Energie zu versorgen. Für Druckgießmaschinen in der EU sind schwerentflammbare Hydraulikflüssigkeiten vorgeschrieben, um die Brandgefahr durch austretendes Medium auf heiße Oberflächen zu minimieren.

***Auswerfereinheit,** bestehend aus einem integrierten hydraulischen Auswerferzylinder, der mit der Auswerfervorrichtung der Form gekoppelt wird.*

Innerhalb des Kniehebelsystems der Formschließeinheit befindet sich ein Auswerferzylinder (bei großen Maschinen sind es zwei Auswerferzylinder) (Bild 3) und eine Auswerfplatte, die mit Bolzen oder Stangenkupplungen mit der Form fest verbunden werden.

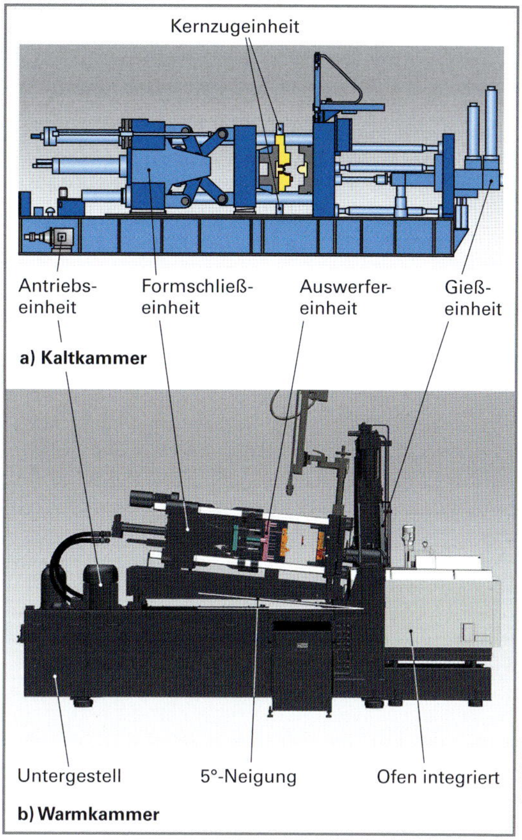

Bild 1: Kaltkammer und Warmkammer

vel.plus/ FGT02

vel.plus/ FGT03

Bild 2: Antriebseinheit

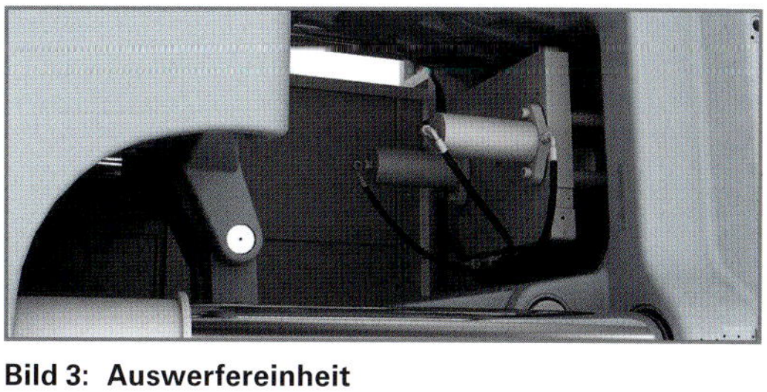

Bild 3: Auswerfereinheit

Kernzugeinheit, *bestehend aus mindestens einem separat ansteuerbaren Kernzugventil, um separate, hydraulische Schieber zu betätigen, die am Druckgießteil seitliche Konturen bilden.*

Komplexe Druckgießteile haben umlaufende Konturen, die in Öffnungsrichtung der Form nicht ausgeformt werden können. Dafür gibt es bewegliche Kerne bzw. Konturschieber, die vor oder nach dem Schließen der Form seitlich einfahren und nach dem Gießen ausfahren, bevor die Form bzw. das Druckgießteil ausgestoßen wird (Bild 1). Bei hydraulisch bewegten Kernen gibt es Kernzugventile, die an den Maschinen platziert sind und mit den Kernzugzylindern an der Form gekoppelt werden.

Gießeinheit Kaltkammer (Bild 2), *bestehend aus dem hydraulischen Gießantrieb* ***mit*** *Druckspeicherunterstützung, hydraulischem Gießzylinder mit Druckübersetzung, oben offener Gießkammer zum Einfüllen von Schmelze, Kolbenstange und Gießkolben.*

Die Gießeinheit ist das leistungsfähige Herzstück der Maschine, da hier sehr hohe Drücke und extrem hohe Kolbengeschwindigkeiten erzeugt werden müssen, um die flüssige Schmelze vor der Erstarrung in den Formhohlraum zu gießen. Die Gießeinheit ist horizontal mittels Verbindungsstangen an die Maschine angedockt und besteht aus hydraulischen Verteilerblöcken, dem Gießzylinder, dem Multiplikatorzylinder (zur Erzeugung des sehr hohen Drucks) und einer Druckspeicheranlage. Die Druckspeicher werden vor Beginn des Gießens und während Wartezeiten mithilfe der Hydraulikpumpe gefüllt, um später die gespeicherte Energie beim Gießvorgang wieder in das System einzuspeisen. Das Druckspeichersystem ist ein typisches Merkmal von Druckgießmaschinen. Die Kolbenstange des Gießzylinders wird über eine Kupplung mit dem Gießkolbensystem verbunden. Der Gießkolben wird später in die Gießkammer, die sich in der festen Platte befindet, eingeführt. Die gesamte Gießeinheit lässt sich für verschiedene Eingießpositionen hydraulisch verstellen.

Gießeinheit Warmkammer (Bild 3), *bestehend aus dem hydraulischen Gießantrieb mit Druckspeicherunterstützung, hydraulischem Gießzylinder ohne Druckübersetzung, Gießbehälter mit eingebauter Gießkammer, Gießkolben, Düse und Düsenspitze.*

Bedingt durch geringere Drücke und Geschwindigkeiten bei Warmkammerlegierungen ist die Gießeinheit kompakt und direkt über dem Maschinenofen mit Druckspeicheranlage platziert. Die Druckspeicher haben dieselben Anforderungen wie bei Kaltkammermaschinen. Die Kolbenstange des Gießzylinders wird über eine Kupp-

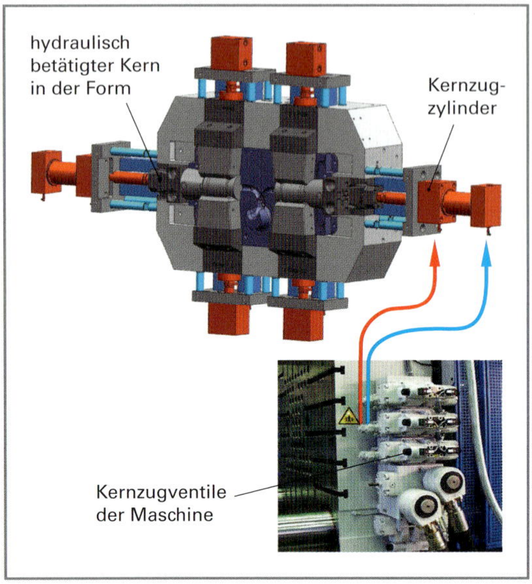

Bild 1: Seitliche Konturschieber in einer Form

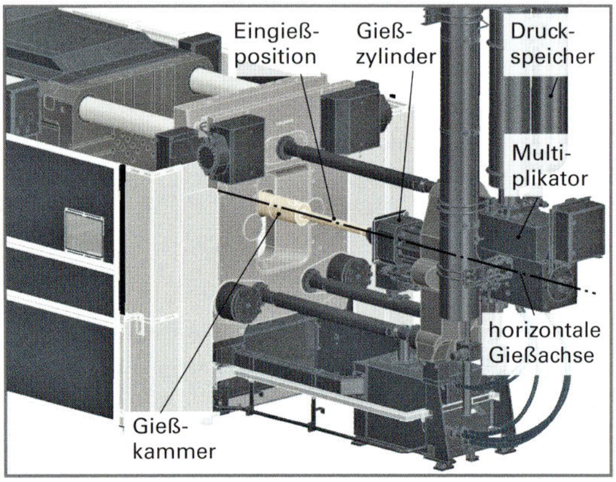

Bild 2: Gießeinheit Kaltkammer

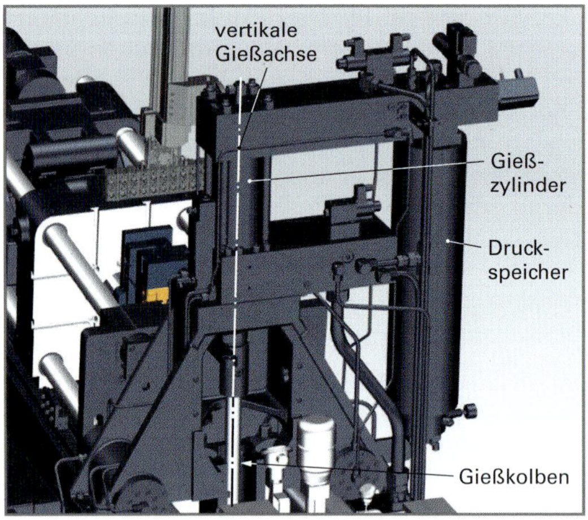

Bild 3: Gießeinheit Warmkammer

lung mit dem Gießkolbensystem verbunden. Der Gießkolben wird in die Schmelze eingetaucht und bewegt sich vertikal in der Gießkammer.

Steuerung (Bild 1): *HMI Interface zur Bedienung, Einstellung und Programmierung von Maschinenabläufen.*

Die Steuerung ist das „Cockpit" der Maschine, das Infoboard, die Bedienerführung und Prozessüberwachung – praktisch alles, was zum Einstellen der Druckgießmaschine benötigt wird. Über genormte „Dispo"-Schnittstellen kommuniziert die Maschinensteuerung mit den Peripheriegeräten, um einen sinnvollen und zeitoptimierten Gießzyklus zu gewährleisten. Alle Daten werden zentral in der Steuerung oder in einem externen PC gespeichert. Die remote- und netzwerkkompatiblen Steuerungen lassen sich sehr komfortabel in das IT-Netzwerk der Gießerei einbinden. Sinnvolle Vernetzung, Datenübertragung, Auswertung und Analysen gehören zum Konzept von „Industrie 4.0".

*Die **Warmkammer-Ofenanlage (Bild 2)** ist integraler Bestandteil der Maschine. Im Maschinenofen lassen sich die Legierungen, die in Blöcken (Masseln) geliefert werden, schmelzflüssig erhitzen und auf Temperatur halten.*

Im stählernen Ofengehäuse befinden sich die Ausmauerung, die energetisch wichtige Isolierung sowie die Heizelemente und der Tiegel. Als Tiegel wird der Behälter bezeichnet, in dem die Schmelze in direkter Berührung mit der Gießgarnitur ist. Im Tiegel eingetaucht befinden sich der Gießbehälter, darin die Gießkammer und der Gießkolben. Durch diese Bauart und die 5°-Neigung der Schließeinheit fließt die Schmelze nach dem Gießen von alleine aufgrund der Schwerkraft in die Gießkammer zurück, während der Gießkolben in seine Ausgangstellung fährt. Es können nur Legierungen verarbeitet werden, die den Tiegel und die Gießgarnitur chemisch nicht angreifen.

*Zur **Kaltkammer-Ofenanlage (Bild 3)** gehört immer ein Dosiersystem, das die flüssige Schmelze von außen zur Gießkammer befördert. Sie gehört **nicht** direkt zur Maschine, sondern zur Gießzelle. Die Ofen-und Dosieranlage steht separat an der Seite der Maschine.*

Der Ofen selbst besteht auch aus einer Ausmauerung, der Isolierung und dem Tiegel, wobei nur das Tiegelmaterial den chemischen Angriffen von Aluminium standhalten muss. Da sich die Gießgarnitur außerhalb des Ofens befindet, ist sie nicht ständig den chemischen Reaktionen durch das Aluminium ausgesetzt. Das Dosiersystem befördert die flüssige Schmelze aus dem Tiegel in die offene Gießkammer. Danach wird der Gießvorgang ausgelöst.

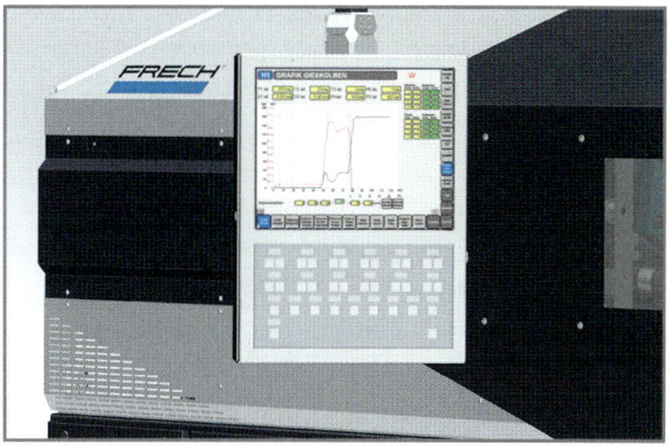

Bild 1: Steuerung einer Druckgießmaschine

Bild 2: Warmkammer-Ofenanlage

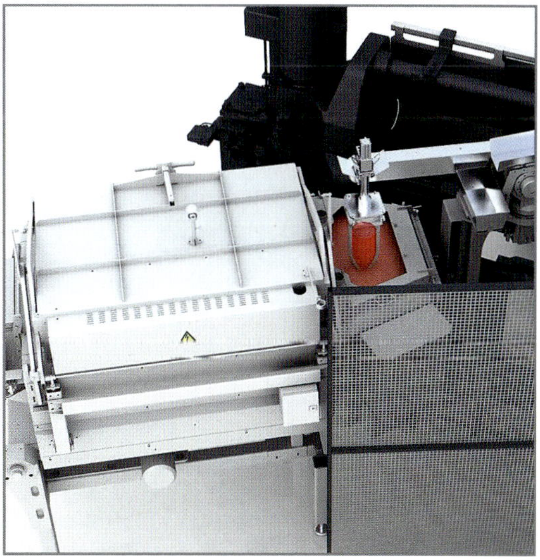

Bild 3: Kaltkammer-Ofenanlage mit Dosiersystem

2.3.3 Weg der Schmelze in die Form

Weg der Schmelze in der Warmkammermaschine (Bild 1)

Der Gießkolben (1) befindet sich vor dem Start des Gießvorgangs in der oberen Endlage. Durch die Einfüllbohrungen (2) im Gießbehälter fließt die Schmelze in die Gießkammer. Die Gießkammer ist somit zu 100 % mit Schmelze gefüllt (Bild 1).

Der Gießvorgang startet mit der langsamen Formfüllphase (1. Phase). Der Gießkolben bewegt sich nach unten und verschließt dabei die Einfüllbohrungen (2) im Gießbehälter.

Ab diesem Zeitpunkt steht nutzbares Gießvolumen zur Verfügung. Der Gießkolben schiebt die Schmelze durch die Steigbohrung (3) im Gießbehälter in die Düse (4) bis zur Düsenspitze. Die Düse befindet sich außerhalb der Schmelze und muss deshalb beheizt werden.

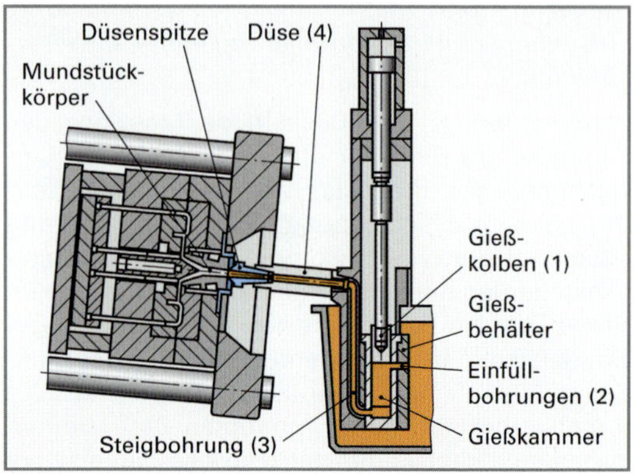

Bild 1: Schmelze in der Gießkammer (WK)

Die Düse liegt mit hoher Kraft an der Dichtfläche der Angussbuchse (5) an (Bild 2). Durch die Angussbuchse strömt die Schmelze in den Verteiler mit den Gießkanälen (6).

Die Gießkanalquerschnitte sollten so ausgelegt sein, dass bei jeder Umlenkung der Querschnitt etwas reduziert ist.

So entsteht eine gleichmäßige Erhöhung der Geschwindigkeit der Schmelze in Richtung des Anschnitts.

Der Anschnitt ist der Übergang zum eigentlichen Gussteil und muss von seiner Lage, Dicke und Gestaltung sehr sorgfältig ausgelegt werden.

Kurz vor dem Anschnitt muss die schnelle 2. Phase (Formfüllphase) aktiviert werden, in der sich die Geschwindigkeit des Gießkolbens (und somit auch der Schmelze) noch einmal deutlich erhöht.

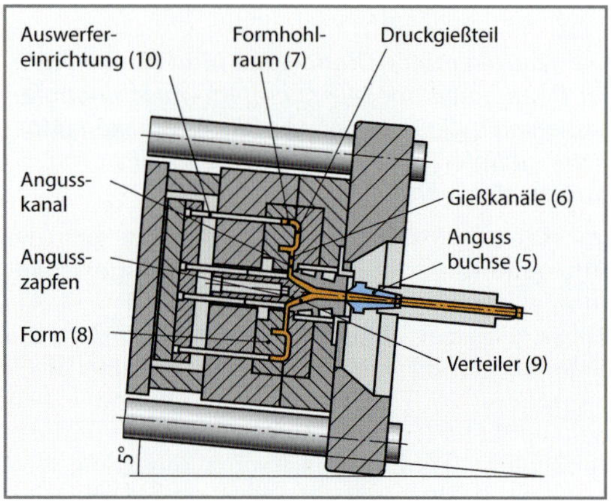

Bild 2: Schmelze in der Form (WK)

Der Umschaltpunkt zwischen den Phasen lässt sich mithilfe der Maschinensteuerung exakt berechnen und einstellen. Nachdem der Formhohlraum (7) gefüllt ist, drückt der Gießkolben noch so lange auf die erstarrende Schmelze, bis der Anschnitt erstarrt ist. Danach fährt der Gießkolben in seine Ausgangsstellung zurück. Die Einfüllbohrungen im Gießbehälter sind wieder offen.

Die flüssig gebliebene Schmelze, fließt aufgrund der 5°-Neigung der Druckgießmaschine durch die beheizte Düse zurück in die Gießkammer. Gleichzeitig läuft die Abkühlzeit ab. Diese ist erforderlich, um den Abguss so weit abzukühlen, dass er ausgeworfen werden kann. Nach Ablauf der Abkühlzeit öffnet die Form (8). Die Form muss so konstruiert sein, dass der komplette Abguss in der beweglichen Formhälfte hängen bleibt. Dies ist möglich durch richtige Aushebeneigungen und gut konzipierte Verteiler (9) mit einem zylindrischen Ansatz zur Erhöhung der Schrumpfkräfte auf der Auswerferseite.

Die Auswerfereinrichtung (10) muss so ausgelegt sein, dass der Abguss ohne Verzug aus der beweglichen Formhälfte geschoben werden kann. Nach Ablauf der Öffnungszeit beginnt der nächste Zyklus.

Weg der Schmelze in der Kaltkammermaschine (siehe Bild 1, Seite 173)

Der Gießkolben (1) befindet sich in der hinteren Endlage. Die Einfüllöffnung der Gießkammer (2) ist frei. Durch diese wird die flüssige Schmelze von außen in die Gießkammer gefüllt. In der Praxis kann die Gießkammer nicht vollständig (Füllgrad 100 %) befüllt werden, da die Schmelze sonst zu Beginn der Gießkolbenbewegung zur Einfüllöffnung herausspritzen würde. Nach Normfestlegung kann die Kammer bis max. 66 % gefüllt werden. Der Gießvorgang wird danach sofort gestartet. Nach einigen Millimetern Hub verschließt der Gießkolben die Einfüllöffnung.

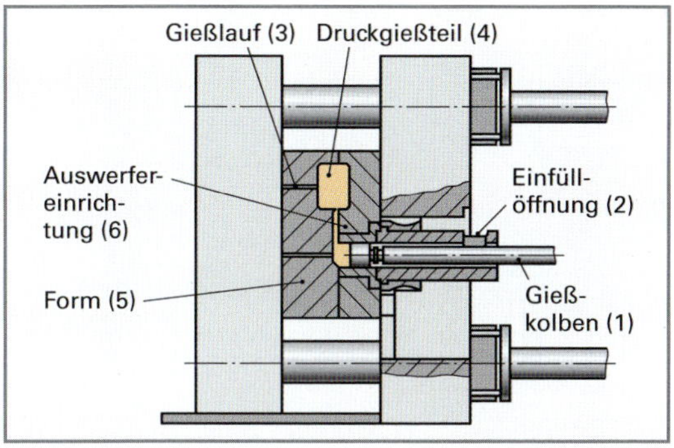

Bild 1: **Schmelze in der Gießkammer (KK)**

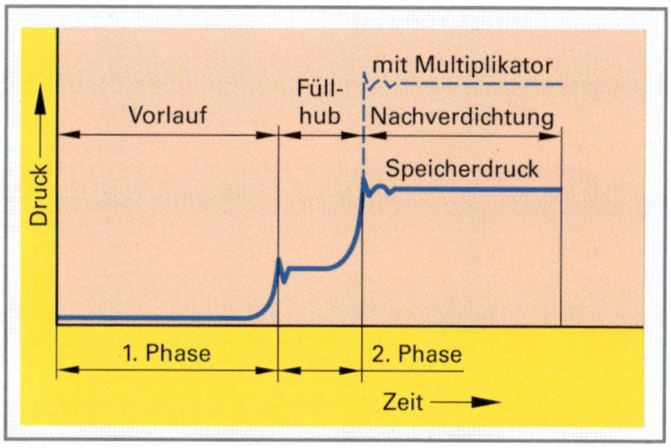

Bild 2: **Druckverlauf im Antriebszylinder (KK)**

Der Gießkolben (1) schiebt die flüssige Schmelze zunächst langsam (1. Phase) aus der Gießkammer in den Gießlauf (3). An diesem Punkt ist eine Umschaltung auf eine zweite, schnellere Geschwindigkeit erforderlich. Wir nennen das die 2. Phase. Die Umschaltung erfolgt über die Maschinensteuerung. Diese wiederum gibt ein Signal an die hydraulischen Stellelemente, die den Gießkolben beschleunigen. Diese Geschwindigkeiten sind einstellbar, abhängig vom zu gießenden Teil. Mit der Geschwindigkeit dieser 2. Phase füllt sich der Formhohlraum des Druckgießteils (4). Nachdem dieser Formhohlraum gefüllt ist, wird umgeschaltet auf die 3. Phase. Wir nennen das die Nachdruckphase zur Verdichtung des Gefüges (Bild 2).

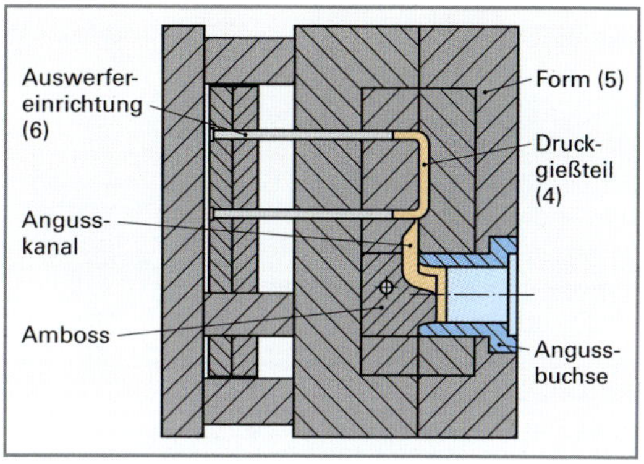

Bild 3: **Schmelze in der Form (KK)**

Nachdem das Teil im Formhohlraum erstarrt ist (Bild 3), fährt der Gießkolben wieder in seine Ausgangsstellung zurück.

Die Einfüllöffnung ist wieder frei. Nach einer bestimmten Zeit (Abkühlzeit) öffnet sich die Form (5). Der Gießkolben schiebt das Druckgießteil (4) zusammen mit dem Gießrest aus der Gießkammer, damit das Gussteil im beweglichen Formeinsatz hängen bleibt. Die Auswerfereinrichtung (6) schiebt das Gussteil aus dem beweglichen Formeinsatz heraus. Der nächste Gießvorgang kann starten.

2.3.4 Übersicht der Gießphasen

■ Die Eingießphasen, erklärt am Beispiel des Kaltkammerverfahrens

Mit der „langsamen" 1. Phase (Vorfüllphase) wird die flüssige Schmelze aus der Gießkammer durch den Angusskanal bis kurz vor den Anschnitt gebracht (Bild 4).

Die Geschwindigkeit der 1. Phase ist abhängig vom Füllgrad der Schmelze in der Gießkammer nach dem Dosieren. Die Geschwindigkeit muss niedrig sein, damit die im Gießsystem eingeschlossene Luft durch passive oder aktive Entlüftungssysteme entweichen kann und sich nicht mit der Schmelze vermischt.

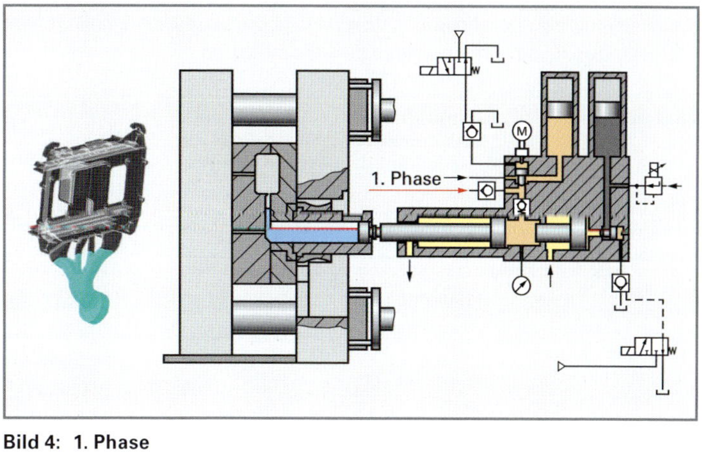

Bild 4: **1. Phase**

Umschaltpunkt von der Vorfüllphase (1. Phase) auf die Formfüllphase (2. Phase)

Der Umschaltpunkt von der Vorfüllphase (1. Phase) auf die Formfüllphase (2. Phase) bestimmt die Länge der beiden Phasen und muss sehr sorgfältig ermittelt werden. Wenn die Schmelzefront den Anschnitt erreicht hat, muss die erforderliche Formfüllgeschwindigkeit bereits erreicht sein.

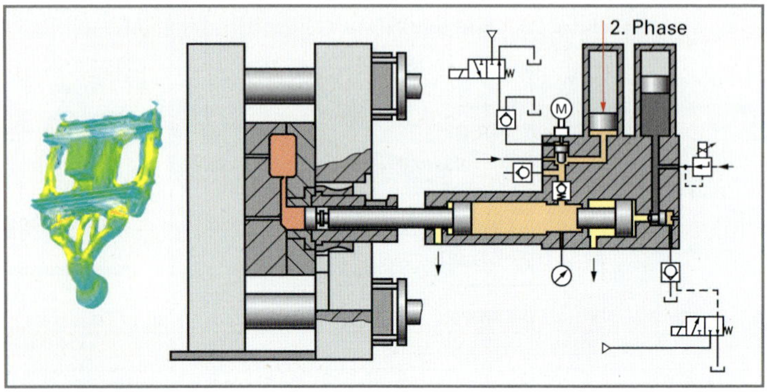

Bild 1: 2. Phase

Geschwindigkeit der Formfüllphase (2. Phase)

Mit der 2. Phase werden das Druckgießteil (oder die Druckgießteile) und die Überlaufbohnen gefüllt (Bild 1). Die Geschwindigkeit ist abhängig von der Wandstärke des Druckgießteils (je dünner, desto schneller die Formfüllphase), der Temperatur an der Formoberfläche, der Legierung und der Temperatur der Schmelze. Die Gießkolbengeschwindigkeit ist abhängig von der Füllzeit.

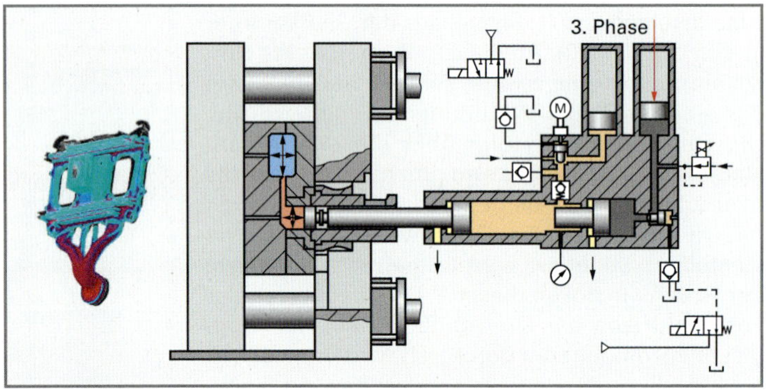

Bild 2: 3. Phase

Nachverdichtungs- und Abkühlphase

In der Nachverdichtungsphase (3. Phase) wird die erstarrende Schmelze durch den hohen Druck verdichtet, um eine gute Gefügeausbildung zu erzielen. Die Schwindung der Schmelze beim Übergang vom flüssigen in den festen Zustand muss durch den Nachdruck vermindert werden (Bild 2).

- Die Nachdruckphase beginnt am Formfüllende und endet nach Ablauf der Nachdruckzeit.
- Die Höhe des Nachdrucks und die Anstiegsgeschwindigkeit des Nachdrucks richten sich nach der Beanspruchung und den Qualitätsanforderungen des Gussteils (Tabelle 1).

Abkühlphase

- Während der Abkühlzeit bleibt die Form geschlossen und die Schmelze kühlt ab. Die Abkühlzeit muss lang genug sein, damit das Gefüge eine ausreichende mechanische Festigkeit erreicht. Beim Öffnen der Form und dem anschließenden Ausstoßen darf sich das Gussteil nicht verformen.
- Die Abkühlzeit ist abhängig von der Auslegung der Formkühlkanäle, dem Volumen und der Wandstärke des Gussteils und des Gießlaufsystems.

Anforderung	Empfohlene Gießdrücke Al (Kalkammer)	Empfohlene Gießdrücke Zn (Warmkammer)
Mechanisch nicht oder wenig belastete Teile	300–400 bar	200–250 bar
Mechanisch belastete Teile	400–800 bar	250–300 bar
Druckdichte oder großflächig-dünnwandige Teile	800–1200 bar	250–400 bar

Tabelle 1: Spezifische Gießdrücke

Hinweis zu den Gießphasen bei Warmkammer

Grundsätzlich sind die Phasen 1 und 2 identisch zu Kaltkammer, jedoch entfällt bei Warmkammer die separate 3. Nachverdichtungsphase. Bedingt durch niedrigere spezifische Gießdrücke ist diese nicht nötig. Die erforderliche Nachverdichtung wird am Ende der 2. Phase dadurch erreicht, dass der Gießkolben eine kurze Zeit auf die Schmelze drückt, bevor er in seine Ausgangsstellung zurückfährt.

2.3.5 Der Gießzyklus einer Druckgießmaschine

Unter „Zyklus" (Bild 1) versteht man einen kompletten Gießablauf. Es ist ein Maß für die Produktivität der Gießanlage und setzt sich aus verschiedenen einzelnen Bewegungen der Maschine bzw. Gießanlage zusammen. Durch Optimierungen und Parallelbewegungen sowie durch eine gute Formauslegung und gute Verfügbarkeit der Maschine lässt sich die Zykluszeit optimieren. Je kürzer diese ist, desto höher ist die Stückzahl.

Durch externes Dosieren und Füllen der Gießkammer sowie durch einen intensiveren Sprühvorgang sind die Zykluszeiten im Kaltkammerverfahren immer länger als bei einer vergleichbaren Warmkammermaschine gleicher Größe.

1. Schutztür schließen
Die Schutztür wird vor Beginn des Gießzyklus automatisch geschlossen, um die Arbeitssicherheit des Bedienpersonals und des Umfelds zu gewährleisten.

2. Kerne bei offener Form einfahren
Abhängig vom Formaufbau müssen hydraulische betätigte Kerne bei offener Form einfahren.

3. Form schließen
Die bewegliche Formhälfte wird durch die Kniehebel hydraulisch auf die feste Formhälfte gedrückt. Zum sicheren Verriegeln der Form sind sehr hohe Kräfte (Zuhaltekräfte) erforderlich.

4. Kerne bei geschlossener Form einfahren
Abhängig vom Formaufbau müssen hydraulisch betätigte Kerne bei geschlossener Form einfahren.

5. Gießvorgang – Warmkammer (2 Phasen)
Nach dem Schießen der Form wird die Schmelze in 2 verschiedenen Gießphasen vom Gießkolben in die Form gefüllt. Danach wird die Schmelze mit hohem Druck (Gießdruck) in der Form verdichtet. Anschließend bleibt die Form so lange geschlossen, bis die Abkühlzeit abgelaufen ist.

6. Gießvorgang – Kaltkammer (3 Phasen)
Nach dem Schießen der Form wird die Gießkammer mit einer Dosiereinrichtung mit der Schmelze befüllt. Sobald die Dosiereinrichtung das Signal zum Start des Gießvorgangs gibt, wird die Schmelze in 2 verschiedenen Gießphasen vom Gießkolben in die Form gefüllt. Danach wird die Schmelze mit der 3. Phase, der Multiplikatorphase, unter hohem Druck (Gießdruck) in der Form verdichtet. Anschließend bleibt die Form so lange geschlossen, bis die Abkühlzeit abgelaufen ist.

7. Kerne bei geschlossener Form ausfahren
Abhängig vom Formaufbau müssen hydraulische betätigte Kerne bei geschlossener Form ausfahren.

8. Form öffnen
Die bewegliche Formhälfte wird durch die Kniehebel hydraulisch aufgezogen. Bei Kaltkammer schiebt der Gießkolben während der Öffnungsbewegung den Gießrest aus der Gießkammer.

9. Kerne bei offener Form ausfahren
Abhängig vom Formaufbau müssen hydraulische betätige Kerne bei offener Form ausfahren.

10. Auswerfer
Die Auswerfereinheit drückt das erstarrte Gussteil, den Gießlauf etc. aus der Form heraus.

11. Entnahmeeinrichtung
Ein Roboter entnimmt parallel mit der Auswerferbewegung der Maschine das Gussteil aus der Form und legt dieses separat außerhalb der Maschine ab.

12. Sprühvorgang – Warmkammer
Nachdem das Gussteil entformt ist, fährt die Sprüheinrichtung ein, um die Formoberfläche mit Druckluft von Metallresten zu reinigen und mit Trennstoff zu benetzen.

13. Sprühvorgang – Kaltkammer
Im Prinzip läuft der Sprühvorgang beim Kaltkammerverfahren genau gleich ab, jedoch sind durch höhere Formtemperaturen und mehr Wärmeinhalt der Schmelze sowie erhöhten Verunreinigungen durch Metallreste intensivere Sprühvorgänge erforderlich.

Die Summe aller hier beschriebenen Einzelzeiten bezeichnet man als „Zykluszeit".

Bild 1: Zyklus eines kompletten Gießablaufs

2.3.6 Die Druckgießform (Dauerform)

Die Druckgießform beinhaltet die eigentliche Formkontur mit den Abmessungen des zu gießenden Bauteils oder der zu gießenden Bauteile und ist das Herzstück des Gießprozesses.

Bedingt durch eine praktisch endlose Variantenvielfalt an Druckgießteilen in verschiedenen Legierungen und Größen entsteht eine ebenso große Vielfalt an Formen (Bild 1). Entsprechend den Qualitätsanforderungen an das zu gießende Bauteil und der Komplexität der Teilekontur steigen auch die Anforderungen an die Druckgießform (Bild 2). Die Kontur der Gussteile ist praktisch als „Negativ" in die Formeinsätze eingearbeitet. Dabei muss beachtet werden, dass die gegossenen Bauteile während des Erstarrens in der Form schrumpfen, also sich zusammenziehen, und sich nicht so einfach entformen lassen. Deshalb sind die Konturen leicht konisch (ca. 1°). Die Maße der Form müssen etwas größer sein als das eigentliche Maß des Bauteils. Man spricht hier von einer Schwindung des Bauteils in der Form, das in der Regel mit 0,5 bis 0,6 % berücksichtigt werden muss. Die Form wird um die eigentlichen Formeinsätze herum aufgebaut. Da die Form nach jedem Zyklus geöffnet werden muss und das Bauteil ausgestoßen wird, spricht man auch von einer beweglichen Formhälfte. In der beweglichen Formhälfte befinden sich die Auswerferplatten und die Verbindungselemente zum Auswerfersystem der Druckgießmaschine. Die Verbindung von der Eingießbuchse zum Bauteil wird als Gießlaufsystem bezeichnet, durch das die flüssige Schmelze in den Formhohlraum strömt. In der festen Formhälfte befindet sich die Eingießbuchse. Beide Formhälften müssen mit berechneten Temperierkanälen versehen werden, um den Wärmehaushalt einstellen zu können.

Wie die Bezeichnungen „fest" und „beweglich" bereits andeuten, werden die Formhälften auf den festen und beweglichen Maschinenplatten fixiert und ausgerichtet. Die Form ist ein auswechselbares Element, damit mit einer Druckgießmaschine viele verschiedene Bauteile mit zahlreichen unterschiedlichen Formen hergestellt werden können. Bauteil-, Form- und Maschinengröße müssen aufeinander abgestimmt sein.

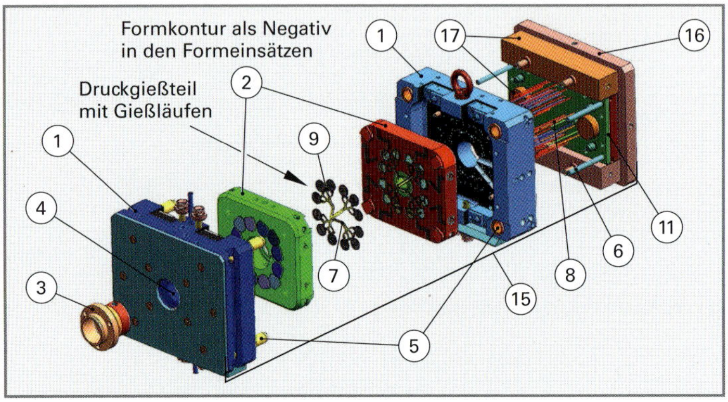

Bild 1: Warmkammer-Druckgießform ohne seitliche Kerne

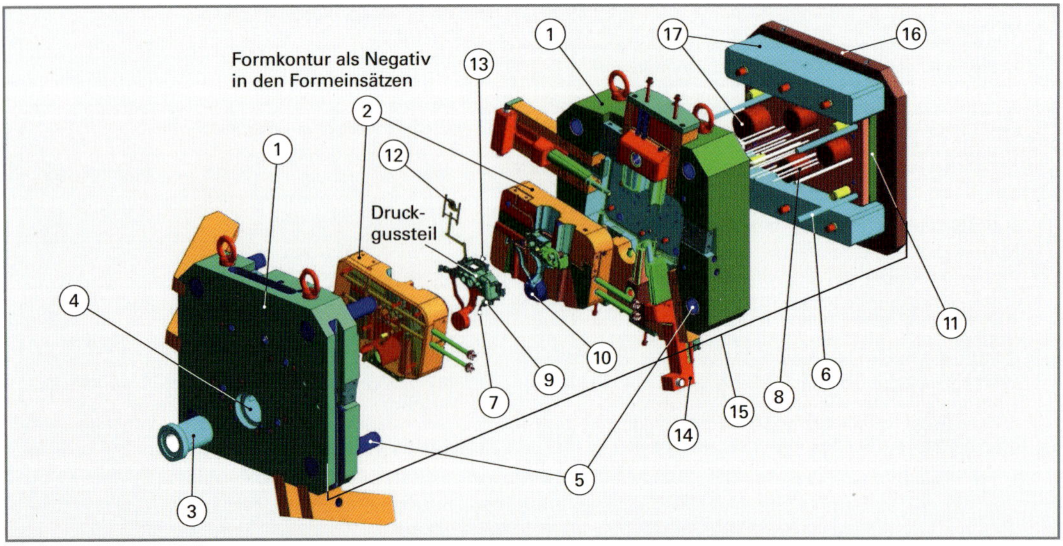

Bild 2: Kaltkammer-Druckgießform mit seitlichen Kernen

Bauteile der Druckgießform

Eine Druckgießform besteht aus vielen mechanisch präzisen Bauteilen (Bild 1 und 2, Seite 176). Alle Bauteile, die mit flüssiger Schmelze in Berührung kommen, sind aus Warmarbeitsstahl ausgeführt, welcher der Thermowechselbelastung während des Gießens standhält. Alle anderen Bauteile der Form sind aus Stählen entsprechend den geforderten Beanspruchungen ausgeführt.

(1) **Formrahmen der festen und beweglichen Seite:**

Ein stabiler massiver Rahmen, das tragende Bauteil, das der Form die notwendige mechanische Stabilität verleiht.

(2) **Formeinsätze der festen und beweglichen Seite:**

Diese beinhalten das „Negativ" des Bauteils und sind die konturbildenden Komponenten der Form, hochpräzise gefertigt und wärmebehandelt. Die Kontur des späteren Bauteils muss gießgerecht konzipiert werden, damit sich die Gussteile sicher entformen lassen. Die Schwindung, die während des Erstarrens des Gussteils auftritt, muss durch entsprechende Faktoren berücksichtigt werden.

(3) **Eingießbuchse, auch „Angussbuchse" genannt:**

Separates gehärtetes und wärmebehandeltes Bauteil, durch das die Schmelze durch die Form in den Gießkanal strömt.

(4) **Eingießposition:**

Abhängig von der Platzierung der Gussteile in der Form und der Auslegung des Gießsystems kann die Eingießbuchse nicht immer in der Mitte, also zentrisch, oder auf Position 0 mm platziert werden. Der Flächenschwerpunkt der gesamten Sprengfläche (Teile, Gießlauf, Überläufe) sollte möglichst nahe im Zentrum der Maschinenaufspannplatte liegen, um später eine Überdehnung der Maschinenführungssäulen zu vermeiden.

(5) **Führungsbolzen und Führungsbuchsen:**

Diese dienen zur Zentrierung beider Formhälften während Montage und Transport sowie zur Fixierung auf der Druckgießmaschine.

(6) **Rückstoßer:**

Hierbei handelt es sich um „groß dimensionierte" Auswerferstifte, die außerhalb der Kontur positioniert sind und zur Fixierung und als Transportsicherung der Auswerferplatten dienen. Der Name stammt noch aus vergangenen Zeiten, in denen die Auswerferplatten mit Rückstoßern mechanisch zurückgeschoben wurden.

(7) **Gießlauf:**

Kanal, durch den die Schmelze von der Eingießbuchse zur Formkontur fließt. Dieser muss geometrisch und strömungstechnisch korrekt ausgelegt sein.

(8) **Auswerferstifte:**

Sinnvoll verteilte zylindrische oder konturierte Stifte, mit denen das Gussteil nach dem Öffnen aus der Form ausgestoßen wird.

(9) **Anschnitt:**

Übergang vom Gießlauf zum Gussteil. Ein extrem wichtiger Bereich, der strömungstechnisch und abhängig von Gestaltung und Dimension sehr sorgfältig berechnet und simuliert werden muss.

(10) **Amboss:**

Ein separates Bauteil gegenüber der Eingießbuchse und dem Gießkolben bei Kaltkammerformen. Der Gießkolben bewegt sich während der Formfüllung in der Eingießbuchse in Richtung des Ambosses. Der Amboss ist Teil des Gießlaufsystems, an dem die Schmelze umgelenkt wird und während des Nachdrucks durch die Kühlung erstarrt.

(11) **Auswerferplatten und Auswerferdeckplatte:**

Platten zur Aufnahme von Auswerferstiften. Die Auswerferstifte werden durch eine der Auswerfplatten geführt und mit der Auswerferdeckplatte fixiert.

(12) **Entlüftungsblöcke alternativ Vakuumventile:**

Eingesetzte passive Bauteile in Trapez- oder Sinuswellenform. Durch entsprechende, korrekt dimensionierte Spaltmaße ist eine Entlüftung der Form möglich, ohne dass flüssige Schmelze aus der Form herausspritzen kann.

(13) **Überlaufbohne:**

Künstliche Erweiterung der Formkontur, mit der – wie der Name schon sagt – die Schmelze überlaufen soll, um wärmetechnische und strömungstechnische Verbesserungen zu erzielen. Fälschlicherweise wird diese Bohne auch als „Luftbohne" bezeichnet. Luft kann sich in der Bohne befinden, sie ersetzt aber kein passives oder aktives Entlüftungssystem, das eine Verbindung nach außen hat.

(14) **Schieber/Kerne:**

Mechanisch-hydraulisch betätigte Schieber/Kerne bilden seitliche Konturen im Bauteil, die entsprechend der Kontur auf der festen oder beweglichen Seite angeordnet sind. Vor dem Auswerfen des Bauteils müssen die Schieber/Kerne von der Kernzugeinheit aus dem Bauteil gezogen werden. Wie bei den Formeinsätzen müssen die Konturen, Schwindungen und Aushebeneigungen berücksichtigt werden.

(15) **Formhöhe:**

Außenmaß der Form von der Basisplatte bis zum festen Formrahmen. Die Formhöhe ist ein wichtiges Einbaumaß und muss mit der Maschinengröße abgestimmt werden.

(16) **Basis- oder Grundplatte:**

Der Name erläutert die Funktion. Auf dieser Platte befindet sich der komplette Formaufbau. Gehört zu einem soliden, statischen Fundament einer Form.

(17) **Stützbolzen und Stützleisten:**

Statische Bauteile der Form, die eine „Brücke" über die Auswerferplatten ermöglichen. Sie müssen extrem stabil ausgeführt sein, damit sich die Form beim Verriegeln und Gießen nicht durchbiegen kann.

2

Gießgerechte Konstruktion des Bauteils

Bevor mit der Auslegung der Form begonnen werden kann, muss die gießgerechte Konstruktion des Bauteils überprüft und unter Umständen angepasst werden.

Meistens lassen sich ohne Beeinträchtigung von mechanischen Eigenschaften und gewünschtem Bauteildesign gießgerechte Änderungen realisieren, die sich später positiv auf den Gießprozess und die Bauteilqualität auswirken.

Gleichmäßige Wanddicken (Bild 1) sind ideal. Große Wanddicken sollten in dünnwandige Rippenkonstruktionen geändert werden, da in diesen Bereichen häufig Poren und Lunker auftreten.

Kleine Wanddicken sind günstig, da die Schmelze durch die gleichmäßige geringere Wanddicke schnell erstarrt und dadurch die Lunkerbildung vermindert wird. Die erforderliche Steifigkeit kann durch sinnvolle Verrippung erreicht werden.

Materialanhäufungen (Bild 2) sollten durch Aussparungen vermieden werden. Mithilfe von Bohrungen und Profilierung lassen sich Schwindungs- und Erstarrungslunker reduzieren. Für die Entformung sind Aushebeschrägen (Bild 3) vorzusehen. Seitliche Konturen müssen berücksichtigt werden. Spitze, scharfe Kanten sind zu vermeiden und ausreichend große Radien zur Vermeidung von Kerbwirkungen vorzusehen.

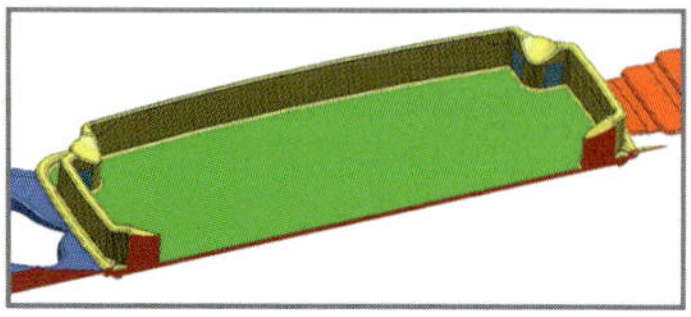

Bild 1: Gleichmäßige Wanddicken

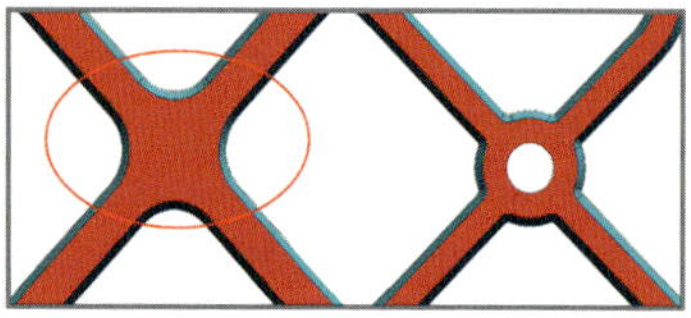

Bild 2: Materialanhäufungen durch Aussparungen vermeiden

Bild 3: Scharfkantige Bereiche vermeiden, große Radien und Aushebeneigungen vorsehen

Formauslegung

Die Grundlage für eine gute Gussqualität wird bereits in der Formenkonstruktion gelegt. Hier müssen nicht nur die Auswerfer und die Formteilungen festgelegt werden, sondern auch die Gestaltung und die Größe der Gießläufe. Auch die Verringerung des Kreislaufmaterials und die Energieeinsparungen werden von der Konstruktion entscheidend beeinflusst.

Für die Wahl der richtigen Anschnittseite, der Füllrichtung und der Auslegung des Gießsystems ist der Konstrukteur nach wie vor auf sein Wissen und seine Erfahrung angewiesen. Neben den Belangen der Gießerei müssen auch die der Nachbearbeitung berücksichtigt werden.

Mit einfachen, mathematischen Berechnungsprogrammen lassen sich Querschnitte und Gießleistung sehr gut vorausberechnen.

Die Simulation des Füllvorgangs und der Erstarrung ist heute „state of the art" und mit einem akzeptablen Mehraufwand können wertvolle und realitätsnahe Ergebnisse erzielt werden. Das Volumenmodell des Teils und des Gießsystems muss vorhanden sein (siehe Kapitel Gießprozess-Simulation).

Dabei ist es entscheidend, die in der Praxis vorhandenen Gießparameter mit ausreichender Genauigkeit vorab zu bestimmen. Nicht höchste Drücke und Geschwindigkeiten oder kürzeste Füllzeiten sind entscheidend. Es muss für die Gießerei etwas Spielraum gelassen werden, damit kleinere Abweichungen der eingestellten Gießparameter nicht sofort Störungen und Ausschuss verursachen.

Die Formauslegung lässt sich in 4 Bereiche unterteilen:

- **Mechanische Auslegung,** d. h. stabiler und massiver Formaufbau, solide Schieber und Auswerferkonstruktion. Für Bauteile in der Form, die mit der flüssigen Schmelze in Berührung kommen, werden hochlegierte Warmarbeitsstähle meist 1.2343 verwendet (X37CrMoV5-1): Die Bauteile müssen nach der Herstellung durch eine Wärmebehandlung (Vergütung) auf die gewünschte Härte von ca. HRC 45-52 gebracht werden, um den Thermowechselbelastungen und den hohen Strömungsgeschwindigkeiten standzuhalten.
- **Geometrische Auslegung,** d. h. strömungstechnisch ausgeklügelte Gießlauf- und Angussgestaltung, die auf eine optimale Füllung der Formkontur ausgelegt sein muss, um Gießfehler zu vermeiden. Entlüftungen sind Pflicht, um die im Angusssystem und im Formhohlraum befindliche Luft nach außen abzuführen. Lage und Position der Gussteile in der Form, Fließwege und Umlenkungen sind wichtige grundlegende Faktoren.

- **Mathematische Auslegung:** Ergänzung zur strömungstechnischen Auslegung. Die Gießläufe, bei Warmkammerformen die Düse, Anschnitte und Entlüftungen müssen ausreichend groß dimensioniert sein, um Engstellen und Fließwiderstände zu vermeiden. Die Schmelze muss vom Gießlauf bis zum Anschnitt bei jeder Umlenkung kontinuierlich beschleunigt werden. Dies wird durch konsequente Verjüngung der Querschnitte erreicht. Dabei ist zu beachten, dass diese aber am Anschnitt nicht zu klein sein dürfen (siehe 2.3.7 Berechnungen).
- **Thermische Auslegung,** d.h. es müssen genügend Kühlkanäle mit korrekten Durchmessern, Längen und in der richtigen Position zur Kontur konzipiert werden, um eine ausreichende Austauschfläche für das Wärmeträgermedium Öl oder Wasser in den Formeinsätzen zu garantieren und damit ein ausgeglichenes, stabiles und möglichst gleichmäßig verteiltes Temperaturniveau der Form zu erreichen (siehe 2.3.8 Temperierung).

Die Anschnittgestaltung

Die Geometrie des Anschnitts bestimmt, wie die Kontur gefüllt wird. Einen „Pauschalanschnitt" gibt es nicht, da alle Teile verschiedene Konturen haben. Die ideale Formfüllung soll die Kontur gleichmäßig und ohne voreilende Metallspritzer füllen. Kritische Bereiche, dünne Bereiche und Strömungsschatten müssen bei der Konzipierung beachtet werden. Mithilfe von Formfüllsimulationen (Bild 1) oder mit reichlich Erfahrung lassen sich die Anschnitte und Gießläufe optimal auslegen. Die fächerförmigen Anschnitte (Bild 2) sind am weitesten verbreitet. Es gibt jedoch interessante Alternativen, die bei gleichem Anschnittquerschnitt eine völlig veränderte Strömungscharakteristik erzeugen (siehe QR-Code).

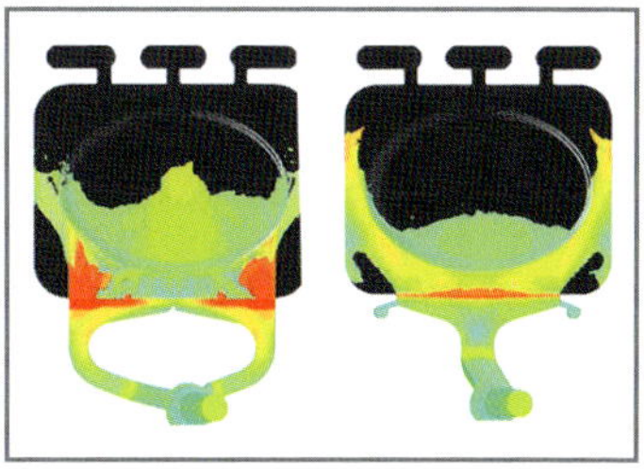

vel.plus/ FGT04

vel.plus/ FGT05

Bild 1: Formfüllsimulation

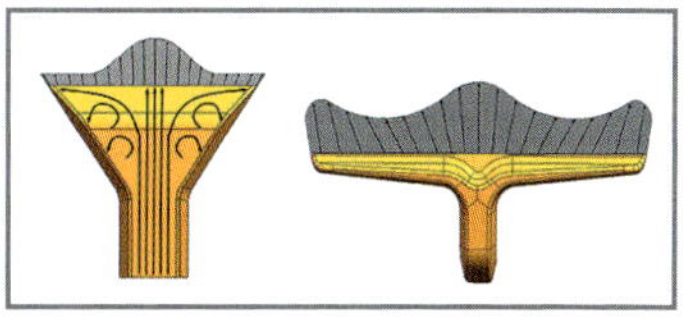

Bild 2: Verschiedene Fächeranschnitte

Die Gießlaufgestaltung

Der Gießlauf ist nicht nur Mittel zum Zweck, um die Schmelze von A nach B zu bringen. Kurze Gießläufe reduzieren das Rücklaufmaterial und minimieren Druck- und Wärmeverluste. Gießläufe müssen strömungstechnisch ausgelegt werden, um Verwirbelungen und Lufteinschlüsse zu vermeiden.

Die Entlüftung der Form

Um gas- und luftporenarme Gussstücke beim Druckgießen zu erhalten, ist eine gute Entlüftung der Form erforderlich. Die metallischen Dauerformen sind im Gegensatz zu Sandformen gasundurchlässig. Beim Druckgießen sind die Formfüllzeiten sehr kurz und eine vollständige Entlüftung der Form ist nicht möglich. Druckgießteile enthalten deshalb immer Poren. Diese Einschlüsse bedingen Einschränkungen bei der Verwendung der Teile für Wärmebehandlungen und Schweißen.

Beim Erwärmen auf höhere Temperaturen dehnen sich die eingeschlossenen Gasblasen aus und führen zu einer Blasenbildung an der Oberfläche der Teile. Durch Entlüftungssysteme kann jedoch der Gas- und Porenanteil entscheidend verringert werden. Das Entlüften einer Form ist daher elementar wichtig.

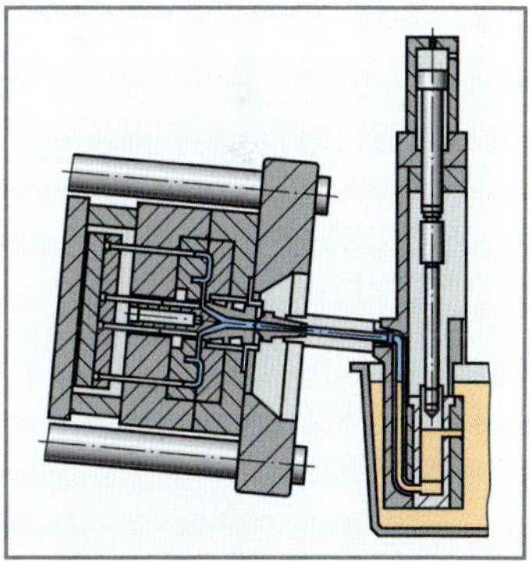

Bild 3: Luftvolumen Warmkammer

Luft und Poren im Gießsystem

Die Menge der abzuführenden Luft und Gase setzt sich wie folgt zusammen:
Das Luftvolumen im Warmkammerverfahren (Bild 3, blau markiert) setzt sich zusammen aus dem Volumen in Steigrohr, Düsenkörper, Gießkanalsystem und dem Formhohlraum.
Das Luftvolumen im Kaltkammerverfahren (Bild 4, blau markiert) ist quantitativ größer, da die Gießkammer nicht zu 100% gefüllt werden kann. Zusätzlich entstehen mehr Gase beim Sprühen durch Trenn- und Schmierstoffe als im Warmkammerverfahren.

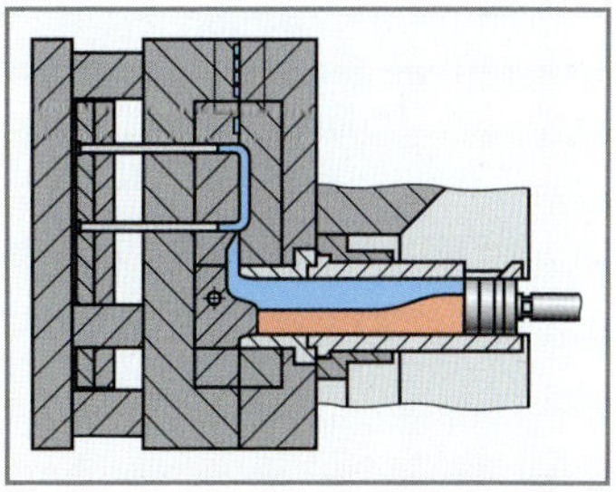

Bild 4: Luftvolumen Kaltkammer

Aktive und passive Entlüftungssysteme

Als **passive** Entlüftungssysteme werden Waschbretter und Chill Vents ohne Absaugung bezeichnet. Die Luft wird durch einen entsprechend dimensionierten Luftspalt während der langsamen 1. Phase durch die Kanäle abgeführt.

Bei **aktiven** Entlüftungssystemen (Bild 3) werden Luft und Gase durch ein mit der Druckgießmaschine synchronisiertes separates Vakuumsystem abgesaugt.

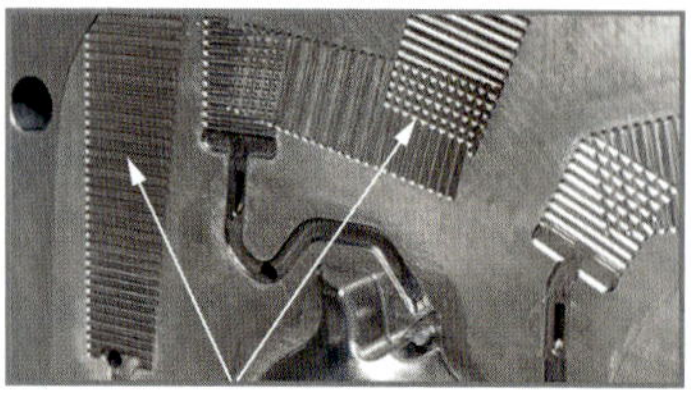

Bild 1: Entlüftungskanäle einer Form

Passive Entlüftungsmaßnahmen

- **Entlüftungskanäle** in der Formteilung in „Trapez- oder Sinuswellenform" (Bild 1) sind sehr kostengünstige und effiziente Entlüftungsmaßnahmen. Die Dicke der Entlüftungskanäle spielt eine entscheidende Rolle für die Effizienz.
- **Labyrintheinsätze (Waschbrett)** aus Kupfer oder Kupfer-Beryllium verfügen über eine sehr hohe Wärmeleitfähigkeit (Bild 2). Durch die gestufte Gestaltung wird der Schmelze die Wärme rasch entzogen und sie erstarrt. Dadurch können die Spaltmaße dicker ausgelegt werden.

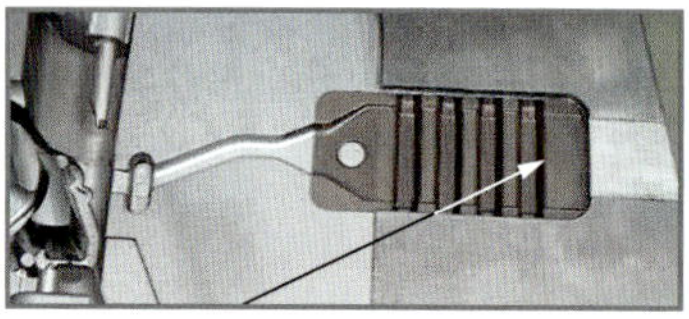

Bild 2: Labyrintheinsatz in einer Form

Vakuumdruckguss, das aktive Entlüftungssystem

Werden sehr hohe Anforderungen an Dichtheit, Bruchdehnung, Festigkeit und Schweißbarkeit gestellt, darf der Porenanteil im Bauteil nach Definition durch eine Porenklassifizierung nur sehr gering sein. Dafür reichen unter Umständen einfachere passive Entlüftungssysteme wie Entlüftungskanäle und „Waschbretter" nicht aus. Beim Vakuumverfahren wird daher der gesamte Formfüllbereich und bei Kaltkammermaschinen auch die Gießkammer durch eine Vakuumanwendung entlüftet.

Luft und Gase werden von einem mit der Druckgießmaschine synchronisiert arbeitenden Vakuumsystem (Bild 3) abgesaugt. Dieses arbeitet über ein oder mehrere Evakuierungselemente, angebracht in der festen Formhälfte und ggf. zusätzlich in der Gießkammer der Maschine.

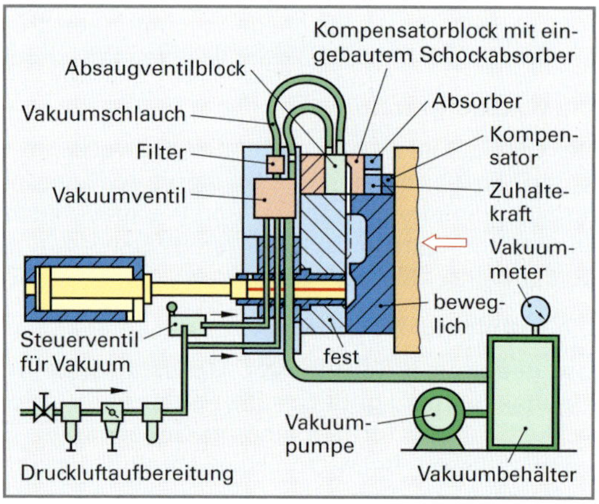

Bild 3: Schematisierter Aufbau eines Vakuumsystems

Um möglichst niedrige Druckwerte unter 100 mbar in der Form und somit eine hohe Teilequalität zu erreichen, müssen Entlüftungskanäle und Absaugquerschnitte richtig dimensioniert sein. Am häufigsten sind sogenannte „Chill Vents" oder Entlüftungstreppen mit Absauganschluss im Einsatz, die die Schmelze als offene Systeme abbremsen und schnell abkühlen lassen.

Die Geometrie solcher Entlüftungen bremst aber nicht nur die Schmelze, sondern reduziert die effektive Wirkung (Leistung) der Vakuumeinheit in der Form, was zu einem weniger präzisen und reproduzierbaren erreichten Vakuumniveau führt. Gleichwohl sind die Systeme einfach aufgebaut und anwenderfreundlich.

Bei komplexen Formen und Anwendungen sind sogenannte Formventile im Einsatz, die den Absaugkolben über die Schmelze direkt oder durch ein Stoppsignal der Maschine sperren. Dafür sind hohe Absaugleistungen und beste Bauteilqualität garantiert. Diese Systeme sind flexibel auch für eine Nachrüstung gängiger Warm- und Kaltkammermaschinen geeignet.

Druckgießmaschinenzyklus mit Vakuum

↓ Start des Zyklus, Beginn des Gießvorgangs, Vakuumstart
↓ Evakuierung der Schläuche, der Form und der Gießkammer
↓ Vakuumstopp durch ein Signal der Maschine oder durch ein Ventil in der Form
↓ Form öffnet, Auswerfvorgang, Sprühen und Ausblasen, Verstopfungstest für Vakuumventil
↓ Form schließt – Start des nächsten Zyklus

2.3.7 Berechnungen, Formeln und Begriffserklärung

Begriff	Beschreibungen und Berechnungen	Begriffserklärung
Überblick wichtiger Berechnungen 	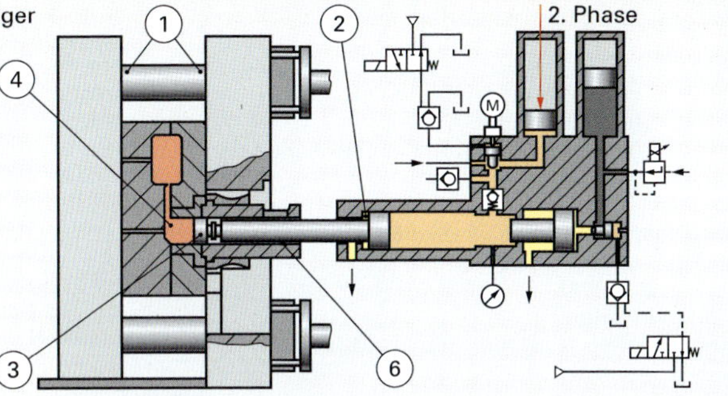	1. Zuhaltekraft in kN 2. Gießkraft in kN 3. Gießkolbendurchmesser in mm 4. Spezifischer Gießdruck in bar (MPa) 5. Gießleistung Q in cm^3/ms 6. Gießkolbengeschwindigkeit in m/s 7. Füllzeit in ms 8. Querschnitte in der Form in mm^2
Zuhaltekraft in kN (die Angabe in Tonnen ist die Größenbezeichnung der Maschine) 1 Tonne = 10 kN	Die Zuhaltekraft ist die Kraft, die das Schließsystem der Maschine aufbringen muss, um die Form während der Formfüllung sicher zu verriegeln. Die Zuhaltekraft bestimmt die Größe der Maschine und ist gleichzeitig Teil der Namensgebung. **Zuhaltekraft F_{zu} = Sprengkraft F_s · Sicherheitsfaktor f (1,1 ~ 1,5)**	**Sprengkraft F_s:** Kraft, mit der die Schmelze, die über den Gießdruck und die Fläche des Abgusses erzeugt wird, die Form aufzudrücken versucht. **Sicherheitsfaktor f:** Faktor zwischen 1,1 und 1,5, der eingerechnet werden muss, damit die Zuhaltekraft immer größer ist als die Sprengkraft.
Gießkraft in kN (die Angabe der Gießkraft in Tonnen wird oft nur bei Kaltkammermaschinen angegeben, da es verschiedene Größen von Gießaggregaten gibt) 1 Tonne = 10 kN	Die Gießkraft ist die Kraft des hydraulischen Kolbens im Gießzylinder des Gießaggregats. **Gießkraft F_G = Fläche A des hydraulischen Kolbens im Gießzylinder · Betriebsdruck p** Diese Gießkraft wird auf einen kleineren Gießkolbendurchmesser übertragen. Dadurch multiplizieren sich die Drücke. Im Kaltkammerverfahren wird die Gießkraft über einen hydraulischen Multiplikator noch einmal erhöht, um die erforderlichen, höheren spezifischen Gießdrücke zu erreichen.	**Betriebsdruck p:** Hydraulischer Druck im System der Maschine, der allen Zylindern und Aktoren zur Verfügung steht. Übliche Betriebsdrücke liegen zwischen 140 und 200 bar. **Fläche des hydr. Gießkolbens** $A = \frac{\pi \cdot D^2}{4}$
Gießkolbendurchmesser in mm	Je kleiner der Gießkolben, desto größer ist der spezifische Gießdruck. Je größer der Gießkolbendurchmesser, desto mehr Gießvolumen steht zur Verfügung. Für jede Maschinengröße stehen unterschiedliche Gießkolbendurchmesser zur Verfügung, um verschiedene Gießvolumina zu erreichen und die erforderlichen spezifischen Gießdrücke sicherzustellen.	
Spezifischer Gießdruck in bar (MPa)	Aus der Gießkraft der Maschine und dem ausgewählten Gießkolbendurchmesser leitet sich der spezifische Gießdruck ab. Der spezifische Gießdruck ist der Druck, unter dem die flüssige Schmelze im Formhohlraum erstarrt. Der Gießkolben muss mindestens so lange drücken, bis der Anschnitt vollständig erstarrt ist und der Druck nicht mehr auf das Bauteil übertragen werden kann **Spezifischer Gießdruck $p = \frac{\text{Gießkraft } F_G}{\text{Fläche des Gießkolbens } A}$**	**Fläche des Gießkolbens A_G:** $A = \frac{\pi \cdot D^2}{4}$
Gießleistung Q in cm^3/s	Die erforderliche Gießleistung bzw. die Durchflussmenge ist abhängig vom Volumen der Bauteile und der Zeit, in der dieses Volumen in den Formhohlraum gefüllt werden muss. **Gießleistung $Q = \frac{\text{Füllvolumen } V}{\text{Füllzeit } t_F}$**	**Füllzeit t_F:** Die Füllzeit ist die Zeit, in der der Formhohlraum (Teile + Überläufe) gefüllt sein muss.

Gießvolumen in cm³ (dm³)	Das Gießvolumen ist die Menge an flüssiger Schmelze, die sich mit der Maschine vergießen lässt. Bei beiden Maschinenverfahren (Warm- und Kaltkammer) muss noch ein Massepolster berücksichtigt werden, damit die Schmelze unter Druck verdichtet werden kann und die Leckagen im Gießsystem berücksichtigt sind. Kaltkammer: **Theoretisches Gießvolumen V_G = Fläche A des Gießkolbens · max. Gießkolbenhub s · 0,66 (max. Füllgrad der Gießkammer)** Warmkammer: **Theoretisches Gießvolumen V_G = Fläche A des Gießkolbens · max. Gießkolbenhub s** **Praktisches Gießvolumen:** **$V_{G\text{-prakt}}$ = Theoretisches Gießvolumen · Faktor f 0,8**	**Gießkolbenhub s:** Maximaler Hub oder Weg, den der Gießkolben fahren kann. Er ist abhängig von der Maschinengröße. **Praktisches Gießvolumen $V_{G\text{-prakt}}$:** Es kann nie der gesamte Gießkolbenhub ausgenutzt werden, da am Ende des Gießvorgangs noch einige Millimeter Hub zur Verdichtung der Schmelze erforderlich sind. **Füllgrad in %:** Füllstand der Schmelze in der Gießkammer bei Kaltkammermaschinen. Max. Füllgrad 66 % = 2/3 gefüllt.
Gießkolbengeschwindigkeit in m/s	Um das Volumen der Gussteile in einer bestimmten Zeit in die Form zu füllen, muss die Druckgießmaschine eine entsprechende Gießkolbengeschwindigkeit erreichen. **Gießleistung $Q = \dfrac{\text{Gießvolumen der Gussteile}}{\text{Füllzeit } t_F}$** **Gießkolbengeschwindigkeit $v_G = \dfrac{\text{Gießleistung } Q}{\text{Kolbenfläche } A_{GK}}$**	**Gießkolbengeschwindigkeit v_G:** Die erforderliche Geschwindigkeit des Gießkolbens in der 2. Phase. Hierbei handelt es sich nicht um theoretische Werte, sondern um Geschwindigkeiten, die unter Druck und Fließwiderständen tatsächlich erreichbar sind.
	Formenspezifische Berechnungen:	
Füllzeit in ms	Je höher die Formtemperatur, desto länger kann die Füllzeit sein. Zur einfachen Einschätzung der Füllzeit werden entsprechende Diagramme verwendet. Auf der Y-Achse sind die Wanddicken eingetragen, auf der X-Achse die Füllzeit. Die Erstarrungswerte der jeweiligen Legierung und die Formtemperaturen sind hinterlegt. 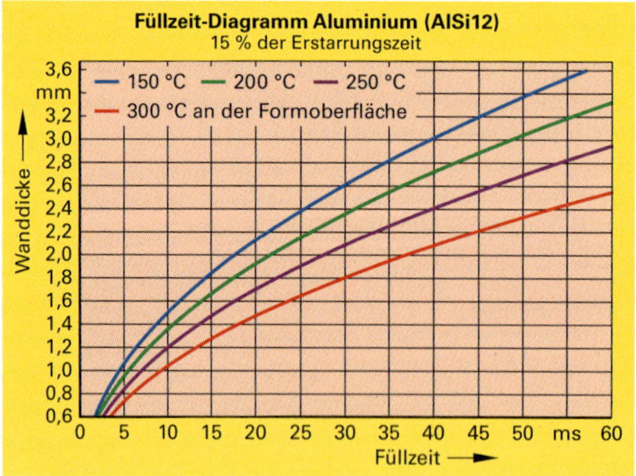	**Füllzeit t_F:** Die Füllzeit ist die Zeit, in der der Formhohlraum (Bauteile und Überlaufbohnen) durch den Anschnitt gefüllt sein müssen, bevor Teile der Schmelze an der Formwand erstarrt sind. Der Formkonstrukteur benötigt die Füllzeit, um die Querschnitte von Gießlauf und Anschnitt sowie – bei Warmkammermaschinen – den Düsendurchmesser zu berechnen. Das Bedienpersonal benötigt die Füllzeit, um die Geschwindigkeit der 2. Phase (Formfüllphase) in Abhängigkeit der Formoberflächentemperatur einzustellen.
Querschnitte in der Form in mm²	Die Düsenquerschnitte (bei Warmkammermaschinen), Gießlaufquerschnitte und Anschnittsquerschnitte lassen sich mit derselben Formel berechnen, da die flüssige Schmelze alle Querschnitte im Gießsystem durchströmen muss. **Querschnitt $A = \dfrac{\text{Durchfluss } Q}{\text{Geschwindigeit der Schmelze } v}$**	Die Geschwindigkeiten in Düse, Gießlauf und Anschnitt müssen gestuft sein, d. h. die Metallgeschwindigkeit vom Gießlauf bis zum Anschnitt muss sich kontinuierlich erhöhen. Dies wird durch entsprechende Reduzierung der Querschnitte erreicht. Gute Werte sind ca. 25 m/s im Gießlauf und ca. 40 m/s im Anschnitt.

2.3.8 Die Temperierung

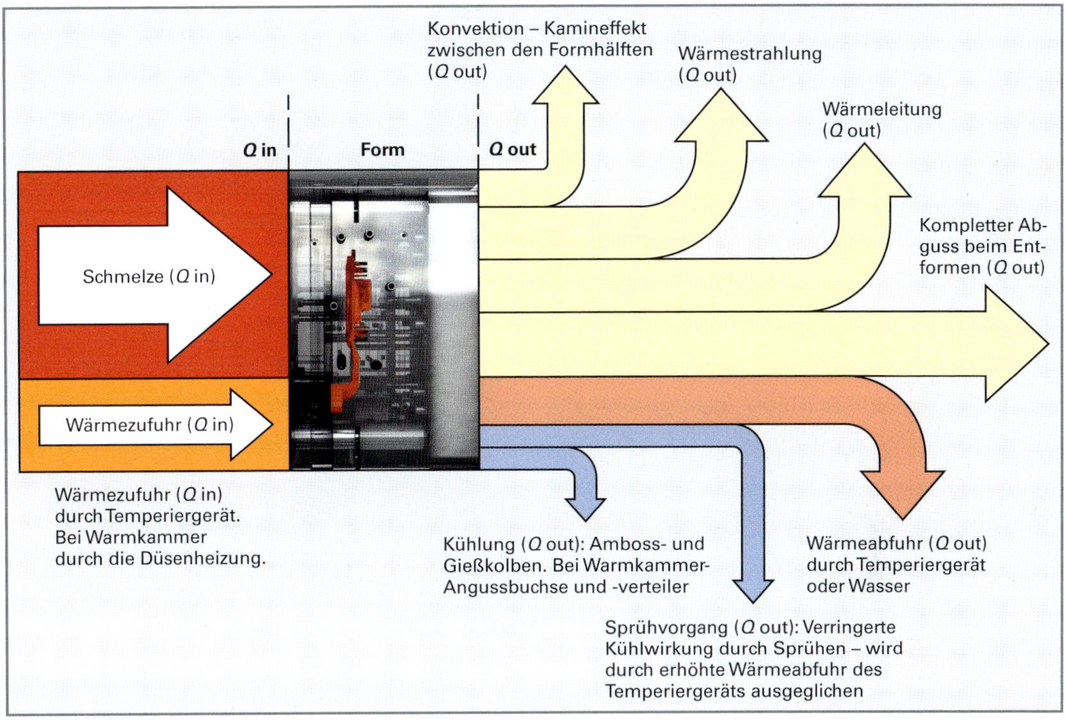

Bild 1: Wärmeflussdiagramm in einer Druckgießform

Wärmehaushalt der Form (Bild 1)

***Q in* = Wärmzufuhr in die Form.** Beim Gießen wird zyklisch Wärmeenergie durch den heißen Gießwerkstoff, bei Warmkammer zusätzlich durch die Düsenheizung zugeführt. Diese Wärmemenge, die abhängig von der Legierung und dem Teilevolumen ist, wird beim Abkühlen und Erstarren des Gussteils an die Formwandung weitergegeben, wobei die Gesamtform eine Art Wärmespeicher darstellt.

***Q out* = Wärmeabfuhr aus der Form.** Die Form selbst gibt die aufgenommene Wärmeenergie wieder ab. Ein gewisser Anteil der Wärmeenergie verbleibt im Gussteil, das bei Erreichen der Auswerftemperatur aus der Form ausgestoßen wird. Durch Wärmeleitung innerhalb der Form sowie zwischen Form und Maschine geht Wärme verloren. Durch Konvektion (Luftströmung) an der gesamten Oberfläche der Form, wird die Form abgekühlt. Wärmestrahlung (durch Temperaturdifferenz) ist ein weiterer Verlustfaktor. Kühlkreisläufe für die Ambosskühlung und bei Warmkammermaschinen für die Angussbuchsenkühlung mit ständig fließendem Wasser sind weitere Abkühlparameter.

Ausgeglichener Wärmehaushalt *Q in* = *Q out*

Nur wenn *Q in* = *Q out* ist, stellt sich ein stabiler Temperaturhaushalt in der Form ein (Bild 2, blau gestrichelte Linie).

Wird mehr Wärme zugeführt als abgeführt, heizt sich die Form immer weiter auf. Es muss also gekühlt werden. Im Umkehrschluss wird bei erhöhter Wärmeabfuhr die Form immer kälter. Es muss also geheizt werden.

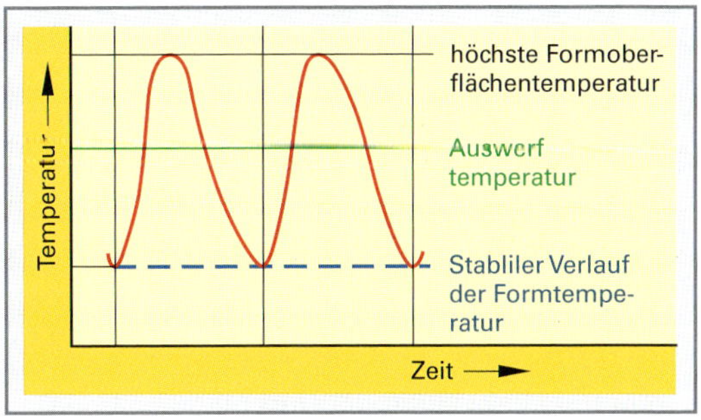

Bild 2: Ausgeglichener Wärmehaushalt

Abkühlung

Wenn Wärmeenergie fehlt, kann diese Differenz nicht ausgeglichen werden und die Formtemperatur sinkt kontinuierlich ab (Bild 1, blau gestrichelte Linie). Kleine, dünnwandige Teile führen wenig Wärmeenergie zu. Übermäßiges Sprühen mit wasserbasierenden Trennstoffen kühlt die Form zusätzlich ab. Die Wärmeverluste sind größer als die Wärmezufuhr. Es sind Gießfehler wie Kaltfluss oder unvollständig gefüllte Bauteile zu erwarten.

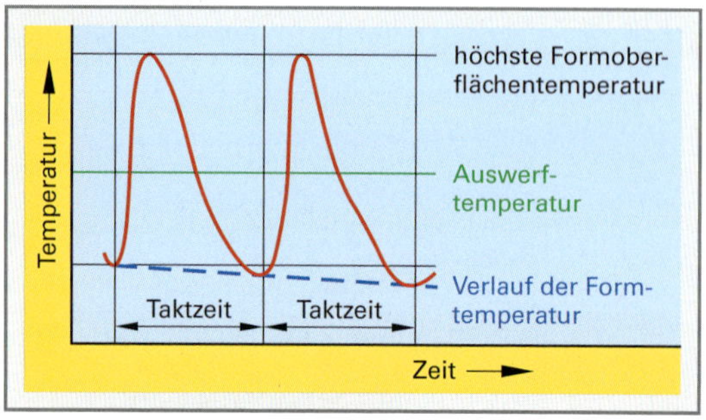

Bild 1: Abkühlung der Form

Aufheizung

Bei zu viel Wärmeintrag in die Form, z. B. durch großvolumige Teile und mangelnde Kühlung, wird die Form zu heiß (Bild 2, blau gestrichelte Linie). Das Austarieren der zu hohen Formtemperatur durch lange Wartezeiten, verlängerte Abkühlzeiten oder übermäßiges Sprühen ist nicht wirtschaftlich. Die Wärmezufuhr ist größer als die mögliche Abkühlung. Es sind Gießfehler wie Festkleben der Bauteile in der Form oder Hitzeblasen zu erwarten.

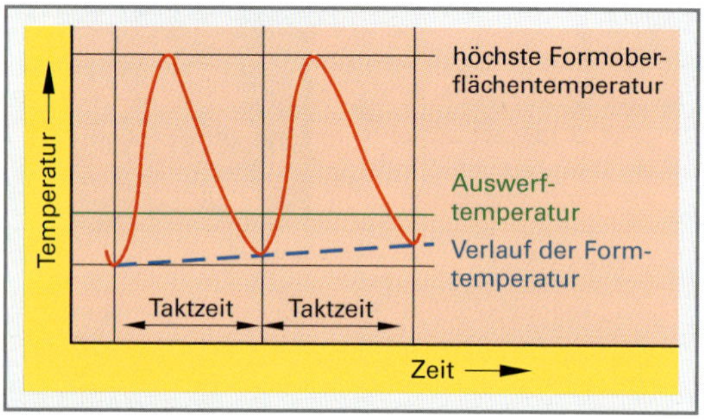

Bild 2: Aufheizung der Form

Probleme durch zu niedrige Formtemperatur → Erhöhter Formverschleiß (Risse durch Thermowechselbelastung der Form), unvollständige Formfüllung bzw. Kaltschweißstellen, Behinderung der Entformbarkeit der Teile duch zu starkes Aufschrumpfen in der Form und auf Kernen.

Probleme durch zu hohe Formtemperatur → Unkontrollierte Wärmeausdehnung an beweglichen Formelementen, erhöhte Blasenbildung, Erhöhter Trennmittelverbrauch durch verstärktes Verdampfen, Verlängerung der Taktzeiten, erhöhte Klebeneigung der Teile. Verformung am Teil durch Auswerfen bei höherer Temperatur.

Transfer von Wärmeenergie

Für eine effiziente Wärmezufuhr und Wärmeabfuhr sind Temperierkanäle in der Form erforderlich (Bild 3). Die notwendige Austauschfläche, d. h. Anzahl und Länge der Kanäle, richtet sich nach der zu transferierenden Wärmemenge. Die Effizienz des Kanalsystems hängt von folgenden Faktoren ab:

- Lage der Kanäle zur Formkontur. Je kürzer die Distanz zum Formhohlraum, desto besser ist die Wirkung.
- Durchmesser der Kanäle. Zu kleine Kanäle verringern die Effizienz. Ausreichend große Durchmesser von mind. 10 mm haben einen entscheidenden Einfluss auf die Durchflussmenge und -geschwindigkeit des Wärmeträgermediums.

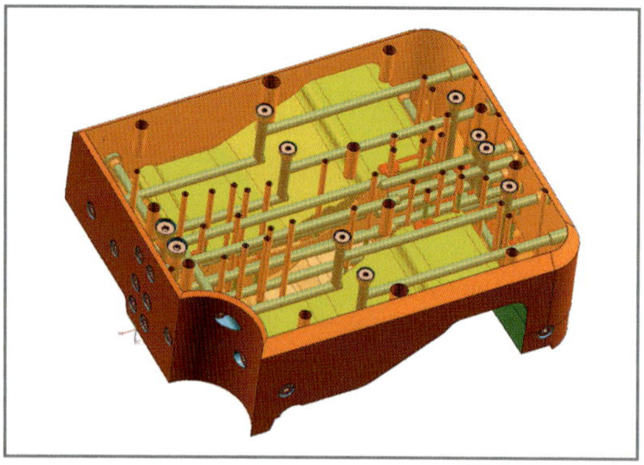

Bild 3: Temperierkanäle in der Form

- Art des eingesetzten Wärmeträgermediums: Wasser oder Öl. Der Wärmedurchgangskoeffizient (W/m²K) von Wasser ist doppelt so hoch wie der von Wärmeträgeröl.

Durch eine Erstarrungssimulation können die optimale Position, die Länge und die Wirkung der Temperaturübertragung ermittelt und bei der Formkonstruktion berücksichtigt werden. Der Formenkonstrukteur muss die notwendigen Auswerferpostionen und die erforderlichen Temperierkanäle sorgfältig ausbalancieren (siehe Bild 3, Seite 184).

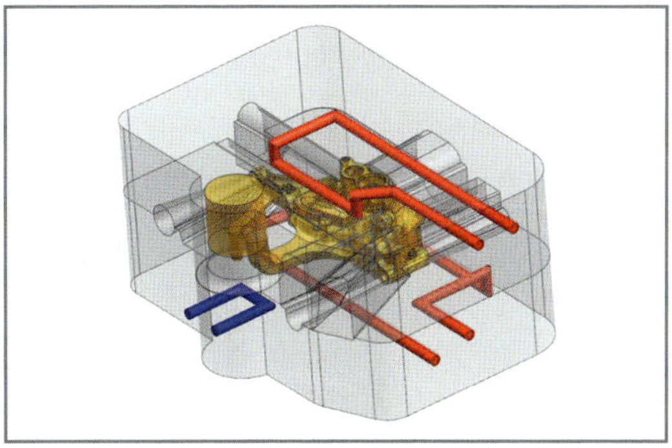

Bild 1: Konventionelle, gebohrte Temperierkanäle

Konturnahe Temperierung

Bei der konventionellen Methode (Bild 1) lassen sich nur geradlinige Temperierkanäle in der Bearbeitung durch Bohren in Formeinsätzen aber vor allem in Schiebern und Kernen herstellen. Das schränkt die Möglichkeiten ein, da konventionelle Bohrungen immer einen großen Abstand zur Formkontur haben.

Bei der konturnahen Temperierung (Bild 2) lassen sich problemlos komplizierte innenliegende Temperierkanäle (hellblau) für eine sehr effiziente Wärmeübertragung herstellen. Durch Erstarrungssimulationen können sogenannte „Hotspots" sehr genau erkannt werden, um Lage und Position konturnaher Temperierkanäle festzulegen.

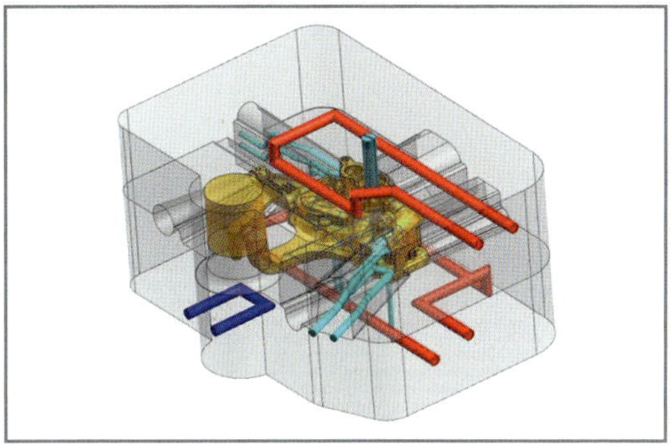

Bild 2: Konturnahe Temperierkanäle

Diese konturnahen Elemente (Schieber, Kerne) lassen sich im sogenannten 3D-Druckverfahren (Laserauftragsschweißen) herstellen. Die Qualität hinsichtlich Festigkeiten, Materialdichte und Genauigkeit ist sehr weit fortgeschritten, sodass sich diese Art von Bauteilen problemlos einsetzen lässt. Die Vorteile, wie Reduktion der Zykluszeiten, wesentlich geringere Gefahr von Schwindungslunkern, weniger Spannungsrisse in der Formoberfläche, machen diese Technik zum „state of the art". Zum Sprühen von Minimalmengen muss konturnahe Temperierung mit in die Konzeption einfließen.

Temperiergeräte (Bild 3)

Die Formtemperiergeräte, auch als Heiz-Kühlgeräte bezeichnet, können sowohl zum Aufheizen als auch zum Kühlen eingesetzt werden. Mit einem Temperiersystem lassen sich die durch Temperaturunterschiede und -schwankungen hervorgerufenen Formspannungen auf ein Minimum reduzieren. Voraussetzung für den Einsatz eines Temperiergeräts mit eingebautem Temperaturregelgerät ist ein Kanalsystem in der Form und die Verwendung einer Wärmeträgerflüssigkeit.

Die Wahl der Flüssigkeit richtet sich nach der zu regelnden Formtemperatur. Für Temperaturbereiche von 20 °C bis 160 °C kann Wasser eingesetzt werden. Bei Temperaturen von 150 °C bis ca. 300 °C werden Öle oder synthetische Flüssigkeiten eingesetzt.

Nachdem die Form aufgeheizt ist, sind zuerst mehrere Gussstücke (Anfahrteile) herzustellen, bis die ideale Formtemperatur erreicht ist. Das Regelgerät hat die Aufgabe, die Formtemperatur durch Heizen oder Kühlen in einem vorgeschriebenen, idealen Temperaturbereich zu halten. Durch das Zwangslaufsystem strömt die Wärmeträgerflüssigkeit mit genau festgelegten Bedingungen durch die Temperierkanäle.

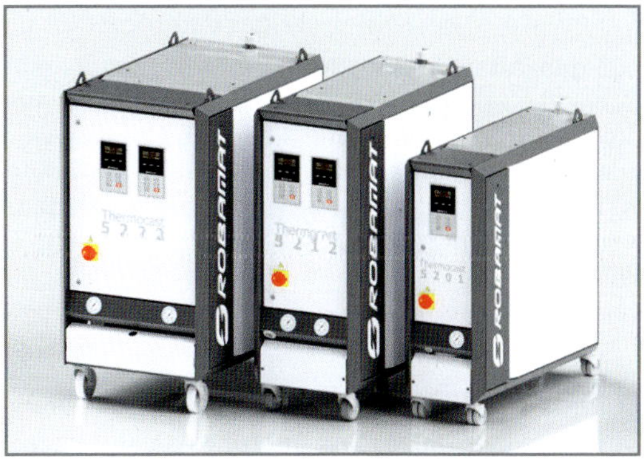

Bild 3: Temperiergeräte unterschiedlicher Leistungsklassen

Damit wird vermieden, dass der Wärmeträger an irgendeiner Stelle überhitzt. Zusätzlich wird eine größere Betriebssicherheit des Temperiergeräts erreicht und die Standzeit der Form durch eine möglichst homogene Temperaturverteilung verlängert.

Aufbau und Wirkungsweise eines Temperiergeräts (Bild 1)

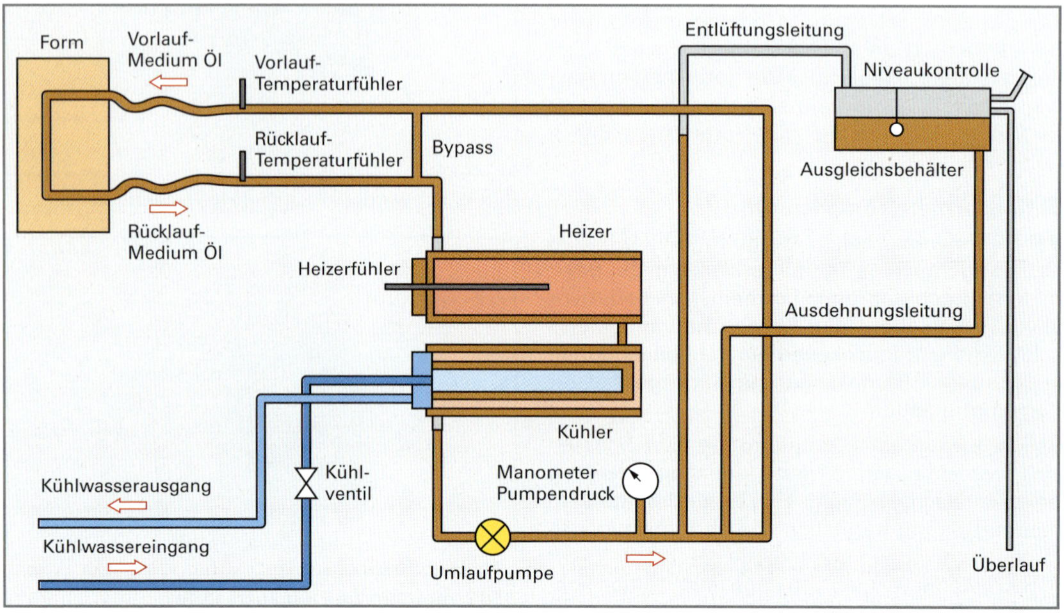

Bild 1: Schematischer Aufbau eines Temperiergeräts

Eine Umlaufpumpe lässt das Wärmeträgermedium durch die Form, einen Heizer und einen Kühler zirkulieren. Über Temperaturfühler im Vorlauf bzw. Rücklauf wird dem Regler die im Kreislauf herrschende Flüssigkeitstemperatur gemeldet. Wenn die vorhandene Temperatur nicht mit der vorgegebenen Formtemperatur übereinstimmt, wird entweder der Kühler aktiviert (Kühlventil öffnet und Kühlwasser strömt in den Kühler) oder der Heizstromkreis über einen Impuls eingeschaltet. Ein Sicherheitsthermostat unterbricht den Heizstrom bei Erreichen der maximalen Betriebstemperatur. Qualitativ hochwertige Temperiergeräte bieten die Möglichkeit einer integrierten Leckagenerkennung und schalten automatisiert sowohl die Pumpe als auch den Heizer ab. Ein Bypass innerhalb des Temperiergeräts lässt bei verstopften Formkanälen eine Zirkulation der Flüssigkeit zu und verhindert damit eine unzulässige Erhitzung. Durch eine integrierte Durchflussmessung, in Kombination mit einer aktivierten Schnittstellenverbindung zur Druckgießmaschine, kann eine Fehlermeldung gesendet werden, die auf eine Reduzierung des Durchflusses und somit auf mangelnde Wärmeübertragung hinweist. Der Durchfluss ist ein sehr wichtiger Parameter für die Qualität der Temperierung.

Für das Anschließen des Temperierkanalsystems an das Temperiergerät können normalisierte Schnellkupplungen mit entsprechendem Zubehör eingesetzt werden. Dadurch werden die Rüstzeiten bei Formwechsel verkürzt. Allerdings besteht auch die Gefahr eines Verklebens der Schnellkupplung, was sich oft nachteilig auswirken kann. Um eine möglichst effiziente Temperierung sicherzustellen, ist beim Verwenden von Schnellkupplungen darauf zu achten, dass die Durchflussmenge des Temperiermediums nicht durch ungewollte Querschnittsreduzierungen vermindert wird. Zusätzlich sollten Verbindungsschläuche und Rohrleitungen isoliert und unnötige Wegstrecken sowie Umlenkungen vermieden werden.

Mehrzonentemperierung

Der Druckgießprozess ist geprägt von einer komplexen Abhängigkeit verschiedener Einflussgrößen, wie zum Beispiel Zykluszeit, Teilequalität, Equipment und Anlagenverfügbarkeit. Je besser diese Faktoren aufeinander abgestimmt sind, desto effizienter wird der Produktionsvorgang.

Zur Steigerung der Wettbewerbsfähigkeit bei der Produktion von Aluminium-Druckgussteilen setzen immer mehr Anwender auf den Einsatz von Mikrosprühsystemen und Sprühmittelkonzentraten. Dabei wird anstelle eines Trennmittel-Wasser-Gemischs (z.B. mit einem Mischungsverhältnis von 1:100) eine vergleichsweise geringe Menge wasser- oder ölbasierender Konzentrate (Mischungsverhältnis max. 1:10) in die geöffnete Form gesprüht. Dies dient vorwiegend der besseren Entformbarkeit des Bauteils und hat keine Kühlfunktion mehr. Die Zykluszeit kann dadurch signifikant verkürzt werden.

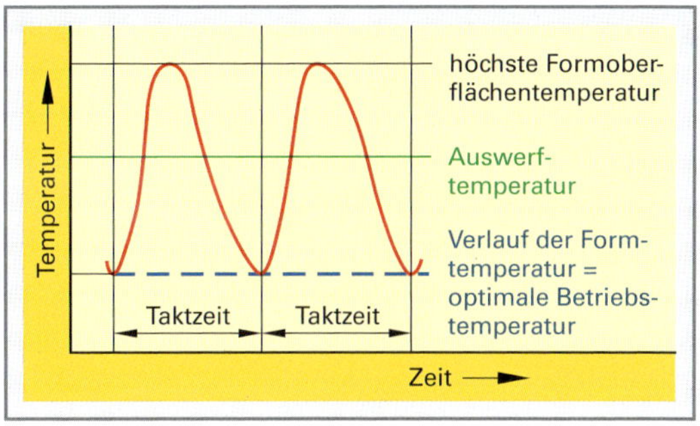

Bild 1: Temperaturverlaufskurve

Ein weiterer positiver Effekt ist die Vermeidung von Temperaturschocks beim Sprühvorgang. Die Temperaturverlaufskurve (Bild 1, rote Linie zeigt große Temperaturunterschiede) während der Gießzyklen wird abgeflacht. Dadurch bilden sich weniger Mikrorisse auf der Kavitätsoberfläche, was zu einer längeren Standzeit der Form und zu einer besseren Teilequalität führt.

Die fehlende Kühlung durch das Trennmittelgemisch muss während der Produktion durch Kühlsysteme und -flächen ausgeglichen werden, die näher an der Kavitätsoberfläche liegen und durch ein ausbalanciertes Temperiersystem versorgt werden.

Aufbau und Wirkungsweise eines Mehrzonentemperiersystems (Bild 2)

Qualitativ hochwertige Mehrzonentemperiersysteme verfügen daher über individuell ansteuerbare Temperierkreise, die eine perfekte Einstellung einzelner Zonen der Form auf die erforderliche Temperatur ermöglichen. Um die Wärmeabfuhr aus der jeweiligen Temperaturzone der Form einzustellen, werden die Durchflussmengen pro Temperierkreis individuell angepasst. Analog verhält es sich mit der Wärmezufuhr. Eine höhere Durchflussmenge erhöht den Wärmeeintrag in die entsprechende Formzone. Das Temperiermedium ist Wasser.

Die gewünschten Parameter werden über ein Human-Machine-Interface eingegeben, das mit den Temperiergeräten und den Zehnfachverteilern kommuniziert (Bild 3). Wichtige Daten wie Durchflussmenge, Temperatur, Druck, Wärmemenge etc. werden in Echtzeit übertragen. Formdaten und Abbildungen der Temperierkanalpläne können gespeichert und je nach Bedarf geladen werden.

Es können mehrere Temperiergeräte im Verbund betrieben werden, wodurch auch die Anzahl an Temperierzonen erweiterbar ist. Eine Hochleistungspumpe im Heiz-Kühlgerät ist in der Lage, bis zu 10 einzelne Temperierkreise zu versorgen. Regelventile in den Zehnfachverteilern reduzieren oder erhöhen je nach Bedarf die Durchflussmenge und beeinflussen damit die Temperatur in der entsprechenden Zone.

Um gefährliche Situationen zu vermeiden, verfügt das Mehrzonentemperiersystem über eine Leckagenüberwachung, die bei einem Wassereintritt von nur 100 ml in die Kavität den Produktionsvorgang stoppen kann, um zu verhindern, dass eine Dampfexplosion durch Kontakt mit flüssiger Schmelze entsteht.

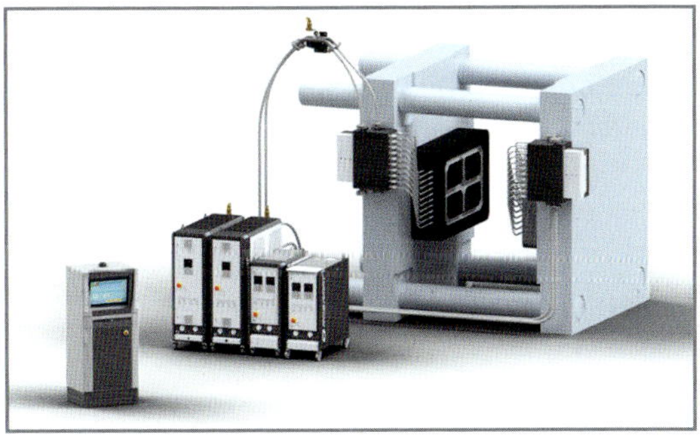

Bild 2: Mehrzonentemperierung: 24-Kreis-Anlage, bestehend aus Visualisierungseinheit, Hochleistungstemperiergeräten, Zehnfachverteilern und Zweikreisgeräten

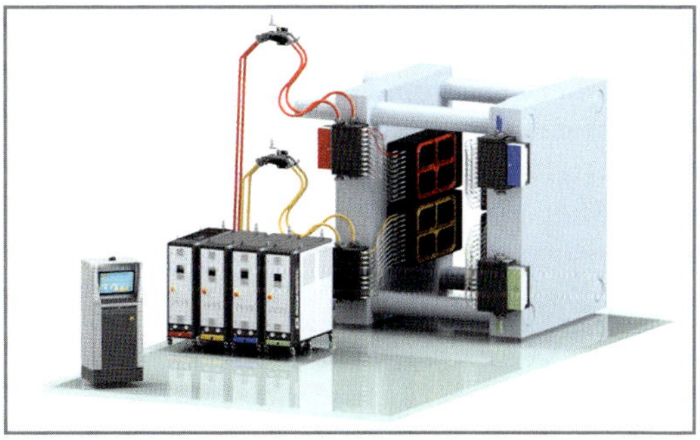

Bild 3: Temperaturzonen eines Mehrzonentemperiersystems: 40-Kreis-Anlage = 4 Zonen à 10 Temperierkreise

2.3.9 Trenn- und Schmierstoffe beim Druckgießen

Beim Druckgießen muss ein Ankleben und Anlegieren der Gussteile in der Formkontur verhindert werden, da sonst Gussteil- und Formoberflächen beschädigt werden können.

Die Anforderungen an Trennstoffe sind:

- Leichtes, schnelles und fehlerfreies Entformen durch Bildung eines effektiven Trennfilms
- Keine Rückstände auf den Gussteilen und der Form
- Möglichst geringe Gasbildung, um Porositäten zu vermeiden
- Schmieren der beweglichen Teile der Form
- Keine negativen Auswirkungen auf nachgeschaltete Bearbeitungen

2

Trennstoffe werden wie folgt unterschieden:

- **Pigmentierte Trennstoffe:** Die Trennschicht wird durch Feststoffe wie Grafit und Pigmente in Verbindung mit entsprechenden Wirkstoff- und Trägermedien gebildet. Dazu gehören die pastösen, nicht wassermischbaren Trennstoffe sowie die wassermischbaren und sprühbaren Schlichten. Ein klassischer Vertreter ist das „Silberfett", eine Paste, die metallische Aluminiumplättchen in einer fettähnlichen Substanz enthält. Nachteilig ist, dass es von Hand aufgetragen werden muss und damit für das automatische Aufsprühen nicht geeignet ist.
- **Pigmentfreie Trennstoffe:** Dazu gehören die heute meist eingesetzten wassermischbaren Trennstoffe, die mit entsprechenden Sprüheinrichtungen aufgetragen werden. Die Trennwirkung beruht auf dem Einsatz von Ölen und Wachsen mit hoher Temperaturstabilität. Moderne wassermischbare Trennstoffe enthalten eine genau auf die Anforderungen der entsprechenden Legierung und des Gussteils abgestimmte Mischung aus verschiedenen temperaturstabilen Ölen und oft auch Wachsen. Daneben sorgen diverse Additive für Lager- und Biostabilität des Trennstoffs, für Korrosionsschutz an Form und Peripherie sowie für Hochtemperaturbenetzung und Notlaufeigenschaften.

Vorgänge beim Auftragen von Trennstoffen

Um mit einem wassermischbaren Trennstoff einen Trennfilm aufzubauen, müssen bestimmte thermische Verhältnisse vorliegen.

Ist die Form zu heiß, entsteht zunächst beim Sprühen und Verdunsten des Wassers ein Dampfpolster.

Ein direkter Kontakt von Trennstoff und Formoberfläche besteht nicht, weshalb sich kein Trennfilm bilden kann („Leidenfrostsches Phänomen", vergleichbar mit Wassertropfen auf einer heißen Herdplatte) (Bild 1). Durch das Verdampfen des Wassers wird der Form an der Oberfläche Wärme entzogen, wodurch sie abkühlt. Erst beim Erreichen eines bestimmten Temperaturfensters können die im Trennstoff enthaltenen Wirkstoffe im direkten Kontakt mit Formenstahl einen Trennfilm aufbauen. Der Film baut sich beim weiteren Sprühen bis zu einer optimalen Filmdicke auf (Bild 2). Wenn zu lange gesprüht wird, läuft das überschüssige Trennmittel ab, ohne die Filmdicke weiter zu erhöhen, oder der bereits aufgebaute Film wird abgewaschen.

Ein auf der gesamten Formoberfläche bestehender Trennfilm ist Voraussetzung, um ein Ankleben der Legierung zu verhindern.

Wichtig ist auch das Zersetzungsverhalten des Trennstoffs (Bild 3). Erwünscht ist ein möglichst rückstandsfreies Verdampfen bei der Formfüllung, damit Gaseinschlüsse und Porositäten am Teil verhindert werden.

Technik zum Auftragen von Trennstoffen

Entsprechend den beschriebenen Anforderungen an den Sprühprozess muss das geeignete Sprühverfahren ausgewählt werden. Die Anforderungen an Trenn-, Schmier-, Kühl- und Reinigungswirkung hängen sehr stark von der eingesetzten Legierung, dem Verfahren, der Form und dem Gussteil ab.

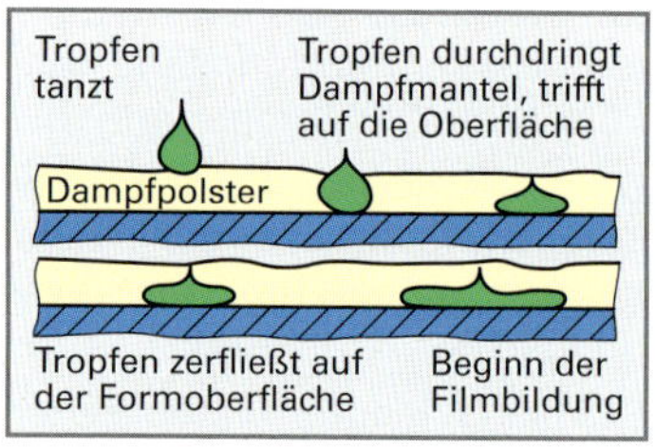

Bild 1: Dampfpolster

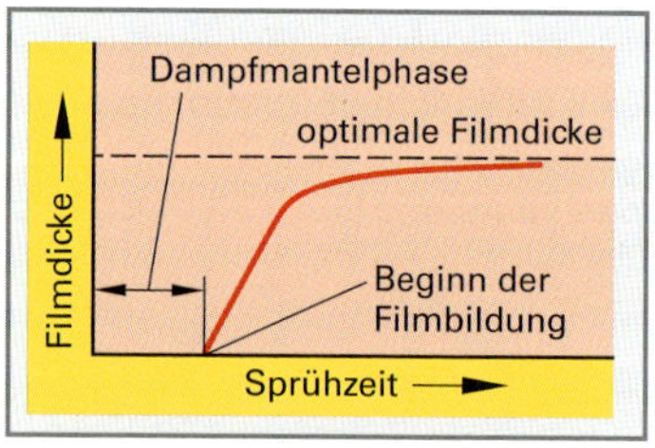

Bild 2: Zusammenhänge von Sprühdauer und Filmdicke

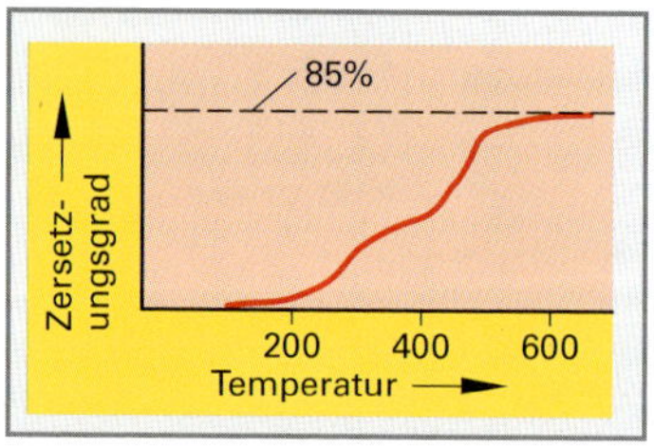

Bild 3: Zersetzungsverhältnisse

Durch den hohen Wärmeeintrag bei Aluminiumlegierungen muss intensiver gekühlt werden, da Formpartien lokal sehr heiß werden können. Bei Zinklegierungen ist durch eine niedrigere Temperatur und weniger Wärmeinhalt nahezu keine Kühlwirkung nötig. Aufgrund dieser Tatsache haben sich unterschiedliche Sprühtechniken etabliert.

Einachsige Sprüheinrichtungen (Bild 1)

Einachsige Sprühgeräte für viele Anwendungen im Warmkammerverfahren mit pneumatischem Antrieb oder für anspruchsvollere Sprühaufgaben mit servomotorischem Antrieb. Die modularen Sprühwerkzeuge können sehr schnell an die jeweilige Formbreite und Formkontur angepasst werden. Ein sehr fein verteilter und präzise auszurichtender Sprühstrahl wird durch eine Vielzahl verschiedener Ausführungen an Sprühdüsen möglich. Einachsige Sprüheinrichtungen werden vor allem bei Warmkammermaschinen eingesetzt, da hier sehr fein vernebelt gesprüht und kaum gekühlt werden muss.

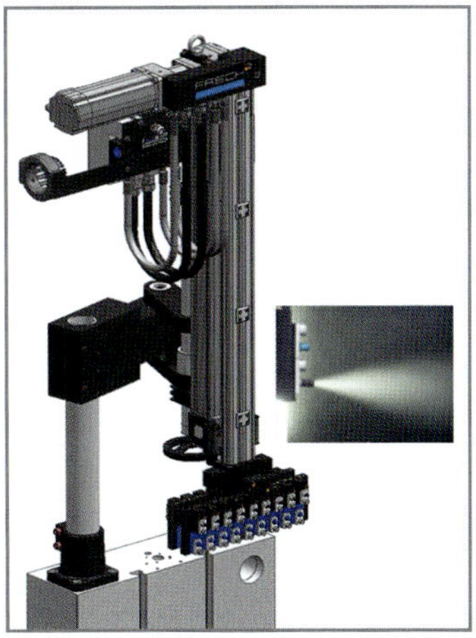

Bild 1: Einachsige Sprüheinrichtung

Mehrachsige Sprüheinrichtungen und Sprühroboter (Bild 2)

Bei Kaltkammermaschinen sind oft zwei Sprühachsen erforderlich. Größere Formöffnungshübe und tiefere Formkonturen erfordern eine zweite Achse, mit der die Sprühabstände verringert werden können. Formen mit Kernzügen nach oben erschweren den Einsatz von einachsigen Sprühgeräten. Für die erhöhten Anforderungen an die Kühlwirkung müssen Sprühwerkzeuge und Sprühdüsen mit einer höheren Sprühleistung eingesetzt werden.

Es gibt Anwendungen, die eine Sprühtechnik durch Roboter erforderlich machen. Zum Umfahren von Kernzügen oder hervorstehenden Formpartien und Störkanten sind frei programmierbare Bewegungen erforderlich.

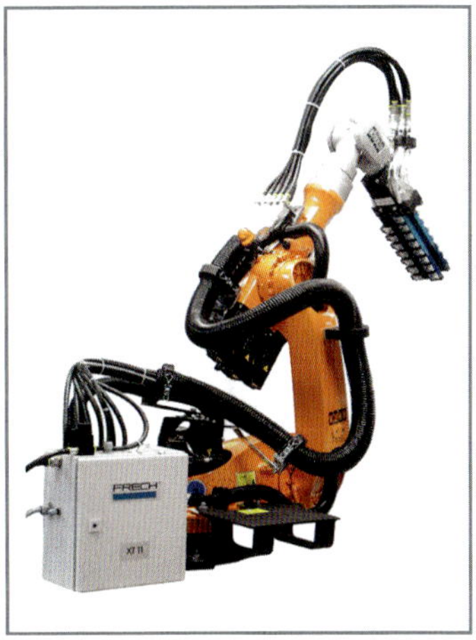

Bild 2: Sprühroboter

Kolbenschmiermittel für das Kaltkammerverfahren (Bild 3)

Kolbenschmiermittel haben die Aufgabe, die Reibung und den Verschleiß zwischen Gießkolben und Gießkammer zu vermindern. Man unterscheidet zwischen grafithaltigen und grafitfreien Schmiermitteln, die abhängig von ihrem Viskositätsgrad aufgetropft oder aufgesprüht werden. Die Trägersubstanzen sind meist Öle. Generell gilt, wie bei allen Schmierstoffen, die Regel, dass nur so viel Medium eingesetzt werden sollte wie notwendig. Ansonsten besteht das Risiko von Verfärbungen auf den Gussstücken und die Gefahr von Gaseinschlüssen.

Alternativ werden Kolbenschmierstoffgranulate eingesetzt. Auch hier gibt es grafithaltige und grafitfreie Produkte. Es handelt sich bei diesen Granulaten um Wachse, die bei höheren Temperaturen schmelzen, also flüssig werden, und einen Schmierfilm bilden. In Sonderfällen sind auch wassermischbare Kolbenschmierstoffe im Einsatz.

Die Dosierung erfolgt mit speziellen Dosiergeräten, die das Schmiermittel direkt in die Gießkammer oder auf den Gießkolben sprühen, sobald der Formsprühvorgang beendet ist, da sonst ein Teil des Granulats wieder herausgeblasen wird.

Warmkammer-Druckgießmaschinen, die im Zink- und im Magnesiumdruckguss eingesetzt werden, benötigen keine Kolbenschmiermittel, da der Gießkolben in der Schmelze eingetaucht ist.

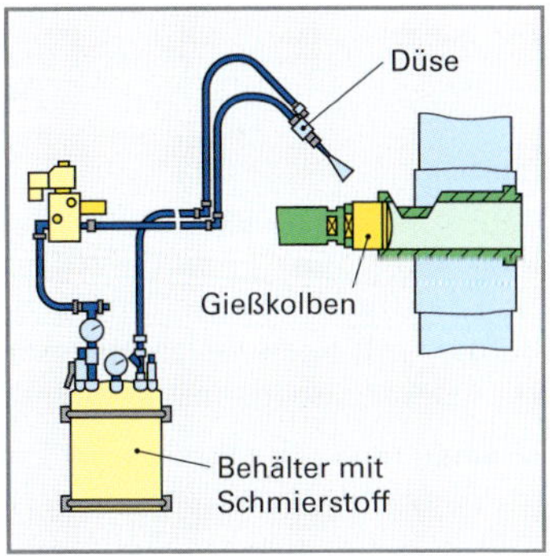

Bild 3: Gießkolbenschmierung

2.3.10 Die häufigsten Gießfehler

Als Gießfehler werden Defekte an und in Gussteilen bezeichnet, die die Qualität mindern, zu Ausschuss führen können und die Bearbeitung erschweren. Gießfehler können durch das Einstellen von Parametern, einer guten Form und Prozesswissen vermieden werden. Oft treten gleichzeitig verschiedene Probleme auf, was die zu ergreifende Maßnahme erschwert (Bild 1). Im Folgenden sind die am häufigsten auftretenden Gießfehler, ihre Merkmale und Ursachen aufgeführt.

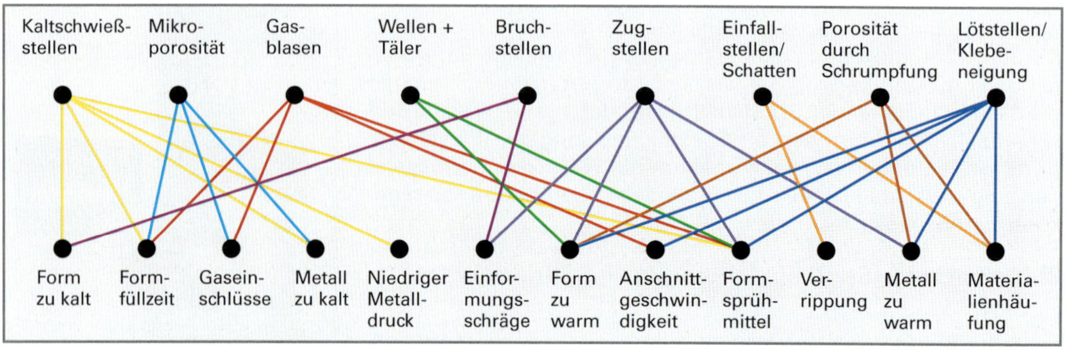

Bild 1: Zusammenhänge von Gießfehlern und Parametern

Kaltfluss

Kaltfluss (Bild 2) werden Bereiche auf der Gussteiloberfläche genannt, in denen die Schmelze während der Formfüllung teilweise erstarrt ist. Die ersten bereits erstarrten und die noch flüssigen Metallströme verschweißen unvollständig miteinander. In der ausgeprägtesten Form ist auch eine unvollständige Formfüllung möglich.

Ursachen: Formfüllzeit zu lang, Geschwindigkeit der Schmelze im Anschnitt zu niedrig, Formtemperatur zu niedrig, Temperatur der Schmelze zu niedrig, ungünstig gestalteter Anschnitt, Füllgrad zu niedrig, zu viel Trennmittel.

Bild 2: Kaltfluss

Poren

Poren (Bild 3) sind im Druckguss nicht zu vermeiden, sondern höchstens zu verringern. Als innere Poren bezeichnet man Fehlstellen, die durch den Einschluss von Luft und Gasen jeglicher Art entstehen. Bei einer Wärmebehandlung dehnen sich diese Gase wieder aus und es kommt zu Blasenbildung an der Bauteiloberfläche. Die Form der Poren ist eher rund und die Innenwand der Poren ist glatt.

Ursachen: ungenügende Formentlüftung, zu niedriger Füllgrad bei Kaltkammermaschinen, falscher Startpunkt der 2. Phase, zu hohe Geschwindigkeit in der 1. Phase, Rückstände von Schmierstoffen oder Wasser, ungeeigneter Trennstoff bzw. falsches Mischungsverhältnis, Geschwindigkeit der 2. Phase zu niedrig, spezifischer Gießdruck zu niedrig, zu lange Nachdruckaufbauzeit.

Bild 3: Poren

Lunker

Lunker (Bild 4) sind schwindungsbedingte Hohlräume im Gussteil. Beim Erstarren der Schmelze am Ende der Formfüllung verringert sich das Metallvolumen. Wirkt der Nachdruck zu spät oder kann ein Bereich nicht genügend nachgespeist werden, dann entstehen Lunker. Lunker haben eine längliche Form und eine raue Innenwand.

Ursachen: ungünstige Anschnittgestaltung, zu kleiner Querschnitt im Anschnitt, Druckaufbauzeit zu lang, Nachdruck zu niedrig, zu große Querschnitte im Teil zum Nachspeisen, zu heiße Formkonturen z. B. durch ungekühlte Kerne und Materialanhäufungen.

Bild 4: Lunker

Grat

Grat (Bild 1) entsteht an der Trennebene der Form, wenn die Schmelze zwischen die Formhälften gepresst wird. Metallflitter bleibt an der Oberfläche der Form hängen. Nicht formabhängige Maße können verletzt werden. Grat ist scharfkantig und muss am Gussteil aufwändig entfernt werden.

Ursachen: unebene oder beschädigte Formeinsätze, spezifischer Gießdruck zu hoch, Sprengkraft höher als die Zuhaltekraft der Maschine, Nachverdichtungsdruck zu hoch, Gießkolbengeschwindigkeit in der 2. Phase zu hoch, große Temperaturunterschiede zwischen den festen und beweglichen Formeinsätzen.

Bild 1: Gratbildung

2.3.11 Die automatisierte Gießzelle nach CE

Als Gießzelle wird eine vollständig automatisierte, verkette Gießanlage bezeichnet. Eine Vielzahl einzelner Maschinen und Geräte interagieren über Schnittstellen innerhalb eines abgeschlossenen, zutrittsgesicherten Raums (die so genannte „Zelle"). Die Öfen bzw. Dosieranlagen versorgen die Gießmaschine mit Schmelze. Die aufgespannte Form wird temperiert. Vor dem Gießen wird die Form besprüht, bei Kaltkammer wird zusätzlich der Gießkolben geschmiert. Der Gießvorgang läuft ab. Eine Entnahmeeinrichtung nimmt den Abguss aus der Form, führt diesen an einer Teilekontrollstation vorbei um sicherzustellen, dass alles sicher entformt wurde und sich keine Teile mehr in der Form befinden. Entsprechend den Anforderungen wird der Abguss zu einem Kühlbecken gebracht oder direkt auf einem Förderband abgelegt. Bei großen Gießanlagen ist noch eine Presse integriert, die den Gießlauf vom Bauteil abtrennt. Gussteile, abgetrennte Gießläufe und Überlaufbohnen werden über separate Förderbänder aus der Gießzelle herausgeführt. Das Rücklaufmaterial lässt sich in der Gießerei hervorragend recyceln. Die Gießzelle ist durch einen Schutzzaun gegen unberechtigtes Betreten gesichert. Alle Komponenten der Gießzelle müssen nach CE (europäische Sicherheitsrichtlinien und Normen) konstruiert und verkettet sein. Dies muss nach außen hin durch das CE-Label und entsprechende CE-Zertifikate sichtbar sein. Bild 2 zeigt eine sehr komplexe Kaltkammer-Gießzelle.

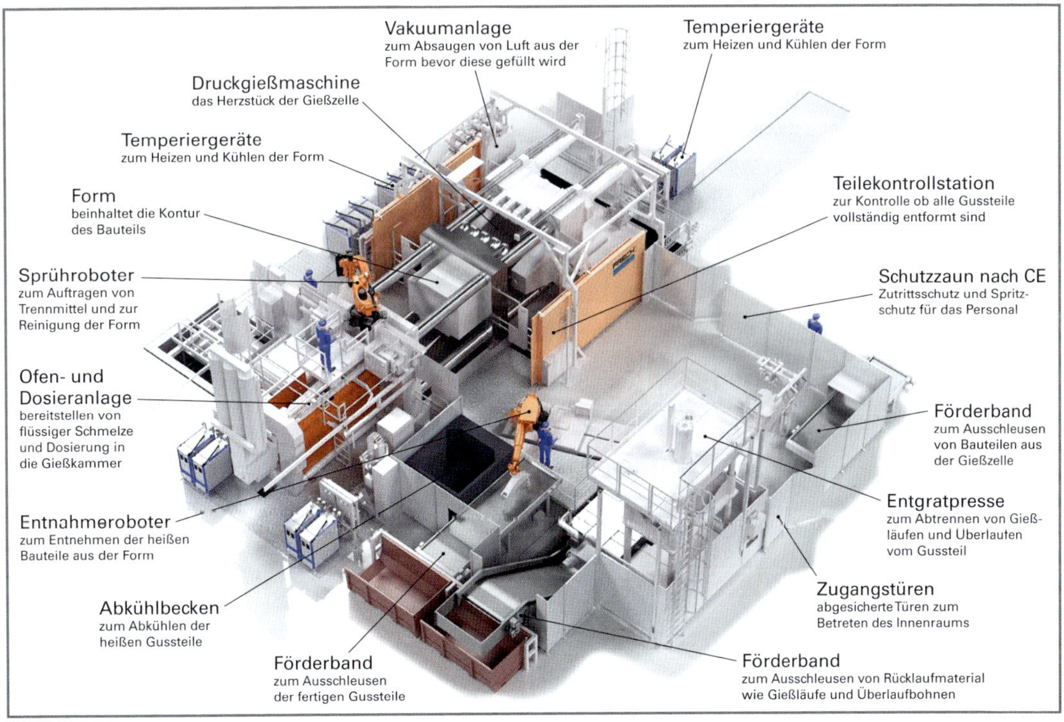

Bild 2: Kaltkammer-Gießzelle

vel.plus/
FGT06

2.3.12 Sonderdruckgießverfahren

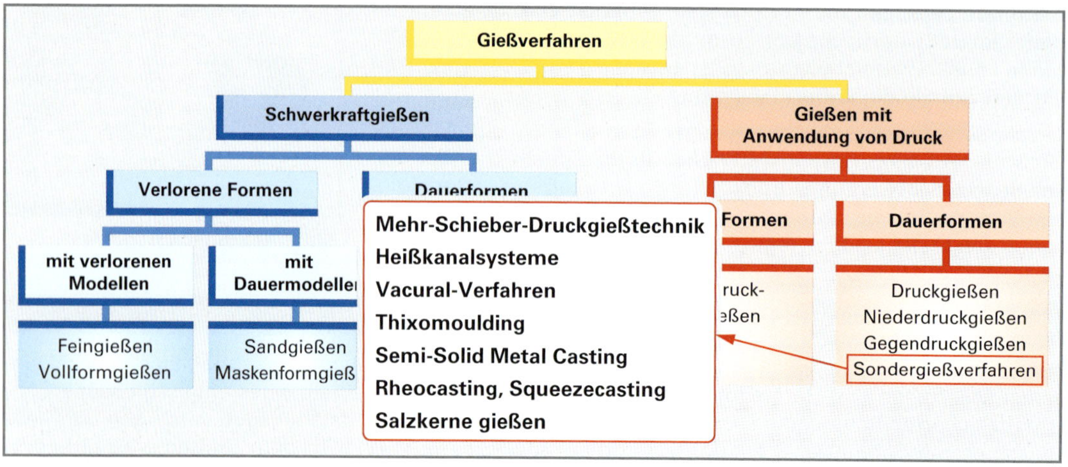

Bild 1: Sonderdruckgießverfahren

Sonderverfahren

Unter der Rubrik „Sonderverfahren" werden weniger verbreitete, aber durchaus sehr interessante Verfahren und Lösungen beschrieben, die einen speziellen Anwendungsbereich abdecken und der Gruppe der Druckgießverfahren zugeordnet sind (Bild 1).

Das Mehr-Schieber Druckgießverfahren

Verfahren

Für das Mehr-Schieber-Druckgießverfahren werden spezielle Maschinen und Werkzeuge benötigt. Ein Mehr-Schieber-Werkzeug besteht aus bis zu fünf Blöcken, die jeweils auf separat angetriebenen Achsen („Schiebern") angeordnet sind. Vier Schieber sind in einem Kreuz angeordnet (Bild 2). Ist für besonders komplexe Geometrien eine 5. Achse erforderlich, wird frontseitig ein weiterer Schieber montiert. Meist wird Zink vergossen, es kann jedoch unter den bekannten Voraussetzungen auch Magnesium und Aluminium verwendet werden.

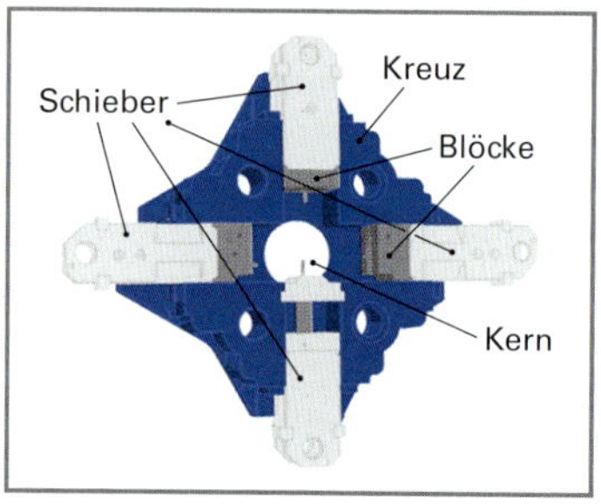

Bild 2: Vier-Schieber-Werkzeug

Zyklus

Zuerst wird Trennmittel in das noch geöffnete Werkzeug gesprüht. Dann werden die Schieber in Schließreihenfolge geschlossen. Die Einspritzdüse wird rückseitig an das Werkzeug herangefahren. Angegossen wird in der Formtrennung. Nach dem Erstarren fährt die Einspritzdüse zurück, die Schieber werden in Schließreihenfolge geöffnet. Die Gussteile werden per Ausstoßer aus dem zuletzt öffnenden Block gedrückt und mit Druckluft nach vorne ausgeblasen.

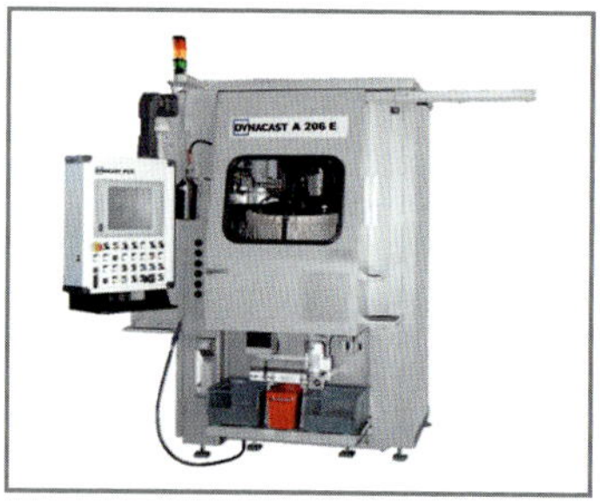

Bild 3: Mehr-Schieber-Druckgießmaschine

Mehr-Schieber-Druckgießmaschinen

Mehr-Schieber-Druckgießmaschinen (Bild 3) sind kompakt aufgebaut und erfordern wenig Platz. Sie gehören zur Gruppe der Warmkammer-Druckgießmaschinen. Der Schmelztiegel ist direkt hinter dem Werkzeug angeordnet.

Dieses Verfahren eignet sich besonders zur Herstellung kleiner und kleinster Teile (0,01 g bis 20 g) sowie für Teile mit komplexen Geometrien, extrem dünnen Wandstärken, sehr hoher Präzision, engen Toleranzen und für Teile mit hochwertiger Oberfläche (Bild 4)

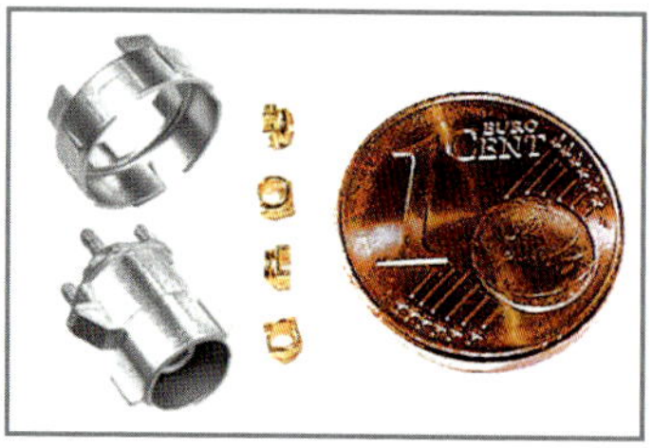

Bild 4: Kleinste Druckgießteile

Daher sind die Gießläufe sehr kurz, der Umschmelzanteil ist gering und der Energieverbrauch entsprechend niedrig. Durch extrem kurze Zykluszeiten (1 bis 2 s) wird eine hohe Wirtschaftlichkeit erreicht. Daher werden diese Maschinen auch als „Schnellläufer-Maschinen" bezeichnet.

Druckgießen mit Heißkanal-Formentechnologie

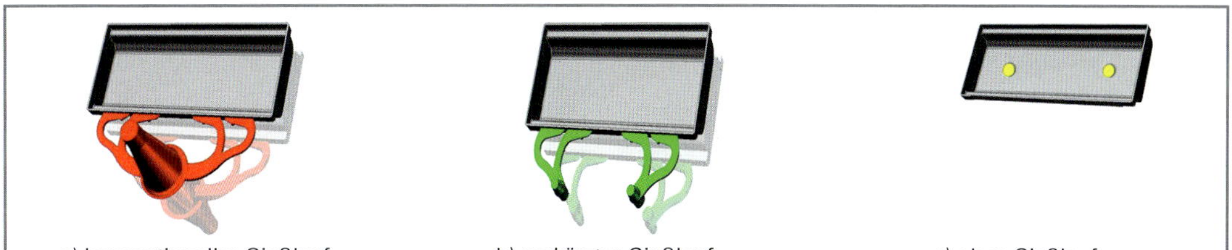

Bild 1: Heißkanalsysteme

Energie- und Ressourceneinsparungen durch weniger Rücklaufmaterial, kürzere Fließwege für dünnwandigere Teile, mehr Kavitäten in einer Form und Verschleißreduktion sind Herausforderungen, die mithilfe neuer Formentechnologien und neuartiger Gießsysteme gemeistert werden können. Ziel ist es, möglichst nahe mit der Schmelze an das Gussteil heranzukommen. Mit Heißkanalsystemen, ähnlich denen beim Kunststoffspritzguss, kann der Gießlauf nahezu eliminiert werden, indem die Schmelze über beheizte Bauteile der Form bis unmittelbar vor (Bild 1b) oder an das Gussteil (Bild 1c) geführt wird. Beide Verfahren werden im Warmkammer-Druckgießverfahren erfolgreich eingesetzt.

VACURAL®-Verfahren (Bild 2)

Dieses Verfahren ist die konsequente Ausbaustufe zum klassischen Vakuum unterstützten Druckguss. Beim VACURAL®-Verfahren wird die Schmelze durch ein Vakuum, das sich über Form, Gießkammer und ein Saugrohr erstreckt, quasi oxidfrei aus einem elektrisch beheizten Wannenofen in die Gießkammer gesaugt. Auch Trennmitteldämpfe werden mit abgesaugt. Dieser „Saugvorgang" ersetzt das klassische externe Dosieren. Anschließend erfolgt der Gießvorgang unter Vakuum, wobei das Vakuumventil vor dem Erreichen der Schmelze am Formfüllende geschlossen wird. Der Gießvorgang ist ein selbstüberwachender Prozess. Bei nicht ausreichendem Vakuum kann infolge einer zu gering dosierten Schmelze kein vollständiges Teil gegossen werden.

Durch die Metalldosierung unter Vakuum ist die Vakuumgüte deutlich besser als beim konventionellen, vakuumunterstützten Druckguss. Im konventionellen Verfahren kann das Vakuum erst nach dem Verschließen der Gießkammer-Einfüllöffnung aktiviert werden. Fast alle Aluminiumlegierungen lassen sich im VACURAL®-Kaltkammerverfahren vergießen. Daher sind keine Sonderlegierungen und Sondermaschinen erforderlich und es lässt sich ein breites Spektrum an möglichen Bauteileigenschaften abdecken. Die hohe Vakuumgüte des Verfahrens hat i.d.R. deutliche verbesserte Materialkennwerte der Gussteile.

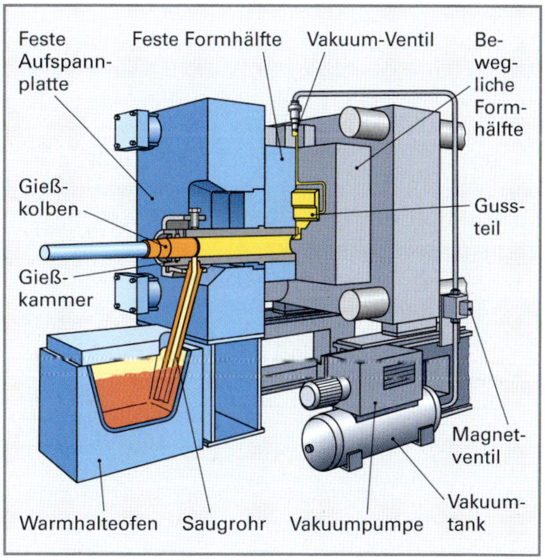

Bild 2: Druckgießmaschine mit VACURAL®-System

Die **Thixocasting-Prozesse** wie **Thixomoulding, Semi-Solid Metal Casting (SSM), Rheocasting** und **Squeezecasting** sind eine Gruppe spezieller Verfahren, bei denen anstelle der flüssigen Legierungen, Legierungen im halbflüssigen (semi-solid) Zustand, d.h. mit festgelegtem Festanteil in der Schmelze verarbeitet werden.

Hierzu benötigt es spezielle Gusslegierungen mit einem breiten Erstarrungsintervall, die bei Verarbeitung in definierten Temperaturbereichen zwischen Solidus und Liquidus ca. 40 % bis 60 % Festphasenanteil in der Schmelze haben.

Diese sogenannten thixotropen Flüssigkeiten haben eine geringe Viskosität und erlauben ein weitgehend porenfreies Gießen, wodurch die Gussstücke deutlich bessere mechanische Kennwerte aufweisen als vollflüssig gegossene Bauteile.

Thixomoulding (Bild 1)

Das Thixomoulding-Verfahren ist abgeleitet vom Kunststoffspritzgießverfahren. Im Detail gibt es aber gravierende Unterschiede. Beim Thixomoulding wird Granulat über eine Schnecke zugeführt, erwärmt und mittels Heizung um die Schnecke herum teilverflüssigt zu einer thixotropen Legierung, die mit hoher Geschwindigkeit und hohem Druck in die Form eingepresst wird. Der spezifische Gießdruck beträgt 500 bis 1100 bar. Ist der Gießdruck größer als 600 bar, wird mit Multiplikator gearbeitet. Die Viskosität ist höher als bei vollständig aufgeschmolzenen Metallschmelzen und niedriger als bei üblichen Kunststoff-Thermoplastschmelzen.

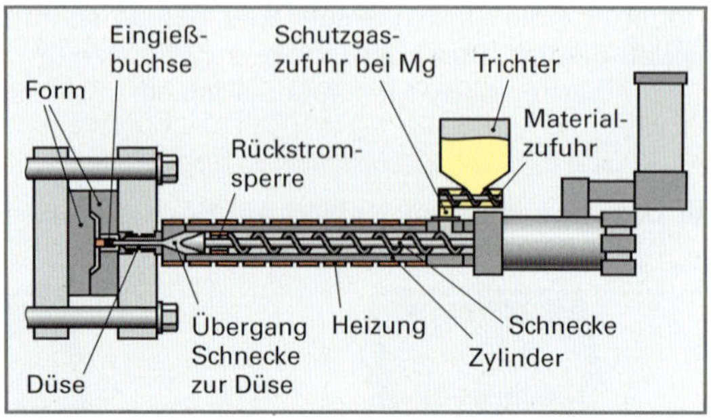

Bild 1: Gießeinheit einer Thixomaschine

Semi-Solid Metal Casting (SSM) (Bild 2)

Für dieses Verfahren, das traditionell auch als Thixocasting bezeichnet wird, kommt spezielles Vormaterial zum Einsatz, das bereits die erforderliche Gefügestruktur aufweist. Diese Halbzeuge haben bereits einen sehr aufwändigen Herstellungsprozess durchlaufen und werden normalerweise als Stangenmaterialien angeliefert. Zum Gießen des Gussstücks muss ein volumengleicher Rohling abgesägt werden. Anschließend wird er induktiv erwärmt, bis im Inneren die erforderliche Konsistenz der Flüssig-Fest-Verteilung vorliegt. Die Außenhaut ist noch fest, sodass der thixotrope Werkstoffbolzen in die Gießkammer eingelegt und mit langsamer Geschwindigkeit, aber großer Kraft möglichst turbulenzfrei in die Form gepresst werden kann.

Hüttenaluminium in Form von Masseln, z.B. aus AlSi7Mg	Dendritisches Gefüge
↓	
Aufschmelzen unter elektromagnetischem Rühren zum Stranggießen von Halbzeugen z.B. von Bolzen	Kristallkörner werden in Kügelchen umgewandelt, die unter Druck wie eine Flüssigkeit fließen
↓	
Anlieferung zur Gießerei und Herstellen der Rohlinge für das Gussstück, z.B. durch Sägen	
↓	
Induktives Erwärmen der Rohlinge bis maximal 100 K unter üblicher Gießtemperatur	Fest- flüssig - Anteil 50 : 50
↓	
Einlegen der erwärmten Teile in die Gießkammer der Druckgießmaschine und Einpressen des Werkstoffes in den Formhohlraum	Ruhige, turbulenzarme Formfüllung
↓	
Fertiges Gussstück	

Bild 2: Zyklus im SSM-Verfahren

New Rheocasting (Bild 3)

Beim New Rheocasting wird geringfügig überhitzte Schmelze aus einem Ofen entnommen und in einen Stahltiegel dosiert (1). Eingesetzt werden Schmelzen mit einem geringen Erstarrungsintervall. Bereits in diesem Tiegel erstarrt ein Teil der Schmelze, nämlich die höher schmelzende Alphaphase (2). Bei kontrollierter Abkühlung und anschließender induktiver Erwärmung des Tiegels entsteht eine homogene Gefügeeinstellung (3).

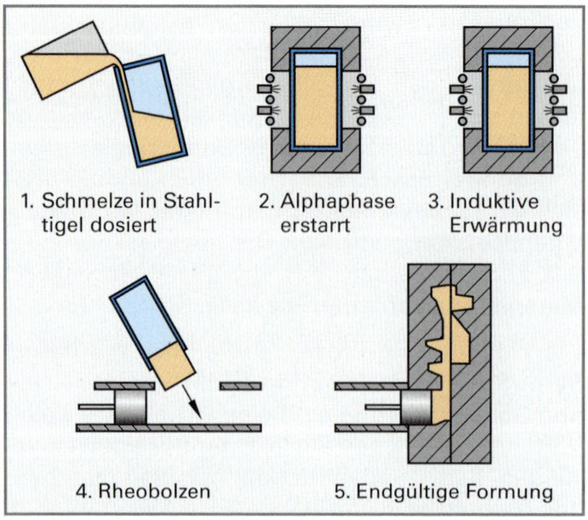

Bild 3: Erzeugung von teigig-flüssigem Material

Der „Rheobolzen" (4) mit thixotropen Eigenschaften wird auf einer Squeezecasting-Anlage (5) zum endgültigen Produkt geformt. Dieses Verfahren ist noch weit entfernt vom industriellen Einsatz, hat aber ein großes Entwicklungspotenzial.

Unterschiede zwischen New Rheo- und Thixocasting: Der Rheo-Prozess ist flexibel an einer Kaltkammer-Druckgießmaschine nachrüstbar, hat einen größeren Toleranzbereich hinsichtlich der Temperatureinstellung und ist allgemein weniger kostenintensiv, da unter anderem der Pressrest wieder eingeschmolzen werden kann.

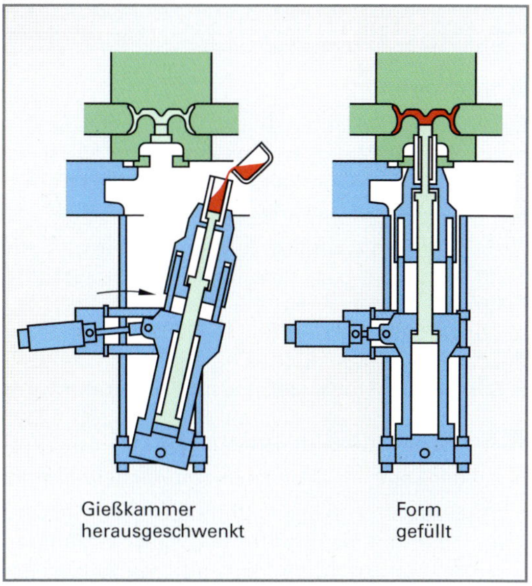

Bild 1: Squeezecasting-Prozess

Squeezecasting (Gießpressen)

Es wird z.B. eine Maschine mit senkrechter Bauart eingesetzt (Bild 1). Die Gießkammer sitzt unter der waagrecht geteilten Form und wird zum Befüllen seitlich herausgeschwenkt. Die vorberechnete Metallmenge wird in die Gießkammer eingebracht und die Gießkammer zurückgeschwenkt. Durch den Gießkolben wird die Schmelze von unten in den Formhohlraum gedrückt, wobei die Metallgeschwindigkeit niedrig gewählt wird, damit eine ruhige Formfüllung erfolgt. Die Nachverdichtung wird mit hohem Druck durchgeführt. Um Lunker an Materialanhäufungen zu vermeiden, kann an diesen Stellen über sogenannte Druckspeiser (Squeezer) nachverdichtet werden. Dünnwandige Teile lassen sich wegen der langsamen Formfüllung nicht herstellen.

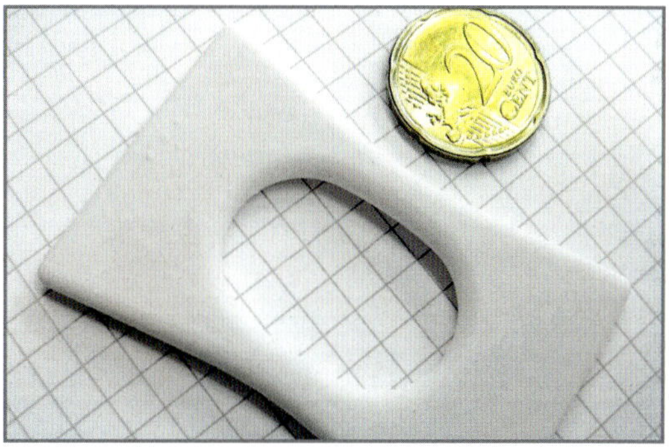

Bild 2: Salzkern-Einleger für die Herstellung eines Aluminiumdruckgussteils mit medienführenden innenliegenden Kanälen

Salzkerne, hergestellt im Druckgießverfahren

Im Druckgießverfahren lassen sich bereits konventionell äußerst vielfältige Konturen herstellen. Um noch komplexere innere Hohlräume in Gussteilen herzustellen, reichen herkömmliche Schieber u.U. nicht aus. Hierfür müssten verlorene Kerne eingesetzt werden.

Sandkerneinleger sind jedoch im Druckgießverfahren nicht verwendbar, da sie unter dem spezifischen Druck kollabieren würden. Allerdings haben die anderen Kerne noch größere Nachteile wie z.B. geringe Festigkeiten und schwieriges Herauslösen des Kerns aus dem Gussteil.

Druckgegossene Salzkerne haben eine weitaus höhere Festigkeit und Oberflächengüte gegenüber optimierten Sandkernen oder gesinterten Salzkernen. Salzkerne können unterschiedlich hergestellt werden: als gepresste Salzkerne oder als gegossene Salzkerne im Druckgießverfahren oder Niederdruckgießverfahren.

Mit speziell adaptierten Kaltkammermaschinen lassen sich Salzkerne gießen. Die Qualität von Salzkernen, die im Warmkammerverfahren gegossen sind, ist noch deutlich besser. Weniger Luft im Gießsystem, saubere Schmelze, geringere Drücke, kein externes Dosieren und niedrigere Schmelztemperaturen (ca. 700 °C) wirken sich positiv auf die Qualität der Salzkerne aus.

Die so im Druckgießverfahren hergestellten, sehr stabilen Salzkerne (Bild 2) können dann ihrerseits als Einleger im Druckguss verwendet werden. Z. B. in konventionelle Aluminium-Druckgießformen eingelegt und im bekannten Gießverfahren umgossen werden. Die Salzkerne lassen sich anschließend mit Wasser unter entsprechendem Druck aus dem Gussteil herausspülen.

2.4 Schleudergießen

Verfahren

Beim Schleudergießen (Bild 1) wird über eine Gießrinne flüssiges Metall in eine rotierende Dauerform gebracht; das Metall erstarrt in der von außen mit Wasser gekühlten Kokille unter der Einwirkung der Fliehkraft. Die Teile erhalten durch diese Erstarrungsbedingungen ein dichtes und feinkörniges Gefüge.

Mit diesem Verfahren lassen sich Rohre, Büchsen, Ringe und andere rotationssymmetrische Teile herstellen. Die Innenform der Gussstücke erfordert keinen Kern; die Wanddicke der Teile wird durch die zugeführte Gießmetallmenge, durch die Drehzahl der Kokille und durch den Vorschub der Schleudergießmaschine bestimmt.

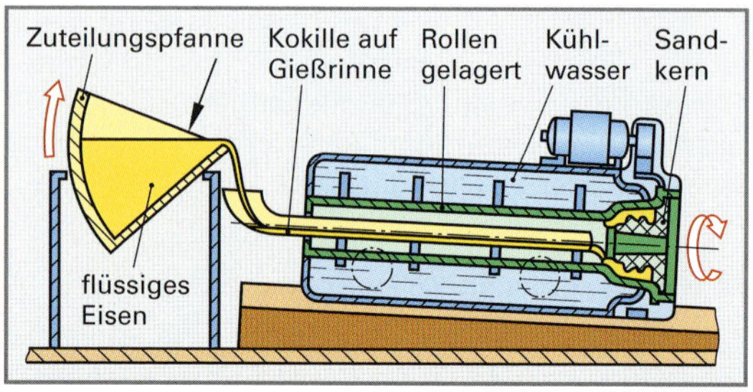

Bild 1: Schleudergießen eines Rohres

Schleudergießanlagen

Nach der Lage der Drehachse unterscheidet man:

- das waagerechte Schleudergießen. Hierbei wird mit einer um eine horizontale Achse drehbaren und in Längsrichtung verfahrbaren Kokille gearbeitet. Es werden überwiegend Rohre hergestellt. Die Kokille besteht meist aus Stahl und muss vor Inbetriebnahme auf Betriebstemperatur aufgeheizt werden. Durch Schlichten (häufig auf Grafitbasis) wird eine Reaktion des Gießmetalls mit dem Formwerkstoff verhindert.
- das senkrechte Schleudergießen (Schleuderformguss). Dieses Verfahren wird zum Gießen von Schmuckstücken und Zahnkronen eingesetzt, wobei um eine vertikale Achse auf einem Schleudertisch Metall-, Sand- oder Keramikformen aufgespannt werden.

Bild 2: Schleudergießanlage

2.5 Stranggießen

Bei diesem Verfahren können in einem kontinuierlichen oder halbkontinuierlichen Gießvorgang Rohre und Profile mit gleichbleibendem Querschnitt hergestellt werden. Die wassergekühlten Durchlaufkokillen bestehen aus Kupfer, Grafit und Aluminium.

Nach der Abziehrichtung des erstarrten Metallstranges unterscheidet man vertikale und horizontale Anlagen (Bild 4).

Bei horizontalen Anlagen kann sich bei großen Abmessungen die Schwerkraft ungünstig auf die Erstarrung auswirken (Seigerungen). Das Abziehen des Stranges wird auf die Erstarrungsgeschwindigkeit abgestimmt. Mit Sägen werden die Stränge auf beliebige Längen abgetrennt. Auf entsprechenden Anlagen ist das gleichzeitige Herstellen mehrerer Stränge möglich.

→ Wiederholungsfragen zu Kapitel 2 siehe Medienpaket

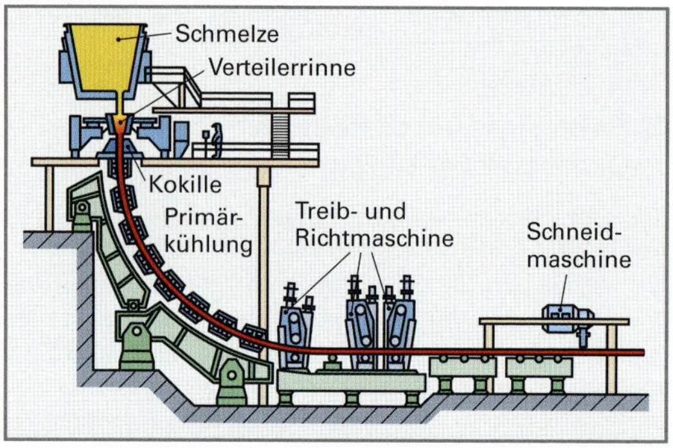

Bild 3: Stranggießanlage

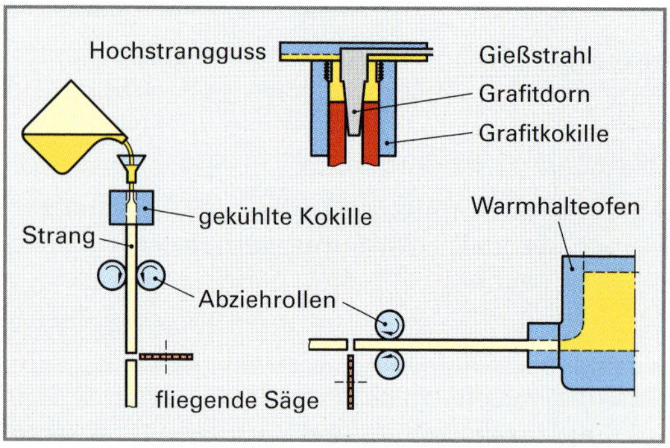

Bild 4: Vertikale und horizontale Stranggießanlage

3 Einguss- und Speisertechnik

3.1 Eingusssystem (Schwerkraftguss)

3.1.1 Allgemeines

Das Eingusssystem einer Form hat die Aufgabe, dem Gießmetall einen Weg zur eigentlichen Form vorzuzeigen. Der flüssige Werkstoff fließt durch das Eingusssystem in den Formhohlraum.

Das Eingusssystem setzt sich aus folgenden vier Hauptteilen zusammen (Bild 1):

Eingusstümpel – Eingusskanal – Schlackenlauf – Anschnitt.

Eingusstümpel

Der Eingusstümpel sollte so geformt und gestaltet sein, dass das Gießmetall ohne Spritzen und Überlaufen leicht eingegossen werden kann. Es gibt verschiedene Formen von Eingusstümpeln (siehe Bild 2).

Eingusskanal

Der Eingusskanal ist meistens rund, als Eingusstrichter gestaltet, damit die Reibungs- und Strömungsverluste klein gehalten werden können. In besonderen Fällen wird der Eingusskanal dreieckig bzw. vieleckig geformt, damit die kreisenden Turbulenzen unterdrückt werden. Die Größe des Eingusskanals muss genau berechnet werden, damit auch genügend flüssiges Metall dem weiteren Verteilersystem zugeführt werden kann. Der Eingusskanal sollte während des Gießvorganges stets vollständig gefüllt sein.

Schlackenlauf

Der Schlackenlauf hat meistens den größten Querschnitt im Eingusssystem. Im Schlackenlauf sollte die Fließgeschwindigkeit wesentlich geringer als im Eingusskanal und in den Anschnitten sein. Der Schlackenlauf hat die Aufgabe, wie das Wort schon sagt, die Schlacke vom Metall zu trennen. Durch die längere Verweilzeit des Metalls im Schlackenlauf kann die spezifisch wesentlich leichtere Schlacke bei Eisen aufsteigen und sich im oberen Teil des Schlackenlaufs festsetzen. Der **Schlackenfang** sitzt am Ende des Schlackenlaufs. Er hat die Aufgabe, Schlacke, Sandeinschlüsse und Oxide, die am Anfang beim Gießen mitgerissen werden, zu sammeln.

Anschnitte

Die Anschnitte zur eigentlichen Form haben die Aufgabe, das Metall vom Schlackenlauf zu bestimmten Formteilen zu führen. Meistens haben die Anschnitte den kleinsten Querschnitt im Eingusssystem. Das Metall wird vor dem Anschnitt zurückgestaut. Die Anschnitte sind üblicherweise sehr dünn und somit kann nur sauberes Metall in die Form einfließen. Eine Form hat mindestens einen Anschnitt je Gussteil. Sehr häufig werden mehrere Anschnitte in das System eingebaut, damit man eine bessere Temperaturverteilung im Gussteil erreicht. Die Anschnitte werden im Winkel von 90° (rechter Winkel) an den Schlackenlauf angesetzt.

Häufig werden Speiser mit in das Einguss- und Formsystem einbezogen (Bild 3).

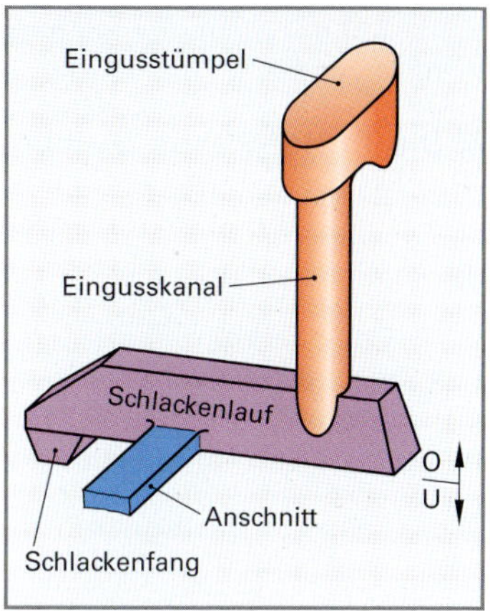

Bild 1: Eingusssystem

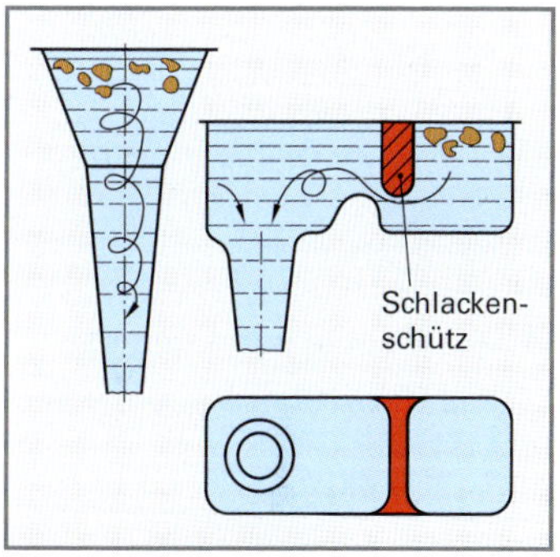

Bild 2: Trichtereinguss Eingusstümpel

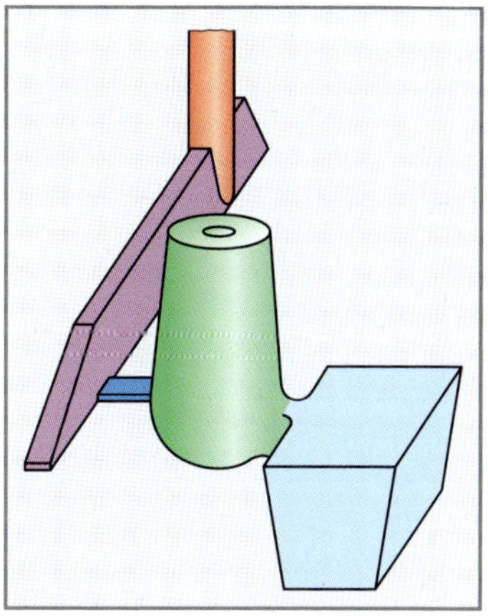

Bild 3: Einguss- und Speisersystem

3.1.2 Naturgesetze, die Strömungs- und Füllvorgänge der Form beeinflussen

Alle Flüssigkeiten gehorchen bei den Fließvorgängen denselben Naturgesetzen. Die Zähigkeit bzw. Viskosität einer Schmelze ist sehr stark von der Überhitzungstemperatur abhängig. Bei gleicher Viskosität der Schmelze kann der Fließvorgang mit folgenden Naturgesetzen berechnet werden:

Die Torricelli'sche Gleichung

Torricelli hat herausgefunden, dass die Geschwindigkeit beim freien Fall ohne Reibung von der Wurzel aus Erdbeschleunigung und der Fallhöhe abhängig ist.

$v = \sqrt{2g \cdot h}$ (m/s)
v = Geschwindigkeit (m/s)
g = Erdbeschleunigung (9,81 m/s^2)
h = senkrechte Flüssigkeitssäule (m)

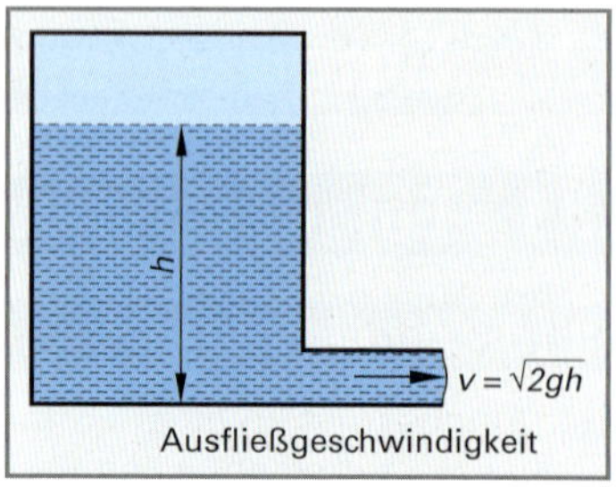

Bild 1: Torricelli'sches Gesetz

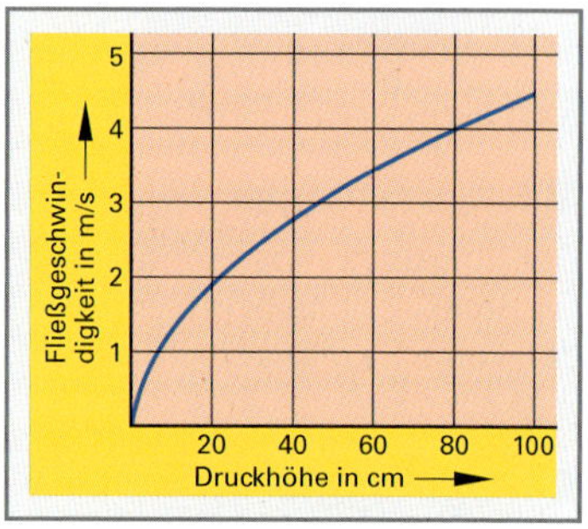

Bild 2: Zusammenhang zwischen Druckhöhe und Fließgeschwindigkeit

3

Das Kontinuitätsgesetz der Hydromechanik

Dieses Gesetz besagt, dass die Durchflussmenge je Zeiteinheit bei jedem Querschnitt im Leitungssystem konstant ist. Das bedeutet, dass die Fließgeschwindigkeit in kleinen Querschnitten höher als in großen Querschnitten sein muss. Man kann dies in folgender Formel darstellen:

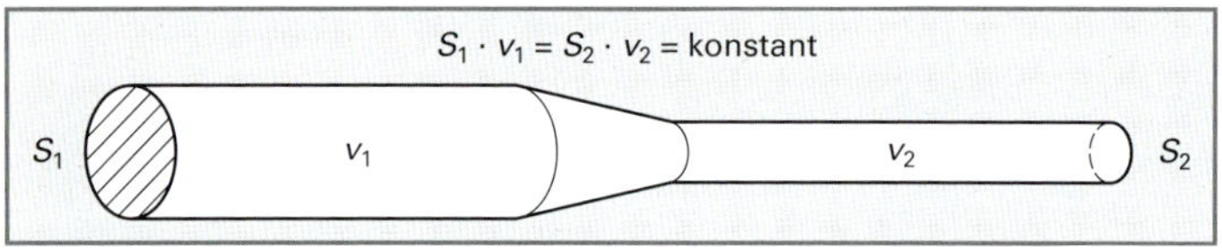

Das Pascal'sche Gesetz

Dieses Gesetz besagt, dass der Druck in gleicher Höhe stets konstant ist. Der Druck in einer bestimmten Höhe errechnet sich nach folgender Formel:

$p = h \cdot r \cdot g$	p = Druck
	h = Druckhöhe (Metallsäulenhöhe)
	r = Dichte
	g = 9,81 m/s^2

Bei der Berechnung eines Eingusssystems ergibt sich sehr schnell die Erkenntnis, dass sich durch die unterschiedlichen Druckhöhen und Fließquerschnitte auch unterschiedliche Strömungsgeschwindigkeiten ergeben. Die unterschiedlichen Strömungsgeschwindigkeiten beeinflussen auch die Strömungsart. Man unterscheidet folgende Strömungsarten:

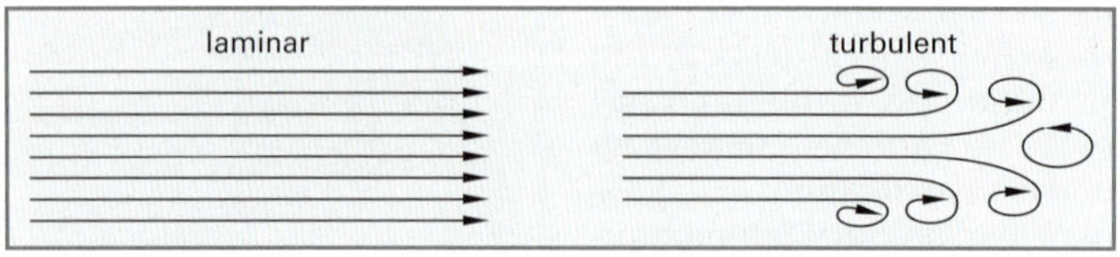

Bei der Bestimmung des Eingusssystems sollte stets darauf geachtet werden, dass die Formfüllung schnell und ruhig (laminar) erfolgt. Eine turbulente Formfüllung kann Formsandabspülungen, Gasaufnahme der Schmelze und Schlackenfehler hervorrufen.

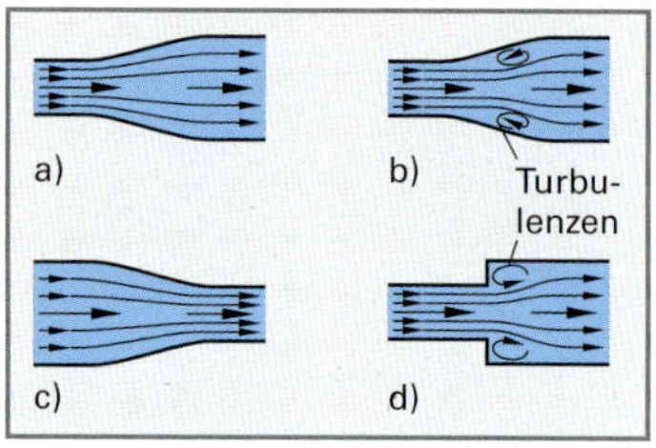

Bild 3: Einfluss des Durchflussquerschnitts auf die Strömung

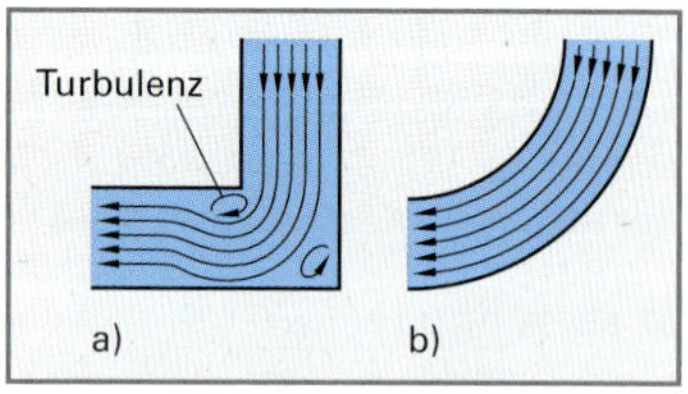

Bild 4: Änderungen der Strömungsrichtung

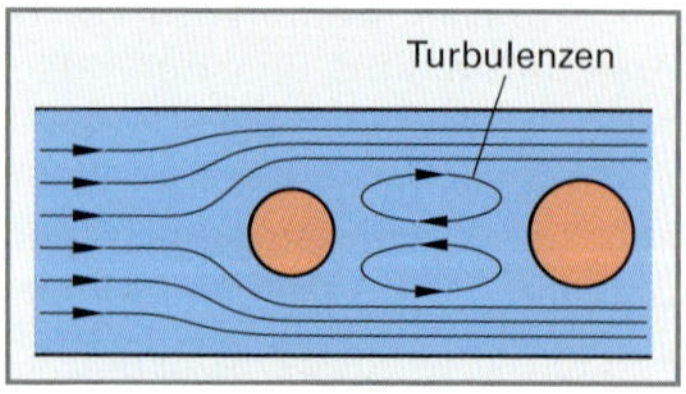

Bild 5: Wirkung von Strömungshindernissen

Berechnung der Ausflussmenge

Voraussetzung für die Berechnung der Gießzeit ist die Berechnung der sekundlichen Ausflussmenge. Sie hängt von der Ausfließgeschwindigkeit v (cm/s) und vom Querschnitt S der Ausflussöffnung (cm^2) ab:

$$Q = S \cdot v \ (\text{cm}^3/\text{s})$$

Kennt man das Volumen V (cm^3) des Gussstückes, so ist die Gießzeit wie folgt zu errechnen:

$$t = \frac{V}{Q} \ (\text{s})$$

In der Praxis wird die Gießzeit nach Diagramm (Bild 1) bestimmt; hierbei werden auch weitere Einflussgrößen erfasst.

Richtungsänderung

Ein weiterer Verlust an Strömungsenergie und damit an Ausfließgeschwindigkeit tritt ein, wenn die strömende Flüssigkeit ihre Richtung ändern muss. Je schroffer und je häufiger die Fließrichtung geändert wird, umso geringer wird die Ausfließgeschwindigkeit. Bild 2 zeigt die Wirkung in einer Versuchsanordnung.

Steighöhe

Bei aufwärts gerichteter Ausflussöffnung springt die Flüssigkeit annähernd bis zur Höhe des Flüssigkeitsspiegels, wobei der Druckverlust umso größer wird, je kleiner der Ausflussquerschnitt ist (Bild 3). Liegt der engste Querschnitt jedoch nicht am Ende, sondern vor der Ausflussöffnung, so nimmt die Steighöhe im gleichen Verhältnis ab, wie der Querschnitt zunimmt.

Der Einfluss von Gasen auf das Gießmetall

Chemische Umwandlungen entstehen dadurch, dass das sehr heiße Gießmetall an der Oberfläche, die mit Luftsauerstoff in Berührung kommt, leicht oxidiert. Die Metalloxide werden als Schlacken in die Form geschwemmt und rufen im Gussstück poröse Stellen und Gefügeunterbrechungen hervor. Je größer die Affinität des Sauerstoffes zu einem Metall ist, umso mehr muss gegen die Oxidation getan werden. Bei Magnesiumguss sind besondere Vorsichtsmaßnahmen erforderlich.

Gasdruck. Während des Gießens entstehen im Sand um das Eingusssystem unterschiedliche Gasdrücke. Die Gießgase werden überall dort, wo sich in den Kanälen infolge ungeregelter Strömung Unterdruck einstellt, eindringen und mit dem Metall in die Form gespült. Die Gießgase müssen also sorgfältig nach außen abgeleitet werden.

Formstoff und strömendes Metall

Durch das Eingusssystem strömt das gesamte, für das Gussstück notwendige heiße Gießmetall. Kein Teil der Form wird daher so stark beansprucht wie dieser; er muss aus einem Formstoff bestehen, der folgenden Forderungen gerecht wird:

- Es dürfen keine Sandteilchen mitgerissen werden;
- trotz starker Aufheizung darf er nicht verbrennen oder vererzen;
- er muss besonders gasdurchlässig sein.

Die Oberfläche des Eingusssystems ist daher mit der gleichen Sorgfalt zu behandeln wie die der Form selbst.

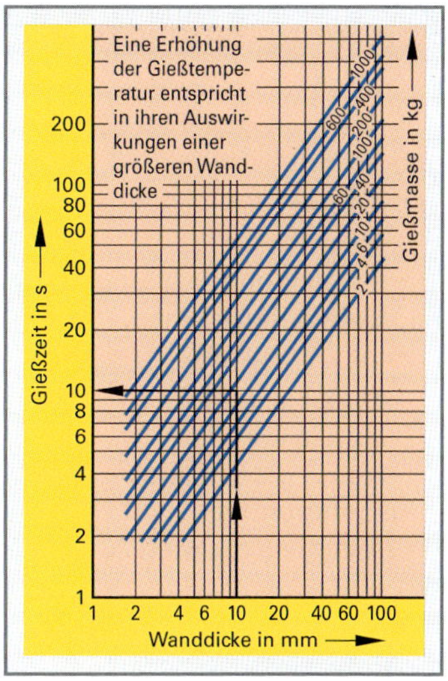

Bild 1: Bestimmung der Gießzeit (nach VDG-Merkblatt F252 für maschinengeformte Teile aus GJL, GJS, GJM)

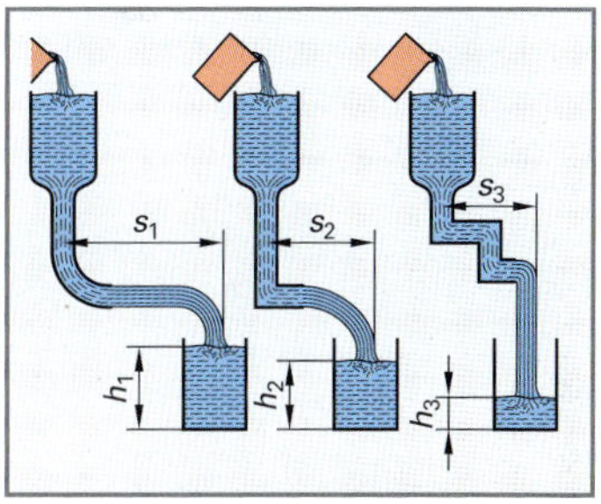

Bild 2: Verminderung der Ausflussgeschwindigkeit durch Anzahl und Art der Richtungsänderung

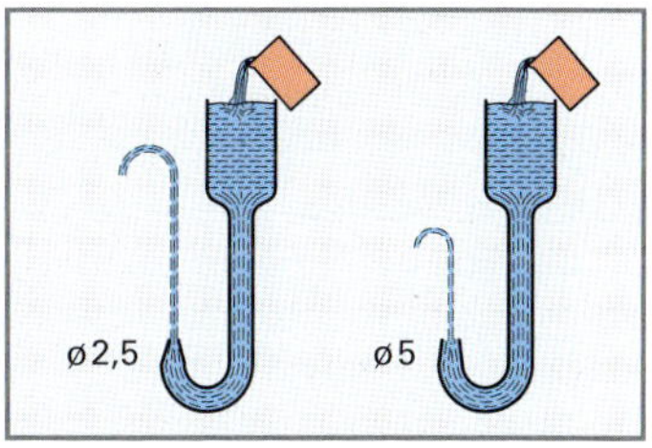

Bild 3: Steighöhe und Größe der Ausflussöffnung

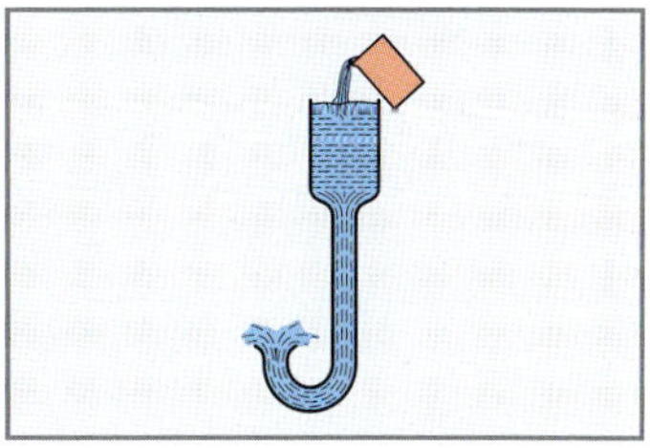

Bild 4: Einfluss einer konisch erweiterten Ausflussöffnung

3.1.3 Berechnung des Eingusssystems

Bei der Berechnung des Eingusssystems berücksichtigt man, dass die Form möglichst schnell und turbulenzfrei gefüllt werden soll. Diese beiden Forderungen können fast nicht verwirklicht werden, da sie gegensätzlicher Art sind.

Zur Berechnung des Eingusssystems muss man folgende Daten kennen:

- Gießgewicht (Masse, kg),
- Gießzeit (s, Bild 1),
- Dichte (g/cm³),
- Strömungsverlustfaktor (wird aus dem Schaubild entnommen, Bild 2),
- Gießhöhe (cm), Metalldrucksäule.

Die Strömungsverluste gibt es bei allen zwangsgeführten Flüssigkeiten. Jede Umlenkung, Kanalveränderung usw. bremsen die Strömung. Die Verlustfaktoren können nur aus Erfahrungswerten berechnet werden.

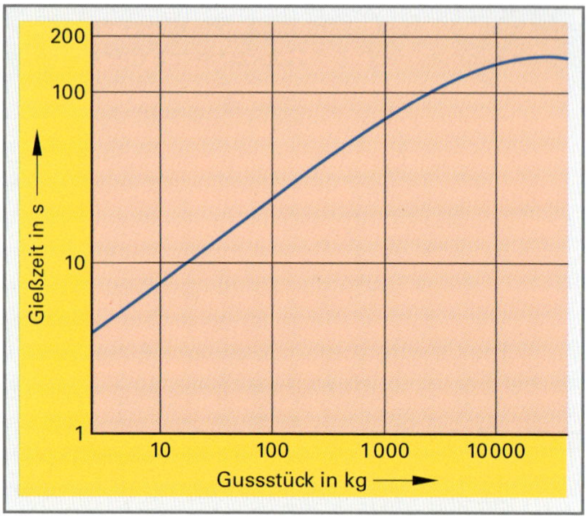

Bild 1: Vorschlag für Gießzeiten bei Gusseisen

Berechnung der Anschnitte

Zur Berechnung der Anschnitte gilt die folgende Formel, sie setzt sich aus den beschriebenen Naturgesetzen zusammen:

$$S_A = \frac{22{,}6 \cdot G}{\varrho \cdot t \cdot \xi \cdot \sqrt{h}} \ (\text{cm}^2)$$

ϱ = Dichte $\left(\frac{\text{kg}}{\text{dm}^3}\right)$
t = Gießzeit (s)
G = Gesamtgießgewicht (kg)
ξ = Strömungsverlustfaktor
h = Höhe der Metallsäule (cm)
S_A = Gesamtfläche der Anschnitte (cm²)

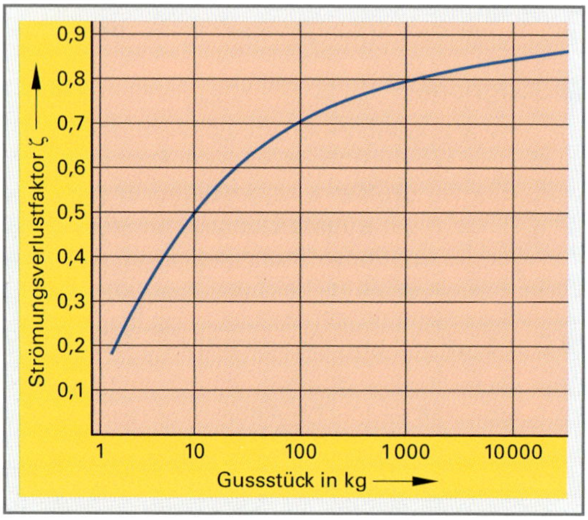

Bild 2: Näherungswerte für den Strömungsverlustfaktor ξ

Mit dieser Formel wird der gesamte Anschnittsquerschnitt des Anschnittsystems berechnet, die Anschnittdicke kann zusätzlich z.B. aus Bild 3 entnommen werden. Die Anschnitte sind meistens an der Formteilung. In Ausnahmefällen wird die Form auch im unteren Teil angeschnitten, damit sie turbulenzfrei gefüllt werden kann.

Die Gießzeit wird meistens aus Tabellen abgelesen oder Schaubildern entnommen (z.B. Bild 1). Man kann die Gießzeit auch aus der Gießleistung (entspricht einem Massen- bzw. Volumenstrom) einer Pfanne und dem Gießgewicht berechnen.

$$t = \text{Gießzeit} = \frac{\text{Gießgewicht}}{\text{Gießleistung}} \ (\text{s})$$

Art der Pfanne	Gießleistung für Gusseisen	
	Richtwert in cm³/s	Richtwert in kg/s
Handpfanne	300 … 800	2,1 … 5,0
Kranpfanne	800 … 1300	5,0 … 9,2

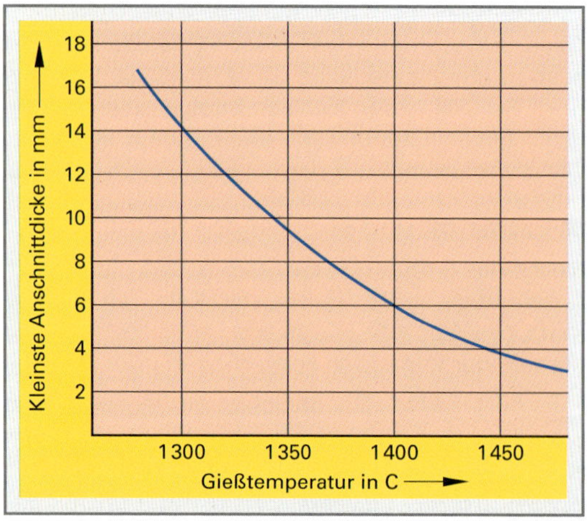

Bild 3: Empfohlene Anschnittdicke

Berechnung des Schlackenlaufs

Der Schlackenlauf hat im Eingusssystem den größten Querschnitt, und somit ist auch dort die Strömungsgeschwindigkeit am kleinsten. Die in der Schmelze befindlichen Oxide und Schlacken können sich deshalb im Schlackenlauf aus der Schmelze abscheiden.

Die Berechnung des Schlackenlaufs erfolgt meistens nach der einfachen Formel:

$$S_{\text{Schlackenlauf}} = 2 \cdot S_{\text{Gesamtanschnittfläche}}$$

Die Höhe des Schlackenlaufs sollte mindestens zwei mal die Breite sein. Der Querschnitt des Schlackenlaufs ist so gestaltet, dass er leicht abformbar ist. Meistens wird der Schlackenlauf trapezförmig ausgebildet. Der Schlackenlauf sollte geradlinig geführt sein (Bild 4), damit wenig Turbulenzen auftreten können. Das Ende des Schlackenlaufs wird abgeschrägt, damit die Schmelze leicht abgebremst und nicht zurückgeschlagen wird. Oft wird am Ende des Schlackenlaufs auch ein Schlackenfang angebracht (Bilder 2 und 3). Der Schlackenlauf liegt meistens im Oberteil, und die Anschnitte werden seitlich im Winkel von 90° vom Schlackenlauf abgeführt. Die Anschnitte sollten nicht unter den Schlackenlauf gelegt werden.

Berechnung des Eingusskanals

Der Eingusskanal ist die Verbindung vom Einguss zum Schlackenlauf. Der Querschnitt hängt von der Höhe des Eingusskanals ab. Eine allgemeine Abstufung des Eingusssystems, wie es häufig gemacht wird, nach dem Verhältnis 4:3:2 oder 4:6:3 ist nicht immer richtig.

Der Eingusskanal sollte genau berechnet sein, damit der Eingussstrahl während des Gießvorganges nicht abreißt. Sollte der Gießstrahl während des Gießvorganges abreißen, wirkt das Eingusssystem wie eine Wasserstrahlpumpe. Durch den Pumpvorgang werden Gase in die Schmelze gesaugt, und dabei kommt es zu Oxidationen, die Schlacke erzeugen. Die Formel für die Berechnung des Eingusskanals lautet:

$$S_E \geqq S_A \cdot \sqrt{\frac{h}{h_E}}$$

$$d = \sqrt{\frac{4 \cdot S_E}{\pi}}$$

S_E Querschnitt Eingusskanal
S_A Gesamtquerschnitt der Anschnitte
h gesamte Metallsäule
h_E Metallhöhe im Eingusstümpel (Bezeichnung siehe Bild 1)
d Eingusskanaldurchmesser
π 3,14

Das Anschnittsystem hat bei der Herstellung von fehlerfreien Gussteilen eine sehr wichtige Funktion. Viele Oberflächenfehler, Einschlüsse und Porositäten können mithilfe eines richtig gestalteten Eingusssystems vermieden werden.

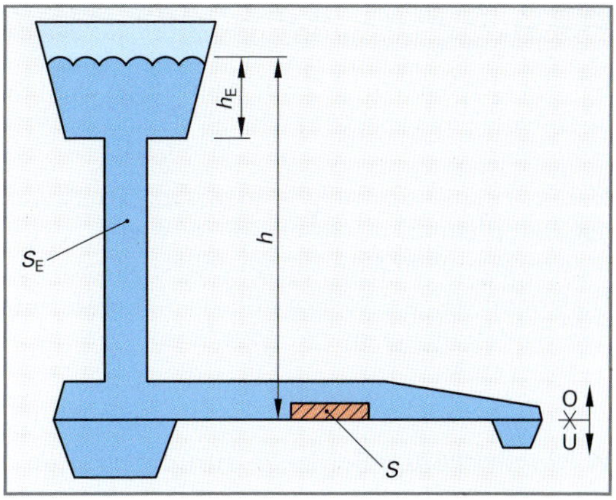

Bild 1: Eingusssystem

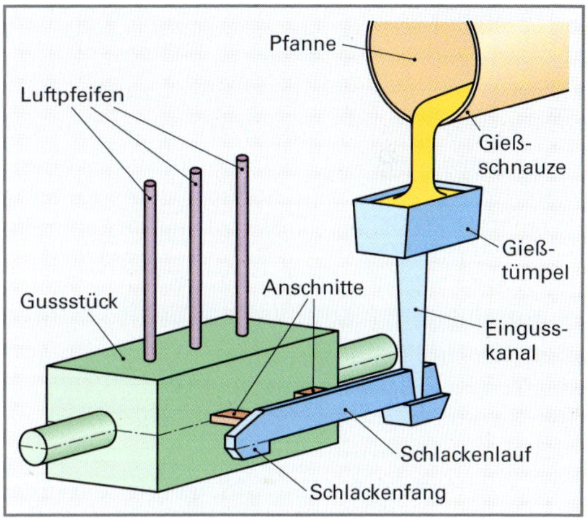

Bild 2: Gussstück mit Eingusssystem

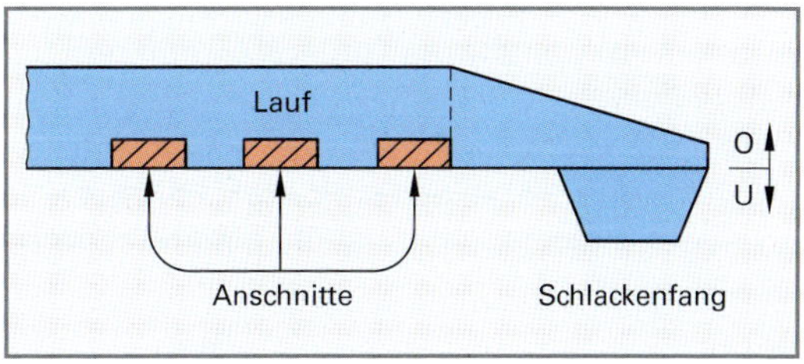

Bild 3: Schlackenlauf mit Schlackenfang

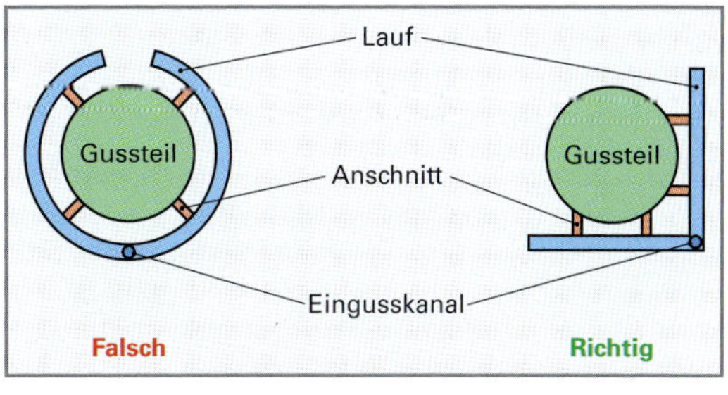

Bild 4: Geradliniges Anschnittsystem

3.1.3.1 Zurückhalten von Schlacken

Schlacke, Schaum und Oxide sind, abgesehen bei Leichtmetallen, spezifisch leichter als das Metall, sie schwimmen deshalb auf der Schmelze.

Durch Abschlacken, Abkrammen und Zurückhalten der Schlacke in der Gießpfanne wird bereits der wesentliche Teil der Schlacke an dem Einfließen in die Form gehindert.

Die dünnflüssige Schlacke und kleine Schlackenpartikel können in den Gießstrahl gelangen und müssen im Schlackenlauf zurückgehalten werden.

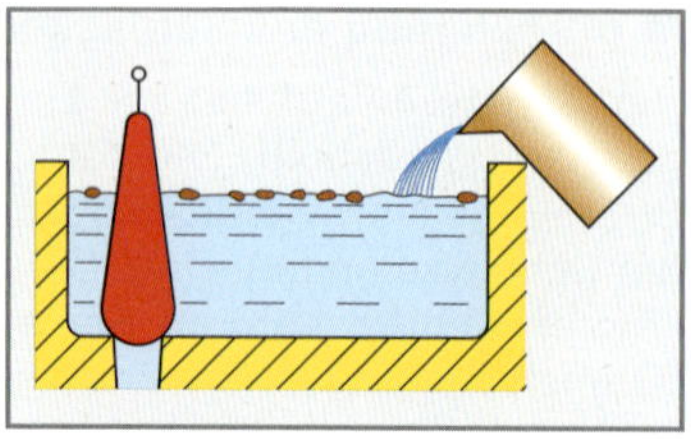

Bild 1: Trichterstopfen zum Ziehen

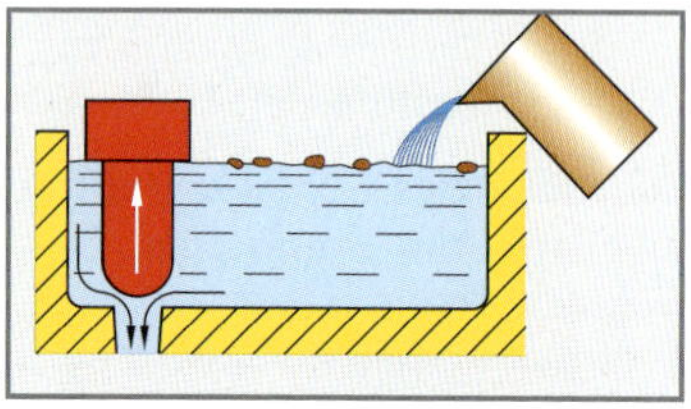

Bild 2: Gießkern aufgeschwemmt

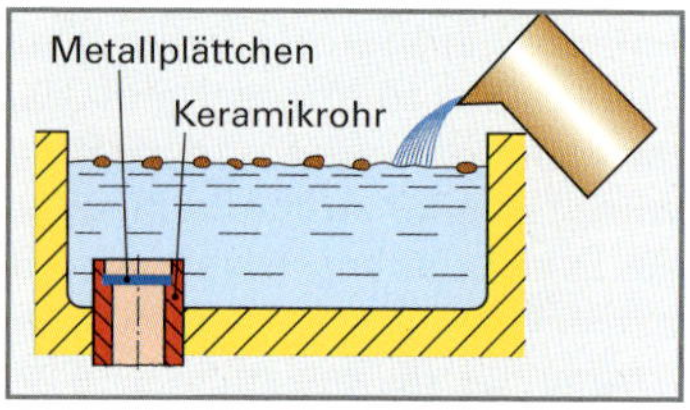

Bild 3: Durchschmelzplättchen

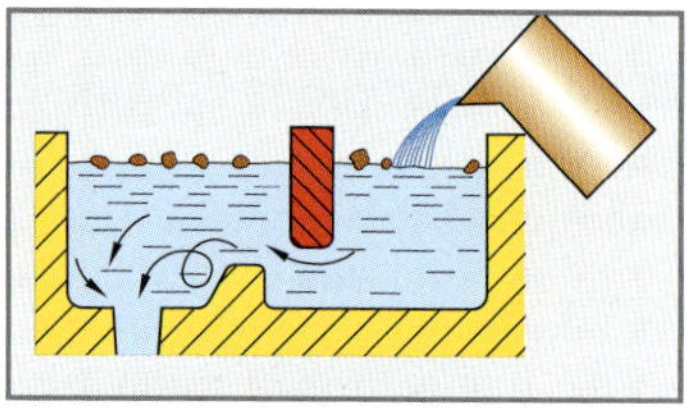

Bild 4: Schlackenschütz

Möglichkeiten Schlacke zurückzuhalten

Es gibt folgende Möglichkeiten, um die Schlacke zurückzuhalten:

- Zurückhalten der Schlacke durch besondere Einrichtung im Eingusstümpel
- Zurückhalten der Schlacke im Schlackenlauf
- Zurückhalten der Schlacke durch zusätzliche Einrichtungen im Eingusssystem wie Schaumkreisel, Schlackensieb oder Filter.
- Der Schlackenschütz hält die auf der Schmelze schwimmende Schlacke während des Gießvorganges zurück und verhindert damit, dass sie in den Gießkanal fließen kann (Bild 4).

Möglichkeiten zum Vollhalten des Eingusssystems

Durch das Vollhalten des Eingusstümpels und Gießtrichters können Schlacke, Schaum und Oxide nicht in den Eingusskanal gelangen. Es gibt verschiedene Möglichkeiten, um das Eingusssystem vollhalten zu können:

- Der Trichterstopfen wird auf den Eingusskanal gesetzt und erst nach dem Füllen des Eingusstümpels herausgezogen (Bild 1).
- Den gleichen Effekt kann man mit dem Gießkern erreichen. Der Gießkern schließt den Einguss so lange, bis das Metall den Gießkern durch den Auftrieb aufschwemmt und den Einguss freigibt (Bild 2).
- Bei kleineren Formen wird der Einguss durch dünne Schmelzplättchen aus Stahl verschlossen. Erst nach dem Durchschmelzen des Stahlplättchens ist der Eingusskanal geöffnet (Bild 3).

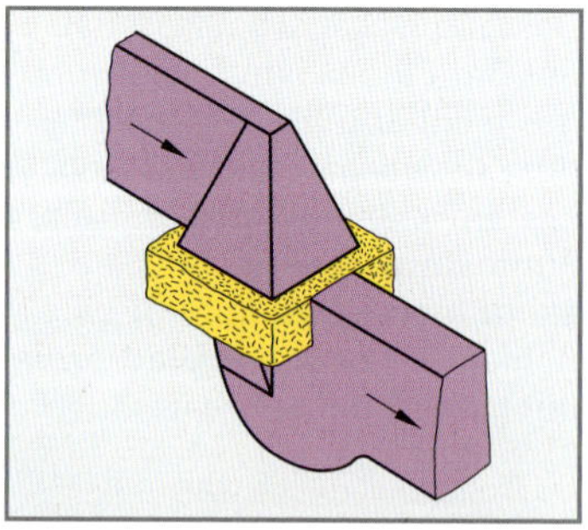

Bild 5: Einsatz keramischer Filter

Bild 6: Sortiment keramischer Filter

Eingusssiebe, Siebkerne und Filter

Eine weitere Möglichkeit, um Schlacke zurückzuhalten, besteht durch den Einbau von Eingusssieben, Siebkernen und Filtern (Bilder 5 und 6). Diese Keramikteile werden am Fuße des Eingusstrichters oder im Schlackenlauf eingebaut. Durch Eingusssiebe wird jedoch eine laminare Strömung turbulent.

Für die Absonderung der feinen Mikroschlacke und auch der sehr dünnflüssigen Schlacke werden keramische Filter (Bild 6) oder Gewebefilter eingesetzt. Die Filter gibt es mit verschiedenen Durchlassweiten. Etwa 90% des Filtervolumens ist Hohlraum. Die Filter verursachen erhebliche Strömungsverluste und haben auch eine begrenzte thermische Beständigkeit. Der Einbau von Filtern und Siebkernen ist mit erhöhten Kosten verbunden.

Schlacken- und Schaumabsonderung durch Rotation

Bei den Systemen mit Schaum- und Schlackeabsonderung durch Rotation ist stets ein weiterer Hohlraum im Eingusssystem vorhanden. Dieser Hohlraum ist meist eine Drehmassel, bei Bodenformen auch gelegentlich ein Wirbeltrichter aus Keramikteilen. Die Schmelze wird durch den tangentialen Anschnitt beim Hineinfließen in die Drehmassel, ebenso wie beim Hineinfließen in den Wirbeltrichter, in Drehung versetzt. Während der Drehbewegung können die spezifisch leichteren Teilchen, wie Schlacke-, Schaum- und Oxidteilchen, nach oben aufsteigen und sich dort absetzen, während das schwerere Metall weiter in Richtung Form fließen kann.

Die Drehmassel wird auch als Schaumkreisel bezeichnet. Sie wird entsprechend Bild 1 zwischen Lauf und „heißem Speiser" auf der Modellplatte montiert. Für die richtige Funktion sollte der Durchmesser der gedrehten Drehmassel mindestens das Dreifache der Breite des Ablaufes betragen. Die Höhe der Drehmassel sollte wesentlich größer als die Höhe des Laufes sein.

Die Drehmassel erhöht den Anteil des Kreislaufmaterials, sie wird deshalb häufig durch Keramikfilter ersetzt.

Der Wirbeltrichter wird dann verwendet, wenn ohnehin ein Eingusssystem aus Schamotteteilen, z. B. bei Bodenformerei und Stahlguss, zum Einsatz kommt. Bild 2 zeigt den Aufbau eines solchen Eingusssystems aus Teilen im Baukastensystem.

Schlackenzurückhaltung durch das druckbeaufschlagte Eingusssystem

Unter einem **druckbeaufschlagten Eingusssystem (Bild 3)** versteht man, dass das Eingusssystem so dimensioniert ist, dass während des Gießens das Eingusssystem bis zu den Anschnitten hin komplett gefüllt ist. Somit hat man in den Anschnitten den kleinsten Querschnitt des Eingusssystems. Bei dem druckbeaufschlagten Eingusssystem kann die Schlacke nicht in die Form hineingespült werden.

Ein **nicht druckbeaufschlagtes oder druckloses Eingusssystem (Bild 4)** sollte bei GJL und GJS möglichst vermieden werden. In diesem Falle kann der Schlackenlauf nicht seine Funktion als Schlackenfänger optimal ausüben. Wie in dem Bild gezeigt wird, gibt es direkt hinter dem Eingusskanal eine Kontrollstelle für die Füllmenge (Durchflussmenge). Damit der Schlackenlauf stets gefüllt ist, müssen die Anschnitte auf dem Schlackenlauf sitzen. Diese Art des Anschnittsystems ist häufig bei Kleinguss zu verwenden.

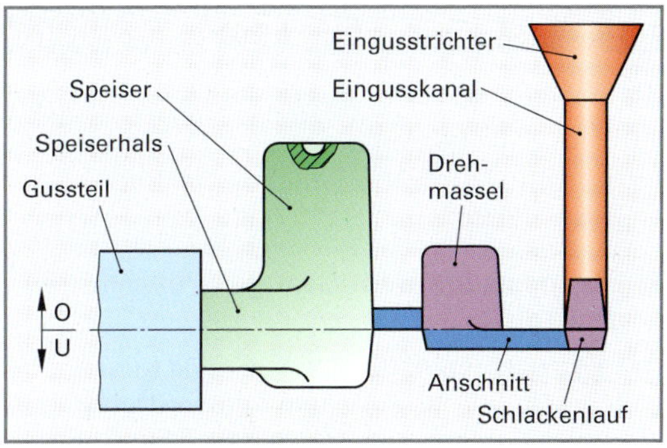

Bild 1: Eingusssystem mit Drehmassel

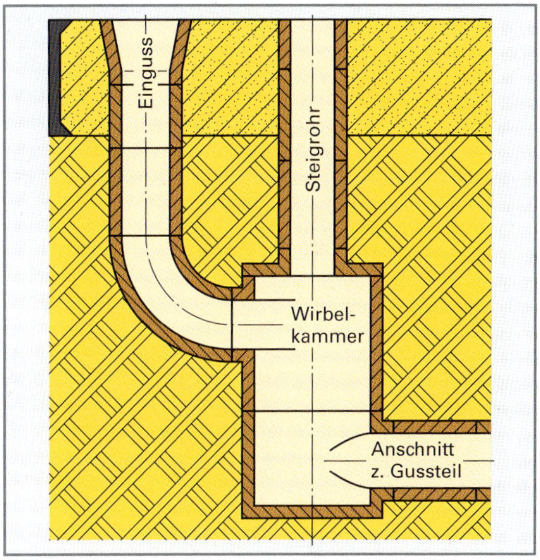

Bild 2: Wirbeltrichter aus Keramikteilen

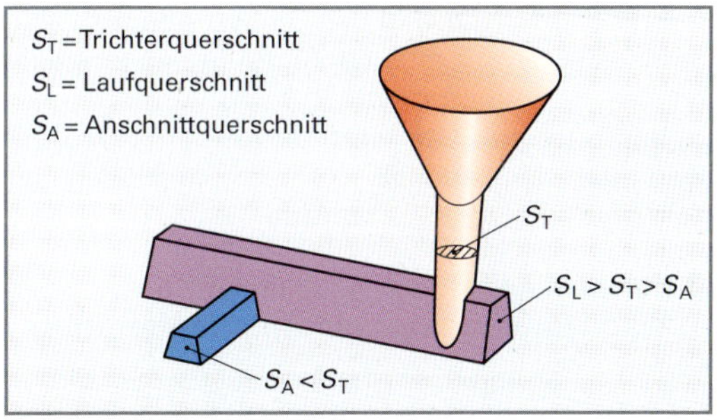

Bild 3: Druckbeaufschlagtes Eingusssystem

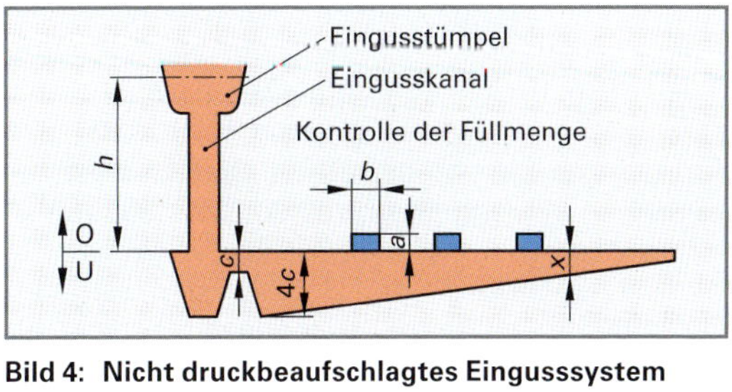

Bild 4: Nicht druckbeaufschlagtes Eingusssystem

3.1.4 Gestaltung des Eingusssystems

Die Gestaltung des Eingusssystems ist abhängig vom:

- Gieß- und Formverfahren (Beispiel Bild 1)
- Gießwerkstoff

Eingusssystem für Grauguss und Kugelgrafitguss

Das Eingusssystem für Grauguss und Kugelgrafitguss sollte immer ein sogenanntes druckbeaufschlagtes System sein. Bei den Eisenwerkstoffen schwimmt die Schlacke auf der Schmelze, da sie spezifisch wesentlich leichter als die Schmelze ist. Auch die Gefahr einer Gasaufnahme der Schmelze ist bei diesem Werkstoff nicht so groß wie bei Stahlguss, Aluminiumguss, Magnesiumguss und Kupferlegierungen. Die Gefahr der Einbringung von Sandpartikeln und Schlacken, die sich vor dem Schlackenlauf gebildet haben, ist größer als die Gefahr der Gasaufnahme während des Füllvorganges. Wichtig ist beim Gießen von Grauguss und Kugelgrafitguss, dass der Gießer während des Gießvorganges den Gießtümpel voll hält, damit keine Schlacke in die Form hineingezogen werden kann. Besonders beim Angießen muss der Gießtümpel schnell gefüllt sein. Es ist stets darauf zu achten, dass keine Schlacke durch die Anschnitte in die Gussform fließen kann (Bilder 2 und 3).

3

Eingusssystem für Stahlguss

Stahlguss wird normalerweise mithilfe einer Stopfenpfanne vergossen. Bei der Stopfenpfanne ist der Ausguss am Boden der Pfanne und somit besteht während des Gießvorganges keine Gefahr der Schlackeneinspülung in das Eingusssystem. Stahl nimmt jedoch beim Vergießen begierig Sauerstoff, Stickstoff und andere Gase auf. Stahlguss sollte deshalb in einem drucklosen Eingusssystem vergossen werden.

Eingusssystem für Aluminiumguss, Magnesiumguss und Kupferlegierungen

Diese Legierungen werden normalerweise mit einer Gießpfanne oder mit einem Gießlöffel über die Schnauze vergossen. Da das spezifische Gewicht von Aluminium nur 2,7 g/cm^3 ist, reinigt sich die Schmelze selbst nur sehr langsam. Die Schmelze muss deshalb vor dem Vergießen gereinigt werden. Beim Gießen und Füllen der Form sollen alle Turbulenzen vermieden werden, da auch diese Legierungen begierig Gase, Wasserstoff, Sauerstoff und Stickstoff aufnehmen. Das zu verwendende Gießsystem muss ein druckloses System sein. Um die Schmelze vor dem Eintreten in die Form zu reinigen, werden sehr häufig Filter eingesetzt.

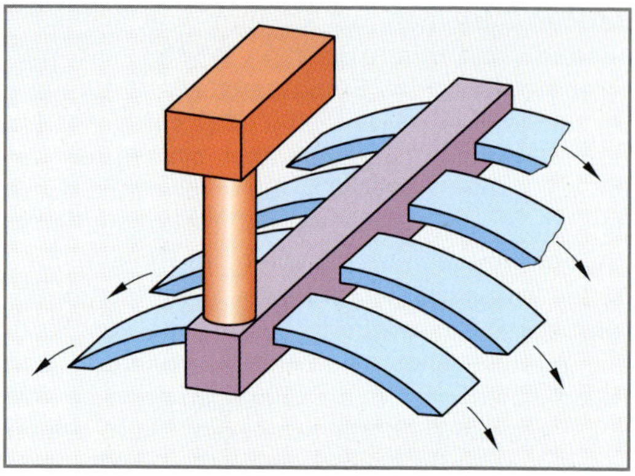

Bild 1: Fallender Guss beim Vollformgießen mit typischen Flachanschnitten

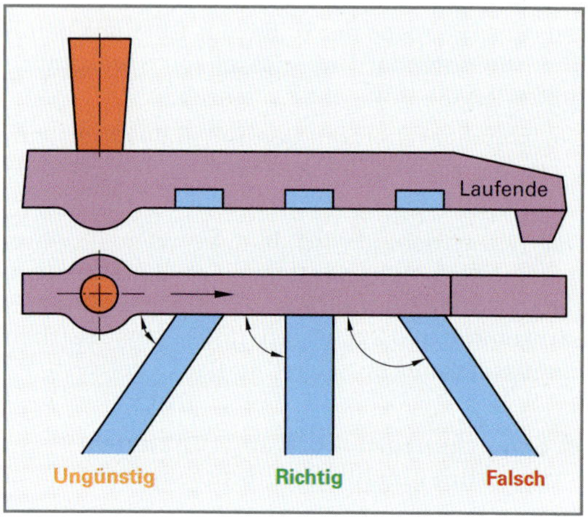

Bild 2: Anordnungen der Anschnitte am Lauf

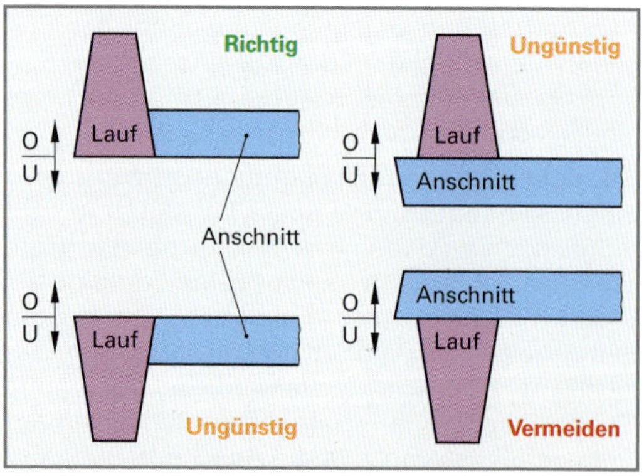

Bild 3: Anordnung der Anschnitte am Lauf, bezogen auf Formteilung

3.1.5 Weitere Eingusssysteme

Übersicht

Bei **bentonitgebundenen Formen** wird das Eingusssystem entweder mit dem Modell eingeformt und entformt oder gefräst.

Bei **harzgebundenen Formen** werden entsprechend dem Form- und Gießverfahren andere Eingusssysteme angewandt.

Für das Vollformverfahren und das Lost-Foam-Verfahren (Seite 49) werden zum Teil **Eingussformteile aus Schaumstoff** verwendet und beim Gießen mit dem Modell zusammen vergast. Für sehr große Gussstücke und insbesondere Stahlguss werden traditionell **Eingusssysteme aus Schamotte** (Bild 1) verwendet. Diese sind besonders formstabil. Die einzelnen Teile wie Röhren und Trichter können mit Führungsrinnen zusammengesetzt werden. Auch Filter können mit integriert werden.

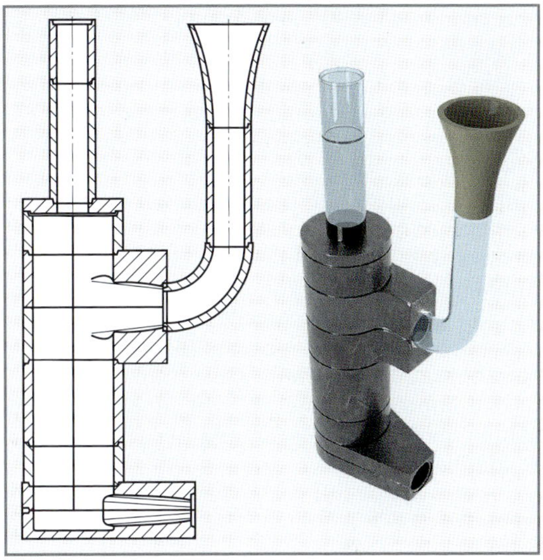

Bild 1: Schamotteeinguss

Eingussformteile aus Zellulose und mineralischen Beistoffen

Diese dritte Möglichkeit bei harzgebundenen Formen findet als Neuerung breite Anwendung für kleine und mittlere Formen.

Handhabung

Das Gießsystem besteht aus unterschiedlichen, leichten Einzelteilen (Bild 2: System Hollotex). Die einzelnen Komponenten werden einfach ineinander gesteckt, ein zusätzliches Verkleben oder Umwickeln entfällt.

Bild 2: Eingussformteile aus Zellulose mit Mineralstoffen

Das Gießsystem (Bild 3) ist eine Alternative zu den herkömmlichen keramischen Gießsystemen im Eisenguss.

Vorteile

Durch die Verwendung neuartiger Materialien für diese Anwendung ist die Wandstärke deutlich reduziert und das Gewicht, im Vergleich zu herkömmlichen Keramiksystemen, um ca. 90% gesenkt. Dadurch sind die Komponenten viel leichter zu handhaben als keramische Gießsysteme. Außerdem sind sie weniger anfällig für Bruchschäden. Beim Schneiden der Einzelteile entsteht weniger Staub als beim Schneiden der Keramikteile. Weitere Vorteile gegenüber den herkömmlichen keramischen Gießsystemen sind erhöhte Produktivität durch verkürzte Montagezeiten, ein angenehmeres Arbeitsumfeld durch geringere Staubentwicklung beim Zuschneiden und leicht zu handhabende Einzelteile.

Bild 3: Eingusssystem mit Eingussformteile aus Zellulose mit Mineralstoffen

Beispiele für Anschnittmöglichkeiten

Allgemeine Regeln

Art, Lage und Größe der Anschnitte sind von der Gussstückform, Gussstückgröße und dem Formstoff abhängig.

Kleine Gussteile werden immer am Speiser angeschnitten. Gussteile mit großen Flächen werden am Speiser und zusätzlich an den dünnen Querschnitten angeschnitten. Damit es keine Kaltschweißstellen gibt, wird die Form an den dünnen Querschnitten mehrmals mit Anschnitten versehen (Bild 1). Die hierdurch erzielte gleichmäßige Verteilung der Temperatur in der Form ist sehr wichtig, damit sich keine Wärmekonzentrierung, sog. thermische Knotenpunkte, bilden können, an denen die Erstarrung ungünstig verläuft. Mit mehreren Anschnitten kann auch die Form wesentlich schneller, ruhiger und gleichmäßiger gefüllt werden als mit einem Anschnitt. Die Anschnitte sollten immer so gelegt werden, dass das strömende Gießmetall nicht auf Kerne, Sandballen und Sandkanten fließt. Die Fließrichtung des Gießmetalls sollte stets ohne Hindernisse verlaufen.

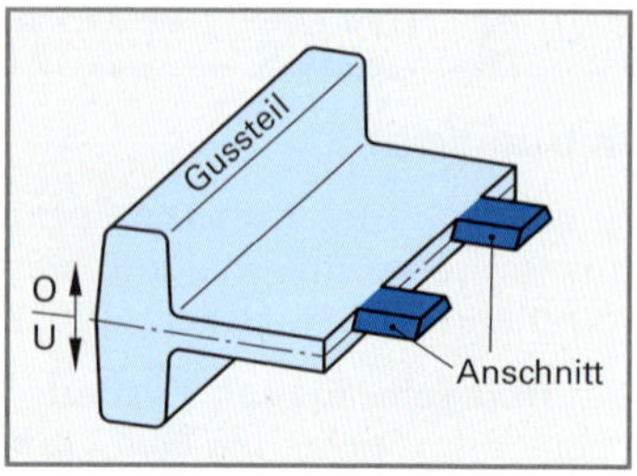

Bild 1: Richtige Anordnung der Anschnitte am dünnen Querschnitt

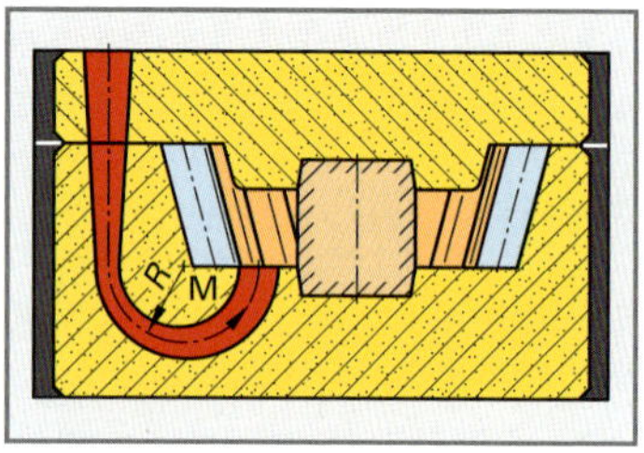

Bild 2: Hornanschnitt

Beispiele für besondere Anschnitte

Hornanschnitt (Bild 2)

Diese Anschnittsform wird meistens bei Zahnrädern verwendet. Der Anschnitt wird hornförmig ausgeführt. Anschnitte sollten möglichst nicht an zu bearbeitende Flächen gelegt werden, da aufgrund der Abkühlungsunterschiede in den verschiedenen Querschnitten das Flächenbild (Gefügebild) nach der Bearbeitung unterschiedlich aussehen kann. Mithilfe eines Hornanschnitts kann man eine nicht zu bearbeitende Fläche von unten her anschneiden.

Bild 3: Finger- oder Bleistiftanschnitt

Finger- oder Bleistiftanschnitt (Bild 3)

Diese Anschnitte findet man sehr häufig bei der Herstellung von dünnwandigem Guss und weitflächigen Teilen. Der Finger- oder Bleistiftanschnitt führt direkt vom Eingusstümpel zur Form.

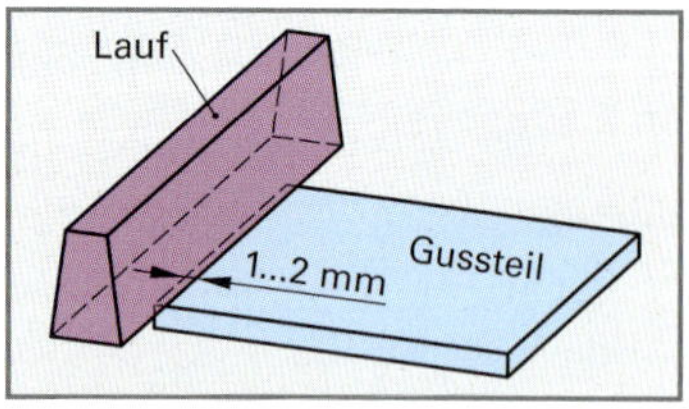

Bild 4: Connor-Anschnitt

Connor-Anschnitt (Bild 4)

Der Connor-Anschnitt wurde nach seinem Erfinder benannt. Bei diesem System erreicht man einen sehr schmalen, langen Speiserhals (2 bis 3 mm Breite). Dieses System wird sehr häufig mit viel Erfolg bei Grauguss angewandt. Der Schlackenlauf ist hierbei gleichzeitig der Speiser. Durch die Aufheizung der Sandkante zwischen Schlackenlauf und Gussteil wird die Erstarrung des Übergangs verzögert und der Speisungsvorgang verlängert. Der Connor-Anschnitt erleichtert das Gussputzen.

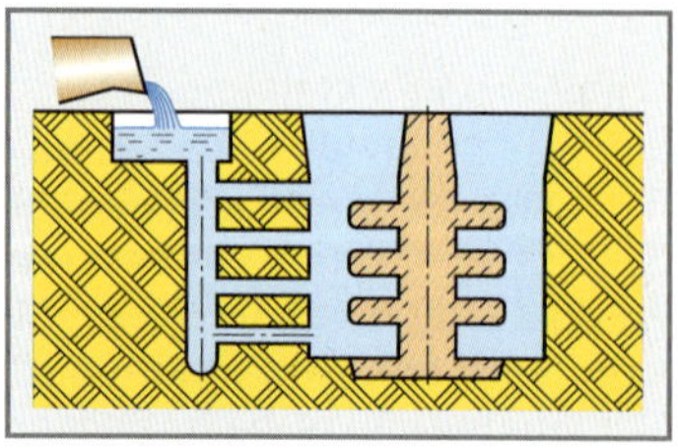

Bild 5: Stufenanschnitt

Stufenanschnitt (Bild 5)

Der Stufenanschnitt wird bei Großguss und hohen Teilen verwendet. Hierbei wird eine optimale gleichmäßige Temperaturverteilung erzielt. Häufig werden die Stufenanschnitte und das Eingusssystem aus vorgefertigten keramischen Teilen zusammengefügt.

3.2 Speisersysteme

Speiserarten

nach Lage zum Formhohlraum	nach Gestalt	nach Regulierung der Speiserwärme	nach Druckausübung
Aufsatzspeiser	Kugelspeiser	Normalspeiser	Luftdruckspeiser
Ansatzspeiser	Zylinder-Halbkugel-Speiser	Isolierte Speiser	Gasdruckspeiser
Offene Speiser	Zylinderspeiser*	Beheizte Speiser	
Blindspeiser	Prismenspeiser*	Exotherme Speiser	
	Form- oder Fassonspeiser		

*= Trichterspeiser

3.2.1 Aufgaben des Speisersystems

Um die Aufgabe des Speisers richtig zu verstehen, müssen die Vorgänge beim Abkühlen des Gießmetalls kurz wiederholt werden. Die Abkühlung vollzieht sich in drei Stufen:

- **Flüssige Schwindung** von Gießtemperatur bis Beginn der Erstarrung. Hierbei nimmt die Höhe der Flüssigkeitssäule ab.
- **Erstarrungsschrumpfung.** In diesem Bereich geht das Metall vom flüssigen in den festen Zustand über. Hierbei können sich **Innen-, Außen-, Druck-, Mikro- und Makrolunker** bilden.
- **Feste Schwindung** vom Ende der Erstarrung bis zur Raumtemperatur. Sie wird durch das Schwindmaß berücksichtigt.

Die wichtigste Aufgabe des Speisers ist es, die beim Erstarren im Gussteil auftretende **Volumenverminderung** durch flüssiges Material aus dem Speiser **auszugleichen.** Ansonsten entstehen Lunker. Diesen Vorgang bezeichnet man als Speisen.

Je nach Lage und Art des Speisers kann er zusätzlich auch die Aufgabe der **Formentlüftung** übernehmen.

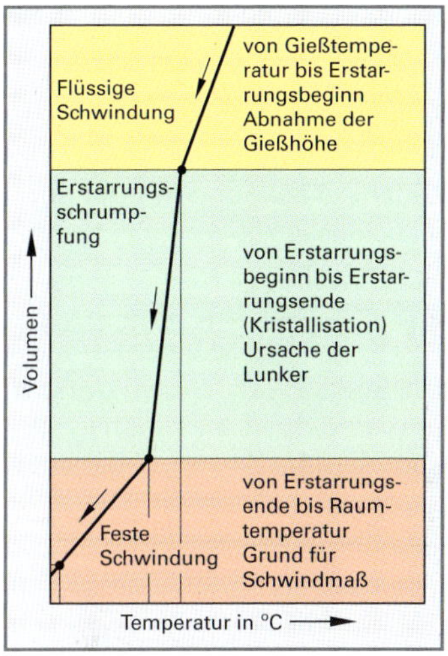

Bild 1: Volumenverringerung beim Abkühlen

3.2.2 Speiserarten

Die ursprüngliche Art des Speisersetzens bestand darin, dass auf die höchste Stelle des Modells ein meist gedübelter Trichter gestellt wurde. Ein solcher wird als **Aufsatzspeiser** oder auch als **Kopfspeiser** bezeichnet. Er hat den Vorteil, dass die Form leicht entlüftet werden kann, jedoch ist die höchste Stelle nicht immer die Stelle, die gespeist werden muss. Deshalb wird oft ein **Ansatzspeiser** notwendig. Während Ansatzspeiser meistens **Blindspeiser** sind, werden die Aufsatzspeiser häufiger als **offene Speiser** ausgeführt. Blindspeiser sind von der Form her Kugel- oder Zylinder- oder Halbkugel-Speiser und müssen zur Entformung entweder in der Formteilung liegen oder aus Schaumstoff bestehen.

Kugelspeiser haben bei gleichem Volumen von allen Formen die kleinste wärmeabgebende Oberfläche. Offene Speiser haben Trichterform und können nach oben aus der Form entformt werden. Solche **Trichterspeiser** haben meist runden oder rechteckigen Querschnitt. Ist er jedoch der Aufsatzstelle angepasst, wird er als **Form- oder Fassonspeiser** bezeichnet.

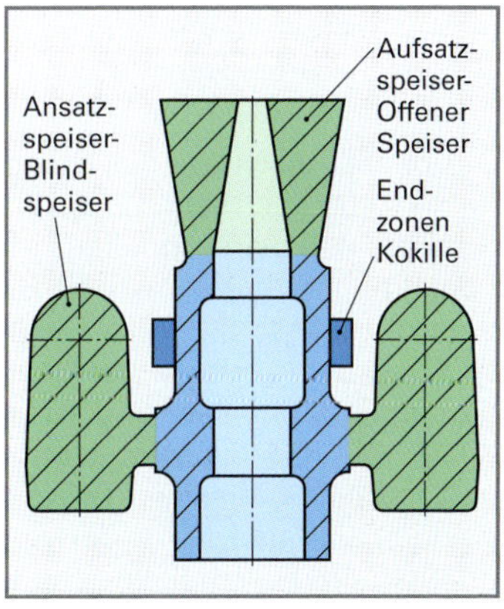

Bild 2: Gussteil mit Aufsatzspeiser als offenem Speiser und Ansatz – als Blindspeiser

Die meisten Speiser sind sogenannte **heiße Speiser**. Das heißt, dass der Speiser mit einem Anschnitt vom Eingusssystem versehen ist, und beim Gießvorgang stets mit heißer Schmelze aufgeheizt wird. Beim Speisungssystem der gelenkten Erstarrung muss der Speiser bis zuletzt flüssiges Material zum Speisen bereit stellen. In diesem Fall befindet sich die zuletzt erstarrende Schmelze in dem Speiser. Die Abkühlungs- und Erstarrungsgeschwindigkeit des Speisers kann auch mithilfe einer **exothermen oder isolierenden** Schale, die den Speiser umgibt, beeinflusst werden. In der Praxis werden immer mehr von diesen vorgefertigten Speisereinsätzen verwendet.

Durch das Nachgießen von heißer Schmelze in offene Speiser kann der Wirkungsgrad des Speisers erhöht werden. In den Gießereien werden jedoch vermehrt sogenannte **geschlossene Speiser** verwendet. Die geschlossenen Speiser arbeiten gleichmäßiger und können mit einer vorgefertigten Hülse sauber ausgebildet werden. Bei geschlossenen Speisern besteht auch nicht die Gefahr, dass Sand in die Form fällt. Diese Sandeinschlüsse können zu Fehlern im Guss beitragen.

3.2.3 Speiserform

Die Speiserform kann unterschiedlich sein. Meistens sind Speiser zylindrisch (Bilder 1 und 2) oder kegelförmig (Bild 3) ausgebildet, die Höhe ist 1,5 x bis 2 x Durchmesser. Der Speiser kann auch in Kugelform ausgebildet sein.

Die Ausbildung des Speisers muss so sein, dass der Speiser sofort beim Schrumpfen des Metalls oben einfällt. Wenn sich eine stabile Schale um den Speiser bildet, kann der Speiser nicht sofort und ordentlich arbeiten. Solange der Speiser von einer festen Schale umgeben ist, entsteht im Speiser ein Vakuum. Der Speiser muss deshalb immer nach oben geöffnet sein, damit der atmosphärische Druck, auch durch den Formstoff hindurch, das Metall in die Form drücken kann.

Der obere Abschluss des Speisers kann kuppelförmig oder flach sein. Da die Wirkungsweise des Speisers von dem schnellen Einfall der Oberseite abhängig ist, macht man die Speiser oben flach und somit instabil. Eine Kuppelausbildung ist sehr stabil und schwer durchzubrechen. Die Umgebung des Speisers und der Formsand sollten gut gasdurchlässig sein, damit der Speiser stets unter atmosphärischem Druck steht. Sobald ein Vakuum entsteht, wird der Speiser nicht mehr arbeiten. In diesem Falle kann Schmelze aus der Form in den Speiser gezogen werden. Die Fehler, die dabei entstehen, zeigen sich als Porositäten in den thermischen Zentren des Gussteils.

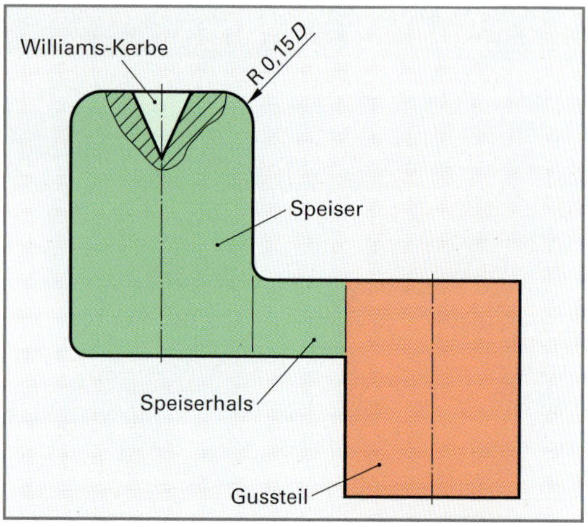

Bild 1: Anordnung von Speiser und Speiserhals

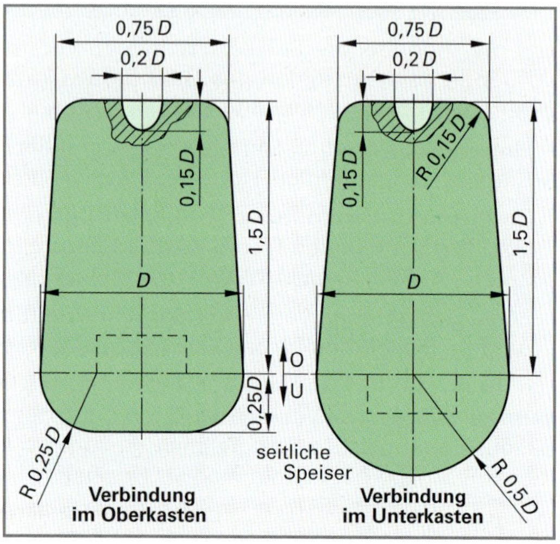

Bild 2: Speiser für Ober- und Unterkasten

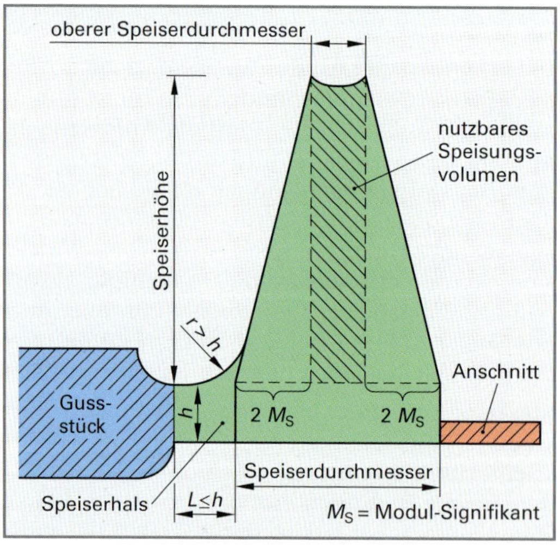

Bild 3: Schema des Kegelspeisers

3.2.4 Wirkungsweise des Speisers

Ein Speiser kann nur „arbeiten", solange ein Kanal mit flüssigem Metall (Schmelze) zum Gussteil hin vorhanden ist. Normalerweise wird flüssiges Material nur durch die Schwerkraft in die Form gedrückt (Bilder 1 und 2). In diesem Falle wird ein höherer Druck durch einen höheren Speiser (Metallsäule) hervorgerufen. Der Druck der Schmelze in die Form kann zusätzlich erhöht werden, indem eine Williamskerbe bzw. ein Williamskern in den Speiser oben eingebaut wird. Die entstehende Sandkante hat die Aufgabe, sobald sie mit der Schmelze in Berührung kommt, ein Gaspolster zu bilden. Das Gas entsteht durch die Verbrennung des Formsandbinders bzw. Kernsandbinders. Der „Williamseffekt" (Bild 3) ist bei gut gasdurchlässigen Sanden nicht so gut wie bei schlecht gasdurchlässigen.

3.2.5 Fehleranalyse

Das Lunkerbild des Speisers sagt sehr viel über das Erstarrungsverhalten der Schmelze aus. Wichtig ist immer, dass genügend heiße Schmelze im Speiser ist. Sobald die Temperatur der Schmelze im Speiser niedrig ist, wird die Schmelze dickflüssig, und die Fließfähigkeit nimmt sehr stark ab. Aus diesem Grunde werden auch möglichst nur heiße Speiser verwendet. Die Schmelze sollte im Speiser so erstarren, dass es nur einen gleichmäßigen Lunker im Oberteil des Speisers gibt. Gibt es mehrere Lunkerbereiche im Speiser, so war das Erstarrungsverhalten der Schmelze nicht gleichmäßig, bzw. die Form hat während der Erstarrung nachgegeben.

3.2.6 Speisertechnik Hauptbereiche

Die Berechnung der Speiser erfolgt bei den meisten Legierungen nach der Methode der **gelenkten Erstarrung.** Stahlguss, Aluminiumguss, Bronzeguss und Messingguss können nur mithilfe dieser Methode dicht und lunkerfrei hergestellt werden. Die **Methode der Druckregulierung** wird bei Grauguss und Kugelgrafitguss angewendet. Bei diesen Legierungen gibt es während der Erstarrung eine Expansion, die mit einem Druckaufbau verbunden ist (Bild 4). Diesen sogenannten Selbstspeisungseffekt kann man zum Dichtspeisen der Gussteile vorteilhaft ausnutzen. In der Praxis ist es sogar möglich, Grauguss und Kugelgrafitguss unter bestimmten Bedingungen speiserlos zu gießen. Aus diesem Grunde können auch Grauguss und Kugelgrafitguss wesentlich wirtschaftlicher als Stahlguss und andere Legierungen hergestellt werden. Die Ausbringung (Gussstückgewicht: Gießgewicht x 100) bei Grauguss ist ca. 80 % und bei Stahlguss 40 bis 50 %.

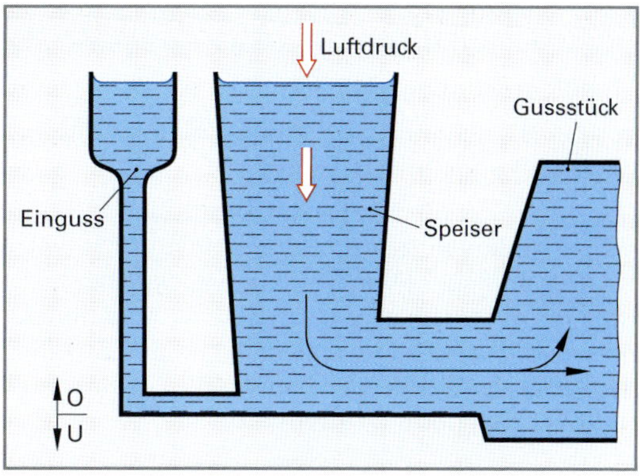

Bild 1: Wirkungsweise des Luftdruckspeisers

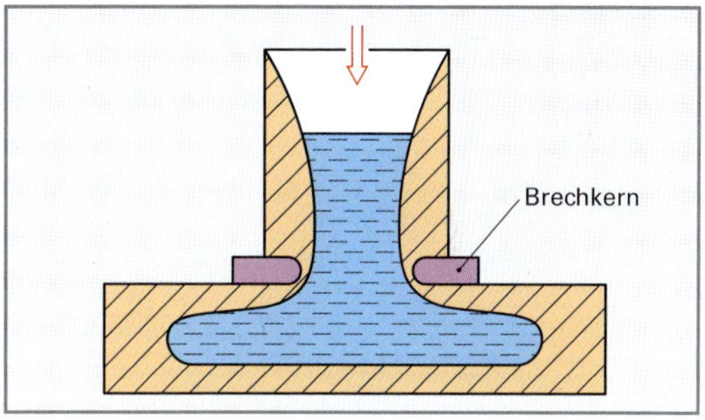

Bild 2: Speisung durch Schwerkraft

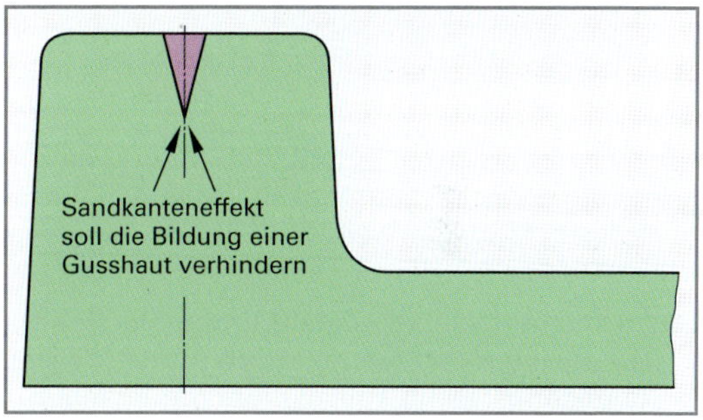

Bild 3: Geschlossene Speiser mit Williams-Kerbe

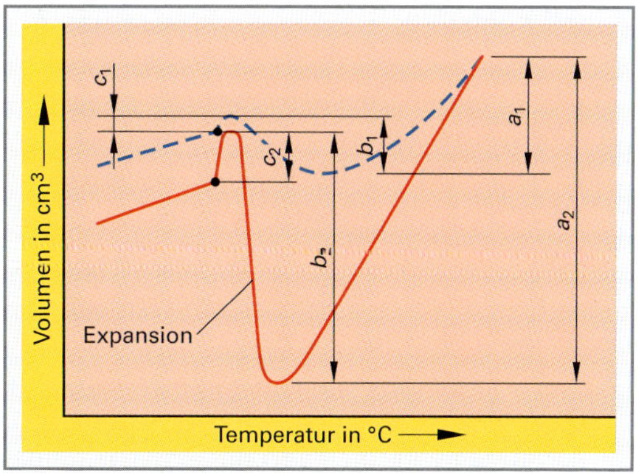

Bild 4: Volumenveränderung von Grauguss und Kugelgrafitguss

3

3.2.7 Berechnung der Speiser

Modulberechnung

Für die Berechnung der Speiser müssen die Erstarrungszeit und die Erstarrungsform bekannt sein.

Durch die Zuhilfenahme der Modulberechnung kann die Erstarrung in jedem einzelnen Bereich festgelegt werden. Der Modul ist ein Verhältniswert von Volumen zu Oberfläche. Bei der Erstarrung wird die Wärmeenergie, die für das Aufschmelzen der Legierung notwendig war, über die Oberfläche des Gussteils an die Form abgegeben. Je größer die Oberfläche, umso schneller ist die Erstarrung der Schmelze (Wärmeabführung).

Beispiel einer Modulberechnung

$$\text{Modul } (M) = \frac{\text{Volumen } (V)}{\text{Oberfläche } (A)} \quad \text{(cm)}$$

$$M = \frac{a \cdot b}{2\,(a + b) - c} \quad [c = \text{nichtkühlende Fläche}]$$

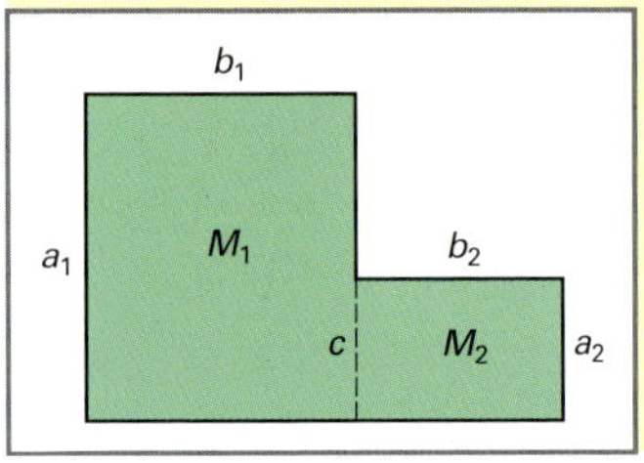

$$M_1 = \frac{a_1 \cdot b_1}{2\,(a_1 + b_1) - c}$$

$$M_2 = \frac{a_2 \cdot b_2}{2\,(a_2 + b_2) - c}$$

Die Modulberechnung und die Modulbestimmung sind sehr schwierig. Es ist fast unmöglich, exakt die thermischen Module zu berechnen. Normalerweise genügt die Berechnung der geometrischen Module mit den erwähnten einfachen Formeln.

Sandkanteneffekte, Wärmeabführung durch Kerne usw. sind nicht genau messbar und werden auch in der Modulberechnung nicht berücksichtigt. Es ist aber dennoch möglich, mithilfe der Modulberechnung sehr genau die Erstarrungsbedingungen festzulegen. Anhand der Module kann die Speisergröße für jedes Gussteil bestimmt werden.

In der Praxis werden Gusskonstruktionen für die Modulberechnung in einzelne normale geometrische Bauteile aufgeteilt (Bild 2). Danach werden die einzelnen Erstarrungsbereiche festgelegt. Meistens genügt zum Speisen eines Gussteils nicht nur ein Speiser. An jeden Erstarrungsbereich muss ein Speiser zum Ausgleich der Volumenveränderung während der Erstarrung angebracht werden. Die Erstarrungsform und die Erstarrungsgeschwindigkeit können durch Kühleisen (Kokillen) oder Isoliermaterialien gelenkt und gesteuert werden.

„Gelenkte Erstarrung" bedeutet mithilfe der Modulberechnung die Erstarrung so zu lenken, dass zunächst die vom Speiser am weitesten entfernte Stelle, die Endzone, erstarrt und dass sich die Erstarrung dann schrittweise bis zum Speiser hin vollzieht. Dieser muss zuletzt erstarren (Bild 2).

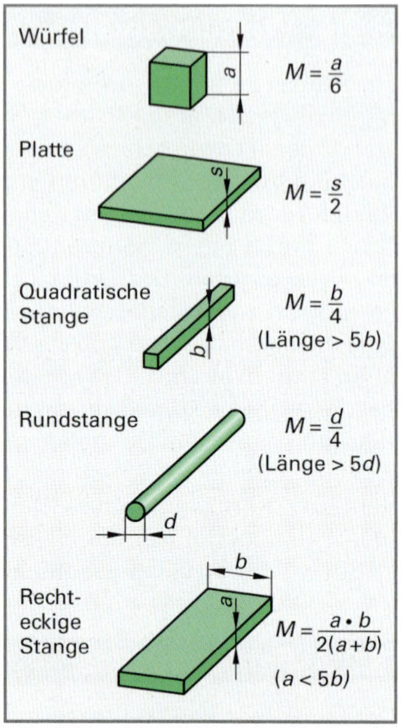

Bild 1: Modul einiger einfacher geometrischer Formen

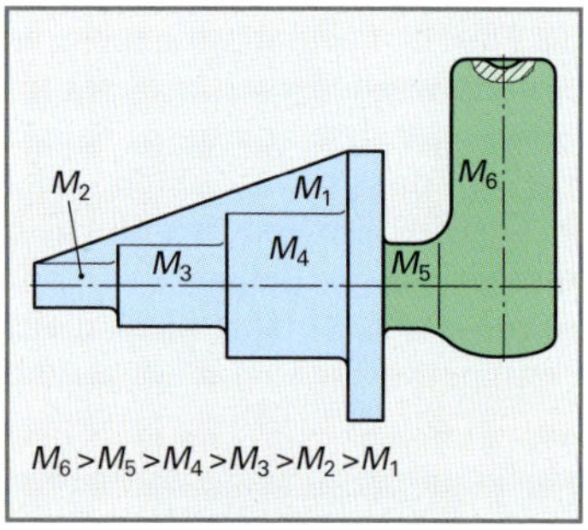

Bild 2: Aufteilung in Teilkörper mit Reihenfolge der Erstarrung und Stelle des Speisers

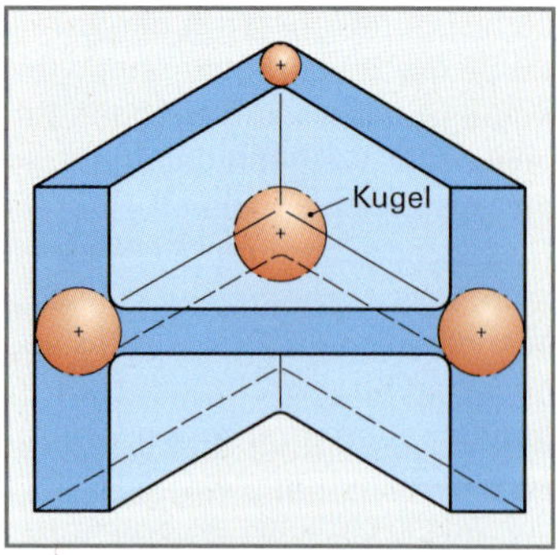

Bild 3: Kugel als Ersatzkörper im Knotenpunkt von drei Wanddicken

Modul Signifikant

Unter dem Modul „Signifikant" versteht man den Modul, der gespeist werden muss. Meistens befindet sich am größten Querschnitt eines Gussteils auch der größte Modul, der „signifikante" Modul. An dem Querschnitt mit dem signifikanten Modul wird auch der Speiser angesetzt. Der signifikante Modul ist für die Berechnung der Speisergröße sehr wichtig.

Speiserhalsberechnung

Der Speiserhals ist die Verbindung vom Gussteil zum Speiser. Meistens ist der Modul des Speiserhalses um 10% größer als der signifikante Modul des Gussteils. Die Berechnung des Speiserhalsmoduls erfolgt nach folgender Formel:

$$M_{\text{Speiserhals}} = 1{,}1 \cdot M_{\text{signifikant}}$$

Bei quadratischen Speiserhalsquerschnitten wird nach folgender Formel die Seitenlänge *a* berechnet:

$$a = 4 \cdot M_{\text{Speiserhals}}$$

Der Speiserhals darf nicht zu groß und nicht zu klein sein. In zu großen Speiserhälsen findet man sehr häufig einen Lunker bzw. Porositäten. Der Speiserhals hat meistens am Übergang vom Gussteil zum Speiserhals eine sogenannte Brechkerbe. Die Brechkerbe hat die Aufgabe, die Bruchstelle beim Abtrennen des Speisers vorzuzeigen.

Eigentliche Speiserberechnung

Der Speiser hat zwei wichtige Aufgaben:
Der Speiser ist ein Reservoir für flüssige Schmelze (Volumenausgleich), die während der Erstarrung des Gussteils zum Speisen des Gussstückes zur Verfügung stehen muss. Das Volumen des Speisers berechnet sich z. B. für Stahlguss folgendermaßen:

$$\text{Speiservolumen} = 2\,\%\ \text{Gussteilvolumen} \cdot \Delta t$$

Δt = Temperaturdifferenz zwischen Solidus und Gießtemperatur

Der Speiser muss so lange flüssiges Material bereitstellen, bis die Erstarung im Gussteil vollständig abgeschlossen ist. Für diese Berechnung des Speisers wird die Modulberechnung zu Hilfe genommen.

$$M_{\text{Speiser}} = 1{,}2 \cdot M_{\text{signifikant}}$$
$$D_{\text{Speiserdurchmesser}} = 5 \cdot M_{\text{Speiser}}$$
$$H_{\text{Speiserhöhe}} = 1{,}5 \cdot D$$

Anhand der Beschreibung kann für alle Legierungen die Speisertechnologie bestimmt werden. Diese Berechnungsmethode nennt man „Berechnung der Speiser nach der gelenkten Erstarrung". In diesem Falle werden alle thermischen Zentren aus dem Guss hinausverlagert.

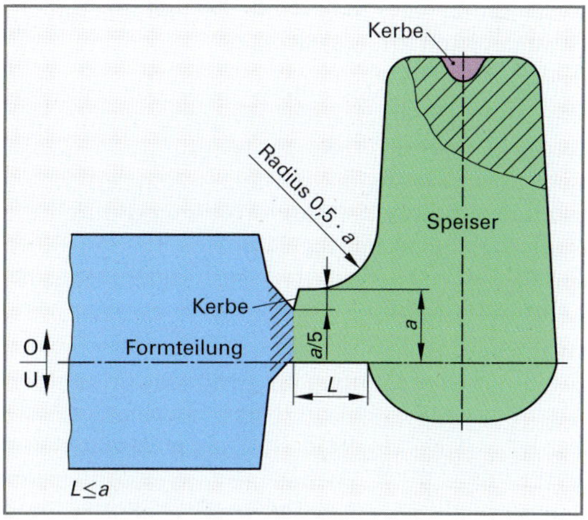

Bild 1: Gestaltung des Speiserhalses zwischen Gussstück und Speiser

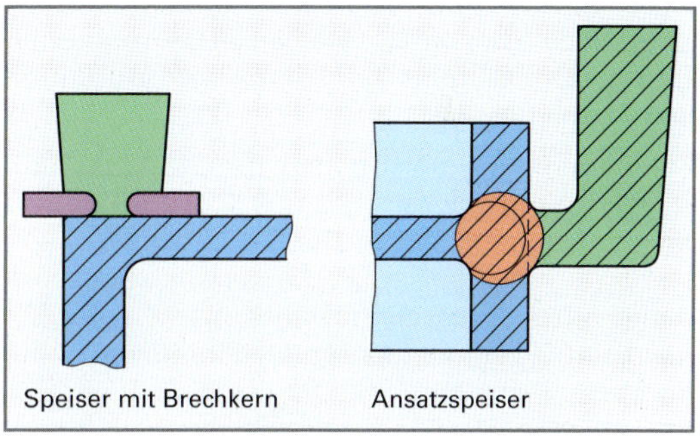

Bild 2: Verschiedene Speisertypen

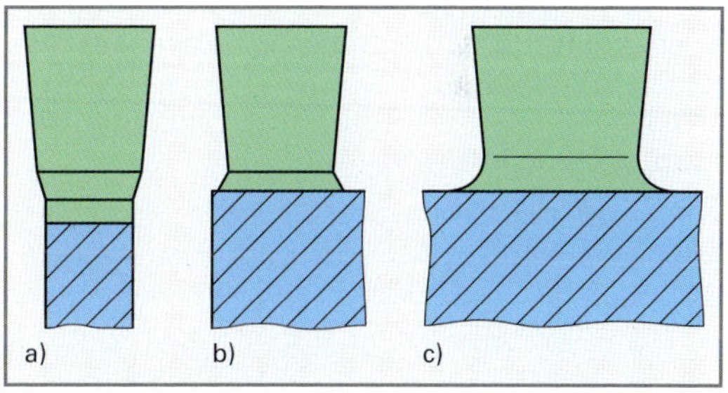

Bild 3: Aufsatzspeiser

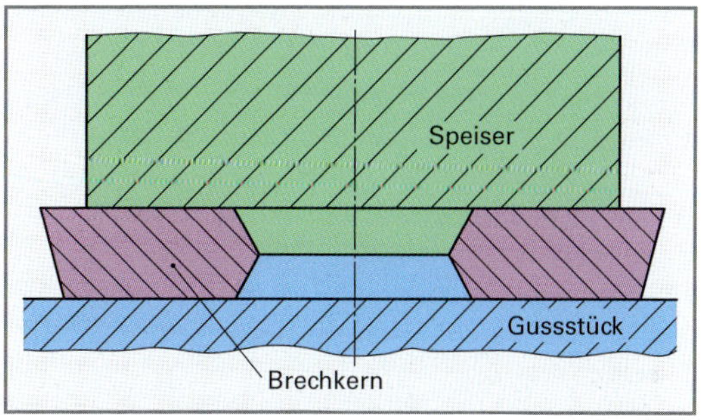

Bild 4: Brechkern (Abschlagkern) aus keramischem Material

Berechnung von Speiser und Speiserhals für Grauguss und Kugelgrafitguss

Diese beiden Legierungen haben den großen Vorteil, dass bei der Erstarrung eine Volumenerweiterung eintritt. Diese Erweiterung nennt man auch Grafitexpansion. Bei festen Formen (Kokillenguss) und bei Kaltharzformen wird durch die Grafitexpansion häufig Schmelze aus der Form herausgedrückt. Grauguss und Kugelgrafitguss kann unter bestimmten Voraussetzungen speiserlos gegossen werden.

Zur Speiserberechnung bei Grauguss und Kugelgrafitguss muss man zuerst die einzelnen Module berechnen. Da bei der Erstarrung eine Expansion stattfindet, muss auch bei der Berechnung der Speiser und des Speiserhalses der zu erwartende Expansionsdruck berücksichtigt werden. Der Expansionsdruck muss abgebaut und reguliert werden, da die Form ansonsten durch den Druck so stark belastet wird, dass es zu Deformationen kommt. Der Abguss zeigt dann Verformungen und Ausbildungen.

Zur Berechnung der Speiser für Grauguss und Kugelgrafitguss wird 2 % bis 5 % des Volumens für die Kompensierung der Primärschwindung kalkuliert. Der Speiser wird meistens seitlich an den größten Querschnitt angesetzt, wie die Bilder 1 und 2 zeigen. Der Modul-Signifikant sollte durch die Platzierung des Speisers nicht vergrößert werden. Der Modul des Speisers sollte bei Grauguss und Kugelgrafitguss stets kleiner als der signifikante Modul sein. Zur Berechnung des Speiserhalses und des Speisers verwendet man folgende Formel:

$$M_{\text{Speiserhals}} = (0{,}3...0{,}7) \cdot M_{\text{signifikant}}$$
$$M_{\text{Speiser}} = 1{,}1 \cdot M_{\text{Speiserhals}}$$
$$\text{Speisergewicht} = > 5\,\% \cdot \text{Gussgewicht}$$

Da der Faktor zur Berechnung des Speiserhalses und des Speisers stets kleiner als der signifikante Modul ist, muss die Endphase der Schrumpfung durch den Expansionseffekt ausgeglichen werden (hierbei wird die Selbstspeisung berücksichtigt).

Damit die Gussteile fehlerfrei gegossen werden können, müssen die Speiser und die dazugehörenden Speiserhälse immer genau berechnet werden. Auch die Vergrößerung des Speisermoduls durch die Anwendung von isolierenden und exothermen Speisereinsätzen (Bild 3) oder Heizkissen (Bild 4) muss bei der Speiserberechnung berücksichtigt werden. Eine empirische, erfahrungsgebundene Speiserberechnung ist immer sehr gefährlich und mit einem hohen Ausschussanteil verbunden.

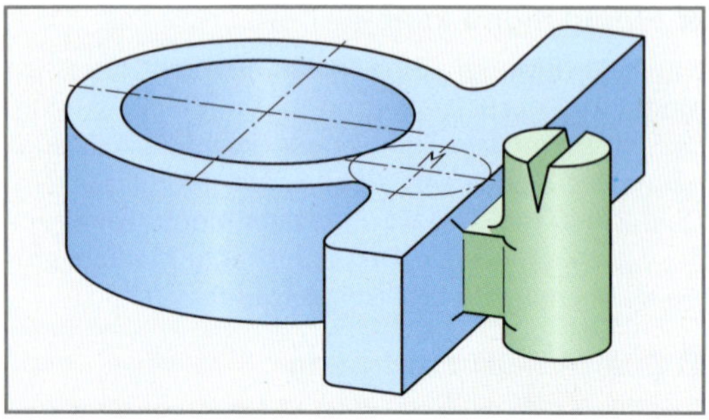

Bild 1: **Falsche Anordnung des Ansatzspeisers am Lager**

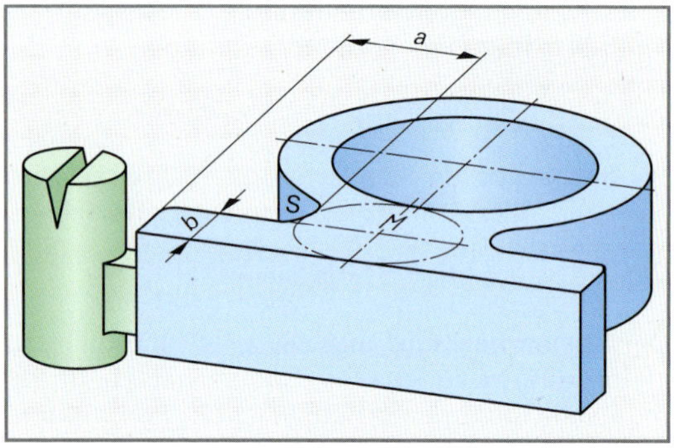

Bild 2: **Richtige Anordnung des Speisers am Lager**

Bild 3: **Gussteil mit optimaler Speiser- und Filtertechnik**

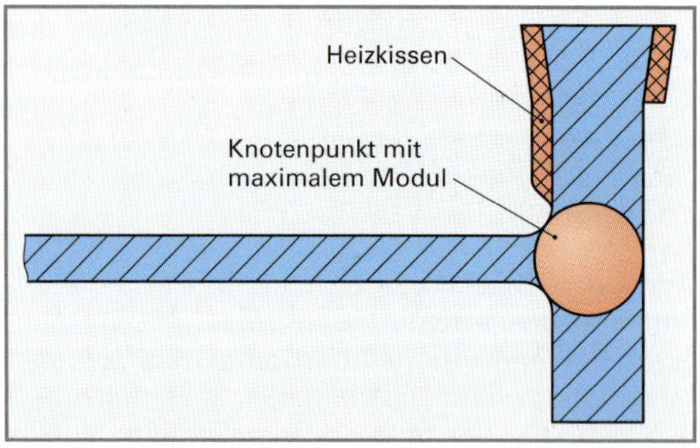

Bild 4: **Heizkissenanwendung**

Heuver'sche Kreismethode

Zur Bestimmung der Speiser nach der gelenkten Erstarrung ist es sehr häufig notwendig, den Erstarrungsweg mithilfe der Heuver'schen Kreismethode auszulegen. Bei der Heuver'schen Kreismethode (Bild 1) geht man von dem Knotenpunkt, der zu speisen ist, aus und legt Kreise aneinander, die sich um ca. 10% vergrößern. Diese notwendigen Erweiterungen zur gelenkten Erstarrung haben jedoch den Nachteil, dass man diese Materialanhäufungen beim Nacharbeiten und Gussputzen abarbeiten muss, sofern dies nicht bereits wie in Bild 2 konstruktiv berücksichtigt wurde. Bei der Herstellung von Stahlguss ist die Heuver'sche Kreismethode sehr wichtig und wird somit auch häufig angewandt.

Ansatzspeiser – Aufsatzspeiser

Die Speiser können angesetzt bzw. aufgesetzt werden. Die Ansatzspeiser sind meistens heiße Speiser, Aufsatzspeiser sind kalte Speiser (Bild 3). Der Aufsatzspeiser sollte immer eine Isolierschale oder eine exotherme Schale haben. Am Speiserhals treten oft Lunker oder Porositäten auf. Zum leichten Abtrennen der Aufsatzspeiser verwendet man vorgefertigte Brechkerne, die einen sauberen Speiserhals ergeben. Wegen der vielen Vorteile sollte man, wenn möglich, nur mit heißen Ansatzspeisern arbeiten. Die Aufsatzspeiser haben den Vorteil, dass man damit Formfläche einsparen kann und somit häufig ein Modell mehr auf die Formplatte bringt. Die Aufsatzspeiser kann man auch direkt an die thermischen Knotenpunkte setzen.

Kühlrippen

Bei der Speisertechnik ist die Wärmeabführung von großer Bedeutung. Je besser die Wärmeabfuhr, desto größer ist auch die Erstarrungsgeschwindigkeit. Die Abkühlungsgeschwindigkeit kann an Knotenpunkten vergrößert werden, indem man Kühlrippen anbringt. Durch die Kühlrippen wird die gesamte Gussoberfläche, die im Kontakt mit dem Formsand ist, vergrößert. Die Wärmeenergie aus dem erstarrenden Gussteil kann nur über die Kontaktfläche zur Form abgegeben werden. Bei der Herstellung von Stahlguss ist die Erweiterung der Oberfläche durch Kühlrippen sehr oft von Vorteil. Die Kühlrippen sind sehr dünn (2–8 mm) und wirken auch häufig als so genannte Reißrippen. Das Gussteil wird durch die Reißrippen stabiler und die Gefahr der Rissbildung wird geringer. Bei Grauguss und Kugelgrafitguss dürfen die Reißrippen nicht zu dünn ausgebildet sein, da durch die Weißeinstrahlung am Gussstück Risse entstehen können.

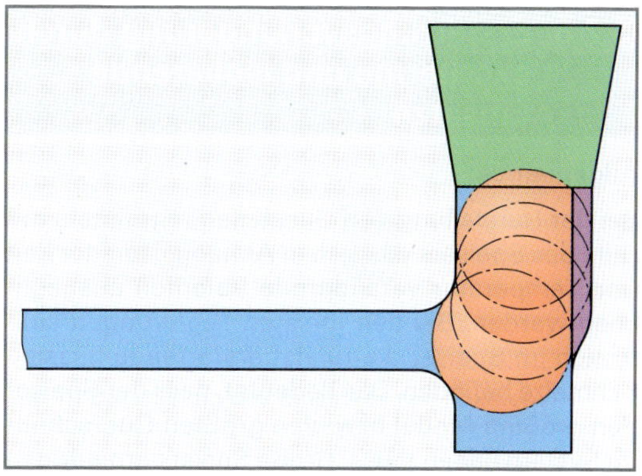

Bild 1: Heuver'sche Kreismethode

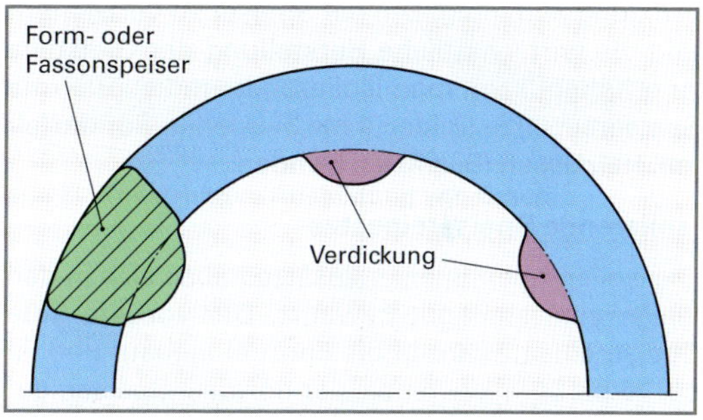

Bild 2: Konstruktive Änderung an der Innenseite

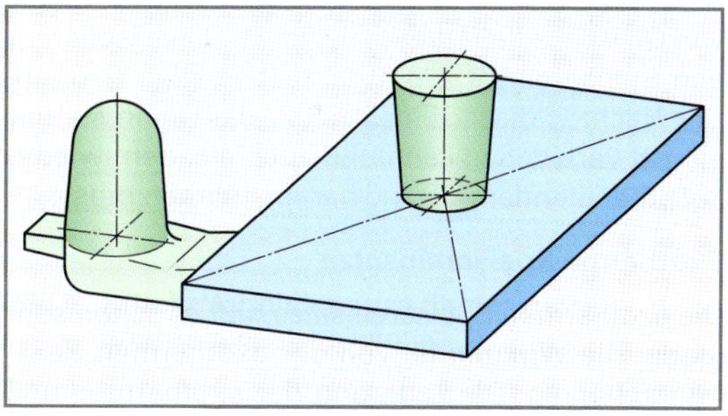

Bild 3: Ansatz- und Aufsatzspeiser

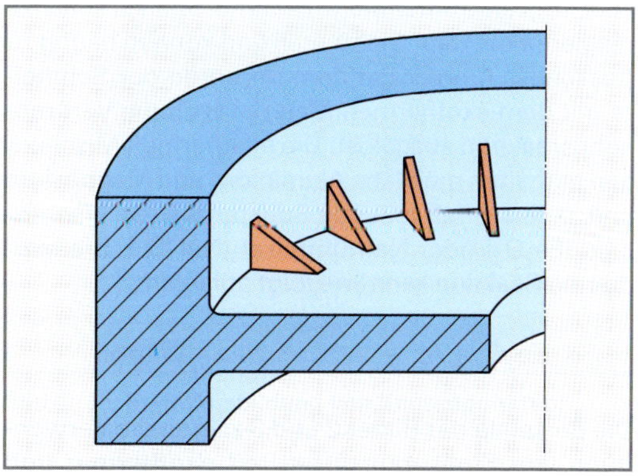

Bild 4: Kühlrippen am Gussteil

3

3.2.10 Speisungslänge

Unter Speisungslänge versteht man den Bereich, in dem der Speiser wirksam ist. Der Speiser kann in diesem Bereich während der Erstarrung der Schmelze die Schrumpfung ausgleichen.

Sättigungsweite = Endzone + Speisungslänge

Alle Legierungen zeigen bestimmte Eigenheiten bei der Erstarrung. Die Erstarrungsform ist abhängig von der Kristallisationsbildung und vom Kristallisationswachstum. Es gibt Legierungen, die endogen und Legierungen, die exogen (Bilder 1 und 2) erstarren. Sobald sich feste Kristalle bzw. Teilchen in der Schmelze bilden, wird der Speisungsvorgang beeinträchtigt. Je niedriger die Temperatur, desto teigiger ist die Schmelze. Die festen Bestandteile in der Schmelze nehmen mit sinkender Temperatur bei allen Legierungen zu. Der Transport flüssigen Materials vom Speiser zu dem zu speisenden Teil wird mit abnehmender Temperatur immer schwieriger. Auch die Speisungslänge ist von der Erstarrungsart der Legierung abhängig. Bei Grauguss beträgt die Speisungslänge etwa 10- bis 15-fache der Wanddicke, bei Stahlguss und Aluminiumguss nur ca. 1,5- bis 3-fache der Wanddicke. Anhand der Speisungslänge wird die Anzahl der Speiser berechnet.

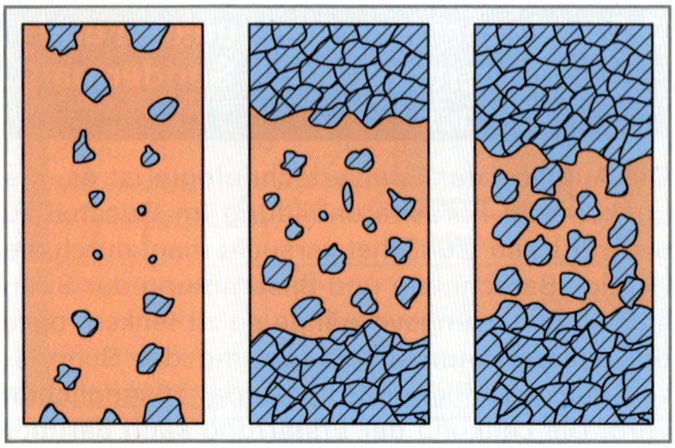

Bild 1: Endogene Erstarrung

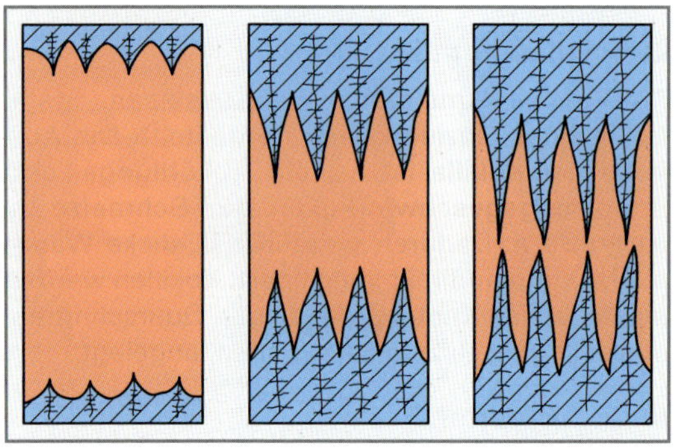

Bild 2: Exogene Erstarrung

3.2.11 Innenkühlung

Die Erstarrung kann durch verschiedene Maßnahmen beeinflusst werden. Meistens ist es nicht möglich, alle Querschnitte in einem Gussteil ordentlich mit Speisern zu versehen. Aus diesem Grunde gibt es verschiedene Maßnahmen zur Beeinflussung der Erstarrung. Das Einbringen von Kühlmaterialien in Form von Kühlnägeln, Kühlspiralen und anderen Kühlteilen wird sehr häufig gemacht. Diese Teile für die Innenkühlung müssen absolut frei von Oxid und Feuchtigkeit sein. Rostflecken an Kühlteilen können zu explosionsartigen Reaktionen mit der Schmelze führen.

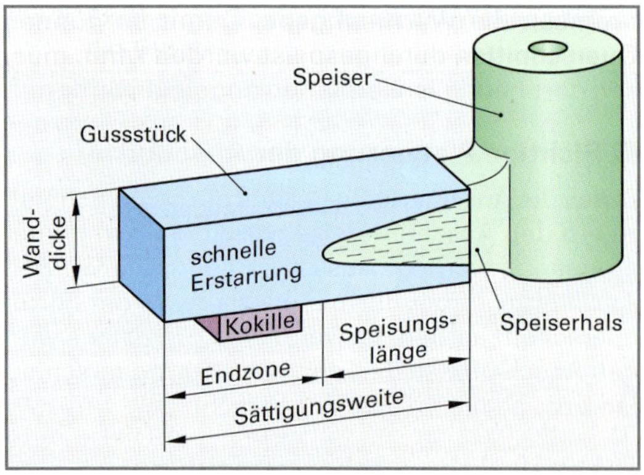

Bild 3: Wirkungsweise des Speisers

3.2.12 Einfluss der Formstoffe

Die Erstarrungsgeschwindigkeit der Schmelze kann auch durch Formstoffe und Formsandzuschlagstoffe beeinflusst werden. Der Quarzsand, aus dem üblicherweise der Formsand besteht, hat eine schlechtere Wärmeleitfähigkeit als der Chromit- oder Zirconsand. Dem Quarzsand kann zur besseren Wärmeleitung auch Eisenoxidrot hinzugegeben werden. An aufgeheizten Stellen und für kleine Kerne verwendet man Zirconsand als Formstoff.

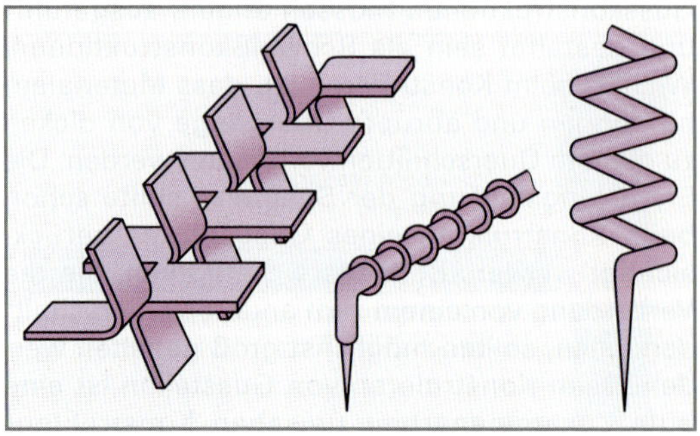

Bild 4: Verschiedene Arten von Kühlrippen

Einfluss der Formfestigkeit

Zur Herstellung einer Form verwendet man normalerweise Formsand, der aus Quarzsand, Binder und Zuschlägen besteht. Die Form wird sowohl thermisch als auch durch den statischen Druck der Schmelze belastet. Der statische Druck der Schmelze kann sehr groß sein. Die Berechnung des Druckes erfolgt nach folgender Regel:

$$P\,(\text{Druck}) = h\,(\text{Metallsäule}) \cdot r\,(\text{Dichte})$$

Bei Grauguss und Kugelgrafitguss entsteht durch die Grafitexpansion ein zusätzlicher Druck (Bild 1). Der gesamte Druck muss von der Form aufgefangen werden. Sobald die Form nachgibt, verliert der Abguss seine Modellkonturen (Bild 3). Die Speisung ist in sehr weichen Formen sehr schwierig zu kontrollieren, da die Form meistens erst nach einer längeren Belastung nachgibt. Zu diesem Zeitpunkt ist die Schmelze zähflüssig und schlecht zu transportieren. Die Formen sollten immer gut verdichtet sein, damit der Abguss dem Modell entspricht und die Speiser klein gehalten werden können.

3.2.13 Lunkerarten

Lunker können durch verschiedene Einflüsse gebildet werden. Der klassische Lunker entsteht durch die Schrumpfung des Metalls und ist durch eine Einfallstelle an der Oberseite des Gussteils zu sehen. Lunker können auch durch zu weiche Formen, die während der Erstarrung laufend nachgeben, entstehen.

Man unterscheidet folgende Lunkerarten (Bild 2):

Makrolunker: Das sind Außenlunker bzw. offene Lunker, die direkt am Gussstück sichtbar sind.

Mikrolunker: Lunker, die meistens im thermischen Zentrum des Gussteils erscheinen und in Form von Porositäten auftreten.
Diese Lunker sind auf Schrumpfungsvorgänge zu-rückzuführen. Die Vermeidung der Lunker kann nur durch eine richtige Speisertechnologie und kontrollierte Erstarrung erfolgen.
Nachdem alle Metalle während der Erstarrung schrumpfen, muss überall die Schrumpfung über einen Speiser ausgeglichen werden.

Blaslunker: Diese Lunker findet man an Kanten. Sie werden durch einen sogenannten Sandkanteneffekt hervorgerufen. Ursache hierfür ist die Verbrennung des Binders in der Sandkante, wobei Gase entstehen. Diese Gase werden in die Schmelze gedrückt und geblasen. Blaslunker haben im Vergleich zu den anderen Lunkern immer eine glatte Oberfläche. Makro- und Mikrolunker haben dagegen immer eine raue, dentritisch gewachsene Oberfläche.

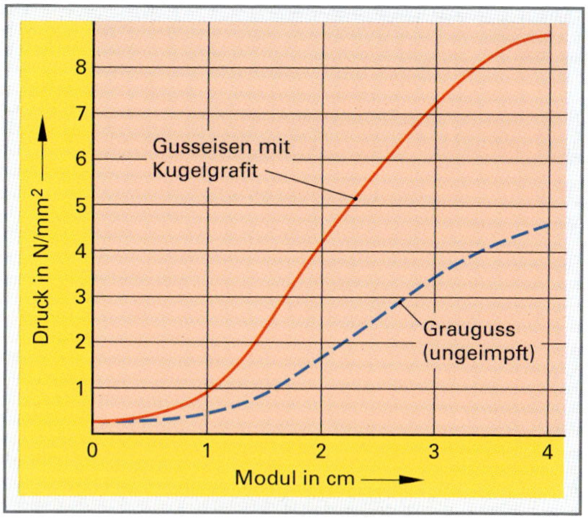

Bild 1: Grafitexpansion im flüssigen Eisen

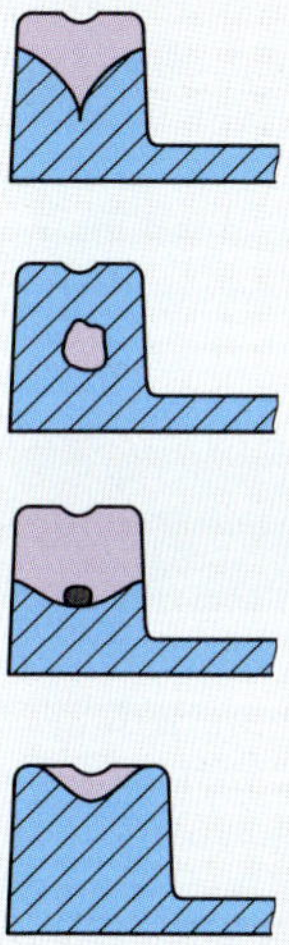

Diese Lunkerform gibt es nur bei Stahl und carbidisch erstarrenden Legierungen (mit Fehlern im Gussteil ist zu rechnen)

Der Speiser hat nicht als Speiser gearbeitet, a) Speiser zu klein, b) zu kalt gegossen (mit Fehlern im Gussteil ist zu rechnen)

Speiser hat gut gearbeitet (Gussteil ist gut)

Speiser hat gut gearbeitet (optimale Speiser- und Lunkerform für Gusseisen mit Kugelgrafit)

Bild 2: Formen der Lunkerbildung im Speiser für Grau- und Kugelgrafitguss

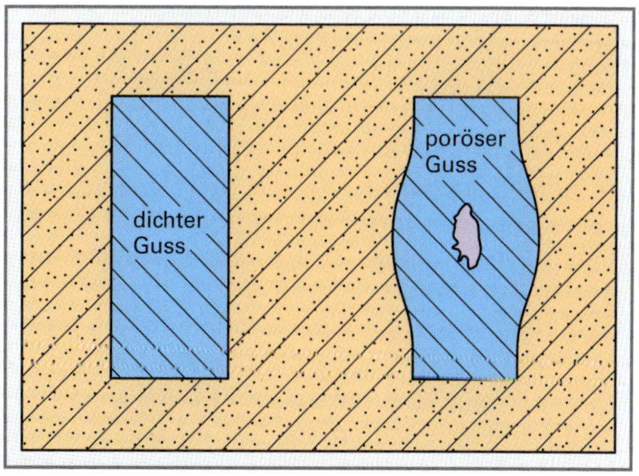

Bild 3: Schematische Darstellung des Einflusses der Lunker

→ Wiederholungsfragen zu Kapitel 3 siehe Medienpaket

4 Schmelztechnik und Schmelzöfen

4.1 Allgemeines über Schmelzöfen

Das Schmelzen der Einsatzmaterialien (Masseln, Roheisen, Blockmetall, Schrott, Kreislaufmaterial und Legierungszuschläge) erfolgt in Schmelzöfen. Ihre Unterscheidung nach Energieträgern und Bauformen zeigt Bild 1.

Alle Schmelzöfen sind mit einem feuerfesten Material ausgekleidet („Zustellung der Öfen": Kap. 4.5).

Die steigenden Qualitätsanforderungen an die Analysengenauigkeit, Reinheit und Homogenität der Schmelze sowie die Notwendigkeit den Energieaufwand zu senken und die Durchsatzleistung zu steigern, haben zu weiterer Optimierung der Ofenkonstruktion und dem Einsatz moderner Prozessleittechnik geführt. Insbesondere die Induktionsofentechnik mit ihrer genauen und gut regelbaren Prozessführung und den einstellbaren metallurgischen Bedingungen hat wesentlich zu dieser Entwicklung beigetragen.

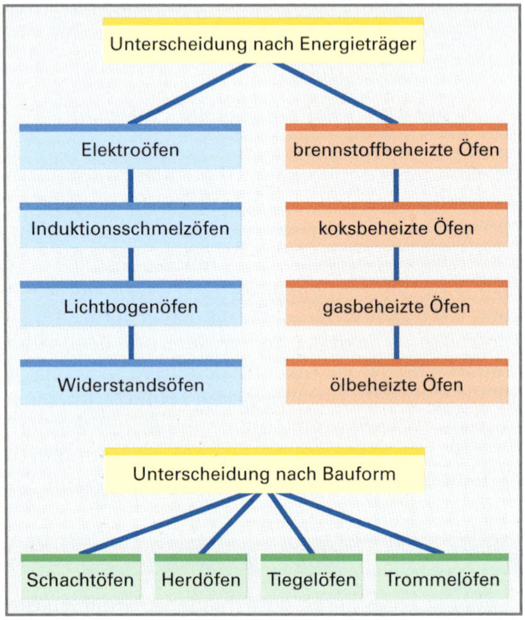

Bild 1: Unterscheidung der Schmelzöfen

4.2 Auswahl der Schmelzöfen

Je nach Werkstoff, den metallurgischen, verfahrenstechnischen und wirtschaftlichen Bedingungen ist dem einen oder anderen Verfahren der Vorzug zu geben. So werden zum Beispiel für das Schmelzen von **Gusseisenwerkstoffen** entweder koksbeheizte Schachtöfen (Kupolöfen) oder Induktionsöfen eingesetzt. Der Kupolofen hat seine Vorzüge bei sehr hoher Schmelzleistung und gleichbleibender Werkstoffqualität. Um die Temperatur- und Analysenschwankungen auszugleichen wird in fast allen Kupolofenschmelzanlagen zusätzlich noch ein Induktionstiegelofen oder ein Induktionsrinnenofens eingesetzt (Bild 2).

Die hohe Flexibilität und die Möglichkeit einer exakten Temperaturführung sprechen für den Induktionsofen, sodass er in vielen Gusseisengießereien anzutreffen ist. Für das Schmelzen der **NE-Metalle** kommen die verschiedensten Ofentypen und Energieträger zum Einsatz.

Während beim Schmelzen von **Kupferwerkstoffen** die Induktionsöfen als Tiegel- und Rinnenöfen dominieren, werden **Aluminiumwerkstoffe** bevorzugt in gasbeheizten Herd- oder Schachtöfen erschmolzen. Aber auch in diesem Werkstoffbereich verwendet man zur Ermöglichung des Schmelzens von Spänen und problemlosen Legierens der Schmelze Induktionsöfen.

Bild 2: 105 t Induktionsrinnenofen zum Speichern und Warmhalten von Gusseisen im Verbund mit einer Kupolofen-Schmelzanlage

4.3 Allgemeines zum Schmelzen

Vorteil der Schmelztechnik

Bei der Herstellung von Gussteilen wird Rohmaterial, das in einer definierten und gewünschten Form vorliegt, geschmolzen und im flüssigen Zustand in eine Form gegossen. Ein großer Vorteil der Gieß- und Schmelztechnologie ist, dass der Konstrukteur die Gestaltung des Formgussteils frei wählen kann. Mithilfe der Schmelztechnik können unterschiedliche Werkstoffe geschmolzen werden, die unterschiedliche physikalische und chemische Eigenschaften haben.

Geschichte des Schmelzens

Das Schmelzen hat eine lange Geschichte und Entwicklung. Der klassische Schachtofen (Kupolofen) und der Flammofen werden schon über Jahrhunderte zum Schmelzen verwendet. Durch die Verbesserung der Kontroll- und Steuermöglichkeiten der Schmelzaggregate können heute Schmelzen mit genaueren Analysen hergestellt werden. Bei den Elektroöfen ist die genaue Steuerung am einfachsten. Deshalb werden immer häufiger Elektroöfen zum Schmelzen der unterschiedlichen Legierungen eingesetzt.

Heute werden die Öfen auch nach ihrer Umweltfreundlichkeit beurteilt. Der Kupolofen wird normalerweise mit Koks beheizt. Bei diesem Heizsystem entstehen sehr viel Rauch, Staub und schwefelhaltige Oxidationsprodukte. Diese müssen in Reinigungs- und Filteranlagen gesammelt werden. Beim Einsatz von Elektroöfen entstehen sehr wenig Abfallprodukte und Abgase.

Anforderungen an die Schmelztechnik

Eine der ersten Forderungen an das flüssige Material ist, dass es sauber und frei von Schlacken ist. Alle Schlacken, Oxide und Reaktionsprodukte ergeben ein fehlerhaftes Gussteil. Sämtliche Fehler setzen die Qualität bzw. mechanische Festigkeit des Gussstücks herab. Um diese Fehler auszuschließen, benutzt man heute Schmelzöfen, die eine exakte Temperatursteuerung ermöglichen. Schmilzt man z. B. bei zu niedriger Temperatur, so bleiben viele Schlacken und Oxidationsprodukte in der Schmelze.

Anforderungen an die Schmelzaggregate

Eine wichtige Anforderung an das Schmelzaggregat ist, dass der gesamte Schmelzvorgang gesteuert und kontrolliert werden kann. Die Einsatzstoffe, die aufgeschmolzen werden, müssen stets eine bekannte Analyse (Zusammensetzung) haben. Unterschiedliche Analysen, die oft nur in kleinsten Spuren voneinander abweichen, ergeben unterschiedliche mechanische und physikalische Eigenschaften. Deshalb ist eine wichtige Anforderung an die Schmelzaggregate und Einsatzmaterialien, dass die zu vergießende Schmelze stets die **gleiche Analyse** und **metallurgische Qualität** hat. Weiterhin sollte das Schmelzaggregat über eine möglichst hohe **Flexibilität** hinsichtlich der zu erschmelzenden Qualitäten, Schmelzemengen und möglichen Schmelzebehandlungen verfügen. Gerade Induktionsöfen weisen hier erhebliche Vorteile auf.

Zielsetzung beim Schmelzen

Das Ziel der **gleichmäßigen Qualität** der Schmelze kann nur dadurch erreicht werden, dass man das Gewicht und die Analyse des Einsatzmaterials prüft. Durch eine laufende Kontrolle des Einsatzmaterials und des Schmelzprozesses erreicht man einen hohen **Gleichmäßigkeitsgrad der Schmelze** und somit auch des Abgusses. Da z. B. die Bearbeitbarkeit und die mechanischen Eigenschaften (Zugfestigkeit, Streckgrenze, Dehnung und Härte) direkt von der chemischen Zusammensetzung abhängig sind, muss stets die Gleichmäßigkeit der chemischen Analyse gesichert sein.

Beim Schmelzen ist stets darauf zu achten, dass sich alle **Legierungsmaterialien auflösen.** Unaufgelöste Stoffe können im Gussteil Fehler hervorrufen. Die Fehler können in Form von Schlacken, Gasblasen und Einschlüssen auftreten. Fehler, die während des Schmelzvorgangs gemacht wurden, können nur schwer oder nicht mehr korrigiert werden. Aus diesem Grunde werden im Schmelzbetrieb zunehmend genauere Analysen und Kontrollgeräte eingesetzt. Auch die Ofensteuerungen und das Ofenführungspersonal sind sehr wichtig für eine exakte Schmelzführung.

Die **Herstellungskosten** von Gussteilen werden sehr stark von dem Einsatzmaterial und den Schmelzkosten beeinflusst. Der Schmelzer hat die Auswahl der Rohmaterialien so zu treffen, dass er **kostengünstig** die optimale gleichmäßige Qualität der Gussteile herstellen kann. Meistens erhält man mit dem billigsten Einsatzmaterial nicht gleichzeitig die Schmelze mit dem niedrigsten Preis.

4.4 Schmelzöfen

4.4.1 Kupolofen

Der Kupolofen ist eines der wichtigsten und ältesten Schmelzaggregate zur Erzeugung von Gusseisen. Beim Kupolofen handelt es sich um einen Schachtofen, der mit Koks, Kalkstein, Roheisen, Stahlschrott und Kreislaufmaterial beschickt wird. Der in den Kupolofen eingefüllte Koks wird mittels Luft, die durch den Windring eingeblasen wird, verbrannt. Die nach oben steigenden Abgase erwärmen das kalte Einsatzmaterial, das im Ofen nach unten sinkt und sich dabei erwärmt **(Gegenstromprinzip)**. Oberhalb der Düsen wird der metallische Einsatz (Roheisen, Stahlschrott u. a.) flüssig. Auf ihrem weiteren Weg durch den Kupolofen nimmt die Schmelze Kohlenstoff durch den Koks auf. Der Koks hat somit die Aufgabe als Brennstoff die Schmelzwärme zu erzeugen und gleichzeitig den metallischen Einsatz aufzukohlen.

Wichtige Bauarten von Kupolöfen:

- Kaltwind-Kupolofen
- Heißwind-Kupolofen
- Koksloser Kupolofen
- Kupolofen mit Sauerstoffanreicherung im Wind

Bauteile des Kupolofens:

- Beschickungs- bzw. Gichtbühne
- Schlagpanzer
- feuerfeste Auskleidung
- Windring
- Blechmantel
- Düsen
- Abstichöffnung für Eisen
- Abstichöffnung für Schlacke
- Gestell
- Vorherd

Kaltwind-Kupolofen

Beim **Kaltwind-Kupolofen** wird durch den Windring und die Düsen Frischluft in den Schmelzraum geblasen. Im Schmelzraum befinden sich durchmischt Koks und das zu schmelzende Roheisen, Stahlschrott und Kreislaufmaterial (metallischer Einsatz). Durch die Verbrennung von Koks mit Sauerstoff (aus eingeblasener Luft) werden so hohe Temperaturen erzielt, dass das Eisen schmilzt. Der Schmelzvorgang ist von der Koksmenge und von der Windmenge abhängig. Die Schmelzleistung und der Wirkungsgrad in einem Kaltwind-Kupolofen können erhöht werden, indem man im Windring Sauerstoff (1 % bis 2 %) hinzugibt. Man erhält dadurch eine höhere Schmelzleistung und eine höhere Schmelztemperatur.

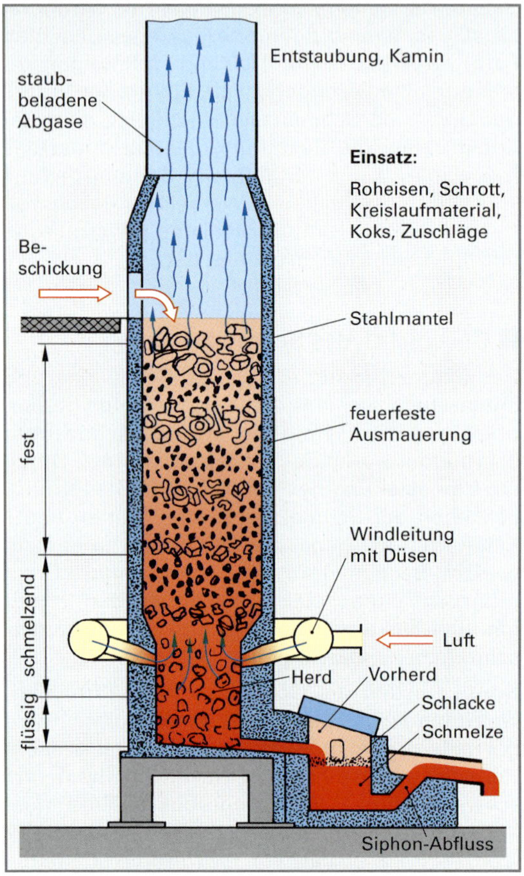

Bild 1: Schnitt durch einen Kupolofen

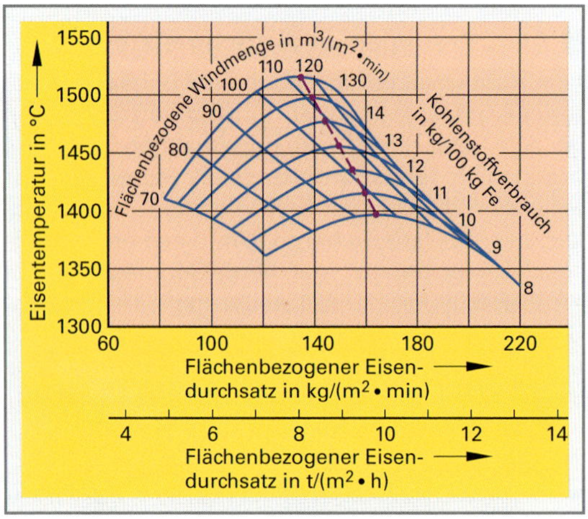

Bild 2: Einfluss von Windmenge und Kohlenstoff (Satzkoks) auf Schmelzleistung und Eisentemperatur (Jungbluth-Netzdiagramm)

Heißwind-Kupolofen

Der Heißwind-Kupolofen hat einen wesentlich höheren Wirkungsgrad als der Kaltwind-Kupolofen. Zur Erzeugung von Heißwind nutzt man die Wärme der Kupolofenabgase, die im sogenannten Rekuperator die angesaugte Frischluft aufheizen. Dadurch entsteht der Heißwind mit einer Temperatur von ca. 500 °C. Vor dem Rekuperator befindet sich eine Brennkammer, in der die Abgase des Kupolofens noch nachverbrannt werden. Durch den in den Kupolofen eingeblasenen Heißwind erreicht man in der Schmelzzone höhere Temperaturen und kürzere Schmelzzeiten und dabei eine höhere Schmelzleistung. In der Schmelzzone findet auch der größte Verschleiß des Feuerfestmaterials statt.

Futterloser Kupolofen

Große Kupolöfen sind meistens futterlose Heißwind-Kupolöfen. Der normale Heißwind-Kupolofen hat unter dem Blechmantel eine Feuerfestauskleidung. Der futterlose Heißwind-Kupolofen hat einen Blechmantel ohne Feuerfestauskleidung. Der Blechmantel wird durch eine gute Wasserkühlung sehr stark abgekühlt und geschützt. Dadurch kann im Innern des Ofens auf eine Feuerfestauskleidung verzichtet werden. Die futterlosen Kupolöfen können, da keine feuerfeste Zustellung (oberhalb der Düsen) erneuert werden muss, über Wochen ohne größere Wartung benutzt werden.

Koksloser Kupolofen

Beim Schmelzen mit dem kokslosen Kupolofen wird als Energieträger Gas oder Öl verwendet. Die Verbrennung von Gas und Öl erfolgt fast ohne Verbrennungsrückstände. Beim Schmelzen im normalen Kupolofen wird ca. 10% bis 15% Koks zum Schmelzen beigegeben. Dieser Koks gibt sehr viel Rauch und Asche ab. Auch hat man im Koks einen relativ hohen Schwefelgehalt, der beim Schmelzen vom Eisen aufgenommen wird. Besonders bei der Herstellung von Gusseisen mit Kugelgrafit ist der Schwefel unerwünscht und muss in einem Entschwefelungsprozess entfernt werden. Den hohen Rauch-, Asche- und Schlackeanfall sowie den hohen Schwefelgehalt gibt es beim Einsatz eines kokslosen Kupolofens nicht.

Kupolofen mit Vorherd

Der Vorherd dient hauptsächlich als Sammelgefäß und ermöglicht den kontinuierlichen (fortlaufenden) Abstich der Schmelze; diese muss nicht in dem Gestell gesammelt werden. Vorteilhaft ist dabei, dass dadurch Analysenschwankungen beim Schmelzprozess verringert werden.

4

Wiederholungsfragen

1. Erklären Sie den Begriff Gegenstromprinzip beim Kupolofen und schildern Sie die sich daraus ergebenden Vorteile.
2. Aus welchen Gründen werden Kupolöfen mit Sauerstoffanreicherung und Heißwind betrieben?

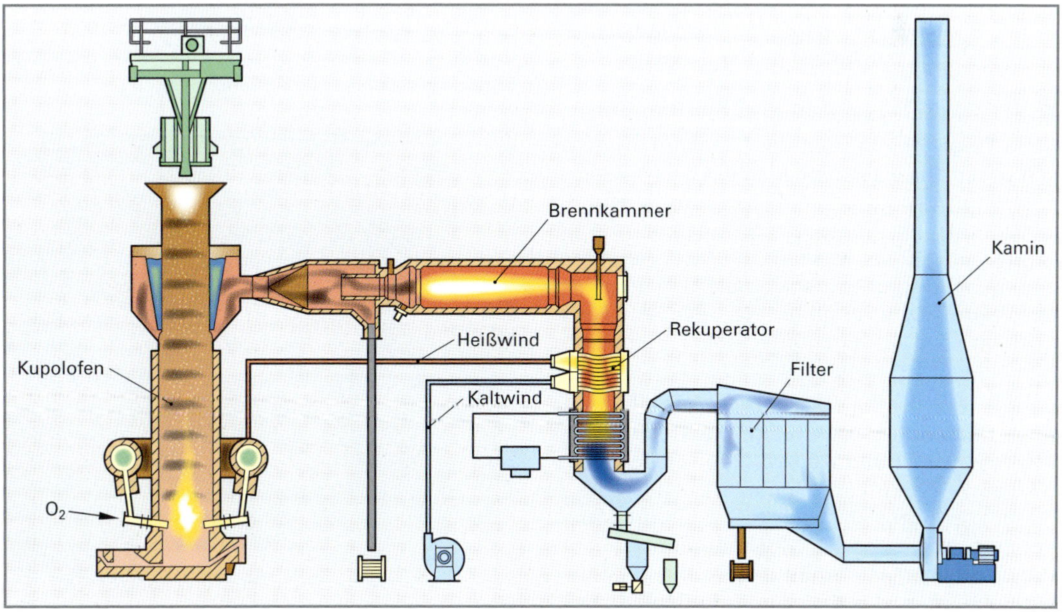

Bild 1: Heißwind-Kupolofen mit Langzeitfutter und Sauerstoff-Injektion (Einleitung)

4.4.2 Induktionsöfen

Vorteile

Für den Schmelzprozess werden ca. 60–70 % des Gesamtenergieverbrauchs einer Gießerei eingesetzt. Daher kommt die Auswahl eines Schmelzaggregates große Bedeutung zu. Beim Schmelzen von Gusseisen können die Anforderungen der Umwelt mit dem „sauberen Strom" leichter erfüllt werden wie beim Kupolofen mit seinen aufwendigen Abgasreinigungsanlagen. Die grundsätzlichen technologischen Vorteile der Induktionsöfen beruhen auf der unmittelbaren, exakt einstellbaren Erwärmung des Einsatzgutes, der gezielt beeinflussbaren Badbewegung der Schmelze und der neutralen Ofenatmosphäre. Damit werden eine exakte Temperatur- und Prozessführung, niedrige Abbrandwerte, geringe Umwelt- und Arbeitsplatzbelastungen und eine hohe Gleichmäßigkeit und Analysengenauigkeit gewährleistet. Nicht zuletzt der relativ gute energetische Wirkungsgrad und die damit erreichbare hohe Energieeffizienz sprechen für diese Technologie.

Grundsätzliches Funktionsprinzip

Bei den beiden Grundtypen des Induktionsofens dem **Induktionstiegelofen** (Bild 1) und dem **Induktionsrinnenofen** (Bild 2) gilt das gleiche physikalische Grundprinzip: Durch Wechselstrom wird ein elektromagnetisches Feld erzeugt, das im zu erwärmenden Material Wirbelströme induziert. Die Wirbelströme führen zur Erwärmung und schließlich zum Schmelzen des Materials. Die Kraftwirkung des Magnetfeldes erzeugt auch die sogenannte **Badbewegung** der Schmelze und damit ein gleichmäßiges Durchmischen der Schmelze.

Vergleich Tiegelofen und Rinnenofen

Beim **Tiegelofen** besteht der Ofenkörper im Wesentlichen aus einer zylindrischen Ofenspule, die den zumeist keramischen Tiegel umschließt. Die wassergekühlte Spule umfasst nahezu die gesamte Tiegelhöhe, weshalb mit dem Tiegelofen eine wesentlich höhere maximale Leistungsdichte (kW pro Tonne Fassungsvermögen) und Nennleistung (Bild 3) gegenüber einem Rinnenofen erreicht werden kann. Daher ist auch die Badbewegung im Tiegelofen wesentlich stärker.

Beim **Rinnenofen** kommt ein Induktor zum Einsatz, der wie in Bild 2 einen U-förmigen Verlauf oder auch einen W-förmigen Verlauf aufweist. In diesem befindet sich das dauernd flüssige Metall. Vereinfacht gilt das Transformatorenprinzip: Die Primärwicklung ist die Spule und die Sekundärwicklung ist das kurzgeschlossene Metall in den Rinnenästen.

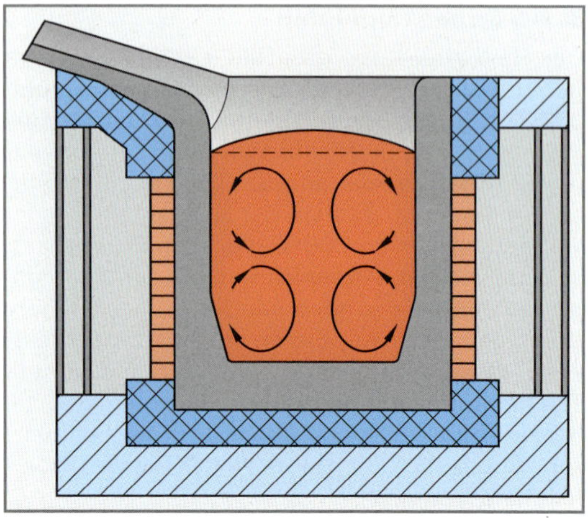

Bild 1: Badbewegung im Induktionstiegelofen

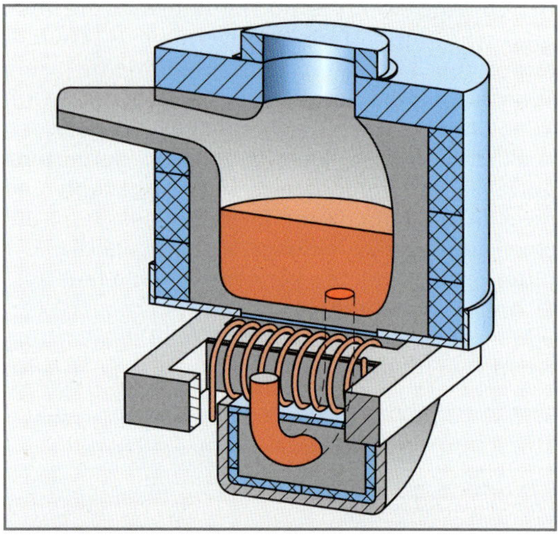

Bild 2: Aufbau eines Induktionsrinnenofens

Bild 3: Leistungsstarke Mittelfrequenz-Tiegelofen-Anlage, 16-t-Anlage mit 10.000-kW-Nennleistung

Induktionstiegelofen

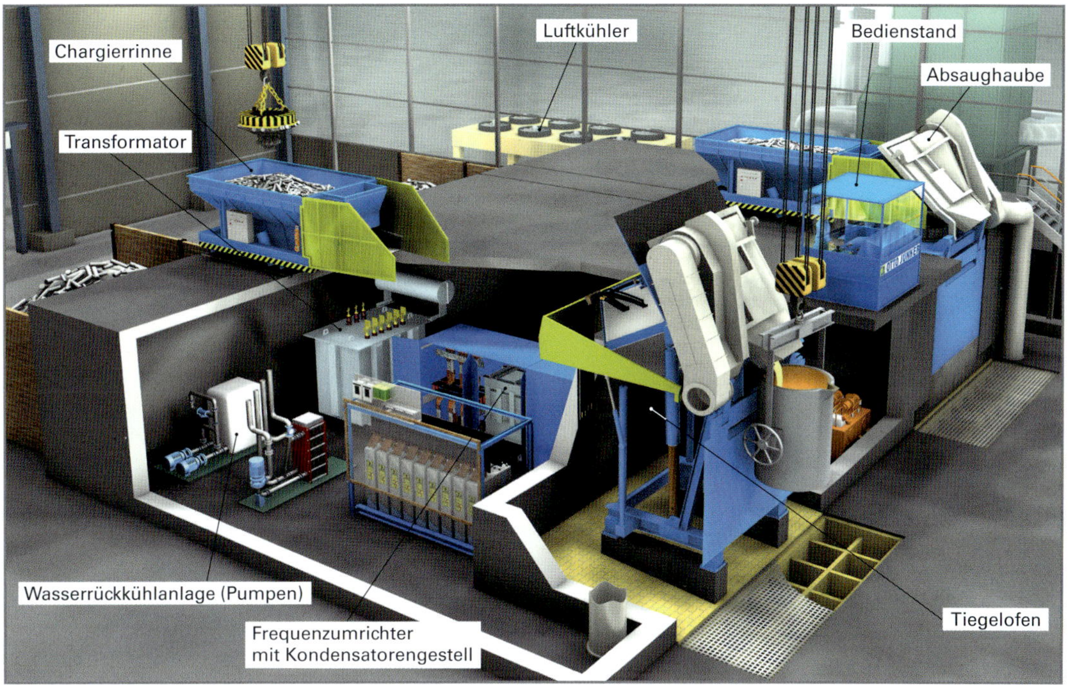

Bild 1: Schmelzanlage mit Induktionstiegelofen

Aufbau der Gesamtanlage

Zum **Schmelzaggregat** einer Induktionstiegelofenanlage gehört im Wesentlichen der Ofenkörper der aus dem keramischen Tiegel, der zylindrischen, wassergekühlten Spule und den Transformator-Blechpaketen besteht (siehe Bild 1, vorhergehende Seite). Dieser Ofenkörper ist in einem Ofenstuhl gelagert und wird mithilfe von Hydraulikzylindern der Hydraulikeinheit gekippt.

Zur **elektrischen Versorgung** gehören unter anderem der Transformator und der Frequenzumrichter. Zum Beispiel werden Tiegelöfen für Gusseisen bevorzugt mit einer Frequenz von 250 Hz betrieben.

Die **Prozessleittechnik** ermöglicht den automatisierten vollautomatischen Betrieb mit Schmelzprozessor. Wiegeeinrichtung und Bedienschrank.

Zu den notwendigen **Hilfs- und Nebenaggregaten** zählen die Wasserrückkühlanlage mit Luftkühler oder Kühlturm, die Entstaubungsanlage mit Absaughauben und die Chargiereinrichtung.

Stromeinspeisung von Induktionsöfen

Nach der Frequenz (in Hz = Hertz = Schwingungen des Wechselstroms pro Sekunde) mit der die Induktionsöfen betrieben werden, unterscheidet man **Netz-, Mittel- und Hochfrequenzöfen.** Tiegelöfen für Gusseisen werden bevorzugt mit einer Frequenz von 250 Hz betrieben. Bei Einsatz der Mittelfrequenztechnik können daher sehr hohe Schmelzleistungen erreicht werden: Eine 8-Tonnen-Ofenanlage mit 8.000 kW Nennleistung bringt es immerhin auf eine theoretische Stundenleistung von fast 15 t pro Stunde, eine Netzfrequenzanlage dagegen nur auf ca. 4 t, jeweils bezogen auf das Schmelzen von Gusseisen. **Induktionsrinnenöfen** werden vorwiegend mit **Netzfrequenz** betrieben. Die zumeist verwendeten **Mittelfrequenztiegelöfen** arbeiten mit Frequenzen zwischen 110–1.000 Hz. Durch diese variable Frequenz mittels Umrichter kann der Ofen ohne Leistungseinbuße mit festem Einsatzmaterial angefahren werden. Mit steigender Frequenz nehmen die Badbewegung und die Eindringtiefe der Schmelzwärme in das Schmelzgut ab. Durch diese Vorteile werden heute kaum mehr **Netzfrequenzinduktionsöfen** (Netzfrequenz = 50 Hz) verwendet. **Hochfrequenztiegelöfen** arbeiten mit Frequenzen von über 10.000 Hz. Da die Eindringtiefe mit steigender Frequenz abnimmt, können in solchen Öfen nur wenige Kg Metall geschmolzen werden, weshalb diese keine industrielle Bedeutung haben.

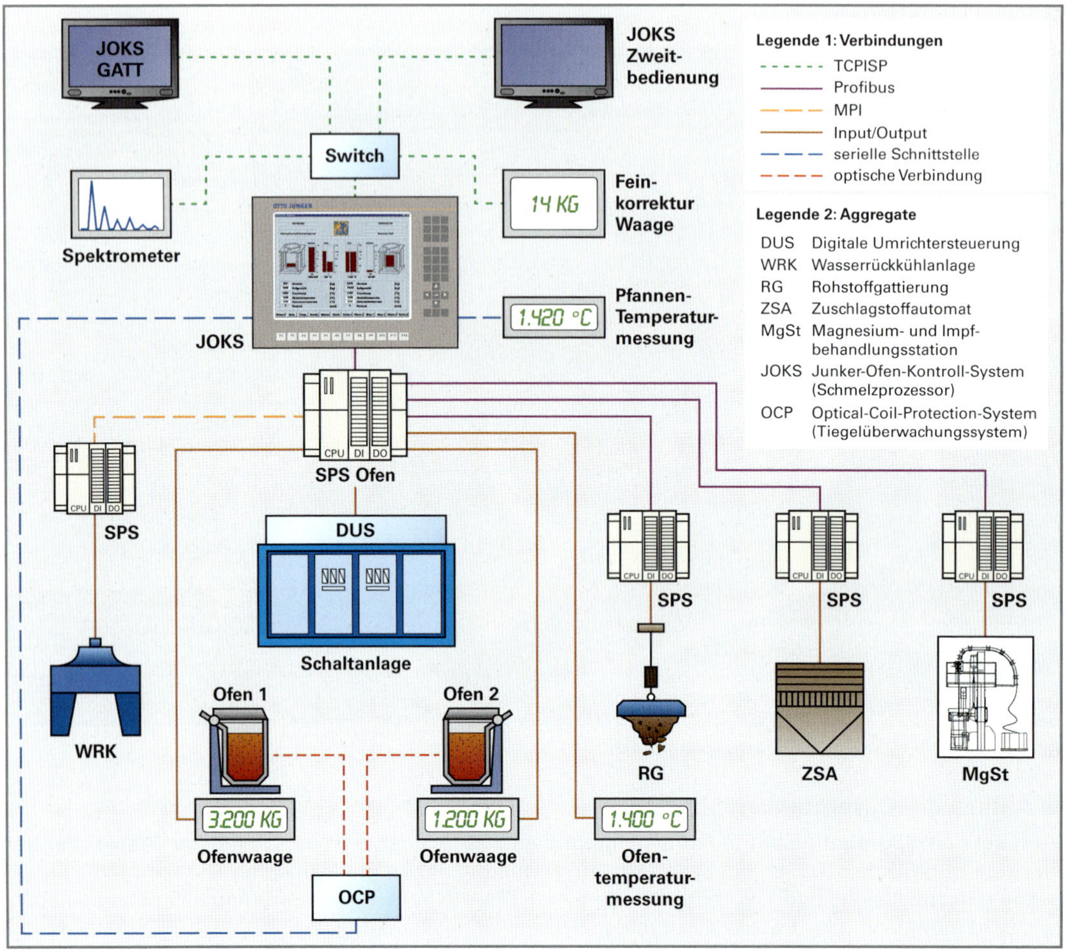

Bild 1: Komplexes Ofenkontrollsystem

Erst durch den automatisierten rechnergesteuerten Betrieb können die Vorteile moderner Mittelfrequenzanlagen in vollem Umfang genutzt werden.

Grundlage der diesbezüglichen Verfahrenstechnik ist die ständige Erfassung des Ofeninhaltes mittels **Wiegeeinrichtung** und die Berechnung und Bereitstellung der zum Erreichen der **gewünschten Schmelzetemperatur** notwendigen elektrischen Energie, bezogen auf das jeweilige **Einsatzgewicht.** Gerade in der Überhitzungsphase ist diese prozessbezogene Betriebsweise ein wesentlicher Sicherheitsfaktor, vergegenwärtigt man sich die hier erreichbaren **Überhitzungsgeschwindigkeiten** in der Größenordnung bis zu 45 °C/min. So wird jede unnötige Überhitzung verhindert, demzufolge wird Energie gespart und Metallverluste durch Oxidation können gesenkt werden. Werden unterschiedliche Legierungen mit abweichenden Schmelzenthalpien geschmolzen, so berücksichtigt dies der Rechner, indem er auf die jeweiligen spezifischen Energiewerte zurückgreift.

Das in Bild 1 dargestellte Ofenkontrollsystem gewährleistet die zuverlässige und transparente Steuerung und Überwachung aller für den Schmelzbetrieb erforderlichen Funktionen und Verfahrensabläufe und sorgt für den Daten- und Informationsaustausch mit übergeordneten Leitsystemen und für die Protokollierung der Chargendaten.

Dabei wird in vielen Fällen die Überwachung, Steuerung und Visualisierung der gesamten Prozesskette von der Gattierung über die Chargierung, das Einschmelzen, die Analysenkorrektur und die Arbeit aller Hilfs- und Nebenaggregate in das System integriert.

Auswahl des Ofentyps bei verschiedenen Metallen

Der **Gesamtwirkungsgrad** eines Ofens gibt an wie viel von der zugeführten Energie in Nutzwärme umgesetzt wird. Dabei weist der **Rinnenofen** einen besseren Gesamtwirkungsgrad als der **Tiegelofen** auf. Der erreichte Wirkungsgrad eines typischen Induktionstiegelofens, bezogen auf das Schmelzen von Gusseisen, liegt bei 75 %. Bei den Metallen mit einem niedrigen elektrischen Widerstand wie z.B. Aluminium und Kupfer treten höhere Verluste auf, als dies bei Eisenwerkstoffen der Fall ist, deshalb wird hier der **Rinnenofen** mit seinem um 15–25 % besseren elektrischen Wirkungsgrad bevorzugt. Der Tiegelofen wird dagegen immer dann eingesetzt, wenn ein häufiger Legierungswechsel erfolgt oder das Einschmelzen von kleinstückigem Einsatzmaterial und Spänen sowie notwendige Legierungsarbeiten eine gute Badbewegung erfordern.

Für die **Eisengusswerkstoffe** kommt als induktives Schmelzaggregat jedoch nur der Induktionstiegelofen infrage, da der energetische Vorteil des Rinnenofens in diesem Werkstoffbereich nicht zu groß ist und andererseits die geforderte hohe Leistungsdichte und eine gute Badbewegung mit einem Rinnenofen nicht realisiert werden können.

Sicherheitseinrichtungen

Der zuverlässige Betrieb der Induktionsofenanlagen und der sichere Schutz des Bedienpersonals vor möglichen Gefahren werden durch eine Reihe von Systemen und Einrichtungen gewährleistet, die im Folgenden aufgeführt werden:

- Notkippeinrichtung um bei längerem Stromausfall den Ofen trotzdem zu entleeren
- Notwassereinspeisung um die Spule bei Stromausfall zu kühlen
- Schutzvorrichtungen der elektrischen Anlage, z.B. durch Not-Aus-Schalter und Stromabschaltung bei Wartungsarbeiten
- Erdschlussüberwachung zur Signalisierung eines Tiegeldurchbruches und eines Erdschlusses in der elektrischen Anlage
- Tiegelüberwachungssystem zur Frühwarnung bei Erreichen kritischer Temperaturen in Spulennähe
- Grubensicherung verhindert Hineinfallen oder Einquetschen durch Einfahren einer Grubenschutzsicherung (Bild 2)
- Schutz vor elektromagnetischen Feldern
- Schutz vor Lärm durch konstruktive Maßnahmen
- Auffanggrube für Notentleerung

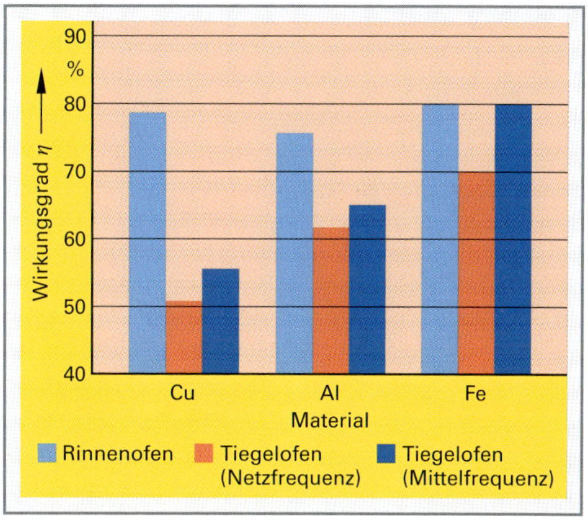

Bild 1: Wirkungsgrade

	Rinnenofen	Tiegelofen
Energieverbrauch/1200 °C	250–280 kWh/t	340–380 kWh/t
Wirkungsgrad	73–82 %	54–60 %
Leistungsdichte	mittel	hoch
Abbrand (Späne)	niedrig	sehr niedrig
Späne einrühren	mittel	sehr gut
Sperriges Einsatzgut	sehr gut	mittel
Kontinuierliche Fahrweise	sehr gut	gut
Intermittierende Fahrweise	ungünstig	sehr gut
Legierungswechsel	aufwendig	einfach
Schmelze behandeln	mittel	sehr gut
Zustellung	auswendig	einfach
Temperaturgleichmäßigkeit	gut	sehr gut
Gestaltung Geometrie Oberofen	sehr gut	begrenzt

Tabelle 1: Vergleich Rinnenofen/Tiegelofen als Beispiel beim Schmelzen von Kupfer

Bild 2: Grubensicherung eines Induktionsofens

Warmhalteöfen

Zum Speichern, Warmhalten und Homogenisieren der Schmelze verwendet man sehr häufig Induktionsrinnenöfen, in seltenen Fällen kommt auch der Kurzspulenofen zum Einsatz. Der Kurzspulenofen ist ein Tiegelofen bei dem sich die Induktionsspule nur über das untere Drittel des Tiegels erstreckt. Von **Vorteil** ist die Möglichkeit der laufenden Entnahmen und der laufenden Befüllung, die gleichzeitig erfolgen kann. Somit ist der Warmhalteofen ein Puffer zwischen Schmelzbetrieb und Gießplatz. Die niedrigen Wärmeverluste, der günstige Wirkungsgrad sowie die vielfältigen Gestaltungsvarianten für die Form des Ofenkörpers sind wichtige Vorteile dieses Ofentyps (Bild 1). Auch die Tatsache, dass eine druckdichte Ausführung einfach zu realisieren ist, erweitert den Einsatzbereich, insbesondere für den Gießprozess und spezielle metallurgische Aufgaben. Die Warmhalteöfen werden dabei so dimensioniert, dass das Fassungsvermögen den Flüssigmetallbedarf mehrere Stunden abdeckt. So reicht zum Beispiel die Baugröße von Induktionsöfen für die Speicherung von flüssigem Eisen bis zu einer Größenordnung von 120 t.

Vergießöfen

Vergießöfen haben neben der **Aufgabe** die Schmelze zu speichern und auf gleichmäßiger Gießtemperatur zu halten bzw. auf die ge-wünschte Temperatur zu erwärmen, die gezielte Dosierung des flüssigen Metalls beim Abgießen der Form zu gewährleisten. In der Eisengießerei ist der Induktionsofen in spezieller Ausführung das bevorzugte Gießaggregat. Für den automatischen Gießprozess, insbesondere an modernen Formanlagen, werden hauptsächlich **druckbeaufschlagte Gießöfen mit Rinnenbeheizung und geregelter Stopfenentleerung** eingesetzt (Bild 2). In das Ofengefäß wird getrocknete Luft oder Stickstoff eingeleitet und damit das Ansteigen der Schmelze durch den Ausgusssiphon in die Gießschnauze bewirkt. Beim Gießen von magnesiumbehandeltem GJS kommt ein inertes Gas (Stickstoff) zum Einsatz um den Abbrand an Magnesium geringzuhalten. In der Ausgussschnauze befindet sich ein Düsenstein, der durch einen Stopfen verschlossen und beim Gießen geöffnet wird. Mithilfe eines **Laserentfernungsmesssystems** oder einer Kamera wird das Eisenniveau im Eingusstrichter erfasst und geregelt. Der Ofen fährt automatisch die unterschiedlichen Eingusspositionen der Formen an. Die **Vorteile** dieser Öfen liegen darin, dass bei Einsatz dieser Öfen der gesamte Gießprozess automatisiert und damit reproduzierbar abläuft. Die Gießtemperatur kann exakt eingehalten werden. Gegenüber Gießpfannen ist der Wärmeverlust und damit der Energieverbrauch deutlich geringer.

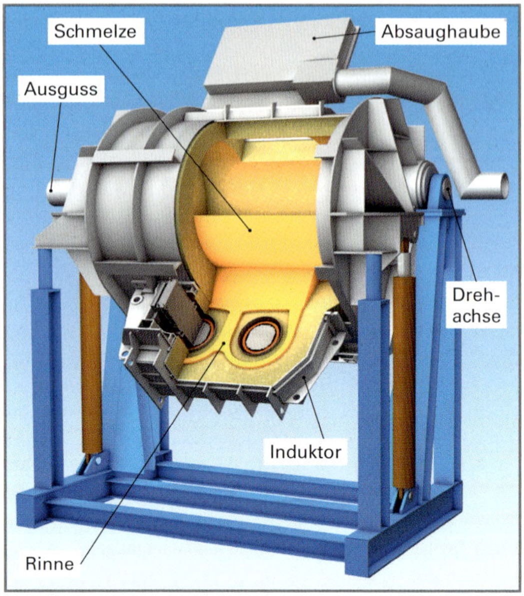

Bild 1: Warmhalteofen

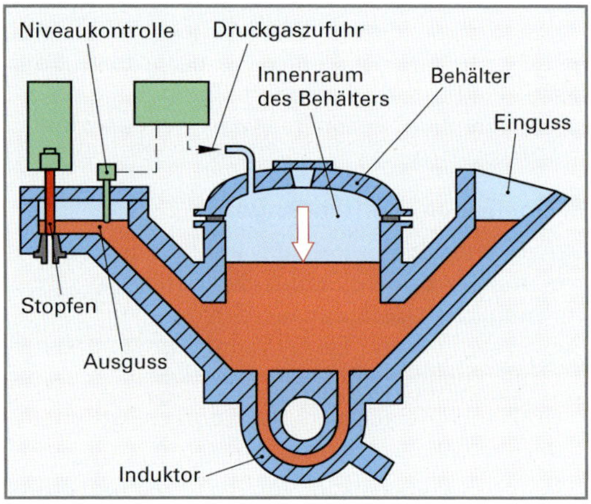

Bild 2: Schema eines Rinnen-Vergießofens

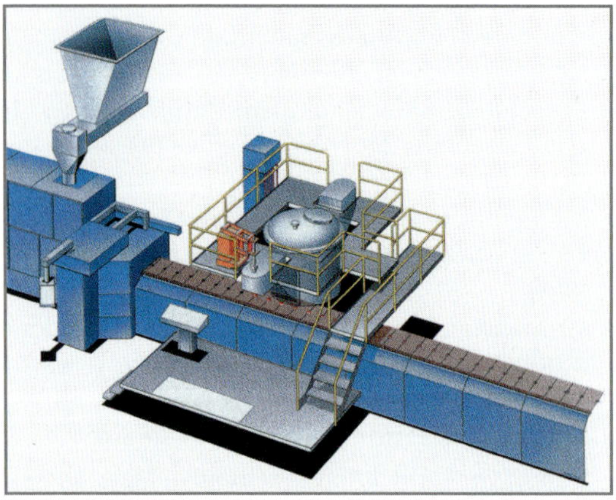

Bild 3: Vergießofen (Rinnenofen) an Formanlage

4.4.3 Lichtbogenofen

Der Lichtbogenofen (Bild 1) wird für das Schmelzen von Stahlguss eingesetzt. Im Lichtbogenofen kann man alle Arten von Schrott aufschmelzen. Die Analysen können im Lichtbogenofen sehr genau eingestellt werden. Mithilfe der Schlacke besteht die Möglichkeit, verschiedene Eisenbegleiter (z. B. Schwefel, Phosphor) aus der Schmelze zu entfernen. Die Temperaturen am Lichtbogen sind sehr hoch (3600 °C) und eine Badbewegung in der Schmelze ist fast nicht vorhanden.

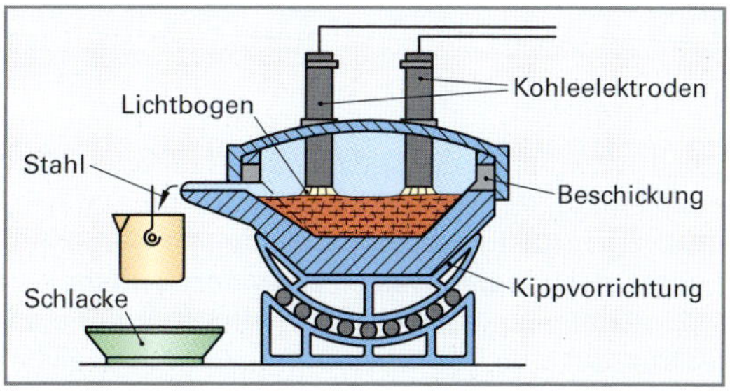

Bild 1: Lichtbogenofen

4.4.4 Drehtrommelofen

Der Drehtrommelofen wird meistens in kleinen und mittleren Gießereien eingesetzt. Im Drehtrommelofen wird chargenweise geschmolzen. Der Ofen wird mit Gas oder Öl beheizt. Neuerdings wird zusätzlich zu Luft für den Verbrennungsprozess Sauerstoff eingeblasen. Dadurch erreicht man eine um ca. 30 % verkürzte Schmelzzeit. Die Bedienung dieser Öfen ist sehr einfach. Die Auskleidung ist meistens eine saure SiO_2-Masse. Der Nachteil dieser Öfen ist, dass der Abbrand an Kohle sehr hoch ist. Eine Aufkohlung bei Grauguss- und auch Kugelgrafitgusslegierungen ist sehr schwierig.

Bild 2: Schlackenablauf an einem Drehtrommelofen

4.4.5 Duplexverfahren

Beim Duplexverfahren wird im Kupolofen vorgeschmolzen, die genaue Analysen- und Temperaturkorrektur erfolgt dann im Induktionsofen (siehe auch Kap. 4.1, Bild 2). Durch dieses Verfahren kombiniert man z. B. die hohe Schmelzleistung des Kupolofens mit den exakteren Analysen und einer genaueren Temperaturführung des Induktionsofens.

Bild 3: Duplexverfahren: Vorschmelzen im Kupolofen (oben) – Analysen- und Temperaturkorrektur im Induktionsrinnenofen (unten)

Wiederholungsfragen

1. Wie werden Schmelzöfen nach Energieträger unterschieden?
2. In welchen Öfen werden Aluminiumwerkstoffe bevorzugt erschmolzen?
3. Nennen Sie Ziele beim Schmelzprozess.
4. Welche Bauarten des Kupolofens sind Ihnen bekannt?
5. Welche Vorteile hat der Heißwind-Kupolofen?
6. Wie ist das grundsätzliche Funktionsprinzip aller Induktionsöfen?
7. Wodurch unterscheiden sich Induktionstiegel- und Induktionsrinnenofen?
8. Wie werden Induktionsöfen nach der Stromeinspeisung unterschieden?
9. Wozu dient die Prozessleittechnik?
10. Nennen Sie den Zweck verschiedener Sicherheitseinrichtungen.
11. Welchen Vorteil hat das Duplexverfahren?

4

4.4.6 Schmelzöfen in NE-Gießereien

Tiegelöfen

Der Tiegelofen besteht aus einem Gas- oder Ölbrenner und einem Tiegel. Der metallische Einsatz kann auch elektrisch durch Heizelemente, die sich im Ofeninnenraum gegenüber dem Tiegel befinden, aufgeheizt werden (widerstandsbeheizter Tiegelofen). Da Öfen mit Brennereinsatz eine ca. 25 % höhere Schmelzleistung aufweisen als widerstandsbeheizte Ofen, werden sie bevorzugt zum Schmelzen eingesetzt. Widerstandsbeheizte Öfen haben unter anderem den Vorteil, dass keine schädlichen Abgase beim Schmelzen oder Warmhalten frei werden, welche die Umgebung und die Schmelze schädigen können. Deshalb setzt man widerstandsbeheizte Öfen hauptsächlich zum Warmhalten ein. Im Ofenraum befindet sich meist ein Tiegel aus Grafit, Siliciumcarbid oder Gusseisen. Der Tiegel mit der zu schmelzenden oder warm zu haltenden Legierung (Aluminium, Bronze usw.) wird in einem mit Deckel verschlossenen Ofenraum aufgeheizt. Dabei gelangt die Schmelzwärme vom Ofenraum über die Tiegelwand zum Einsatzmaterial. Um die Gasaufnahme bzw. den Abbrand relativ klein zu halten, kann man den Schmelztiegel abdecken. Tiegelöfen werden hauptsächlich in NE-Gießereien eingesetzt. Die Steuerung der Öfen ist einfach. Die Öfen können so ausgerichtet werden, dass nach dem Aufschmelzen der Legierung der Tiegel mit einer Scherenzange herausgenommen werden kann. In diesem Fall ist der Schmelztiegel auch der Gießtiegel. Bei Tiegelöfen mit einem fest eingemauerten Schmelztiegel muss der Ofen kippbar sein. Das zu vergießende Metall wird mit einem separaten Gießgefäß direkt am Ofen abgeholt.

Schachtöfen

Der Schachtschmelzofen (Bild 1) spielt heute vor allem in Aluminium-Gießereien eine immer größere Rolle aufgrund seiner hohen Schmelzleistung (300 kg/h bis 7 t/h) und Wirtschaftlichkeit. Der Energieverbrauch zum Schmelzen ist niedrig, da die aufsteigenden, heißen Brennergase das heruntersinkende Einsatzgut im Schacht vorwärmen. Dies bewirkt auch eine hohe Metall-Qualität und geringe Oxidationsverluste.

Mit einem Hebe-Kipp-Gerät werden Masselblöcke sowie gießereiinternes Kreislaufmaterial chargiert. Die automatische Beschickung wird durch die Daten des Ofens gesteuert. Der Schmelzprozess ist kontinuierlich, sodass jederzeit flüssiges Metall der gewünschten Temperatur der Warmhaltekammer des Ofens entnommen werden kann. Dessen Fassungsvermögen liegt – in Abhängigkeit der Schmelzleistung – zwischen einer und zwanzig Tonnen Schmelze. Die Metallentnahme erfolgt entweder über eine Absticheinrichtung oder, besonders bei größeren Anlagen, über eine hydraulische Kippeinrichtung des Ofens.

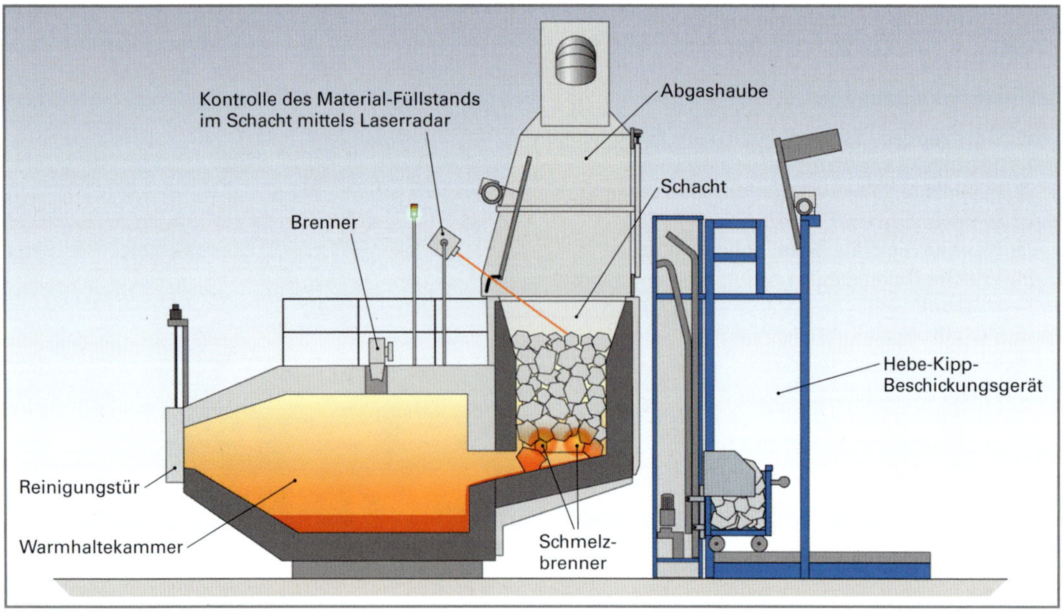

Bild 1: Schachtschmelzofen

Schmelzöfen für Magnesiumguss

Doppelofensystem

Zum Schmelzen und Dosieren von Magnesiumlegierungen wird häufig ein Doppelofensystem (Bild 1) mit vorgeschalteter Masselvorwärmung eingesetzt.

Hierbei werden die unterschiedlichen Anforderungen an den Schmelz- und Warmhalteprozess in zwei entkoppelten Öfen realisiert. Dies wird im Schmelzofen und im Dosierofen, unabhängig voneinander, über elektrische Widerstandsbeheizung, seitlich und am Boden, geregelt.

Die beiden Öfen sind über ein Transferrohr miteinander verbunden. Dieses ist ein beheiztes, kommunizierendes Rohr und verbindet den Tiegel des Schmelzofens mit dem Warmhalteofen. Die meisten Verunreinigungen aus dem Schmelzofen werden so nicht in den Warmhalteofen verschleppt.

Über eine Niveaumessanlage im Dosierofen wird das Chargieren von Masseln und Rücklaufmaterial gesteuert.

Masseln werden aus der Vorwärmung automatisch in die Masselschleuse geschoben und hier spritzfrei in die Schmelze geführt. Für das noch warme, meist sperrige Rücklaufmaterial existiert eine extra Schleuse.

Aus dem Warmhaltetiegel kann eine Schmelze von gleich bleibender Temperatur unmittelbar mit einer Pumpe dosiert werden. In den Nebenzeiten wird die Schmelze in dem Dosierrohr immer auf gleichem Niveau unmittelbar unter dem Auslauf gehalten. An dieser Stelle wird mit Argon begast um eine Oxidation der Schmelze im Rohr zu minimieren. Um Magnesiumbrände in den Tiegeln zu verhindern, wird die Schmelzbadoberfläche mit Schutzgas beaufschlagt, ein Gemisch aus dem Trägergas N_2 mit geringen Mengen an SF_6 oder SO_2. Die Gemischaufbereitung erfolgt in einer speziellen Schutzgasanlage. Das Schutzgas wird kontrolliert auf die Öfen verteilt und in Edelstahlrohren zu den Gasverteilern auf die Tiegeldeckel geführt.

4

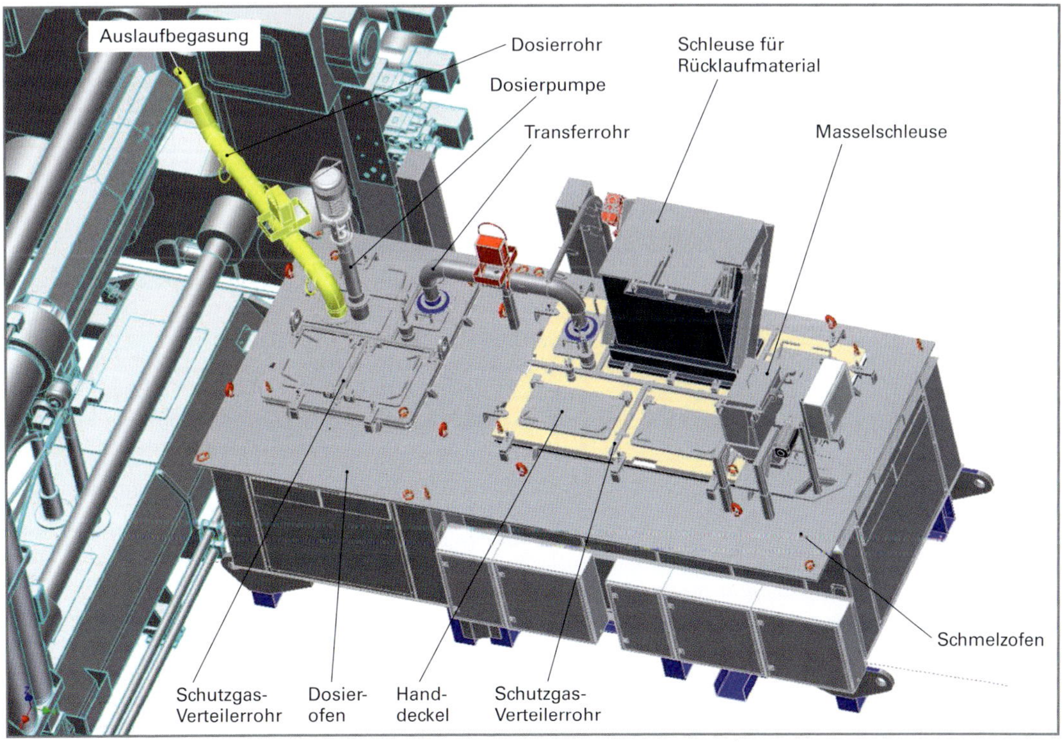

Bild 1: Kaltkammermaschine für Magnesiumdruckguss mit Doppelofensystem

4.5 Zustellung der Öfen mit Feuerfestmasse

Alle Schmelzöfen haben eine Feuerfestauskleidung. Dies ist eine Verschleißmasse, die das Schmelzgefäß vor der Zerstörung durch die Schmelze schützt. Unter der Zustellung eines Ofens versteht man allgemein das Einbringen der Feuerfestauskleidung in den Schmelz- und Ofenraum. Diese Zustellung erfolgt beim Kupolofen durch Spritzen, Mauern oder Einbringen von Feuerfestbetonen, während man bei Elektroöfen die Massen unter Vibration (Rüttler) oder als Fertigtiegel eingesetzt.

Feuerfestauskleidung bei Kupolöfen

Herkömmliche Kaltwindöfen, die lediglich einen Tag schmelzen und anschließend eine neue feuerfeste Zustellung erhalten, können ohne Probleme mit günstigeren **sauren Massen** (hoher SiO_2-Gehalt) zugestellt werden; bei Heißwind-Kupolöfen im Langzeiteinsatz werden oft andere feuerfeste Massen, beispielsweise **basische Massen,** eingesetzt. Diese haben eine höhere Temperaturbeständigkeit und bestehen hauptsächlich aus Magnesit (MgO). Die Temperaturwechselbeständigkeit ist jedoch sehr schlecht.

Feuerfestauskleidung bei Elektroöfen

Elektroöfen sind mit sauren **Massen** ausgekleidet, die ca. 98% SiO_2 (Quarz) enthalten. Eine Quarzitstampfmasse lässt sich leicht in den Tiegel einbringen und hat eine gute Temperaturwechselbeständigkeit. Nach dem Einbringen in den Tiegel muss die Masse gesintert werden. Schäden an einer sauren Feuerfestauskleidung sind leicht zu reparieren. Statt loser Massen kann man auch **Fertigtiegel** einsetzen, was den Zeitbedarf für die Zustellung verringert. Die abgenutzten Tiegel werden mit einer **Tiegelausdrückvorrichtung** entfernt, dadurch spart man Zeit und die Belastung der Mitarbeiter wird deutlich verringert.

Nach jedem **Abkühlen des Tiegels** bilden sich Risse im Ofenfutter, die sich beim Wiederaufheizen des Ofentiegels schließen müssen, bevor sich Schmelze bildet. Sonst dringt diese durch die Risse bis zur wassergekühlten Ofenspule und zerstört sie (Explosionsgefahr).

Neutrale Feuerfestmassen sind meistens so genannte Korundmassen, deren Hauptbestandteil Al_2O_3 (Bauxit) bildet. Besonders in Warmhalteöfen findet man diese Feuerfestmasse; aufgrund ihrer hohen Feuerfestigkeit und hohen Beständigkeit gegen Schlacken erreichen diese Stoffe eine Haltbarkeit von mehreren Jahren.

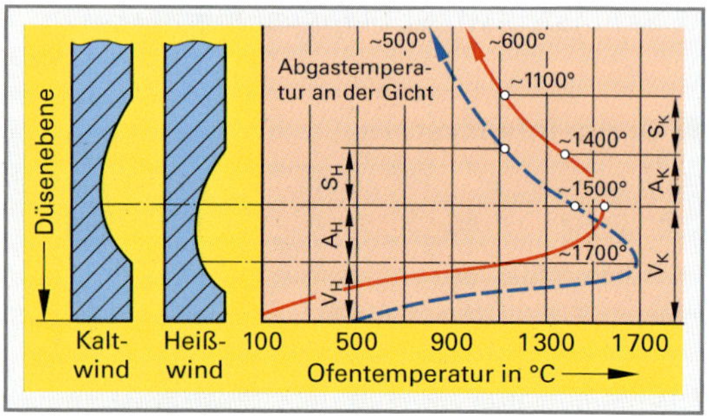

Bild 1: Temperaturzonen und Futterausbrand bei Kalt- und Heißwind-Kupolöfen

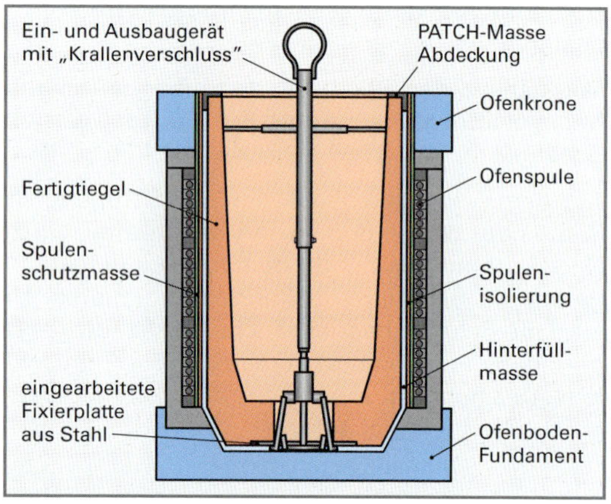

Bild 2: Elektroofen mit Fertigtiegel

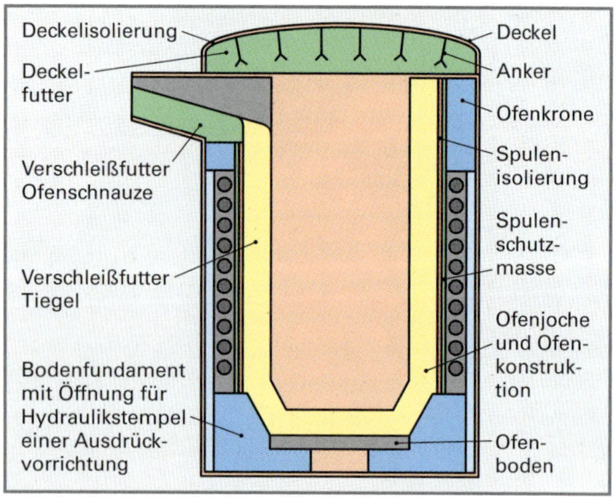

Bild 3: Elektroofen mit Quarzitmasse zugestellt

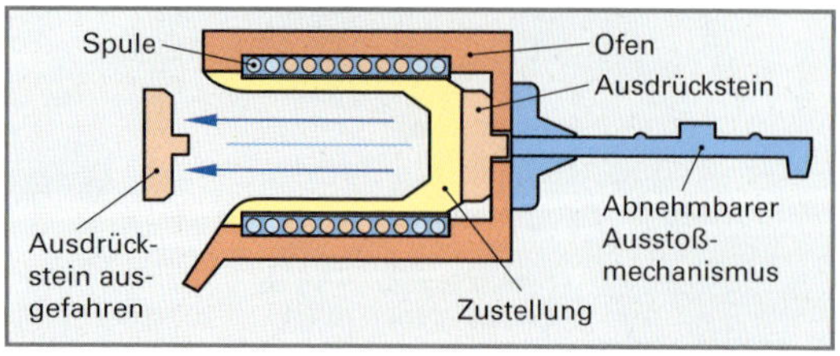

Bild 4: Elektroofen mit Tiegelausdrückvorrichtung

4.6 Gattieren und Einsetzen

Alle Legierungen und Schmelzen haben eine bestimmte Zusammensetzung. Die Zusammensetzung einer Charge nennt man Gattierung. Zur Gattierungsberechnung muss man die chemische Zusammensetzung der Legierung und der einzusetzenden Rohmaterialien kennen. Da beim Schmelzvorgang auch ein Abbrand vorhanden ist, wird auch dieser berücksichtigt. Die Berechnung einer Gattierung ist eine Prozent- bzw. Verhältnisrechnung. Die Berechnung der Gattierung erfolgt vor dem Gattieren. Durch die Analyse hat man auch die mechanischen Festigkeitswerte festgelegt. Jede Werkstoffqualität und Werkstoffart hat eine bestimmte chemische Analyse. So wird z. B. bei Grauguss die Bestellung zunächst einen Normwerkstoff, GJL200, ausweisen. Diese Bestellung besagt, dass das Gussteil mit Gusseisen mit Lamellengrafit von mindestens 200 N/mm² Zugfestigkeit (30 mm Probestab) abgegossen werden soll. Die chemische Zusammensetzung wird nach bestimmten Formeln festgelegt (Bild 1) und daraus die zu erwartende Zugfestigkeit rechnerisch ermittelt.

Bei der Berechnung der Chargiermaterialien (Bild 2) ergeben die Haupteinsatzmaterialien (Roheisen, Stahlschrott, Kreislaufmaterial) zusammen 100 %. Meistens muss zu diesen Rohmaterialien zur Korrektur der Analyse weiteres sogenanntes Legierungsmaterial hinzugegeben werden, damit man die gewünschte Analyse erhält.

Nachdem die Charge berechnet worden ist, wird der so genannte Satz zum Einsetzen in den Ofen bereitgestellt. Das Einsetzen (Chargieren) des Chargiermaterials erfolgt meist mittels Magnet, Beschickungskübel, oder Chargierrinne. Die Beschickung des Ofens kann vollautomatisiert und computergesteuert werden. Die Voraussetzung ist das Wiegen aller Einsatzmaterialien.

$$S_C = \frac{\%\,C\ (\text{Kohlenstoff})}{4{,}23 - \tfrac{1}{3}\ (\%\text{Silicium} + \%\ \text{Phosphor})}$$

$$S_C = \frac{102 - \sigma_B}{80{,}5}$$

S_C = Sättigungsgrad

$$\sigma_B = 102 - 80{,}5 \cdot S_C$$

σ_B = Zugfestigkeitskenngröße

$$\sigma_B = \frac{R_m}{9{,}81}$$

R_m = Zugfestigkeit in N/mm²

Bild 1: Rechnerische Ermittlung der Zugfestigkeit über den Sättigungsgrad

		Analysen der Einsatzstoffe			Analysenanteil aus den Einsatzstoffen		
	Einsatzmaterialien	% C	% Si	% Mn	% C	% Si	% Mn
Haupteinsatzmaterialien	30% Kreislaufmaterial	3,7	2,4	0,7	1,11	0,72	0,2
	20% Stahlschrott	0,4	0,2	0,5	0,08	0,04	0,1
	50% Roheisen	4,0	2,2	1,0	2,0	1,1	0,5
Analysenkorrekturzuschlagstoffe	100%				3,19	1,86	0,8
	1% FeSi 75		75			0,75	
	0,8% Kohle	90			0,72		
					3,91	2,61	0,81
	Abbrand				– 0,2	– 0,2	– 0,1
		Soll-Analyse %			3,71	2,41	0,71

Bild 2: Beispiel für die Berechnung der GJL-Charge

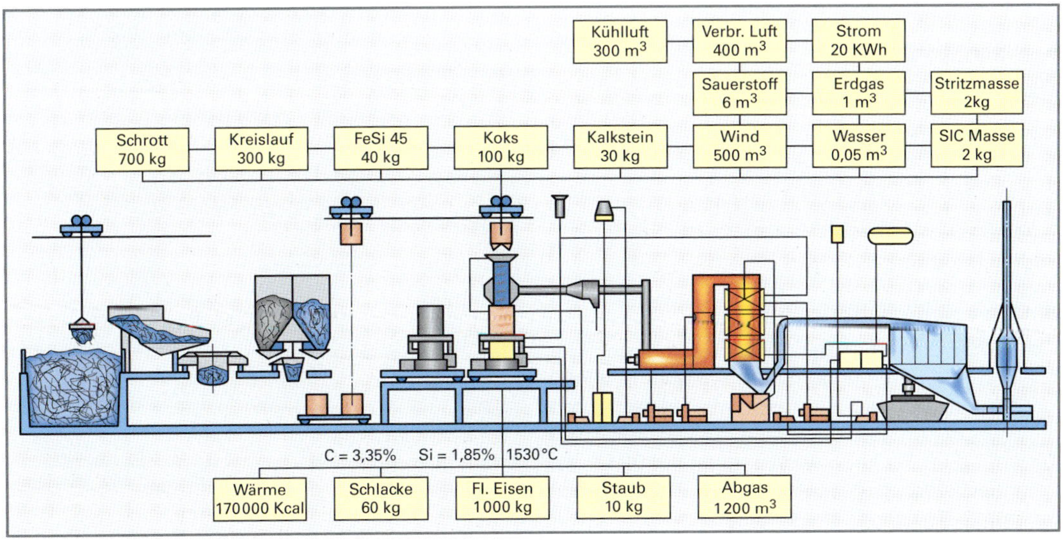

Bild 3: Gattierungsanlage einer Kupolofenanlage (Ausschnitt)

4.7 Aufgabe der Schlacke und Schlackenführung im Schmelzprozess

Beim Schmelzen von Legierungen gibt es durch die Abbrände und den Reinigungsvorgang der Schmelze immer Schlacken. Häufig versucht man mithilfe von sogenannten Schlackenbildnern (z. B. Kalkstein, Dolomit, Flussspat) bestimmte Schlacken zu erzeugen. Die Schlacke reagiert mit der Schmelze und dabei werden bestimmte Begleitelemente wie z. B. Phosphor, Mangan, Schwefel, Sauerstoff, Stickstoff aus der Schmelze ausgefällt (entzogen). Durch diese Reaktionen wird die Schmelze gereinigt.

Bei Kupolofenschmelzen erkennt man anhand der Farbe der Schlacke sehr deutlich den Schmelzablauf. Wird der Kupolofen überblasen, dann hat die Schlacke eine dunkelbraune bis schwarze Farbe. Ein gut geführter Kaltwind-Kupolofen ergibt stets eine grüne Schlacke. Die Farbe der Schlacke ist abhängig von den Abbränden während des Schmelzvorganges.

Bei Gusseisenschmelzen ist die Schlacke spezifisch leichter als die Schmelze und schwimmt deshalb auf der Schmelze. Bei Aluminiumschmelzen hat man diesen Vorteil nicht, deshalb muss die Schmelze gesondert gereinigt werden, dies geschieht meist beim Entgasen und durch Filtern.

Bestimmung der Schlacken

Die Bestimmung und Beurteilung der Schlacke erfolgt anhand des Basizitätsgrades B (Bild 2). Die Basizität wird nach folgender Formel bestimmt:

$$B = \frac{\text{Summe aller basischen Oxide}}{\text{Summe aller sauren Oxide}}$$

$$B = \frac{\%\,CaO + \%\,MgO}{\%\,SiO_2}$$

Grad der Basizität: bis 1 sauer
1,0–1,3 neutral
ab 1,3 basisch

Basische Oxide sind z. B.: MgO, CaO
Saure Oxide sind z. B.: SiO_2

Chemische Reaktionen

Alle Oxide, die sich in der Schmelze befinden (Tabelle 2), reagieren mit der Schmelze und dem Feuerfestmaterial. Das Feuerfestmaterial kann durch diese Reaktion ($SiO_2 \cdot FeO \rightarrow$ Cristobalit oder Tridymit oder Fayalit oder Wüstit; siehe Bild 3) so verändert werden, dass es zu schmelzen beginnt. Es kann z. B. folgende Reaktion ablaufen:

$$CaO + SiO_2 \rightarrow CaO \cdot SiO_2$$

Schrottzugabe in %	Haltbarkeit 3- bis 5-t-Ofen in %	Haltbarkeit 5- bis 10-t-Ofen in %
0	100	100
5	95 bis 100	90 bis 95
10	85 bis 95	80 bis 90
15	70 bis 80	60 bis 80
20	60 bis 75	50 bis 70
25	50 bis 65	40 bis 60
> 30	> 25	> 25

Tabelle 1: Rückgang der Tiegelhaltbarkeit bei steigender Zugabe von stark verrostetem Schrott

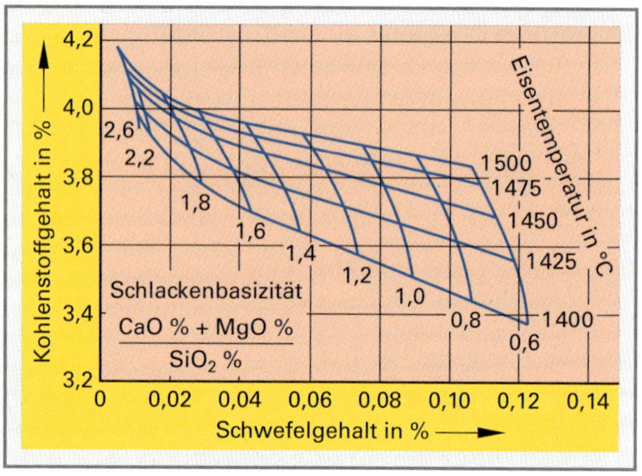

Bild 1: Beziehung zwischen Kohlenstoffgehalt und Schwefelgehalt des Eisens, Schlackenbasizität und Eisentemperatur

Schlackenart	SiO_2 %	Al_2O_2 %	CaO %	MgO %	Fe_2O_2 %	MnO %	S %
Tonschlacke	47,7	10,8	16,9	8,55	4,80	0,36	0,55
Kalk-Schlacke	5,3	0,3	71,5	4,90	6,80	–	0,28
Kalk-Flussspat-Koks	21,8	9,4	54,8	9,98	2,00	0,20	1,62
Kalk-Flussspat-Koks	25,2	3,54	52,3	9,00	2,48	0,68	1,51
(Stadium O_2)	2,48	0,12	69,3	3,62	2,48	0,09	0,60
Carbidschlacke	6,78	6,80	65,8	12,81	2,40	0,19	0,71
Carbidschlacke							

Tabelle 2: Chemische Zusammensetzung von Schlacken

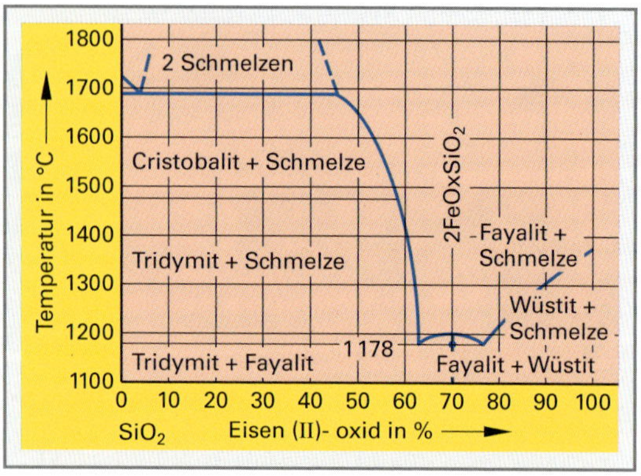

Bild 2: Zweistoffsystem Kieselsäure-Eisen(II)-oxid

4.8 Schmelzebehandlung von Gusseisen

Schmelzen haben nach dem Schmelzvorgang nicht immer die gewünschten Zustandseigenschaften. Deshalb muss die Schmelze vor dem Vergießen noch eine Schmelzebehandlung erfahren. Es gibt verschiedene Arten von Schmelzebehandlungen, so muss z. B. eine Schmelze, die während des Schmelzprozesses Sauerstoff oder Stickstoff aufgenommen hat, entgast werden.

4.8.1 Desoxidation

Beim Schmelzen von Stahl lässt es sich nicht vermeiden, dass der Stahl bei diesem Vorgang Sauerstoff aufnimmt. Beim Abgießen eines nicht beruhigten bzw. nicht desoxidierten Stahls bekommt man Gasblasen in den Abguss (Bild 1). Aus diesem Grunde gibt man sauerstoffaffine (sauerstoffverwandte) Elemente wie z. B. Al, Ca oder Si kurz vor dem Abguss der Schmelze hinzu. Dabei wird Sauerstoff z. B. zu Al_2O_3 in Form von Schlacke gebunden.

4.8.2 Impfen von Gusseisen

Schmelzen haben oft nach dem Aufschmelzen des Rohmaterials einen sogenannten schlechten Keimzustand. Bei einem schlechten Keimzustand entwickelt sich das während der Erstarrung ausbildende Gefüge nicht optimal, dadurch verschlechtern sich die Werkstoffeigenschaften, aber auch die Fließfähigkeit der Schmelze verschlechtert sich und die Neigung zur Lunkerbildung bzw. Mikroporosität kann zunehmen. Durch Hinzugabe von Fremdkeimen (Impfen) bekommt man ein optimales Gefüge, optimale mechanische Eigenschaften und die Qualität des Gusses und die Bearbeitbarkeit wird verbessert.

Die meisten Impfmaterialien enthalten Elemente mit einer sehr hohen Sauerstoffaffinität (Al, Si, Sr, Ba, Ca, Zr, Ce, Mg, Mg, Ti usw.).

Die Impfmittelzugabe erfolgt in kleinen Mengen (für Gusseisen mit Lamellengrafit z. B. 0,1 bis 0,3 %, bei Gusseisen mit Kugelgrafit 0,3 bis 1,0 %). Die Impfmaterialien haben normalerweise eine Körnung zwischen ca. 1 mm bis 6 mm. Eine gleichmäßige Zugabe dieser Materialien in die Schmelze ist sehr wichtig. Da der Impfeffekt mit der Zeit nachlässt (abklingt), wird zum Teil auch eine Formimpfung durchgeführt (Bild 2 und 3).

Die Formimpfung dient nur als Zusatzimpfung, es sollte deshalb stets eine Vorimpfung erfolgen. Bei der Formimpfung gibt man nur max. 0,1 % Impfmaterial hinzu. Bei einer größeren Impfmaterialzugabe wird meistens unaufgelöstes Impfmaterial in Form von Schlacke im Gussteil wiedergefunden.

Bild 1: Ausschnitt aus dem Laufradkranz einer Peltonturbine, unlegierter Stahlguss (0,50 % C, 0,80 % Mn, 0,50 % Si). Oberflächenblasen als Folge einer nicht ausreichenden Desoxidation (0,015 % Al, angestrebt 0,04 % Al)

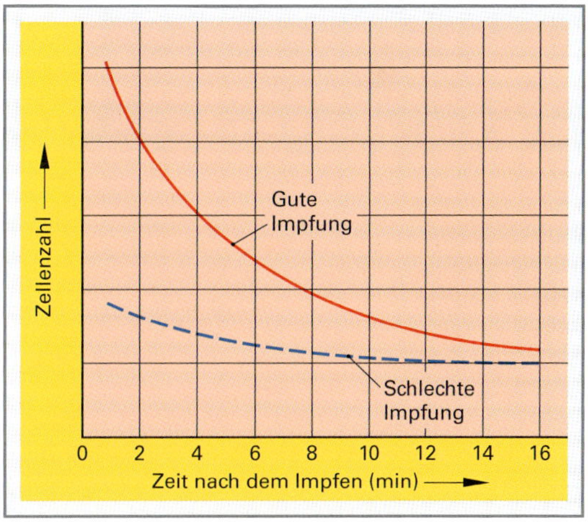

Bild 2: Abklingen des Impfeffektes

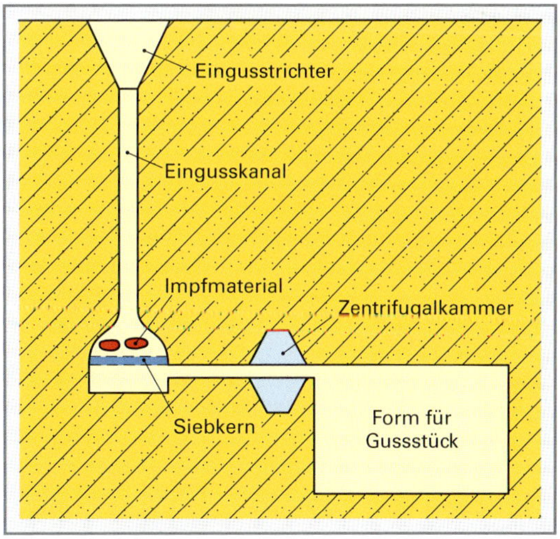

Bild 3: Formimpfung

4.9 Temperaturmessung

Verschiedene Legierungen haben unterschiedliche Schmelztemperaturen (Aluminiumlegierungen 660 bis 750 °C, Eisenlegierungen 1160 bis 1600 °C, Stahllegierungen 1550 bis 1650 °C, Kupferlegierungen 1100 bis 1200 °C). Die Gießtemperatur ist meistens ca. 150 °C höher als die Schmelztemperatur. Um eine gute flüssige Legierung zum Vergießen zu erhalten, muss die Temperatur genau gemessen werden. Da auch die Lunkerneigung und Lunkergröße von der Gießtemperatur abhängig sind, muss die Temperatur der Schmelze im Ofen und in der Gießpfanne vor dem Vergießen gemessen werden.

Die Temperaturmessung kann indirekt optisch mit einem Pyrometer oder direkt mit einem Tauchpyrometer (Bild 1) gemessen werden. Die direkte Messung in der Schmelze ist die genaueste.

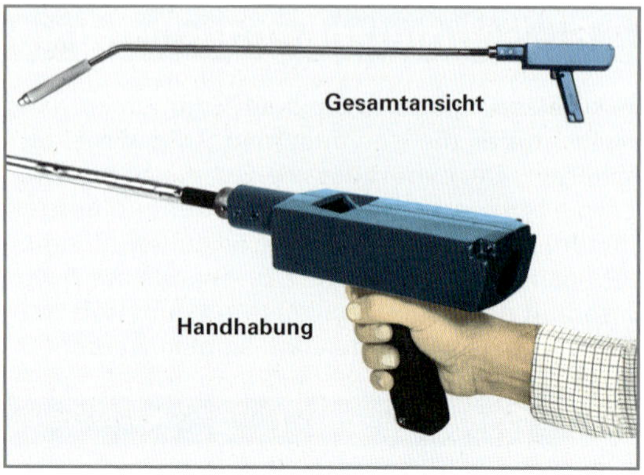

Bild 1: Temperaturmessung mit Tauchpyrometer

4.10 Gießpfannen

Zum Vergießen der Schmelze verwendet man sogenannte Gießpfannen. Die Pfannen haben unterschiedliche Formen. Am häufigsten wird die **offene Pfanne** verwendet. Bild 2 zeigt eine offene Gießpfanne in Verbindung mit einem Krangießgehänge. Sie wird über die Gießschnauze ausgegossen.

Bild 2: Offene Gießpfanne in Verbindung mit einem Krangießgehänge

Die **Trommelpfanne** sieht wie eine liegende Trommel aus und hat den Vorteil, dass die Wärmeverluste sehr gering sind, da die Pfanne bis auf die Ausgussöffnung überall geschlossen ist.

Beheizbare Pfannen (meist elektrisch) werden vor allem dann eingesetzt, wenn Temperaturverluste zwischen Schmelzofen und Vergießbereich gering gehalten werden sollen. Sonst notwendige höhere Schmelztemperaturen kosten Energie und schädigen oft die Schmelze (Gasaufnahme, Oxidation).

Pfannen sind regelmäßig auf ihren Zustand hin zu überprüfen und entsprechend zu kennzeichnen. Durch Undichtigkeit kann die Schmelze unkontrolliert aus der Pfanne austreten und es entsteht ein Sicherheitsproblem. Schäden müssen sofort dem zuständigen Vorgesetzten gemeldet werden.

An Formanlagen werden teilweise Formen über Zwischenpfannen (Bild 3) abgegossen. Die Vorteile bestehen im einfacheren Impfen, in der leichteren Zugabe von Legierungselementen und in der höheren Gießleistung gegenüber dem Vergießofen mit Stopfen.

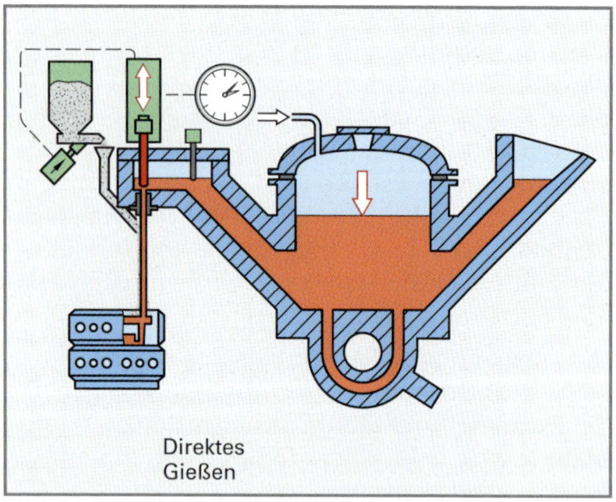

Bild 3: Induktionsrinnenofen als Vergießofen

Stopfenpfannen

Für das Gießen von Stahlguss (Bild 1), jedoch auch in automatischen Anlagen von Eisengießereien, verwendet man Stopfenpfannen. Bei der Stopfenpfanne ist die Ausgussöffnung am Boden der Pfanne. Dies hat den Vorteil, dass die Schlacke nicht mit dem Gießmetall vergossen wird. Weitere Vorteile sind einfache, schnelle und laminare Formfüllung. Dies wird erreicht durch kontrollierte Gießstrahlführung mittels eines gut funktionierenden Zusammenwirkens von Pfanne und Stopfen. Bild 2 zeigt eine solche Lösung: Die Ausgussöffnung wird kontrolliert betätigt durch ein an der Pfanne befestigtes Gestänge.

Der Stopfen muss in seiner Geometrie (Bild 3) mit dem, in die Pfanne eingesetzten, Ausguss genau abgestimmt sein, damit der Gießstrom gleichmäßig abfließt. Dies ist auch aus Gründen der Arbeitssicherheit wichtig.

Stopfenarten

Grundsätzlich gibt es zwei Arten von Stopfen: Einmalstopfen und Monoblockstopfen für eine Mehrfachverwendung. Der Einmalstopfen stellt zurzeit die einzige Möglichkeit dar, die Stopfenpfannentechnologie bei sehr großen, hohen und schlanken Pfannen anzuwenden. Bei geringeren Längen bietet sich die Monoblockstopfentechnologie an. Hierbei kann der Stopfen mehrmals verwendet werden.

Damit es zu keiner Klebewirkung zwischen Stopfen und Ausguss kommt, erhält der Werkstoff besondere Bedeutung. Besonders bewährt hat sich hierbei als Werkstoff eine Grafit-Tonerde-Verbindung beim Stopfen und beim Ausguss.

Siphonpfannen (Bild 4)

Auch bei Siphonpfannen besteht der Vorteil darin, dass beim Gießen das Gießmetall von unten abgezogen wird und die Schlacke oben bleibt.

Feuerfestauskleidung der Pfannen

Alle Gießpfannen müssen mit feuerfesten Massen ausgekleidet werden. Je nach Gusswerkstoff und Einbringung kommen unterschiedliche Massen zur Anwendung. In Eisengießereien sind das z.B. eine Reihe zementfreier, hochfester Feuerfestbetone. Die Zustellung kann auf unterschiedliche Art erfolgen. So kann z.B. eine pulverförmige Pfannenauskleidung zwischen den Stahlmantel der Pfanne und eine Schablone (Körper der Innenform) eingefüllt werden. Initiiert durch eine Zündflamme härtet diese Masse selbsttätig durch exotherme Reaktion aus. Eine einfachere Möglichkeit stellen vorgeformte Pfannenauskleidungen dar. Zur manuellen Einbringung stehen außerdem Feuerfeste Steine, Batzenmassen und Stampfmassen zur Verfügung.

Bild 1: Gießen von Stahlguss mit Stopfenpfanne

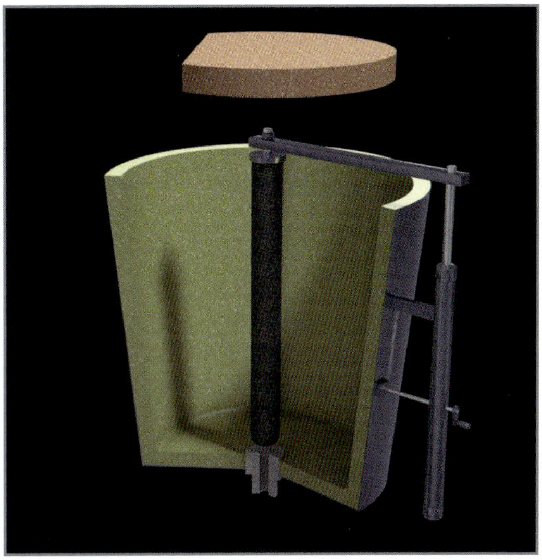

Bild 2: Stopfenpfanne

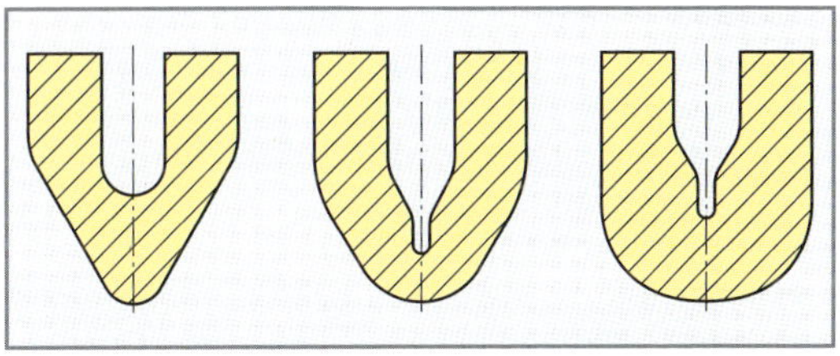

Bild 3: Unterschiedliche Stopfengeometrie

Bild 4: Siphonpfanne

4.11 Arbeitssicherheit und Unfallverhütungsvorschriften

Die Unfallgefahren in einer Gießerei sind sehr vielfältig. Deshalb gibt es für alle Bereiche Sicherheitsvorschriften, z.B. die Unfallverhütungsvorschrift UVV „Gießereien“ und Broschüren der „Arbeitsgemeinschaft der Eisen- und Metall-Berufsgenossenschaft“, die dort kostenlos für die Mitgliedsbetriebe erhältlich sind. Besonders interessant ist der „Sicherheitslehrbrief für den Gießereiarbeiter“, der ebenfalls über die zuständige Berufsgenossenschaft bezogen werden kann. Die Beachtung der Sicherheitsvorkehrungen durch Betriebe und Arbeitnehmer hat seit Jahren zu einer Abnahme der Arbeitsunfälle in Gießereien geführt.

Sicherheitskleidung

Sicherheitskleidung bzw. **„persönliche Schutzausrüstung“** ist zur Vermeidung von Verletzungen in der Gießerei besonders wichtig. Bilder 1 und 2 zeigen hierfür Beispiele. Primäre Schutzkleidung sollte immer getragen werden, wenn man mit flüssigem Metall zu tun hat. Sekundäre Schutzkleidung wird dort getragen, wo der Mitarbeiter nicht unmittelbar mit Schmelze in Berührung kommt.

Beim Ausbrechen von Öfen oder Pfannen bilden sich lungengängige Feinstäube (Gefahr einer Staublunge), gegen die man sich mit besonderen Staubmasken schützen muss (Bild 3).

Sicherheitsbewusstes Verhalten

Unfälle und Berufskrankheiten können nur verhütet werden, wenn jeder Einzelne folgende Regeln beachtet:

- Sicherheitsbewußtes Handeln (Bild 3)
- Einrichtungen, Maschinen und Geräte bestimmungsgemäß benutzen
- vorgeschriebene und erforderliche persönliche Schutzausrüstungen tragen
- Schäden und Mängel melden
- Mitarbeiter, die sicherheitswidrig handeln, auf ihr Fehlverhalten hinweisen

Jeder Mitarbeiter **muss** streng und sorgfältig die Sicherheitsbestimmungen beachten, damit er und seine Kollegen vor Unfällen bewahrt bleiben.

Instandhaltung

Für Instandhaltungsarbeiten gelten ebenfalls besondere Sicherheitsrichtlinien, die den Unterlagen der Anlagenhersteller zu entnehmen sind.

Sicherheitsunterweisungen

Jeder Gießereimitarbeiter muss regelmäßig zweimal pro Jahr eine Sicherheitsunterweisung erhalten. Hierbei wird u.a. der sichere Umgang mit den Anlagen erläutert.

Bild 1: Schutzkleidung beim Abstich in Gießpfanne

Bild 2: Schutzkleidung für Mitarbeiter im Schmelzbetrieb

Bild 3: Sicherheitskennzeichnung nach DIN EN ISO 7010

Sicherheit im Schmelzbetrieb
(siehe auch Seite 225)

Gattierungsbereich

Im Gattierungsbereich befinden sich alle Rohmaterialien, die im Schmelzbetrieb eingesetzt werden. Hier kann es zu Verletzungen durch herabfallende Einsatzmaterialien kommen (Quetsch- und Schnittverletzungen) sowie zu Verbrennungen durch den Einsatz feuchter Materialien.

Wege müssen stets frei, begeh- und befahrbar sein. Fluchtwege müssen offen gehalten werden. Verboten ist der Aufenthalt unter schwebenden Lasten. Beim Stapeln von Materialien darf keine Einsturz- bzw. Umkippgefahr bestehen.

Feuchtes, rostiges Einsatzmaterial, das mit Schmelze in Berührung kommt, birgt enorme Verletzungsgefahren (Bild 1). Automatische Chargierrinnen (Bild 2) und das Vorwärmen des Einsatzmaterials (Bild 3) verringern das Verletzungsrisiko.

Schmelzbereich

Brandwunden sind sehr schmerzhaft und heilen langsam. Um diese zu vermeiden, muss der Mitarbeiter im Schmelzbetrieb Sicherheitskleidung tragen. Betriebs- und Sicherheitsanweisungen sind genau zu beachten. Falsche Maßnahmen bei der Behebung von Störungen und ein ungesichertes Eingreifen können zu Unfällen führen.

Die Ofenanlage muss gut aufgeräumt sein, damit die Fluchtwege und Fluchttüren begehbar sind.

Bild 4 zeigt eine weitere Gefahrenquelle beim Induktionsofen: Sollten sich Risse in der feuerfesten Auskleidung bilden, besteht die Gefahr, dass die Kupferspule durch eindringende Schmelze beschädigt, bei großen Schmelzemengen (Tiegeldurchbruch) sogar zerstört wird (Explosionsgefahr). Die Erdschlussüberwachung, eine Sicherungsmöglichkeit gegen Tiegeldurchbrüche, schaltet den Ofen automatisch ab, wenn sich die Schmelze den Kupferspulen nähert.

Generell muss es im Ofenbereich trocken sein, Feuchtigkeit z. B. unter Kupolöfen oder in Notauslaufgruben von Induktionsöfen ist nicht zulässig.

Wiederholungsfragen

1. Warum impft man eine Schmelze?
2. Auf den letzten Seiten wurde immer wieder das Thema Arbeitssicherheit im Schmelzbetrieb angesprochen. Sammeln Sie die verschiedenen Punkte und ordnen Sie diese nach entsprechenden Gruppen (z. B. Sicherheitskleidung, Informationen zur Arbeitssicherheit).

Weitere Wiederholungsfragen Seite 227

Bild 1: Großguss-Gießer in Schutzkleidung

Bild 2: Automatische Chargierrinne

Bild 3: Gas- oder ölbetriebener Chargentrockner

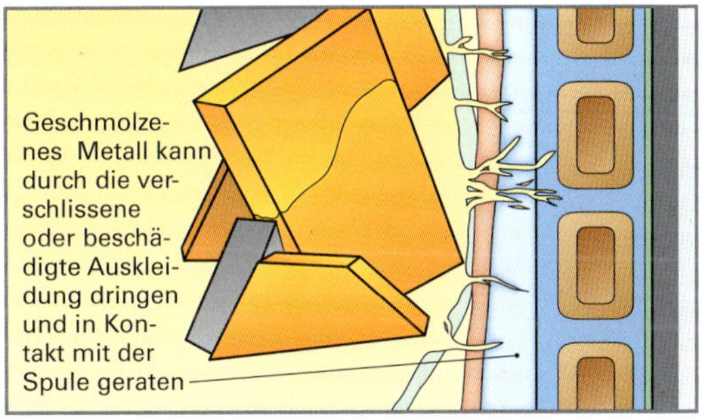

Bild 4: Tiegeldurchbruch (Induktionsofen)

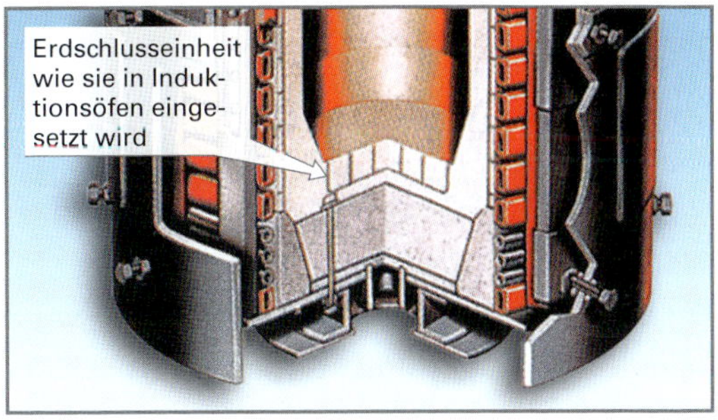

Bild 5: Erdschlussüberwachung

5 Putztechnik

5.1 Aufgabe

Die Putzerei hat die Aufgabe, die Gussteile von Formstoff, Einguss- und Speisersystem, Formgrat und anderen Unebenheiten zu befreien.

5.2 Gussputzerei Bereiche

Die Bereiche der Gussputzerei umfassen das Auspacken, Strahlen, Trennschleifen, Schleifen und Entgraten. Zunehmend werden das Putzen und Kühlen in den Produktionsfluss der Gussteilherstellung mit einbezogen. Ein solcher Produktionsfluss kann wie folgt aussehen:

- Formen und Gießen
- Kühlung der Formen auf Standbahn oder auf dem Ballenkühler bei GJS/GJL bis auf ca. 700 °C
- Auspacken der Gussteile in einer Schwingtrommel. Hierbei werden die Gussteile bis auf ca. 120 °C heruntergekühlt.
- Nachkühlung des Gusses über Förderrinnen
- Strahlen
- Trennschleifen von Einguss und Speiser
- Entgraten (vorwiegend durch Schleifen)
- Gusskontrolle, Sortieren und Versand

Auspacken

Unter Auspacken versteht man das Herausnehmen der Gussteile aus der Form durch Ausleeren, Ausdrücken, Vibrieren, Trommeln und teilweise bereits durch Strahlen (Auspackstrahlen). Das Auspacken von Hand oder mit Pressluftmeißeln beschränkt sich auf Einzelfälle. Heute stehen zum Auspacken Einrichtungen wie Ausschlagrost, Förderrost, Ausleertrommel oder Auspackrohr zur Verfügung.

Strahlputzen

Durch das Strahlputzen werden die am Gussteil haftenden Formstoffreste entfernt und eine metallisch blanke Oberfläche erzielt. Als Strahlmittel werden, je nach Werkstoff, Stahldraht-, Stahlguss- und Hartgusskörner, Glasperlen oder anderes verwendet. Wegen Silikosegefahr ist Strahlen mit Sand im Allgemeinen verboten.

In Putzkabinen werden vorwiegend kleine Gussteile und in Putzhäusern teilweise große Gussteile gestrahlt.

Nassputzen

Beim Nassputzen werden Gussteile in einer Kabine mit einem Hochdruckwasserstrahl gereinigt. Dieses Verfahren wird nur noch selten angewandt.

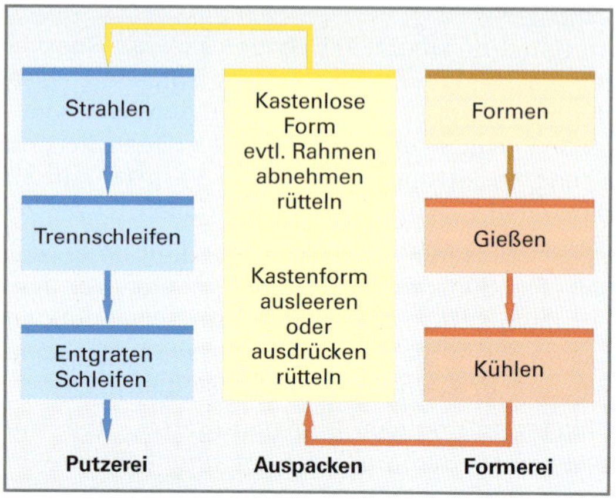

Bild 1: Durchlauf des Gussteils

Bild 2: Trennrinne zum Trennen von Guss und Formstoff (Auspacken)

Bild 3: Putzhaus zum Strahlen von Großguss

5.3 Auspacken

Zur Trennung von Formkasten, Formstoff und Gussteil werden folgende Einrichtungen eingesetzt:

Ausschlagrost (Ausleerrost)

Der Ausschlagrost rüttelt das Gussstück aus dem Formkasten aus (Bild 1). Hierbei fällt der losgerüttelte Sand durch den Rost und wird der Sandaufbereitungsanlage zugeführt. Die Rüttelbewegung wird von Vibrationsmotoren erzeugt. Ausschlagroste werden bei Gussgewichten bis zu 300 t eingesetzt. Problematisch ist bei Rüttelrosten die Entwicklung von Lärm, Vibrationen und Staub.

Förderrost

Der Förderrost (Bild 2) ist ähnlich wie der Aufschlagrost aufgebaut. Er übernimmt die Guss-Sand-Pakete vom Ausstoßer oder Abschieber. Durch die Schwingbewegung wird ebenfalls der Sand getrennt und fällt durch den Rost nach unten. Eine Unwucht bei der Schwingbewegung bewirkt jedoch gleichzeitig eine Förderbewegung. Es kann auch vorteilhaft sein, wenn der Sand zur Schonung der Gussteile nach der Trennung zunächst unter dem Gussteil bleibt. Diese Einrichtung wird dann als Schwingförderer bezeichnet.

Ausleertrommel

In Ausleertrommeln werden die Gussteile durch die Drehung der Trommel vom Formballen getrennt. Diese Methode ist mit weniger Lärm, Staub und körperlicher Arbeit verbunden als die oben beschriebenen Methoden. Eine einfache Bauart der **Ausleertrommel** besteht aus zwei ineinanderliegenden Trommeln; durch die Löcher der inneren kann der Sand durchfallen. Meistens sind die Trommeln als **Durchlauftrommeln** konstruiert, sodass die Gussteile durch die Trommel hindurchgefördert werden. Die Funktion des Trennens wird wesentlich verstärkt, wenn die Trommel als **Schwingtrommel** ausgeführt ist. Trommeln haben häufig zusätzlich oder ausschließlich die Funktion als **Kühltrommel.** Eine zweckmäßige Lösung besteht auch darin, eine Ausleertrommel mit Kühlfunktion (Bild 3) und eine Strahltrommel (Bild 4) hintereinander anzuordnen. Mit den beschriebenen Möglichkeiten des Auspackens wird gleichzeitig der Vorgang des Entkernens durchgeführt. Unter **Auspackstrahlen** versteht man das Strahlen von kompletten Kaltharzformen.

Bild 1: Auspacken mit Ausschlagrost

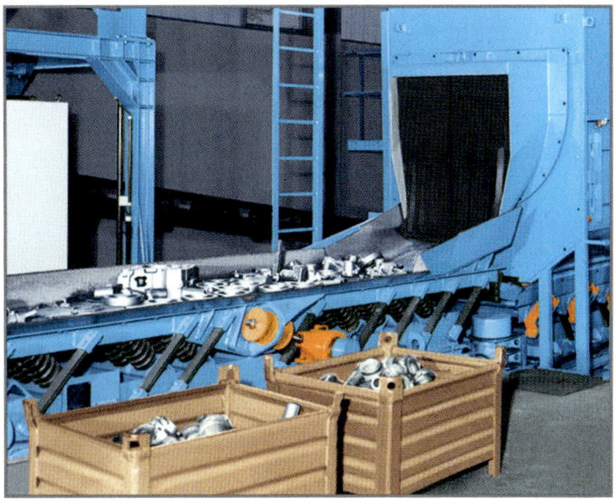

Bild 2: Förderrost

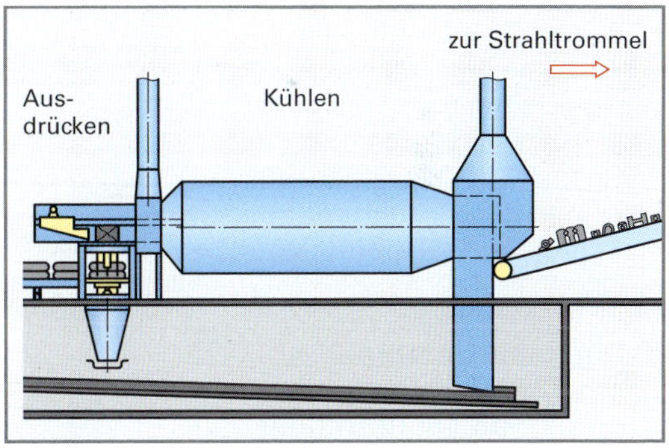

Bild 3: Ausleertrommel mit Kühlfunktion

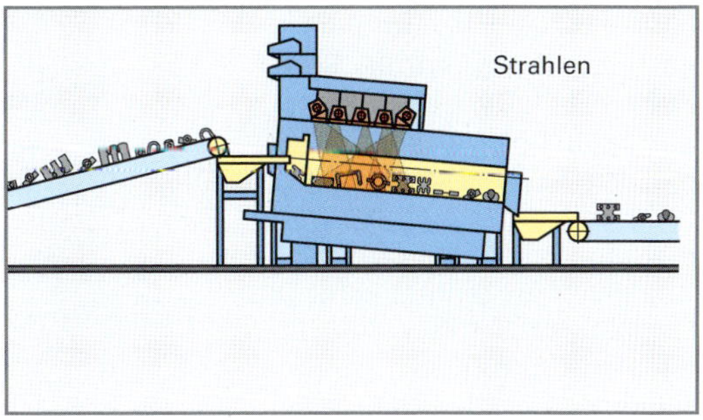

Bild 4: Strahltrommel

5

5.4 Strahlen

Bei den verschiedenen Strahlverfahren wird das Strahlmittel entweder mit Pressluft oder Schleuderrad auf das Putzgut geschleudert. Der Sandabtrag wird beim Schleuderradstrahlen durch Geschwindigkeiten des Strahlmittels von bis zu 85 m/s und beim Luftstrahlen von bis zu 150 m/s erreicht. Bild 1 zeigt das Prinzip der Schleuderstrahltechnik. Während des Strahlvorgangs fließt eine einstellbare Menge Strahlmittel durch den Zulauftrichter zum Schleuderrad. Das Strahlmittel bestrahlt eine bestimmte Fläche, das sogenannte Strahlbild.

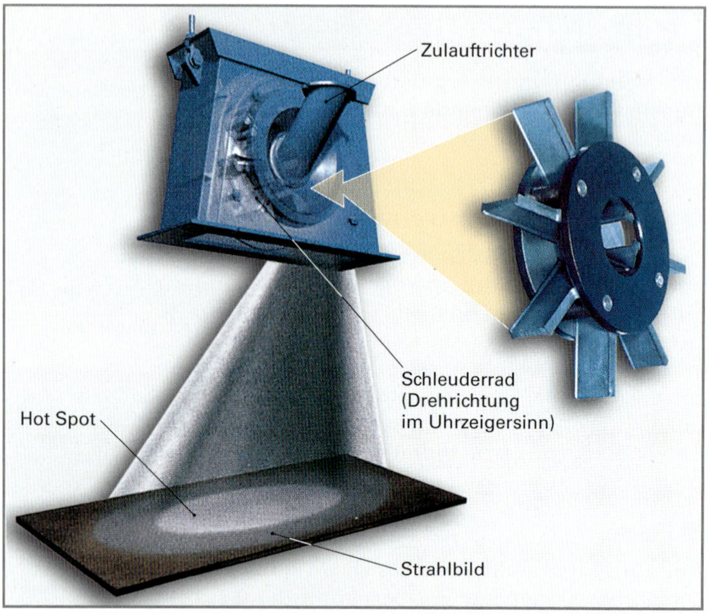

Bild 1: Schleuderrad mit Strahlbild

Durchlauf-Trommelstrahlmaschine mit kontinuierlicher Trommeldrehung

Die Strahlanlage (Bild 2) wird durch eine Schwingrinne beschickt. Durch die Trommelbewegung der Strahlmaschine werden die Gussstücke ständig gewendet und durch mehrere Schleuderräder allseitig gestrahlt. Eine entsprechende Lochung der Trommel sorgt für das Ablaufen von Strahlmittel und Formstoff. Die Wirksamkeit der Strahlmaschine hängt von der durchgesetzten Gussstückmenge ab.

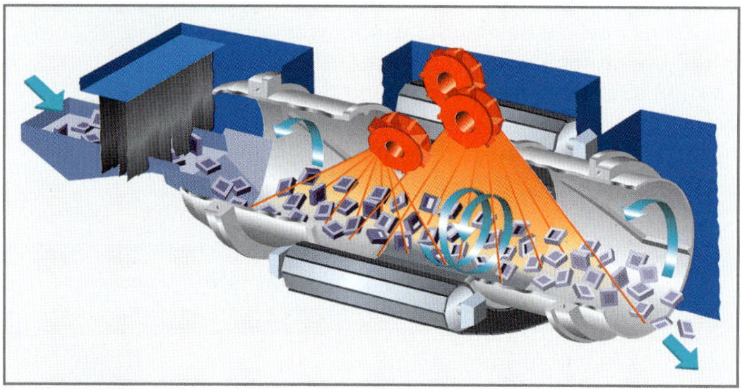

Bild 2: Durchlauf-Trommelstrahlmaschine mit kontinuierlicher Trommeldrehung

Durchlauftrommel mit 120°-Drehung und offener polygonförmiger Trommel

Bei dieser Durchlauftrommel (Bild 3) ist die Innentrommel ein gelochter Polygontrog. Bild 4 zeigt die 120°-Drehbewegung der nach oben offenen Trommel. Die Schleuderräder sind in Längsachse der offenen Trommel angeordnet, sodass die volle Strahlenergie genutzt wird. Die Gussstücke werden aufgrund der Polygonform der Trommel schonend gewendet und allseitig gestrahlt.

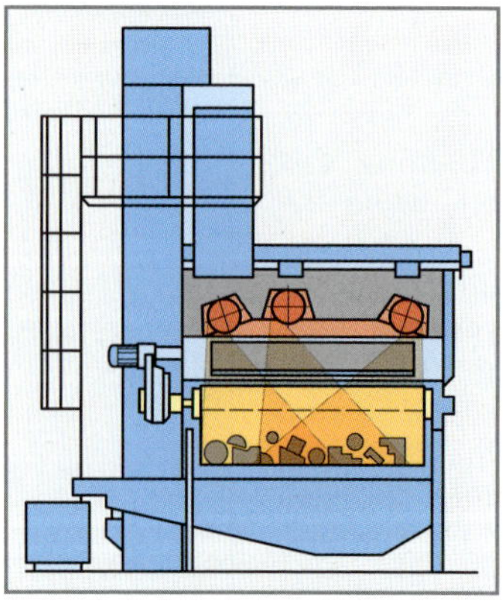

Bild 3: Durchlauftrommel mit 120°-Drehung

Bild 4: Strahlvorgang

Muldenbandanlagen

Bei diesem System werden die Gussteile durch ein endlos umlaufendes Stahlraupen- oder Gummiband umgewälzt (Bild 1). Das Putzgut gelangt über eine Beschickungseinrichtung in den muldenförmigen Strahlraum.

Dieses System wird in kleinen und großen Einheiten ausgeführt. Es eignet sich besonders für die chargenweise Anlieferung von Guss.

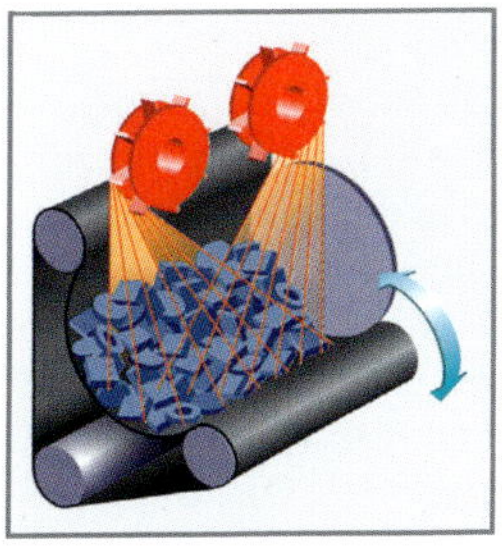

Bild 1: Muldenbandanlage

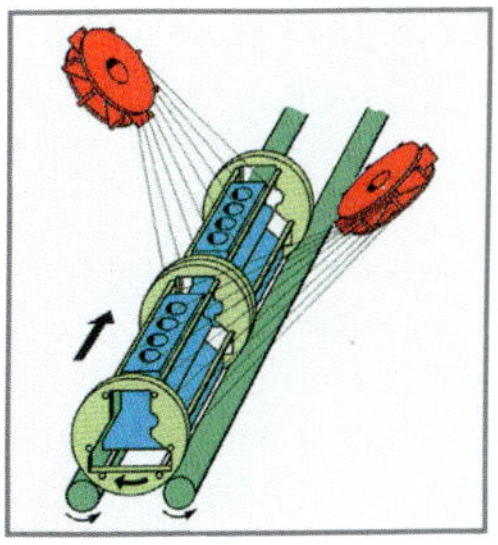

Bild 2: Strahlen im Rollkäfig

Strahlen in Rollkäfigen

Serienteile wie Motorblöcke oder Getriebegehäuse werden einzeln in einen Rollkäfig gespannt, rotiert und gleichzeitig in Längsrichtung verschoben (Bild 2). Dieses Verfahren eignet sich für vollautomatisches Putzen von kernintensivem Motorguss.

Strahlen im Putzhaus

In Putzhäusern werden vorwiegend große Gussteile geputzt. Damit der Putzstrahl alle Werkstückkonturen erreicht, führen Werkstücke und teilweise auch die Strahlwerkzeuge Bewegungen aus. Putzhäuser sind zur Verbesserung des Arbeitsablaufes, soweit möglich, als Hängebahnanlagen ausgelegt. Bei diesem System (Bild 3) wird das Putzgut an einem Gehänge in die Strahlkammer gefördert. Während des Strahlvorganges wird vom Gehänge eine Bewegung ausgeführt. Die zahlreichen Bauarten unterscheiden sich vorwiegend durch den Aufbau und Förderung des Gehänges. Das Strahlgut kann, je nach Größe, in Körben, an Ketten und an Traubenhalte-Einrichtungen (Bild 3) gefördert werden. Die Bewegung des Gehänges in oder durch die Strahlzone kann manuell oder mit vollautomatischer Steuerung erfolgen.

Bild 5 zeigt die Gesamtansicht einer Durchlaufhängebahnstrahlanlage. Im vorderen Bereich werden Gussstücke angeliefert und die Strahlanlage bestückt, im hinteren Bereich wird entladen.

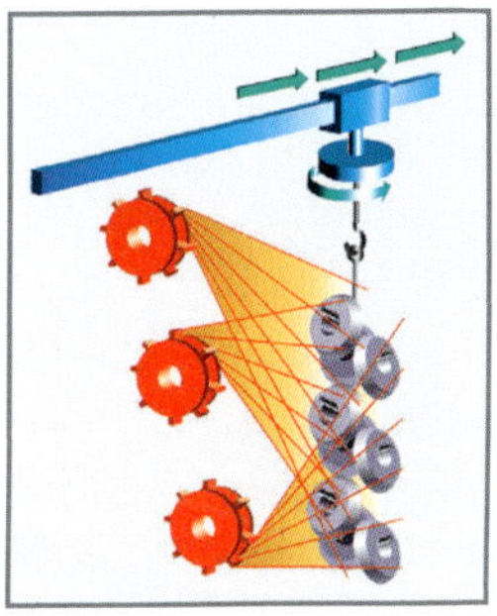

Bild 3: Aufbau einer Hängebahnanlage

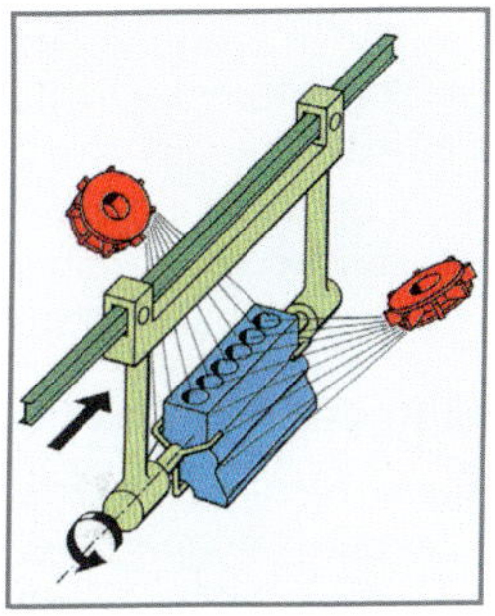

Bild 4: Fahrjochgehänge

Bild 5: Durchlaufhängebahnstrahlanlage

Strahlkabinen

Je nach Fertigungsart des Betriebes sind unterschiedliche Strahlanlagen erforderlich. Für das Strahlen von kleineren Gussteilen werden teilweise Strahlkabinen eingesetzt. In Strahlkabinen können die Gussteile über Gummistulpen-Eingriffsöffnungen unter dem Strahl gewendet werden. Strahlkabinen können mit Drehtischen und ähnlichen Einrichtungen ausgestattet sein. Das Strahlmittel wird meist mit Druckluft auf das Strahlgut aufgebracht. Von Nachteil ist hierbei der hohe Personalaufwand beim Putzen.

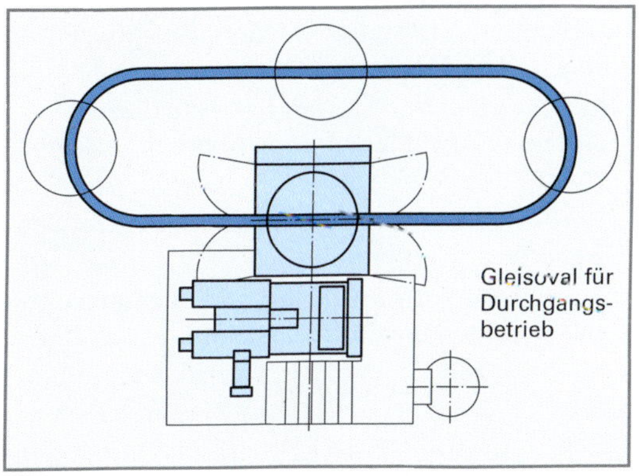

Bild 6: Schema einer Durchlaufhängebahnstrahlanlage

5

Drehkreuzstrahlanlage

Als Beispiele für Strahlanlagen, die in den kontinuierlichen Fluss der Gussstückerzeugung eingebaut werden, wurden bereits die Trommelsysteme beschrieben. Auch das Strahlen mit Vibrationsrinnen ist hierzu eine Möglichkeit. Bei Serien-Gussteilen mittlerer und größerer Abmessung wird das Strahlen in Rollkäfigen und mit Drehkreuzstrahlanlage eingesetzt. Die zugeführten Gussteile werden mit Spannzangen erfasst und zu den einzelnen Stationen gebracht. Die erste und letzte Station der in Bild 1 gezeigten Anlage sind Schleusenkammern, in den dazwischen liegenden Stationen wird gestrahlt. Während des Strahlvorganges rotieren die Zangen mit den Werkstücken um ihre Achse. Verschiedene Werkstückgrößen und Bauformen können ohne Umrüsten der Spannzangen gestrahlt werden.

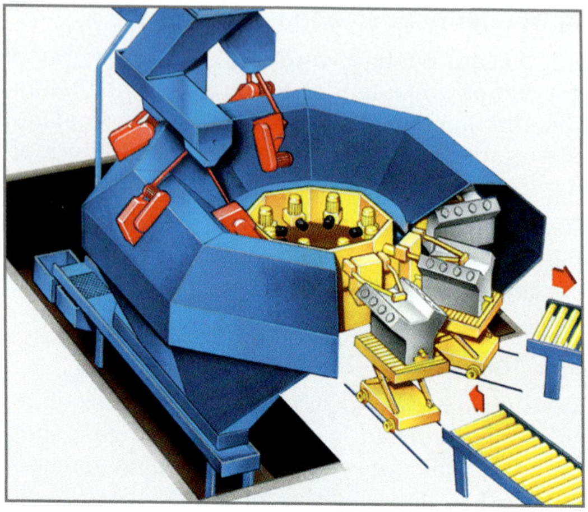

Bild 1: Drehkreuzstrahlanlage als Manipulator-Strahlanlage mit acht Stationen

Reinigung und Rückgewinnung

Beim Strahlen werden durch das Strahlmittel Formstoffteile und Verunreinigungen vom Gussteil abgetragen. Hierbei kommt es zur Vermengung von Strahlmittel, Sand und Staub. Um umwelt- und rohstoffschonend sowie wirtschaftlich zu arbeiten, trennt man diese wieder voneinander. Dies kann z. B. durch Windsichtung (Schwerkraft und Luft) oder mittels Magnet erfolgen. Bild 2 zeigt den Kreislauf einer solchen Anlage, sie gehört zu einer modernen Strahlanlage.

5

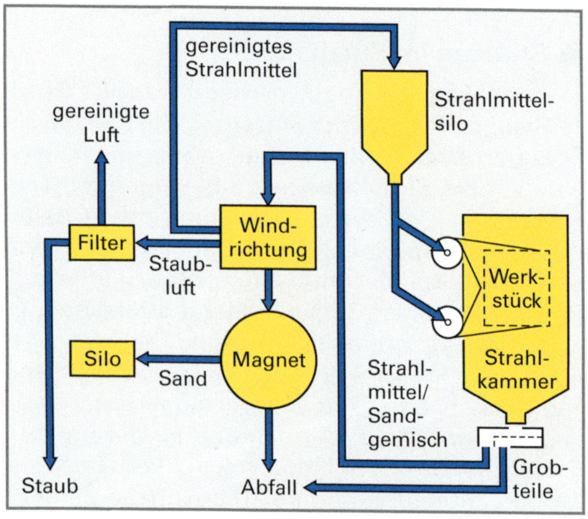

Bild 2: Reinigung und Rückgewinnung des Strahlmittels

5.5 Trennen und Schleifen

Beseitigen des Einguss- und Speisersystems

Nach dem Strahlen besitzt das Gussteil eine saubere Oberfläche, jedoch müssen noch die Reste des Einguss- und Speisersystems, Gussgrate und Unebenheiten beseitigt werden. Hierfür gibt es verschiedene Möglichkeiten:

- Bei spröden Werkstoffen z. B. GJL (Brechkerne sinnvoll): Abschlagen oder Abbrechen (Trennkeile).
- Bei Stahlguss: Brennschneiden mit Azetylen-Sauerstoff-Flamme.
- Bei hochlegierten Stählen und Nichteisenmetallen: Sägen und Trennschleifen.

Bild 3: Gussstück vor dem Strahlen

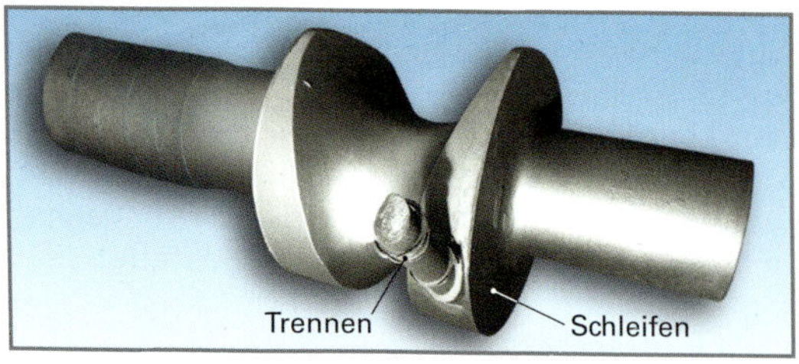

Bild 4: Gussstück vor Trennen und Schleifen

Abtrennkeil

Um Steiger, Speiser und Angüsse von Gusseisen (GJL/GJS) zu entfernen, werden häufig Abtrennkeile eingesetzt (Bild 1). Das Trennen von Gussteil, Speiser oder Kreislauf erfolgt durch eine Spreizbewegung der verschleißfesten Backen des Abtrennkeils. Sobald der Keil sauber zwischen Werkstück und Gegenlager sitzt, wird der Trennvorgang durch Knopfdruck und Vorwärtsbewegen der Spreizbacken durchgeführt. Dabei ist es wichtig, dass ein angegossenes oder künstliches Gegenlager (Bilder 2 und 3) vorhanden ist, damit der Abtrennkeil wirken kann.

Vorteile dieses Trennverfahrens gegenüber dem Abschlagen sind unter anderem:

- keine Schlagschäden an Gussteilen,
- saubere Trennstellen am gewünschten Ort,
- höhere Arbeitssicherheit am Arbeitsplatz,
- Ausschalten von Lärmemissionen.

Schleifen

Den letzten Arbeitsgang in der Putzerei stellt üblicherweise das Schleifen dar. Mit Schleifgeräten werden vor allem Gussgrate, aber auch Gussfehler, (z.B. Schülpen) auf dem bereits gestrahlten Gussteil beseitigt. Das Schleifen kann von Hand (manuell) oder mithilfe von Schleifmanipulatoren oder Schleifrobotern erfolgen. Bild 4 zeigt einen wesentlichen Vorteil des Einsatzes von Schleifmanipulatoren: deren höhere Zerspanmasse und damit Putzleistung. In Bild 5 sieht man einen Schleifmanipulator (Typ Ironman) beim Schleifen eines Großgussteiles. Bild 6 zeigt eine CNC-gesteuerte Rohguss-Schleifanlage. Auf dieser Anlage können bis zu 300 kg schwere Gussteile an fünf Ebenen geputzt und geschliffen werden.

Wiederholungsfragen

1. Erklären Sie den Vorgang des Strahlputzens.
2. Woraus besteht das Strahlmittel und wie wird es auf das zu putzende Gussteil aufgebracht?
3. Warum ist die Rückgewinnung des Strahlmittels sinnvoll?
4. Welche Putztechniken (Auspacken bis Schleifen) sollten für die folgenden typischen Produktionsbeispiele zweckmäßig eingesetzt werden?
   a) für sehr große Einzelgussteile
   b) für kleine Gussteile in kleinen Stückzahlen
   c) für wechselnde chargenweise Anlieferung
   d) für gleichbleibende Serienteile
5. Begründen Sie, weshalb zähe Gusswerkstoffe einen höheren Putzaufwand erfordern als spröde.

Bild 1: Einsatz des Abtrennkeils

Bild 2: Abtrennkeil mit angegossenem Gegenlager

Bild 3: Abtrennkeil mit künstlichem Gegenlager

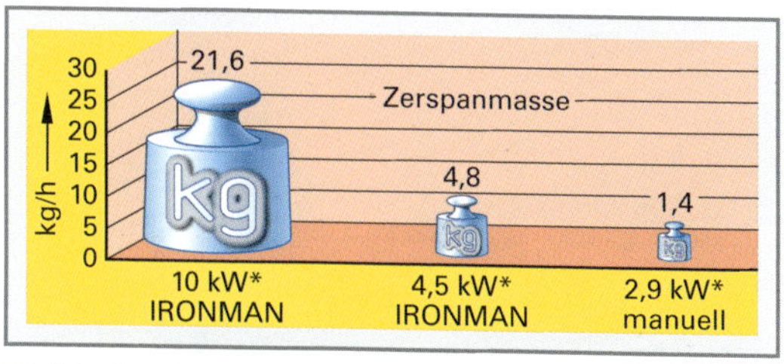

Bild 4: Putzleistungsvergleich zwischen Manipulator (Ironman) und manueller Putzleistung

Bild 5: Gussputzen mithilfe eines Manipulators

Bild 6: CNC-gesteuerte Rohgussschleifanlage

6 Formstofftechnik

6.1 Formstoffe

6.1.1 Grundsätzlicher Aufbau der Formstoffe

Der zur Anfertigung von verlorenen Formen verwendete Formstoff besteht aus einem Formgrundstoff (feuerfestes Mineral), einem Bindemittel und oft weiteren Zusatzstoffen.

Der Formstoff muss in seiner Zusammensetzung auf das Formverfahren (z.B. Verdichtung, Schüttung), Gießmetall (z.B. Gießtemperatur) und Zweck (z.B. Kerne – größere Gasdurchlässigkeit) abgestimmt werden.

Bei gleichem Formgrundstoff – meist Quarzsand – stehen dem Former durch verschiedene Bindemittel zahlreiche Formstoffe zur Verfügung. Die am häufigsten verwendeten Formstoffbindemittel sind Silicate und Kunstharze, alle anderen dienen vornehmlich der Kernherstellung.

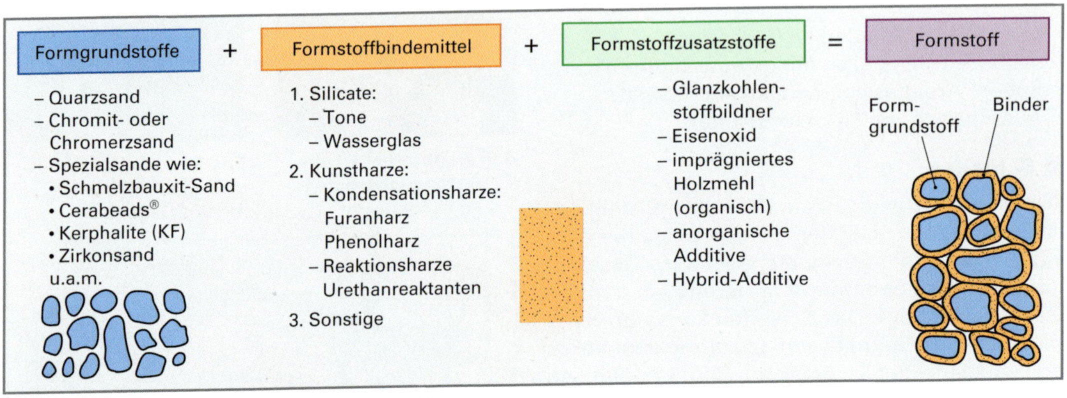

Bild 1: Grundsätzlicher Aufbau der Formstoffe

6.1.2 Anforderungen an Formstoffe

Bildsamkeit
Insbesondere für das Handformen muss der Formstoff bildsam sein. Er muss sich durch Verdichten und Polieren formen und bilden lassen. Wird bei der Ballenprobe ein Sandballen in der Handfläche zusammengedrückt, müssen die Handlinien abgebildet sein.

Fließfähigkeit
Bei Form- und insbesondere bei Kernherstellungsverfahren durch Schießen und Blasen ist die Fließfähigkeit des Sandes entscheidender als die Bildsamkeit. Die Fließfähigkeit gewährleistet, dass der Formstoff auch in solche Hohlräume gelangt, die nicht in Schießrichtung liegen und enge Querschnitte und komplizierte Formen besitzen.

Formbeständigkeit (Standfestigkeit)
Die Form wird bei der Herstellung durch das Wenden und das Ausheben des Modells stark beansprucht. Große Kräfte treten durch den Druck des flüssigen Gießmetalls auf. Die Formbeständigkeit (Standfestigkeit) der Form wird durch Zug-, Druck-, Biege- und Scherfestigkeitsprüfung im Sandlabor der Gießerei getestet.

Gasdurchlässigkeit
Beim Gießen entstehen durch die Verbrennung (Pyrolyse) von Kunstharzbindern oder Wasser bei Tonbindern, aber auch durch die Volumenausdehnung durch die Erhitzung der Luft zwischen den Sandkörnern, Gase, die durch den Formstoff abgeführt werden müssen.

Hochtemperaturbeständigkeit (Feuerbeständigkeit)
Eine Form ist ausreichend hochtemperaturbeständig (feuerbeständig), wenn die Schmelztemperatur des Formgrundstoffes über der Gießtemperatur des Gusswerkstoffes liegt.

Zerfallsfähigkeit
Das erstarrte Gussstück soll leicht aus der Form bzw. dem Formstoff entfernt werden können. Schlechter Form- und Kernzerfall erzeugt höheren Auspackaufwand und damit Kosten. Kunstharzgebundene Formstoffe zeigen in der Regel einen guten Zerfall, da das Bindemittel während des Gieß- und Erstarrungsprozesses pyrolisiert und zerfällt.

Wiederaufbereitbarkeit
Um Verbrauchs- und Deponiekosten niedrig zu halten, sollten Formstoffe im Kreislauf gehalten und wiederaufbereitet bzw. regeneriert werden.

6.1.3 Formgrundstoffe

	Quarz	Chromit	Zirkon	Cerabeads	Schmelzbauxit
			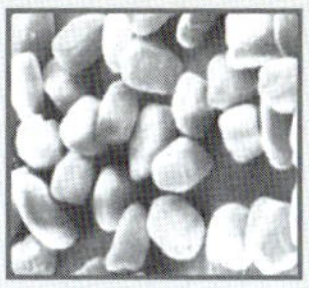		
Hauptbestandteile	SiO_2 (99 %)	(Fe, Mg) Cr_2O_4 (46 % Cr_2O_2)	$Zr[SiO_4]$	$3Al_2O_3 \cdot 2SiO_4$ (75 % Mullit)	δ-Al_2O_3
Härte nach Mohs	7,5	5,5	7,5		
Dichte in g/cm³	2,65	4,5–5,1	4,6	2,86	3,31
Schüttgewicht in g/cm³	1,4	2,65	2,76	1,56	2,0
Feuerfestigkeit nach DIN 51063 in °C	1800	> 1800	1800	1800	1820
Sinterbeginn nach VDG P 026	> 1550	800	1250	1250	1100
lineare Ausdehnungskoeffizient α $10^{-6} \cdot K^{-1}$ 20–600 °C	24	7,5	4,1	4,0	7,2
Lineare Ausdehnung 20–800 °C in %	1,4	0,6	0,3	0,3	0,6
Entstehung/ Herstellung	Natürliches Mineral	Natürliches Mineral	Natürliches Mineral	Sinterkeramik	Oxidkeramik
Besonderheiten	Quarzfeinstaub < 5 µm ist alveolengängig (Silikosegefahr)	hohe Wärmekapazität, hohe Kühlwirkung	inert, geringe Metall-Formstoffreaktion	kugelförmig, geringe thermische Ausdehnung, v. a. Maskenformverfahren	kugelförmig, geringer Binderbedarf
Anwendung	alle Gussarten	vorwiegend Stahlguss		alle Gussarten	

Quarzsand wird aus Gruben, teilweise unter dem Wasserspiegel mit Saugschiffen (Bild 1) abgebaut. **Zirkonsand** wird ähnlich abgebaut, muss jedoch durch Aufbereitung von Begleitmaterialien getrennt werden. **Chromerz** wird durch intensive Aufbereitung (Brechen, Mahlen, Sieben) zu **Chromit** verarbeitet. **Cerabeads** erhalten ihre Kornform durch Sprühtrocknung von Tonerde und Kaolin, sowie Brennen bei hohen Temperaturen im Drehrohrofen. **Schmelzbauxitsand** entsteht durch Verblasen von schmelzflüssigem Bauxit.

Je nach Formverfahren werden Körnungen mit unterschiedlicher Feinheit verlangt die eine saubere Formoberfläche bei ausreichender Gasdurchlässigkeit ergeben müssen. Körnungsanalysen für zwei bekannte Sorten zeigen die Bilder 2 und 3. Der Buchstabe gibt Auskunft über den Herkunftsort (F = Frechen, H = Haltern). Die Zahl kennzeichnet die Kornfeinheit. Um optimale Zusammensetzungen zu erhalten, werden Quarzsande zuerst vorgesiebt und entschlämmt. Durch Hydroklassierung mithilfe eines Wasserstromes erfolgt dann die Aufteilung in verschiedene Kornklassen (Standardsorten).

Bild 1: Abbau von Quarzsand mit Baggerschiff

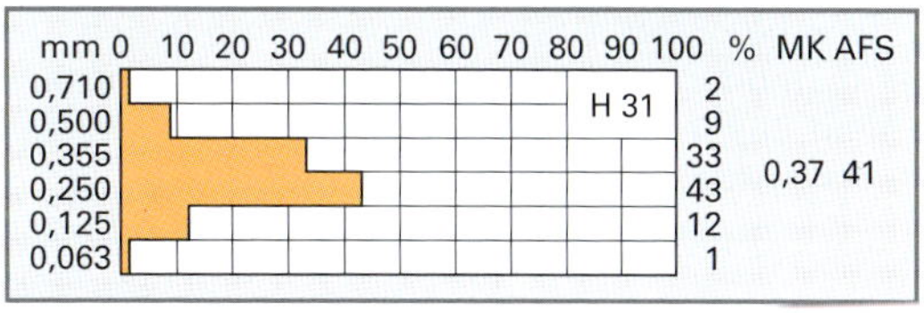

Bild 2: Körnungsanalyse für Quarzsand H 31

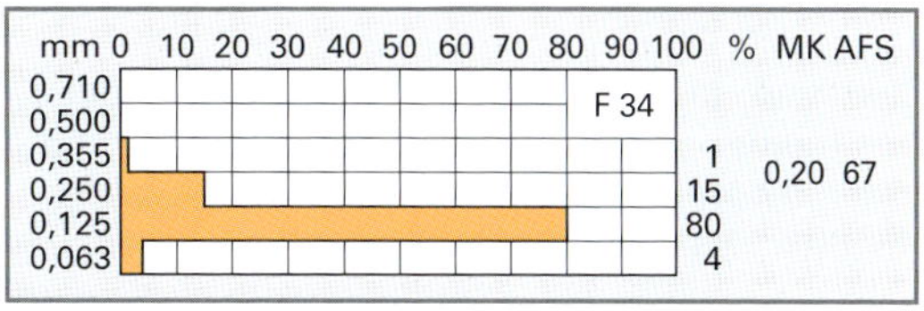

Bild 3: Körnungsanalyse für Quarzsand F 34

6.1.4 Formstoffbindersysteme

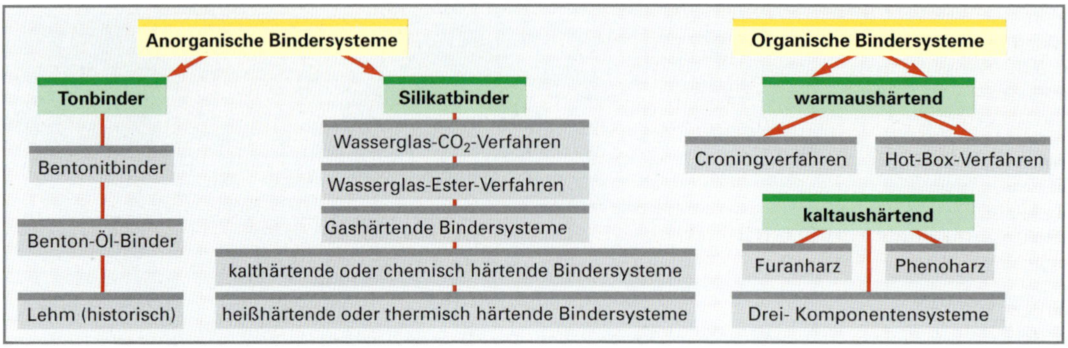

Bild 1: Übersicht Formstoffbindersysteme

Der Gießerei stehen eine große Auswahl an Formstoffbindern zur Verfügung.

In der Maschinenformerei ist Bentonit, ein Tonbinder, noch immer Stand der Technik. In der Handformerei, insbesondere bei Großguss sind es die Kaltharzverfahren. Bei der Kernherstellung sind neue anorganische Binder aus Gesundheits- und der Umweltgründen immer mehr im Einsatz.

Bild 2: Gewinnung von Bentonit im Tagebau

6.1.4.1 Tongebundene Formstoffe

Tone sind die ältesten verwendeten Formstoffbindemittel. Natursande und Lehm kommen jedoch kaum mehr zum Einsatz. Heute wird vor allem gewaschener und klassierter reiner Quarzsand mit Bentonit und für bestimmte Anwendungen auch mit Benton aufbereitet. Tone sind Aluminiumsilikate.

Entstehung und Gewinnung von Bentonit

Bentonite sind Umwandlungsprodukte vulkanischen Ursprungs. Der Name hat seinen Ursprung nach einem Fundort bei Fort Benton im Staate Wyoming in den USA. In Deutschland liegen die bedeutendsten Fundorte in Bayern, sie werden, wie in Bild 2 gezeigt, im Tagebau abgebaut. Neben dem Mahlen und Trocknen ist das Aktivieren ein wichtiger Bestandteil der Bentonitaufbereitung. Beim Aktivieren wird der Hauptbestandteil des Bentonits, das Tonmineral Montmorillonit, in seiner Kristallstruktur umgewandelt. Wie Bild 3 zeigt, sind links unten die einzelnen Kristallplättchen von Natrium-Montmorillonit durch Wasserquellung voneinander abgelöst, während rechts unten die Kristallplättchen bei Calcium-Montmorillonit im Verband zusammengeblieben sind. Der links abgebildete hochquellfähige Zustand ist die Grundlage der guten Bindefähigkeit.

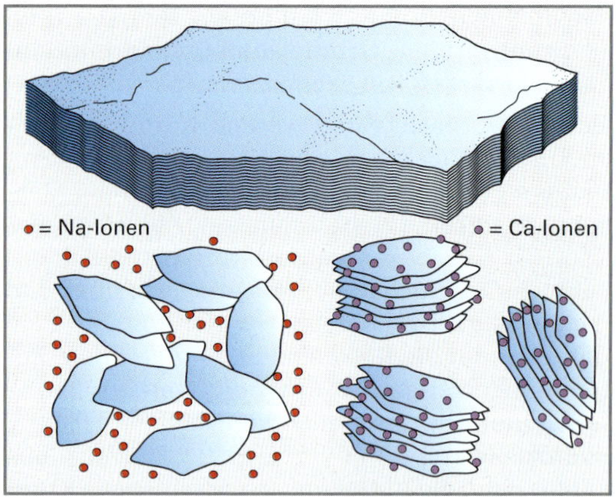

Bild 3: Plättchenstruktur von Montmorillonit

Bentonitgebundene Formstoffe

Anwendung

Unter den Tonbindern ist Bentonit der bedeutendste. Alle Maschinenformverfahren, die auf der Verdichtung des Formstoffes beruhen, verwenden bentonitgebundenen Formstoff. Diese Formen werden mit der Ausgangsfeuchtigkeit abgegossen und deshalb auch als ungetrocknete Formen bezeichnet. Die Bezeichnungen Nassgusssand und synthetischer Sand sind unzweckmäßig und sollten nach VDG-Merkblatt R 201 nicht mehr verwendet werden.

Eigenschaften

Bentonit hat im Vergleich zu anderen Tonarten eine sehr hohe Quellfähigkeit und Bindekraft. Aus diesem Grunde genügen bereits wenig Bentonit und Wasser zur Bindung. Den Zusammenhang zwischen Bentonitgehalt, Wasserbedarf und Gründruckfestigkeit (Druckfestigkeit des tongebundenen Formstoffes) zeigt Bild 1. Je höher der Gehalt an Bindeton ist, umso höher werden Druckfestigkeit und Bildsamkeit; die Fließfähigkeit und die Gasdurchlässigkeit nehmen dagegen ab. Bentonitgebundene Formstoffe erhalten ihre Festigkeit durch Verdichten.

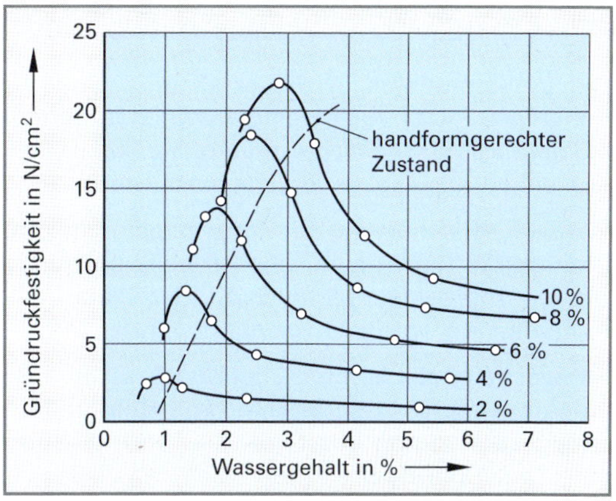

Bild 1: Einfluss des Bindetongehaltes auf Wasserbedarf und Gründruckfestigkeit für Prüfmischungen aus Quarzsand, gebunden mit 2, 4, 6, 8 und 10 % aktiviertem bayerischem Bentonit, nach F. Hofmann

Benton-Öl-gebundene Formstoffe

Insbesondere im Bereich von Ausbildung und Kunstgießerei setzen sich zunehmend **Benton-Öl-gebundene Formstoffe** (Bild 2) durch. Bentone sind modifizierte Bentonite. Bentone quellen in organischen Flüssigkeiten, wie z. B. Mineralöl. Solche Formstoffe sind außerordentlich bildsam und erfordern die klassischen Formtechniken wie Verdichten und Polieren. Mit Zusatz von Eisenoxid erhalten die Sande ihr rotes Aussehen. Durch die besondere Feinheit der verwendeten Formgrundstoffe (mittlere Korngröße 0,09 mm = Kornfeinheit AFS 140) werden außergewöhnlich feine Form- und Gussoberflächen erzielt. Der Benton-Öl-Formstoff ist kaum gasdurchlässig. Benton-Öl-Sand wird häufig nur als dünne Schicht angeformt und dann mit anderen Formstoffen hinterfüllt.

Bild 2: Formen mit Benton-Öl-gebundenem Formstoff in der Ausbildung

Lehm

Lehm wurde in der Vergangenheit für das Schablonieren (Bild 3) und das historische Wachsausschmelzverfahren benutzt. Da Lehm in reiner Form praktisch gasundurchlässig ist, wurden schon immer Stoffe, meist organische wie Stroh und Spreu, untergemischt. Beim Brennen der Form verbrannten diese Teile und es entstanden Räume für die Abfuhr der Gase.

Bild 3: Für Geschützrohre kam ab dem Mittelalter Eisenguss zur Anwendung. Geformt wurde mit Drehschablonen aus Holz und Formstoff Lehm.

6

6.1.4.2 Bindersysteme mit organischen Bindern

Die bedeutendsten in dieser Gruppe sind die Kunstharze. Aber auch wenig verwendete Binder auf der Basis von tierischen oder pflanzlichen Ölen, Kohlenhydraten u. a. gehören in diese Gruppe.

Für die **Kaltaushärtung** der Kunstharzbinder kommen **starke Härter** zum Einsatz (selbsthärtende Binder). Hierbei werden auch die Bezeichnungen Kaltharz- oder No-Bake-Verfahren verwendet.

Schwache Härter kommen bei Kunstharzbindern zur Anwendung in Verbindung mit **Heißaushärtung** (z. B. Croning oder Hot-Box) oder **Gashärtung** (z. B. Cold-Box).

Eine andere Unterscheidung bei Kunstharzbindern ist nach dem Aggregatzustand des Binders möglich: **Trocken umhüllte** Sande, wie sie beim Croning-Verfahren verwendet werden, sind fließfähiger als **feucht umhüllte** Sande. Der gemeinsame Vorteil der organischen Binder liegt in der guten Zerfalleigenschaft nach dem Gießen von Eisengusswerkstoffen.

■ Warmaushärtende Formstoffe

Bei diesen Verfahren werden das Kernformwerkzeug (Kernkasten) bzw. beim Maskenformverfahren die Modellplatte aus Metall (Gusseisen und/oder Werkzeugstahl) beheizt. Näheres siehe Kapitel Kernherstellungsverfahren, Seite 119–122.

Croning-Verfahren (nach seinem Erfinder J. Croning) umfassen das Maskenformverfahren und die analogen Kernherstellungsverfahren. Die dafür verwendeten Formstoffe sind mit Festharz (Phenolharz, Typ Novolak) und dem Härter Hexamethylentetramin umhüllte, trockene und rieselfähige Sande (alle üblichen Mineralien). Der Aushärtungsprozess findet üblicherweise bei Temperaturen zwischen 200 bis 300 °C und Härtezeiten zwischen 30 bis 120 s statt. Das Verfahren zeichnet sich durch eine sehr hohe Maßhaltigkeit und Abbildegenauigkeit aus.

Hot-Box-Verfahren sind nur Kernformverfahren. Als Binder werden Furan-, Phenol-, Harnstoff- oder Aminoharze eingesetzt.

■ Kaltaushärtende Formstoffe

Kalthärtende Formstoffe kommen bevorzugt für die Fertigung von Formen und Kernen im handgeformten Guss zur Anwendung. Aufgrund der geringen Binderzugabe ist kalthärtender Sand sehr gut fließfähig. Daher ist die erforderliche Verdichtungsarbeit im allgemeinen gering. Meist genügt ein leichtes Andrücken oder Stampfen des Sandes in Modellnähe. Bewährt hat sich auch die Verdichtung der Formstoffmischung mit Hilfe von Vibration.

Die Binder der kalthärtenden Formverfahren sind vorwiegend **Furanharze, Furan-Phenolharze, Phenolharze** und seltener **Polyurethane.**

Die **klassischen Furanharze** sind Polykondensate aus Furfurylalkohol, Harnstoff und Formaldehyd. Mittlerweile gibt es eine Reihe von Modifikationen, die dem Gießereipraktiker den Einsatz und die Verarbeitung der Furanharze im Betrieb spurbar erleichtern. Hier müssen in erster Linie geruchsarme Harze erwähnt werden, bei deren Verarbeitung kaum Formaldehyd in die Umgebung entweicht. Eine weitere Verbesserung stellt der Einbau elastifizierender Komponenten dar. **Für den Stahlguss** wurden spezielle Furanharze entwickelt, deren Stickstoffgehalt bei Null liegt und für die Herstellung von **duktilem Gusseisen** kann man in der Gießerei auf schwefelreduzierte Systeme zurückgreifen. Die Furanharze zeichnen sich durch hohe Festigkeit, gute Fließfähigkeit der Formstoffmischung, thermische Beständigkeit, gute Zerfallseigenschaften nach dem Abguss und den Einsatz hoher Mengen regenerierten Altsandes für die Formteilfertigung aus. Sie sind für alle Gussarten geeignet Nachteilig ist die Emission während und nach dem Abguss. Als Härter werden organische und anorganische Säuren auch in Kombinationen verwendet.

Die **Furan-Phenolharze** wurden als kostengünstige Alternative zu den Furankaltharzen entwickelt. Sie sind Polykondensationsprodukte aus Furfurylalkohol, Phenol, Harnstoff und Formaldehyd. Unter weitestgehender Beibehaltung aller Vorteile der Furanharze sind auch die Furan-Phenolharze nahezu universell für alle Gussqualitäten einsetzbar. Zur Härtung werden die Säuren, die auch für die Furanharze Verwendung finden, eingesetzt.

Phenolharze entstehen aus der Polykondensation von Phenol und Formaldehyd. In der Gießerei werden mit Phenolharzen große Formen geschüttet. Die Eigenschaften sind mit Einschränkungen ähnlich denen von Furanharzen. Als Härter dienen organische Säuren.

Phenol-Resolharze esterhärtend werden für das AlphaSet-Verfahren eingesetzt. Das **AlphaSet-Verfahren** ist stickstoff- und schwefelfrei. Es unterbleiben daher die oft zu Gussoberflächenfehlern führenden Grenzschichtreaktionen zwischen Formstoff und Schmelze. Dieser Vorteil wird insbesondere im Stahlguss genutzt.

6

Kaltharzverfahren

Formgrundstoff

Neben Quarzsanden finden Chromitsande als Formgrundstoff Verwendung. Sie müssen in gewaschener, entschlämmter, klassierter, getrockneter und normaltemperierter (15–25 °C) Form zur Verfügung stehen. Wichtig ist die optimale Korngröße. Feinkörnige Sande ergeben eine gute Oberfläche, dafür benötigt man mehr Binder, um die gleiche Festigkeit zu erreichen. Bild 1 zeigt Biegefestigkeitskurven bei Verwendung eines groben Sandes mit der AFS-Kornfeinheitsnummer 40 (MK = 0,36 mm) und eines mittel- bis feinkörnigen Sandes mit der AFS-Nummer 70 (MK = 0,2 mm). Für die gleiche Festigkeit benötigt der feinere Sand 50% mehr Bindemittel. AFS-40 könnte z.B. im Graugussbereich und AFS-70 im Leicht- oder Schwermetallbereich zum Einsatz kommen. In der Gießerei wird heute fast ausschließlich mit über 90% mechanisch regeneriertem Altsand gearbeitet, Neusand dient lediglich der Auffrischung und Ergänzung. Chromitsande werden magnetisch separiert und ebenfalls in hohem Prozentsatz mechanisch zurückgewonnen und wiedereingesetzt.

Bindemittel

Als Bindemittel für die klassischen Kaltharzverfahren kommen Furanharze, Phenolharze und deren Kombinationen zur Anwendung. Wie Bild 2 zeigt, ist die Festigkeit von der Harzmenge abhängig. Aus Gründen von Kosten, Aufbereitung und Gussqualität vermeidet man unnötigen Härterzusatz.

Harzzugaben für mittlere Gussgewichte in Gewichtsprozenten zum Formgrundstoff:

Gusseisen (einschließlich GJS)	0,8 bis 1,2 %
Stahlguss, dünnwandig	0,8 bis 1,2 %
Stahlguss, dickwandig	1,0 bis 1,5 %
Schwermetallguss	0,8 bis 1,2 %
Leichtmetallguss	0,6 bis 1,0 %

Härter

Die Härter für Kaltharze sind meist organische Säuren auf Toluolsulfonsäurebasis. Aber auch anorganische Säuren und Gemische aus organischen mit anorganischen Säuren finden Anwendung. Im Umgang mit Säuren ist Vorsicht geboten. Härter und Harz dürfen nicht direkt gemischt werden, beim Mischen erfolgt zuerst die Härter- und dann die Binderzugabe zum Sand. Bild 3 zeigt anschaulich den Einfluss des Härters. Nach Erreichen eines Optimums führt weitere Härterzugabe zu einem Festigkeitsabfall. In der Praxis wird deshalb meist die Härtermenge auf gut ein Drittel des Harzanteils dosiert. Nach Erreichen der Ausschalfestigkeit kann das Modell gezogen werden. Die Endfestigkeit wird nach Stunden erreicht.

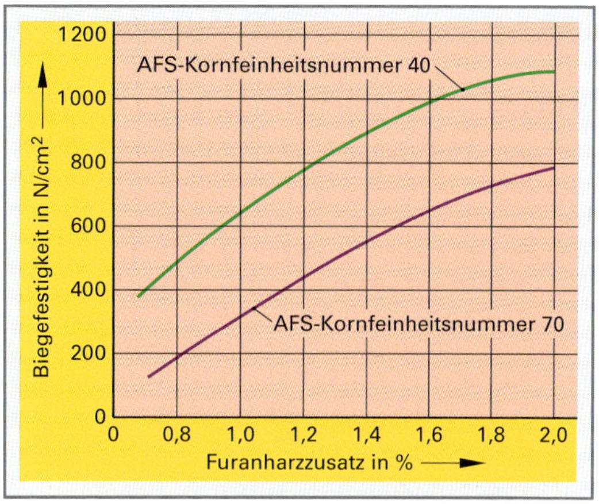

Bild 1: Einfluss der Quarzsandkorngröße auf die Biegefestigkeit (Härter: PTS-Säure, 45% bezogen auf die eingesetzte Furanharzmenge. Aushärtezeit 24 h)

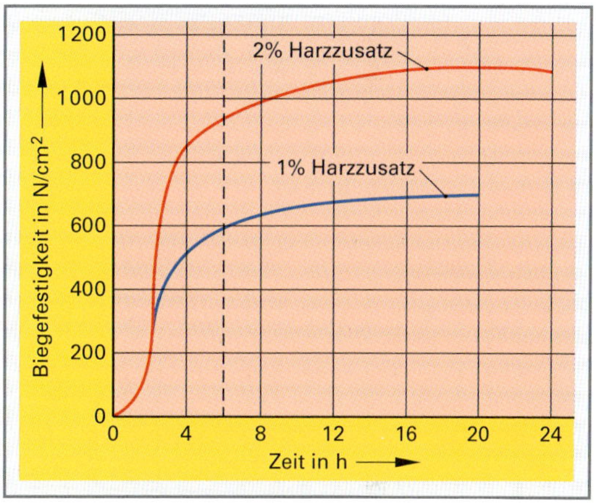

Bild 2: Aushärteverlauf eines Furanharzes (Härter: PTS-Säure, 45% bezogen auf die eingesetzte Furanharzmenge)

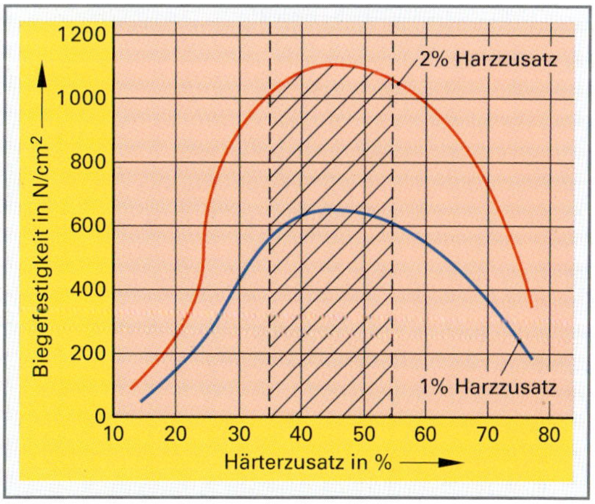

Bild 3: Einfluss des Härterzusatzes auf die Biegefestigkeit (Binder: Furanharz, Härter: PTS-Säure, Aushärtezeit 24 h)

6

6.1.4.3 Anwendungen von Kaltharzverfahren

Schnellharzverfahren

Für größere Formen, die nicht mehr auf Formmaschinen hergestellt werden können, kommen meist Kaltharzverfahren zur Anwendung. Um auch bei größeren Stückzahlen produktiv arbeiten zu können, wurden Harzsysteme mit Aushärtungszeiten im Bereich von 15 bis 3 Minuten entwickelt. Solche Harze werden als **Schnellharze** bezeichnet. Sie werden meist im **Kernformverfahren** angewandt, d.h. die Formteile werden in Kernkästen angefertigt.

Als Binder kommen flüssige Kunstharze und speziell entwickelte Härter infrage. Bei den **Schnellharzen auf Furanharzbasis** handelt es sich um modifizierte Kunstharze, wie sie als **Zweikomponentensysteme** grundsätzlich von den üblichen Kaltharzen her bekannt sind. Bei den **Schnellharzen auf Phenolbasis** handelt es sich um Binder, wie sie unter **Dreikomponentensysteme** beschrieben werden.

Resol-Ester-Verfahren

Bei diesem Schnellharzverfahren handelt es sich um ein Zweikomponentensystem, basierend auf einem Phenol-Resolharz und einem Ester-Härter (alkalisch). Die Verarbeitung erfolgt wie bei den Kaltharzverfahren auf Furan- und Phenolharzbasis bereits beschrieben.

6

Die Zugabemengen für den Härter (Aktivator) betragen 0,3 bis 0,4 %, für das Harz 1,2 bis 1,4 %. Die Reaktivität wird über die Art, nicht über die Menge des Härters (Aktivators), gesteuert.

Angewandt wird das Verfahren vorwiegend bei Stahlguss. Vorteilhaft sind Ausschalzeiten, die von wenigen Minuten bis zu mehreren Stunden möglich sind. Es treten keine Warmrisse auf. Durch das Fehlen von Schwefel, Stickstoff und Phosphor ergibt sich eine sehr gute Gussteiloberfläche und weniger Umweltbelastung. Nachteilig ist die schwierige Altsandregenerierung.

Polyurethan-Isocyanat-Verfahren

Polyurethan-Isocyanatsysteme werden unterschieden in Dreikomponentensysteme und Zweikomponentensysteme.

Dreikomponentensysteme

Diese kalthärtende Verfahren bestehen aus einem modifizierten Kunstharz auf Phenolbasis, einem Polyisocyanat und einem Katalysator. Die Aushärtegeschwindigkeit wird durch die Katalysatormenge, die sich in Grenzen von 0,2 bis 1,5% bezogen auf die Harzmenge bewegt, gesteuert. Die Binderzusätze richten sich nach der Beanspruchung des herzustellenden Form- und Kernteils. Im Allgemeinen reichen Gesamtbindermengen von 0,8 bis 1,6% aus. Die Binderkomponenten werden in verschiedenen Gewichtsverhältnissen eingesetzt, die von 1,1 bis 1,5 verändert werden können. Diese kalthärtende Systeme sind für alle Gussarten geeignet.

Zweikomponentensysteme

Das Zweikomponentensystem besteht aus einem Aminoplyol und einem Polyisocyanat. Die Aushärtezeit des Systems wird durch eine vorgegebene Einstellung des Binders bestimmt. Das Zweikomponentensystem ist ausschließlich für den Leichtmetallguss geeignet.

Gashärtende Verfahren

Bei den gashärtenden Verfahren wird der Katalysator der Formstoffmischung als Gas zugeführt.

Beim **SO_2-Verfahren** ist dieses Gas Schwefeldioxid. das in Verbindung mit Furanharz als Binder und Peroxid wirksam wird. Dieses Verfahren, das Ende der 70er-Jahre zum Einsatz kam, hat sich nicht durchgesetzt.

Als gashärtendes Verfahren hat sich dagegen das **Cold-Box-Verfahren** im Serienguss für alle Gussarten eingeführt. Es ist das Standardverfahren im Automobilguss. Die praktische Durchführung ist im Kapitel Kernherstellungsverfahren beschrieben.

Als Basis des **Cold-Box-Verfahrens** dient ein Bindemittel, bestehend aus dem Phenolharz, gelöst in einem Lösemittel und dem Härter (Aktivator) Isocyanat, dessen Vernetzungsreaktion durch entsprechende Katalysatoren wie Triethylamin (TEA) oder Dimethylethylamin (DMEA) so beschleunigt werden kann, dass eine Verfestigung in wenigen Sekunden möglich ist. Zur Durchführung der Begasung wird die Aminflüssigkeit verdampft und als heißes Amin-Luft-Gemisch durch den Formstoff hindurchgeleitet. Es werden etwa 0,05 bis 0,2% des Kerngewichtes als Katalysator benötigt. Die Bindermenge beträgt bei Leichtmetallguss zwischen 0,8 und 1,6%, bei den anderen Gussarten zwischen 1,4 und 2,0%. Ohne Einwirkung des Katalysators bleibt die Formstoffmischung 1,5 bis 4 Stunden gut fließfähig und schießbar.

6.1.4.4 Anorganische Formstoffbindemittel

Emissionsarme Formstoffsysteme auf Basis anorganischer Bindemittel

Einführung

Der heutige Einsatz anorganischer Bindemittel in Fertigungsabläufen der Leicht- und Schwermetallgussindustrie ist vor allem ökologisch motiviert, da Emissionen während der Kernherstellungs-, Lagerungs- und Gießprozesse im Vergleich zu konventionellen, organischen Bindersystemen nur partiell oder gar nicht entstehen. Die Einsatzmöglichkeit anorganischer Bindemittel hängt dabei von der Art des Gießmetalls, dem Form- und Kernherstellungsverfahren und der zugrundliegenden Seriengröße ab. Anorganische Silikatbindersysteme werden je nach Härtungsverfahren in drei Kategorien unterteilt: Gashärtende Bindersysteme, kalthärtende oder chemisch härtende Bindersysteme und heißhärtende oder thermisch härtende Bindersysteme.

Gashärtende und kalthärtende Bindersysteme

Als klassisches gashärtendes Form- und Kernherstellungsfahren gilt das sogenannte Wasserglas-CO_2-Verfahren. Dabei werden Alkalisilikatbindemittel durch die Begasung mit Kohlendioxid (CO_2) bei Raumtemperatur chemisch verfestigt. Der Härtemechanismus beruht auf der Bildung von Natriumcarbonat und Natriumhydrogencarbonat, die zur Polymerisation des Sillikatbindemittels und zur Ausscheidung von SiO_2-Gelen führen, die den eigentlichen Festigkeitsverbund im Sandkern beschreiben (Bild 1).

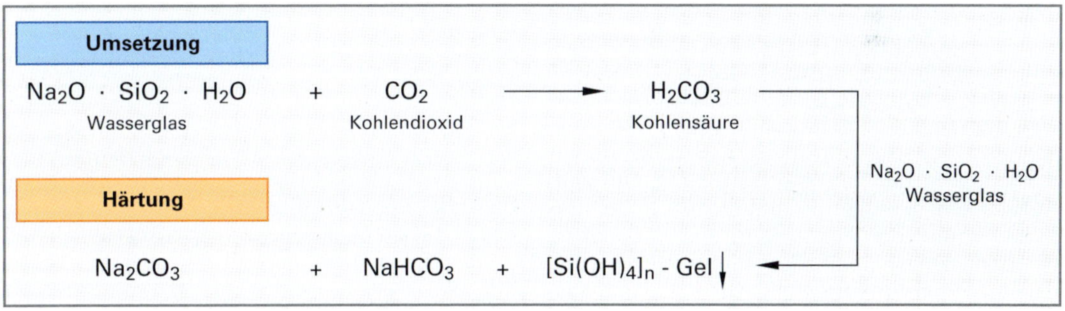

Bild 1: Härtemechanismus des Wasserglas-CO_2-Verfahrens

Nachteile des Wasserglas-CO_2-Verfahrens sind vor allem relativ geringe Festigkeiten sowie ein schlechteres Abriebverhalten der Sandkerne. Eine geringe Fließfähigkeit der Formstoffmischung limitiert die Anwendung für großserielle Kernfertigungen mit komplizierten Geometrien.

Kalthärtende oder chemisch härtende Form- und Kernherstellungsverfahren auf Basis anorganischer Silikatbindersysteme werden durch das Wasserglas-Ester-Verfahren beschrieben. Im Gegensatz zu heißhärtenden und gashärtenden Verfahren, die als wirklich anorganische und damit emissionsfreie Technologien zu beschreiben sind, wird dem flüssigen Silikatbindemittel hier ein organischer Ester als Härter zugesetzt. Der Härtemechanismus basiert auf der Hydrolyse des Esters unter Bildung einer organischen Säure, die die Ausscheidung von SiO_2-Gelen initiiert.

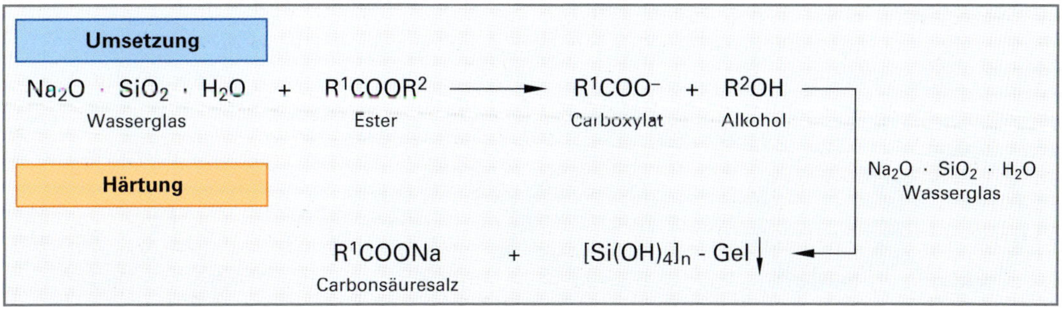

Bild 2: Härtemechanismus des Wasserglas-Ester-Verfahrens

Heißhärtende Bindersysteme

Heißhärtende anorganische Bindersysteme basieren auf einem Zweikomponentensystem – Komponente 1 bilden flüssige Bindemittel, die als Gemisch modifizierter Alkalisilikatlösungen zu beschreiben sind. Komponente 2 stellen pulverförmige Feststoffadditive als Mischung synthetischer und natürlicher Rohstoffe dar. Beide Komponenten nehmen direkten Einfluss auf bauteil- und prozessrelevante Sandkerneigenschaften der Kernherstellung (Fließfähigkeit und Festigkeit) und Gießprozesse (Gussoberflächengüte, Dimensionstreue). Die Bindemittelzugabe beträgt je nach Sandqualität zwischen 1,5 und 2,5 %, das Feststoffadditiv wird je nach Anforderung in Zugabemengen von 0,6 bis 2,0 % eingesetzt.

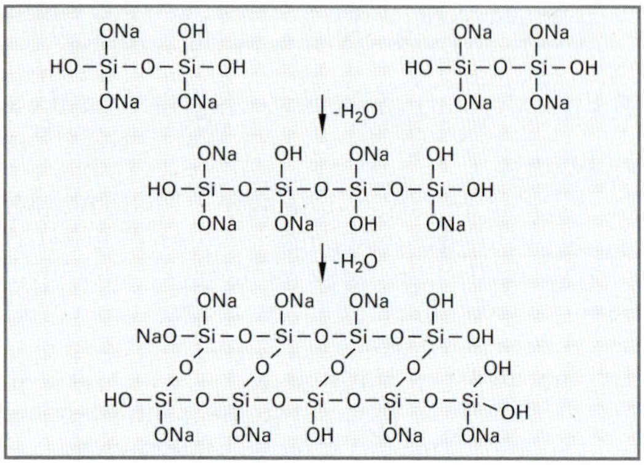

Bild 1: **Chemische Polykondensationsreaktion anorganischer Silikatbindemittel**

Kernherstellung

Die Kernherstellung beruht dabei auf einem chemisch-physikalischen Härtemechanismus. Durch den Einsatz abgestimmter Kernschießmaschinen und beheizter Kernformwerkzeuge (150 – 200 °C) wird dem Formstoff Wasser als Lösungsmittel entzogen und gleichzeitig eine chemische Polykondensationsreaktion initiiert (Bild 1), die zur Verfestigung der Formstoffmischung und zum Aufbau des Sandkernverbunds führt. Zur Beschleunigung der Aushärtung und Verkürzung der Zykluszeiten ist eine Begasung mit dehydratisierter Druckluft notwendig. Die Polykondensationsreaktion führt nach dem Sol-Gel-Modell zur Partikelbildung und in basischem Milieu zur Ausbildung gelartiger Binderbrücken (Bild 2).

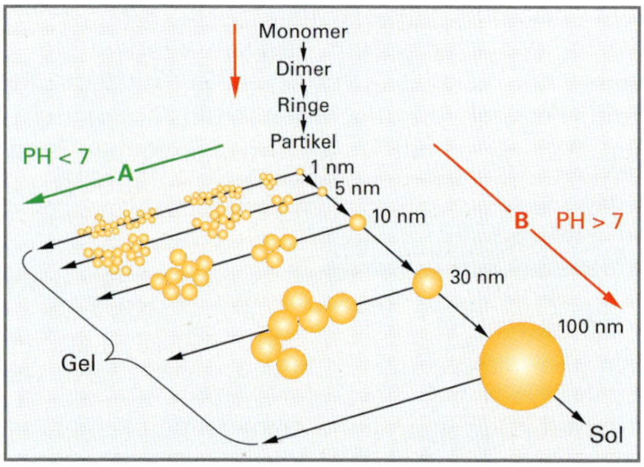

Bild 2: **Sol-Gel Modell zur Bildung einer gelartigen Binderbrücke**

Spezifische Rohstoffe der pulverförmigen Feststoffadditive werden gleichzeitig über eine Oberflächenreaktion mit den freien, nicht kondensierten, OH-Gruppen des dreidimensionalen Silikatgerüsts vernetzt und können so gezielt Einfluss auf die mechanischen sowie thermischen Sandkerneigenschaften nehmen (Bild 3).

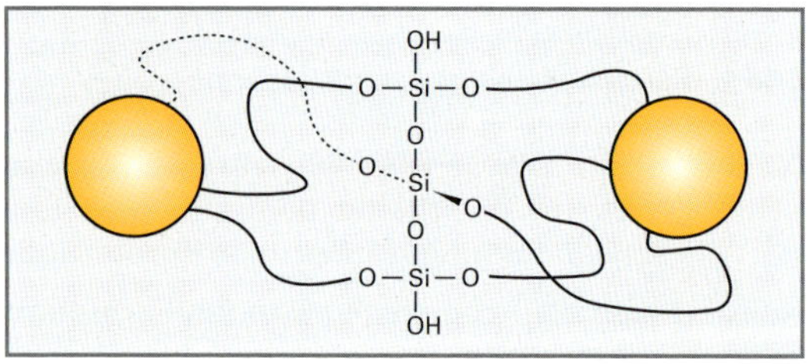

Bild 3: **Vernetzung pulverförmiger Feststoffadditive mit dem Silikatgerüst des Bindemittels**

Die ausgebildete Binderbrücke besitzt eine Gelstruktur und beinhaltet je nach Querschnitt und Volumen des Sandkerns sowie Energieeintrag bei der Kernherstellung eine definierte Menge an Restwasser. Wird dieses Restwasser durch weiteres Einbringen von thermischer Energie ausgetrieben, verliert die Binderbrücke ihre bindende Gelstruktur und versprödet, was sandige Kernoberflächen sowie Kernbruch zur Folge hat (Bild 4).

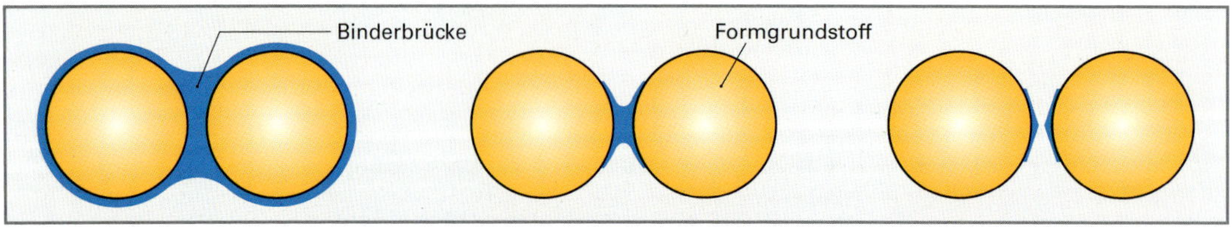

Bild 4: **Dehydratisierung einer Silikatbinderbrücke durch heißhärtende Kernherstellungsverfahren**

Anorganische Bindersysteme in der Aluminiumgussindustrie

Historie

Der Einsatz heißhärtender Silikatbindersysteme beschreibt seit der Markteinführung auf der GIFA 2003 eine außerordentlich ressourcen- und energieeffiziente sowie umweltfreundliche Alternative zu herkömmlichen organischen Kernherstellungsverfahren. Ein wesentlicher Vorteil ist das Vermeiden von Gerüchen und Emissionen (Zersetzungsprodukte, Kondensate) während des Gießprozesses, der bei erhöhter Lebensdauer und verlängerten Reinigungszyklen der Werkzeuge zu einer gesteigerten Produktivität führt. Großserielle Gießereianwendungen für Aluminiumgusskomponenten der Automobilindustrie werden heute global größtenteils auf Basis anorganischer Silikatbindersysteme gestaltet.

Verfahrensbeschreibung

Die Herstellung der Formstoffmischung erfolgt unter Verwendung gießereiüblicher Quarzsande, z.B. H 32. Eine hohe chemische Reinheit von > 99% SiO_2 gewährleistet eine hohe Bindemittelkompatibilität. Die Formstoffmischung wird in den Schießzylinder der Kernschießmaschine überführt und bei Prozessdrücken von 3 bis 6 bar Schießdruck in die beheizten Kernwerkzeuge verarbeitet. Die eigentliche Dehydratisierung und Härtung der Formstoffmischung erfolgt im Kernwerkzeug: Der Eintrag thermischer Energie an der Grenzfläche des Kernwerkzeugs (150–200 °C) und der Formstoffmischung führt zur Ausbildung einer dehydratisierten Randschale im Sandkern (mechanischer Stützstrumpf). Die innenliegenden Bereiche des Sandkerns werden über das Anlegen von dehydratisierter Druckluft (1–3 bar) bei Temperaturen von 100 bis 250 °C weiter ausgehärtet. Dabei bedingt der zugrundliegende Härtemechanismus einen querschnitt- und volumenabhängigen Festigkeitsverlauf sowie volumenabhängige Taktzykluszeiten.

Sandkerneigenschaften

Das Festigkeitsprofil anorganischer Sandkerne ist aufgrund des physikalisch-chemischen Härtemechanismus heißhärtender Silikatbindersysteme zeitabhängig, so dass maximale Festigkeiten der Sandkerne nach Erkalten auf Raumtemperaturen resultieren. Die Entnahmefestigkeit (ca. 150 N/cm^2) steigt somit kontinuierlich bis zum Erreichen der Kaltfestigkeit (ca. 350–400 N/cm^2) an (Bild 1 und 2). Die Lagerbeständigkeit von anorganisch-gebundenen Sandkernen ist aufgrund der Reversibilität der Binderbrückenbildung im Falle hoher Temperaturen und hoher Luftfeuchtigkeit begrenzt, so dass üblicherweise klimatisierte Kernlager eingesetzt werden. Dabei gilt das Gleichgewicht zwischen Temperatur und Feuchtigkeit des Sandkerns und der Umgebungsluft als Triebkraft der Feuchtigkeitsaufnahme (Bild 1 und 2).

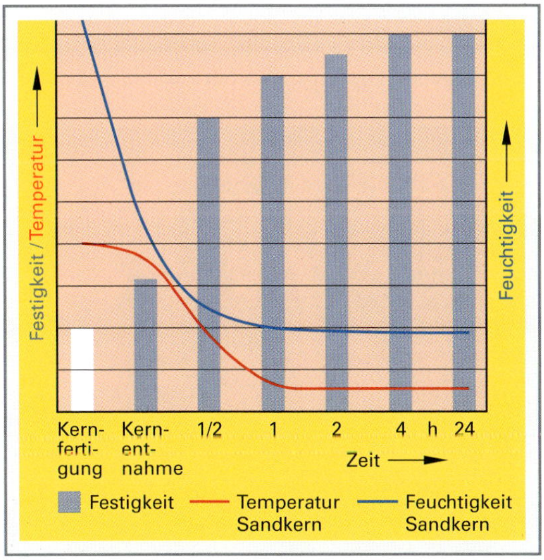

Bild 1: Zeitabhängiger Temperatur- und Feuchtigkeitsverlauf von anorganischen Sandkernen bei geringer absoluter Feuchtigkeit der Umgebungsluft

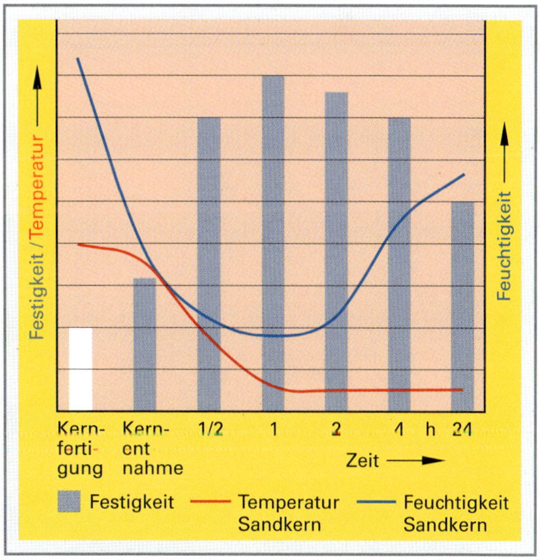

Bild 2: Zeitabhängiger Temperatur- und Feuchtigkeitsverlauf von anorganischen Sandkernen bei hoher absoluter Feuchtigkeit der Umgebungsluft

6

Anwendungsbeispiele mit anorganischen Bindern

Die Technologie der anorganischen Silikatbindersysteme hat sich im Leichtmetallguss vor allem im Aluminium-Niederdruckkokillen- und Schwerkraftguss bei der Fertigung von Zylinderköpfen, Kurbelgehäusen und Fahrwerkskomponenten als hoch produktives Kernherstellungsverfahren durchgesetzt. Der Einsatz birgt neben ökologischen auch technologische Vorteile: Ein im Vergleich zu organischen Bindersystemen reduziertes Gaspotential der Sandkerne führt in der Gießanwendung zu Gussbauteilen höherer mechanischer Festigkeit und geringer Porosität. Die folgenden Bilder zeigen Anwendungsbeispiele von Kernen mit anorganischen Bindern von interessanten Sandgeometrien von BMW-Leichtmetallgussteilen.

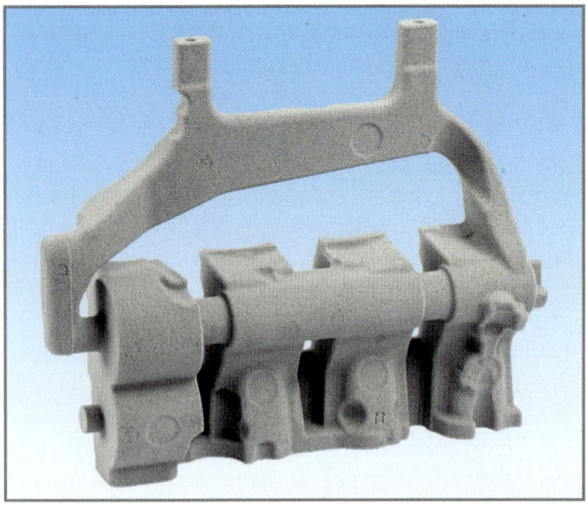

Bild 1: Anorganischer Ausgleichswellenkern

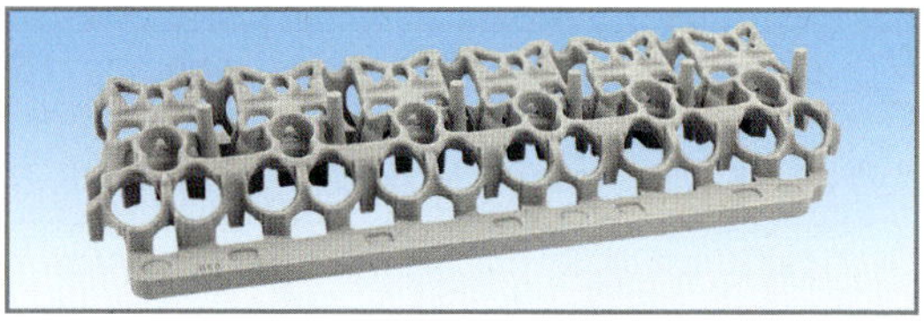

Bild 3: Anorganischer Wassermantelkern

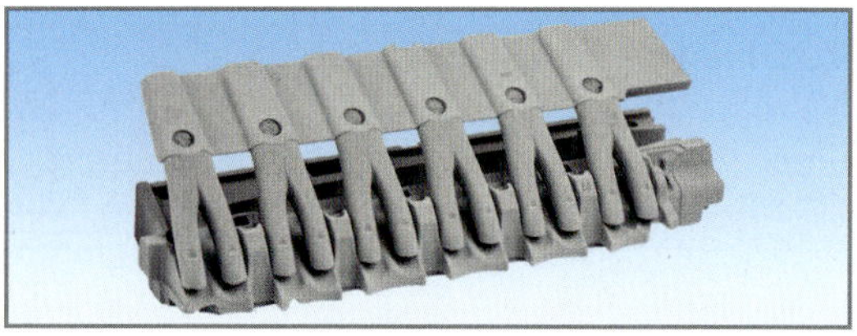

Bild 4: Anorganischer Kanalkern

Bild 2: Anorganisches Kurbelraumpaket vor Abguss

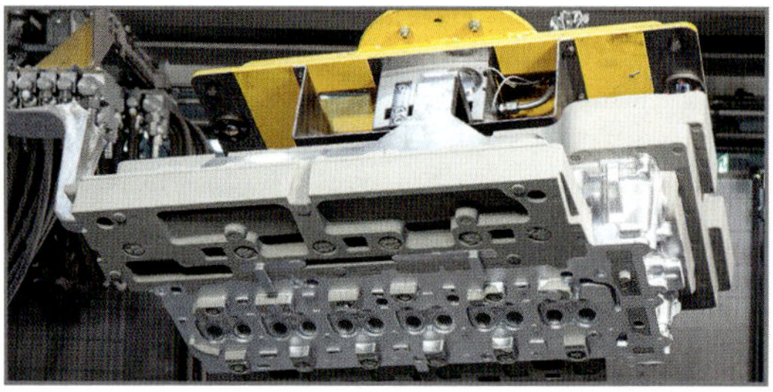

Bild 5: Zylinderkopfkernpaket bei Kokillenentnahme

Bild 6: Anorganischer Wassermantelkurbelgehäusekern und Kurbelgehäuse

6.1.5 Formstoffzusatzstoffe

Arten

Formstoffzusatzstoffe können in Stoffe **mit Glanzkohlenstoffbildung** (Steinkohlenstaub, Natur- und Kunstharze, Bitumen, Öle u. a.) und Stoffe **ohne Glanzkohlenstoffbildung** (Eisenoxid, Holzmehl, Schwefel, Borsäure u. a.) unterteilt werden.

Zweck

Zusatzstoffe sollen bestimmte Eigenschaften des Formstoffes (z. B. Wärmeausdehnung) und die Wechselwirkung zwischen Formstoff und Gießmetall beeinflussen und dadurch formstoffbedingte Gussfehler vermeiden.

Wirkung

Verbesserung der Oberflächengüte wird durch glanzkohlenstoffbildende Stoffe erreicht, die bei Hitze in reduzierender Atmosphäre Sandkörner mit einer Schicht Glanzkohle (Grafit) umhüllen. Dadurch wird die Benetzung des Formstoffes durch flüssiges Metall verringert (Bild 1) und eine glatte, saubere Oberfläche erreicht.

Bindung von Luftsauerstoff wird mit brennbaren Stoffen (Kohlenstaub, Holzmehl u. a.) erreicht.

Verminderung der Sandausdehnungsspannungen wird durch elastische Zusatzstoffe erreicht.

Das flüssige Metall verursacht eine Wärmeausdehnung der harten Sandkörner, wodurch es, wenn kein Nachgeben möglich ist, zum Abspringen von Sandteilen an der Formwand kommt (Bild 2).

Verschiedene elastische Zusatzstoffe (Stärke, Koks, Holzmehl u. a.) bewirken eine Einbettung der Sandkörner, sodass eine Ausdehnungsmöglichkeit gegeben ist.

Die Sandausdehnungsspannung ist auch von der Sandart abhängig (Bild 4).

Die **Pinholesbildung** wird bei kunstharzgebundenen Formteilen durch Eisenoxid und bei bentonitgebundenen Formteilen durch Kohlenstaub unterdrückt. Das Auftreten von **Blattrippen** an kunstharzgebundenen Formteilen unterdrückt ein Zusatz von Holzmehl und/oder Eisenoxid bzw. Mischungen daraus.

Der **Penetration** wird durch hohe Verdichtung, Beimengen von Koks, Zirkonsand und durch Überzugstoffe entgegengewirkt.

Mit der Wärmeausdehnung des Kornes vergrößert sich der Kornumfang und damit die Porosität (Bild 4), wodurch die Gefahr des Eindringens von Metall in den Formstoff (Penetration) gegeben ist und sich eine raue Oberfläche ergibt (Bild 5).

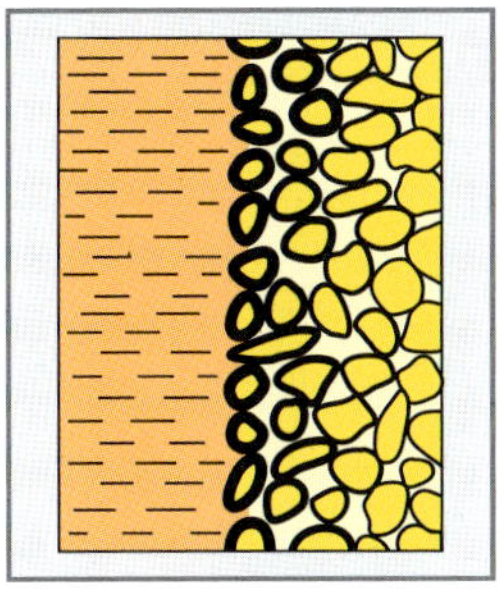

Bild 1: Ausreichende Menge von Glanzkohlenstoffbildnern bewirkt eine Umhüllung der Körner im Grenzbereich Metall – Formstoff.

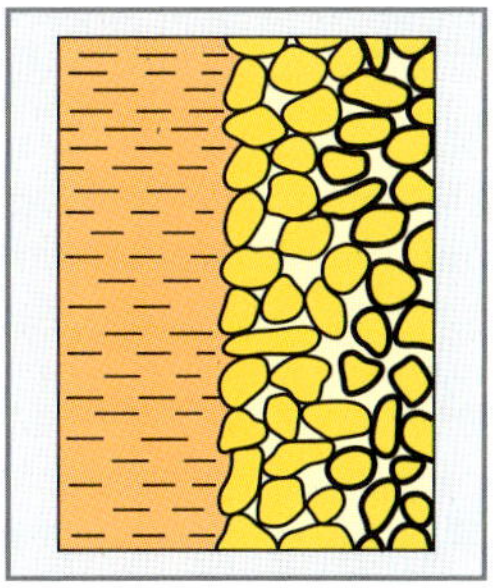

Bild 2: Zu geringe Zugabe von Glanzkohlenstoffbildnern bewirkt die Verbrennung von Kohlenstoff. Nur im Innern (Sauerstoffmangel) bildet sich eine Umhüllung. Die Formwand bleibt ungeschützt.

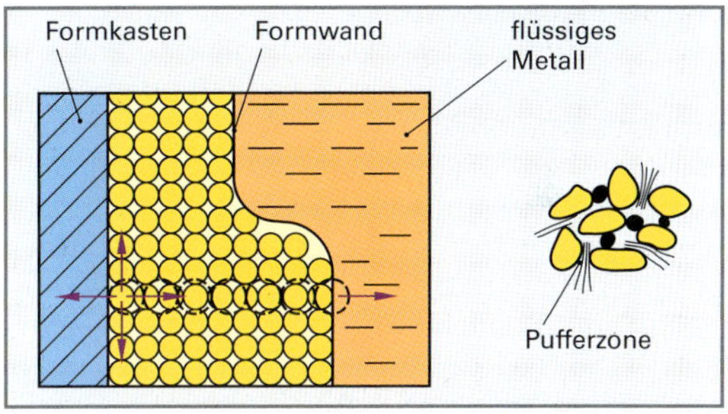

Bild 3: Hinausdrücken von Sandteilen in die Schmelze durch Sandausdehnung. Pufferzone aus Zusatzstoffen nimmt die Dehnung auf.

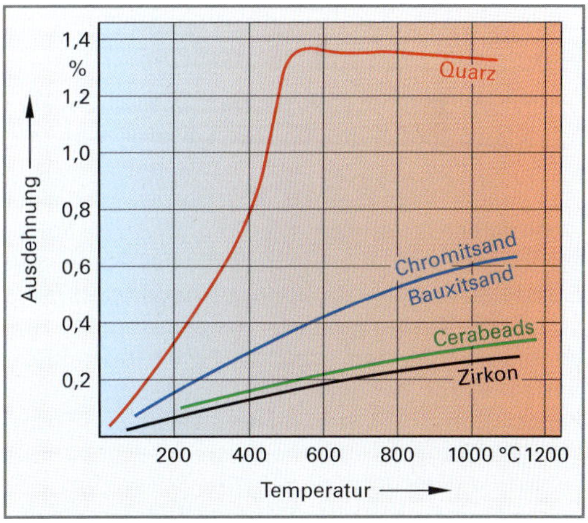

Bild 4: Thermisches Ausdehnungsverhalten von Formgrundstoffen

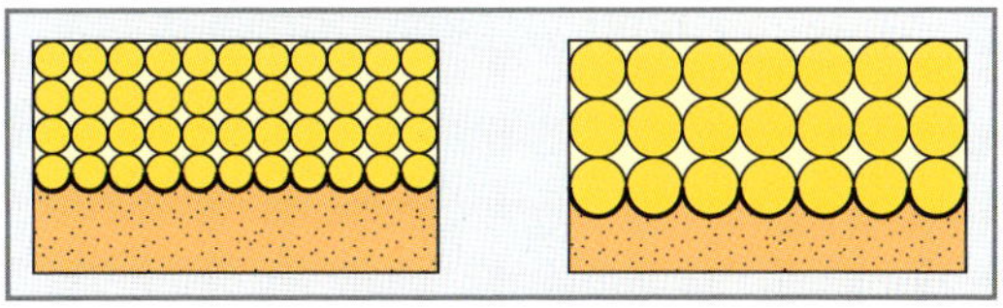

Bild 5: Bei großer Korndehnung oder grobem Sand entsteht eine raue Oberfläche.

6.1.6 Form- und Kernüberzugsstoffe

Viele Formen und Kerne erhalten nach der Herstellung einen **feuerfesten Überzug,** eine sogenannte **Schlichte**, um die Gefahr von Oberflächenfehlern zu reduzieren. Ziel ist eine Glättung der Oberfläche (Bild 1) und die damit verbundene Steigerung der Gussteilqualität.

Aufbau feuerfester Schlichten

Alkohol- und Wasserschlichten enthalten einen oder mehrere mineralische oder organische Grundstoffe sowie Additive. Sie sind auf den jeweiligen Anwendungsfall optimiert und werden vor Ort auf die notwendigen Verarbeitungsparameter eingestellt. Je nach **Feuerfeststoff** (Tabelle 1) verändern sich die Temperaturbeständigkeit und die Verarbeitungseigenschaften der Schlichten. So wird für die jeweilige Legierung und den Anwendungsfall der passende Grundstoff gewählt. Wasser oder Alkohole sind die Trägerflüssigkeiten von Schlichten. Sie werden zum Herstellen der Basisprodukte und zum „Einstellen" der jeweiligen Schlichten eingesetzt. Als **Additive** bewirken **Bindemittel** eine gute Haftung der aufgebrachten Schlichten auf der Sandoberfläche. **Schwebemittel** wirken dem Absetzen entgegen. **Konservierungsmittel** unterdrücken die Gefahr der Verkeimung, sodass die Qualität während der Lagerung und Verarbeitung nicht durch Bakterien oder Pilze beeinträchtigt wird.

Aufgaben von Überzugsstoffen

Schlichten stellen eine Barriere zwischen dem Formsand und dem flüssigen Metall dar und schützen das Gussteil vor Gussfehlern wie z.B. Gasblasen, Vererzungen, Blattrippen und/oder Oberflächenreaktionen. Die Trennung von Formstoff und Metall ist besonders für das Putzen der Gussteile wichtig, da dadurch Arbeitsaufwand und damit Kosten reduziert werden können. **Isolierende Schlichten** schützen Form- oder Kernbereiche vor schockartiger Wärmebelastung. **Penetrationsschlichten** dringen tief in den Formstoff ein und verfestigen diesen und erhöhen die Feuerfestigkeit. Metallurgische Schlichten enthalten Elemente, die die Werkstoffkennwerte der Legierungen verändern.

Einstellen der Verarbeitungsparameter

Die Viskosität muss eingestellt und überprüft werden, damit ein stabiler Prozess, mit reproduzierbaren Schichtdicken, sichergestellt ist. Die Auslauflaufzeit von Schlichten wird mit DIN-**Messbechern** (Bild 2) überprüft, die Dichte wird mit **Aerometern** (Bild 3) bestimmt.

Bild 1: Geschlichtete Kernoberfläche

Grundstoff	Eigenschaften (S = Schmelzpunkt)	Eignung für Gusswerkstoff
Grafit	S ca. 3500 °C hohe Wärmeleitung hohe Trennwirkung Randzonenaufkohlung	GJL (GG) GJS (GGG)
Koks	–	GJM (GT)
Olivin	S ca. 1700 °C	Cu-Legierung
Talkum	S ca. 1700 °C	Al-Legierung
Schamotte	S 1600 … 1700 °C	Stahlguss
Zirkonsilikat	S ca. 2600 °C besonders feuerfest gut isolierend	GJL, GJS, GJM, Stahlguss Al-Legierung
Quarz	S 1400 … 1720 °C	GG, GGG, GT
Magnesit	S ca. 2000 °C gut isolierend	Stahlguss Mg-Legierung
Korund	S über 2000 °C	Stahlguss AL-Legierung

Tabelle 1: Grundstoffe für Überzugsstoffe

Trägerflüssigkeit	Anwendung	Trocknung
Wasser	Wasserschlichten	Lufttrocknung Trockenofen Mikrowellen
Isopropanol, Ethanol vergällt u.a. Alkohole	Alkoholschlichten Formlacke	Lufttrocknung Abbrennen

Tabelle 2: Trägerflüssigkeiten

Bild 2: DIN-Messbecher

Bild 3: Aerometer

Aufbringung der Überzugsstoffe

Die Überzüge werden durch Fluten, Tauchen, Streichen oder Sprühen aufgetragen.

Bei größeren Formen bietet sich das Auftragen durch das sog. Fluten an (Bild 1). Kerne werden oftmals getaucht (Bild 2). Beim Sprühen unterscheidet man zwischen Venturi-Geräten, die die Schlichte in einem Luftstrom transportieren und Airless-Sprüheinrichtungen, die sie durch einen Hochdruckschlauch mittels spezieller Düsen zerstäuben. Die automatisierte Kernfertigung ermöglicht das Tauchen von Kernen unter stabilen Prozessbedingungen. Das Handling wird hier von Manipulatoren übernommen (Bild 3). Hohe Kerngewichte sind problemlos zu bewegen. Zur Verbesserung der Gasabfuhr sollten Kernmarken nicht geschlichtet werden.

Messung der Schichtdicken

Zur Überprüfung der aufgetragenen Schichtdicken wird ein Messkamm (Bild 4) verwendet, der auf eine gerade Fläche aufgestellt wird, sobald die Schlichte abgemattet ist. Am so erzeugten Abdruck erkennt man die Stärke der Schlichteschicht in µm.

Trocknung

Wasserschlichten werden meistens in Trockenöfen/Umluftöfen bei Temperaturen von 140 bis 220 °C getrocknet. Die Zeitdauer hängt von der Größe der Formen und Kerne und der Menge Wasser ab, die aus dem Formstoff entfernt werden muss. Neben geschlossenen Bauweisen sind im Bereich der Serienfertigung auch Tunnelöfen möglich. Bei der Lufttrocknung ist auf eine ausreichende Luftbewegung zu achten, um die Feuchtigkeit abtransportieren zu können. Hierbei bieten sich im Bereich Großguss auch Warmluftgebläse an.

Alkoholschlichten trocknen deutlich schneller an der Luft. Sie können auch abgebrannt werden, wobei man darauf achten sollte, die Kerne oder Formen nicht durch die entstehende Hitze zu schädigen. Die Einhaltung der Sicherheitsvorschriften beim Umgang mit Alkoholschlichten ist von großer Wichtigkeit!

Wahl der Überzugsstoffe

Es besteht die Möglichkeit bei fast allen modernen Bindersystemen Wasser- oder Alkoholschlichten einzusetzen. Die Wahl der jeweiligen Feuerfeststoffbasis hängt immer vom Anwendungsfall ab. Die Schlichte sollte die Gussoberfläche verbessern und den Putzaufwand reduzieren. Dabei soll die Schlichte einfach zu verarbeiten und auf die Voraussetzungen in den Gießereien angepasst sein.

Bild 1: Schlichteauftrag durch Fluten

Bild 2: Tauchen durch Roboter

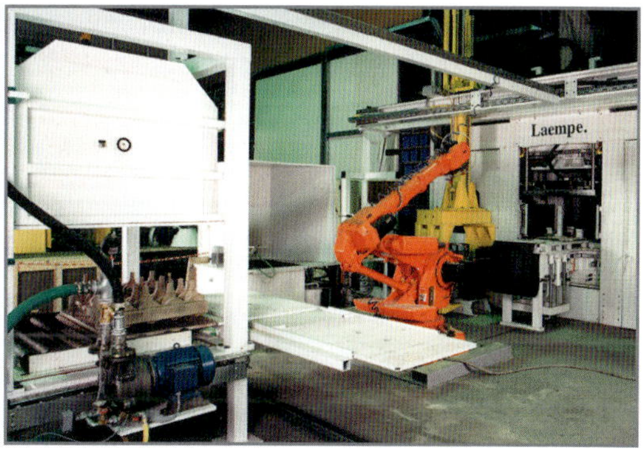

Bild 3: Automatisierte Kernfertigung mit Tauchbecken (Bildmitte) und Trockenofen

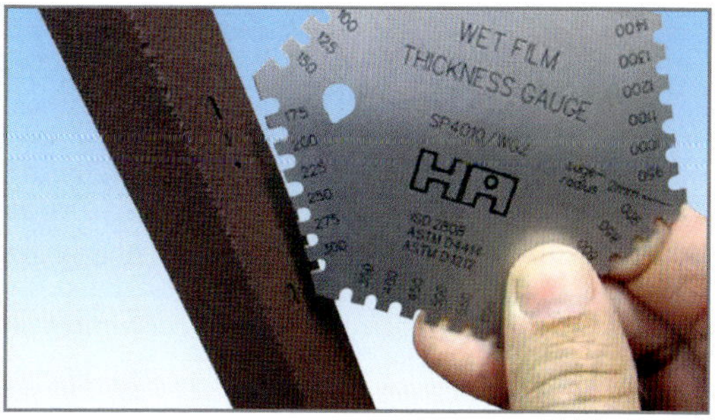

Bild 4: Schichtdicken-Messkamm

6.2 Formstoffaufbereitung und Formstoffregenerierung

6.2.1 Definition und Aufgabe

- Von **Formstoffaufbereitung** spricht man in Zusammenhang mit bentonitgebundenen Formstoffen (Nassguss oder Grünsand).
- Die **Formstoffregenerierung** bezeichnet dagegen die Rückgewinnung von chemisch gebundenen (harzgebundenen) Formstoffen.

Die Aufgabe von beiden Verfahren ist es, den Formstoff entsprechend dem Bedarf der Formerei und Kernmacherei in der geforderten Zusammensetzung mit den entsprechenden Eigenschaften und Mengen zu liefern.

6.2.2 Systeme

Formstoff-Einwegsystem

Am einfachsten kann die Formstoffaufbereitung durch Zusammenfügen der Bestandteile Formgrundstoff, Formstoffbindemittel und Formstoffzusatzstoff als Neustoffe erfolgen.

Wird nach dem Abguss der Formstoff auf die Halde gebracht, so spricht man von einem Formstoff-Einwegsystem. Die Formstoffaufbereitung besteht in diesem Falle im Wesentlichen aus einer Mischeinrichtung. Solche Einwegsysteme existieren jedoch heute praktisch nicht mehr, da sie zu teuer und stark umweltbelastend sind.

Formstoff-Umlaufsystem

Aus Gründen der Wirtschaftlichkeit und Schonung der Umwelt wird der Formstoff nach dem Gießen der **Aufbereitung** zugeführt **(Umlaufsand),** sodass dieser mit einem Anteil von 70 bis 98 %, je nach Formstoffart, die Basis des aufzubereitenden Formstoffes bildet. Dadurch bleibt, wie Bild 2 zeigt, der Hauptanteil des Formstoffes im Kreislauf erhalten.

Beim **Regenerieren** der chemisch gebundenen Formstoffe wird in sogenannten Rückgewinnungsanlagen der Sand zunächst auf Kornfraktion gebrochen, gesiebt, entstaubt und gekühlt und dann meistens mittels pneumatischer Fördertechnik in Lagersilos oder Behälter transportiert. Von Regenerieren spricht man dann, wenn in solchen Rückgewinnungsanlagen Maschinen und Prozesse eingebaut sind, die auf mechanischem, chemischem oder thermischem Wege Bindemittelreste vom Sandkorn teilweise oder vollständig entfernen. Auf diese Weise wird die Qualität der Formstoffregenerate wirkungsvoll verbessert. Auch bei den chemisch gebundenen Formstoffsystemen lassen sich heute Rückgewinnungsraten von bis zu 98 % erzielen.

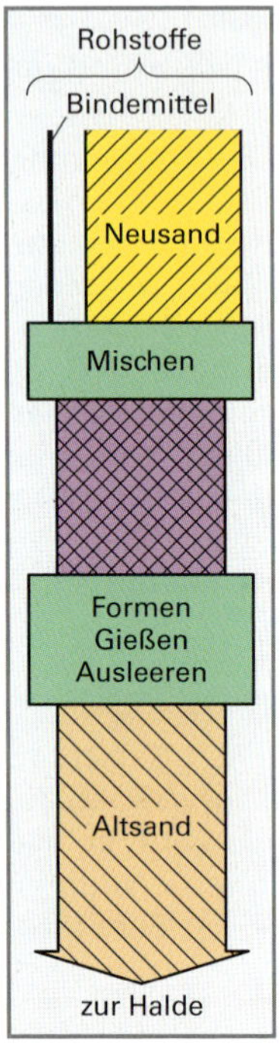

Bild 1: Einwegsystem (nach Bindernagel VDG)

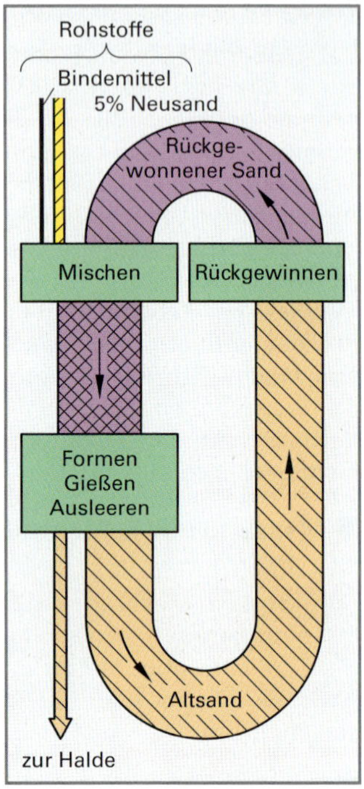

Bild 2: Umlaufsystem

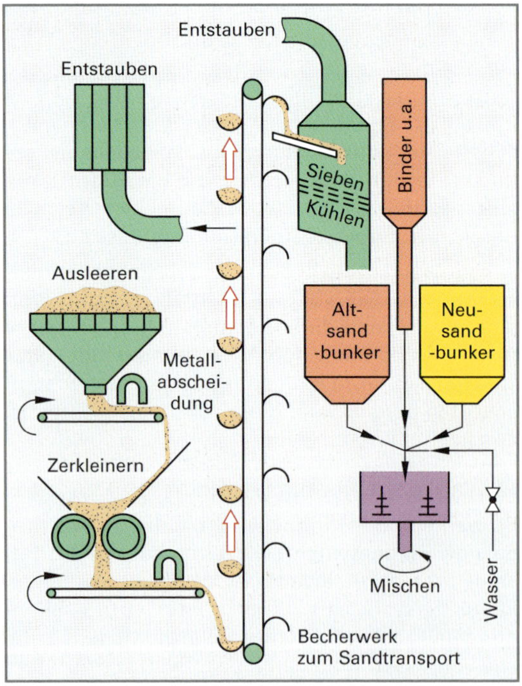

Bild 3: Vereinfachtes Schema einer auf Altsand beruhenden Formstoffaufbereitung auf mehrere Etagen verteilt

6.2.3 Prozessstufen beim Formstoff-Umlaufsystem

Auspacken (Formstoff vom Gussteil trennen)

Mit **Auspackrost** oder **Auspackrinne** (Bild 1) werden zunächst Gussteil und Altsand durch Vibration voneinander getrennt. Moderne technische Konzepte zeichnen sich durch hohe Sanddurchsatzleistung und steuerbare Vibrationen aus, um diese Einrichtungen auch zum teilweisen Entkernen der Gussstücke verwenden zu können. Auspackroste können Flächen von 1 m^2 bis hin zu 40 m^2 übersteichen und werden bis zu Auflasten von ca. 50 t angeboten. Dem Auspackvorgang folgt als nächster Prozessschritt meistens das Abscheiden von Metallteilen aus dem Sand- und Knollengemisch. Mittels Überband- oder Trommelmagneten wird so Kreislaufmaterial aussortiert und wieder der Schmelzerei zugeführt.

Bild 1: Mit der Auspackrinne werden Gussteil und Altsand durch Vibration getrennt

Fördern

Um den Formstoff und seine Bestandteile zu den einzelnen Stationen der Aufbereitung zu bringen, sind verschiedene Fördereinrichtungen üblich. Sandaufbereitungsanlagen werden oft in Turmbauweise errichtet. Hierbei hat das **Becherwerk** die Aufgabe, den Formsand vertikal in den umlaufenden Formsandbechern zu fördern. Für die horizontale Förderung werden **Gurtförderer** mit auf Rollen umlaufenden Bändern eingesetzt. **Schneckenförderer** (Bild 2) eignen sich besonders zum Austragen von Zuschlagsstoffen aus den Vorratssilos. **Schwingförderer** siehe folgende Seite. Bei der **pneumatischen Förderung** unterscheidet man zwei grundsätzliche Verfahren. Bei der **Schubförderung** werden rieselförmige Schüttgüter wie z.B. trockener Sand (Neusand oder regenerierter chemisch gebundener Sand) in Förderrohrleitungen mittels Druckluft in Pfropfen gefördert. Bei der pneumatischen Förderung von Neusand und Regeneratsanden muss auf jeden Fall beachtet werden, dass bei dieser Art der Förderung der Sand sehr stark mechanisch belastet werden kann (Sandstrahleffekt). Die Sandkörner können zerstört werden, was zu einer Anreicherung mit Staub führen kann. Beim **Blasfördervorgang** kann z.B. Gießereistaub aus Entstaubungsanlagen mit Druckluft über eine Distanz von mehr als 100 m transportiert werden.

Bild 2: Silos mit Förderschnecken

Bevorraten

Die Bevorratung der Formstoffe und ihrer Bestandteile erfolgt meist in Stahlblech-Silos (Bild 3). Diese werden als Altsand-, Neusand-, Fertigsand-, Speichersilos usw. bezeichnet. Es sollten immer mindestens zwei, besser drei oder mehr Silos mit gemeinsamem Altsand-Abzug betrieben werden. Für Kohlenstaub gelten wegen Brand- und Explosionsgefahr besondere Vorschriften (Mischung mit Bentonit).

Bild 3: Speichersilos für Glanzkohlenstoff, Bentonit und Quarzsand

Mauken

Frisch aufbereiteter, bentonitgebundener Formstoff muss vor Gebrauch ruhen und durchziehen. Diesen Vorgang der Aktivierung der Bindekräfte bezeichnet man als Mauken.

Bei der **Aufbereitungstechnik** mit Vakuum kommt es zu einer spontanen Bentonitaktivierung, sodass die Prozessstufe Mauken entfällt.

Kühlen

Die Gussteile geben beim Abkühlen einen Teil ihrer Wärme an den Formstoff ab. Zur Einhaltung der Formstoff- und damit auch der Gussqualität soll die Formstofftemperatur auf annähernd 40 °C gesenkt werden. Der Altsand gibt bereits einen Teil seiner Wärme während der Förder- und Bevorratungsvorgänge ab. Zusätzlich können spezielle Kühlsysteme wie Fließbett- oder Mischkühler eingesetzt werden.

6.2.4 Regenerieren von Altformstoffen mit aushärtendem Formstoffbinder

Verfahrensablauf

Vorbereiten des Sandkorns

Das Zerkleinern der Altsandknollen beginnt beim Ausleeren der Form auf dem Vibrationsrost. Weiteres Zerkleinern der Altsandknollen wurde früher über Walzen- oder Backenbrechern bewerkstelligt und erfolgt heute zumeist in Vibrationsknollenbrechern. Metallteile, wie z.B. Sandstifte, werden mit Magnettrennung aus dem Sand entfernt.

Reinigen des Bindemittels vom Korn

Diese Arbeitsstufe wird dann angewandt, wenn sie technologisch erforderlich und wirtschaftlich sinnvoll ist. Gewöhnlich wird in den nach dem Kaltharzverfahren arbeitenden Gießereien unter anderem über den sogenannten Glühverlust kontrolliert. Dieser wird ermittelt, indem nach definierten Parametern die Bindemittelrückstände abgebrannt werden und der Sand vorher und nachher gewogen wird. Meistens bewegt sich der Glühverlust zwischen 1 bis 14 %, wobei die Anforderungen der Gießereien diesbezüglich produktspezifisch sehr unterschiedlich sind. Bild 1 zeigt einen möglichen Anlagenaufbau in Turmbauweise zur **mechanischen Intensivregenerierung von Altsanden** nach dem Wirkprinzip **„Schleifen“**. Der Sand wird im Schleifgenerator „2“ chargenweise so weit wie notwendig von Bindemitteln gereinigt. Neuere Bestrebungen gehen dahin, einen vorher definierten Restbindergehalt exakt über eine „Online-Steuerung“ anfahren zu können.

6

Alternativ zu den mechanischen Verfahren „Schleifen“ können auch andere Verfahren wie z.B. „Pneumatische Pralleinrichtungen“, „Mahlen“ o.Ä. eingesetzt werden.

Weiterhin wird das Verfahren der **thermischen Regenerierung** angewendet, bei dem der Sand auf Temperaturen meist zwischen 500 und 900 °C erhitzt und auf diese Weise die organischen Bindemittelreste verbrannt werden. Üblicherweise erfolgt das in Wirbelschichtöfen (selten Drehrohröfen), diese werden mit Gas befeuert, was mit wirtschaftlichen Nachteilen gegenüber der mechanischen Regenerierung einhergeht. Ein großer Vorteil besteht jedoch darin, dass der Glühverlust eines thermischen Regenerats nahezu „Null“ ist.

Für die Regenerierung von Altsanden aus Grünsand-/Kernsand-Mischaltsanden ist meistens die **Kombination von thermischen und mechanischen Verfahren** erforderlich.

Die **Nassregenerierung** von Altsanden spielt heute wegen Umweltproblemen und vergleichsweise hohen Kosten eine untergeordnete Rolle.

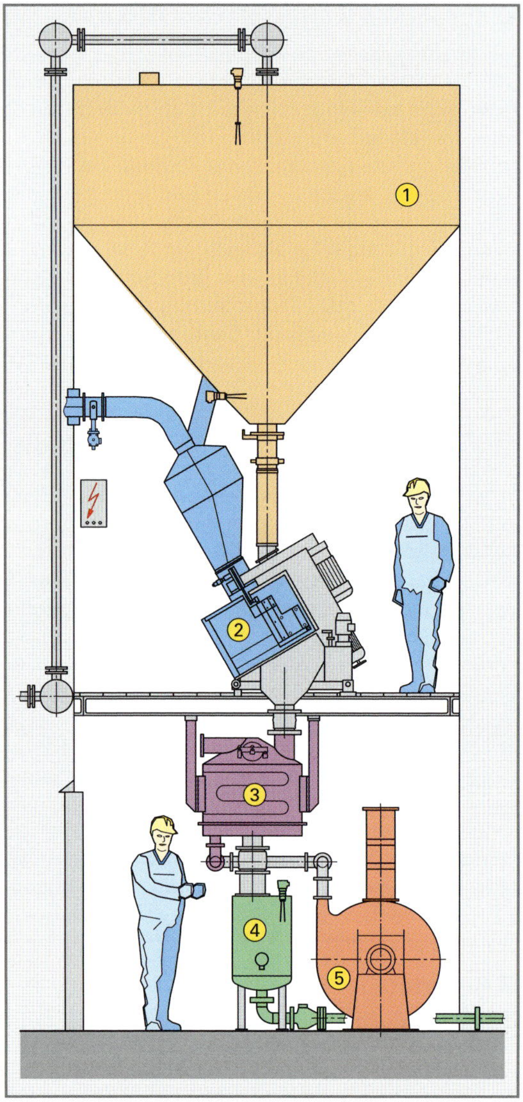

Bild 1: Anlage mit mechanischer Regenerierung und pneumatischer Förderung

1 **Sandbunker** für harzgebundenen Altsand
2 Einschwenkbarer **Schleifgenerator.** Dieser entfernt mittels Schleifscheiben Harzbinder vom Formgrundstoff (mechanisches Regenerieren).
3 **Chargen-Reiber-Kühler-Sichter (CRKS)** bringt den Formstoff auf die gewünschte Verarbeitungstemperatur und entstaubt ihn.
4 **Pneumatischer Schubförderer** bringt den Formstoff vom Kühler zu Lagersilos oder direkt zum Mischer.
5 **Radialventilator** für Fluidisierungsluft bewirkt, dass der Formstoff wie eine Flüssigkeit bewegt werden kann. Dabei wird der Entstaubungsprozess durchgeführt.

Nachbehandlung

Der vom Korn abgebaute Binder muss als Feinstanteil noch entfernt werden. Außerdem verbrennen beim Gießen Binderteile und Sandkörner zerspringen. Alle diese Feinanteile müssen durch Entstauben entfernt werden. Zur Nachbehandlung gehören auch die Vor- und Nachkühlung.

In dem Bildbeispiel der vorigen Seite wird der regenerierte Sand anschließend in einem sogenannten Chargen-Reiber-Kühler-Sichter (kurz CRKS) entstaubt und auf die gewünschte Verarbeitungstemperatur gekühlt. Der Entstaubungsprozess (Sichter: Windsichten) erfolgt mittels von Ventilator „5" erzeugter Fluidluft in Chargen, um eine gleichbleibende Regeneratqualität sicherzustellen; die Sandtemperatur wird permanent gemessen und steuert den gezielten Kühlprozess. Alternativ werden Kaskadensichter in Kombination mit Rückstaukühlern eingesetzt.

Möglichkeiten zum Entstauben

Mit entsprechender Windgeschwindigkeit wird aus dem Sand der Feinanteil mit der Wirbelluft ausgetragen, die entsprechend abzusaugende Luft wird durch Zyklone und weitere Filter von diesen Feinanteilen gereinigt. Das Überdruck (Wirbelbett) – Unterdruck (Absaugung) – Verhältnis ist so einzustellen, dass die gewünschten Feinkornklassen aus dem Sand entfernt werden (üblicherweise die Anteile < 0,125 mm).

Formstofftrennung

Insbesondere im Bereich der chemisch gebundenen Formstoffe spielt die Trennung von unterschiedlichen Sanden eine bedeutende Rolle. So werden bei Stahlguss Chromerz- und Zirkonsande eingesetzt, da hier die Eigenschaften von Quarzsand nicht mehr ausreichen. Solche Spezialsande übersteigen die Kosten von Quarzsand um ein Mehrfaches.

Spätestens bei dem Auspackvorgang vermischen sich die Spezialsande mit dem Altsand und können dadurch ihre gewünschten Formstoffeigenschaften teilweise verlieren. Modernen Rückgewinnungs- und Regenerierungsanlagen ist daher eine Trennanlage z.B. für Chromerzsand nachgeschaltet. Hierin werden auf trockenem, mechanischem Wege in mehreren Separationsstufen Quarz- und Chromerzsand voneinander getrennt.

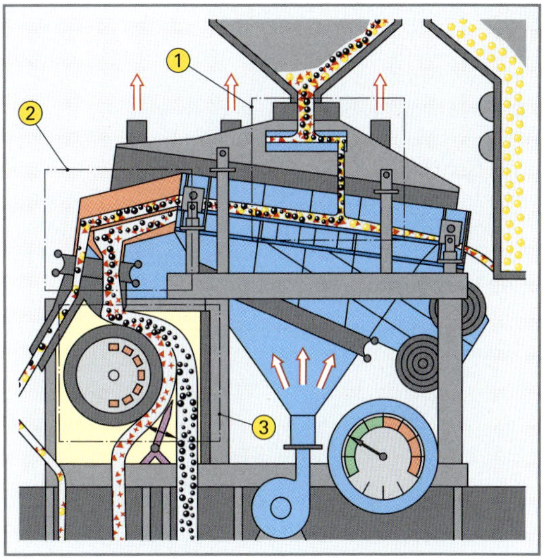

Bild 1: Trennanlage mit drei Trennstufen

1 Dichtescheider trennt nach unterschiedlicher Dichte

2 Feinsiebdeck zum Ausscheiden von zu großem Korn

3 Magnettrennstufe zum Trennen von Chromerzsand, Feineisen u.a.

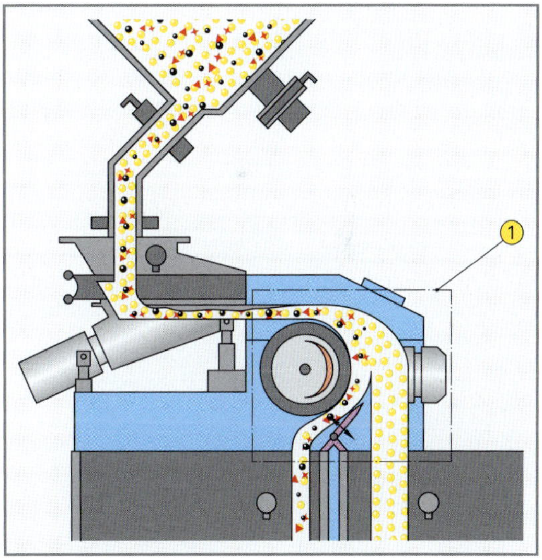

Bild 2: Trennanlage, die auf reiner Magnetscheidung beruht.

1 Starkfeldmagnet trennt magnetische Partikel wie Chromerzsand aus dem Quarzsand.

In der Bild 1 abgebildeten vierstufigen Anlage werden Reinheiten von weniger als 1 % Quarzsand im getrennten Chromerzsand erzielt, sodass hier ein Formstoff zurückgewonnen wird, der als Ersatz für Neusand in der Gießerei eingesetzt werden kann. Trennanlagen, die auf reiner Magnetscheidung beruhen (Bild 2), erzielen Reinheiten von ca. 5% Quarzsand im getrennten Chromerzsand, was für die hohen Anforderungen von beispielsweise Stahlgießereien nicht ausreicht.

Schwingfließbett-Kühler

Der abgebildete Teil einer Formstoffaufbereitungsanlage zeigt wichtige Anwendungsmöglichkeiten für die Schwingtechnik. Nach diesem System arbeiten das Schwing-Sieb und der Schwingfließbett-Kühler. Dieser arbeitet nach dem Mikrowurfprinzip mit einer gerichteten Schwingbewegung. Umgebungsluft wird von unten durch den Speziallochboden und die Sandschicht geblasen. Dies verleiht dem Sand flüssigkeitsähnliche Fördereigenschaften. Gutes Durchlüften, Durchmischen und ausreichendes Befeuchten, entsprechend der Feuchtigkeitsaufnahme der Luft, führen einen großen Teil der Wärme nach dem Verdunstungsprinzip ab. Mit einer solchen Anlage können Temperaturen von maximal 150 °C auf unter 40 °C in kurzer Zeit heruntergekühlt werden. Es können Durchsatzleistungen bis 300 t pro Stunde erzielt werden.

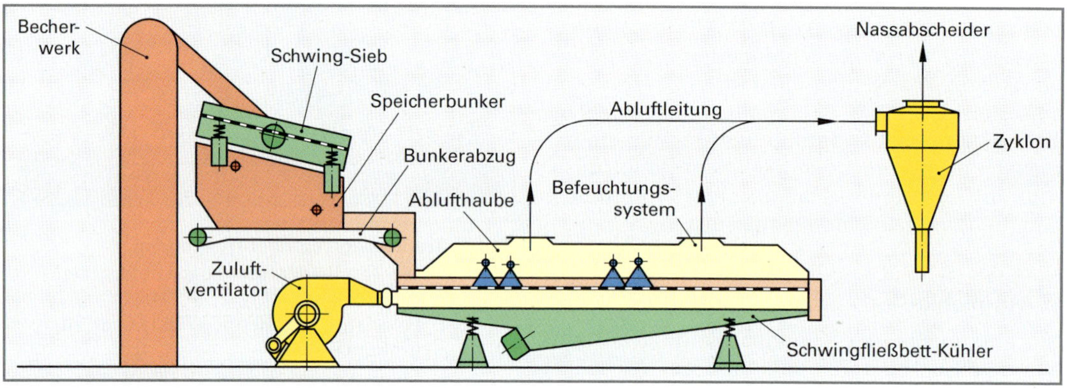

Bild 1: Schwingfließbett-Kühler

Vakuumaufbereitung von tongebundenen Formstoffen (EVACTHERM®-Verfahren)

Die Hauptkomponente einer Anlage mit Vakuumaufbereitung ist ein Wirbel-Formstoffmischer, der unter Vakuum arbeitet. Mischen und Kühlen laufen zeitgleich ab. Die anfänglich zugegebene Wassermenge ist etwas höher wie bei der atmosphärischen Aufbereitung. Ein Teil dient der Anfeuchtung des trockenen Altsandes, der andere verdampft während des Misch- und Kühlvorganges, weil der Druck im Innern des Mischers immer weiter abgesenkt wird. Hierbei wird dem Altsand Wärme entzogen, d. h. er wird gekühlt. Der abgesaugte Dampf wird einem Kondensator zugeführt, wo er beim Übergang in die flüssige Phase seine Wärmeenergie an einen geschlossenen Wasserkreislauf mit eingebautem Wärmetauscher abgibt. Durch die Möglichkeit Mischen und Kühlen und Mauken in einem Aggregat durchzuführen, ergibt sich ein kompaktes und umweltfreundliches leistungsfähiges Konzept für beste Sandqualitäten.

6

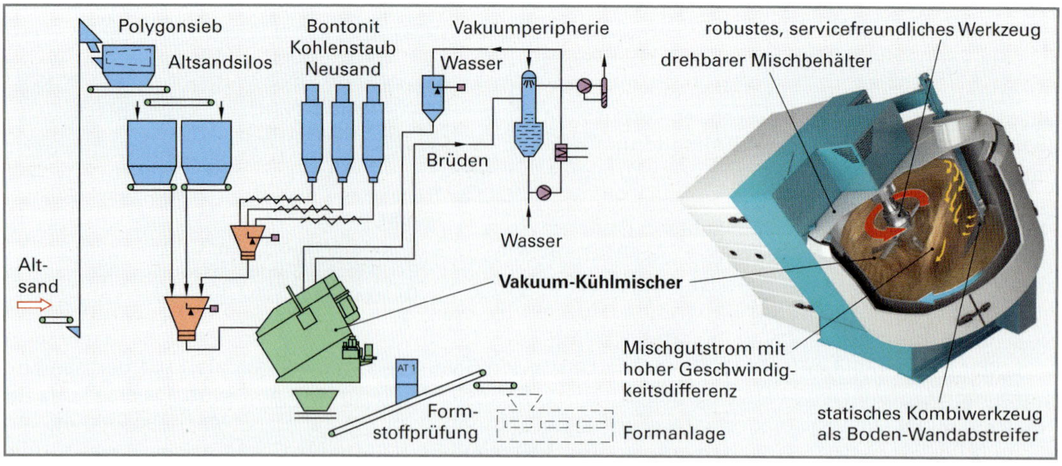

Bild 2: Formstoffaufbereitungsanlage nach dem EVACTHERM®-Verfahren

6.2.5 Mischen der Formstoffe

Das Mischen ist eine entscheidende Prozessstufe innerhalb der Formstoffaufbereitung. Hierbei müssen die Sandkörner möglichst gleichmäßig mit Binder umhüllt werden. Bei den bentonitgebundenen Formstoffen müssen das zur Ergänzung notwendige Wasser, der Bentonit und die Formzusatzstoffe gleichmäßig verteilt werden.

Mischerprinzipien

Die Durchmischung der Formstoffbestandteile erfolgt durch Durchwirbeln oder Durchkneten. Nach dem Prinzip des Durchknetens arbeiten Kollermischer und Schneckenmischer. Nach dem Prinzip des Durchwirbelns arbeiten Mischer mit rotierenden Werkzeugen (Bild 1 und 2).

Durch entsprechende Austrageinrichtungen können die Mischer mit trommelförmigen Mischgutbehältern statt für chargenweisen Betrieb auch für kontinuierlichen Betrieb geliefert werden. Schneckenmischer arbeiten immer kontinuierlich.

Chargenmischer (Bilder 1–4)

Der **einfache Wirbelmischer** besteht aus einem exzentrisch angeordneten Rotor und dem Mischgutbehälter, der sich mit dem Mischgut gegenläufig zu den Werkzeugen dreht.

Wirbelmischer entsprechend Bild 1 verfügen zusätzlich über ein statisches Kombiwerkzeug als Boden und Wandabstreifer. Entsprechend der Drehrichtung des Rotors zum sich ebenfalls drehenden Behälter arbeitet dieser Mischer nach dem Gegenstromprinzip.

Turbinenmischer (Bild 2)
Bei den Turbinenmischern verschiedener Bauart drehen sich prinzipiell die exzentrisch angeordneten Turbinen gegenläufig zum Mischflügel.

Flügelmischer (Bild 3)
Bei dieser einfachen Bauart kreist ein S-förmiger Mischarm im zylindrischen Mischbottich. Der Mischarm wird durch einen am Mischerboden angeflanschten Getriebemotor angetrieben.

Kollermischer (Bild 4)
Beim noch selten anzutreffenden Kollermischer wird durch konzentrisch angeordnete Kegelräder der Formstoff durchgeknetet.

Durchlaufmischer (Bilder 5 und 6)
Als sehr geeignet für das Mischen von Formstoffen für das Kaltharzverfahren haben sich Durchlauf-Wirbelmischer erwiesen, diese benützen sowohl Schneckenwellen als auch Schnelllaufende Werkzeuge zur Durchmischung. Von besonderem Vorteil ist hierbei, dass die Form direkt befüllt werden kann.

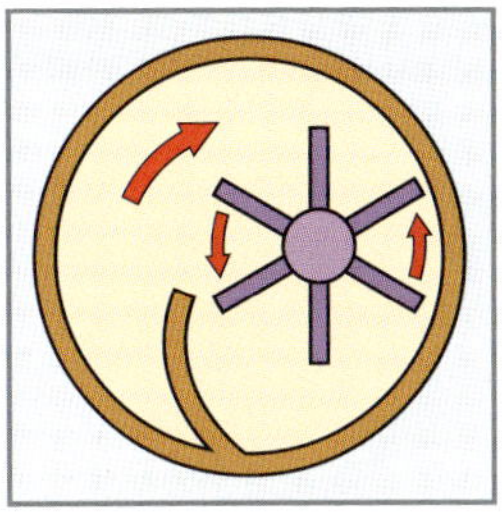

Bild 1: **Wirbelmischer Gegenstromprinzip**

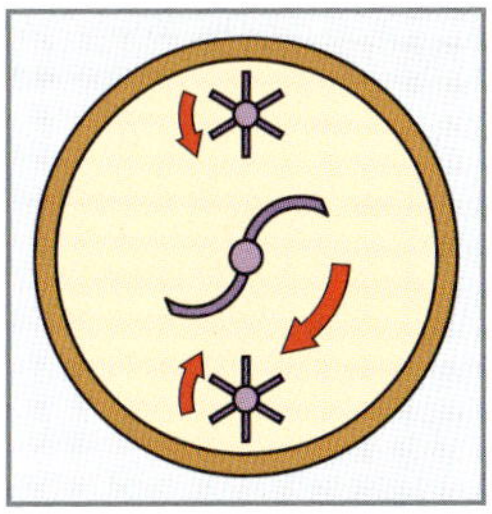

Bild 2: **Turbinenmischer**

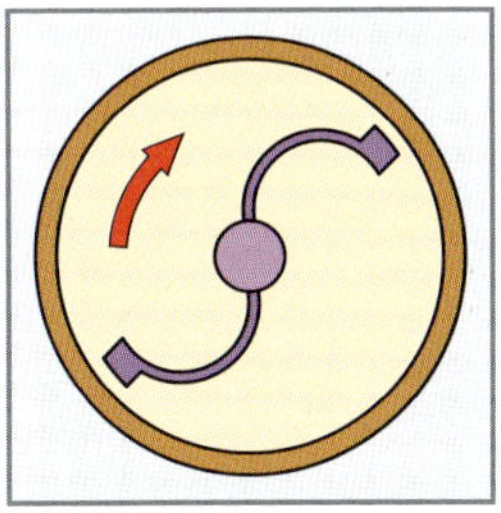

Bild 3: **Flügelmischer**

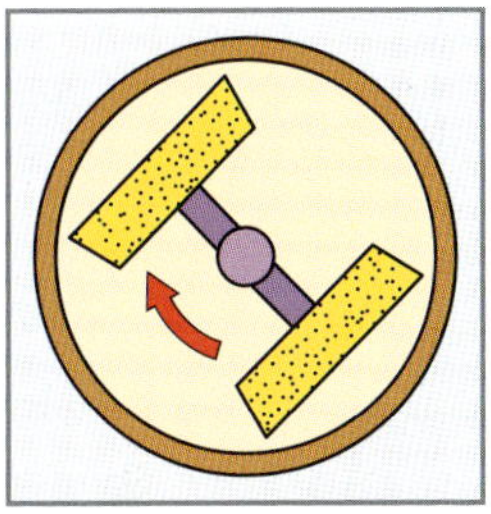

Bild 4: **Kollermischer**

Bild 5: **Durchlaufmischer für kunstharzgebundenen Sand (Leistung: 40 bis 60 t/h Sanddurchlauf)**

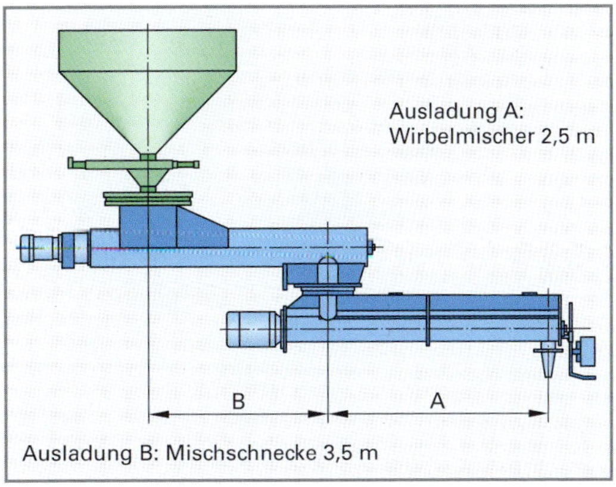

Bild 6: **Schema zum Durchlaufmischer von Bild 5**

6

6.2.6 Formstoffsteuerung

Die Formstoffsteuerung hat die Aufgabe, die Eigenschaften und die Zusammensetzungen der Formstoffe zu steuern. Dabei wird durch Messen und Wiegen der Istzustand ermittelt, mit dem Sollzustand verglichen und dieser nach Wiegen und Dosieren z. B. entsprechend Bild 1 mit Zuschlagsstoffen ausgeglichen. Diese Vorgänge werden bei modernen Aufbereitungsanlagen mit Hilfe von Computern gesteuert.

Messen

Die Ermittlung der Eigenschaften und Zusammensetzungen von Sanden ist Aufgabe der Formstoffprüfungen. Die Ergebnisse werden als Istwerte der Steuerung zur Verfügung gestellt. Da vor allem der Wassergehalt bei bentonitgebundenen Sanden, aber auch die Temperatur größten Schwankungen unterworfen sind, werden diese ständig im fließenden Sandstrom oder im Mischbehälter durch Sonden gemessen. Auch Füllhöhen in Behältern werden mit Sonden ermittelt.

Wiegen

Um die Mengen der Formstoffbestandteile zu wiegen, sind Bauteile wie Gurtförderer, Schnecken oder Behälter in die Waage mit einbezogen. Entsprechend werden sie dann als Wiegeband, Schneckenwaage oder Behälterwaage bezeichnet.

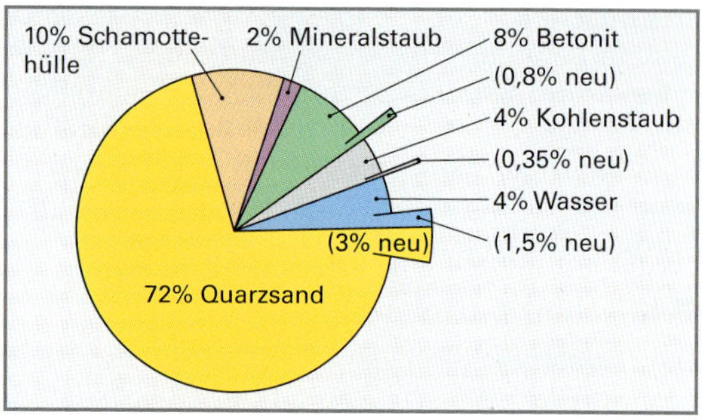

Bild 1: Zusammensetzung eines gebräuchlichen bentonitgebundenen Formstoffes und die zur Erhaltung des Systemgleichgewichts notwendigen Neumengen

Dosieren

Bei modernen Anlagen wird die Dosierung der notwendigen Zuschlagsstoffe durch einen Rechner entsprechend Bild 2 veranlasst. Dabei werden entsprechend dem Wiegeergebnis Verschlüsse und Ventile der Behälter und Waagen geöffnet und geschlossen. Der Rechner übernimmt auch die automatische Wasserdosierung in Abhängigkeit von Feuchtigkeit und Temperatur des Altsandes.

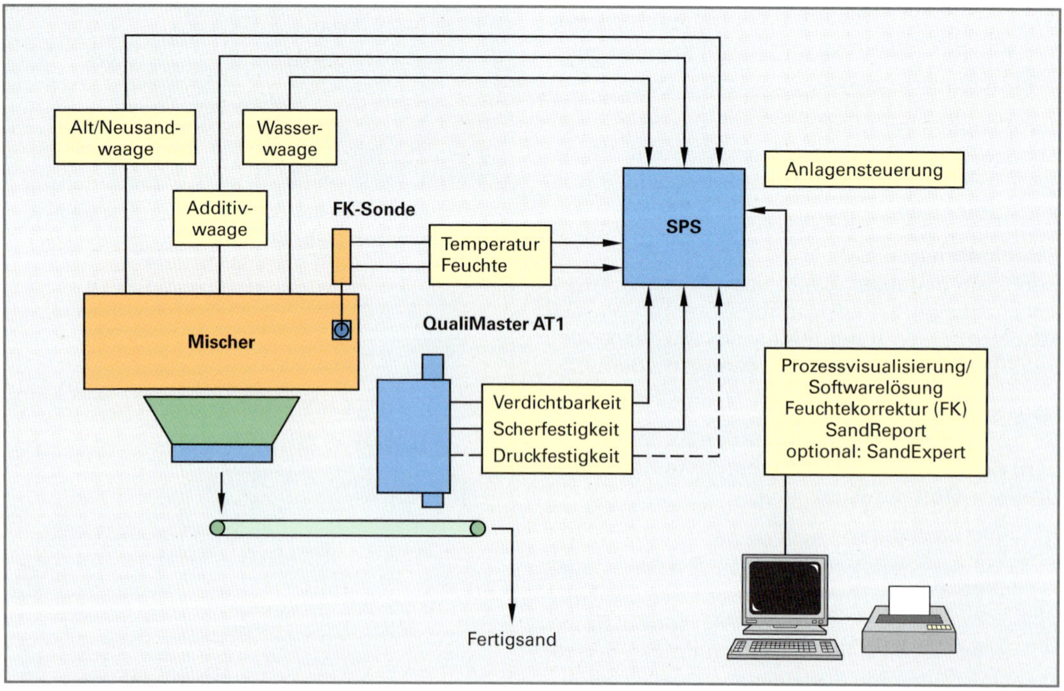

Bild 2: Rechnergesteuerte Sandaufbereitung

6

6.3 Formstoffprüfung

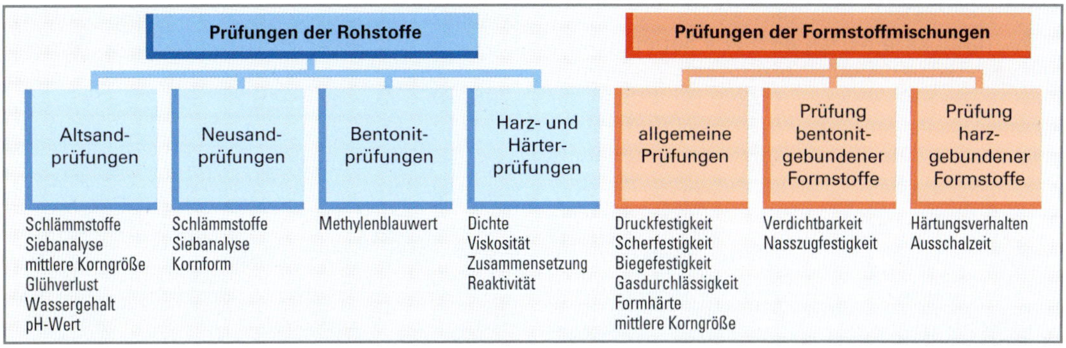

Bild 1: Übersicht über die wichtigsten Formstoffprüfverfahren

6.3.1 Aufgaben der Formstoffprüfung

Die hohen Anforderungen, die an die Formen bei deren Herstellung und beim Abgießen gestellt werden, erfordern eine die Eigenschaften und Zusammensetzungen der Formstoffe regelmäßig überprüfende Qualitätskontrolle.

Diese Aufgabe übernimmt die Formstoffprüfung, die dadurch eine wesentliche Rolle in der Gesamtqualitäts- und Prozesskontrolle im Bereich der Formerei einnimmt, denn viele Gussfehler werden durch unzureichend aufbereitete oder falsch zusammengestellte Formstoffe hervorgerufen. Die Formstoffprüfung kann sowohl im Formstofflabor als auch im laufenden Betrieb (Bilder 2 und 3) vorgenommen werden.

Die Prüfungen von Rohstoffen wie Quarzsand, Bentonit und Harz, werden im Rahmen der Eingangskontrolle durchgeführt. Die Eingangskontrolle ist deshalb so wichtig, da nur mit einwandfreien Einsatzstoffen im Fertigungsprozess die gewünschte optimale Qualität erreicht werden kann. Die Prüfung der Formstoffmischungen erstreckt sich auf den laufenden Produktionsvorgang und die Erprobung optimaler Mischungen. Diese fertigungsbegleitende Kontrolle ermöglicht es während dem Fertigungsvorgang steuernd einzugreifen und dadurch noch vor dem Abguss mögliche formstoffbedingte Gussfehler zu vermeiden. Die formstoffbedingte Fehlersuche ist eine weitere Aufgabe der Formstoffprüfung. Neben Prüfverfahren, mit denen einzelne Bestandteile untersucht werden, sind besonders Festigkeitsprüfungen (Bild 3) wichtig. Aus obigem Übersichtsschema werden nachfolgend einige wichtige Prüfverfahren dargestellt. Die genaue Durchführung ist den jeweiligen VDG-Merkblättern zu entnehmen.

Bild 2: Moldability-Controller am Mischer; kontrolliert und steuert automatisch die Wasserzugabe tongebundener Formstoffe

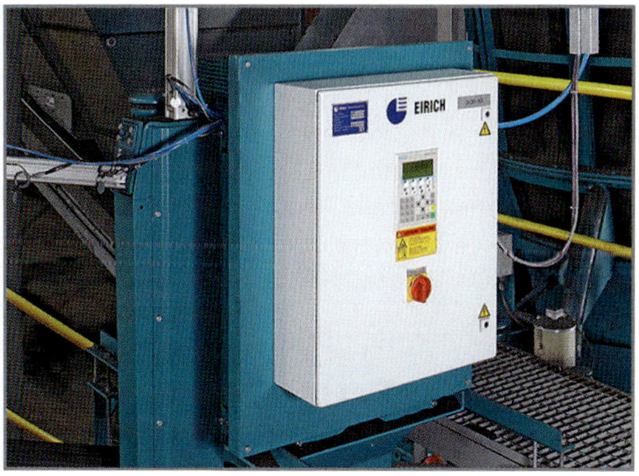

Bild 3: Automatische Messung der Verdichtbarkeit und Scherfestigkeit im aufbereiteten Formsand

6.3.2 Prüfung des Formgrundstoffes

Korngrößenverteilung

Formgrundstoffe setzen sich aus nebenstehenden unterschiedlichen Korngrößen zusammen (Bild 1). Die Siebanalyse dient zur Ermittlung der Mengenanteile der einzelnen Korngrößen. Hierzu wird der Sand durch hintereinander geschaltete Siebböden in verschiedene Kornklassen zerlegt.

Kornklasse d_o bis d_u	Mengenanteil		lichte Maschenweite d_u	Durchgang D
mm	g	%	mm	%
1 bis 0,71	–	–	0,71	100
0,71 bis 0,5	0,75	1,0	0,5	99
0,5 bis 0,355	8,70	11,5	0,355	87,5
0,355 bis 0,25	28,60	37,8	0,25	49,7
0,25 bis 0,18	30,05	39,7	0,18	10,0
0,18 bis 0,125	5,90	7,8	0,125	2,2
0,125 bis 0,09	1,00	1,3	0,09	0,9
0,09 bis 0,063	0,30	0,4	0,063	0,5
0,063 bis 0,02	0,35	0,5	0,2	–
Summe	75,65	100,0		

d_o = lichte Maschenweite, obere Grenze der Kornklasse
d_u = lichte Maschenweite, untere Grenze der Kornklasse

Tabelle 1: Beispiel für die Auswertung einer Siebanalyse BDG Richtlinie P27

Das obige Beispiel zeigt das Ergebnis einer solchen Siebung; in Bild 2 ist dies nochmals grafisch dargestellt. Aus der Siebanalyse kann die mittlere Korngröße (VDG-Merkblatt P 27) ermittelt werden: grafisch (Bild 2) oder rechnerisch. Ebenso wird auch die theoretische spezifische Oberfläche in Quadratzentimeter pro Gramm des Formgrundstoffes (cm²/g) rechnerisch ermittelt. Die theoretische, spezifische Oberfläche ist ein Indikator für den Bindemittelbedarf, je größer diese Oberfläche ist, umso höher ist der Bindemittelbedarf des Formgrundstoffs. Weiter kann der repräsentative Durchmesser ermittelt werden, der sich aus dem Verhältnis theoretische, spezifische Oberfläche zu theoretische, spezifische Kornzahl ergibt. Bei Formgrundstoffen unterscheidet man zwischen den Mengenanteilen der Kornklasse kleiner 0,02 mm (Schlämmstoffanteil) und der Kornklasse größer 0,02 mm (Sandanteil). Die AFS-Kornfeinheitsnummer (amerikanisches Körnungsmerkmal) gibt die Anzahl der Maschen je Zoll eines Siebes an, durch das der Sand liefe, wenn er eine einheitliche Korngröße hätte.

Oberflächenausbildung der Körner

Man unterscheidet zwischen der Kornform (Bild 3) und der Kornoberfläche (Bild 4). Runde bis kantengerundete Körner mit glatter Oberfläche werden wegen des geringeren Binderverbrauchs bevorzugt eingesetzt.

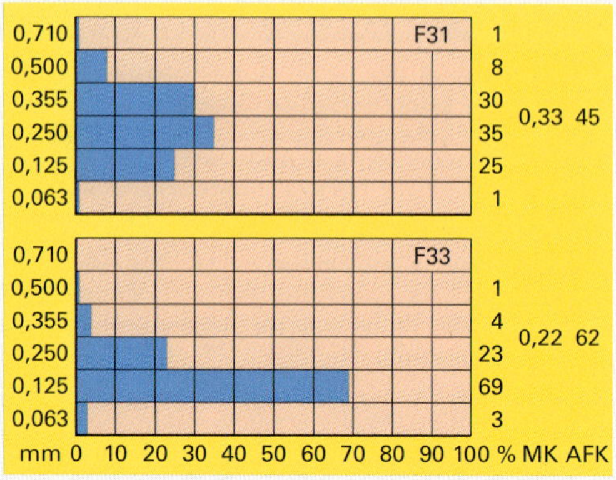

Bild 1: Beispiel: Körnungsanalyse für Quarzsand Frechen

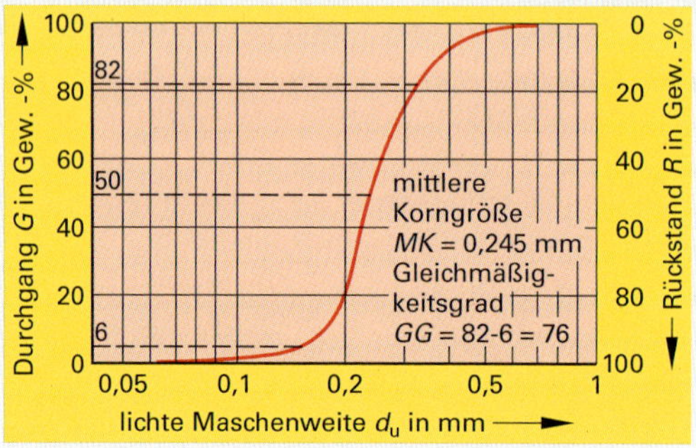

Bild 2: Korngrößenverteilung nach Tabelle links

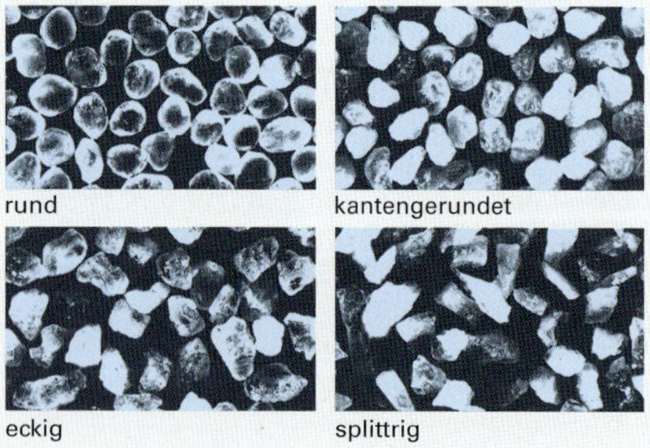

Bild 3: Unterschiedliche Sandkornformen

Bild 4: Unterschiedliche Sandkornoberflächen

6.3.3 Prüfungen mit Probekörpern

Um wichtige Formstoffeigenschaften zu ermitteln, werden Probekörper verwendet. Zur Durchführung der Prüfungen nach Bilder 1 bis 4 wird ein **Normprobekörper** verwendet.

Zur Ermittlung der Biegefestigkeit verwendet man rechteckige, flache Prüfkörper. Zur Prüfung der **Gasdurchlässigkeit** bleibt der Probekörper im Rohr; dort wird gemessen, wie viel Luft bei einem bestimmten Druck durch den Formstoff hindurchgeht.

Bei vollautomatischen Prüfeinrichtungen werden im Formsandkreislauf Probekörper hergestellt und geprüft. Die Messwerte werden als Istwert in die Formsandsteuerung eingegeben. Der Vorteil von vollautomatischen Prüfeinrichtungen besteht darin, dass kontinuierlich während des gesamten Fertigungsablaufes Sandproben genommen und untersucht werden. Dadurch hat man einen sehr guten Überblick über die Änderung des Formstoffes während der Arbeitszeit und kann sofort eingreifen, wenn bestimmte Grenzwerte über- oder unterschritten werden.

Um Unterschiede zwischen Probekörper und Form durch unterschiedliche Verdichtungsart zu korrigieren, werden oft zusätzlich die Grünzug- und Nasszugfestigkeit sowie Formhärte ermittelt (Bilder 5 und 6).

Grünzugfestigkeit

Mit dieser Prüfung wird die Zugfestigkeit von bentonitgebundenen Formstoffen, die auch als Grünsande bezeichnet werden, ermittelt. Bild 5 zeigt das Prüfprinzip. Um den Versuch durchzuführen, werden der Messkopf M und das Prüfkörperrohr P auf dem Rammuntersatz aufgebaut, mit Formstoff befüllt und der Prüfkörper durch Rammschläge hergestellt. Die Zugvorrichtung Z wird nun so aufgebaut, dass diese auf den Messkopf M und das Oberteil des Probekörpers eine Zugbelastung ausüben kann. Das Manometer zeigt die Belastung in N/cm^2 an.

Nasszugfestigkeit

Hierbei erfolgt die Messung der Zugfestigkeit des Formsandes unter Bedingungen, die den Gießprozess simulieren. Beim Gießen verdampft teilweise Wasser des tongebundenen Formstoffes und kondensiert in kälteren, der Gussoberfläche abgewandten Schichten. In dieser Kondensationszone führt der jetzt erhöhte Wassergehalt zu einer geringeren Zugfestigkeit. Die Bruchfläche beim Ermitteln der Nasszugfestigkeit entspricht der Kondensationszone. Somit kann die Zugfestigkeit des Formsandes in diesem geschwächten Bereich ermittelt werden.

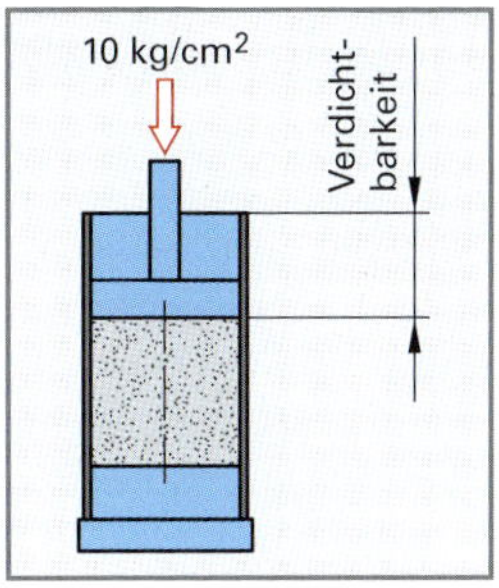

Bild 1: Verdichtbarkeit

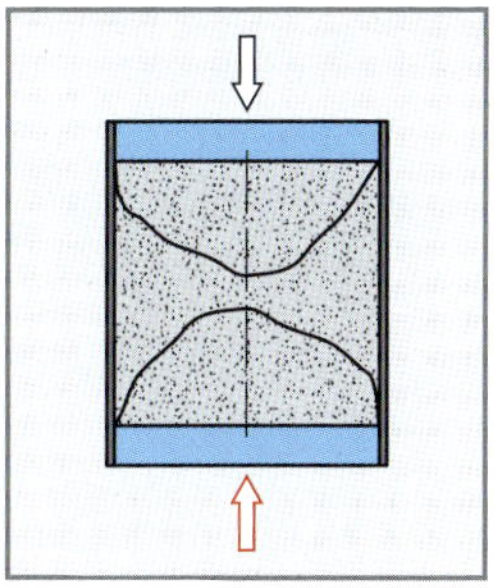

Bild 2: Druckfestigkeit

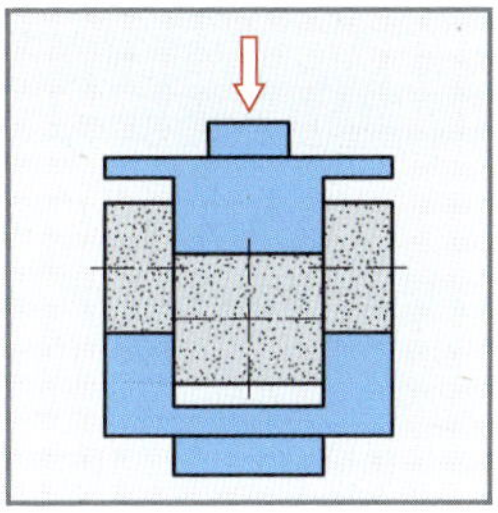

Bild 3: Doppelquerscherfestigkeit

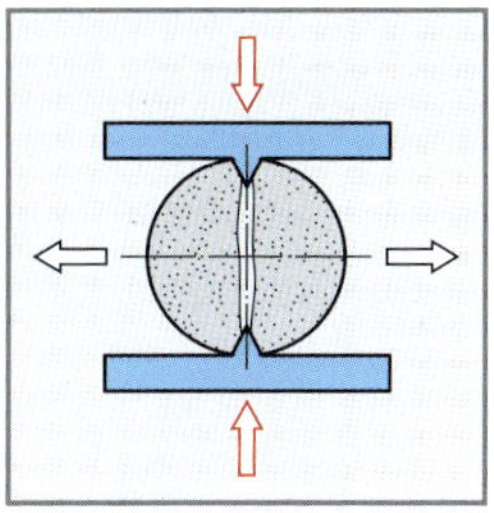

Bild 4: Spaltfestigkeit

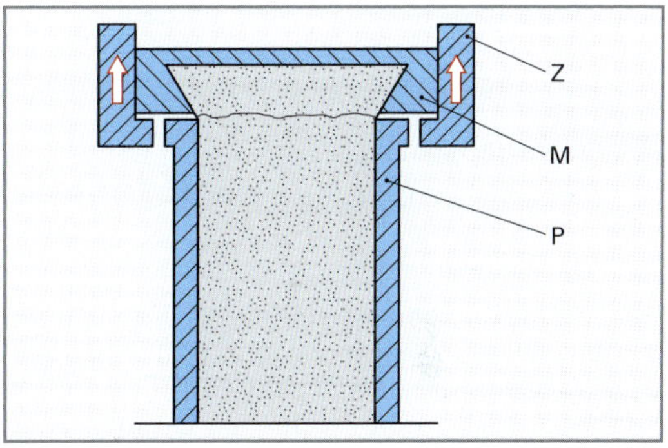

Bild 5: Grünzugfestigkeit

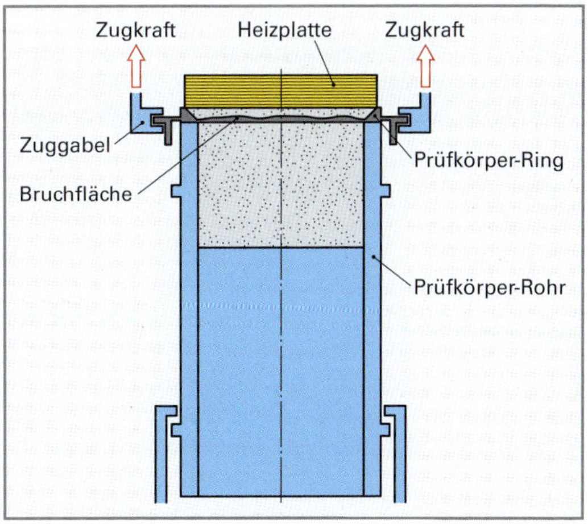

Bild 6: Nasszugfestigkeitsprüfung (schematisch nach VDG-Merkblatt P 69 E)

6.3.4 Formfestigkeitsprüfung

Zur Ermittlung der Formfestigkeit wird ein federbelasteter Eindringkörper in den verdichteten Sand gedrückt. Aus der Eindrucktiefe wird auf den Verdichtungszustand geschlossen. Der auf der ersten Seite dieses Kapitels in Bild 3 gezeigte elektronische Formstoffprüfer zeigt den Messwert digital an und korrigiert außerdem Einflüsse, wie z. B. Rückfederung des verdichteten Sandes bei der Messung.

6.3.5 Prüfung der Formstoffbestandteile

■ Methylenblau-Wert

Die Ermittlung des Methylenblau-Wertes dient zu Rückschlüssen auf den Montmorillonitgehalt des Bentonites. Methylenblau wird mit Bentonit vermischt, wobei die Farbe entsprechend der spezifischen Oberfläche absorbiert wird. Zum Vergleich mit geeichten Bildern wird das Filtrat nach Bild 1 aufgetragen. Eine andere Methode arbeitet nach dem Titrationsverfahren (Tüpfelmethode). Hieraus ergeben sich Rückschlüsse auf Montmorillonit- und Bentonitgehalt sowie auf das Bindevermögen.

■ Wassergehalt

Der Wassergehalt kann mit Sonden (Bild 2) nach dem Prinzip der elektrischen Widerstandsmessung ermittelt werden.

Genaue Messungen werden durch Berechnung mit den Werten aus getrockneter und ungetrockneter Probe ermittelt. Hierzu wird der Formstoff in einem Trockenschrank bei 105 °C getrocknet. Als Schnellverfahren dient in der Praxis die Infrarottrocknung.

6.3.6 Prüfung der harzgebundenen Formstoffe

Eine häufige Prüfung bei harzgebundenen Formstoffen ist die bereits beschriebene Prüfung der Biegefestigkeit (Bild 3). Die Abriebfestigkeit wird meist manuell geprüft. Das Aushärtungsverhalten wird mit dem Reaktiometer untersucht. Hierzu wird an einem Probekörper von Reaktionsbeginn bis zur endgültigen Aushärtung in gleichmäßigen Zeitabständen die Härte gemessen. Durch eine Härte-Zeit-Kurve kann man Rückschlüsse über Ausschalzeit, Verarbeitungszeit usw. erhalten.

→ Wiederholungsfragen zu Kapitel 6 siehe Medienpaket

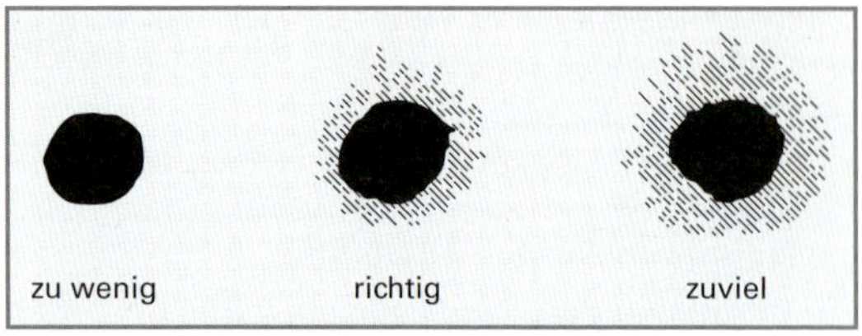

Bild 1: Halo-Aussehen in Abhängigkeit von der Methylenblau-Absättigung nach VDG-Merkblatt P 35 E

Bild 2: Feuchtemesssonde am Mischer, kapazitive Messsonde während der Messung

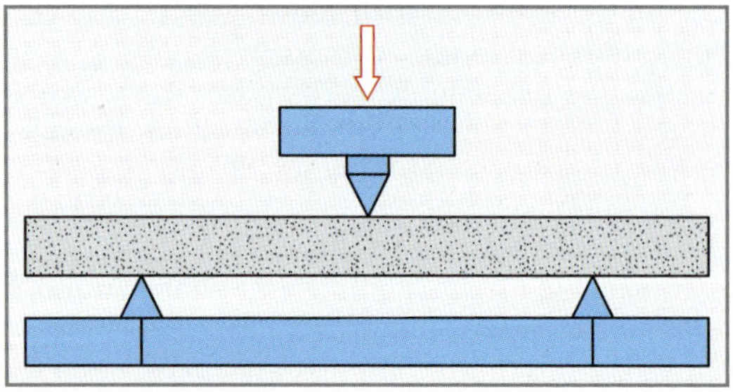

Bild 3: Biegefestigkeit

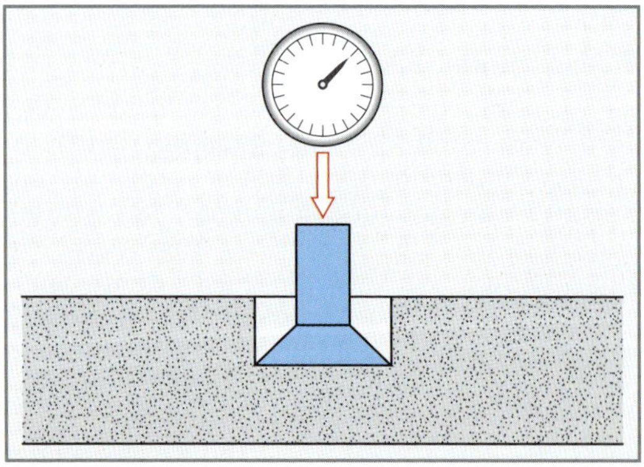

Bild 4: Formhärte

7 Werkstoffkunde

7.1 Einführung

7.1.1 Einteilung der Werkstoffe

Chemische Elemente

Von den chemischen Elementen (Grundstoffen), die rein und deshalb in weitere Stoffe nicht mehr teilbar sind, werden in der Gießerei vor allem bestimmte **Metalle** wie z. B. Eisen, Aluminium, Kupfer und Magnesium verwendet. **Nichtmetalle** wie Kohlenstoff, Schwefel und Phosphor sind als Legierungselemente oder auch als unerwünschte Begleitelemente in den Gusslegierungen vorzufinden.

Chemische Verbindungen

Zu den **organischen Verbindungen** gehören hauptsächlich verschiedene Kohlenwasserstoffe (z. B. Eiweiße, Fette, Alkohole, Cellulose), die in der Natur vorhanden sind oder aber künstlich erzeugt werden.

- Von den **natürlichen organischen** Stoffen spielen im Bereich der Gießerei teilweise noch Holz als Modellwerkstoff und Heizöl als Brennstoff eine Rolle.
- Von den **künstlich hergestellten organischen** Stoffen werden vor allem Kunstharze als Formstoffbinder, Modellwerkstoffe, Modelllack usw. verwendet.
- Auch andere Verbindungen, die in der Natur nicht vorkommen, werden industriell hergestellt, wenn sie in großen Mengen konzentriert gebraucht werden, wie z. B. Kohlenstoffdioxid (CO_2-Gas) für die Aushärtung von Wasserglasbinder.

Zu den **anorganischen Verbindungen** zählen Stoffe wie Mineralien, Erze und Salze. Die Erze sind vorwiegend Metalloxide und bilden die Rohstoffe für die Metallgewinnung.

Rohstoffe sind Stoffe, die in ihrer ursprünglichen Beschaffenheit als Ausgangsstoff zur Herstellung neuer Stoffe und Produkte dienen.

Mineralien haben ebenfalls wichtige Aufgaben im Bereich der Gießerei. So hat z. B. Quarz als Formgrundstoff eine große Bedeutung; Kalk dient zur Schlackenbildung und Kryolith als Flussmittel bei der Aluminiumgewinnung.

Einige Stoffe werden auch synthetisch hergestellt, wie z. B. Siliziumcarbid, das als Schleifmittel und Formgrundstoff verwendet wird oder Wasserglas, das als Formstoffbinder zum Einsatz kommt.

Salze, wie Natrium- oder Strontiumsalze, werden zum Veredeln von Aluminium herangezogen.

Bild 1: Vor dem Abguss eines Gussteils spielen neben dem Gießmetall auch andere Stoffe wie Modellwerkstoffe oder Formstoffe eine wichtige Rolle.

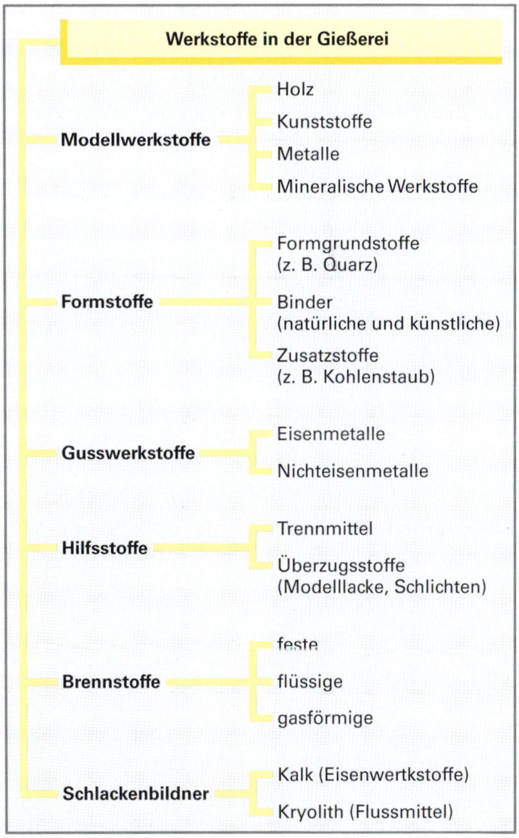

Bild 2: Übersicht über die in der Gießerei verwendeten Werkstoffe

7.1.2 Eigenschaften

Jeder Werkstoff verfügt über mehrere physikalische und chemische Eigenschaften, die ihn für die Verarbeitung und Verwendung geeignet oder auch ungeeignet machen. **Im Folgenden ist nur eine kleine Auswahl wichtiger Eigenschaften erläutert.** Genauere Angaben zu den Eigenschaften sind in den folgenden Kapiteln bei den jeweiligen Werkstoffen zu finden.

Elastizität bewirkt, dass der Werkstoff nach der Verformung wieder in seine ursprüngliche Form zurückgeht. Dies liegt z. B. der Funktion von Federn und Stabilisatoren aus Stahl zugrunde (Bild 1).

Plastizität bewirkt eine bleibende Verformung bei Einwirkung von Kraft. Wird ein Stab aus Blei oder Lötzinn gebogen, bleibt er in dieser Lage. Thermoplaste werden in plastischem Zustand zu Spritzgussteilen verarbeitet.

Zähigkeit besitzen Werkstoffe, die sich verformen lassen, ohne dass diese hierbei brechen. Baustähle, nichtrostende Stähle und Sphäroguss sind meist solche zähen Werkstoffe.

Sprödigkeit ist das Gegenteil von Zähigkeit. Spröde Werkstoffe wie z. B. einfacher Grauguss oder Glas brechen bei Belastung.

Zugfestigkeit ist eine wichtige Angabe für jeden technischen Werkstoff. Die Zugfestigkeit R_m gibt die maximale Zugspannung für einen Werkstoff, z. B. für einen Grauguss GJL-250 mit 250 N/mm² an.

Härte wird mit Härteprüfverfahren ermittelt (Kapitel 8.2.2). Härte zeigt sich dabei als Widerstand gegen Eindringen eines Prüfkörpers. Harte Werkstoffe sind verschleißfester als weiche. Oft ist Härte mit Sprödigkeit verbunden.

7

Dichte kann man sich vorstellen als Masse eines Würfels angegeben in kg/dm³. Die Dichte wird auch für die Einteilung in Leicht- (< 5 kg/dm³) und Schwermetalle (> 5 kg/dm³) zugrunde gelegt.

Korrosionsbeständigkeit gegenüber Sauerstoff, Wasser und aggressiven Stoffen ist bei manchen Gusswerkstoffen ein Problem. Durch Legieren wird diese Eigenschaft verbessert. Kunststoffe sind besonders korrosionsbeständig.

Umformbarkeit ist die Eigenschaft eines Werkstoffes sich plastisch umformen zu lassen. Sie wird durch Erhitzen verbessert und so beim Schmieden und Walzen ausgenutzt.

Gießbarkeit ist eine der wichtigsten Eigenschaften von Gusswerkstoffen. Gut gießbar ist ein Metall mit niedrigem Schmelzpunkt, das dünnflüssig ist und geringe Lunkerneigung aufweist.

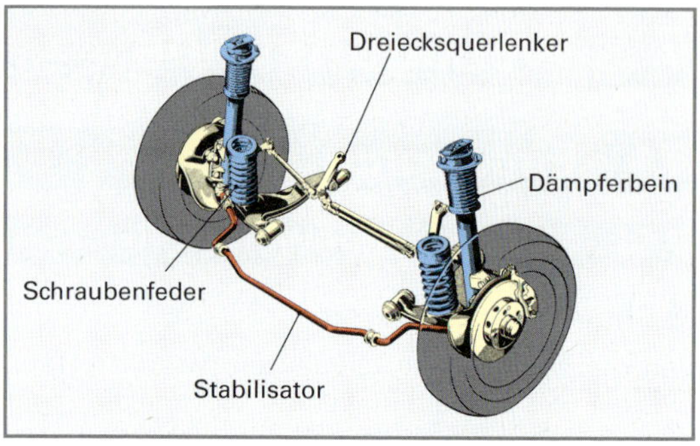

Bild 1: Elastizität als Grundlage für Feder und Stabilisator an einer Radaufhängung

Bild 2: Umformbarkeit bei Schmiedetemperatur

Bild 3: Gießbarkeit von Metallen

7.1.3 Verantwortlicher Umgang mit Werkstoffen und Rohstoffen

Auch die in der Gießerei verwendeten Rohstoffe und Werkstoffe sind nicht unendlich verfügbar. Sie müssen daher verantwortlich verwendet werden. Im Umgang und in der Verarbeitung muss ebenfalls Verantwortung geübt werden.

Arbeitsschutz

Einige Eigenschaften von Werkstoffen bedingen, dass Sicherheitsvorschriften zu beachten sind.

Im **Schmelzbetrieb,** wo man mit flüssigen Metallen arbeitet, muss man unbedingt entsprechende Schutzkleidung wie Schutzbrille, Helm, Schutzkleidung und Sicherheitsschuhe tragen (Bild 1).

In der **Formerei und Kernmacherei** arbeitet man mit Kaltharzverfahren, die zur Aushärtung Säuren benutzen. Hier müssen Augen und Hände vor der **ätzenden Wirkung** geschützt werden.

Bei Schlichten und Formlacken ist die **Entzündbarkeit** zu beachten (Bild 2).

Umweltschutz

Gießereien unterliegen einer strengen Überwachung bezüglich Umweltschutz. Im Schmelzbetrieb entstehende Luftverunreinigungen werden gefiltert und gereinigt an die Umwelt abgegeben. Auch in der Formerei muss durch Absaugung z.B. bei der Kernherstellung mit dem Cold-Box-Verfahren das schleimhautreizende Amin-Gas abgesaugt und über einen Wäscher der Wiederverwendung zugeführt werden.

Entsorgung

Die Entsorgung von Gießereiabfällen unterliegt strengen gesetzlichen Bestimmungen. Anhand der Abfallanalyse wird die Deponiefähigkeit bestimmt. Der größte Anteil an Abfall ist der Altsand. Um die hohen Deponiekosten zu minimieren und die Umwelt zu schonen, versucht man den Formsand so lange wie möglich im Formkreislauf zu belassen und nur den verbrannten Sand zu erneuern (siehe Kapitel 6.2 und Bild 3).

Im Modellbau ist die Entsorgung von Kunstharzen ein Problem. Reste aus Harz und Härter werden vorteilhaft zusammen zur Aushärtung gebracht und können dann problemlos entsorgt werden. Holzmodelle dürfen wegen ihrer Lackierung nicht in normalen Öfen verbrannt werden.

Wiederverwertbarkeit – Recycling

Gusswerkstoffe haben den großen Vorteil, dass sie als Kreislaufmaterial und Schrott immer wieder eingeschmolzen und wiederverwertet werden können (Bild 4). Auch damit können die Rohstoffvorräte, die begrenzt sind, geschont werden.

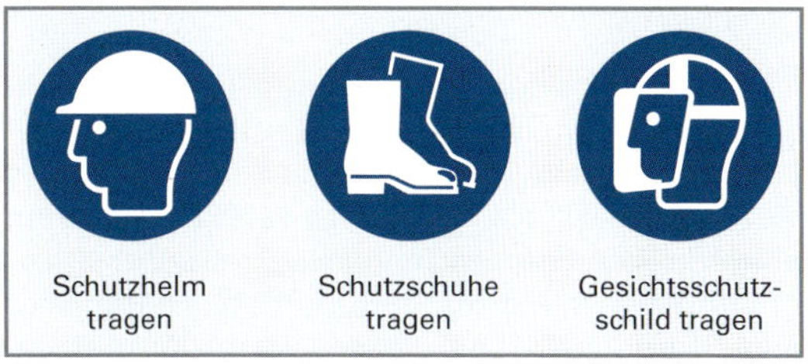

Bild 1: Symbole für persönlichen Arbeitsschutz

Bild 2: Symbole für Gefahrstoff

Bild 3: Trennen von Gussteil und Sand durch Auspackrost. Durch die Sandaufbereitung werden Sand als Rohstoff, Kosten und Deponiefläche gespart.

Bild 4: Recycling von Eisenwerkstoffen, Chargenzusammenstellung mit Elektromagnet, Kranwaage in Krankatze eingebaut

Recycling von Aluminium

Vorteile

Gebrauchte Teile aus Aluminium oder Aluminiumlegierungen und die in der Fertigung und Bearbeitung anfallenden Aluminiumreststoffe sind viel zu wertvoll, als dass sie zu den Abfallstoffen gehören. Die Energieeinsparung durch das Aluminium-Recycling ist beträchtlich. Gegenüber der Primärerzeugung werden beim Wiedereinschmelzen nur ca. 5 % der Energie benötigt. Das recycelte Aluminium (Sekundäraluminium) kann wieder in der gleichen Qualitätsstufe verarbeitet werden, der es entstammte.

Das Recycling von Aluminium sichert und stützt daher die Rohstoffversorgung, schont gleichzeitig die Ressourcen und die Umwelt und spart Energie. Recycling ist so auch ein Gebot der Vernunft.

Die Erfahrung vieler Jahrzehnte, der Einsatz modernster Technologien beim Aufbereiten, beim Schmelzen und bei der Luftreinhaltung sowie ständige Anstrengungen bei der Entwicklung von neuen, umweltschonenden Verfahrenstechniken, ermöglichen bestmögliche, effiziente Wiederverwendungsraten bei gleichzeitig sparsamstem Gebrauch von Energie und Hilfsstoffen.

Herstellung

Der größte Teil des Sekundäraluminiums wird in Recyclingöfen, speziellen Schmelzöfen mit Gas- oder Ölbrennern, erzeugt. Diese eignen sich auch für lackierte und beschichtete Aluminiumschrotte. Die hierbei entstehenden Gase werden dem Brenner zugeführt und verbrannt. Nicht brennbare Verunreinigungen werden mit Salzen in der Schlacke gebunden. Blanke Schrotte mit geringer Verunreinigung werden auch in Drehtrommelöfen eingeschmolzen. Verbundmaterialien, z. B. mit Kunststoff beschichtetes Aluminium oder Eingussteile aus Eisen in Kolben müssen zuerst in Aufbereitungsanlagen getrennt werden.

Flüssigtransport

Die Rücklieferung des recycelten Aluminiums an die Gießereien ist als Flüssigmetall möglich. Flüssigtransport (Bild 3) ist besonders dann sinnvoll und wirtschaftlich, wenn entsprechend große Bedarfsmengen einer einheitlichen Gusslegierung vorliegen und die Einrichtungen zum Entleeren und warm halten der flüssigen Gusslegierungen vorhanden sind. Durch die Einsparung der Aufschmelzkosten kann die Versorgung mit Flüssigmetall zu einer deutlichen Kostenreduzierung führen.

Bild 1: Aluminiumschrott in Form von gebrauchten Gussteilen ist eine wertvolle Grundlage für Sekundäraluminium

Bild 2: Auch aus lackierten und beschichteten Aluminiumschrotten, wie z. B. Dosen, wird mit speziellen Aufbereitungsverfahren und Recyclingöfen Sekundäraluminium gewonnen.

Bild 3: Beschicken des Ofens mit Schrott

Bild 4: Flüssigtransport

7.2 Holz

7.2.1 Anwendung für Gießereimodelle

Holz eignet sich für die Herstellung von Modellen und Kernkästen bis zu einer begrenzten Abformungszahl, dann ist Kunststoff oder Metall wirtschaftlicher. Großmodelle werden vorwiegend in Holz, jedoch in Hohlbauweise gefertigt. Holz wird im Modellbau als **Schnittholz** und als **plattenförmiger Holzwerkstoff** verwendet.

Geeignete Schnitthölzer im Modellbau sind von den Laubhölzern Ahorn, Birnbaum, Kirschbaum, Nussbaum, Erle, Linde und von den Nadelhölzern Fichte, Tanne und Kiefer.

Vorteile von Holz sind die gute Bearbeitbarkeit und im Vergleich mit Metallen und hochwertigen Kunststoffen der relativ niedrige Preis. Nachteilig ist die durch Schwindung und Quellung bedingte Formveränderung. Dies hängt mit dem zellenartigen Holzaufbau zusammen, der dem eines Schwammes mit vielen Hohlräumen ähnlich ist. Um die Wirkung der Luftfeuchtigkeit auszuschalten müssen Holzmodelle immer lackiert werden.

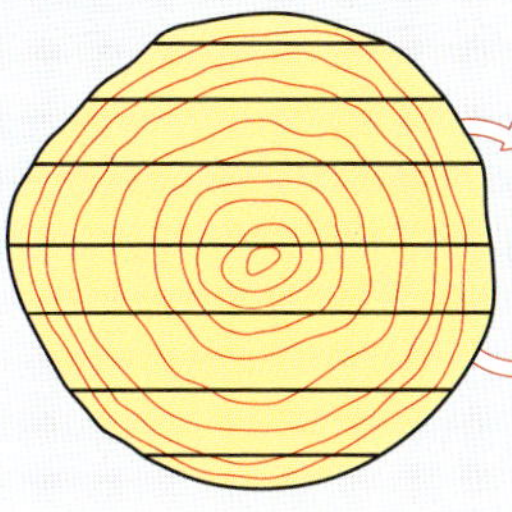

Bild 1: Schnittholz: Bretter vom Stamm

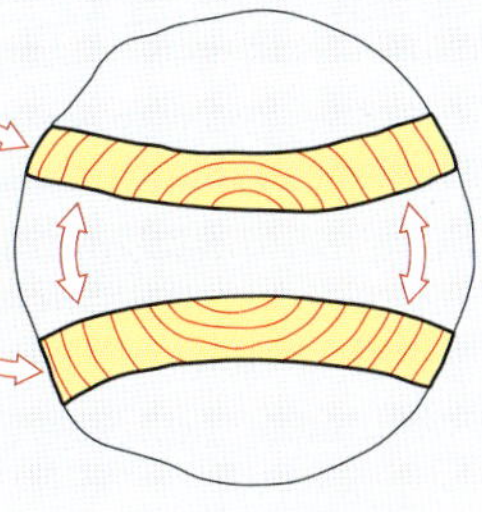

Bild 2: Formänderung durch Trocknen

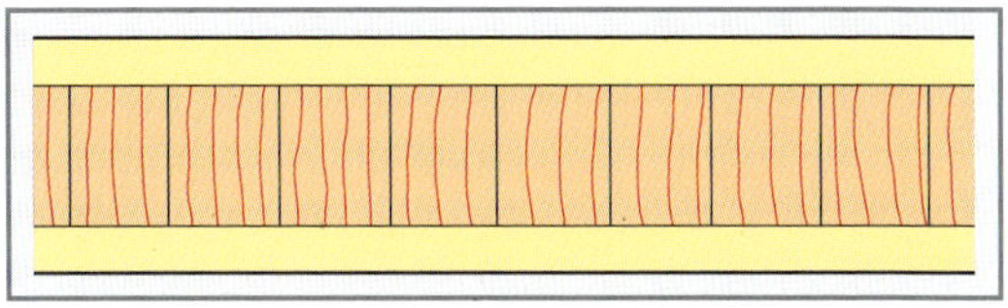

Bild 3: Sperrholz: Tischlerplatte (Stäbchensperrholz)

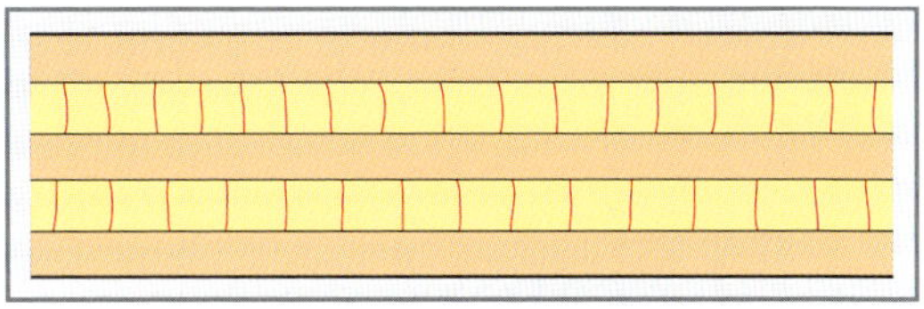

Bild 4: Sperrholz: Furnierplatte aus fünf Lagen

7.2.2 Plattenförmige Holzwerkstoffe

Das vom Stamm erzeugte Schnittholz (Bild 1) schwindet und verzieht sich (Bild 2). Durch Aufteilen des Holzes in Furniere, Stäbchen oder Fasern und anschließendes Pressen und Verleimen erhält man formstabile, **plattenförmige Holzwerkstoffe** und vermindert somit diese Nachteile.

Sperrholz besteht aus mindestens drei kreuzweise verleimten Platten. **Sperrholzarten sind Furnier- und Tischlerplatten.**

Tischlerplatten (Bild 3) bestehen aus einer dicken Mittellage von Weichholzleisten und sind mit kreuzweise angebrachten Deckfurnieren gesperrt. Tischlerplatten haben eine geringe Dichte und sind formstabil. Sie können z.B. bei großen Modellen oder Kernkästen als Seitenwände verwendet werden.

Furnierplatten (Bild 4) werden besonders häufig zur Holzmodellherstellung verwendet. Furnierplatten sind Platten aus Hartholzfurnieren, z.B. gedämpfter Buche oder Ahorn mit wasserfester Verleimung (AW-100-Verleimung). Für feine Konturen, Rippen und Kleinmodelle werden Feinholzplatten mit Furnieren unter 0,8 mm verwendet (Bild 5).

Kunstharzpressholz ist aufgebaut wie eine Furnierplatte, jedoch unter hohem Druck und Hitze auf 1,4 g/cm^3 verdichtet. Verwendet wird es z.B. für Modellplatten und besonders verschleißfeste Modelle.

Bild 5: Modell aus Furnierplatten und Feinholz

7.3 Kunststoffe

7.3.1 Eigenschaften

Kunststoffe sind organische Werkstoffe, die in der Natur nicht vorkommen, sondern synthetisch erzeugt werden.

Vorteilhafte, typische Eigenschaften der Kunststoffe sind

- glatte Oberfläche
- elektrisch isolierend
- wärmedämmend
- geringe Dichte gegenüber Metallen
- weitgehend korrosionsbeständig

Durch die sehr große Anzahl der verschiedenen Kunststoffe stehen weitere, sich unterscheidende Eigenschaften wie Härte, Festigkeit, Elastizität, Verschleißfestigkeit oder mögliche Formgebung zur Auswahl. Die meisten Kunststoffe lassen sich beliebig einfärben.

Nachteilige, typische Eigenschaften der Kunststoffe sind

- begrenzte Wärmebeständigkeit
- Brennbarkeit
- teilweise unbeständig gegen Lösemittel
- beschränkt recycelbar

Kunststoffe	Anwendungsbeispiele
Allgemein	
Polyethylen (PE)	Folien, Behälter
Polypropylen (PP)	Kraftstofftanks, Kfz-Teile
Polystyrol (PS)	Gerätegehäuse, Becher
Polyvinylchlorid (PVC)	Schutzhandschuhe, Isolierungen
Polyamid (PA)	Perlon- und Nylongewebe, Seile
Acrylglas (z. B. PMMA)	Schutzbrillen, Rückleuchten
Formerei	
Phenolharze (PF)	Kaltharz- und Croningverfahren
Furanharze (FF)	Kaltharz- und Hot-Box-Verfahren
Polyurethanharze (PU)	Cold-Box-Verfahren
Modellbau	
Polystyrolschaumstoff	Vollformmodelle
Epoxidharz (EP)	Kunstharzmodelle
Alkydharz (AK)	Modelllack
Polyester	Kitthohlkehlen

Tabelle 1: Beispiele für Kunststoffanwendung

Bild 1: Modellwerkstoff Epoxidharz, Modellplattenträger aus Kunstharzpressholz

7.3.2 Anwendungen in der Formerei

In der Formerei haben die Kunststoffe als Formstoffbinder eine große Bedeutung erhalten. Bei diesen Kunststoffen handelt es sich um Harze, die mit Härtern und teilweise unter Mitwirkung von Hitze oder eines Katalysators aushärten. Die bekanntesten Formverfahren, die mit solchen Kunstharzsystemen arbeiten, sind das Kaltharz-, Cold-Box-, Croning- und das Hot-Box-Verfahren. Im Kapitel Formtechnik sind diese ausführlich beschrieben.

7.3.3 Anwendungen im Modellbau

Im Modellbau haben sich die Kunstharze zum wichtigsten **Modellwerkstoff** entwickelt. Auch hier werden Harz und Härter miteinander zur Aushärtung gebracht. Zur Verfügung stehen, je nach Anforderung, Gießharze, Laminierharze, Harze für Hinterfüllungen u. a.

Der wichtigste Bestandteil von **Modelllacken,** der Filmbildner, besteht ebenfalls aus Kunststoffen.

Bei den verschiedenen Modellwerkstoffen, Kunststoff, Schaumstoff, Holz und Metall werden Teile geklebt. Die unterschiedlichen **Klebstoffe** basieren alle auf Kunststoff.

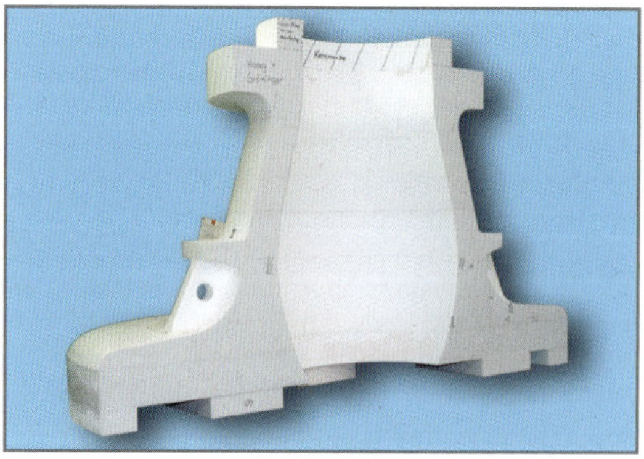

Bild 2: Gießereimodell für Mahlschüssel aus Polystyrolschaumstoff (Gussgewicht 15 t, Vollformgießen)

Modelllacke

Eigenschaften

Der optimale Einsatz von Gießereimodelleinrichtungen erfordert vom Modelllack die folgenden Eigenschaften:

- **Gute Verarbeitbarkeit:** Pinselstriche müssen ineinander verlaufen, jedoch darf der Lack nicht an senkrechten Flächen ablaufen (thixotrope Einstellung). Die Schichten sollen schnell antrocknen und gut durchtrocknen. Der Flammpunkt soll aus Sicherheitsgründen nicht unter 21 °C liegen.
- **Deckfähigkeit und Füllkräftigkeit:** Durch Füllung der Poren und Riefen wird nach dem Schleifen eine weitere Glättung der Oberfläche erreicht. Der Lackkörper aus drei Schichten ist ca. 0,1 mm dick.
- **Haftfestigkeit:** Lack und Modellwerkstoff müssen sich fest verbinden.
- **Abriebfestigkeit, Kratzfestigkeit, Elastizität:** Eine hohe Abformzahl wird hiermit trotz der mechanischen Beanspruchung aus Rütteln, Schießen usw. erreicht.
- **Beständigkeit gegen Anlösung** durch Lösemittel des Formstoffes.
- **Beständigkeit gegen Temperaturen** aus der Reaktion von Formstoffen, der Beheizung oder von Rücklaufsanden. Der Lack darf nicht durch Wärme erweichbar sein.
- **Beständigkeit gegen Chemikalien,** z. B. gegen Säuren wie Formstoffhärter oder Laugen wie Zementbinder u. a.
- **Trennwirkung:** Die Adhäsion zwischen Lack und Formstoff muss so gering wie möglich sein.
- **geeignet zum farblichen Kennzeichnen nach EN 12890.**

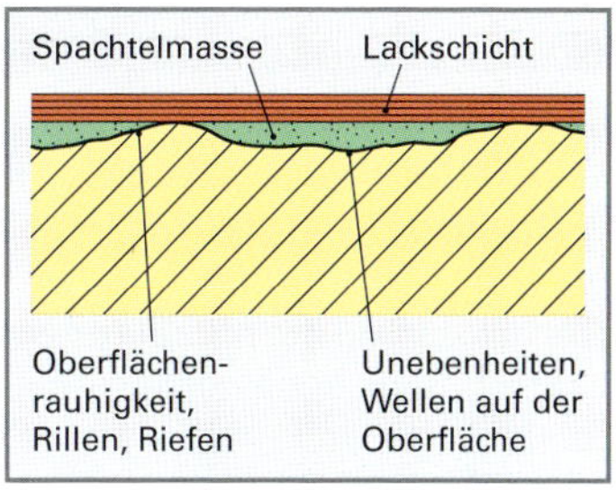

Bild 1: Lack bildet die äußerste Schutzschicht der Modelloberfläche, die glatt, elastisch und abriebfest sein muss.

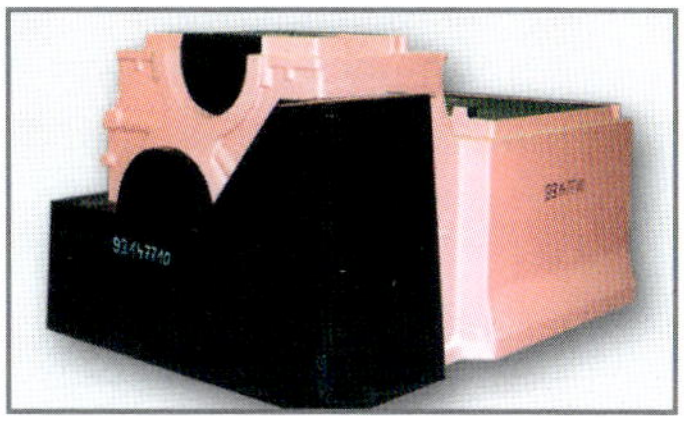

Bild 2: Neben dem Oberflächenschutz dient der Modelllack der Kennzeichnung von Gusswerkstoff, Kernlagerung, zu bearbeitenden Flächen usw.

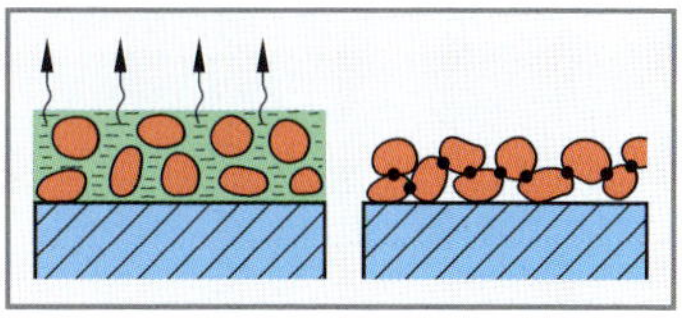

Bild 3: Physikalisch trocknende Lacke erreichen nach dem Verdunsten des Lösungsmittels ihren endgültigen Zustand. Sie bedürfen keiner weiteren Reaktion.

Aufbau

Lacke setzen sich aus folgenden Bestandteilen zusammen:

Filmbildner, der die Eigenschaft des Lackes bestimmt und in vielen Fällen ein Kunst- oder Naturharz ist.

Lösemittel sind Flüssigkeiten, in denen der Filmbildner gelöst ist, sodass dieser streich- und spritzfähig wird.

Bei **physikalisch trocknenden Lacken** verdunstet das Lösemittel und die Lackkörper bleiben als Lackschicht auf der Oberfläche haften (Bild 3).

Bei **physikalisch trocknenden und chemisch aushärtenden** Lacken verdunstet zuerst das Lösemittel. Danach kommt es durch die Wirkung des Sauerstoffs zur chemischen Reaktion und zur Vernetzung des Kunstharzes (Bild 4).

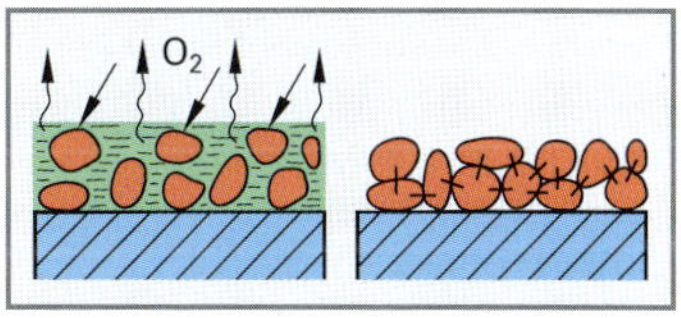

Bild 4: Bei Lacken, die physikalisch trocknen und chemisch aushärten, kommt es nach dem Verdunsten durch Wirkung des Luftsauerstoffs zur chemischen Reaktion und zur Aushärtung des Lackfilms.

Bei **chemisch aushärtenden** Lacken erfolgt die Aushärtung durch chemische Reaktion zwischen Harz und Härter ohne Beteiligung des Luftsauerstoffes (Bild 5).

Weichmacher sind Stoffe, die eine Sprödigkeit des Lackes auch nach dem Aushärten verhindern.

Pigmente und Füllstoffe sind Stoffe, die dem Lack bestimmte Farbtönung, Deckfähigkeit und mechanische Eigenschaften verleihen.

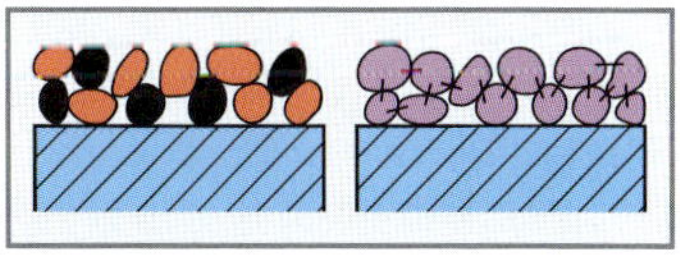

Bild 5: Bei Zweikomponenten-Lacken beginnt nach dem Vermischen von Harz und Härter die chemische Trocknung durch Vernetzen des Harzes.

7

Spachtel und Kitte

Spachtel und Kitte sind zähe, pastenartige Massen, die hohe Adhäsionsfestigkeit (Haftfestigkeit) haben müssen. Sie dienen zum Füllen und Glätten von Oberflächen.

Um die geforderten Eigenschaften zu erreichen, finden hochwertige Spachtelmassen auf Kunstharzbasis unter Zusatz von mineralischen Füllstoffen wie Kreide, Schiefermehl u. a. Verwendung. Auch Zweikomponentenharze wie Polyester finden Verwendung.

Als Holzkitt (plastisches Holz) werden schnelltrocknende Massen, wie z. B. Cellulosebindemittel mit Holzmehl gemischt, verwendet.

Als Hohlkehlenkitte werden knetfähige Kunstharzmassen mit einer Kittkugel des entsprechenden Radius eingezogen (Bild 1). Hohlkehlenkitte sollen ohne Rissbildung schnell durchtrocknen und müssen mit modernen Modelllacken überlackierbar sein. Deshalb können Glaserkitte nicht verwendet werden.

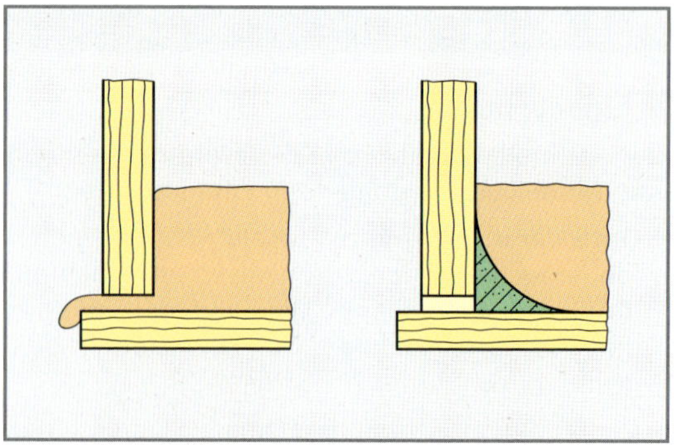

Bild 1: Das Einziehen von Hohlkehlen verhindert scharfe, ausgefranste Kanten.

Trennmittel (Trennstoffe)

Trennmittel im Modellbau

Modelle, die als Urmodelle zur Herstellung von Negativformen dienen, müssen nach dem Gießen oder Laminieren wieder entformt werden können. Dazu müssen sie mit einem Trennmittel behandelt werden (Bild 2).

Es wird ein dünner Film, vorwiegend aus Wachsen oder anderen haftungshemmenden (antiadhäsiven) Stoffen wie Silicon, Polyvinylalkohol u. a. aufgetragen.

Je nach Einsatz werden Trennmittel flüssig, fest oder als Spray benutzt. Auch feste Trennmittel lassen sich mit einem Pinsel oder einem Tuch auftragen. Flüssige Trennmittel und Spray sind vor allem bei komplizierten Konturen vorteilhaft. Die meisten Trennmittel sind polierbar, sodass man eine besonders glatte Oberfläche erreichen kann. Wird als Form- oder Modellwerkstoff Siliconkautschuk verwendet, erübrigen sich weitere Trennmittel.

Trennmittel in der Formerei

Wachslösungen lassen sich als Trennmittel sowohl im Modellbau als auch in der Formerei verwenden.

Werden in der Formerei Petroleum oder andere ölhaltige Trennmittel eingesetzt, ist dies für den Modellbau oft mit Problemen verbunden. Solche Trennmittel können in die Poren der Holzmodelle eindringen und bei Änderung oder Reparatur Schwierigkeiten bezüglich Leimen und Nachlackieren bereiten.

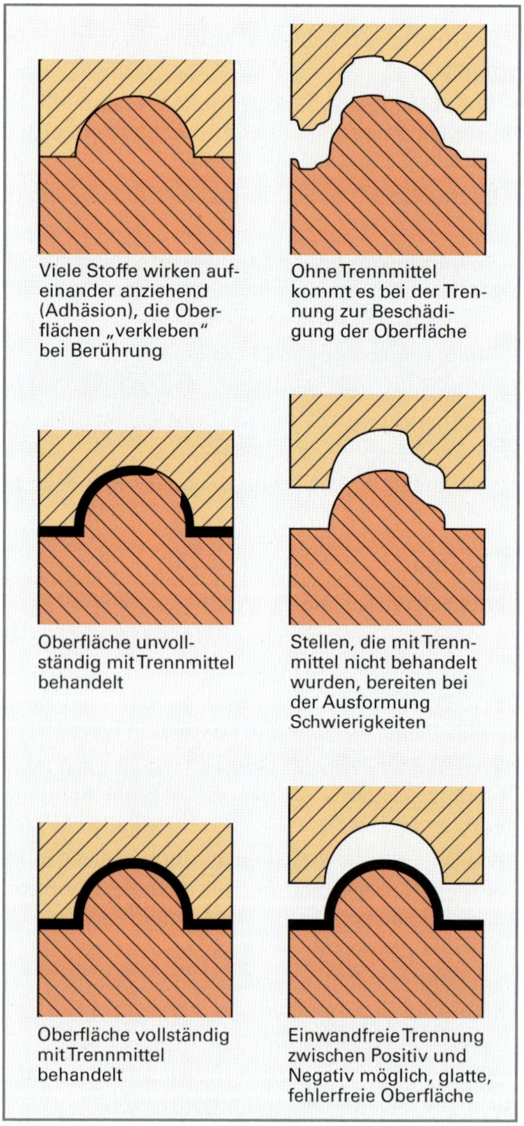

Bild 2: Einfluss des Trennmittels auf die Entformbarkeit

Klebstoffe

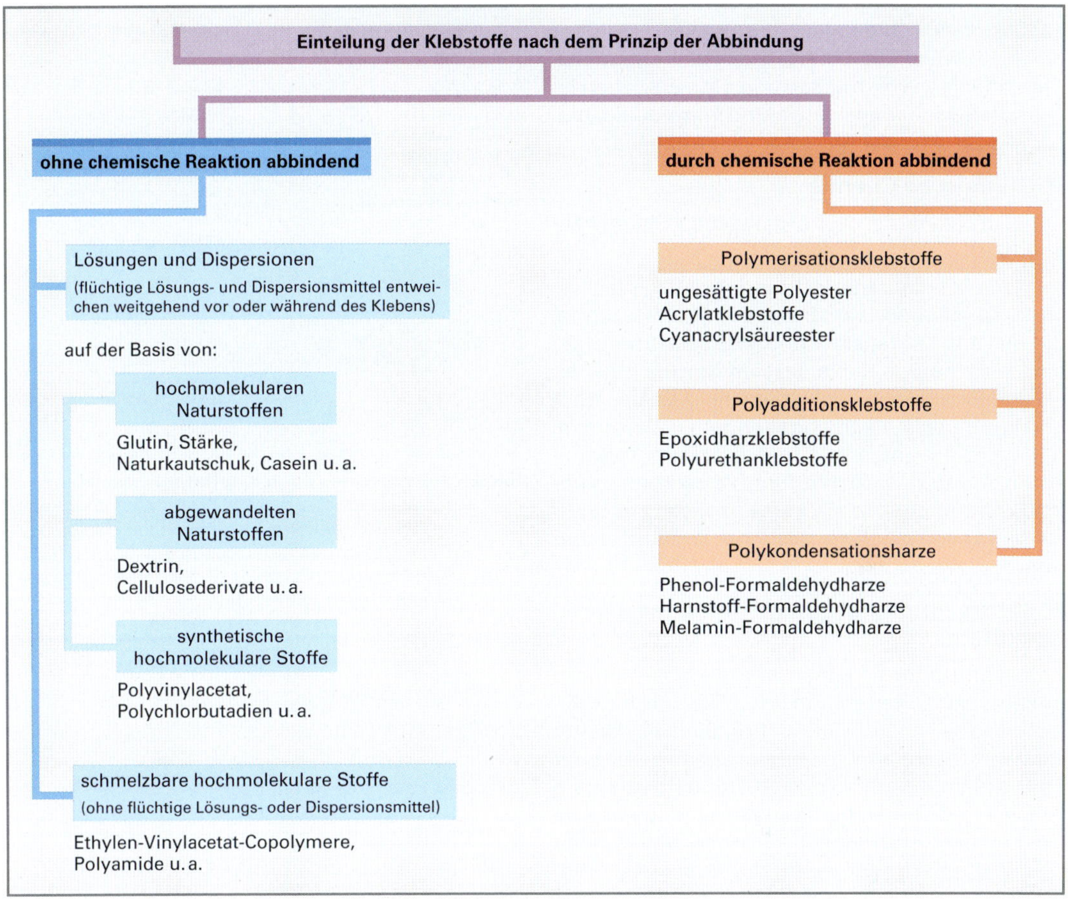

Bild 1: Einteilung der Klebstoffe

Ein Klebstoff ist nach DIN 16920 ein nichtmetallischer Werkstoff, der Fügeteile durch Flächenhaftung und innere Festigkeit (Adhäsion und Kohäsion) verbindet. Klebstoff ist der Oberbegriff, dem alle weiteren gebräuchlichen Begriffe, z.B. Leim, Dispersionsklebstoff, Kontaktklebstoff, Reaktionsklebstoff und Schmelzklebstoff, untergeordnet sind. Häufig sind traditionelle Bezeichnungen üblich. Im Holzmodellbau werden z.B. für den Dispersionsklebstoff auf der Basis von Polyvinylacetat die Bezeichnungen Weißleim und Kaltleim benutzt. Für plattenförmige Holzwerkstoffe verwendete Polykondensationsharze bezeichnet man als Leimharze. Im Metall-, Kunstharz- und Schaumstoffmodellbau hat sich jedoch die Bezeichnung mit dem Oberbegriff Klebstoff durchgesetzt.

Klebstoffe können, abhängig vom Zweck ihrer Verwendung, dünnflüssig, mittel- oder hochviskos (zähflüssig) sein. Die weitaus meisten Klebstoffe basieren auf Stoffen der organischen Chemie, speziell auf sogenannten Hochpolymeren. Das sind Stoffe, die aus Molekülen einer besonderen Größenordnung, entstanden durch Zusammenlagerung vieler kleiner gleich- oder verschiedenartiger Einzelmoleküle, bestehen. Bei Klebstoffen, die ohne chemische Reaktion abbinden, liegt der hochpolymere Stoff von vornherein vor, entweder gelöst in einem Lösungsmittel oder dispergiert in Wasser oder als thermoplastischer Rohstoff oder Rohstoffgemisch, anwendbar aus der Schmelze, ohne flüchtige Anteile. Die Abbindung, d.h. die Verfestigung des Klebstoffes, tritt ein bei Klebstofflösungen oder -dispersionen durch Entweichen der flüchtigen Anteile, bei Schmelzklebstoffen durch Erstarren beim Abkühlen der Schmelze. Bei der Abbindung eines Reaktionsklebstoffes wird dagegen der hochpolymere, die Festigkeit der Klebung bestimmende Stoff durch eine chemische Reaktion aus niedermolekularen Stoffen erst in der Klebfuge gebildet.

7.3.4 Chemie der Kunststoffe

Kunststoffe bestehen aus makromolekularen organischen Verbindungen, die synthetisch oder durch Umwandlung von Naturstoffen entstehen. Die vielfältigen chemischen und physikalischen Eigenschaften der Kunststoffe sind vom Aufbau und von der Struktur der Makromoleküle abhängig.

Organische Chemie

Kunststoffe werden der organischen Chemie zugeordnet.

Kohlenstoff-Kohlenstoff- und Kohlen-Wasserstoffverbindungen sind besonders häufig. Stoffe, die nur aus Kohlenstoff und Wasserstoff aufgebaut sind, heißen Kohlenwasserstoffe. Enthalten sie nur Einfachbindungen, dann sind sie gesättigt und werden als Alkane bezeichnet (siehe unten). Alkane, die weniger als fünf Kohlenstoffatome enthalten, sind Gase. Mit fünf bis sechzehn Kohlenstoffatomen sind sie Flüssigkeiten, mit mehr als sechzehn neigen sie dazu, bei Zimmertemperatur fest zu werden.

Ketten- und ringförmige Kohlenwasserstoffe

Kohlenstoffatome können in Molekülen nahezu unbegrenzt zu Ketten, Ringen, Netzen oder dreidimensionalen Gerüsten verbunden sein. Weiter können benachbarte Kohlenstoffatome neben der Einfachbindung (C – C) auch Doppelbindungen (C = C) und Dreifachbindungen (C ≡ C) bilden. Die Kohlenstoff-Doppel- und Dreifachbindungen sind viel unbeständiger als die Kohlenstoff-Einfachbindungen und können weitere Atome an die Kohlenstoffkette binden. Deshalb nennt man diese Verbindungen auch „ungesättigte Verbindungen". Nach Bild 3 lassen sich drei Arten von Kohlenwasserstoffen erkennen:

- Alkane, ohne Doppel- und Dreifachbindung,
- Alkene, mit einer oder mehreren Doppelbindungen,
- Alkine, mit einer oder mehreren Dreifachbindungen.

7

Eine besondere Gruppe innerhalb der Kohlenwasserstoffe stellen die ringförmigen Verbindungen dar. So können sich zum Beispiel drei Moleküle Ethin zu einem ringförmigen Molekül Benzol zusammenschließen (Bild 4). Ersetzt (substituiert) man im Benzol ein Wasserstoffatom durch eine OH-Gruppe (Hydroxylgruppe), so entsteht Phenol (Bild 5, links). Ersetzt man zwei Wasserstoffatome durch zwei OH-Gruppen, so entstehen zweiwertige Phenole, z. B. das Resorcin (dargestellt in Bild 5, rechts).

Kohlenwasserstoffe sind wertvolle Ausgangsstoffe für synthetische Kunststoffe.

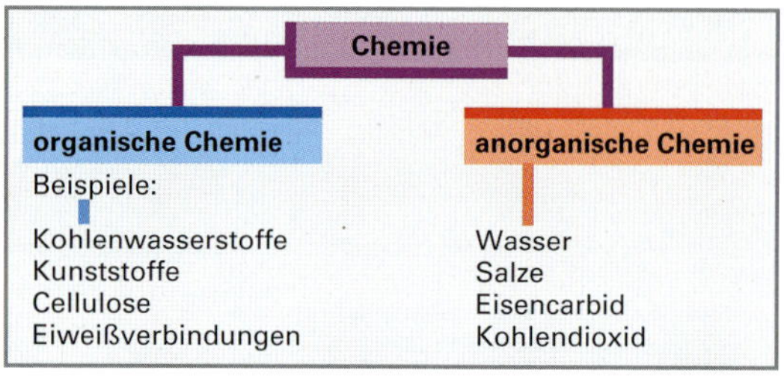

Bild 1: Übersicht

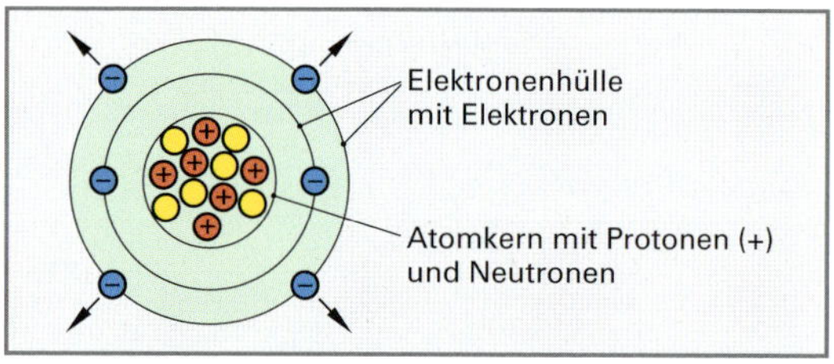

Bild 2: Schema eines Kohlenstoffatoms, bestehend aus dem Atomkern mit 6 Protonen und der entsprechend gleichen Anzahl von 6 Elektronen. Die 4 Elektronen der äußeren Schale, die durch 4 Pfeile gekennzeichnet sind, können 4 Bindungen eingehen (vierbindig).

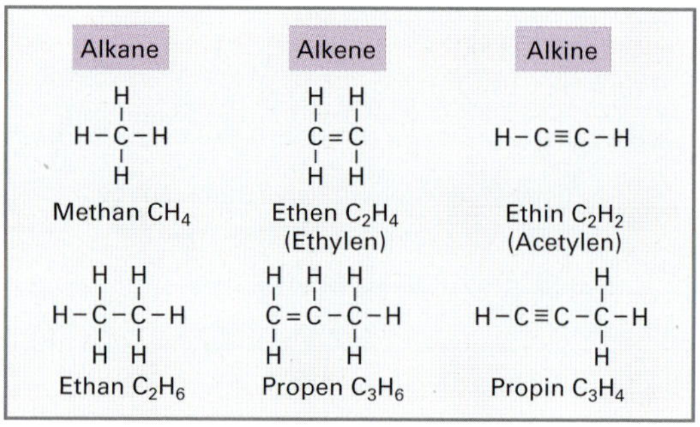

Bild 3: Beispiele für Kohlenwasserstoffe

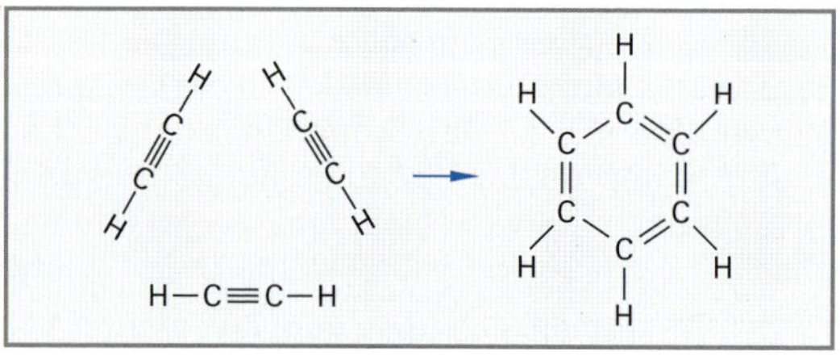

Bild 4: Verbindung des Ethins zur Benzol C_6H_6

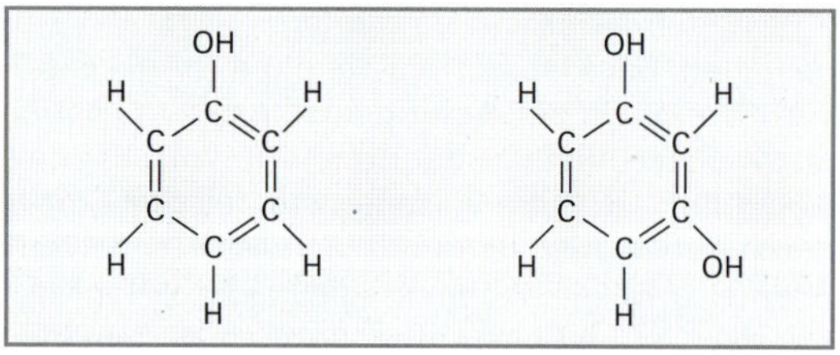

Bild 5: Phenol C_6H_5OH Resorcin $C_6H_4(OH)_2$

7.3.5 Kunststoffherstellung

Kunststoffe bestehen meist aus Kohlenwasserstoffverbindungen.

Diese Makromolekülgerüste (Polymere) sind bereits in vielen organischen Stoffen, z. B. in Cellulose, vorhanden oder sie müssen durch chemische Synthese aus einfachen Verbindungen (Monomere) gebildet werden.

Abgewandelte Naturstoffe

Die Ausgangsstoffe für die Herstellung abgewandelter Naturstoffe sind Cellulose oder Kasein (Milcheiweiß). Durch Einwirkung von Säuren oder Laugen entstehen verschiedene Kunststoffe. So ergibt z. B. die Verbindung der Cellulose mit der Nitriersäure das Cellulosenitrat, eine Verbindung mit der Essigsäure des Celluloseacetats.

Synthetische Kunststoffe

Grundstoffe für die Kunststoffsynthese sind verschiedene Produkte des Erdöls, Erdgases oder der Kohle, wie Benzol, Phenol, Ethylen u. a.

Wasser, Luft, Säuren oder Laugen liefern die weiteren Elemente, wie Wasserstoff, Sauerstoff, Stickstoff, Chlor, Schwefel u. a. Man unterscheidet drei Herstellungsverfahren:

Polymerisation – viele gleichartige Grundmoleküle (z. B. des Vinylchlorids) werden zu kettenartigen Großmolekülen (Polyvinylchlorid) vereinigt (Bild 1). Das geschieht, indem man den monomeren Grundstoff, z. B. durch Wärmezufuhr, oft unter Zugabe eines Katalysators, aktiviert. Im polymerisierten Stoff liegen die Makromoleküle als Fäden miteinander verfilzt, jedoch ohne Bindungen untereinander (Wattebauschstruktur). Durch Polymerisation entstehen meist Thermoplaste (Plastomere).

Polykondensation – aus einzelnen Molekülen verschiedener Kohlenwasserstoffe (z. B. Phenol und Formaldehyd) entstehen chemisch neue Stoffe (z. B. Phenol-Formaldehydharz) mit netzartig verbundenen Makromolekülen. Dabei wird ein Kondensat (z. B. Wasser) ausgeschieden (Bild 2). Durch Polykondensation entstandene Kunststoffe sind überwiegend Duroplaste (Duromere).

Polyaddition – die Bildung der Makromoleküle bei der Polyaddition erfolgt durch den Zusammenschluss von Einzelmolekülen verschiedener Kohlenwasserstoffe unter Austausch von bestimmten Atomen ohne Abspaltung eines Kondensats. Je größer die Zahl der reaktionsfähigen Atomgruppen ist, umso dichter ist das makromolekulare Netz. Niedermolekulare Additionskunststoffe sind Thermoplaste (Plastomere), hochmolekulare sind Duroplaste (Duromere).

Rohstoffe: Erdgas oder Carbid, Wasser, Chlor, Wasserstoff

Monomer Acetylengas + Salzsäure = Vinylchlorid

C_2H_2 + HCl → CH_2CHCl

Polymer

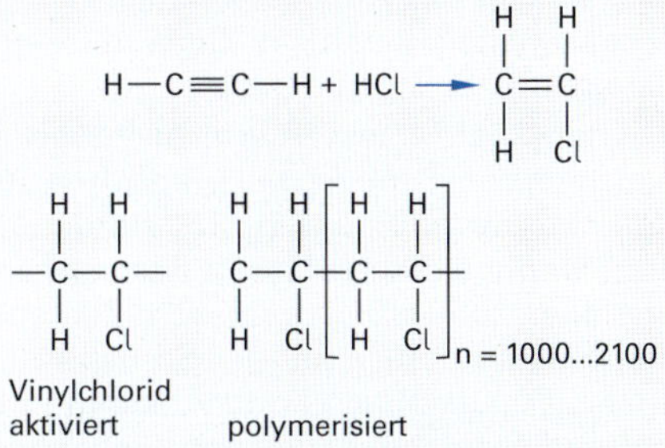

Das monomere Vinylchlorid wird aus Acetylen und Salzsäure gewonnen. Unter Anwendung von Druck und Wärme wird die Doppelbindung aufgelöst. An freien Valenzen können sich nun weitere Monomere anschließen.

Durch die Reaktionstemperatur lassen sich der Polymerisationsgrad und damit auch die Eigenschaften steuern

Bild 1: Beispiel einer Polymerisation

Rohstoffe: Kohle, Alkohol, Sauerstoff

Monomer: Phenol + Formaldehyd → Phenylalkohol

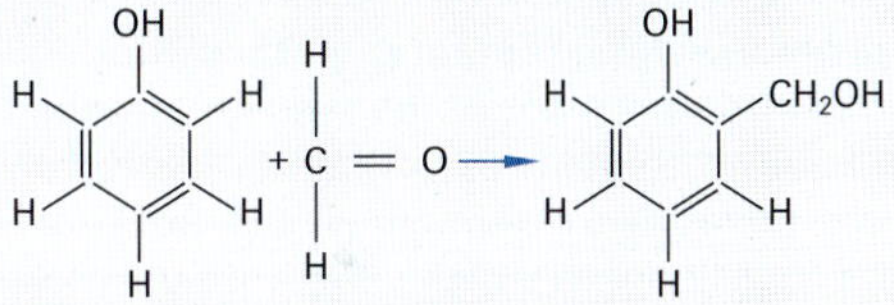

Bei Erwärmung reagiert das aus Steinkohleteer gewonnene Phenol mit dem durch Oxidation des Alkohols gewonnenen Formaldehyd zu Phenylalkohol

Polykondensation:

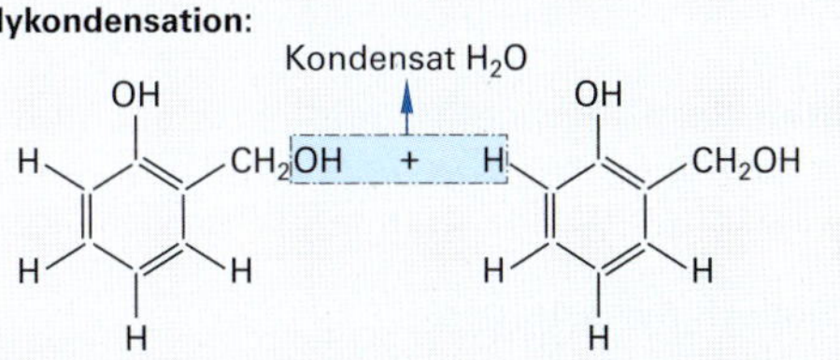

Bei der Reaktion entstandene OH-Gruppe reagiert sofort mit einem H-Atom des Nachbarmoleküls zu H_2O, wodurch Valenzen frei werden, mit deren Hilfe sich Molekülreste zum Makromolekül verbinden

Polymer:
Phenol-Formaldehydharz

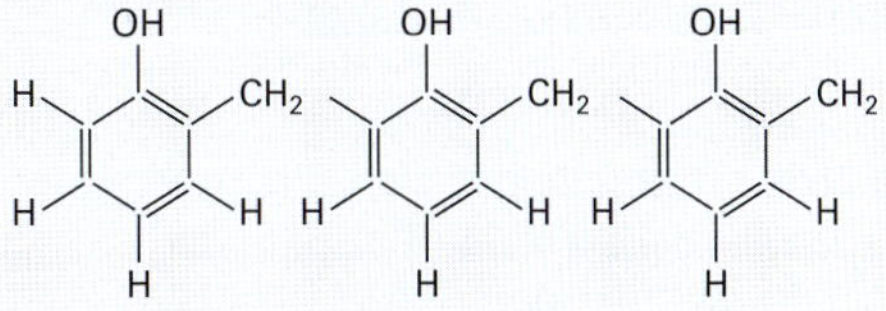

Bild 2: Beispiel einer Polykondensation

7

7.3.6 Physikalisches Verhalten

Das physikalische Verhalten der Kunststoffe ist abhängig von der Molekülgestalt und von der Verbindung der Moleküle untereinander. Nach dem Verhalten im fertigen Zustand können wir sie in folgende Gruppen einteilen:

Thermoplaste (Plastomere) bestehen meistens aus linearen Fadenmolekülen ohne gegenseitige chemische Bindung. Sie werden durch Erwärmung weich und lassen sich neu verformen und auch schweißen. In diesem Zustand ist dieser Kunststoff auch auf der Spritzgussmaschine verarbeitungsfähig. Durch Abkühlung behalten Thermoplaste ihre neue Form. Bei höheren Temperaturen zersetzen sie sich (Bild 1).

Je nach Anordnung der Moleküle unterscheiden wir **amorphe** (gestaltlose) Plastomere, bei denen Molekülfäden ungeordnet, wie in einem Wattebausch, verknäuelt liegen (Bild 2), und **teilkristalline** Thermoplaste, bei denen sich die Molekülketten in Reihen ausrichten. Dabei bilden sie Packungen geordneter, nebeneinander liegender Molekülfäden (Bild 3). Sie verhalten sich beim Abkühlen wie kristalline Stoffe (z.B. reine Metalle). Die Abkühlungstemperatur sinkt nicht gleichmäßig ab, sondern bleibt, während sich die Schmelze verfestigt, gewisse Zeit konstant.

Elastomere (Elastoplaste) unterscheiden sich von Plastomeren dadurch, dass an einigen Stellen Fadenmoleküle fest miteinander verbunden sind (Bild 4). Es entsteht ein elastischer Stoff (z.B. Gummi, Siliconkautschuk), der aber durch Erwärmung nicht ganz plastisch gemacht werden kann. Deshalb sind Elastomere nicht schweißbar.

Duroplaste (Duromere) besitzen eine weit fortgeschrittene Vernetzung der Fadenmoleküle (Bild 5), sie verlieren dadurch ihre Elastizität. Duromere härten beim Formgeben endgültig aus und lassen sich durch Wärme nicht wieder erweichen. Sie zersetzen sich bei Temperaturen über 100 °C.

7

Wiederholungsfragen

1. Nennen Sie Vor- und Nachteile der Kunststoffe gegenüber Holz und Metallen.
2. Wie unterscheiden sich Kunststoffe im Aufbau von anderen Stoffen?
3. Welche Stoffe sind in der Natur aus Makromolekülen aufgebaut?
4. Beschreiben Sie die Polymerisation.
5. Welche Bedeutung hat der Polymerisationsgrad?
6. Wie unterscheidet sich die Polykondensation von der Polyaddition?
7. Welche Eigenschaften besitzen die Thermoplaste im Gegensatz zu den Duroplasten?

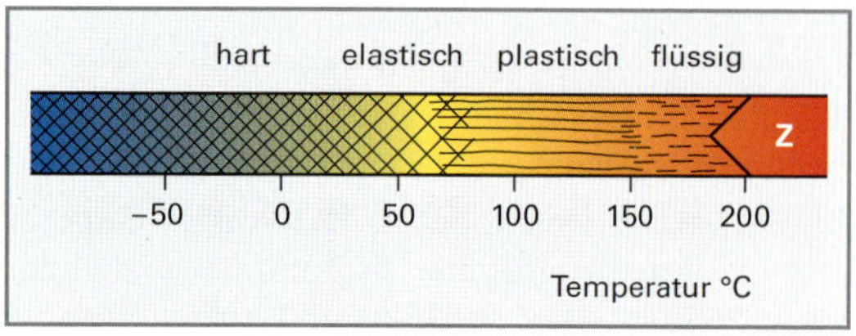

Bild 1: Zustandsbereich eines Thermoplastes (Plastomeres). Beim Überschreiten einer bestimmten Temperatur (Z) erfolgt Zersetzung des Kunststoffes.

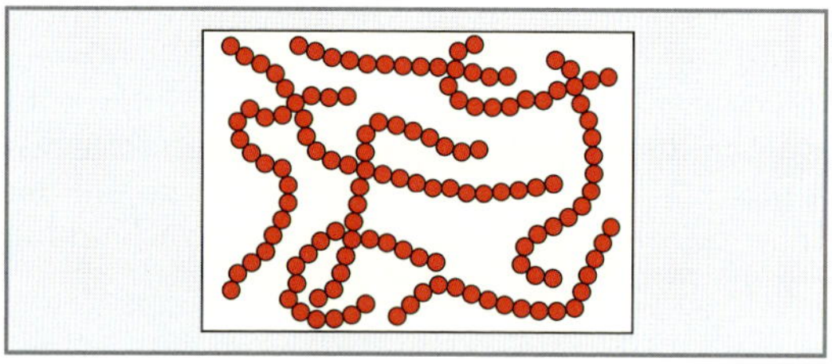

Bild 2: Amorphe Plastomere: untergeordnete, nicht vernetzte Fadenmoleküle

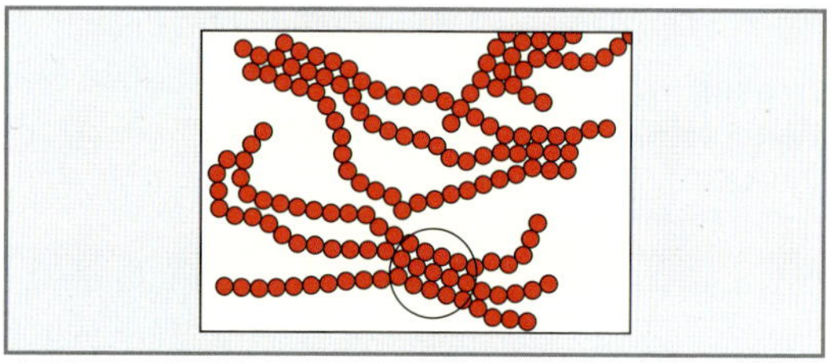

Bild 3: Teilkristalline Plastomere: Anhaften der Moleküle im kristallinen Bereich

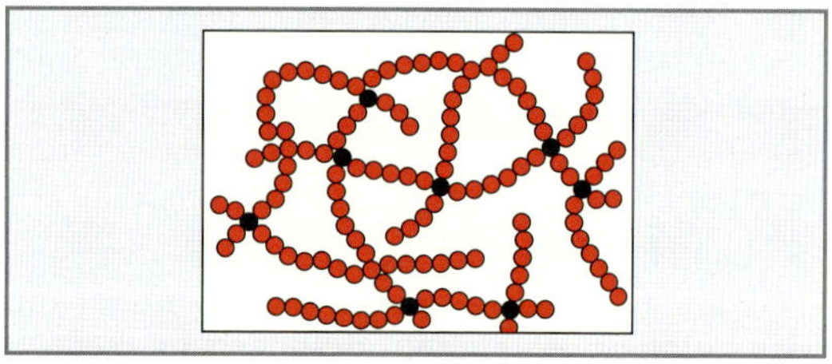

Bild 4: Elastomere. Weitmaschig vernetzte Molekülketten lassen sich verformen, sind elastisch und kehren wieder in ihre alte Form zurück.

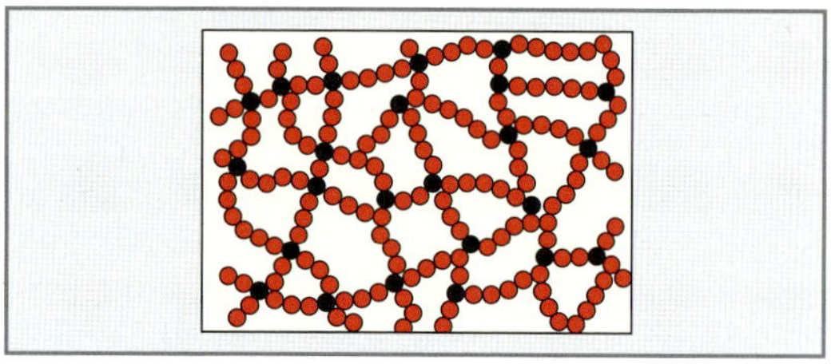

Bild 5: Duromere. Ein enges Netz von Querverbindungen erlaubt bei Erwärmung keine Bewegung der Moleküle. Sie sind nach dem Aushärten unlöslich, nicht schmelzbar und nicht schweißbar.

7.4 Metalle

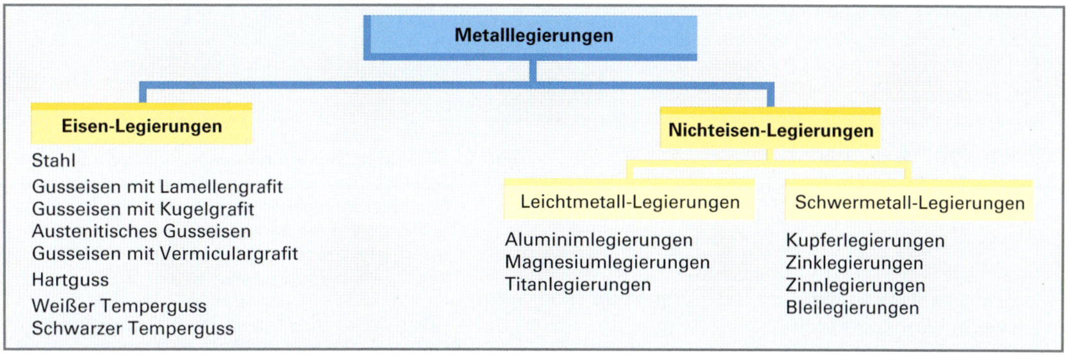

Bild 1: Einteilung der Metalllegierungen

7.4.1 Grundlagen Metalle

Reine Metalle (z. B. Fe, Cu, Al) werden nur selten als technische Werkstoffe eingesetzt, weil sie – abgesehen von besserer elektrischer Leitfähigkeit und elastischer Verformbarkeit – nicht die Eigenschaften besitzen, die verlangt werden, wie z. B. gute Gießbarkeit, Bearbeitbarkeit, Festigkeit, Härte.

Von den chemischen Elementen zählen 78 zu den Metallen, einen Auszug zeigt Tabelle 1. Die in der Wirtschaft und Technik verwendeten **Metalllegierungen** teilt man in Eisenlegierungen und Nichteisenlegierungen ein. Die Nichteisenlegierungen werden wiederum in Leichtmetall- und Schwermetalllegierungen eingeteilt.

Element		Dichte kg/dm³	Schmelzpunkt °C	Element		Dichte kg/dm³	Schmelzpunkt °C
Lithium	(Li)	0,534	179	Zinn	(Sn)	7,28	232
Kalium	(K)	0,862	63	Eisen	(Fe)	7,86	1530
Natrium	(Na)	0,971	98	Cadmium	(Cd)	8,64	321
Calcium	(Ca)	1,54	845	Cobalt	(Co)	8,83	1492
Magnesium	(Mg)	1,74	650	Nickel	(Ni)	8,86	1455
Beryllium	(Be)	1,86	1285	Kupfer	(Cu)	8,93	1083
Strontium	(Sr)	2,6	757	Bismut	(Bi)	9,8	271
Aluminium	(Al)	2,69	658	Molybdän	(Mo)	10,2	2622
Titan	(Ti)	4,49	1725	Silber	(Ag)	10,51	960
Vanadium	(V)	5,98	1715	Blei	(Pb)	11,34	327
Radium	(Ra)	6,0	700	Thallium	(Tl)	11,84	1457
Zirconium	(Zr)	6,53	1860	Quecksilber	(Hg)	13,54	– 38
Antimon	(Sb)	6,69	630	Uran	(U)	18,7	1689
Cer	(Ce)	6,8	630	Wolfram	(W)	19,1	3380
Zink	(Zn)	7,13	420	Gold	(Au)	19,34	1063
Chrom	(Cr)	7,14	1890	Platin	(Pt)	21,34	1773
Mangan	(Mn)	7,21	1247	Iridium	(Ir)	22,42	2454

Tabelle 1: Metalle nach Dichte und Schmelzpunkt geordnet

Kristallstrukturen der Metalle

Metalle bilden beim Erstarren Kristalle. Durch Röntgenuntersuchungen wurde festgestellt, dass einzelne Atome in einem regelmäßigen, geordneten Kristallgitter gruppiert sind. Es existieren unterschiedliche Kristallgitter, die in den Winkeln und Seitenlängen (Gitterparameter) verschieden sind. Am häufigsten kommen das kubisch-raumzentrierte oder das kubisch-flächenzentrierte, das tetragonale und das hexagonale Gitter vor (Bild 2).

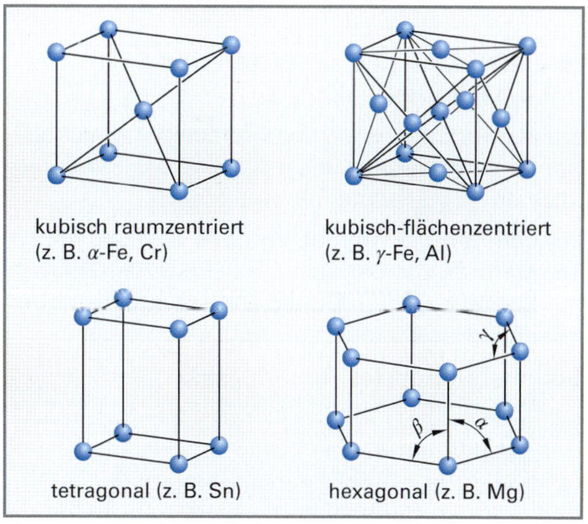

Bild 2: Kristallstrukturen der Metalle

Legierungen

Legierungen bestehen aus mindestens einem metallischen und weiteren metallischen oder auch nichtmetallischen Elementen (z. B. C; S; P). Durch Legieren können gewünschte Werkstoffeigenschaften erreicht werden. Aus den Eigenschaften der Legierungselemente kann man jedoch nicht auf die Eigenschaften der neuen Legierung schließen.

Schmelzen und Erstarren reiner Metalle

Das Schmelzen und Erstarren läuft bei reinen Metallen in Stufen ab (Bild 1):

Schmelzen

- Temperaturanstieg durch Erwärmung – die Bewegungsenergie der Atome vergrößert sich, das Metall dehnt sich aus, das Volumen nimmt zu.
- Haltepunkt – die Bewegungsenergie der Atome überwindet die Zusammenhangskräfte des Gitters, das Metall schmilzt. Zur Überwindung der Bindungskräfte wird Energie benötigt, sodass trotz weiterer Wärmezufuhr die Temperatur gewisse Zeit konstant bleibt.

Erstarrung

- Abkühlung – die Bewegungsenergie der Atome nimmt ab.
- Haltepunkt – die Atome beginnen sich an Keimen, z.B. Verunreinigungen, anzulagern. Trotz weiterer Wärmeabfuhr bleibt die Temperatur durch Wärmeabgabe der sich anlagernden Atome konstant, bis alle Atome angelagert sind.

Umwandlungstemperatur

Die Mehrzahl der Metalle hat nur eine Kristallstruktur, einige jedoch (Eisen, Mangan, Zinn u.a.) können unterhalb der Schmelztemperatur weitere Umwandlungen im festen Zustand zeigen (Bild 2). Das reine Eisen besitzt z.B. nach dem Erstarren ein kubisch-raumzentriertes Gitter (δ-Eisen), verwandelt sich aber bei 1392 °C in das kubischflächenzentrierte Gitter (γ-Eisen). Schließlich kommt es unterhalb von 900 °C zu einer erneuten Umwandlung in ein kubisch-raumzentriertes Gitter (β-Eisen), jedoch mit anderem Gitterparameter. Bei 768 °C wird es wieder magnetisch (α-Eisen).

Schmelzen und Erstarren der Legierungen

Eine Legierung erstarrt nicht bei einer gleichbleibenden Temperatur wie ein Reinmetall, sondern in einem Erstarrungsintervall (Bild 3).

Liquidustemperatur (lat. liquidus = flüssig) ist die Temperatur, bei der sich beim Erstarren die ersten Kristalle bilden. Die Erstarrung setzt sich bei abnehmender Temperatur fort.

Solidustemperatur (lat. solidus = fest) ist die Temperatur, bei der die Restschmelze erstarrt.

Das **Eutektikum** ist eine Legierung die, ähnlich wie reine Metalle, ohne Erstarrungsintervall schmilzt und erstarrt. Sie besitzt die niedrigste Schmelztemperatur eines Legierungssystems (Bild 4).

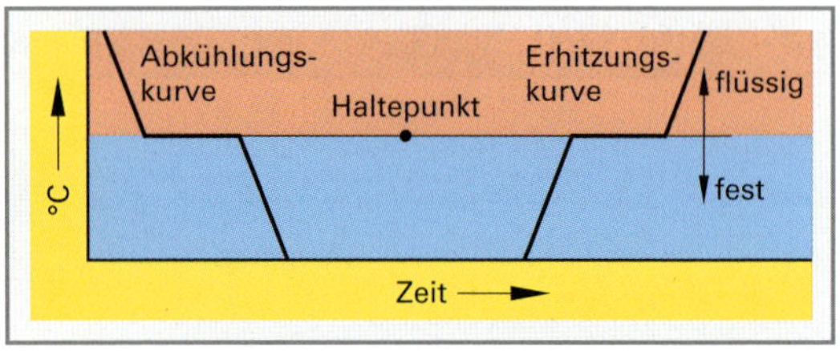

Bild 1: Reine Metalle weisen einen Haltepunkt auf, der mit Schmelz- bzw. Erstarrungstemperatur identisch ist. Beim Erstarren geben die sich anlagernden Atome genau die Wärmemenge ab, die notwendig war, um sie aus ihrem Gitter herauszulösen. Erst dann kann die Temperatur weiter fallen.

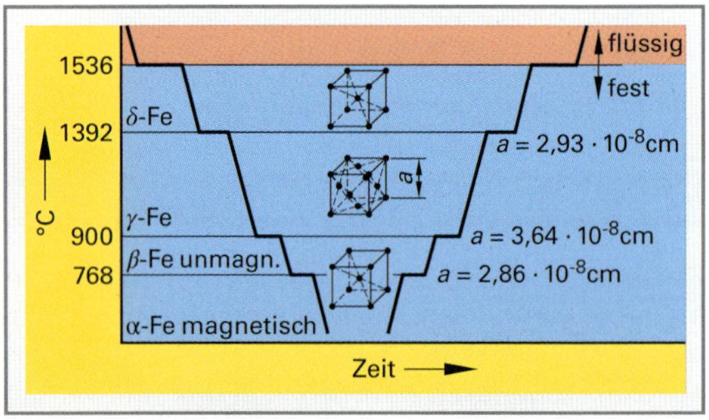

Bild 2: Umkristallisation des reinen Eisens

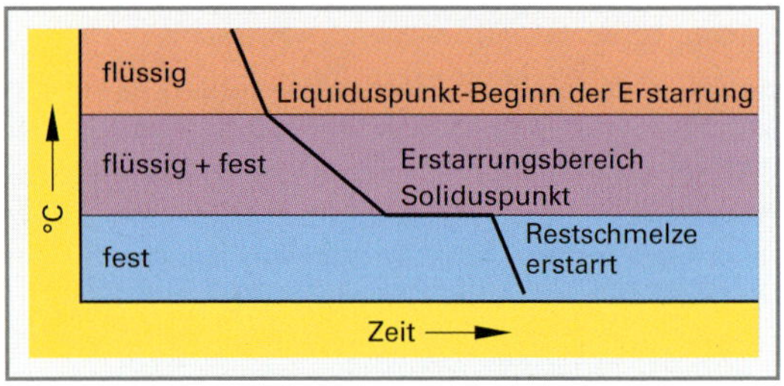

Bild 3: Abkühlungskurve einer Legierung. Das Metall erstarrt zwischen Liquidus- und Solidustemperatur (= Erstarrungsintervall)

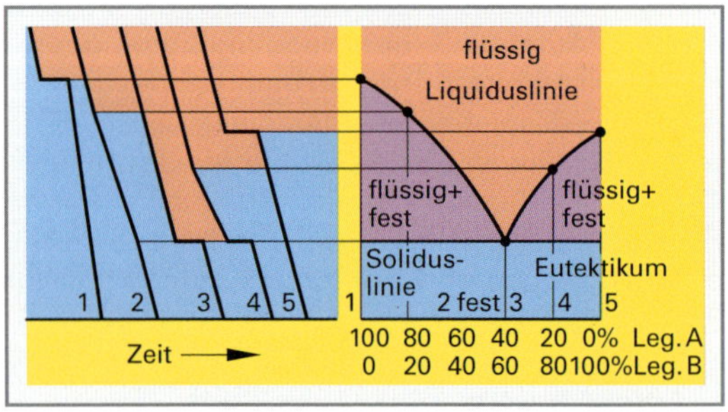

Bild 4: Mithilfe der Abkühlungskurve von Legierungen mit verschiedenem Mischungsverhältnis wird das Zustandsschaubild zusammengestellt, aus dem die Temperaturkurven sowie das Eutektikum ersichtlich sind.

1 = reines Metall A

2; 3; 4 = Legierungen mit verschiedenem Mischungsverhältnis (z.B. aus 20% A und 80% B)

5 = reines Metall B

7.4.2 Eisenwerkstoffe

7.4.2.1 Roheisenerzeugung

Eisen wird in der Technik nicht in reiner Form, sondern mit Kohlenstoff und anderen Elementen legiert angewandt. Diese Eisen-Kohlenstoff-Legierungen werden als Eisenwerkstoffe bezeichnet, für die zuerst das Roheisen aus den Eisenerzen gewonnen werden muss.

Eisenerze

Das Eisen kommt in der Natur nicht gediegen vor, sondern überwiegend als Eisen-Sauerstoff-Verbindungen wie z. B. **Magneteisenstein** (Fe_3O_4) (Bild 1) mit 50 bis 70 % Eisengehalt, **Roteisenstein** (Fe_2O_3) mit 30 bis 65 % Eisengehalt und **Brauneisenstein** ($Fe_2O_3 \cdot 3\,H_2O$) mit 40 bis 60 % Eisengehalt.

Bild 1: Magnetit-Oktaeder (Magneteisenstein)

Aufbau und Funktion des Hochofens

Der Hochofen (Bild 2) besteht aus zwei kegeligen Zonen. Diese Form ist notwendig, da sich das Schmelzgut bei zunehmender Erwärmung zunächst ausdehnt, durch das spätere Schmelzen, im flüssigen Zustand aber an Volumen abnimmt. Der wassergekühlte Stahlmantel ist mit feuerfestem Material (z. B. Schamotte) ausgekleidet.

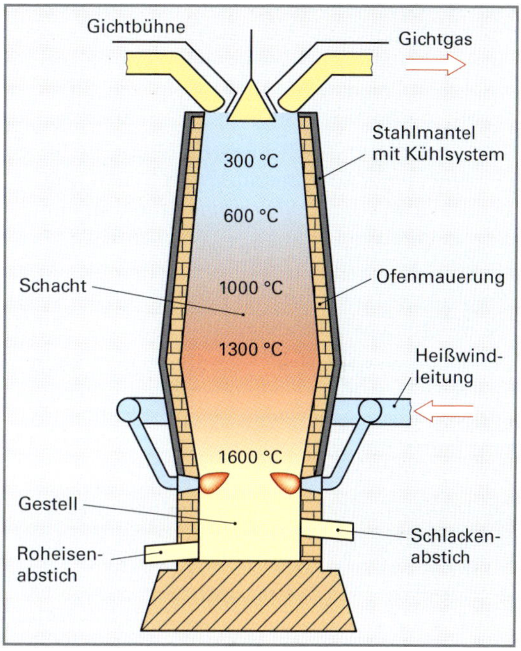

Bild 2: Schema eines Hochofens

Abwechselnd werden Koks, verschiedene Eisenerzsorten und Zuschläge (z. B. Kalk als Schlackenbildner) in den Ofen eingebracht. Durch die Koksverbrennung kommt es zum **Schmelzen** und zur **Reduktion** der Erze, wobei den Erzen der Sauerstoff entzogen wird. Zum Teil verbindet sich dabei der Sauerstoff der Erze mit dem Kohlenstoffmonoxid der Verbrennungsgase, zum Teil direkt mit dem Kokskohlenstoff, z. B.

$$Fe_3O_4 + CO \rightarrow 3\,FeO + CO_2$$
$$FeO + C \rightarrow Fe + CO$$

Gleichzeitig wird das Eisen bis zur Sättigung aufgekohlt.

Im Gestell des Hochofens sammelt sich das geschmolzene Roheisen an und wird alle zwei bis drei Stunden abgelassen. Die Schlacke wird entweder kontinuierlich abgelassen oder getrennt abgestochen. Der größte Teil des Roheisens wird in flüssiger Form zu Stahl weiterverarbeitet. Ein Teil wird auf Masselgießmaschinen verfestigt und als Rohstoff für die Gusserzeugung verkauft.

Direktreduktion (Bild 3). Sie benutzt zum Heizen und Reduzieren nicht Koks, sondern gasförmige Brennstoffe wie z. B. das aus dem Erdgas gewonnene Kohlenstoffmonoxid. Die Erze werden kleinstückig oder als Pellets (aus feinem Erz gerollte Kügelchen) bei 800 °C mit Reduktionsgas begast, wobei ein Eisenschwamm aus annähernd reinem Eisen entsteht.

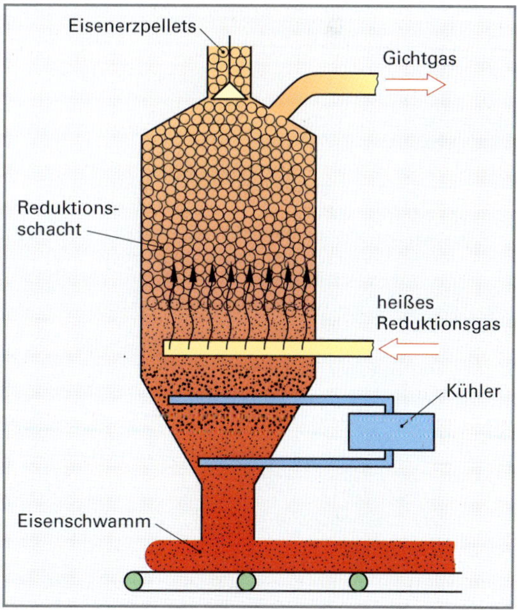

Bild 3: Schema einer Direktreduktion

Produkte des Hochofens

Außer den Eisenoxiden werden auch Mangan- und Siliciumoxide reduziert. Mangan und Silicium gehen dabei in das Roheisen über und beeinflussen neben dem Kohlenstoff am stärksten die Eigenschaften des Roheisens. Je nach Zusammenstellung der verschiedenen Eisenerze, dem Kalkverhältnis und der Temperatur im Gestell des Hochofens erhält man ein Roheisen mit mehr oder weniger Anteilen Mangan oder Silicium (Tabelle 1). Je höher die Temperatur und je niedriger die Kalkzugabe (diese neutralisiert die Kieselsäure der Erze) sind, desto mehr steigt der Siliciumgehalt im Roheisen.

Silicium bremst die Eisencarbidbildung und begünstigt so die Ausscheidung von freiem Kohlenstoff in Form von Grafit, wodurch die Bruchfläche dieses Roheisens dunkelgrau erscheint.

Mangan dagegen begünstigt die chemische Bindung des Kohlenstoffs mit Eisen zu Eisencarbid. Die Bruchfläche erscheint hell.

Stahleisen wird in Großhochöfen (Gestelldurchmesser bis zu 15 m) gewonnen und im flüssigen Zustand in Spezialbehältern zur Stahlverarbeitung in das Stahlwerk transportiert.

Handelsroheisen wird zu Masseln vergossen und an Eisengießereien ausgeliefert. Nach dem Bruchaussehen der Masseln kann ein weißes und graues (u.U. auch meliertes) Roheisen unterschieden werden.

Weißes Roheisen (max. 1% Si) hat keinen elementaren Kohlenstoff. Das weiße Roheisen wird für die Walzen- und Tempergussherstellung verwendet.

Graues Roheisen (bis ca. 3% Si) wird für die Gusseisenherstellung verwendet. Wegen der notwendigen Vielfalt der Roheisensorten (Tabelle 1) werden in diesem Falle kleinere Öfen bevorzugt (ca. bis 6 m Gestelldurchmesser). Die wichtigsten Sorten sind das Hämatit, das einen niedrigen Phosphorgehalt hat und das Gießereiroheisen mit einem höheren Phosphorgehalt. Daneben gibt es eine Reihe von Spezialroheisen, die die gewünschten Eigenschaften im Guss sicherstellen.

Die **Schlacke** bindet Verunreinigungen wie Schwefel, Asche u.a. Je basischer eine Schlacke ist, umso mehr Schwefel kann sie aufnehmen. Sie wird später zu Schlackenwolle, Pflastersteinen, Splitt für den Straßenbelag usw. verarbeitet.

	C %	Si %	Mn %	P %	S %
I. Hämatitroheisen Gussstücke mit thermischer bzw. chemischer Beanspruchung, hochwertiger Maschinenguss	3,7 … 4,3	2,0 … 3,0	bis 1,0	< 0,1	< 0,04
II. Gießerei-Roheisen dünnwandiger Guss, verschleißfeste Teile, Kokillengrauguss	3,6 … 4,1	2,0 … 3,0	0,6 … 0,9	0,5 … 0,7	< 0,04
III. Spezial-/Sonderroheisen					
a) Perlit grau mechanisch-technologisch hochbeanspruchtes perlitisches Gusseisen	3,5 … 4,0	1,0 … 4,0	< 1,0	0,05 … 0,08	0,01 … 0,04
b) Perlit meliert und weiß für Temper- und Hartguss	3,4 … 3,8	0,4 … 0,6	0,2 … 0,4	0,05 … 0,08	0,05 … 0,1
c) Spezialroheisen für ferritisches GGG für große Wanddicken (sehr niedrige Gehalte an Begleitelementen)	3,8 … 4,5	0,2 … 2,5	< 0,05	< 0,04	< 0,01
d) Legiertes Spezialroheisen mit bis zu 0,5% Cu bzw. bis zu 0,7% Ti zur Einstellung bestimmter Gefüge, verschleißbeanspruchter Guss	3,0 … 4,4	1,5 … 4,5	0,7 … 1,6	< 0,1	< 0,05
e) Niedriggekohltes Roheisen, Spezialroheisen für Grau- und Temperguss	< 2,8	0,5 … 2,5	0,4 … 0,8	< 0,1	< 0,04
f) Feinkörniges Spezialroheisen für hochwertigen Grau-, Hart- und Temperguss	3,7 … 4,3	1,5 … 4,0	0,3 … 0,7	0,05 … 0,1	0,01 … 0,03
g) Manganzusatzeisen zur Einstellung des Mangangehaltes	2,5 … 4,0	0,3 … 3,5	1,0 … 5,0	< 0,15	< 0,04
h) Spiegeleisen	4,0 … 5,0	< 1,0	6,0 … 30	0,1 … 0,15	< 0,04
IV. Hochofen-Ferrolegierungen					
a) Ferrosilicium zur Einstellung des Si-Gehaltes	1,6 … 2,5	8,0 … 13	0,4 … 0,7	< 0,16	0,02 … 0,04
b) Ferromangan zur Einstellung des Mn-Gehaltes	ca. 7	< 1,0	75 … 80	< 0,16	< 0,03

Tabelle 1: Übersicht verschiedener Roheisensorten mit Angabe möglicher Zusammensetzung (Werte nur als Spanne angegeben. Jede Roheisensorte besitzt eine spezifisch garantierte Zusammensetzung).

7.4.2.2 System Eisen-Zementit

Diagramme für Eisen und Kohlenstoff

Eisen bildet mit Kohlenstoff Einlagerungsmischkristalle. Der Existenzbereich der verschiedenen Mischkristalle (abhängig von C-Gehalt und Temperatur) ist durch die Felder der Diagramme (Bild 1) abgegrenzt. Da der Kohlenstoff entweder als Eisencarbid (Fe_3C) gebunden oder als freier Grafit vorliegen kann, muss man zwischen dem **metastabilen** System Eisen-Zementit (veränderbar, z. B. beim Tempern Zerfall des Fe_3C) und dem **stabilen** System **Eisen-Grafit** unterscheiden.

In Abhängigkeit vom C-Gehalt kommt es während der Erwärmung bzw. bei der Erstarrung zur Ausbildung folgender Gefügearten:

- **Ferrit** ist ein kubisch-raumzentrierter Mischkristall des α-Eisens mit gelöstem C. Ferrit kann bei Raumtemperatur ungefähr nur 0,00001 % C lösen und entspricht deshalb fast reinem Eisen.
- **Austenit** ist ein kubisch-flächenzentrierter Mischkristall aus γ-Eisen und gelöstem Kohlenstoff. γ-Eisen vermag größere Mengen an C zu lösen als α-Eisen.
- **Perlit** ist ein Kristallgemisch aus aufeinandergeschichtetem Ferrit (86 %) und Zementit (14 %) bei 0,8 % C-Gehalt. Er ist fest, dehnbar und entsteht bei Abkühlung aus dem Austenit. Perlit ist ein **Eutektoid,** das sich oberhalb 723 °C wieder vollständig in Austenit umwandelt.
- **Ledeburit** ist die eutektische Legierung (erstarrt, bzw. schmilzt schon bei 1147 °C ohne Übergangsbereich). Bei der Erstarrung bildet sich ein Gefüge aus Austenit mit 2,06 % C und Zementit mit 6,67 % C. Im Laufe der weiteren Abkühlung verarmt der Austenit durch Zementitausscheidung auf 0,8 % C und zerfällt bei 723 °C wiederum zu Perlit. Bei Raumtemperatur enthält also das Gefüge Perlit und Zementit.
- **Zementit** ist ein hartes Eisencarbid, das bei schneller Abkühlung entsteht. Da der Kohlenstoff keine Zeit zur Ausscheidung hat, kommt es zu einer intermetallischen Verbindung, Fe_3C.

Nach dem System Eisen-Carbid sind alle zementitischen Fe-C Werkstoffe zu beurteilen. Weil der Kohlenstoff gebunden ist, erscheint die Bruchfläche weiß. Man spricht von Weißerstarrung. Rein zementitische Werkstoffe sind Stahl, Temperrohguss und Vollhartguss.

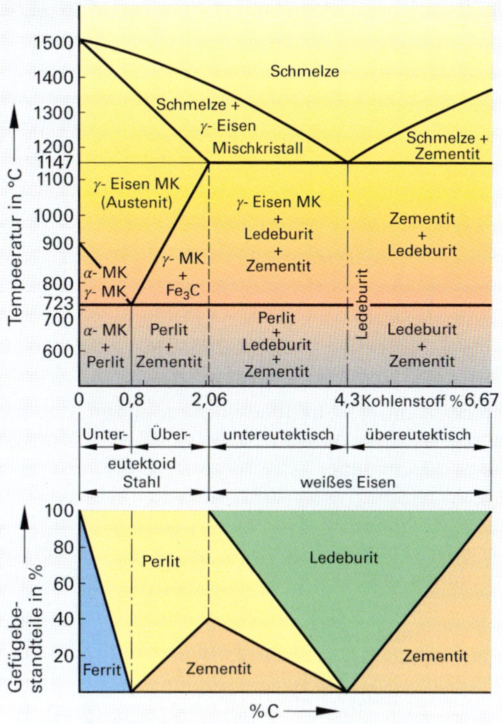

Bild 1: Vereinfachtes Eisen-Zementit-Diagramm mit Verteilungsdiagramm der einzelnen Gefügearten

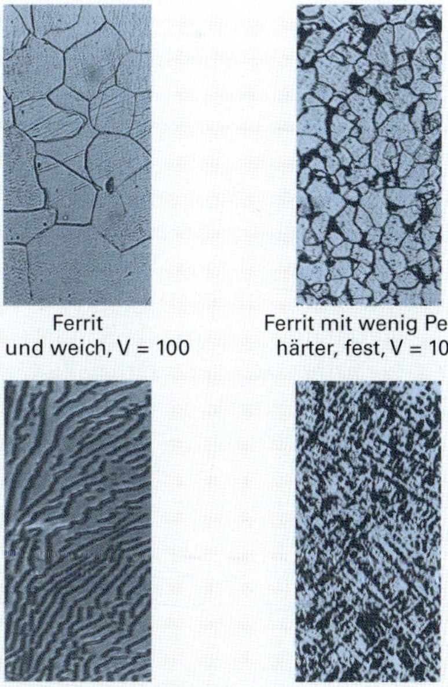

Ferrit
zäh und weich, V = 100

Ferrit mit wenig Perlit
härter, fest, V = 100

Perlitlamellare Schichtung von Ferrit und Zementit
fest, dehnbar, V = 500

Ledeburit, Perlit und Zementit
glasklar, sehr spröde, V = 50

Bild 2: Gefügebilder

7.4.2.3 Stahl

Herstellung

Das zur Stahlherstellung benutzte Roheisen besitzt noch einen zu hohen Gehalt an Kohlenstoff, Mangan, Silizium, Phosphor und Schwefel. Das Herabsetzen der Begleitelemente geschieht in den Stahlwerken durch Sauerstoffzufuhr. Dabei oxidieren die Beleitelemente und werden als SiO_2, MnO und P_2O_5 mit der Schlacke bzw. das SO_2 und CO_2 als Abgase abgeführt. Hierzu gibt es folgende Verfahren:

Frischverfahren

Zu Beginn der Stahlherstellung standen das Bessemer-Verfahren (seit 1895 für phosphorarmes Roheisen in saurer Ausmauerung) und das Thomas-Verfahren (seit 1877 auch für phosphorreiches Roheisen in basischer Ausmauerung), bei denen durch den Boden des Konverters Luft eingeblasen wurde. Durch den Stickstoffgehalt der Luft wird die Stahlqualität gemindert. Diese Verfahren finden bei uns keine Verwendung mehr. Wird reiner Sauerstoff durch den Boden geblasen, entstehen am Konverterboden so hohe Temperaturen, dass er sehr schnell zerstört wird.

Dies führte (1952) zur Entwicklung der sauerstoffaufblasenden Verfahren. Hierbei wird reiner Sauerstoff von oben auf die Schmelze geblasen (Bild 1). Ein Nachteil gegenüber dem bodenblasenden Verfahren ist eine schlechte Badbewegung.

Das **LD-Verfahren** (Linz-Donawitz) eignet sich vor allem für phosphorarmes (0,2% P) Roheisen. Der P-Gehalt lässt sich in einem Arbeitsgang auf weniger als 0,05% absenken.

Das Absenken der Begleitelemente während des Frischverlaufs ist in Bild 2 dargestellt.

Das **LD-AC-Verfahren** (Linz-Donawitz-Arbed-Centre) wurde für phosphorreiches (2% P) Roheisen entwickelt. In zwei Arbeitsgängen wird der P-Gehalt bis unter 0,03% gesenkt. Zuerst wird gefrischt, bis der P-Gehalt unter 0,2% abgesunken ist. Die jetzt angereicherte Schlacke wird abgekippt. Beim weiteren Frischen wird mit dem Sauerstoff noch Kalkstaub eingeblasen.

Das **OBM-Verfahren** (Oxygen-Basic-Maxhütte) verbindet die Vorteile des reinen Sauerstoffs und der guten Badbewegung beim Bodenblasen (Bild 3). Dabei werden noch Gase eingeblasen (z.B. Kohlenwasserstoffe), die zunächst der Schmelze Wärme entziehen und den Konverterboden schützen. Weil die Oxidation der Kohlenwasserstoffe zusätzliche Wärme entwickelt, kann der Schrottanteil erhöht werden.

7

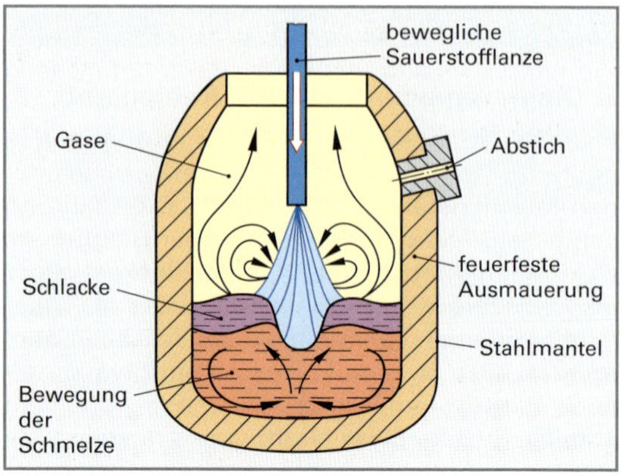

Bild 1: Sauerstoffaufblaskonverter

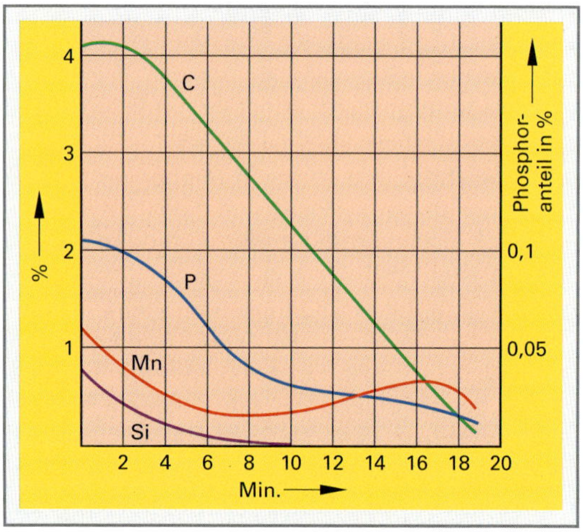

Bild 2: Verlauf bei Frischen mit dem LD-Verfahren

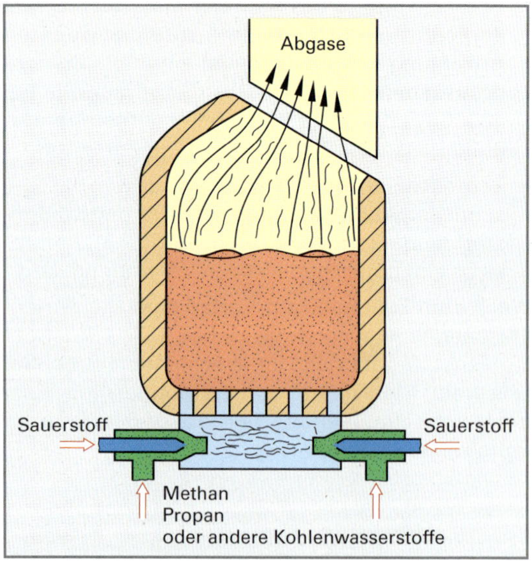

Bild 3: Bodenblasverfahren unter Verwendung von Sauerstoff und Kohlenwasserstoffen

Wirkung der Legierungselemente

Die mechanischen Eigenschaften des Eisens werden vor allem vom Kohlenstoff beeinflusst. Dabei ändern sich diese mit zunehmendem C-Gehalt nicht gleichmäßig (Bild 1). Auch andere Begleitelemente wie z.B. Phosphor und Schwefel beeinflussen die Eigenschaften der Fe-C-Legierungen stark (Tabelle 2). Für höheren Beanspruchungen und Korrosionsbeständigkeit werden noch weitere Elemente hinzulegiert. Die wichtigsten Legierungselemente sind Mangan, Chrom und Nickel.

Im Allgemeinen verschieben alle Legierungselemente die Linien und Umwandlungspunkte der Fe-C-Diagramme. Die Wirkungen der Legierungselemente richten sich auch danach, ob sie mit dem Kohlenstoff harte, spröde Carbide (z.B. Mo, V, Mn, Cr) bilden.

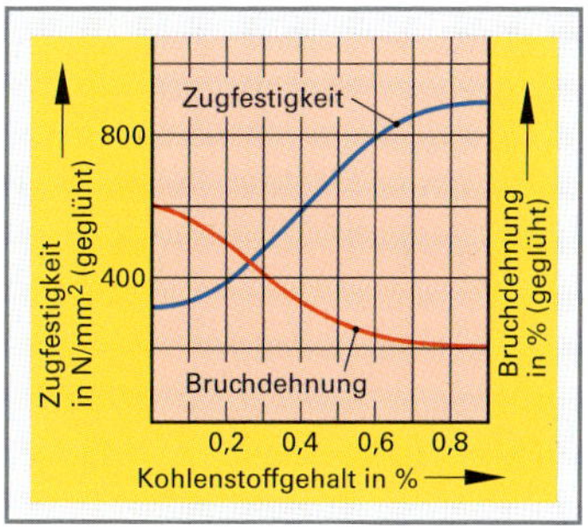

Bild 1: Abhängigkeit der Zugfestigkeit und der Bruchdehnung vom Kohlenstoffgehalt beim Stahl

Eigenschaften der Stähle

Als Stahl werden alle Fe-C-Legierungen bezeichnet, die weniger als 2% C besitzen und deshalb noch schmiedbar sind. Dabei ist der Kohlenstoff immer als Eisencarbid gebunden, nie frei als Grafit vorhanden. Die wichtigsten Eigenschaften sind:

- hohe Schmelztemperatur (bis ca. 1450 °C)
- schlechte Gießbarkeit, da sehr dickflüssig
- große Erstarrungsschrumpfung (bis 5%) mit hoher Lunkerbildung; dünne Anschnitte (Einfrieren) und großdimensionierte Speiser (Nachsaugen) sind notwendig
- große Schwindung zwischen 1,5 bis 3%, welche Spannungen verursacht
- im Gusszustand ist das Stahlgefüge dentritisch (Bild 2) und darum spröde; deshalb und wegen der vorhandenen Spannungen muss geglüht werden
- hohe Festigkeit (bis 1300 N/mm^2) und Dehnung
- gute Schweißbarkeit (bei geringem C-Gehalt)

Dichte fest/flüssig	kg/dm^3	7,85/6,9
Schmelztemperatur	°C	1450
Gießtemperatur	°C	1500 … 1700
Zugfestigkeit	N/mm^2	350 … 1300
Dehnung	%	10 … 25
Schwindung	%	1,5 … 3

Tabelle 1: Eigenschaften der Stähle

Bild 2: Bruchstücke aus einer lunkerhaltigen Stelle

Legierungsstoff		erhöht bzw. verbessert	erniedrigt bzw. verschlechtert
Kohlenstoff	C	Festigkeit, Härte, Härtbarkeit, Gießbarkeit	Schmelztemperatur (Liquiduslinie), Schmied- und Schweißbarkeit, Dehnung
Silicium	Si	Grafitbildung, Durchhärtbarkeit, Elastizität (Federstähle), Festigkeit; Korrosionsbeständigkeit (säurefester Guss)	Schmied- und Schweißbarkeit
Mangan	Mn	Zementitbildung, Härte, Festigkeit, Verschleißfestigkeit, wirkt entschwefelnd	Grafitausbildung bei GG, Zähigkeit, Zerspanbarkeit
Phosphor	P	Dünnflüssigkeit von GG, Härte, Warmfestigkeit	Schlagfestigkeit (kaltbrüchig ab 0,03%), Dehnung
Schwefel	S	Dickflüssigkeit, Spanbrüchigkeit, (kurzbrechende Späne – 0,02% S)	Festigkeit, Schlagfestigkeit (warmbrüchig), Schweißbarkeit
Nickel	Ni	Festigkeit, Härte, Hitzebeständigkeit, Korrosionsbeständigkeit	Warmedehnung
Chrom Wolfram	Cr W	Festigkeit, Härte, Härtetemperatur, Verschleißfestigkeit, Korrosionsbeständigkeit	Dehnung, Schmied- und Schweißbarkeit
Vanadium	V	Dauerfestigkeit, Härte, Zähigkeit, Warmfestigkeit	Empfindlichkeit gegen Überhitzung
Molybdaen	Mo	Härte-, Warm- und Dauerfestigkeit	Dehung, Schmiedbarkeit
Cobalt	Co	Härte	Empfindlichkeit gegen Überhitzung

Tabelle 2: Einfluss der Legierungs- und Begleitelemente

Stahlnormung

Zur Kennzeichnung einer Legierung wird in der Produktion ein Werkstoffkurzname verwendet. Im kaufmännischen Bereich wird ein Zahlensystem, die Werkstoffnummer, benutzt.

Werkstoffkurzname (Tabellen 1 und 2)

Der Kurzname setzt sich aus den Haupt- und den Zusatzsymbolen zusammen. Das Hauptsymbol kennzeichnet bei den unlegierten Stählen entweder den Verwendungszweck oder die chemische Zusammensetzung (Legierungsbestandteile) des Werkstoffes. Bei den legierten Stählen wird immer die chemische Zusammensetzung angegeben.

Unlegierte Stähle

Beispiele der Bezeichnung nach dem Verwendungszweck (in Klammern alte Stahlnorm):

E295 (RSt50): Stahl für Maschinenbau (E); Streckgrenze 295 N/mm²)

S235JR (St37-2): Stahl für den Stahlbau (S); Streckgrenze 235 N/mm²; Kerbschlagarbeit 27 J bei 20 °C (JR)

Beispiele der Bezeichnung nach der chemischen Zusammensetzung:

Unlegierte Stähle mit einem Mn-Gehalt unter 1 % werden mit dem Hauptsymbol C und der Kohlenstoffkennzahl bezeichnet. Bei einem Mn-Gehalt über 1 % werden sie nur mit der Kohlenstoffkennzahl und nachfolgenden Legierungselementen gekennzeichnet. Diese Zahlen müssen mit Multiplikatoren (Tabelle 3) umgerechnet werden.

C80T2 (C80W2): unlegierter Stahl mit einem Mn-Gehalt ≤ 1 %; Kohlenstoffgehalt 0,8 %; für Werkzeuge Güteklasse 2 (T2)

28Mn6 (28 Mn 6): unlegierter Stahl, 0,28 % C, 1,5 % Mn

Legierte Stähle mit mehr als insgesamt 5 % Legierungsbestandteilen werden mit Multiplikatoren umgerechnet. Legierungen mit mehr als 5 % Legierungsbestandteilen werden mit X gekennzeichnet. Es folgen der Kohlenstoffgehalt und volle Gehalte der Elemente.

25CrMo4 (25CrMo4): legierter Stahl, 0,25 % C; 1 % (4/4 %) Cr; Mo

X100CrMoV5-1 (X-100 CrMoV5-1): hochlegiert (X) 1 % C (100); 5 % Cr; 1 % Mo; V

7

Hauptsymbole nach Verwendungszweck		
Stahl-gruppe	Streck-grenze R_e	Bedeutung
E	360	Maschinenbau, R_e = 360 N/mm²
S	275	Stahlbau, R_e = 275 N/mm²
P	265	Druckbehälterbau, R_e = 265 N/mm²
L	360	Leitungsrohre, R_e = 360 N/mm²
Hauptsymbole nach chemischer Zusammensetzung		
Stahl-gruppe	C-Gehalt Legierung Elemente	Bedeutung
C	45	unlegierter Stahl 0,45% C; Mn ≤ 1%
–	37 Cr 4	legierter Stahl 0,37% C; 1% Cr
X	42 Cr 13	legierter Stahl 0,42% C; 13% Cr
HS	18-1-2-5	Schnellarbeitsstahl 18% W; 1% Mo; 2% V; 5% Co

Tabelle 1: Beispiele für Hauptsymbole aus dem Bezeichnungssystem DIN EN 10027-1

Zusatzsymbole für E- und S-Stähle		
Stahl Gruppe 1	Stahl Gruppe 2	Stahlerzeugnisse
Kerbschlagarbeit in J bei Prüftemperatur 27 J 40 J 60 J JR KR LR 20 °C J0 K0 L0 0 °C J2 K2 L2 −20 °C J3 K3 L3 −30 °C	C besondere Kaltumformbarkeit E für Emaillierung F zum Schmieden L für Niedrigtemperatur M thermomechanisch umgeformt N normalgeglüht Q vergütet	Besondere Anforderungen +C Grobkornstahl +F Feinkornstahl +H Härtbarkeit Behandlungszustand +A weichgeglüht +HC warm-kalt umgeformt +QT vergütet Überzugsart +S feuerverzinnt

Tabelle 2: Beispiele für Zusatzsymbole aus dem Bezeichnungssystem DIN EN 10027-1

Element	**Faktor**
Cr, Co, Mn, Ni, Si, W	4
Al, Be, Cu, Mo, Nb, Pb, Ta, Ti, V, Zr	10
Ce, N, P, S, C	100

Tabelle 3: Chemische Elemente und Umrechnungsfaktoren

Werkstoffnummer

Der Aufbau der Werkstoffnummer mit Zahlensystem ist in DIN EN 10072-2 wie folgt gegliedert:

Position 1: Werkstoff-Hauptgruppe (1 Stahl)
Position 2: zweistellige Gruppennummer z. B.
00 Grundstahl
01 bis 07 unlegierte Qualitätsstähle
10 bis 18 unlegierte Edelstähle
20 bis 28 legierte Werkzeugstähle
32 bis 49 sonstige legierte Stähle usw.
Position 3: zweistellige Zählnummer

Beispiele:
1.0143 (1) Stahl, (01) Baustahl, (43) Werkstoff **S 275 JO**
1.0501 Stahl mit 0,25% bis 0,55% C, (01) Werkstoff **C 35**
1.2162 (21) leg. Werkzeugstahl, (62) Werkstoff **21 MnCr 5**
1.4310 leg., nichtrostender Stahl, Werkstoff **X 10 CrNi 18-8**

Stahlsorten

Unlegierte Stähle dürfen bestimmte Grenzwerte an Legierungselementen nicht überschreiten.

Element	Grenzwert in %	Element	Grenzwert in %	Element	Grenzwert in %
Al	0,3	La	0,1	Se	0,1
B	0,0008	Mn	1,65	Si	0,6
Bi	0,1	Mo	0,08	Te	0,1
Co	0,3	Nb	0,06	Ti	0,05
Cr	0,3	Ni	0,3	V	0,1
Cu	0,4	Pb	0,4	W	0,3

Tabelle 1: Grenzgehalte der unlegierten Stähle

Zu den unlegierten Stählen gehören:

Baustähle für Maschinenkonstruktionen (E) für gering bis mäßig beanspruchte Teile wie Bolzen, Hebel, Griffe usw. und Stahlbau (S) für Träger, Kranbau, Brückenbau usw.

Unlegierte Vergütungsstähle erreichen nach der Wärmebehandlung bessere mechanische Eigenschaften und werden bei höher belasteten Teilen wie Achsen (C45), Zahnräder (C60) verwendet.

Unlegierte Werkzeugstähle werden für Werkzeuge wie Meißel (C80W1), Gewindeschneider (C105W1) usw. eingesetzt.

Legierte Stähle erreichen durch höheren Anteil an Legierungselementen besondere Eigenschaften, wie bessere Schweißbarkeit, Umformbarkeit, Festigkeit usw.

- **Stähle mit Legierungsanteilen unter 5 %:**
  Legierte Vergütungsstähle werden für hochbelastete Getriebewellen (41Cr4), Schnecken, Zahnräder und ähnliche Bauteile verwendet.
  Legierte Werkzeugstähle finden Verwendung bei Tiefziehwerkzeugen (90MnCrV8), Spritzgießformen (40CrMnMo7), Holzbearbeitung (100Cr6) usw.
  Warmfeste Stähle sind bis zu 600 °C einsatzfähig z. B. Dampferzeugung (13CrMo4-4).
- **Stähle mit Legierungsanteilen über 5 %:**
  Hitzebeständige Stähle sind auch bei Temperaturen über 600 °C zunderbeständig z. B. Ofenteile (X40CrSi17).
  Nichtrostende Stähle für Teile der chemischen Industrie, medizinische Geräte usw.
  Beispiel: X15CrNi18-8

Stahlguss

Stahlguss (Bilder 1 bis 3) ist in Formen gegossener Stahl. Er kommt meist bei mittleren und großen Gussteilen unkomplizierter Formgebung zur Anwendung, die hohe Anforderungen an Festigkeit und Dehnung stellen. Zum Stahlguss eignen sich alle Stahlsorten, in der Bezeichnung wird ein G vorangestellt, z. B. G17CrMo9-10 oder GX4CrNi13-4.

Bild 1: Großgussteil in Stahlguss

Bild 2: Turbinenrad für eine Peltonturbine aus GX10CrNi12, Gewicht 24 t

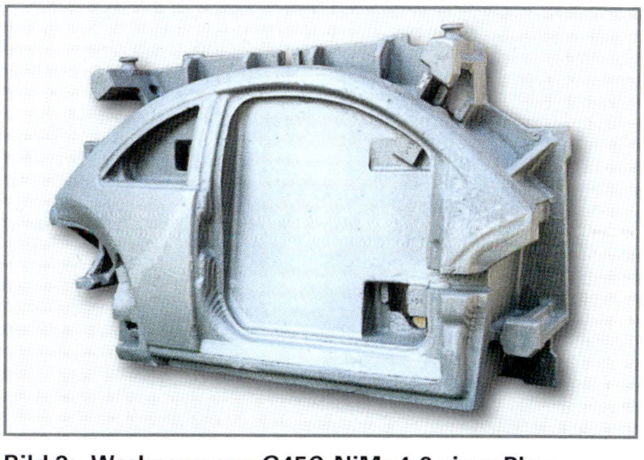

Bild 3: Werkzeug aus G45CrNiMo4-2 einer Pkw-Seitenwand

7.4.2.4 System Eisen-Grafit

Bei langsamer Abkühlungsgeschwindigkeit scheidet sich der Kohlenstoff als Grafit aus, sofern er nicht in den Mischkristallen löslich ist. Durch die Form, die der Kohlenstoff bei der Ausscheidung innerhalb des Gefüges annimmt, werden die Eigenschaften der Legierung wesentlich beeinflusst (Bild 2a, b, c).

Es entstehen unterschiedliche Gusseisensorten mit Lamellengrafit, Vermiculargrafit (wurmartig), Kugelgrafit und Temperkohle.

Das Eutektikum des stabilen Systems wird als **eutektischer Grafit** bezeichnet und bei 4,23 % C direkt aus der Schmelze ausgeschieden (vgl. Ledeburit beim System Eisen-Zementit). **Eutektoider Grafit** entsteht, wenn die Mischkristalle des γ-Eisens (Austenit) in Ferrit und Grafit zerfallen. Dabei diffundiert (wandert) der Kohlenstoff aus dem Austenit in die vorhandenen Grafitlamellen und vergrößert sie. Zugleich entstehen um diese Grafitlamellen kohlenstoffarme Bereiche (Ferritsäume, bzw. Ferrithöfe beim Kugelgrafit).

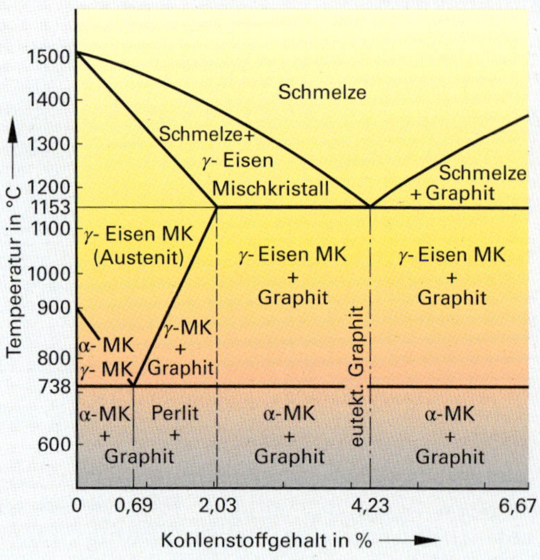

Bild 1: Vereinfachtes Zustandsschaubild Eisen-Grafit

Grafitausbildung

Die Größe und Anordnung der Grafitlamellen kann durch eine Impfbehandlung beeinflusst werden, womit die Anzahl der Kristallisationskeime erhöht wird. Je mehr Kristallisationskeime in der Schmelze vorhanden sind, umso mehr Grafitlamellen entstehen. Das Gefüge wird feinkörniger.

Die **Impfung** wird durch Zugabe von Ferrosilizium oder anderen Impfmitteln (z. B. auf Silizium- oder Grafitbasis) erreicht.

Nach dem System Eisen-Grafit sind alle rein ferritischen Fe-C-Werkstoffe zu beurteilen, da in ihnen kein Zementit vorkommt. Weil der Grafit die Bruchfläche des Werkstoffes grau erscheinen lässt, spricht man von Grauerstarrung.

7

Berücksichtigung des Systems Eisen-Grafit bei der Kennzeichnung der Gusswerkstoffe

EN = Europäische Norm; GJ = Gusseisen

Grafitstrukturen

L = Lamellengrafit	V = Vermiculargrafit
S = Kugelgrafit	N = Grafitfrei
M = Temperkohle	Y = Sonderstrukturen

Gefügearten

A = Austenit	L = Ledeburit
T = Vergütungsgefüge	F = Ferrit
M = Martensit	P = Perlit
B = nichtentkohlend geglüht	W = entkohlend geglüht

Beispiele: EN-GJL (Gusseisen mit Lamellengrafit)
EN-GJS (Kugelgrafitguss)
EN-GJMW (weißer Temperguss)

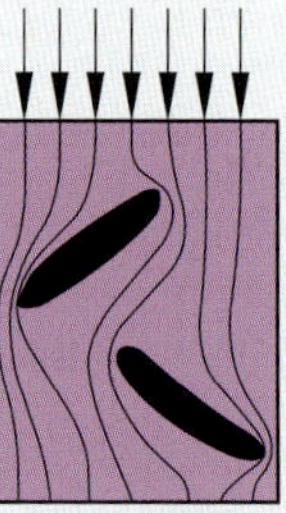

a) Gusseisen mit Lamellengraphit

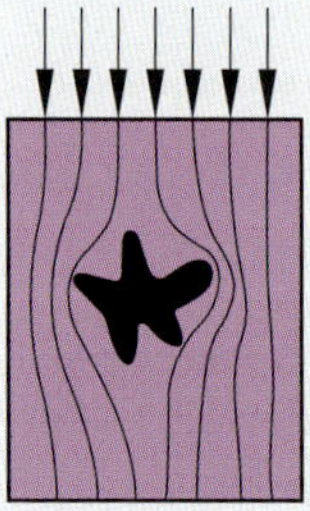

b) Temperguss

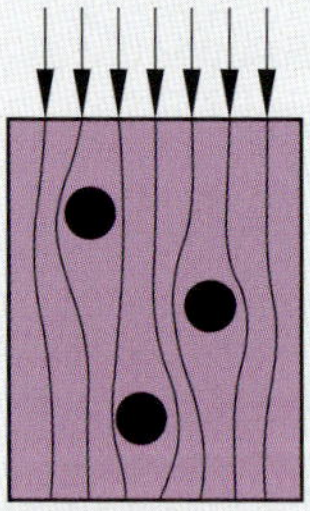

c) Gusseisen mit Kugelgraphit

Bild 2: Wirkung der Grafitform auf den Verlauf der Kraftlinien

7.4.2.5 Gusseisen

Herstellung

Gusseisen wird aus Roheisen (Gießerei- oder Hämatit-Roheisen), Stahlschrott, Gussbruch und Kreislaufmaterial und Legierungszuschlägen im Elektroofen- bzw. Kupolofen erschmolzen (Bild 1 und 2).

Gusseisen ist eine naheutektische Legierung, wobei das Eutektikum bei einem Sättigungsgrad von etwa 1,0 bzw. einem Kohlenstoff-Äquivalentwert (CE) von etwa 4,3 liegt.

$CE = C + 1/3\,(Si + P)$

C = Kohlenstoff, Si = Silizium, P = Phosphor.

Der Kohlenstoffgehalt liegt zwischen 3,2 und 3,7 %. Der Siliziumgehalt liegt zwischen 1,5 und 2,8 %. Mangan (0,5–1,0 %) wird zum Abbinden des Schwefels und zur Perlitbildung zugegeben. Phosphor macht das Gusseisen dünnflüssig und zugleich aber auch spröde und schlecht bearbeitbar.

Der Kohlenstoff scheidet sich bei der Erstarrung als Grafit in Form von Lamellen oder Kugeln aus der Schmelze aus.

In Schliffbildern kann man beim Gusseisen die unterschiedlichen Gefügearten und die unterschiedlichen Grafitformen erkennen.

Die Grafitform und Größe ist entscheidend für die Festigkeit:

Bild 3 – Schliffbild mit Lamellengrafit, links perlitisches und rechts ferritisches Grundgefüge.

Bild 4 – Schliffbild mit Kugelgrafit, links ferritisches und rechts perlitisches Grundgefüge.

Das Gusseisen kann ein ferritisches bzw. ferritisch/perlitisches oder perlitisches Grundgefüge haben. Die Härte ist vom Grundgefüge abhängig.

Ferritisches Gefüge enthält keinen Zementit, ist weich und gut bearbeitbar.

Perlitisches/ferritisches Gefüge hat eine höhere Festigkeit als das ferritische.

Perlitisches Gefüge hat gute Verschleißeigenschaften.

Die unterschiedlichen Gefügearten sind sehr stark von der Erstarrungsgeschwindigkeit abhängig. An Hand von gegossenen Keilproben, thermischer Analyse und Bestimmung des Sättigungsgrades bzw. Kohlenstoff-Äquivalent kann die zu erwartende Gefügeform im Voraus bestimmt werden.

Bild 1: Kupolofen-Schmelzanlage

Bild 2: Elektroofen-Schmelzanlage

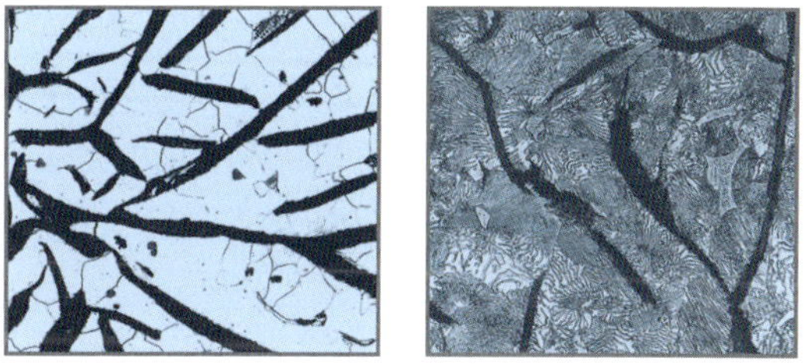

Bild 3: Schliffbild von Gusseisen mit groblamellarem Grafit. Links mit perlitischem Grundgefüge, rechts mit ferritischem Grundgefüge.

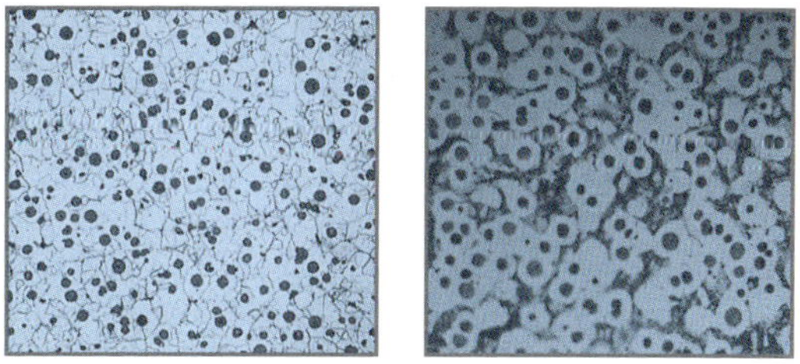

Bild 4: Schliffbild von Gusseisen mit Kugelgrafit. Links mit ferritischem Grundgefüge, rechts perlitisches Grundgefüge.

Gusseisen mit Lamellengrafit GJL (GG)

Gusseisen mit Lamellengrafit wird in der Industrie meistens Grauguss genannt, da das Bruchgefüge und der Guss grau aussieht. Gusseisen mit Lamellengrafit ist eine Eisen-Kohlenstoff-Silizium-Legierung. Bei der Erstarrung scheidet sich der Kohlenstoff in Form von Grafitlamellen aus. Die mechanischen Eigenschaften von Grauguss hängen von der chemischen Analyse und von der Erstarrungsgeschwindigkeit ab.

Eigenschaften

- Aufgrund des hohen Kohlenstoff- und Siliziumgehaltes hat Gusseisen eine niedrige Schmelztemperatur von 1150 °C bis 1250 °C.
- Durch die Grafiteinlagerung ergibt sich eine gute spanabhebende Bearbeitbarkeit; GJL ist schwingungsdämpfend, schmierend und hat gute Notlaufeigenschaften.
- Grafitlamellen unterbrechen das Grundgefüge und mindern dadurch die Zugfestigkeit. Grauguss hat fast keine Bruchdehnung und keine Zähigkeit.
- In großen Querschnitten, bei langsamer Abkühlung, bildet sich grober Grafit, der die Festigkeit stark herabsetzt. Da die Festigkeit beim GJL wanddickenabhängig ist, werden die Proben der Wanddicke zugeordnet (Bild 1).
- Die Druckfestigkeit des Graugusses beträgt etwa das Dreifache der Zugfestigkeit.
- GJL ist aufgrund des hohen Kohlenstoffgehalts schlecht schweißbar.
- Schwindung 0,6–1,3 %. Schwindmaßrichtwerte nach Norm 1 %.
- GJL hat eine sehr geringe Lunkerneigung, geringer als bei GJS und bei Stahlguss.
- Dichte:
  - flüssig 7,0 kg/dm^3
  - fest 7,25 kg/dm^3.

Normung und Verwendung

Nach Norm ist Gusseisen mit Lamellengrafit in sechs Sorten eingeteilt. Die Festigkeiten liegen zwischen 100 N/mm^2 (GJL-100) und 350 N/mm^2 (GJL-350). Die DIN wurde durch die Europäischen Normen abgelöst und somit hat sich die Bezeichnung nach EN 1561 geändert.

Beispiel: EN-GJL-150
G – Gusswerkstoff; J – Eisen; L – Lamellengrafit; 150 – Mindestzugfestigkeit N/mm2

Nach der Norm kann Grauguss auch nach der Härte geordnet werden.

Beispiel: EN-GJL-HB155
HB – Brinellhärte; 155 – HB-Einheiten

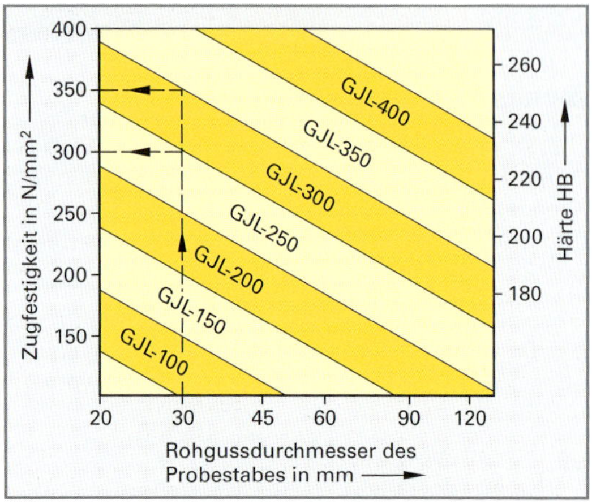

Bild 1: Schaubild zur Abschätzung der Zugfestigkeit und Härte in Gussstücken aus GJL

Bild 2: Die Dünnflüssigkeit des GJL ermöglicht das Gießen von komplizierten, dünnwandigen Gussteilen.

Bild 3: Dieselmotorgehäuse GJL-30

Bewertungsmaßstäbe beim Gusseisen

Gießkeilprobe (Bild 1)

Bei der Gießkeilprobe werden Werkstoffeigenschaften in Abhängigkeit von der Wandstärke untersucht. Dabei wird ein keilförmiges Probestück gegossen und danach gebrochen.

Dadurch, dass der Keil an der Spitze rasch erstarrt, kann sich kein freier Grafit ausscheiden, der Kohlenstoff ist im Zementit gebunden.

Thermische Analyse (Bilder 2 und 3)

Die thermische Analyse beruht auf der Aufzeichnung des Verlaufs der Abkühlungstemperatur bei der Erstarrung der Schmelze. Aus dieser Aufzeichnung lassen sich Haltepunkte ermitteln. Durch Aufzeichnung verschiedener Legierungszusammensetzungen entsteht das Zustandsschaubild. Umgekehrt können aus dem schon vorhandenen Zustandsschaubild die Legierungsgehalte und das dazugehörige Erstarrungsintervall DT bestimmt werden. Je länger die Erstarrung andauert, umso häufiger und ausgeprägter sind auch Fehler, die bei der Erstarrung entstehen können. Der Erstarrungsablauf beeinflusst maßgeblich auch die Gefügeausbildung und somit die Eigenschaften. Aus dem Erstarrungsintervall, oder sogar nur aus der Liquidustemperatur, lässt sich der Kohlenstoffäquivalent (CE) annähernd bestimmen und noch vor dem Gießen des Gussstücks die Normalzugfestigkeit im 30 mm Probestab berechnen. Die thermische Analyse ist nur im untereutektischen Bereich anwendbar, weil sich im übereutektischen Bereich bei der Liquidustemperatur kein eindeutiger Haltepunkt ergibt.

Kohlenstoffäquivalent CE

Das Gusseisen ist gekennzeichnet durch einen hohen Anteil an Kohlenstoff und Begleitelementen (Si; Mn; P; S). Diese beeinflussen den Schmelzpunkt, die Dauer der Erstarrung, damit die Grafitausbildung und somit die zu erwartenden mechanischen Eigenschaften.

Manche Elemente verstärken (Si; P; S), manche bremsen (Mn; S; Cr) die Wirkung des Kohlenstoffs. Damit das Fe-C-Diagramm weiterhin brauchbar bleibt, wird die Wirkung der Begleitelemente durch die Kohlenstoffwirkung ersetzt. Den Kennwert, der den Austausch der Begleitelemente durch den Kohlenstoff aufzeigt, bezeichnet man als das Kohlenstoffäquivalent. Dieser ergibt sich rechnerisch annähernd aus der Formel:

CE = % C + 1/3 (% Si + % P)

Bei eutektischer Zusammensetzung entspricht CE 4,3 % C.

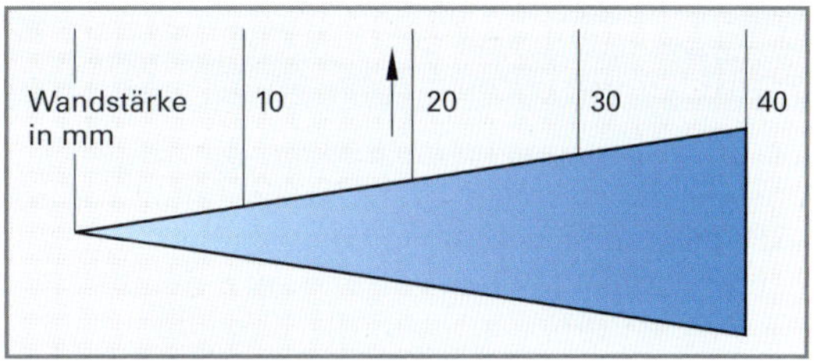

Bild 1: Beispiel der Auswertung einer Keilprobe (nach Sper)
Im Zusammenspiel zwischen C, Si, Mn, P und S kommt es zur kleineren oder tieferen Ausbreitung der Weißerstarrung. Aus dem Bruchaussehen bzw. der Tiefe der Weißeinstrahlung lässt sich beim unlegierten Gusseisen feststellen, für welche Wanddicken die Gattierung noch Verwendung finden kann.

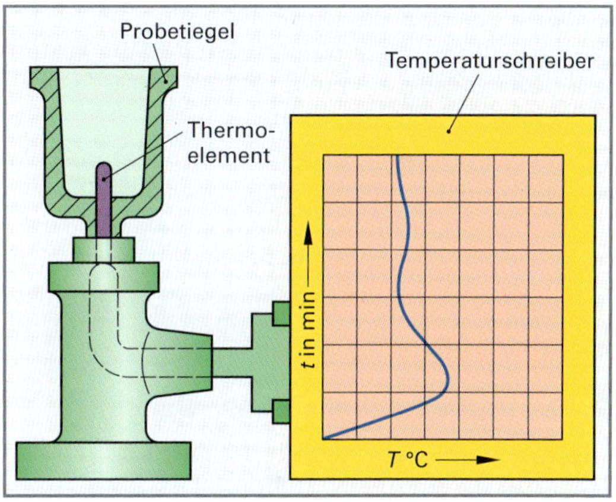

Bild 2: Mit einem in die erstarrende Schmelze hineinragenden Thermoelement wird der Verlauf der Temperatur bei der Erstarrung festgehalten. Aus der Aufzeichnung lassen sich Haltepunkte, z. B. auch für eine Gefügeumwandlung im festen Zustand, ermitteln.

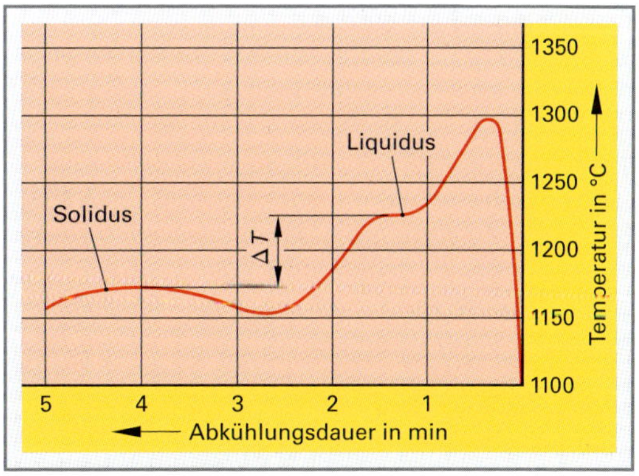

Bild 3: Durch thermische Analyse ermittelte Abkühlungskurve eines untereutektischen Gusseisens

Gusseisen mit Kugelgrafit – GJS (GGG) (Sphäroguss)

Die Voraussetzung für die Bildung von Kugelgrafit anstelle von Lamellengrafit ist ein Anteil von ca. 0,045 % Magnesium. Schon ein sehr geringer Gehalt an Störelementen, wie Schwefel (S), Blei (Pb), Aluminium (Al) u.a., kann die Kugelbildung beeinträchtigen. Andererseits gibt es Elemente wie Mangan (Mn), Kupfer (Cu) und Zinn (Sn), die die Festigkeit und Härte von GJS (GGG) beeinflussen.

Zur Herstellung von GJS wird meistens eine Ferro-Silizium-Magnesium-Vorlegierung (FeSiMg) verwendet.

Erschmelzung

Die Erschmelzung des Basiseisens erfolgt meistens im Elektro- oder Kupolofen. Der Einsatz besteht aus Spezialroheisen (Mangangehalt < 0,1 % und niedriger Gehalt an anderen Begleitelementen), GJS-Kreislaufmaterial, Stahlschrott, Aufkohlungsmaterial und Siliciumcarbid.

Dadurch, dass Magnesium ein schwefelaffines Element ist, muss der Schwefelgehalt in allen Einsatzstoffen niedrig sein. Bei einem Schwefelgehalt > 0,015 % muss eine Entschwefelung mit Calciumcarbid (CaC_2) oder vermehrte Zugabe von Mg durchgeführt werden. Nach der Magnesiumbehandlung der Schmelze sollte der Schwefelgehalt < 0,010 % sein.

Kugelgrafitbildende Behandlung

Da Magnesium sehr sauerstoffaffin ist, ist der Abbrand bei der Mg-Behandlung sehr hoch. Bei 1120 °C verdampft Magnesium (starke Reaktion in der Schmelze). Mg wird deshalb meistens in Form einer Vorlegierung mit geringen Mg-Gehalten, z.B. FeSiMg, NiMg, der Schmelze hinzugegeben, seltener als Mg-Reinmetall.

Einbringung von Mg in die Schmelze:
Sandwich-Verfahren (Bild 1)
Die Vorlegierung wird auf den Boden (meist in eine Vertiefung) gelegt, mit Stanzabfällen abgedeckt und mit flüssigem Basiseisen übergossen. Die Reaktion läuft heftig ab.

Tundish-Cover-Behandlungsverfahren (Bild 2)
Bei der Behandlung mit einer abgedeckten Pfanne ist der Mg-Abbrand geringer, weil zur Verbrennung nur der Luftsauerstoff des Pfanneninhalts zur Verfügung steht.

Drahtbehandlung (Bild 3)
Die Mg-Vorlegierung befindet sich in einem Draht. Der Draht wird in die Schmelze gespult und dabei reagiert die Mg-Vorlegierung in der Schmelze. Hierbei kann man den Mg-Gehalt der Schmelze sehr genau einstellen. Gleichzeitig kann man das Eisen mit einem Impfdraht impfen.

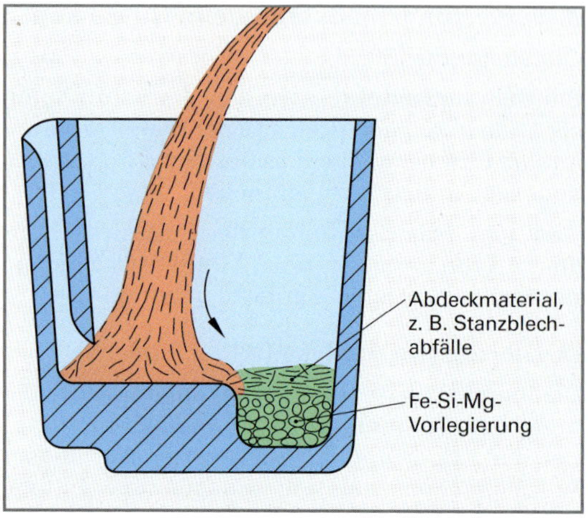

Bild 1: Sandwich-Verfahren

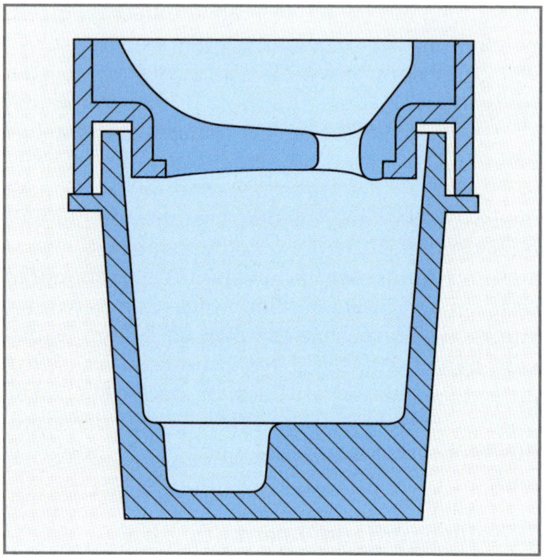

Bild 2: Tundish-Cover-Verfahren

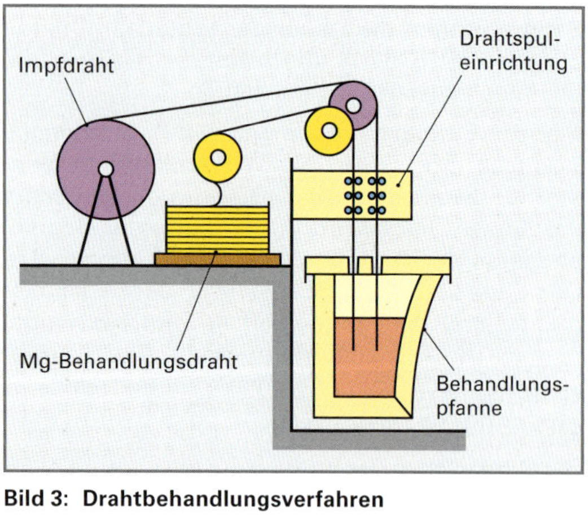

Bild 3: Drahtbehandlungsverfahren

7

Eigenschaften von GJS (GGG)

Bei Gusseisen mit Kugelgrafit ist der Grafit in der metallischen Grundmasse in Form von Kugeln eingebettet. Die mechanischen Eigenschaften von GJS sind mit den Eigenschaften von Stahlguss vergleichbar, obwohl sie sich im Kohlenstoffgehalt wesentlich unterscheiden. Bei GJS beträgt der Kohlenstoffgehalt ca. 3,4–3,6% und bei Stahlguss 0,1–0,6%. GJS hat ein spezifisches Gewicht von ca. 7,0 kg/dm^3 und ist somit 10% leichter als Stahlguss. GJS ist gut bearbeitbar. Für Gussteile, die eine gute Verschleißeigenschaft haben müssen, verwendet man GJS mit einem perlitischen Gefüge. Für Gussteile, bei denen Zähigkeit gefordert wird, muss das Grundgefüge ferritisch sein. Die Härte bei GJS wird über den Perlitanteil eingestellt. Ein vollkommen perlitisches Gefüge hat eine Härte von ca. HB 270 und ein vollständig ferritisches Gefüge hat eine Härte von ca. HB 160.

Für die meisten Gussstücke werden ferritische Sorten verwendet, da sich ein ferritisches Gefüge leicht bearbeiten lässt. GJS wird normalerweise ohne Wärmebehandlung hergestellt. Dies ist nur möglich, wenn die perlitstabilisierenden Elemente wie Mn, Cr, V, Cu usw. niedrig sind. Durch das Legieren mit Kupfer oder Zinn wird der Perlitanteil bestimmt.

Es ist auch möglich das Gefüge durch eine Wärmebehandlung einzustellen. Dies kostet jedoch Zeit und Geld. Bei der Herstellung des Gussstückes im Gusszustand ohne Wärmebehandlung erhält man maßgenaue Abgüsse.

Schwindung:

- Ferritischer GJS 0–0,5%
- Perlitischer GJS 1,0%.

Verwendung

GJS ist ein vielseitig verwendbarer Eisenwerkstoff. Viele Gussteile die früher aus Grauguss, Temperguss oder Stahlguss gegossen wurden, werden in GJS gegossen, da das Herstellungsverfahren relativ einfach und kostengünstig ist. Die meisten Sicherheitsteile (Bremsteile) sind beim Automobil aus GJS. Aus GJS werden Gussteile von wenigen Gramm bis zu Großgussteilen mit einem Gewicht von über 250 t gegossen.

Normung

Früher arbeitete man nach DIN 1693. Diese Norm wurde von der Europäischen Norm DIN EN 1563 abgelöst. Die alte Bezeichnung war GGG (Gusseisen mit globularer Grafitausbildung).

Die EN 1563 hat z.B. die Kurzbezeichnung EN-GJS-400-15. Die Mindestzugfestigkeit ist 400 N/mm^2, die Bruchdehnung ist 15%.

Gusseisen mit Kugelgrafit Mechanische Eigenschaften				
Europäische Norm DIN EN 1563 – als Ersatz für DIN 1693				
Werkstoffbezeichnung		**Zugfestigkeit**	**0,2%-Dehngrenze**	**Dehnung**
Kurzzeichen	**Nummer**	**N/mm^2**	**N/mm^2**	**%**
EN-GJS-400-15	EN-JS 1030	400	250	15
EN-GJS-500-7	EN-JS 1050	500	320	7
EN-GJS-600-3	EN-JS 1060	600	370	3
EN-GJS-700-2	EN-JS 1070	700	420	2
EN-GJS-800-2	EN-JS 1080	800	480	2

Tabelle 1: GJS-Werkstoffe

	Dämpfungskurven	Zugfestigkeit in N/mm^2	Dehnung in %
GS		hochlegiert bis 1300 unlegiert 400...700	19...30
GJS		400...700	2...18
GJL		130...400	0...1,5

Tabelle 2: Vergleich von mechanischen Eigenschaften zwischen GJL, GJS und Stahlguss

Bild 1: Kurbelwellen GJS-700-2

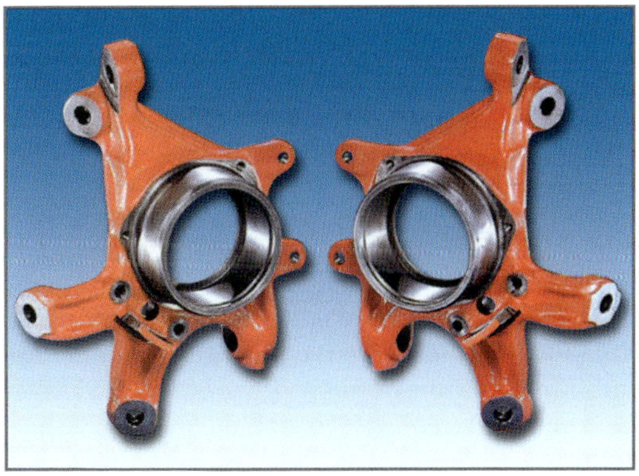

Bild 2: Radträger für Pkw-Hinterachse GJS-400-15, Gewicht 4,5 kg

ADI – Austempered Ductile Iron

Austempered Ductile Iron ist ein niedrig legiertes Gusseisen mit Kugelgrafit. Das besondere an ADI ist, dass mit einer speziellen Wärmebehandlung die Festigkeit des normalen Kugelgrafitgusses verdoppelt wird. Obwohl die Festigkeiten zwischen 800 und 1400 N/mm² liegen, hat man noch einen duktilen Werkstoff mit einer Mindestdehnung zwischen 1 und 5%. Durch die Wärmebehandlung erhält man ein Gefüge mit weichem Austenit und gefestigtem Ferrit. Dieses Gefüge nennt man „Ausferrit". ADI ist in DIN EN 1564 genormt und aus der Tabelle können die Werkstoffsorten und Eigenschaften entnommen werden.

Sorten	R_m N/mm²	$R_{p0,2}$ N/mm²	A_5 A
EN-GJS-800-8	800	500	8
EN-GJS-1000-5	1000	700	5
EN-GJS-1200-2	1200	850	2
EN-GJS-1400-1	1400	1100	1

Herstellung

Die Legierung für ADI-Gussstücke enthält ca. 0,30% Mo, 1,0 ... 1,5% Ni und 0,8% Kupfer. Die Menge der Legierungselemente ist von der Wanddicke des Gussteils abhängig und hilft die Gefügeeinstellung zu vereinfachen. In der ersten Stufe der Wärmebehandlung wird das Gussteil auf 850 ... 950 °C vollständig austenitisiert. Die Haltezeit für eine vollständige Austenitisierung dauert je nach Wanddicke ca. 2 – 4 Stunden. Anschließend wird das Gussstück in einem Salzbad auf 230 – 450 °C abgeschreckt und, je nachdem wie viel Restaustenit gewünscht wird, 2 – 4 Stunden gehalten. Der Restaustenit ist im Wesentlichen für die Dehnung und Duktilität verantwortlich. Bei der Wärmebehandlung ist es wichtig, dass der Austenit nicht in Perlit umgewandelt wird. Aus dem Schaubild kann man schematisch die Wärmebehandlung entnehmen.

Verwendung

Es wird stets versucht Bauteile mit hoher Festigkeit und wenig Gewicht herzustellen. ADI ist ein Werkstoff mit hoher Festigkeit und kann kostengünstiger als Stahlguss hergestellt werden. Aus diesem Grunde werden ADI-Teile im Fahrzeugbau verwendet. Durch die guten Verschleißeigenschaften findet man ADI-Teile in Maschinen mit hohem Verschleiß wie Bergbau, Landwirtschaft und für die Erdbewegung. Zahnräder, die meistens aus legierten Stahlsorten mit vielen Prozessschritten hergestellt wurden, werden mehr und mehr aus dem kostengünstigeren Werkstoff ADI hergestellt.

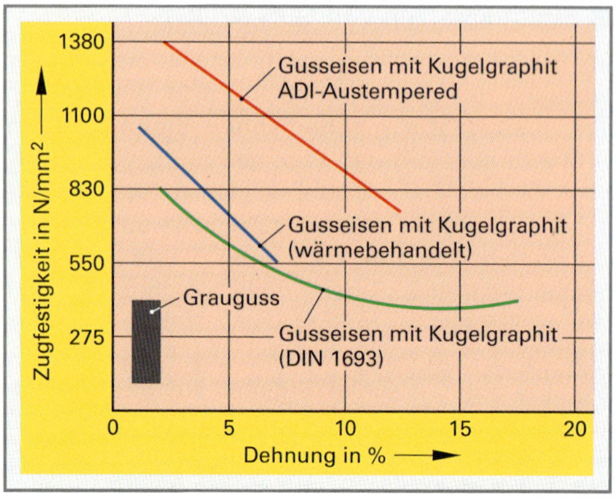

Bild 1: Zugfestigkeit und Bruchdehnung von Gusseisenwerkstoffen im Vergleich

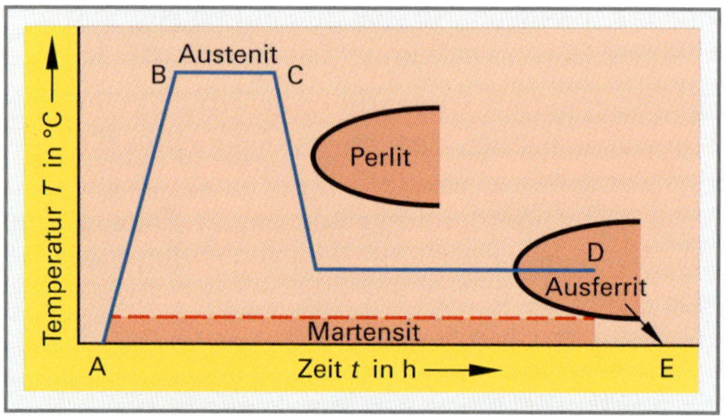

Bild 2: Schematische Temperaturführung zur Herstellung von ADI

Bild 3: ADI-Radnabe

Bild 4: Kurbelwellen aus ADI

Gusseisen mit Vermiculargrafit (GJV)

Definition

Unter „Vermicular" oder „Wurmgrafit" versteht man eine Grafitform, die ein Zwischenglied zwischen Lamellengrafit und Kugelgrafit darstellt (Bild 1/III).

Vermiculargrafit ist seit der Entwicklung von Gusseisen mit Kugelgrafit im Jahre 1948 bekannt und wurde als unerwünschte Grafitform („Quasiflake-Grafit") bei der Herstellung von Gusseisen mit Kugelgrafit im Fall ungenügender Behandlung der Schmelze mit kugelbildenden Zusätzen erzeugt.

Gusseisen mit Vermiculargrafit ist heute eine eigene Werkstoffgruppe mit spezifischen Werkstoffeigenschaften, die auch genormt sind. Die Grafitform ist nach der Grafitrichtreihe in die Nummer drei eingereiht. Der Grafit ist als „Einzelwurm" wie die Kugel bei Kugelgrafitguss im Gussgrundgefüge eingebaut. Dadurch erreicht man auch Festigkeiten, die höher als die von Grauguss und an der unteren Grenze von Kugelgrafitguss sind. Gusseisen mit Vermiculargrafit ist ein duktiler Guss, da er eine Dehnung von min. 5% aufweist.

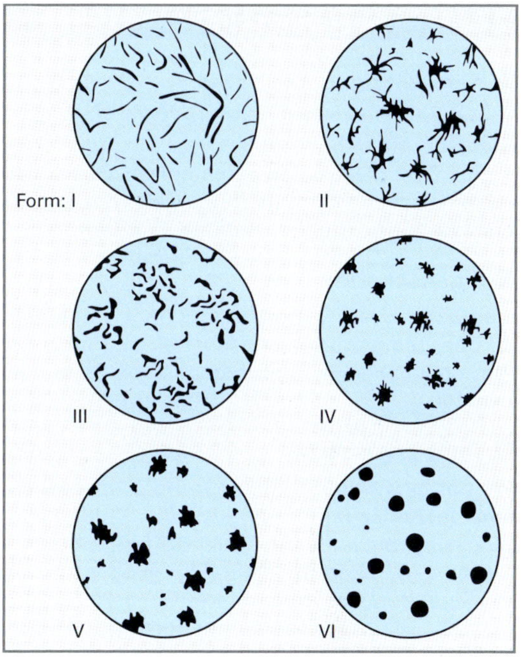

Bild 1: Grafitrichtreihe nach VDG-Merkblatt

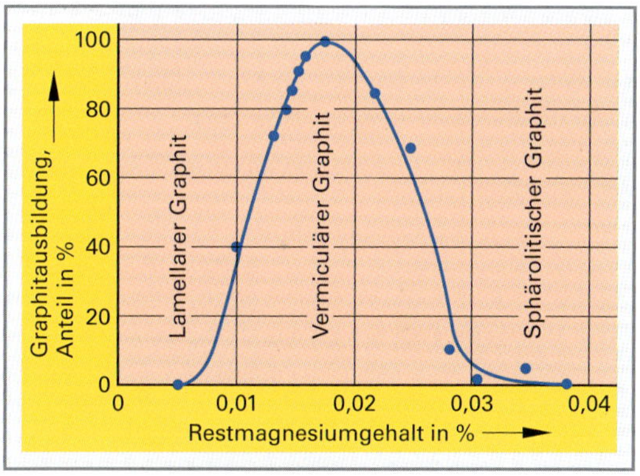

Bild 2: Restmagnesiumgehalt für GJV

Herstellung

Die Herstellung von Gusseisen mit Vermiculargrafit erfolgt ähnlich dem Verfahren zur Herstellung von Kugelgrafitguss. Die Schmelze wird mit einer Mg-haltigen Vorlegierung behandelt. Sie muss schwefelarm und niedrig am Gehalt von Störelementen, die die Grafitform entarten, sein. Der Restmagnesiumgehalt ist etwa die Hälfte dessen von Kugelgrafitguss und beträgt somit etwa 0,020% Mg. Die Behandlung kann auch mit einer Cer-haltigen Vorlegierung erfolgen. Beim Einsatz einer Cer-haltigen Vorlegierung muss sehr stark geimpft werden, da Cer ein starker Karbidbildner (Zementitbildner) ist. Häufig wird auch gezielt Titanium der Schmelze hinzugegeben, um die Kugelbildung zu unterdrücken.

Vergleich mechanischer Eigenschaften

	Zugfestigkeit	Dehnung
Grauguss (GJL)	200 N/mm²	0,5%
Vermicularguss (GJV)	400 N/mm²	1%
Kugelgrafitguss (GJS)	400 N/mm²	15%

Einsatz von Gusseisen mit Vermiculargrafit

Gusseisen mit Vermiculargrafit wird hauptsächlich dort eingesetzt, wo hohe Festigkeit mit gleichzeitiger guter Wärmeleitfähigkeit verlangt wird. Abgaskrümmer, Zylinderköpfe, Kupplungsplatten, Turbocharger, Getriebegehäuse und Motorengehäuse verlangen diese Eigenschaften.

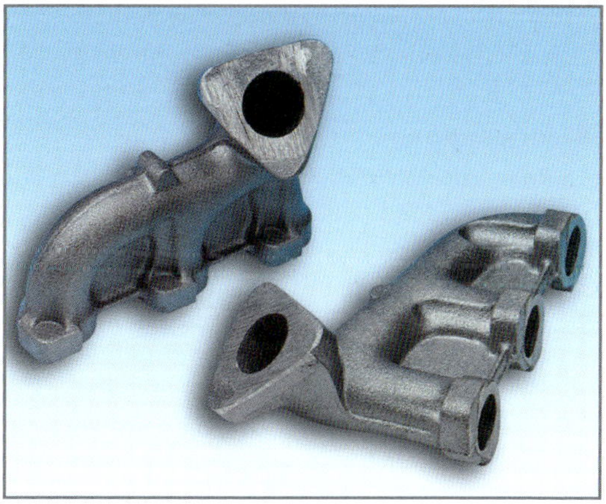
Bild 3: Abgaskrümmer GJV

7

7.4.2.6 Temperguss GJMW und GJMB

Herstellung

Temperrohguss wird aus weißem Roheisen, Stahlschrott und Zusätzen von Mn und Si im Kupol- oder Elektroofen erschmolzen. Seine charakteristischen Eigenschaften erhält Temperguss erst durch eine Glühbehandlung, das Tempern.

Eigenschaften

Temperrohguss: gut gießbar, jedoch noch sehr spröde; Tempergusseigenschaften erst nach der Wärmebehandlung ähnlich denen von Stahl, zäh, dehnbar.

Tempergussarten

Weißer Temperguss (Bilder 1 und 2) **ist entkohlend geglühter** Temperrohguss. Die Glühbehandlung wird entweder in sauerstoffabgebendem Eisenerz (z. B. Roteisenstein, Fe_2O_3) oder in einer oxidierenden Gasatmosphäre (Gasgemisch aus CO, CO_2, H) und Wasserdampf durchgeführt. Dabei findet eine Entkohlung der Gussstückoberfläche statt. Das Gefüge ist bis zu einer gewissen Tiefe (etwa 6 mm) vollkommen ferritisch. Bei größeren Wandstärken kann man drei Zonen unterscheiden. Die Festigkeit beim weißen Temperguss ist also wanddickenabhängig.

Schwarzer Temperguss ist nichtentkohlend geglühter Temperrohguss mit niedrigerem Kohlenstoff- und höherem Siliciumgehalt. Das Tempern geschieht zweistufig (Bild 3, blaue Linie) in einer neutralen Atmosphäre (Quarzsand, Stickstoffgas). Im Endzustand liegt bei schwarzem Temperguss im Gegensatz zu weißem Temperguss ein gleichmäßiges Gefüge mit eingelagerter Temperkohle vor. Die Festigkeitswerte sind nicht wanddickenabhängig.

Normungsbeispiele

EN-GJMB-350-4 (GTS-35-04):	Schwarzer Temperguss, 350 N/mm² Zugfestigkeit, 4 % Dehnung
EN-GJMW-360-12 (GTW-S 38-12):	Weißer Temperguss, 360 N/mm² Zugfestigkeit, 12 % Dehnung

7

Verwendung

Für Teile, die zäh sein müssen, jedoch nicht aus Stahlguss, wegen dessen schlechter Gießeigenschaften, hergestellt werden können.

GJMW wird vorwiegend für dünnwandige Teile wie Beschlagteile, Schlüssel, Rohrverbinder (Fittings), Hebel usw. verwendet. Weitgehend entkohlte Teile sind schweiß- (Bild 4) und lötbar.

GJMB wird für dickwandigere Bauteile verwendet, die weiter spanend bearbeitet werden, z. B. Triebwerksteile, Kolben, Zahnräder, Hinterachsgehäuse. Schwarzer Temperguss ist gut zerspanbar.

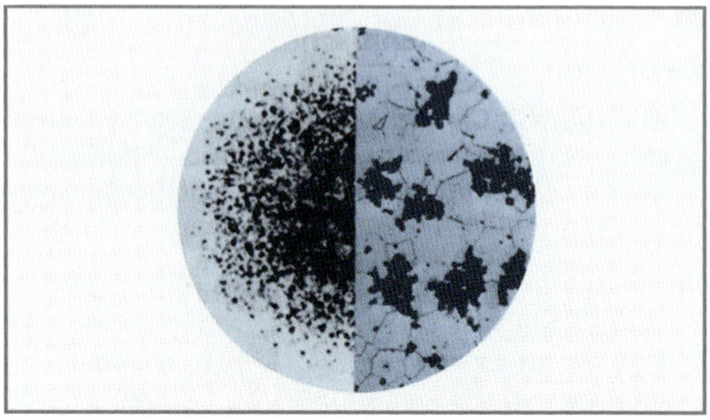

Bild 1: Gefüge von weißem Temperguss (links): Entkohlung nimmt nach innen ab. Gefüge von schwarzem Temperguss (rechts): ferritische Grundmasse hell, Temperkohle als Flocken dunkel

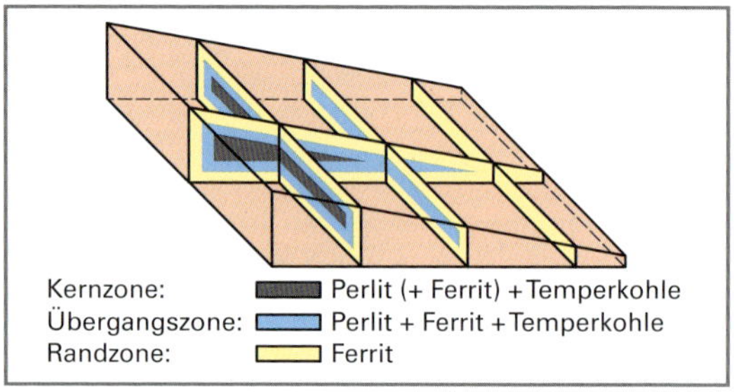

Bild 2: Schematische Darstellung der Gefügezonen bei weißem Temperguss in Abhängigkeit von der Wanddicke

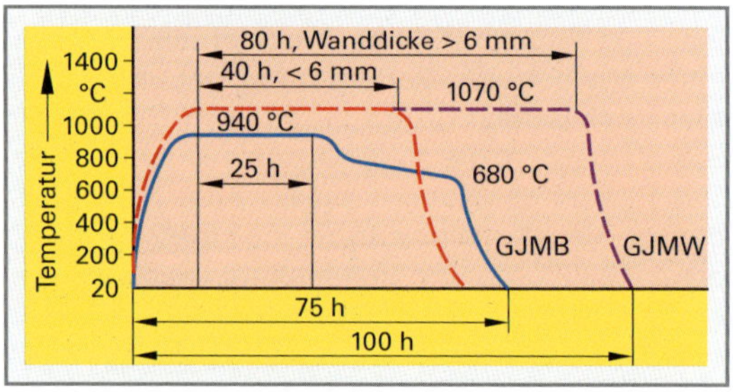

Bild 3: Schematische Darstellung der Temperbehandlung. Die Glühung von weißem Temperguss erfolgt bei konstanter Temperatur und zeitlich länger als bei schwarzem Temperguss (GJMB).

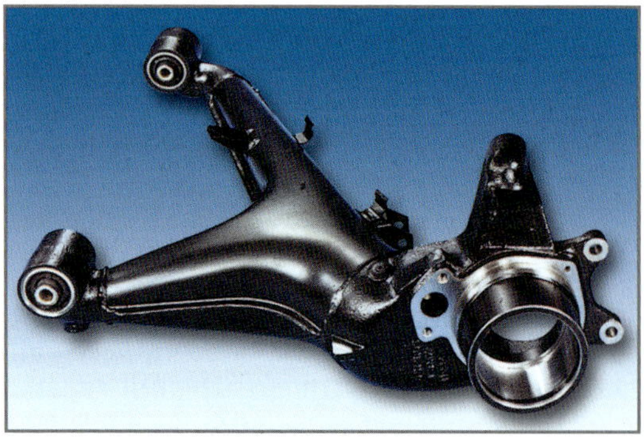

Bild 4: Hinterachs-Schräglenker für einen Pkw, Stahl mit GJMW-360-12 verschweißt

7.4.2.7 Schneidstoffe

Anforderungen

Beim Zerspanen bezeichnet man den Werkstoff des Schneidkeils als Schneidstoff. Dieser ist hohen **Belastungen** ausgesetzt. Diese entstehen durch

- stetige oder schlagartige Schnittkräfte,
- hohe Temperaturen und Temperaturschwankungen,
- Reibung und Verschleiß.

Damit die Schneidstoffe diese Belastungen ertragen, müssen sie folgende **Eigenschaften** besitzen:

- gute **Schneidfähigkeit**
  Die Härte des Schneidstoffes muss wesentlich über der des zu zerspanenden Werkstoffes liegen. Außerdem muss die Werkzeugschneide scharf geschliffen sein.
- gute **Anlassbeständigkeit** oder **Warmhärte**
  Der Schneidstoff soll auch bei höheren Temperaturen ausreichend hart sein (Bild 1).
- hohe **Verschleißfestigkeit**
  Darunter versteht man den Widerstand des Schneidstoffes gegen das Abtragen von Schneidstoffteilchen durch den zu zerspanenden Werkstoff. Sie wird wesentlich durch die Temperatur an der Verschleißstelle beeinflusst (Bild 2).
- hohe **Biegebruchfestigkeit** und **Zähigkeit**
  Die Werkzeugschneide ist wechselnden Biegebelastungen ausgesetzt, die zu Schneidkantenausbrüchen führen können.
- gute **Temperaturwechselbeständigkeit**
  Dadurch wird Rissbildung bei stark wechselnden Arbeitstemperaturen vermieden.

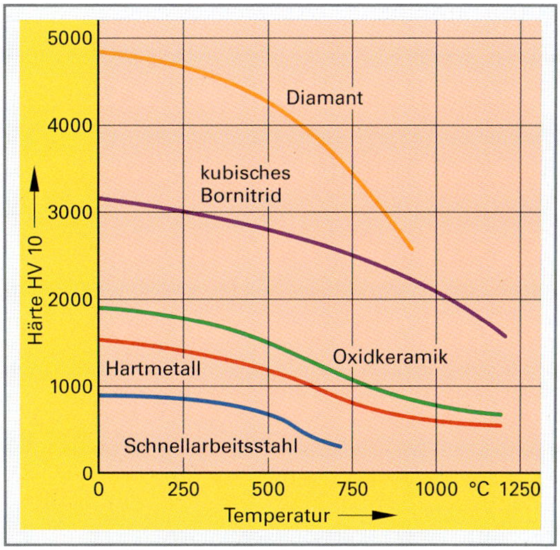

Bild 1: Warmhärte von Schneidstoffen

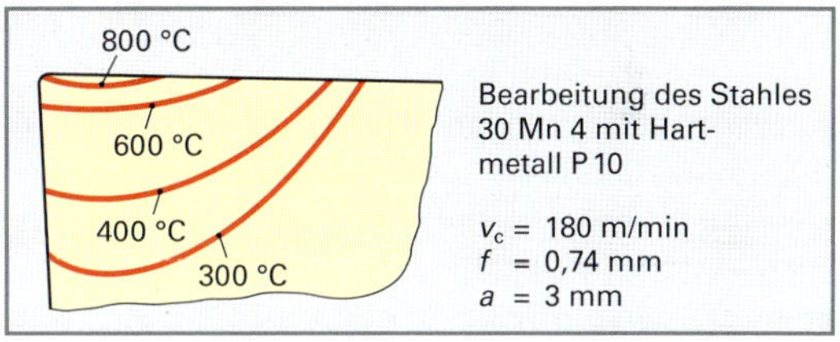

Bild 2: Temperaturverteilung am Schneidkeil eines Drehmeißels

Bild 3: Wälzfräser aus Schnellarbeitsstahl

Werkzeugstähle

Die **unlegierten** und **legierten Werkzeugstähle** besitzen je nach Gehalt an Legierungsbestandteilen bei einem C-Gehalt zwischen 0,8% und 1,5% nur eine zulässige Arbeitstemperatur an der Schneide bis zu 400 °C. Sie werden daher vor allem zum Spanen von Hand verwendet.

Schnellarbeitsstahl als hochlegierter Werkzeugstahl ist sehr zäh und unempfindlich gegen schwankende Kräfte. Er lässt Arbeitstemperaturen bis zu 600 °C zu. Man verwendet ihn für Werkzeuge, die aufgrund ihrer Form den Einsatz von Wendeschneidplatten nicht zulassen, wie Bohrer, Räumnadeln, Senker, Fräser und Reibahlen (Bild 3). Er wird auch für Werkzeuge zur Bearbeitung von thermoplastischen Kunststoffen und Leichtmetallen eingesetzt, bei denen große Spanwinkel und eine freie Gestaltung der Schneidenform erforderlich sind.

Werkzeuge aus Schnellarbeitsstahl werden oft mit einer Hartstoffschicht von 2 µm bis 4 µm Dicke aus Titannitrid beschichtet. Die goldfarbene, sehr harte Beschichtung ist besonders zäh und verschleißfest.

Hartmetalle

Das Streben nach immer kürzeren Fertigungszeiten und damit höheren Schnittgeschwindigkeiten erforderte immer wieder neue Schneidstoffe (Bild 1).

Eigenschaften der Hartmetalle

Hartmetalle sind Sinterwerkstoffe, die aus metallischen Hartstoffen und einem Bindemittel bestehen. Als Hartstoffe werden insbesondere Wolfram-, Titan- und Tantalcarbid und als Bindemittel Cobalt verwendet. Sie besitzen eine hohe Verschleißfestigkeit, lassen Arbeitstemperaturen bis etwa 900 °C zu und werden meist in Form von Wendeschneidplatten eingesetzt.

Die Härte und Zähigkeit der Hartmetalle kann durch ihre Zusammensetzung beeinflusst werden. Hohe Anteile an TiC und TaC neben WC steigern sehr stark die Verschleißfestigkeit und Härte. Mit zunehmendem Cobaltgehalt nimmt die Zähigkeit zu.

Mit Werkzeugen, die Hartmetallschneiden besitzen, können neben Stahl und Gusseisen auch harte Werkstoffe wie Hartguss, hochvergütete Chromnickelstähle, randschichtgehärtete Werkstücke, Glas, Granit und Porzellan, ferner verstärkte Duroplaste und Hartgummi spanend bearbeitet werden. Die Schneidplatten werden meist geklemmt, seltener gelötet.

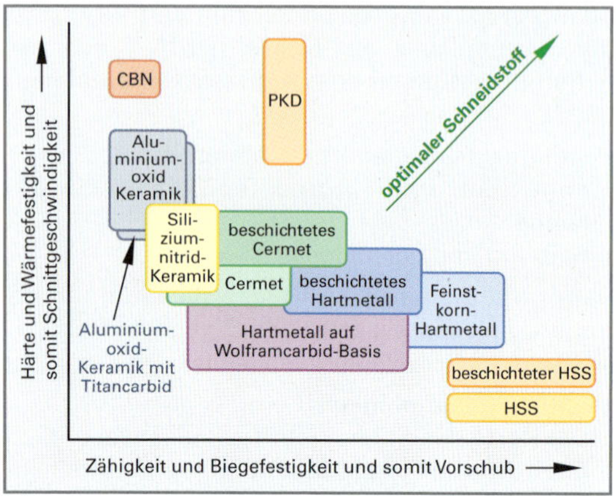

Bild 1: Einteilung der Schneidstoffe

Hartmetallsorten

Die Hartmetalle für die zerspanende Bearbeitung sind in Zerspanungs-Hauptgruppen und Zerspanungs-Anwendungsgruppen eingeteilt (Tabelle 1).

Die **Zerspanungs-Hauptgruppen P, M, K, N, S** und **H** ordnen die Hartmetalle bestimmten Werkstoffgruppen zu. Bei den **Anwendungsgruppen** haben die Hartmetalle mit der höheren Anhängezahl einen größeren Bindemittelgehalt und damit eine höhere Zähigkeit. Durch Zugabe von TiC- und TaC-Mischkristallen wird die Verschleißfestigkeit, insbesondere die Warmfestigkeit, erhöht.

Für die Schlichtbearbeitung von Stahl und Gusswerkstoffen eignen sich **Feinkorn-Hartmetalle** und vor allem **Cermets.** Cermets sind Hartmetalle, bei denen Wolframcarbid durch Titancarbid und Titannitrid ersetzt ist. Dieser Schneidstoff ist verschleißfester als die übrigen Hartmetalle und kantenfester als Schneidkeramik.

Durch **Beschichten** kann die Verschleißfestigkeit der Hartmetalle erhöht werden. Dabei werden im Vakuum bei einer Temperatur von 1000 °C mehrlagige Hartstoffschichten aus Titannitrid, Titancarbid und Aluminiumoxid aufgebracht. Beschichtet werden vor allem Wendeschneidplatten.

Beschichtete Hartmetallplatten haben gegenüber unbeschichteten Hartmetallplatten eine höhere Standzeit oder ermöglichen eine höhere Schnittgeschwindigkeit.

Hauptanwendungsgruppe		**Anwendungsgruppe**			
Kennbuchstabe/ Kennfarbe	**Werkstücke/ Werkstoffe**	**Harte Schneidstoffe**		↑	↓
P blau	**Stahl:** Alle Arten von Stahl und Stahlguss, ausgenommen nichtrostender Stahl mit austenitischem Gefüge	P 01 P 10 P 20 P 30 P 40 P 50	P 05 P 15 P 25 P 35 P 45	↑	↓
M gelb	**Nichtrostender Stahl:** Nichtrostender austenitischer und austenitisch-ferritischer Stahl und Stahlguss	M 01 M 10 M 20 M 30 M 40	M 05 M 15 M 25 M 35	↑	↓
K rot	**Gusseisen:** Gusseisen mit Lamellengrafit, Gusseisen mit Kugelgrafit, Temperguss	K 01 K 10 K 20 K 30 K 40	K 05 K 15 K 25 K 35	↑	↓
N grün	**Nichteisenmetalle:** Aluminium und andere Nichteisenmetalle, Nichtmetallwerkstoffe	N 01 N 10 N 20 N 30	N 05 N 15 N 25	↑	↓
S braun	**Speziallegierungen und Titan:** Hochwarmfeste Speziallegierungen auf der Basis von Eisen, Nickel und Kobald, Titan und Titanlegierungen	S 01 S 10 S 20 S 30	S 05 S 15 S 25	↑	↓
H grau	**Harte Werkstoffe:** Gehärteter Stahl, gehärtete Gusseisenwerkstoffe, Gusseisen für Kokillenguss	H 01 H 10 H 20 H 30	H 05 H 15 H 25	↑	↓

↑ Zunehmende Schnittgeschwindigkeit, zunehmende Verschleißfestigkeit des Schneidstoffes
↓ Zunehmender Vorschub, zunehmende Zähigkeit des Schneidstoffes

Tabelle 1: Klassifizierung und Anwendung der Hartmetalle

7.4.2.8 Wärmebehandlung von Eisen-Kohlenstoff-Werkstoffen

Durch verschiedene Fertigungsverfahren wie Walzen, Schmieden, Gießen, Zerspanung, Schweißen entstehen im Werkstoff Spannungen, die durch Wärmebehandlung abgebaut werden müssen. Andererseits kann man durch bestimmte Wärmebehandlungen die Eigenschaft (Festigkeit und Härte) eines Werkstoffes verbessern.

Die Verfahren können in Glühen und Härten unterteilt werden. Dabei werden Fertigteile in einem Ofen (Bild 1) einer Temperaturänderung unterworfen. Die Erwärmung erfolgt in Abhängigkeit des Kohlenstoffs- und Legierungsgehaltes.

Das **Eisen-Kohlenstoff-Diagramm** (Bild 2) zeigt den Einfluss des C-Gehaltes auf die Ausbildung von verschiedenen Gefügearten während der Erwärmung. Sowohl Stähle als auch Gusseisen können wärmebehandelt werden.

Das **Normalglühen** (Bild 3) wandelt das grobe, ungleichmäßige Gefüge um. Die Teile werden kurzzeitig bis etwa 50 °C über die Umwandlungslinie (G-S-K) erwärmt. Beim Gusseisen bewegt sich die Glühtemperatur zwischen 850 und 950 °C.

Das **Weichglühen** (Bild 3) führt zur Vermeidung der Härte und zur Erhöhung der Duktilität (plastische Verformbarkeit), was die Bearbeitbarkeit erleichtert. Die Teile werden mehrere Stunden dicht unterhalb der Umwandlungslinie auf etwa 700 °C Glühtemperatur gehalten. Beim Gusseisen unterscheidet man zwischen dem Carbidzerfallsglühen (850 bis 950 °C) und dem Ferritisieren (700 bis 780 °C), das vor allem beim Kugelgrafitguss weiter die Dehnbarkeit steigert. Das Abkühlen erfolgt an der Luft oder im Ofen.

Das **Spannungsarmglühen** (Bild 3) dient der Beseitigung von Spannungsspitzen im Werkstoff. Da keine Veränderung der Festigkeitseigenschaften bewirkt werden soll, wird nur kurze Zeit sowohl beim Stahl wie auch beim Gusseisen bei niedriger Temperatur (etwa 600 °C) geglüht und sehr langsam abgekühlt.

Das **Diffusionsglühen** hat den Zweck, Seigerungen (Entmischungen) rückgängig zu machen. Es ist ein langanhaltendes Glühen von mehreren Stunden bei 1050 bis 1150 °C. Dadurch kommt es zur Grobkornbildung, die wieder durch Normalglühen rückgängig gemacht werden muss.

Das **Tempern** gehört zu den Glühbehandlungen beim Temperguss.

Bild 1: Durchlaufanlage für das Glühen unter Schutzgasatmosphäre

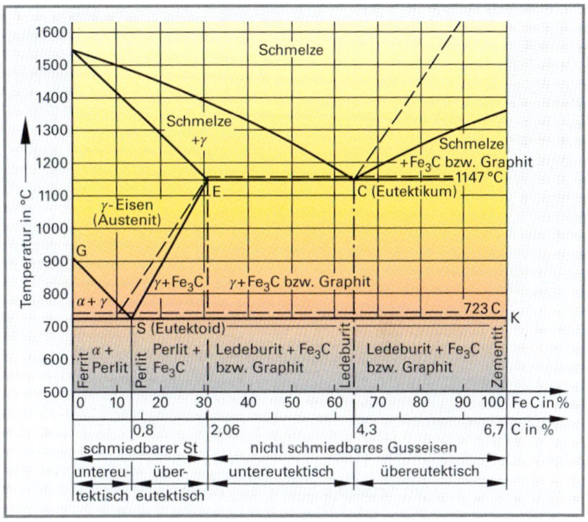

Bild 2: Eisen-Kohlenstoff-Diagramm
Bei 6,7 % C-Gehalt ist das Eisen mit Kohlenstoff zu Fe_3C verbunden. Perlit ist eine Legierung, die ohne Umwandlungsbereich bei 723 °C direkt in γ-Eisen übergeht. Ledeburit (Eutektikum) hat keinen Schmelzbereich, sondern schmilzt und erstarrt bei 1147 °C. Alle anderen Fe-C-Legierungen schmelzen und erstarren in einem Liqidus- und Solidusbereich.

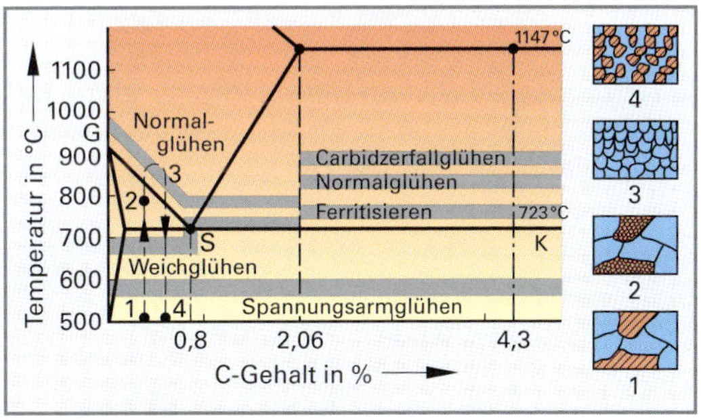

Bild 3: Glühbereiche im Eisen-Kohlenstoff-Diagramm
Beispiel: Normalglühen
Grobkörniges Ferrit-Perlit-Gefüge. Oberhalb 723 °C wird der Perlit in feinkörnigen Austenit umgewandelt. Mit zunehmender Temperatur wird auch der Ferritanteil in Austenit umgewandelt. Oberhalb der Linie G–S ist nur noch Austenit vorhanden. Bei langsamer Abkühlung wandelt sich Austenit wieder in ferrit-perlitisches Gefüge um, die Feinkornstruktur bleibt dabei erhalten.

Beim **Härten** (Bild 1) wird der Werkstoff über die Umwandlungstemperatur erwärmt und anschließend rasch abgekühlt.

Die **Erwärmung** erfolgt in Abhängigkeit vom Kohlenstoff- und Legierungsgehalt. Unlegierte Stähle werden auf eine Temperatur zwischen 780 bis 830 °C gebracht, niedriglegierte Stähle bis auf 900 °C. Bei hochlegierten Stählen liegt die Erwärmung zwischen 900 und 1200 °C.

Bei der **Gefügeumwandlung** zerfällt beim Überschreiten der Umwandlungstemperatur das Eisencarbid (Fe_3C) der Perlitkristalle in Eisen und Kohlenstoff. Der freigewordene Kohlenstoff löst sich in dem gebildeten Eisen (Austenit) völlig auf. Die Auflösung erfolgt im festen Zustand und wird als Austenit bezeichnet.

Wird von der Umwandlungstemperatur an rasch abgekühlt, hat das Austenit nicht genügend Zeit, um sich vollständig in Perlit zurückzubilden. Es bildet sich ein neues Gefüge, das als Martensit bezeichnet wird. Dies ist etwa 240-mal härter als das Perlit.

Um eine gewünschte **Abschreckung** zu bekommen, erfolgt dies mit unterschiedlichen Medien. Je nach Werkstoff und nach Härte wird mit Wasser (unlegierte Stähle), Öl (niedriglegierte Stähle) oder Luft (hochlegierte Stähle) abgeschreckt. Das Wasser verursacht die schroffeste Abkühlung und führt zu den höchsten Härten. Deshalb müssen die Bauteile einer weiteren Wärmebehandlung (Anlassen oder Vergüten) unterzogen werden.

Das **Anlassen** hat den Zweck, die durch das Härten entstandenen Spannungen und Sprödigkeit (Glashärte) zu beseitigen. Die Anlasstemperaturen von un- und niedriglegierten Stählen bewegt sich zwischen 200 und 300 °C, die der hochlegierten Stählen zwischen 300 und 600 °C.

Vergüten ist ein Härten mit nachfolgendem Anlassen auf 500 bis 700 °C. Dadurch wird eine hohe Festigkeit und eine große Zähigkeit erreicht.

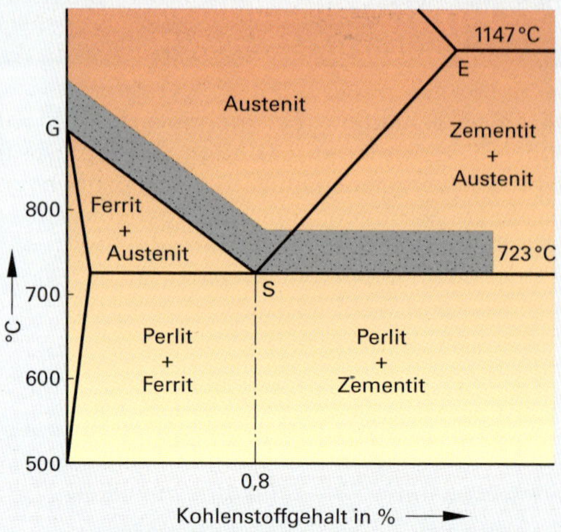

Untereutektoider Stahl wird beim Härten über die Umwandlungstemperatur (G-S) erwärmt. Perlit und Ferrit gehen in Austenit über. Durch rasches Abkühlen erstarrt er zum Martensit.
Übereutektoider Stahl muss nicht über die Umwandlungstemperatur (S-E) erwärmt werden, weil nur Perlit in Austenit umgewandelt werden soll (723 °C), da Zementit noch härter als Martensit ist.

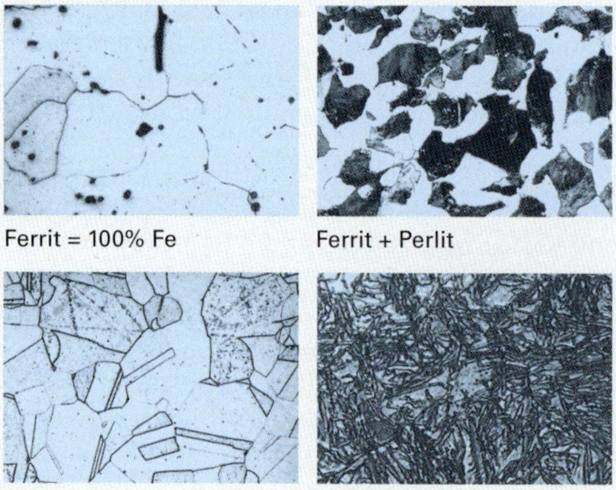

Ferrit = 100% Fe | Ferrit + Perlit | Austenit | Martensit

Bild 1: Härten von unlegiertem Stahl

Stahlsorte		**Kurzzeichen (Beispiele)**	**Zusammensetzung, Eigenschaften, Verwendung**		**Beispiel der Wärmebehandlung**
Einsatzstähle	unlegiert	C 15 E	0,15% C	Teile mit verschleißfester Oberfläche und zähem Kern Kern (z.B. Zahnräder)	Einsatzhärten mit Feststoff 880 … 930 °C mit Salzbad 850 … 1000 °C
	legiert	15 Cr 3	0,15% C; 0,75% Cr		
Vergütungsstähle	unlegiert	C 35 + N	0,35% C, Normalgeglüht	Teile, die auf Schlag und Stoß beansprucht werden (z.B. Achsen im Fahrzeugbau)	Vergüten 820 … 900 °C Abschrecken in Öl oder Wasser; Anlassen bei 530 … 670 °C
	legiert	G 25 CrMo 5-6 + QT	Stahlguss 0,25% C, 1,25% Cr; 0,6% Mo. Vergütet		
Werkzeugstähle	unlegiert	C 100 W 1	1% C; 1. Güte;	Spanabhebende Werkzeuge	Härten 780 … 830 °C
	legiert	105 WCrNi 6-4	1,05% C; 1,5% W; 1% Cr; Ni	Werkzeuge für höhere Schnittgeschwindigkeit	Härten 780 … 900 °C
	(hoch)-legiert	X 135 WCoV 1-2-5	1,35% C; 1% W; 2% Co; 5% V	Hochleistungsschnellarbeitsstähle	Härten 900 … 1200 °C

Tabelle 1: Einfluss der Legierungs- und Begleitelemente

Das **Randschichthärten** wird dann angewendet, wenn das Werkstück eine harte, verschleißfeste Oberfläche, aber einen zähen Kern besitzen soll, wie z.B. Zahnräder (Bild 1) Wellen und Bolzen. Es wird eine dünne Außenschicht des Werkstücks aus härtbarem Stahl auf die Umwandlungstemperatur rasch erwärmt und sofort wieder abgeschreckt.

Bild 1: Randschichthärtung an einem Zahnrad

Verfahren der Randschichthärtung

Einsatzhärten wird bei kohlenstoffarmen Stählen, d.h. mit 0,1 bis 0,25% C (Einsatzstähle), angewendet, deren Oberflächen mit Kohlenstoff angereichert werden muss. Das Aufkohlen erfolgt durch Erwärmung (luftdicht) in kohlenstoffhaltigen Stoffen. Diese können fest (Holzkohle), flüssig (Cyanid-Salzbad) oder gasförmig (Methan, Kohlenstoffdioxid) sein. Unmittelbar nach dem Einsatz erfolgt das Abschrecken.

Flammhärten und Induktionshärten (Bild 2) ist für Stähle geeignet, die den nötigen Kohlenstoffgehalt besitzen. Die Oberfläche wird entweder mit einer Gasflamme oder durch hochfrequente elektrische Induktionsströme erwärmt. Danach erfolgt mit einer Wasserbrause das Abschrecken.

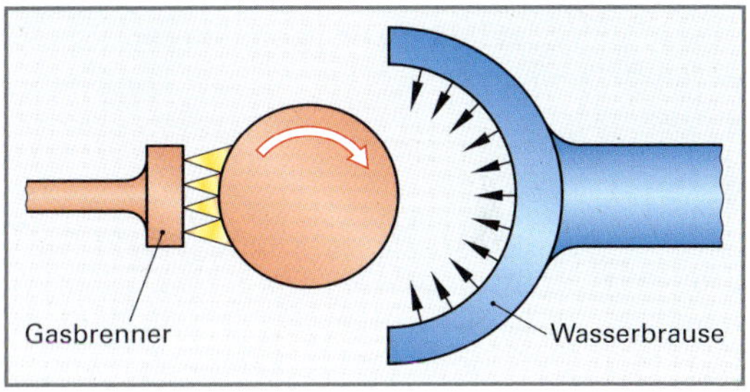

Bild 2: Schema der Flammhärtung

Nitrieren ist ein Verfahren, bei dem man Stickstoff in die Oberfläche eindringen lässt. Dabei wird der Stahl im Ammoniakgas oder in einem stickstoffhaltigen Bad (z.B. Cyansalz) bei 500 bis 550 °C geglüht. Es bilden sich ohne Abschreckung sehr harte Eisennitride, die jedoch nur geringe Tiefen erreichen. Von Vorteil ist, dass es beim Nitrieren kaum zum Verzug des Bauteils kommt, da keine Abschreckung erforderlich ist.

Wiederholungsfragen

1. Welcher Unterschied besteht zwischen weißem und grauem Roheisen?
2. Warum kann das Roheisen technisch nicht direkt verwendet werden?
3. Wie beeinflusst der Kohlenstoffgehalt die Eigenschaften der Eisen-Kohlenstoff-Legierungen? Nennen Sie die wichtigsten Gefügearten der Eisen-Kohlenstoff-Legierungen.
4. Erklären Sie, warum GJL (GG) geringere Festigkeit als GJS (GGG) aufweist.
5. Für welche Zwecke wird GJL (GG) verwendet?
6. Erklären Sie, warum in einem Gussstück aus GJL (GG) mit großer Wandstärke geringere Zugfestigkeit als in einem dünnwandigen Gussteil vorhanden ist.
7. Nennen Sie typische Beispiele der Verwendung von GJS (GGG) und erklären Sie, warum in diesen Fällen gerade GJS gewählt wird.
8. Welche Eisen-Kohlenstoff-Legierungen werden als austenitisches Gusseisen bezeichnet?
9. Wie wird GJMW (GTW) und GJMB (GTS) hergestellt?
10. Was bezweckt man mit Tempern?
11. In welche Gruppen können wir Stahl nach chemischer Zusammensetzung einteilen?
12. Nennen Sie typische Verwendungsbeispiele für den Stahlguss.
13. Was ist eine Wärmebehandlung und welchen Sinn hat sie?
14. Beschreiben Sie zwei wichtige Glühverfahren bezüglich Ablauf und Durchführung.
15. Warum muss beim Härten die Umwandlungstemperatur überschritten werden?
16. Vergleichen Sie Härten und Vergüten miteinander.

7.4.3 Nichteisenmetalle und ihre Legierungen

Die Nichteisenmetalle werden entsprechend ihrer Dichte in Leicht- (bis 5 g/cm³) und Schwermetalle (ab 5 g/cm³) eingeteilt (Tabelle 1).

Anders als Eisen werden Nichteisenmetalle in der Technik z.T. auch im reinen Zustand verwendet.

Leichtmetalle		Schwermetalle	
Magnesium	1,7	Zink	7,1
Beryllium	1,8	Zinn	7,3
Aluminium	2,7	Nickel	8,9
Titan	4,5	Kupfer	8,95
		Blei	11,34

Tabelle 1: Unterteilung der Nichteisenmetalle nach der Dichte in g/cm³

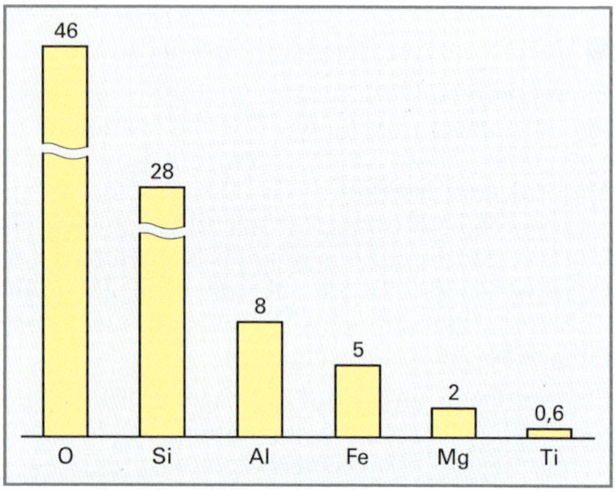

Bild 1: Häufigkeit der Elemente in der Erdrinde in %

7.4.3.1 Leichtmetalle und ihre Legierungen

Aluminium – Al

Aluminium ist nach Sauerstoff und Silicium das dritthäufigste Element der Erdrinde (Bild 1). In der Natur kommt Aluminium in der Form von chemisch sehr stabilen Oxidverbindungen vor, zu deren Reduktion ein sehr hoher Energieaufwand erforderlich ist.

Herstellung

Aluminium wird aus dem Aluminiumoxid (Tonerde Al_2O_3) gewonnen. Dieses ist vor allem in dem Mineral Bauxit vorhanden. Die Aluminium-Gewinnung vollzieht sich in zwei aufeinanderfolgenden Prozessen, Gewinnung und Reduktion vom Aluminiumoxid.

Gewinnung von Aluminiumoxid aus dem Bauxit
Dabei wird Bauxit mit Natronlauge vermischt und unter Druck im Autoklaven erhitzt. Es entstehen Eisenoxid (Rotschlamm) und **Aluminiumhydroxid.** Dieses wird im Drehofen gebrannt, wobei durch Entzug von H_2O das Aluminiumoxid entsteht.

Reduktion von Aluminiumoxid durch Schmelzflusselektrolyse
Die beim Eisen übliche Reduktion mit Kohlenstoff ist wegen der hohen Affinität des Al zum O nur schwer durchführbar.

Die Reduktion wird deshalb im Elektrolyseofen (Bild 2) vorgenommen, indem die Kohlenstoffmasse der Ofenauskleidung als Kathode, die Kohlenstoffelektroden als Anoden dienen.

Das Aluminiumoxid bildet mit dem Mineral **Kryolith** den Elektrolyten. Kryolith senkt die Schmelztemperatur des Al_2O_3 von 2200 °C auf 900 °C (Eutektikum). Durch Einwirkung des elektrischen Stromes wird Al_2O_3 reduziert, wobei sich der Sauerstoff mit dem Kohlenstoff der Elektroden zu Kohlenstoffmonoxid bzw. Kohlenstoffdioxid verbindet und als Gas entweicht. Das Aluminium sammelt sich auf dem Boden und wird von Zeit zu Zeit abgesaugt.

Das so gewonnene Aluminium wird als **Hüttenaluminium** oder als **Reinaluminium** (z.B. Al 99) bezeichnet.

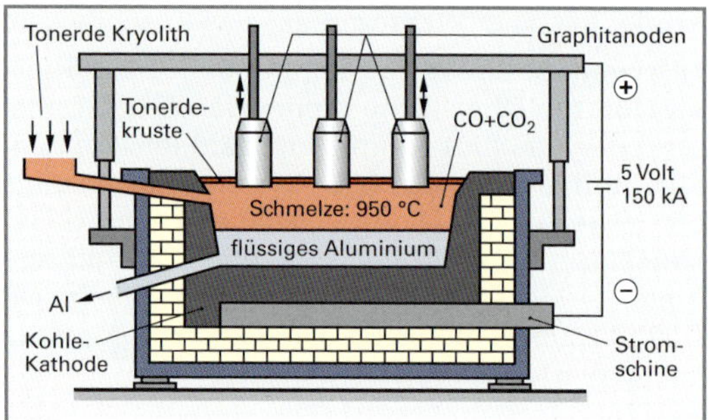

$Al_2O_3 \rightleftharpoons 2\,Al^{3+} + 3\,O^{2-}$ (Schmelze)

$2\,Al^{3+} + 6\,e^- \longrightarrow 2\,Al$ (Kathode)

$3\,O^{2-} \longrightarrow 1\tfrac{1}{2}\,O_2 + 6\,e^-$ (Anode)

$Al_2O_3 + 3\,C \longrightarrow 2\,Al + 3\,CO$

Bild 2: Schema der Aluminiumherstellung mit Schmelzflusselektrolyse. Aus 4 t Bauxit können 2 t Al_2O_3 gewonnen werden, die etwa 1 t Aluminium ergeben.

Bild 3: Elektrolysehalle

Aluminiumlegierungen

Durch Legieren werden vor allem Gießbarkeit, Festigkeit und Härte des Aluminiums verbessert.

Nach der späteren Verwendung werden Aluminiumlegierungen in **Gusslegierungen,** die für Sandguss (S), Druckguss (D), Kokillenguss (K) und Feinguss (L) geeignet sind, und **Knetlegierungen,** die für die Halbzeugherstellung (Bleche, Rohre, Profile usw.) geeignet sind, eingeteilt.

Wirkung der Legierungselemente

Die wichtigsten Legierungselemente des Aluminiums sind das Silicium, Magnesium, Kupfer, Mangan, Zink und Titan mit folgenden Auswirkungen:

Silicium	verbessert die Gießbarkeit, Zugfestigkeit, Härte und chemische Beständigkeit
Magnesium	verbessert die Aushärtbarkeit und Beständigkeit gegen Laugen und Seewasser
Kupfer	verbessert die Wärmefestigkeit, verschlechtert die Korrosionsbeständigkeit
Zink	verbessert die Gießbarkeit und Härte, verschlechtert die Korrosionsbeständigkeit
Titan	verbessert die Festigkeit

In Abhängigkeit von erzielten Eigenschaften kann man Aluminiumlegierungen in typische Gruppen einteilen:

Legierungen mit bester Gießbarkeit (AlSi)

für verwickelte, dünnwandige, druckdichte und schwingungsfeste Gussstücke, bevorzugt im Druckguss, aber auch in Kokillen und Sandguss herstellbar (Bild 3), z. B. EN AC-AlSi12D (Euronorm EN; Aluminiumguss AC; 12 % Si, Druckguss D) (GD-AlSi 12).

Legierungen mit hoher Korrosionsbeständigkeit (AlMg) für Teile der chemischen Industrie, Schiffbau, Haushaltsgeräte, Pumpenteile (Bild 1), z. B. EN AC-AlMg3K (GK-AlMg 3).

Legierungen mit hoher Festigkeit (AlCuTi; AlZn) für zähe Gussstücke mit hoher Festigkeit, wie z. B. Teile im Flugzeugbau (Bild 2), Zylinderblöcke, z. B. EN AC-AlCu4TiS (G-AlCu 4 Ti).

Legierungen mit hoher Warmfestigkeit (AlSiCu) für Zylinderköpfe, Motorblöcke (Bild 3), Gießereimodelle usw., z. B. Legierung EN AC-AlSi8Cu3S (G-AlSi 8 Cu 3).

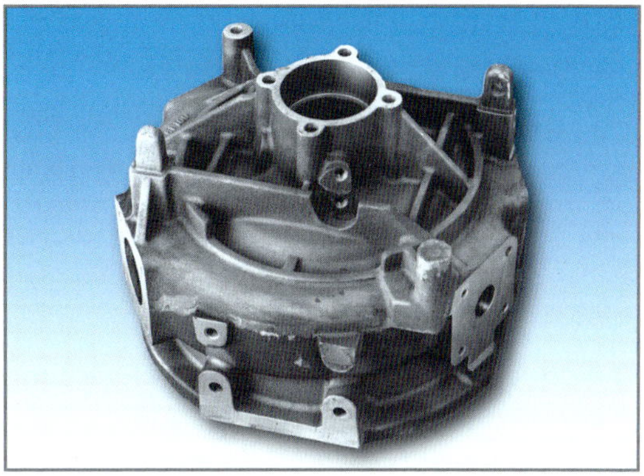

Bild 1: Kreiselpumpengehäuse für Löschfahrzeuge (AlMg, Masse 14,4 kg)

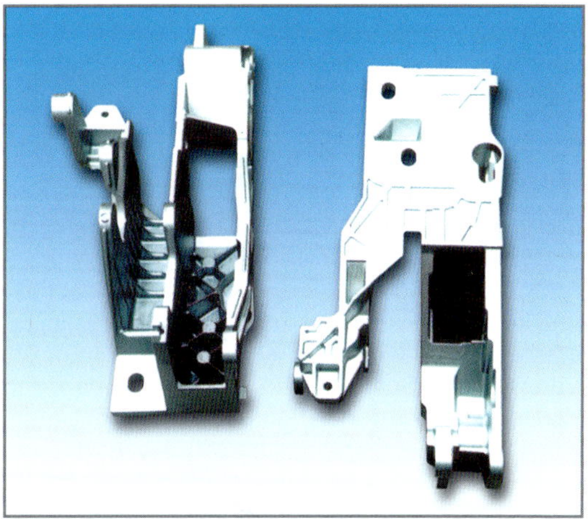

Bild 2: Hauptträger eines Gehäuses (AlCuTi)

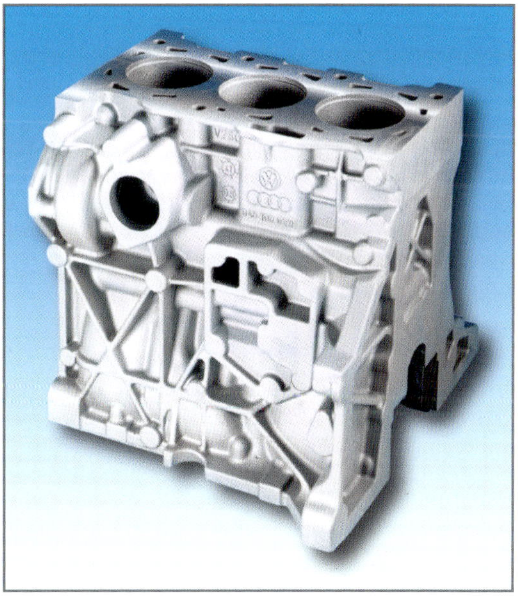

Bild 3: Motorblock (AlSiCu)

Schmelzebehandlung

Die Aluminiumhütte liefert das Aluminium in Masselform oder in flüssiger Form an. Ab diesem Zeitpunkt beginnt ein ganz individueller Prozess, der von Gießerei zu Gießerei unterschiedlich sein kann. Jeder Prozess benötigt jedoch grundsätzliche Schritte der Schmelzebehandlung, wie im Schema in Bild 1 dargestellt.

Notwendigkeit der Schmelzebehandlung

Eine Schmelzebehandlung ist notwendig, da sich zum einen beim Aufschmelzen von Aluminium Wasserstoff in der Schmelze löst und zum anderen neben Masselmaterial auch Kreislaufmaterial (fehlerhafte Gussteile, Anschnitte, Späne usw.) eingesetzt wird. Dieses Kreislaufmaterial bringt eine hohe Oxidbelastung mit, die vor dem Abguss entfernt werden muss.

Löslichkeit des Wasserstoffs

Die Löslichkeit des Wasserstoffs wird maßgeblich von der Temperatur beeinflusst. Weitere Faktoren sind die Legierungszusammensetzung und die Umgebungsbedingungen. Um den Erstarrungspunkt macht die Löslichkeit einen exponentiellen Sprung (Bild 2). Würde man den Wasserstoff vor dem Abgießen nicht reduzieren, würden im Gussteil Wasserstoffporositäten entstehen (siehe Bild 3). Wie weit der Wasserstoff- und Oxidgehalt reduziert werden muss, hängt vom Gießverfahren und vom Bauteil ab.

Entfernung von Wasserstoff und Oxiden

Das Entfernen von Wasserstoff wird durch Spülen mit Inertgas (N_2 oder Ar) bewirkt. Dabei ist die Effizienz des Entgasungsvorganges stark abhängig von der Blasengröße und Verteilung in der Schmelze. Stand der Technik ist die Rotorentgasung. Es geht aber auch mit stickstoffabgebenden Tabletten oder Lanzen.

7

Methoden wie Vakuumentgasung oder Chlorgasbehandlungen haben viele Nachteile und werden nur noch selten eingesetzt.

vel.plus/
FGT07

Neben dem Wasserstoff wird auch ein Teil der Oxide mit entfernt. Zur besseren Entfernung kann ein Reinigungs- und Abkrätzgranulat genommen werden (Bild 4). Dabei wird das Oxidteilchen von anhaftendem Aluminium befreit und die Oxidteilchen werden agglomeriert. Die Inertgasblase befördert die Oxidteilchen an die Oberfläche. Die Krätze ist nun metallarm und kann leicht von der Metallbadoberfläche separiert werden.

vel.plus/
FGT08

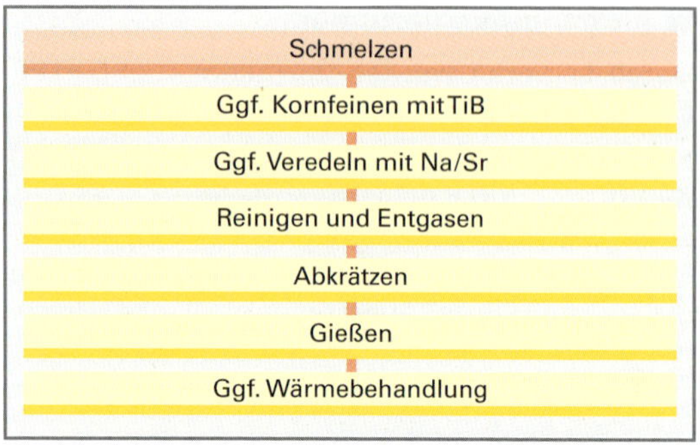

Bild 1: Arbeitsfolge bei der Herstellung von Gussteilen aus Aluminiumlegierungen

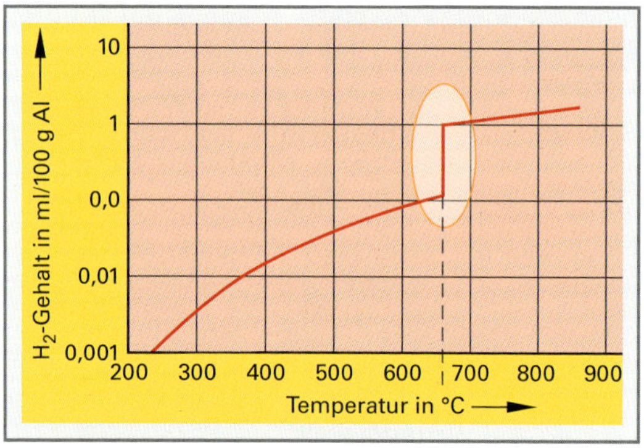

Bild 2: Wasserstofflöslichkeit über die Schmelzetemperatur

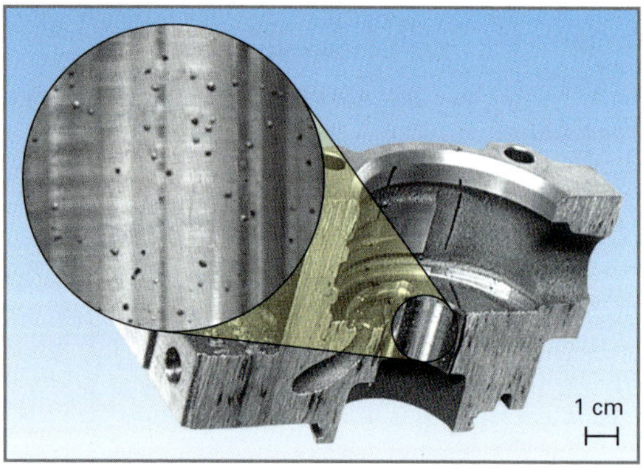

Bild 3: Typisches Bild für Gasporositäten

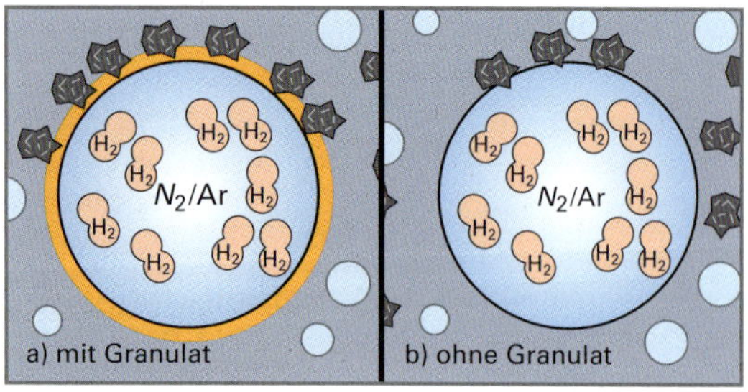

Bild 4: Oxidentfernung

Weitere Möglichkeiten der Schmelzebehandlung

Die Schmelzebehandlung ist im Gießprozess der bedeutendste, aber auch der komplexeste Arbeitsschritt (Bild 1).

Themen der Schmelzebehandlung

Grundsätzlich müssen bei der Schmelzebehandlung die Themen

- Oxidgehalt
- Wasserstoffgehalt
- Kornfeinung und
- Veredelung bedacht werden.

Für jeden dieser **4 Bereiche** gibt es verschiedene Möglichkeiten (Verfahren und Produkte) zur Umsetzung. Oxide und Wasserstoff müssen in jedem Gießverfahren entfernt werden.

Kornfeinung und Veredelung sind als Gefüge verändernde Verfahren vor allem im Sand- und Kokillenguss notwendig, erlangen aber aufgrund der Bauteilkomplexität auch immer größere Bedeutung in den Druckgussverfahren.

Kornfeinung

Metalle erreichen allgemein die besten mechanischen Eigenschaften, wenn das Gefüge feinkörnig ist (Bild 3). Dieser Zustand kann durch hohe Abkühlgeschwindigkeiten erreicht werden, was jedoch nicht in jedem Gießverfahren möglich ist. Besonders der Sand- und Kokillenguss greifen daher auf Kornfeinungsmittel in Form von chemischen Produkten oder Vorlegierungsstangen zurück. Mit diesen Mitteln werden Keime erzeugt bzw. der Schmelze beigefügt. Sie wirken als Kristallisationskeime und ermöglichen so eine schnelle Kristallisation des Alpha-Aluminiumkristalles.

TiB_2 Keime neigen zur Agglomaration. Um die kleinstmögliche Korngröße zu erreichen, werden möglichst viele kleine TiB_2 Keime benötigt. Bei der Kornfeinung mit chemischen Produkten werden die Keime erst während des Schmelzebehandlungsprozesses (In-Situ) gebildet.

Kornfeinungsmittel für verschiedene Legierungen

Für die unter- und eutektischen Aluminiumlegierungen werden titan- und borhaltige Mittel genommen, die TiB_2 bilden. Dieser Keim gilt aufgrund seines niedrigen Benetzungswinkels als besonders wirksam. Für eine übereutektische Aluminium-Silizium Legierung (ab AlSi12) wird Phosphor zur Kornfeinung des primären Siliziums verwendet.

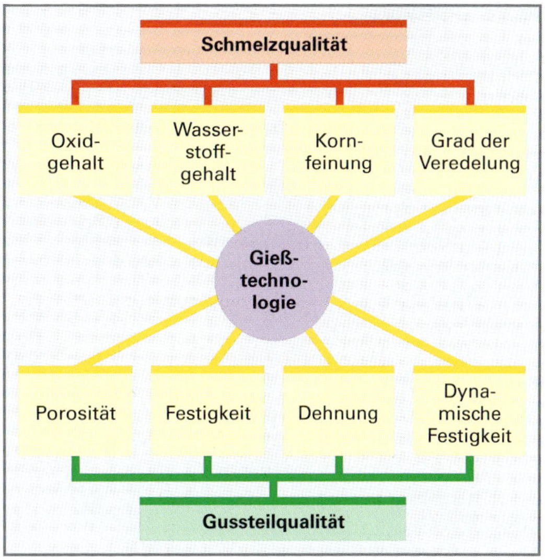

Bild 1: Schmelzebehandlung im Gießprozess

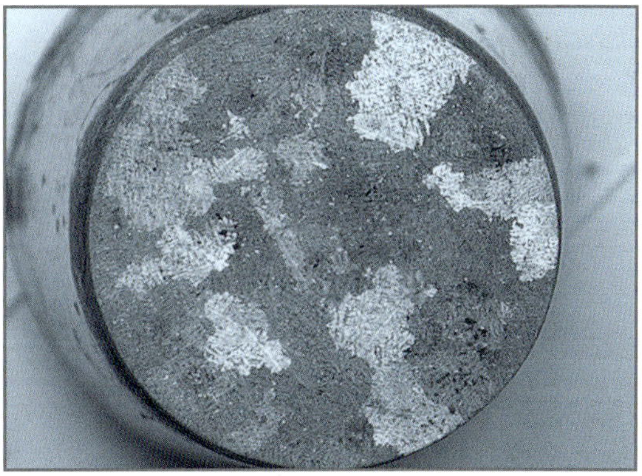

Bild 2: nicht gekorntfeint

Bild 3: gekornfeint

7

vel.plus/
FGT09

Veredelung

Die **eutektischen, bzw. naheutektischen Legierungen (AlSi5 – Al-Si12)** haben in ihrer Erstarrungsmorphologie nach der Kristallisationsphase des Alpha-Aluminiumkristalles eine Phase, in der ein Aluminium-Silizium-Mischkristall auskristallisiert.

Bild 1 zeigt eine typische Thermoanalysekurve einer veredelten Schmelze: blau = Alpha-Aluminiumkristall (Kornfeinung); rot = Eutektikum, Siliziummischkristall (Veredelung).

Bei langsamer Abkühlrate, wie im Sand und dickwandigen Kokillenguss, neigt die Schmelze zu Lunkern durch Grobkornbildung des Mischkristalles (Bild 2), was die mechanischen Eigenschaften wie z.B. die Dehnung deutlich verringert.

Mit Hilfe der Veredelung, also der Natrium- oder Strontiumzugabe, verbessert man die innere Speisung, das Fließverhalten sowie die Formfüllung und beugt Warmrissneigung vor.

Das Natrium bzw. Strontium bewirkt eine feinere Ausscheidung des Mischkristalles und lässt das Eutektikum bei einer niedrigeren Temperatur auskristallisieren (Bild 3). Dies nennt man **Unterkühlung oder auch Dekompression.**

Die Wahl des Veredlungsmittels richtet sich nach den Ansprüchen des Gießverfahrens und des Gussteiles.

Übereutektische Legierungen (ab AlSi12), die vor allem im Kolbenguss Anwendung finden, nehmen im Bereich Veredelung eine Sonderstellung ein. Nach dem Aluminium-Silizium-Mischkristall kristallisiert das primäre Silizium aus. Dieses Gefüge kann nur durch die Zugabe von Phosphor gefeint werden. Deshalb spricht man bei den übereutektischen Legierungen zwar von Veredelung, hat aber im Prinzip den Vorgang einer Kornfeinung.

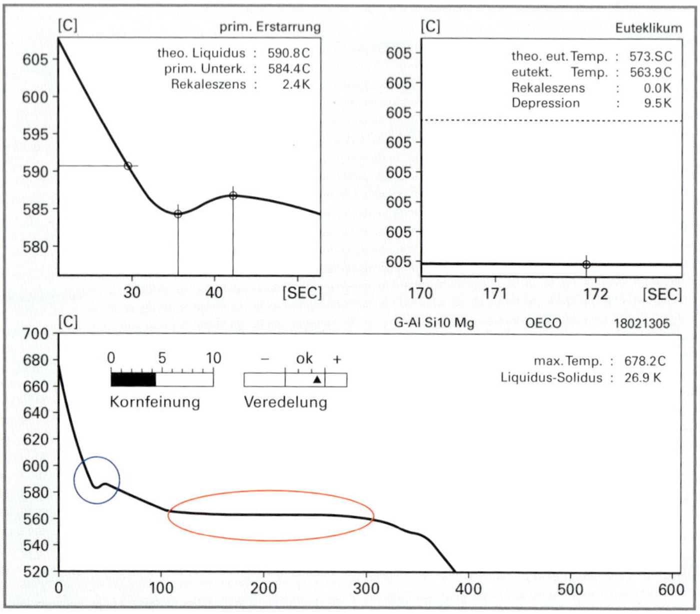

Bild 1: **Thermoanalysekurve**

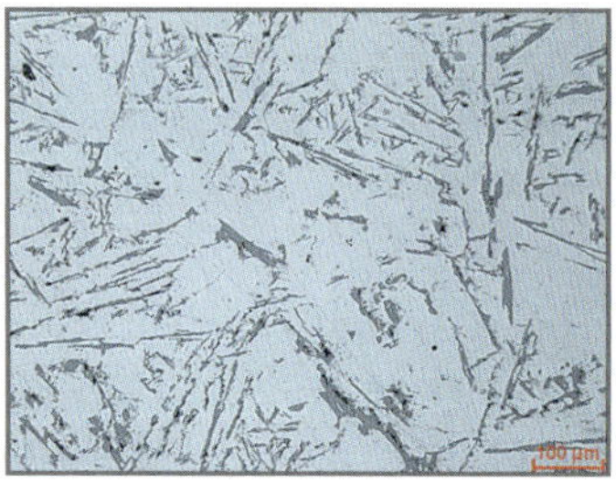

Bild 2: **unveredelt**

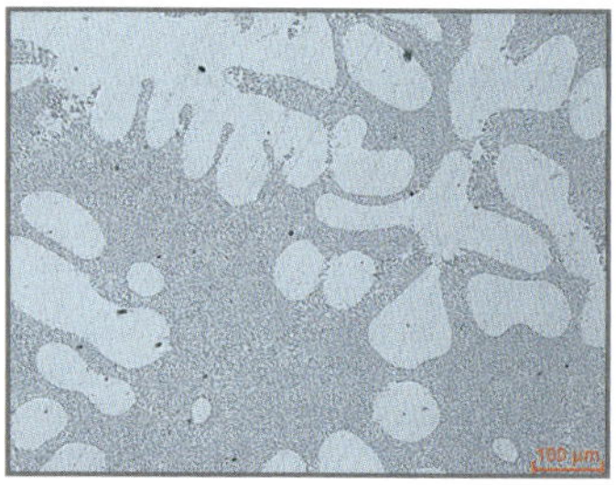

Bild 3: **veredelt**

Natrium		Strontium	
Vorteil	Nachteil	Vorteil	Nachteil
hohe Wirksamkeit (5-mal stärkeres Feinungspotezial als Sr) geringere Zugabemenge (40–200 ppm) mehrere Möglichkeiten der Zugabe	kurze Veredelungsdauer (zwischen 30–60 Minuten je nach Anfangsgehalt)	lange Veredelungsdauer (mindestens 90 Minuten)	schlechte Wirksamkeit hohe Zugabemengen (200–1000 ppm) nur als Vorlegierungsstangen erhältlich

Tabelle 1: Wahl des Veredelungsmittels

Magnesium – Mg

Herstellung

Die elektrolytische Gewinnung (Bild 1) erfolgt meistens in zwei aufeinander folgenden Prozessen:

1. Gewinnung von reinem **Magnesiumchlorid** ($MgCl_2$) aus Meerwasser (etwa 0,15 %) oder durch Umwandlung der Mineralien Dolomit und Magnesit in Magnesiumchlorid.
2. Trennung der Verbindung $MgCl_2$ mithilfe der Schmelzflusselektrolyse (Bild 1). Dabei entsteht an der Anode Chlorgas, das flüssige Magnesium schwimmt auf dem Elektrolyt.

Eigenschaften

Günstige:	Ungünstige:
sehr geringe Dichte	große Affinität zu Gasen (O; H; Cl)
schwingungsdämpfend (stärker als GG)	Korrosionsschutz notwendig
gute Bearbeitbarkeit	leichte Entzündbarkeit der Schmelze und Späne
gute Wärmeleitfähigkeit	

Wirkung der Legierungselemente

Aluminium, Zink	erhöhen Festigkeit und Härte
Silicium	verbessert Dünnflüssigkeit, verschlechtert stark Zähigkeit (max. 0,4 % Si)
Mangan	verbessert Korrosionsbeständigkeit und Schweißbarkeit
Zirkon (Zirconium)	wirkt kornverfeinernd
Thorium, Selen	verbessern die Warmfestigkeit

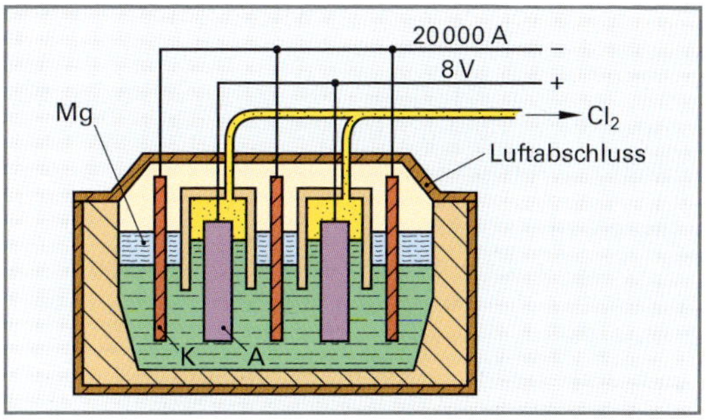

Bild 1: Herstellung von Magnesium durch Schmelzflusselektrolyse von Magnesiumchlorid. Das Mg scheidet sich an der Kathode (K) ab, das Chlor an der Anode (A). Die Anode ist mit einer Glocke umhüllt, um Rückanodierung der Schmelze zu verhindern.

	Mg	Mg-Legierungen
Dichte in g/cm³	1,74	1,8 ... 1,85
Schmelztemp. in °C	650	650
Siedetemp. in °C	1102	
Zugfestigkeit in N/mm²	bis 100	160 ... 250 (400)
Dehnung in %	10 ... 15	2 ... 12
Schwindung in %	1,2	1,0 ... 1,5

Tabelle 1: Kennzeichnende Eigenschaften von Magnesium und Magnesiumlegierungen

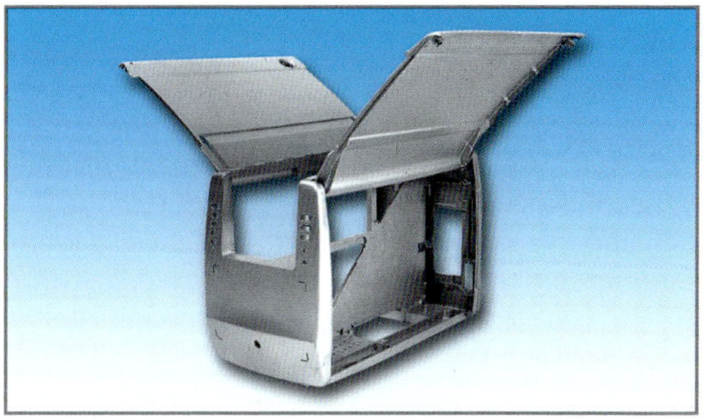

Bild 2: Magnesiumlegierungen werden verwendet, wenn Gewichtseinsparung angestrebt wird. Gegenüber Aluminium ergibt sich eine Gewichtseinsparung von etwa 30 %. Ein aus Druckgussteilen hergestelltes Fernsehkameragehäuse.

Bild 3: Magnesium-Sandgussteil für einen Vibrationstisch mit einem Gussgewicht von 1750 kg (größere Stückgewichte kaum möglich)

Magnesium-Gusslegierungen

Wegen der großen Affinität des Mg zum Sauerstoff (Oxidbildung) sind Mg-Legierungen schwierig zu vergießen. Sie sind auch nicht so gut formfüllend wie Al-Legierungen und neigen wegen der längeren Erstarrungsintervalle mehr zu Lunkerung.

Mg-Legierungen für allgemeine Verwendung (MgAlZn)

Diese meist verwendeten Mg-Legierungen werden als Sand-, Druck- oder Kokillenguss verarbeitet. Sie eignen sich für schwingungs- und stoßbeanspruchte Fahrzeug-, Motoren- und Maschinenbauteile. Gute Gleiteigenschaften.

Beispiel: EN MC-MgAl8Zn1K (GK-MgAl 8 Zn 1)

Mg-Legierungen für besondere Verwendung (MgAl(Zn; Si))

Diese Legierungen können z.T. nach dem Gießen noch kalt umgeformt werden. Verwendung hauptsächlich im Druckguss.

Schmelzen und Gießen von Magnesium

Das Schmelzen und Gießen von Magnesiumlegierungen erfordert durch die hohe Affinität von Magnesium zu Sauerstoff eine besondere Handhabung. Es ist sehr wichtig dies in jedem Schritt des Gießens zu beachten (Bild 1).

Schmelzen
Schon beim Schmelzen ist darauf zu achten, dass schnell niedergeschmolzen wird und die Schmelzbadoberfläche durch eine Schutzgasatmosphäre (z.B. SF6 – Schwefelhexafluorid) oder Salzschicht schnellst möglich abgedeckt wird. Handelsübliches Kochsalz ist für diese Anwendung nicht geeignet. Es wird ein speziell für den Magnesiumguss entwickeltes Abdecksalz benötigt.

Brandgefahr
Eine weitere große Gefahr besteht in der hohen Neigung zum Brand des Magnesiums. (Achtung, niemals mit Wasser löschen!!!) Außerhalb des Tiegels kann Sand, innerhalb des Tiegels Salz verwendet werden

Schmelzebehandlung von Mg

Reinigung
Die effektivste Methode zum Entgasen und Reinigen (Entfernung von Oxiden) ist die Rotorentgasung. (Erklärung siehe Aluminiumschmelzebehandlung) Bei kleinen Schmelzevoluminas kann auch auf eine Entgasungstablette speziell für Magnesiumschmelzen zurückgegriffen werden. Menge und Dauer der Behandlung richtet sich nach den betrieblichen Verhältnissen (Menge des verwendeten Kreislaufs, Schmelztemperatur und die Qualitätsanforderungen an das Gussteil.

Eine Besonderheit des Magnesiumgusses ist, dass die Oxide schwerer sind als die Schmelze selber und damit zu Boden sinken. Dort sind sie eine unsichtbare Gefahr, denn Oxide im Gussteil führen zum Ausschuss. Entfernt man diese Oxide nicht, werden sie sich über die Zeit immer weiter anreichern. Durch eine Rotorentgasung mit einem pumpenden Rotor (Bild 2: XSR patentierter pumpender Rotor) werden diese Verunreinigungen an die Oberfläche transportiert.

Akrätzen
Sollte man nicht sowieso schon mit Abdecksalz arbeiten, wäre nach der Rotorentgasung der passende Zeitpunkt dies zu tun. Durch das Abdeck-/Abkrätzsalz lassen sich die Oxide besser agglomerieren und die Krätze wird metallärmer und damit einfacher von der Oberfläche zu separieren. Der Einsatz eines Abdeck-/Abkrätzsalzes hat sowohl Qualitäts, als auch wirtschaftliche Vorteile.

Normung der Leichtmetall-Legierungen (Tabelle 1)

Die Europäische Norm (EN) unterscheidet in der Bezeichnung der Legierungen, zwischen den Gusslegierungen **C** und den Knetlegierungen **W** und den Hauptmetallen (A = Al, M = Mg), z.B. AW ist eine Aluminium-Knetlegierung, MC eine Magnesium-Gusslegierung. Es folgen weitere Legierungsbestandteile, Gießverfahren und der Werkstoffzustand.

Beispiel:
EN AC-AlSi12DT5 (GD-AlSi 12):
Al-Druckgusslegierung, 12 % Si, warmausgelagert

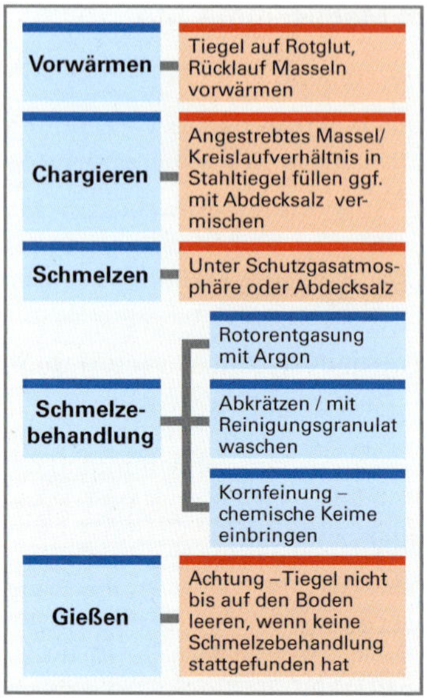

Bild 1: Schema von Mg-Legierungen

Bild 2: Rotor für die Entgasung

Pos. 1	2	3	4	5	6
EN EN	AC- MC-	Al- Mg-	XXXX	X	X
Position 1: EN = Europäische Norm					
Position 2: AC/MC (A = Al, M = Mg, C = Guss)					
Position 3: Hauptlegierungselement					
Position 4: Anteile weiterer Legierungselemente					
Position 5: Gießverfahren					
Position 6: Werkstoffzustand					

Gießverfahren			
S	Sandguss	D	Druckguss
K	Kokillenguss	L	Feinguss

Werkstoffzustand	
F	Gusszustand
O	weichgeglüht
T1	kontrollierte Abkühlung, kaltausgelagert
T4	lösungsgeglüht, kaltausgelagert
T5	kontrollierte Abkühlung, warmausgelagert
T6	lösungsgeglüht, warmausgelagert

Tabelle 1: Bezeichnung von Leichtmetall-Gusslegierungen

7.4.3.2 Schwermetalle und ihre Legierungen

Kupfer – Cu

Kupfer ist ein Metall, das wegen seiner günstigen Gebrauchseigenschaften (z. B. ausgezeichnete Verformbarkeit, Korrosionsbeständigkeit, Wärmeleitfähigkeit) seit Jahrtausenden verarbeitet wird.

Eigenschaften und Verwendung

- gute Kalt- und Warmverformbarkeit, dabei ansteigende Härte und Sprödigkeit, sie müssen durch Zwischenglühen beseitigt werden (getriebene Kunstgegenstände, Bleche, Rohre, Drähte)
- hohe Wärmeleitfähigkeit (Kessel, Wärmetauscher)
- hohe elektrische Leitfähigkeit (Elektrotechnik)
- An der Luft bildet sich eine Schutzschicht aus Kupfercarbonat (Patina), hohe Korrosionsbeständigkeit (Dachdeckungen); giftiger Grünspan entsteht, wenn Kontakt mit Essigsäure besteht.
- schlechte Gießbarkeit, geringe Festigkeit und Härte
- schwierige spanende Bearbeitung (schmiert)
- gut legierbar, negative Eigenschaften lassen sich hierdurch beheben, vorhandene positive weiter verbessern

Mit einer **Dichte** von 8,9 kg/dm^3 zählt Kupfer wie Gold zu den Schwermetallen. Es hat einen **Schmelzpunkt** von 1083 °C.

Kupfer lässt sich infolge seines ausgezeichneten Formänderungsvermögens in alle Halbzeugarten wie Bleche, Bänder, Rohre, Stangen, Drähte sowie Gesenkschmiedestücke sehr gut umformen. Zur Herstellung von Blechen werden Walzbarren aus Kupfer auf etwa 800 bis 950 °C vorgewärmt und bis auf ein Dicke von 10 bis 20 mm warmgewalzt. Anschließend werden die Bleche im kalten Zustand fertiggewalzt. Produkte aus Blechen sind im (Bild 2) dargestellt.

Unlegiertes Kupfer hat die Eigenschaft einer hohen Zähigkeit bei großer Dehnung. Diese Eigenschaft, verbunden mit einer relativ niedrigen Festigkeit verursacht eine schlechte Zerspanbarkeit. Bei relativ niedrigen Schnittkräften neigt der Werkstoff zur Aufbauschneidenbildung. Außerdem bilden sich sehr lange Flachwendel- oder Wirrspäne, die schwierig abzuführen sind. Voraussetzung für gute, glatte Oberflächenqualität sind eine scharfe Schneide und eine gute Spanabfuhr sowie eine ausreichende Schmierung mit Schneidöl. Als Werkzeuge werden vorwiegend Hartmetalle oder Diamantwerkzeuge verwendet.

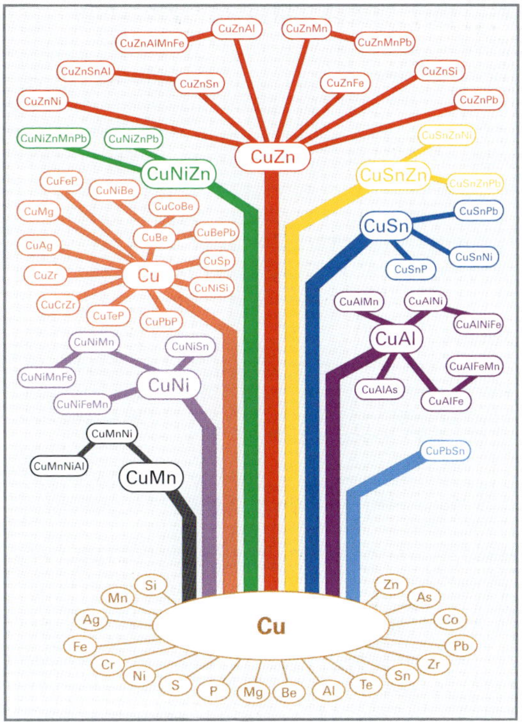

Bild 1: **Kupferstammbaum**

Bild 2: **Kupfervasen durch Drücken hergestellt**

Bild 3: **Kontakthalter aus GM-CuL50**

Kupfer-Zink-Legierungen (Messing)

Messinge sind Kupferlegierungen mit mindestens 50% Cu-Anteil. Steigender Zinkanteil erhöht Dehnung, Härte und Festigkeit. Schmelztemperatur und Dichte der Legierung fallen (Bild 1). Von einem bestimmten Zinkanteil an nimmt die Dehnung ab, der Werkstoff wird zunehmend spröder. Der Bleigehalt verbessert die Zerspanbarkeit, verschlechtert jedoch die Warmumformbarkeit. Durch Zulegieren von Al, Fe, Mn, Ni wird die Zugfestigkeit, durch Si die Korrosionsbeständigkeit gesteigert.

Beispiele:

EN-1982-CuZn33Pb2-C-GS (G-CuZn 33 Pb): vollständige Bezeichnung nach europ. Norm (EN-1982), chemische Zusammensetzung (65% Cu; 33% Zn; 2% Pb), Gusslegierung (C), Sandguss (GS)
CuZn39Pb1Al-C-GP (GD-CuZn 37 Pb): Kurzname für eine Druckguss-Legierung (GP, früher GD)
CuZn16Si4-C-GM (GK-CuZn 16 Si 4): sehr gut gießbare Kokillenguss-Legierung, seewasserfest
CuZn40Pb2: Knetlegierung, gut zerspanbar, Blöcke, Profile

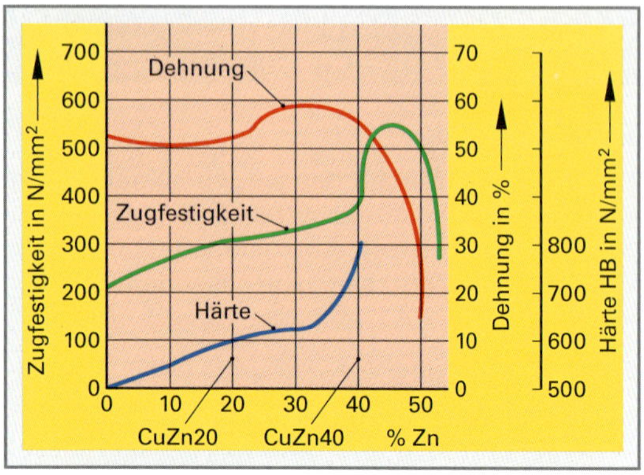

Bild 1: Zugfestigkeit, Bruchdehnung und Härte von CuZn-Legierungen in Abhängigkeit vom Zn-Gehalt

Kupfer-Zinn-Legierungen (Bronze)

Bronzen sind Kupferlegierungen mit mindestens 60% Cu, die Zinn als Hauptlegierungselemente haben. Sie besitzen gegenüber Messing höhere Zug- und Verschleißfestigkeit, Korrosionsbeständigkeit und bessere Gleiteigenschaften und Härte. Sie werden für Kälte-, Heißdampf- und Säurearmaturen, Pumpen, Gleitlager, Schneckenräder, Federn, Glocken usw. verarbeitet.

Beispiele:

CuSn6-W (CuSn 6): Knetlegierung für Kalt- und Warmumformung
CuSn10-C (CuSn 10): druckfeste, seewasserbeständige Legierung für z.B. Schneckenräder (alle Gießverfahren möglich)

Bild 2: Fitting aus CuSn12Ni2-C-GS

Kupfer-Zinn-Zink-(Blei-)Legierungen (Rotguss)

Diese korrosionsbeständigen Legierungen eignen sich für Konstruktionsteile und für Gleitlager. Blei verbessert dabei die Notlaufeigenschaften.

Beispiele:

CuSn7Zn2Pb3-C-GM (GK-CuSn 6 ZnNi): für druckdichte Armaturen, Pumpen, sehr gut gießbar, Kokillenguss
CuSn5Zn5Pb5-C-GS (G-CuSn 5 ZnPb): gut gießbar und zerspanbar, polierbar, geringe Haftung gegenüber Formstoffen (beheizte Modelle und Formen), Sandguss

Kupfer-Aluminium-Legierungen (Bild 3)

besitzen hohe Festigkeit (ca. 850 N/mm²), Zähigkeit und Härte, gut schweißbar, säurebeständig.

Beispiele:

CuAl9-C-GM (GK-CuAl 9): Gussstücke für chemische und Nahrungsmittelindustrie, Kokillenguss

Bild 3: Schiffspropeller aus Kupfer-Aluminium-Legierung

Zink – Zn

Herstellung: Das wichtigste zinkhaltige Erz ist die Zinkblende (ZnS). Das Erz wird zuerst geröstet und in das Oxid (ZnO) übergeführt. Die Reduktion erfolgt mit Kohle (Muffelofen), die Raffination im Flammofen (Hüttenzink 99,5%) oder elektrolytisch (Feinzink 99,99%).

Eigenschaften (Tabelle 1): An der Luft korrosionsbeständig (wasserunlösliches Zinkcarbonat als Schutzschicht); Säure, Basen, Salzlösungen greifen Zink an; spröde, erst bei 150 °C weich und gut verformbar; sehr gut gießbar.

Zinklegierungen

Zink wird hauptsächlich mit Aluminium legiert, wodurch die Festigkeit steigt (250 N/mm²). Zinklegierungen werden meist im Druckguss vergossen (98%)(Bild 1 und 2).

Beispiel:

GD-ZnAl 4, für maßgenauen Druckguss
(G-)GK-ZnAl 4 Cu 3, für Sand- und Kokillenguss

Zinn – Sn

Zinn wird durch direkte Reduktion oxidischer Zinnerze (Zinnstein, SnO_2) mit Kohle gewonnen.

Eigenschaften (Tabelle 2): Leicht verformbar, große Dehnung; korrosionsbeständig; sehr hohe Siedetemperatur (2275 °C, Kernstützenüberzug); zerfällt bei –15 °C (β-Zinn in α-Zinn: Zinnpest); gut gießbar.

Verwendung: Legierungsmetall, Blechverzinnung, Lötzinn, kleine sehr genaue Druckgussteile, Zinnfiguren (Kokille), Modellmetall (83% Sn, 17% Sb)

Blei – Pb

Blei wird hauptsächlich aus dem sulfidischen Bleiglanz (PbS) durch Rösten und Raffinieren gewonnen.

Eigenschaften (Tabelle 2): Sehr weich, gute Gleiteigenschaften; korrosionsbeständig, säurefest, giftig.

Verwendung: Akkumulatorenplatten, Rohre, Kabelmäntel, Strahlenschutz, Legierungsmetall (Lote, Lagermetalle, Hartblei).

Hartblei (Blei mit bis 9% Antimon und Zinn) ist leicht schmelz- und gießbar, gut zu bearbeiten, gut polierbar, korrosionsbeständig und besitzt geringe Schwindung (0,4%). Es eignet sich zur Herstellung von Urmodellen, nachteilig ist der hohe Preis.

	Zn	Zn-Leg.
Dichte in g/cm³	7,13	6,5 … 6,8
Schmelztemperatur in °C	420	420
Zugfestigkeit in N/mm²	30 … 40	200 … 350
Dehnung in %	0,3 … 0,5	1 … 5
Härte HB in N/mm²	40 … 45	70 … 100
Schwindung in %	1,7	1,3 (1,1 … 1,5)

Tabelle 1: Kennzeichnende Eigenschaften von Zink und Zinklegierungen

Bild 1: Präzisionsdruckgussteil für einen Vergaser aus GD-ZnAl4Cu1

Bild 2: Maschine für Zink-Druckgussteile

	Sn	Pb
Dichte in g/cm³	7,29	11,34
Schmelztemperatur in °C	232	327
Zugfestigkeit in N/mm²	30	18
Dehnung in %	45	45 … 70
Härte HB in N/mm²	4	3

Tabelle 2: Kennzeichnende Eigenschaften von Zinn und Blei

7.5 Gussfehler

Bei der Herstellung von Gussteilen ist die Gefahr groß, dass Gussfehler entstehen. Fehlerquellen sind z.B. fehlerhafte Modelle, schlechte Formarbeit, Formsandfehler, Fehler bei der Gieß- und Speisertechnik oder Fehler bei den Kernen.

Ungenauer Abguss

Modellfehler sind Fehler in der Maßgenauigkeit. Dies kann auf Fehler am Modell oder Fehler beim Formen zurückzuführen sein.

Fehler am Modell sind z.B. falsches Schwindmaß, falsche Formschräge, fehlende Kernsicherung, zu geringe Modellfestigkeit (Modell gibt beim Verdichten nach) und zu großes Kernmarkenspiel. Falsche Verdübelung der Modellhälften führt zu versetztem Guss (Bild 1).

Fehler beim Formen entstehen durch zu starkes und einseitiges Losklopfen der Modelle und führen zum Versatz an der Formteilung.

Getriebener Guss entsteht durch schlechte Formsandverdichtung.

Konstruktionsfehler sind Materialanhäufungen und Wanddickenunterschiede.

Materialanhäufungen an nicht speisbaren Stellen können zur Bildung von Porositäten führen.

Große Wanddickenunterschiede können Spannungen während der Erstarrung hervorrufen, die dann zu Spannungsrissen führen.

Einschlüsse

Schlackeneinschlüsse (Bild 2) entstehen, wenn das Eingieß- bzw. Anschnittsystem nicht richtig bemessen war. Durch den Einsatz von Filtern können Schlackenfehler einfach vermieden werden.

Sandabspülungen entstehen durch schnelles Gießen und schlechten Formsand.

Allgemeine Sandeinschlüsse besonders in der Formunterhälfte entstehen, wenn die Form vor dem Zulegen nicht ordentlich gesäubert wurde oder der Formsand zu trocken war.

Gussfehler an der Gussoberfläche

Die meisten Fehler an der Gussoberfläche sind auf schlechten Formsand zurückzuführen.

Adern sind aderförmige Erhebungen auf den Gussteilen, die durch eine Rissbildung in der Form entstehen.

Grat entsteht an der Formteilung und an den Kernlagern (Bilder 3 und 4) durch starken Formauftrieb und schlechte Verklammerung bzw. zu geringe Beschwerung der Form.

Blattrippen entstehen durch die Sandausdehnung während der Erhitzung des Quarzkorns.

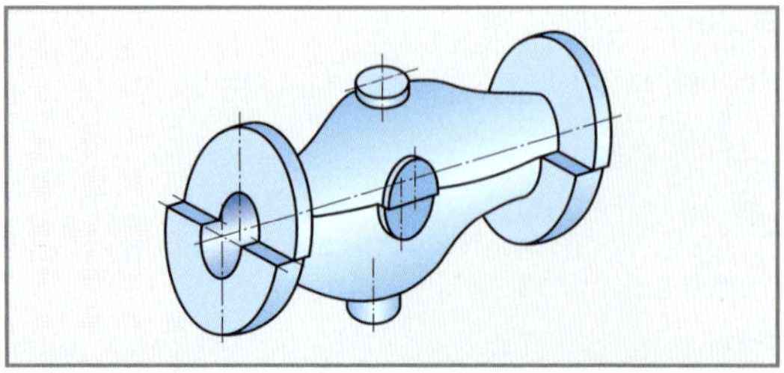

Bild 1: Versetzter Guss eines Ventilgehäuses

Bild 2: Gussstück mit Schlackeneinschlüssen

Bild 3: Gratbildung durch Kernspiel

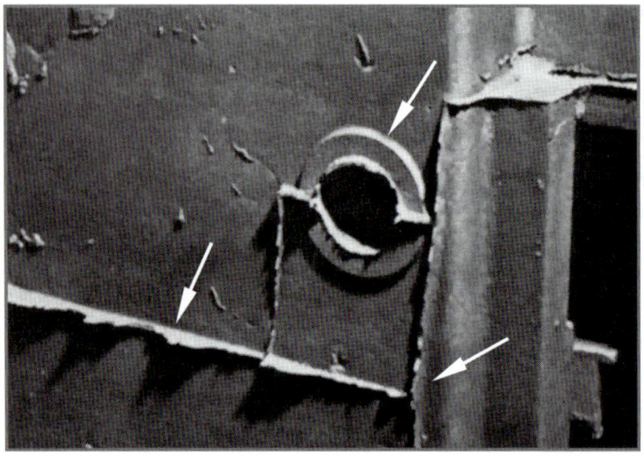

Bild 4: Gratbildung infolge schlechter Formteilung und Kernspiel

Gussfehler in Form von Hohlräumen

Gasblasen sind rundliche glattwandige Hohlräume, welche die Festigkeit des Gussteils beeinträchtigen können.

Ursachen: Beim Schmelzen nehmen Metalle Gase auf, die bei der Erstarrung wieder ausgeschieden werden (Sauerstoff, Wasserstoff und Stickstoff). Gase entstehen auch bei der Berührung der heißen Schmelze mit dem Formstoff. Im Formstoff hat man Harzbinder, die beim Kontakt mit der Schmelze verbrennen. Dabei entsteht Kohlenmonoxid. Bei Formsanden mit Wasser (Nassgusssand) bildet sich Wasserstoff, der von der Schmelze aufgenommen werden kann und Pinholes bildet. **Pinholes** sind Gasblasen, die an der Gussoberfläche sichtbar sind. Pinholes können auch unter der Gusshaut sein und sind erst nach der Bearbeitung zu sehen. Es ist wichtig, dass der Formsand eine sehr gute Gasdurchlässigkeit hat. Der Formsand sollte möglichst wenig Staub beinhalten.

Lunker (Bilder 1–3) sind Hohlräume, die während der Erstarrung der Schmelze entstehen. Es gibt Innen- und Außenlunker. Innenlunker haben meistens eine raue Oberfläche. Die Erstarrungsschwindung sollte durch Speiser ausgeglichen werden. Sind die Speiser zu klein, bilden sich meistens Außenlunker. Die Innenlunker findet man an den „Hot Spots", den thermischen Knotenpunkten. Dort erstarrt die Schmelze zum Schluss. Bei den meisten Metallen muss das Speisungssystem so gestaltet sein, dass die Restschmelze im Speiser erstarrt (gelenkte Erstarrung). Bei Grauguss (GJL) und Kugelgrafitguss (GJS) wandelt sich der Kohlenstoff während der Erstarrung in Grafit um. Diese Umwandlung ist mit einer Ausdehnung verbunden, die einen Selbstspeisungseffekt mit sich bringt. Deshalb können auch unter bestimmten Bedingungen Gussteile aus Grau- und Kugelgrafitguss speiserlos gegossen werden.

Mikrolunker bzw. Porositäten sind kleine Hohlräume im Metallgefüge. Auch in diesem Fall hat die Speisungstechnik versagt. Meistens sind Mikrolunker auf eine nicht ausgeglichene Schwindung der Schmelze zurückzuführen.

Nachdem die meisten Gussteile unterschiedlichen Querschnitte haben, ist es manchmal sehr schwierig die unterschiedlichen Erstarrungszeiten zu erfassen und auszugleichen. Sehr häufig ist der Einsatz von Kühlkörpern (Bild 4) notwendig. Manchmal ist es sogar notwendig, Konstruktionsänderungen zu machen, um speisungstechnisch die kritische Stelle mit Schmelze bis zum Erstarrungsende versorgen zu können.

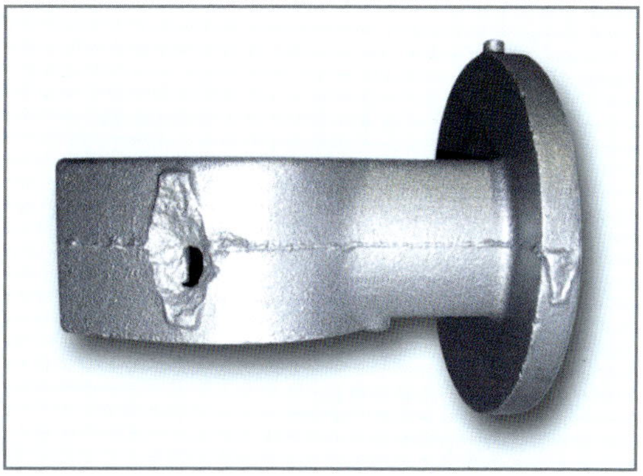

Bild 1: Lunker

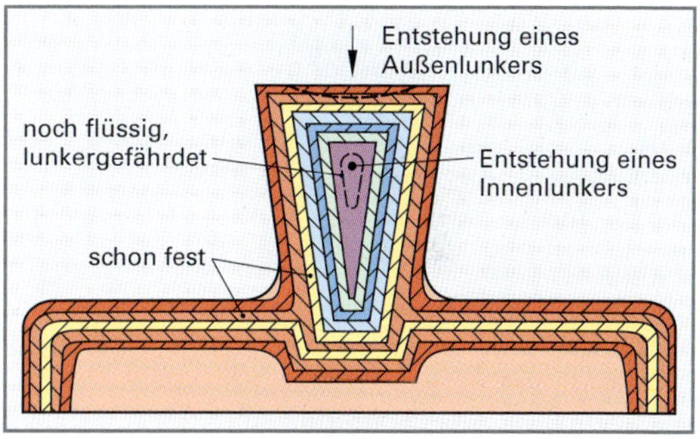

Bild 2: Die Lage und Form eines Lunkers ergibt sich aus dem Verlauf der Erstarrung. Lunker entstehen immer dort, wo das Metall zuletzt erstarrt.

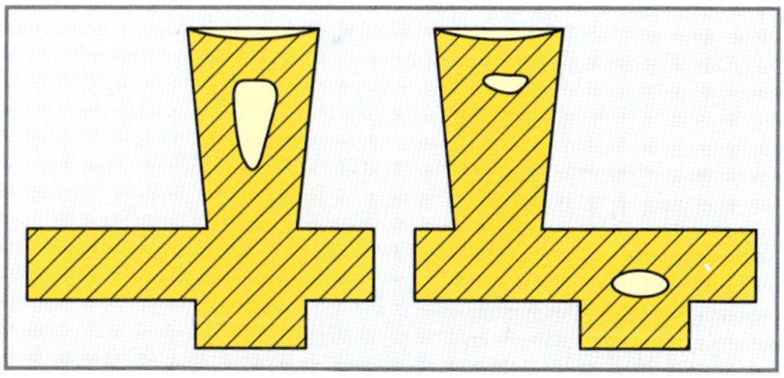

Bild 3: Die Aufgabe des Speisers ist es, den Lunker in sich aufzunehmen. Grundsätzlich sollen Speiser auf den dicksten beziehungsweise höchsten Stellen angebracht werden (links richtig, rechts falsch).

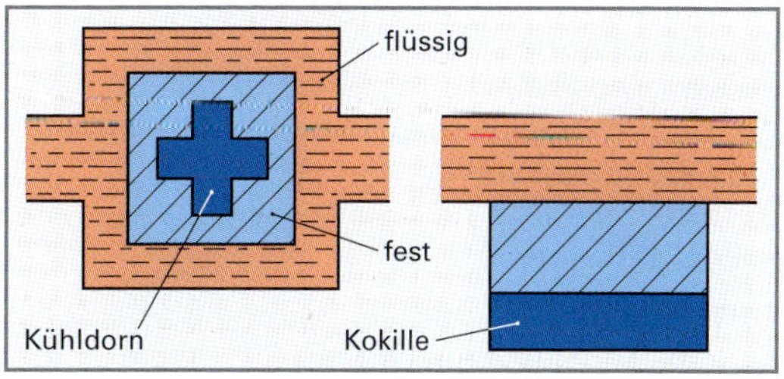

Bild 4: An Stellen, wo kein Speiser angebracht werden kann, benutzt man Kühlkörper (Kokillen).

7

Penetration bzw. Vererzungen (Bild 1) sind Oberflächenfehler, bei denen sich die Schmelze mit dem Formsand verbunden hat. Bei schlecht gasdurchlässigen Formsanden kann es auch zu sogenannten Explosionspenetrationen kommen. Die Ursache dieses Fehlers ist auf eine schlechte Formverdichtung, zu grobkörnigen Sand, fehlende Schlichte oder zu viele Feinanteile im Formsand zurückzuführen. Die Penetrationsfehler nehmen mit steigender Gießtemperatur zu. Schlechte Formsande erhöhen das Risiko einer Penetration bzw. Vererzung.

Bei Nassgussformsanden für Grau- und Kugelgrafitguss wird dem Formsand Kohlenstaub hinzugegeben. Dieser Kohlenstaub verbrennt und bildet einen Schutzgasfilm zwischen Schmelze und Formsand. Dadurch wird eine Vererzung bzw. Penetration unterbunden. Kerne und Formen aus harzgebundenem Formsand werden mit einer Grafit- oder Zirkonschlichte versehen, damit die Schmelze nicht mit dem Formsand in Berührung kommt.

Schülpen (Bilder 2 und 3) sind Sandabplatzungen, die durch die Ausdehnung des Formsandes und durch Dampfbildung des Wassers im Nassgussformsand entstehen. Quarzsand dehnt sich bei der Erhitzung aus. Schülpen entstehen deshalb meistens bei zu langer Gießzeit. Die Schülpen findet man an der Gussoberfläche. Dies ist die Gussseite, die am längsten von der Hitze der Schmelze angestrahlt wird. Nassgussformen sollten möglichst schnell abgegossen werden, da sich sonst in der Form Kondenswasser bildet, das die Schülpenbildung fördert.

Fließlinien entstehen durch die Strömungsrichtung des Metalls. Sie zeichnen sich an der Gussoberfläche ab. Diese Fehler sind häufig bei Druckguss und Kokillenguss anzutreffen.

Elefantenhaut – Elefantenhaut nennt man die genarbte oder gefaltete Oberfläche bei GJS. Dies ist auf einen zu hohen Magnesiumgehalt und eine zu niedrige Gießtemperatur zurückzuführen.

7

Dross ist eine magnesiumhaltige Schlacke und stets an der Gussoberfläche von GJS zu sehen. Häufig findet man diesen Fehler an Stellen, wo die Schmelze relativ kalt ankommt. Während des Füllvorgangs hat sich durch die Turbulenzen Magnesium mit Sauerstoff, Schwefel und anderen Elementen verbunden. Bei GJS ist es wichtig, dass die Schmelze heiß vergossen und die Form schnell gefüllt wird.

Unvollständiger Guss d.h. nicht ausgelaufener Guss ist auf eine zu niedrige Gießtemperatur und auf ein schlechtes Eingießsystem zurückzuführen.

Bild 1: Vererzung (angebrannter Sand)

Bild 2: Schülpen auf einem Zahnrad

Bild 3: Maschinenständer aus GJL mit Schülpen

Unterbrechungen des Zusammenhangs

Unter **Warmrissen** versteht man Risse, die während der Erstarrung und der Abkühlung des Gusses bei noch hoher Temperatur durch gehemmte Schwindung entstehen. Diese Risse können durch zu schnelle Abkühlung entstehen. Nach der Abkühlung ist die Rissfläche oxidiert, matt und der Riss geht entlang der Korngrenzen.

Unter **Kaltrissen** versteht man Risse, die sich im kalten Zustand durch Spannungen bilden. Die Rissfläche ist meistens blank.

Allgemein kann man davon ausgehen, dass mit Zunahme der Festigkeit und der Härte auch die Gefahr der Rissbildung zunimmt.

Ursache: Warm- und Kaltrisse sind darauf zurückzuführen, dass der Guss während der Erstarrung nicht schwinden konnte. Der Kernzerfall war schlecht oder die Gestalt des Gussstücks hemmte den Schwindungsvorgang. Es ist sehr wichtig, dass der Guss langsam in der Form abkühlt. Räder, bei denen der Radkranz nach innen schwindet, neigen zu Warmrissen bzw. Kaltrissen. Deshalb müssen die Speichen entsprechend gestaltet sein.

Warm- und Kaltrisse können vermieden werden, indem man die Gussteile schon bei hohen Temperaturen in den Glühofen bringt und kontrolliert wärmebehandelt.

Unter **Kaltschweißstellen** versteht man Stellen, an denen das Metall nicht zusammengelaufen ist. Es sind meistens rinnenartige Vertiefungen mit abgerundeten Enden (siehe Elefantenhaut). Dieser Fehler tritt häufig bei runden Teilen, wo zwei Metallströme aufeinander treffen, auf (z. B. Rohre und Armaturen).

Ursache: Meistens war die Gießtemperatur zu niedrig und die Gießzeit zu lang. Durch eine verbesserte Formentlüftung und Vergrößerung der Anschnitte kann dieser Fehler einfach behoben werden.

Oxyde- und Schlackeneinschlüsse, die das Gefüge unterbrechen, sind häufige Gussfehler. Beim Aufschmelzen der Legierungen entsteht meisten Schlacke. Schlacke ist eine Verunreinigung im Metall, die von den verunreinigten Einsatzstoffen kommt, bzw. sich während des Aufschmelzens durch eine Oxydation der Schmelze bilden kann. Diese Verunreinigungen müssen aus der Schmelze herausgenommen werden, da ansonsten sich im Gussteil Stellen bilden, an denen das Metall durch die Oxyde unterbrochen ist und Fehlstellen bildet. Nachdem die Schlacke sehr dünnflüssig sein kann und sich auch während des Gießvorgangs bilden kann, wird in das Eingießsystem meistens ein Filter eingebaut, der die Schlacke herausfiltert.

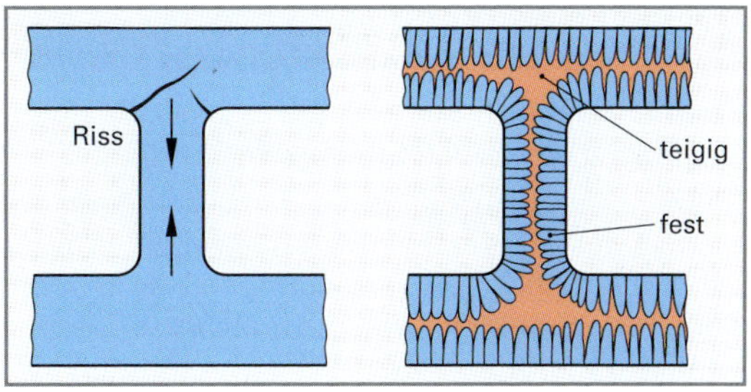

Bild 1: An Stellen mit Materialanhäufungen erstarrt das Metall später als an anderen Querschnitten. Die führt zu Spannungen und Warmrissen.

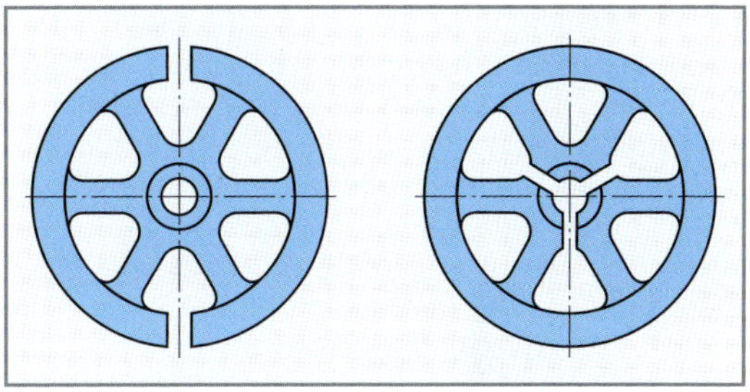

Bild 2: Eine starre Konstruktion behindert die Schwindung und verursacht Spannungen im Gussteil. Durch gewölbte Flächen, geschweifte Arme oder Unterbrechungen einer Verrippung können Spannungen beseitigt werden.

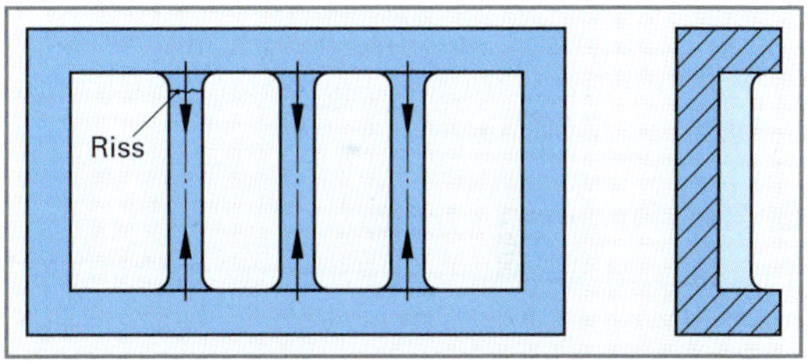

Bild 3: Starre Verbindung mit Rippen behindert die Schwindung. Dies führt zu Spannungen und kann Kaltrisse verursachen.

Bild 4: Kaltschweißstellen

7

7.6 Korrosion

Begriff: Zersetzen metallischer Werkstoffe durch chemische oder elektrochemische Vorgänge.

Chemische Korrosion führt durch Verbindung der Metalle mit anderen Elementen (aus Luft, Wasser usw.) zu chemischen Verbindungen z. B. Oxiden, Carbonaten, Sulfaten u. a., die entweder das Metall vor weiterer Korrosion schützen (Aluminiumoxid, Zinkcarbonat) oder diese unterstützen.

Elektrochemische Korrosion wird hervorgerufen durch ein galvanisches Element (Bild 1), das durch unterschiedliche elektrische Spannung zweier Metalle unter Benetzung mit einer leitenden Flüssigkeit (Elektrolyt), z. B. wässerige Salzlösungen, Säuren und Laugen, entsteht. Das elektrochemische Verhalten der Metalle ergibt sich aus der Stellung innerhalb der Spannungsreihe (Bilder 2–4). Diese ist nach der Höhe der Spannung geordnet. Metalle, die links von ihrem Elektrodenpartner stehen, bilden die Anode, die durch Elektronenabgabe zerstört wird.

Korrosionsschutz

- Aktiver Korrosionsschutz durch richtige Wahl der Legierung, Vermeidung von Oberflächenrauigkeiten.
- Passiver Korrosionsschutz durch Aufbringen von Schutzüberzügen nach vorherigem Reinigen, Entrosten, Beizen, Sandstrahlen und Entfetten der Oberfläche.

Metallische Überzüge

Tauchen in ein Metallsalzbad (z. B. Zinksalzschmelze) oder Metallschmelze (Feuermetalle). Geeignet für niedrigschmelzende Metalle wie Zn, Pb, Sn, Al.

Aufspritzen von Metall mit Spritzpistole, wobei ein Draht, z. B. durch Gasflamme, verflüssigt wird.

Diffundieren durch Glühen in Metallpulver. Für Massenprodukte (Nägel, Schrauben).

Plattieren durch Aufwalzen einer Metallschicht.

Galvanisieren mittels Gleichstrom aus wässrigen Metallsalzlösungen (vgl. Bild 1).

Nichtmetallische Überzüge

Organische Überzüge aus Kunststoffen, Lacken, Farben.

Anorganische Überzüge z. B. durch Emaillieren (Glaspulverüberzug bei 800 °C), Phosphatieren (Tauchen in Metallphosphatlösungen – als Haftgrund für Anstriche), Eloxieren bei Al (galvanisch aus Oxalsäure Al_2O_3 als Schutzschicht) u. a.

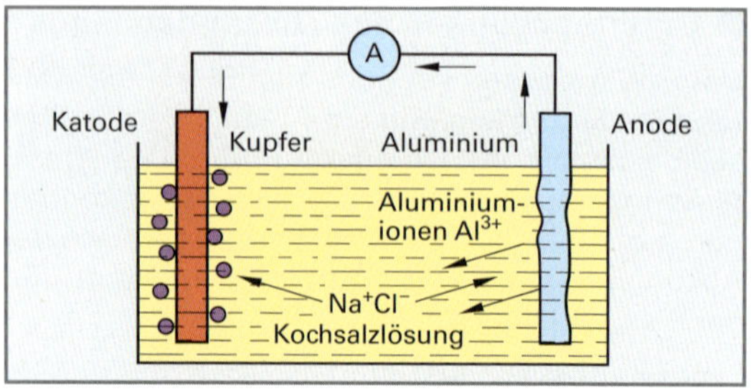

Bild 1: Unedlere Metalle verdrängen edlere aus deren Salzlösung und gehen dabei selbst in Lösung. Z. B. positive Aluminiumionen (elektrisch geladene Atome) verbinden sich mit den negativen Chloridionen zu Aluminiumchlorid ($Al^{3+} + 3Cl^- = AlCl_3$). Es entsteht ein elektrischer Strom, das unedlere Metall (Anode) wird dabei zerstört.

		Spannung V
Gold	Au	+1,50
Quecksilber	Hg	+0,85
Silber	Ag	+0,80
Kupfer	Cu	+0,35
Wasserstoff	H	0
Blei	Pb	−0,12
Zinn	Sn	−0,14
Nickel	Ni	−0,23
Eisen	Fe	−0,44
Chrom	Cr	−0,56
Zink	Zn	−0,76
Mangan	Mn	−1,05
Aluminium	Al	−1,68
Magnesium	Mg	−2,34

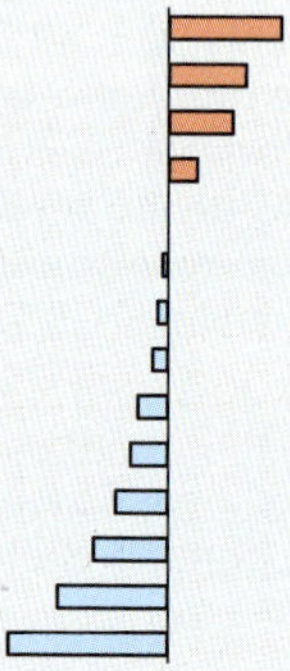

Bild 2: Liegen Metalle in der Spannungsreihe weit voneinander entfernt, so entsteht eine größere elektrochemische Spannung, z. B. zwischen Mg und Cu von 2,69 V.

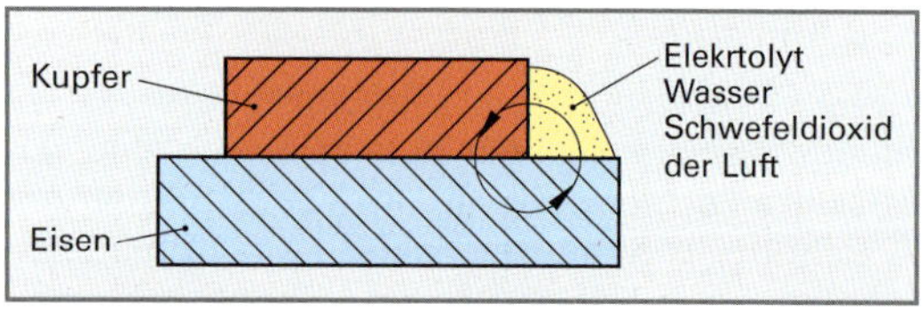

Bild 3: Kontaktkorrosion. Werden zwei verschiedene Metalle miteinander verbunden, entsteht unter Einwirkung von einem Elektrolyt ein elektrischer Strom, das unedlere Metall, in diesem Fall das Eisen, wird zerstört.

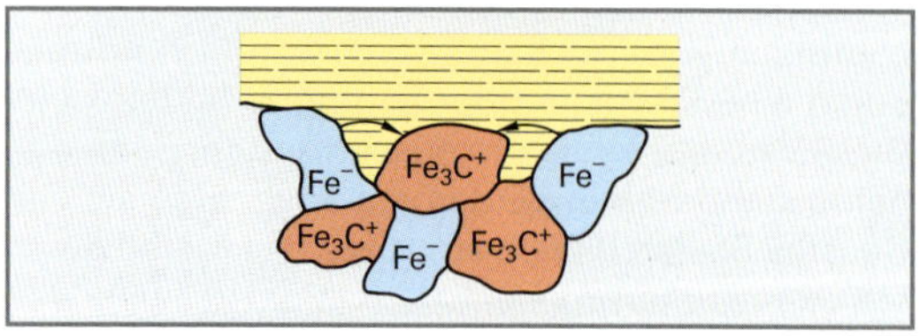

Bild 4: Interkristalline Korrosion. Eine elektrochemische Korrosion kann auch im interkristallinen Bereich stattfinden, wenn das Gefüge aus unterschiedlichen Kristallen besteht.

7.7 Qualitätstechnik

7.7.1 Qualitätsmanagement

Das Qualitätsmanagement dient zur Leistungsverbesserung von Unternehmen und bildet einen Rahmen für Anwendungen für Verfahrensnormen und gesetzliche Regelungen. Diese Normen und Regelungen werden in Verträgen zwischen Unternehmern herangezogen und dienen als Grundlage von Qualitätssicherung (Bild 1). Die Qualitätssicherung hat folgende drei Hauptaufgaben:

- **Qualitätsplanung** legt sowohl für das zu erstellende Produkt (Gussstück) als auch für den Prozess, mit dem das Produkt erstellt werden soll, die Qualitätsziele fest.
- **Qualitätslenkung** und **Qualitätsprüfung** umfassen alle Techniken und Tätigkeiten, die auf die Überwachung eines Prozesses und auf die Ausschaltung von Ursachen unbefriedigender Leistung abzielen. Die Qualitätslenkung beinhaltet somit die vorbeugenden, überwachenden und korrigierenden Tätigkeiten bei der Realisierung der Einheit mit dem Ziel, die Qualitätsanforderung zu erfüllen.
- Einem Betrieb stehen der Qualitätslenkung folgende Mittel zur Verfügung:
  - Betriebsmittel
  - Dokumentenverwaltung
  - Kundenbewertung
  - Lieferantenbewertung
  - Fehlerdaten
- **Qualitätssicherung** umfasst alle Maßnahmen, die überprüfbar sind, man kann feststellen, ob das Produkt den Forderungen entspricht. Mit anderen Worten: Man braucht ein überprüfbares Ziel, um entscheiden zu können, ob das Produkt (Gussteil) ausgeliefert werden kann.

Damit Qualitätsziele überprüfbar sind, müssen sie **qualifiziert** und damit **messbar** gemacht werden.

Der **Qualitätskreis** (Bild 2) geht von den Forderungen und Erwartungen der Kunden aus. Diese Erwartungen werden von der Planung festgestellt und in einem **Pflichtenheft** festgehalten. Die Qualität des Produkts ist umso besser, je besser das Pflichtenheft die Kundenforderungen wiedergibt. Aufgrund des Pflichtenhefts entstehen in der Entwicklung und Arbeitsvorbereitung die Unterlagen für das fertige Produkt. Nach diesen Unterlagen stellt die Fertigung (Realisierung) die Teile her, wobei sie Material und Teile verwendet, die wiederum von Lieferanten zugekauft werden. Je besser das entstandene Produkt den Unterlagen entspricht, desto besser ist die Ausführungsqualität.

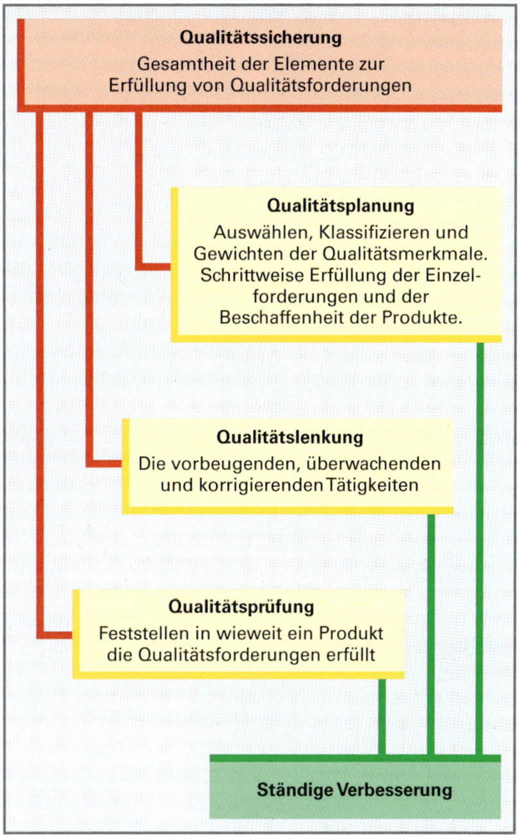

Bild 1: Qualitätsmanagement

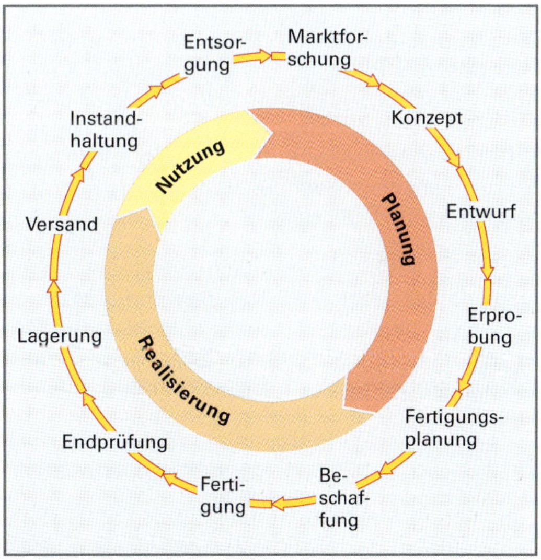

Bild 2: Qualitätskreis

Qualitätsmerkmale

Die Merkmale eines Gussstücks, z. B. Länge, Oberfläche oder Werkstoff, weisen unterschiedliche Charakteristiken auf. Aus diesem Grund unterscheidet man verschiedene Qualitätsmerkmale (Bild 1).

Messbare Merkmale können durch Messgeräte oder Lehren erfasst werden. Messgeräte ergeben zahlenmäßig auswertbare Messwerte und Lehren unterscheiden zwischen „Gut" und „Ausschuss". Die Messwerte bewegen sich in einem Streubereich der Toleranz. Dabei werden die Sollwerte durch Mindest- und Höchstwerte (Mindest- und Höchstmaß) eingegrenzt. Während des Fertigungsverlaufs kommt es immer wieder zu Abweichungen größer als die Toleranz. Dies führt zu Fertigungsstörungen und zur Nacharbeit des Bauteils.

Qualitative Merkmale sind nicht messbar. Das Ergebnis einer Funktionsprüfung ist entweder „gut" oder „schlecht". Auch diese Ergebnisse können gezählt und analysiert werden.

Wird eine Qualitätsforderung nicht erfüllt, so liegt ein **Fehler** vor. Dies kann sein, wenn ein Merkmalswert außerhalb des Toleranzbereichs liegt bzw. die geforderte Eigenschaften nicht erfüllt werden.

Fehler werden in folgende Fehlerklassen eingeteilt:

Kritische Fehler können zum Ausfall einer Anlage führen und Personen gefährden oder Produkte beschädigen. Dies kann der Fall sein, wenn z. B. die Bremsanlage (gegossener Bremszylinder) am Fahrzeug ausfällt.

Ein **Hauptfehler** führt zur Beeinträchtigung der Funktion des Bauteils. Ein vollständiger Ausfall oder Verlust des Teils kann erfolgen, aber beeinträchtigt nicht die Gesamtfunktion der Anlage. So können die Fahrzeugrückleuchten (elektrische Störung) ausfallen aber die Bremsanlage trotzdem noch funktionsfähig sein.

Ein Fehler mit nicht wesentlichen Folgen wird als **Nebenfehler** bezeichnet. Der Verwendungszweck wird nicht herabgesetzt, ein Fehler der den Gebrauch oder Betrieb nicht beeinflusst. Der Betrieb des Gesamtsystems wird nur geringfügig beeinflusst.

Ein Riss im Kunststoffglas einer Fahrzeugrückleuchte wäre ein solcher Fehler.

Fehlervermeidung und Fehlerentdeckung am Produkt wird in Bild 2 dargestellt.

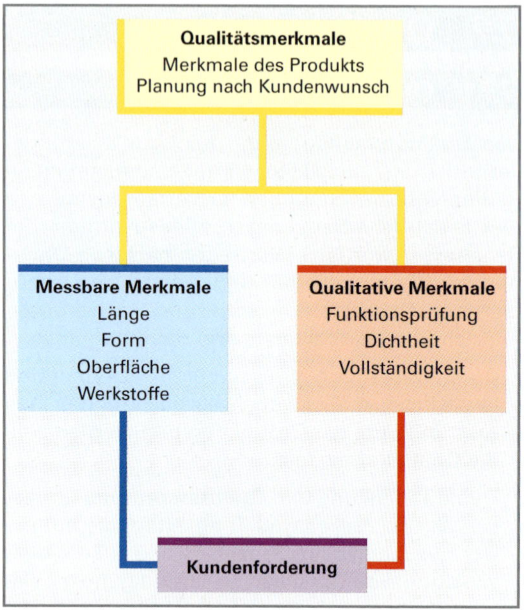

Bild 1: Qualitätsmerkmale

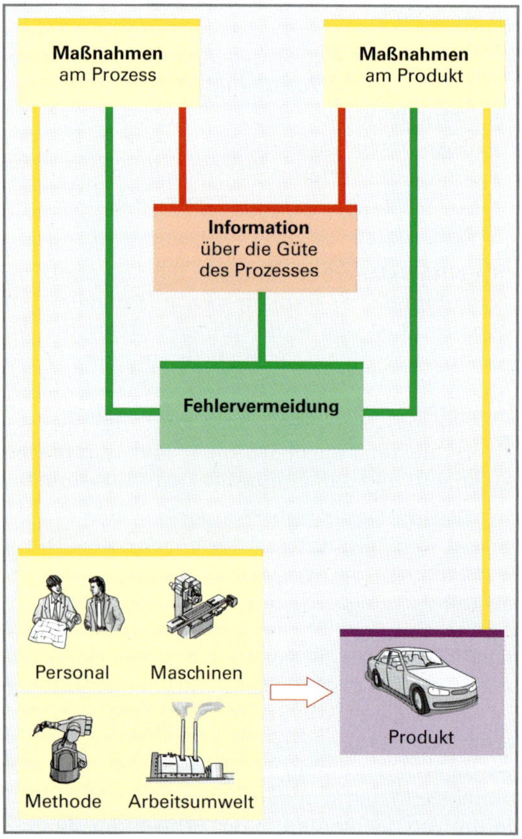

Bild 2: Fehlervermeidung und Fehlerentdeckung am Produkt

7.7.2 Werkstoffprüfung

Zur Ermittlung von Werkstoffeigenschaften wurden verschiedene Prüfverfahren entwickelt.

Mechanisch-technologische Prüfungen: Zug-, Druck-, Biege-, Verschleißfestigkeit, Härte u.a.

Physikalische Prüfungen: Dichte, Schmelz- und Siedetemperatur, Dämpfungsverhalten, Wärmedehnung u.a.

Chemische Prüfungen: Analyse, Korrosionsverhalten u.a.

Metallografische Prüfungen: Gefügeausbildung.

Zerstörungsfreie Prüfungen: Erkennung von Innenfehlern, z.B. durch Röntgenstrahlen, Ultraschall.

Im Bereich der Gießerei sind Festigkeits-, Härte-, Verschleiß- und zerstörungsfreie Prüfungen sowie die chemische Analyse die wichtigsten Prüfverfahren.

Zugfestigkeit: (R_m) der verschiedenen Werkstoffe wird an genormten Proben mit Zugprüfmaschinen (Bild 1) festgestellt. Dabei wird die Zugkraft, die eine Spannung (σ) und Dehnung (ε) in der Probe verursacht, bis zum Zerreißen gesteigert. Die Zunahme der Dehnung in Abhängigkeit von der Spannung wird im Spannung-Dehnungs-Diagramm (Bild 2) festgehalten. Ein Vergleich von Festigkeiten verschiedener Werkstoffe zeigt die Tabelle 1.

Umformbarkeit kann bei Tiefziehblechen durch den Faltversuch oder die Tiefziehprobe geprüft werden.

Verschleißfestigkeit zeigt den Widerstand des Stoffes gegen Lostrennen kleiner Teilchen aus der Oberfläche. Sie wird in Langzeitversuchen ermittelt, indem Maß- und Gewichtsveränderungen durch Abtragen der Oberfläche der Probe gemessen werden.

Spektralanalyse beruht auf der Tatsache, dass jedes zum Leuchten angeregte Element Licht von bestimmter Wellenlänge aussendet. Mit der Spektralanalyse können auch Spuren von Elementen nachgewiesen werden, die bei chemischer Analyse nicht mehr erfasst werden.

Der Lichtbogen des verdampften Stoffes wird durch ein Prisma geleitet und in ein Spektrum zerlegt. Der Schwärzungsgrad der Linien des Spektrums wird lichtelektrisch gemessen und gilt als Maß für die Mengenbestimmung von einzelnen Elementen.

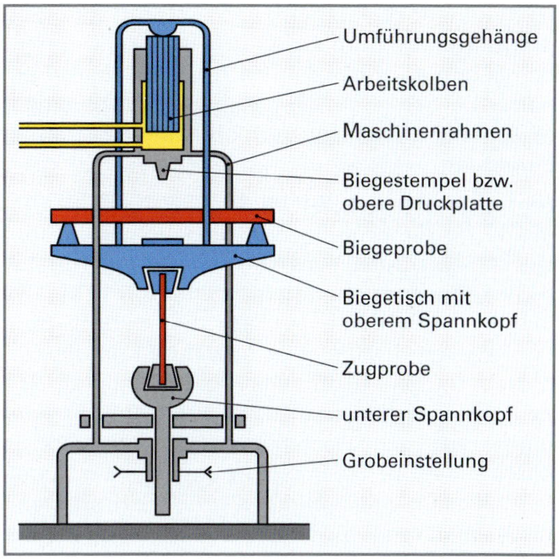

Bild 1: Universalprüfmaschine für Zug-, Druck- und Biegeversuche

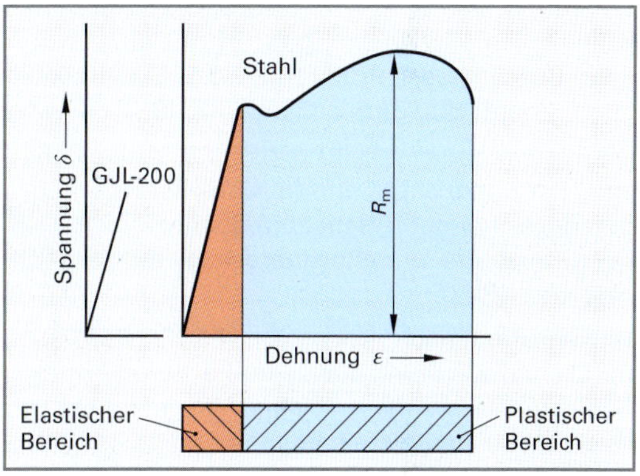

Bild 2: Das Spannung-Dehnungs-Diagramm gibt Auskunft über das Verhalten (Festigkeit, Dehnung) eines Werkstoffes unter statischer Belastung. Links: das Diagramm von GG-20 verdeutlicht, dass Grauguss kaum eine Dehnung besitzt. Rechts: das Diagramm eines weichen Stahles mit hoher Dehnung

	Zugfestigkeit in N/mm²	Dehnung in %
Stähle	350 ... 1400	20 ... 10
GJL (GG)	100 ... 400	0 ... 0,5
GJS (GGG)	400 ... 800	15 ... 2
GJMW (GTW)	350 ... 650	12 ... 4
GJMB (GTS)	350 ... 700	10 ... 1
Al-Legierungen	150 ... 450	40 ... 4
Thermoplaste	20 ... 80	50 ... 10
Duroplaste	40 ... 800 (gefüllt)	–
Hölzer	60 ... 130	–

Tabelle 1: Vergleich der Zugfestigkeit und der Dehnung verschiedener Werkstoffe

Härte ist der Widerstand, den ein Stoff dem Eindringen eines Körpers entgegensetzt. Dementsprechend wird bei den Härteprüfverfahren ein harter Körper in die Oberfläche der Probe eingedrückt und die danach verbleibende Verformung gemessen.

Härteprüfung nach Brinell (DIN EN 10003) ist geeignet für die Prüfung der Härte von weicheren Werkstoffen. Dabei wird eine Kugel aus Hartmetall (HBW) oder aus gehärtetem Stahl (HBS) 10 bis 15 s lang in die Probe eingedrückt (bei stark fließendem Werkstoff 30 s). Der gewählte Kugeldurchmesser und die Größe der Prüfkraft richten sich nach Werkstoffart und Dicke der Probe. Es wird immer die gleiche Flächenpressung angestrebt. Je dicker die Probe ist, umso größer wird der Kugeldurchmesser gewählt (durch größere Kraft bleibt die Flächenpressung gleich), was die Maßgenauigkeit der Eindrucksfläche verbessert.

Angewendete Prüfbedingungen gehen aus der Bezeichnung hervor, z. B. 132 HB 5/250/30 bedeutet Brinellhärte 132 N/mm^2, geprüft mit einer Kugel 5mm Durchmesser, Prüfkraft 2450 N, Einwirkdauer 30 s (vereinfachte Bezeichnung 132 HB).

Die Einwirkdauer von 10 bis 15 s und die Benutzung der Kugel mit 10 mm Durchmesser werden in den Bezeichnungen nicht angegeben, z. B. 150 HB. Die Grenze der Brinellprüfung liegt bei 450 HBS bzw. 650 HBW.

Härteprüfung nach Vickers (DIN EN ISO 6507-1) ermöglicht die Prüfung auch sehr harter und dünner Schichten. Die Prüflast ist je nach Probendicke von ca. 2 bis ca. 1000 N einstellbar. Die Vickershärte ist im Bereich der größeren Kräfte von der Prüfkraft unabhängig (doppelte Kraft ergibt doppelte Eindrucksoberfläche). Als Eindringkörper benutzt man eine 136°-Diamantpyramide. Unter Vergrößerung misst man die Eindruckdiagonalen, die der Härte zugeordnet werden. Die Bezeichnung 450 HV 10/30 bedeutet Vickershärte 450 N/mm^2, Prüfkraft 98 N, Einwirkdauer 30 s.

7

Bis zu einer Härte von 300 HV stimmen Brinell- und Vickershärte überein.

Härteprüfung nach Rockwell (DIN EN 10109) wird bei weichen Werkstoffen mit einer Stahlkugel 1/18" (HRB), bei harten Werkstoffen mit einem Diamantkegel 120° (HRC) durchgeführt.

Um eine genaue Führung des Prüfkörpers zu erreichen, wird zuerst mit einer Vorkraft von 98 N belastet. Danach wird die Prüfkraft (z. B. 1373 N, je nach Verfahren) aufgebracht. Ohne eine Eindringdauer abzuwarten, wird nach dem Entlasten der Prüfkraft die Eindringtiefe zwischen der Vor- und der Prüfkraft gemessen. Die Eindringtiefe gilt als Maß der Härte.

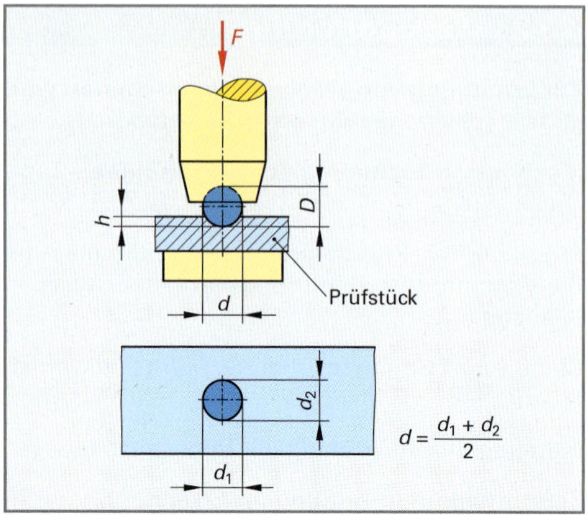

Bild 1: Härteprüfung nach Brinell. Aus der Fläche des Eindruckes und der verwendeten Kraft wird die Härte bestimmt.

Dicke der Probe in mm	*D* in mm	Prüfkraft *F* in N				
		GJL Stahl	CuSn; CuZn; Al.-Leg.	Al Mg Zn	CuPb-Leg.	Pb Sn
6	10	29420	9800	4900	2450	1225
3 … 6	5	7355	2450	1225	613	306,5
1,5 … 3	2,5	1840	613	306,5	153,2	76,6
0,6 … 1,5	1	294	98	49	24,5	12,2
Angenähert gilt für Stahl: $R_m \approx 3{,}4 \times HB$						

Tabelle 1: Wahl der Prüfkraft in Abhängigkeit vom Werkstoff

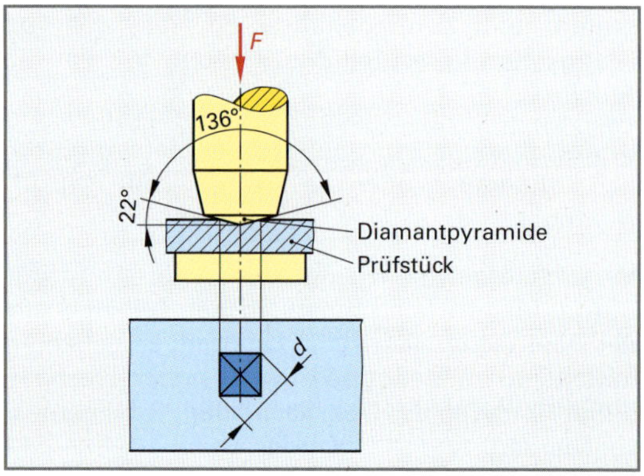

Bild 2: Härteprüfung nach Vickers. Geeignet für Werkstoffe von sehr geringer bis zu sehr hoher Härte.

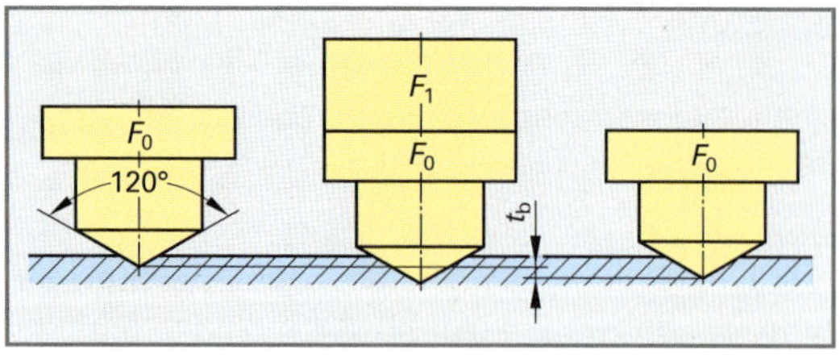

Bild 3: Härteprüfung nach Rockwell. Die bleibende Eindringtiefe in mm wird gemessen und aus ihr die Rockwellhärte abgeleitet.

Zerstörungsfreie Prüfverfahren

Durchstrahlverfahren (Bild 1) benutzen Röntgen- oder Gammastrahlen, die das Teil durchdringen und auf einer Fotoplatte (oder einem Leuchtschirm) durch Schwärzungsunterschiede einen Innenfehler sichtbar machen. Röntgenstrahlen sind elektromagnetische Wellen, die in der Röntgenröhre durch Aufprall der Elektronen auf eine Metallplatte erzeugt werden (Bild 2).

Gammastrahlen entstehen beim Zerfall radioaktiver Elemente und werden wegen ihrer größeren Intensität für die Prüfung dickwandiger Teile eingesetzt. Nachteilig ist die andauernde Rundumstrahlung, die besondere Schutzmaßnahmen erfordert.

Ultraschallverfahren (Bild 3) arbeiten mit Schallwellen mit einer Frequenz oberhalb der Hörgrenze. Diese Wellen werden von den Oberflächen, also auch etwaigen Fehlern (Risse, Hohlräume) im Werkstück reflektiert. Sie erscheinen dann am Bildschirm als Echosignal. An Fehlstellen, die den Schalldurchlass verhindern, wird eine geschwächte Anzeige wahrgenommen. Wie Risse für den Ultraschall schwer durchlässig sind, so auch die dünne Luftschicht zwischen Schallgeber und Werkstück, die durch Öl, Wasser oder Spezialmittel überbrückt werden muss.

Bild 1: Prüfung eines Stahlgussgehäuses mit Gammastrahlen auf Innenfehler

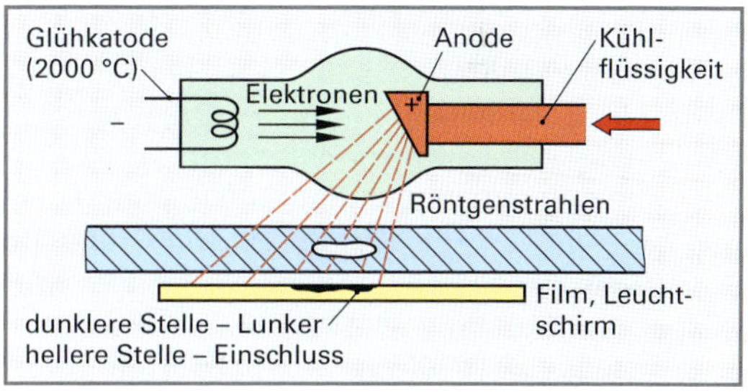

Bild 2: Wirkungsweise der Röntgenröhre

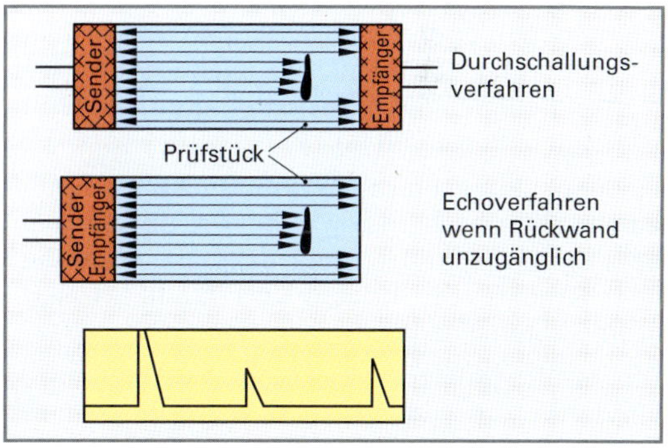

Bild 3: Ultraschallverfahren

Oberflächen-Haarrissprüfung

dient der Prüfung von Oberflächenfehlern.

Kapillarverfahren benutzen zur Sichtbarmachung von Rissen eine Flüssigkeit, die in die Risse eindringt. Nach Entfernung dieser Flüssigkeit von der Oberfläche wird die in den Rissen verbliebene Flüssigkeit durch Anwendung von Kontrastmitteln sichtbar gemacht. Als Kontrastmittel dienen Kreide (bei Öl), ultraviolettes Licht (bei fluoreszierender Flüssigkeit) oder verschiedene Reaktionsmittel, die nach dem Auftrag mit der in den Rissen enthaltenen Flüssigkeit sich verfärben und so die Fehlstellen sichtbar machen.

Magnetpulverprüfung beruht auf der Umlenkung von magnetischen Feldlinien an den Fehlstellen der Oberflächen (Bild 4). Das magnetisierbare Prüfstück wird mit Eisenpulver bestreut, das meist mit Öl aufgeschlämmt, gefärbt oder mit fluoreszierenden Zusätzen aufbereitet ist. Wird das Prüfstück zwischen die Pole eines Elektromagneten gebracht, so werden durch Ausrichten der Eisenteilchen in der Richtung der Kraftlinien diese sichtbar. Die Magnetpulverprüfung eignet sich nur für magnetisierbare Werkstoffe.

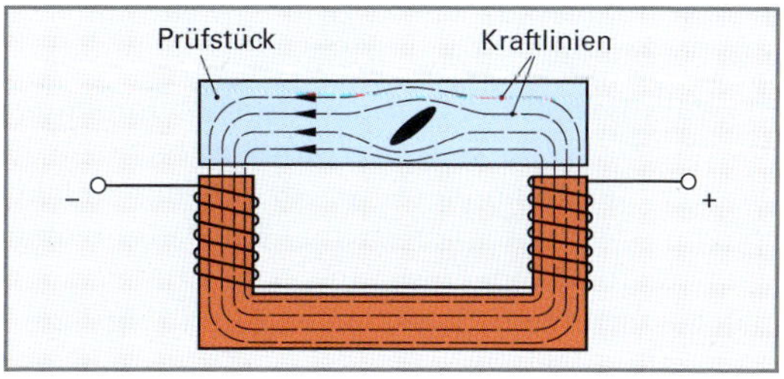

Bild 4: Magnetpulverprüfung

Metallographie

Unter Metallographie versteht man die Untersuchung, Beschreibung und Beurteilung des Aufbaus und der Struktur von metallischen Werkstoffen, des sogenannten Gefüges. Die Untersuchungen haben den Zweck, Gefüge sichtbar zu machen um Werkstoffeigenschaften, Schadensursachen und Wärmebehandlungen beurteilen zu können.

Probenvorbereitung

Durch Trennen oder Sägen wird die Probe auf die richtige Größe gebracht. Kleine Proben können zur besseren Handhabung in Kunststoff eingebettet werden. In dem anschließenden Schleifprozess wird entweder manuell, halb- oder auch vollautomatisch eine Fläche der Probe absolut eben präpariert. Die Probe wird dazu auf immer feiner werdenden Schleifpapieren stufenweise geschliffen. Dabei kommen Schleifmittel wie z.B. Siliziumkarbid (SiC) oder Korund zum Einsatz. Nach dem Schleifen wird die Probe auf einer rotierenden tuchbespannten Scheibe je nach Werkstoffart mit geschlämmter Tonerde (Al_2O_3), Magnesia (MgO) oder Diamantpaste wiederum in mehreren, immer feiner werdenden Stufen, poliert. Die Körnung kann beispielsweise bei Diamantpaste bis zu 0,25 μm Feinheit betragen.

Die präparierte Probe wird nun abschließend geätzt, so dass das Gefüge mikroskopisch untersucht werden kann.

Makroskopische Beobachtungen erfolgen visuell mit Lupen oder mit Mikroskopen unter kleiner Vergrößerung (Stereomikroskopie). Sie umfassen die Untersuchung von Gussstrukturen und Grobkornzonen (Bild 1 und Bild 2).

Von den **mikroskopischen Untersuchungsmethoden** ist die am häufigsten in der Praxis angewendete Methode die **Lichtmikroskopie,** wobei hier noch zwischen der Auflicht- und Durchlichtmikroskopie unterschieden werden muss.

Die **Auflichtmikroskopie** wird bei Werkstoffen verwandt, die undurchsichtig sind (z.B. Metalle, Keramiken). Die **Durchlichtmikroskopie** wird dementsprechend bei durchsichtigen oder durchsichtig gemachten Werkstoffen verwendet wie z.B. Polymeren.

Submikroskopische Gefügeuntersuchungen gehen über den Bereich der Metallographie weit hinaus. Hier kommen meist verschiedene Elektronenmikroskope mit maximal 1.000.000-facher Vergrößerung zum Einsatz. Mit ihrer Hilfe lassen sich Versetzungen, Stapelfehler, Ausscheidungen und andere Gefügebestandteile mit Abmessungen im nm-Bereich sichtbar machen.

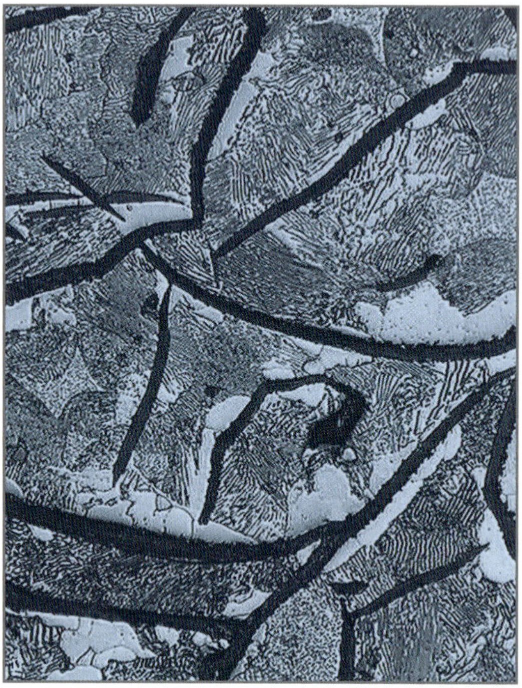

Bild 1: Schliffbild: Gusseisen mit Lamellengrafit Vergrößerung: 200 : 1

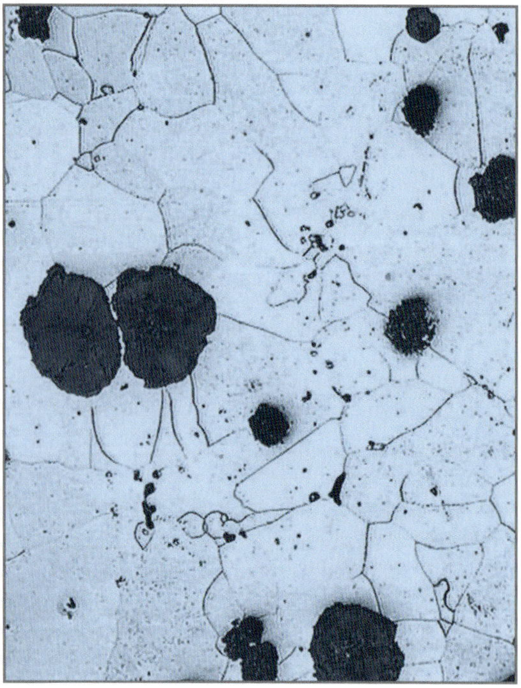

Bild 2: Schliffbild: Gusseisen mit Kugelgrafit Vergrößerung: 200 : 1

7

7.8 Wiederholungsfragen zu Kapitel 7

zu 7.1 Einführung

1. Welche Bedeutung haben Mineralien in der Gießerei?
2. Welcher Unterschied besteht zwischen Elastizität und Plastizität?
3. Nennen Sie Beispiele für Recycling in der Gießerei.

zu 7.2 Holz

4. Nennen Sie verschiedene plattenförmige Holzwerkstoffe und ihre jeweiligen Anwendungsgebiete.
5. Wodurch unterscheiden sich Furnierplatten und Kunstharzpressholz?

zu 7.3 Kunststoffe

6. Nennen Sie einige Eigenschaften, in denen sich Kunststoffe grundlegend von den Metallen unterscheiden.
7. Wie werden Kunststoffe in der Gießerei eingesetzt?
8. Welche Stoffe eignen sich als Trennmittel?
9. Nennen Sie einige chemische Verbindungen, die der organischen Chemie zuzordnen sind.
10. Wie lassen sich Thermoplaste und Duroplaste voneinander unterscheiden?

zu 7.4 Metalle

7.4.1 Grundlagen

11. Warum werden Metalle legiert?
12. Zeigen Sie den Unterschied zwischen der Erstarrung eines reinen Metalls und einer Legierung.
13. Erklären Sie, was ein Eutektikum ist.

zu 7.4.2 Eisenwerkstoffe

7.4.2.1 Roheisenerzeugung

14. Wie wird Roheisen erzeugt?
15. Welche Aufgaben hat die Schlacke beim Hochofenprozess?

7.4.2.2 System Eisen-Zementit

16. Nennen Sie die Gefügearten, die aus Eisen, Kohlenstoff oder deren Verbindung entstehen.

7.4.2.3 Stahl

17. Worauf beruht die Stahlherstellung?
18. Welche Stahleigenschaften können durch Legieren verbessert werden?
19. Welche Bedeutung hat die Bezeichnung E295G2 (RSt50)?
20. Wie lässt sich Stahlguss an der Normbezeichnung erkennen?

7.4.2.5 Gusseisen

21. Wie und aus welchen Bestandteilen wird Gusseisen hergestellt?
22. Nennen Sie die wichtigsten Gefügearten der Eisen-Kohlenstoff-Legierungen.
23. Erklären Sie, warum GJL (GG) geringere Festigkeit als GJS (GGG) aufweist.
24. Für welche Zwecke wird GJL (GG) verwendet?
25. Nennen Sie typische Beispiele der Verwendung von GJS (GGG).

7.4.2.6 Temperguss

26. Wodurch unterscheiden sich weißer und schwarzer Temperguss?

7.4.2.7 Schneidstoffe

27. Nennen Sie verschiedene Schneidstoffe mit jeweils einem Anwendungsgebiet.

zu 7.4.3 Nichteisenmetalle

28. Welches sind die wichtigsten Leichtmetalle?
29. Welche Eigenschaften des Reinaluminiums können durch Legieren verbessert werden? Mit welchen Legierungsbestandteilen kann dies jeweils geschehen?
30. In welchen Anwendungsfällen sind die besonderen Eigenschaften des Magnesiums von Vorteil?
31. Welche Probleme müssen beim Gießen von Magnesiumteilen gelöst werden?
32. Wozu ist das unlegierte Kupfer geeignet?
33. Nennen Sie die wichtigsten Kupferlegierungen und ihre Bestandteile.

zu 7.5 Gussfehler

34. Wie kann man versetzten Guss vermeiden?
35. Nennen Sie die Ursachen für die Entstehung von Lunkern?
36. Auf welche Art kann man die Lunkerbildung vermeiden?
37. Wie kann man das Vererzen der Gussoberfläche verhindern?
38. Auf welche Art können Schülpen an der Gussoberfläche entstehen?
39. Erklären Sie den Begriff Penetration.
40. Welcher Unterschied besteht zwischen einem Warm- und einem Kaltriss?

zu 7.6 Korrosion

41. Erklären Sie den Vorgang der Korrosion.
42. Nennen Sie Möglichkeiten Korrosion zu vermeiden (5).

8 Ergänzende Grundlagen und Techniken

8.1 Grundlagen Fertigungstechnik

8.1.1 Einführung

Das wichtigste Verfahren durch Urformen ist das Gießen. Die anschließende Bearbeitung der Gussteile durch spanende Fertigungsverfahren ist heute oft Bestandteil des Gesamtauftrages. Andere Verfahren wie z. B. das Schweißen oder Schmieden stehen als Alternative oft in Konkurrenz zum Gießen. Die Kenntnis der verschiedenen Fertigungsverfahren ist daher notwendig.

■ Urformen

Das Merkmal des Urformens ist das Erzeugen der Werkstückform, indem der Zusammenhalt des Materials in einer Form geschaffen wird. Bei den verschiedenen Gießverfahren erfolgt dies durch das Erstarren des flüssigen Metalls, beim Sintern durch Pressen und Erwärmen pulverförmiger bzw. körniger Werkstoffe.

■ Umformen

Beim Umformen wird mit oder ohne Werkzeug die Werkstückform, meist ein Halbzeug, verändert. Hierbei bleibt der Materialzusammenhalt bestehen. Solche Verfahren sind das Druckumformen, z. B. Schmieden, das Zugdruckumformen, z. B. Tiefziehen, das Biegeumformen usw.

■ Trennen

Das Merkmal des Trennens ist das Verändern der Werkstückform, wobei der Materialzusammenhalt aufgelöst wird. Die wichtigsten Gruppen sind das Zerteilen, z. B. Scherschneiden, das Spanen mit geometrisch bestimmter und mit geometrisch unbestimmter Schneide. Eine geometrisch bestimmte Schneide besitzen Meißel, Bohrer, Hobel u. a. Werkzeuge, während das Schleifkorn eine geometrisch unbestimmte Schneide aufweist.

Die Fertigungsverfahren des Spanens sind besonders wichtig und deshalb auch der wesentliche Inhalt des folgenden Kapitels.

■ Fügen

Beim Fügen werden Einzelteile miteinander verbunden. Man unterscheidet lösbare (Schrauben, Stiften u. a.) und unlösbare (Kleben, Schweißen u. a.) sowie formschlüssige (Vielkeilwelle) und kraftschlüssige (Morsekegel) Verbindungen.

Nach DIN 8580 sind weitere Fertigungsverfahren das **Beschichten** und **Stoffeigenschaftsändern** (z. B. Wärmebehandlungen wie Härten und Glühen).

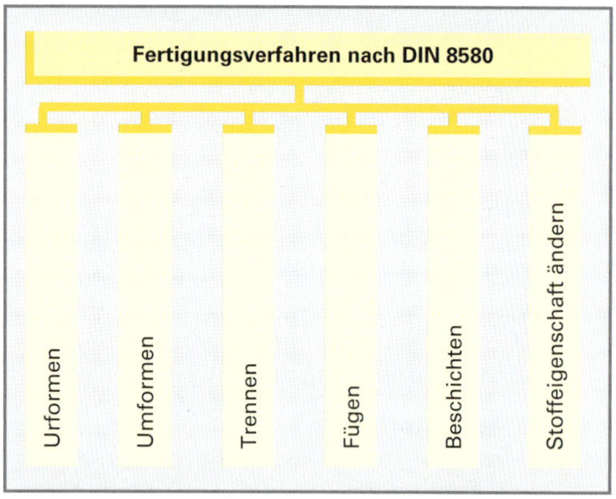

Bild 1: Einteilung der Verfahren

Bild 2: Urformen

Bild 3: Umformen: Pressen von Karosserieteilen

8.1.2 Umformen

Beim Umformen erhält das Werkstück seine Gestalt durch **plastische Formänderung.**

Nach Werkstücktemperatur unterscheidet man zwischen **Kaltumformen** und **Warmumformen.**

Nach der Art der Werkstoffbeanspruchung durch die aufgebrachten äußeren Kräfte unterscheidet man u.a.

- Druckumformen (z.B. Walzen)
- Zugdruckumformen (z.B. Tiefziehen)
- Biegeumformen (Freies Biegen, Gesenkbiegen)

Warmumformen

Bei höheren Temperaturen erniedrigt sich der Verformungswiderstand des Werkstoffes und die plastische Verformbarkeit verbessert sich. Dies wird beim Walzen und Schmieden ausgenützt.

Schmieden

Beim Schmieden wird das Werkstück in glühendem Zustand (z.B. bei unlegiertem Baustahl ca. 1200 °C) umgeformt.

Von Bedeutung ist das **Freiformschmieden** in der Industrie nur noch bei großen Werkstücken wie Schiffskurbelwellen. Hierbei kommen maschinelle Schmiedehämmer und Schmiedepressen (Bild 1) zum Einsatz. Für kleine bis mittlere Abmessungen und höheren Stückzahlen wird das **Gesenkschmieden** unter Verwendung einer Stahl-Negativform, dem Gesenk, angewandt. Bei manchen Werkstücken konkurriert das Gesenkschmieden mit dem Gießen. So kann sich der Konstrukteur z.B. anstatt der geschmiedeten Kurbelwelle aus Stahl für die gegossene aus Sphäroguss entscheiden.

Biegeumformen

Beim Biegeumformen unterscheidet man zwischen dem **Freien Biegen** und dem **Gesenkbiegen.** Das Gesenkbiegen verwendet eine Gegenform (Negativform), das Gesenk (Bild 2). Es ist vorwiegend ein Verfahren für Massenteile aus Blech. Das Freie Biegen kann entsprechend Bild 3 durchgeführt werden. Bei einzelnen Aufträgen und in der Ausbildung wird das Blech im Schraubstock gespannt und an Stelle des Stempels wird die Kraft mit dem Hammer aufgebracht.

Beim Biegeumformen erfolgt eine Streckung der Außenfaser und eine Stauchung der Innenfaser.

Die in der halben Blechdicke liegende neutrale Faser ergibt näherungsweise die gestreckte Länge (Bild 4).

Bild 1: Schmiedehammer

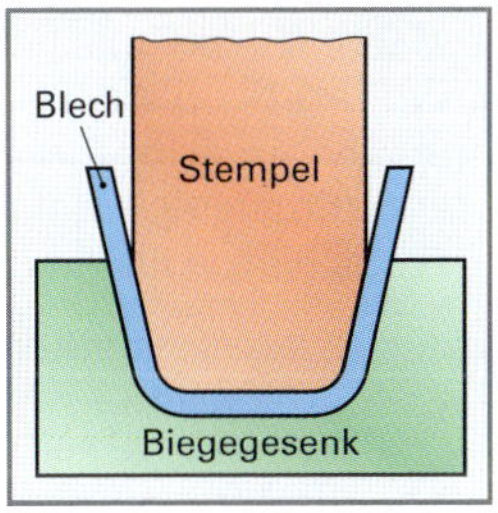

Bild 2: Gesenkbiegen

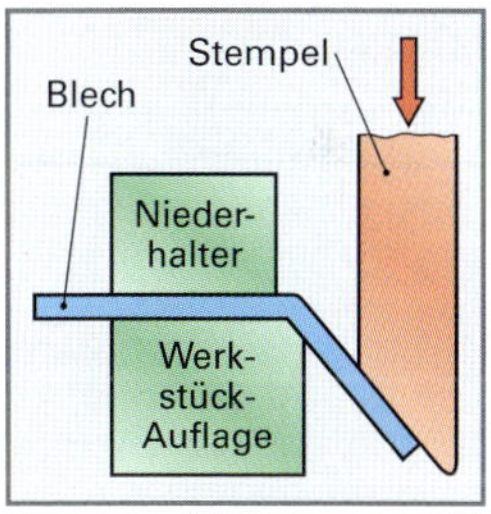

Bild 3: Freies Biegen

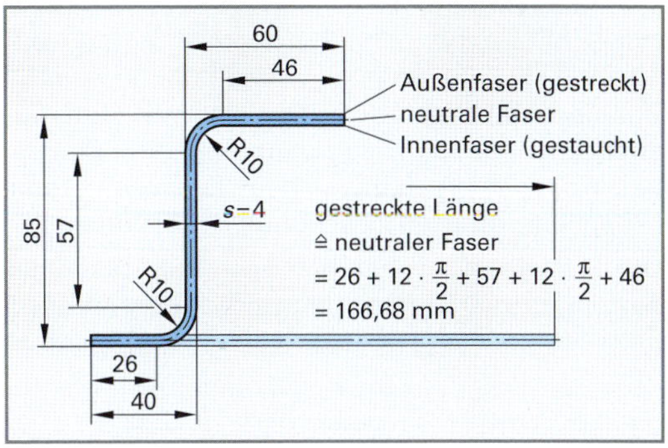

Bild 4: Gestreckte Länge von Biegeteilen

8.1.3 Spanende Bearbeitung

8.1.3.1 Keil als Werkzeugschneide

Der Keil ist das Grundelement jeder Werkzeugschneide. Die Kräfte, die durch die Kräftezerlegung dargestellt werden können, bewirken den Vorgang des Zerteilens oder Spanens. Bilder 1 und 2 zeigen dies am einfachsten Werkzeug, dem Meißel. Beispiele aus der Praxis, die dem Zerteilen zugeordnet werden, sind bei der Karosserieherstellung Fertigungsverfahren wie Schneiden und Lochen. Die meisten Fertigungsverfahren benutzen die keilförmige Werkzeugschneide zum Spanen.

Nach der Zahl der Werkzeugschneiden bezeichnet man die Werkzeuge für das Spanen (Auswahlbeispiele)

- als einschneidig (Meißel, Stechbeitel, Hobel)
- als mehrschneidig (Säge, Feile, Bohrer, Fräser)
- oder als vielschneidig (Schleifen).

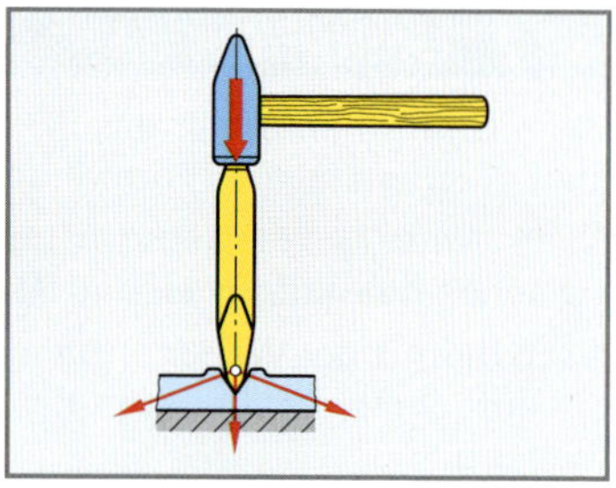

Bild 1: Meißel: Zerteilende Wirkung des Werkzeugkeils

Bild 2: Meißel: Spanende Wirkung des Werkzeugkeils

8.1.3.2 Winkel an der Werkzeugschneide

Die Winkel an der Schneide werden entsprechend Bild 3 angeordnet und nach dem griechischen Alphabet bezeichnet. Bei Werkzeugen mit geradliniger Bewegung dienen Waagerechte und Senkrechte als Hilfslinie. Bei Werkzeugen mit drehender Bewegung dienen Radiale und Tangentiale als entsprechende Hilfslinie.

Die Größe des Keilwinkels Beta ist abhängig von der Art des zu zerspanenden oder zu trennenden Werkstoffes. Je härter der Werkstoff um so größer ist der Keilwinkel. Ein kleinerer Keilwinkel erleichtert zwar das Eindringen der Werkzeugschneide mit weniger Kraft in das Werkstück, dafür wird die Standzeit (Zeit von einem Werkzeuganschliff bis zum nächsten erforderlichen) kürzer. Aus diesen Gründen kann z.B. der optimale Keilwinkel eines Stechbeitels für Weichholz 25° und der Keilwinkel an einem Drehmeißel für Stahl 70° betragen.

Die Größe des Spanwinkels bestimmt den Zerspanungsvorgang und die Spanform (Bild 5). Ist der Spanwinkel sehr klein, 0° oder gar negativ, so handelt es sich bei der Zerspanung um ein Schaben, es entsteht ein Reißspan. Ist der Spanwinkel groß, so ist der Zerspanungsvorgang ein Schneiden, und es entsteht ein Fließspan. Der Scherspan ist eine Zwischenform, bei Stahl kommt es hierbei meist zu einem Verschweißen der einzelnen Spanteilchen. Die Spanform ist auch abhängig vom Werkstoff. Weicher Stahl neigt eher zum Fließspan, Holz neigt eher zum Reißspan. Insbesondere bei schälendem Schnitt, so beim Drechseln, kommt es jedoch auch bei vielen Holzarten zu schönen Fließspänen.

Der Freiwinkel ist insbesondere bei Maschinenwerkzeugen zur Verminderung der Reibung und der damit entstehenden Wärme notwendig. Er liegt üblicherweise zwischen 6° und 12°.

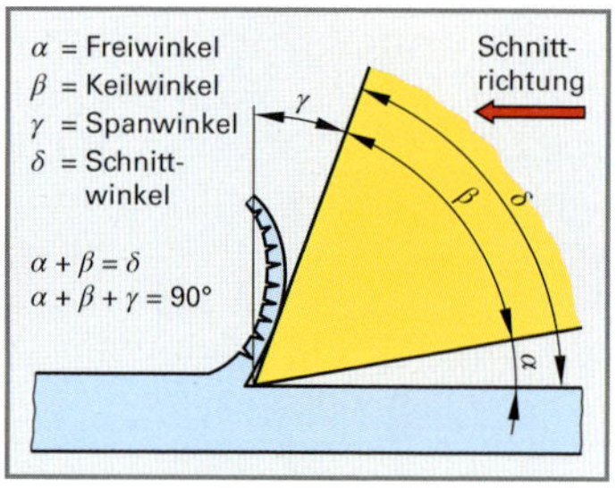

Bild 3: Winkel an der Werkzeugschneide

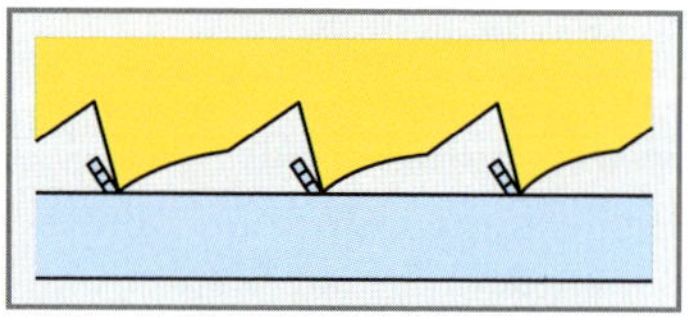

Bild 4: Beispiel gehauene Feile: Schabende Wirkung bei negativem Spanwinkel

Bild 5: Beispiel Hobeln von Metall: Spanbildung durch unterschiedliche Spanwinkel und Werkstoffe

8.1.3.3 Meißel

Am Meißel lässt sich der Werkzeugkeil als Grundelement aller spanenden Werkzeuge am einfachsten darstellen. Im Einführungskapitel 8.1.3.1 wurde deshalb bereits der Meißel zu Grunde gelegt. Entsprechend der Härte des zu bearbeitenden Werkstückes muss der Keilwinkel angeschliffen werden. Während dieser für Stahl üblicherweise 70° beträgt, genügen für Aluminium 40 bis 50°.

In der Praxis wird fast nur noch der in Bild 1 dargestellte Flachmeißel für die Berufsausbildung und teilweise als Pressluftmeißel zum Putzen von Gussnähten verwendet.

Früher war der Pressluftmeißel wichtigstes Werkzeug in der Gussputzerei. Sein Einsatz ist heute minimiert durch die guten Zerfalleigenschaften von Formstoffen und intensiven Arbeitsgängen wie Rütteln und Strahlen.

Kreuzmeißel, Nutenmeißel und Aushaumeißel haben keine Bedeutung mehr. Beim Meißeln soll zur Unfallverhütung immer wegen abspringender Späne eine Schutzbrille getragen werden.

Bild 1: Handhabung des Meißels

8.1.3.4 Sägen

Gegenüber den Handsägen für Holz ist für Metall lediglich die Bügelsäge die gebräuchliche Handsäge (Bild 2). Die Zahnteilung und Winkel sind, bedingt durch den zu sägenden Werkstoff, bei Metallsägen unterschiedlich gegenüber Holzsägen.

Die Metallsägen besitzen eine wesentlich feinere **Zahnteilung,** die nicht wie bei Holzsägen in mm-Abstand, sondern in Zähnezahl pro Zoll Länge angegeben wird:

Die feine Teilung mit 32 Zähnen pro Zoll Länge (hieraus t = 25,4 mm : 32 = 0,79 mm) ist für härtere Metalle geeignet.

Für weichere Metalle ist die grobe Teilung mit 16 Zähnen pro Zoll Länge (hieraus t = 25,4 : 16 = 1,56 mm) wegen des größeren Spanraumes am besten geeignet.

Zum Vergleich kann eine Holzsäge für Weichholz eine Zahnteilung von 2,5 oder 5 mm besitzen.

Der **Spanwinkel** ist mit 0° bis 2° sehr klein, um die erforderliche Kraft entsprechend klein zu halten. Ein Maschinensägeblatt darf deshalb einen größeren Spannwinkel aufweisen, meist 10°.

Aus dem Keilwinkel 50° und dem Spanwinkel ergibt sich der **Freiwinkel** von bis zu 40°.

Während Holzsägeblätter vorzugsweise einen Biegeschrank zum Freischneiden des Blattes aufweisen, wird das **Freischneiden** bei Metallsägeblättern mit einem Wellschrank erreicht.

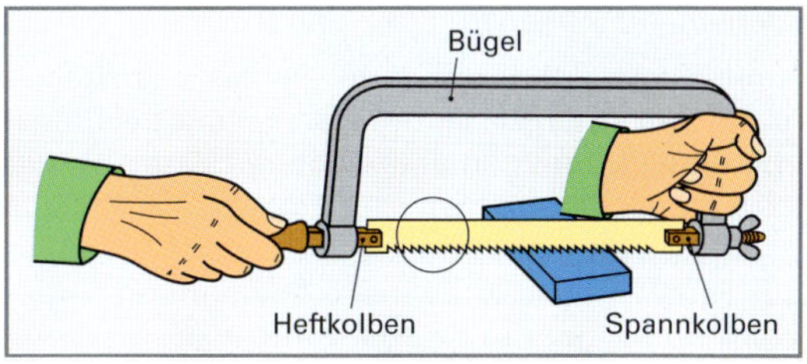

Bild 2: Handhabung der Bügelsäge

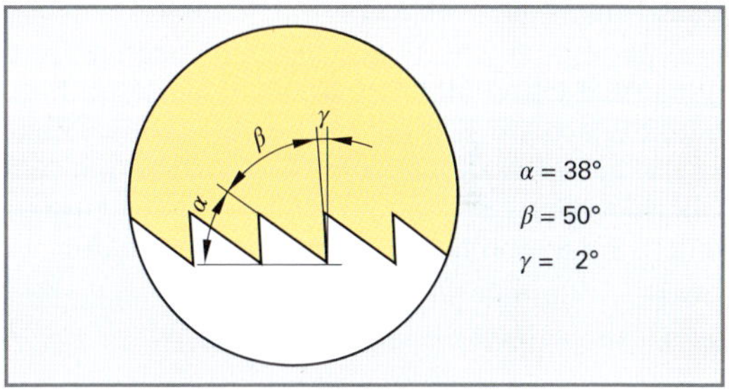

Bild 3: Winkel am Handsägeblatt

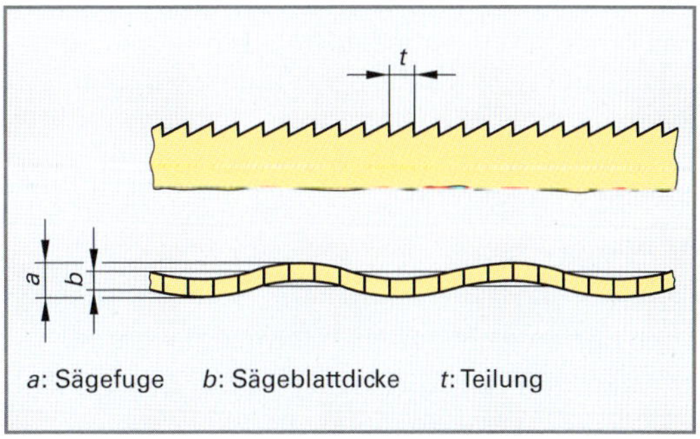

Bild 4: Freischneiden des Bügelsägeblattes

8.1.3.5 Feilen

Die Feile ist ein mehrschneidiges, spanabhebendes Werkzeug, das sowohl in der Metallbearbeitung als auch in der Holz- und Kunststoffbearbeitung benutzt wird.

Feilen werden entsprechend der **Querschnittsform** als Flachstumpf-, Flachspitz-, Halbrund-, Rund-, Vierkant- oder Dreikantfeilen bezeichnet (Bild 1). Nach der **Hiebart** werden sie in einhiebige Feilen und Feilen mit Kreuzhieb eingeteilt.

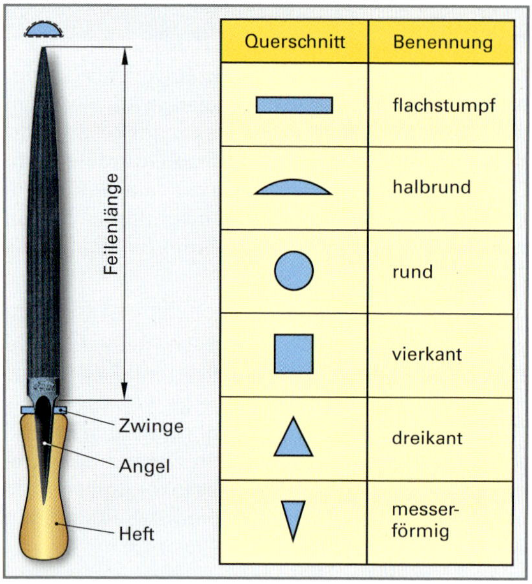

Bild 1: Feilenlänge und Feilenquerschnitte

Hieb

Unter dem Hieb versteht man die Gesamtheit der durch Hauen, Schneiden oder Fräsen erzeugten Feilenzähne. **Gehauene und geschnittene Zähne** wirken schabend, während **gefräste Zähne** schneidend wirken (Bilder 2 und 3).

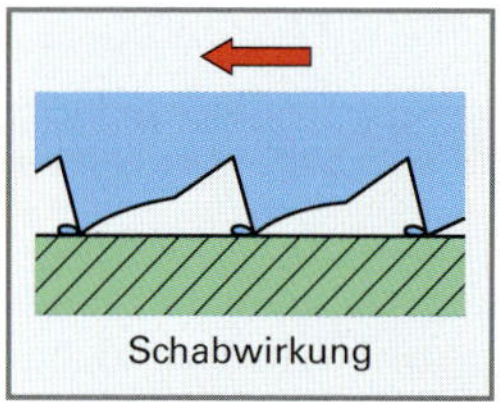

Bild 2: Schabwirkung bei gehauener Feile

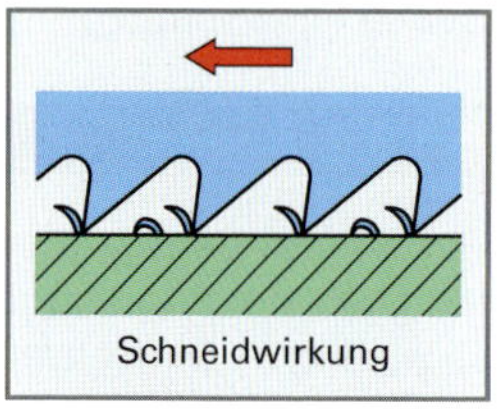

Bild 3: Schneidwirkung bei gefräster Feile

Neben dem Zahnprofil sind die Art des Hiebes und seine Anordnung auf der Feilenoberfläche von Bedeutung. Man unterscheidet Einhieb- und Kreuz- oder Doppelhieb. Der **Einhieb** besteht aus parallel zueinander und schräg zur Achsrichtung der Feile wirkenden Zähnen. Anwendung findet der Einhieb bei der Bearbeitung weicher Werkstoffe wie z. B. Aluminium, Blei, Zinn und der Kreuzhieb bei der Bearbeitung von harten Werkstoffen wie z. B. Stahl, Grauguss, Messing.

Der **Kreuzhieb** (Bild 4) entsteht durch zweimaliges Hauen der Feilenoberfläche, wobei der zuerst gehauene Unterhieb und der anschließend gehauene Oberhieb sich kreuzen. Der Oberhieb bildet wie beim Einhieb die schneidenden Zähne, während der Unterhieb die Aufgabe hat, die Oberhiebzähne in viele kleine Zähnchen zu unterteilen und dadurch als Spanbrecher zu dienen.

Die **Hiebteilung** hängt sowohl von der Feilenlänge als auch von der Hiebnummer ab.

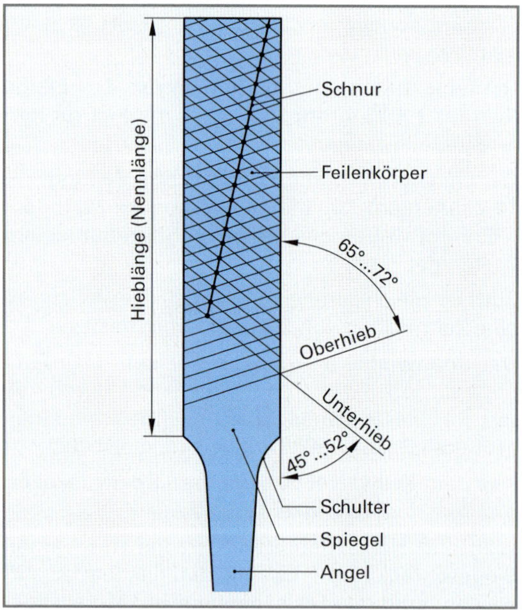

Bild 4: Kreuzhiebfeile

Heft

Das Heft ist meist aus Hartholz oder Kunststoff und mit einer Zwinge aus Metall umschlossen. Es wird zum Halten und Führen der Feile benützt. Zum Aufbringen des Heftes auf die Angel wird das Feilenheft mit abgestuften Bohrungen vorbereitet. Nun wird die Feile mit aufgestecktem Heft waagerecht so gehalten, dass das Heft mithilfe eines Gummi- oder Kunststoffhammers aufgetrieben werden kann.

Pflege

Das Heft der Feile muss festsitzen. Die Hiebflächen dürfen nicht aufeinandergelegt werden.

Mit Holz und Harz verschmutzte Werkzeuge werden in heißes Wasser getaucht und ausgebürstet, anschließend gut getrocknet.

8.1.3.6 Spiralbohrer

Für die Metallbearbeitung ist der wichtigste Bohrer der Spiralbohrer. Diese Bezeichnung ist üblich und genormt nach DIN 1414, obwohl, nach der geometrischen Form der Spannut, die Bezeichnung Wendelbohrer richtig wäre.

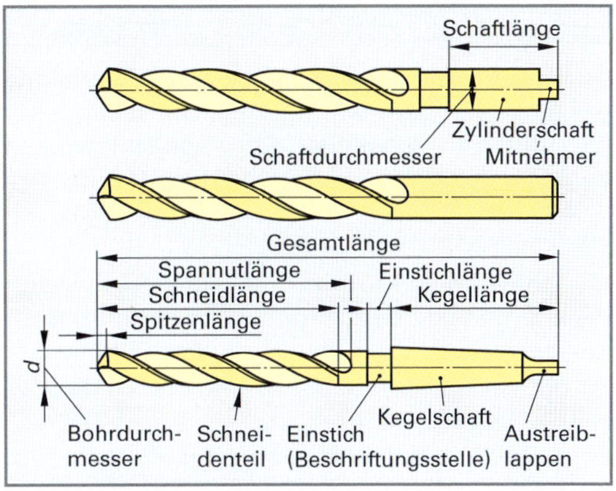

Bild 1: **Bohrer mit Zylinderschaft und Morsekegelschaft**

Bohreraufbau

Die Spiralbohrer werden meist durch Bearbeiten aus HSS-Rundmaterial hergestellt. Der Schaft ist entsprechend dem Bohrkopf der Bohrmaschine ein Zylinderschaft oder Morsekegel. Der Zylinderschaft hat zum Teil an seinem Ende einen Mitnehmer, der Morsekegel besitzt immer einen Austreiblappen. Dadurch kann mit dem Austreibkeil und einem Hammerschlag, ohne Beschädigung des Kegels, der Bohrer aus dem Aufnahmekegel ausgetrieben werden.

Zum Schneidteil gehören zwei wendelförmige Spannuten zum Heraustransportieren der Späne aus der Bohrung. Entlang der Spannut ist eine schmale Führungsfase. Damit sich der Bohrer nicht zu stark erwärmt, sind die Führungsfasen schmal gehalten, die Bohrerspitze an der Hauptfreifläche um ca. 7° hinterschliffen und der Bohrerdurchmesser von der Spitze bis zum Schaft pro 100 mm Länge um 0,02 bis 0,08 mm verjüngt.

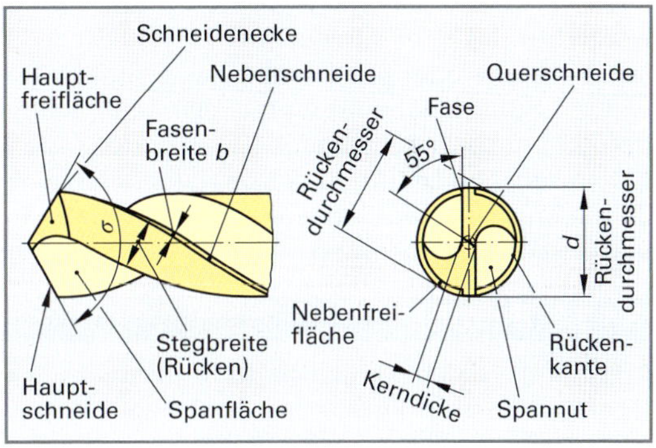

Bild 2: **Bezeichnung am Spiralbohrer**

Schneidengeometrie

An der Bohrerspitze befinden sich die beiden Hauptschneiden und die Querschneide. Diese Querschneide entsteht durch die Kerndicke (Bohrerseele), das zwischen den Spannuten verbleibende Material des Bohrers. Die Querschneide muss so geschliffen werden, dass sie mit der Hauptschneide einen Winkel von 55° bildet. Da die Querschneide nur schabt, wird bei größeren Durchmessern zuerst mit einem Bohrer mit dem Durchmesser der Kernseele vorgebohrt. Das „Ausspitzen", ein Verringern der Querschneide durch Ausschleifen, bringt ebenfalls eine Stabilisierung des sonst möglichen Verlaufens des Bohrers.

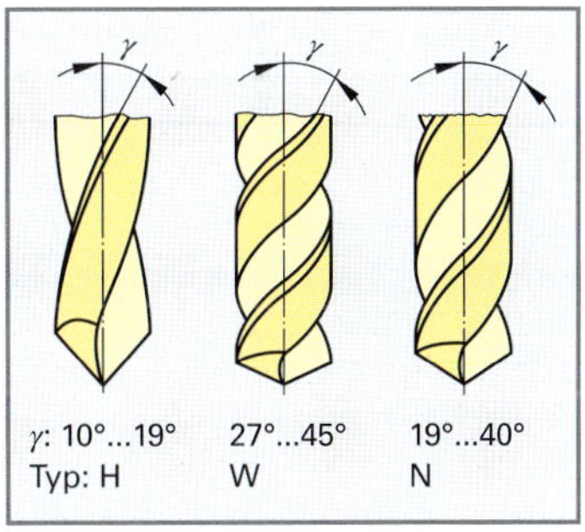

Bild 3: **Spiralbohrertypen**

Der Spanwinkel ergibt sich aus der Steigung der Spannute. Der Freiwinkel wird durch Hinterschliff von ca. 7° an der Freifläche der Bohrerspitze erzielt. Der verbleibende Keilwinkel zeigt auch beim Bohrer die bekannte Gesetzmäßigkeit: Je härter der zu bearbeitende Werkstoff, umso größer der Keilwinkel. Die hierfür im Handel erhältlichen Bohrer haben deshalb die Typenbezeichnung H für harte, N für normale und W für weiche Werkstoffe.

Auch der Spitzenwinkel berücksichtigt die Art des zu bearbeitenden Werkstoffes. Der übliche Spitzenwinkel beträgt 118° und ist geeignet für die meisten Eisenwerkstoffe, Messing, Zink und Neusilber. Ein Spitzenwinkel von 130° wird für besonders harte Stähle, Kupfer- und Aluminiumlegierungen verwendet. Ein Spitzenwinkel von 80° kann für Duroplaste, Hartgummi und Gestein vorteilhaft sein.

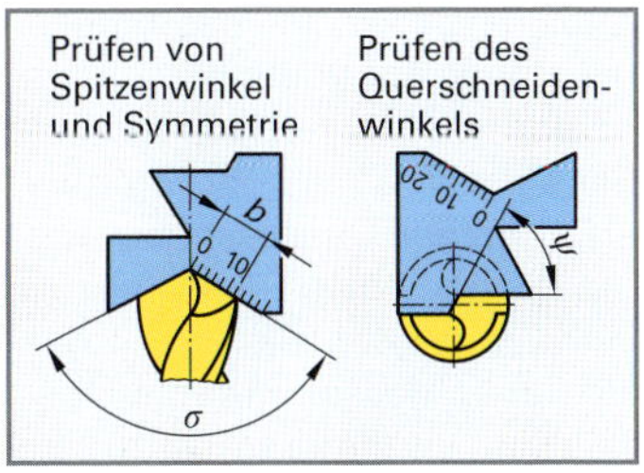

Bild 4: **Spitzenwinkel und Querschneide**

8.1.3.7 Senker

Der Kegelsenker wird vorwiegend zur Herstellung der Einsenkung für den Kopf der Senkschrauben (90° und 120°) verwendet. Der Kegelsenker kann auch zum Entgraten verwendet werden. Er wird insbesondere bei der Verwendung für Holz auch als Krauskopf bezeichnet.

Mit dem Plansenker werden Flächen erzeugt, die z. B. das plane Aufliegen von Schraubenköpfen gewährleisten. Teilweise haben Plansenker einen Führungszapfen mit dem Durchmesser der Durchgangsbohrung.

Einsenkungen für Schrauben mit Zylinderkopf werden mit dem Flachsenker gefertigt. Dieser besitzt einen festen oder auswechselbaren Führungszapfen, dessen Durchmesser ebenso wie der Einsenkungsdurchmesser auf die Normabmessungen der Zylinderschrauben abgestimmt ist.

Mit dem drei- oder vierschneidigen Spiralsenker werden Bohrungen aufgebohrt. Man unterscheidet hierbei Vollmaßsenker, die das genaue Maß aufweisen, und Untermaßsenker, die noch einige Zehntelmillimeter für die endgültige Bearbeitung durch Reiben übrig lassen.

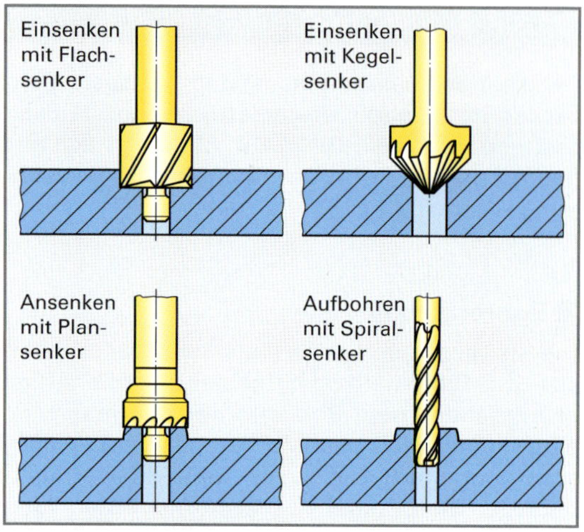

Bild 1: Senkerarten und ihre Anwendung

8.1.3.8 Reibahlen

Bohrungen mit besonderen Anforderungen an Oberflächengüte, Form- und Maßtoleranz, z. B. Passungen, werden nach dem Bohren noch zusätzlich durch Reiben feinbearbeitet. Die Zugabe hierzu beträgt 0,2 bis 0,6 mm. Das Werkzeug, das diese letzte Spanabnahme ausführt, ist die Reibahle. Sie besteht aus Schaft und Schneidteil, dieser wiederum aus Anschnitt und Führung. Wird die Bohrung von Hand fertig gestellt, so wird eine Handreibahle verwendet. Sie ist zu erkennen an einem Vierkant am Ende des zylindrischen Schaftes. Hier wird das Windeisen zur Ausführung der Drehbewegung aufgesetzt. Ein langer Anschnitt ermöglicht beim Beginn des Schneidvorgangs eine Selbstzentrierung des Schneidteiles. Der Schneidvorgang und das Zurückdrehen dürfen nur langsam im Uhrzeigersinn erfolgen, da sonst ein Brechen der Schneiden zu befürchten ist. Die Maschinenreibahle besitzt für das Einspannen in die Bohrmaschine entweder einen zylindrischen Schaft oder einen Morsekegel. Der Anschnitt ist kurz, da die Maschine die Führung übernimmt. Damit die erforderliche Oberflächengüte erreicht wird, besitzen die Reibahlen Spanwinkel, die 0° oder negativ sind. Je größer die Anzahl der Schneiden (6 bis 18), umso besser wird die Oberfläche. Zum Messen der Durchmesser ist die Schneidenzahl zwar gerade, jedoch ist die Gradteilung ungleich, um sogenannte Rattermarken zu vermeiden.

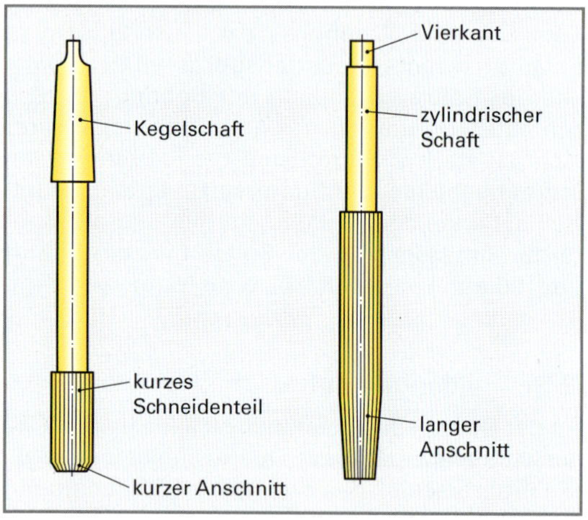

Bild 2: Maschinenreibahle **Bild 3: Handreibahle**

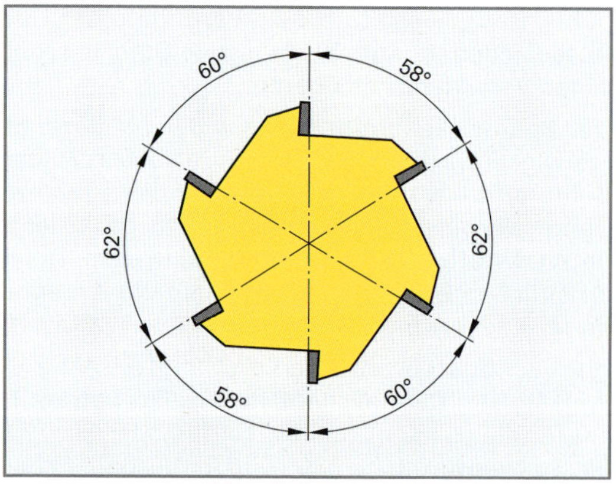

Bild 4: Ungleiche Zahnteilung zur Vermeidung von Rattermarken

8

8.1.3.9 Gewindeschneidwerkzeuge

Zur Herstellung einer Schraubverbindung sind ein Gewindeaußenteil und ein Gewindeinnenteil notwendig. Die notwendigen Schnittwerkzeuge, um die beiden Teile von Hand zu fertigen, sind ein Gewindebohrer für das Innengewinde und ein Schneideisen für das Außengewinde. Maschinell werden Gewinde auf der Drehmaschine und auf geeigneten Bohrmaschinen geschnitten.

Gewindebohrer

Der Gewindebohrer hat wie die bereits bekannte Reibahle ebenfalls am Ende des zylindrischen Schaftes einen Vierkant zum Aufsetzen des Windeisens. Auch ein kegeliger Anschnitt am Schneidteil ermöglicht das Einführen des Werkzeuges. Zur Herstellung einer Gewindebohrung wird zuerst das Kernloch mit einem Kernlochbohrer hergestellt. Bei einem Gewinde M 10 beträgt der Kerndurchmesser nach DIN 336 ca. 8 mm. Da ein Teil des Materials beim Gewindeschneiden gepresst wird, berücksichtigt man dies durch die Wahl eines je nach Werkstoff um 0,2 bis 0,4 mm größeren Kernlochbohrers, im Beispiel M 10 für Stahl deshalb 8,2 mm. Die eigentliche Spanung der Gewindegänge erfolgt dann mit den Zähnen des Anschnittes, während der zylindrische Schneidteil nur eine letzte Glättung ausführt. In einem Arbeitsgang wird das Gewindeschneiden an der Maschine durchgeführt. Von Hand ist das ebenfalls bei kurzen Gewindelängen mit dem Muttergewindebohrer möglich. Meist verwendet man beim Gewindeschneiden von Hand einen Satzgewindebohrer, bei dem die Zerspanung, wie in Bild 2 dargestellt, auf drei Arbeitsgänge verteilt wird. Entsprechend dem zu zerspanenden Werkstoff befinden sich am Schneidteil drei oder vier gerade Spannuten. Drei Spannuten geben mehr Platz für die Späne und sind deshalb für Aluminium besser geeignet als vier Spannuten. Auch die Größe des positiven Spanwinkels unterscheidet sich entsprechend dem Werkstoff.

Schneideisen

Mit einem Schneideisen wird das Außengewinde in einem Arbeitsgang geschnitten. Das Schneideisen wird zusammen mit einer Schneideisenkapsel in einen Schneideisenhalter eingesetzt.

Schneideisen können geschlitzt sein, um den Gewindedurchmesser mit einer Spreizschraube geringfügig zu vergrößern und vorschneiden zu können. Größere Gewinde, ab 14 bis 16 mm, lassen sich nicht mehr in einem Arbeitsgang schneiden. Hier wird dann die Schneidkluppe verwendet, deren Zähne nachstellbar sind.

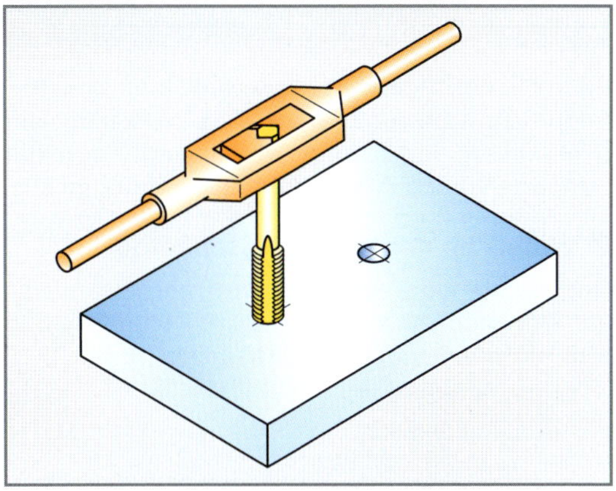

Bild 1: Innengewindeherstellung von Hand mit Gewindebohrer

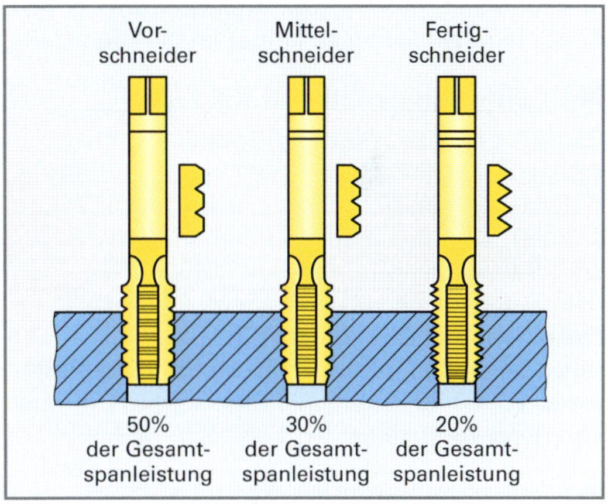

Bild 2: Zerspanungsvorgang bei einem Satzgewindebohrer

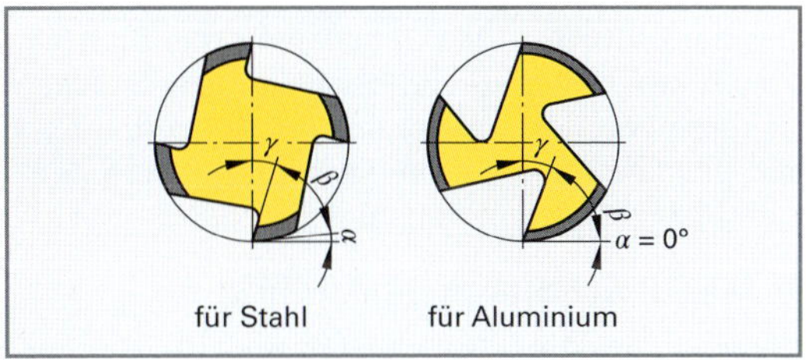

Bild 3: Schneidkeile an Gewindebohrern

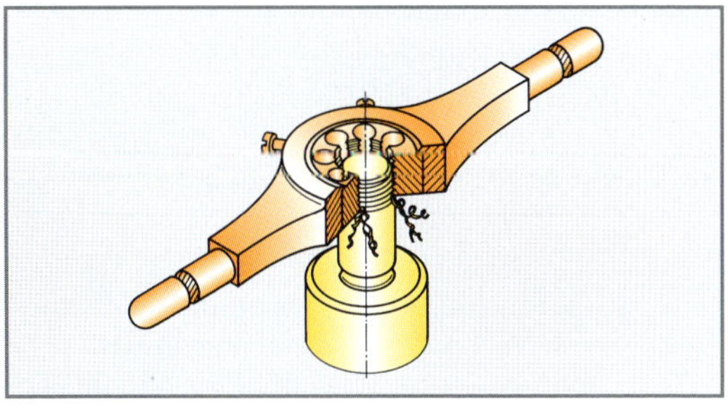

Bild 4: Außengewindeherstellung von Hand mit Schneideisen

8.1.3.10 Drehen

Beim Drehen führt das Werkstück eine kreisförmige Schnittbewegung aus. Das Werkzeug, der Drehmeißel, führt durch die Bewegungen der Supporte Vorschub- und Zustellbewegungen aus.

Winkel an der Werkzeugschneide

Der Maschinendrehmeißel wird normalerweise auf Werkstückmitte eingespannt. Damit ergeben sich entsprechend Bild 1 die Winkel:

α (Alpha) Freiwinkel
β (Beta) Keilwinkel
γ (Gamma) Spanwinkel

Wird der Spanwinkel größer, so nimmt die Oberflächengüte zu und erreicht je nach Werkstoff bei einem bestimmten Winkel ihr Optimum. Je größer der Keilwinkel umso länger ist die Standzeit.

Drehmaschinenaufbau (Bild 2)

Das Bett ist das tragende Bauteil der Drehmaschine. Im **Spindelstock** (links im Bild) befinden sich das Getriebe und die Lagerung für die **Hauptspindel**. Auf den **Führungsbahnen** des Bettes sind **Supporte** und **Reitstock** geführt. Aufeinander aufgebaut sind in der Reihenfolge **Bett-, Plan-, Zwischen- und Obersupport**. Die ersten drei können durch einen gesonderten Motor ihren stufenlosen Vorschub erhalten. Jeder Support ist auch von Hand verstellbar.

Das Spannen der Werkstücke

Das zum Spannen der Werkstücke notwendige Zubehör wird als Spannzeug bezeichnet.

Dreibackenfutter (Bild 3) erlauben das Spannen von Rund-, Dreikant- und Sechskantwerkstücken. Längere Werkstücke werden zwischen den Spitzen gespannt, hierbei ist eine **mitlaufende Zentrierspitze** (Bild 3) im Reitstock gelagert.

Maschinendrehmeißel (Bild 4)

Maschinendrehmeißel werden meist in Schnellwechselhaltern oder auch durch Spannplatte und Spannschraube eingespannt.

Bei den Maschinendrehmeißeln werden nach Lage der Hauptschneide zum Werkstück rechter (a, c, h) und linker Drehmeißel (b, d, f, i) unterschieden. Nach Lage des Schneidenteils zum Schaft wird gerader (e, g), gebogener (a, b, c, d, j), abgesetzter (h, i) und gekröpfter Drehmeißel unterschieden.

Nach der Verwendung wird noch unterschieden durch die Bezeichnungen Schlichtdrehmeißel (a, b, h, i), Schruppdrehmeißel (c, d, e), Stechdrehmeißel (f, g), Plandrehmeißel (h, i) und Ausdrehmeißel (j).

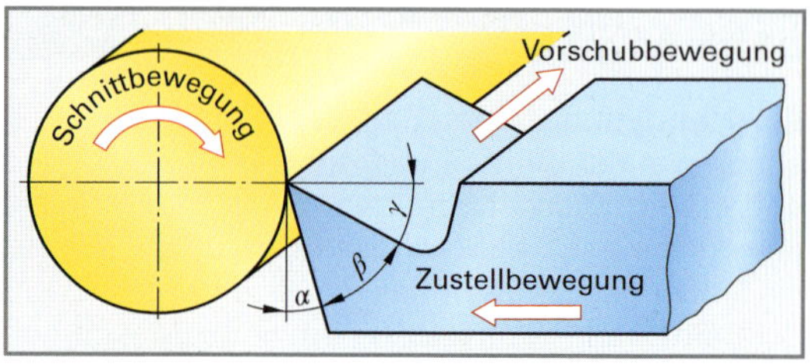

Bild 1: Winkel an der Schneide und Bewegungen

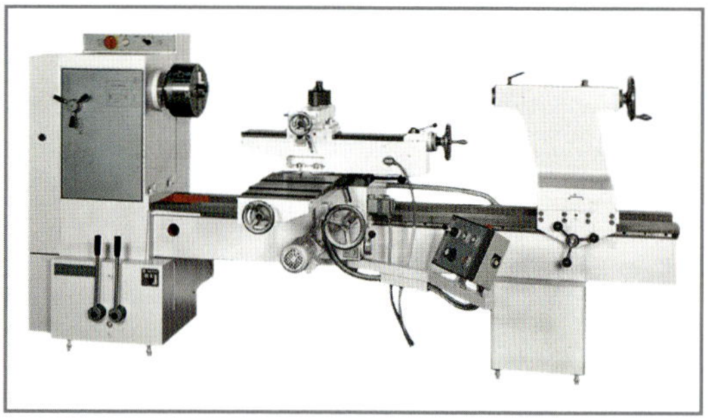
Bild 2 Drehmaschine für den Modell- und Formenbau

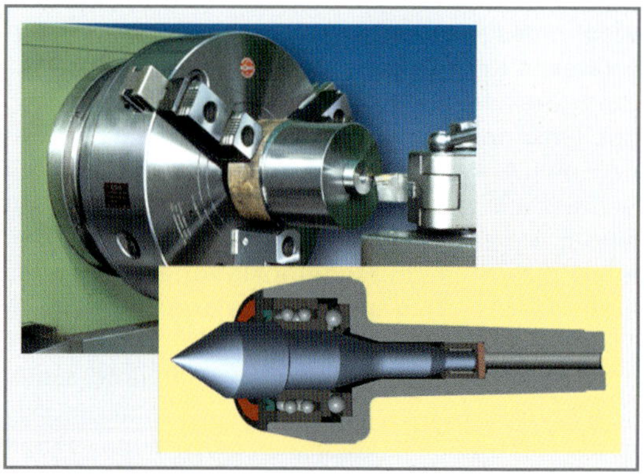
Bild 3: Dreibackenfutter und mitlaufende Zentrierspitze

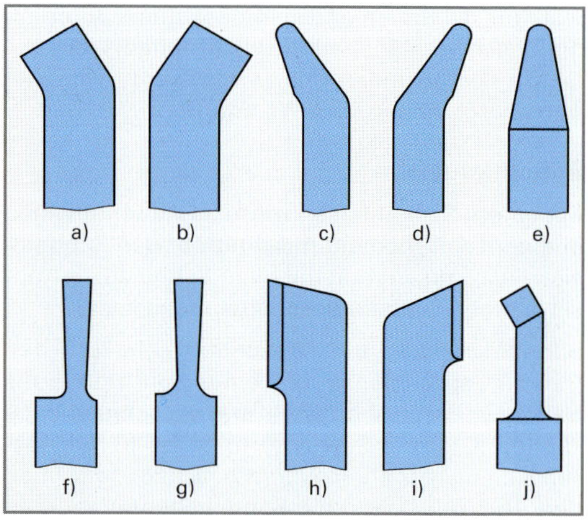

Bild 4: Maschinendrehmeißel

8.1.3.11 Fräsen

Fräsvorgang und Fräswerkzeuge

Beim Fräsen führt das Werkzeug eine kreisför-mige Schnittbewegung mit einem mehrschneidigen Werkzeug aus. Von der großen Anzahl unterschiedlicher Fräswerkzeuge genügt es für den Gießereimechaniker einige wichtige zu kennen.

Gussteile haben sehr häufig Flächen mit Bearbeitungszugaben, die durch Planfräsen ihr Fertigmaß erhalten. Dies kann durch **Umfangs-Planfräsen** mit einem Walzenfräser oder **Stirn-Planfräsen mit einem Walzenstirnfräser** oder **Messerkopf** (Bild 1) erfolgen.

Ist die Drehrichtung des Fräsers entgegen der Vorschubrichtung wird der Vorgang als **Gegenlauffräsen** bezeichnet. Beim **Gleichlauffräsen** sind beide Bewegungen gleichgerichtet (Bild 2). Bei letzterem wird eine bessere Oberfläche erzielt. Voraussetzung für diesen Vorteil ist u.a. ein spielfreier Tischvorschub.

Für Arbeiten im Modell- und Formenbau werden häufig **Schaftfräser** für das **Formfräsen** verwendet. Insbesondere bei computergesteuertem Fräsprogrammen haben sich **Kugelschaftfräser** bewährt.

Als Werkstoff für Fräser werden Schnellarbeitsstahl, Hartmetall und Keramik verwendet. Wendeschneidplatten sind nicht nur an großen Werkzeugen wie Planfräskopf und Eckfräskopf, sondern auch schon an kleindimensionierten Kugelschaftfräsern in Anwendung.

Fräsmaschine

Fräsmaschinen werden in vielfältigen Varianten gebaut. Für das Fräsen von Modelleinrichtungen aus Holz und Kunststoff sind leichtere Bauweisen im Einsatz, der Vorschub des Werkstückes kann hierbei teilweise von Hand ausgeführt werden. Für die Metallbearbeitung ist dagegen eine besonders stabile Ausführungen notwendig, die Vorschübe erfolgen über Antriebsmotoren.

Nach dem konstruktiven Aufbau kann unterschieden werden zwischen Ständer-, Konsol-, Portalfräsmaschinen und anderen.

Ein wichtiges Merkmal ist die Zahl der Bewegungsachsen und ob diese durch Handbedienung oder Computer gesteuert werden. Bild 3 zeigt mögliche Achsenbewegungen einer Fräsmaschine und die Bezeichnung dieser Achsen. An modernen CNC-Fräsmaschinen können bis zu fünf Achsen durch Programme gesteuert werden (Bild 4).

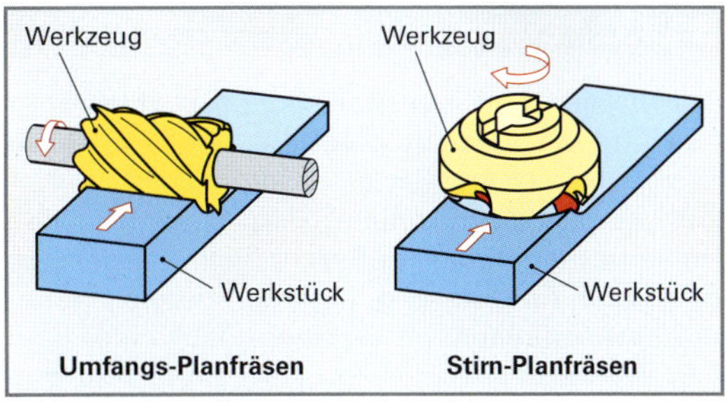

Bild 1: Planfräsverfahren

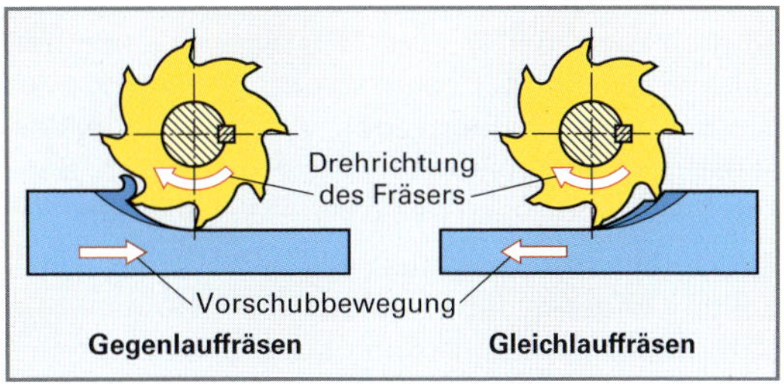

Bild 2: Gegenlauf und Gleichlauffräsen

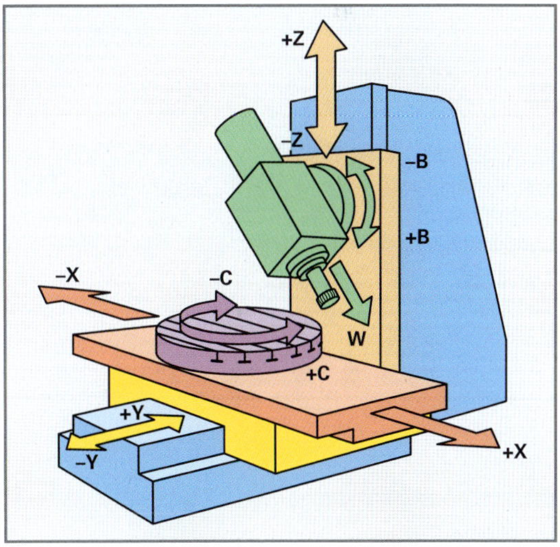

Bild 3: 3-Achs-gesteuerte Fräsmaschine mit Achsenbezeichnung

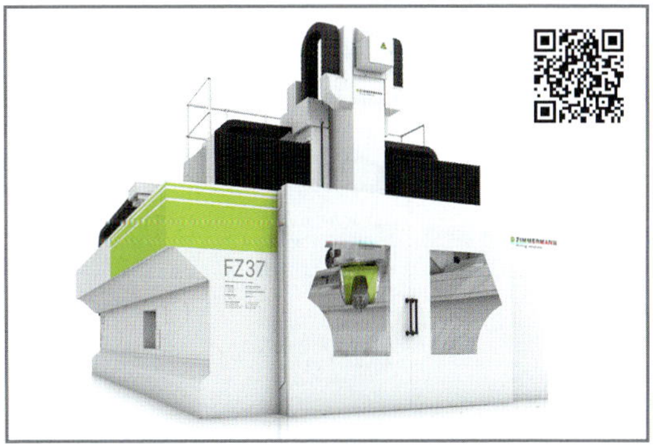

Bild 4: 5-Achs-gesteuerte Fräsmaschine zur Sicherheit mit Umhausung

8

8.1.3.12 Bohrmaschine

Bohrmaschinen werden in verschiedener Ausführung gebaut. Neben der kleineren Tischbohrmaschine sind vor allem die Ständer- und Säulenbohrmaschine (Bild 1) auch in den Nebenbetrieben der Gießerei üblich. Ferner gibt es, je nach Anforderung, für jeden Bereich weitere Bohrmaschinen. Im Werkzeugbau findet man z. B. Bohrwerke, Radial- oder Auslegerbohrmaschinen. Die Drehzahlen müssen so veränderlich sein, dass Holz, Kunststoff und Metall bearbeitet werden können. Der Vorschub wird im einfachen Falle von Hand über Zahnrad und Zahnstange auf die Bohrspindel übertragen. Automatische Vorschubgetriebe erlauben neben dem Bohren, Senken und Reiben auch das Gewindeschneiden.

Zur **Unfallverhütung** muss erinnert werden, dass weite Kleidung, lange Haare und Handschuhe aufgewickelt werden können und dass nicht eingespannte Werkstücke durch Rotieren immer wieder zu Verletzungen führen.

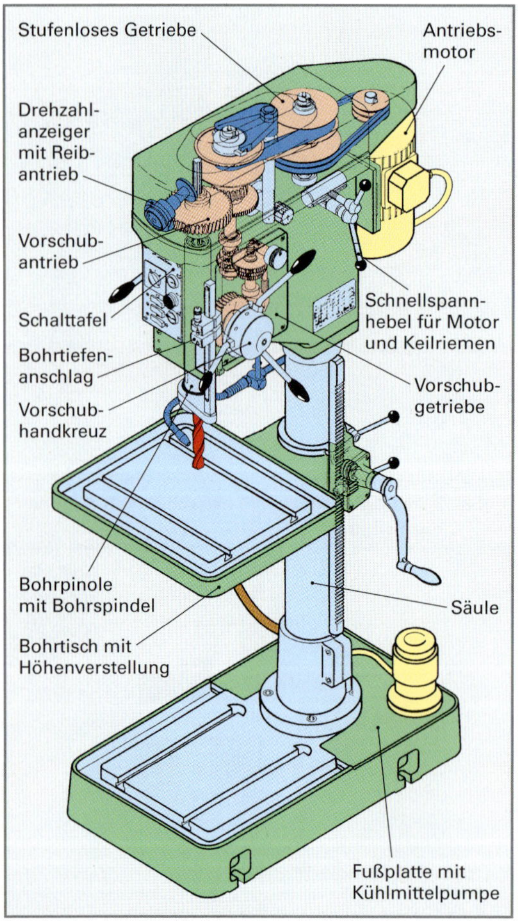

Bild 1: Säulenbohrmaschine

Wiederholungsfragen zum Kapitel 8.1 Grundlagen Fertigungstechnik

1. Nennen Sie je ein Verfahren, das dem Urformen, Umformen, Trennen und Fügen zugeordnet werden kann.
2. Durch welche Möglichkeiten können Werkstückteile miteinander verbunden werden?
3. Welche Bedeutung hat beim Biegen die neutrale Faser? Wie verändern sich beim Biegen die Innen- und Außenfasern?
4. Nennen Sie Werkzeuge für die spanende Bearbeitung und teilen Sie diese nach der Zahl der Werkzeugschneiden ein in ein-, mehr- und vielschneidige Werkzeuge.
5. Skizzieren Sie eine Werkzeugschneide und tragen Sie die Winkel an der Werkzeugschneide mit dem zugehörigen griechischen Buchstaben ein.
6. Wie wird beim Sägen die Zahnteilung angegeben?
7. Wie verhindert man beim Sägen ein Klemmen des Sägeblattes?
8. Wie werden Feilen nach ihrem Querschnitt bezeichnet?
9. In welchem Zusammenhang stehen Hiebnummer und Länge der Feile?
10. Wie entsteht der Kreuzhieb bei einer Feile?
11. Bezeichnen Sie die Teile eines Spiralbohrers.
12. Wozu dienen a) ein Kegelsenker und b) ein Plansenker?
13. Mit welchem Werkzeug können Passungen hergestellt werden?
14. Wie werden Gewindebohrer und Schneideisen verwendet?
15. Durch welche Bauteile der Drehmaschine werden beim Drehen Schnitt-, Vorschub- und Zustellbewegung ausgeführt?
16. Wozu verwendet man ein Dreibackenfutter?
17. Mit welchen Werkzeugen können a) ebene Bearbeitungsflächen von Gussteilen und b) komplizierte Flächen an Modellen vorteilhaft gefräst werden?
18. Welche persönlichen Vorsichtsmaßnahmen dienen zur Unfallverhütung an der Bohrmaschine?

8.1.4 Schweißen von Gussteilen

Produkthaftung beim Schweißen

Werden Gussteile schweißtechnisch weiterverarbeitet, fallen sie nach dem Gesetz unter das Produkthaftungsgesetz (ProdHaftG). Unter **Produkthaftung** versteht man die **Haftung des Herstellers** für **Folgeschäden** aus der Benutzung seiner Produkte. Man unterscheidet grundsätzlich zwischen **Personen- und Sachschäden,** die durch eine Fehlerhaftigkeit der Produkte entstanden sind. Produkthaftung steht in Abgrenzung zur vertraglichen Gewährleistung, bei der es um das Einstehen des Herstellers für die Fehlerfreiheit des Produktes geht. Bei der Produkthaftung steht das Einstehen des Herstellers für Gefahren für Person und Eigentum in Folge fehlender Sicherheit des Produktes im Mittelpunkt. Die Frage stellt sich, wann ein Produkt fehlerhaft ist. Ein Produkt hat einen Fehler, wenn es nicht die Sicherheit bietet, die unter Berücksichtigung aller Umstände, erwartet werden kann. Was letztlich ein fehlerhaftes Produkt ist, wird nicht definiert. Die Rechtsprechung hat jedoch folgende Fehlerkategorien entwickelt: Geregelt ist die Produkthaftung im Produkthaftungsgesetz (Gefährdungshaftung) und im Deliktsrecht (Verschuldenshaftung).

Um das Haftungsrisiko des Herstellers gegenüber dem Besteller gering zu halten, sind **elementare Voraussetzungen** der **Gütesicherung** einzuhalten. Diese werden in Merkblätter oder Normen wie z. B. DIN 8573 „Schweißzusatzwerkstoffe zum Schweißen von Gusseisen" festgelegt.

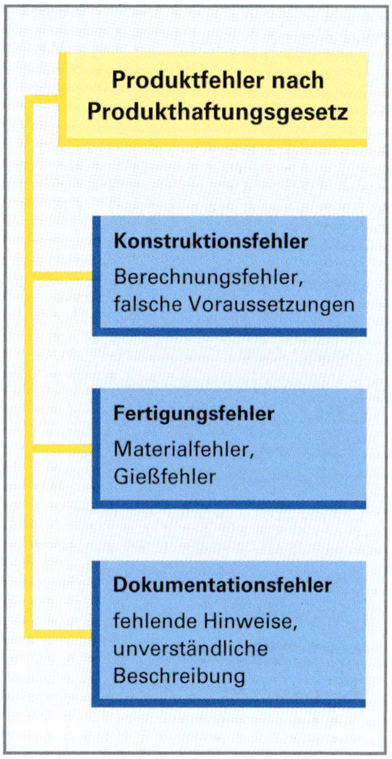

Bild 1: Produktfehlerbeispiele

Schweißen von Stahlguss

Stahlgussstücke sind gekennzeichnet durch eine räumliche Gestalt mit z.T. großen Gussstückmassen und Wanddicken. Sie können im Gusszustand oder im wärmebehandelten Zustand (normalisiert oder vergütet) ausgeliefert werden.

Schweißungen an Stahlgussstücken (Bild 2) werden erforderlich, wenn herstellungsbedingte Fehler wie z. B. Lunker oder nicht ausgelaufene Stellen auftreten und behoben werden müssen. Gussteile können auch unter Betriebsbeanspruchung Risse oder Brüche erleiden die wieder hergestellt werden müssen. Bei Konstruktionen kommen auch Verbindungsschweißungen aus Stahlguss und Walzstählen vor. Die größte Bedeutung hat die Fertigungsschweißung von Stahlguss.

Aufgrund der undefinierten Fehlerabmessungen und der massiven Bauteile, die sich nicht in die Wannen- (PA) oder Horizontalposition (PB) bringen lassen, dominieren noch immer das **Lichtbogenhandschweißen** und das **Metallschutzgasschweißen**. Die Besonderheiten der Stahlgussschweißung liegen weniger in der chemischen Zusammensetzung der Gussteile, sondern mehr in den **großen Wanddicken,** die eine **dreidimensionale Wärmeableitung** hervorrufen und **Schrumpfungen** beim Schweißen behindern.

Die Erarbeitung der Schweißanweisung für Stahlguss erfolgt unter Berücksichtigung der Zusammenhänge zwischen Streckenenergie (Spannung x Stromstärke / Schweißgeschwindigkeit), Wanddicke und Vorwärmtemperatur.

Bild 2: Gussteilschweißungen

Technologie des Gusseisenschweißens

Gusseisen gilt als ein nur bedingt schweißbarer Werkstoff. Infolge des **hohen Kohlenstoffgehaltes** muss beim Schweißen mit **Aufhärtungen** und **Rissbildungen** gerechnet werden. Die Schweißeignung von Gusseisen wird in starkem Maße von seiner Verformungsfähigkeit bestimmt.

Wer Gusseisen schweißen will, muss zunächst die charakteristischen Unterschiede zwischen dem Gießen und dem Schweißen analysieren und daraus die erforderlichen Maßnahmen für eine erfolgreiche Schweißung ableiten.

Beim Schweißen entstehen örtlich begrenzte Schmelzbäder geringen Volumens, deren Wärmeinhalt schnell an den wesentlich kälteren Grundwerkstoff abgeführt wird. Im Schmelzbad und in der Wärmeinflusszone (WEZ) treten Abkühlgeschwindigkeiten auf, die um das Vielfache höher sind als beim Gießen. Eine erfolgreiche Schweißung von Gusseisen ist nur möglich, wenn es gelingt, durch entsprechende **Maßnahmen** die **Abkühlgeschwindigkeit** und die **Gefügeausbildung** sowohl im Schweißgut wie auch in der Wärmeeinflusszone so zu beeinflussen, dass Rissbildungen ausgeschlossen und Aufhärtungen auf ein Minimum begrenzt werden.

Nach der Art der Wärmeführung beim Schweißen von Gusseisen unterscheidet man:

- **Kaltschweißen** (artfremdes Schweißen)
- **Warmschweißen** (artgleiches Schweißen)

Kaltschweißen
keine oder niedrige Vorwärmtemperatur bis max. 300 °C
Vorteile: – geringer Aufwand für den Schweißprozess – Positionsschweißen möglich – geringe Belastung für den Schweißer – Unterbrechung des Schweißprozesses leicht möglich – gutes Festigkeits- und Dehnungsverhalten des Schweißgutes – keine Einrichtungen für das Vorwärmen
Nachteile: – Artfremdes Schweißgut: Aussehen – Eigenspannungen im Schweißnahtbereich – geringe Abschmelzleistung

Warmschweißen
Hohe Vorwärmtemperatur von 550 ± 50 °C
Vorteile: – geringe Eigenspannungen – artähnliches Schweißgut – gute Schweißbarkeit von verunreinigtem Guss – gute Schweißbarkeit – keine Aufhärtung in der WEZ – gute Zerspanbarkeit
Nachteile: – Verzunderung des Bauteils – Verzug des Bauteils; nur in Wannenlage schweißbar – hohe Belastung für den Schweißer – großer Zeitaufwand für die Vorbereitung

Bild 1: Kalt- und Warmschweißen

Kaltschweißen

Beim Kaltschweißen wird **ohne Vorwärmung** bzw. mit **geringer Vorwärmung** auf Temperaturen bis 350 °C geschweißt. Um die Aufhärtung und die Schweißspannungen im Nahbereich möglichst niedrig zu halten, muss die Schweißung mit möglichst geringer Wärmeeinbringung durchgeführt werden. Bevorzugt wird das **Lichtbogenhandschweißen** mit **Stabelektroden.** Es werden Stabelektroden mit möglichst kleinem Kerndrahtdurchmesser (2,5 mm) verwendet. Der Schweißstrom ist auf einen niedrigen Wert einzustellen. Es werden Strichraupen kleinen Querschnitts gelegt. Zwischen den Raupenabschnitten soll eine genügende Abkühlzeit eingehalten werden. Beim Schweißen soll der Lichtbogen kurz gehalten werden. Zur Verminderung von Schrumpfspannungen empfiehlt sich darüber hinaus ein lagenweises Hämmern der Naht.

Die als Zusatzwerkstoffe verwendeten umhüllten Stabelektroden enthält die DIN EN ISO 1071. Häufiger angewendet werden **Stabelektroden** auf **Nickelbasis.** Ihr Kerndraht besteht entweder aus reinem Nickel oder aus Nickel-Legierungen. Sie liefern ein zähes Schweißgut mit geringerer Festigkeit als die des Grundwerkstoffes.

Nach der Art der Umhüllung werden vier Typen unterschieden:

B = basischer Typ

G = Grafittyp

BG = basisch mit Grafit und

S = Sondertypen.

Warmschweißen

Beim **Warmschweißen** werden die **Gussstücke** in einer holzkohlenbeheizten Warmschweißgrube oder in einem Warmschweißofen erhitzt. Nach Erreichen der notwendigen Vorwärmtemperatur kann geschweißt werden. Die **Vorwärmtemperaturen** betragen für **Grauguss** (GGL) **550 bis 600 °C,** bei **Gusseisen mit Kugelgrafit** (GGG) **300 bis 550 °C.** Während des Schweißens sollte die Temperatur auf etwa dieser Höhe gehalten werden.

Da bei den Vorwärmtemperaturen eine Verzunderung der Gussstücke eintreten kann, werden zur **Desoxidation** bei der **Schweißung Flussmittel** verwendet.

Generell werden Warmschweißungen nur in der **Wannenposition (PA)** durchgeführt.

Als Schweißverfahren kommen bei der Warmschweißung im Wesentlichen das **Gasschmelzschweißen** und das **Lichtbogenhandschweißen** zur Anwendung. Im Gegensatz zum Kaltschweißen wird bei der Warmschweißung möglichst viel Wärme in die Nahtzone eingebracht. Hier eignet sich das Gasschmelzschweißen mit der Acetylen-Sauerstoff-Flamme sehr gut.

Als **Zusatzwerkstoffe** kommen Schweißstäbe nach DIN EN ISO 1071 zur Anwendung. Sie bestehen aus **Gusseisen** mit niedrigem Phosphor-, Schwefel- und Mangangehalt und höher eingestelltem Siliziumgehalt. Sie bilden mit dem Gussstück artgleiches Schweißgut. Für normale Anforderungen werden Stäbe des Legierungstyps G FeC-2 und für Schweißungen an Gusseisen mit Kugelgrafit Stäbe der Bezeichnung G FeC-3 verwendet.

Beim Lichtbogenhandschweißen wird mit relativ dicken Elektroden und großen Strömen geschweißt. Als **Zusatzwerkstoffe** (DIN EN ISO 1071) werden umhüllte **Stabelektroden** der Typen **E FeC-1** oder **E FeC-2** verwendet. Letztere Typen haben einen Kernstab aus Stahl und ergeben etwas günstigere mechanische Werte, da das Auflegieren zu Gusseisen erst beim Abschmelzen der Elektrode erfolgt. Die erforderlichen Legierungselemente Kohlenstoff und Silizium werden aus der Umhüllung eingebracht. Für die Verschweißung von **Gusseisen** mit **Kugelgrafit** ist der **Elektrodentyp E FeC-G** vorgesehen.

Die Abkühlung nach Beendigung der Schweißung muss langsam erfolgen, um Eigenspannungen niedrig zu halten. Es sollen Abkühlungsgeschwindigkeiten von 30 bis 40 °C/h bis zu Temperaturen von 300°C nicht überschritten werden. Die weitere Abkühlung kann an ruhender Luft erfolgen.

Nach dem Schweißen kann in besonderen Fällen noch eine Wärmenachbehandlung wie z. B. Spannungsarmglühen oder Normalglühen durchgeführt werden, um das Gefüge wieder in seine ursprüngliche Form zu bringen

Die Kaltschweißung ist in der Regel weniger aufwendig und preiswerter als die Warmschweißung. Die Belastung des Schweißers durch die Wärmestrahlung ist gering. Die Werkstücke, vor allen Dingen bei der Instandsetzungsschweißung, können oft ohne Demontage und Transport an Ort und Stelle geschweißt werden. In Bezug auf Festigkeit, Dehnung ist die Kaltschweißung jedoch der Warmschweißung unterlegen.

Bild 1: Instandsetzung des Lagersitzes durch Auftragsschweißung an einem Pumpengehäuse aus EN-GJS-600-3

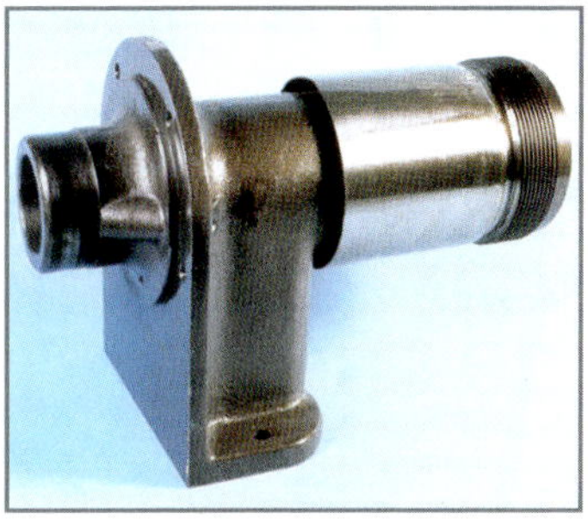

Bild 2: Fleischwolfgehäuse aus Gusseisen mit Kugelgrafit mit einer Manschette aus nichtrostendem CrNi-Stahl (Kaltschweißung)

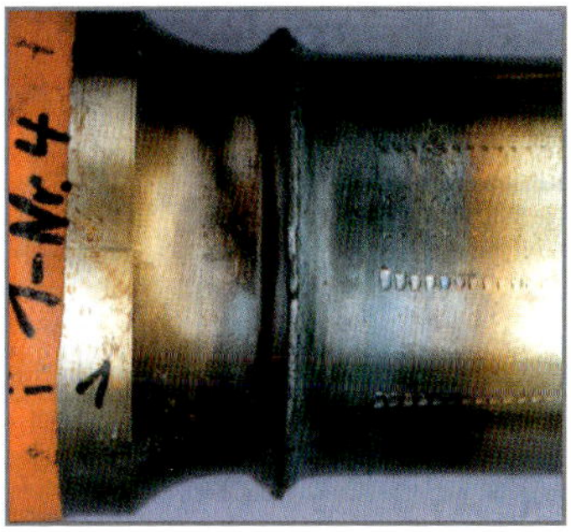

Bild 3: Konstruktionsschweißverbindung zwischen einer Kraftfahrzeug-Hinterachse aus GJS-400 und einem Tragrohr aus S355

Temperguss

Temperguss ist eine Eisen-Kohlenstoff-Legierung, bei der der Kohlenstoff im Rohguss in gebundener Form als Eisenkarbid vorliegt. Durch Glühen wird dieses Eisenkarbid aufgespalten. Wird entkohlend geglüht, so wird der Kohlenstoff durch Oxidation entfernt. Man erhält weißen Temperguss (GJMW). Glüht man den Temperguss in neutraler Atmosphäre, so zerfällt das Karbid in Eisen und Temperkohle und es entsteht der schwarze Temperguss (GJMB).

Schwarzer Temperguss lässt sich kaum schweißen. **Weißer Temperguss** besitzt eine wesentlich bessere Schweißeignung. Ist die Entkohlung sehr weit fortgeschritten, lässt er sich wie weicher **Stahl schweißen** („Schweißguss"). Als Schweißzusatzwerkstoff wird auf Schweißzusatzwerkstoffe des Baustahles zurückgegriffen.

Bild 1 und Bild 2 zeigen die Bauteile aus weißem Temperguss.

Bild 1: Verbindung Stützrohr und Strebe an einem Gerüst

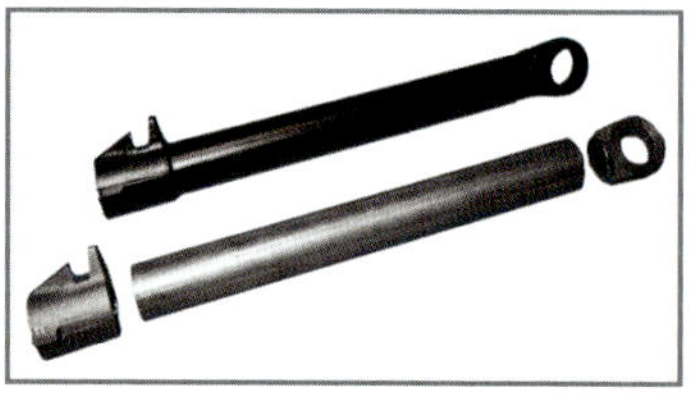

Bild 2: Regelstange für Nutzkraftwagen, eine Schweißkonstruktion aus einem Stahlrohr und zwei Anschweißteilen aus GJMW-360-12

Gasschmelzschweißen (Bild 3)

Beim Gasschmelzschweißen (Autogenschweißen) wird Acetylengas C_2H_2 im Injektorbrenner mit reinem Sauerstoff im Verhältnis 1:1 gemischt. Beide Gase stehen in Flaschen zur Verfügung (Druck in der Sauerstoffflasche 150 bis 200 bar, bei Acetylen 16 bar). Da das Acetylen bei einem Druck von 2 bar explosionsartig verbrennen könnte, ist es in Aceton gelöst, das wiederum in einer feinporigen Masse getränkt in der Flasche vorliegt. Die Sicherheitsvorschriften und Arbeitsregeln beim Umgang mit Acetylen sind zu beachten. Die Arbeitsdrücke beim Schweißen (Sauerstoff 2,5 bar, Acetylen 0,5 bar) werden über Druckminderventile eingestellt.

An Arbeitstechniken unterscheidet man die **Nachlinks-** (Bauteildicke < 3 mm) und die **Nachrechtsschweißung** (Bauteildicke > 3 mm). Der Zusatzwerkstoff wird über Schweißstäbe zugegeben.

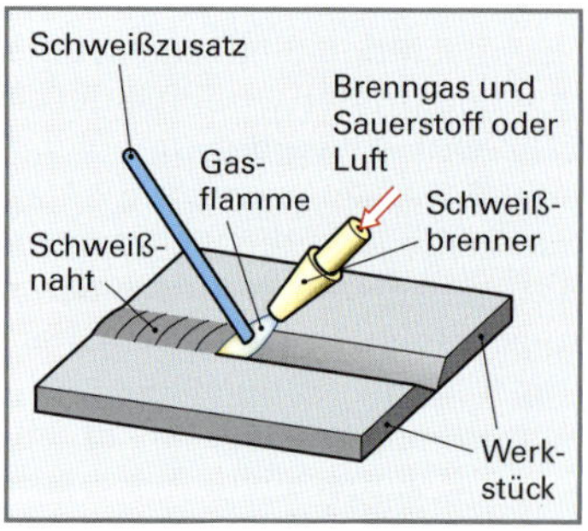

Bild 3: Gasschmelzschweißen

Lichtbogenschweißen (Bild 4)

Bei diesem Schweißverfahren wird ein **elektrischer Lichtbogen,** der zwischen einer Elektrode und dem Werkstück brennt, als Wärmequelle zum Schweißen genutzt. Durch die hohe Temperatur des Lichtbogens wird der Werkstoff an der Schweißstelle aufgeschmolzen. Gleichzeitig schmilzt die Stabelektrode als Schweißzusatzwerkstoff ab und bildet eine Schweißraupe. Zur Erzeugung kann Gleichstrom oder Wechselstrom verwendet werden.

Als Schweißstromquellen werden Schweißtrafo, Schweißgleichrichter, Schweißumformer und Schweißinverter eingesetzt. Die Stromstärken betragen bis zu 1000 A bei Spannungen zwischen 15 und 50 V beim Schweißen; die Leerlaufspannungen liegen bei 70 V (Wechselstrom) bzw. bei 100 V (Gleichstrom).

Stabelektroden werden als **Schweißzusatzwerkstoff** beim Lichtbogenschweißen verwendet. Als Schweißzusatzwerkstoff an **Gusseisenwerkstoffen** werden **Stabelektroden** auf **Nickelbasislegierungen** (z.B. E-Ni-BG22) verwendet. Aufschluss über die Art, Eigenschaften und Verwendbarkeit einer Elektrode gibt die Elektroden-Kurzbezeichnung.

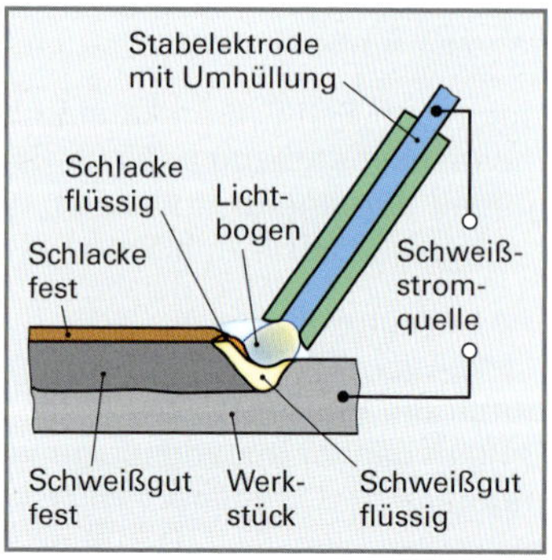

Bild 4: Lichtbogenhandschweißen

Schutzgasschweißen (Bild 4)

Das MIG/MAG-Schweißen ist das jüngste Lichtbogenschweißverfahren. Es stammt aus den USA, wo es 1948 zuerst angewandt wurde. Kurze Zeit später kam es nach Europa. Es wurde zuerst nur mit inerten Gasen oder mit Argon, das nur geringe Mengen an aktiven Bestandteilen (z.B. Sauerstoff) enthielt, angewandt und hieß deshalb abgekürzt SIGMA-Schweißen. Das ist die Abkürzung für „shielded inert **g**as **m**etal **a**rc". Die Sowjetunion verwendete dann ab 1953 anstelle der teuren Inertgase wie Argon oder Helium ein aktives Gas zum Schweißen, nämlich Kohlendioxid (CO_2). Dies war nur möglich, weil inzwischen auch Drahtelektroden (Schweißdraht) entwickelt wurden, die dem beim Aktivgasschweißen höheren Abbrand von Legierungselementen Rechnung trugen.

MIG/MAG (**M**etall-**I**nert-**G**as/**M**etall-**A**ktiv-**G**as) ist ebenfalls ein Lichtbogenschweißverfahren, bei dem der abschmelzende Schweißdraht von einem Motor in veränderbarer Geschwindigkeit kontinuierlich nachgeführt wird. Gleichzeitig wird die Schweißstelle über eine Düse mit Kohlendioxid oder einem Edelgas begast. Dieses Gas schützt das flüssige Metall unter dem Lichtbogen vor Oxidation.

MIG bedeutet Metall-Inertgasschweißen. Hierbei wird kein Aktivgas, sondern nur ein Inertgas (Argon oder Helium) zugeführt, um den Luftsauerstoff von der Schweißnaht fernzuhalten. Diese Schutzgase werden benötigt, um hoch legierte Stähle, NE-Metalle, Al-Legierungen und Gusseisen zu schweißen. Die Verwendung von Kurzlichtbogen und Impulstechnik ermöglichen eine Reduzierung des Wärmeeintrages und somit eine Verbesserung der mechanischen Eigenschaften. Als Drahtelektrode wird wie beim Schutzgasschweißen eine Nickelelektrode (z.B. S-NiTi4) eingesetzt.

Beim Metall-Aktivgasschweißen (MAG) wird entweder mit reinem CO_2 oder einem Mischgas aus CO_2, Argon und O_2 gearbeitet, um die Schweißverbindung zu beeinflussen. Das MAG-Schweißverfahren wird bei unlegierten und höher legierten Stählen verwendet.

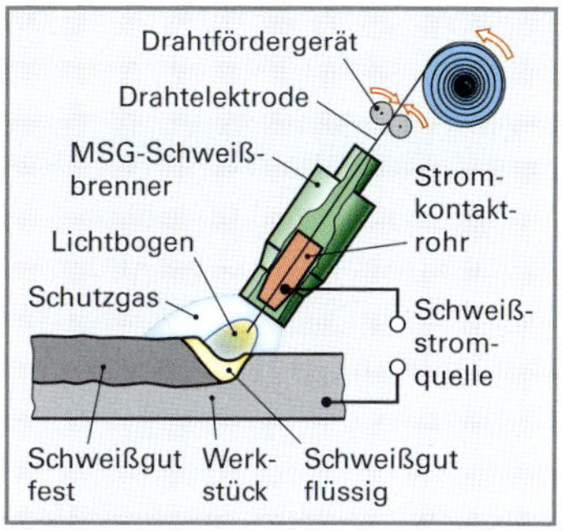

Bild 1: Metallschutzgasschweißen

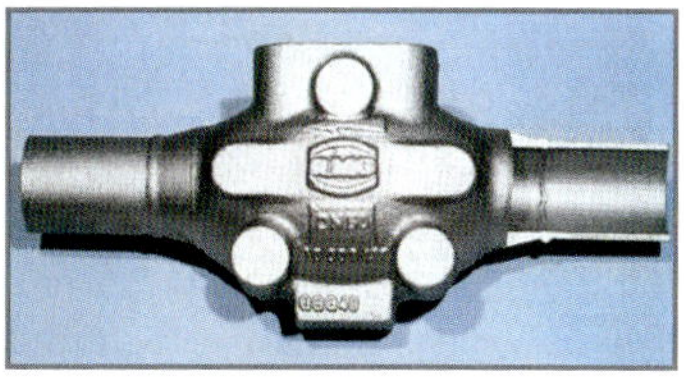

Bild 2: Ventilgehäuse aus EN-GJS-400-15 mit Druckbehälterstahl P235G1TH verschweißt

Bild 3: Getriebegehäuse aus EN-GJS-400-15 für einen Panzerkettenförderer. Flansch angeschweißt

Unfallverhütung beim Schweißen (Auszug)

Gasflaschen gegen Umfallen sichern, nicht werfen und rollen.

Schutzkleidung tragen: Brillen mit Schutzgläsern, Lederschürze, Lederhandschuhe, Hand- bzw. Kopfschutzschild, Kopfbedeckung.

Ausreichende Belüftung der Schweißplätze.

Schadstoffe beim Schweißen beachten (BGI 593).

Aus Schweißzusatzwerkstoffen für das Gusseisenschweißen können toxische Stoffe entstehen.

Wiederholungsfragen

1. Welche Bedeutung hat die Produkthaftung?
2. Mit welchem Schweißverfahren werden Stahlgussteile geschweißt und welche Besonderheit tritt hierbei auf?
3. Erläutern Sie, was beim Kaltschweißen zu beachten ist.
4. Welche Voraussetzungen werden benötigt, um eine Warmschweißung durchzuführen?
5. Erläutern Sie das Lichtbogenhandschweißen.

Bild 4: Artfremdes Schweißen (MAG) eines Lokomotivrades mit einem Massivdraht auf NiFe-Basis

8.1.5 Mess- und Anreißtechnik

8.1.5.1 Prüfen

Durch Prüfen wird festgestellt, ob bestimmte Vorschriften, wie z. B. über Maß-, Form- und Lagetoleranzen oder Holzfeuchtigkeit erfüllt werden.

Maßtoleranzen begrenzen die maßliche Abweichung des gemessenen Istmaßes vom Sollmaß der Zeichnung.

Formtoleranzen grenzen zulässige Abweichungen von der geometrisch idealen Form wie Geradheit, Ebenheit, Rundheit, Zylinderform, Linienform und Flächenform ein.

Lagetoleranzen begrenzen die zulässige Abweichung zweier oder mehrerer Elemente von einer idealen Lage zueinander. Geprüft werden Parallelität, Rechtwinkligkeit, Position, Konzentrizität, Koaxialität, Symmetrie, Rundlauf und Planlauf.

Das Prüfen der Maße und Formen wird in Messen und Lehren gegliedert.

■ Messen

Messen ist das Vergleichen einer physikalischen Größe, z. B. Länge, Winkel, Temperatur, Stromstärke, mit einer physikalischen Grundgröße. Das Ergebnis der Messung ist das Istmaß, also ein Zahlenwert mit Maßeinheit.

■ Lehren

Lehren ist das Vergleichen eines Prüfgegenstandes mit einer Maß- oder Formverkörperung, einer Lehre. Mit Doppellehren (Grenzlehren) wird festgestellt, ob Größe und Form in den vorgeschriebenen Grenzen liegen. Das Ergebnis der Messung ist kein Zahlenwert, sondern die Feststellung: „Gut" oder „Ausschuss".

8.1.5.2 Messmethoden

Das zu verwendende Messzeug beim Messen richtet sich nach der verlangten Genauigkeit des Werkstückes.

■ Direktes Messen

Beim direkten (unmittelbaren) Messen wird das Werkstück unmittelbar mit einem Messzeug geprüft, z. B. mit einem Strichmaßstab, einem Messschieber oder einem Universalwinkelmesser.

■ Indirektes Messen

Beim indirekten (mittelbaren) Messen wird der Messwert durch Zwischenschalten eines Messhilfsmittels festgestellt. Als Messhilfsmittel gelten Außen- und Innentaster sowie die Schmiege. Der Messwert wird durch Messschieber oder Winkelmesser abgelesen.

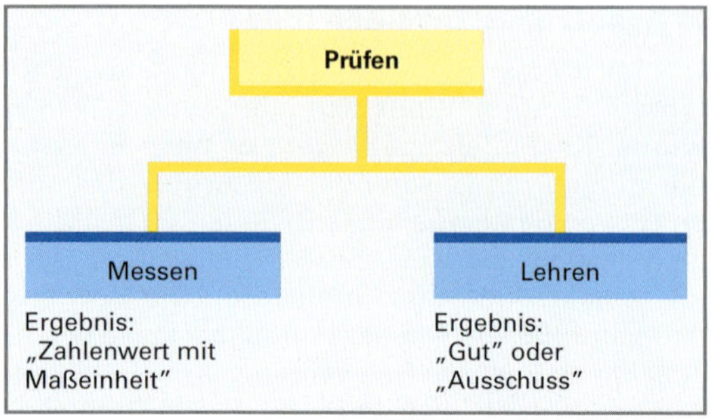

Bild 1: Prüfen

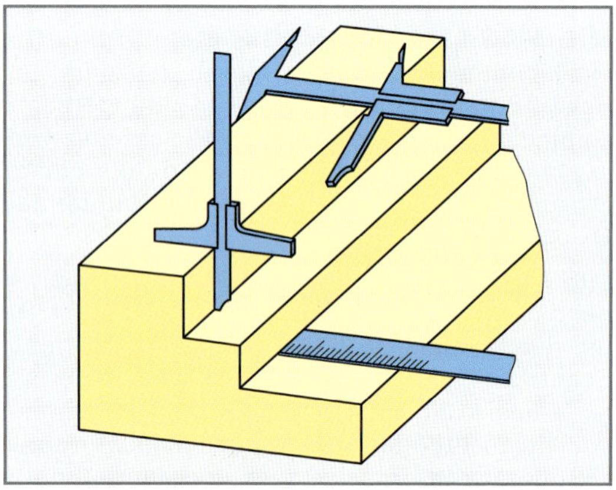

Bild 2: Direktes Messen

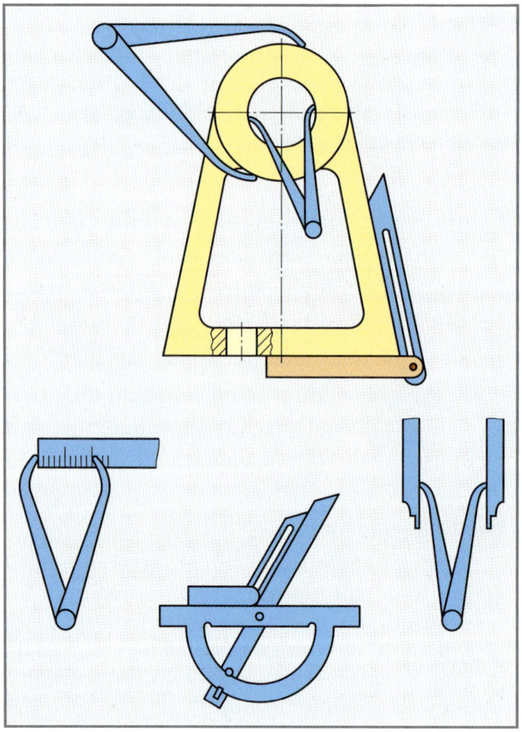

Bild 3: Indirektes Messen

8.1.5.3 Prüfmittel

Die zum Prüfen eines Werkstückes erforderlichen Prüfmittel sind nach DIN 2257 Messgeräte, Lehren und Hilfsmittel.

Messgeräte

Durch den festen Abstand von Strichen, Flächen oder durch die Winkellage von Flächen verkörpern die Messgeräte eine bestimmte Messgröße. Eine stetig verschiebbare Anzeige durch Schieber oder Schraube bezeichnet man als analog, eine sprung- oder schrittweise Anzeige in Ziffern als digital.

Lehren

Lehren sind Prüfmittel, die das Maß oder die Form oder auch beides verkörpern. Es gibt Grenzlehren (Maßlehren), Winkellehren (Formlehren) und Rundungslehren (Maß- und Formlehren).

Hilfsmittel

Hilfsmittel sind Messtische, Messstative und Prismen. Sie ermöglichen die Durchführung bestimmter Prüfungen.

Schwindmaßstäbe

Die verschiedenen Gießwerkstoffe schwinden unterschiedlich. Deshalb wurde für jeden Gießwerkstoff der Schwund prozentual errechnet und festgelegt (s. Kapitel „Schwindmaße"). Die prozentuale Abweichung ist am Anfang der Teilung angegeben. Es gibt Gliedermaßstäbe, Stahlmaßstäbe, Arbeitsmaßstäbe und Messschieber mit Schwindmaßeinteilung. Außerdem sind die Skalen spezieller Modellbaumaschinen, Höhenmess- und Anreißgeräte sowie Standmaße mit zum Teil auswechselbaren Schwindmaßskalen erhältlich.

Gliedermaßstäbe nach DIN 6400 mit oder ohne Federn im Gelenk. An die Genauigkeit werden nur geringe Anforderungen gestellt.

Stahlmaßstäbe nach ISO 6401 Form A und B werden oft für einfache Messungen in der Werkstatt verwendet. Form A besitzt Herstellungslängen von 200, 300 und 500 mm. Die Breite beträgt 12 mm.

Bei der Form B gibt es 500, 1000 und 2000 mm lange Maßstäbe und dazu die Breiten mit 30, 40 und 50 mm. Der Genauigkeitsgrad beträgt auf 1000 m Länge ± 0,1 mm. Die Millimeterteilung ist geätzt und der Skalenanfang ist bündig mit der Stirnseite des Maßstabes.

Arbeitsmaßstäbe nach DIN 866 werden für genauere Messungen in der Werkstatt benutzt. Der rechteckige Querschnitt ist je nach Länge 25 bis 75 mm breit und 5 bis 14 mm dick. Der Nullstrich liegt etwa 10 mm von der Stirnseite entfernt und ist somit vor Verstoßen oder Abnutzung geschützt.

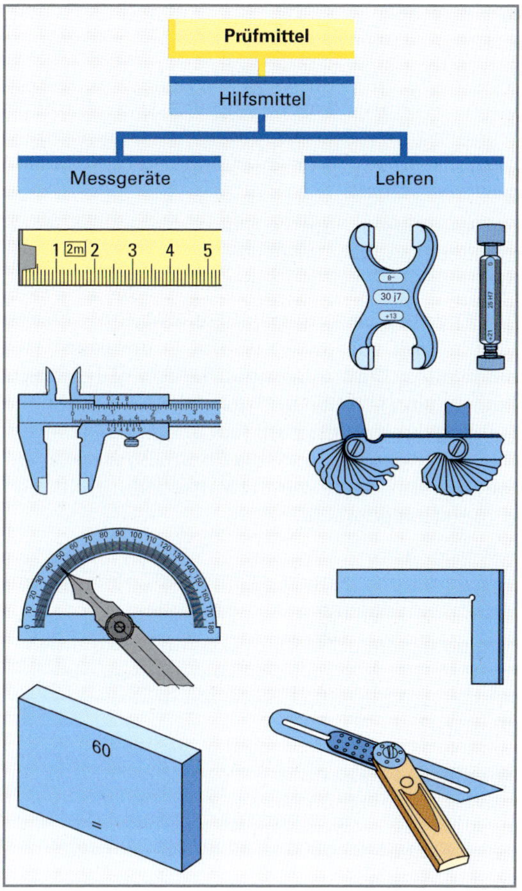

Bild 1: Prüfmittel

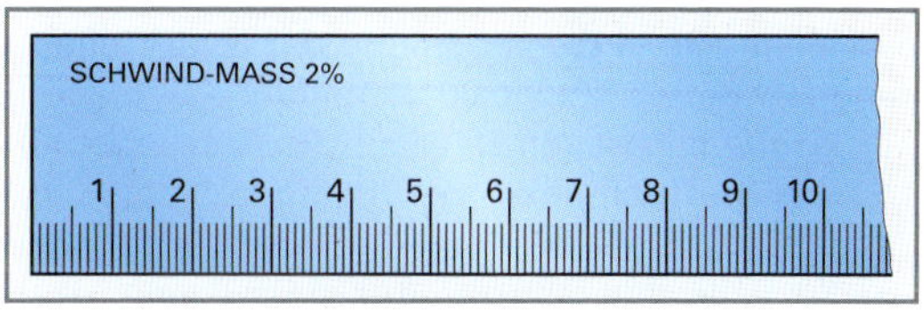

Bild 2: Schwindmaßstab

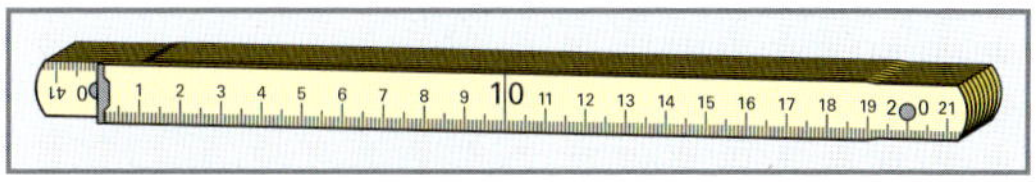

Bild 3: Gliedermaßstab

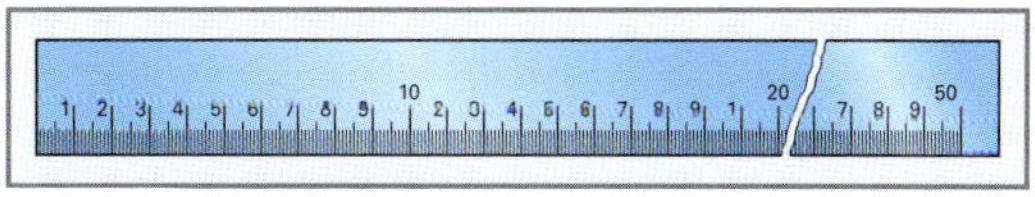

Bild 4: Stahlmaßstab

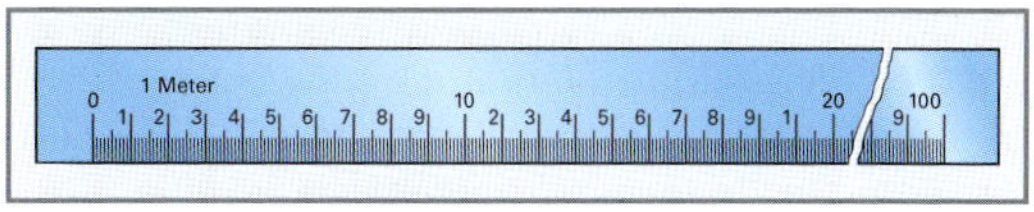

Bild 5: Arbeitsmaßstab

Endmaße

Endmaße nach Norm sind die genauesten Messgeräte der Werkstatt. Die Messflächen können eben, zylindrisch oder kugelig sein. Parallelendmaße sind Messklötzchen aus gehärtetem Stahl, Hartmetall oder Quarz mit einem rechteckigen Querschnitt.

Sie werden zum direkten Messen, zum Prüfen und Einstellen anderer Messgeräte und zur Werkzeugeinstellung bei Werkzeugmaschinen verwendet.

Ein Endmaß verkörpert nur eine Länge. Durch Verbindung von zwei bis fünf Endmaßen lässt sich jedes Maß zusammensetzen. Die Messflächen sind so eben und glatt, dass sie durch die Anhangskraft (Adhäsion) fest aneinander haften. Sie „sprengen" an, d.h., die Endmaße werden unter leichtem Druck durch Drehen oder Schieben zum Haften gebracht.

Arbeitsregeln:
Vor dem Ansprengen sollen die Endmaße mit einem Lederlappen gereinigt werden.

Magnetische Endmaße müssen entmagnetisiert werden, sonst ziehen sie Eisenstaub an, der sich nur schwer entfernen lässt und die Messflächen zerkratzt.

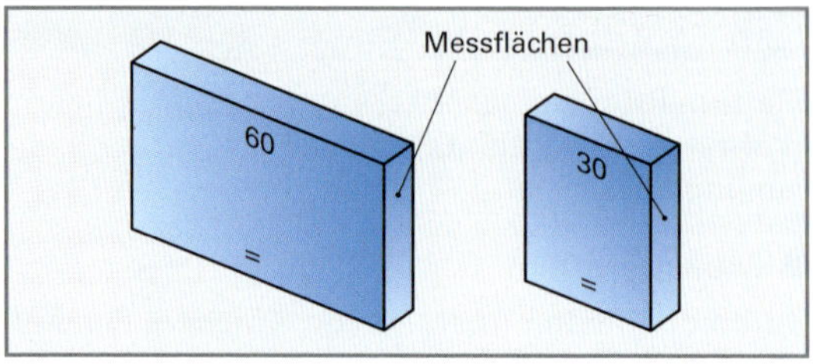

Bild 1: Endmaße

Bild 2: Anschieben und Haften der Endmaße

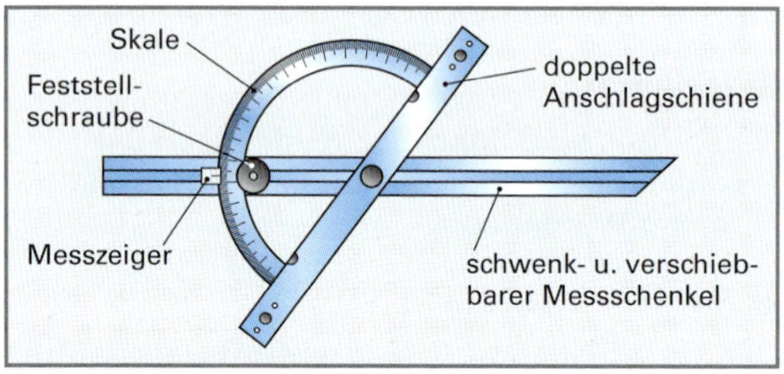

Bild 3: Winkelmesser

Winkelmesser

Das einfache Winkelmessgerät erlaubt das Messen von Winkeln nach Graden, die Ablesegenauigkeit beträgt 1°.

Der Universalwinkelmesser hat eine Vollkreisskale. Man kann jeden beliebigen Winkel mehrfach einstellen. Die äußere Scheibe der Hauptteilung ist in vier Bereiche zu je 90° eingeteilt. Auf ihr können Grade abgelesen werden. Die Ablesegenauigkeit wird durch einen zwölfteiligen Nonius auf der inneren Scheibe vergrößert. Dadurch wird das Ablesen von Winkeln mit einer Genauigkeit von 5' (Winkelminuten) ermöglicht. Wurde ein bestimmter Winkel angelegt, so ist der Messwert wie folgt abzulesen:

Von Null ausgehend wird auf der Hauptskale am Nullstrich des Nonius der volle Grad abgelesen.

In gleicher Richtung weiterlesend wird die Minutenzahl an dem Teilstrich des Nonius abgelesen, der sich mit einem Gradstrich der Hauptskale deckt.

Arbeitsregeln:
Beim Ablesen des Messwertes am Winkelmesser ist darauf zu achten, an welcher Fläche des Werkstückes der Messschenkel angeschlagen ist. So kann ein Winkel am Werkstück zum Beispiel 134° betragen, obwohl an der Skale nur 46° angezeigt werden. Der Messwert beträgt also 90° + 90° = 180° – 46° = 134°.

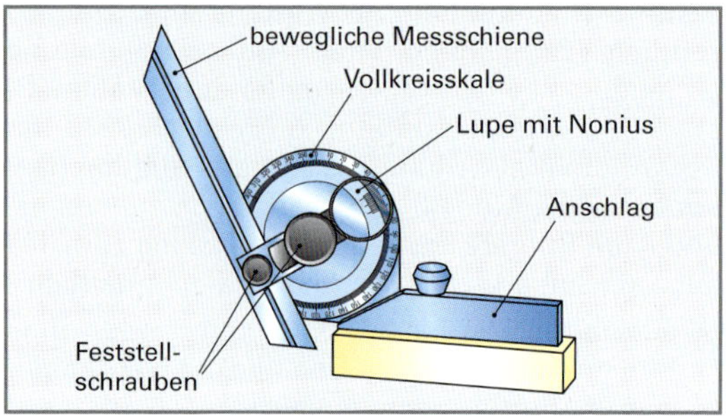

Bild 4: Universalwinkelmesser

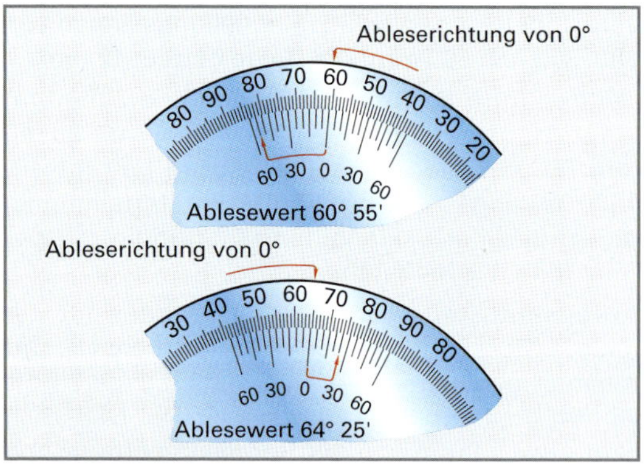

Bild 5: Ablesebeispiele

Messschieber

Messschieber sind anzeigende Messgeräte mit beweglichen Marken zum Messen von Außen-, Innen- und Tiefenmaßen. Die Messwerte können an der Teilung mit Nonius abgelesen werden. Der Nonius ist ein Hilfsmaßstab zur feineren Unterteilung einer Grundteilung. Er ermöglicht das Ablesen von Millimeterbruchteilen, z. B. 1/10 oder 1/20. Zur parallaxefreien Ablesung, d. h. ohne durch die Blickrichtung bedingte Verschiebung, ist die Schieberfläche, auf der der Nonius eingraviert ist, abgeschrägt.

Der **Messschieber** wird beim **Außenmessen** zum Feststellen des Messwertes an das Werkstück angelegt und wie folgt abgelesen:

- Der erste Strich des Nonius zeigt die Millimeter auf der Schiene an und ist als Komma zu betrachten.
- Je nach Noniuseinteilung werden jetzt die 1/10 oder 1/20 mm auf der Noniusteilung abgelesen.
- Es werden vielfach auch digitale Messschieber verwendet.

Innenmaße werden nur mit den gerundeten Messflächen gemessen und dann das Maß wie schon erwähnt, abgelesen.

- Die Dicke der Messschnäbel muss zum Ablesewert dazugezählt werden.

Werden Innenmaße mit Kreuzschnäbeln gemessen, kann direkt abgelesen werden.

Tiefenmaße werden mit der Tiefenmessstange des Universalmessschiebers oder mit einem speziellen Tiefenmessschieber gemessen:

- den Schieber auf Nullstellung bringen
- die Brücke fest auf die Bezugsfläche aufsetzen
- Lineal auf den Grund der Vertiefung aufsetzen
- die Feststellschraube vorsichtig anziehen und den Tiefenmessschieber abnehmen
- Messschieber ablesen

Der **Taster** dient der Übertragung des Messwertes, wenn das direkte Messen nicht möglich ist. Die beiden Messschenkel sind drehbar miteinander verbunden, das Scharnier muss „gängig" sein. Die auslaufenden, gebogenen Enden sind glatt und werden als Messschnäbel bezeichnet. Außenmaße werden mit dem Außentaster gemessen und Innenmaße wie Bohrungen oder Hohlräume mit dem Innentaster.

Arbeitsregeln:

Der Taster soll durch sein Eigengewicht mit einer kleinen Verzögerung über das Werkstück gleiten.

Anschließend wird der Messwert durch Maßstab oder Messschieber ermittelt.

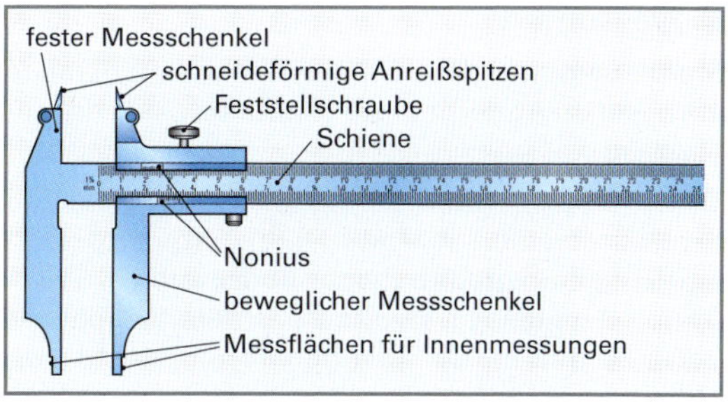

Bild 1: Messschieber

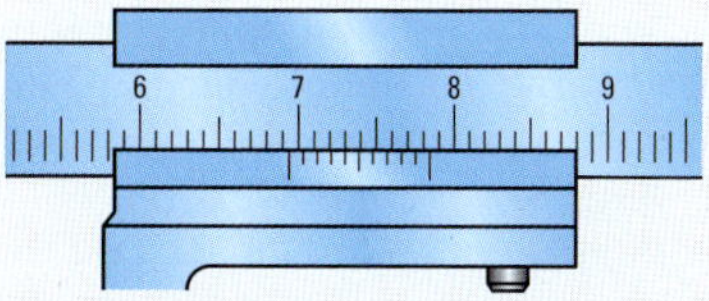

9 mm: 10 = 0,9 mm Ablesewert: 69,4 mm
1 mm – 0,9 mm = 0,1 mm = 1/10 mm Nonius

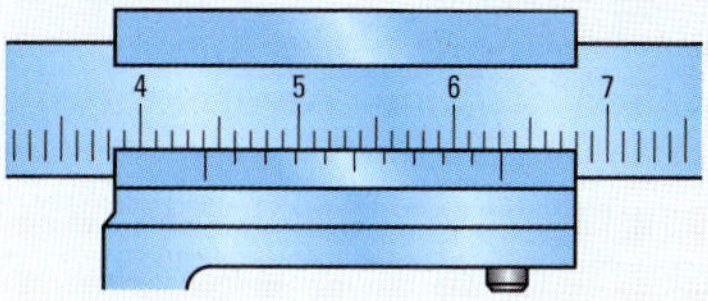

19 mm: 10 = 1,9 mm Ablesewert: 44,1 mm
2 mm – 1,9 mm = 0,1 mm = 1/10 mm Nonius

Beispiel: 1/20 Nonius
19 mm: 20 = 0,95 mm
1 mm – 0,95 mm = 0,05 mm = 1/20 mm Nonius

Bild 2: Ablesebeispiele

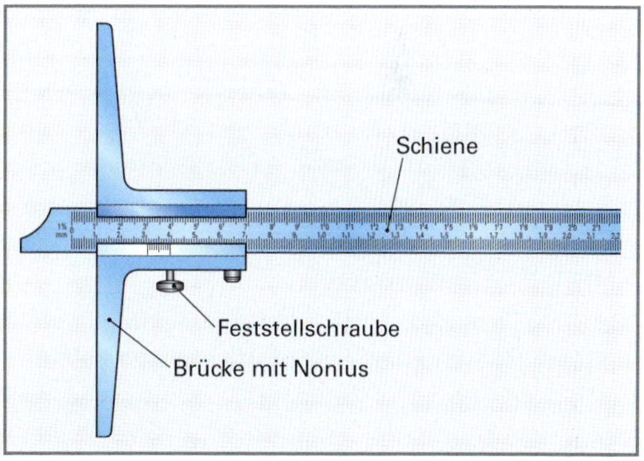

Bild 3: Tiefenmessschieber

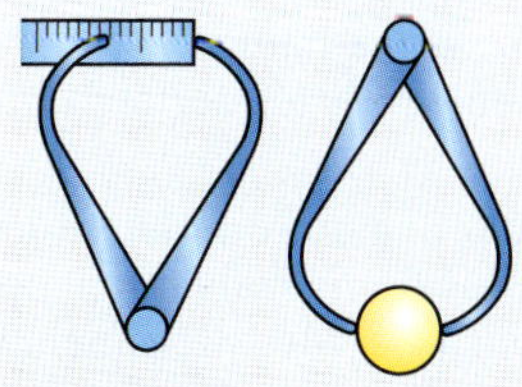

Bild 4: Außentaster

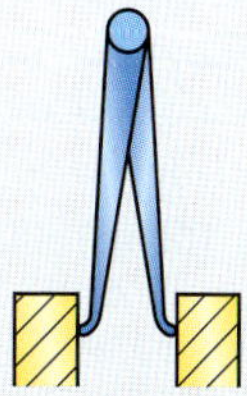

Bild 5: Innentaster

Messuhren

Messuhren nach DIN 878 werden zum Einstellen von Werkzeugen und zur Rundlaufprüfung gebraucht.

Beim Messen wird die Bewegung des Messbolzens durch eine Zahnradübersetzung vergrößert und auf einen großen Zeiger übertragen. Das Ziffernblatt ist beispielsweise bei einem Skalenwert von 0,01 mm in 100 Teile geteilt und stellt einen Millimeter dar. Innerhalb der Skale zeigt ein kleiner Zeiger die vollen Millimeter an. Beide Messwerte ergeben zusammengezählt das Istmaß. Die Messuhr wird mit dem Einspannzapfen in einer Haltevorrichtung befestigt, die als Messhalter, -ständer oder -tisch Verwendung findet. Durch das drehbare Skalenblatt wird die Nullstellung bei jeder beliebigen Zeigerstellung ermöglicht.

Messschrauben

Messschrauben nach DIN 863 sind Längenmessgeräte für das Messen von Außen-, Innen- und Tiefenmaßen mit einer Ablesemöglichkeit von 0,01 oder 0,001 mm. Der Messbereich von Bügelmessschrauben ist stufenweise beschränkt, und zwar von 0 bis 25, 25 bis 50 mm usw.

Aufbau

Der kräftige Bügel ist mit einem Isolierschutz gegen Handwärme ausgestattet.

Der Amboss dient als fester Messanschlag.

Die Messspindel ist mit der Skalentrommel fest verbunden.

Durch das Gewinde der Messschraube kann eine große Messkraft ausgeübt werden. Dadurch entstehen Messfehler von mehr als 1/100 mm. Eine Kupplung begrenzt daher die Messkraft auf 10 N.

Die Steigung des Gewindes beträgt 0,5 mm oder 1mm. Die Messtrommel ist daher am Umfang in 50 bzw. 100 Teile eingeteilt.

Die Skale lässt sich gut ablesen, wenn der Teilstrichabstand groß und die Skale matt verchromt sind.

Bei der 50er-Teilung der Skalentrommel werden Millimeter und halbe Millimeter auf der Skalenhülse abgelesen. Die hundertstel Millimeter werden auf der Skalentrommel zu dem Ablesewert der Hülse dazugezählt, d.h., gibt die Skalentrommel auf der Skalenhülse einen halben Millimeter frei, so müssen zu diesem Wert Hundertstel dazugezählt werden.

Die **100er-Teilung** auf der Skalentrommel ermöglicht ein Ablesen ohne Zusammenzählen mit dem halben Millimeter. Bei großen Messtrommeln ist der Teilstrichabstand größer und das Schätzen von Zwischenwerten genauer.

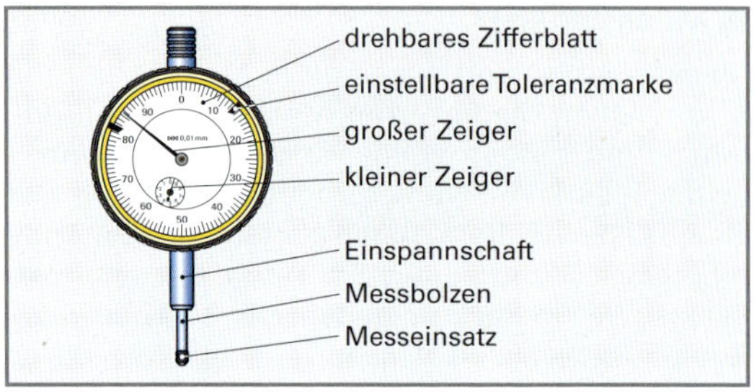

Bild 1: Messuhr

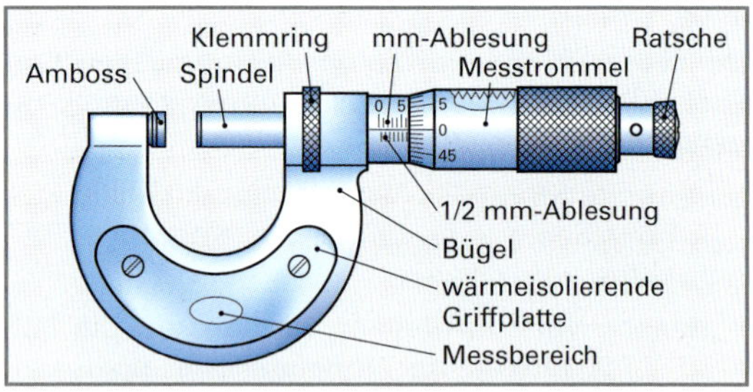

Bild 2: Messschraube

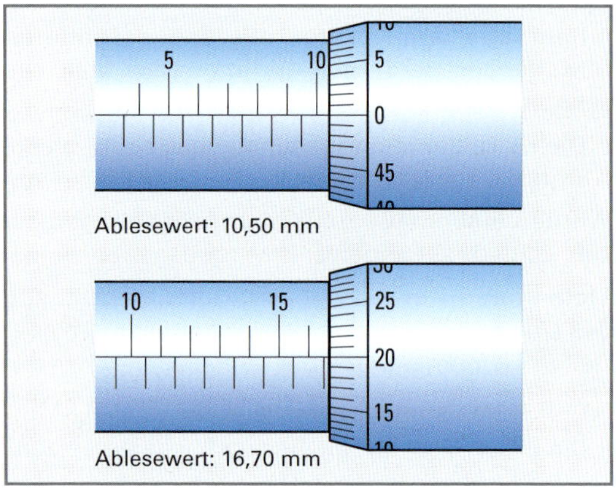

Bild 3: Ablesebeispiele zu 50er-Teilung

Einige wichtige Arbeitsregeln zur Vermeidung von Messfehlern

Werkstücke vor dem Messen entgraten und reinigen.

Beim Ablesen senkrecht auf die Ablesestelle blicken (sonst Parallaxefehler).

Am bewegten Werkstück oder bei laufender Maschine darf nicht gemessen werden (Unfallgefahr).

Bei Feinmessungen auf die Bezugstemperatur achten.

Messgeräte sind vor Stoß, Korrosion und vor Verschmutzung zu schützen.

Empfindliche Messgeräte möglichst auf weiche Unterlagen, z.B. auf Filz oder saubere Lappen, legen und vor Schmutz und kleinen Spänen schützen.

8.2 Chemie

8.2.1 Allgemeines

Die naturwissenschaftlichen Teilgebiete + und Chemie bilden die Grundlage der Gießerei-technologie.

Während sich die Physik mit den Eigenschaften und Vorgängen ohne stoffliche Veränderung beschäftigt, befasst sich die Chemie mit den stofflichen Veränderungen (Bild 1).

Beispiele für physikalische Vorgänge

- Mischen von Formstoff
- Verdichten von Formstoff
- Schmelzen und Erstarren von Metall

Beispiele für chemische Reaktionen

- Aushärten von Formstoffbindern
- Eisencarbidbildung bei Roheisen
- Oxidbildung beim Schmelzen
- Aufheizvorgang beim exothermen Speiser

Bild 1: Abgrenzung Chemie – Physik

8.2.2 Elemente

Stoffe, die sich chemisch nicht weiter zerlegen lassen, werden als Grundstoffe oder Elemente bezeichnet.

Die kleinsten Teile der Elemente sind die Atome. In der Mitte eines Atoms befindet sich der **Atomkern.** Er besteht aus den positiv geladenen **Protonen** und den elektrisch neutralen **Neutronen.** Der Durchmesser des Atomkerns beträgt etwa ein Zehntausendstel von dem des Atoms, trotzdem vereinigt er in sich fast die gesamte Masse. Um den Atomkern bewegen sich die elektrisch negativ geladenen **Elektronen.** Die Atome der einzelnen Elemente unterscheiden sich durch die Anzahl der Protonen (Bild 2). Am einfachsten aufgebaut ist das Wasserstoffatom, es besitzt nur ein Proton und ein Elektron.

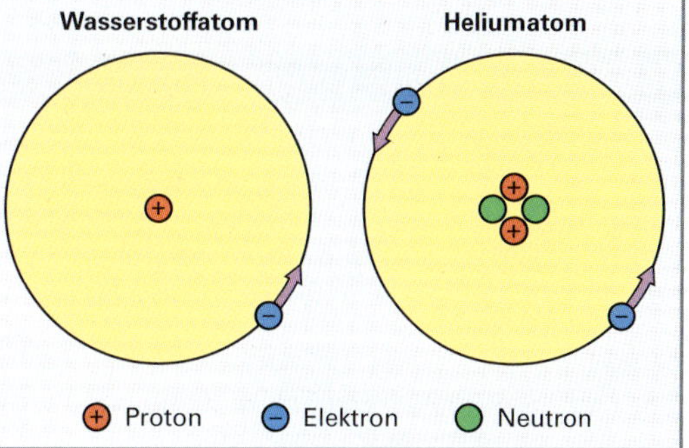

Bild 2: Aufbau von Atomen (zwei Beispiele)

8.2.3 Chemische Verbindungen

Die meisten Stoffe sind chemische Verbindungen. Ihre kleinsten Teilchen setzen sich gesetzmäßig aus Atomen verschiedener Elemente zusammen und werden als Moleküle bezeichnet.

Chemische Verbindungen besitzen völlig andere Eigenschaften als die Grundstoffe oder Elemente, aus denen sie aufgebaut sind. So ist bei Normalbedingungen (Raumtemperatur und atmosphärischer Luftdruck) das Element Natrium (Na) ein Metall, das Element Chlor (Cl_2) ein Gas, die aus diesen Elementen zusammengesetzte Verbindung NaCl (Kochsalz) ist jedoch ein kristallines Salz.

Die Zusammensetzung eines Moleküls wird durch chemische Formeln ausgedrückt. Bei den chemischen Formeln unterscheidet man zwischen der Summenformel und der Strukturformel (Tabelle 1). Beiden lässt sich entnehmen, aus welchen Elementen eine Verbindung aufgebaut ist und wie viele Atome jeweils an der Verbindung beteiligt sind. Strukturformeln geben zusätzlich an, welche Elemente wie miteinander verbunden sind.

Bezeichnung	Summenformel	Strukturformel
Methan	CH_4	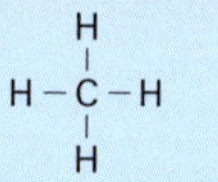
Ethan	C_2H_6	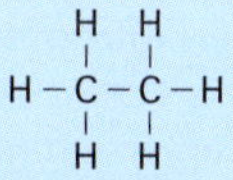
Propan	C_3H_8	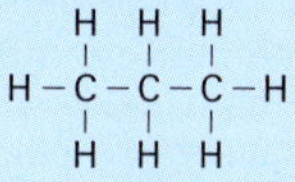
Wasser	H_2O	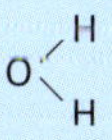
Schwefelsäure	H_2SO_4	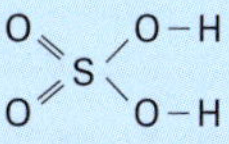

Bild 2: Aufbau von Atomen (zwei Beispiele)

Organische Verbindungen

Unter der organischen Chemie versteht man die Chemie der Kohlenstoffverbindungen. Kohlenstoffverbindungen besitzen mindestens eine Bindung zwischen Kohlenstoff- und Wasserstoff- oder Kohlenstoff- und Stickstoffatomen. Die organischen Verbindungen wurden ursprünglich vor allem in den lebenden Organismen vorgefunden, daher auch die Bezeichnung Organische Chemie. Inzwischen kommen jedoch ständig neue, künstlich hergestellte (synthetisierte) Verbindungen dazu. Gegenüber ca. 100000 **anorganischen** Verbindungen sind heute bereits einige Millionen **organischer** Verbindungen bekannt. Die Formerei mit ihren organischen Bindern ist ein typisches Beispiel für den Einsatz solch neuer Verbindungen.

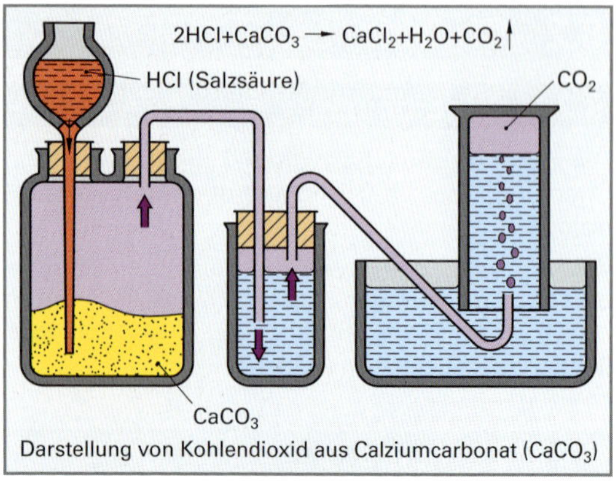

Bild 1: Beispiel für chemische Umsetzung

8.2.4 Chemische Umsetzungen

Bei den chemischen Umsetzungen, die auch als chemische Reaktionen bezeichnet werden, entstehen neue Stoffe mit neuen Eigenschaften. Damit die Umsetzungen kurz und exakt beschrieben werden können, benutzt man Reaktionsgleichungen.

Beispiel:
Entstehung des Fe_3C beim Hochofenprozess

$$3\,Fe + 2\,CO \rightarrow Fe_3C + CO_2$$

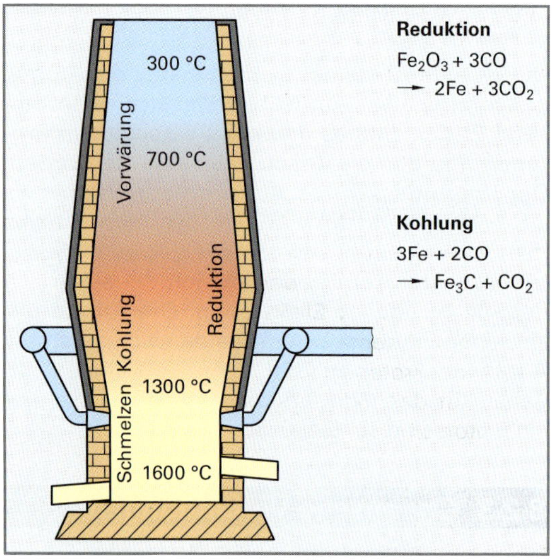

Bild 2: Darstellung der Vorgänge im Hochofen

In Reaktionsgleichungen werden die Ausgangsstoffe links, die Endprodukte rechts vom Pfeil geschrieben. Die Anzahl der im Molekül vorhandenen Atome eines Elementes wird durch einen tiefgestellten Zahlenindex rechts vom Elementsymbol ausgedrückt. Die Zahl und Art der Atome müssen auf beiden Seiten der „Gleichung" identisch sein.

Analyse – Synthese

Die Zerlegung einer chemischen Verbindung in Elemente oder in einfache Verbindungen bezeichnet man als chemische Analyse. Die **quantitative Analyse** hat die Aufgabe, die Zusammensetzung auch mengenmäßig zu liefern.

Beispiel: Quantitative Analyse von Grauguss:

93,94 % Fe (Eisen), 3,4 % C (Kohlenstoff), 1,6 % Si (Silizium), 0,6 % Mn (Mangan), 0,4 % P (Phosphor), 0,06 % S (Schwefel)

Unter **Synthese** versteht man den chemischen Aufbau von chemischen Verbindungen aus Elementen oder einfachen Verbindungen.

Synthesen spielen eine Rolle bei der Herstellung von Formstoffbindern, Lösemitteln, Benzin, Gummi u. a.

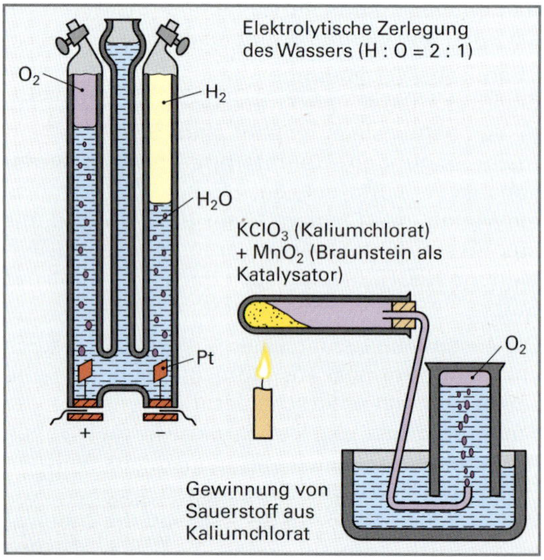

Bild 3: Beispiele für Analysen

Exotherme Reaktionen

Bei jeder chemischen Reaktion wird entweder Energie aufgenommen oder Energie abgegeben.

Wird Energie abgegeben, entsteht also Wärme, so handelt es sich um eine **exotherme Reaktion.**

Das typische Beispiel für eine exotherme Reaktion ist der exotherme Speiser, der ohne die üblichen Verzögerungsbeimischungen bis zu 2500 °C Temperatur entwickeln kann (Bild 1):

$$Fe_2O_3 + 2\,Al \rightarrow Al_2O_3 + 2\,Fe + \text{Wärme}$$

Dieser Vorgang ist ähnlich dem Thermitschweißen. Auch das Abbinden der Kunstharzbinder ist eine exotherme Reaktion.

Endotherme Reaktionen

Endotherme Reaktionen verlaufen unter Energieaufnahme.

Zu diesen Vorgängen gehören die bei der Metallgewinnung notwendigen Reduktionen wie z.B. die Reduktion von Fe_3O_4 zu Fe oder die Reduktion von HgO zu Hg (Bild 2).

In chemischen Gleichungen wird die entstehende Wärme (exotherme Reaktion) rechts, die aufgenommene Wärme (endotherme Reaktion) links – bzw. rechts mit negativem Vorzeichen – vom Reaktionspfeil angegeben.

Oxidation

Chemische Reaktionen, bei denen sich Sauerstoff mit einem Element oder einer Verbindung vereinigt, bezeichnet man als **Oxidationen** (Verbrennungen). Nach der Reaktionsgeschwindigkeit kann man zwischen einer langsamen Oxidation, wie z.B. dem Rosten, und einer schnellen Oxidation, z.B. Verpuffung von Formgasen, unterscheiden. Weitaus die meisten Oxidationen sind exotherme Vorgänge, bei denen Wärme frei wird. Bei langsamer Oxidation, wie z.B. beim Rosten, ist die entstehende Wärme schwer feststellbar, weil sie sofort von der Umgebung aufgenommen wird.

Wasserstoff „verbrennt" nicht nur in Sauerstoffatmosphäre, sondern auch in einer Chloratmosphäre. Der Begriff der Oxidation kann deshalb auf solche Vorgänge erweitert werden.

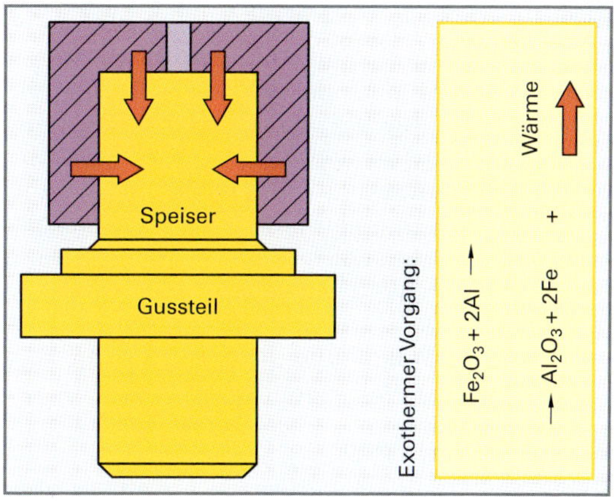

Bild 1: Exothermer Speiser

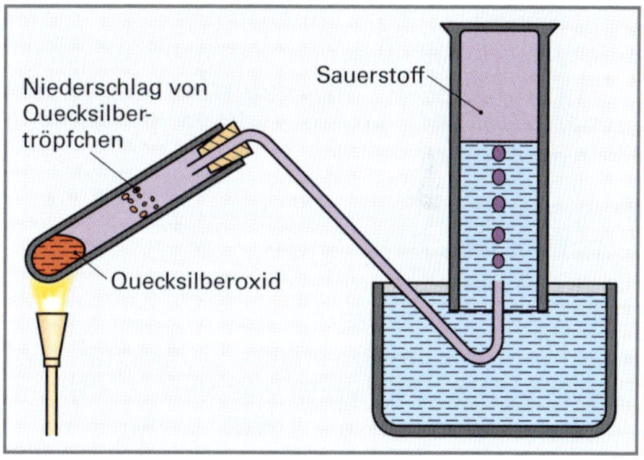

Bild 2: Endotherme Reaktion

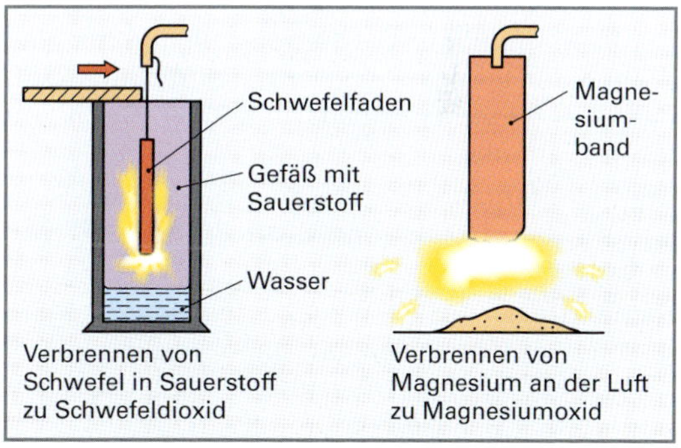

Bild 3: Oxidation

Wiederholungsfragen

1. Wodurch unterscheiden sich die chemischen von den physikalischen Vorgängen?
2. Erklären Sie die Begriffe Element, Chemische Verbindung, Summenformel und Strukturformel.
3. Stellen Sie die chemische Umsetzung am Beispiel des Hochofenprozesses dar.
4. Warum ist der Vorgang beim Gießen im exothermen Speiser eine exotherme Reaktion?
5. Welcher Unterschied besteht zwischen einer Oxidation und einer Reduktion?
6. Welche Aufgabe hat ein Katalysator?
7. Wie kann mit Lackmuspapier festgestellt werden, ob es sich um Säure oder Lauge handelt?
8. Welche Bedeutung hat der pH-Wert?

Reduktion

Den chemischen Vorgang, bei dem einer Verbindung Sauerstoff entzogen wird, bezeichnet man als **Reduktion**. Die Verhüttungsprozesse weisen alle als wichtigsten Verfahrensschritt eine Reduktion auf, bei der das Metall vom Sauerstoff getrennt wird. Die hierbei notwendige Energiezufuhr zeigt, dass es sich bei Reduktionen häufig um endotherme Vorgänge handelt.

Ebenso spricht man von einer Reduktion, wenn z.B. bei einer Metallverbindung an Stelle von Sauerstoff Schwefel entzogen wird.

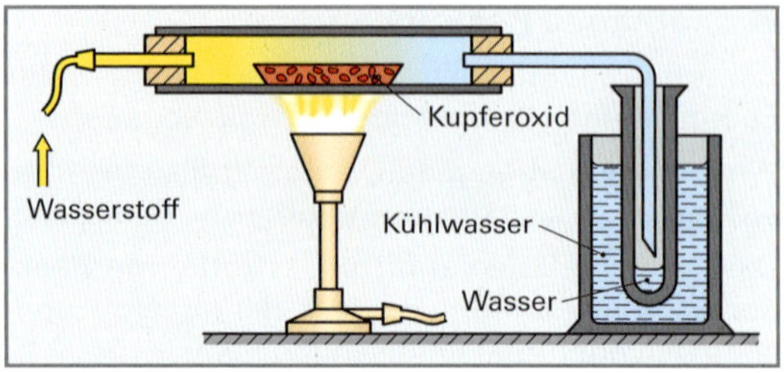

Bild 1: Reduktion von Kupferoxid durch Wasserstoff zu Kupfer, dabei bildet sich Wasser

Redoxreaktionen

Der Begriff Oxidation wird auch – abstrakter, aber allgemein gültiger – als Abgabe von Elektronen, der Begriff Reduktion als Aufnahme von Elektronen definiert. Da eine Elektronenabgabe immer eine gleichzeitige Elektronenaufnahme erfordert, laufen Oxidations- und Reduktionsreaktionen immer gleichzeitig ab, man spricht deshalb von **Redoxreaktionen**.

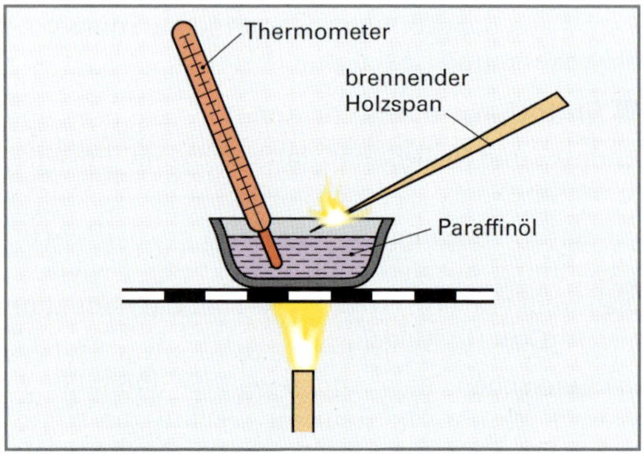

Bild 2: Ermittlung des Flammpunktes bei Paraffinöl

Auslösung und Beeinflussung chemischer Reaktionen

Jede Reaktion erfordert eine bestimmte Reaktionstemperatur, damit sie abläuft. Durch Erhöhung der **Temperatur** steigt die Reaktionsgeschwindigkeit. Kaltharzbinder härten z.B. am besten bei Raumtemperatur aus, bei Frost unterbleibt eine Aushärtung, während Hot-Box- und Croning-Binder eine Reaktionstemperatur von ca. 250 °C bis 350 °C benötigen.

Der **Flammpunkt** ist die Temperatur, bei der eine brennbare Flüssigkeit so viele Dämpfe entwickelt hat, dass diese bei Annäherung einer Zündflamme aufflammen.

Die **Selbstentzündungstemperatur** ist die Temperatur, bei der sich ein Stoff an der Luft von selbst entzündet.

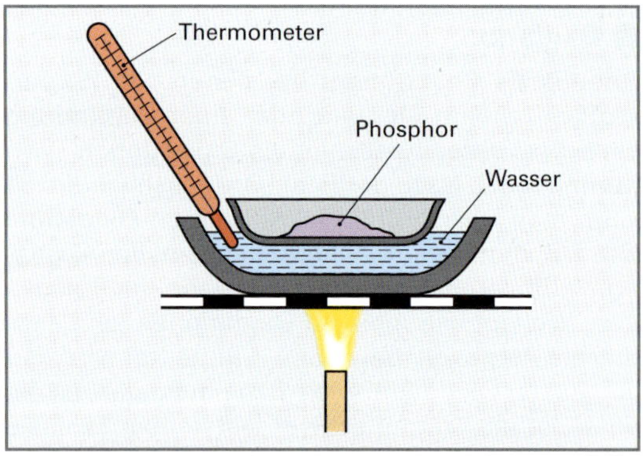

Bild 3: Ermittlung der Selbstentzündungstemperatur (Phosphor entzündet sich bei 60 °C von allein)

Katalysatoren beschleunigen chemische Vorgänge durch ihre Anwesenheit. Dabei verbinden sich diese vorübergehend mit einem Reaktionspartner und werden anschließend wieder freigesetzt oder verbleiben fein verteilt im Reaktionsprodukt. Katalysatoren werden in der Formerei vorwiegend beim Cold-Box-Verfahren und bei Schnellharzverfahren eingesetzt.

Weiteren Einfluss auf die Auslösung chemischer Reaktionen haben außerdem der Aggregatzustand, die Beschaffenheit der Oberfläche und die Konzentration der Reaktionspartner.

Elektrochemische Reaktionen werden durch Strom ausgelöst und in Betrieb gehalten. Die Schmelzflusselektrolyse zur Gewinnung von Aluminium und von Magnesium ist ein Beispiel.

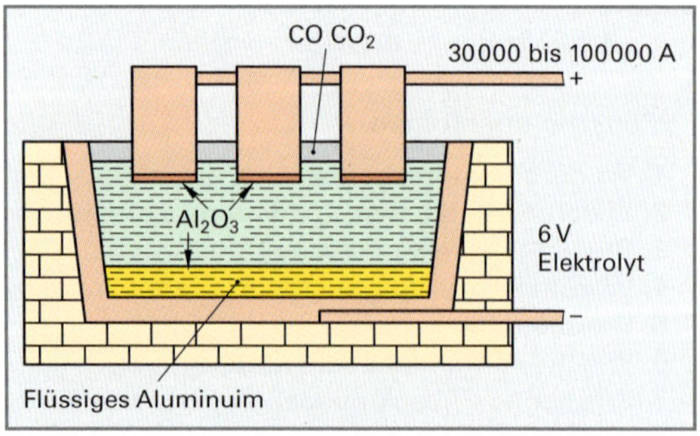

Bild 4: Schmelzflusselektrolyse von Aluminium

8

8.2.5 Säuren – Basen – Salze

Säuren

Binden sich Nichtmetalloxide mit Wasser, so entstehen Säuren. So entsteht z. B. aus Schwefeldioxid und Wasser die umweltgefährdende schweflige Säure (Bild 1)

$$SO_2 + H_2O \rightarrow H_2SO_3$$

Säuren enthalten stets Wasserstoff und einen Verbindungsteil, den man als Säurerest bezeichnet. Es gibt auch Säuren, die sich nicht von Oxiden ableiten lassen. Dazu gehört z. B. die Salzsäure (HCl). Es gibt schwache und starke Säuren, die entsprechend ätzend wirken. Beim Umgang mit den Säuren als Formstoffhärtern in der Formerei sind deshalb Schutzbrille und Gummihandschuhe Vorschrift.

Säuren kann man durch die Rötung von Lackmuspapier feststellen.

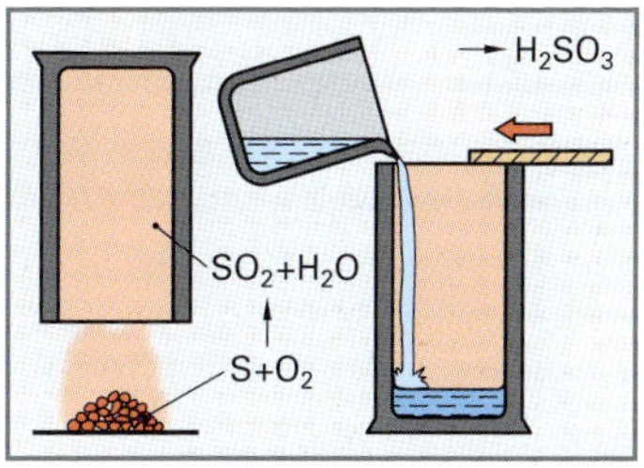

Bild 1: Entstehen der schwefligen Säure aus Schwefeldioxid und Wasser

Basen

Binden sich Metalloxide mit Wasser, so entstehen Basen, auch Hydroxide genannt. Löst sich ein Hydroxid in Wasser, ergibt sich eine Lauge. So entsteht z. B. aus Natriumoxid (Na_2O) und Wasser die stark ätzende Natronlauge (NaOH) (Bild 2).

$$2Na + 2H_2O \rightarrow Na_2O + 2H_2\uparrow \quad Na_2O + H_2O \rightarrow 2NaOH$$

Viele Basen enthalten deshalb einen Metallrest und eine Hydroxyl-(OH)-Gruppe. Basen färben rotes Lackmuspapier blau und greifen unedle Metalle an.

Unter der Einwirkung einer Lauge erweichen tierische und pflanzliche Stoffe, die Zellen quellen auf und werden teilweise zerstört. Dies konnte beobachtet werden, als noch Zement als Formstoffbinder verwendet wurde; wesentlich aggressiver und gefährlicher sind Natron- und Kalilauge.

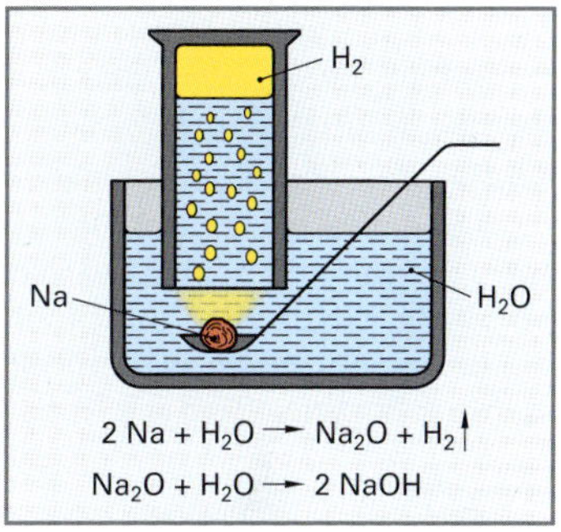

Bild 2: Laugenbildung aus Metall und Wasser

Salze

Salze setzen sich aus dem Basenrest (Metallrest) und dem Säurerest zusammen. Erfolgt die Verbindung dieser beiden Teile entsprechend den Atommassen, so tritt eine Neutralisation ein, das Lackmuspapier reagiert weder blau noch rot. So entsteht z. B. durch Neutralisation von Natronlauge und Salzsäure das **Kochsalz** und Wasser.

$$NaOH + HCl \rightarrow NaCl + H_2O$$

Salze können sauer reagieren, wenn die Säure stärker ist als die Lauge oder basisch, wenn die Lauge stärker ist als die Säure.

Säure kann abstrakter auch als Stoff definiert werden, der Wasserstoffionen (H^+-Ionen oder Protonen) abgegeben kann, Base kann als Stoff definiert werden, der Wasserstoffionen – meist aus Wasser – aufnehmen kann. Da Wasserstoffaufnahme und -abgabe einander bedingen, spricht man von Säuren-Basen-Systemen. Die Wasserstoffionenkonzentration (H^+-Konzentration) ist ein Maß für die Säure- bzw. Basenstärke, sie wird meist als pH-Wert angegeben. Bei einem pH-Wert von 7 ist eine wässerige Lösung neutral, ein pH-Wert von 0 bedeutet eine sehr starke Säurewirkung und ein pH-Wert von 14 eine sehr starke Basenwirkung (siehe Tabelle).

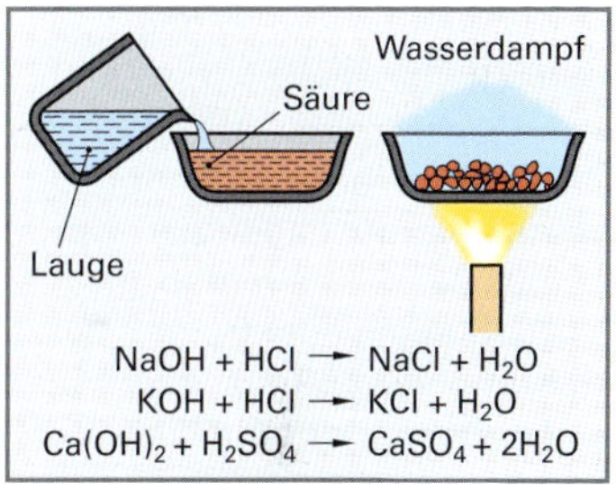

Bild 3: Neutralisation und Salzbildung

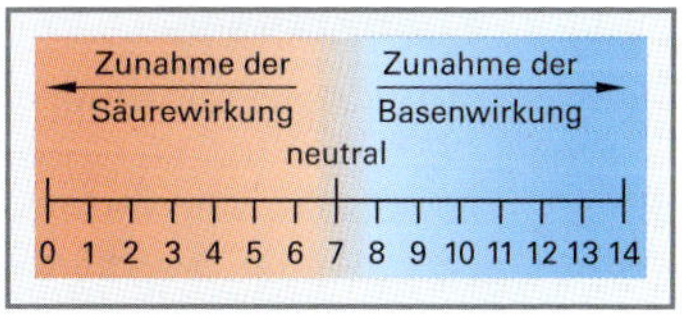

Bild 4: pH-Wert

Kupfersulfat	$CuSO_4$
Kaliumsulfit	K_2SO_3
Natriumphosphat	Na_3PO_4
Calciumphosphit	$Ca_3(PO_3)_2$
Silbernitrat	$AgNO_3$
Natriumnitrit	$NaNO_2$
Eisencarbonat	$FeCO_3$
Magnesiumsilikat	$MgSiO_3$

Bild 5: Namen einiger Salze

8.3 Elektrotechnik

8.3.1 Allgemeines

Die Anwendung der elektrischen Energie für Elektromotoren und -werkzeuge, Schmelzöfen oder auch für Steuer- und Regelungsvorgänge ist heute allgemein üblich.

Stromstärke *I*

Werden elektrisch geladene Teilchen (Elektronen oder Ionen) gerichtet oder oszillierend bewegt, spricht man vom Fließen eines elektrischen Stromes. Bei metallischen Werkstoffen sind es die sogenannten „quasi" freien Elektronen (schwach gebundene Elektronen) an den Atomen, die leicht abgegeben bzw. ausgetauscht werden können (Bild 1).

Stoffe, die einen hohen elektrischen Ladungstransport zulassen, bezeichnet man als gute elektrische **Leiter.** Hierzu zählen die Metalle, Säuren und Basen sowie die Salzlösungen. Kohlenstoff leitet ebenfalls. **Nichtleiter** oder **Isolatoren** sind die Stoffe, bei denen bei normalen Temperaturen kein Stromfluss möglich ist, z. B. Glas, Gummi, Porzellan und die Kunststoffe.

Spannung *U*

Die elektrische Spannung bewirkt das Bewegen der elektrisch geladenen Teilchen in einem Leiter. Sie kann mit dem Druck in einer Wasserleitung verglichen werden, der z. B. durch eine Pumpe aufgebracht wird und die Flüssigkeit durch das Leitungssystem befördert. Geräte, die elektrische Spannung erzeugen, sind im Allgemeinen Generatoren. Am Minuspol liegt ein Ladungsüberschuss an Elektronen vor, am Pluspol dagegen ein Ladungsmangel. Dadurch kommt es zum Ladungstransport bei geschlossenem Kreislauf. Der Unterschied ist ein Maß für die Höhe der elektrischen Spannung. Die Ladungen (Elektronen) werden nach der **physikalischen Stromrichtung** vom Minus- zum Pluspol transportiert. Nach der **technischen Stromrichtung** fließt der Strom von Plus nach Minus (Bild 2).

Widerstand *R*

Elektrischer Widerstand wird als Verhältnis von elektrischer Spannung zur Stromstärke bezeichnet.

Dem Bewegen der Elektronen setzt der Leiter einen Widerstand entgegen. Ein Maß für die Größe dieses Widerstandes ist der **spezifische elektrische Widerstand** ϱ (Tabelle 1), der angibt, welcher Widerstand bei einer Drahtlänge von 1 m und einer Querschnittsfläche von 1 mm² bei einem bestimmten Werkstoff auftritt.

Wirkungen des elektrischen Stromes

Der elektrische Strom zeigt folgende Wirkungen:

- **Wärmewirkung** wird ausgenützt bei Schmelzöfen, Heizöfen, Sicherungen, Kochplatten, beim Schweißen.
- **Chemische Wirkung** wird ausgenützt bei der Elektrolyse (z. B. bei der Primäraluminiumherstellung – Bild 3).
- **Lichtwirkung** wird ausgenützt in der Beleuchtungstechnik.
- **Magnetische Wirkung** wird ausgenützt bei Elektromagneten und -motoren (Bild 4).
- **Physiologische Wirkungen** äußern sich beim Menschen durch Verbrennungen, Herzflimmern usw.

8

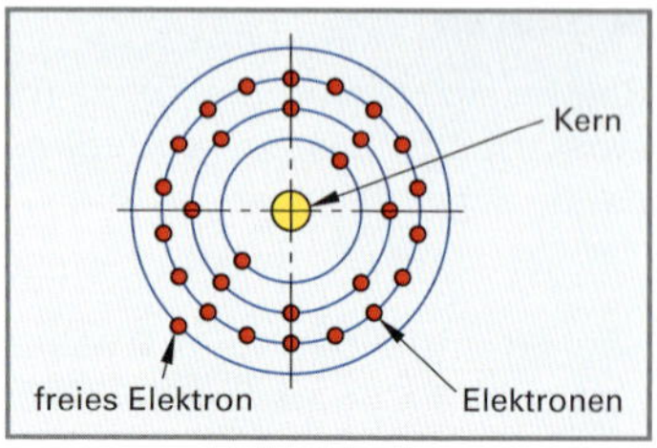

Bild 1: Cu-Atom

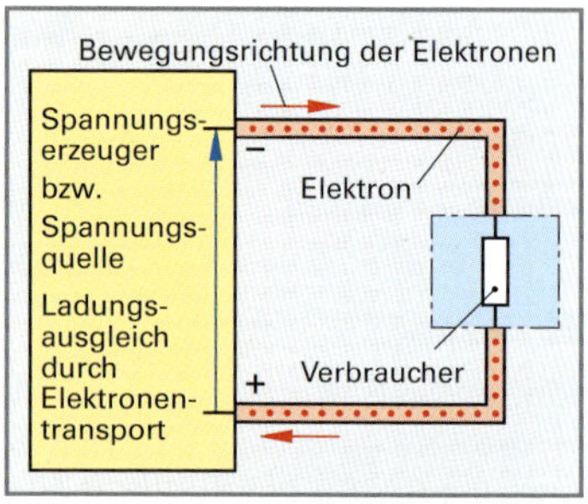

Bild 2: Fluss der Elektronen (physikalische Stromrichtung)

Stoff	$\varrho\ \frac{\Omega \cdot mm^2}{m}$	Stoff	$\varrho\ \frac{\Omega \cdot mm^2}{m}$
Aluminium (Al)	0,028	Magnesium (Mg)	0,044
Messing (CuZn)	0,05 …0,07	Kupfer (Cu)	0,0179
Gusseisen (GJL)	0,6 …1,6	Silber (Ag)	0,015
Stahl unleg.	0,14 …0,18	St hochlegiert	0,7

Tabelle 1: Spezifische elektrische Widerstände ϱ (bei 20 °C)

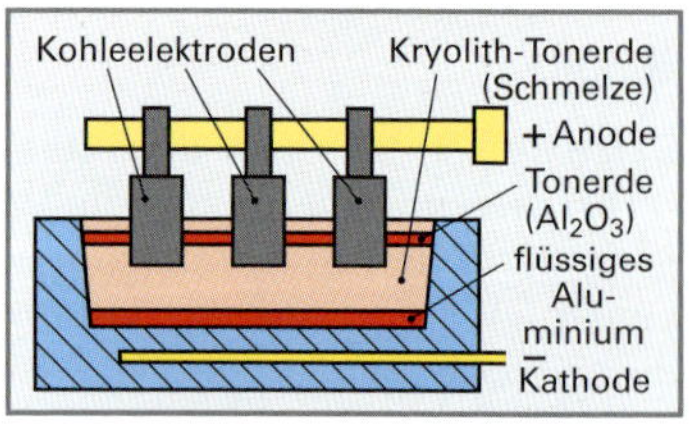

Bild 3: Schmelzflusselektrolyse (Aluminiumgewinnung) als Beispiel für chemische Wirkung des Stromes

Bild 4: Elektromotor

8.3.2 Stromkreis

Voraussetzung für das Fließen eines elektrischen Stromes ist das Vorhandensein einer Spannung und eines geschlossenen Stromkreises (Bild 1). Im einfachsten Falle besteht der Stromkreis aus einer Spannungsquelle bzw. einem Spannungserzeuger, der Zuleitung, dem Verbraucher und der Rückleitung zur Spannungsquelle. Der Verbraucher wandelt die elektrische Energie in andere Energieformen um, z. B. in Licht, Wärme oder mechanische Energie (Bewegungsenergie bei Motoren).

Eine Sicherung schützt vor Überlastung der angeschlossenen Geräte und Leitungen. Die Höhe der im Stromkreis vorhandenen Spannung kann mit einem Spannungsmesser, die Stromstärke mit einem Strommesser gemessen werden. Der Spannungsmesser muss **parallel** zum Verbraucher, der Strommesser in **Reihe** zum Verbraucher geschaltet sein.

Ohm'sches Gesetz

Der proportionale Zusammenhang zwischen elektrischer Spannung und Stromstärke wird durch das Ohm'sche Gesetz beschrieben:

$$R = \frac{U}{I} \leftrightarrow I = \frac{U}{R}$$

Der in einem Verbraucher fließende Strom ist umso größer, je höher die angelegte Spannung und je kleiner der Widerstand des Verbrauchers ist (Bild 3). Ohm'sche Widerstände haben eine lineare Kennlinie.

Jedes Gerät ist für eine bestimmte Betriebsspannung ausgelegt; bei zu hoher Spannung wird es durch den zu hohen Strom zerstört. Ist die vorhandene Spannung zu niedrig, reicht die auftretende kleine Stromstärke nicht zum Betreiben des Gerätes aus.

Die Verbraucher (Widerstände) können in einem Stromkreis auf verschiedene Weise zusammengeschaltet werden.

■ **Parallelschaltung** (Bild 4)

Werden Geräte an verschiedene Steckdosen gleicher Versorgungsspannung angeschlossen, sind sie parallel geschaltet. Die elektrische Spannung ist bei parallel geschalteten Verbrauchern gleich groß. Der Strom verzweigt sich, der Gesamtstrom ergibt sich durch Addieren der Einzelströme.

■ **Reihenschaltung** (Bild 5)

Bei der Reihenschaltung geht man vom Ausgang des einen Verbrauchers zum Eingang des nächsten Verbrauchers. Für diese Art der Schaltung gilt, dass die Stromstärke I an allen Stellen des Stromkreises gleich groß ist. Durch die unterschiedlichen Widerstände der einzelnen Verbraucher ergeben sich bei gleicher Stromstärke unterschiedliche Spannungen an den einzelnen Verbrauchern. Die Gesamtspannung ergibt sich durch Addieren der Einzelspannungen; der Gesamtwiderstand lässt sich auf gleiche Weise ermitteln. Wird der Stromfluss an irgendeiner Stelle (z. B. durch einen Defekt) unterbrochen, ist der Gesamtstromkreis nicht mehr geschlossen. Gemischte Schaltungen stellen eine Kombination zwischen Reihen- und Parallelschaltung dar.

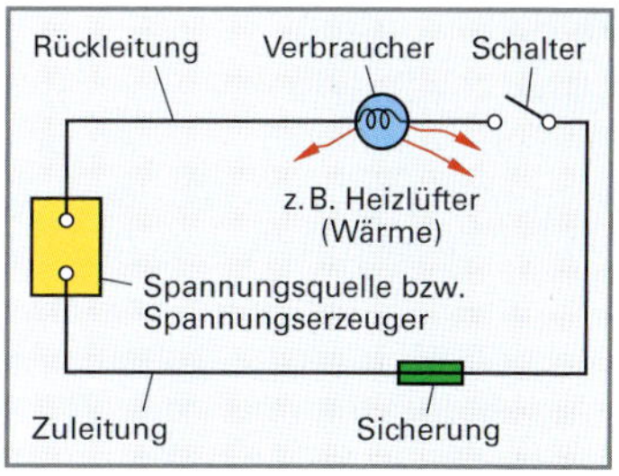

Bild 1: Stromkreis

Glühlampen	0,4A
Kochplatte	10A
Waschmaschine	16A
Gleichstrommotoren	75A
Schweißtransformatoren	250A

Bild 2: Stromstärken in Geräten (Beispiele)

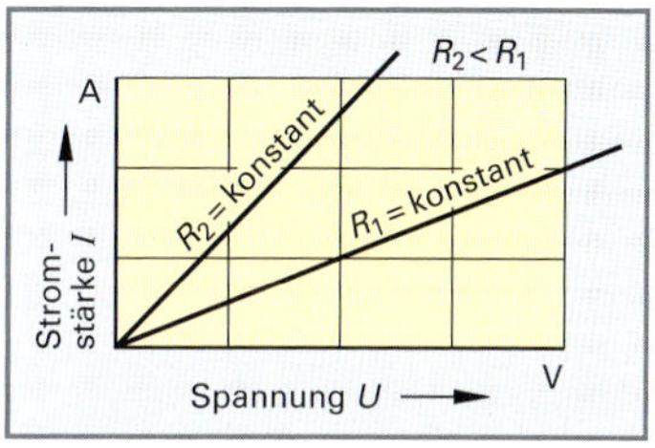

Bild 3: Zusammenhang zwischen Stromstärke und Spannung

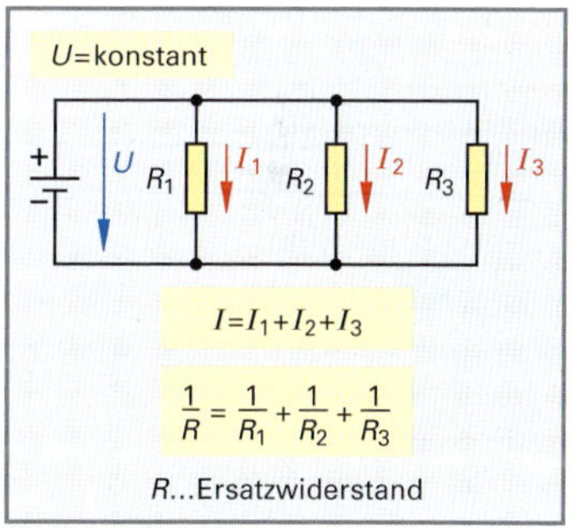

Bild 4: Parallelschaltung von Widerständen

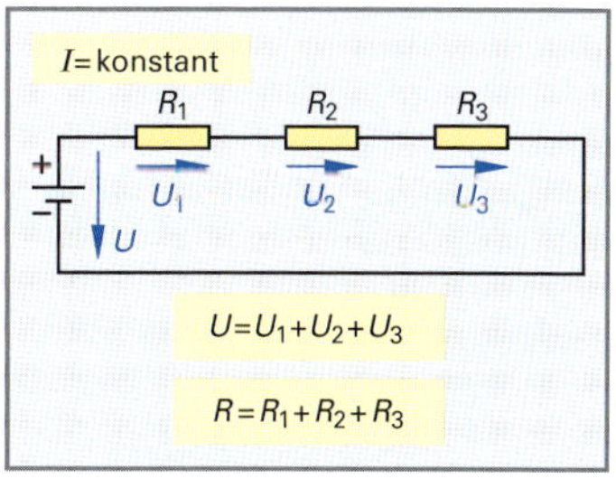

Bild 5: Reihenschaltung von Widerständen

Sicherungen

Damit die Stromstärken im Stromkreis und in den einzelnen Verbrauchern nicht zu groß werden, müssen Sicherungen eingebaut werden. Ansonsten würden Schäden (Erwärmung) in den Geräten und Leitungen auftreten, die zu Bränden führen können.

Vorgesehen werden Schmelzsicherungen, Sicherungsautomaten und Motorschutzschalter. Flinke Sicherungen sprechen sehr schnell an, während träge Sicherungen erst nach einer gewissen Dauer des zu hohen Stromflusses ansprechen.

Schmelzsicherungen (Bild 1)

Im Innern der Sicherung befindet sich ein dünner Leiterdraht. Sein Durchmesser ist auf den Leitungsquerschnitt der abgehenden elektrischen Zuleitung zu den Verbrauchern abgestimmt. Wird die Stromstärke durch das Einschalten zu vieler Verbraucher überschritten, schmilzt der Sicherungsdraht durch die Wärmewirkung des elektrischen Stromes durch und unterbricht den Stromfluss. Ein Flicken bzw. Überbrücken von Schmelzsicherungen ist unzulässig.

Sicherungsautomaten (Bild 3)

Sie sichern den Stromkreis in zweifacher Weise ab. Bei zu hohen Strömen wird der Stromkreis über einen magnetischen Auslöser unterbrochen. Durch Drücken des Sicherungsknopfes kann diese Unterbrechung beseitigt werden. Auf Überlastungen im Dauerbetrieb, z.B. durch unzulässig hohe Erwärmung, reagiert der Bimetall-Auslöser mit einem Abschalten des Stromkreises. Erst nach dem Abkühlen des Bimetallstreifens kann der Sicherungsautomat wieder eingeschaltet werden.

Motorschutzschalter (Bild 4)

Sie dienen zum Ein- und Ausschalten von Motoren. Sie sichern gegen zu hohe Stromstärken bei Nichtanlauf, Kurzschluss und Überlastung sowie gegen Absinken und Ausfall der Netzspannung.

Elektrische Arbeit und Leistung

Die elektrische Spannung bewegt Ladungen durch einen elektrischen Leiter hindurch. Hierbei muss Arbeit verrichtet werden. Für die elektrische Gleichstromarbeit gilt:

$$W = U \cdot I \cdot t$$

U ... elektr. Spannung in V
I ... elektr. Stromstärke in A
t ... Zeit in s

Die Einheit der elektrischen Arbeit ist die Wattsekunde (Ws).

Üblicherweise wird die Arbeit in kWh (Kilowattstunden) angegeben und durch „elektrische Zähler" gemessen. Für die elektrische Gleichstromleistung gilt:

$$P = U \cdot I$$

$P = U \cdot I \cdot \cos\varphi$ Wirkleistung bei Wechselstrom

$P = \sqrt{3} \cdot U \cdot I \cdot \cos\varphi$ Wirkleistung bei Drehstrom

$\cos\varphi$ = Leistungsfaktor

Die Einheit der Leistung ist das Watt (W) bzw. Kilowatt (kW).

Auf den Leistungsschildern der elektrischen Geräte (Verbraucher) befinden sich Angaben über deren Leistungsaufnahme.

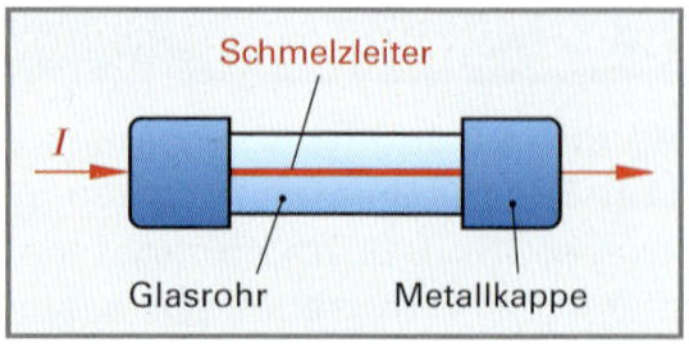

Bild 1: Schmelzsicherung

Nennstrom in A	10	16	20	25	35	50
Kennfarbe	rot	grau	blau	gelb	schwarz	weiß

Bild 2: Sicherungen

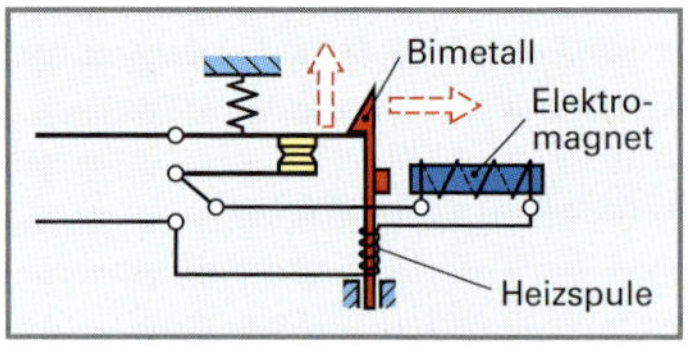

Bild 3: Sicherungsautomat (Prinzip) mit thermischer und elektromagnetischer Auslösung

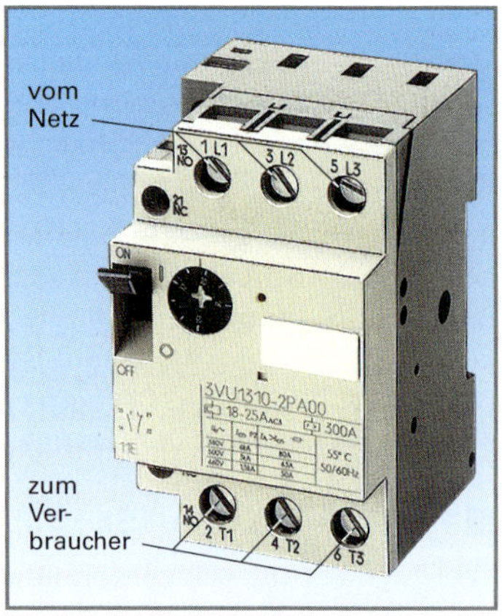

Bild 4: Motorschutzschalter

Beispiel:

Ein Warmwasserspeicher wird zwei Stunden bei einer Betriebsspannung von 230 V betrieben. Die Leistung beträgt 4 kW. Die elektrische Arbeit, die dem Elektrizitätswerk zu bezahlen ist, beträgt:

$$W = U \cdot I \cdot t = P \cdot t = 4\text{ kW} \cdot 2\text{ h} = 8\text{ kWh}$$

Die Stromstärke I kann durch Umstellen der Leistungsgleichung ermittelt werden:

$$I = \frac{P}{U} = \frac{4000\text{ W}}{230\text{ V}} = 17{,}39\text{ A}$$

Die Absicherung des Stromkreises muss mit einer 20-Ampere-Sicherung erfolgen.

8

8.3.3 Stromarten

Nach dem zeitlichen Verlauf und nach dem Spannungserzeuger (z.B. Generator) unterscheidet man

- **Gleichstrom** (Bild 1). Der Strom fließt immer in der gleichen Richtung von Plus nach Minus (technische Stromrichtung). Die Pole ändern ihre Lage nicht. Benötigt wird Gleichstrom bei der Elektrolyse, beim Galvanisieren, bei der anodischen Oxidation von Aluminiumteilen und für Motoren an gesteuerten Maschinen. Gleichstrom liefern Batterien und Gleichstromgeneratoren.
- **Wechselstrom** (Bild 2). Die Stromrichtung und damit die Pole ändern sich ständig. Die Höhe der Stromstärke schwankt periodisch im zeitlichen Verlauf nach einer Sinuskurve (Schwingung). Ein Maß für die Anzahl der Schwingungen pro Sekunde ist die Frequenz. Die Periodendauer T ist die Zeit für eine volle Schwingung $\left(T = \frac{1}{f}\ (\text{s})\right)$. Die Einheit der Frequenz f ist Hertz (Hz). In Deutschland beträgt die Wechselstromfrequenz 50 Hz. Ströme, wie sie zum Schmelzen von Metallen benötigt werden (Induktionsöfen), haben zum Teil weit höhere Frequenzen.
- **Drehstrom** (Bild 3) wird meist auch als Dreiphasen-Wechselstrom bezeichnet. Hierbei handelt es sich in Wirklichkeit um drei Wechselströme, die zeitlich um 120° versetzt ihre Maximalwerte erreichen. Drehstrom wird von Drehstromgeneratoren geliefert. Benötigt wird diese Stromart für Motoren und elektrische Anlagen.

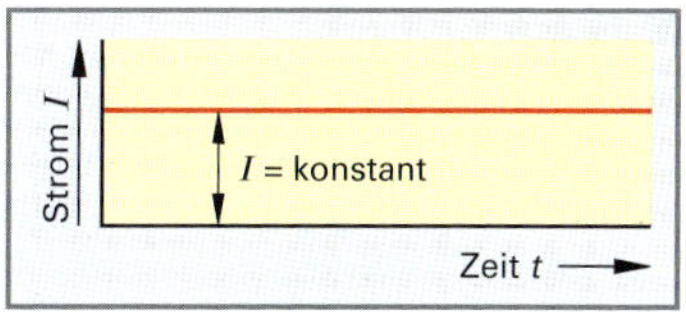

Bild 1: Gleichstrom

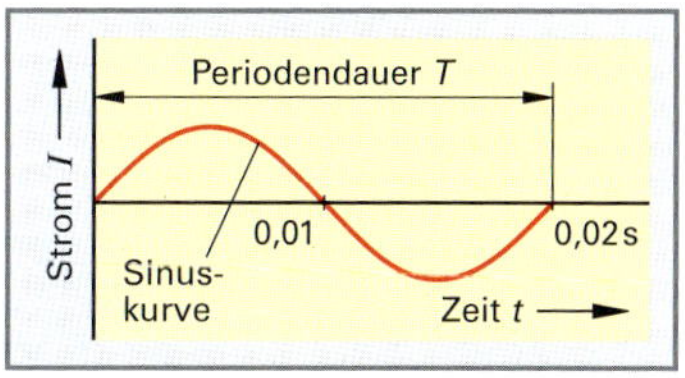

Bild 2: Wechselstrom (f = 50 Hz)

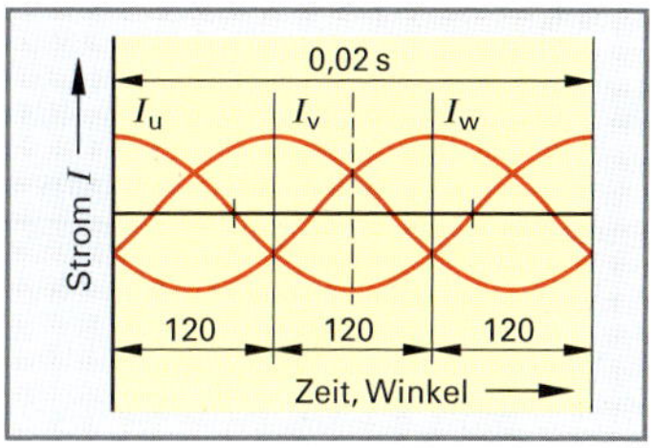

Bild 3: Drehstrom (3 ~)

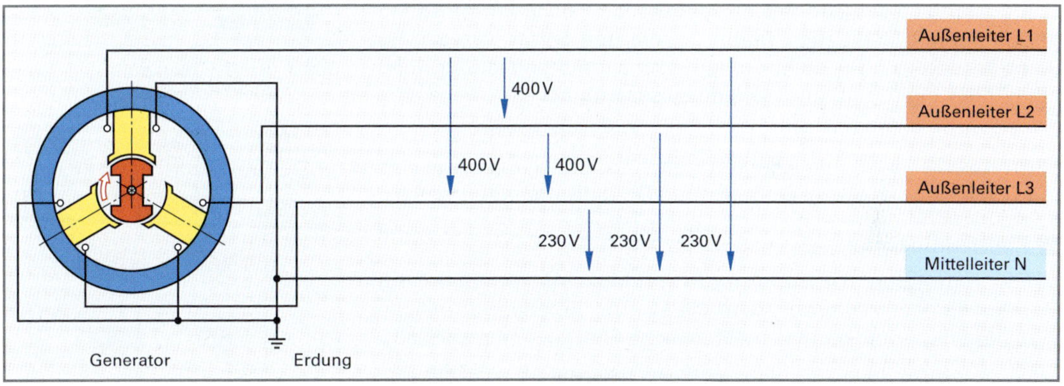

Bild 4: Drehstromleiternetz

8.3.4 Spannungserzeugung

Grundsätzlich wird die elektrische Spannung durch Ladungstrennung erzeugt.

Für die Erzeugung der elektrischen Spannung gibt es verschiedene Möglichkeiten:

- **Chemische Energie,** geliefert von einem galvanischen Element.
- **Wärmeenergie.** Anwendungsbeispiel: Thermoelemente, die zur Temperaturmessung eingesetzt werden.
- **Lichtenergie** bei Belichtungsmessern und Lichtschranken.
- **Erzeugung durch Induktion.** Dies ist die am häufigsten angewandte Technik. Hierbei spielt der Magnetismus eine wichtige Rolle (Bild 5).

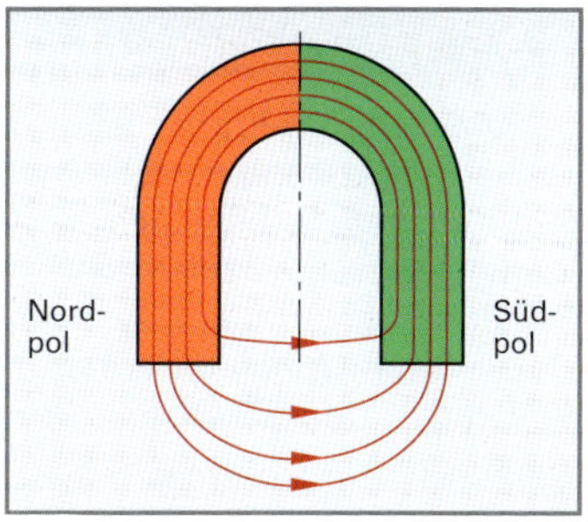

Bild 5: Magnetfeld (Dauermagnet)

Magnetismus

Verschiedene Metalle (Eisen, Nickel und Kobalt) besitzen magnetische Eigenschaften. Sie bilden im magnetischen Zustand ein Magnetfeld um sich, dessen **Feldlinien** durch Eisenfeilspäne sichtbar gemacht werden können. Bei jedem Dauermagnet lässt sich **Nord-** und **Südpol** unterscheiden. Die magnetischen Feldlinien (Kraftlinien) treten beim Nordpol aus und beim Südpol in den Magneten wieder ein. Sie sind in sich geschlossen, verlaufen also im Innern des Magneten weiter. Auch um einen stromdurchflossenen Leiter ist ein Magnetfeld vorhanden, dessen Feldlinien konzentrische Kreise um den Leiter bilden (Bild 2). Die Richtung ist im Uhrzeigersinn, wenn der Strom vom Betrachter wegfließt. Durch eine spulenförmige Anordnung der Leiter (Bild 1) lässt sich die Kraftwirkung des Magnetfeldes vervielfachen; wird außerdem noch ein Weicheisenkern in das Spuleninnere eingefügt, ergibt sich eine weitere Verstärkung durch Verringerung des magnetischen Widerstandes.

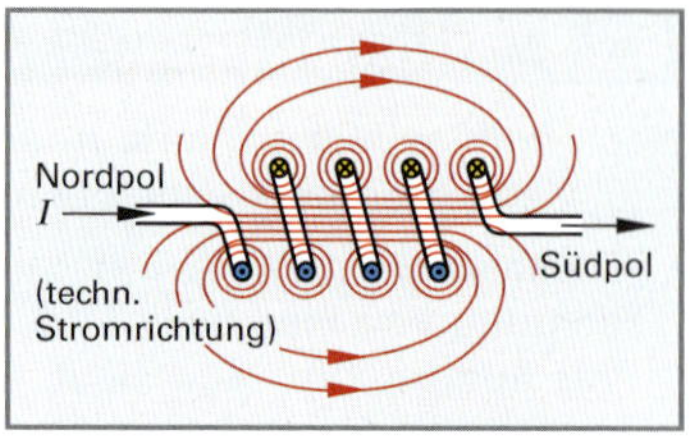

Bild 1: Magnetfeld einer Spule (Elektromagnet)

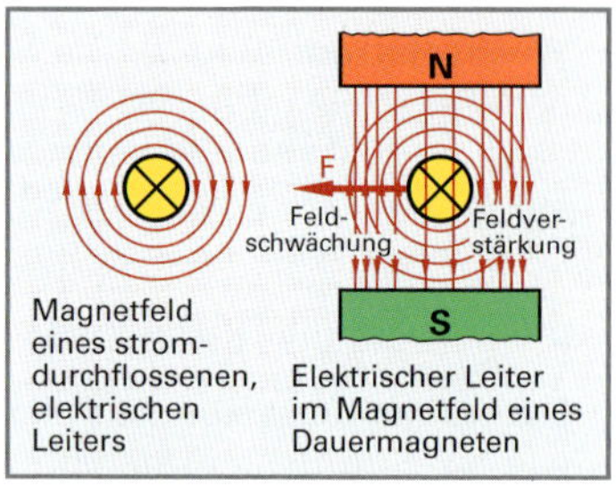

Bild 2: Magnetfelder

Spannungserzeugung durch Induktion

Die Erzeugung elektrischer Energie erfolgt in Kraftwerken durch Umwandeln von mechanischer in elektrische Energie über das Prinzip der **elektromagnetischen Induktion.**

Wird eine Leiterschleife so in einem Magnetfeld bewegt bzw. gedreht (Bild 2 und 3), dass magnetische Feldlinien „geschnitten" werden, wird im Leiter eine elektrische Spannung „induziert". Damit fließt im geschlossenen Stromkreis ein elektrischer Strom. Die Richtung dieses Stromes ist so, dass die Feldlinien seines Magnetfeldes die Bewegung hemmen, die den Strom erzeugt hat **(Lenz'sche Regel).** Die elektromagnetische Induktion ist nur durch eine Änderung des magnetischen Flusses möglich.

Die erzeugte Spannung entspricht einer Wechselspannung.

In Kraftwerken setzt man **Generatoren** ein. Je nach Stromart setzt man Gleichstrom-, Wechselstrom- oder Drehstromgeneratoren ein.

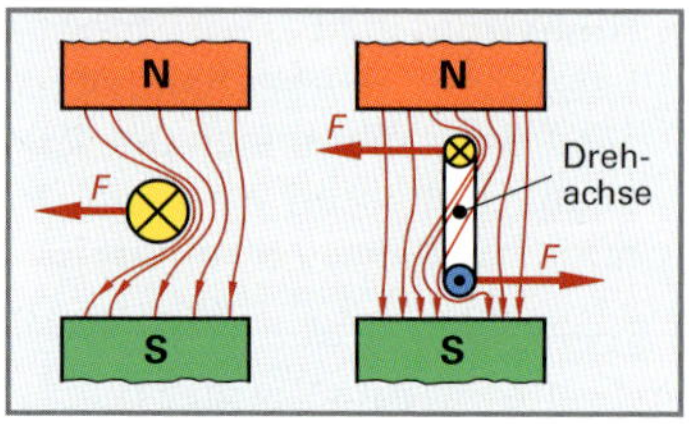

Bild 3: Kraftwirkung auf elektrische Leiter

Elektromotoren

In Elektromotoren, die zum Antrieb von Maschinen und anderen Geräten eingesetzt werden, wird die elektrische Energie zunächst in magnetische und dann in mechanische Energie umgewandelt.

Elektromotoren besitzen hohe Wirkungsgrade (70 ... 95 %). Man unterscheidet Gleichstrom-, Einphasen-Wechselstrom- und Drehstrommotoren.

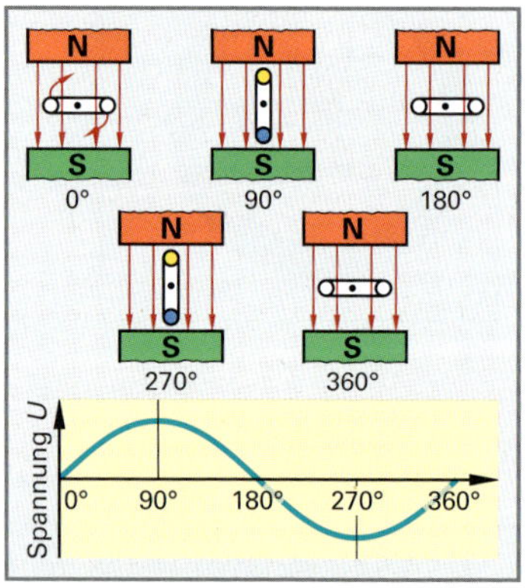

Bild 4: Wechselstromerzeugung (Leiterschleife im Magnetfeld gedreht)

8.3.5 Elektrische Unfälle

Der menschliche Körper leitet den elektrischen Strom. Sein elektrischer Widerstand beträgt etwa 1400 Ω. Die Folgen eines Stromdurchflusses äußern sich in Verbrennungen, Muskelverkrampfungen, Versagen des Kreislaufs und des Herzmuskels sowie im Stillstand der Atmung. Deshalb ist schnellstens ärztliche Hilfe bei elektrischen Unfällen herbeizuholen. Elektrische Spannung über 50 V und Stromstärken über 50mA können Lebensgefahr bedeuten.

Elektrische Unfälle entstehen durch direktes Berühren eines Strom führenden Leiters oder indirekt durch Berühren eines Teiles, das durch einen Fehler (z. B. defekte Isolierung) unter Spannung steht.

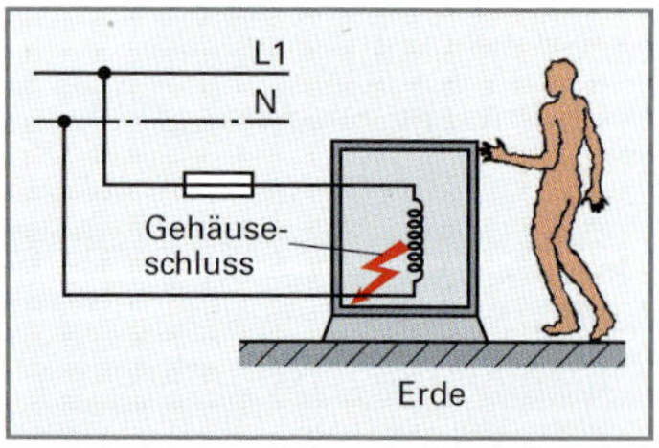

Bild 5: Gefahr durch Berührung

Schutzmaßnahmen

Um Unfälle beim Umgang mit elektrischen Geräten zu verhindern, sind vom Verband Deutscher Elektrotechniker (VDE) Sicherheitsvorschriften erlassen worden. Diese umfassen auch Schutzmaßnahmen gegen Berührungsspannungen.

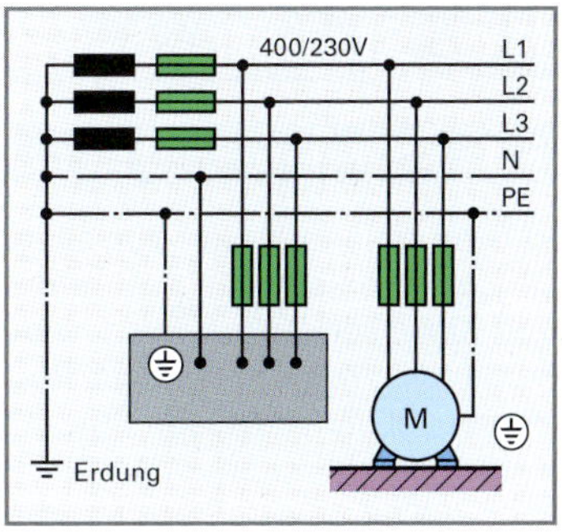

Bild 1: Schutz im TN-Netz

Schutzisolierung

Alle Teile, die bei einem Fehler unter Spannung stehen könnten, sind dauerhaft isoliert. Die Geräte tragen das Zeichen für Schutzisolierung, das aus einem kleinen Quadrat in einem großen Quadrat besteht.

Schutzkleinspannung

Zum Beispiel bei Arbeiten mit Elektrohandwerkzeugen in Metallbehältern dürfen diese Geräte nur mit Kleinspannung betrieben werden. Bei technischen Geräten sind die Spannungen auf höchstens 50 V begrenzt.

Schutzmaßnahmen im TN-Netz

Der grün-gelb gekennzeichnete Schutzleiter (PE) verbindet das leitende Gehäuse eines angeschlossenen Gerätes mit dem Sternpunkt des Spannungserzeugers (Bild 1). Der Sternpunkt des Erzeugers ist direkt geerdet. Kommt das Gehäuse aus irgendeinem Grunde in Berührung mit einem Strom führenden Leiter, löst der auftretende Kurzschlussstrom die Sicherung aus.

Steckdosen und Stecker besitzen Schutzkontakte **(Schuko)**, an die der grün-gelbe Schutzleiter angeschlossen ist (Bild 2).

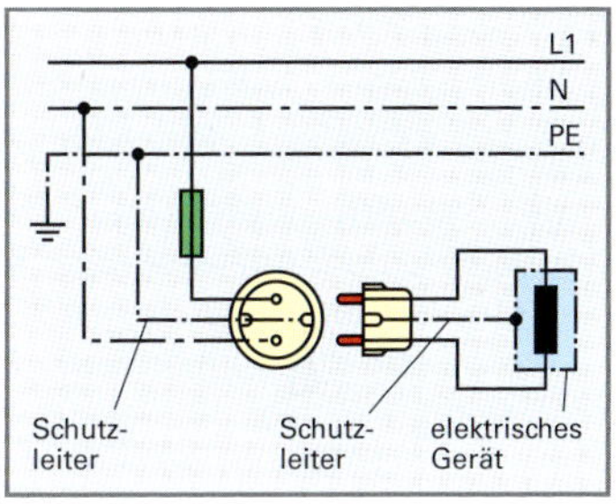

Bild 2: Schutzkontakt

Fehlerstrom-Schutzschaltung (FI) (Bild 3)

Bei dieser Schutzmaßnahme vergleicht man in einem Stromkreis den zufließenden mit dem abfließenden Strom. Dieser muss im Normalfall den gleichen Wert besitzen. Wird bei einem Fehler (z. B. Berührung einer defekten Isolierung) ein Teil des Stromes zur Erde geführt, ergibt sich eine Stromdifferenz. Diese führt zur Abschaltung des Stromkreises innerhalb von 0,2 Sekunden.

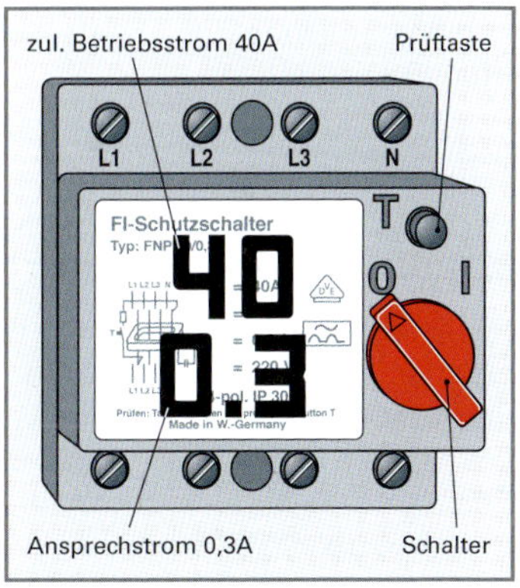

Bild 3: Schutzschalter

Schutztrennung (Bild 4)

Hier wird durch einen Trenntransformator ein ungeerdeter Verbraucherstromkreis vom geerdeten Netz getrennt. Gefährliche Berührungsspannungen können damit nicht auftreten.

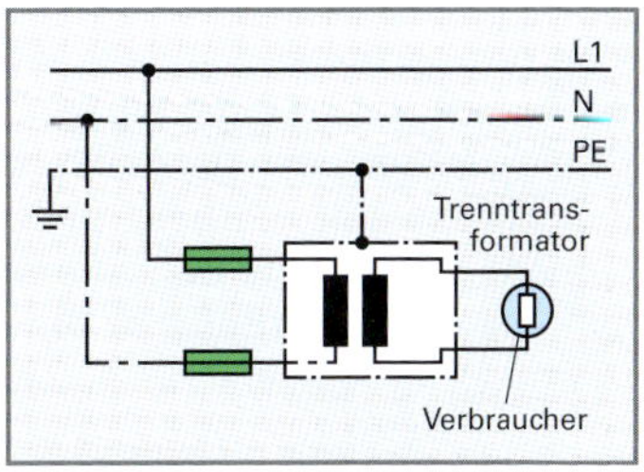

Bild 4: Schutztrennung

Wiederholungsfragen

1. Unter welchen Voraussetzungen fließt ein elektrischer Strom?
2. Was versteht man unter der technischen Stromrichtung?
3. Von welchen Größen wird der spezifische elektrische Widerstand beeinflusst?
4. Welche Einheit hat der elektrische Widerstand?
5. Welche Wirkungen hat der elektrische Strom auf den Menschen?
6. Wann treten in einem Stromkreis hohe Ströme auf und welche Folgen haben diese?
7. Vergleichen Sie die Parallel- und Reihenschaltung von Widerständen bezüglich der Spannungen und Stromstärken.
8. Warum müssen Stromkreise abgesichert werden?
9. Beschreiben Sie die Wirkungsweise eines Sicherungsautomaten.
10. Welche Stromarten gibt es?

8.4 Steuerungstechnik

8.4.1 Steuern und Regeln

In Gießereien werden vor allem Formanlagen, Kokillengieß- und Druckgießmaschinen automatisch gesteuert. Bei der Herstellung von Karosserieteilen werden die Formen und die Werkzeuge gesteuert. Durch Steuer- und Regeleinrichtungen werden optimale Betriebsabläufe erreicht. Wird z. B. das automatische Aufheizen und Kühlen einer Form nur nach einem festen Zeitplan durchgeführt, so kann die günstigste Formtemperatur nicht genau eingehalten werden. Umgebungseinflüsse, z. B. eine Änderung der Umgebungstemperatur, würden nicht in ausreichendem Maße berücksichtigt. Gleichmäßige Formtemperaturen werden deshalb mithilfe von Temperiergeräten (Bild 1) eingehalten: Über Temperaturfühler wird die Formtemperatur ständig gemessen (Istwert) und mit dem eingestellten Wert (Sollwert) verglichen. Bei Unterschieden wird entsprechend das Heiz- oder Kühlsystem in Gang gesetzt.

Unter **Steuern** versteht man den Vorgang in einem System, bei dem z. B. eine Eingangsgröße eine Ausgangsgröße durch die im System vorgesehene Gesetzmäßigkeit beeinflusst. Kennzeichen ist der **offene Wirkungsablauf,** d. h., die beeinflusste Ausgangsgröße hat keine Rückwirkung auf die Eingangsgröße. Darstellbar ist der Ablauf als **Steuerkette** (Bild 3).

Beim **Regeln** wird die zu regelnde Größe (die Regelgröße) ständig erfasst und mit einem vorgegebenen Wert verglichen. Je nach Ergebnis dieses Vergleichs wird der Vorgang so beeinflusst, dass eine Angleichung von Istwert an den Sollwert erfolgt. Durch die ständige Rückmeldung ist der **Wirkungsablauf** in sich geschlossen (**Regelkreis,** Bild 5).

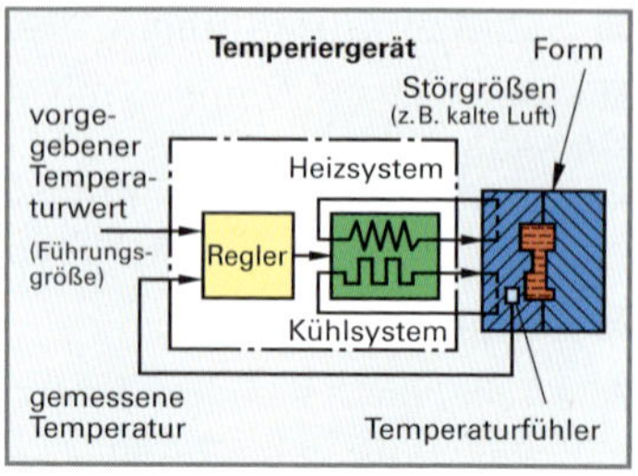

Bild 1: Formkühlung bzw. Formheizung

Eingabe der Signale
z. B. durch Schalter, Sensoren

Verarbeitung der Signale
z. B. mechanisch, pneumatisch, elektrisch, durch Software

Ausgabe der Signale
z. B. an Motor, Zylinder

Bild 2: EVA-Prinzip

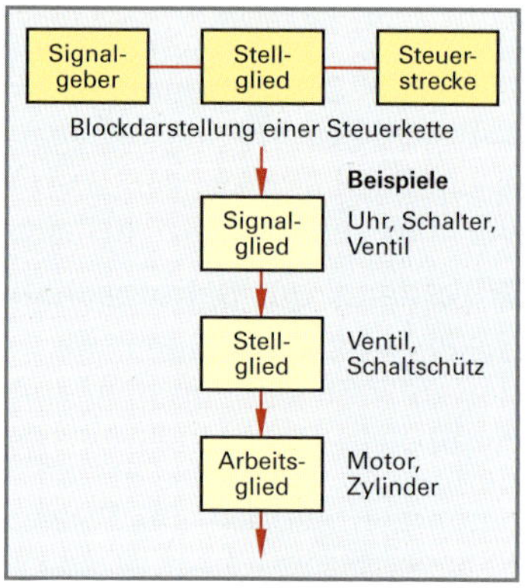

Bild 3: Geräte einer Steuerkette

Aufbau einer Steuerung

Bei einer Steuerung kann nach der Funktion ein Steuer- und ein Arbeitsteil unterschieden werden. Der Steuerteil besteht aus **Signal-** und **Steuergliedern,** der Arbeitsteil aus **Stell-** und **Arbeitsgliedern.** Die Signale liegen in **analoger, digitaler** oder **binärer** Form vor. Die Bauelemente sind als mechanische, pneumatische, hydraulische oder elektrische Glieder ausgeführt.

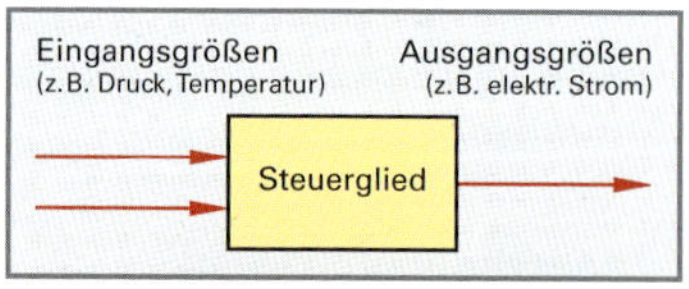

Bild 4: Blockdarstellung eines Steuergliedes

Steuerungsarten

Man unterscheidet verschiedene Steuerungsarten. Wichtig sind die **Ablauf- oder Folgesteuerungen,** deren Ablauf zeit- oder wegabhängig sein kann. Bei der **Zeitplansteuerung** erfolgt der nächste Schritt nach einer vorbestimmten Zeit. Bei der **Wegplansteuerung** beginnt der nächste Schritt erst nach Beendigung des vorhergehenden Schrittes (Beispiel Druckgießmaschine: Der Formfüllhub (2. Phase) beginnt erst nach Beendigung des Vorlaufs (1. Phase).

Nach der Art der Programmierung unterscheidet man verbindungs- **(VPS)** und speicherprogrammierte Steuerungen **(SPS)**.

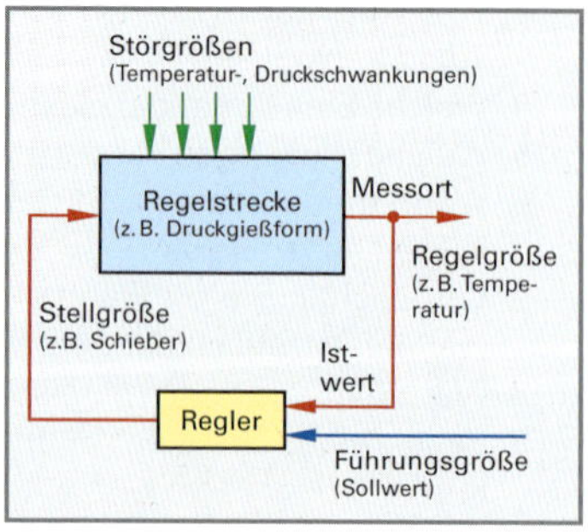

Bild 5: Regelkreis

8.4.2 Pneumatik

Unter Pneumatik versteht man die technische Anwendung von Druckluft zum Betreiben und Steuern von Anlagen und Maschinen, z. B. bei Handschleifern und -schraubern.

Vorteile

- Druckluft steht praktisch in jedem Betrieb zur Verfügung, da die Betriebe über eigene Drucklufterzeugungsanlagen verfügen.
- Die Druckluft kann nach verrichteter Arbeit ins Freie geleitet werden.
- Luft ist nicht brennbar, was vor allem bei explosionsgefährdeten Arbeitsstellen (z. B. Bergwerken) wichtig ist.
- Die Luft ist zusammendrückbar (kompressibel) und dämpft Stöße.
- Durch den Einsatz von Druckluft als Betriebsmittel können hohe Geschwindigkeiten bei Zylindern und Motoren erreicht werden.
- Mit Druckluft betriebene Geräte besitzen ein günstiges Leistungsgewicht und sind einfach zu warten.

Nachteile

- Der Betriebsdruck der Anlagen ist nach oben begrenzt (meist 6 bar). Bei hohen Kräften führt dies zu größeren Abmessungen bei den Arbeitsgliedern.
- Wegen der Kompressibilität des Arbeitsmittels sind genaue gleichförmige Geschwindigkeiten nicht einstellbar.
- Durch das schnelle Entweichen der Abluft ergeben sich starke Lärmentwicklungen, die den Einsatz von Schalldämpfern notwendig machen.

Bauelemente in Pneumatikanlagen

Hier können folgende Bereiche unterschieden werden:

Drucklufterzeugung – Druckluftaufbereitung – pneumatische Steuerung.

Drucklufterzeugung und -aufbereitung (Bilder 1 und 2)

Über einen Ansaugfilter wird durch einen **Verdichter** Luft angesaugt und verdichtet. Die sich dabei erwärmende Luft wird in einem **Kühler** wieder abgekühlt. Dabei scheidet sich (kondensiert) Wasser aus, das über den Kondensatabscheider beseitigt wird. Danach strömt die Luft in den **Druckluftbehälter** (Druck- oder Windkessel), der als Vorratsbehälter dient und Druckschwankungen ausgleicht. Der Druckkessel ist mit einem Kondensatabscheider, einem Manometer und einem Druckbegrenzungsventil als Sicherheitsventil ausgestattet. Bevor die Druckluft in Steuerungen eingesetzt werden kann, muss sie nochmals gereinigt und aufbereitet werden. Dies geschieht in der **Aufbereitungseinheit**. Sie besteht aus einem Filter, Druckregelventil und dem Öler. Der Filter befreit die Luft von Verunreinigungen, die in den Steuerelementen durch Schmirgeleffekte zu Störungen führen könnten. Über das Druckregelventil wird der Arbeitsdruck eingestellt und konstant gehalten. Der Öler reichert die Luft etwas mit Öl an, damit eine Schmierung der Steuerelemente möglich ist. Über das Hauptventil wird die Druckluft in die Steuerung geleitet.

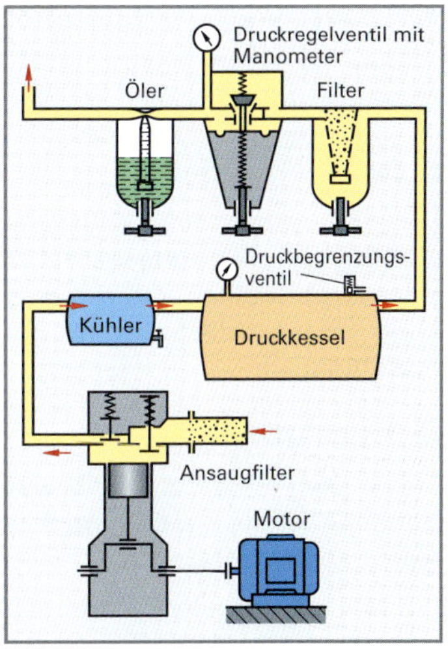

Bild 1: Drucklufterzeugung und -aufbereitung

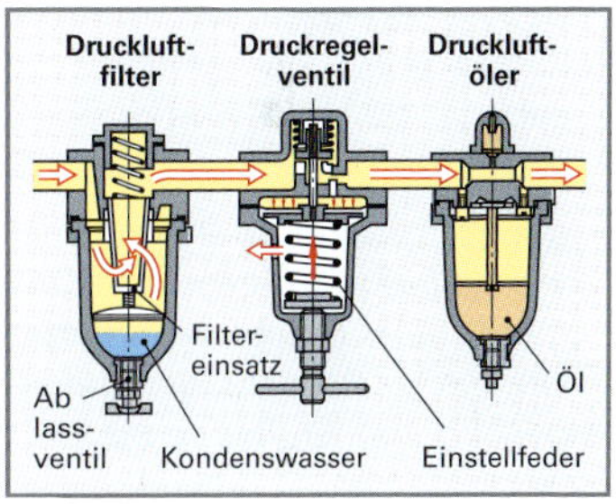

Bild 2: Aufbereitungseinheit

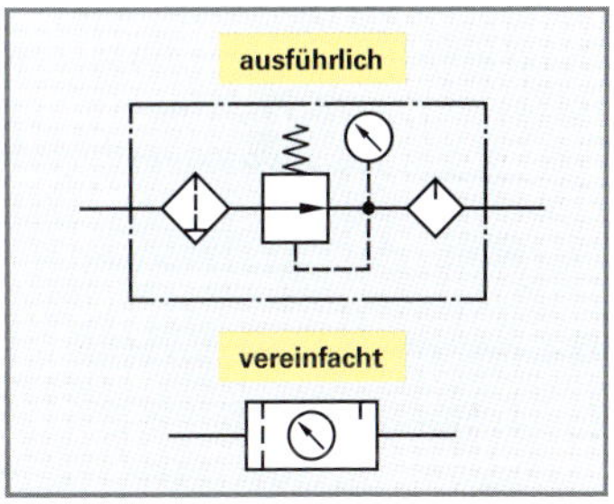

Bild 3: Bildzeichen

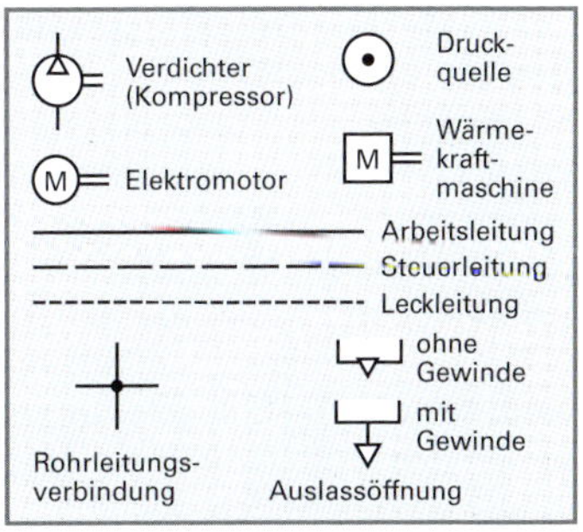

Bild 4: Bildzeichen für Energieübertragung

Arbeitsglieder in pneumatischen Steuerungen

In ihnen wird die pneumatische Druckenergie in mechanische Energie umgewandelt.

Druckluftmotoren

Sie können leicht ausgeführt werden (günstiges Leistungsgewicht) und besitzen ein hohes Anfahrmoment. Gegen Überlastung sind sie unempfindlich; außerdem sind sie explosionssicher. Anwendung finden sich bei Schraubern, Bohr- und Gewindeschneidmaschinen usw.

Druckluftzylinder

Sie werden entweder als Bewegungs- (z. B. zum Verschieben und Heben) oder als Spann- und Auswerfzylinder eingesetzt. Nach der Arbeitsweise unterscheidet man:

- **einfach wirkende Zylinder** (Bild 1). Bei ihnen wird nur eine Seite des Kolbens mit Druckluft beaufschlagt; die Gegenseite wird über eine Bohrung entlüftet. Die Rückholung des Kolbens erfolgt meist über eine Rückstellfeder; diese Bewegung kann unkontrolliert verlaufen. Vorteilhaft ist, dass der Luftbedarf gegenüber dem doppelt wirkenden Zylinder etwa halbiert wird, andererseits ist der Hub wegen der Rückholfeder begrenzt. Eingesetzt wird er meist zum schnellen Spannen, Auswerfen und Pressen.
- **doppelt wirkende Zylinder** (Bild 2). Beide Kolbenseiten werden wechselseitig mit Druck beaufschlagt, sodass in beiden Richtungen Arbeit verrichtet wird und eindeutige Bewegungen vorliegen. Um hartes Aufschlagen des Kolbens in den Endlagen zu vermeiden, können Endlagendämpfungen vorgesehen werden (Bild 2).

Ventile

Zum Betreiben der Arbeitsglieder werden Ventile benötigt, die das Druckübertragungsmittel z. B. auf die richtige Kolbenseite leiten. Außer der Richtung steuern die Ventile auch Beginn und Ende eines Vorganges sowie die Höhe des Druckes im System und den Volumenstrom des Mediums. In Schaltplänen werden Ventile durch Sinnbilder mit Schaltstellungen und Anschlüssen angegeben.

Darstellung der Ventile

Genormte Bildzeichen in Schaltplänen geben die Funktion eines Ventils an. Die verschiedenen Schaltstellungen eines Ventils werden durch aneinander gereihte Felder, Rechtecke bzw. Quadrate angegeben. Innerhalb der Felder zeichnet man die Leitungen als Linien ein. Die Durchflussrichtung wird durch Pfeile bezeichnet; Querstriche bedeuten gesperrte Leitungen. Leitungsverzweigungen werden als Punkt angegeben. Die Anschlussleitungen des Ventils werden an die Ruhestellung oder an die Ausgangsstellung angetragen. Die Ruhestellung gibt die Schaltstellung des Ventils bei Netzabkopplung an. Die Ausgangsstellung bezeichnet die Schaltstellung nach Einschalten des Betriebsdruckes. Beim Schalten eines Ventils verschiebt man gedanklich den Ventilblock so weit, bis die Anschlussleitungen mit den Feldanschlüssen in der neuen Schaltstellung übereinstimmen. Aus den Linien und Pfeilen innerhalb des Rechtecks ist die Auswirkung der neuen Schaltstellung für den Steuerungsablauf erkennbar. Die **Betätigung** eines Ventils kann auf verschiedene Art vorgenommen werden (Bild 3).

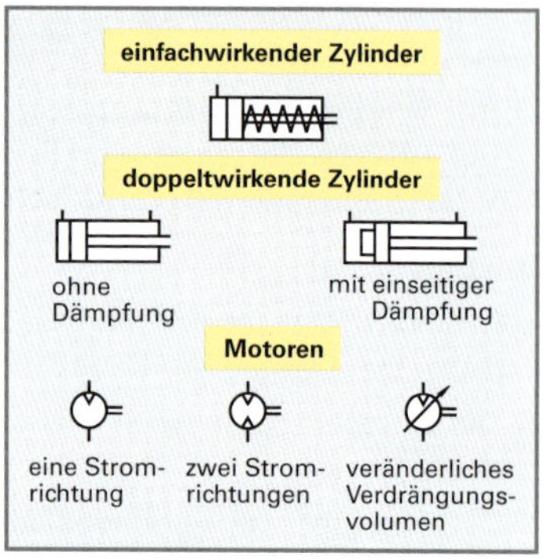

Bild 1: Bildzeichen von Zylindern und Motoren

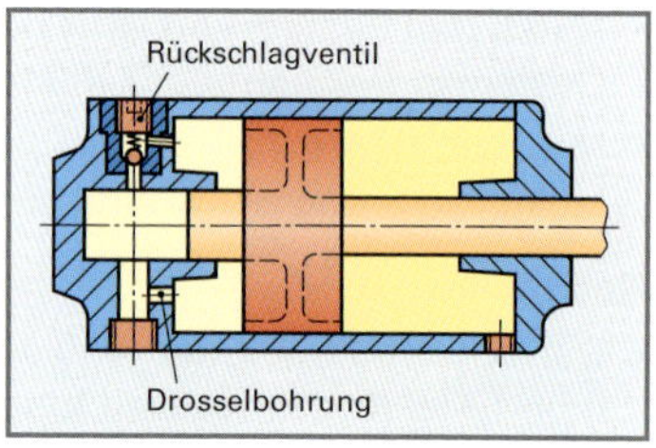

Bild 2: Zylinder mit Dämpfung (Prinzip)

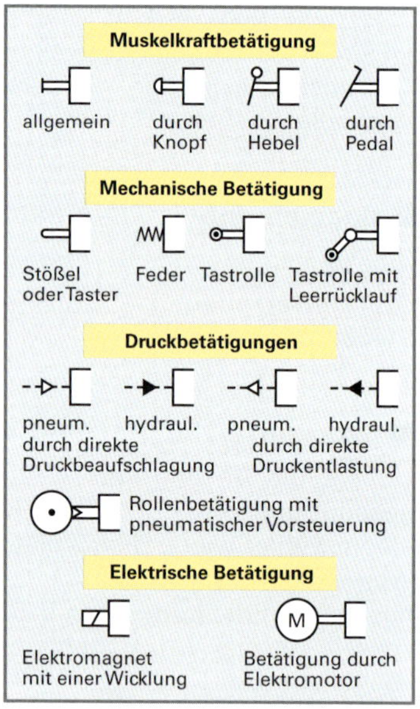

Bild 3: Bildzeichen für Betätigung von Ventilen

Bei 3-Wegeventilen:
P≙1 A≙2 R≙3

Bei 5-Wegeventilen:
P≙1 B≙2 R≙3
A≙4 S≙5

Steueranschlüsse:
1 2 ≙ Verbindung von 1 nach 2
1 4 ≙ Verbindung von 1 nach 4

Bild 4: Bezeichnung der Anschlüsse

8

Bezeichnung der Ventile

Die Bezeichnung eines Wegeventils erfolgt durch zwei, durch einen Schrägstrich getrennte, Zahlen. Die **erste Zahl** gibt die Anzahl **der Anschlüsse** (ohne Steuerleitungen für die Betätigung) an, die **zweite Zahl** legt die möglichen **Schaltstellungen** fest.

Beispiel (Bild 1):
5/3-Wegeventil (gelesen Fünf Strich Drei-Wegeventil) bedeutet fünf Anschlüsse am Ventil und drei Schaltstellungen.

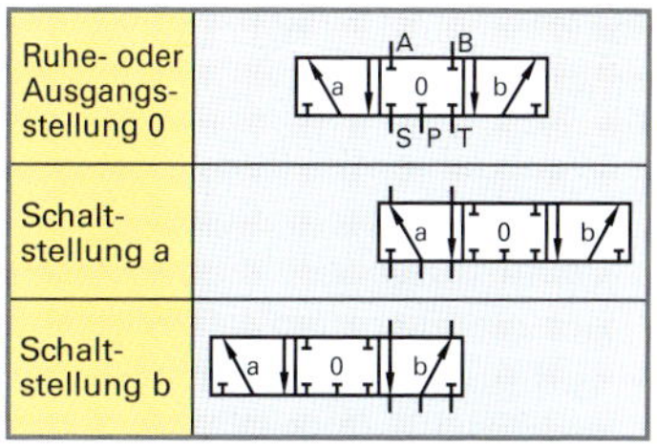

Bild 1: 5/3-Wegeventil mit möglichen Schaltstellungen

Ventilarten

Nach ihrer Aufgabenstellung in Steuerungen unterscheidet man Wege-, Sperr-, Strom- und Druckventile. Nach ihrer Bauart kann man Membran- und Schieberventile unterscheiden.

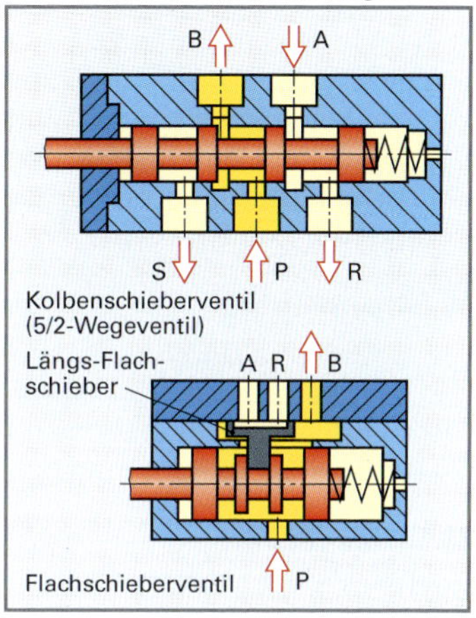

Bild 2: Bauarten von Wegeventilen

Wegeventile

Sie steuern Beginn und Ende eines Vorganges sowie die Durchflussrichtung des Druckübertragungsmittels.

Nach der **Funktion** des Wegeventils gibt es (Bild 3):

- 2/2-Wegeventile. Sie werden als Durchgangs- oder Absperrventil, aber auch als Entlüftungsventil und Impulsgeber eingesetzt.
- 3/2-Wegeventile. Sie werden zum Steuern von einfach wirkenden Zylindern oder zum Steuern anderer Wegeventile verwendet. Von der Ausführung her kann in der Ruhestellung einmal Absperren, im anderen Falle Durchfluss vorliegen.
- 4/2- und 5/2-Wegeventile. Damit werden doppelt wirkende Zylinder gesteuert.
- 4/3- und 5/3-Wegeventile. Sie lassen bei der Steuerung von doppelt wirkenden Zylindern eine Stillsetzung innerhalb des Hubes zu. Hierbei nehmen die Ventile entweder eine Sperr- oder eine Schwimmlage in der Ruhestellung ein.

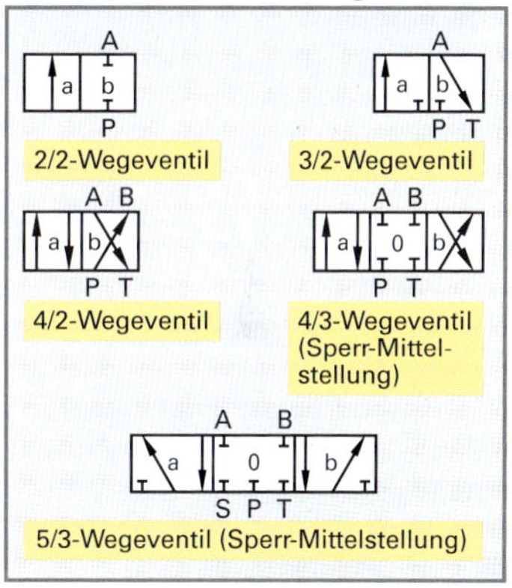

Bild 3: Wegeventile (Bildzeichen)

Sperrventile

Sie steuern die Durchflussrichtung in Leitungen. Sie sperren in einer Richtung, die Gegenrichtung wird freigegeben.

Nach der Ausführung unterscheidet man:

- **Rückschlagventil** (Bild 4). Es handelt sich hierbei um ein Sitzventil (Schließelemente Kugel oder Kegel). Das Absperren erfolgt meist durch Druckkräfte.
- **Drosselrückschlagventil.** Es stellt die Kombination eines Sperrmit einem Stromventil dar. In der einen Richtung wird die Strömung gedrosselt (z.B. um eine bestimmte Vorlaufgeschwindigkeit zu bekommen), in der Gegenrichtung erfolgt freies Durchströmen.
- **Schnellentlüftungsventil** (Bild 5). Es wird zwischen Zylinder und Wegeventil eingebaut. Die aus dem Zylinder ausströmende Luft wird beim Rücklauf durch das Ventil sofort ins Freie geleitet, ohne den Umweg durch das Wegeventil zu nehmen. Damit ergibt sich eine höhere Kolbengeschwindigkeit.

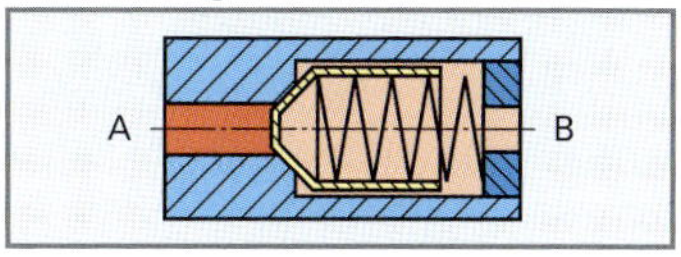

Bild 4: Rückschlagventil

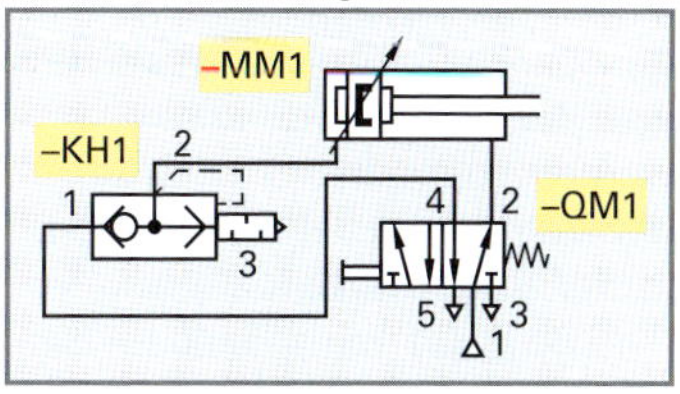

Bild 5: Steuerung mit Schnellentlüftungsventil

Sperrventile mit ODER- bzw. UND-Verknüpfung

Spezielle Sperrventile für verschiedene Anwendungen:

- **Wechselventil** (Bild 1). Es besitzt zwei Eingangsanschlüsse P1 und P2 und einen Ausgang A. Durchgang kommt zu Stande, wenn entweder P1 oder P2 unter Druck steht. Der Anschluss mit der zuerst vorhandenen Druckluft wird mit dem Arbeitsanschluss verbunden, während der Sperrkörper den anderen Anschluss verschließt. Angewendet wird das Ventil bei der Steuerung von Arbeitsgliedern von verschiedenen Stellen aus. Das Wechselventil verhindert die Entlüftung über das zweite Signalglied.
- **Zweidruckventil** (Bild 2). Es besitzt ebenfalls zwei Eingänge und einen Ausgang. Um ein Durchströmen zu bekommen, müssen beide Eingänge (P1 und P2) unter Druck stehen. Im anderen Falle erfolgt „Kein Durchgang". Anwendung findet das Ventil bei der Zweihandbedienung; allerdings müssen zusätzliche Sicherheitsvorkehrungen eine echte Zweihandsteuerung gewährleisten.

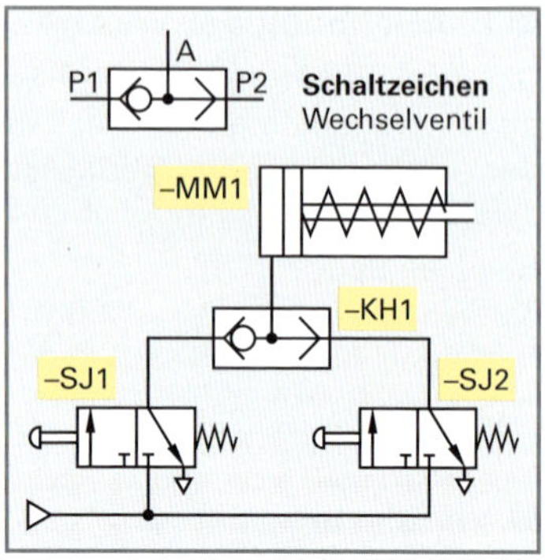

Bild 1: Schaltung mit Wechselventil (ODER)

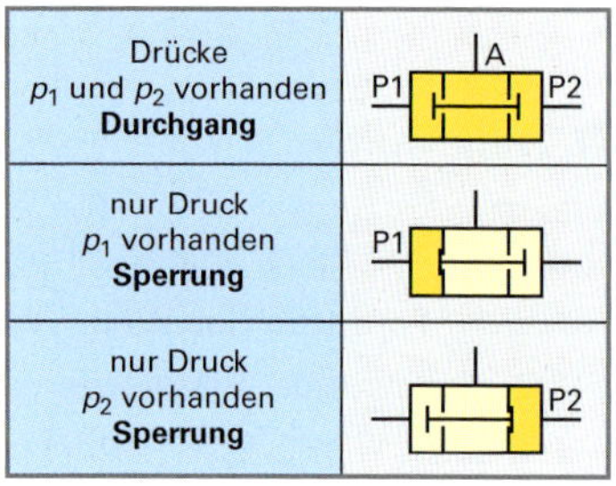

Bild 2: Zweidruckventil (UND)

Stromventile

Sie steuern die Durchflussmenge. Hauptvertreter dieser Ventilart ist das Drosselventil (Bild 3). Je nach Bauart unterscheidet man feste und verstellbare Drosseln. Eingesetzt werden Drosseln zur Geschwindigkeitssteuerung (siehe Anwendungsbeispiele).

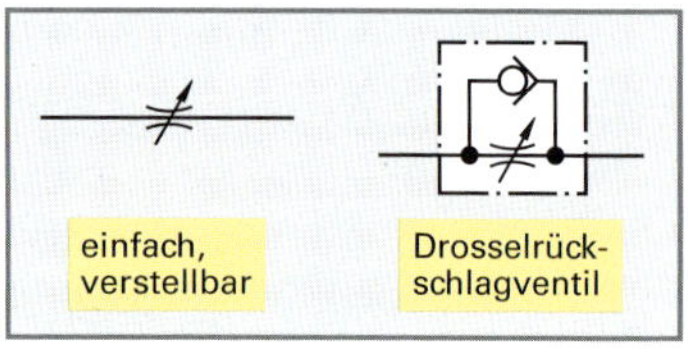

Bild 3: Drosselventile

Druckventile

Sie beeinflussen den Betriebsdruck von Steuerungen. Man unterscheidet:

- **Druckbegrenzungsventil** (Bild 4). Durch dieses Ventil wird der Druck in einem System auf einen bestimmten Höchstwert begrenzt. Steigt der Druck über diesen Wert, wird die Luft über das nun sich öffnende Ventil ins Freie geblasen (Sicherheitsventil). Das Ventil kann aber auch als Folgeventil eingesetzt werden, wenn die Druckluft statt ins Freie in ein anderes Steuersystem geleitet wird.
- **Druckregelventil.** Mit ihm wird ein höherer sich ändernder Eingangsdruck auf einen gleich bleibenden Betriebsdruck herabgesetzt. Typische Anwendungsbeispiele: Druckregelung an der Wartungseinheit einer Druckluftanlage, Druckeinstellung beim Gasschmelzschweißen.

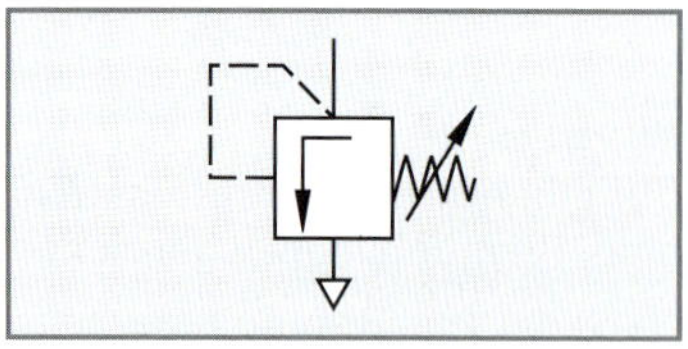

Bild 4: Druckbegrenzungsventil

Schaltpläne

Der Aufbau einer Steuerung wird in Schaltplänen dargestellt. Durch sie wird beim Vorliegen einer Betriebsstörung ein leichteres Auffinden des Fehlers möglich. Beim Aufbau des Schaltplanes für eine Gesamtsteuerung werden die einzelnen Steuerketten getrennt dargestellt. Die Steuerketten werden alphanummerisch bezeichnet[1] und die verschiedenen Bauglieder erhalten entsprechende Unterbezeichnungen (Beispiel Bild 5). Die Ventile und Arbeitsglieder werden in Ausgangsstellung gezeichnet. Werden Wegeventile von Zylindern über Tastrollen oder Ähnliches betätigt, wird dies durch senkrechte Striche an der betreffenden Kolbenstange mit der Ventilnummer angegeben. Zylinder und Wegeventile werden in der Regel waagrecht angeordnet; ihre tatsächliche Lage in der Anlage spielt keine Rolle im Schaltplan.

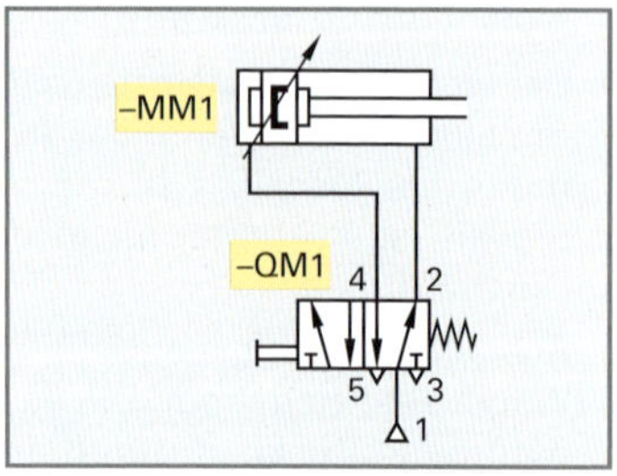

Bild 5: Steuerung eines doppelt wirkenden Zylinders

1 Kennzeichnung nach DIN EN 81364

Beispiele für Geschwindigkeitssteuerung eines doppelt wirkenden Zylinders

Bedingung: Ausfahren mit verschiedenen Geschwindigkeiten, Einfahren ungedrosselt

Zuluftdrosselung (Bild 1)

Ablauf der Steuerung: Durch Betätigen des 5/2-Wegeventils fährt der Zylinder je nach Drosseleinstellung langsam aus. Beim Loslassen der Betätigung wird durch die Federrückstellung das Wegeventil umgesteuert. Der Zylinder fährt ein, wobei die Luft durch das geöffnete Rückschlagventil und das Wegeventil ins Freie strömt. Der Nachteil gegenüber der Abluftdrosselung besteht darin, dass durch die langsam nachströmende Luft eine ungleichmäßige und ruckartige Kolbenbewegung entstehen kann.

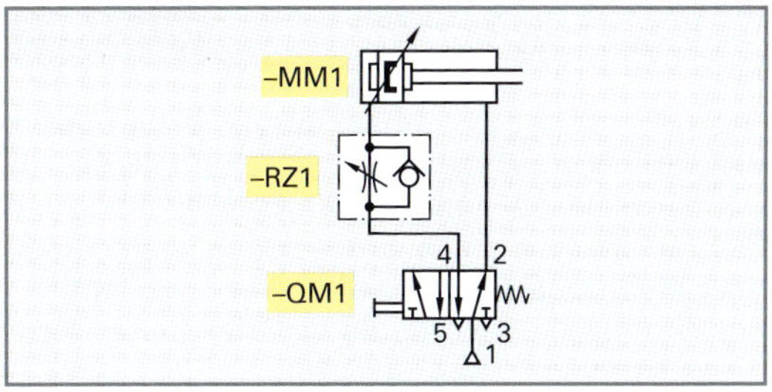

Bild 1: Zuluftdrosselung

Abluftdrosselung (Bild 2)

Das verstellbare Drosselrückschlagventil wird so eingebaut, dass die Abluft beim Ausfahren durch die Drossel strömt. Der Zylinder fährt dabei gegen ein Druckpolster und führt eine gleichmäßige Bewegung aus. Das 5/2-Wegeventil wird bei der Steuerung über die Steueranschlüsse 12 und 14 durch Druckimpulse bestätigt.

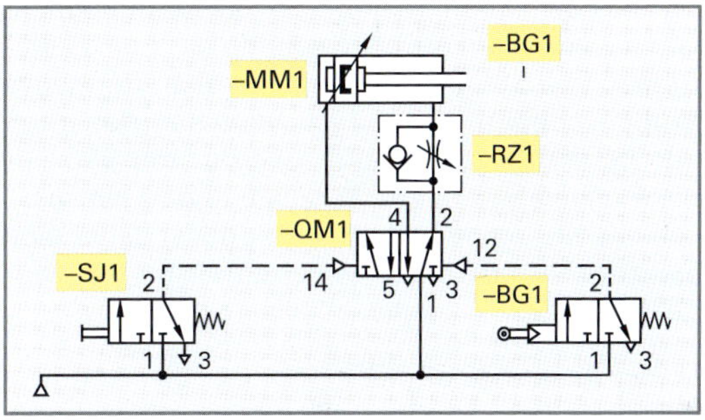

Bild 2: Abluftdrosselung

Manuelle und automatische Steuerung eines Zylinders (Bild 3)

Durch Betätigen von –SJ1 wird der Hand- oder Automatikbetrieb vorgewählt. Stellung a bedeutet Automatikbetrieb.

Zylinder –MM1 fährt mit gedrosselter Geschwindigkeit ein. Er betätigt –BG1 (3/2-Wegeventil). Durch das Umsteuern von –BG1 gelangt die Druckluft über das Wechselventil –KH1 zu –QM1 (5/2-Wegeventil). –QM1 wird umgesteuert, der Zylinder fährt aus. Bei Erreichen von –BG2 wird dieses Ventil über die Tastrolle umgesteuert. Die Folge ist ein Umsteuern von –QM1. Der Zylinder fährt wieder ein. Dabei wird –BG1 betätigt. Damit wiederholt sich der Vorgang.

Bei Handbetrieb wird der Vorlauf über –SJ2, der Rücklauf über –SJ3 ausgelöst.

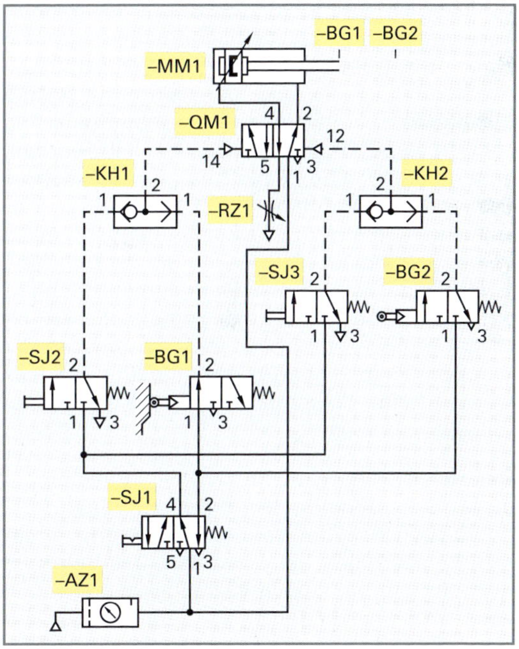

Bild 3: Automatische Steuerung eines Zylinders

Wiederholungsfragen

1. Welcher Unterschied besteht zwischen einer Steuerkette und einem Regelkreis?
2. Welche Vorteile besitzt die Pneumatik?
3. Vergleichen Sie die Kolbengeschwindigkeiten in der Pneumatik mit denen in der Hydraulik. Wodurch lassen sich diese Unterschiede erklären?
4. Erklären Sie die Bezeichnung 5/2-Wegeventil.

8.4.3 Elektropneumatik

Der Trend zur vollautomatisierten Fertigung hat die Verknüpfung der Pneumatik und Hydraulik mit der Elektrotechnik und Elektronik unabdingbar gemacht. Durch die Entwicklung kostengünstiger Mikroprozessoren und Mikrocontroller kann die automatisierte Fertigung sehr flexibel an Kundenwünsche angepasst werden.

Die Flexibilität von automatisierten Fertigungsanlagen ist dadurch gekennzeichnet, dass bei Änderungen von Steuerungsaufgaben nicht der ganze Aufbau, sondern lediglich einzelne Komponenten der Steuerung neu installiert werden müssen. Für die mechanischen, pneumatischen und hydraulischen Komponenten der Steuerung ist daher eine **elektrische** bzw. **elektronische Anbindung** über geeignete Schnittstellen erforderlich.

In der Elektropneumatik werden die Aktoren, z.B. Zylinder und Motoren, **pneumatisch** angetrieben **(Energiefluss)**, während die Steuerung der Bauelemente **elektrisch** durch den **Signalfluss** erfolgt. Man unterscheidet daher zwischen einem **Steuerstromkreis,** einem **elektrischen Arbeitsstromkreis** und dem **pneumatischen Schaltplan.** Die elektropneumatische Steuerung kann in zwei Schaltplänen dargestellt werden, dem **pneumatischen Schaltplan** und dem **elektrischen Stromlaufplan.** In Bild 1 ist in einer vereinfachten Darstellung die Zusammengehörigkeit beider Schaltpläne dargestellt, die Verknüpfung zwischen der Elektrik und der Pneumatik (Schnittstelle) erfolgt durch die elektromagnstische Betätigung des einseitig elektromagnetischen 3/2 Wegeventils mit Federrückstellung. In der Praxis werden beide Schaltpläne getrennt gezeichnet (Bild 2).

Das **Relais** (Bild 3) ist ein zentrales Bauelement in der Elektropneumatik, durch den elektromagnetischen Schalter können **gleichzeitig** mehrere Kontakte geschaltet werden. Das Relais ist nicht nur ein Kontaktvervielfacher sondern und auch ein Signalverstärker, der zum Schalten nur wenig Energie braucht. Es ist ein robustes Bauteil, kurzzeitig überlastbar und hat wenig Platzbedarf. Wird die Spule bestromt, so baut sie ein Magnetfeld auf und der ferromagnetische Anker wird angezogen. Die miteinander verbundenen Kontaktfedern werden durch die Drehbewegung des Ankers nach oben gebogen und schließen die Kontakte **(Schließer)**. Fließt kein Spulenstrom, so wirkt auch kein Magnetfeld, die Kontaktfedern biegen sich wieder zurück und schließen die **Öffnerkontakte.**

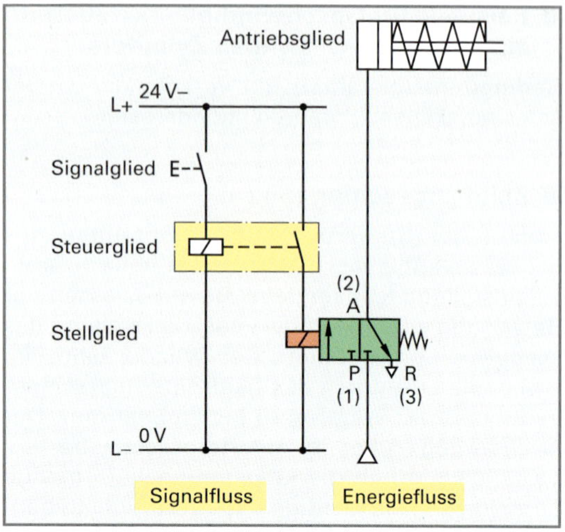

Bild 1: Vereinfachter Schaltplan

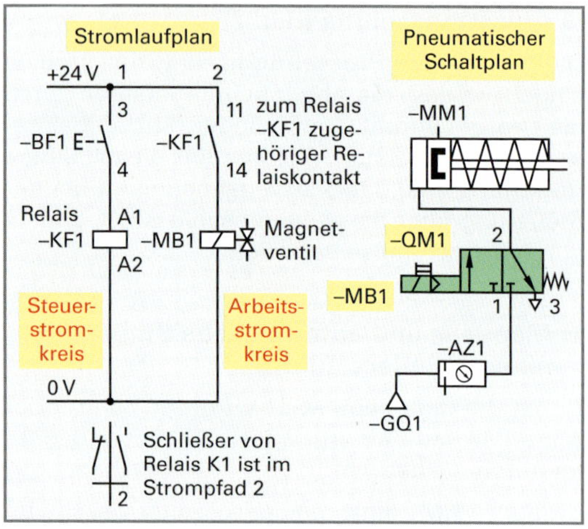

Bild 2: Stromablaufplan und pneumatischer Schaltplan

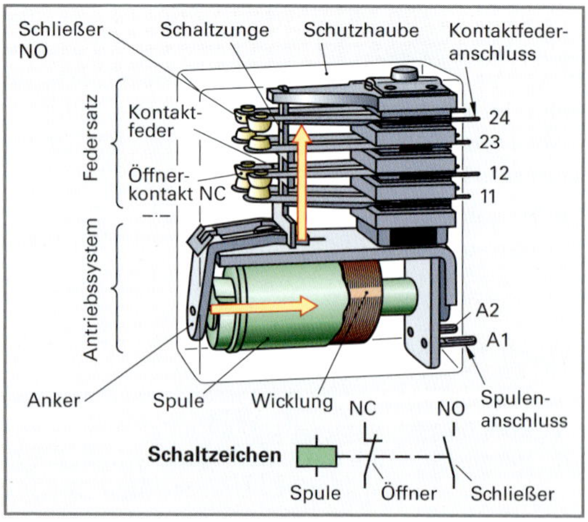

Bild 3: Relais

Bei einem Relais mit zwei Schließern und zwei Öffnern (Bild 1) können gleichzeitig mehrere Öffner bzw. Schließer angeschlossen werden. Der Schaltplan ist die Grundlage für den Aufbau der Steuerung und es ist wichtig, auf das Eintragen der zum Relais gehörenden, genormten Kontaktbezeichnungen zu achten, damit der Kontaktplan lesbar wird.

Bei den Produktionsabläufen müssen die Abläufe zeitlich aufeinander abgestimmt sein, eine Möglichkeit ist der Einsatz von Zeitrelais. Das anzugsverzögerte Relais (Bild 2) ermöglicht eine **Einschaltverzögerung,** eine andere Möglichkeit ist das abfallverzögerte Relais (Bild 3),dieses Relais bewirkt eine **Abschaltverzögerung.** Unter den genormten Schaltsymbolen (Bilder 2 und 3) lässt sich in den Impulsdiagrammen die Wirkung der Zeitverzögerung gut erkennen. Neben den Relais können elektrische Signalgeber auf verschiedenen Arten betätigt werden, z.B. mechanisch als Taster oder Schalter. Während die Taster nach ihrer Betätigung in ihre Grundstellung zurückkehren, bleiben die Stellschalter durch ihre Raste in der entsprechenden Schaltposition, speichern also den Schaltzustand. In Bild 4 sind die häufig eingesetzten Kontakte mit ihren Betätigungsarten dargestellt.

Die elektronischen Signalgeber sind z.B. Näherungssensoren, sie arbeiten berührungslos und lösen bei Annäherung eines Körpers einen Schaltimpuls aus. Man unterscheidet im Wesentlichen drei Gruppen von Sensoren:

Induktive Sensoren, reagieren auf Metalle

Kapazitive Sensoren, reagieren auf Metalle und Nichtmetalle und die **optischen Sensoren**.

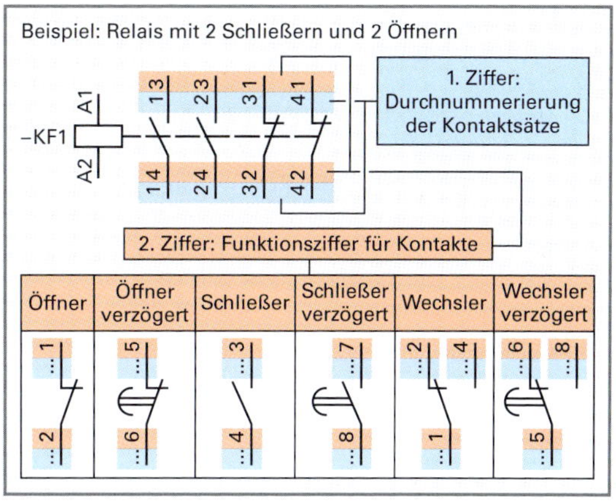

Bild 1: Relais mit Kontaktbezeichnungen

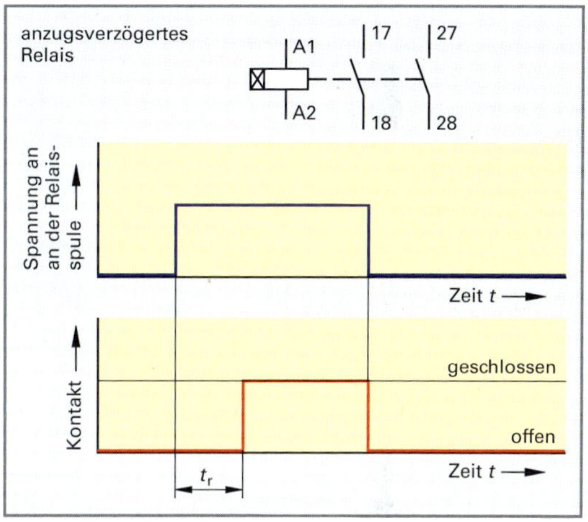

Bild 2: Relais mit Einschaltverzögerung

	Schließer mit Handbetätigung	a) b)	a) Öffner b) Schließer Darstellung in betätigtem Zustand
	Stellschalter mit 1 Schließer und 1 Öffner	a) b)	Schließer a) schließt b) öffnet verzögert bei Betätigung
	Öffner mit Rollenbetätigung		Endschalter, Schließer
	Pilz-Notdruck-Taster		Endschalter, Öffner
	magnetischer Näherungsschalter mit Schließerkontakt, reagiert auf Annäherung magnetischer Stoffe		kapazitiver Näherungsschalter mit Öffnerkontakt, reagiert auf Annäherung aller Stoffe
	Ventil mit elektromagnetischer Betätigung		

Bild 4: Kontkate und Betätigungsarten

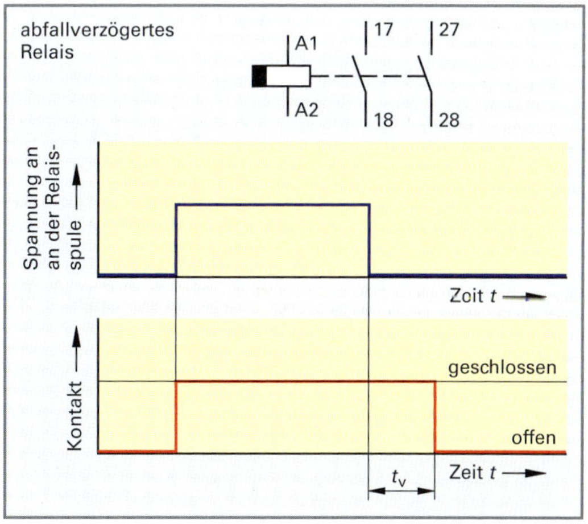

Bild 3: Relais mit Abschaltverzögerung

8

Elektromagnetisch betätigte Wegeventile (Bild 1) sind das **Bindeglied** zwischen der Pneumatik und der Elektrik. Durch ein elektrisches Signal baut sich in der stromdurchflossenen Spule ein Magnetfeld auf , das den Anker anzieht. Zur pneumatischen Verstärkung des Schaltvorgangs wird der Anker gleichzeitig als Vorsteuerkolben verwendet. Der Vorsteuerkolben öffnet eine Bohrung, die die Dichtungsmembran des Hauptsteuerkolbens mit Druck beaufschlagt. Damit kann die Baugröße der Spule minimiert werden. Durch die Bewegung des Hauptsteuerkolbens werden dann die Kanäle geöffnet bzw. geschlossen, damit die Druckluft zum Zylinder zuströmen oder entweichen kann. In Bild 1 ist nur der rechte Teil des Ventils dargestellt, der linke Teil des Ventils und die linke Spule wurden hier vereinfachend weggelassen. Bei den **Stellgliedern** gibt es beidseitig elektromagnetisch betätigte Ventile, oder einseitig elektromagnetisch betätigt mit Federrückstellung. Bei den einseitig elektromagnetisch betätigten Ventilen mit Federrückstellung (Bild 2) wird eine Signalspeicherung häufig über die **elektrische Selbsthaltung** realisiert. In Bild 3 ist der prinzipielle Aufbau einer elektrischen Selbsthaltung dargestellt. Durch den EIN-Taster wird das Relais K1 erregt und schaltet die Kontakte, damit beim Loslassen des EIN-Tasters das Relais angezogen bleibt, wird parallel zum EIN-Taster ein Schließer von K1 geschaltet.

Damit wird erreicht, dass beim Loslassen des EIN-Tasters das Relais K1 nicht abfällt. Durch den Aus-Taster wird die Selbsthaltung wieder gelöscht.

Befindet sich der AUS-Taster in Reihe zum Schließer von -KF1, so ist das Signal EIN dominierend. Befindet sich der AUS-Taster in Reihenschaltung mit der EIN-Taste, so ist das Signal AUS dominierend (Bild 4).

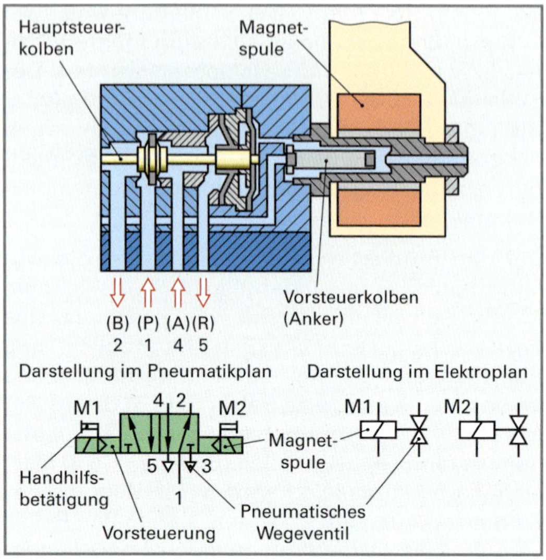

Bild 1: Elektromagnetisch betätigtes 5/2-Wegeventil

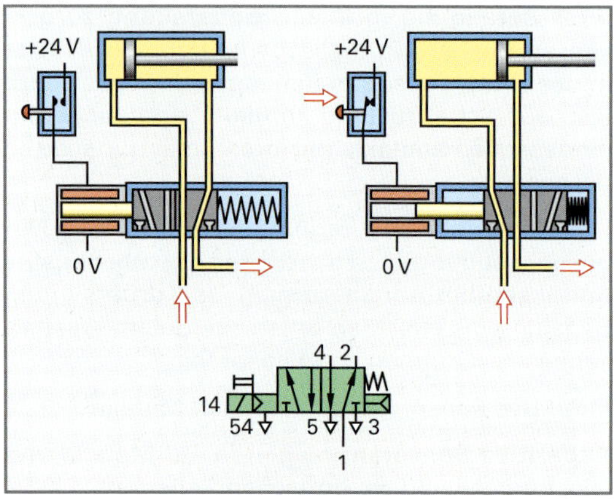

Bild 2: Einseitig elektromagnetisch betätigtes Ventil mit Federrückstellung (5/2-WV)

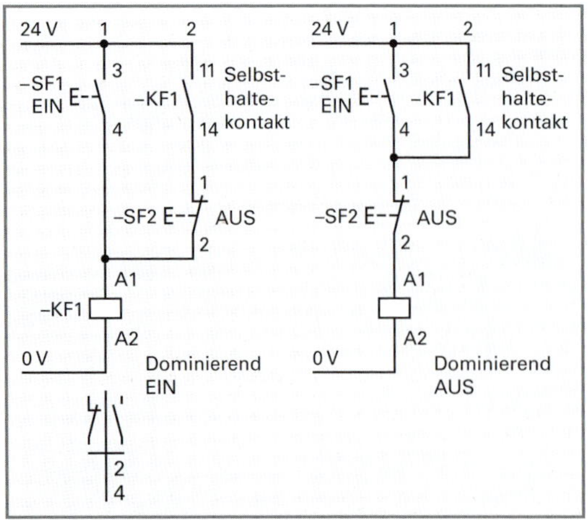

Bild 4: Stromablaufplan Selbsthaltung

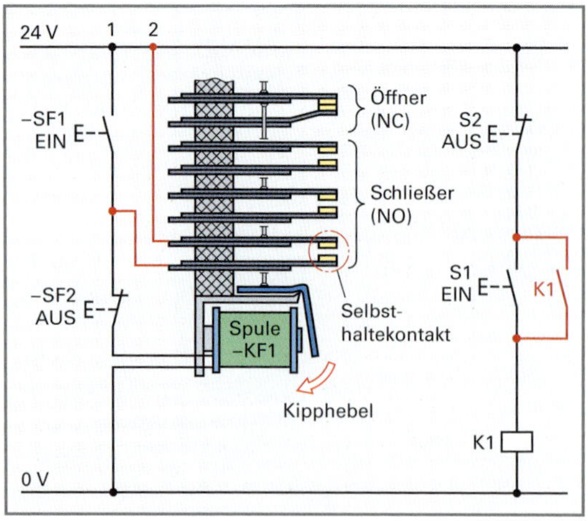

Bild 3: Elektrische Selbsthaltung

Die drei logischen Grundfunktionen **UND, ODER** sowie **NICHT,** lassen sich in der Elektropneumatik einfach und platzsparend aufbauen. Die **UND-Verknüpfung** kann durch eine **Reihenschaltung,** die **ODER-Verknüpfung** durch eine **Parallelschaltung** von zwei Schließern realisiert werden. Bei der NICHT-Funktion (Negation) wird an Stelle des Schließerrelaiskontaktes ein Öffnerkontakt angeschlossen (Bild 1). Während die logischen Verknüpfungen kontaktmäßig aufgebaut werden, bleibt der pneumatische Schaltplan stets gleich.

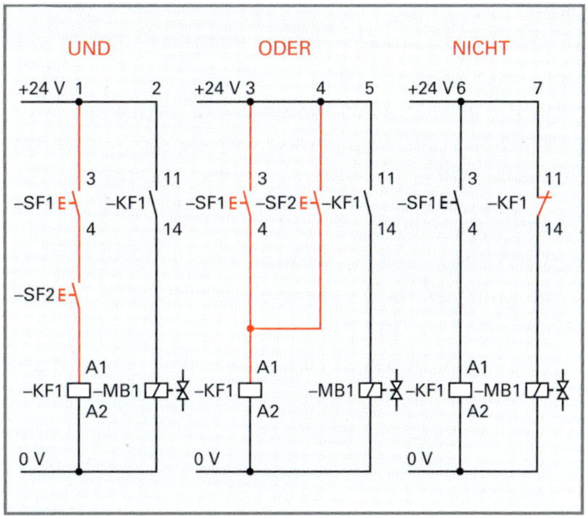

Bild 1: Logische Verknüpfungen

Eine der besondere Anwendung der logischen UND-Verknüpfung ist die **Zweihandsicherheitssteuerung**. Sie kann pneumatisch, SPS-mäßig, oder elektropneumatisch aufgebaut werden.

Der **Sicherheitsaspekt** liegt darin, dass beide Taster innerhalb einer vorher einzustellenden Zeit betätigt werden müssen. Ist die Zeit verstrichen, so kann durch nachträgliches Drücken des zweiten Tasters kein Start erfolgen, weil das entsprechende Stellglied nicht umgeschaltet werden kann. Um die Anlage erneut starten zu können, muss zunächst der betätigte Taster losgelassen werden und dann wieder beide Taster innerhalb der eingestellten Zeitspanne betätigt werden.

Die Zeit lässt sich in der Elektropneumatik problemlos mit einem Zeitralais einstellen. In Bild 2 sind der pneumatische Schaltplan und der Stromlaufplan für die Zweihandsicherheitssteuerung dargestellt.

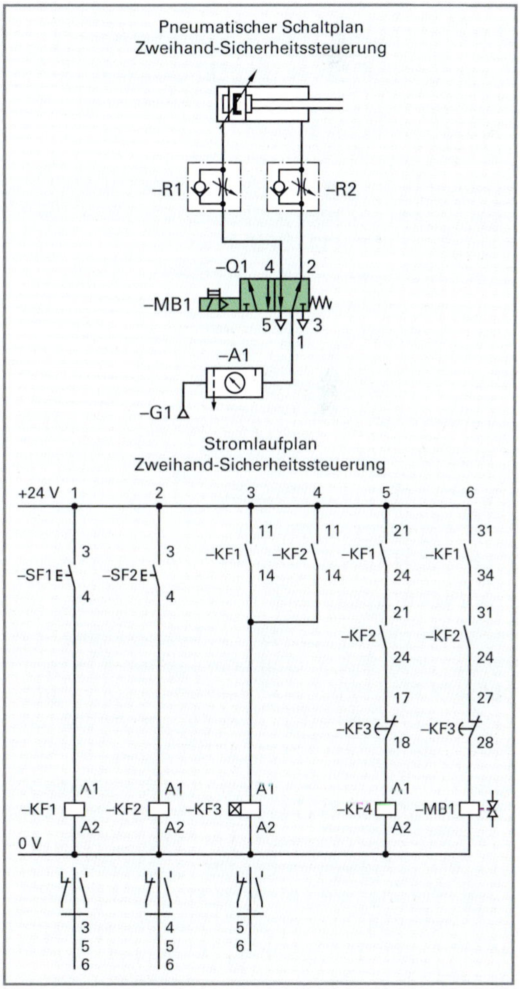

Bild 2: 2-Hand-Sicherheitssteuerung

Wiederholungsfragen

1. Beschreiben Sie kurz die Wirkweise eines Relais.
2. Welche Vorteile bringt der Einsatz von Relais?
3. Beschreiben Sie die elektrische Selbsthaltung und wie diese kontaktmäßig aufgebaut ist.
4. Die elektropneumatische Steuerung besteht aus verschiedenen Schaltplänen. Gehen Sie kurz auf diese Schaltpläne ein und erläutern Sie, wie diese zusammenhängen.
5. Welche Aufgaben haben Schließer, Öffner und Wechsler?
6. Nennen Sie die 3 logischen Grundverknüpfungen. Wie werden diese in elektropneumatischen Schaltungen realisiert?
7. Eine pneumatische Steuerung soll in eine elektropneumatische Steuerung geändert werden. Beschreiben Sie kurz, welche Bauteile geändert werden müssen bzw. erforderlich sind.

8.4.4 Hydraulik

Darunter versteht man das Betreiben und Steuern von Anlagen mithilfe von Druckflüssigkeiten. Typische Anwendungsbeispiele sind bei Druckgießmaschinen das Betätigen der Kerne, die Schließ- und Öffnungsbewegung und der Gießantrieb.

Vorteile der Hydraulik gegenüber der Pneumatik:

- Die Drücke sind in der Hydraulik wesentlich höher (mehrere hundert bar). Damit besteht die Möglichkeit, große Kräfte aufzubringen.
- Das Druckübertragungsmittel (Flüssigkeit) ist praktisch inkompressibel (nicht zusammendrückbar). Damit lassen sich gleichmäßige Geschwindigkeiten einstellen und regeln.
- Schnelle Richtungswechsel sind durchführbar.

Nachteile

- Durch Temperaturänderungen ergeben sich Viskositätsschwankungen (Änderungen der Zähflüssigkeit) der Druckflüssigkeit.
- Durch die hohen Arbeitsdrücke treten Leckölverluste auf.

Bauelemente in Hydraulikanlagen

Zur Aufnahme der Hydraulikflüssigkeit wird ein Tank benötigt. Über die Saugleitung einer Pumpe wird das Medium in den Druckteil der Steuerung gebracht. Dort findet man im Wesentlichen die gleichen Bauelemente wie bei einer pneumatischen Steuerung: Ventile für die verschiedenen Funktionen (Druckhöhe, Richtung usw.), Arbeitsglieder (Zylinder oder Motoren), Vor- und Rücklaufleitungen, Filter und u.U. Kühler.

Pumpen arbeiten nach dem **Verdrängerprinzip**. Nach den Bauformen unterscheidet man Zahnrad-, Flügelzellen- und Kolbenpumpen (Bild 3 und 4).

Hydraulikflüssigkeiten

An sie werden bestimmte Anforderungen gestellt:

- möglichst nicht brennbar bzw. hoher Flammpunkt
- gleichbleibende Viskosität
- nicht korrosiv wirkend
- hohe Schmierfähigkeit und Alterungsbeständigkeit
- gut wärmeabführend.

Meist werden Hydrauliköle auf Mineralölbasis eingesetzt, z.B. die Hydrauliköle **H-L,** die einen erhöhten Korrosionsschutz und eine bessere Alterungsbeständigkeit besitzen, oder die Öle **H-LP** mit verschleißmindernden Wirkstoffen. Außerdem gibt es **synthetische** Flüssigkeiten (siehe Tabelle 1).

Die synthetischen Flüssigkeiten besitzen gegenüber den Mineralölen eine höhere Dichte und geringere Schmierwirkung. Die meist eingesetzte HSC-Flüssigkeit enthält deshalb Additive zur Verbesserung dieser Eigenschaften. Durch den Wassergehalt bedingt, sollte die Betriebstemperatur im Hydraulikkreislauf durch Kühlen unter 50 °C gehalten werden, um ein Verdampfen zu vermeiden. Die Folge wäre eine Störung in der Anlage. Vorteilhaft ist bei den HSC-Flüssigkeiten, dass bei einer Umstellung von Mineralöl auf diese die Dichtungswerkstoffe nicht geändert werden müssen.

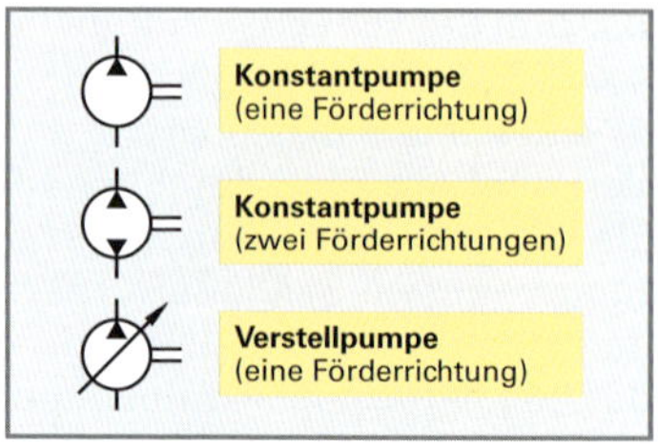

Bild 1: Bildzeichen von Pumpen

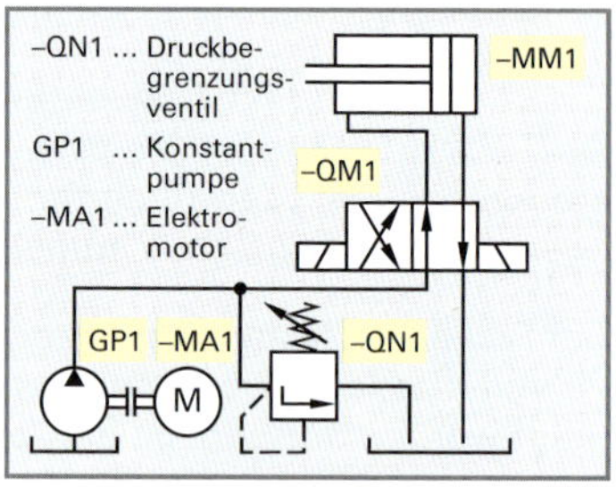

Bild 2: Hydraulische Steuerung

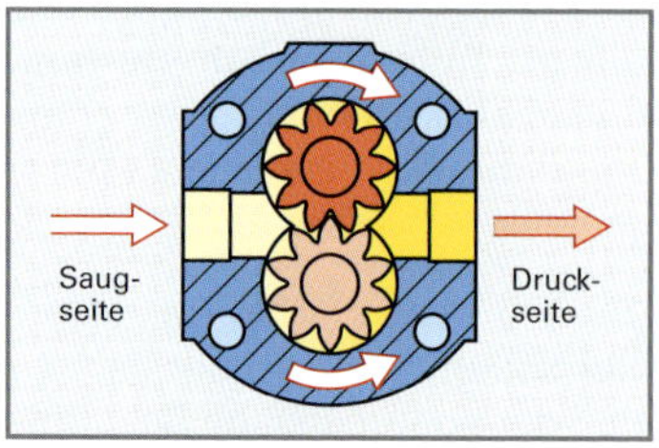

Bild 3: Zahnradpumpe

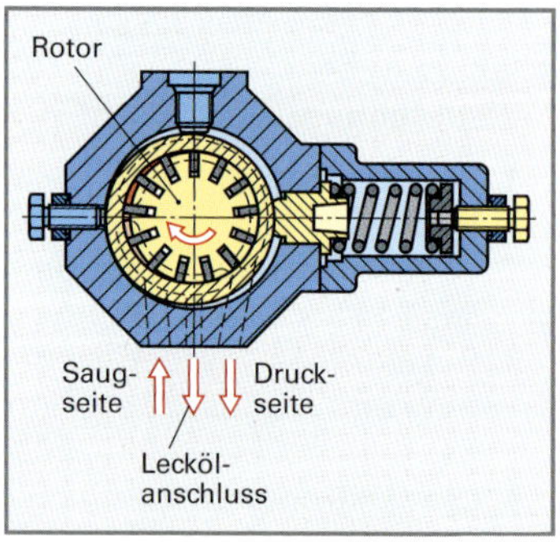

Bild 4: Flügelzellenpumpe

Art	Zusammensetzung	Besonderheiten
H	Mineralöl	$p < 100$ bar
HL	Mineralöl	$p < 250$ bar
HLP	Mineralöl	$p < 250$ bar
HSA	Öl-Wasser	H_2O 90 %
HSB	Wasser-Öl	$H_2O < 60$ %
HSC	Wasser-Glykol	H_2O 40 %
HSD	Phosphatester	wasserfrei

Tabelle 1: Hydraulikflüssigkeiten

8

Ventile

Sie ähneln im Aufbau den entsprechenden pneumatischen Geräten. Durch die in der Hydraulik auftretenden wesentlich höheren Drücke wird eine stabilere Bauweise notwendig. Die nicht immer erreichbare absolute Abdichtung der Teile macht Leckölleitungen zum Tank notwendig.

Ventile haben die gleiche Benennung, dasselbe Bildzeichen und die gleichen Betätigungsmöglichkeiten wie die entsprechenden pneumatischen Ventile.

In jedem Hydraulikkreislauf ist ein **Druckbegrenzungsventil** zum Schutz der Anlage notwendig. Steigt der Druck über den zulässigen Betriebsdruck, wird die Arbeitsflüssigkeit durch dieses Ventil in den Tank zurückgeleitet.

Bei den Stromventilen gibt es als Möglichkeit für eine Geschwindigkeitssteuerung außer dem Drosselventil noch das **Stromregelventil** (Bild 2). Beim normalen Drosselventil ergibt sich an der Drosselstelle ein Druckabfall Δp. Die Durchflussmenge hängt vom Druck vor der Drosselstelle, vom Druck nach der Drosselstelle und dem eingestellten Durchflussquerschnitt ab. Bei Druckänderungen ändert sich die Durchflussmenge. Die Folge ist eine veränderte Geschwindigkeit des Kolbens. Beim Stromregelventil wird z. B. durch eine vorgeschaltete Druckwaage (Steuerkolben) die Druckdifferenz an der Drosselstelle konstant gehalten. Damit ergibt sich auch bei Druckschwankungen eine gleich bleibende Durchflussmenge.

Proportionalventile (Bild 4)

Bei den Wegeventilen unterscheidet man nichtdrosselnde und drosselnde Ventile **(Schalt- und Stetigventile)**. In hydraulischen Steuerungen werden immer häufiger drosselnde oder Proportionalventile eingebaut. Durch ein elektrisches Signal wird der Betätigungsmagnet erregt. Die Magnetkraft bewirkt eine Ventilverstellung. Es ergibt sich ein bestimmter Durchflussquerschnitt. Eine Änderung des elektrischen Signals hat eine andere Ventilstellung zur Folge. Dadurch wird es möglich, fast beliebig viele Einstellmöglichkeiten zwischen Null und dem maximalen Durchfluss zu erreichen. Der Übergang von einer zur anderen Stellung findet stufenlos statt und kann während des gerade ablaufenden Vorganges durchgeführt werden. Ein Abbremsen bzw. Beschleunigen eines Kolbens kann jederzeit durch ein Proportionalventil bewirkt werden.

Beispiel für eine hydraulische Steuerung

Vorschubsteuerung (Bild 5)

Bedingungen: Ausfahren zunächst schnell (Eilgang), dann langsamer Arbeitsgang. Das Einfahren soll rasch erfolgen.

Ablauf: Magnetventile –QM1 und –QM2 spannungslos.

Der Vorgang beginnt durch Umsteuern von –QM1 in Schaltstellung b. Der Zylinder –MM1 fährt zunächst langsam an, betätigt aber sofort den Endschalter –QM2. Damit ergibt sich eine höhere Vorlaufgeschwindigkeit, da das Öl über –QM2 schnell in den Zylinder einströmen kann. Bei Erreichen von sa wird –QM2 spannungslos und geht in die Ausgangsstellung zurück. Der langsame Arbeitsgang beginnt. Bei Erreichen der Endstellung wird –QM1 in Schaltstellung a gebracht und der Zylinder fährt schnell ein.

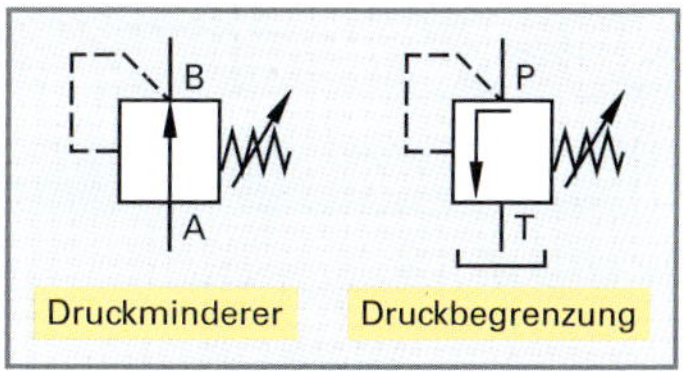

Bild 1: **Druckregelventil**

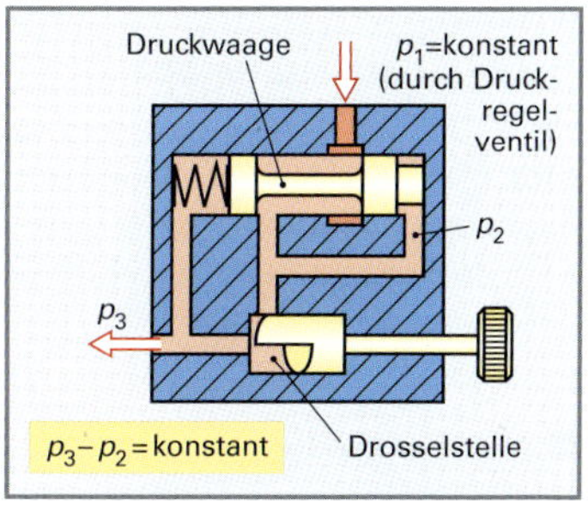

Bild 2: **Stromregelventil (Schema)**

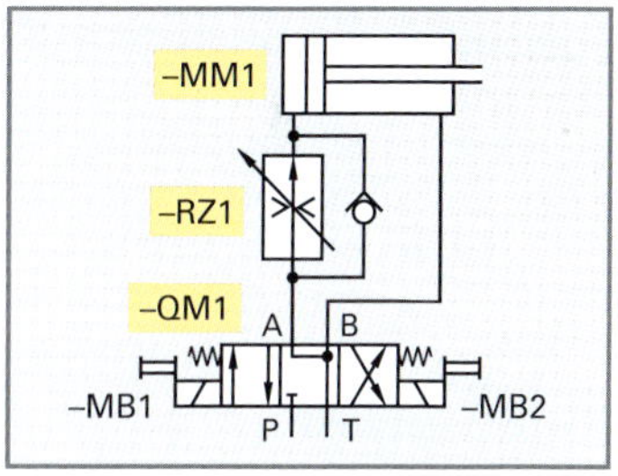

Bild 3: **Geschwindigkeitssteuerung (vereinfacht) mit 2-Wege-Stromregelventil**

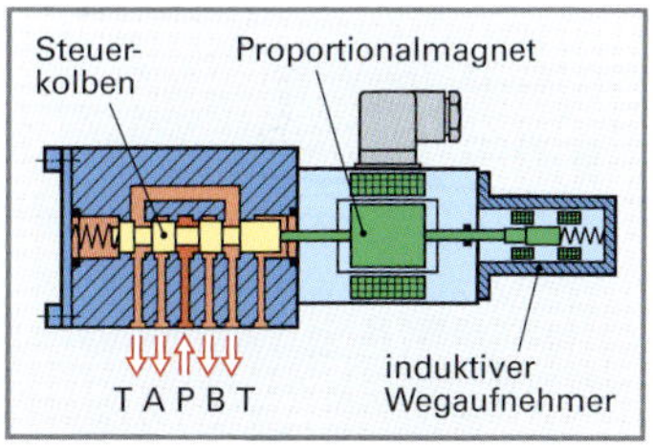

Bild 4: **Proportionalventil (Schema)**

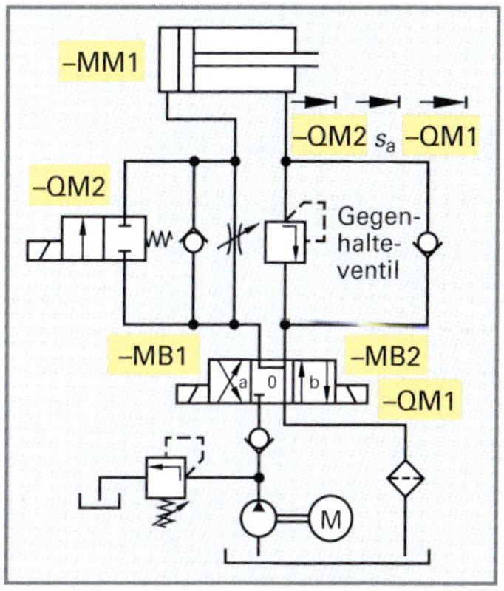

Bild 5: **Vorschubsteuerung**

8.5 Speicherprogrammierbare Steuerungen (SPS)

8.5.1 Einführung

Notwendigkeit von Steuerungen

Die heutige Produktion in der Gießerei ist durch einen hohen Grad an Automatisierung gekennzeichnet.

Viele technischen Vorgänge laufen automatisch ab, dabei werden Maschinen und Vorrichtungen zum großen Teil von Steuerungen bedient und überwacht. Steuerungen und Regelungen sind erforderlich, um die Produktivität und die Qualität der Gussstücke zu sichern.

Merkmale der VPS

Die pneumatischen, hydraulischen und elektrischen Steuerungen werden **v**erbindungs**p**rogrammierte **S**teuerungen **(VPS)** genannt. Bei ihnen ist der Steuerungsablauf durch Verbindungsleitungen (Schläuche, Rohre, Leitungen usw.) und durch die Schaltelemente festgelegt (Bild 1). Bei der VPS werden die Eingangssignale gleichzeitig verarbeitet und ausgegeben, dadurch ergeben sich kurze Reaktionszeiten.

Vorteile der VPS

- störungsunempfindlich
- standardisierte Bauelemente
- kurzzeitige Überlastungen möglich

Nachteile der VPS

- größerer Raumbedarf
- höhere Energie- und Betriebskosten
- eine Änderung der Steuerungsaufgabe erfordert i.d.R. eine Neuinstallation der Steuerung

Bild 1 stellt eine Zweihandsicherheitsschaltung dar. Die Taster S1 (–SJ1) und S2 (–SJ2) müssen innerhalb einer bestimmten Zeit gedrückt werden, damit der Zylinder ausfahren kann.

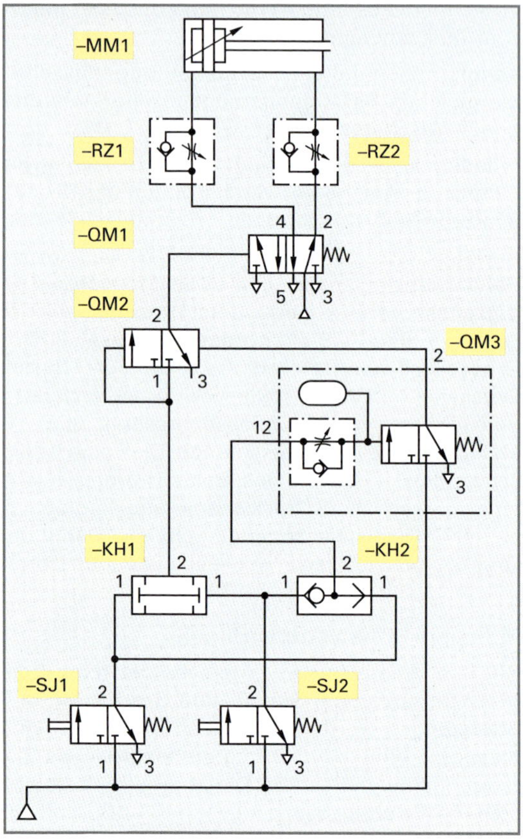

Bild 1: Zweihandsicherheitsschaltung (VPS)

Merkmale der SPS

Viel flexibler dagegen sind die speicherprogrammierbaren Steuerungen (SPS), bei denen die einzelnen Steuerungsschritte durch das **Programm** festgelegt sind. Eine Änderung der Steuerungsaufgabe erfordert u.U. lediglich ein **Umprogrammieren.** Das Ändern der inneren Verdrahtung bzw. des inneren Aufbaus entfällt bei der SPS. Neben dem geringen Raumbedarf, den geringen Energiekosten, hat die SPS den wesentlichen Vorteil, dass schnelle Programmänderungen möglich sind (Bild 2).

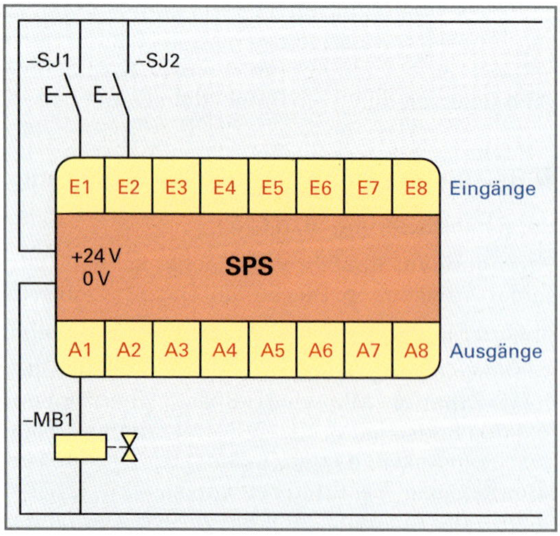

Bild 2: Anschlussplan der SPS für die Zweihandsicherheitssteuerung

8

8.5.2 Analoge und digitale Signale

Informationsübertragung

Bei Steuerungsvorgängen werden Informationen in eine Richtung übertragen. Signale werden aufgenommen, gewandelt, es werden logische Verknüpfungen durchgeführt, Signale werden gespeichert und ausgegeben. Man unterscheidet dabei zwischen **analogen, digitalen** und **binären** Signalen.

Analoge Signale

Bei den analogen Signalen (z.B. Druck, Temperatur, Füllstand) sind innerhalb eines Messbereiches beliebig viele Zwischenstellungen möglich (Bild 1). Jedem Messwert ist ein Analogwert zugeordnet, d.h., zwischen Messwert und Analogwert besteht ein **eindeutiger Zusammenhang.**

Analoge Signale sind anschaulich und lassen Tendenzen erkennen.

Digitale Signale

Bei der digitalen Signaldarstellung erscheint der Messwert als Summe von Impulsen (Bild 2).

Es besteht **kein eindeutiger Zusammenhang** zwischen Messwert und Digitalwert, weil ein ganzer Messwertbereich (Stufenbreite bzw. Wertstufe) einem Digitalwert zugeordnet wird. Diese Stufenbreite kann jedoch sehr klein gemacht werden und damit erzielt man eine entsprechend hohe Genauigkeit.

Digitale Signale lassen sich speichern, sehr schnell übertragen und weiterverarbeiten.

Das **binäre** oder auch **zweiwertige Signal** ist ein digitales Signal, bei dem lediglich zwei Zustände **„0"** oder **„1"** auftreten (Bild 3). Diese Signale können sehr schnell verarbeitet werden. Viele Bauelemente in der Steuerungstechnik erzeugen binäre Signale, z.B. Taster, Schaltventile, Relais, Sensoren und die elektronischen Bauelemente (Diode, Transistor). Die binären Signale stellen die Information von 1 bit (binary digit) dar.

Ein bit ist die kleinste Informationseinheit.
Die Anordnung von acht bit stellt ein byte dar.

Signalumwandlung

Zum Wandeln analoger Signale in digitale Signale benötigt man einen Analog-Digital-Wandler **(A/D-Wandler)** mit der entsprechenden Interface. Dazu wird z.B. ein analoges Signal in Wertstufen zerlegt, als Ergebnis erhält man ein gestuftes bzw. ein digitales Signal. Für die Wandlung digitaler in analoge Signale sind Digital-Analog-Wandler erforderlich (**D/A-Wandler**, Bild 4).

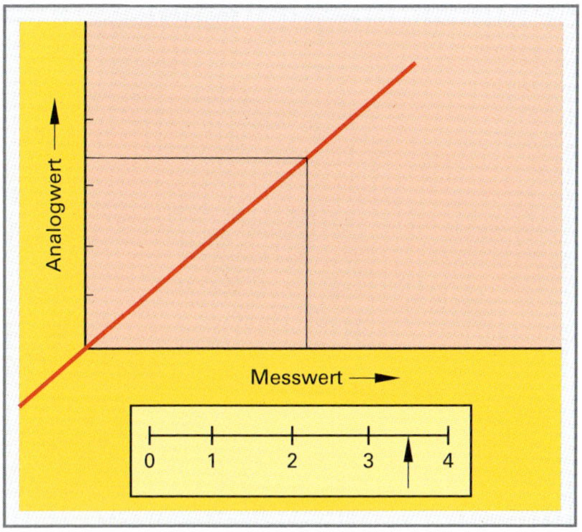

Bild 1: Analoge Signaldarstellung

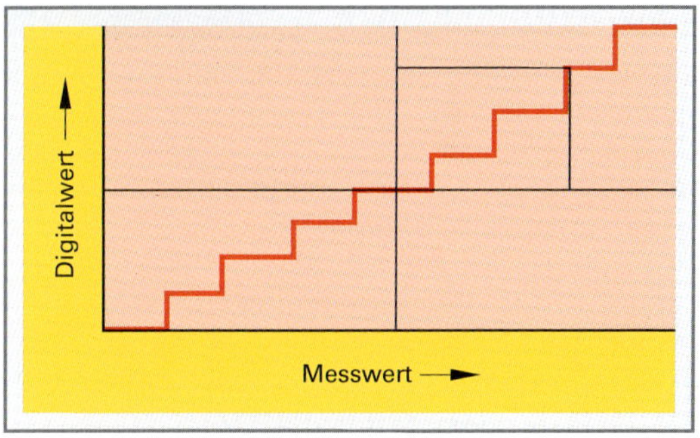

Bild 2: Digitale Signaldarstellung

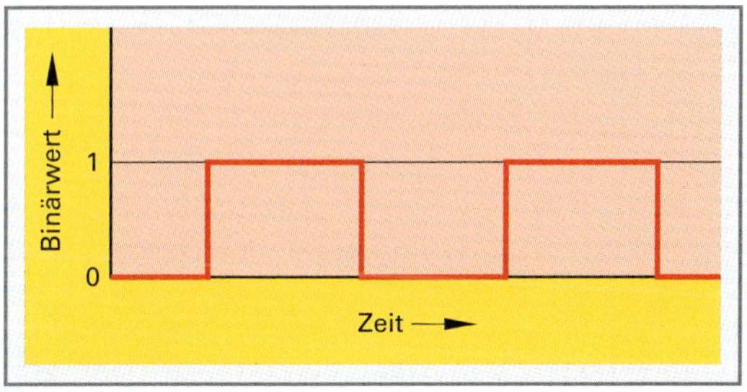

Bild 3: Binäres Signal

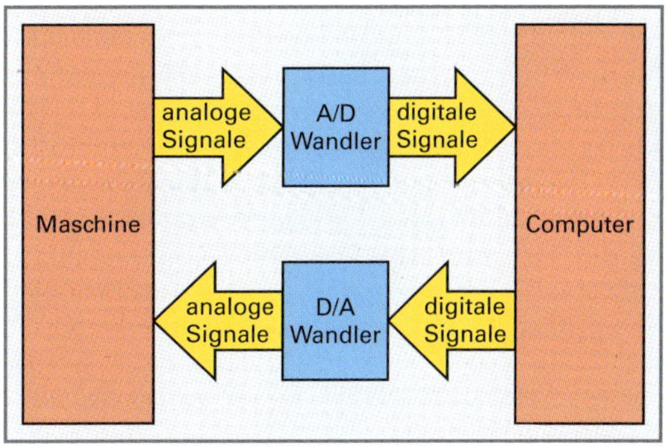

Bild 4: Datenaustausch

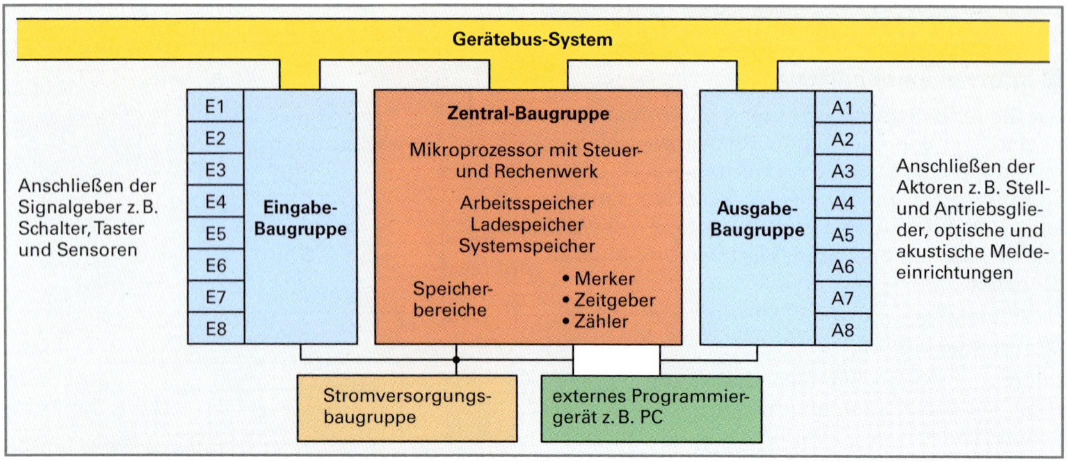

Bild 1: Baugruppen einer SPS

8.5.3 Aufbau einer SPS

Die speicherprogrammierbare Steuerung stellt im Prinzip einen auf die Steuerungstechnik angepassten Computer dar. Sie besteht aus einer **Eingabe-Baugruppe,** der **Zentral-Baugruppe** und aus einer **Ausgabe-Baugruppe** (Bild 1). Ein Geräte-Bussystem (System von Sammelleitungen) ermöglicht den Informationsfluss zwischen den Systemkomponenten der SPS.

Eine **Eingabe-Baugruppe** hat mehrere Anschlüsse (i.d.R. 8 oder 16) für die Signalgeber, z.B. Schalter, Taster und Sensoren, welche zusammen als **Sensorik** bezeichnet werden. Die Eingangssignale werden elektronisch entstört, angepasst und wenige Millisekunden verzögert an die Zentraleinheit weitergeleitet.

Die **Zentral-Baugruppe (CPU)** besteht aus dem Mikroprozessor mit Steuer- und Rechenwerk und verschiedenen Speicherbereichen. Die **Zeitgeber** sind i.d.R. Softwarebausteine, die als Einschalt- bzw. Ausschaltverzögerung mit digitaler Zeitbildung wirksam sind. Analoge Zeitgeber sind von außen einstellbar (Verzögerungszeiten), aufgerufen werden sie jedoch durch das Programm mit der entsprechenden Anweisung.

Merker dienen zum Speichern von Zwischenergebnissen aus logischen Verknüpfungen. Die Merker speichern die Information von einem bit und sind **interne** Ausgänge, d.h. ohne Zuweisung auf eine Baugruppe. Für Zählvorgänge werden häufig **Auf- und Abwärtszähler** eingesetzt, zusätzliche Zählbaugruppen dienen zum Erfassen von schnellen Zählimpulsen.

In der Zentral-Baugruppe unterscheidet man verschiedene Speicherbereiche. Der **Arbeitsspeicher** ist i.d.R. ein schneller, flüchtiger **RAM**[1]-Speicher. Eine Pufferbatterie sichert den Speicherinhalt bei einem Spannungsausfall über eine bestimmte Zeit. Häufig ist ein **Ladespeicher** eingerichtet, z.B. **EPROM**[2]**/EEPROM**[3]. Dieser Speicher behält bei einem Spannungsausfall seinen Inhalt bei (nicht flüchtig). Der Ladespeicher dient zur Sicherung des Steuerungsprogramms. Bei einem Neustart oder bei einem leeren Arbeitsspeicher wird der Inhalt des Ladespeichers in den Arbeitsspeicher kopiert.

Die **CPU** (**C**entral **P**rocessing **U**nit) arbeitet anschließend das Programm aus dem Arbeitsspeicher ab. Das vom Hersteller gelieferte **Betriebssystem** ist als Programm im Systemspeicher **(ROM**[4]**)** abgelegt und kann vom Anwender nicht verändert werden. Dieses Programm organisiert z.B. die Verarbeitung des Steuerungsprogramms durch den Prozessor, organisiert und überwacht den über das Programmiergerät geführten Dialog des Bedieners mit der Steuerung usw. Weitere Speicherbereiche sind die **Zwischenspeicher** für die Signalzustände der Ein- und Ausgänge, Merker, Zähler und Zeitglieder. Diese Signale werden für die Bearbeitung des Steuer- und Rechenwerkes des Mikroprozessors bereitgestellt.

An eine **Ausgabe-Baugruppe** wird die **Aktorik** (z.B. Stellglieder für Magnetventile, optische und akustische Melder) angeschlossen. Die Ausgabe-Baugruppe ist für verschiedene Spannungen und Leistungen ausgelegt. Sie enthält i.d.R. einen Kurzschlussschutz mit Anzeige, damit im Kurzschlussfall das Steuergerät nicht beschädigt werden kann.

8

[1] RAM = Random Access Memory (Schreib-Lese-Speicher)
[2] EPROM = Erasable Programmable Read Only Memory (löschbarer, programmierbarer Nur-Lese-Speicher)
[3] EEPROM = Electrically Erasable PROM (elektrisch löschbarer, programmierbarer Nur-Lese-Speicher)
[4] ROM = Read Only Memory (Nur-Lese-Speicher, Festwertspeicher)

8.5.4 Arbeitsweise einer SPS

Abarbeiten des Programms

Das Steuerungsprogramm wird über ein externes Programmiergerät, z.B. PC, erstellt, anschließend in einen Maschinencode gewandelt (compiliert) und zum SPS-System übertragen. Die einzelnen Steuerungsanweisungen bilden einen Befehlsstapel (stack), der im Programmspeicher abgelegt wird. Das **Steuerwerk** der CPU übernimmt in der Reihenfolge der Adressen eine Steueranweisung nach der anderen und führt diese aus. Dabei wird das Steuerungsprogramm von dem Mikroprozessor **sequentiell** (eine Zeile nach der anderen) und **zyklisch** (wiederholend) abgearbeitet. Das Steuerwerk überwacht den zyklischen Durchlauf aller Anweisungen.

Die SPS arbeitet sequentiell und zyklisch. Interruptbearbeitung ist möglich.

Prozessabbild der Ein- und Ausgänge

Bevor der Mikroprozessor das Programm sequentiell abarbeitet, werden alle Eingänge auf den „0"- oder „1"-Zustand abgefragt. Die ermittelten Zustände werden in einen Zwischenspeicher **(Register PAE-Prozessabbild der Eingänge)** gespeichert, anschließend wird das Programm abgearbeitet. Nach dem Abarbeiten des Programms werden die Ergebnisse in dem Zwischenspeicher **(Register PAA = Prozess der Ausgänge)** gespeichert. Im letzten Schritt wird der Inhalt des PAA-Registers in die Ausgangs-Baugruppe übertragen. Somit wird das alte Ausgangsbild aktualisiert und bis zur nächsten Aktualisierung gespeichert (Bild 1).

Das Steuerwerk des Mikroprozessors schaltet die Ausgänge an der Ausgabe-Baugruppe **nicht direkt,** erst nach dem Bearbeiten aller Anweisungen überträgt das Steuerwerk die Informationen des Zwischenspeichers **(PAA)** zu der Ausgabe-Baugruppe bzw. zu den Zeit- und Zählgruppen. Die letzte Steuerungsanweisung (z.B. der Befehl PE, Programmende) bewirkt einen Sprung zum Programmanfang.

Die **Programmzykluszeit** ist diejenige Zeit, in der bei der SPS ein Steuerungsprogramm abgearbeitet wird. Sie beträgt wenige Millisekunden und ist von der Programmlänge abhängig. Um den Sicherheitsvorschriften gerecht zu werden, ist der **NOT-AUS** nicht SPS-mäßig realisiert, sondern als VPS ausgeführt.

Zusammenfassend lässt sich die Arbeitsweise der SPS nach dem Schema in Bild 2 darstellen, mit der Übernahme der Signalzustände der Eingänge in den Zwischenspeicher (Register **PAE**) beginnt der nächste Arbeitszyklus.

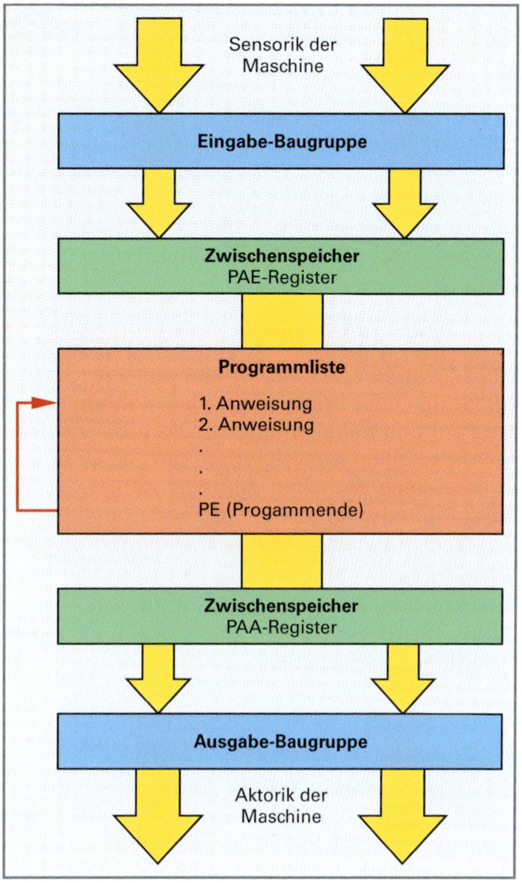

Bild 1: Arbeitsweise einer SPS

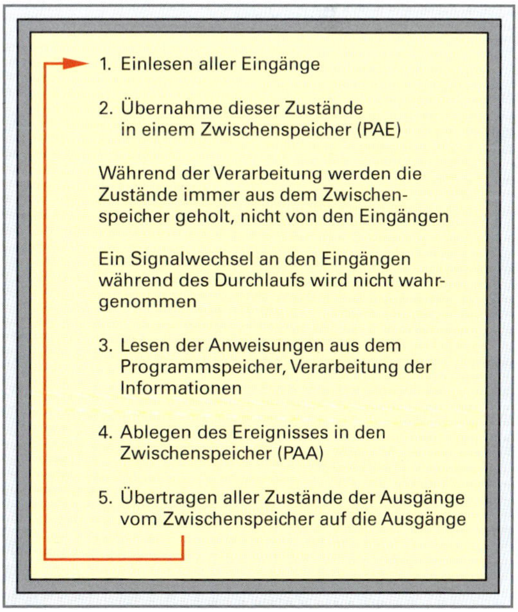

Bild 2: Arbeitsschritte einer SPS

8

8.5.5 Programmierung einer SPS

Logische, binäre Verknüpfungen

Grundlage für die Programmierung ist die **Aufgabenstellung.** Nach der genauen Beschreibung der Steuerungsaufgabe folgt das lückenlose Festlegen der einzelnen Funktionsschritte. Die Steuerung soll kostengünstig, fehlerfrei und wartungsfreundlich sein und den Sicherheitsvorschriften genügen.

Für die Beschreibung des Funktionsablaufs werden logische Verknüpfungen **UND, ODER** und **NICHT** verwendet. Das **Speichern** von Signalzuständen, das **Verzögern,** das **Zählen** sowie die **Funktionstabellen** und die **Weg-Schritt-Diagramme** stellen weitere Hilfsmittel dar. Die Funktionstabellen enthalten alle vorkommenden Binärkombinationen, aus den Funktionstabellen lassen sich einfachlogische Funktionen bestimmen.

Mit den logischen Grundverknüpfungen UND, ODER, NICHT lassen sich alle logischen, binären Funktionen beschreiben.

Steuerungsanweisung

Das SPS-Programm besteht aus einzelnen Steuerungsanweisungen, jede Steuerungsanweisung hat eine **Adresse** einen **Operationsteil** und einen **Operandenteil.** Der Operationsteil wird auch als Befehlsteil der Anweisung bezeichnet, hier kommen folgende Operationen vor:

- Logische Verknüpfungen
- Zählen, Speichern, Zeitverzögerungen
- Zuweisungen und Rechenoperationen

Der Operandenteil gibt an, mit welchen Ein- und Ausgängen die Operationen durchzuführen sind (Bild 1).

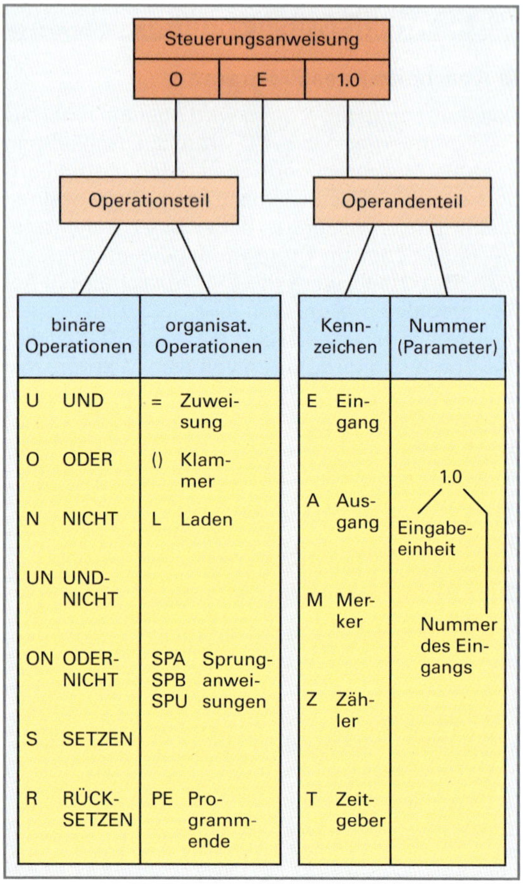

Bild 1: Steueranweisung einer SPS

Zuordnungsliste (ZOL)

Ein wichtiger Schritt vor dem Entwurf des Steuerungsprogramms ist das Erstellen einer Zuordnungsliste. In dieser Liste wird die Belegung der Ein- und Ausgänge der SPS festgelegt, d.h. an welche Ein- und Ausgänge die Sensorik bzw. die Aktorik angeschlossen wird.

Programmiersprachen

Nach der **DIN EN 61131-3** unterscheidet man bei der SPS zwischen **grafisch**orientierten und **text**orientierten Programmiersprachen (Bild 2).

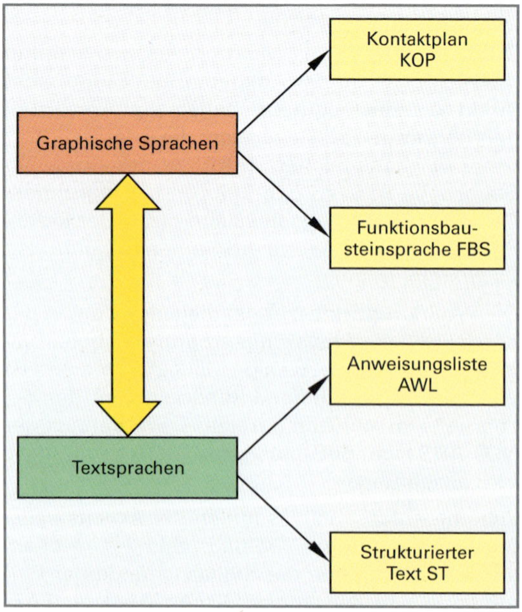

Bild 2: Programmiersprachen der SPS

Kontaktplan (KOP)

Der Kontaktplan ist aus dem Stromlaufplan in aufgelöster Form abgeleitet worden. Dieser Plan stellt eine anschauliche Darstellung logischer Verknüpfungen dar, kann aber bei Ablaufsteuerungen mit Zeit- und Zählfunktionen auch relativ schnell unübersichtlich werden. Da die SPS nicht zwischen Öffnern und Schließern unterscheiden kann, sondern nur zwischen den Signalzuständen **0** und **1**, stellen die Schaltkontakte keine tatsächlichen Öffner und Schließer dar. Diese Kontakte deuten lediglich an, ob auf 0 oder 1 abgefragt wird (Bild 1).

Bild 1: Symbole im Kontaktplan (Auswahl)

Funktionsbausteinsprache (FBS)

Bei der Funktionsbausteinsprache werden Funktionen und Funktionsbausteine, z. B. logische Verknüpfungen, grafisch dargestellt. Diese Darstellung ist unabhängig von der gerätetechnischen Lösung, ist leicht zu lesen und übersichtlich bei Ablaufsteuerungen. Die Funktionsbausteinsprache hat eine gewisse Ähnlichkeit mit dem logischen Schaltplan aus der Digitaltechnik. Nicht alle Hersteller halten sich an die von der **IEC 1131-3** stammenden Bezeichnung der Funktionsbausteinsprache, so wird häufig für diese grafische Programmiersprache die Bezeichnung Funktionsplan **(FUP)** verwendet.

Benennung	Darstellun		
	AWL	FBS/FUP	KOP
		&	
		≥1	
NICHT/NOT (Eingang)			
NICHT/NOT (Ausgang)			(/)
		=	( )
		S	(S)
Rücksetzen/ Reset		R	(R)

Bild 2: SPS-Funktionen nach DIN 19239 IEC 1131-3 (Auswahl)

Anweisungsliste (AWL)

Die Anweisungsliste **(AWL)** stellt eine Auflistung sämtlicher Anweisungen des Steuerungsprogramms dar. Jede Anweisung hat eine Adresse einen Operationsteil und einen Operandenteil, mit herstellerabhängigen Bezeichnungen (Tabelle 1). Abhängig vom Hersteller beginnt die Anweisungsliste z. B. mit dem Ladebefehl **„L"** (Lade bedeutet, frage den Zustand des 1. Operanden ab) oder mit der Verknüpfungsoperation **„U"** (UND). Anschließend wird das Steuerungsprogramm (lineares Programm, ohne Verzweigungen) Zeile für Zeile abgearbeitet. Die letzte Anweisung, z. B. PE, stellt das Programmende dar und bewirkt einen Sprung zum Programmanfang. Damit beginnt ein neuer **Zyklus**.

Strukturierter Text

Der strukturierte Text **(ST)** besteht aus Anweisungen und Ausdrücken und ist an die Programmiersprache Pascal angelehnt (Bild 2).

Ablaufsprache

Die Ablaufsprache **(AS)** stellt nach der IEC1131-3 eine weitere Programmiersprache für die SPS dar. Die Ablaufsprache eignet sich besonders für die ablauforientierten Steuerungsprogramme, insbesondere für den Entwurf und die Strukturierung von Steuerungsprogrammen.

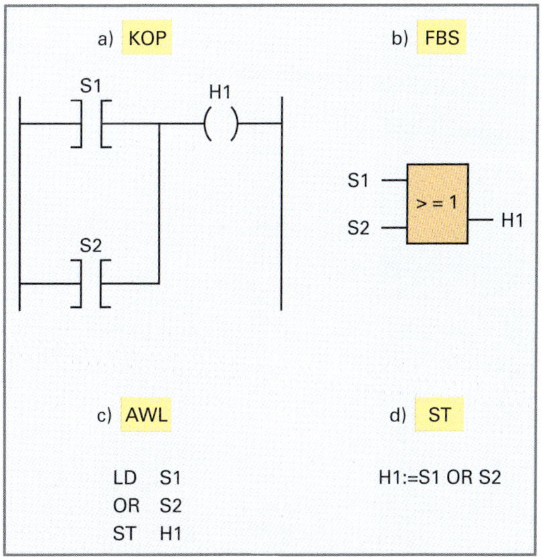

Bild 3: Programmausführungen einer ODER-Verknüpfung (IEC 1131-3)

Operationen eines SPS-Programms

Bei den **Verknüpfungssteuerungen** erfolgt die eindeutige Zuordnung der Ausgangssignale zu den Eingangssignalen vorwiegend durch logische Verknüpfungen. Solche Steuerungen werden auch als **kombinatorische** Steuerungen bezeichnet.

Einfache Beispiele werden in der Bild 1 dargestellt.

Bei den SPS-Steuerungsprogrammen kommen häufig folgende Operationen vor:

- Logische Verknüpfung von Signalen
- Speichern
- Zeitverzögerungen
- Zählvorgänge
- Organisatorische Operationen.

Binäre Verknüpfungen — **vgl. DIN EN 60617-12 (1999-04)**

Spalten: Funktion | Schaltzeichen, Logische Gleichung | Funktionstabelle | technische Realisierung: pneumatisch, elektrisch

UND (AND)

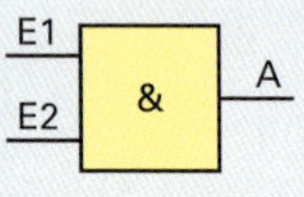

$A = E1 \wedge E2$

E1	E2	A
0	0	0
0	1	0
1	0	0
1	1	1

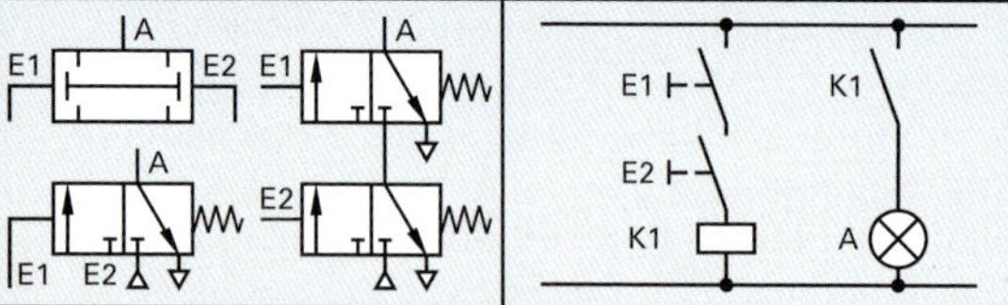

ODER (OR)

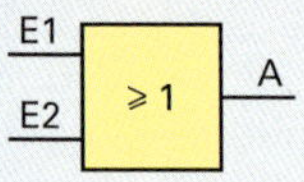

$A = E1 \vee E2$

E1	E2	A
0	0	0
0	1	1
1	0	1
1	1	1

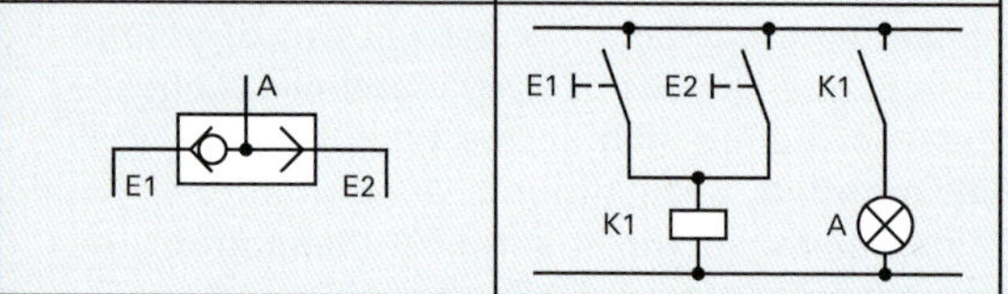

NICHT (NOT)

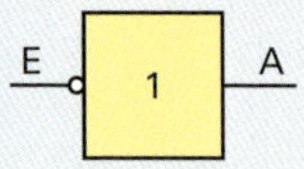

$A = \overline{E}$

E	A
0	1
1	0

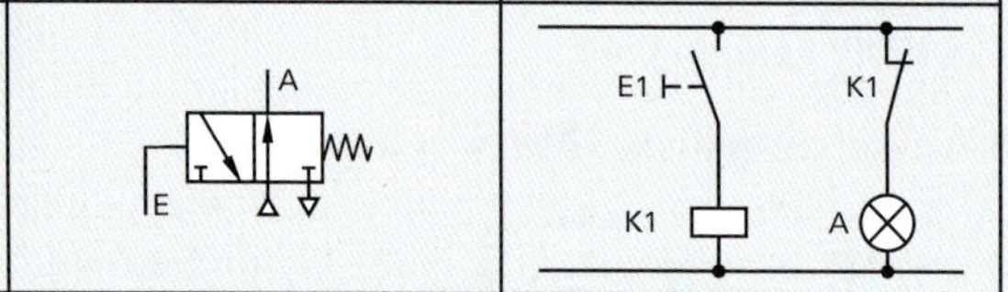

UND-NICHT (NAND)

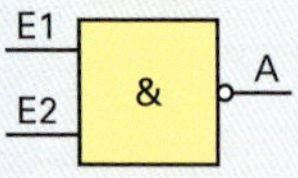

$A = \overline{E1 \wedge E2}$

E1	E2	A
0	0	1
0	1	1
1	0	1
1	1	0

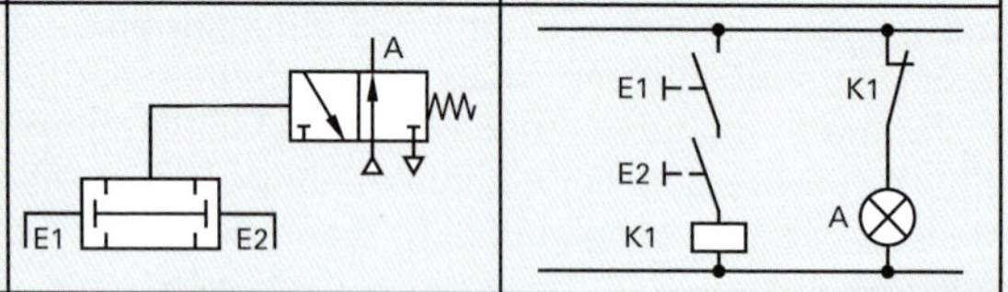

ODER-NICHT (NOR)

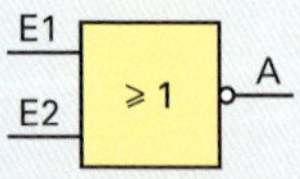

$A = \overline{E1 \vee E2}$

E1	E2	A
0	0	1
0	1	0
1	0	0
1	1	0

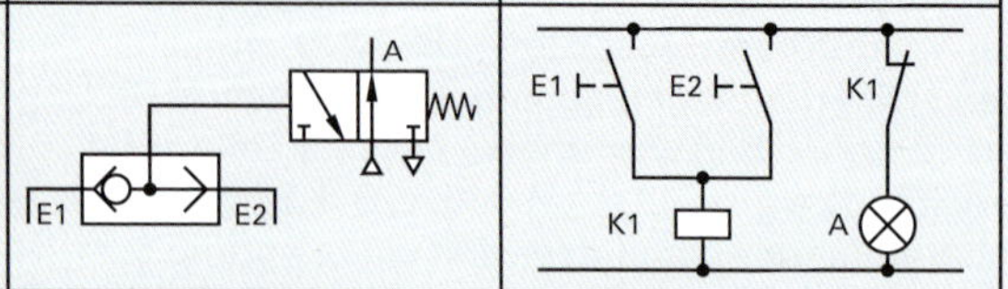

exklusiv ODER (XOR)

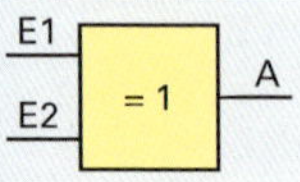

$A = (E1 \wedge \overline{E2}) \vee (\overline{E1} \wedge E2)$

E1	E2	A
0	0	0
0	1	1
1	0	1
1	1	0

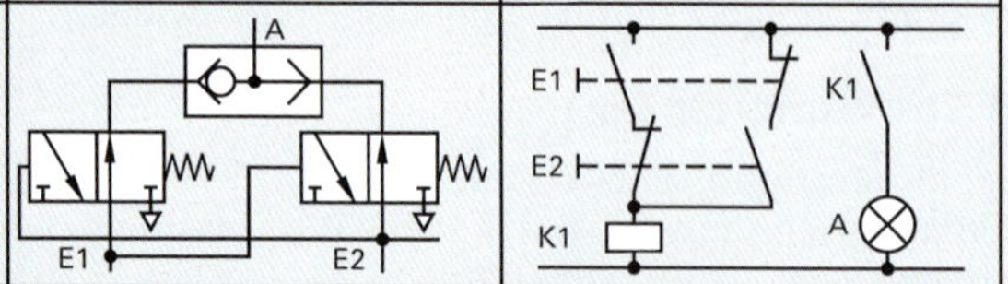

Speicher (RS-Flipflop)

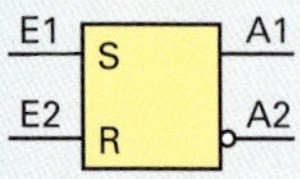

S Setzten
R Rücksetzten

E1	E2	A1	A2
0	0	●	●
0	1	0	1
1	0	1	0
1	1	□	□

● Zustand unverändert
□ Zustand unbestimmt

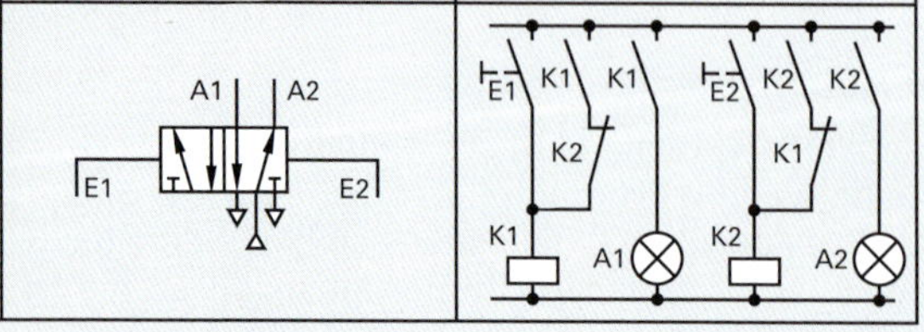

Bild 1: Binäre Verknüpfungen

Beispiel: Zweihandsicherheitsschaltung

Diese Steuerung kommt z. B. bei Formautomaten und Entgratpressen zum Einsatz. Der doppeltwirkende Zylinder mit Endlagendämpfung wird durch ein einseitig elektromagnetisch betätigtes 5/2-Wegeventil mit Federrückstellung angesteuert. Die Steuerung soll folgende Bedingungen erfüllen (Bild 1):

- Beide Taster S1 und S2 müssen innerhalb der eingestellten Zeit gedrückt werden, damit der Zylinder ausfährt.
- Ist die an dem Zeitgeber eingestellte (programmierte) Zeit überschritten, so soll durch nachträgliches Betätigen einer der beiden Taster der Zylinder **nicht** ausfahren können.
- Erst nach dem Loslassen beider Taster kann dann ein erneuter Start erfolgen.

Bei der Problemlösung für das SPS Steuerungsprogramm wird zunächst die Zuordnungsliste (ZOL) erstellt (Tabelle 1).

Anschließend kann dann der Entwurf des Steuerungsprogramms in Form der Funktionsbausteinsprache **(FBS)** bzw. des Funktionsplans **(FUP)**, dem Kontaktplan **(KOP)** oder der Anweisungsliste **(AWL)** erfolgen (Bild 2, Bild 3, Tabelle 2).

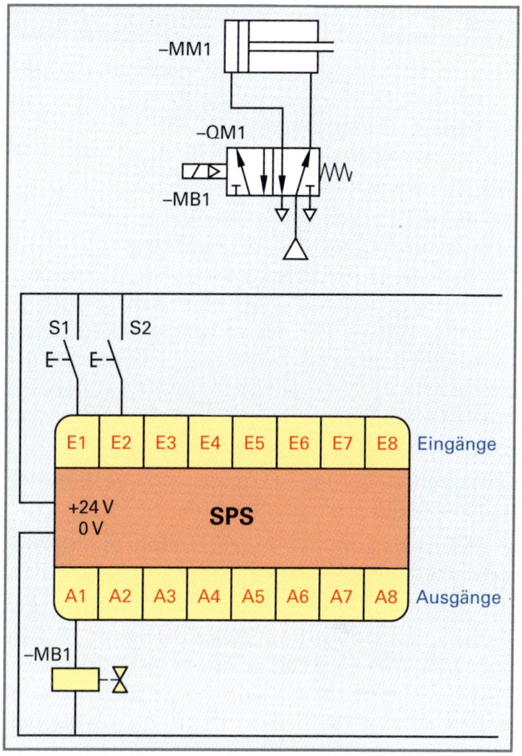

Bild 1: Zweihandsicherheitsschaltung Pneumatischer Schaltplan und Anschlussplan für die SPS

Zuordnungsliste (ZOL): Zweihandsicherheitsschaltung		
Signalglieder Stellglieder	Eingänge Ausgänge	Funktion Wirkung
Taster S1	E1	Ausfahren des Zylinders E1=1 und E2=1
Taster S2	E2	
Spule des magnetisch betätigten Ventils –MB1	A1	Ausfahren des Zylinders A1=1 Einfahren des Zylinders A1=0

Tabelle 1: Zuordnungsliste

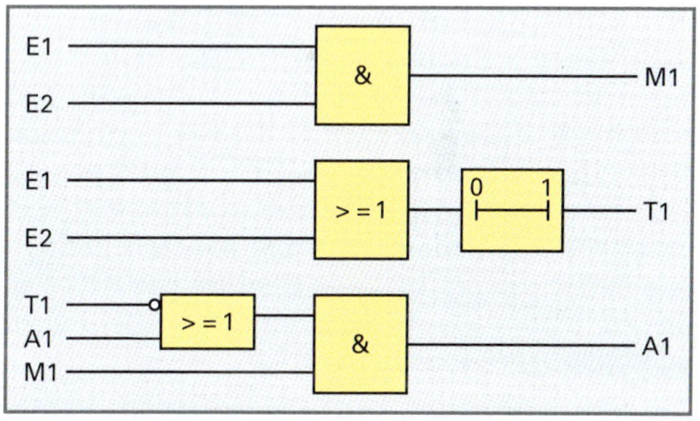

Bild 2: FBS bzw. FUP

Anweisungsliste		
U	E1	
U	E2	
=	M1	Merker
U	E1	
O	E2	
=	T1	Zeitgeber
UN	T1	
O	A1	
U	M1	
=	A1	
PE	Programmende	

Tabelle 2: Anweisungsliste

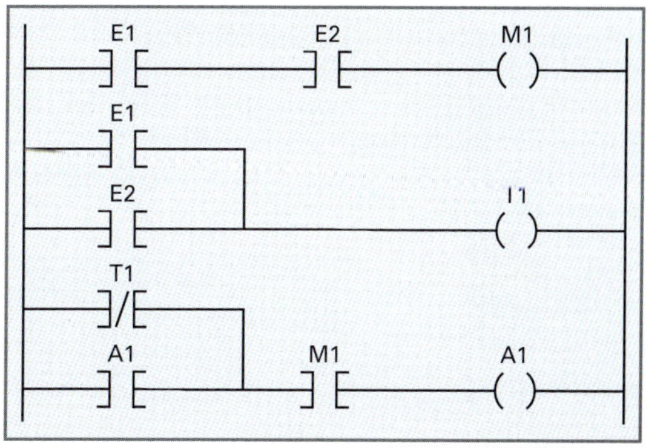

Bild 3: KOP

8.5.6 Ablaufsteuerungen

Ablaufsteuerungen stellen einen wichtigen Bestandteil automatisierter Steuerungen eines modernen Gießereibetriebes dar. Sie kommen häufig bei Formanlagen, Gießkarussellen und Beschickungseinrichtungen vor.

Bei diesen Steuerungen sind die einzelnen Schritte in einer bestimmten Reihenfolge festgelegt. Die Schritte laufen **zwangsweise** ab. Das Weiterschalten von einem Schritt zum nächsten Schritt ist abhängig von den **Weiterschaltbedingungen.** Diese Bedingungen können von den Signalen der gesteuerten Anlage oder von der Zeit abhängen. Eine häufige Fehlerquelle bei solchen Steuerungen sind fehlende Weiterschaltbedingungen.

Die Ablaufsteuerungen können nach bestimmten Kriterien (Bild 1) eingeteilt werden.

In der Praxis kommen prozessgeführte und zeitgeführte Ablaufsteuerungen kombiniert vor.

Ablaufsteuerungen können anschaulich in **Ablaufplänen** (Programmablaufpläne nach **DIN 40719 T6, DIN EN 61131-3, IEC 1131-3)** dargestellt werden. Die einzelnen Schritte werden mit quadratischen Symbolen (Grundstellung mit doppeltem Quadrat) dargestellt (Bild 2).

Hilfsmittel bei der Programmierung

Beim Programmieren von Ablaufsteuerungen können **Schrittmerker, Schrittzähler** oder **Schrittketten** eingesetzt werden. Der Schrittmerker stellt einen Speicher dar. Für jeden Schritt ist ein Merker gesetzt. Es wird i.d.R. immer nur ein Schritt gesetzt, der einzelne Schritt wird jeweils vom nachfolgenden Schritt zurückgesetzt. Bei den **schrittspeichernden Ablaufketten** bleiben alle bereits abgearbeiteten Schritte gesetzt, erst am Ende der Ablaufkette erfolgt das Rücksetzen aller Schritte (Schrittmerker).

Ablaufsteuerungen lassen sich auch einfach mithilfe von **Schrittzählern** programmieren (Bild 3). Jeder Schrittzähler kann mit bis zu 16 Schritten programmiert werden und ist auf Werte von 0 bis 15 abfragbar. Der Schrittzähler erhöht oder erniedrigt seinen Wert jeweils um 1, wenn an den Eingängen ZV (Vorwärtszählen) oder ZR (Rückwärtszählen) ein Signalwechsel von 0 nach 1 stattfindet.

Graphische Programmiersprachen sind bei Ablaufsteuerungen weit verbreitet. Mit **S7-GRAPH** lassen sich Schrittketten schnell und besonders anschaulich programmieren. Das einfache Einbinden von verschiedenen **Betriebsarten, Test- und Diagnosefunktionen** kennzeichnet die Effektivität dieser graphischen Programmiersprache.

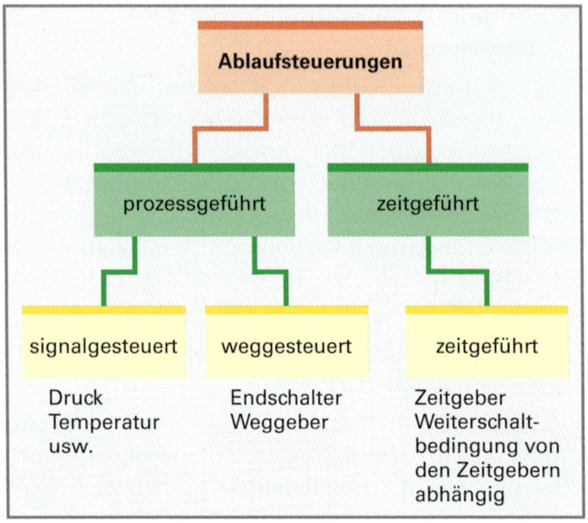

Bild 1: Ablaufsteuerungen

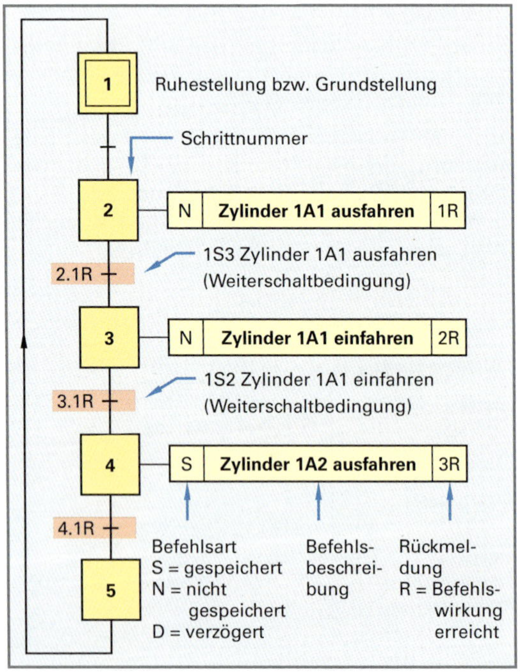

Bild 2: Programmablaufplan für sequentielle Ablaufsteuerung (DIN 40719 T6)

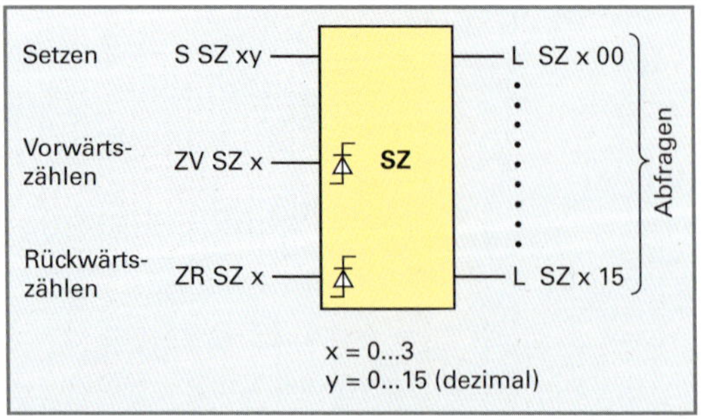

Bild 3: Schrittzähler (Eberle PLS 509S)

Beispiel einer Ablaufsteuerung

Bei Gussteilen soll der Anguss mithilfe einer Ablaufsteuerung abgetrennt werden. Sobald die Taster –S1 und –S2 betätigt sind, fährt der Spannzylinder –MM1 aus und spannt das Gussteil in der Vorrichtung. Die Vorrichtung ist so konstruiert, dass das Gussteil nicht verkehrt eingelegt werden kann. In der hinteren Endlage betätigt der Zylinder –MM1 den Grenztaster –BG2, anschließend fährt der Zylinder 2A1 mit dem Trennwerkzeug aus und trennt den Anguss vom Gussstück. Der Zylinder –MM2 steuert sich durch Betätigung des Grenztasters –BG4 selber um und fährt wieder ein. In der vorderen Endlage von Zylinder –MM2 löst das Signalglied –BG3 das Einfahren vom Spannzylinder –MM1 aus. Anschließend kann das Teil aus der Vorrichtung entnommen und ein neues Gussteil eingelegt werden. Im Weg-Schritt-Diagramm (Bild 1) werden die Schritte der Ablaufsteuerung verdeutlicht.

Bedingung: Die Ablaufsteuerung kann nur gestartet werden, wenn beide Zylinder eingefahren sind und die Signalglieder –S1 und –S2 gleichzeitig betätigt werden. Bei der Problemlösung wird zunächst die Zuordnungsliste (ZOL) erstellt (Tabelle 1) und anschließend kann die Anweisungsliste (AWL) geschrieben werden (Tabelle 2). Die Schrittmerker, aber auch die Schrittzähler sind eine wesentliche Hilfe beim Programmieren von Ablaufsteuerungen.

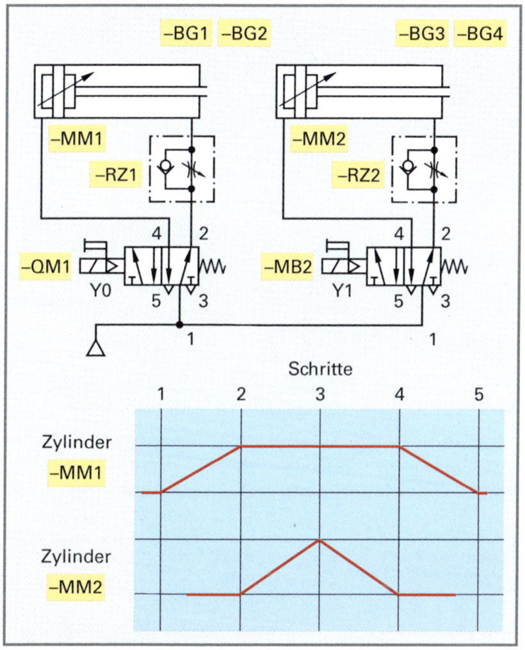

Bild 1: Schaltplan und vereinfachtes Weg-Schritt-Diagramm

Zuordnungsliste (ZOL): Ablaufsteuerung			
Signalglieder Stellglieder		Eingänge Ausgänge	Funktion Wirkung
Taster	–SJ1	E1	Zwei-Hand Bedienung
Taster	–SJ2	E2	
Grenztaster	–BG1	E3	Zyl. –MM1 eingefahren
Grenztaster	–BG2	E4	Zyl. –MM1 ausgefahren
Grenztaster	–BG3	E5	Zyl. –MM2 eingefahren
Grenztaster	–BG4	E6	Zyl. –MM2 ausgefahren
Magnetventil	–MB1	A1	Zyl. –MM1 ausfahren
Magnetventil	–MB2	A2	Zyl. –MM2 ausfahren

Tabelle 1: Zuordnungsliste

Anweisungsliste (AWL) mit Schrittzähler			
(Eberle PLS 509)			
L	SZ 1.00	Lade Schrittzähler 1	
A	E1	Zwei-Hand-Bedienung	
A	E2		
A	E3	Zylinder –MM1 eingefahren	
A	E4	Zylinder –MM2 eingefahren	
ZV	SZ 1	Schrittzähler zählt um 1 vorwärts	
L	SZ 1.01	Abfrage SZ 1 auf Wert 1	
A	E4	Zylinder –MM1 ausgefahren	
ZV	SZ 1	Schrittzähler zählt vorwärts	
L	SZ 1.02	Abfrage SZ 1 auf Wert 2	
A	E6	Zylinder –MM2 ausgefahren	
ZV	SZ 1		
L	SZ 1.03		
A	E5	Zylinder –MM2 eingefahren	
L	SZ 1.04		
A	E3	Zylinder –MM1 eingefahren	
L	SZ 1.01		
S	A1	Setzen von A1	Befehlsausgabe
L	SZ 1.02		
S	A2	Setzen von A2	
L	SZ 1.03		
R	A1	Rücksetzen von A1	
L	SZ 1.04		
R	A2	Rücksetzen von A2	
L	SZ 1.05	Zurücksetzen des Schrittzählers	
S	SZ 1.00	auf den Wert 0	
PE		*Programmende*	

Tabelle 2: Anweisungsliste

8

8.5.7 STEP 7

Basis-Software STEP 7

Dieses Programm ist ein wichtiges Werkzeug zur Projektierung und Programmierung von speicherprogrammierbaren Steuerungen der Baugruppen **S7 300/400**. Mit dieser Basissoftware können z.B. Steuerungsbaugruppen zusammengestellt (Hardwarekonfiguration) und Eigenschaften von bestimmten Baugruppen eingestellt werden (Parametrierung). Weiterhin können Anwenderprogramme und Diagnosehilfen zur leichteren Inbetriebnahme erstellt werden.

Der **SIMATIC-Manager** stellt als grafische Benutzeroberfläche unter Windows, das eigentliche Hauptprogramm dar. Er verwaltet alle Daten, die zu einem Automatisierungsprojekt gehören.

Der SIMATIC-Manager (Bild 1) ermöglicht den Einsatz verschiedener Editoren:

- **Hardware-Konfigurations-Editor** für Baugruppen, Baugruppenadressen, Parametrierungen
- **Programm-Editor** für Anwenderprogramme in Bausteinform, z.B. AWL, FBS, KOP oder in Quellenform
- **Symbol-Editoren** für Variablen in Symboltabellen
- **Kommunikations-Editor**

Die Lösung von Steuerungsaufgaben erfolgt projektorientiert. Der PC dient als **Erstellsystem** der Projektierung, diese wird dann anschließend auf die SPS als **Zielsystem** übertragen.

Das **Projekt** wird im Projektfenster (Bild 1) dargestellt, innerhalb eines Projektes werden die Programmteile bzw. auch Daten in Form von Objekten in einer Baumstruktur hierarchisch angeordnet (Bild 2), diesen Objekten werden beim Programmieren Eigenschaften zugewiesen. Nachdem das Projekt angelegt ist, kann die Hardware (z.B. Netzteil, CPU, Ein- und Ausgabegruppen) konfiguriert werden. Das Anwenderprogramm wird z.B. in Form von Bausteinen erstellt. Die Symboltabelle dient zum Festlegen **globaler** Variablen (Operanden), die in allen Programmbausteinen die gleiche Bedeutung haben. **Lokale** Variable sind dagegen nur für den entsprechenden Baustein gültig und werden daher im **Deklarationsteil** des betreffenden Bausteins festgelegt. Bei der S7-Programmierung unterscheidet man zwischen der Programmierung in **Bausteinform** oder der in **Quellenform,** wobei die Quellenform als Basis für das Erzeugen von Bausteinen dient. Bei der SPS-Programmierung wird zwischen der **inkrementalen** und **quellorientierten** Eingabe unterschieden (Bild 3).

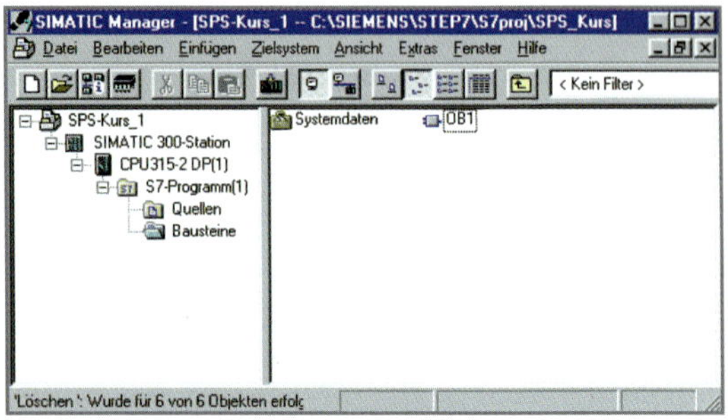

Bild 1: Der SIMATIC-Manager (Quelle: Siemens AG Automation & Drives)

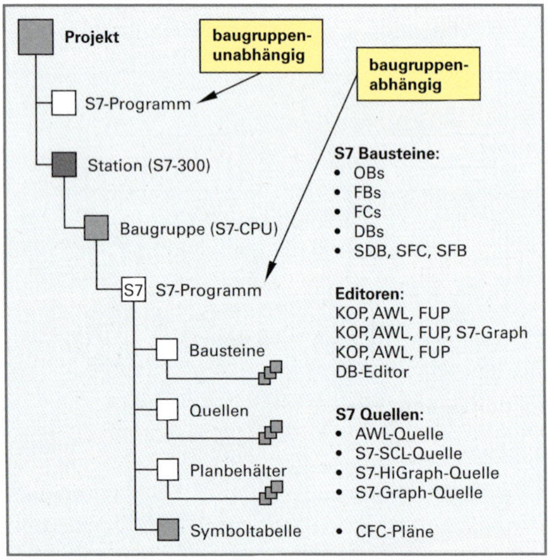

Bild 2: Objektanordnung in Baumstruktur

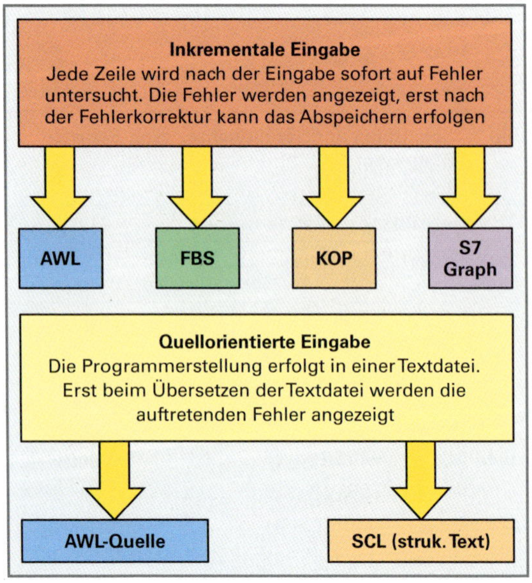

Bild 3: Inkrementale und quellorientierte Eingabe

8.5.8 Aufbau eines SPS-Programms mit Programmbausteinen

Bei der Steuerung einer Kaltkammer-Druckgießmaschine laufen umfangreiche Programme ab. So werden z.B. Teilfunktionen wie Dosierofen, Formsprüher, Vorwärmstation, Entnahmeroboter, Entgratvorrichtung mithilfe von SPS-Baueinheiten gesteuert und überwacht. Damit die ablaufenden Programme insgesamt überschaubar bleiben, ist eine übersichtliche Programmstruktur erforderlich. Dabei bringt das Programmieren mit **Programmbausteinen** Vorteile, wie z.B. die Möglichkeit der Standardisierung von bestimmten Programmteilen, Programmtests können abschnittsweise durchgeführt werden und es ist insgesamt eine leichtere Inbetriebnahme möglich.

Häufig verwendete **Bausteinarten** sind:

- **Organisationsbausteine (OB)**
  Sie legen die Struktur des Programms fest und bilden die **Schnittstelle** zwischen **Betriebssystem** und dem **Anwenderprogramm.** Die Organisationsbausteine werden zyklisch abgearbeitet und haben eine bestimmte Priorität. Je nach **Priorität** können sie sich gegenseitig unterbrechen.
- **Funktionen (FC)**
  Die Funktionen sind nach **IEC-61131-3** Codebausteine und stellen **Unterprogramme** dar. Sie werden vom Anwender z.B. für häufig wiederkehrende Steuerungsaufgaben erstellt und abgearbeitet, sobald sie von anderen Codebausteinen aufgerufen werden. Da alle Ausgangsparameter nach Aufruf sofort weiterverarbeitet werden, hat die Funktion keinen zugeordneten Speicher.
- **Funktionsbausteine (FB)**
  Sie enthalten Programme für **häufig wiederkehrende, umfangreichere** Funktionen, die dann abgearbeitet werden, wenn sie von **anderen Codebausteinen** aufgerufen werden. Der Funktionsbaustein hat einen zugeordneten Baustein als Speicher (Instanz-Datenbaustein). Die an den Funktionsbaustein übergebenen Parameter werden im **Instanzdatenbaustein** gespeichert und gehen nach der Bearbeitung des Funktionsbausteines nicht verloren.
- **Datenbausteine (DB)**
  Sie dienen zu Speicherung von Anwenderdaten, mit diesen festen oder variablen Daten arbeitet das Anwenderprogramm.

Üblich sind **drei Programmstrukturen**:

- Lineares Programm
- Gegliedertes Programm
- Strukturiertes Programm (Bild 1, Bild 2, Bild 3)

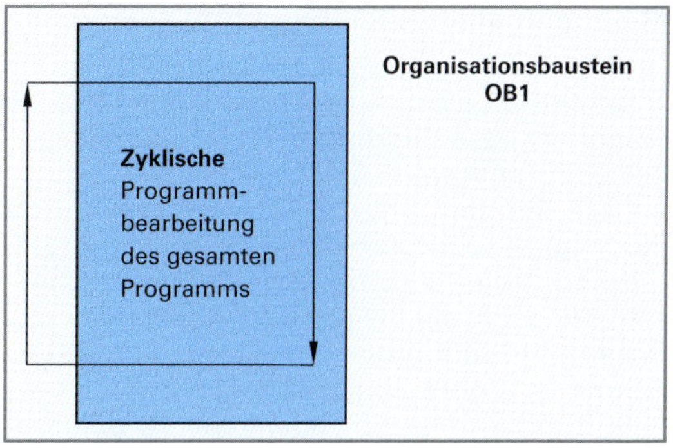

Bild 1: Lineares Programm

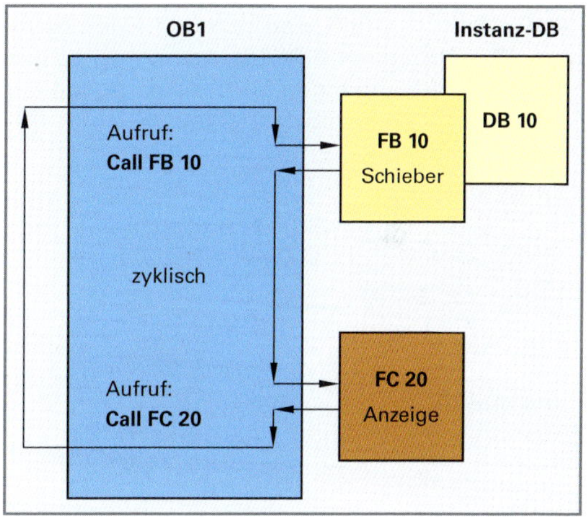

Bild 2: Gegliedertes Programm

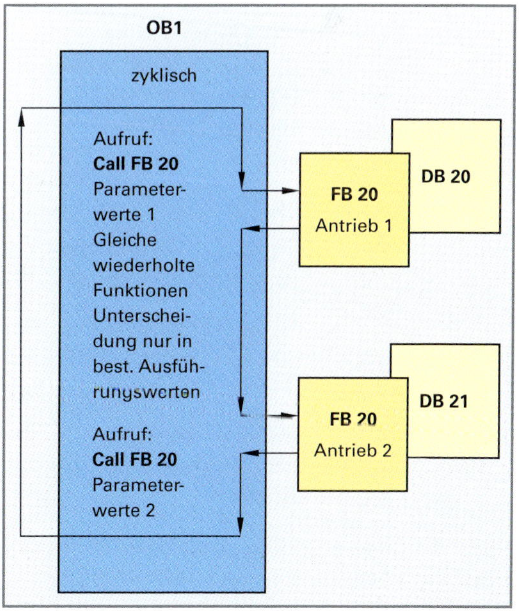

Bild 3: Strukturiertes Programm

Beispiel einer Ablaufsteuerung

Für eine Formmaschine ist eine Ablaufsteuerung vorgesehen. Das stark vereinfachte Weg-Schritt-Diagramm ist in Bild 1 dargestellt. Die Endlagen beider Zylinder werden mit induktiven Sensoren erfasst. Mit dem Starttaster –S1 soll ein Start nur möglich sein, wenn beide Zylinder eingefahren sind. Dieses einfache Beispiel einer Ablaufsteuerung soll als Schrittkette mithilfe von RS-Speichergliedern programmiert werden. **Jedem Schritt** ist ein **RS-Speicher** zugeordnet. Ist ein Schritt aktiv, so ist der zugehörige RS-Speicher gesetzt, beim inaktiven Schritt ist der betreffende Speicher zurückgesetzt. Das Zurücksetzen eines Schrittes erfolgt durch den gesetzten, nachfolgenden Schritt. Greift man sich nun einen **beliebigen Schritt n** einer Schrittkette heraus, so lassen sich die Bedingungen für das Abarbeiten der Schrittkette symbolisch darstellen:

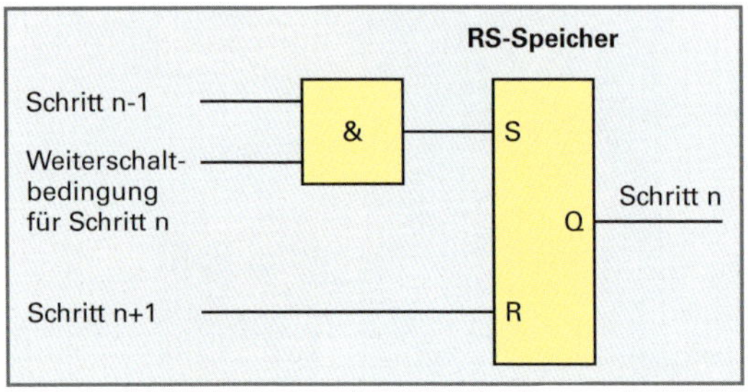

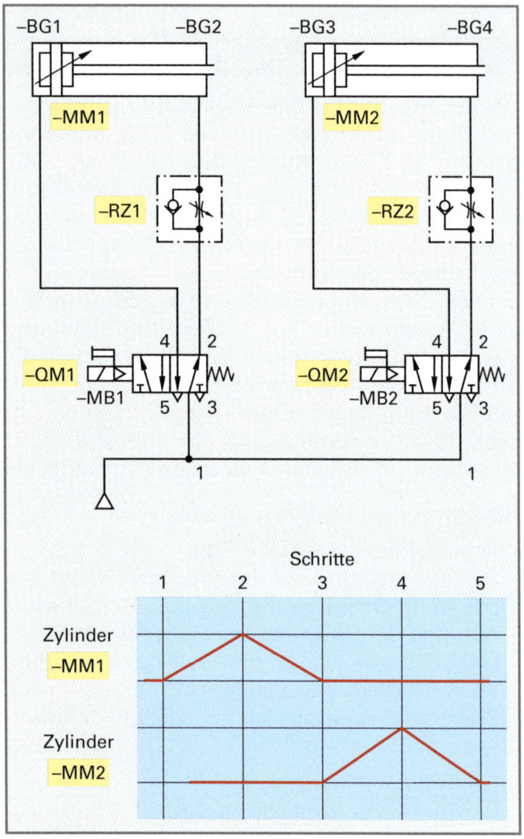

Bild 1: Ablaufsteuerung

Bei der Programmierung dieser Ablaufsteuerung (lineare Kette), wird die Programmiersprache FBS verwendet.

Deklaration der Variablen für die Ablaufsteuerung (programmlokale Variablen):

Symbol	Adresse	Datentyp	Bemerkung
–SJ1	I 0.0	BOOL	Starttaster
–BG1	I 0.1	BOOL	–MM1 eingefahren
–BG2	I 0.2	BOOL	–MM1 ausgefahren
–BG3	I 0.3	BOOL	–MM2 eingefahren
–BG4	I 0.4	BOOL	–MM2 ausgefahren
Schritt 1	M 64.0	BOOL	Merker Schritt 1
Schritt 2	M 64.1	BOOL	Merker Schritt 2
Schritt 3	M 64.2	BOOL	Merker Schritt 3
Schritt 4	M 64.3	BOOL	Merker Schritt 4
Schritt 5	M 64.4	BOOL	Merker Schritt 5
HM_MB1	M 64.5	BOOL	Hilfsmerker f. –MB1
HM_MB2	M 64.6	BOOL	Hilfsmerker f. –MB2
–MB1	Q 0.0	BOOL	–MM1 ausgefahren
–MB2	Q 0.1	BOOL	–MM2 ausgefahren

Funktionsbausteinsprache (FBS) für den Funktionsbaustein FC0:

FC0: Titel:

Kommentar:

Netzwerk 1: Schritt 1: Grundstellung

Kommentar:

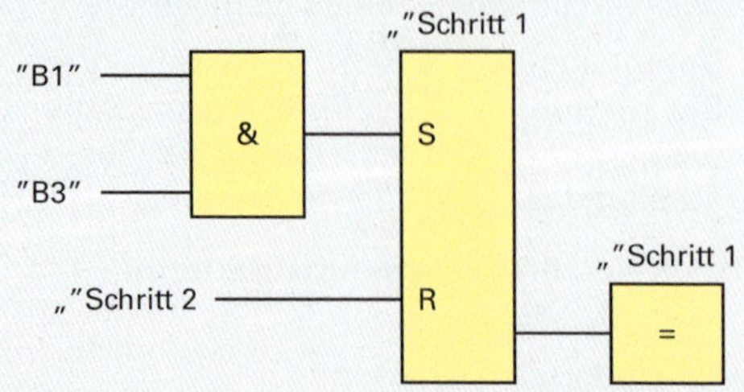

Netzwerk 2: Schritt 2: 1A1 ausfahren

Kommentar:

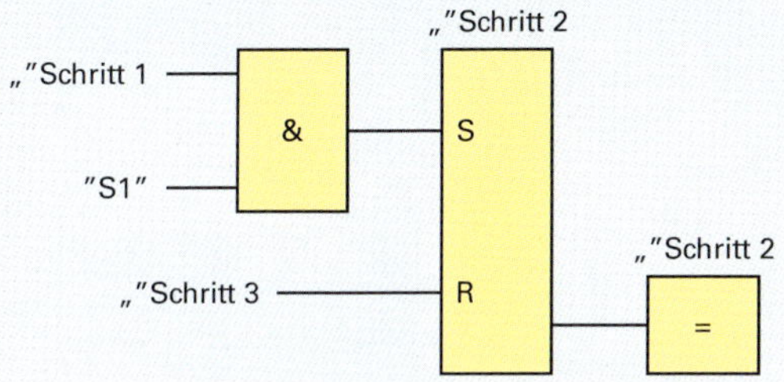

Netzwerk 3: Schritt 3: 1A1 einfahren

Kommentar:

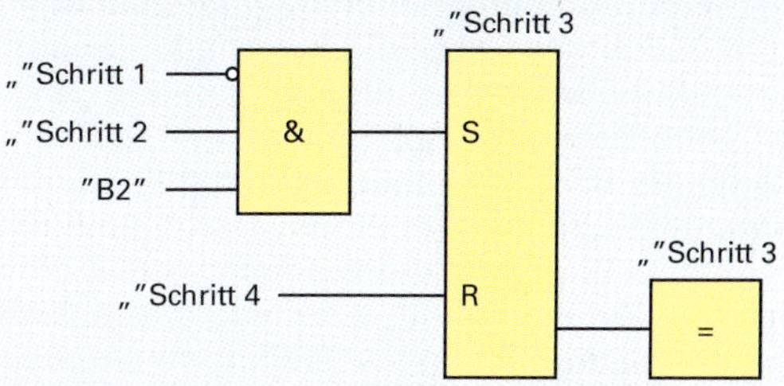

Netzwerk 4: Schritt 4: 2A1 ausfahren

Kommentar:

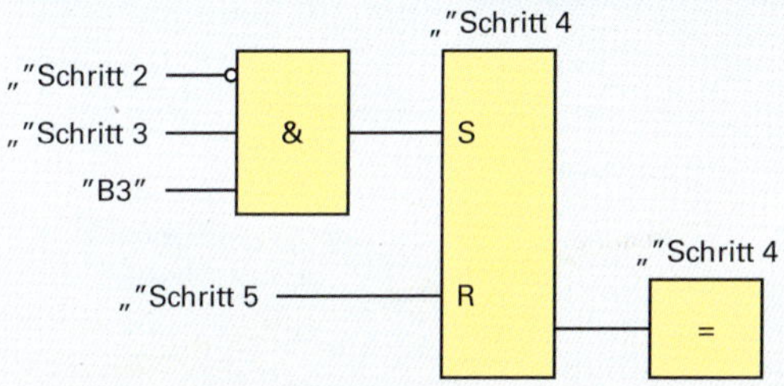

Netzwerk 5: Schritt 5: 2A1 einfahren

Kommentar:

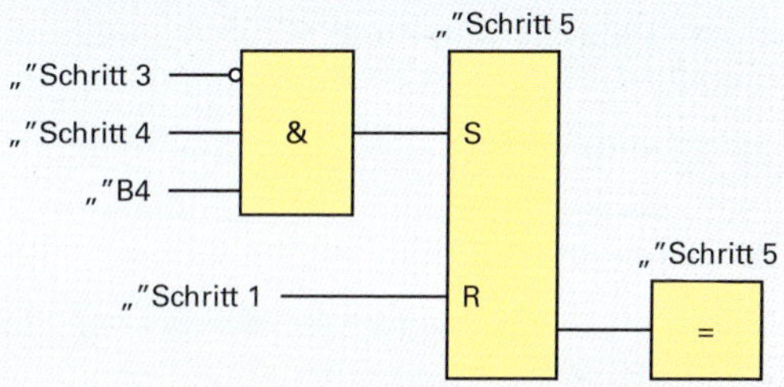

Funktionsbausteinsprache (FBS) für den Funktionsbaustein FC1:

FC1: Titel:

Kommentar:

Netzwerk 1: 1A1 aus- und einfahren

Kommentar:

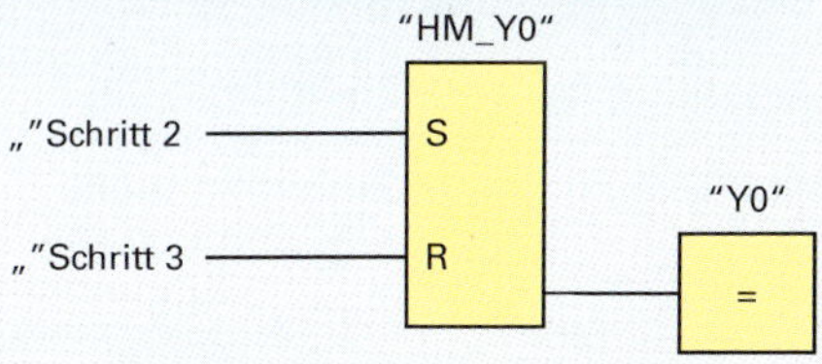

Netzwerk 2: 2A1 aus- und einfahren

Kommentar:

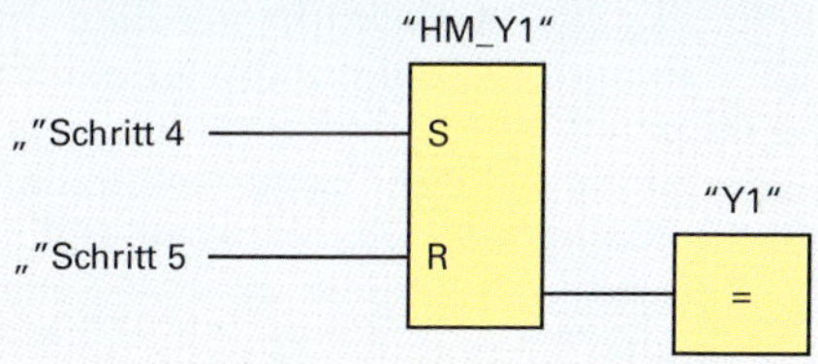

Wiederholungsfragen

1. Welche Vorteile bringt die SPS im Vergleich zur VPS?
2. Aus welchen wesentlichen Bestandteilen besteht die speicherprogrammierbare Steuerung?
3. Geben Sie die wesentlichen Arbeitsschritte bei der Erstellung eines SPS-Programms an.
4. Beschreiben Sie kurz die Arbeitsweise einer SPS.
5. Welche SPS-Programmiersprachen werden unterschieden?
6. Wie ist eine SPS-Steuerungsanweisung aufgebaut?
7. Wozu dienen Merker?
8. Welche Hilfsmittel können beim Programmieren von Ablaufsteuerungen bei der SPS eingesetzt werden?

8.6 Rechnerunterstützte Verfahren

8.6.1 Allgemeines zur Computertechnik

Das Wort „Computer" leitet sich vom lateinischen „computare" ab. Es bedeutet „rechnen". Im Deutschen verwendet man die Bezeichnung „elektronische Rechenanlage" oder kurz „Rechner". Computer sind universelle programmgesteuerte Automaten zur Informationsverarbeitung, dabei erstreckt sich die Anwendung einmal direkt auf die Verwaltung und Verarbeitung von Daten für Kalkulation, Lohnabrechnung, Konstruktion (CAD), Fertigung (CAM) und Messen (CAQ).

Bei den Maschinen hat der Computer außerdem die Aufgabe, den Arbeitsprozess zu überwachen und zu steuern. In diesem Falle spricht man von rechnerunterstützten Verfahren.

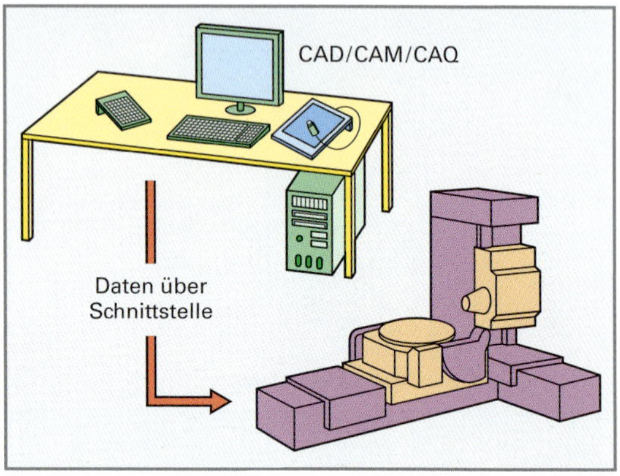

Bild 1: C-Arbeitsplatz

Bei der **Datenverarbeitung** werden durch den Computer Daten verarbeitet:

- Lohn- und Gehaltsdaten, Kalkulationsdaten
- Geometriedaten beim computerunterstützten Konstruieren (CAD)
- Fertigungsdaten beim computerunterstützten Fertigen (CAM)
- Mess- und Geometriedaten beim computerunterstützten Messen (CAQ)

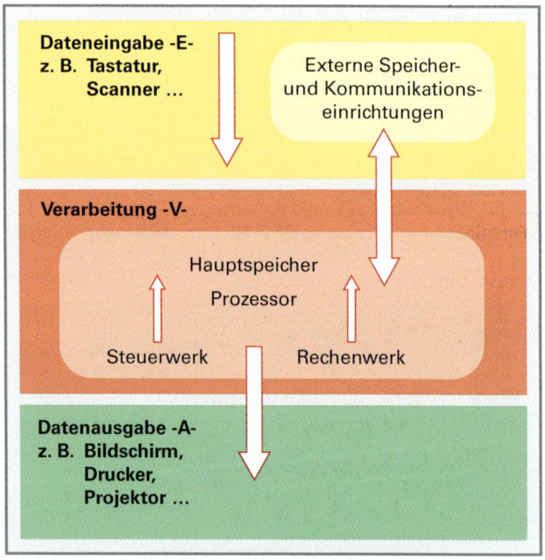

Bild 2: EVA-Prinzip der Datenverarbeitung

Ein **CAD-Arbeitsplatz,** wie in Bild 1 dargestellt, kann z.B. der Anwendung der Computertechnik im Modellbau dienen.

Wie Bild 2 zeigt, liegt der Datenverarbeitung das **Eingabe-Verarbeitungs-Ausgabeprinzip** zugrunde. Die Verarbeitung der Daten erfolgt mit dem Computer. Der Mensch tritt mit dem Computer über Tastatur und Bildschirm in einen Dialog. Die Datenausgabe erfolgt über Bildschirm, Drucker oder Plotter. Der Computer ist aus elektronischen Bauelementen aufgebaut. Wichtig für den Computer sind die integrierten Schaltungen („Integrated Circuits" = ICs), meist kurz als Chips bezeichnet. Der **Chip** ist ein Siliziumplättchen, auf dem mikroskopisch kleine Schaltungen aufgebracht sind. Mit den Impulsen werden die Computer und Geräte gesteuert. Der Chip ist in einem Kunststoffgehäuse untergebracht (Bild 3). An der Seite befinden sich die Anschlussstifte, Pins oder „Beine" genannt. Über die Pins werden die elektrischen Impulse von den Bauteilen geleitet. Die Chips haben verschiedene Aufgaben. Der Mikroprozessorchip führt die Rechnungen und die logischen Entscheidungen aus. Der Speicherchip dient zur Speicherung der Informationen.

Bild 3: Integrierte Schaltung (Chip)

Aufbau eines PC

Die häufigste Bauform der Personalcomputer sind Standardgeräte und tragbare Computer (Bild 1). Als Zusatzgeräte sind meistens eine Tastatur, Bildschirm und eine Maus erforderlich.

Bild 1: CAD-Arbeitsplatz

Funktionsweise

In der Zentraleinheit werden die Informationen verarbeitet und gesteuert. Die Zentraleinheit besteht aus der **CPU** (Central Processing Unit) oder kurz **Prozessor** genannt, dem inneren Speicher ROM (Nur-Lese-Speicher) und dem RAM (Arbeitsspeicher) sowie den Ein- und Ausgabeeinheiten.

Der Prozessor ist für die Leistung des Rechners verantwortlich.

Die Hauptplatine, auch Mainboard genannt, beinhaltet die gesamte Steuerungslogik für den Computer, in der Regel den Prozessor. Je nach Eigenschaft des Mainboards sind mehr oder weniger viele Anschlüsse und Bauteile vorhanden.

Die **CPU** ist das „Herzstück" des Rechners, die zentrale Recheneinheit im Computer, die alle Rechen- und Steueroperationen übernimmt. Wie schnell ein PC-Prozessor arbeitet, wird maßgeblich durch die **Taktfrequenz** bestimmt. Sie wird in Megahertz (MHz) oder in Gigahertz (GHz) angegeben. Somit bedeutet, dass ein 3,2-MHz-Rechner 3200 Millionen Schwingungen pro Sekunde, somit 3200 Millionen Arbeitstakte durchführt. Je höher die Taktfrequenz ist, desto höher ist die Rechengeschwindigkeit.

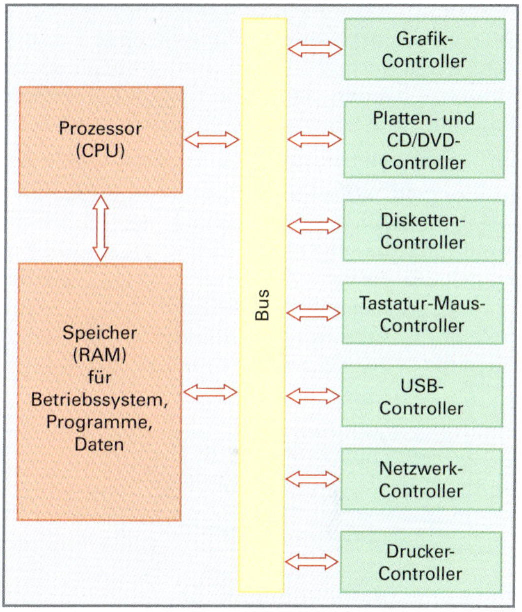

Bild 2: Aufbau eines Computers

Der **Chipsatz** auf der Hauptplatine ist die Kommunikationszentrale des Computers. Er steuert und reguliert den Datenaustausch aller Hardware-Komponenten untereinander. Der Datenaustausch erfolgt über eine Sammelleitung, den **Bus.** Dabei übersetzt er die unterschiedlichen Busprotokolle und synchronisiert die vielfachen Taktfrequenzen (Bild 2). Es wird zwischen dem Adressenbus, dem Datenbus und dem Steuerbus unterschieden. Über das **Bios** (Basic Input Output System) wird der Zugriff auf zahlreiche Parameter des Chipsatzes gewährleistet. So können etwa Funktionen ein- und ausschalten.

Speichermedien

Speichermedien werden zur Speicherung von Daten verwendet. Die verschiedenen Speichermedien eignen sich dabei für unterschiedliche Einsatzzwecke, wie z. B. den **Datentransport** oder die **Archivierung**.

Bei der Auswahl des geeigneten Speichermediums muss der Umfang der zu sichernden Daten beachtet werden. Insbesondere ist für einen Datenaustausch bzw. Transport von Daten wichtig, dass der Ursprungs- und der Zielrechner über eine kompatible Hard- und Software Konfiguration verfügen.

Eine der häufigsten Anwendungen sind USB-Speichersticks **„USB-Sticks"**, eine Form der USB-Massenspeicher. Diese Wechseldatenträger nutzen digitale Speicherbausteine zur Speicherung von Daten.

Die **CD-ROM** ist die Abkürzung für Compact Disc Read-Only Memory, ein physikalischer Permanentspeicher für digitale Daten. Die Kapazität beträgt 650 MB bei CD-R/RW; bei DVDs sind CD-ähnliche Medien mit sehr hoher Speicherkapazität von 4,7 GB bei DVD-R/RW im Einsatz; insbesondere für digitale Videos.

8

USB-Massenspeicher (mass storage device) sind Geräte, die über den Universal Serial Bus (USB) kommunizieren und einen eingebauten Datenspeicher besitzen. Häufige Verwendung finden sie in Form von USB-Speichersticks, meist verkürzt USB-Sticks genannt.

Eine externe Festplatte ist eine Festplatte, die über eine Schnittstelle wie USB oder FireWire oder als Wechselplattenlaufwerk (Bild 1) direkt an einen Computer angeschlossen werden kann. Mittlerweile gibt es auch externe Festplatten, die mit einem LAN-Kabel oder sogar kabellos per WLAN an ein Netzwerk angeschlossen werden können.

Bild 1: Externe Festplatten

Numerische Steuerungen

NC = numerical control = mit Zahlen steuern

Bei numerisch gesteuerten Maschinen erfolgt die Steuerung der Bewegungsabläufe durch Ketten von Zahlen und Buchstaben. Sie werden auf einem **Datenträger** (USB-Stick) zur Maschine gebracht. In der Maschine werden die Zeichen in Stromimpulse umgewandelt und damit Bewegungen, wie z.B. die Vorschub- und Schnittbewegung, oder die Anzeigen gesteuert.

CNC = computerized numerical control = **rechnerunterstützt** mit Zahlen steuern (Rechner = Computer)

Bei der **CNC**-Technik kann das Steuerprogramm auch an der Maschine selbst hergestellt werden. Bei vielen Steuerungen ist es möglich, am Handeingabe-Bedienungsfeld mit dem Bildschirm einen Dialog durchzuführen, das heißt, bedingt durch ein Programm, erscheinen in einer logischen Reihenfolge Fragen wie „Welche Koordinate?" oder „Welches Werkzeug?". Der Bediener tippt daraufhin zur Programmvervollständigung die zutreffende Antwort ein. Als Alternative werden NC-Programme auf separaten NC-Arbeitsplätzen angefertigt. Verfügt der Betrieb über einen CAD-Arbeitsplatz, so ist dieser oft in der Lage, aus der Konstruktion ein NC-Programm zu erstellen (Bild 2).

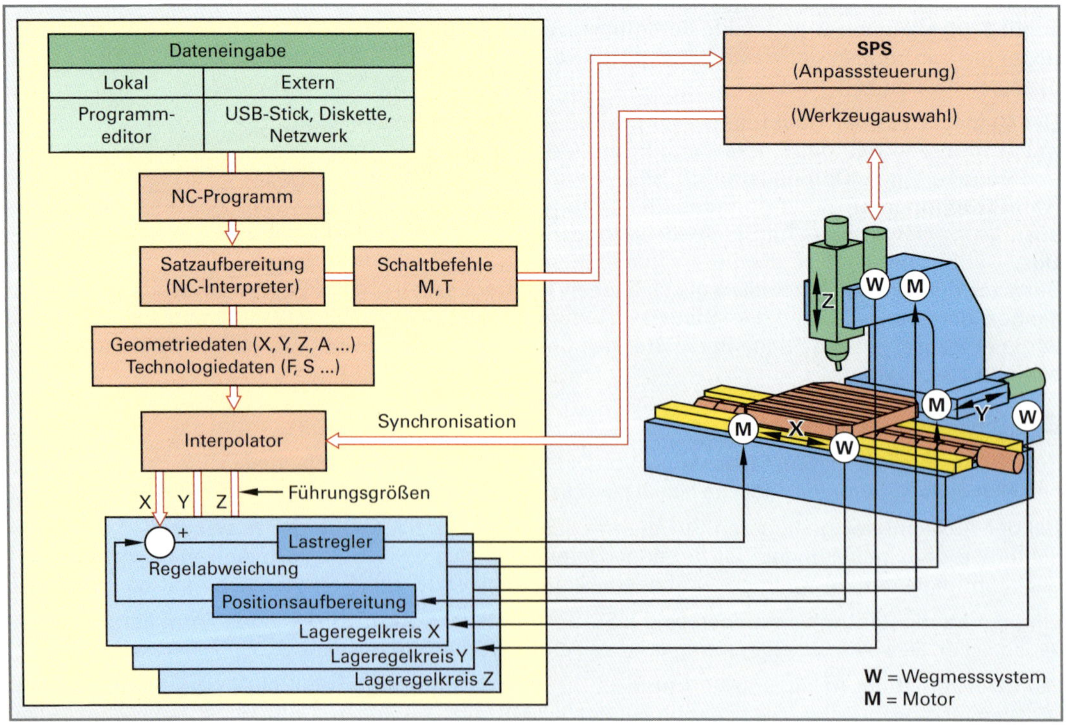

Bild 2: Numerische Steuerung

8.6.2 Flächenhafte 3D-Messtechnik

Optische 3D-Koordinatenmesstechnik

Optische 3D-Koordinatenmesstechnik ermöglicht eine vollflächige Messtechnologie, mit der eine schnelle Bewertung von kompletten und komplexen Bauteiloberflächen (Bild 1) durchführbar wird.

Bild 1: 3D-Koordinatenmesssystem für die vollflächige Bauteilvermessung (ATOS Triple Scan)

Auf der Basis des Triangulationsprinzips (optische Abstandsmessung) projiziert das System ein Streifenmuster auf die Oberfläche des Objekts und erfasst es mit zwei Kameras. Der Computer berechnet automatisch die 3D-Koordinaten für jeden Kamerapixel der gescannten Oberfläche mit höchster Genauigkeit, wobei mehrere Millionen Punkte gemessen werden können.

Eine Einzelmessung dauert wenige Sekunden und wird automatisch in ein gemeinsames Koordinatensystem überführt. Durch die Kombination aus der Streifenprojektion und dem Stereokamera-System wird während des laufenden Messvorganges jede Einzelmessung permanent auf Kalibrierung, Sensorbewegung und Umgebungsänderung kontrolliert, die die Messungen beeinflussen könnten. Die Oberfläche kann durch Drehen des Bauteils oder das Verschieben des Sensors aus verschiedenen Perspektiven vollständig erfasst und vermessen werden.

Der gewonnene STL-Datensatz (Surface Tesselation Language) steht anschließend sofort für weitere Prozesse wie die Qualitätskontrolle, Rapid Manufacturing (Rapid Prototyping, CNC-Fräsen) oder Reverse Engineering bereit.

Eine Modellplatte mit einfacher Geometrie kann in ca. fünfzehn Minuten vollständig digitalisiert und durch eine Inspektionssoftware mit CAD-Daten verglichen werden. Die Bauteilprüfung wird damit wesentlich beschleunigt. Die leichtverständliche farbige Abweichungsgrafik bietet zudem eine bessere Visualisierung und Lokalisierung problematischer Bereiche.

Software für 3D-Daten

Die Software beinhaltet eine Reihe von Funktionen, die speziell auf die Gießereiindustrie abgestimmt sind (Bild 2). Das ermöglicht eine durchgängige Qualitätssicherung ohne den Einsatz zusätzlicher Auswertepakete. Neben der vollflächigen Form- und Dimensionsanalyse und dem Vergleich mit CAD-Modellen beinhaltet die Software die Berechnung von Materialstärken zur Kontrolle von Wanddicken und ausreichender Zugabe für die weitere Bearbeitung.

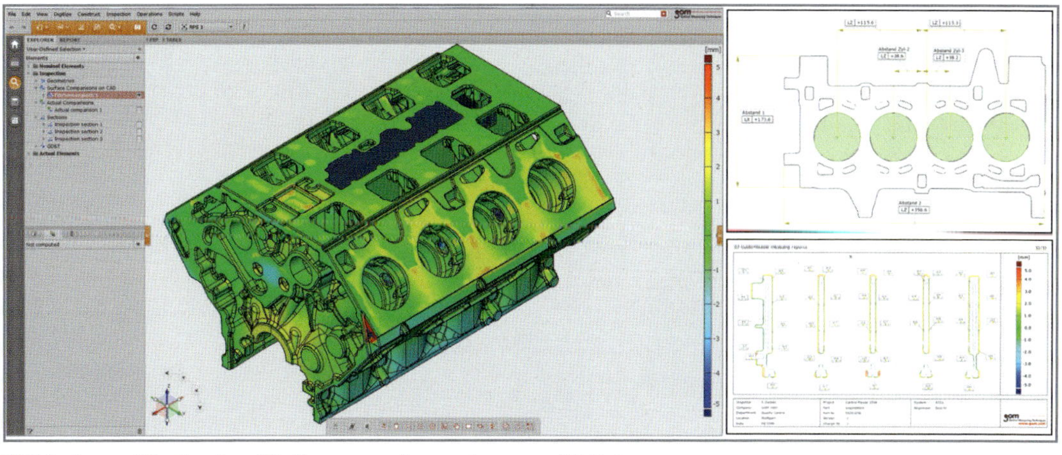

Bild 2: Inspect Professional Software zur Auswertung von 3D-Daten

Neben der Prüfung der Position und Größe von Regelgeometrien sowie dem Einsatz virtueller Schieblehren stehen Inspektionsschnitte mit Toleranzband ebenso zur Verfügung wie klassische 2D-Bemaßungswerkzeuge. Das Referenzpunktsystem ermöglicht zudem die Überprüfung von Trennflächen auf Versatz, Passung und Formschluss von Formhälften. Für die Dokumentation und weitere Datenverarbeitung beinhaltet die Software umfangreiche Berichts- und Dokumentationsfunktionen zur Erstellung von Standardprotokollen oder kundenspezifischen 3D-Messberichten (Bild 1).

Ergebnisse und Abweichungen können in verschiedene Formate wie z. B. Excel, PDF, XML, CSV exportiert werden. Durch den parametrischen Kern der Software gibt es zeitlich keinen Unterschied mehr zwischen einer Einzel- oder Mehrfachauswertung bei wiederkehrenden Messaufgaben.

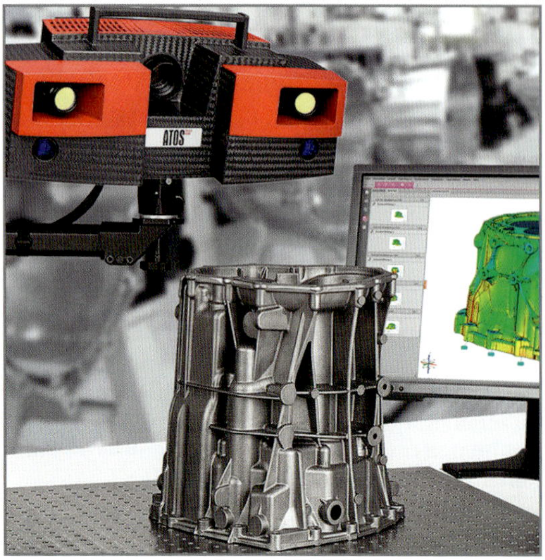

Bild 1: Einsatz der optischen Messtechnik

Kontrolle im gesamten Prozess

Der Einsatz der optischen Messtechnik ist nicht nur zur Prüfung von Gussteilen relevant. Vielmehr steigert die Integration optischer Messsysteme in fast allen Herstellungsstufen die Prozesssicherheit. Sie bietet zudem deutliche Zeit- und Kostenvorteile bei gleichzeitiger Realisierung kurzer Liefertermine und Senkung des Ausschussanteiles. Die optische Messtechnik unterstützt und beschleunigt jedoch fast alle Bereiche vom Modell- und Werkzeugbau, über die Formerei/Kernmacherei bis hin zum Erstmusterbericht und der Optimierung der CNC-Bearbeitung (Bild 2).

So zeigt beispielsweise der Soll-/Ist-Vergleich des Fräsergebnisses an einem Kernformwerkzeug zum CAD-Modell, dass in den Innenradien durch den Fräserradius noch zu viel Restmaterial vorhanden ist. Für den Bearbeiter ist deutlich zu erkennen, welche Kernmarkenbereiche noch kantig nachgearbeitet werden müssen (Bild 2).

Die Messberichte sind einfach zu verstehen und erforderliche Korrekturmaßnahmen erklären sich durch die Farbgebung von selbst. Mehrere seitenstarke Tabellenprüfberichte schrumpfen so auf wenige Bilder und Funktionsmaße zusammen. Das ist ein unschätzbarer Vorteil sowohl während der Entwicklung als auch für die Erstbemusterung.

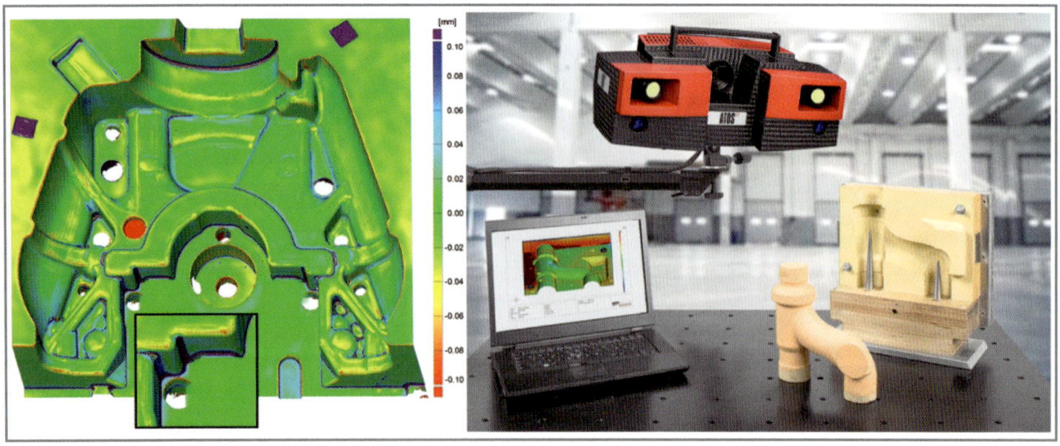

Bild 2: Kontrolle von Fräsergebnissen durch den Soll-/Ist-Vergleich an einem Kernformwerkzeug

8.7 Automatisierung in der Gießerei

8.7.1 Allgemeines

Definitionen

Unter Automatisierung versteht man eine technische Entwicklung, bei der die Vorgänge wie z. B. das Formen, Gießen oder Gussputzen nach einem festen Plan ablaufen, ohne dass der Mensch ständig oder in einem bestimmten Rhythmus einzugreifen braucht. Die Steuerung und Überwachung der Vorgänge übernimmt der Computer. Automatisiert werden kann sowohl eine einzelne Maschine, z. B. Formautomat oder Kernschießautomat (Bild 1), als auch ein ganzer Produktionsprozess, z. B. Automatische Formanlage. Ist der gesamte Fertigungsablauf automatisiert, so spricht man von einer vollautomatischen Fertigung.

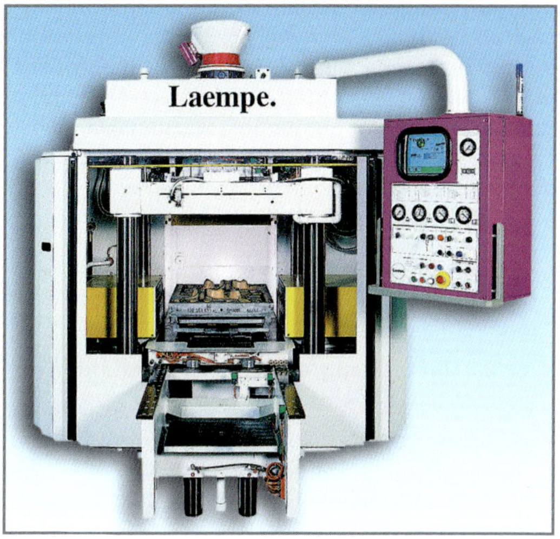

Bild 1: Automatische Herstellung von Kernen und Formen

Vor- und Nachteile

Durch die Automatisierung wird menschliche Arbeitskraft eingespart, es gehen Arbeitsplätze verloren. Anderseits trägt die Automatisierung durch Wegfall der monotonen, immer wiederkehrenden und unangenehmen Arbeitsgänge zur Humanisierung der Arbeit bei. Auch werden zur Betreuung solcher Anlagen Fachkräfte mit Spezialwissen wie Computerkenntnissen benötigt. Automatisierung ist auch in den Gießereien technisch und wirtschaftlich notwendig um international bestehen zu können.

Die benötigten Werkzeuge müssen auf die Anlage abgestimmt sein, d. h., sie werden aufwendiger und müssen präziser sein (Bild 2). Hier wird der Modell- und Formenbauer mit Spezialwissen gefordert.

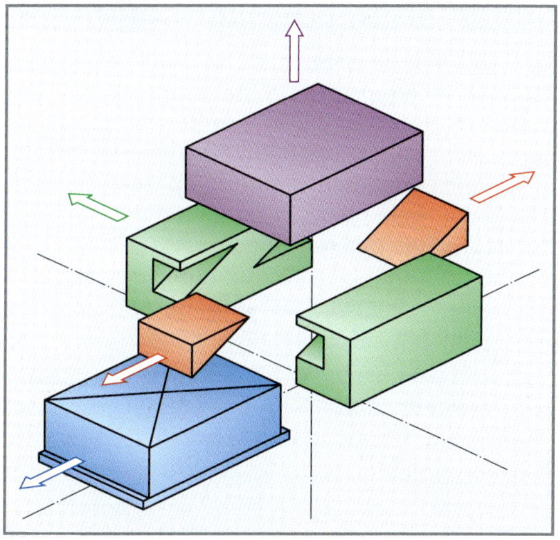

Bild 1: 6-teiliges Formwerkzeug – auf Funktionen des Kernschießautomaten abgestimmt

Besonderheiten in der Gießerei

Um einen vollautomatischen Ablauf einer Gießereianlage zu erhalten, müssen die einzelnen Stationen mithilfe von Fördereinrichtungen wie Transportbändern, Karussell und Shuttle verkettet werden. Im Kapitel 1 sind hierzu Beispiele zu finden. Neuerdings wird der Industrieroboter zunehmend mit eingebunden (Bild 3).

Damit die Verkettung der einzelnen Gießereiprozesse sowie die Steuerung und Kontrolle der Arbeitsabläufe optimal funktionieren, werden Computerprogramme eingesetzt. Für eine durchgängige Prozesskette werden z. B. die CAD-Daten der Konstruktion zunächst zur Formherstellung mit Rapid-Prototyping oder Formfräsen und weiter zum Gussputzen, Bearbeiten bis zur Markteinführung verwendet.

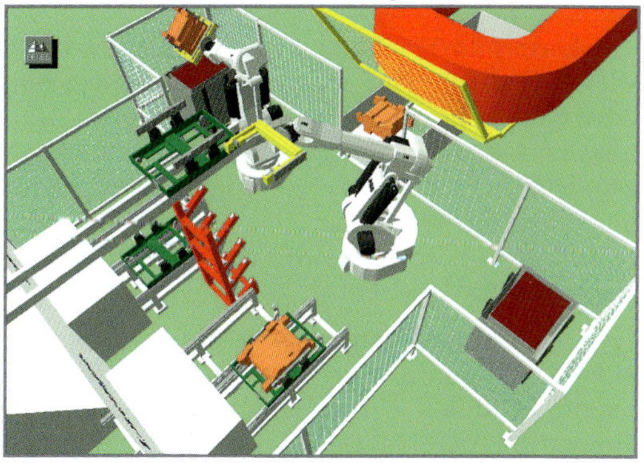

Bild 3: Computersimulation für den Einsatz von Robotern für vollautomatische Kernherstellung

8.7.2 Allgemeines zum Roboter

Mit dem Industrieroboter, der im Folgenden kurz als Roboter bezeichnet wird, kann die Automation in der Gießerei optimiert werden. Arbeitsgänge, die bisher nur von Hand möglich waren, können durch den Roboter ausgeführt werden (Handling). Gegenüber dem Einsatz durch Arbeitskräfte sind die besonderen Vorteile des Roboters:

- Er kann schwere Gewichte heben.
- Er kann präzise Bewegungen, die reproduzierbar sind, ausführen, z. B. beim Kerneinlegen oder Gussputzen.
- Er ist unabhängig von den Bedingungen am Einsatz wie z. B. Hitze und Staub.
- Die Bewegungsabläufe können durch Simulation in virtuellen Bildern, wie im Kapitel dargestellt, exakt und sicher vorausgeplant werden.

8.7.3 Aufbau des Roboters

Der Roboter besteht aus den zwei Hauptbaugruppen Manipulator und Steuerung (Bild 1). Der Manipulator ist eine biegesteife Mechanik mit sechs Achsen, wodurch ein Punkt in Reichweite aus jeder beliebigen Richtung angefahren werden kann. Hierzu benötigt man die drei linearen Freiheitsgrade des Koordinatensystems (X, Y, Z) sowie drei überlagernde Rotationsgrade. Die in der Gießerei eingesetzten Robotertypen werden unterschieden nach ihrer Kinematik:

Linearroboter, auch Portalroboter genannt, werden verwendet für Bewegungen durch große Hallenteile, z. B. Beladung von Maschinen von oben.

Scara-Roboter sind vom Grundprinzip linear aufgebaut, verfügen in der ersten Achse jedoch über eine senkrechte Säule, die drehbar gelagert ist. Scara-Roboter wurden in der Vergangenheit zur Automation an Druckgießmaschinen eingesetzt.

Knickarmroboter (Bilder 2 und 3) bestehen aus sechs hintereinander angeordneten Drehachsen, wodurch ein kugelförmiger Arbeitsbereich rund um den Mittelpunkt möglich wird. Sie bewegen sich ähnlich einem menschlichen Arm und verfügen über Reichweiten bis 3,5 m und Tragfähigkeiten bis 650 kg. Knickarmroboter werden in allen Bereichen der Gießerei eingesetzt.

Tricept-Roboter bestehen aus drei winkelig zueinander angeordneten linearen Antrieben, die an ihren Enden in einem Punkt befestigt werden. Tricept-Roboter kommen in erster Linie zum Einsatz, wenn flexible Anwendungen beim schweren Gussputzen gefordert sind.

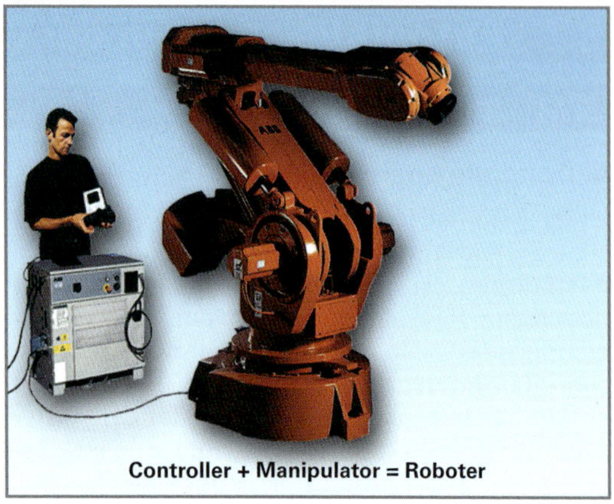

Bild 1: Der Roboter besteht aus den zwei Hauptbaugruppen Manipulator und Steuerung

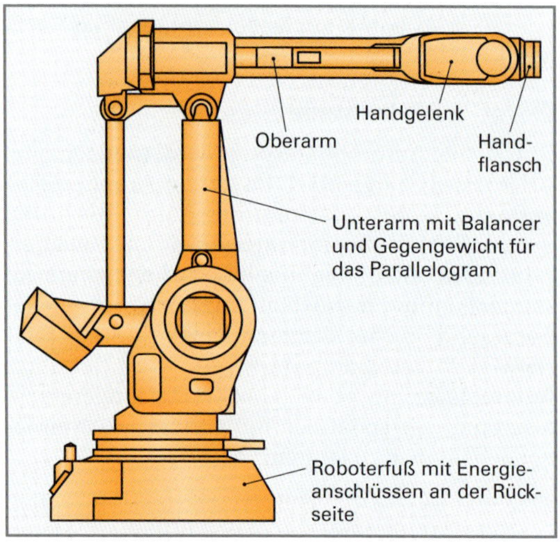

Bild 2: Benennung der Bauteile eines Knickarmroboters

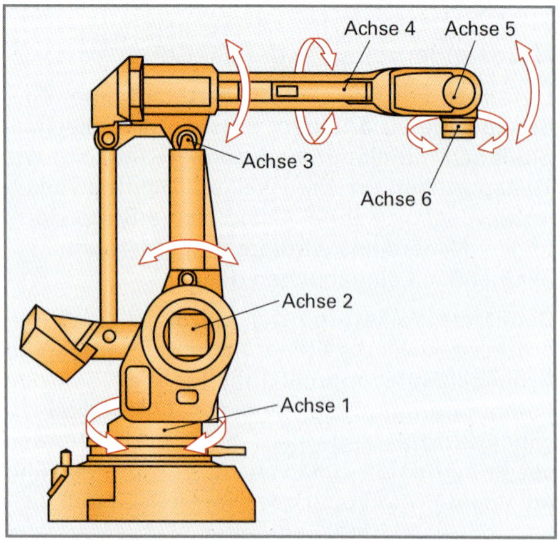

Bild 3: Die sechs Drehachsen des Knickarmroboters

8.7.4 Roboter im Gießereibetrieb

Aluminium-Gießereitechnik

- Druckguss (Bild 1): zum Einlegen von Eingießteilen, Entnehmen von Gussteilen aus der Druckgießmaschine, Pflegen der Form, Prüfen und Entgraten der Teile.
- Kokillenguss: zum Gießen von Aluminium, Entnehmen von Gussteilen aus Aluminium oder Messing, Kokillenpflege, Prüfen und Entgraten der Teile.

Gießvorgang

Die Entnahme der Schmelze aus dem Warmhalteofen erfolgt durch einen mit Gießlöffel ausgestatteten Roboter. Die genaue erforderliche Menge der Schmelze wird durch die programmierte Schrägstellung des Gießlöffels erreicht. Eine entsprechende Steuerung bewirkt, dass trotz hoher Verfahrgeschwindigkeit ein ruhiger Transport zur Druckgussform oder Kokille erreicht wird.

Auch das Eingießen kann so gesteuert werden, dass nur geringe Turbulenzen entstehen. Nach dem Gießvorgang wird der Gießlöffel überschlagen um die restliche Oxidhaut zu entleeren. Die Bedingungen des Gießereibetriebs stellen insbesondere Anforderungen an Hitzebeständigkeit im Bereich von Handgelenk und Gießlöffel.

Sandguss

- Einlegen von Kernen in die Form
- Stechen von Luftpfeifen
- Fräsen von Eingusstrichtern
- Einlegen von Speisereinsätzen

Während man Kerne direkt in die Form einlegt, werden Speisereinsätze zunächst auf der Modellplatte platziert und mit in den Formsand eingeformt. Das Aufbringen der Speiser erfolgt ebenfalls durch einen sechsachsigen Roboter mit vier, 90° zueinander stehenden, pneumatischen Greifern (Bild 2). Die Speiser werden in speziellen Magazinen oder Paletten bereitgestellt.

Gussteilhandling

- Messen und Prüfen zur Qualitätssicherung
- Be- und Entladen von Strahlmaschinen und Bearbeitungszentren (Bild 3)
- Entgraten, Vermessen, Schleifen (Bild 4)
- Reinigen, Lackieren und Verpacken

Hohe Genauigkeit bei großen Kräften werden z.B. beim Schleifen von Stahlgussteilen oder Bohr- und Fräsarbeiten an Grauguss benötigt. Hier kommt der Tricept-Roboter zu ähnlichen Ergebnissen wie eine wesendlich teurere Bearbeitungsmaschine.

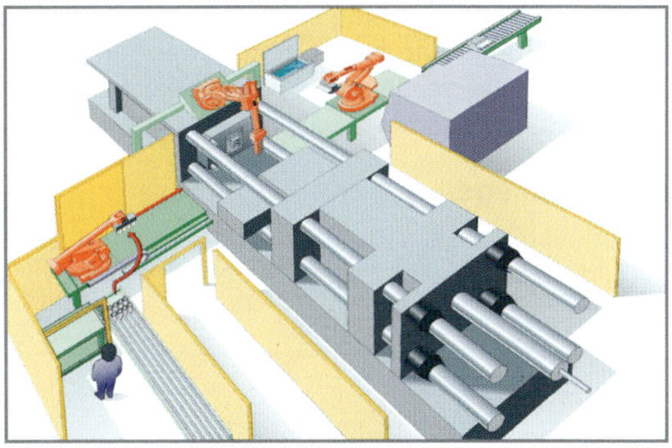

Bild 1: Robotereinsatz an einer Druckgießmaschine für Leichtmetall-Motorblöcke: Einlegen – Sprühen – Entnehmen

Bild 2: Platzieren der Speiser mit Roboter

Bild 3: Be- und Entladen von zwei Bearbeitungszentren

Bild 4: Roboter-Schleifzelle mit stationären Bandschleifern

In einer Freistrahlkabine ist sowohl das Führen einer Strahldüse an einem feststehenden Werkstück wie auch das Bewegen des Teiles im Strahl eines Schleuderrades möglich.

Formpflege

- Abbürsten oder Abblasen von Modellplatten (Bild 1)
- Sprühen von Trennmittel

Kernfertigung

- Entladen von Kernschießmaschinen
- Montieren und Schlichten von Kernpaketen.

Kernfertigungszentren mit Industrierobotern sind die konsequente Fortführung der Automatisierung der Kernherstellung. Die Roboter entnehmen die Kerne aus der Kernschießmaschine (Bild 1), entgraten, prüfen und montieren sie. Dabei werden alle modernen Fügemethoden wie Kleben, Schrauben und Dübeln eingesetzt.

Pneumatische Greifer mit automatischen Wechselsystemen verkürzen die Rüstzeiten und erhöhen die Verfügbarkeit. Die kernspezifisch ausgelegten Greifer werden in Greiferbahnhöfen an der Kernschießmaschine bereitgestellt.

Mittels **3D-Simulation** (Bild 2) können komplizierte Vorgänge, Montagen von Kernpaketen und Störkonturen bereits im Vorfeld betrachtet und optimiert werden. In der 3D-Simulation entsteht eine virtuelle Roboterzelle, die als Grundlage für die Planung dient.

Schlichten der Kerne

Das Schlichten der Kerne durch Tauchen kann optimal mit dem Roboter durchgeführt werden (Bilder 2 und 3). Der Kern wird mit einem Greifer aufgenommen und in das Schlichtebad bis zu der festgelegten Tiefe eingetaucht. Anschließend wird Kern auf den vorgesehenen Platz, z. B. das Plattenband des Durchlauftrockenofens oder einen Kettenförderer, abgesetzt. Vor dem Absetzen führt der Roboter entsprechende Drehbewegungen durch, damit überflüssige Schlichte, ohne „Läufer" zu hinterlassen, abtropft. Wenn die geschlichteten Kerne durch den heißen Trockenofen und eine Kühlzone hindurch sind, können sie wieder mit dem Roboter gegriffen und von diesem auf Paletten zusammengefasst werden oder auf ein Förderband abgesetzt werden. Um diese Vorgänge optimal ablaufen zu lassen, verfügen Roboter über pneumatische Greifer mit einstellbaren Fingern zur Aufnahme verschiedener Kernpakete sowie Steuerungen, die prüfen, ob der Kern die zum Absetzen richtige Lage vorweist.

Roboter verarbeiten Kerngewichte bis 350 kg.

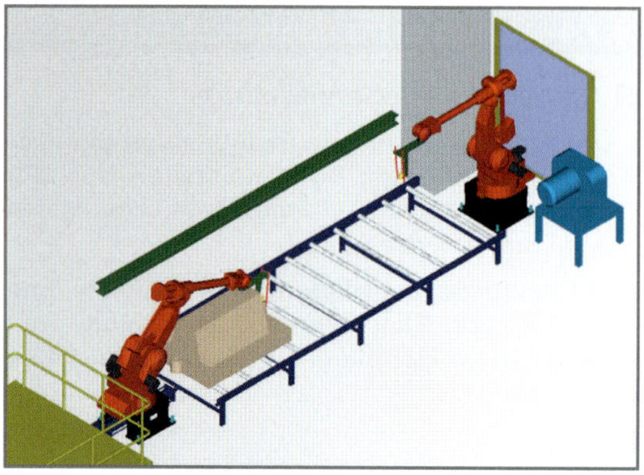

Bild 1: Modellplattenreinigung an einer Grünsandanlage

Bild 2: Roboter entnimmt Bremsscheibenkerne aus Kernschießmaschine und taucht diese in Schlichtebad

Bild 3: Tauchen in Schlichtebad

Beispiel für ein Automationskonzept in Kokillengießereien

Unter dem Begriff CAST*line* wird ein Konzept umgesetzt, das die Automation aller Arbeitsschritte in Kokillengießereien optimal aufeinander abstimmt. Das Ziel ist eine Steigerung der Produktivität bei gleichzeitiger Verbesserung der Gussqualität.

Anforderungen an das System

- Form-Präparieren, Kerneinlegen, Dosieren, Gießen und Gussentnahme in einem Arbeitstakt
- Definierte Formfüllung und damit weniger Oxideinschlüsse und Lunker im Gussteil
- Hohe Dosiergenauigkeit der Gießroboter und ruhige Einfüllbewegung
- Simulation des Gesamtprozesses mit Berücksichtigung von Sicherheitsfunktionen
- Software, die ein Bedienen ohne spezielle Programmierkenntnisse ermöglicht
- Maximale Produktivität und reproduzierbare Prozessparameter durch alle eingesetzten Systeme

Stationen und Einrichtungen des Systems

- Warmhalteöfen mit der Möglichkeit der Schmelzbehandlung direkt vor dem Gießen
- Kippgießmaschinen mit softwaregesteuerten Kippbewegungen für eine definierte Formfüllung
- Gießrundtisch für einen kontinuierlichen oder taktenden Gießbetrieb
- Bedienterminal mit Diagnosesystem und schneller Reaktion auf Störungen
- Dosierroboter mit NC-gesteuertem Gießlöffelantrieb, Füllstandskontrolle und Notabschaltung
- Kerneinlegeroboter für schonendes und präzises Kernhandling → teilespezifische Greifeinrichtung
- Entnahmeroboter mit gießereigerechter robuster Mechanik → speziell abgedichtete Achsen
- Sicherheitstechnik für manuellen und automatischen Eingriff während der Drehung
- Rohgussbearbeitung: Kühlen, Entkernen, Markieren, Anguss und Speiser entfernen

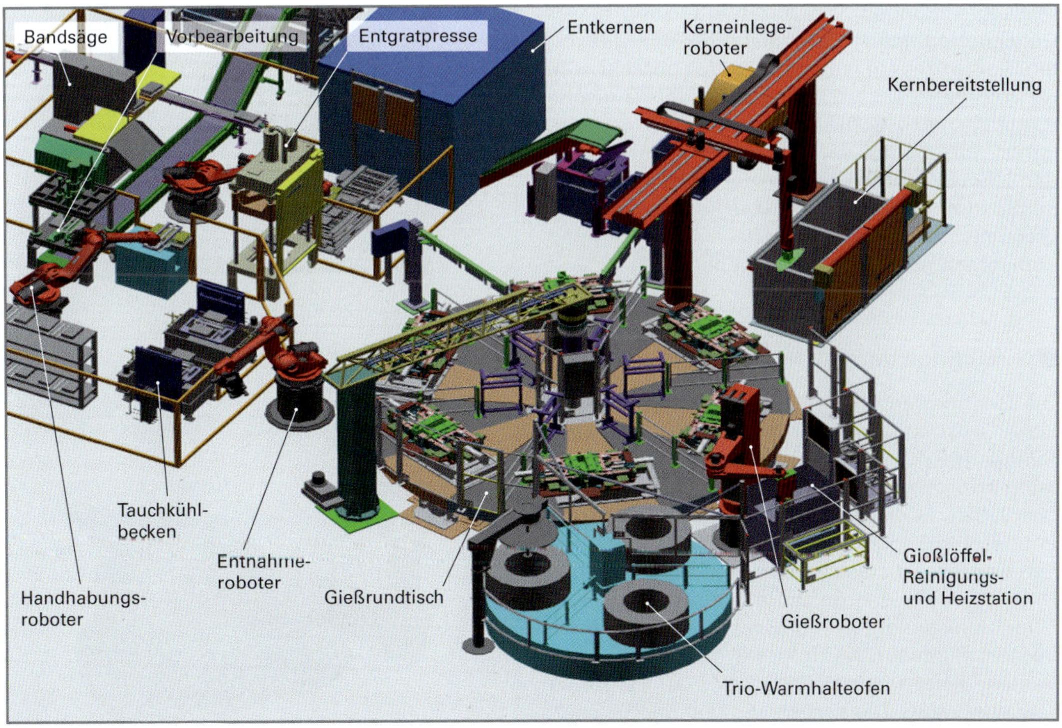

Bild 1: Kontinuierlich drehender Gießrundtisch mit Gießroboter, Entnahmeroboter, Kerneinlegeroboter, die synchron mit der Drehung arbeiten, für den Kokillenguss mit umfassender Sicherheitstechnik

8.8 Gießprozess-Simulation

8.8.1 Grundlagen

Unter Gießprozess-Simulation versteht man die virtuelle Abbildung (Modellierung) des Urformverfahrens Gießen am Computer. Physikalische bzw. chemische Vorgänge eines realen Gießprozesses werden anhand virtueller Experimente mit entsprechenden Modellen abgebildet. Die Nutzung der Gießprozess-Simulation ermöglicht zu jedem Zeitpunkt der Entwicklung (vom ersten Designentwurf, über die Werkzeugkonstruktion bis zur Auslegung eines robusten Fertigungsprozesses) einen transparenten Blick in den Prozess und die zu erwartende Qualität des Bauteils. Durch den zunehmenden Ersatz des realen Versuchs lassen sich Gießprozesse zeitlich und wirtschaftlich immer effizienter gestalten und somit wichtige Einsparpotenziale realisieren. In Bild 1 ist ein Simulationsmodell mit Gussteil und Gießsystem dargestellt.

Bild 1: Geometrie eines Gussteils mit Gießsystem

Grundlage für eine Simulation sind die numerischen Gleichungen zur Beschreibung der Strömungsdynamik (Navier-Stokes'sche Differenzialgleichungen), des Wärmetransportes (Fourier'sche Differenzialgleichungen) und der Eigenspannungsentwicklung (Stokes'sche Differenzialgleichungen). Die iterative Lösung dieser Gleichungen liefert Ergebnisse für den gesamten Gießprozess in jedem Punkt des berechneten 3D-Volumens. Dadurch lassen sich dynamische Vorgänge, wie z. B. das Einströmen der Schmelze in den Formhohlraum, der Wärmetransport von der Schmelze in die Form bei der Abkühlung oder der Spannungsaufbau durch die Schwindung des Gussteils, darstellen (für weitere Anwendungen und Berechnungsergebnisse siehe Bild 2).

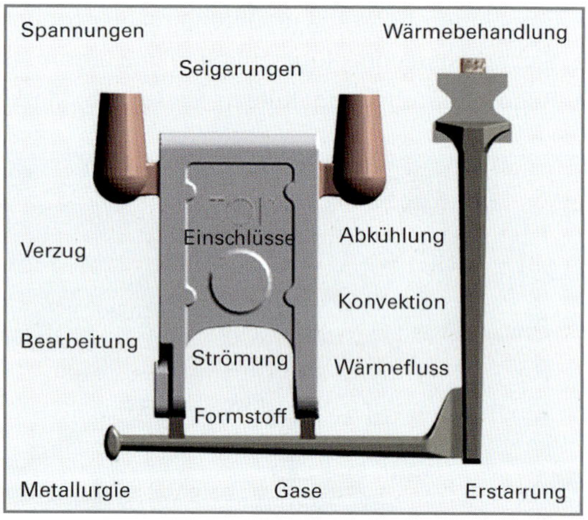

Bild 2: Übersicht Simulationsergebnisse

■ Simulationsmodell und Vernetzung

Die Geometrien aller relevanten Komponenten eines Gießsystems werden als CAD-Daten in ein Simulationsprogramm eingeladen. Die Berechnung erfolgt typischerweise in einem festgelegten Gebiet, in dem die physikalischen Vorgänge mit beschreibenden Gleichungen numerisch gelöst werden. Zu diesen Geometrien gehören das Gussteil sowie das gesamte Gießsystem (Lauf, Filter, Speiser, Entlüftung usw.), die Form (Formhälften, Schieber, Kerne usw.) oder auch Anlagenteile (Gießkammer im Druckguss, Tiegel im Kippguss usw.). Die Vernetzung teilt die Geometrien weitgehend vollautomatisch in infinitesimale Volumenelemente auf (siehe Bild 3).

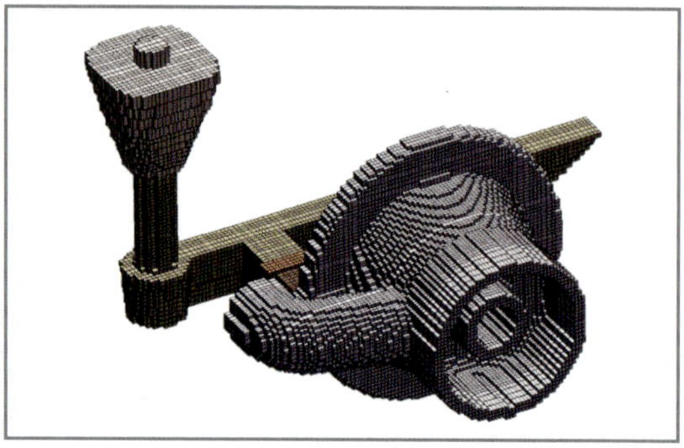

Bild 3: Vernetzung

Prozessdefinition

Mit der Festlegung von Prozessparametern (z. B. Gießleistung, Schusskurve, Legierung und Gießtemperatur, Temperiermedium, Formtemperatur usw.) legt der Anwender die prozessspezifischen Randbedingungen für die Simulation fest. Je nach Zeitpunkt variiert der Aufbau des Simulationsprojektes von einem stark vereinfachten Modell (in einer frühen Entwicklungsphase) bis hin zur genauen Prozessabbildung mit allen berücksichtigten Randbedingungen (in einer fortgeschrittenen Entwicklungsphase).

Bild 1 zeigt eine berechnete Schusskurve im Druckgussprozess. Bei der Prozessdefinition werden genau wie in einer realen Maschine die Parameter für die Schusskurve eingegeben. Dann wird mittels der Simulation geprüft, ob die Kavität mit diesen Parametern gefüllt werden kann. Dies kann nach der Berechnung anhand der Ergebnisse und Kurven bewertet werden.

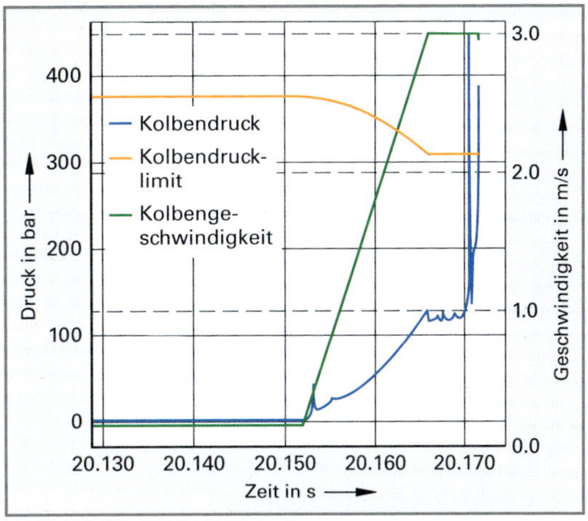

Bild 1: Berechnete Kolbengeschwindigkeit und -drücke während der Formfüllung im Druckguss

Berechnung

Die Berechnungsdauer eines Simulationsprojektes hängt von der Komplexität des Prozessmodells, der Auflösung der Vernetzung und den verfügbaren Berechnungsressourcen ab: Die thermische Berechnung für die Erstarrung eines Gussbauteils erfolgt innerhalb weniger Minuten. Die Berechnung eines gesamten Prozessablaufes mit mehreren Zyklen inklusive Formfüllung, Erstarrung und Eigenspannungsberechnung kann wesentlich länger dauern.

Simulationsmethodik

Das Prinzip „Versuch und Irrtum" aus der realen Gießerei wird in die Gießprozess-Simulation verlagert. Die manuellen Optimierungsschritte basieren damit nicht mehr nur auf den Erfahrungen des Gießers, sondern auf reproduzierbaren, belastbaren Daten und allgemeingültigen physikalisch-technischen Prinzipien. Die Verknüpfung eines Prozessfensters mit statistischen Versuchsmethodiken ermöglicht die Absicherung von robusten und optimierten Fertigungsbedingungen auf Basis quantifizierbarer Qualitätskriterien (Bild 2) und reduziert Kosten und Zeit für aufwendige Gießversuche.

Dazu werden definierte Prozessvariablen in das Simulationsprogramm eingegeben, die im Prozess schwanken können. Dann wird die Berechnung anhand festgelegter Qualitätskriterien automatisch ausgewertet. Auf diese Weise wird nicht nur ein Arbeitspunkt analysiert, sondern direkt ein ganzes Arbeitsfenster. Dadurch können Grenzen für ein Arbeitsfenster festgelegt werden.

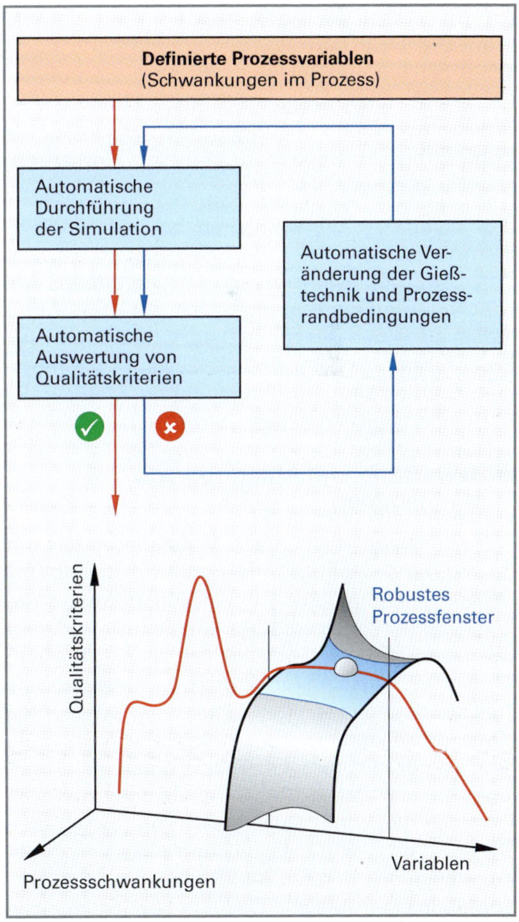

Bild 2: Statistischer Versuchsplan – automatisierte Berechnung und Analyse eines Prozessfensters

8

Variablen

Da die Prozessparameter und Randbedingungen in der Fertigung schwanken können – beispielsweise variiert die Gießtemperatur oder die Gießleistung –, wird in der Simulation ein definiertes Prozessfenster berechnet. Hierzu gibt der Anwender dem Programm Variablen oder Freiheitsgrade vor. Auf Basis dieser benutzerdefinierten Angaben kann die jeweilige Fragestellung für ein Prozessfenster schrittweise oder automatisiert abgearbeitet oder vom Programm selbstständig (autonom) optimiert werden.

Diese Parameter können beispielsweise sein:

- Gießtemperatur
- Legierungszusammensetzung
- Zykluszeiten
- kritische Simulationsrandbedingungen (Wärmeübergänge)
- parametrische Geometrien des Gießsystems oder des Gussteils

Auf diese Weise können frühzeitig signifikante Einflussgrößen auf Gussteilqualität und Wirtschaftlichkeit erkannt werden. Als Ergebnis liefert der Optimierungsalgorithmus konkrete fertigungstechnische Lösungen, die der Gießer als Kompromiss hinsichtlich Qualität und Wirtschaftlichkeit anstrebt.

Bild 1 zeigt einen Versuchsplan, bei dem die Speisergrößen und der Ort des Speisers variiert wurden. Die Ergebnisse wurden in Bezug auf das Ziel „Verringerung der Porosität" ausgewertet. Hinter jedem einzelnen Punkt des Diagramms liegen alle Ergebnisse einer einzelnen, klassischen Simulation. Die Streuung der Punkte ist ein Maß für die Robustheit des Prozesses.

Bewertung und Ableitung von Maßnahmen

Erst durch das Ableiten von Maßnahmen aus der Bewertung der Simulationsergebnisse erzeugt die Gießprozess-Simulation einen konkreten Nutzen und Mehrwert in einem Unternehmen. Dabei liefert der quantitative Vergleich von verschiedenen zuvor simulierten Varianten fundierte Ergebnisse mit Hilfe statistischer Analysen (Korrelationsmatrix etc.). Auf diese Weise kann auf Basis von Simulationen ein umfassendes Prozessverständnis durch die Ermittlung von quantitativen Zusammenhängen zwischen Prozessgrößen und Qualitätskriterien gewonnen werden. Bild 2 zeigt die Abhängigkeiten von Qualitätsmerkmalen unterschiedlich variierter Prozessgrößen in einer Ansicht. Dadurch können kritische Prozessparameter identifiziert werden, die die relevanten Qualitätskriterien am stärksten beeinflussen.

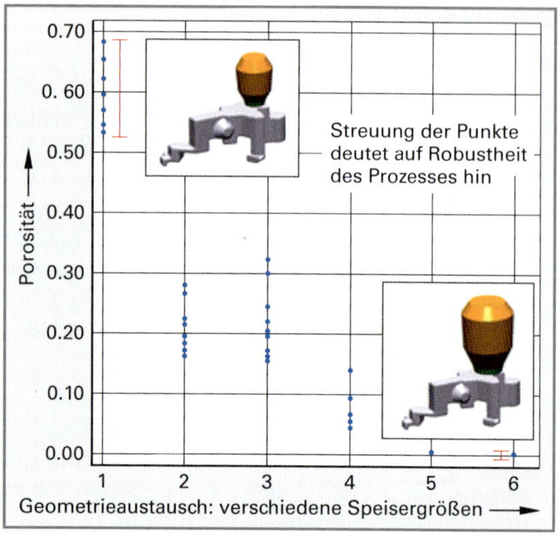

Bild 1: Porosität im Gussteil als Funktion unterschiedlicher Speisergrößen und -orte

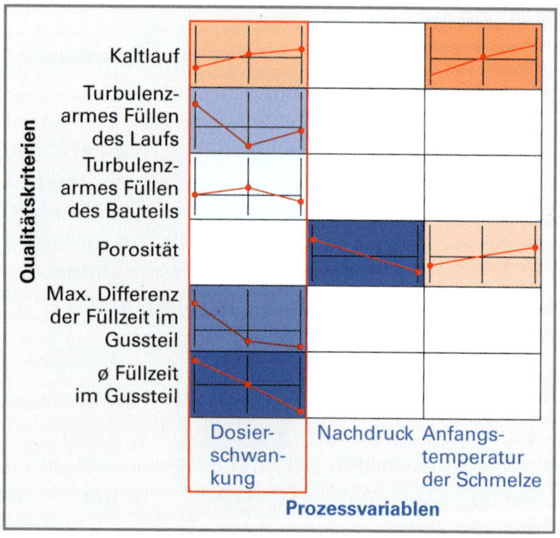

Bild 2: Korrelationsmatrix für die berechneten Prozessvariationen und Qualitätskriterien

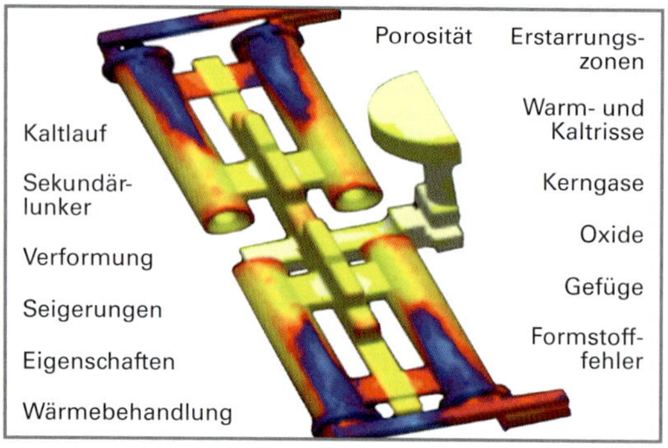

Bild 3: Übersicht Qualitätskriterien

8

8.8.2 Gussteilauslegung

Der Herstellungsablauf eines Gussteils hat wesentlichen Einfluss auf das lokal entstehende Gefüge. Unterschiede in der lokalen Mikrostruktur führen auch zu Unterschieden in den lokalen mechanischen Eigenschaften. In der konventionellen Konstruktion von Gussteilen werden lokale Gefügemerkmale nicht berücksichtigt. Durch die Annahme der homogenen Eigenschaften des Gussteils kann das Werkstoffpotenzial daher nicht optimal ausgenutzt werden. Die erforderlichen Sicherheitszuschläge machen das Gussteil schwerer und teurer als erforderlich. Dies hat auch für den Gießer Nachteile: Die zu groß dimensionierten Wandstärken verlängern die Erstarrung und führen tendenziell zu schlechteren lokalen Eigenschaften. Dies betrifft sowohl das statische (E-Modul, Zugfestigkeit) als auch das dynamische (Lebensdauer) Bauteilverhalten

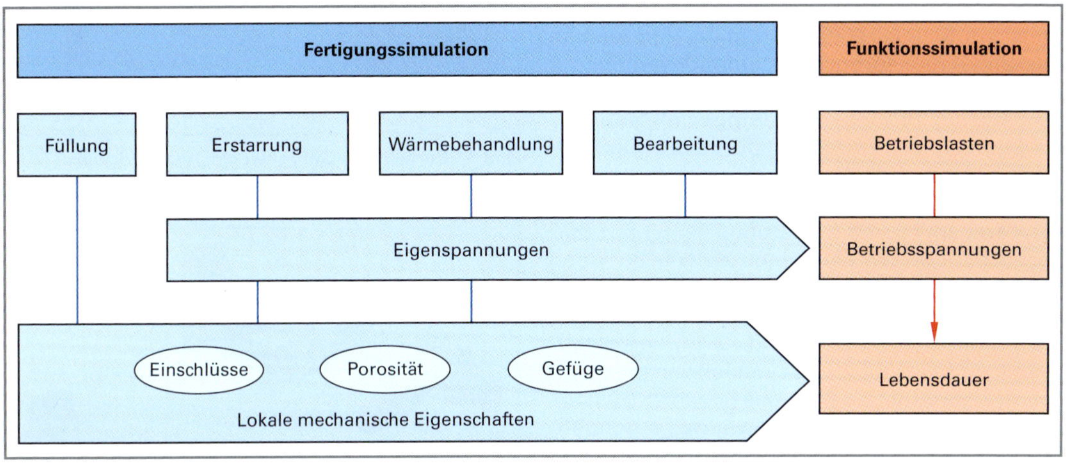

Bild 1: Möglichkeit zur Integration der Gießprozess-Simulation in die Bauteilentwicklung

Auslegung der Gießtechnik

Schwindungsbedingte Porosität ist meist die Folge von lokalen thermischen Zentren im Bauteil. Bild 2 zeigt die lokalen Erstarrungszeiten in einem Stahlgussteil ohne Gießtechnik. Das thermische Zentrum ist in Bild 2b) dargestellt. Bei ausschließlicher Betrachtung dieser beiden Ergebnisse könnten Konstrukteur und Gießer zu dem Schluss gelangen, dass nur der äußere Ring des Gussteils bezüglich Porosität kritisch wäre. Gießtechnische und evtl. konstruktive Maßnahmen würden sich also nur auf diesen Bereich konzentrieren.

Durch eine genauere Untersuchung der Erstarrungssequenz wird jedoch klar, dass die noch zu versorgende Restschmelze im Nabenbereich frühzeitig vom äußeren Ring abgeschnürt wird. Dieser Übergang ist in Bild 2c) markiert.

Für das Entstehen von Porosität sind nicht nur die lokalen Erstarrungszeiten, sondern im Wesentlichen die werkstoffabhängigen lokalen „Speisungszeiten" verantwortlich. Bei der Nutzung der Simulationsergebnisse ist es daher sinnvoll, je nach Fragestellung unterschiedliche berechnete Qualitätskriterien zu bewerten.

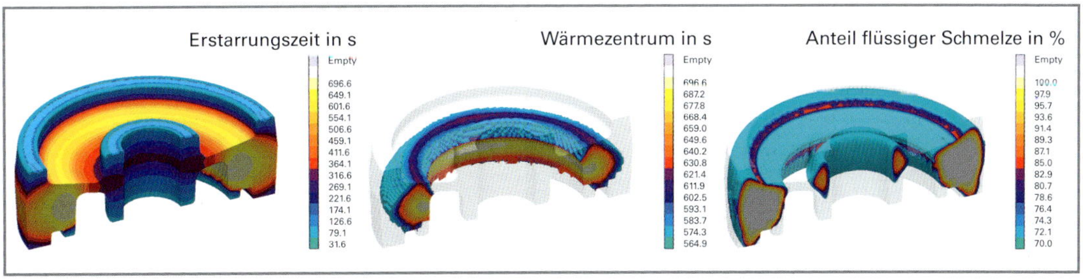

Bild 2: a) lokale Erstarrungszeiten b) thermisches Zentrum c) speisbare Bereiche im Gussteil

Gefüge und Eigenschaften

Bei den meisten gegossenen Werkstoffen haben Metallurgie und Werkstoffzusammensetzung einen großen Einfluss auf das entstehende Gefüge und die resultierenden mechanischen Eigenschaften. Simulationsprogramme müssen in der Lage sein, die Bildung einzelner Phasen während des gesamten Erstarrungsverlaufs lokal und über die Zeit vorherzusagen. Daher werden neben der Geometrie der Gießtechnik und des Gussteils weitere werkstoffspezifische Prozessbedingungen, wie die Legierungszusammensetzung, Parameter zur Schmelzebehandlung und Impfung, in das Simulationsprogramm eingegeben. Damit können die Keimbildung, das Wachstum unterschiedlicher Phasen, Seigerungseinflüsse und als Ergebnis der Erstarrungsfortschritt und das lokal entstehende Gefüge berechnet werden (Bild 1). Bei der Abkühlung wird die Diffusion (Stofftransport) von Legierungselementen mitberücksichtigt, um die Menge an entstehenden Phasen zu ermitteln. Weiterhin werden Gefügeumwandlungen im Festkörper (z. B. bei Gusseisen und Stählen Ferrit und Perlit) berechnet. Damit wird die Vorhersage von lokalen mechanischen Eigenschaften über das gesamte Gussteil (Zugfestigkeit, Härte, Streckgrenze, Bruchdehnung, Elastizitätsmodul bis hin zu Schwingfestigkeiten) möglich.

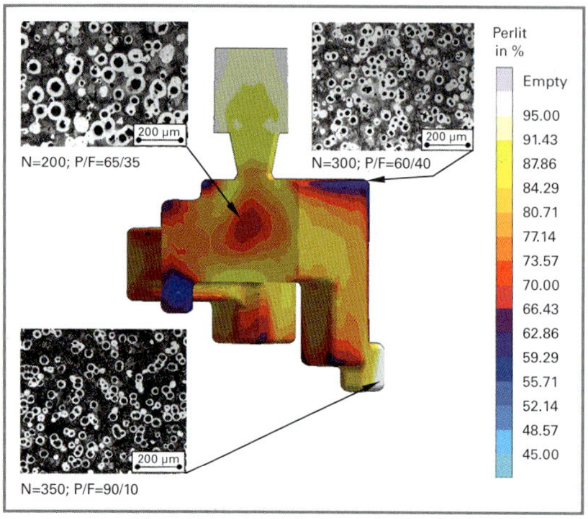

Bild 1: Berechnete Gefügewerte (Anzahl Sphärolithen/Ferrit-/Perlitverteilung) resultieren in lokalen Eigenschaften

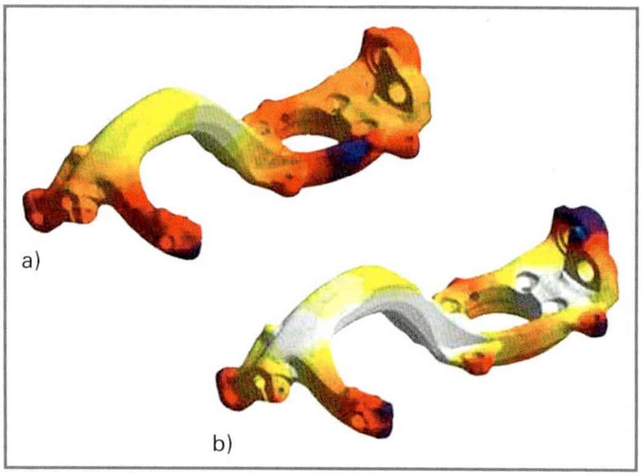

Bild 2: a) Dendritenarmabstand in einem Sandgussteil
b) Dendritenarmabstand in einem Kokillengussteil

Gefüge und Eigenschaften hängen vom Fertigungsverfahren ab

Vor Beginn der Serienfertigung werden zahlreiche Gussteile für Tests unter realistischen Einsatzbedingungen benötigt. Diese Gussprototypen werden häufig im Sandguss gefertigt, da dies ein Prozess für Gussteile mit niedriger Stückzahl ist. Mit einer Lastfallanalyse und Lebensdauerberechnung werden die höchstbelasteten Bereiche ermittelt. Wenn der Gussprototyp bei einem solchen Test versagen würde, würde dies zwangsläufig zu Konstruktionsänderungen führen.

Bild 2 zeigt den Vergleich zweier virtueller Gussteile – dem in Sand gegossenen Prototyp und dem in Kokille gegossenen Seriengussteil. Diese Gussteile weisen prozessabhängig unterschiedliche Gefüge auf (siehe Bild 3). Dies führt in kritischen Bereichen zu Unterschieden in der Dauerfestigkeit um 200 %.

Mit diesem Wissen kann der Konstrukteur die bei den Seriengussteilen zu erwartenden höheren Dauerfestigkeiten ausnutzen, obwohl ihn das Versagen der „realen" Prototypen im Verlauf des Fahrwerkstests in eine falsche Richtung leiten würde.

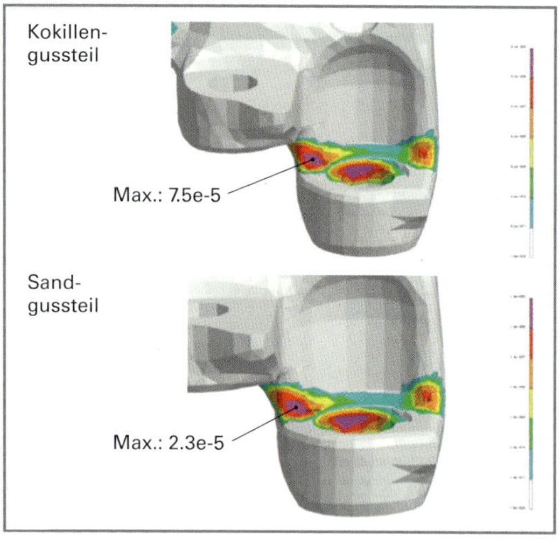

Bild 3: Die Lebensdauer des Kokillengussteils ist dreimal so hoch wie die des Sandgussprototypen

Spannungen

Spannungen entstehen und verändern sich in Gussteilen über den gesamten Fertigungsverlauf (Bild 1). Die unvermeidliche ungleichmäßige Abkühlung bei der Erstarrung und Abkühlung führt zu plastischer Verformung im Gussteil. Durch die Schwindungsbehinderung in Gussteil und Form entstehen Spannungen, die zu Bauteilverzug oder sogar Rissen führen können. Auch das Bearbeiten und das Entfernen des Gießsystems können Spannungen freisetzen und damit zu Rissbildung führen.

Mit Hilfe der Simulation können die Eigenspannungsverteilung des Gussteils, die aus dem Gießprozess resultiert, berechnet und entsprechende Maßnahmen zur Reduzierung ergriffen werden. Dies kann durch eine Konstruktionsänderung im Werkzeug, durch ein angepasstes Gießsystem oder Kühlungselemente für einen verbesserten Abkühlprozess oder in der Gießerei durch ein nachträgliches Spannungsarmglühen vermindert werden. Durch das Aufsetzen eines Versuchsplans können optimale Fertigungsvarianten ermittelt werden.

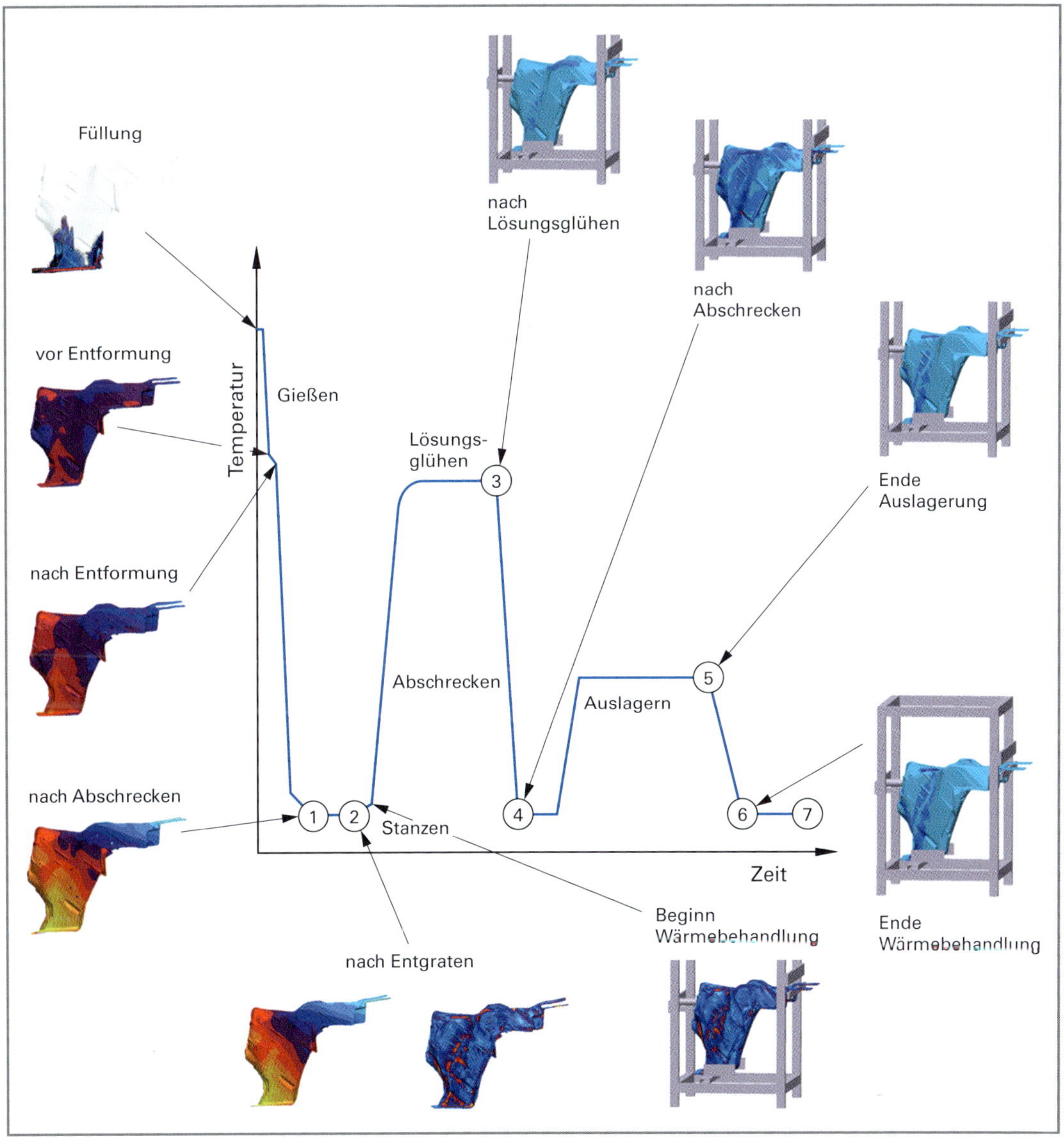

Bild 1: Spannungsverlauf in einem Federbeindom über den gesamten Fertigungsverlauf

8.8.3 Gießprozessoptimierung

vel.plus/ FGT10

Formfüllung

Gerade bei der Füllung dünnwandiger, großflächiger Strukturbauteile im Druckguss kann es zu starken Temperaturverlusten der Schmelze kommen. Typische Fehlerbilder reichen hier von Fließlinien und Oberflächendefekten bis hin zu inakzeptablem Kaltlauf in den kritischen Bauteilbereichen. Daneben sind Porosität durch Lufteinschlüsse oder ausgeschiedene Gase oft Ausschusskriterien. Die Prozessentwicklung hat daher das Ziel, eine optimale Füllung einzustellen.

Die Auswahl geeigneter Prozessbedingungen für den Transport der Schmelze in der Schusskammer kann zur Vermeidung dieser Risiken beitragen. Hierzu werden die Geschwindigkeit des Gießkolbens sowie Dosierschwankungen systematisch virtuell untersucht. Auf diese Weise können wertvolle Erkenntnisse über verschiedene Risikopotenziale für die Gussteilqualität, z. B. durch mögliche Lufteinschlüsse in der Gießkammer, gewonnen werden (Bild 1).

vel.plus/ FGT11

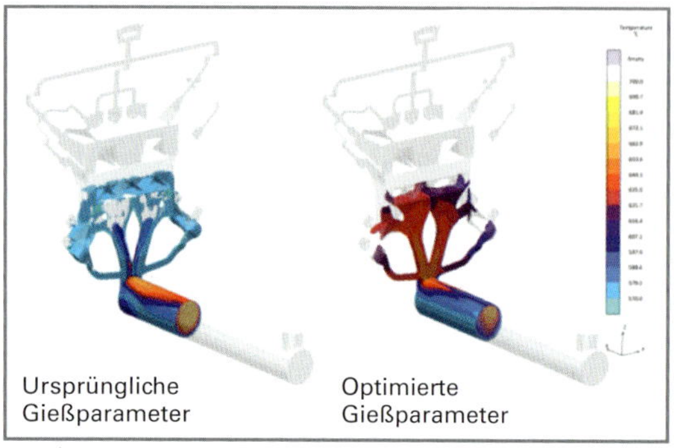

Bild 1: Vergleich der Formfüllung des Verbindungsknotens mit ursprünglichen Prozessparametern und für den besten Kompromiss aus dem virtuellen Versuchsplan

Weitere Formfüllergebnisse:

- Temperatur, Geschwindigkeiten und Drücke in der Schmelze (Turbulenzen, Totgebiete)
- zuletzt gefüllte Bereiche (Entlüftung der Form)
- Aufeinandertreffen von Schmelzefronten (Kaltschweißstellen, Fließfiguren)
- Partikelansammlungen (Einschlüsse, Oxide)

Bild 2 zeigt die Temperatur der Schmelze während der Formfüllung für vier unterschiedliche Zeitpunkte. Auf diese Weise lassen sich Temperaturverluste und Bereiche ermitteln, die zuletzt gefüllt werden.

vel.plus/ FGT12

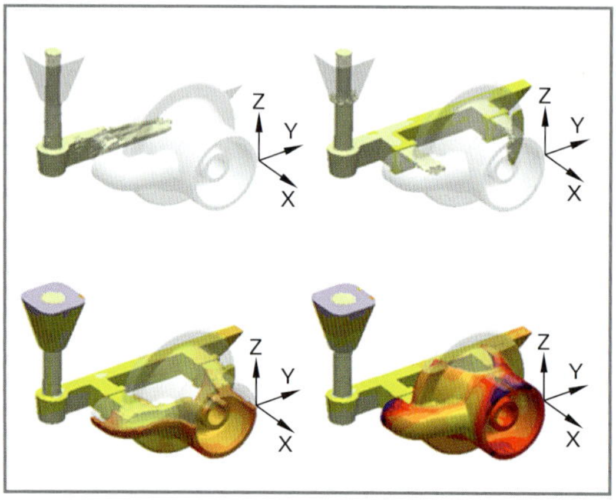

Bild 2: Temperaturverlauf während der Formfüllung

Erstarrung

Die Anforderungen an ein dichtes Bauteil sind sehr hoch und stehen teilweise im Widerspruch zu den Produktionskosten. Um ein dichtes Bauteil zu erhalten, werden im Stahl- oder Aluminiumsandguss meistens Speiser benötigt, um die Porosität zu verringern. Mit der Simulation kann die Gießtechnik ausgelegt und eine geeignete Position und Dimension für die Speiser gefunden werden.

Bild 3 zeigt den Anteil der flüssigen Schmelze während der Erstarrung eines Turboladers. Auf diese Weise kann sichtbar gemacht werden, wo speisungskritische Bereiche im Gussteil entstehen.

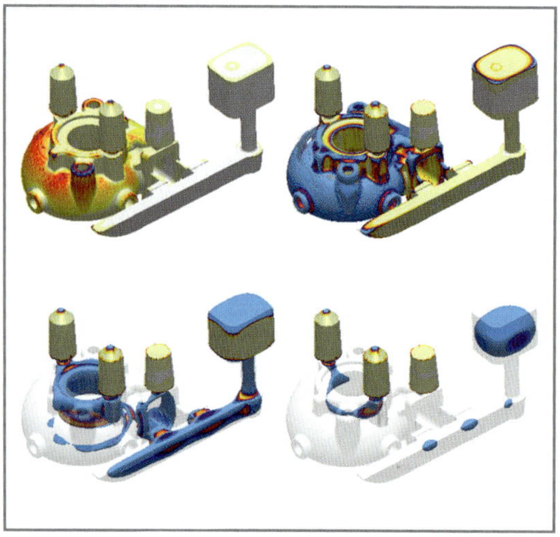

Bild 3: Anteil der flüssigen Schmelze während der Erstarrung

Beispiel Zylinderköpfe

Zylinderköpfe haben bedingt durch steigende Emissionsvorgaben und die dadurch notwendigen höheren Verbrennungsdrücke große Anforderungen bezüglich der Gussqualität. Die Zylinderköpfe dieses Beispiels werden aus Aluminium im Niederdruckgussverfahren hergestellt. Mit Hilfe der Simulation wurde der Einfluss der Formtemperierung auf Erstarrungsvorgang und Gefüge abgebildet. Durch entsprechende Variationen konnte für das Gießwerkzeug das Optimum der Temperierung gefunden werden. Dieses führte auch zu einem feineren Gefüge und kleineren Dendritenarmabständen im Zylinderkopf.

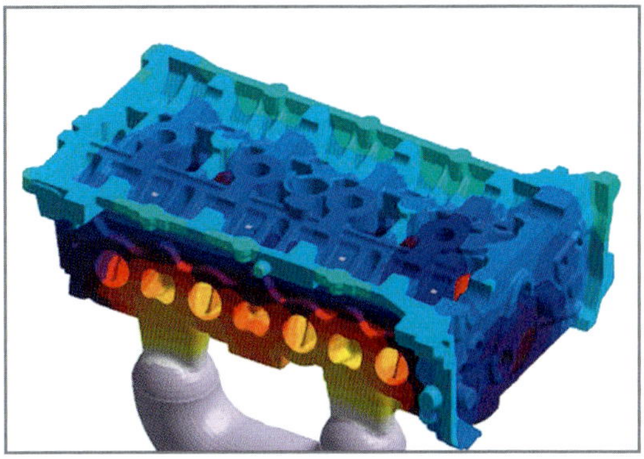

Bild 1: Erstarrungverlauf eines Zylinderkopfes

Weitere Gussteilerstarrungsergebnisse:

- Temperaturen, Erstarrungsanteile und Dichteänderungen während des Erstarrungsverlaufs (Speisungsverhalten, Volumenfehler)
- Gefügeausbildung (mechanische Eigenschaften)
- Eigenspannungen und Dehnungen (Risse, Verzug)

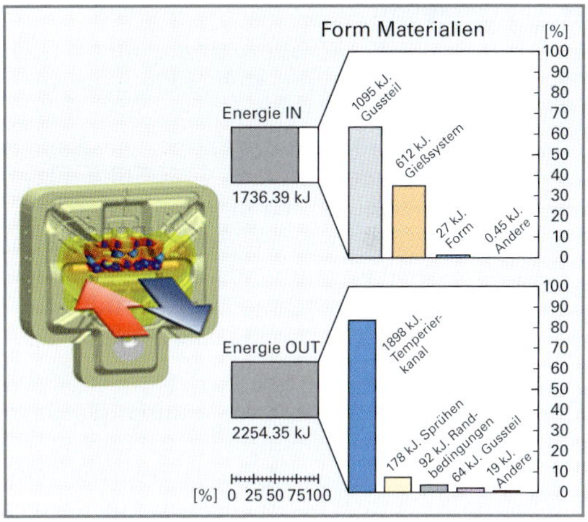

vel.plus/ FGT13

Bild 2: Energiebilanz – Energieaustausch zwischen Materialien oder Materialgruppen, bspw. Gussteil oder Werkzeugbestandteil, über Prozesszyklus, -phasen oder definierte Zeitabschnitte

Wärmehaushalt der Form

Aus der Gießprozess-Simulation kann eine Energiebilanz für den Gesamtprozess ermittelt werden (siehe Bild 2). Dies ermöglicht die Bewertung des Wärmehaushalts der Form sowie der thermischen Stabilität des Gesamtsystems oder zwischen allen Materialgruppen (z. B. Gussteil, Gießsystem, Werkzeugbestandteil) über den ganzen Prozesszyklus. Für Dauerformen lassen sich die über den Prozesszyklus abgeführten Energiemengen durch innere Werkzeugtemperierung und äußeres Sprühen unmittelbar miteinander vergleichen und auf Energie- und Kosteneffizienz optimieren.

Informationen über das Werkzeug:

- Temperaturverteilung über dem Prozessverlauf (Wirksamkeit von Temperierung)
- Wärmebilanz (Wärmeverlust beim Sprühen)
- Verschleiß und Schädigung (Erosion, Klebeneigung, Kavitation)
- Spannungshysterese (Lebensdauer der Form)

Bild 3 stellt die berechneten Temperaturen auf der Formoberfläche während unterschiedlicher Phasen des Gießprozesses dar.

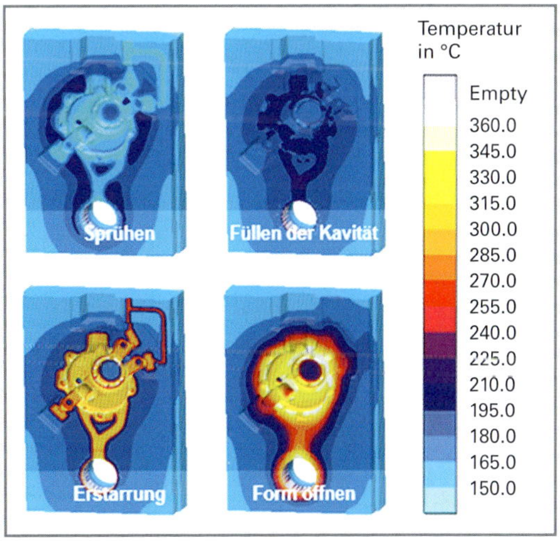

vel.plus/ FGT14

Bild 3: Temperatur auf der Form während des Gießprozesses

8

8.8.4 Simulation der gesamten Prozesskette

Die Qualität vieler gegossener Bauteile wird neben dem eigentlichen Kernprozess „Gießen" auch von vor- und nachgelagerten Fertigungsschritten, wie beispielsweise der Herstellung von Sandkernen und -formen, einer Wärmebehandlung oder der mechanischen Bearbeitung bestimmt. Um aussagefähig hinsichtlich der tatsächlichen Eigenschaften eines Gussteils im Lieferzustand zu sein, muss die Gießprozess-Simulation die wesentlichen Merkmale dieser Prozessschritte berücksichtigen.

Kernschießen

Eine wichtige Einflussgröße in Bezug auf die Qualität der Gussteilfertigung stellen die Sandkerne dar. Auch beim Kernschießen ist es wichtig, optimale Prozessparameter zu finden, um Kosten zu reduzieren und die Qualität zu erhöhen. Dies kann durch die numerische Simulation der Kernherstellung erreicht werden. Es können sowohl organische als auch anorganische Sand-Binder-Systeme simulationstechnisch untersucht werden. Bild 1 zeigt den schematischen Aufbau einer Kernschießmaschine.

vel.plus/ FGT15

Die Qualität des Sandkerns wird durch die Strömungsverhältnisse im Sand und in der Luft beeinflusst. Diese Sanddichte ist somit die wesentliche Einflussgröße für die nachgelagerte Aushärtung des Bindersystems, welches für ausreichende Stabilität und gute Entformbarkeit des Sandkerns im Gießprozess sorgt.

Wichtige Einflussgrößen sind hierbei:

- Fließfähigkeit des Sand-Binder-Luft-Gemischs
- Geometrie des Kerns
- Anzahl und Lage der Schießdüsen
- Anzahl der Entlüftungsdüsen
- Position der Entlüftungsdüsen
- Typ der Entlüftungsdüsen
- Schießdruck

vel.plus/ FGT16

Beim anschließenden Aushärten sind je nach Verfahren für die letztendliche Qualität des Kerns folgende Parameter maßgeblich verantwortlich:

- Temperierung des Kernformwerkzeuges (siehe Bild 2)
- Begasungsdruck
- Begasungsmenge
- Begasungszeit
- Entlüftungssituation

In Bild 3 ist beispielhaft der Gaseinschluss durch Kerngase in einem Bauteil dargestellt.

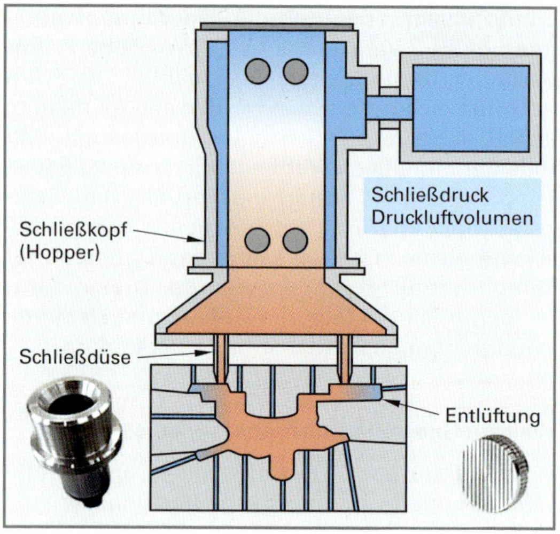

Bild 1: **Schematischer Aufbau einer Kernschießmaschine**

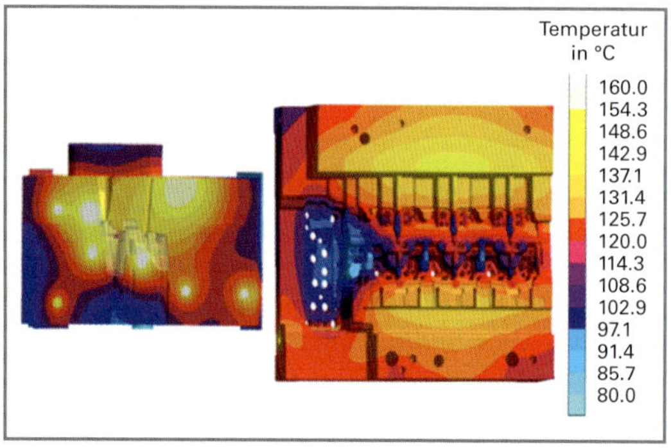

Bild 2: **Temperaturverteilung im Kernformwerkzeug**

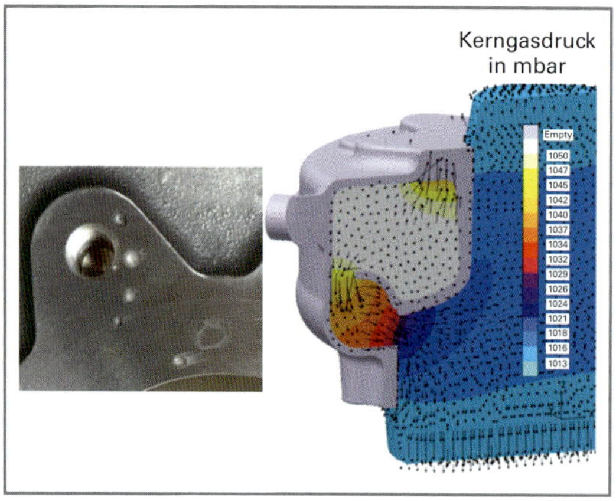

Bild 3: **Gaseinschluss im realen Gussteil nach Bearbeitung**

8

Wärmebehandlung

Die Struktur des Gussgefüges und die daraus resultierenden mechanischen Eigenschaften des Bauteils werden durch die Wärmebehandlung verändert. Die numerische Kopplung von Diffusionsrechnung und Phasenumwandlung ermöglicht die Vorhersage von Gefüge und Eigenschaften zu jedem Zeitpunkt der Wärmebehandlung. So kann der Stahlgießer beispielsweise frühzeitig Durchhärtungsprobleme erkennen oder der Aluminiumgießer optimale Auslagerungsparameter hinsichtlich Festigkeit oder Dehnung festlegen. Unter Verwendung entsprechender Materialmodelle und des Schwerkrafteinflusses kann mit Hilfe der Simulation auch der geometrische Verzug des Bauteils berechnet werden.

Bild 1 zeigt beispielhaft die Martensitverteilung eines Stahlbauteils nach dem Abschrecken und die Härteverteilung nach dem Anlassen.

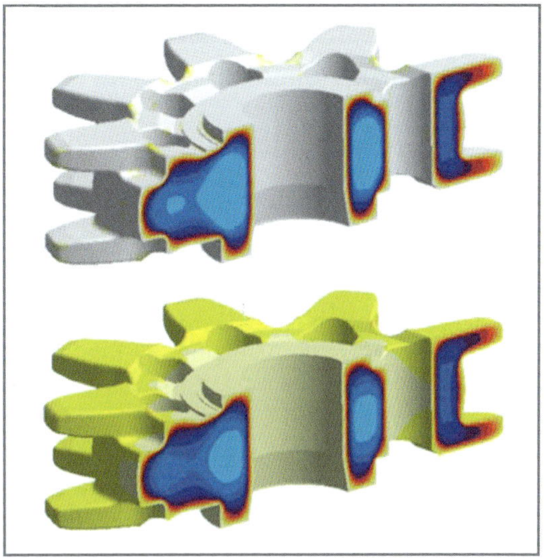

Bild 1: Martensitverteilung in einem Stahlbauteil nach der Abschreckung (oben) und Härteverteilung nach dem Anlassen (unten)

Bearbeitungsschritte

Der Spannungszustand in einem Bauteil ändert sich über den Herstellprozess fortlaufend. Die Simulation des Eigenspannungszustandes eines Gehäuses aus Gusseisen zeigt im Gusszustand Spannungen, die sehr moderat und weit unter der Fließgrenze liegen. Allerdings kommt es während der Bearbeitung dennoch zu Rissen. Dies führt zum vollständigen Versagen des Bauteils. Bei der Simulation der Bearbeitung zeigt sich, dass durch die Spannungsumlagerungen bei der Bearbeitung Spannungskonzentrationen im Gussteil entstehen, die die Zugfestigkeit des Teils weit übertreffen.

Das Beispiel in Bild 2 zeigt, wie wichtig es ist, dass Gießerei und Gussteilabnehmer intensiv miteinander kommunizieren. Nur wenn beide Seiten über den gesamten Herstellungsprozess informiert sind, können sie den Einfluss jedes Fertigungsschrittes auf das Bauteilverhalten bewerten.

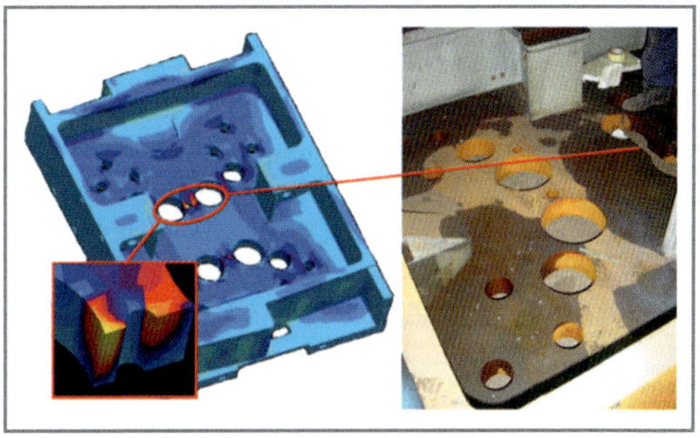

Bild 2: Spannungsumlagerung nach der Bearbeitung (links) und gerissenes Gussteil (rechts)

Strangguss

Halbzeug aus Aluminium-, Kupfer- und Stahlwerkstoffen kann mit dem kontinuierlichen Gießverfahren Stranggießen hergestellt werden. Hierbei wird das Metall durch eine gekühlte Kokille gegossen und mit erstarrter Schale, meist mit noch flüssigem Kern, nach unten oder seitwärts abgezogen. Die Simulation berücksichtigt Strömung, Wärmetransport, Erstarrung und Spannungsentstehung in der einströmenden Schmelze, dem erstarrenden Strang und der Kokille. Damit kann die Sumpftiefe vorhergesagt werden (siehe Bild 3).

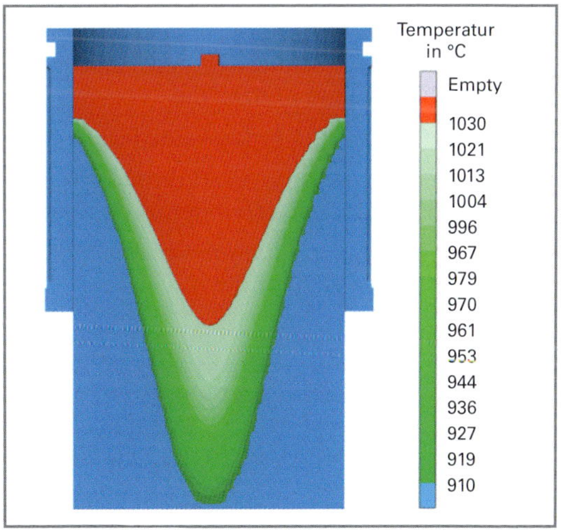

Bild 3: Ermittlung des Sumpfprofils inklusive des teilerstarrten Bereichs

8

8.8.5 Implementierung der Gießprozess-Simulation im Unternehmen

Integration der Simulation in den Produktlebenszyklus

Durch die umfassende Integration der Simulation in den Produktlebenszyklus ist das virtuell erzeugte Wissen Grundlage für abgesicherte Entscheidungen und die Auslegung robuster Werkzeuge und Fertigungsprozesse. In der Regel ist der Lebenszyklus unternehmensübergreifend. Die Gießprozess-Simulation wird daher nicht nur in der Gießerei, sondern auch in der Bauteilentwicklung und -konstruktion bei Gussabnehmern sowie für die Auslegung von Betriebsmitteln (Werkzeugbau) integriert.

Design- und Konstruktionsphase: Neben der virtuellen Funktionsvalidierung (Belastungssimulation) unterstützt die Gießprozess-Simulation die frühzeitige Bewertung von Fertigungseinflüssen auf die finalen Bauteileigenschaften (siehe Bild 1). Potenzielle Probleme beim Gießen können idealerweise durch geometrische Änderungen der Bauteilgeometrie eliminiert werden.

Werkzeug- und Prozessauslegung: Die Simulation liefert fundierte Informationen für die Auslegung von Dauerformen und verlässliche Vorgaben für geeignete Prozessbedingungen in der Produktion, berechnete Größen zu Füllkurven, Werkzeugtemperierungen und Zykluszeiten (Bild 2).

Gießprozess-Simulation als Kommunikationswerkzeug

Quantitative Informationen aus der Gießprozess-Simulation dienen als fundierte, verbindliche Gesprächsbasis und unterstützen die

- schnelle Produkt- und Prozessentwicklung,
- optimale Prozess- und Werkzeuggestaltung hinsichtlich Qualität, Ausbringung und Kosten,
- robuste Prozessauslegung mit maximaler Reproduzierbarkeit der Qualität.

Die methodische Durchführung virtueller Versuchspläne erzeugt systematisches Wissen zu Korrelationen zwischen Fertigungsparametern und Qualitätsmerkmalen des Gussteils (siehe Bild 3), frei von wirtschaftlichen oder produktiven Risiken. Darüber hinaus können die virtuellen Versuche quantitativ betrachtet und konstruktive und gießtechnische Maßnahmen ergriffen werden, bevor das erste Gussteil gegossen wird.

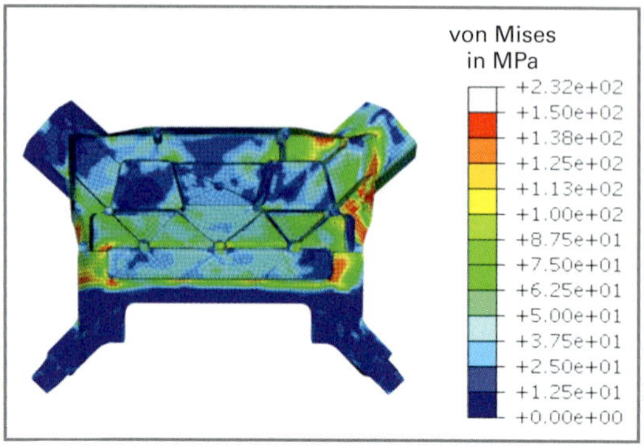

Bild 1: Spannungsverteilung nach einem Fontalcrash mit Berücksichtigung der Eigenspannungen aus dem Gießprozess

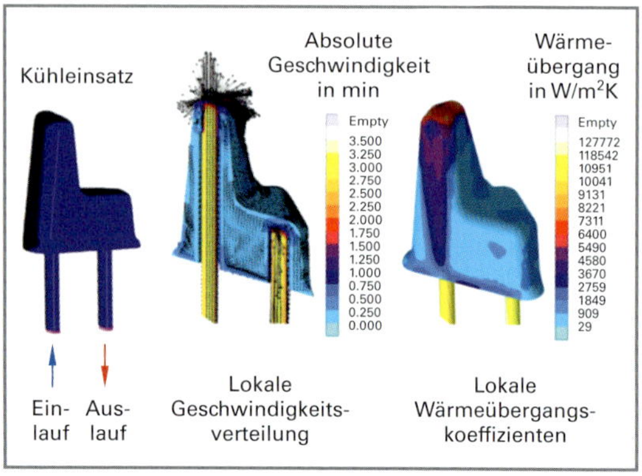

Bild 2: Auf Basis der lokalen Strömungsvektoren werden die an der Grenzfläche zur Schmelze resultierenden wirksamen Wärmeübergangskoeffizienten berechnet.

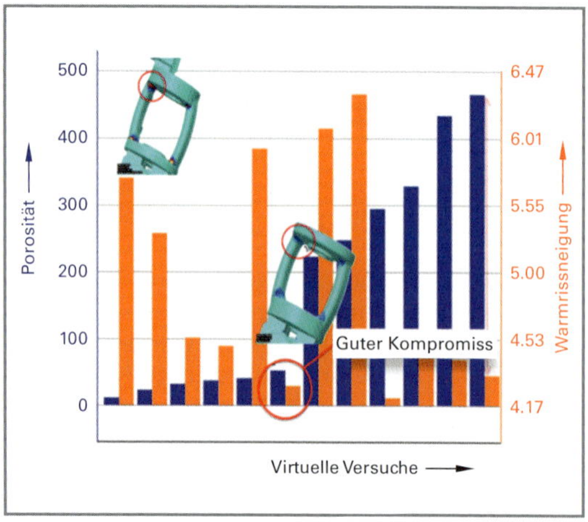

Bild 3: Quantitative Bewertung von konstruktiven und gießtechnischen Maßnahmen zur Vermeidung von Porosität und Warmrissen

8.9 Additive Fertigungsverfahren

8.9.1 Begriff

Bei den Additiven Fertigungsverfahren werden CAD-Daten im Rahmen einer Prozesskette zur Herstellung von Teilen aller Art verwendet. Der Aufbau der Teile erfolgt dabei schichtweise von unten nach oben oder entlang einer 3D-Bahn (Bild 1).

Die nach diesem Prinzip arbeitenden Additiven Fertigungsverfahren umfassen zahlreiche Unterarten, die sich durch die Art der Aushärtung, Werkstoffart und Auftrag unterscheiden.

Beispiele:
Beim **3D-Druckverfahren** trägt ein Druckkopf, ähnlich einem Tintenstrahldrucker flüssiges Material (eine Art Klebstoff) auf ein pulverförmiges Sand- oder Metallbett auf. Dieses Verfahren wird zunehmend bei der Form- und Kernherstellung eingesetzt.
Beim **Lasersintern** werden die pulverförmigen Werkstoffe (z. B. trocken umhüllter Formsand) mit einem Laserstrahl versintert oder verschmolzen.

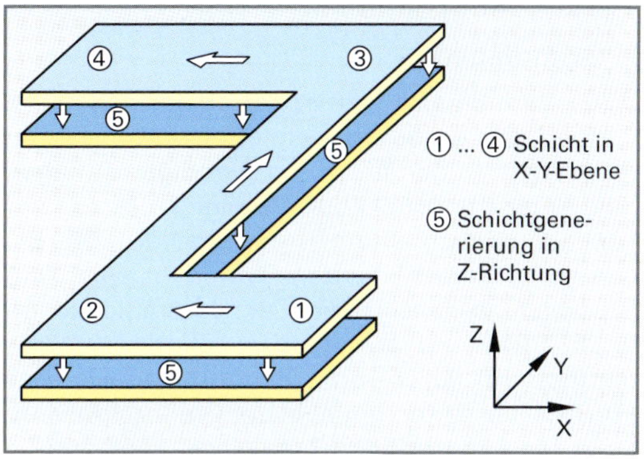

Bild 1: Schichtebenen in X-Y-Z-Richtung

8.9.2 Geschichtliche Entwicklung

Die Entwicklung der Additiven Fertigungsverfahren begann 1986 mit dem **Stereolithographieverfahren** (Bild 2). Dieses fand zunächst seine Anwendung im Prototypen-Modellbau, es wurde der Begriff **Rapid-Prototyping** (Schnelle Prototypenfertigung) geprägt. Dieses Verfahren beruht darauf, dass flüssiger Polymerisationskunststoff mit einem Laserstrahl ausgehärtet wird. Ein entscheidender Schritt war in den 90er-Jahren die Entwicklung von Verfahren mit pulverförmigen Stoffen. Die metallischen, organischen oder mineralischen Pulver werden durch Verschmelzen, Verkleben oder Verbacken z. B. mittels mit CAD-Daten geführten Laserstrahls miteinander verbunden.

Beispiele:
Mineralisch: Gussformen und Kerne aus Quarzsand mit Furan- oder Phenolharzbinder (kalt- oder heißhärtend)
Metall: Einsätze für Druckgusswerkzeuge aus Titan
Kunststoff: Modelle für das Feingießverfahren und das Lost-Foam-Formverfahren

Die Entwicklung der Additiven Verfahren ist soweit fortgeschritten, dass heute alle Arten von Werkstücken gefertigt werden können.

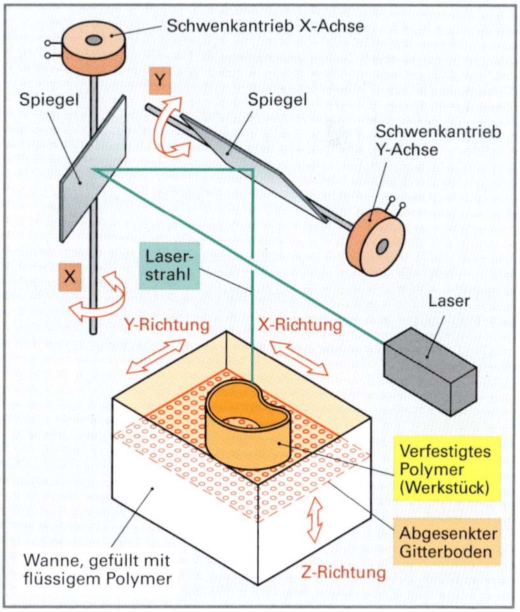

Bild 2: Funktionsprinzip der Stereolithographie

8.9.3 Vorteile des Verfahrens

Verringerung der Kosten durch Wegfall von Modellfertigung. Der direkte Weg von CAD zum Werkstück verkürzt die Durchlaufzeiten.

Problemlose Herstellung jeder Kontur und Hinterschneidung damit gewichts- und kostensparende Gussteilkonstruktion.

Bild 3: Maschine, die mittels dem Additiven Verfahren Gussformen und Kerne im Meterbereich herstellt

8.9.4 3D-Druckverfahren in der Gießerei

Grundlagen

Im Gießereibereich werden zunehmend Modelle, Formen und Kerne mit dem 3D-Druckverfahren hergestellt. In den hierzu notwendigen Anlagen (Bild 1) ist der **Druckkopf** das Herzstück mit der Funktion ähnlich einem Tintenstrahldrucker. Bei den pulververarbeitenden Systemen wird zum Drucken eine Flüssigkeit auf den lose aufgeschütteten Formsand aufgespritzt. Bindersysteme beruhen auf Furan- oder Phenolharzbasis. Das 3D-Druckverfahren findet in der Gießerei Anwendung für Sandformen, Sandkerne, Einsätzen in Gießformen und für Feingießmodelle.

Sandformen und Sandkerne

Wie bei den traditionellen Sandformen besteht auch eine mit 3D-Druckverfahren hergestellte Form aus dem Formgrundstoff und dem Formstoffbinder. Formgrundstoff ist meist Quarzsand, jedoch auch Olivin für Mg-Gusswerkstoffe sowie Zirkon und Cerabeads für höhere thermische Belastung. Als Binder kommen Furanharz oder Phenolharz zur Anwendung, neuerdings auch anorganische Binder auf Wasserglasbasis.

Anders als bei dem in Kapitel 6.1.5 beschriebenen Kaltharzverfahren werden hier nicht die Bezeichnungen Härter verwendet, sondern Aktivator.

Formherstellung

Entsprechend dem schichtweisen Aufbau der Additiven Verfahren wird zunächst die erste Formstoffschicht mit dem Recoater aufgebracht und geglättet. Diese Schicht wird mit dem Druckkopf entsprechend der CAD-Daten bedruckt. Der Formstoff, der mit dem Teil 1 des Binders vermischt ist, wird mit dem Teil 2 des Binders bedruckt. Die Aushärtung der einzelnen Schichtkontur kann bei bestimmten Bindertypen durch Bestrahlen mit einer Infrarotlampe beschleunigt werden. Danach wird die Bauplattform jeweils für die nächste Schicht abgesenkt um den gleichen Vorgang zu wiederholen. Durch Druckgeschwindigkeiten bis 0,5 m/s wird die hohe Leistungsfähigkeit des Schichtprozesses erreicht, sie beträgt bis 140 l/h. Ist die gesamte Kontur der Form schichtweise fertig gestellt und die Abkühlphase abgewartet, wird das Teil entpackt, d. h. vom nicht bedruckten und ausgehärteten Formstoff befreit.

Das unbedruckte Material kann teilweise wieder verwendet werden. Vor dem Gießen werden die Formen und Kerne unter Umständen in einem Umluftofen bei 220 °C oder in großindustriellen Mikrowellenanlagen etwa zwei Stunden getrocknet um anhaltende Feuchtigkeitsreste zu entfernen.

Beispiele vorteilhafter Anwendung

Im Vergleich zur herkömmlichen Fertigung des Zusammenklebens einzeln hergestellter Teilkerne kann ein komplettes Kernpaket in einem einzigen Verfahrensschritt 3D-gedruckt werden. Das in Bild 2 dargestellte Beispiel ist ein Formpaket mit einem Druckvolumen von 200 Liter mit einer Fertigungszeit von vier Stunden. Kleinere Teile mit hoher Stückzahl wie das Beispiel in Bild 3 mit einem Druckvolumen von 0,7 Liter und 1680 Stück können bereits in einer Gesamtzeit von 21 Stunden gefertigt werden.

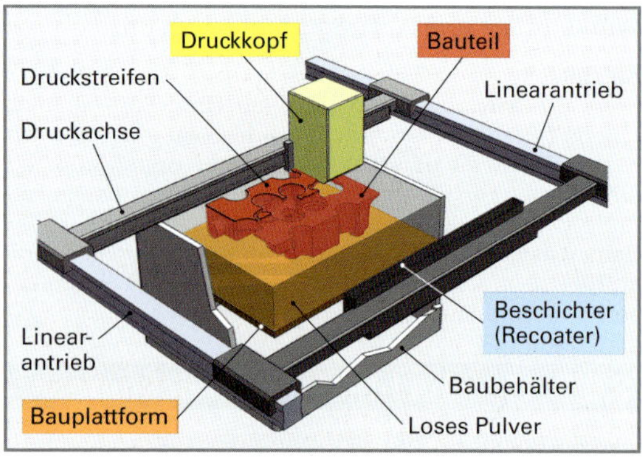

Bild 1: Aufbau eines pulververarbeitenden Systems

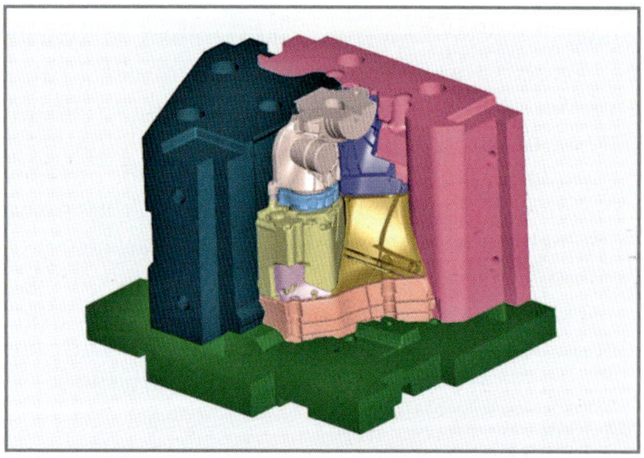

Bild 2: Modell des additiv gefertigten Formpakets für ein Formel 1-Getriebegehäuse

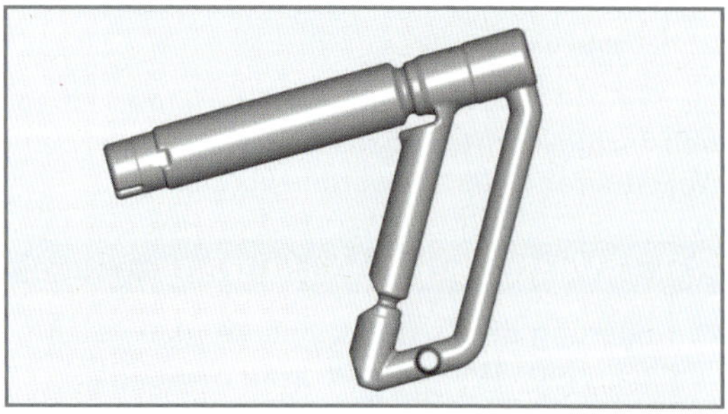

Bild 3: CAD-Modell des additiv gefertigten Kerns für ein Wasserhahngussteil aus Messing. Druckmaterial für den Kern: Quarzsand mit Furanharzbinder

Verfahrensschritte für die Additive Fertigung

vel.plus/FGT17

vel.plus/FGT18

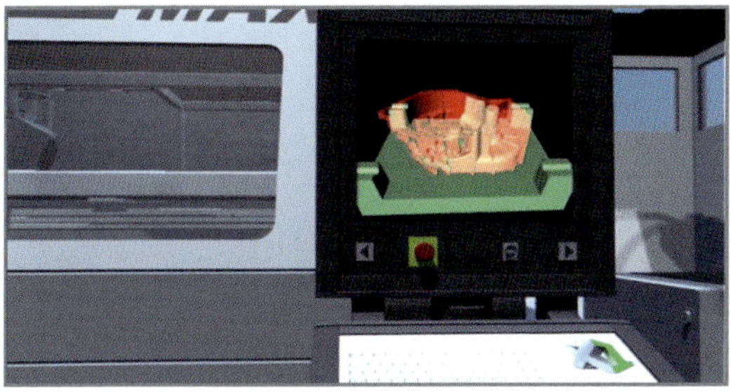

Bild 1: Die Daten für die Sandform des Gussteils werden auf die 3D-Sanddruckmaschine geladen.

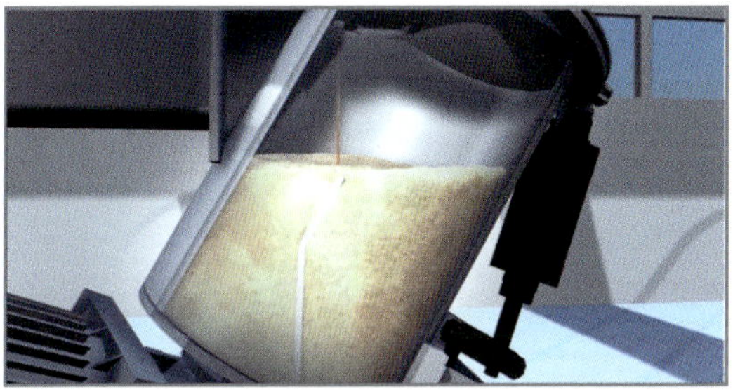

Bild 2: Der eingefüllte Sand wird mit Teil 1 des Bindersystems gemischt.

Bild 3: Der Recoater (Beschichter), der den Sand aufträgt, wird befüllt.

Bild 4: Die erste Schicht des aktivierten Sands wird auf die Bauplattform aufgetragen.

Bild 5: Mittels Druckkopf wird Teil 2 des Bindersystems auf die Schicht aktivierten Sand aufgetragen, genau an den Stellen, an denen sich später das Bauteil befinden soll. Anschließend wird die Bauplattform um eine Schicht abgesenkt.

Bild 6: Durch die Absenkung der Bauplattform wird Platz für eine neue Schicht geschaffen und der Recoater (Beschichter) trägt eine neue Schicht aktivierten Sand auf.

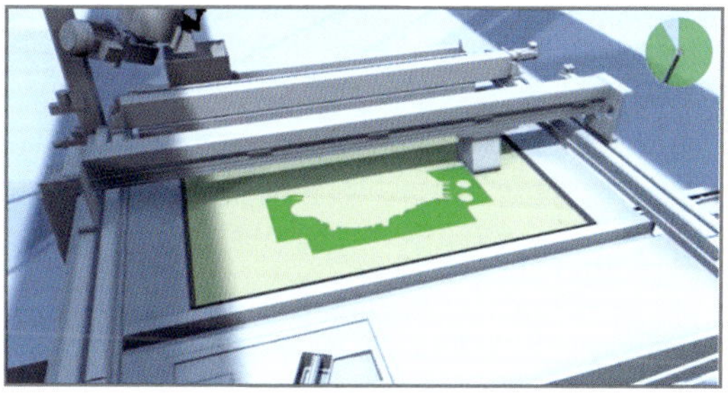

Bild 7: Die zuvor beschriebenen Schritte werden wiederholt bis die Sandform komplett fertig ist.

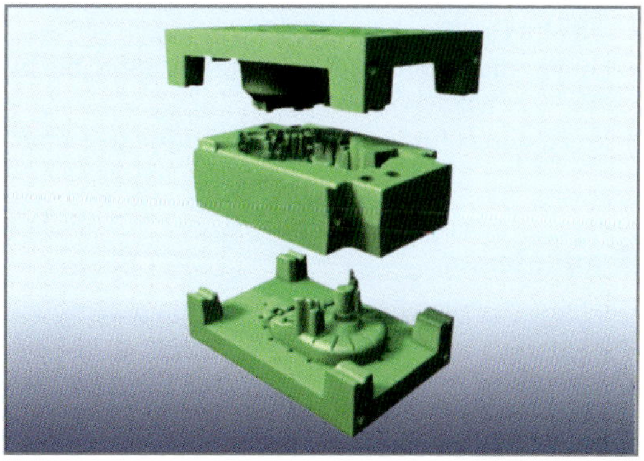

Bild 8: Die 3 Teile der kastenlosen Sandform sind fertig.

8.9.5 Additives Verfahren für Feinguss

Der 3D-Druck hat das auf den Seite 51 ff. beschriebene Feingießverfahren revolutioniert. An Stelle des Wachsmodells wird ein PMMA-Modell (Polymethylmethacrylat-Modell) nach den CAD-Daten additiv gedruckt (Bild 1). Das Spritzgusswerkzeug, die Matrize, wird deshalb bei Verwendung von gedruckten Modellen für Einzelabgüsse oder Kleinserien überflüssig. Je nach Geometrie und Größe sind auch bis zu wenigen hundert Bauteile wirtschaftlich über additive Fertigung herstellbar. Die weiteren Abläufe der Feingussherstellung, nach der additiven Herstellung des Modells sind

- Formherstellung durch Tauchen (Bild 2)
- Brennen der Form (Bild 3)
- Gießen
- Keramik entfernen, Teile abtrennen und verschleifen.

Gedruckt wird mit PMMA-Granulat mit einer durchschnittlichen Korngöße von 0,055 mm. Dieses Granulat wird durch den Binder Polypor punktuell miteinander verklebt.

Vorteile

- Einzelstücke oder Kleinserien innerhalb weniger Arbeitstage möglich
- Werkzeugloses und deshalb kostengünstigeres Verfahren
- Modellgrößen bis zu 1000 x 600 x 500 mm
- Handhabung wie bei üblichen Wachsmodellen
- Hohe Genauigkeit von 0,3 % (± 0,1 mm)
- Wachsinfiltrierte geschlossene glatte Oberfläche
- Für Autoklaven geeignet, selbst für dünnwandige Modelle
- Ausbrennen in normalem Brennofen bei niedriger Emissionsentwicklung möglich
- Keine Ausdehnung während des Ausbrennprozesses, deshalb kein Schalenbruch
- Restaschegehalt < 0,02 %
- 600 dpi Druckauflösung
- Loses, nicht gedrucktes Material kann bis zu 100 % recycelt werden
- Im Feinguss für jegliche Legierungen geeignet

8

Infiltrieren

Die Oberflächen von gedruckten Feingussmodellen können durch Infiltration mit Wachs verbessert werden. Beim Infiltrieren dringt das Wachs in die Hohlräume zwischen den Pulverteilchen und ergibt die geschlossene, glatte Oberfläche sowie eine höhere Festigkeit.

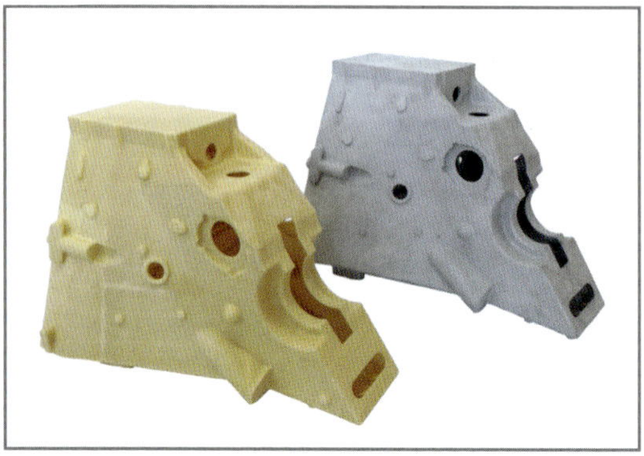

Bild 1: PMMA-Modell und Feingießteil für Aluminium-Getriebegehäuse (Modellgewicht: 3,2 kg, Gussgewicht: 8,5 kg, Abmessungen 590 x 455 x 455 mm, Bauzeit des PMMA-Modells 28 Stunden

Bild 2: Tauchen einer PMMA-Modelltraube zur Herstellung der Feingießform

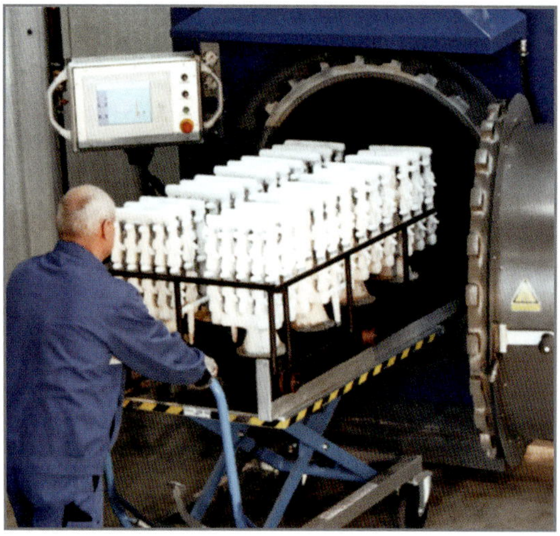

Bild 3: Einfahren der Keramikformen mit Modell in den Brennofen

8.9.6 Laser-Sinter-Verfahren

Das additive Fertigungsverfahren Laser-Sintern unterscheidet sich im Ablauf von den auf der Seite zuvor beschriebenen Verfahrensschritten nur durch das Verschmelzen des Pulvers (Bild 2). Auch beim Laser-Sinter-Verfahren wird zunächst eine dünne Schicht des Pulverwerkstoffes aufgetragen. Ein starker Laserstrahl schmilzt das Pulver exakt an den Stellen auf, welche die computergenerierten Bauteil-Konstruktionsdaten vorgeben.

Ablauf der Verfahrensschritte:

- Einlesen der digitalen Daten des Bauteils (Bild 1)
- Auftragen der Pulverschicht
- Verschmelzen des Pulvers im Bauteilquerschnitt (Bild 2)
- Absenken der Bauplattform
- Auftragen der nächsten Pulverschicht
- Diese Vorgänge wiederholen sich bis das Bauteil in seiner Kontur fertig ist
- Entfernen des nicht verschmolzenen Materials

Anwendung

Prinzipiell können mit dem Laser-Sinter-Verfahren die zuvor bei den Additiven Druckverfahren beschriebenen Kunststoffe und Formstoffe eingesetzt werden. Durch den Vorgang des Verschmelzens des Pulvers liegen seine unübertroffenen Vorteile jedoch in der Verwendungsmöglichkeit von Metallen, auch mit hohem Schmelzpunkt. Es muss dabei kein niedrig schmelzendes Metall zur Verbindung der Pulverpartikel eingesetzt werden. Die verwendeten Metallsorten erstrecken sich von Aluminium über Edelstahl und Titan bis hin zu Nickel- und Kobaltlegierungen. Damit ist auch der Einsatz für den Werkzeugbau, Kokillen- und Druckgussformen in der Gießerei möglich. Allerdings ist die Teilefertigung auch eine Alternative zu Feingussteilen.

Beispiel (Bild 3):

Bei der Fertigung des Einsatzes für eine Druckgussform konnten die im Schema blau dargestellten Kühlkanäle in optimalem Verlauf durch das Direkte Metall-Laser-Sintern im Bauteil verwirklicht werden. Kritische Hotspots (heiße Punkte) in der Druckgussform lassen sich mit dieser Möglichkeit vermeiden. Mit optimaler Kühlung wird Verzug und vorzeitiger Ausfall der Druckgussform vermieden. Das Gussteil weist dadurch höhere Maßhaltigkeit auf, Ausschussursachen können verringert werden. Durch die konturnahen Kühlkanäle und der damit verbundenen besseren Kühlleistung, konnte im Beispiel die Zykluszeit um ca. 20 % verbessert werden.

Bild 1: Dateneingabe an Laser-Sinter-Maschine (Direktes Metall-Laser-Sintern)

Bild 2: Verschmelzen des Pulvers im Bauteilquerschnitt

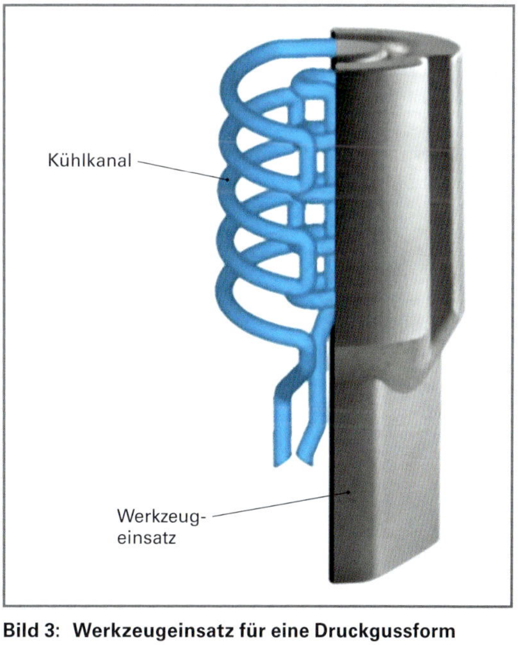

Bild 3: Werkzeugeinsatz für eine Druckgussform

8

8.10 Industrie 4.0 hält Einzug in die Gießerei

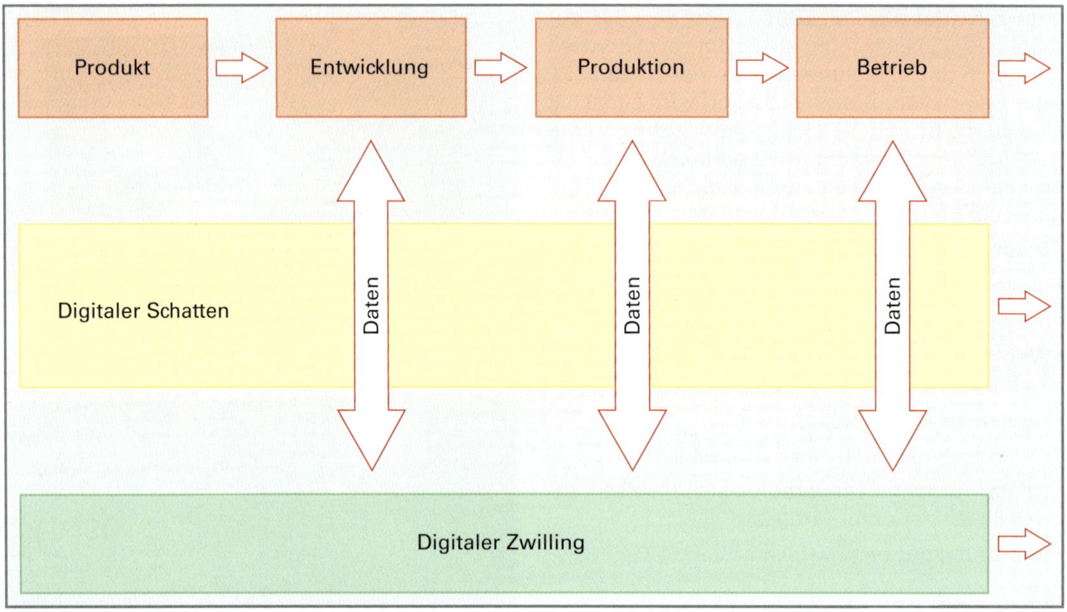

Bild 1: „Digitaler Zwilling" und „digitaler Schatten"

Einführung

Befasst man sich weiter mit dem Begriff von Industrie 4.0, kommt man an den Begriffen „digitaler Zwilling" und „digitaler Schatten" nicht vorbei. Durch den digitalen Zwilling ist es möglich, Produktionsabläufe in der virtuellen Welt nachzuahmen. Dazu wird der digitale Schatten benötigt, dessen Aufgabe es ist, eine Basis an Daten zu schaffen und diese in die virtuelle Welt zu übertragen. An diesem Prozess setzt wiederum der digitale Zwilling an und versucht, durch Prozessmodelle und Simulationen ein möglichst identisches Abbild der Realität zu liefern.

Vorteile von 4.0

Die Erfassung von Produktions-, Prozess- und Maschinendaten, die Vernetzung der Produktionskomponenten untereinander und eine umfangreiche Kommunikation der Systeme machen die Prozesse transparenter, verbessern Abläufe und Prognosen und geben Impulse für entsprechende Maßnahmen. Für die Gießereiindustrie bietet die Digitalisierung der Produktion ein wertvolles Potenzial zur Erfassung und Optimierung der Produktionsabläufe, Effizienzsteigerung bei der Energie- und Ressourcennutzung und ermöglicht die autonome oder teilautonome Optimierung von Prozessparametern.

8

Entwicklung von 4.0 in der Gießerei

Die Verwendung digitaler Hilfsmittel konnte in der Gießereibranche in den letzten Jahrzehnten stetig ausgebaut werden. In den 80er-Jahren wurde der CAD- und CAM-Verbund flächendeckend eingeführt. Die Verwendung von Prozess- und Formfüllsimulationen ist heute gängige Praxis bei der Entwicklung und Optimierung von Gussteilen und Gießwerkzeugen. Erste Daten von Gießmaschinen konnten schon früh erzeugt und auf Computersystemen gespeichert werden, um eine erste digitale Überwachung des Gießprozesses zu ermöglichen. Auch das innovative Fertigungsverfahren des 3D-Drucks von Prototypen, Kernen und Formteilen wurde bereits vor Jahrzehnten erstmalig in der Gießerei verwendet und ist heute eine etablierte Technologie.

An diesem unvollständigen geschichtlichen Abriss erkennt man, dass der Weg schon lange in Teilen beschritten wird, aber das Vorankommen eher evolutionär statt revolutionär erfolgt, was für die Gießereibranche nicht unüblich ist. Die Komplexität der Aufgabenstellung, überschaubare Zielvorgaben und die erforderlichen Ressourcen zur Umsetzung von Digitalisierungsvorhaben sind oft unbeantwortete Kernfragen in den Unternehmen, die die Umsetzungsgeschwindigkeiten bremsen.

Drei grundsätzliche Fragen zur Systematik

Grundsätzlich versuchen Unternehmen, drei Fragen im Zusammenhang mit der Digitalisierung der Produktion zu beantworten. Zunächst müssen grundlegende Daten vorhanden sein, um einen umfassenden Blick auf den Status der Produktion und der Prozesse sowie den Zustand der Produktionsmittel eines Unternehmens zu erlangen. In dieser Phase der Digitalisierung geht es um eine Visualisierung von Daten zur Beantwortung der Fragen (Bild 1 und 2).

In den hier dargestellten Digitalisierungsstufen könnten solche Systeme Maschinen, Prozesse oder Arbeitsabläufe im Hinblick auf komplexe Zielvorgaben autonom oder teilautonom steuern.

Frage 1: „Was passiert gerade?"

Hierzu werden meist leicht zu erfassende Statusinformationen von Maschinen und Prozessen erfasst („digitaler Schatten") und z. B. auf „Status Boards" an für die Belegschaft günstigen Stellen visualisiert. Statusinformationen zu Maschinen und Prozessen liegen oftmals vor, meist aber nur unaufbereitet und nicht dort, wo sie benötigt werden.

Frage 2: „Warum passiert etwas gerade?"

Als logische Folgerung aus der ersten Fragestellung ergibt sich die Frage „Warum passiert gerade etwas?" Aus welchem Grund wird beispielsweise ein Prozess instabil oder was bedingt den Maschinenstillstand?

Zur Aufklärung solcher Fragen müssen Daten miteinander in Verbindung gebracht werden oder es ist eine zeitliche Abfolge von Ereignissen und Daten auszuwerten. Hierzu sollten die zu bearbeitenden Daten bereits in einem geeigneten Format gespeichert und weiterverarbeitet worden sein.

Frage 3: „Was wird wann passieren?"

Konnte durch die digitale Beantwortung der zweiten Frage geklärt werden, warum etwas passiert, ist es von Interesse, ob erkannt werden kann, ob ein Ereignis erneut eintreten wird und ob man den Zeitpunkt ggf. datenbasiert voraussehen kann. Die Frage „Was und wann wird es passieren?" gilt es mit dem digitalen Zwilling zu beantworten.

Neben statistischen Betrachtungen sind komplexe mathematische Modelle einzusetzen wie z.B. „Machine-Learning- oder KI-Algorithmen". Entsprechende Prädiktionen können z. B. Assistenzsysteme nutzen, um vor einem bevorstehenden Maschinenschaden zu warnen oder Hinweise für die Optimierung eines Prozesses zu geben.

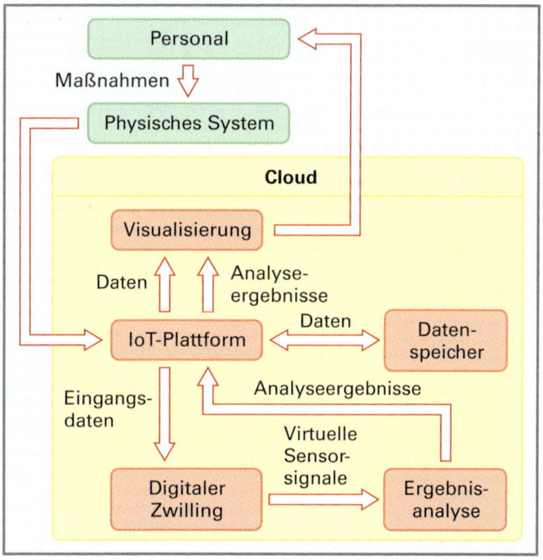

Bild 1: Einspeisen von Sensordaten in den digitalen Zwilling über eine IoT-Plattform (Internet-of-Things)

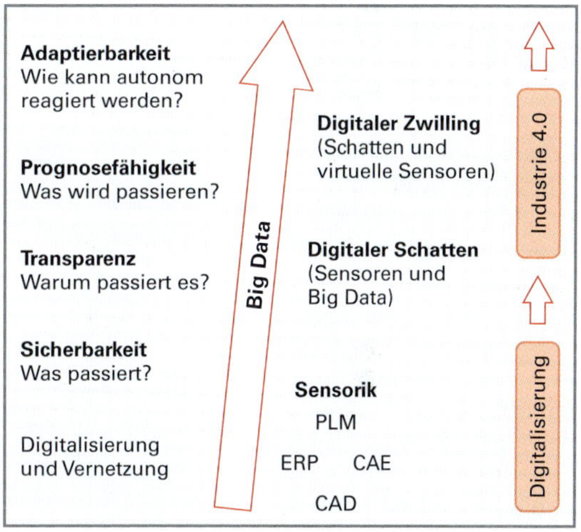

Bild 2: Zusammenhang zwischen digitalem Zwilling und Big Data

Weitere Notwendigkeiten

Eine Möglichkeit, um physische und virtuelle Maschinen/Geräte miteinander zu vernetzen, ist eine IoT-Plattform. Die Plattform dient dabei als eine Art Betriebssystem, die aus den Geräten Daten ausliest und Steuersignale an die Geräte zurücksendet. Um fortschreitende Entwicklungen zu ermöglichen, müssen zunächst weitergehende Daten von Maschinen und Prozessen erfasst werden. Insbesondere fehlen oftmals statistisch auswertbare Qualitätsdaten, die nicht nur über stichpunktartige Messungen erfasst werden. Zudem ist eine digitale Beschreibung von Qualität komplex und kaum standardisiert.

Datenschnittstellen

Ebenso aufwändig gestaltet sich die Datenerfassung in einer über Jahrzehnte gewachsenen Produktionslandschaft. Jede Maschine verfügt über unterschiedliche Schnittstellen oder kann teilweise überhaupt keine Datenschnittstelle zur Verfügung stellen. Prozesse und Aggregate müssen über IoT-Sensoren zusätzlich digital transparent gemacht werden.

Eine aktuelle Initiative zur Etablierung einer einheitlichen Datenschnittstelle ist die OPC-UA Foundation („Open Platform Communications Unified Architecture"), ein Framework für industrielle Interoperabilität unabhängig von Herstellern, Betriebssystemen, Sprachen oder vertikalen Märkten.

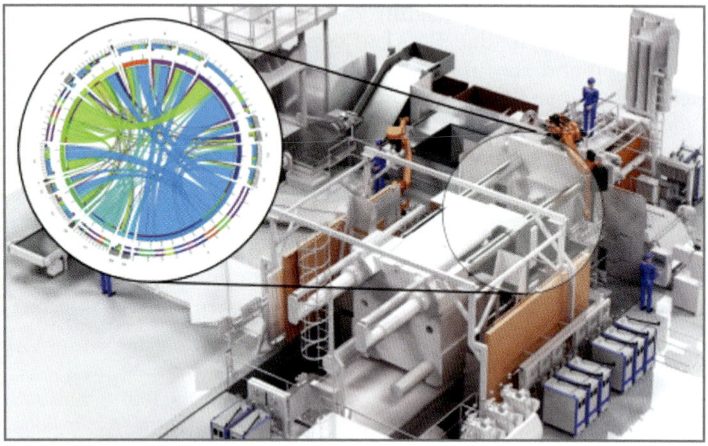

Bild 1: Big Data Analytik umfasst eine Vielzahl von Sensor-, Prozess-, Einstell- und Qualitätsdaten

Beschreibung der Daten und Informationen

Geräte- und Maschinenbauer beschreiben die objektorientierten Informationen ihres Systems sowie die Zugriffsrechte. Jedes Gerät oder jede Maschine bietet seine/ihre Daten und Dienste per OPC-UA an. Unterschiedliche Kommunikationslösungen sind auf einem Mechanismus vereinigt, skalierbar vom Sensor bis in die IT-Cloud als Schlüssel für Industrie 4.0.

Einzelne Fragestellungen im Bereich Condition Monitoring oder in einem tieferen Prozessverständnis setzen zudem voraus, dass die Daten aus einer Flotte von gleichen oder zumindest ähnlichen Maschinen erfasst werden, damit entsprechende Vorhersagemodelle entwickelt werden können. Zudem müssen Daten und insbesondere auch das Erfahrungswissen der Belegschaft offline digitalisiert werden, was eine weitere Herausforderung darstellt.

Bild 2: Das Informationsmodell beschreibt, wie Daten und Informationen im Adressraum des OPC-UA Servers verwaltet werden

8

Zukunftsfähigkeit

Trotz dieser Herausforderungen sind Industrie 4.0 und die Digitalisierung konsequente Schritte für die Gießerei, um die Zukunftsfähigkeit des Verfahrens zu sichern.

9 Sponsoren

Fünfunddreißig Jahre nach dem Erscheinen der ersten Auflage von Fachkenntnisse für gießereitechnische Berufe liegt das Standardwerk, vollständig überarbeitet und mit modernem, vierfarbigen Layout unter dem Titel Fachkunde für gießereitechnische Berufe vor. Auf die besonderen Neuheiten der 9. Auflage ist im Vorwort hingewiesen. Mit ermöglicht wurde diese Neuausgabe durch die Unterstützung der in Kapitel 9 dargestellten Unternehmen.

Diese Übersichtsseite ermöglicht das schnelle Auffinden der Werbeseiten. In Klammer wird auf die Seiten in den betreffenden Fachkapiteln hingewiesen, in denen weitere Texte oder/ und Bilder dieses Unternehmens zu finden sind.

Das Kapitel 9.1 zeigt neben der Vielseitigkeit der Gießereien auch ihre vielfältigen Verknüpfungen mit ihren Ausrüstern, Zulieferern sowie dem Modell- und Formenbau. Hierdurch ist das Kapitel 9.1 nicht nur eine in sich abgeschlossene Präsentation, sondern ergänzt die vorangegangenen Kapitel in fachlicher Hinsicht.

Im Bild- und Textquellennachweis 9.2 sind sämtliche Unternehmen zu finden, die durch Bilder und Texte dazu beigetragen haben, dass dieses Fachbuch praxisnah und aktuell ist.

Auch für Durchsicht, Anregungen und Verbesserungen des Manuskriptentwurfs sei diesen Unternehmen besonders gedankt.

Rolf Roller

9.1 Werbeseiten

Unternehmen	Werbeseite (Seiten im Fachkapitel)
Gießereien und ihre Ausrüster	
MAGMASOFT	414, 415 (394–404, 410–412)
Aalener Gießereimaschinen	416, 417 (60–62, 76)
FRECH Druckgießtechnik	418(164–195)
Laempe Kernfertigung	419 (109–115)
HEINRICH WAGNER SINTO	420 (67, 74)
datec Dosier- und Automationstechnik	421
HITACHI	422
Saveway	423
OTTO JUNKER	424, 425 (222–225)
nageno	426
Zulieferer der Gießereien	
ASK CHEMICALS	427 (251–254)
FOSECO Vesuvius	428, 429 (235, 306–308)
HÜTTENES ALBERTUS	430, 431 (248–250, 256+257)
Institutionen und Informationen der Gießerei	
Verein Deutscher Gießereifachleute	432 (4)
Gießerei Lexikon, Fachverlag Schiele & Schön	433
Foundry Planet Ltd.	434
Modell- und Formenbau mit Zulieferern und Ausrüstern	
MEISSNER	435
HOHNEN	436, 437
Modellbau Hermann Siegen	438
Ebalta	439
Sika	440
SCHURG	441

MAGMASOFT®
Der digitale Giesserei-Prozess
Gießen ist ein anspruchsvolles und variantenreiches Verfahren
Alles muss bedacht werden, damit man am Ende stolz ist auf ein Hightech-Teil "aus einem Guss". Vom Design bis zur Fertigung sind viele Prozessschritte und Einflussgrößen gezielt zu optimieren und abzusichern, um Fertigungsrisiken so klein wie möglich zu halten. Berechenbare Gussteilqualität schafft Vertrauen und stärkt die Zusammenarbeit nachhaltig.
Gießprozess-Simulation mit MAGMA wird heute zur Optimierung von Gussteilen für alle Anwendungen speziell in der Automobilindustrie und dem Maschinenbau eingesetzt. Simulation liefert quantitative Vorhersagen zur Machbarkeit anspruchsvoller Gussteile. Sie unterstützt die wirtschaftliche Produktion mit stabilen Prozessen und zielt auf eine Reduzierung von Energie- und Rohstoffeinsatz ab.
www.magmasoft.de

MAGMA

150 Jahre wöhr

AAGM Aalener

> Durchlaufwirbelmischer für kaltharzgebundene Formsande

>www.aagm.de

Gießereimaschinen GmbH

> Regenerierungsanlagen
> Formanlagen

Gewerbehof 28
D-73441 Bopfingen
Tel.: +49 7362 956037 0
Email: info@aagm.de

Choose the Original
Choose Success!

FRECH®
Druckgießtechnik weitergedacht!
Wo immer Aluminium, Magnesium und Zink ins Spiel kommen,
vertrauen Spezialisten aller Branchen auf Lösungen von FRECH.
Schöpfen Sie das Potential des Druckgießverfahrens voll aus.
Mehr dazu finden Sie gebündelt und übersichtlich im Kapitel Druckgießen.
www.frech.com

PERFEKTION IN JEDER FORM

Innovative Form- und Gießtechnologien

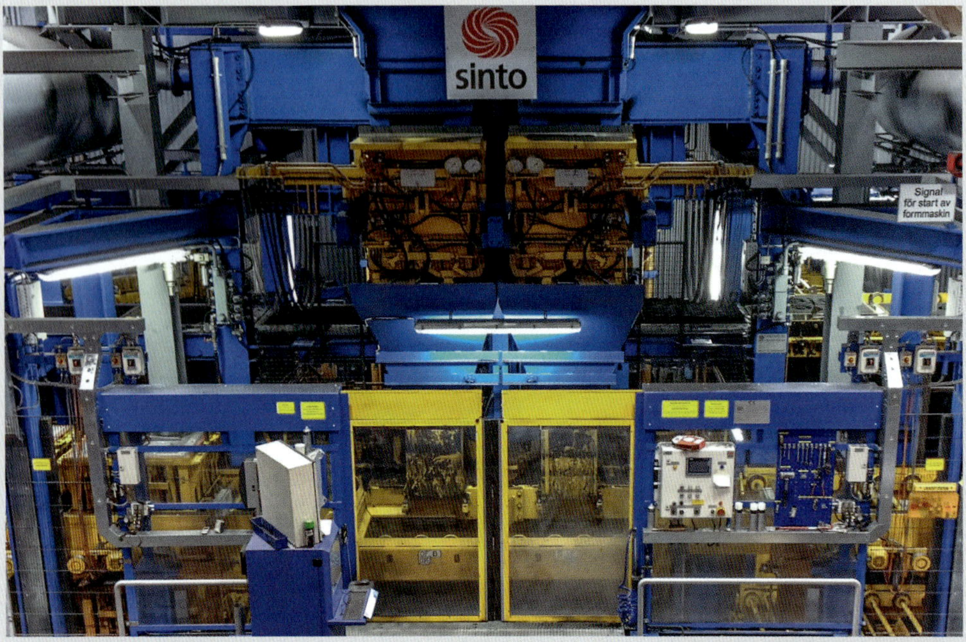

- SEIATSU/ACE Formmaschinen und -anlagen
- Kastenlose Formmaschinen und -anlagen
- Vakuum Formmaschinen und -anlagen

- Gießmaschinen, halb- und vollautomatisch
- Niederdruck-Gießmaschinen
- Kipp-Gießmaschinen
- Sandregenerierung

- Software für Gießereien
- Modernisierung vorhandener Anlagen
- Service

sinto

New Harmony » New Solutions™

www.sinto.com

sinto FOUNDRY INTEGRATION™

sinto FOUNDRY INTEGRATION

HEINRICH WAGNER SINTO Maschinenfabrik GmbH
SINTOKOGIO GROUP
Bahnhofstr. 101 · 57334 Bad Laasphe, Germany
Tel +49 2752 / 907 0 · Fax +49 2752 / 907 280 · **www.wagner-sinto.de**

FÜR NEUBAU UND/ODER RETROFIT

Sandplant_control

Als europaweit einziges Unternehmen begleitet datec die Modernisierung der elektronischen Ausrüstung jeder Sandaufbereitung von der Planung als Hersteller, über die Lieferung bis hin zur Inbetriebnahme.

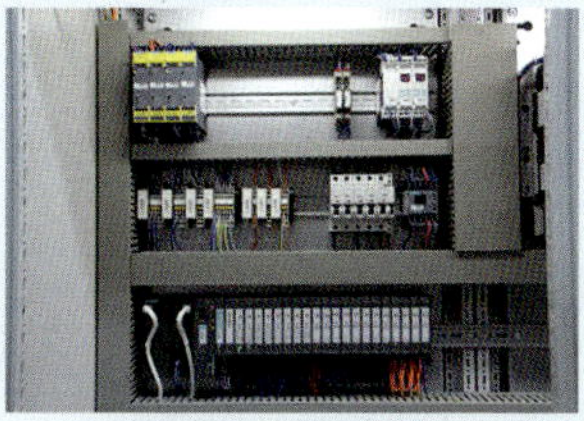

Steuerungsteil

Leistungsteil

Sandaufbereitung

Kühler

akwa^plus_cool

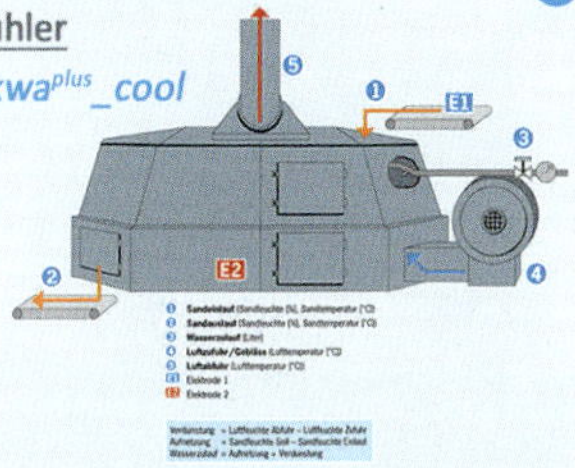

Kühlersteuerung

Wasserdosierung
Temperaturmessung
Feuchtemessung

Mischer

akwa^plus_mix

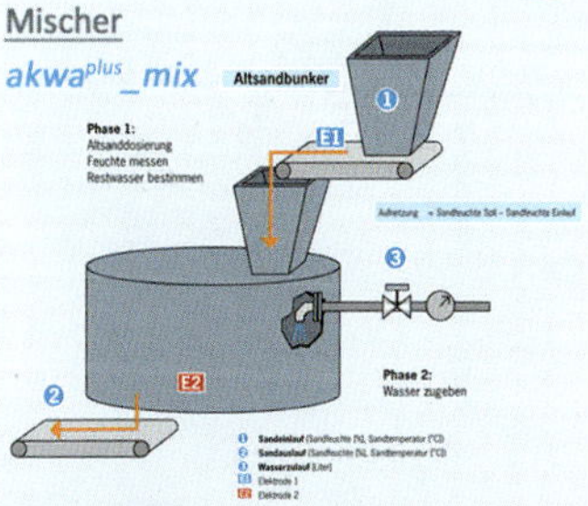

Mischersteuerung
Waagendosierung
Rezeptsteuerung

Wasserdosierung
Feuchtemessung
Temperaturmessung

Messtechnik

Feuchtemessung

akwa_indicat

Unterschiedliche Elektrodentypen:

- Rotationselektrode im Mischer oder Kühler
- bipolare oder tripolare Elektrode am Zuführband

Beispiel: tripolare Elektrode am Zuführband

Sandprüfsystem:

RTC 107

misst:
- Verdichtbarkeit
- Druckfestigkeit
- Springback !! NEU !!

...und regelt den Wasser- und Bindemittelbedarf daraus.

Visualisierung

Betriebszustände/Messwerte anzeigen

DView

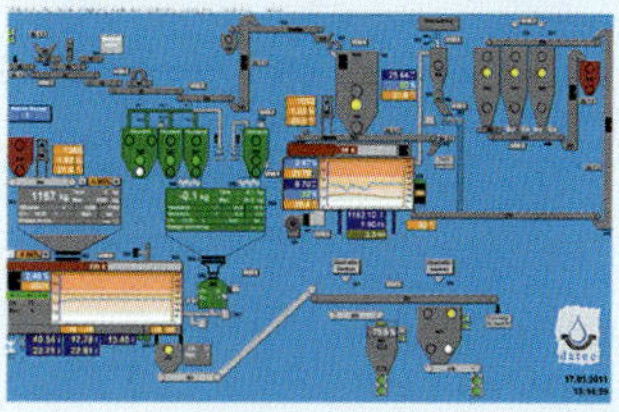

Auswertung der Chargendaten

Statistische Prozesskontrolle

DView_Analyse

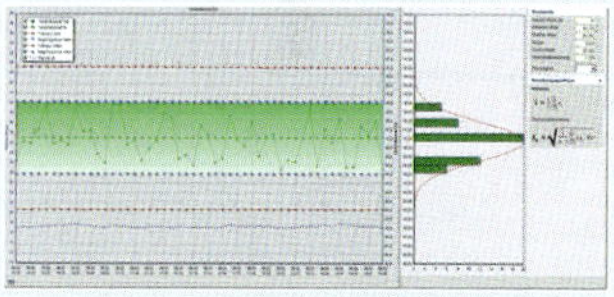

Energieeffizienz

Vermeidung des Leerlaufstroms und bedarfsweises Ein-/Ausschalten der Gruppen im Sandkreislauf mit dem Energiemanagement-System energy_control.

weitere Produkte:
- Störanalyse
- Bindemittelsteuerung
- Log-In via RFID-Chip

up to datec

datec Dosier- und Automationstechnik GmbH • www.datec.org

9

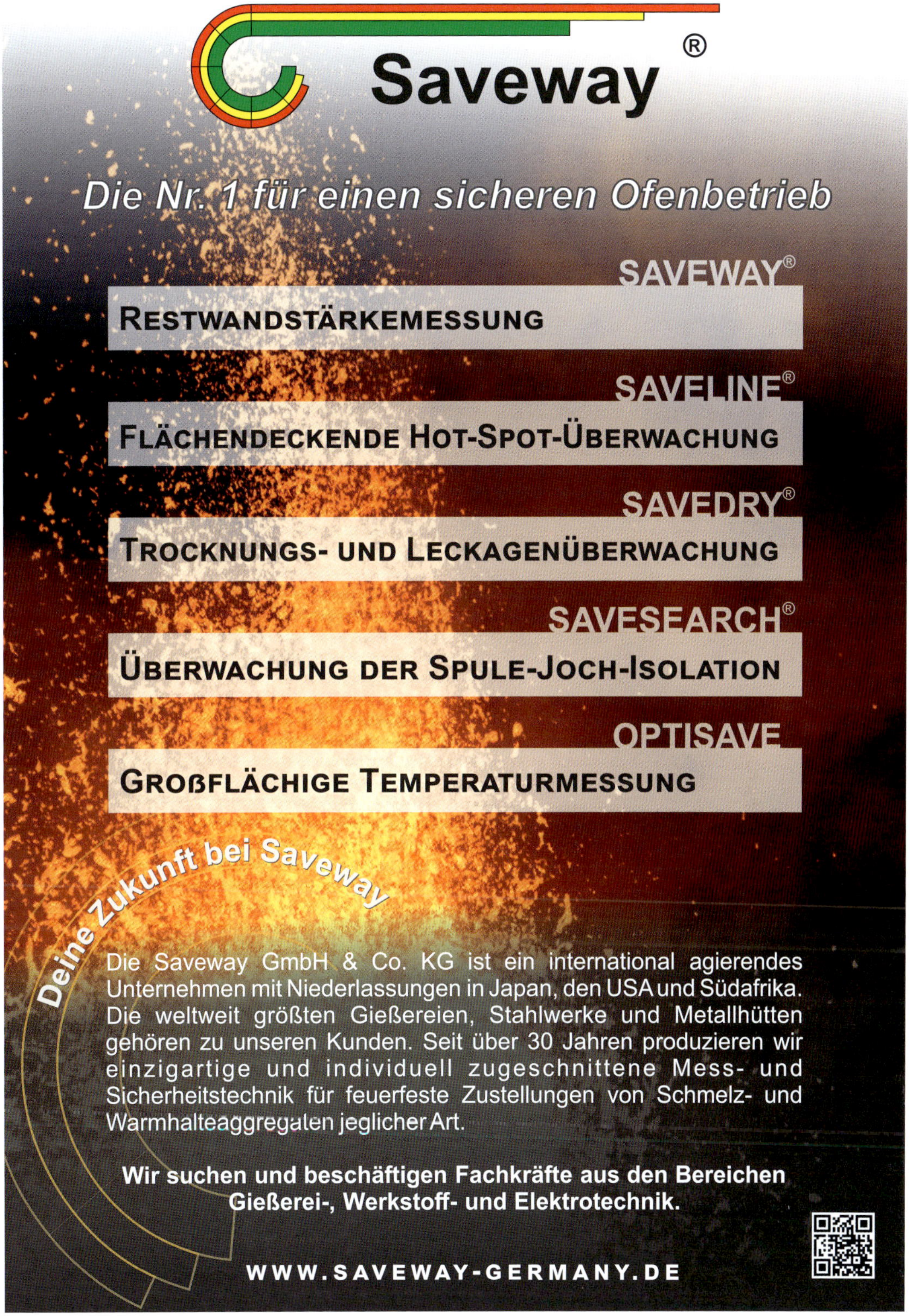
Saveway®
Die Nr. 1 für einen sicheren Ofenbetrieb
SAVEWAY®
RESTWANDSTÄRKEMESSUNG
SAVELINE®
FLÄCHENDECKENDE HOT-SPOT-ÜBERWACHUNG
SAVEDRY®
TROCKNUNGS- UND LECKAGENÜBERWACHUNG
SAVESEARCH®
ÜBERWACHUNG DER SPULE-JOCH-ISOLATION
OPTISAVE
GROßFLÄCHIGE TEMPERATURMESSUNG
Deine Zukunft bei Saveway
Die Saveway GmbH & Co. KG ist ein international agierendes Unternehmen mit Niederlassungen in Japan, den USA und Südafrika. Die weltweit größten Gießereien, Stahlwerke und Metallhütten gehören zu unseren Kunden. Seit über 30 Jahren produzieren wir einzigartige und individuell zugeschnittene Mess- und Sicherheitstechnik für feuerfeste Zustellungen von Schmelz- und Warmhalteaggregaten jeglicher Art.
Wir suchen und beschäftigen Fachkräfte aus den Bereichen Gießerei-, Werkstoff- und Elektrotechnik.
WWW.SAVEWAY-GERMANY.DE

OTTO JUNKER
WE UNDERSTAND METALS
INDUKTIONSOFENANLAGEN
... ZUM SCHMELZEN, WARMHALTEN, GIESSEN UND MEHR
Fe
Stahl
Al
Mg
Sn
Zn
Si
WE UNDERSTAND METALS
WWW.OTTO-JUNKER.DE

OTTO JUNKER
WE UNDERSTAND METALS

WIR STELLEN UNS VOR

OTTO JUNKER ist weltweit einer der erfolgreichsten Hersteller von komplexen Industrieofenanlagen für die Metallindustrie sowie einbaufertiger Edelstahlgussteile. Mehr als 650 Mitarbeiter entwickeln, fertigen und montieren Anlagen zum Schmelzen und Gießen sowie für die Wärmebehandlung von metallischen Werkstoffen. Die Edelstahlgießerei fertigt erstklassige Gussprodukte und bietet eine hochpräzise mechanische Bearbeitung kundenspezifischer Bauteile. Mit einer klaren Ausrichtung auf die Technologie- und Innovationsführerschaft setzt OTTO JUNKER sowohl im Anlagenbau als auch im Edelstahlguss kontinuierlich neue Maßstäbe hinsichtlich Technik, Materialbeschaffenheit, Arbeits- und Prozesssicherheit und Energieeffizienz.

OTTO JUNKER bietet für praktisch jede erdenkliche Aufgabenstellung die optimale Lösung — vom einzelnen Aggregat bis hin zur hochkomplexen Gesamtanlage inklusive Zusatzeinrichtungen. Anlagen aus dem Hause OTTO JUNKER werden überall dort eingesetzt, wo passgenaue Schmiede- oder Gussstücke sowie hochwertige Halbzeuge wie Platten, Bänder, Folien, Profile oder Rohre aus den verschiedensten Metallen gefragt sind. Wir verpflichten uns zur ständigen Steigerung der Energieeffizienz unserer Anlagen, der Erhöhung der Prozesssicherheit sowie der Reproduzierbarkeit der technologischen Parameter. Als Systemlieferant beraten wir Sie bei der Einbindung kompletter Anlagen oder einzelner Aggregate in bestehende Produktionsabläufe.

Das Unternehmen OTTO JUNKER ist seit 1982 im Besitz der Otto-Junker-Stiftung. Entsprechend der Satzung der Stiftung wird die Ausbildung des Ingenieurnachwuchses an der technischen Hochschule in Aachen (RWTH) und die Forschung und Entwicklung auf den Gebieten Metallurgie und Elektrotechnik gefördert.
Dies ermöglicht dem Unternehmen den schnellsten Zugriff auf modernste Technologien und Verfahren sowie eine kurzfristige Umsetzung der neuesten Entwicklungen für die Anlagentechnik.

Auf dem Gebiet des Gießereianlagenbaus für die Gusseisen/Stahl-, Leicht- und Schwermetallindustrie umfasst das Lieferprogramm

- Engineering und Realisierung kompletter Anlagen für den Schmelz- und Gießbetrieb und von Wärmebehandlungsanlagen

OTTO JUNKER bietet im Gießereibereich Schmelz-, Warmhalte- und Gießöfen, insbesondere:

- Mittelfrequenz-Induktionstiegelöfen mit und ohne Vakuumtechnik
- Rinneninduktionsöfen
- Druckbetätigte Gießöfen mit Rinnen und Tiegelinduktor
- Gasbeheizte Aluminium-Schmelzöfen sowie
- Wärmebehandlungsanlagen für Aluminium-Gussteile

YouTube

OTTO JUNKER GMBH
Jägerhausstr. 22
52152 Simmerath-Lammersdorf
Tel.: (02473) 601-0 | Fax: (02473) 601-600
E-Mail: info@otto-junker.de

WE
UNDERSTAND
METALS

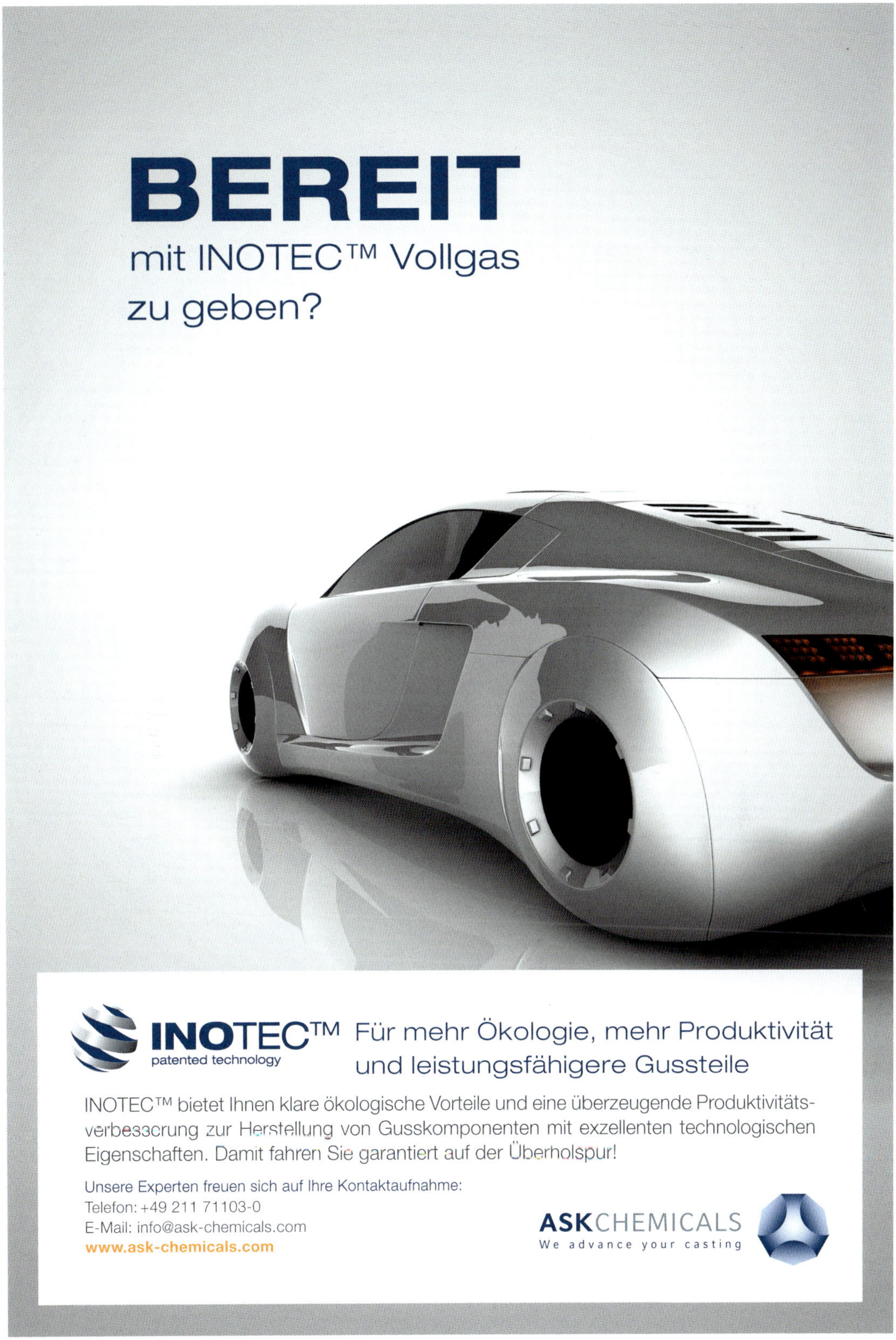
BEREIT
mit INOTEC™ Vollgas
zu geben?
INOTEC™
patented technology
Für mehr Ökologie, mehr Produktivität
und leistungsfähigere Gussteile
INOTEC™ bietet Ihnen klare ökologische Vorteile und eine überzeugende Produktivitätsverbesserung zur Herstellung von Gusskomponenten mit exzellenten technologischen Eigenschaften. Damit fahren Sie garantiert auf der Überholspur!
Unsere Experten freuen sich auf Ihre Kontaktaufnahme:
Telefon: +49 211 71103-0
E-Mail: info@ask-chemicals.com
www.ask-chemicals.com
ASK CHEMICALS
We advance your casting

9

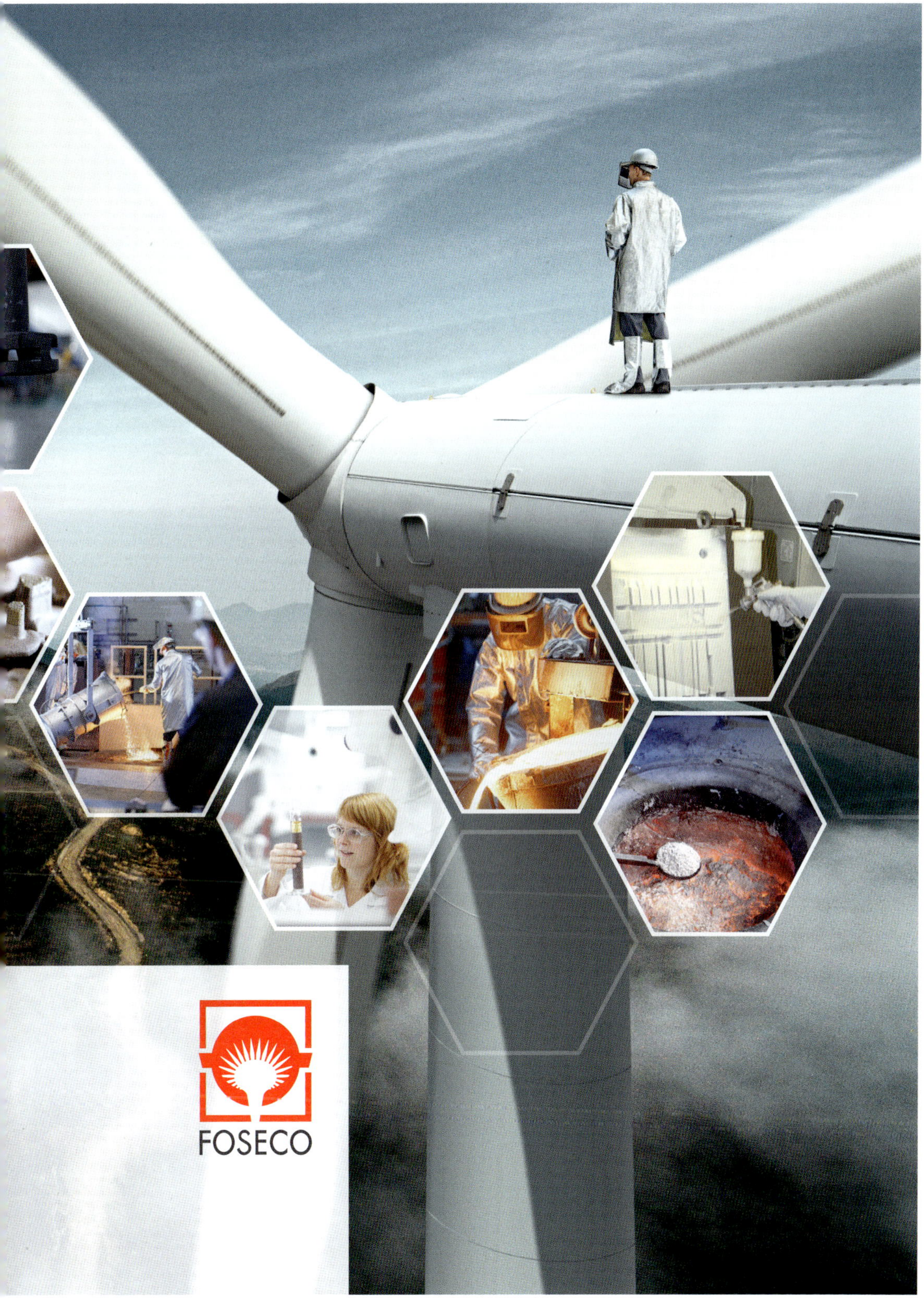
FOSECO

HÜTTENES-ALBERTUS
CHEMISCHE WERKE GMBH

Wiesenstraße 23
40549 Düsseldorf

Tel: +49 211 5087-0
Fax: +49 211 500560

Karriere[HA]

future@ha-group.com

Hüttenes-Albertus ist ein modern strukturiertes Familienunternehmen und bietet als international führender Hersteller von chemischen Produkten für die Gießereiindustrie interessante Einstiegs- und Entwicklungsmöglichkeiten.

Wir beliefern unsere Kunden mit den modernsten gießereichemischen Produkten für alle gängigen Kern- und Formherstellungsverfahren. Die mit Hilfe unserer Bindersysteme hergestellten Gussstücke begleiten uns durch unser ganzes Leben: Ob als Motor im Auto, riesige Nabe in einer Windkraftanlage oder als glänzende Armatur im Badezimmer.

Als international erfolgreiches Unternehmen sind wir in mehr als 30 Ländern auf allen Kontinenten mit Produktions- und Vertriebsstandorten vertreten.

Neben unserer Zentrale in Düsseldorf und dem Hauptproduktionsstandort in Hannover haben wir in Deutschland weitere Standorte in Delligsen, Baddeckenstedt und Braunschweig.

ha-group.com

HA
GROUP

vdguss

Fotos: Fotolia, Kuka, BDG/Soschinski, Gestaltung: BDG

Gemeinschaft mit Sachverstand

Der Verein Deutscher Giessereifachleute (VDG) ist die Gemeinschaft aller im Gießereibereich tätigen Fachleute. Mit dem Anspruch „Zukunft gestalten“ arbeitet der Verein Deutscher Giessereifachleute im Interesse seiner Mitglieder gezielt für den technisch-wissenschaftlichen Fortschritt in der Gießereitechnik, fördert den Nachwuchs und die berufliche Zukunft.

Alle Angebote und Leistungen können Sie anfordern unter:

Verein Deutscher
Giessereifachleute e.V.
Tel.: 02 11/68 71-0
Fax: 0211 / 68 71-333
E-Mail: infor@vdg.de
www.vdg.de

WWW.FOUNDRY-PLANET.COM
FOUNDRY-PLANET.COM
THE B2B PORTAL
CORPORATE
PUBLISHING
B2B FOR TECHNICAL AND COMMERCIAL FOUNDRY MANAGEMENT

MEISSNER - Return on Investment
Werkzeuge für Ihren Erfolg.
Unser Ausbildungsangebot
Mechatroniker (m/w/d)
Elektroniker (m/w/d)
Werkzeugmechaniker (m/w/d)
Zerspanungsmechaniker (m/w/d)
Technischer Produktdesigner (m/w/d)
Technischer Modellbauer (m/w/d)
Fachinformatiker (m/w/d)
Bewerbungen online über:
jobs.meissner.eu
MEISSNER®
MEISSNER AG · D-35216 Biedenkopf-Wallau · +49 (0)6461 802-0 · info@meissner.eu · www.meissner.eu

*„Es gibt viele Möglichkeiten, sich zu unterscheiden…
wir haben uns für Qualität entschieden!“*

Die Firma **Hohnen & Co. KG** wurde bereits 1918 als technische Großhandlung gegründet und ist spezialisiert auf die Lieferung von Gießerei- und Modellbaubedarf.

Wir sind Vertriebspartner für

Sika® **- TOOLING - PRODUKTE
SikaBlock® und Biresin®** und ZIMMERMANN milling solutions

Das Gießereibedarfsprogramm umfasst alle zum Schmelzen, Gießen und Formen notwendigen Werkzeuge, Kernstützen und Kühlmaterialien, Zubehör für Formerei und Kernmacherei, Gussputzwerkzeuge, Labor- und Transportgeräte sowie Arbeitsschutzartikel und Hilfsstoffe. Im Bereich Modellbau liegt der Schwerpunkt seit einigen Jahren neben dem traditionellen Lieferungsprogramm mit Zubehör für Modelle, Kernkästen und Kokillen sowie Mess- und Fräswerkzeugen, auf den SIKA-Tooling-Produkten SikaBlock® und Biresin® - Flüssigkunststoffen sowie den Modellbaumaschinen Fabrikat Zimmermann.
Wir handeln nach unserem Leitspruch: „Auswahl – Qualität – Service“ und versuchen stets, den größten Umfang des Lieferungsprogramms in den Bereichen Gießerei- und Modellbaubedarf sowie qualitativ hochwertige Produkte anzubieten und unsere Verlässlichkeit im Kundenkontakt zu optimieren.

Wir bauen auf ein zentrales Wertesystem:

- Kundenorientierung & Kundenzufriedenheit
- Innovation
- Teamfähigkeit
- Tradition (Familienunternehmen)

GIESSEREIBEDARF
HOHNEN & CO
MODELLBAUBEDARF

Leistungsstarke Polyurethan- und
Epoxidharze von ebalta.
Ihre Größe im Gießereimodellbau.
Spezialkunstharze Halbzeuge Hilfsstoffe Silikone
Wir freuen uns auf Ihren Anruf!
Tel.: +49 9861 7007-0
www.ebalta.de
ebalta
Lösung zur Form

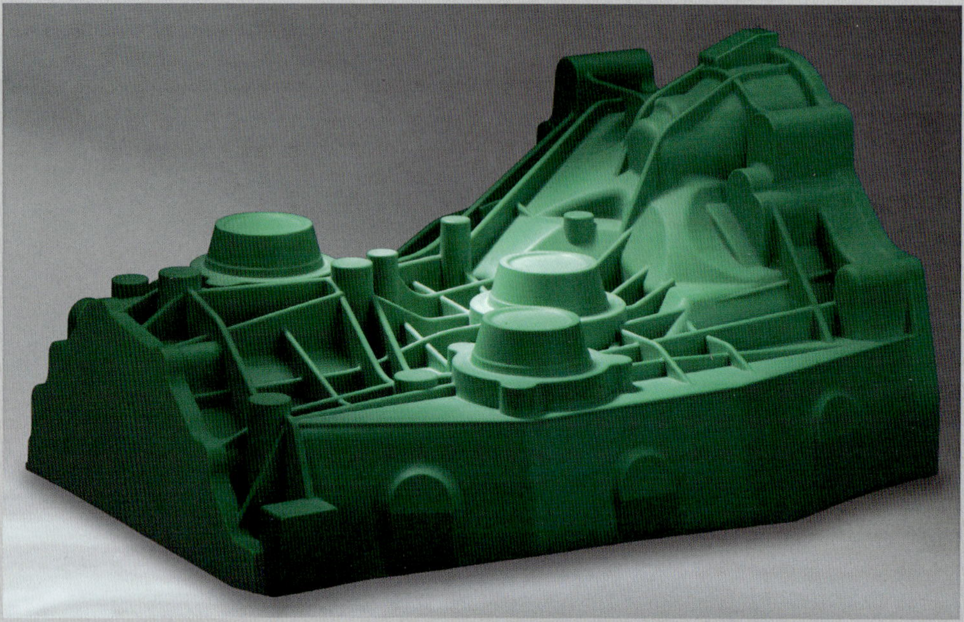

Werkstoffkunde für Praktiker

9. Auflage 2021, 240 Seiten, zahlr. Abb., 2-fbg., 17 x 24 cm, brosch.
Europa-Nr. 13217
ISBN 978-3-7585-1208-7 | € 20,90 *

Werkstoffe haben ihre eigene Sprache, die mitunter die Kommunikation zwischen Praktikern, Ingenieuren, Kaufleuten und Anwendern erschwert. Dieses Lehrbuch bietet einen anschaulichen Einstieg in die Werkstoffkunde für alle genannten Gruppen, darunter auch Anfänger aus dem kaufmännischen Bereich oder Quereinsteiger aus der Praxis.

Unter weitgehendem Verzicht auf Formeln und Berechnungen werden einfach, kurz und verständlich die wesentlichen Grundlagen der Entwicklung von Werkstoffen, die Prüfung ihrer Eigenschaften sowie aktuelle Anwendungsfragen erläutert.

Themen sind metallische Werkstoffe (Stähle, Gusseisen, wichtige Nichteisenmetalle wie z. B. Aluminium und Kupfer), Kunststoffe, Keramiken und Hilfsstoffe sowie das Recycling. Egal ob Zustandsdiagramme, Mischkristalle, Rekristallisation, Versetzung, Aushärtung, Martensit oder Korngrenze – das Lehrbuch erklärt die Begriffe und Zusammenhänge einfach und nachvollziehbar mithilfe aussagekräftiger Grafiken, Fotos und didaktisch aufgebauter Texte. Damit eignet sich das Buch für die Ausbildung, aber auch für das Selbststudium und das Nachschlagen in der Praxis.

Dieser Titel ist auch als digitales Buch für die **EUROPATHEK** erhältlich. Weitere Informationen finden Sie auf www.europa-lehrmittel.de/digital.

* Preis gültig bis 31. März 2022

Industrielle Fertigung

Fertigungsverfahren, Mess- und Prüftechnik

9. Auflage 2021, 896 Seiten, ca. 2000 Abb., 4-fbg., 17 x 24 cm, brosch., mit digitalem Zusatzmaterial
Europa-Nr. 53510
ISBN 978-3-8085-5368-8 | € 54,70*

EUROPA THEK Dieser Titel ist auch als digitales Buch für die **EUROPATHEK** erhältlich. Weitere Informationen finden Sie auf www.europa-lehrmittel.de/digital.

*** Preis gültig bis 31. März 2022**

Behandelt die Fertigungsverfahren und die Mess- und Prüftechnik zur Herstellung von Werkstücken aus Metallen, Kunststoffen, Keramik und Glas. Im Einzelnen sind es die Fertigungsverfahren: Gießereitechnik, Pulvermetallurgie, Zerspanungstechnik, Trenn- und Abtragtechnik, Wärmebehandlung, Schweißen, Löten, Kleben, Montage, Lasertechnik und additive Fertigung.

Im Bereich der Mess- und Prüftechnik geht es um die geometrische Messtechnik, um die Oberflächenmesstechnik und um die Koordinatenmesstechnik. Auch die neuen Mess- und Prüftechniken, wie z. B. die Computertomographie (CT), die Bildverarbeitung und 3D-Digitalisierung sind enthalten. Es folgen die Werkstoffprüftechnik, die Bauteilprüfung und die Qualifizierung von Werkzeugmaschinen und Robotern.

In der 9. Auflage gibt es das neue Kapitel Messungen an Werkzeugmaschinen. Darin werden die vielfältigen Zusammenhänge zwischen Bearbeitungsqualität und Maschineneigenschaften aufgezeigt sowie Schwachstellen durch Messungen sichtbar gemacht. Des Weiteren wurden Aktualisierungen in allen Kapiteln vorgenommen. Besonders hervorzuheben sind: das Prüfen der Schmelze in der Gießereitechnik, die Herstellung von Metallpulvern, die Gestaltung der FVK-Bauteile und die Prüfverfahren für Umgebungseinflüsse.
Die neue Norm DIN EN ISO 6892-1:2017 „Metallische Werkstoffe - Zugversuch“ wurde mit weitreichenden Änderungen in den Formelzeichen überabeitet.

Im digitalen Medienregal EUROPATHEK stehen eine Reihe von digitalen Zusatzmaterialien zur Verfügung: ein Repetitorium zum schrittweisen Studieren und zur Lernkontrolle ganzer Wissensgebiete sowie wichtige Gesetzestexte und Vorschriften.

ISO GPS

Einführung in die Geometrische Produktspezifikation

1. Auflage 2021, 160 Seiten, zahlr. Abb., 4-fbg., 17 x 24 cm, brosch.
Europa-Nr. 10212
ISBN 978-3-7585-1021-2 | € 17,00 *

ISO GPS ist seit 2011 bis heute das bedeutendste Normungssystem der Technischen Kommunikation. Es betrifft alle Normen, die sich mit den Anforderungen an die Geometrie von Werkstücken befassen. Die Geometrische Produktspezifikation (GPS) dient somit der Kommunikation zwischen Konstruktion, Fertigung und Qualitätssicherung mit dem Ziel, Missverständnisse zu vermeiden und die Funktionsfähigkeit von Bauteilen zu gewährleisten.

Das Prinzip der Austauschbarkeit von Bauteilen ist eine der Grundlagen der industriellen Fertigung. Gerade im Hinblick auf Industrie 4.0, sind unmissverständliche technische Zeichnungen bzw. CAD-Daten mit genau spezifizierten Anforderungen an die Werkstücke eine Voraussetzung.

Das Buch gibt einen Überblick über das ISO-GPS-Normensystem und seine wichtigsten Grundsätze. Anhand von Beispielen wird gezeigt, wie Geometrieelemente und Bauteile nach ISO-GPS-Standard bemaßt werden können und welche Auswirkungen das auf die Messtechnik und Qualitätssicherung hat.

EUROPA THEK Dieser Titel ist auch als digitales Buch für die **EUROPATHEK** erhältlich. Weitere Informationen finden Sie auf www.europa-lehrmittel.de/digital.

* Preis gültig bis 31. März 2022

9.2 Bild- und Textquellenverzeichnis

GF+, Friedrichshafen	136/2–4
AAGM Aalener Gießereimaschinen GmbH	12/1, 60–62, 70, 76, 263/5+6
ABB Process Industries, Dortmund	389/3, 390, 391/1+3, 392/1+2
Alusuisse, Rheinfelden	305/1
ASK Chemicals	251–253
Blöcher Gießerei GmbH	59/3
BMW Leichtmetallgießerei Landshut	254
Braach, Modell-, Formen- u. Maschinenbau	155/1, 156/1
Buck Volkmar, Geislingen	29, 31/1, 247/2
DISA Industrie AG Schaffhausen	11/3, 12/3, 66, 73/1, 95/2, 226/2, 227/1, 234/3, 239/2–4, 240, 241, 242/1, 243/1–3, 265/2
DISA, Dänemark	63/1, 72
Deutsches Kupferinstitut, Düsseldorf	311–312
Dörentrup LÜNGEN Feuerfest GmbH	230/1–3
Dörrenberg Edelstahl GmbH – 289/3, 313/1	289/3
Eirich Gustav, Maschinenfabrik, Hardheim	259, 262/2, 265/3, 268/2
Eisenwerke Friedr. Wilh. Düker, Karlstadt	196/2
Engels Gerhard Prof. Dr., Meerbusch	8/1+2, 10
Escher Wyss, Ravensburg	46/3
eos Elektro Optical Systems ExOne	409
ExOne Europe, Gersthofen	405/3, 406, 407
FEINGUSS BLANK GmbH, Riedlingen	51/2–4, 52–55, 147/1
Fotolia	11/1
Frech Oskar GmbH + Co/KG, Schorndorf	9/3, 147/3, 164–195, 313/2, 412/1
Funk Gießerei, Aalen	292/2
GEMCO, Eindhoven, Niederlande	73/2
Gesamtverband der Aluminiumindustrie	304/3, 305/2+3
Gesellschaft für Fernhantierungstechnik	243/5+6
GIESSEREI-VERLAG, Düsseldorf	8/2, 51/1, 233/1, 314–316
GOM, Braunschweig	387, 388
Grünzweig u. Hartmann	14/4, 44, 45, 48/3,
GUT Gießerei Umwelt Technik	259/1, 260–261
HAGENBURGER Feuerfeste Produkte GmbH, Grünstadt	203/2, 205/1
Handtmann Albert Metallgusswerk GmbH & Co. KG	48/2, 49/2+3
HFM Modell- und Formenbau, Ostrach	47/3+4,
Hochschule Hamburg	324/1+2
HÜTTENES-ALBERTUS, Düsseldorf	248–250, 256–257, 256/4
Induktotherm Deutschland, Simmerath	230/4, 236, 237

Jenewein Modell- und Formenbau, Heubach	132, 133, 147/2
Jöst, Dülmen-Buldern	239/1
Junker Otto GmbH, Simmerath-Lammersdorf	8/3, 218/2, 222–225, 226/1, 227/3, 270/3
Kurtz GmbH, Kreutzwertheim	149/1+2, 153/1–3
KÜNKEL WAGNER Germany GmbH, Alfeld (Leine)	75
Küttner GmbH & Co.KG	221/1, 291/1
Laempe Mössner Sinto GmbH	9/2, 109, 110, 111/2+3, 112, 136/1, 256/3, 389/1+2
Le Magnésium Industriel, Paris	309/2+3
Linde Gas, Höllriegelskreuth	227/2, 269/1
MAGMA Gießereitechnologie GmbH, Aachen	113/3, 394–404, 410–412
MAHLE Ventiltrieb GmbH, Stuttgart	160/2
MAN B&W Diesel AG, Augsburg	292/3
MPA Stuttgart	302/1
OBO-Werke Pürburg, Neuss	274/1
Quarzwerke Frechen	244–245
Reis GmbH & Co. KG Maschinenfabrik	393
RIO TINTO, Eschborn	200
Röhm Spannzeuge, Sontheim	334/3
Roller Rolf, Bolheim	56/2, 247/3
Sander S.A., Gould D.C.	9/1
SCHENK PROCESS GmbH, Darmstadt	271/3+4, 262/1
Schenk Werkzeug- und Maschinenbau	234/2
Schröter Modell- und Formenbau, Zorneding	11/2
Schuler AG Göppingen	270/2, 326/3, 327/1
SKW-Trostberg	294/3
Stahlwerke Peine-Salzgitter	289/1
Steininger, Neumarkt Österreich	317/4
Solo Industrieofenbau, CH-St. Gallen	301/1
STRIKO Westofen – Wiehl-Bomig	228, 229
Süd-Chemie AG, München	246 /2+3, 247/1
Uddeholm Deutschland, Düsseldorf	149/3
VAW-Imco, Grevenbroich	272
Vesuvius GmbH (Foseco), Borken	235, 256/1+2, 202/6, 205/2+3, 212/3, 214/2+3, 256/1, 257/1+2, 306–310, 304/2, 391/2+3, 392/3
Voith Gießerei, Heidenheim	31/2+3, 42/2, 43/1+2, 135/3
Voxeljet Friedberg	59/2, 408
Wagner Sinto, Bad Laasphe	12/2 , 63/2+3, 67, 68/2, 74
Zentrale für Gussverwendung	295, 296, 297/3, 298/4, 339, 340/1+2, 341/2-4
ZIMMERMANN, Neuhausen	334/2, 335/3+4

9.3 Sachwortverzeichnis

Symbole

2-Hand-Sicherheitssteuerung ... 367
3D-Druck ... 52, 408
3D-Druckverfahren ... 405
3D-Druckverfahren in der Gießerei ... 406
3D-Formherstellung ... 406
3D-Messtechnik ... 387
3D-Sanddruckmaschine ... 407
3D-Sandformen ... 406
3D-Sandkerne ... 406
3D-Simulation ... 392
4.0-Gießerei ... 411, 412
5/2-Wegeventil ... 366
6-teiliges Formwerkzeug ... 389

A

Abdeckkerne ... 89
Abdeckkernmarken ... 97
Abgewandelte Naturstoffe ... 279
Abkühlphase ... 174
Abkühlung der Kokillenform ... 184
Ablaufsteuerung ... 378, 379, 382
Abluftdrosselung ... 363
Abschlagkern ... 211
Abschreckkörper ... 15
Abschreckung ... 302
Abtrennkeil ... 243
Additive Fertigung ... 52, 59
Additive Fertigungsverfahren ... 405
Additives Druckverfahren ... 409
Additives Verfahren für Feinguss ... 408
Adern ... 314
Aerometer ... 256
Affinität ... 310
Akrätzen ... 310
aktive Entlüftungssysteme ... 180
Al-Fin-Verfahren ... 159
Alkoholschlichten ... 257
Altformstoffe ... 260
Aluminium ... 304
Aluminiumlegierungen ... 165, 305
Aluminiumoxid ... 304
Aluminium-Schäumform ... 48
Analoge Signale ... 371
Analyse ... 348
Anlage mit mechanischer Regenerierung 260
Anlassen ... 302
Anode ... 318
Anorganische Bindersysteme ... 253
Anorganische Formstoffbindemittel ... 251
Anorganische Kernsandbinderverfahren . 122
anorganische Verbindungen ... 269
Ansatzspeiser ... 207, 213
Anschnittberechnung Kokille ... 159
Anschnitt Druckgießform ... 177
Anschnitte ... 197
Anschnittgestaltung der Druckgießform . 179
Antriebseinheit ... 169
Anweisungsliste (AWL) ... 375
Anwendungsbeispiele anorganische Binder ... 254
Anwendungsbereiche Feingießverfahren . 51
Arbeitsablauf des Vakuumverfahrens mit Folie ... 57
Arbeitsgänge des Lost-Foam-Verfahrens .. 49
Arbeitsschritte Kernherstellung ... 111
Arbeitsschutz ... 271
Arbeitssicherheit ... 236
Arbeitsweise einer SPS ... 373
Arten von Kühlrippen ... 216
Aufbau der Formstoffe ... 244
Aufbau des Roboters ... 390
Aufbau Druckgießmaschine ... 169
Aufbau einer SPS ... 372
Aufbau einer Steuerung ... 358
Aufbau eines PC ... 385
Aufbau eines Temperiergeräts ... 186
Aufbau von Atomen ... 347
Aufbauzeichnungen von Modellplatten ... 84
Aufbereitung ... 258
Aufbereitungseinheit ... 359
Aufbringung der Überzugsstoffe ... 257
Aufgabe für Handmodell ... 36, 37
Aufgabe für Kernpaket ... 92
Aufgaben des Speisersystems ... 207
Aufgaben für die Modellplanung ... 27
Aufgaben für Schüttkernkästen ... 125
Aufgabe zu Formzeichnungen ... 41
Aufheizung der Kokillenform ... 184
Auflichtmikroskopie ... 324
Aufsatzspeiser ... 207, 211, 213
Aufstampfboden ... 21, 23
Aufstampfklotz ... 21, 23
Auftragen von Trennstoffen ... 188
Auftragsschweißung ... 339
Ausführung der Schaumstoff-Dauermodelle ... 43
Ausführungen von Schleppkernmarken ... 98
Aushärten durch Hitze ... 119
Aushebeeinrichtungen ... 143
Aushebevorrichtungen ... 35
Ausleerrost ... 239
Ausleertrommel ... 239
Auspacken ... 12, 238, 239, 259
Auspackrinne ... 259

9

Auspackrost 259
Ausschlagrost 239
Außengewindeherstellung 333
Aussenkwender 76
Außentaster 345
Austempered Ductile Iron 296
Austenit 285, 302
Auswerfeinrichtung 158
Auswerfer 175
Auswerfereinheit 169
Auswerferstifte 177
Automationskonzept in Kokillengießereien 393
Automatische Herstellung von Kernen und Formen 389
automatische Steuerung 363
automatisierte Gießzelle 191
Automatisierung 389

B

Basen 351
Basis-Software STEP 7 380
Bauarten von Durchlaufwirbelmischern 62
Bauelemente in Hydraulikanlagen 368
Bauelemente in Pneumatikanlagen 359
Baustähle 289
Bauteil 403
Bauteile der Druckgießform 177
Bauxit 304
Bearbeitungsflächen – Abgrenzung 19
Bearbeitungszentren 391
Bearbeitungszugaben 18, 19
Becherwerk 259
Begasungszeiten 115
Begriffserklärung bei Druckgießverfahren 181
Beheizbare Pfannen 234
Behinderte Schwindung 17
Beispiel der Wärmebehandlung 302
Beispiele für Anschnittmöglichkeiten 206
Beispiel Formzeichnung 40
Beispiel für Kernpaket 91
Beispiel Rahmenkernkasten 129
Beispiel zur Modellplanung 26
Bentonit 246
Bentonitgebundene Formstoffe 247
Benton-Öl-gebundene Formstoffe 247
Berechnung der Anschnitte 200
Berechnung der Ausflussmenge 199
Berechnung der Speiser 210
Berechnung des Eingusssystems 200
Berechnung Eingusskanal 201
Berechnungen bei Druckgießverfahren 181
Berechnung Schlackenlauf 201
Berechnungsdauer eines Simulationsprojektes 395
Berechnung Simulation 395
Berechnung von Speiser und Speiserhals 212
Beschichtung der Schaumstoff-Dauermodelle 43
Besonderheiten bei Holzmodellen 143
Bestimmung der Schlacken 232
Betaset-MF-Verfahren 117
Bevorraten 259
bewegliche Kerne 158
Bezeichnung der Druckgießmaschinen 168
Biegeprobe 321
Biegeumformen 327
Big Data 411
Bildsamkeit 244
Binäre Verknüpfungen 376
Bindemittel 249
Bindersysteme mit organischen Bindern 248
Blaslunker 217
Blattrippen 314
Blei 313
Blindspeiser 207
Bodenblasverfahren 286
Bohrmaschine 336
Brechkern 211
Brennen der Feingießform 54
Bronze 312
Bügelsäge 329
Bundkernmarken 101

C

CAD-Arbeitsplatz 384
CAD-Modell 388
C-Arbeitsplatz 384
CD-ROM 385
Cerabeads 245
Chargenmischer 263
Chemie 347
Chemie der Kunststoffe 278
Chemische Elemente 269
Chemische Korrosion 318
Chemische Prüfungen 321
chemische Umsetzung 348
Chemische Verbindungen 269, 347
Chip 384
Chipsatz 385
Chromit 245
CNC-Technik 386
Cold-Box-Plus-Verfahren 120
Cold-Box-Verfahren 117, 250
Computersimulation 389
Computertechnik 384
Connor-Anschnitt 206
CPU (Central Processing Unit) 385
Croning-Kernverfahren 121
Croning-Verfahren 248

D

Dämmteile ... 15
Darstellung der Bearbeitungszugabe ... 22
Darstellung der Formschräge ... 23
Darstellung von Kernen ... 23
Darstellung von Teilungen ... 22
Datenschnittstellen ... 412
Datenverarbeitung ... 384
Dauerformen ... 13, 147, 149
Dauermodelle ... 14
Dauermodelle aus Schaumstoff ... 42
Desoxidation ... 233
Dichte ... 270
Dichtrille ... 23, 96
Diffusionsglühen ... 301
Digitale Gießereimodelle ... 29
digitaler Schatten ... 410
digitaler Zwilling ... 410, 411
digitale Signale ... 371
Digitalisierung ... 9
Direkte Herstellung von Formen und Kernen ... 59
Direktes Metall-Laser-Sintern ... 409
Direktfräsen von Formen ... 59
Direktreduktion ... 283
Doppelofensystem ... 229
Doppelquerscherfestigkeit ... 267
Doppelseitige Modellplatten ... 80
Dosieren ... 264
Drahtbehandlungsverfahren ... 294
Drehen ... 334
Drehkreuzstrahlanlage ... 242
Drehmaschine ... 334
Drehmassel ... 203
Drehstrom ... 355
Drehtrommelofen ... 227
Dreibackenfutter ... 334
Dreiteilige Kastenform ... 20
Dreiteilige Kernkästen ... 126
Drosselrückschlagventil ... 361
Druckbeaufschlagtes Eingusssystem ... 203
Druckfase ... 96
Druckfestigkeit ... 267
Druckgegossene Salzkerne ... 195
Druckgießen ... 164, 166
Druckgießform ... 176
Druckgießlegierung ... 164
Druckgießmaschine ... 167, 175
Druckgießprozess ... 186
Druckgussteil ... 149
Druckhohlkehle ... 96
Druckleiste ... 23, 95
Druckluft ... 359
Druckluftaufbereitung ... 359
Druckluftbehälter ... 359
Drucklufterzeugung ... 359
Druckluftmotoren ... 360
Druckluftzylinder ... 360
Druckventile ... 362
Druckverlauf im Antriebszylinder ... 173
dünnwandige Schaumstoffmodelle ... 46
Duplexverfahren ... 227
Durchlaufanlage ... 301
Durchlaufmischer ... 263
Durchlauftrommel ... 239
Durchlauf-Trommelstrahlmaschine ... 240
Durchlaufwirbelmischer ... 61
Durchschmelzplättchen ... 202
Durchstrahlverfahren ... 323
Duromere ... 280
Duroplaste ... 280
Düsenquerschnitte ... 182

E

Eigenschaften der Stähle ... 287
Eigenschaften Gießwerkstoffe ... 150
Eigenschaften Gusseisen ... 292
Eigenschaften Gusseisen mit Kugelgrafit . 295
Eigenspannungsverteilung ... 399
Einachsige Sprüheinrichtungen ... 189
Einfluss der Legierungselemente ... 302
Eingießphasen ... 173
Eingussformteile ... 205
Eingussformteile aus Schaumstoff ... 205
Eingussformteile aus Zellulose ... 205
Eingusskanal ... 197
Eingusssiebe ... 202
Eingusssystem ... 160, 197, 203, 205
Eingusssysteme aus Schamotte ... 205
Eingusssysteme Kokille ... 160
Eingusssystem für Aluminiumguss, Magnesiumguss und Kupferlegierungen ... 204
Eingusssystem für Grauguss und Kugelgrafitguss ... 204
Eingusssystem für Stahlguss ... 204
Eingusstechnik ... 197
Eingusstümpel ... 197
Einsatzhärten ... 303
Einsatzstähle ... 302
Einschlüsse ... 314
Einschussöffnung am Kernkasten ... 114
Einseitige Modellplatten ... 80
Einteilige Kernkästen ... 123
Einteilung der Metalllegierungen ... 281
Einteilung der Schneidstoffe ... 300
Einteilung der Werkstoffe ... 269
Einwegsystem ... 258
Eisenerze ... 283
Eisen-Kohlenstoff-Diagramm ... 301
Eisenwerkstoffe ... 283
Eisen-Zementit-Diagramm ... 285

9

Elastizität . . . 270
Elastomere . . . 280
Elastoplaste . . . 280
Elefantenhaut . . . 316
Elektrische Arbeit und Leistung . . . 354
Elektrische Selbsthaltung . . . 366
Elektrische Unfälle . . . 356
Elektrochemische Korrosion . . . 318
Elektrochemische Reaktionen . . . 350
Elektrodentyp . . . 339
Elektrolysehalle . . . 304
Elektromotor . . . 352, 356
Elektronen . . . 347
Elektroofen-Schmelzanlage . . . 291
Elektropneumatik . . . 364
Elektrotechnik . . . 352
Elemente . . . 347
Endmaße . . . 344
Endogene Erstarrung . . . 216
Endotherme Reaktionen . . . 349
Entfernung von Wasserstoff und Oxiden . 306
Entformbarkeit . . . 13
Entgasung . . . 310
Entlüftung . . . 115
Entlüftung der Druckgießform . . . 179
Entlüftungskanäle . . . 180
Entnahmeeinrichtung . . . 175
Entnahmeroboter . . . 393
Entsorgung . . . 271
Entstauben . . . 261
Entwicklung von 4.0 in der Gießerei . . . 410
Epoxidharz . . . 274
Erdschlussüberwachung . . . 225, 237
Erschmelzung Basiseisen . . . 294
Erstarrung . . . 282, 400
Erstarrungs-Schrumpfung . . . 16
Erstarrungstypen . . . 151
Erstarrungverlauf Zylinderkopf . . . 401
Erste Gießformen . . . 8
Europäische Normen für Gießerei-Produktionseinrichtungen . . . 137
Eutektikum . . . 282
Eutektoid . . . 285
EVACTHERM®-Verfahren . . . 262
EVA-Prinzip . . . 384
Exogene Erstarrung . . . 216
Exotherme Reaktionen . . . 349
Exothermer Speiser . . . 349
Exothermer Speisereinsatz . . . 214
Externe Festplatten . . . 386

F

Fächeranschnitte . . . 179
Fallender Guss . . . 148, 204
Falsches Teil . . . 21
Farbkennzeichnung der Modelle . . . 15
Fehler am Modell . . . 314
Fehler beim Formen . . . 314
Fehlerstrom-Schutzschaltung . . . 357
Feilen . . . 330
Feingießen . . . 146
Feingießform . . . 53, 408
Feingießverfahren . . . 51, 52
Ferrit . . . 285, 302
Ferrit + Perlit . . . 302
Ferritisches Gefüge . . . 291
Fertigungstechnik . . . 326
Feste Schwindung . . . 16
Feuchtemesssonde . . . 268
feucht umhüllte Sande . . . 248
Feuerbeständigkeit . . . 244
Feuerfestauskleidung . . . 230, 235
feuerfeste Schlichten . . . 256
Filter . . . 202
Finger- oder Bleistiftanschnitt . . . 206
Flammhärten . . . 303
Flammpunkte . . . 350
Fließbandfertigung . . . 9
Fließfähigkeit . . . 244
Fließlinien . . . 316
Fließvermögen . . . 150
Flügelmischer . . . 263
Flüssige Schrumpfung . . . 16
Flüssigtransport . . . 272
Fördern . . . 259
Förderrost . . . 239
Formanlage mit Formkästen . . . 73
Formanlagen . . . 71
Formauslegung Druckgießform . . . 178
Formbeständigkeit . . . 244
Formeinsätze . . . 157, 177
Formeln bei Druckgießverfahren . . . 181
Formen im Herd . . . 31
Formen mit aushärtenden Formstoffen . . . 31
Formen mit Außenkern . . . 21
Formen mit bildsamen Formstoffen . . . 31
Formen mit Kästen . . . 31
Formen mit Kernen . . . 86
Formen mit Losteil . . . 20
Formenstrang . . . 20, 72
Formerei . . . 11
Formfestigkeit . . . 217
Formfestigkeitsprüfung . . . 268
Formfräsen . . . 389
Formfüllphase . . . 174
Formfüllung . . . 152, 400
Formfüllungsvermögen . . . 150, 151
Formfüllzeit . . . 152
Formgruben . . . 31
Formgrundstoff . . . 244, 245, 249
Formhärte . . . 268
Formherstellung . . . 13
Formimpfung . . . 233

Form- oder Fassonspeiser 207
Formrahmen 177
Formschräge 18
Formsprengkräfte 158
Formstoffaufbereitung 258
Formstoffbindemittel 244
Formstoffbindersysteme 246
Formstoffe 244
Formstoffprüfung 265
Formstoffregenerierung 258
Formstoffsteuerung 264
Formstofftechnik 244
Formstofftrennung 261
Formstoff-Umlaufsystem 258, 259
Formstoffzusatzstoffe 244, 255
Formtechniken für bildsame Formstoffe 32
Formtechnik für verlorene Formen 30
Formteilung 20
Formtoleranzen 342
Formüberzugsstoffe 256
Formverfahren mit kalt aushärtenden Formstoffen 60
Formverfahren mit physikalischer Bindung 56
Formverfahren mit Schaumstoffmodellen 42
Formverschleiß 184
Formwerkzeuge für das Vollformverfahren 145
Formzeichnung 39
Formzuhaltung 158
Fräsen 335
Fräsmaschine 335
Freiformschmieden 327
Freischneiden 329
Freiwinkel 334
Frischverfahren 286
Fügen 326
Füllzeit 182
Funktionsbausteinsprache (FBS) 375
Furanharze 248
Furan-Phenolharze 248
Furnierplatte 273
Futterloser Kupolofen 221

G

Gasblasen 315
Gasdurchlässigkeit 244, 267
Gaseinschluss 402
Gashärtende Verfahren 250
Gasporositäten 306
Gasschmelzschweißen 339, 340
Gattieren 12, 231
Gattierungsanlage 231
Gattierungsbereich 237
Gefüge Simulation 398
Gefügeumwandlung 302
Gegendruckgießen 156
Gegenlauf 335
gehauene Feile 328
gelenkte Erstarrung 209
Gemischtkokillen 157
Geschichte des Schmelzens 219
Geschichte Feingießverfahren 51
Geschichte Gusswerkstoffe 10
Geschichtliche Entwicklung des Formens und Gießens 8
Geschlossenes System 118
Geschwindigkeitssteuerung 363
Gesenkschmieden 327
Gestaltung des Begasungsraumes 118
Gestaltung des Eingusssystems 204
Gestellwender 70
Gestreckte Länge 327
Getriebener Guss 314
Gewindebohrer 333
Gewindeschneidwerkzeuge 333
Gießablauf 175
Gießarten 147
Gießbarkeit 270
Gießeigenschaften der Metallschmelzen 150
Gießeinheit Kaltkammer 170
Gießeinheit Warmkammer 170
Gießen 12
Gießen damals und heute 8
Gießen von Magnesium 310
Gießen von Zinn-Blei-Legierungen 166
Gießereiberufe 8
Gießereimodelle – Arten 14
Gießereitechnische Kommunikation 22
Gießfehler Druckgießen 190
Gießgerechte Konstruktion 178
Gießkeilprobe 293
Gießkern 202
Gießkolbendurchmesser 181
Gießkolbengeschwindigkeit 182
Gießkolbenschmierung 189
Gießkraft 181
Gießlauf Druckgießform 177
Gießlaufgestaltung der Druckgießform 179
Gießleistung 181
Gießpfannen 234
Gießprozess Aluminium 307
Gießprozessoptimierung 400
Gießprozess-Simulation 394, 397, 401, 404
Gießrundtisch mit Gießroboter 393
Gießtechnik Simulation 397
Gießtechnische Zugaben 18
Gießverfahren 147, 149, 166
Gießvolumen 182
Gießwerkstoffe 151
Gießwerkzeuge 157
Gießzeit 199
Gießzelle 154
Gießzyklus 175

Glanzkohlenstoffbildung ... 255
Gleichlauffräsen ... 335
Gleichstrom ... 355
Gliedermaßstab ... 343
Grafitausbildung ... 290
Grafitexpansion ... 217
Grafitrichtreihe nach VDG-Merkblatt ... 297
Grafitschlichten ... 163
Grafitstrukturen ... 290
Grat ... 314
Gratbildung ... 191
Gratbildung durch Kernspiel ... 314
Graues Roheisen ... 284
Größe des Schwindmaßes ... 17
Grubensicherung eines Induktionsofens ... 225
Grundstoffe für Überzugsstoffe ... 256
Grünzugfestigkeit ... 267
Gurtförderer ... 259
Gusseisen Herstellung ... 291
Gusseisen mit globularer Grafitausbildung ... 295
Gusseisen mit Kugelgrafit ... 324, 339
Gusseisen mit Kugelgrafit – GJS (GGG) (Sphäroguss) ... 294
Gusseisen mit Kugelgrafit, mechanische Eigenschaften ... 295
Gusseisen mit Lamellengrafit ... 292, 324
Gusseisen mit Vermiculargrafit ... 297
Gusseisenschweißen ... 338
Gussfehler ... 314
Gussfehler an der Gussoberfläche ... 314
Gussputzen ... 243
Gussputzerei ... 12
Gussputzerei Bereiche ... 238
Gussteilauslegung ... 397
Gussteilerstarrungsergebnisse ... 401
Gussteilschweißungen ... 337
Güteklassen von Kernkästen ... 140

H

Halbkokillen ... 157
Hammerkernmarken ... 102
Handelsroheisen ... 284
Handformen ... 31
Handmodelle ... 14
Handreibahle ... 332
Hängekerne ... 90
Hartblei ... 313
Härte ... 270, 322
Härten ... 302
Härteprüfung nach Brinell ... 322
Härteprüfung nach Rockwell ... 322
Härteprüfung nach Vickers ... 322
Hartmetalle ... 300
Hartmetallsorten ... 300
Heißhärtende Bindersysteme ... 252
Heißkanal-Formentechnologie ... 193
Heißkanalsysteme ... 193
Heißwind-Kupolofen ... 220, 221
Heizkissenanwendung ... 212, 214
Herstellen einer Form mit aushärtendem Formstoff ... 34
Herstellen einer Kastenform mit bildsamem Formstoff ... 33
Herstellung der Serienmodelle ... 48
Herstellung von Formen mit verlorenem Modell ... 42
Herstellung von Gussteilen ... 306
Herstellung von Serien-Schaumstoffmodellen ... 48
Heuver'sche Kreismethode ... 213
Hiebteilung ... 330
Hinterschneidungen ... 158
Hobeln von Metall ... 328
Hochfrequenztiegelöfen ... 223
Hochleistungs-Formanlage ... 75
Hochofen ... 283
Hochofenprozess ... 348
Hochtemperaturbeständigkeit ... 244
Hohlbauweise ... 14, 143
Hohlkehlen ... 15
Holz ... 273
Holzfaserverlauf ... 143
Holzmodelle ... 14
Hornanschnitt ... 206
Hot-Box-Verfahren ... 120, 248
Hüttenaluminium ... 304
Hydraulik ... 368
Hydraulikflüssigkeiten ... 368
hydraulische Steuerung ... 369

I

Impfeffekt ... 233
Impfen von Gusseisen ... 233
Impfung ... 290
Indirekte Kernsicherungen ... 102
Induktion ... 356
Induktionsöfen ... 222
Induktionsofenanlagen ... 225
Induktionsrinnenofen ... 218, 222
Induktionstiegelofen ... 222, 223
Industrie 4.0 ... 9, 410, 412
Industrielle Revolution ... 9
Informationsmodell ... 412
Innengewindeherstellung ... 333
Innenkonturen beim Vollformverfahren ... 45
Innentaster ... 345
Inspect Professional Software ... 387
Integration der Simulation ... 404
Integrierte Schaltung ... 384

Interkristalline Korrosion ... 318
Isolierende Speisereinsätze ... 214
Isolierplatten ... 215

K

Kaltaushärtende Formstoffe ... 248
Kaltaushärtung ... 248
Kaltfluss ... 190
Kaltharzanlage für kastenlose Form ... 60
Kaltharzformanlagen ... 76
Kaltharzverfahren ... 249, 250
Kaltkammer-Druckgießform ... 176
Kaltkammer-Druckgießmaschine ... 168
Kaltkammer-Druckgießverfahren ... 168
Kaltkammer-Gießzelle ... 168, 191
Kaltkammermaschine für Magnesiumdruckguss ... 229
Kaltkammer-Ofenanlage ... 171
Kaltkammerverfahren ... 173, 189
Kaltrisse ... 317
Kaltschweißen ... 338
Kaltschweißstellen ... 317
Kaltschweißung ... 339
Kaltumformen ... 327
Kaltwind-Kupolofen ... 220
Kantenabrundungen ... 19
Kapillarverfahren ... 323
Karussell-Kokillengießanlage ... 154
kastenlose Sandform ... 407
Kastenloses Formen ... 71, 72
Katalysatoren ... 350
Katode ... 318
Kegelspeiser ... 208
Keil als Werkzeugschneide ... 328
Keilschlitzdüsen ... 115
Keilwinkel ... 328, 334
Kennzeichen eines Vollformmodells ... 44
Keramikformen ... 408
keramischer Filter ... 202
Kernarmierungen ... 135
Kernarretierung ... 101, 104
Kernarten ... 86
Kerne ... 13, 158
Kerneinlegen ... 154
Kerneinlegeroboter ... 393
Kernentlüftung ... 134
Kernfertigungsprozess ... 136
Kernfertigungszentren ... 392
Kernform ... 88, 102
Kernformwerkzeug ... 114, 115, 123
Kernhärtung durch Begasung ... 111
Kernherstellung ... 109, 252
Kernherstellungsverfahren ... 116
Kernkästen ... 123
Kernkastenbeheizung ... 119
Kernlagerspiel ... 94
Kernlagerung ... 94
Kernmacherei ... 11
Kernmarkenausführung ... 142
Kernmarkenschräge ... 95
Kernmarkenspiel ... 94
Kernmarkierung ... 101, 103
Kernmodell aus Polystyrolschaumstoff ... 42
Kernmodelle ... 14
Kernpakete ... 90
Kernschießautomaten ... 109
Kernschießen ... 109, 402
Kernschießmaschine ... 109, 110, 122
Kernschlösser ... 101
Kernseelen ... 90
Kernsicherungen ... 101
Kernspiegel ... 97
Kernstücke ... 88
Kernstützen ... 96
Kernüberzugsstoffe ... 256
Kernzieheinrichtungen ... 158
Kernzugeinheit ... 170
Ketten- und ringförmige Kohlenwasserstoffe ... 278
Kippkokillengießmaschine ... 153
Klebstoffe ... 277
Knetlegierungen ... 305
Knickarmroboter ... 390
Kohlenstoffäquivalent CE ... 293
Kohlenwasserstoffe ... 278
Kokille ... 152, 215
Kokille Anschnittgestaltung ... 159
Kokille für Schwermetall ... 160
Kokillenauslegung ... 160
Kokillengießanlagen ... 153
Kokillengießen ... 152, 158
Kokillengießmaschine ... 153
Kokillen-Gießzelle ... 154
Kokillengussteil ... 149, 152
Kokillenschlichten ... 162
Koksloser Kupolofen ... 220, 221
Kolbenschmiermittel ... 189
Kollermischer ... 263
Konstruktionsfehler ... 314
Kontaktkorrosion ... 318
Kontaktplan (KOP) ... 375
Kontinuitätsgesetz ... 198
Kontinuitätsgleichung Kokille ... 159
Konturschieber ... 170
Konvektion ... 183
Koordinatenmesstechnik ... 387
Kopfspeiser ... 207
Kornfeinung ... 307
Korngrößenverteilung ... 266
Körnungsanalyse ... 245
Korrosion ... 318
Korrosionsbeständigkeit ... 270
Korrosionsschutz ... 318

Kreuzhieb 330
Kristallstrukturen der Metalle 281
Kugelgrafitbildende Behandlung 294
Kugelspeiser 207
Kühlen 259
Kühlkörper 215, 315
Kühlrippen 213
Kühltrommel 239
Kühlung 183
Kunstharzmodelle 14
Kunstharzpressholz 273, 274
Kunststoffanwendung 274
Kunststoffe 274
Kunststoffherstellung 279
Kupfer 305, 311
Kupfer-Aluminium-Legierungen 312
Kupfer-Zink-Legierungen 312
Kupfer-Zinn-Legierungen 312
Kupfer-Zinn-Zink-Legierungen 312
Kupolofen 220
Kupolofen mit Vorherd 221
Kupolofen-Schmelzanlage 291

L

Labyrintheinsätze 180
Lagetoleranzen 342
Lanzette 32
Lasersintern 405
Laser-Sinter-Verfahren 409
Laugenbildung 351
LD-AC-Verfahren 286
LD-Verfahren 286
Ledeburit 285
Legierte Stähle 288, 289
Legierungen 281
Legierungselemente 287
Legierungselemente des Aluminiums 305
Legierungs- und Begleitelemente 287
Lehm 247
Lehren 342, 343
Leichtmetalle 304
Leichtmetalle und ihre Legierungen 304
Leichtmetall-Gusslegierungen 310
Lichtbogenhandschweißen 337, 338, 339
Lichtbogenofen 227
Lichtbogenschweißen 340
Lichtmikroskopie 324
Linearroboter 390
Liquidustemperatur 282
Losteilarten 131
Losteile 20, 112, 142
Losteile am Kernkasten 131
Lost-Foam-Formverfahren 49
Lösungsglühen 399
Luftabführung beim Kernschießen 113
Luftimpulsverfahren 66
Luftstrom-Press-Formverfahren 67
Luft und Poren im Gießsystem der Druckgießform 179
Lunker 190, 315
Lunkerarten 217
Lunkerbild 209
Lunkerverhalten 151
Lunkervermeidung 215

M

Magnesium 294, 305, 309
Magnesiumchlorid 309
Magnesium-Gusslegierungen 309
Magnesiumlegierungen 165
Magnetismus 356
Magnet-Modellplatten 79
Magnetpulverprüfung 323
Magnetscheidung 261
Makrolunker 217
Makroskopische Beobachtungen 324
Martensit 302
Maschinenbautechnische Zugaben 18
Maschinendrehmeißel 334
Maschinenformen Grundlagen 63
Maschinenkokille 158
Maschinenmodelle 14
Maschinenreibahle 332
Massivbauweise 14
Massive Modellplatten 79
Maßtoleranzen 342
Materialanhäufungen 317
Matrize 52
Mauken 259
Mechanisch-technologische Prüfungen 321
Mehrachsige Sprüheinrichtungen 189
Mehr-Schieber-Druckgießmaschine 192
Mehr-Schieber Druckgießverfahren 192
Mehrteilige Kernkästen 128
Mehrzonentemperiersystem 187
Mehrzonentemperierung 186
Meißel 329
Messen 264, 342
Messfehler 346
Messgeräte 343
Messing 312
Messinglegierungen 166
Messmethoden 342
Messschieber 345
Messschrauben 346
Messtechnik 388
Messuhren 346
Mess- und Anreißtechnik 342
Messung der Schichtdicken 257
Metalle 281
Metallgeschwindigkeit im Anschnitt 159
Metallische Überzüge 318

Metallkernkasten für Gasbeheizung 132
Metallmodelle 14
Metallographie 324
Metallschutzgasschweißen 337
Methylenblau-Absättigung 268
Methylenblau-Wert 268
MIG/MAG-Schweißen 341
Mikrolunker 217, 315
Mineralien 269
Mischen der Formstoffe 263
Mischerprinzipien 263
Mittelfrequenz-Tiegelofen 222
Modellarten für das Vollformverfahren 46
Modellaufriss 28
Modellbau 11, 274
Modelle für das Handformen 35
Modelle mit Losteilen 38
Modellfehler 314
Modellfertigungszeichnung 22
Modellherstellung beim Lost-Foam-Verfahren 49
Modellkennzeichnung 15
Modelllacke 274, 275
Modelllackierung 15
Modelloberfläche der Schaumstoffmodelle 43
Modellplanungen 108
Modellplanung mit Schleppkernmarke 99
Modellplanung Sechskanthalter 26
Modellplanung Support 25
Modellplanungszeichnung 22
Modellplatten 77
Modellplatten mit Abballung 21
Modellteilung 20
Modelltraube 49
Modellwerkstoff 274
Modellzugaben 16
Modulberechnung 210
Modul Signifikant 211
Möglichkeiten der Luftabführung 113
Moldability-Controller 265
Montage der Modelle auf die Platte 78
Montierte Modellplatten 78
Montmorillonit 246
Motorschutzschalter 354
Muldenbandanlagen 241

N

Nachbehandlung 261
Nachteile des Druckgießverfahrens 164
Nachteile von Losteilen 38
Nachverdichtungsphase 174
Nassputzen 238
Nassregenerierung 260
Nasszugfestigkeit 267
Nasszugfestigkeitsprüfung 267
Natrium 308
natürliche organische Stoffe 269
Naturmodelle 14
ND-Kokillengießmaschinen 156
Netzfrequenzinduktionsöfen 223
neuere Formanlagen 74
Neutronen 347
New Rhecocasting 194
Nicht druckbeaufschlagtes Eingusssystem 203
Nichteisenmetalle und ihre Legierungen 304
Niederdruckgussteil 149
Niederdruckkokille 155
Niederdruckkokillengießanlage 153
Niederdruckkokillengießen 155
Niederdruckkokillengießmaschine 155, 156
Nitrieren 303
No-Bake-Verfahren 60
Normalglühen 301
Normprobekörper 267
Normung GJS (GGG) 295
Normung Gusseisen 292
Normung Schaumstoffmodell 42
Notkippeinrichtung 225
Numerische Steuerung 386

O

Oberflächen-Haarrissprüfung 323
OBM-Verfahren 286
Ofenkontrollsystem 224
Ofentyp bei verschiedenen Metallen 225
Offene Herdform 20
offene Pfanne 234
offene Speiser 207
Offenes System 118
Ohm'sches Gesetz 353
OPC-UA Server 412
Operationen eines SPS-Programms 376
optische Messtechnik 388
Organisationsbausteine (OB) 381
Organische Bindersysteme 246
Organische Chemie 278
Organische Verbindungen 348
Oxidation 349
Oxidentfernung 306
Oxyde 317

P

Parallelschaltung 353
Pascal'sches Gesetz 198
Passive Entlüftungsmaßnahmen 180
Penetration 255, 316
Perlit 285
Perlitisches/ferritisches Gefüge 291
Perlitisches Gefüge 291

Pflichtenheft ... 319
Phenolharze ... 248
Phenol-Resol-CO_2-Verfahren ... 116
pH-Wert ... 351
Physik ... 347
Physikalische Prüfungen ... 321
Physikalisch trocknende Lacke ... 275
Pigmentfreie Trennstoffe ... 188
Pigmentierte Trennstoffe ... 188
Pinholesbildung ... 255
Planung von Kernen ... 106
plastische Formänderung ... 327
Plastizität ... 270
Plastomere ... 280
Plattenförmige Holzwerkstoffe ... 273
Plattenwender ... 70
Platzieren der Speiser mit Roboter ... 391
Platzierung der Anschnitte ... 215
PMMA-Modell ... 408
PMMA-Modelltraube ... 408
Pneumatik ... 359, 368
pneumatische Förderung ... 259, 260
pneumatische Steuerungen ... 360
pneumatisch gesteuertes Kernformwerkzeug ... 133
Polierknöpfe ... 32
Polierlöffel ... 32
Polierschaufel ... 32
Polyaddition ... 279
Polykondensation ... 279
Polymerisation ... 279
Polystyrolschaumstoff ... 274
Polystyrolschaumstoffmodelle ... 14
Polyurethan-Isocyanat-Verfahren ... 250
Poren ... 190
Porosität ... 315, 397
Porosität im Gussteil ... 396
Pressen mit Presshaupt ... 64
Pressen mit Vielstempelpresse ... 64
Pressen von Karosserieteilen ... 326
Produkte des Hochofens ... 284
Produktfehlerbeispiele ... 337
Produkthaftung ... 337
Programm-Editor ... 380
Programmiersprachen ... 374
Programmierung ... 378
Programmierung einer Ablaufsteuerung . 382
Programmierung einer SPS ... 374
Proportionalventile ... 369
Protonen ... 347
Prozessfenster ... 395
Prozessor ... 385
Prozessparameter ... 395, 396
Prozessstufen ... 259
Prozessvariationen ... 396
Prüfen ... 342
Prüfmittel ... 343
Prüfung der Formstoffbestandteile ... 268
Prüfung der harzgebundenen Formstoffe 268
Prüfung des Formgrundstoffes ... 266
Putzhaus ... 238, 241
Putztechnik ... 238

Q

Qualitätsmanagement ... 319
Qualitätsmerkmale ... 320
Qualitätsplanung ... 319
Qualitätssicherung ... 319
Qualitätstechnik ... 319
Quarz ... 245
Quarzsand ... 266

R

Rahmenkernkasten ... 128
Randschichthärtung ... 303
Rapid-Prototyping ... 389, 405
Rapid-Prototyping-Verfahren ... 51
Rattermarken ... 332
Rechnergesteuerte Sandaufbereitung ... 264
Rechnerunterstützte Verfahren ... 384
Recycling ... 271
Recycling von Aluminium ... 272
Redoxreaktionen ... 350
Reduktion ... 350
Regelkreis ... 358
Regeln ... 358
Regenerieren ... 258, 260
Reibahlen ... 332
Reihenschaltung ... 353
Reinaluminium ... 304
Reinigung ... 310
Relais ... 364
Relais mit Einschaltverzögerung ... 365
Relais mit Kontaktbezeichnungen ... 365
Reliefmodellplatte ... 81
Resol-Ester-Verfahren ... 250
Restmagnesiumgehalt für GJV ... 297
Reversiermodellplatte ... 81
Rheocasting ... 193
Rinnenofen ... 222
Rinnen-Vergießofen ... 226
Roboter ... 390
Roboter an Kernschießmaschine ... 392
Robotereinsatz an einer Druckgießmaschine ... 391
Roboter im Gießereibetrieb ... 391
Roboter-Schleifzelle ... 391
Roheisenerzeugung ... 283
Roheisensorten ... 284
Rohteilzeichnung ... 28
Rollenbahn ... 76
Rotguss ... 312

9

Rückgewinnung Strahlmittel 242
Rückschlagventil 361
Rückstoßer 177

S

Sägen 329
Salzbildung 351
Salze 351
Salzkerne 195
Sandabspülungen 314
Sandbunker 260
Sandeinschlüsse 314
Sandleiste 23, 95
Sandwich-Verfahren 294
Sättigungsgrad 231
Sättigungsweite 216
Sauerstoffaufblaskonverter 286
Säulenbohrmaschine 336
Säuren 351
Scara-Roboter 390
Schachtöfen 228
Schaltplan 362, 364
Schamotteeinguss 205
Scharnierkokille 157
Schaumstoff-Einzelmodelle zerspanend hergestellt 46
Schaumstoffkernkästen 42
Schema eines Kohlenstoffatoms 278
Scherfestigkeit 265
Schieber 158
Schießdrücke 115
Schießkopfausbildung 119
Schießkopfkühlung 119
Schlacke 232
Schlackenbasizität 232
Schlackeneinschlüsse 314, 317
Schlackenfang 197, 201
Schlackenführung 232
Schlackenlauf 197
Schlackenschütz 202
Schlackenzurückhaltung 203
Schleifen 242, 243
Schleppkernmarken 97
Schleudergießanlage 196
Schleudergießen 196
Schlichte beim Vollformgießen 46
Schlichteeigenschaften 163
Schlichten 163
Schlichten der Kerne mit Roboter 392
Schlichten der Modelltrauben 49
Schliffbild 291, 324
Schlitzanschnitt 160
Schlitzdüsen 113
Schmelzaggregate 219
Schmelzanlage 223
Schmelzbauxit 245
Schmelzbereich 237
Schmelzebehandlung 307
Schmelzebehandlung Aluminium 306
Schmelzebehandlung von Gusseisen 233
Schmelzebehandlung von Magnesium 310
Schmelze in der Gießkammer 173
Schmelzen 12, 282
Schmelzen von Magnesium 310
Schmelzflusselektrolyse .. 304, 309, 350, 352
Schmelzöfen 218, 220
Schmelzöfen für Magnesiumguss 229
Schmelzöfen in NE-Gießereien 228
Schmelzsicherungen 354
Schmelztechnik 10, 218, 219
Schmieden 327
Schneckenförderer 259
Schneideisen 333
Schneidengeometrie Bohrer 331
Schneidstoffe 299
Schnellarbeitsstahl 299
Schnellentlüftungsventil 361
Schnellharzverfahren 250
Schrägstiftkernbetätigung 158
Schrott 272
Schubförderung 259
Schülpen 316
Schüttkernkästen 124
Schutzabdeckungen 167
Schutzgasatmosphäre 301
Schutzgasschweißen 341
Schutzisolierung 357
Schutzkleidung 236
Schutzkleinspannung 357
Schutzmaßnahmen im TN-Netz 357
Schutztrennung 357
Schwarzer Temperguss 298, 340
Schweißen 337
Schweißen von Stahlguss 337
Schwerkraftgießen 147
Schwermetalle 304
Schwermetalle und ihre Legierungen ... 311
Schwindmaße 16
Schwindmaße für Kokillen- und Druckguss 17
Schwindmaßstäbe 343
Schwindmaßzeichnung 28
Schwindmaßzugabe 16
Schwindungsbereiche 16
Schwingfließbett-Kühler 262
Schwingförderer 259
Schwingtrommel 239
Sechskantlager mit CAD erzeugen 29
Selbstentzündungstemperatur 350
Semi-Solid Metal Casting (SSM) 193, 194
Senker 332
Serienverfahren mit EPS-Modellen 48
Sicherheit im Schmelzbetrieb 237
Sicherheitsaspekt 367

9

Sicherheitseinrichtungen . . . 225
Sicherheitskleidung . . . 236
Sicherheitsunterweisungen . . . 236
Sicherungen . . . 354
Sicherungsautomaten . . . 354
Siebanalyse . . . 266
Siebkerne . . . 202
SIGMA-Schweißen . . . 341
Silicium . . . 305
Silikatbinder . . . 246
SIMATIC-Manager . . . 380
Simulation . . . 399
Simulation der Bearbeitung . . . 403
Simulation Prozesskette . . . 402
Simulationsergebnisse . . . 397
Simulationsmethodik . . . 395
Simulationsmodell . . . 394
Simulationsprogramm . . . 398
Siphonpfanne . . . 235
Slingern . . . 68
SO2-Verfahren . . . 117, 250
Software für 3D-Daten . . . 387
Solidustemperatur . . . 282
Sonderdruckgießverfahren . . . 192
Sonderverfahren . . . 56, 192
Spachtel und Kitte . . . 276
Spaltfestigkeit . . . 267
Spanende Bearbeitung . . . 328
Spanform . . . 328
Spannung . . . 352
Spannung-Dehnungs-Diagramm . . . 321
Spannungsarmglühen . . . 301
Spannungserzeugung . . . 355, 356
Spannungsreihe . . . 318
Spannungsverlauf . . . 399
Spannungszustand . . . 403
Spanwinkel . . . 328, 331, 334
Speichermedien . . . 385
Speicherprogrammierbare Steuerungen . 370
Speiserarten . . . 207
Speiserberechnung . . . 211
Speiserform . . . 208
Speiserhals . . . 208
Speiserhalsberechnung . . . 211
Speisermodul . . . 214
Speisersysteme . . . 207
Speisertechnik . . . 197, 209
Speisungslänge . . . 216
Speisungszeiten . . . 397
Spektralanalyse . . . 321
Sperrholz . . . 273
Sperrventile . . . 361, 362
Spezifischer Gießdruck . . . 174, 181
Spiralbohrer . . . 331
Sprengkraft . . . 181
Spritzwerkzeuge . . . 52
Sprödigkeit . . . 270
Sprühpistole . . . 163
Sprühroboter . . . 189
Sprühvorgang . . . 175
SPS-Programm . . . 381
Squeezecasting . . . 193
Squeezecasting-Prozess . . . 195
Stabelektroden . . . 338, 339
Stabilisierung . . . 46
Stahl . . . 286
Stahlguss . . . 289
Stahlherstellung . . . 286
Stahlnormung . . . 288
Stahlsorten . . . 289
Standfestigkeit . . . 244
Stapelguss . . . 148
Steigender Guss . . . 148
Steigkanalschlitzanschnitt . . . 160
Stereolithographie . . . 405
Steuern . . . 358
Steuerung Druckgießmaschine . . . 171
Steuerungsarten . . . 358
Steuerungstechnik . . . 358
Stiftenabhebemaschine . . . 69
Stopfenarten . . . 235
Stopfenentleerung . . . 226
Stopfenpfannen . . . 235
Strahlen . . . 240
Strahlen in Rollkäfigen . . . 241
Strahlkabinen . . . 241
Strahlputzen . . . 238
Stranggießanlage . . . 196
Stranggießen . . . 196
Strangguss . . . 403
Stromablaufplan . . . 364, 366
Stromarten . . . 355
Stromkreis . . . 353
Stromstärke . . . 352
Strömungsverlustfaktor . . . 200
Stromventile . . . 362
Strontium . . . 308
Stufenanschnitt . . . 160, 206
Submikroskopische Gefügeuntersuchungen . . . 324
Synthese . . . 348
Synthetische Kunststoffe . . . 279
Systematik der Werkstoff-Güteklassen . . . 137
System Eisen-Grafit . . . 290
System Eisen-Zementit . . . 285

T

Tauchen in Schlichtebad mit Roboter . . . 392
Tauchpyrometer . . . 234
Teilkernkasten . . . 130
Temperaturmessung . . . 234
Temperaturverlaufskurve . . . 187